“十三五”国家重点出版物出版规划项目
现代机械工程系列精品教材

制造工艺基础

主　编　朱　平
参　编（按章节顺序）
于忠奇　彭林法　李永兵　张延松
沈　彬　顾　琳　沈　洪　张雪萍
主　审　姚振强

机械工业出版社

本书着重介绍了各种制造工艺的基本原理、方法、特点、装备、应用以及发展方向。在精选传统材料成形技术与制造工艺内容的基础上，增加了在现代工业制造工程中应用的新工艺、新技术和新进展，遵循“先原理、再工艺，先传统、再现代”的编排方式。本书主要内容包括金属铸造成形工艺、金属塑性成形工艺、连接成形工艺、机械加工方法与金属切削原理、金属切削机床、工件装夹与制造质量分析等。本书引入工艺设计实用资料和典型工艺案例，内容由浅入深、由表及里、由理论到实践。全书共分 10 章，在每章后面都附有适量的复习思考题。

本书为高等院校机械工程类各专业本科学生的专业技术基础课教材，也可供工科近机类专业学生选用，同时还可作为相关科研及工程技术人员的参考书。

图书在版编目（CIP）数据

制造工艺基础/朱平主编. —北京：机械工业出版社，2018.10（2022.3 重印）
“十三五”国家重点出版物出版规划项目　现代机械工程系列精品教材
ISBN 978-7-111-61055-7

Ⅰ.①制…　Ⅱ.①朱…　Ⅲ.①机械制造工艺-高等学校-教材　Ⅳ.①TH16

中国版本图书馆 CIP 数据核字（2018）第 227485 号

机械工业出版社（北京市百万庄大街 22 号　邮政编码 100037）
策划编辑：蔡开颖　责任编辑：蔡开颖　段晓雅　王海霞
责任校对：郑　婕　封面设计：张　静
责任印制：张　博
涿州市般润文化传播有限公司印刷
2022 年 3 月第 1 版第 2 次印刷
184mm×260mm · 30.25 印张 · 750 千字
标准书号：ISBN 978-7-111-61055-7
定价：79.80 元

电话服务
客服电话：010-88361066
010-88379833
010-68326294

网络服务
机　工　官　网：www.cmpbook.com
机　工　官　博：weibo.com/cmp1952
金　书　网：www.golden-book.com
机工教育服务网：www.cmpedu.com

前言

本书是高等院校机械工程类各专业学生的综合性专业技术基础课教材，按教育部本科机械类专业人才培养模式改革要求，根据教育部《新工科研究与实践项目指南》的精神，汲取了大量的国内外相关资料及教材的优点，结合编者多年的教学和教改经验，由上海交通大学一线教学团队教师编写而成。本书内容涵盖机械加工中传统的热加工、冷加工以及现代机械加工工艺，系统地论述了各种制造工艺的基本原理、方法、特点、装备、应用以及发展方向。本书在精选传统材料成形技术与制造工艺内容的基础上，增加了在现代工业制造工程中应用的新工艺、新技术和新进展，遵循“先原理、再工艺，先传统、再现代”的编排方式。本书内容丰富精炼、知识体系完整，符合教育部的改革精神，有助于对机械创新型人才的培养。

随着世界范围内科技革命和产业变革的加速进行，以新技术、新业态、新产业、新模式为特点的新经济蓬勃发展，迫切需要培养一大批多样化、创新型的卓越工程科技人才。从培养学生成为专业知识面宽、基础扎实的人才目标出发，本书不仅注重对学生获取知识、分析问题与解决工程技术实际问题能力的培养，还注重对学生工程素质与创新思维能力的培养。全书共分 10 章：第 1 章介绍了机械制造系统的概念和零件成形基本原理以及先进制造技术；第 2~6 章介绍了铸造成形、塑性成形、连接成形以及其他成形工艺，毛坯成形方法的选择；第 7、8 章介绍了机械加工方法、金属切削原理以及金属切削机床；第 9、10 章介绍了夹具的定位与夹紧、机械加工质量及其控制以及工艺规程等内容。以此组成全书的章节结构，使读者对制造业的整个生产活动有一个完整的系统概念，对各部分知识形成连贯的认识。本书根据机械工程类各专业方向的特点，编写内容丰富、覆盖面宽，授课时应结合专业特点灵活选用内容。

本书由朱平主编，参加编写的人员及分工是：朱平（第 1 章、第 2 章、第 6 章），于忠奇、彭林法（第 3 章），李永兵（第 4 章），张延松（第 5 章），沈彬（第 7 章），顾琳（第 8 章），沈洪（第 9 章），张雪萍（第 10 章）。在本书编写过程中，参考了相关教材、手册、学术期刊论文、文献资料等内容，在此一并向其作者表示由衷的感谢。

姚振强教授担任本书的主审并提出了许多宝贵意见，在此表示衷心的感谢。

本书涉及的专业知识面较广，由于编者水平和经验有限，书中难免有不足和疏漏之处，敬请读者批评指正。

编　者

目录

第1章 机械制造系统与制造技术的发展

1.1 机械制造系统概述

1.1.1 机械制造系统及其组成

系统是由若干个相互作用和相互依赖的元素（或部分）组成的、具有特定功能和目标的有机整体。系统的基本特征为：

（1）整体性　这是最核心的特征，表现为追求整体目标的最佳效果。

（2）环境适应性（柔性）　表现为能在复杂的市场环境下很好地适应和生存下去。

（3）元素集合性　为满足以上两个特征，需要协调各相关元素之间及其和整体之间的关系，使各相关元素集合在一个整体系统中。

（4）层次性　为了方便研究复杂的系统，可把它分解成各层次的子系统逐一分析，最终解决复杂的系统问题。

工厂是社会生产的基本单位。工厂根据国家的生产计划、市场需求情况以及自身的生产条件，决定其生产的产品类型和产量，制订生产计划，进行产品设计、制造、装配等，最后输出产品。

随着微电子技术、控制技术、传感技术与机电一体化技术的迅速发展，由系统论、信息论和控制论组成的系统科学与方法论在机械制造领域产生了越来越大的影响，由此产生了机械制造系统的概念。目前，机械制造系统已经被定义为具有整体目的性并包含物质流、信息流和能量流的系统。机械制造系统包括从原材料到产品实现其社会价值的整个范围，如图1-1所示。

整个系统由信息流、物质流和能量流联系起来。信息流主要是指计划、调度、管理、设计、工艺等方面的信息；物质流主要是指从原材料经过加工、装配到成品的过程，并包括储存、运输、检验、涂装、包装等过程；能量流主要是指能源动力系统。

1.1.2 机械制造系统的功能结构

机械制造系统的功能结构如图1-2所示，该图将机械制造系统按功能归纳为若干个子

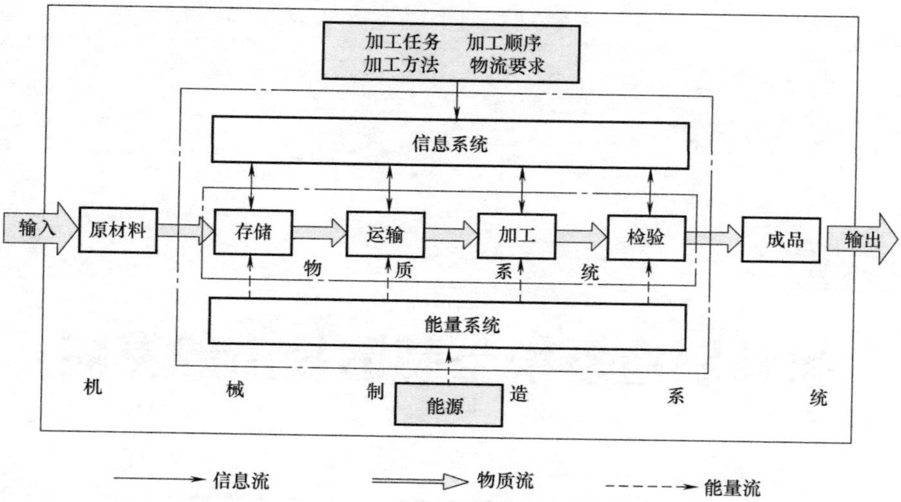

图 1-1 机械制造系统基本框图

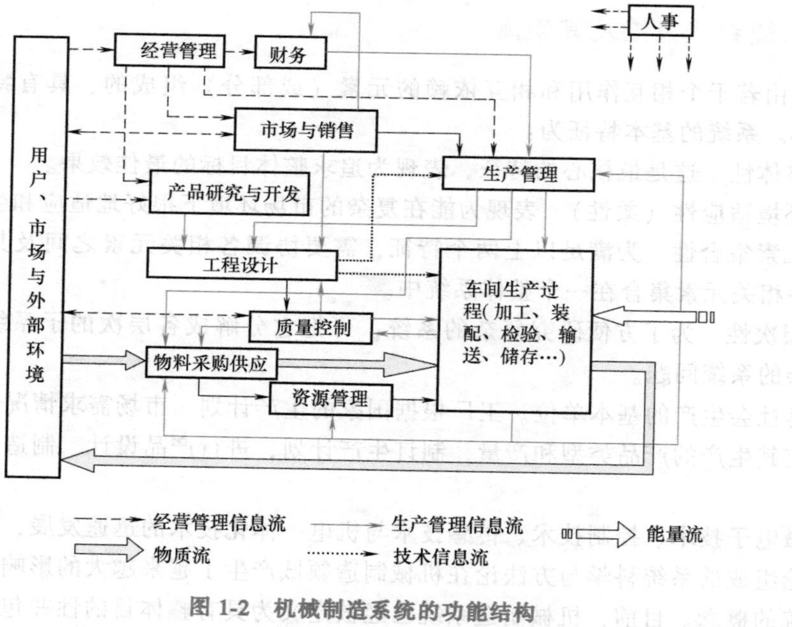

图 1-2 机械制造系统的功能结构

系统。

1）经营管理子系统：确定企业的经营方针与发展方向，进行战略规划与决策。

2）市场与销售子系统：进行市场调研、分析和预测，制订销售计划，开展销售与售后服务。

3）产品研究与开发子系统：制订开发计划，进行产品开发。

4）工程设计子系统：进行产品设计、工艺设计、工程分析、样机试制、试验与评价，制订质量保证计划。

5）生产管理子系统：制订生产计划、作业计划，进行库存管理、成本管理、设备管理、工具管理、能源管理、环境管理、生产过程控制。

6）物料采购供应子系统：完成原材料及外购件等物料的采购、验收和存储。

7）车间生产子系统：进行零件生产、部件与产品装配、检验、输送、存储等。

8）质量控制子系统：收集用户需求与反馈信息，进行质量监控和统计过程控制。

除此以外，整个机械制造系统还包括财务、人事、资源管理等子系统。各个功能子系统既相互联系又相互制约，形成一个有机的整体，从而实现从用户订货到产品发送的制造全过程。从上述机械制造系统的功能结构图中可见，制造技术的研究范围更广了，这也是当前科学技术发展的需要和方向。

从图 1-2 中不仅应看到物质的流动过程，更应注重控制物流的信息流，如经营管理信息流、生产管理信息流、技术信息流。制造过程中的能量消耗及其流程，构成了系统的能量流。

1.1.3 机械制造系统的自动化技术

把机械制造业的全过程看成一个有机的整体，以系统的观点进行分析和研究，能对整个制造过程实施最有效的管理和控制，进而取得最佳的整体利益。同时，系统具有充分的灵活性和适应性，也能对多变的市场状况做出迅捷而准确的反应，这就是系统的柔性。这也是当代机械制造业发展的主流。为了提高系统的柔性和自动化效率，一般可以从以下两个途径入手并将两者相互结合：第一，采用成组（相似）技术，扩大和应用相似性原理，如从利用零件形状和生产相似（使小批量扩大到大批量），逐步扩大到工艺设计、产品设计、生产管理、信息控制，最后到制造系统中的模块和子系统的广义相似；第二，采用数控技术，如 NC、FMC、FMS、CAM、CIMS 等，提高加工设备、生产线和制造系统的柔性，使其能高效、自动化地加工不同的零件，生产出不同的产品，从而快速响应市场和顾客的需求。

1.2 材料成形原理

机器或设备中的零件要完成一定的功能，首先必须具备一定的形状，这些形状可以通过不同的成形原理来获得。

按照由原材料或毛坯制造成零件的过程中质量 m 的变化，可分 $\Delta m<0$、$\Delta m=0$ 和 $\Delta m>0$ 三种材料成形原理，不同成形原理采用不同的成形工艺方法。

（1）$\Delta m<0$　材料去除原理，是指在制造过程中，通过逐渐去除材料而获得需要的几何形状，如传统的切削加工方法，包括磨削、特种加工等。

（2）$\Delta m=0$　材料基本不变原理，是指在成形前后，材料主要发生形状变化，而质量基本不变，如铸造、锻造及模具成形（注射、冲压等）工艺。

（3）$\Delta m>0$　材料累加（Material Increase）成形原理，是指在成形过程中，通过材料的累加获得所需形状，如 20 世纪 80 年代出现的快速原形（Rapid Prototyping，RP）技术。

1.2.1 $\Delta m<0$ 的制造过程

$\Delta m<0$ 主要是指切削加工。切削加工是通过刀具和工件之间的相对运动及相互间力的作

用实现的。工件往往通过夹具装夹在机床上，机床带动刀具或工件或两者同时运动。切削过程中，有力、热、变形、振动、磨损等现象产生，这些运动的综合决定了零件最终能够获得的几何形状及表面质量。

对于加工精度及表面粗糙度要求特别高的零件，需要采用精加工及超精加工工艺。精加工及超精加工工艺的尺寸精度往往可达到亚微米乃至纳米（nm）级，这些工艺在航空航天、计算机产品等领域有着广泛的应用。

特种加工是指利用电能、光能或化学能等完成材料去除的成形方法，这些方法主要适用于用常规加工方法难以加工的场合，如加工超硬、易碎材料等。例如，当前发展比较快的“三束”加工，包括激光束、电子束、离子束加工，在微细加工中有着广泛的应用。另外，近几年发展起来的高压水射流等加工方法也有其显著的优点。

1.2.2 $\Delta m=0$ 的制造过程

$\Delta m=0$ 主要是指材料的成形过程。统计数据表明，机电产品中 40%~50%的零件是由模具成形的，因此模具的作用是显而易见的。模具可分为注射模、压铸模、锻模、冲裁模、拉深模、吹塑模等。在我国，模具设计与制造目前是一个薄弱环节。模具制造精度一般要求较高，其生产方式往往是单件生产。模具设计要用到 CAD、CAE 等一系列技术，是一个技术密集型的产业。

1.2.3 $\Delta m>0$ 的制造过程

20 世纪 80 年代出现的材料累加法制造工艺中，成形后与成形前相比 $\Delta m>0$，制造过程中，零件是通过材料的逐渐累加成形的。这一工艺方法的优点是可以成形任意形状复杂的零件，而无需刀具、夹具等工具，也无需进行相关生产准备活动。这一工艺又称 RP 技术。RP 技术制造出来的原型可作为设计评估、投标或展示的样件。RP 技术与快速精铸技术（Quick Casting）及快速模具制造技术（Rapid Tolling）等相结合，又可以为小批量或大批量生产服务，因此，RP 技术成为加速新产品开发及实现并行工程的有效技术，一些工业发达国家（如美国、日本等）已经全面应用这一技术来提高制造业的竞争能力。

RP 技术已形成了几种成熟的工艺方法，进入了商业化阶段。目前，商业化工艺方法主要有光固化法（Stereo Lithography，SL）、叠层实体制造法（Laminated Object Manufacturing，LOM）、激光选区烧结法（Selective Laser Sintering，SLS）、熔积法（Fused Deposition Modeling，FDM）。此外，目前正在研究的工艺方法还有三维打印法、漏板光固化法等。这些工艺方法有各自的不同特点，各有不同的适用场合。

1.3 材料加工与成形方法

1.3.1 材料加工与材料成形

图 1-3 中的制造过程主要涉及产品的设计、生产、销售等方面的相关工作和任务，是制造系统的核心内容，主要包括产品设计、生产规划、组织与管理、材料加工、市场营销等。

其中的材料加工（Materials Processing）是产品制造过程中最基本的内容，也是狭义制造的主要内容。

材料加工一般是指采用适当的方式，将材料加工成所需要的具有一定形状、尺寸和使用性能的零件或产品的过程。材料加工的方法较多，分类方法也不尽相同。按照加工过程中材料形态的改变方式，材料加工可以分为三大类：材料变形/成形加工（Material Forming and Shaping Processes）、材料分离加工（Material Separating Processes）和材料连接加工（Material Joining Processes）。

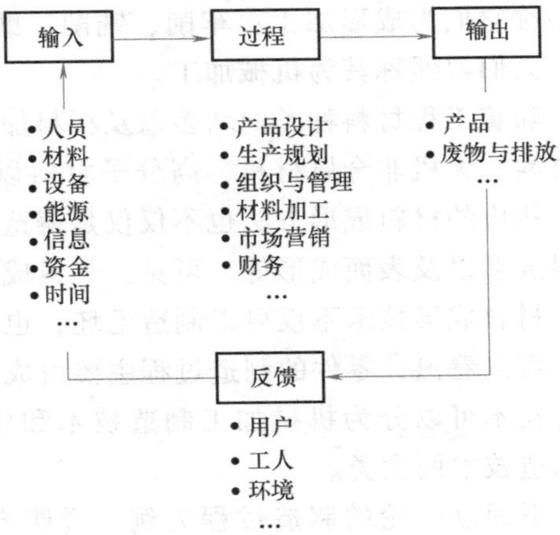

图 1-3 制造系统框图

图 1-4 所示为产品制造过程中的主要材料加工方法。通常情况下，根据材料在加工过程中的温度，人们将金属材料的加工分为冷加工和热加工两大类。在金属再结晶温度以下进行的材料加工称为冷加工，而高于金属再结晶温度进行的材料加工称为热加工。铸造、锻造和

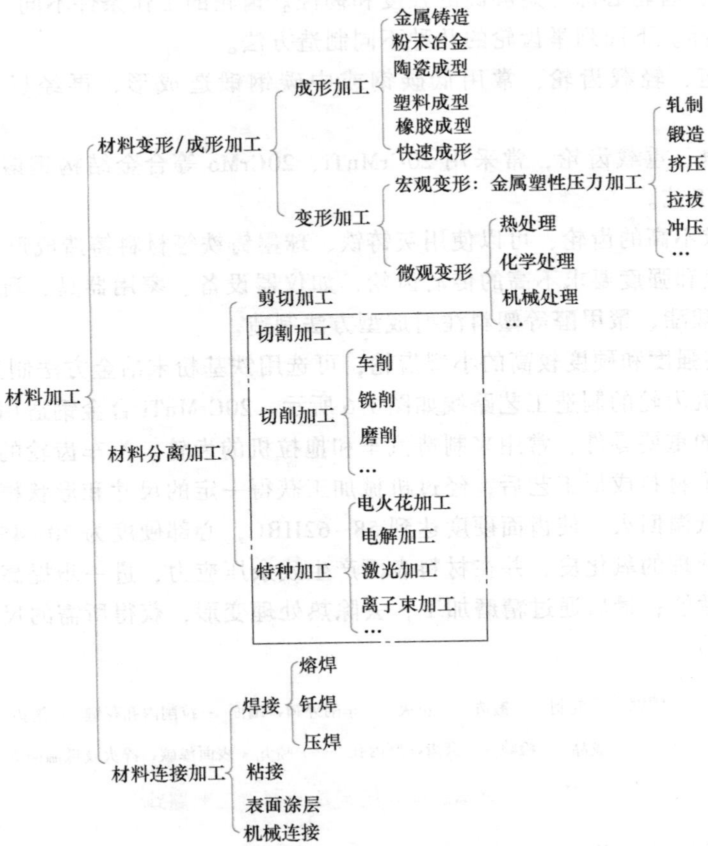

图 1-4 材料加工方法分类

焊接是常见的金属材料的热加工方法，是将金属原材料加工成毛坯或成品的主要方法，人们习惯称它们为成形加工；车削、铣削、磨削以及特种加工等是常见的金属材料的冷加工方法，人们习惯称其为机械加工。

随着工程材料种类的增多以及材料加工技术的快速发展，制造产品的材料已不局限于金属材料，无机非金属材料、高分子材料以及复合材料已被广泛应用于生产和生活的各个领域，相应的材料成形方法也不仅仅是铸造、锻造和焊接，还包含粉末冶金、塑料成型、复合材料成型以及表面成形等。可见，材料成形的范围是不断扩展的。

材料成形技术不仅可以制造毛坯，也可以直接制造出成品。图 1-5 所示为零件的制造过程，可以看出，零件的制造过程主要由成形加工和机械加工两部分组成。从这个意义上看，制造技术可以分为机械加工制造技术和成形制造技术两大类。

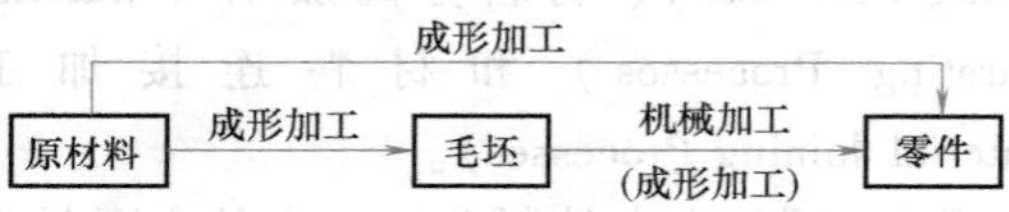

图 1-5 零件的制造过程

下面以齿轮的制造过程为例，说明零件制造过程中所涉及的材料成形技术。齿轮是典型的盘套类零件，工作时，其齿面承受较高的接触应力和摩擦力，齿根承受较大的弯曲应力，有时还承受冲击载荷。因此，对齿轮的力学性能要求较高，要求齿面有高的硬度和耐磨性，齿轮心部有足够高的强度和韧性。齿轮的工作条件不同，其所用材料和制造方法也存在差异。下面列举齿轮的几种不同制造方法。

1）对于低速、轻载齿轮，常用低碳钢或中碳钢锻造成形，再经机械加工、调质等工序。

2）对于高速、重载齿轮，常采用 20CrMnTi、20CrMo 等合金结构钢锻造成形，再经机械加工、渗碳等工艺。

3）对于要求不高的齿轮，可以使用灰铸铁、球墨铸铁等材料铸造成形。

4）对于精度和强度要求不高的传动齿轮，如仪器设备、家用器具、玩具等的齿轮，可选用尼龙、聚碳酸酯、聚甲醛等塑料注射成型方法制造。

5）对于一些强度和硬度较高的小型齿轮，可选用铁基粉末冶金方法制造。

汽车、拖拉机齿轮的制造工艺路线如图 1-6 所示。20CrMnTi 合金钢适用于承受中等载荷以及冲击、摩擦的重要零件，常用来制造汽车和拖拉机的齿轮。汽车齿轮的毛坯经铸造、轧制内孔和锻造三个材料成形工艺后，经过机械加工获得一定的尺寸和形状精度；然后经过表面渗碳、淬火及低温回火，使齿面硬度达到 58~62HRC，心部硬度为 30~45HRC；经过喷丸处理可以去除热处理的氧化皮，并在材料表面产生残余压应力，进一步提高齿面的硬度、耐磨性能和抗疲劳性能；最后通过精磨加工，去除热处理变形，获得所需的尺寸和精度；经检验合格后即为成品。

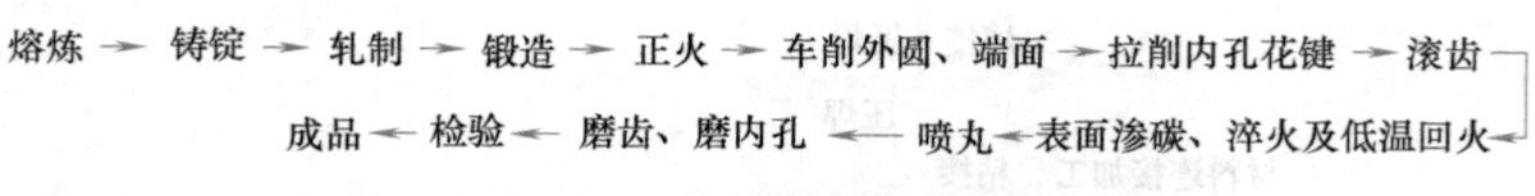

图 1-6 汽车、拖拉机齿轮的制造工艺路线

由上述齿轮的制造工艺可以看出，零件制造过程涉及材料成形加工和机械加工两类加工方式，而且两种加工方式在零件的制造工艺路线中可以相互替换。当然，不同零件的制造工艺路线是不同的。对于具有一定尺寸公差和形状精度要求的机械零件而言，一般都需要经历通过材料成形制造毛坯，并经机械加工获得成品的工艺过程。

1.3.2 材料成形方法

按照材料的种类分类，材料成形大致可分为金属材料成形、高分子材料成形、无机非金属材料成形以及复合材料成形。在图 1-7 所示的分类方法中，有一些成形方法是重复的，例如，注射成形可以用于塑料成型，也可以用于橡胶成型，还可以用于陶瓷制品成型。

- 材料成形
  - 金属材料成形
    - 液态金属铸造成形
      - 重力作用下铸造
        - 砂型铸造
        - 熔模铸造
        - 金属型铸造
        - …
      - 外力作用下铸造
        - 压力铸造
        - 离心铸造
        - 挤压铸造
        - …
    - 固态金属塑性成形
      - 体积金属成形：锻造、轧制、挤压 等
      - 板料金属成形：冲裁、弯曲、拉深 等
    - 金属连接成形
      - 焊接：熔焊、压焊、钎焊
      - 粘接
      - 机械连接：键连接、螺栓连接、铆接等
      - 表面涂层：热喷涂、电镀、离子镀 等
    - 粉末冶金成形：模压成形、注浆成形、压铸成形等
  - 高分子材料成型
    - 塑料成型：注射成型、挤出成型、压制成型等
    - 橡胶成型：压延成型、注射成型、模压成型等
  - 无机非金属材料成型
    - 陶瓷成型：模压成型、注浆成型、压铸成型 等
    - 玻璃成型：吹制成型、拉制成型、压制成型 等
  - 复合材料成型
    - 树脂基复合材料成型
      - 手糊成型
      - 喷射成型
      - 袋压成型
      - …
    - 金属基复合材料成形
      - 粉末冶金成形
      - 熔铸成形
      - 喷射沉积成形
      - …
    - 陶瓷基复合材料成型
      - 浆料浸渍成型
      - 化学气相渗透成型
      - 模压成型
      - …

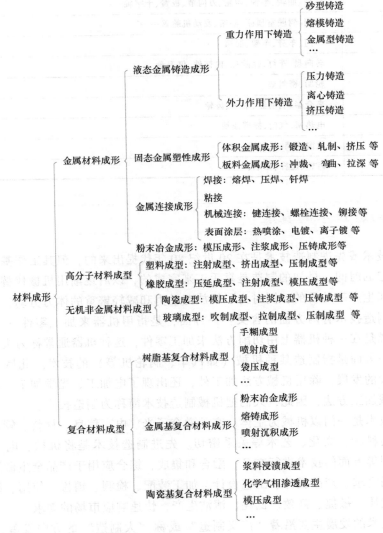

图 1-7 材料成形方法分类

材料成形方法的种类较多，各有特色，有些材料成形方法具有独特的性能，是其他材料加工技术所不能替代的。例如：金属材料通过塑性成形加工可以获得纤维组织，有利于提高材料的力学性能。与切削加工相比，采用塑性成形技术加工的锥齿轮的强度和疲劳寿命均提高了 20%；高熔点时，难熔材料需要用粉末冶金方法制造；对于塑性较差的铸铁材料而言，

铸造是零件成形的唯一选择，具有复杂型腔的缸体、箱体、壳体类零件通常采用铸造成形。

材料成形技术广泛应用于机械、汽车、电子、化工、家用物品制造等领域。以汽车为例，汽车中有 80%~90%的零件是通过材料成形方法制造的。表 1-1 中列举了汽车主要零件的材料成形方法。

表 1-1 汽车主要零件的材料成形方法

材料成形方法	典型汽车零件举例
铸造	发动机缸体、离合器壳体、变速器箱体、液压泵壳体、活塞、化油器壳体……
锻造	连杆、曲轴、半轴、齿轮、万向节、板簧、十字轴……
冲压	车门、驾驶室顶棚、油箱、发动机舱盖……
焊接	车门、车身、车架、油箱……
注射成型	转向盘、车灯、保险杠、内饰件、仪表盘
压制成型	轮胎、密封垫
粉末冶金	离合器、制动器、轴承、齿轮
陶瓷成型	电热塞、气门、摇臂镶块
玻璃成型	风窗玻璃、反光镜
表面技术	齿轮、连杆、亮条、车身

1.4 机械制造技术的发展

现代制造技术或先进制造技术是在 20 世纪 80 年代提出来的，但其工作基础的奠定已经历了半个多世纪的时间。最初的制造是靠手工来完成的，以后逐渐用机械代替手工，以达到提高产品质量和生产率的目的，同时为了解放劳动力和减轻繁重的体力劳动，出现了机械制造技术。机械制造技术有两方面的含义：一方面，是指用机器来加工零件（或工件）的技术，更明确地说是在一种机器上用切削方法来加工零件，这种机器通常称为机床、工具机或工作母机；另一方面是指制造某种机械（如汽车、涡轮机等）的技术。此后，由于在制造方法上有了很大的发展，除用机械方法加工外，还出现了电加工、光学加工、电子加工、化学加工等非机械加工方法，因此，人们把机械制造技术简称为制造技术。

现代制造技术是一门以机械为主体，交叉融合了光、电、信息、材料、管理等学科的综合体，并与社会科学、文化、艺术等关系密切。先进制造技术是将机械、电子、信息、材料、能源和管理等方面的技术进行交叉、融合和集成，综合应用于产品全生命周期的制造全过程，包括市场需求、产品设计、工艺设计、加工装配、检测、销售、使用、维修、报废处理等，以实现优质、敏捷、高效、低耗、清洁生产，快速响应市场的需求。

机械制造技术的发展主要沿着“广义制造”或称“大制造”的方向发展，其具体发展方向如图 1-8 所示。当前，机械制造技术发展的重点是创新设计、并行设计、现代成形与改性技术、材料成形过程仿真和优化、高速与超高速加工、精密工程与纳米技术、数控加工技术、集成制造技术、虚拟制造技术、协同制造技术和工业工程等。

当前值得开展的制造技术可结合汽车、运载装置、模具、芯片、微型机械和医疗器械等进行反求工程、高速加工、纳米技术、模块化功能部件、使能技术软件、并行工程和数控系统等的研究。我国已是一个制造大国，要形成世界制造中心就必须掌握先进的制造技术，具备很高的制造技术水平，这样才能从制造大国走向制造强国。

1.4.1 机械制造先进技术

先进制造技术是传统制造技术在不断吸收机械、电子、信息、材料、能源及现代管理技术等先进技术成果的基础上，将其综合应用到产品设计、加工、检测、管理、销售、使用、服务的机械制造全过程，实现优质、高效、低能耗、清洁、灵活生产，提高对动态多变市场的适应能力和竞争能力的制造技术的总称。

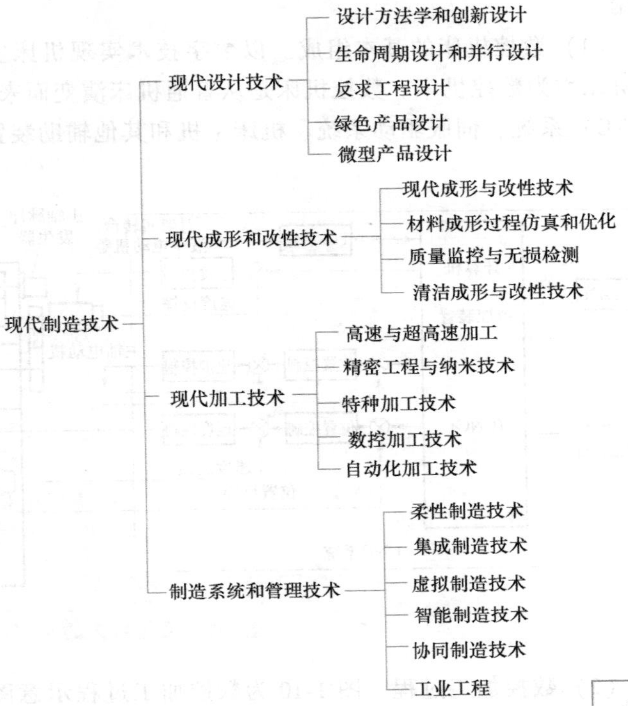

图 1-8 机械制造技术的发展方向

先进制造技术具有如下特点：

1）适用于单件、中小批量、多品种的生产规模。

2）采用信息和知识密集型的生产方式。

3）使用柔性自动化和智能自动化的制造设备。

4）重视必不可少的辅助工序，如加工前、后处理；重视工艺装备，使制造技术成为集工艺方法、工艺装备和工艺材料为一体的成套技术；重视物流、检验、包装及储存，使制造技术成为覆盖加工全过程的综合技术，不断发展优质、高效、低耗的工艺及加工方法，取代落后工艺；不断吸收高新技术成果，实现 CAD、CAM、CAPP、CAT、CAE、NC、CNC、MIS、FMS、CIMS、IMT、IMS 等一系列现代制造技术，并实现上述技术的局部或系统集成，形成从单机到自动生产线等不同档次的自动化制造系统。

5）引入工业工程和并行工程的概念，强调系统化及其技术和管理的集成，将机械和管理有机地结合在一起，引入先进管理模式，使制造技术及制造过程成为覆盖整个产品生命周期的，包含物质流、能量流、信息流的系统工程。

1. 数控加工技术

数控加工技术是集微电子、计算机、信息处理、自动检测、自动控制等高新技术于一体的加工技术，具有精度高、效率高、柔性自动化等特点。普通机床加工是指操作者直接操纵工作台或利用刀具进给手柄对工件进行切削加工，其特点是生产效率低、劳动强度大、对操作者技术要求高。而数控机床加工则是通过由外部输入的程序（按规定格式，将加工零件的几何信息和工艺信息编写成的数字化代码，称为数控加工程序）对工件进行自动加工的，其特点是适应性好、效率高、加工精度高，可以改善劳动条件并降低成本。因此，数控加工在现代机械加工中的应用日趋广泛，它对机械制造实现柔性集成化、智能化起着至关重要的作用。

（1）数控机床的基本组成　以数字技术实现机床主运动与进给运动的自动化控制，这种机床称为数控机床。数控机床是从普通机床演变而来的，它主要由输入与输出装置、数控（CNC）系统、伺服驱动系统、机床主机和其他辅助装置组成，如图1-9所示。

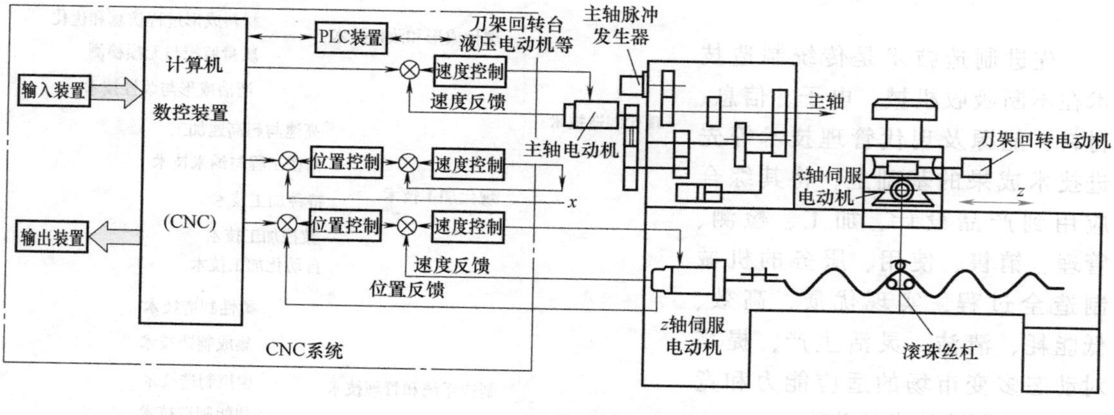

图1-9　数控机床的基本组成

（2）数控加工过程　图1-10为数控加工过程示意图。其工作过程是：根据零件图样上的数据和工艺内容，用标准的数控代码按规定的方法和格式编制零件加工的数控程序。数控程序是数控机床自动加工零件的工作指令，可以由人工编制，也可以由计算机或数控装置编制。编制好的数控程序通过输入输出设备存放或记录在相应的控制介质上，经必要的信息处理后产生相应的操作指令，经伺服系统控制机床运动，从而完成零件的自动加工过程。

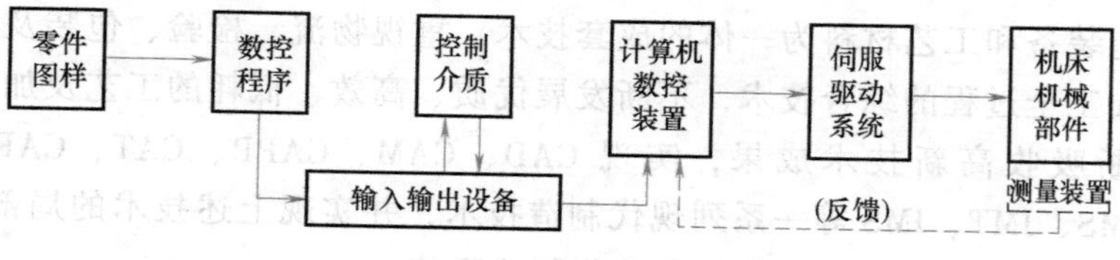

图1-10　数控加工过程示意图

（3）数控机床加工的特点　自动化生产是人们始终追求的目标，成批大量生产时，一般采用专用设备、自动机床、组合机床、自动生产线等刚性自动化措施来实现。要实现多品种少批量自动化生产却是一个难题。数控技术在这方面有着重大突破。传统机械加工中的人工操作，在数控机床中可由程序控制自动完成，其加工精度与生产率都大大超过普通机床。所以，数控机床作为自动化设备在机械加工中得到了广泛的应用。与普通机床相比，数控机床有以下几方面的特点：

1）加工精度高、质量稳定。数控机床的机械结构具有很高的刚度和热稳定性，其传动系统采用无间隙的滚珠丝杠、滚动导轨、零间隙的齿轮机构等，大大提高了机床传动刚度、传动精度与重复精度，数控系统的误差补偿功能消除了系统误差，所以数控机床有较高的加工精度；数控机床是自动加工，消除了人为误差，提高了同批零件加工尺寸的一致性，加工质量稳定；一次安装能进行多道工序的连续加工，减小了安装误差。

2）能加工形状复杂的零件。采用二轴以上联动的数控机床，可以加工素线为曲线的旋转体、凸轮、各种空间曲面复杂零件，能完成普通机床难以完成的加工任务。例如，船用螺旋桨是空间曲面复杂零件，加工时采用面铣刀、五轴联动卧式数控机床才能进行加工。

3）加工生产率高。数控机床加工可显著地节省辅助时间，并优化切削用量，可充分发挥机床的加工能力，与普通机床相比，数控机床的生产率可提高2~3倍，加工中心的生产率可提高十几倍至几十倍。

4）适应性强，能适应不同品种、规格和尺寸工件的加工。当改变加工零件时，只需用通用夹具装夹工件、更换刀具、更换加工程序后就可立即进行加工。计算机数控系统能利用系统控制软件灵活地增加或改变数控系统的功能，从而适应生产发展的需要。

5）有利于生产管理现代化。数控机床是机械加工自动化的基础设备，柔性加工单元（FMC）、柔性制造系统（FMS）以及计算机集成制造系统（CIMS）都是以数控机床为主体，根据不同的加工要求、不同的对象，由一台或多台数控机床配合其他辅助设备（如运输小车、机器人、可换工作台、立体仓库等）而构成的自动化生产系统。数控系统具有通信接口，易于进行计算机间的通信，实现生产过程的计算机管理与控制。

6）加工成本高。数控机床的造价比普通机床高，加工成本相对较高。所以，不是所有零件都适合在数控机床上加工，它有一定的加工范围，要根据产品的生产类型、结构大小、复杂程度来决定其是否适合使用数控机床加工。通用机床适用于单件、小批量生产，加工结构不太复杂的工件；专用机床适用于大批量工件的加工；数控机床适用于复杂工件的成批加工。

7）对管理、操作、维修、编程人员的技术水平要求比较高。数控机床作为机电一体化设备有其自身的特点，对管理、操作、维修、编程人员的技术水平要求比较高。数控机床的使用效果在很大程度上取决于使用者的技术水平、数控加工工艺的拟订以及数控程序编制得正确与否。所以，数控机床的操作技术是人才、管理、设备系统的技术应用工程。数控机床的操作人员要有丰富的工艺知识，同时在数控技术应用等方面要有较强的操作能力，以保证数控机床有较高的完好率与开工率。

（4）加工中心　加工中心是在数控镗铣床基础上发展起来的柔性、高效率的自动化装备，它使数控机床在技术上又上了一个新的台阶。加工中心与数控机床的显著区别在于它装有一套能自动换刀的刀库系统。刀库系统由刀库、机械手和驱动机构组成。在数控系统及可编程序控制器的控制下，执行电动机或液压气动机构驱动刀库和机械手实现刀具的选择与交换。加工中心伺服单元控制三轴至五轴的联动伺服机构。

1）加工中心的分类与应用范围。加工中心按其外形不同，主要分为以下三大类：

① 卧式加工中心。卧式加工中心是指主轴轴线为水平状态的加工中心，它通常带有可分度的回转工作台，如图1-11所示。此类加工中心主要以镗、铣、削加工为主，适合加工壳体、泵体、阀体等箱体类零件以及进行复杂零件中特殊曲线与曲面轮廓的多工序加工。

② 立式加工中心。立式加工中心是指主轴轴线为垂直状态的加工中心，如图1-12所示。此类加工中心主要以钻、铣、削加工为主，适用于中、小零件的钻、扩、铰、攻螺纹等切削加工，也可进行连续轮廓的铣削加工。

③ 万能加工中心。万能加工中心又称五面体加工中心或复合加工中心，如图 1-13 所示。此类加工中心采用多轴联动控制，能进行卧、立切削加工，适用于复杂多面体零件的加工。

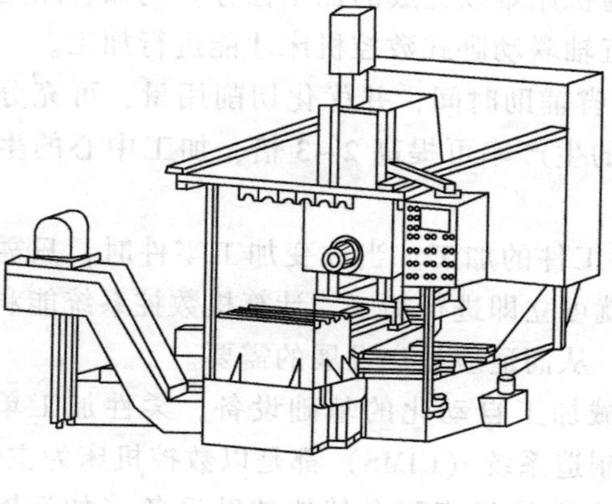

图 1-11　卧式加工中心示意图

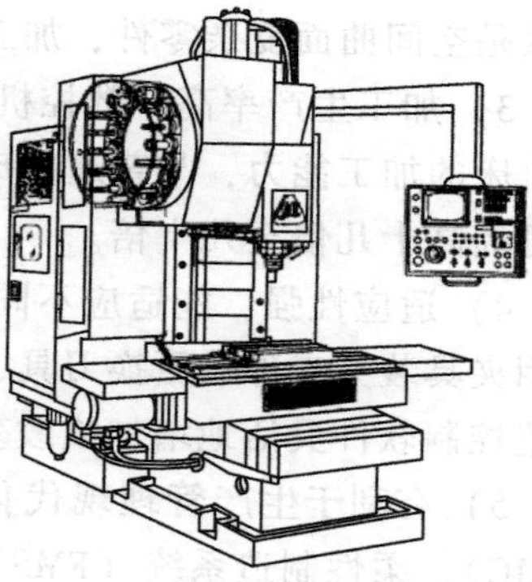

图 1-12　立式加工中心示意图

不同类型的加工中心有不同的规格与适用范围，设备造价也有很大的差别，所以选用加工中心时要考虑很多影响因素。例如，卧式加工中心与立式加工中心相比，规格相近（指工作台的宽度）的卧式加工中心比立式加工中心的价格要高 50% ~ 100%，但卧式加工中心纯切削加工的时间比立式加工中心多 50% ~ 100%；完成同样的工艺内容，立式加工中心比卧式加工中心更经济，但卧式加工中心的工艺性比较广泛。选购哪一类加工中心，要考虑零件的加工规范、生产率、经济成本和投资效益等。

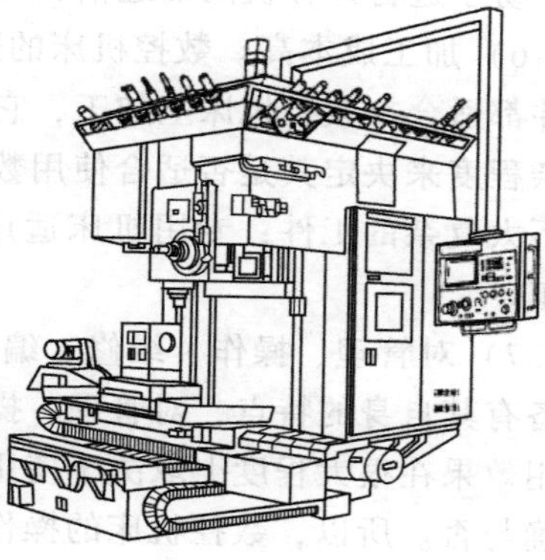

图 1-13　万能加工中心示意图

2）加工中心的特点。加工中心与普通数控机床相比有以下主要特点：

① 加工中心上装有自动换刀装置。工件进行一次装夹，通过自动更换刀具，即可自动完成镗削、铣削、钻削、铰孔、攻螺纹等工序，甚至经一次装夹就可从毛坯加工到成品，大大节省了辅助工时和在制品周转时间。

② 加工中心的刀库系统集中管理和使用刀具，有可能用最少量的刀具完成多工序的加工，并提高刀具的利用率。

③ 加工中心加工零件的连续切削时间比普通机床长得多，所以设备的利用率高。

④ 在加工中心上装备有托盘机构，使切削加工能够与工件装卸同时进行，提高了生产率。

综上所述，加工中心就是一个柔性制造单元。

2. 计算机辅助设计与制造技术

（1）计算机辅助设计与制造的基本概念　计算机辅助设计与制造（Computer Aided Design and Computer Aided Manufacturing，CAD/CAM）是一项利用计算机协助人完成产品设计与制造的现代技术。它将传统设计与制造彼此相对分离的任务作为一个整体进行规划和开发，实现信息处理的高度一体化。

CAD 是指工程技术人员以计算机为辅助工具，完成产品设计构思和论证、产品总体设计、技术设计、零部件设计及绘图等工作的总和。

计算机辅助工艺设计（Computer Aided Process Planning，CAPP）是应用计算机快速处理信息的功能及具有各种决策功能的软件，对产品设计结果自动生成工艺文件的过程。工艺过程设计主要是指在分析和处理大量信息的基础上，选择加工方法、机床、刀具、加工顺序等参数，并计算加工余量、工序尺寸、公差、切削量、工时定额，最后绘制工序图和编制工艺文件。

CAM 是计算机在制造领域有关应用的统称，它可分为狭义 CAM 和广义 CAM。狭义 CAM 通常是指工艺准备，或者其中某些、某个活动应用的计算机技术；广义 CAM 是指利用计算机辅助完成从毛坯到产品制造过程的直接和间接的各种活动，包括工艺准备、生产作业计划、物流过程的运行控制、生产控制、质量控制等主要方面。

CAD/CAPP/CAM 集成系统是将 CAD、CAPP 和 CAM 作为一个整体来进行规划和开发，使各个不同功能模块有机地结合在一起，以实现数据和信息的相互传递和共享。这是因为 CAM 所需要的很多信息和数据来自 CAD 和 CAPP，也有许多数据和信息对于 CAD 和 CAPP 是共享的。集成化的 CAD/CAPP/CAM 系统就可以借助公共的工程数据库、网络通信技术以及标准格式的中性文件接口，把分散于计算机中的 CAD/CAPP/CAM 模块高度集成起来，实现软件和硬件资源共享。

（2）CAD/CAM 系统的组成 CAD/CAM 系统一般由人、硬件和软件组成。之所以把人放在第一位，是因为目前 CAD/CAM 系统的工作方式是人机交互，只有通过人机对话才能完成 CAD/CAM 的各种作业过程。所以，人的作用是决定性的。硬件是系统的物质基础，它由计算机主机、外存储器、输入设备、输出设备、网络通信设备及生产设备等外围设备组成，如图 1-14 所示。软件是系统信息处理的载体，是系统的核心，包括系统软件（如操作系统）、支撑软件（如工程分析软件、图形处理软件、数据库管理系统）和应用软件（如模具设计软件、组合机床设计软件、电气设计软件、机械零件设计软件以及飞机、船舶、汽车等交通工具设计制造的专用软件等）。显然，软件配置的水平和档次决定了 CAD/CAM 系统性

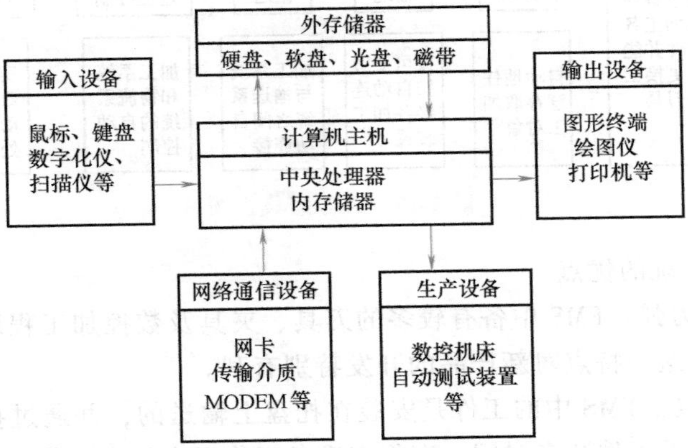

图 1-14 CAD/CAM 系统硬件的组成

能的优劣。

3. 柔性制造技术

柔性制造是由计算机控制的数控机床在制造过程中使用后产生的一种先进制造技术。所谓柔性，就是不用改动制造设备，只通过改变程序的办法即可制造出多种零件中的任何一种零件，柔性制造是多品种、中小批量零件生产过程中高效、高精度的制造方法。目前，柔性制造技术主要有柔性制造系统、柔性制造单元、柔性制造自动生产线和柔性制造工厂，其中柔性制造系统最具有代表性。

(1) 柔性制造系统的定义及基本组成　在我国的有关标准中，柔性制造系统（Flexible Manufacturing System，FMS）是指由数控加工设备、物流储运装置和计算机控制系统等组成的自动化制造系统。国外有关专家把柔性制造系统定义为：至少由两台机床、一套物流储运系统和一套计算机控制系统所组成的制造系统。

柔性制造系统的组成如图 1-15 所示。除上述三个主要组成部分外，FMS 还包括冷却系统、排屑系统、刀具监控和管理系统等附属系统。

(2) 柔性制造系统的主要功能

1）自动制造功能，由数控机床类设备来承担。

2）自动交换和输送功能，包括自动交换和输送工件与刀具。

3）自动保管功能，包括毛坯、工件、半成品、工具、夹具、模具等的保管。

4）自动监视功能，主要对刀具进行监视，还有自动补偿和自诊断等。

5）作业计划与调度。

要实现 FMS 的上述功能，必须由计算机系统控制，使其协调一致地、连续地、有序地进行。作业计划、加工或装配等系统运行所必需的信息，要预先存放在计算机系统中。作业时，物流系统根据作业计划从仓库调出相应的毛坯、工具、夹具，并将它们交换到相应的机床上，机床则依据已经传送来的程序执行预定的制造任务。

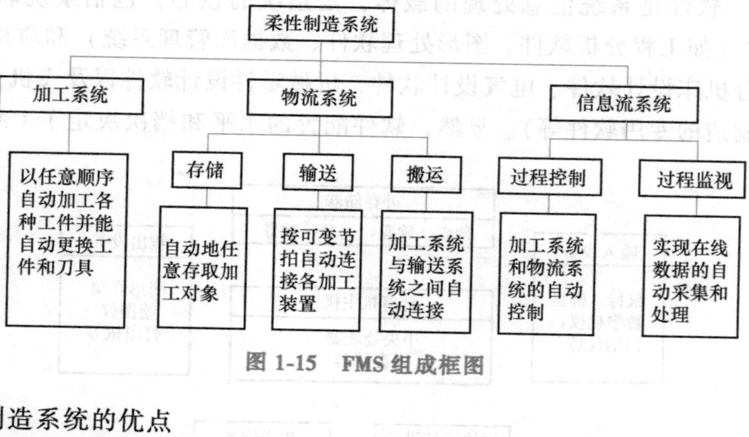

图 1-15　FMS 组成框图

(3) 柔性制造系统的优点

1）柔性制造能力强。FMS 中备有较多的刀具、夹具及数控加工程序，可以接受各种不同的零件加工任务，这一特点对新产品的开发特别有利。

2）设备利用率高。FMS 中的工件是安装在托盘上输送的，并通过托盘快速在机床上进行定位与装夹，节省了工件装夹时间，有很多准备工作可在机床工作时同时进行，而利用计算机管理也使准备时间大为减少，因此，零件在加工过程中的等待时间大大缩短，机床的利用率可达到75%~90%。

3）设备成本低，占地面积小。机床利用率高，所需机床的数量就少，成本自然就低，占地面积自然就小。

4）生产人员少。在FMS中，一般装卸、维修和调整等操作由人工控制完成，正常工作则完全由计算机控制，所以，通常实行24h工作制，所有靠人力完成的操作集中安排在白班进行，晚班只留一人看管，系统可在无人操作状态下工作，劳动生产率高。

5）在制品数量少，对市场反应速度快。由于FMS具有高柔性、高生产率以及准备时间短等特点，能够对市场变化做出较快的反应，没有必要保持较大的在制品和产品库存量。

6）产品质量高。FMS为自动化生产，使用的机床数量和装夹次数少，夹具的寿命长，操作人员的注意力主要集中在机床和零件的调整上，零件的加工质量高。

7）可逐步实施计划。一条刚性的自动生产线，其全部设备安装调试后才能投入生产，资金必须一次性投入。FMS则可分步实施计划，并且每一步计划的实施都能进行产品的生产，这是因为FMS的各个加工单元都具有相对独立性。

4. 快速成形技术

（1）快速成形技术概述　随着科学技术的不断进步以及人类多样化消费水平的不断提高，产品市场越来越多地呈现出高质量、小批量、多品种、产品生命周期短的特点。在这样的市场环境下，一个企业必须重视新产品的不断开发和研制，这样才能保证其开发的新产品迅速进入市场，占有较大的市场份额，从而在激烈的市场竞争中立于不败之地。如何快速、有效、经济地进行新产品的开发就成为制造业面临的严峻问题，围绕这一问题而开展的各项研究，就催生了制造领域中的一场变革，这就是快速成形技术的出现。

快速成形技术是20世纪80年代初期发展起来的，可根据CAD模型快速制造出样件或零件的加工技术。它是一种材料累加制造方法，即通过材料的有序累加来完成三维成形。快速成形技术集成了CNC技术、材料技术、激光技术以及CAD技术等现代科技成果，是先进制造技术的重要组成部分。由于这种成形过程中不需要任何专用的辅助工具和夹具，完全由计算机管理和控制，可进行任意零件的加工，且不受零件形状和复杂程度的限制，因此制造柔性极高，完全符合敏捷制造（Agile Manufacturing，AM）的思想。这种技术一出现，就引起了制造业和学术界的极大关注，世界各国投入了相当可观的人力、物力、财力进行这种制造技术的研究开发以及成形机的生产销售，到目前为止已形成相当大的市场。快速成形技术与数控加工、铸造、金属冷喷涂、硅胶模制作等制造手段密切结合，已成为当前模型、模具和零件制造的强有力手段，在航空航天、汽车、家电以及生物制造工程等众多领域得到了广泛的应用。

快速成形技术具有如下优点：

1）快速成形技术是一种使设计概念可视化的重要手段，可以使计算机辅助设计的零件的实物模型在很短时间内成形出来，从而可以很快对加工能力和设计结果进行评估。

2）由于它是将复杂的三维实体转化为二维截面来处理，因此能制造任意复杂实体，而无需任何工具和夹具，可实现自由制造（Free Form Fabrication），这是传统制造方法所无法比拟的。

3）作为一种重要的制造技术，快速成形技术采用适当的材料和后续工艺，可以直接获得最终产品或模具。

（2）快速成形制造过程　快速成形技术通过材料的有序累加或堆积形成三维实体，可以由点到线、到面再到体，也可以由线到面再到体，还可以直接由面到体，这主要取决于采用什么样的堆积工艺。但共性的问题是要完成这种有序的堆积，必须首先获得堆积的相关信息，如层片信息等。获得这种信息的过程，就是对三维实体进行“离散化”的过程，通过离散获得堆积的单元体积尺寸、堆积顺序、路径、限制和方式等。因此，从成形的全过程来看，快速成形过程可以描述为离散堆积过程，一个实体零件可以认为是由一些点、线、面叠加而成的，从CAD模型中获得这些点、线、面的几何信息（离散），将其与成形参数信息相结合，转换为控制成形机工作的NC代码，控制材料有规律地、精确地叠加起来（堆积），从而构成三维实体零件。这种离散堆积制造的全过程即快速成形制造流程如图1-16所示。

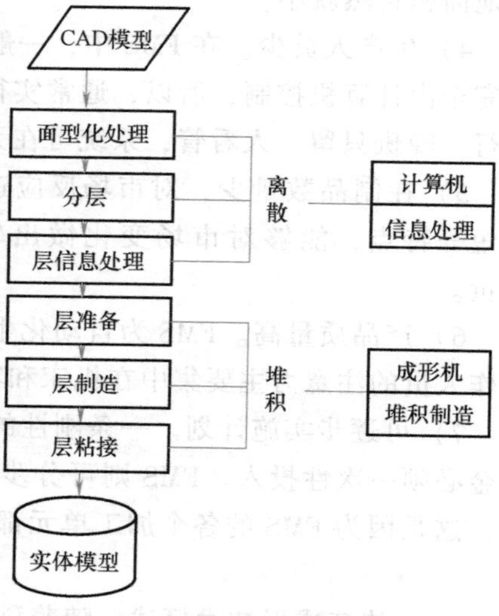

图 1-16　快速成形制造流程

5. 精密和超精密加工技术

精密和超精密加工是现代制造技术的一个重要组成部分，是衡量一个国家高科技制造业水平高低的重要标志之一。20世纪60年代以来，随着计算机及信息技术的发展，对制造技术提出了更高的要求，如IC、LSI、VLSI基底的加工，核聚变以及大型射电天文望远镜用的平面反射镜、非球面抛物镜、VTR磁头等的加工，不仅要求获得极高的尺寸和几何精度，还要求获得极高的表面质量。在这样的市场需求下，精密和超精密加工技术得到了迅速的发展，各种新工艺、新方法不断出现，同时也促进了各种相关产品技术性能的提高，如机床、仪器仪表、航空发动机、轴承以及机电一体化产品等，而这些产品技术性能的提高，就相应地促进了机械、电子、航空、激光、核聚变等高新技术的发展。

精密和超精密加工可达到的加工精度与表面粗糙度值见表1-2。

表 1-2　精密和超精密加工可达到的加工精度与表面粗糙度值

项目	精密加工/μm	超精密加工/μm
尺寸精度	2.5~0.75	0.3~0.25
圆度	0.7~0.2	0.38~0.06
圆柱度	1.25~0.38	0.25~0.13
平面度	1.25~0.38	0.25~0.13
表面粗糙度值	0.2~0.05	0.03~0.01

目前，可以把获得微米至亚微米级加工精度的加工称为精密加工，而把可以获得亚微米以上加工精度的加工称为超精密加工。需要指出的是，精密或超精密加工的定义只具有相对意义，因为随着先进制造技术的不断发展，人们所能获得的加工精度必然会越来越高。众所周知，物质是由原子组成的，如果加工能在原子级水平（原子颗粒的大小为亚纳米级别）

上进行，则达到了加工的极限。从这一点出发，也可以把接近于加工极限的加工技术称为超精密加工。

超精密切削加工是一种微量切削加工方法，一般采取刀具切削或磨具切削这两种工艺。采用刀具切削的超精密切削加工方法有超精密车削、超精密铣削、超精密拉削以及超精密铰削等；采用磨具切削的超精密切削加工方法主要有超精密磨削、珩磨、研磨以及用游离磨粒磨削等。

图 1-17 所示为影响超精密加工的加工精度和表面质量的主要因素。

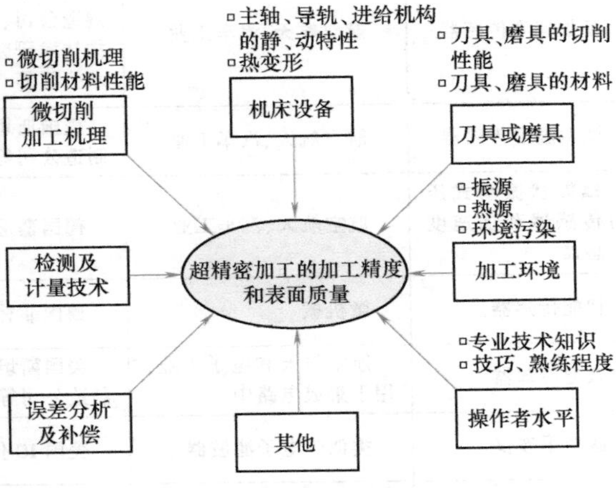

图 1-17　影响超精密加工的加工精度和表面质量的主要因素

6. 微机械及微细加工技术

（1）微机械　随着微纳米科学与技术（Micro/Nano Science and Technology）的发展，以本身形状尺寸微小或操作尺度极小为特征的微机械已成为人们认识和改造微观世界的一种高新技术。微机械由于具有能够在狭小空间内作业，而又不扰乱工作环境和对象的特点，在航空航天、精密仪器、生物医疗等领域有着广阔的应用潜力，并成为研究纳米技术的重要手段，因此受到了人们的高度重视并被列为21世纪关键技术之首。微机械在美国常被称作微型机电系统（Micro Electro Mechanical System，MEMS），在日本被称为微机器（Micro Machine），在欧洲则被称为微系统（Micro System）。按外形尺寸，微机械可划分为1～10mm的微小型机械、1μm～1mm的微机械以及1nm～1μm的纳米机械。概括起来，微机械具有以下基本特点：

1）体积小、精度高、质量小。其体积可小至亚微米级以下，尺寸精度可达到纳米级，质量可达到纳克级。

2）性能稳定、可靠性高。微机械器件的体积极小，封装后几乎可以摆脱热膨胀、噪声和挠曲等因素的影响，具有较高的抗干扰性，可以在比较恶劣的环境下稳定地工作。

3）能耗低，灵敏度和工作效率高。完成相同的工作，微机械所消耗的能量仅为传统机械的十几分之一甚至几十分之一，却能以传统机械数十倍以上的速度运作，如微型泵的体积可以取5mm×5mm×0.7mm，远小于小型泵，但其流速却可以达到小型泵的1000倍。由于机电一体化的微机械不存在信号延迟等问题，因此更适合高速工作。

4）多功能和智能化。许多微机械集传感器、执行器和电子控制电路等为一体，特别是应用智能材料和智能结构后，更有利于实现微机械的多功能化和智能化。

5）适用于大批量生产，制造成本低廉。微机械能够采用与半导体制造工艺类似的生产方法，像超大规模集成电路芯片一样，一次性制成大量完全相同的零部件，其制造成本与传统机械加工相比显著降低。

微机械是人类认识和改造客观世界从宏观向微观发展的必然产物，并将随着人们对微观世界认知的不断深入而进一步发展。作为一门综合性的新型学科，它已成为当今世界范围内的研究热点，发展非常迅速。国外一些有实力的公司和研究机构已研制开发出许多有特色的微机械产品，见表1-3。

表1-3 一些典型的微机械产品

产品	主要应用领域	研制国家及单位	主要工艺方法
硅压力传感器	航空航天、医疗器械	美国斯坦福大学、加州弗里蒙特新传感器制造公司、日本横河电机公司等	各向异性刻蚀工艺及加工控制法
微加速度传感器	航空航天、汽车工业	美国斯坦福大学、加州弗里蒙特新传感器制造公司、德国卡尔斯鲁厄核研究中心微结构技术研究所、瑞士纳沙泰尔电子和微型技术公司等	制版术和刻蚀工艺LIGA技术
微型温度传感器	航空航天、汽车工业	美国斯坦福大学、加州弗里蒙特新传感器制造公司等	制版术和刻蚀工艺
螺旋状振动式压力传感器和加速度传感器	航空航天、汽车工业	德国慕尼黑夫琅霍费固体工艺研究所等	制版术和刻蚀工艺
智能传感器	微机械	德国菲林根施韦宁根微技术研究所	制版术和刻蚀工艺
微型冷却器	航空航天和电子工业，用于集成电路中	美国斯坦福大学、加州弗里蒙特新传感器制造公司等	制版术和各向异性刻蚀工艺
微型干涉仪	类似于电子滤波器	美国IC传感器制造公司等	制版术和刻蚀工艺
硅材油墨喷嘴	计算机设备	美国斯坦福大学	各向异性刻蚀工艺
分离同位素的微喷嘴	核工业	德国卡尔斯鲁厄核研究中心微结构技术研究	LIGA技术
微型泵	医疗器械、电子线路	日本东北大学、荷兰特温特大学、德国慕尼黑夫琅霍费固体工艺研究所等	刻蚀工艺和堆装技术
微型阀	医疗器械	德国慕尼黑夫琅霍费固体工艺研究所	制版术和刻蚀工艺
微型开关(密度为12400个/cm^2)	航空航天和武器工业	美国明尼苏达大学	制版术和各向异性刻蚀工艺
微齿轮、微弹簧及微曲柄、叶片棘轮	微执行机构、核武器安全装置	美国加利福尼亚大学伯克利分校、圣地亚国家实验室	分离层技术、制版术和刻蚀工艺
直径为60μm的微静电电动机	计算机和通信系统的控制	美国加利福尼亚大学伯克利分校、麻省理工学院	分离层技术

（2）微细加工技术　微细加工（Micro Fabrication）技术起源于半导体制造工艺，原来是指加工尺度约在微米级范围内的加工方式。在微机械研究领域中，它是微米级、亚微米级乃至纳米级微细加工工艺的统称。制造微机械常采用的微细加工又可以进一步分为微米级微细加工（Micro Fabrication）、亚微米级微细加工（Sub-micro Fabrication）和纳米级微细加工（Nano-Fabrication）等。广义上的微细加工技术，其内容十分丰富，几乎涉及了各种现代特种加工、高能束加工等加工方式，而微机械制造过程又往往是多种加工方式的组合。

从基本加工类型看，微细加工大致可以分四类：分离加工，即将材料的某一部分分离出去的加工方式，如分解、蒸发、溅射、破碎等；接合加工，即同种或不同种材料的附和加工或相互结合加工，如蒸镀、沉淀、掺入、生长、粘接等；变形加工，即使材料形状发生改变的加工方式，如塑性变形加工、流体变形加工等；材料处理或改性，如一些热处理或表面改性等。表1-4中列出了经常使用的不同形式的微细加工方法。

表 1-4 不同形式的微细加工方法

加工类型	加工机理	加工方法
分离加工	化学分解(热激活式,适用于液体、气体、固体) 电子化学分解(电解激活式,适用于液体、固体) 蒸发(热式,适用于气体、固体) 扩散分离(热式,适用于固体、液体、气体) 熔化分离(热式,适用于固体、液体、气体) 溅射(力学式,适用于固体) 离子化表面原子的电场发射	光刻、化学刻蚀、活性离子刻蚀、化学抛光 电解抛光、电解加工(刻蚀) 电子束加工、激光加工、热射线加工 扩散去除加工(融化) 熔化去除加工 离子溅射加工、光子直接去除加工(X 射线) 用电场分离(STM 加工、AFM 加工)
接合加工(结合增长)	化学沉积及结合(适用于固体、液体、气体) 电化学沉积及结合(适用于固体、液体、气体) 热沉积及热结合(适用于固体、液体、气体) 扩散结合(热式) 熔化结合(热式) 物理沉积及结合(力学式) 注入(力学式) 电子场发射	化学镀、气相镀、氧化及氮化激活反应镀 电镀、阳极氧化、电铸(电成形)、电泳成形 蒸发沉积、外延生长、分子束外延 烧结、发泡、离子渗氮 熔化镀、浸镀 溅射沉积、离子镀膜、离子束外延、离子束沉积 离子注入加工 STM 加工
变形加工	热表面流动 黏滞性流动(力学式) 摩擦流动(力学式) 塑性变形 分子定位	热流动表面加工(气体高温、高频电流、热射线、电子束、激光) 液流(水)抛光、气体流动加工 微细粒子流抛光(研磨、压光、精研) 电磁成形、放电、悬臂弯曲、拉伸等 STM 装置
材料处理或改性	热激活(电子、光子、离子等) 混合沉积(电子、离子、光子等) 化学反应(电子、光子、离子等) 热能化学反应(电子、光子、离子等) 催化反应	淬硬、退火(适用于金属、半导体)、硬化 扩散、混合(离子) 聚合、解聚合 表面活性抛光 反应激励

微细加工技术曾经广泛应用于大规模和超大规模集成电路的加工制作，正是借助于这些微细加工技术，众多的微电子器件及相关技术和产业蓬勃兴起，并迎来了人类社会的信息革命。同时，微细加工技术也逐渐被赋予了更广泛的内容和更高的要求。目前，微细加工技术在特种新型器件、电子零件及装置、机械零件及装置、表面分析、材料改性等方面也发挥着重要的作用。特别是在微机械研究和制作方面，微细加工技术已经成为必不可少的基本环节。微机械的微细加工技术有以下特点：

1）从加工对象上看，微细加工不但加工尺度极小，而且被加工对象的整体尺寸也很微小。

2）由于微机械对象的微小性和脆弱性，仅仅依靠控制和重复宏观的加工相对运动轨迹来达到加工目的已经很不现实，必须针对不同对象和加工要求，具体考虑不同的加工方法和手段。

3）微细加工在加工目的、加工设备、制造环境、材料选择与处理、测量方法和仪器等方面都有其特殊的要求。

1.4.2 先进制造模式

自20世纪60年代以来，制造技术飞速发展，涌现出各种各样的生产模式及其制造系统，如柔性制造、计算机集成制造、并行工程、协同制造、精益生产、敏捷制造、虚拟制造、大规模定制制造、企业集群制造、绿色制造、生物制造、可重构制造以及智能制造等。它们强调的重点和特色不同，但有很多内容在思路上是相通的，现选择其中的主要内容进行论述。

1. 计算机集成制造系统

计算机集成制造系统又称为计算机综合制造系统，它是在制造技术、信息技术和自动化技术的基础上，通过计算机硬件和软件系统，将制造工厂全部生产活动所需的分散自动化系统有机地联系起来，进行产品设计、加工和管理的全盘自动化。

计算机集成制造系统（Computer Integrated Manufacturing Systems，CIMS）是在网络、数据库的支持下，由以计算机辅助设计（CAD）为核心的产品设计和工程分析系统，以计算机辅助制造（CAM）为中心的加工、装配、检测、储运、监控自动化工艺系统，以及以计算机辅助生产经营管理为主的管理信息系统（Management Information System，MIS）组成的综合体。CIMS的简要结构如图1-18所示。

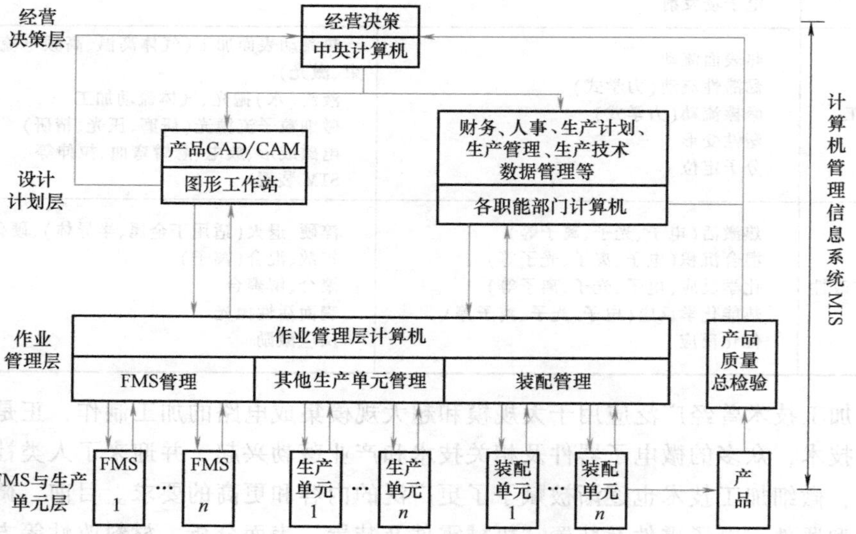

图1-18 CIMS的简要结构

由图1-18可以看出，CIMS的最高层是经营决策层，它是CIMS的核心。第二层是设计计划层，可划分为计算机辅助设计与制造以及生产组织准备和管理两大部分，这是系统的支柱。第三层（作业管理层）和第四层（FMS与生产单元层）是产品具体生产的层次，是系统的基础。图中箭头表示CIMS各个层次的计算机之间的信息交换方向，最重要的信息将汇总到经营决策层，作为经营决策的依据。所以，CIMS的计算机通信网络和数据库系统（图中未画出）是系统的神经系统和集成关键。计算机管理信息系统将贯穿CIMS的各个层次。

2. 并行工程

并行工程又称为同步工程或同期工程，是针对传统的产品串行开发过程而提出的一种强调并行的概念、哲理和方法。并行工程是在集成制造的环境下，集成地、并行地、有序地设计产品全生命周期及其相关过程的系统方法，应用产品数据管理（Production Data Management，PDM）和数字化产品定义（Digital Product Definition，DPD）技术，通过多学科的群组协同工作，使产品在开发的各阶段既有一定的时序，又能并行交错。

并行工程采用计算机仿真等各种计算机辅助工具、手段、使能技术和上下游共同决策方式，通过宏循环和微循环的信息流闭环体系进行信息反馈，在开发的早期就能及时发现产品开发全过程中的问题。并行工程要求产品开发人员在设计的一开始就考虑产品整个生命周期中，从概念形成到报废处理的所有因素，包括用户需求、设计、生产制造计划、质量和成本等。并行工程缩短了产品开发周期，提高了产品质量，降低了成本，缩短了产品上市时间，增强了企业的竞争能力，具有显著的经济效益和社会效益。

并行工程的主体是并行设计，它是用计算机仿真技术设计开发产品的全过程。

3. 精益生产

精益生产是20世纪50年代由日本丰田汽车公司工程师丰田英二和大野耐一根据当时的实际情况所提出的一种新的生产方式。当时正处于第二次世界大战之后，日本的国内市场很小，汽车种类繁多，没有足够的资金和外汇购买西方的生产技术。精益生产综合了单件生产和大批大量生产方式的优点，使工人、设备投资以及开发新产品的时间等一切投入都大为减少，而生产出的产品品种多，质量好。这种生产方式到20世纪60年代已发展成熟，到20世纪80年代中期受到美国的重视，美国人认为它会真正改变世界的生产和经济形势，对人类社会产生深远影响。分析表明，当今世界各国汽车制造业的生产水平相差悬殊的根本原因不在于企业自动化水平的高低，不在于生产批量的大小，也不在于产品品种的多少，而在于生产方式的不同。日本汽车业之所以能发展到今天，是因为采用了这种新型生产方式，而这种生产方式被称为精益生产，也称为无故障生产。

精益生产的主导思想是以“人”为中心，以“简化”为手段，以“尽善尽美”为最终目标。

4. 敏捷制造

美国早在1994年底就提出了《21世纪制造企业战略》报告，它是美国国防部根据国会的要求，为拟订一个较长时期的制造技术规划而委托里海大学（Lehigh University）编定的。报告中提出了既能体现美国国防部与工业界各自的利益，又能使其获取共同利益的一种新的制造模式，即敏捷制造，并将它作为制造企业战略，在2006年以前通过它夺回美国制造业在世界上的领先地位。

敏捷制造是将柔性生产技术、有生产技能和知识的劳动力与企业内部和企业之间相互合作的灵活管理集成在一起，通过所建立的共同基础结构，对迅速改变或无法预见的用户需求和市场时机做出快速响应，其核心是“敏捷”。

敏捷制造的特点可归纳为以下几点：

1）能迅速推出全新产品。随着用户需求的变化和产品的改进，用户容易得到其想要购买的重新组合产品或更新换代产品。

2）形成信息密集的、生产成本与批量无关的柔性制造系统，即可重新组合、可连续更换的制造系统。

3）生产高质量的产品，在产品全生命周期内使用户感到满意，不断发展的产品系列具有相当长的寿命，可与用户和商界建立长远关系。

4）建立国内或国际的虚拟企业（公司）或动态联盟，它是靠信息联系的动态组织结构和经营实体，其权力是集中与分散相结合的，建有高度交互性的网络，可实现企业内部和企业间全面的并行工作。通过人、管理、技术三者的结合，充分调动人的积极性，最大限度地发挥雇员的创造性。以其优化的组织成员、柔性的生产技术和管理理念、丰富的资源优势，提高新产品投放市场的速度和竞争能力，实现敏捷性。

5. 虚拟制造

虚拟制造是以制造技术、计算机技术支持的系统建模技术和仿真技术为基础，集现代制造工艺、计算机图形学、并行工程、人工智能、人工现实技术和多媒体技术等多种高科技技术为一体，由多学科知识形成的一种综合系统技术。它将现实制造环境及其制造过程通过建立系统模型映射到计算机与相关技术所支撑的虚拟环境中，在虚拟环境下模拟现实制造环境及其制造过程的一切活动和产品的制造全过程，并对产品制造及制造系统的行为进行预测和评价。

虚拟制造是敏捷制造的核心，是其发展的关键技术之一。敏捷制造中的虚拟企业在正式运行之前，必须分析这种组合是否最优，能否正常、协调地工作，以及对这种组合投产后的效益和风险进行切实有效的评估。要实现这种分析和有效评估，就必须把虚拟企业映射为虚拟制造系统，通过运行虚拟制造系统进行试验。

（1）虚拟制造技术　虚拟制造技术（Virtual Manufacturing Technology，VMT）可以理解为在计算机上模拟产品的制造和装配的全过程。换句话说，借助建模和仿真技术，在产品设计阶段，就可以把产品的制造过程、工艺过程、作业计划、生产调度、库存管理以及成本核算和零部件采购等生产活动在计算机屏幕上显示出来，以便全面确定产品设计和生产过程的合理性。

虚拟制造技术是一种软件技术，它填补了CAD/CAM技术与生产过程和企业管理之间的技术鸿沟，在产品投入生产之前，就把企业的生产和管理活动在计算机屏幕上加以实现和评价，使工程师和决策者在设计阶段就能够预见可能出现的问题和后果。

（2）虚拟制造系统　虚拟制造系统（Virtual Manufacturing System，VMS）是基于虚拟制造技术（VMT）实现的制造系统，是现实制造系统（Real Manufacturing System，RMS）在虚拟环境下的映射。现实制造系统的功能是物质流、信息流、能量流在控制机的协调与控制下，在各个层面上进行相应的决策，实现从投入到输出的有效转变，而其中物质流及信息流的协调工作是它的主体。为了简化起见，可以将现实制造系统划分为两个子系统：现实信息系统（Real Information System，RIS）和现实物理系统（Real Physical System，RPS）。

RPS由存在于现实中的物质实体组成，这些物质实体可以是材料、零部件、产品、机床、夹具、机器人、传感器、控制器等。当制造系统运行时，这些实体有特定的行为和相互作用，如运动、变换、传递等，制造系统本身也与环境以物质和能量的方式发生作用。RIS由许多信息、信息处理和决策活动组成，如设计、规划、调度、控制、评估信息，它不仅包括设计制造过程的静态信息，还包括制造过程的动态信息。

6. 大规模定制制造

在制造业中，客户需求的多样化和竞争的全球化对制造企业提出了更高的要求，从而出现了大规模定制的生产方式。

大规模定制是指将企业、用户、供应商和环境集成于一体，形成一个系统，在整体优化的信息技术等的支持下，根据用户的个性化需要，采用大批量生产的方法，以高质量、高效率和低成本提供定制产品和服务。

大规模定制的关键技术是如何解决用户个性化需求所造成的产品多样性和生产批量化之间的矛盾，使用户和企业都能满意，这就要求采用柔性化的制造技术、虚拟制造技术等，如大规模定制的产品的模块化设计、大规模定制的成组制造和大规模定制的管理等。

大规模定制又称大批量定制、批量定制、大规模用户化生产和批量用户化生产等，它是 21 世纪的主要制造模式之一。

7. 企业集群制造

企业集群是指众多生产相同或相似产品的企业在某个地区内聚集的现象。企业集群制造是企业集群生产的制造模式，它正逐渐发展为世界经济的一种重要形式。例如，美国加州硅谷的微电子、生物技术企业集群，意大利北部以米兰为中心的机器制造和皮革加工企业的"第三意大利现象"，我国珠江三角洲地区的计算机、服装、家具等企业集群和长江三角洲地区的集成电路、轻工产品等企业集群等。

企业集群制造是通过企业集群制造系统来实现的。企业集群制造系统是企业虚拟化和集群化的结果。企业虚拟化使产品的制造过程分解成多个独立的制造子过程，企业集群化使每个制造子过程都聚集了大量的同构企业并形成企业族。企业集群制造系统的结构如图 1-19 所示。企业集群制造系统的构建包括同类企业的区域集群和集群内制造资源的模块化整合及其优化等内容。

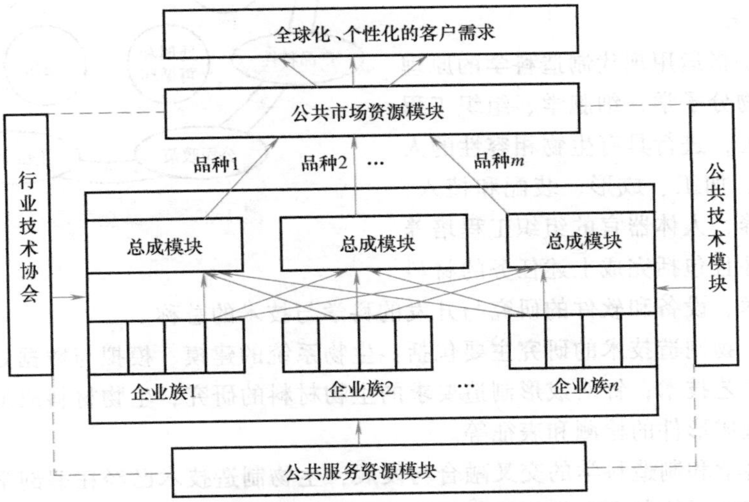

图 1-19　企业集群制造系统的结构

8. 绿色制造

绿色制造是一种综合考虑环境影响和资源利用的现代制造模式，其目标是使产品在从市场需求、设计、制造、包装、运输、使用到报废处理的全生命周期中，对环境的负面影响最小，而资源利用率最高。绿色制造的含义很广，且十分重要，涉及以下一些方面。

（1）环境保护　制造是永恒的，产品的生产会造成对环境的污染和破坏，人类的生存环境面临着日益增长的产品废弃物危害和资源日益匮乏的局面。要以产品全生命周期来考虑，从市场需求出发，进行设计、制造，不仅要考虑它如何满足使用要求，而且要考虑生命终结时如何对其进行处置，使它对自然界的污染和破坏最小，而利用率最大。

(2) 资源利用　世界上的资源从是否可以再生的角度来分类，可分为不可再生资源与可再生资源，如石油、矿产等都是不能再生的，而树木等是可再生的。在进行产品设计时，应尽量选择可再生材料，产品报废后，还要考虑资源的回收和再利用问题。为此，机械产品从设计开始就要考虑拆卸的可能性与经济性，在产品建模时，不仅要考虑加工、装配结构的工艺性，而且要考虑拆卸结构的工艺性，把拆卸作为计算机辅助装配工艺设计的一项重要内容。

(3) 清洁生产　在产品生产加工过程中，要减少其对自然环境的污染和破坏。例如，切削、磨削加工中的切削液，电火花加工、电解加工中的工作液都会污染环境，为此，出现了干式切削和干式磨削加工，而这两种加工中的切屑、粉尘会造成对人体的伤害，需要配置有效的回收装置；热处理废液会造成严重的水污染和腐蚀问题，对人体有害，应进行处理后才能排放；又如机械加工中的噪声也是一种环境污染，需要控制噪声水平，不能超标。

为了进行清洁生产，需要研究产品全生命周期设计和并行工程，它能有效地处理与生命周期有关的各种因素，其中包括需求、设计和开发、生产、销售、使用、处理和再循环，如图 1-20 所示。

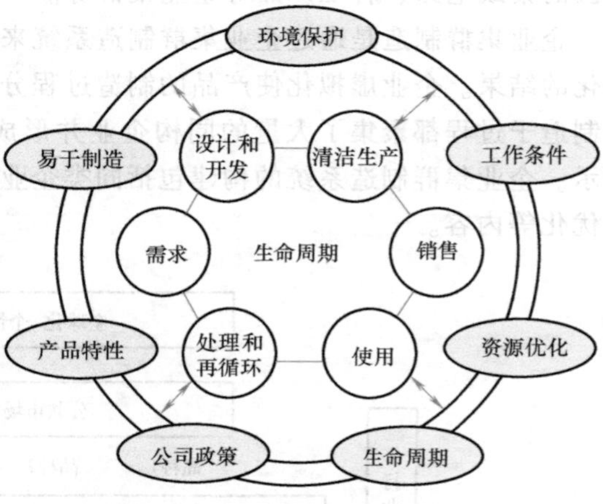

图 1-20　产品全生命周期设计

9. 生物制造

生物制造是指运用现代制造科学的原理和方法，在生物分子学、细胞学、组织工程学的科学层次上，进行具有生物相容性的人工假体的设计、加工、成形、装配和植入，细胞诱导和培养，人体器官的组织工程培养及活体制造，并且包括完成上述任务的材料和加工成形技术、设备和软件的研究与开发的科学与技术的总称。

目前，对生物制造技术的研究主要包括：生物系统的建模、模拟与数据处理；生物制造使能技术和新工艺技术；针对成形制造要求的生物材料的研究；生物材料成形设备的研究与开发；生物制造成形件的检测和表征等。

随着生命科学和制造科学的交叉融合与发展，生物制造技术已经在解剖学体外器官模型制造、生物相容性假体制造和组织工程细胞载体框架结构制造等方面得到了应用。

10. 可重构制造

长期的制造实践证明，在现在与未来，制造企业的三个核心要素都是产品、制造系统和商务实践，而其中的制造系统经常成为新产品快速开发上市和满足顾客需求驱动、快速响应市场的商务活动的瓶颈（约束）。可重构制造系统要想快速实现产品的产出能力，实现制造过程与功能的可重构、可缩放与可重复利用，就必须革新现有制造系统的规划、设计、建造与运行理论与方法，革新系统的组态方式，使系统组态的模块（组元、零部件或子系统）

变成可变、可更新的、可多次集成重构的。这一技术是对传统制造系统、产品或工程系统的硬件和软件的规划、设计、建造与运行的重大革新，它已经开始并将深远地影响今天与明天的制造系统、产品、工程与科学试验装置或系统的发展。可重构制造技术的另一个重要特征是可自适应、可重构制造过程、可编程、有近净成型工具支持。

可重构性的科学基础是拓扑相似性，可以将其看成是成组技术相似性研究的最新发展。所谓拓扑相似性，是指由多学科综合要求规定的不变拓扑特征为基础的广义相似性。它是从广义的角度，根据数学、物理、化学、生物学、信息论、系统论、控制论、工程科学、人因学与人因工程、经济学、管理科学和其他人文社会科学等多学科，定义和要求的不变量的拓扑。同时，它还考虑系统的模块或组元之间特定的交互作用与接口特性。因此，它可以通过改变系统或产品的功能、制造流程、输入与输出能力，达到快速响应新的顾客需求与期望的目的。

11. 智能制造

智能制造是 20 世纪 80 年代发展起来的一门新兴学科，具有很重要的前景，被公认为继柔性化、集成化后，制造技术发展的第三阶段。

关于智能制造的含义，有众多说法，可以认为智能制造是指将专家系统、模糊推理、人工神经网络和遗传算法等人工智能技术应用到控制中，解决多种复杂的决策问题，提高制造系统的水平和实用性。人工智能的作用是要代替熟练工人的技艺，它具有学习工程技术人员实践经验和知识的能力，并用以解决生产实际问题，从而将工人、工程技术人员多年积累起来的丰富而又宝贵的实际经验保存下来，并能在生产实际中长期发挥作用。因此，目前正在研究能发挥人的创造能力和具有人的智能（和技能）的制造系统。

在以人为系统的主导者这一总的概念指导下，智能制造有三种类型，即基于人的智能制造（Human Intelligence-Based Manufacturing，HIM）、基于智能性技能的制造（Intelligent Skill-Based Manufacturing，ISM）和以人为中心的制造（Human Centered Manufacturing，HCM）。

智能制造技术有许多方法，如专家系统、模糊推理、神经网络和遗传算法等。当前，智能制造技术的研究主要有智能制造系统的构建技术、与生产有关的信息与通信技术、生产加工技术，以及与生产有关的人的因素等。

智能机器主要是指具有一定智能的数控机床、加工中心、机器人等，其中包括一些智能制造的单元技术，如智能控制、智能监测与诊断、智能信息处理等。智能制造系统由智能机器组成，整个系统包含制造过程的智能控制、作业的智能调度与控制、制造质量信息的智能处理系统、智能监测与诊断系统等。

12. “工业 4.0”

机械化、电气化和信息化标志了前三次工业革命的技术革新。随着信息物理系统（Cyber-Physical Systems，CPS）和物联网（Internet of Things，IoT）技术的发展，将网络化引入制造业，标志着第四次工业革命的到来。

2011 年，在汉诺威工业博览会开幕式致辞中，德国人工智能研究中心负责人和执行总裁 Wolfgang Wahlster 教授首次提出“工业 4.0”一词，旨在通过互联网的推动，形成第四次工业革命的雏形；2013 年，德国成立“工业 4.0”工作组，并于同年 4 月在汉诺威工业博览会上发布了《保障德国制造业的未来：关于实施工业 4.0 战略的建议》的报告。

“工业 4.0”研究项目联合了德国各大企业、研究机构，由德国联邦教研部与联邦经济技术部联手资助，德国联邦政府投入达 2 亿欧元。

“工业 4.0”着眼于智能制造与智能生产流程。在未来的制造中，智能工厂需要适应快速的产品开发、可变的生产流程与复杂的生产环境，而信息物理系统（CPS）使得人、机器与产品间的沟通成为可能。

13. “中国制造 2025”

2015 年 5 月 19 日，经李克强总理签批，国务院印发了《中国制造 2025》，部署全面推进实施制造强国战略。这是我国实施制造强国战略的第一个十年行动纲领。力争通过三个十年的努力，到新中国成立一百年时，把我国建设成为引领世界制造业发展的制造强国。“中国制造 2025”将智能制造作为主攻方向，推进制造过程智能化。在重点领域试点建设智能工厂/数字化车间，加快人机智能交互、工业机器人、智能物流管理、增材制造等技术和装备在生产过程中的应用，促进制造工艺的仿真优化、数字化控制、状态信息实时监测和自适应控制。加快产品全生命周期管理、客户关系管理、供应链管理系统的推广应用，促进集团管控、设计与制造、产供销一体、业务和财务衔接等关键环节的集成，实现智能管控。

14. 其他制造模式

(1) 协同制造　由于现代制造技术的复杂性，通常要涉及多个学科的交叉融合、多个行业和企业的合作支持，才能解决工程实际问题，因此强调协同性，提出了多学科设计优化（Multi-disciplinary Design Optimization，MDO）技术。

(2) 网络化制造　随着计算机技术及网络技术的发展和经济全球化，网络经济成为现代经济的主流，传统的制造模式发生了根本变化，逐步形成了网络化制造系统。网络化制造系统是网络化制造的具体体现，是企业在网络化制造集成平台和软件等工具的支持下，根据企业的经营业务需求，进行产品的开发、设计、制造、销售、报废处理等工作。

(3) 全球化制造　全球化制造强调全球企业的合作和资源共享，选择最优的合作伙伴，采用最先进的技术，提高产品质量，加快产品的开发速度和上市时间，最大限度地满足用户需求。

复习思考题

1-1　机械制造系统由哪些子系统构成？简述各子系统的功能。

1-2　按照由原材料或毛坯制造成零件的过程中质量 m 的变化，简述材料成形的原理，并列举不同原理所采用的成形工艺方法。

1-3　说明制造、材料加工、材料成形三者之间的关系。

1-4　现代先进制造技术有哪些主要特征？

1-5　简述数控机床的组成和加工特点。

1-6　简述计算机辅助设计与制造系统的组成及特点。

1-7　试分析影响超精密加工的加工精度和表面质量的主要因素。

1-8　微细加工与精密加工以及传统的机械加工有何不同？

1-9　何谓计算机集成制造系统？按照层级原理组成的 CIMS 是由哪几部分组成的？

1-10　简述任意三种现代制造模式或先进制造技术的含义、特点以及其在制造业中的作用。

1-11　何谓绿色制造？绿色制造所涉及的内容有哪些方面？

1-12 智能制造有哪些方法？试述实施智能制造的重要性。

参考文献

[1] 卢秉恒．机械制造技术基础［M］．3版．北京：机械工业出版社，2008.
[2] 王先逵．机械制造工艺学［M］．3版．北京：机械工业出版社，2013.
[3] 郑修本．机械制造工艺学［M］．3版．北京：机械工业出版社，2012.
[4] 施江澜，赵占西．材料成形技术基础［M］．3版．北京：机械工业出版社，2013.
[5] 于爱兵，等．材料成形技术基础［M］．北京：清华大学出版社，2010.
[6] 李爱菊，孙康宁．工程材料成形与机械制造基础［M］．北京：机械工业出版社，2012.
[7] 许本枢．机械制造概论［M］．北京：机械工业出版社，2000.
[8] 李凯岭．机械制造工艺学［M］．北京：清华大学出版社，2014.

第 2 章

金属铸造成形工艺

2.1 金属铸造成形理论基础

将液态金属浇注到具有与零件形状、尺寸相适应的铸型型腔中，待其冷却凝固后获得具有一定尺寸、形状与性能的毛坯或零件的方法称为铸造。

铸造是人类掌握得比较早的一种金属热加工工艺，是生产机器零件或毛坯的一种主要成形方法。我国的铸造技术历史悠久，早在 3000 多年前，就开始应用青铜器铸件，2500 年前，铸铁工具已经相当普遍。例如，我国商朝的后母戊方鼎、战国时期的曾侯乙尊盘、明朝的永乐大钟等，都是古代铸造技术的代表产品。泥范、铁范（金属型铸造）和失蜡法（熔模铸造）被称为古代三大铸造技术。

进入 21 世纪，快速、高效、节能对制造业提出了更高的标准和要求，与此同时，材料及其成形技术也有了长足的进步和发展。铸造成形工艺依旧是机械制造业中重要的成形工艺之一而被大量应用。

2.1.1 铸造成形工艺的特点、方法及应用

1. 铸造成形工艺的特点

（1）铸造成形工艺的优点

1）适应性广。适合制造形状复杂的铸件，如形状复杂的箱体、机床床身、机架、阀体、泵体、叶轮、气缸体等。适用于各种材料，如铸铁、铸钢、铸造非铁金属、铸造非金属材料等，特别是对于不适合进行压力加工或焊接成形的材料，铸造成形工艺具有特殊的优势。

2）铸件的大小几乎不受限制。铸件壁厚可由 0.5mm 到 1000mm，质量可从几克到几百吨，如小到几克的钟表零件，大到数百吨的轧钢机机架，均可铸造成形。

3）生产成本低。铸造设备简单，原材料来源广泛，价格低廉，废品可再利用。铸造可以直接浇注出形状复杂的毛坯或零件，因此可减少切削加工量。

（2）铸造成形工艺的缺点

1）生产工序较多。生产过程中难以精确控制质量，因而废品率较高。实际生产中，除了需要进行性能检查外，还需要进行宏观和微观质量控制与检查。

2）力学性能较差。铸件组织疏松、晶粒粗大，内部容易产生缩孔、缩松、气孔、砂眼等缺陷而导致铸件的力学性能较差，特别是与用其他成形方法制成的相同材料的零件相比，其冲击韧度较低，因此不适合铸造承受动载荷的零件。

3）铸件表面粗糙，尺寸精度不高。尤其是应用比较多的砂型铸造，其铸件表面粗糙，尺寸精度差，对于精度要求高的表面，铸造后一般还要进行机加工。

4）铸造工作环境较差，工人劳动强度大。浇注熔融金属的温度高，型砂中的粉尘对人体有伤害。

2. 铸造成形工艺方法

铸造成形工艺方法的种类很多，一般可分为砂型铸造和特种铸造两大类。

（1）砂型铸造　砂型铸造（Sand Casting）是用型砂和芯砂作为造型和制芯的材料，利用重力作用使液态金属充填铸型型腔的一种工艺方法。取出铸件后，砂型便损坏，称为一次铸型。砂型铸造又分为手工造型（制芯）和机器造型（制芯）两类。手工造型是指造型和制芯的主要工作均由手工完成；机器造型是指主要的造型工作，包括填砂、紧实、起模、合箱等均由造型机完成。

砂型铸造的主要工序包括制造模样和芯盒、制备型砂及芯砂、造型、制芯、合箱、熔炼及浇注、落砂、清理和检验等，如图 2-1 所示。

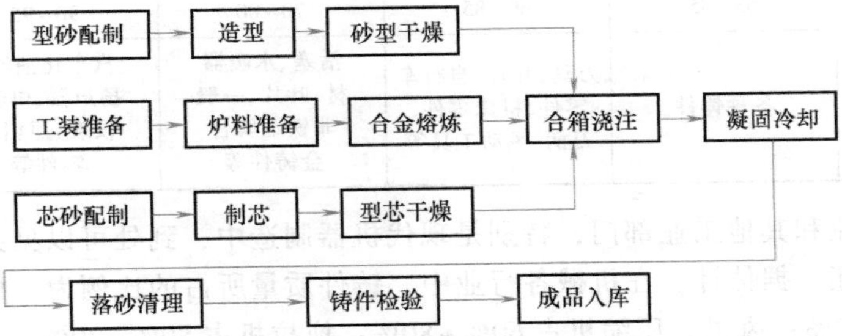

图 2-1　砂型铸造的工艺过程

（2）特种铸造　在造型材料、造型方法、金属液充型形式和金属在型腔中的凝固条件等方面与普通砂型铸造有显著差别的铸造方法，统称为特种铸造。目前，我国常用的特种铸造方法有熔模铸造、陶瓷型铸造、金属型铸造、压力铸造、低压铸造、差压铸造（又称反压铸造）、离心铸造、连续铸造、半连续铸造、真空吸铸、挤压铸造和磁型铸造共 12 种铸造方法。其中应用最广泛的是熔模铸造、金属型铸造、压力铸造和离心铸造。

由于机械工业的发展，对优质铸件的需求量日益增加，特种铸造获得了迅速发展。但是，各种特种铸造方法都有其特点及应用范围，尚不能完全取代砂型铸造。目前，最基本的铸造工艺方法还是砂型铸造，用砂型浇注的铸件约占铸件总产量的 90%。几种常用特种铸造方法与砂型铸造特点的比较见表 2-1。

3. 铸造成形工艺的应用

铸造由于可选用多种多样成分、性能的铸造合金，加之基本建设投资少、工艺灵活性大和生产周期短等优点，而被广泛地应用在机械制造、矿中冶金交通运输、石化通用设备、农业机械、能源动力、轻工纺织、土建工程、电力电子、航空航天、国防军工等国民经济各部门，是现代机械工业的基础。

表 2-1 常用特种铸造方法与砂型铸造特点的比较

比较项目	铸造方法				
	砂型铸造	熔模铸造	金属型铸造	压力铸造	离心铸造
适用金属	不限	不限，但以铸钢为主	以非铁金属合金为主	铝、锌等低熔点合金	钢铁材料、铜合金等
铸件的大小及质量范围	不限	一般小于 25kg	中小铸件	一般为 10kg 以下的小铸件	不限
生产批量	不限	成批、大量生产，也可以单件生产	大批、大量生产	大批、大量生产	成批、大量生产
铸件的尺寸精度(CT)	9	4	6	4	—
铸件的表面粗糙度 Ra 值/μm	较粗糙	1.6~12.5	6.3~12.5	0.8~3.2	内孔粗糙
铸件内部晶粒的大小	粗	粗	粗	细	细
铸件的机械加工余量	最大	较小	较大	较小	内孔加工余量大
生产率(取决于机械化程度)	手工造型(低)、机械造型(高)	中	中、高	高	中、高
设备费用	手工造型(低)、机械造型(高)	较高	较低	较高	中等
工艺出品率(%)	65~85	60~85	70~80	90~95	80~90
应用举例	各种铸件	刀具、叶片、自行车零件、机床零件、刀柄、风动工具等	活塞、水暖器材、叶片、一般非铁金属合金铸件等	汽车化油器、扬声器、电器、仪表、照相机零件等	各种铁管、套管、环、辊、叶轮、滑动轴承等

在机械制造业和其他工业部门，特别是现代机器制造中，到处可以见到用铸造成形工艺生产的零件和毛坯。据估计，在机械各行业中，铸件质量所占的比例为：机床、内燃机、重型机器占 70%~90%；风机、压缩机占 60%~80%；拖拉机占 50%~70%；农业机械占 40%~70%；汽车占 20%~30%。

2.1.2 合金的铸造性能

铸造用金属材料绝大多数为合金（Alloys）。用来制造铸件的铸造合金，除了应具有所需的力学性能和物理、化学性能外，为了保证液态合金能顺利充满铸型型腔，并经冷却凝固后获得形状和性能都符合设计要求的铸件，还必须考虑合金的铸造性能。合金在铸造成形过程中所表现出来的工艺性能称为合金的铸造性能。合金的铸造性能主要是指合金的流动性、充型能力、氧化性和吸气性等。

1. 合金的流动性

（1）流动性的概念　液态金属本身的流动能力称为流动性，它是合金的铸造性能之一。在同样的浇注条件下，合金的流动性与金属的成分、温度、杂质含量及其物理性质有关。流动性差，则会造成铸件浇不到、冷隔、气孔、夹杂、缩孔、热裂等缺陷。流动性好的合金，充型能力强，便于浇注出轮廓清晰、薄而复杂的铸件。

合金流动性的好与坏，通常以螺旋形标准试样（图2-2）的长度来衡量。在相同的浇注条件下，将液态合金浇注到螺旋形标准试样所形成的铸型中，在相同的铸型及浇注条件下，浇出的螺旋形试样越长，表示该合金的流动性越好。

（2）影响合金流动性的因素

1）合金的种类。不同合金因其共晶特性、黏度不同，流动性也不同。常用铸造合金中，灰铸铁、硅黄铜的流动性最好，铝合金次之，铸钢最差。铸铁的结晶温度低、收缩小、气孔少，所以它的流动性比铸钢好。

2）合金的成分。相同的合金，其结晶特点对流动性影响很大，结晶温度范围小的合金流动性好，结晶温度范围宽的合金流动性差。纯金属和共晶成分合金的结晶温度范围趋于零，结晶的固体层内表面比较光滑（图2-3a），对金属液的阻力较小。同时，共晶成分合金的凝固温度最低，相对来说，合金的过热度大，推迟了合金的凝固，故流动性最好。结晶温度范围宽，经过液、固并存的两相区，由于初生的树枝状晶体使已结晶固体层内表面粗糙（图2-3b），因而其流动性变差。合金成分越远离共晶成分，结晶温度范围越宽，则流动性越差。

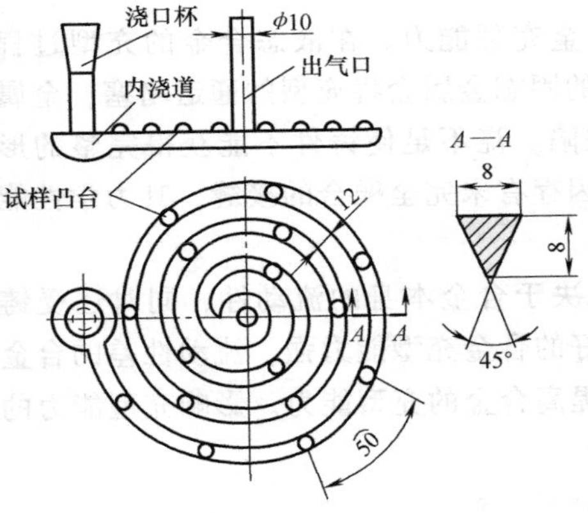

图2-2 螺旋形标准试样

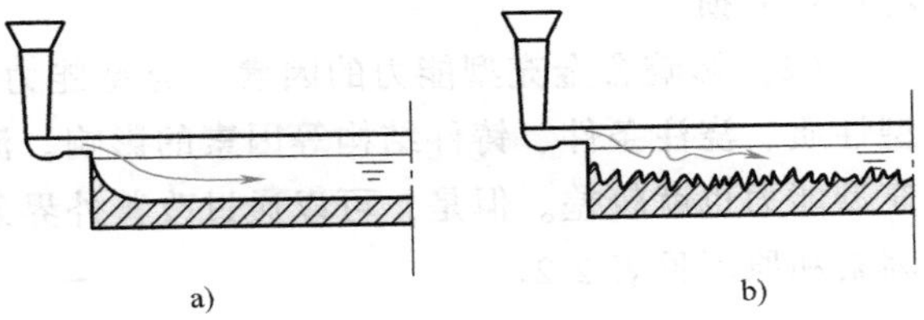

图2-3 不同成分合金的流动性

3）浇注条件。

① 浇注温度。浇注温度对合金流动性的影响很显著。浇注温度越高，液态金属的黏度越低，且因其过热度高，金属液所含热量多，保持液态的时间长，有利于提高合金的流动性。但浇注温度过高，液态金属收缩越大、吸气越多、氧化越严重，流动性甚至会降低。因此，在保证充型能力足够的前提下，浇注温度不宜过高。通常，灰铸铁的浇注温度为1200~1380℃，铸钢为1520~1620℃，铝合金为680~780℃。薄壁复杂件取上限，厚大件取下限。

② 充型压力。在一定范围内，液态合金在流动方向上所受的压力越大，充型能力越好。砂型铸造时，充型压力是由直浇道所产生的静压力形成的，故直浇道的压力必须适当。而压力铸造、离心铸造因增大了充型压力，充型能力较强，金属液的流动性也较好。但是如果压力过大，则砂型铸造时会出现夹砂等缺陷。

4）铸型的充填条件

① 铸型的蓄热能力。铸型的蓄热能力表示铸型从熔融合金中吸收并传出热量的能力。铸型材料的比热容和热导率越大，对熔融金属的激冷能力越强，合金在型腔中保持流动的时

间越短，合金的流动性越差。

② 铸型温度。浇注前将铸型预热到一定温度，可以减少铸型与熔融金属间的温度差，减缓合金的冷却速度，延长合金在铸型中的流动时间，从而提高合金的流动性。

③ 铸型中的气体。在金属液的热作用下，型腔中的气体膨胀，型砂中的水分汽化，煤粉和其他有机物燃烧，将产生大量气体，如果铸型排气能力差，浇注时产生的大量气体来不及排出，则气体压力将增大，阻碍熔融金属的充型。铸造时，为了减小气体的压力，一方面应尽量减少气体产生，另一方面要增加铸型的透气性或在远离浇口的最高部位开设出气口，使型腔及型砂中的气体顺利排出。

④ 铸型结构。当铸件壁厚过小，壁厚急剧变化、结构复杂，或有大的水平面时，均会使合金充型困难。因此在设计铸件结构时，铸件的壁厚必须大于规定的最小允许壁厚值，且形状应尽量简单。对于形状复杂、薄壁、散热面大的铸件，应尽量选择流动性好的合金或采取其他相应措施。

2. 合金的充型能力

（1）充型能力的概念　液态合金充满型腔，形成轮廓清晰、形状准确的优质铸件的能力，称为充型能力。

能否获得尺寸精确、轮廓清晰的铸件，取决于合金充型能力。在液态合金的充型过程中，如果充型能力不足，在型腔被填满之前，先结晶的固态金属会将充型的通道堵塞，金属液被迫停止流动，于是铸件将产生浇不足或冷隔等缺陷。浇不足使铸件不能获得完整的形状；出现冷隔缺陷时，铸件虽可获得完整的外形，但因存有未完全融合的接缝，其力学性能将严重受损。

（2）影响合金充型能力的因素　充型能力首先取决于合金本身的流动性，同时还受铸型性质、浇注条件、铸件结构等因素的影响。流动性好的合金充型能力强，流动性差的合金充型能力也就较差。但是，可以通过改善外界条件来提高合金的充型能力。影响充型能力的因素和原因见表 2-2。

表 2-2　影响充型能力的因素和原因

序号	影响因素	定义	影响原因
1	合金的流动性	金属液本身的流动能力	流动性好，易于浇注出轮廓清晰、形状完整的铸件；有利于非金属夹杂物和气体的上浮与排出；易于对铸件的收缩进行补缩
2	浇注温度	浇注时金属液的温度	浇注温度越高，充型能力越强
3	充型压力	金属液在流动方向上所受的压力	压力越大，充型能力越强。但压力过大或充型速度过高会出现喷射、飞溅和冷隔现象
4	铸型中的气体	浇注时铸型中的水分被汽化	铸型中的气体会阻碍液体的流动，也容易形成气孔
5	铸型的传热系数	铸型从其中的金属吸取并向外传输热量的能力	传热系数越大，铸型的极冷能力就越强，金属保持液态的时间就越短，充型能力越差
6	铸型温度	浇注时铸型的温度	铸型温度越高，金属液的冷却速度就越慢，充型能力越强
7	浇注系统的结构	各浇道的结构	浇注系统的结构越复杂，流动阻力越大，充型能力越差
8	铸件的折算厚度	铸件体积与表面积之比	折算厚度大，则散热慢，充型能力好
9	铸件结构	铸件结构复杂程度	结构复杂，则流动阻力大，充型能力差

3. 合金的吸气性

一般液态金属在高温下会吸收大量气体，若这些气体在其冷凝过程中不能逸出，则冷凝后将在铸件内形成气孔缺陷。气孔的形状一般为球形、椭圆形或梨形，内表面比较光滑、明亮或带有轻微氧化色。气孔破坏了金属的连续性，减小其有效承载截面积，特别是使其冲击韧度和疲劳强度显著降低，并在气孔附近引起应力集中，降低了铸件的力学性能。

按照气体的来源，气孔可分为侵入气孔、析出气孔和反应气孔三类。

（1）侵入气孔　在浇注过程中，砂型及型芯被加热，所含的水分蒸发以及有机物和附加物挥发产生大量气体侵入金属液而形成的气孔称为侵入气孔。侵入气孔一般位于砂型及型芯表面附近，其尺寸较大，呈椭圆形或梨形。图 2-4 所示铸件中的气孔，就是型芯排气不畅所致。

防止侵入气孔的主要途径是降低砂型及型芯的发气量和增强铸型的排气能力。

（2）析出气孔　溶解于金属液中的气体在冷凝过程中，因气体溶解度下降而析出，并在铸件中形成的气孔称为析出气孔。析出气孔的特征：气孔的尺寸较小，分布面积较广，甚至遍布整个铸件截面。析出气孔在铝合金铸件中最为多见，其直径多小于 1mm，故常称为“针孔”。针孔不仅降低了合金的力学性能，并将严重影响铸件的气密性，甚至会导致铸件承压时渗漏。

防止析出气孔的基本途径是烘干和清洁炉料，使炉料入炉前不含水、油锈等污物；减少金属液与空气的接触，并控制炉气为中性气体。

（3）反应气孔　金属液与铸型材料、芯撑、冷铁或熔渣之间发生化学反应产生气体而形成的气孔称为反应气孔。反应气孔多分布在铸件表层下 1~2mm 处，所以也称为皮下气孔，如图 2-5 所示。

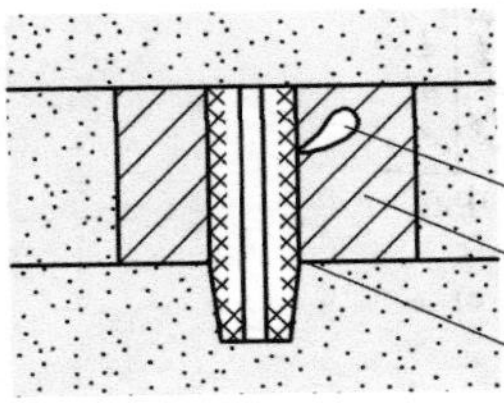

图 2-4　侵入气孔

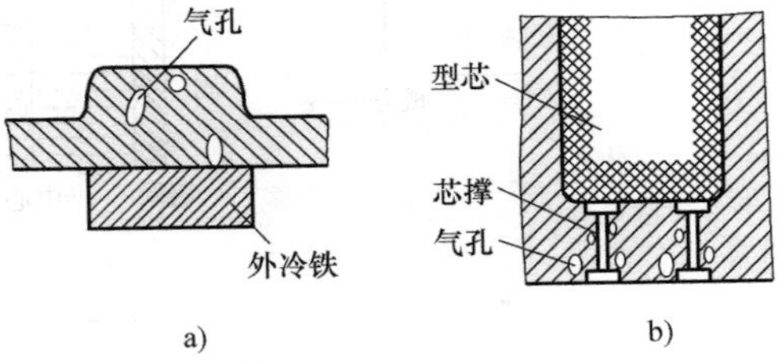

图 2-5　反应气孔

a）由外冷铁引起　b）由芯撑引起

防止反应气孔的主要措施是清除冷铁、型芯、芯撑表面的锈蚀、油污，并保持其干燥。

液态合金的铸造性能是在铸造过程中获得形状完整、内部质量良好的铸件的能力。合金的铸造性能包括合金的流动性、充型能力和吸气性等。合金的铸造性能是选择铸造材料，确定铸件的铸造工艺方案及进行铸件结构设计的依据。

2.1.3　合金的凝固与收缩

1. 合金的凝固过程与凝固方式

（1）合金的凝固过程与组织　铸造工艺是液态金属的凝固成形过程。金属的凝固过程也是一个结晶过程，包括形核和晶体长大两个基本过程。

凝固组织对铸件的力学性能影响很大，一般情况下，晶粒越细小均匀，铸件的强度、硬度越高，塑性和韧性也越好。

影响凝固组织的主要因素有炉料、铸件的冷却速度和生产工艺等。炉料的成分与组织状态对凝固组织有直接影响。冷却速度快，形核数目多，晶粒细小。在铸造生产中，常采用孕育处理，即在浇注时向液态金属中加入一定量的孕育剂作为形核核心来细化晶粒。

（2）合金的凝固方式　在铸件凝固过程中，其断面上一般存在三个区域，即固相区、凝固区和液相区。其中，对铸件质量影响较大的主要是液相和固相并存的凝固区的宽窄。铸件的凝固方式就是依据凝固区的宽窄 S 来划分的，如图 2-6 所示。

1）逐层凝固。如图 2-6a 所示，纯金属或共晶成分合金在凝固过程中因不存在液、固并存的凝固区，故断面上外层的固相和内层的液相由一个界限（凝固前沿）清楚地分开。随着温度下降，固相层不断加厚，液相层不断减少，直到铸件中心，这种凝固方式称为逐层凝固。

2）糊状凝固。如果合金的结晶温度范围很宽，且铸件断面上的温度分布较为平坦，则在凝固的某段时间内，铸件表面并不存在固体层，而液、固并存的凝固区贯穿整个断面，如图 2-6c 所示。由于这种凝固方式与水泥类似，即先呈糊状而后凝固，故称为糊状凝固。

3）中间凝固。大多数合金的凝固介于逐层凝固和糊状凝固之间，如图 2-6b 所示，称为中间凝固。

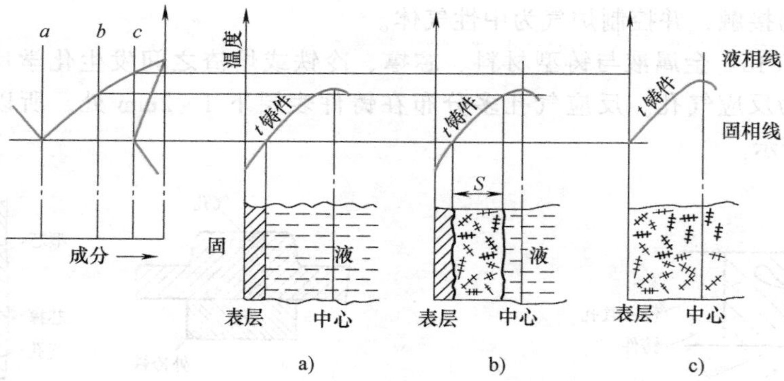

图 2-6　铸件的凝固方式

a）逐层凝固　b）中间凝固　c）糊状凝固

铸件质量与其凝固方式密切相关。一般来说，逐层凝固时，即使外表层凝固成为固体，但心部依然是流动性好的液体，可以补充因收缩而造成的合金体积缺失，所以铸件质量好。而糊状凝固时，因收缩体积的缺失无法得到补充，难以获得结晶紧实的铸件，所以铸件质量不好，容易产生缺陷。

在常用合金中，灰铸铁、铝硅合金等倾向于逐层凝固，易于获得紧实的铸件；球墨铸铁、锡青铜、铝铜合金等倾向于糊状凝固，为得到紧实的铸件，常需采用适当的工艺措施，以便于补缩或减小其凝固区域。

（3）影响铸件凝固方式的因素

1）合金的结晶温度范围。合金的结晶温度范围越小，凝固区域越窄，越倾向于逐层凝固。纯金属和共晶合金的结晶温度范围趋近于零，一般呈典型的逐层凝固方式。对结晶温度范围宽的合金，当断面上的温度梯度较小时，铸件凝固区域较宽，甚至贯穿整个铸件断面，这时凝固呈典型的糊状凝固。大部分铸造合金都有一定的结晶温度范围，凝固区介于上述两种情况之间，为中间凝固。砂型铸造时，低碳钢为逐层凝固；高碳钢因结晶温度范围变宽，为糊状凝固；中碳钢为中间凝固。

2）铸件断面的温度梯度。在合金结晶温度范围已定的前提下，凝固区域的宽窄取决于铸件断面的温度梯度，如图 2-7 所示。若铸件的温度梯度由小变大（图中 $T_1 \rightarrow T_2$），则其对应的凝固区由宽变窄（$S_1 \rightarrow S_2$），越趋于中间凝固甚至是逐层凝固。例如，高碳钢在金属型铸造中由于冷却速度快，温度梯度大，凝固情况趋近于中间凝固，则流动性相对较好。当温度梯度很小时，凝固区宽度一般较大，趋于糊状凝固。例如，工业纯铝在砂型铸造中由于冷却速度慢，温度梯度小，则为典型的糊状凝固，流动性比较差；而在金属型铸造时，其冷却速度快，温度梯度大，则为逐层凝固，流动性比较好。

铸件断面的温度梯度主要取决于合金的性质：合金的凝固温度越低、热导率越高、结晶潜热越大，铸件内部温度均匀化能力越大，铸件断面温度梯度越小（如多数铝合金）；铸型蓄热能力越强，对铸件的激冷能力越强，铸件断面温度梯度越大；浇注温度越高，带入铸型中热量越多，铸件的温度梯度越小。

（4）凝固方式对铸件质量的影响 铸件质量与其凝固方式密切相关。凝固方式对铸件的充型能力、补缩条件、缩孔类型、热裂纹愈合能力等均有影响，所以影响铸件的致密性和合格程度。

逐层凝固的充型能力好，液体容易补缩，所以铸件的致密性好。糊状凝固的凝固区宽，枝晶发达，给液体流动带来了阻力，所以充型能力差，补缩困难，会形成不容易消除和分散的缩孔及缩松，热裂倾向严重，铸件的致密性差。

2. 合金的收缩性

（1）合金收缩的概念 铸造合金在从浇注、凝固直至冷却到室温的过程中，其体积或尺寸缩减的现象，称为收缩。收缩是合金的物理本性，在铸造过程中，收缩可能会导致铸件产生缩孔、缩松、应力、变形和裂纹等缺陷。因此，必须研究收缩规律，采取相应工艺措施以获得合格铸件。

如图 2-8 所示，合金Ⅰ在从浇注温度冷却至室温的收缩过程中，其收缩经历了三个阶段：

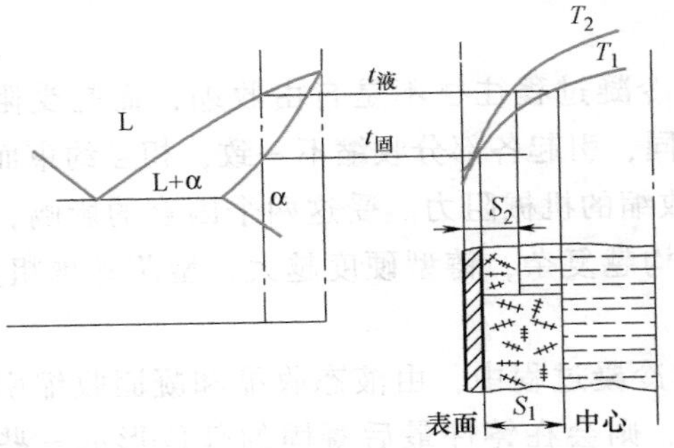

图 2-7 温度梯度对凝固方式的影响

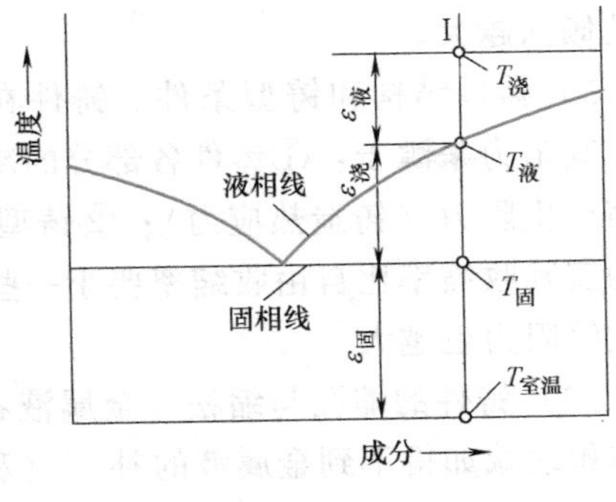

图 2-8 合金收缩的三个阶段

1）液态收缩。从浇注温度（$T_{浇}$）到凝固开始温度（即液相线温度 $T_{液}$）间的收缩。

2）凝固收缩。从凝固开始温度到凝固终止温度（即固相线温度 $T_{固}$）间的收缩。

3）固态收缩。从凝固终止温度到室温（$T_{室温}$）间的收缩。

合金的总收缩率为上述三种收缩的总和。

合金的液态收缩和凝固收缩表现为合金体积的缩减，常用体收缩率表示，它们是形成铸件缩孔和缩松的主要原因。合金的固态收缩虽然也是体积缩小，但它直观地表现为铸件轮廓尺寸的减小，因此，用铸件单位长度上的收缩量，即线收缩率来表示固态收缩。固态收缩是铸件产生内应力、变形和裂纹的基本原因。

不同合金的收缩率不同，在常用铸造合金中，铸钢的熔点高，收缩率最大，而灰铸铁的收缩率较小。一方面是因为灰铸铁的熔点低；另一方面是因为碳在凝固过程中以石墨态析出，而石墨的比体积大，形成石墨过程中将产生体积膨胀，抵消了部分合金的收缩。几种铁碳合金的体收缩率见表 2-3。常用铸造合金的线收缩率见表 2-4。

表 2-3　几种铁碳合金的体收缩率

合金种类	碳的质量分数(%)	浇注温度/℃	液态收缩率 $\psi_{液}$(%)	凝固收缩率 $\psi_{凝}$(%)	固态收缩率 $\psi_{固}$(%)	总体收缩率 $\psi_{总}$(%)
碳素铸钢	0.35	1600	1.6	3.0	7.86	12.46
白口铸铁	3.0	1400	2.4	4.2	5.4~6.3	12~12.9
灰铸铁	3.5	1400	3.5	0.1	3.3~4.2	6.9~7.8

表 2-4　常用铸造合金的线收缩率

合金种类	灰铸铁	可锻铸铁	球墨铸铁	碳素铸铁	铝合金	铜合金
线收缩率(%)	0.8~1.0	1.2~2.0	0.8~1.3	1.38~2.0	0.8~1.6	1.2~1.4

（2）影响合金收缩的因素

1）化学成分。碳素钢的含碳量增加，其液态收缩增加，而固态收缩略减。灰铸铁中的碳、硅含量增多，其石墨化能力增强，而石墨的比体积大，能弥补收缩，故收缩减小。硫可阻碍石墨析出，使收缩率增大。适当地增加锰，锰与铸铁中的硫形成 MnS，抵消了硫对石墨化的阻碍作用，使铸铁的收缩率减小；但含锰量过高时，铸铁的收缩率又有所增加。

2）浇注温度。浇注温度越高，过热度越大，使液态收缩增加，合金的总收缩率加大。对于钢液，通常浇注温度提高 100℃，体收缩率增加约 1.6%，因此浇注温度越高，形成缩孔的倾向越大。

3）铸件结构和铸型条件。铸件在铸型中的冷凝过程往往不是自由收缩，而是受阻收缩。其阻力来源于：①铸件各部分的冷却速度不同，引起各部分收缩不一致，相互约束而对收缩产生阻力（铸造热应力）；②铸型和型芯对收缩的机械阻力。受这两个因素的影响，铸件的实际收缩率比自由收缩率要小一些。铸件结构越复杂，铸型硬度越大，型芯骨越粗大，则收缩阻力也越大。

（3）铸件的缩孔与缩松　金属液在铸型内的冷凝过程中，由液态收缩和凝固收缩引起的体积缩减如得不到金属液的补充（称为补缩），则会在铸件最后凝固的部位形成一些孔洞。由此造成的中等集中孔洞称为缩孔，细小分散的孔洞则称为缩松。

1）缩孔的形成。缩孔是在铸件最后凝固时或者厚大部位处形成的容积较大且集中的孔洞。缩孔多呈倒圆锥形，其内表面粗糙，通常隐藏在铸件的内层，但在某些情况下，也会暴露在铸件的上表面，呈明显的凹坑。缩孔形成的条件是金属在恒温下或很窄的温度范围内结晶，铸件壁呈逐层凝固方式。

现以如图 2-9 所示的圆柱体铸件为例分析缩孔的形成过程。如图 2-9a 所示，合金液体充满圆柱形型腔，降温时产生液体收缩，收缩部分可从浇注系统得到补缩。如图 2-9b 所示，当铸件表面散热条件相同时，表面层散热最快，首先凝固结壳，此时内浇道被冻结无法提供补充液体。如图 2-9c 所示，继续冷却时，内部液体不断发生液态收缩和凝固收缩，使液面下降。同时外壳进行固态收缩，使铸件外形尺寸整体缩小。如果两者的减小量相等，则凝固外壳仍然和内部液体紧密接触。但由于液体收缩和凝固收缩远超过外壳的固态收缩，因此，合金液体量减少，造成液体与硬壳顶面脱离。如图 2-9d 所示，随着温度降低，凝固层不断加厚，液面不断下降，当铸件全部凝固后，在液固脱离层形成一个倒锥形孔洞，也就是铸造缺陷——缩孔。如图 2-9e 所示，继续降温至室温，整个铸件发生固态收缩，则缩孔的绝对体积略有减小。如图 2-9f 所示，如果在铸件顶部设置多余的厚大铸件体积（冒口），则缩孔将移至冒口中，待凝固成形后切除这一多余部分即可。为了切除方便，冒口一般要求加到上部或外部。

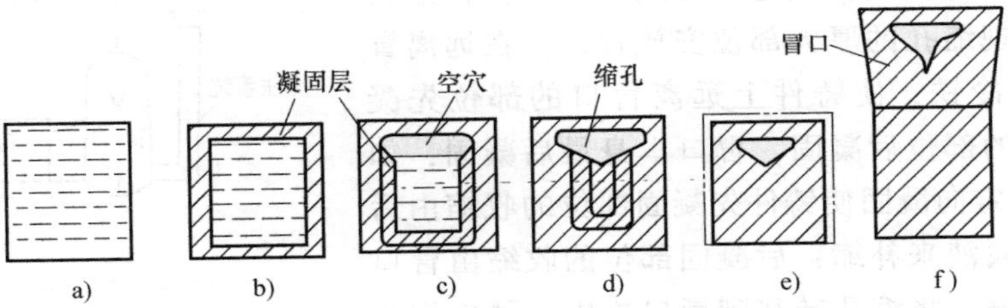

图 2-9　缩孔的形成过程

由此可知，缩孔产生的基本原因是合金的液态收缩和凝固收缩值大于固态收缩值，而且得不到很好的补偿。缩孔产生的部位在铸件最后凝固区域，如壁的上部或中心处，以及最后凝固的热节处。

2）缩松的形成。细小而分散的孔洞称为缩松。缩松常分散在铸件壁厚的轴线区域、厚大部位、冒口根部和内浇口附近。当缩松与缩孔的容积相同时，缩松的分布面积要比缩孔大得多。缩松隐藏于铸件内部，外观上不易被发现。缩松分为宏观缩松和显微缩松。宏观缩松是用肉眼或放大镜可以看出的分散细小缩孔。显微缩松是分布在晶粒之间的微小缩孔，要用显微镜才能观察到，这种缩松的分布面积更为广泛，甚至遍布铸件整个截面。缩松的形成条件是结晶温度范围宽，铸件呈糊状凝固方式或中间凝固方式。

现以如图 2-10 所示的圆柱体铸件为例分析缩松的形成过程。如图 2-10a 所示，合金液体充满圆柱形型腔，降温时发生液体收缩，收缩部分可从浇注系统得到补缩。如图 2-10b 所示，铸件表面有一层液体先凝固成固体，内部有一个较宽的液相和固相共存凝固区域。图 2-10c、d 所示为继续凝固，固体不断长大，直至相互接触，此时合金液体被分割成许多小的封闭区。图 2-10e 所示为封闭区内液体降温、凝固收缩时得不到补充，而形成多个小且多的孔洞，这就是铸造缺陷——缩松。图 2-10f 所示为固态收缩。

凝固温度范围大的合金，结晶时为糊状凝固，凝固过程中树枝状晶体将金属液分隔成彼此孤立的小熔池，凝固时难以得到补缩，将形成显微缩松。这种显微缩松很难消除，这也是铸件组织不致密、力学性能差的主要原因。

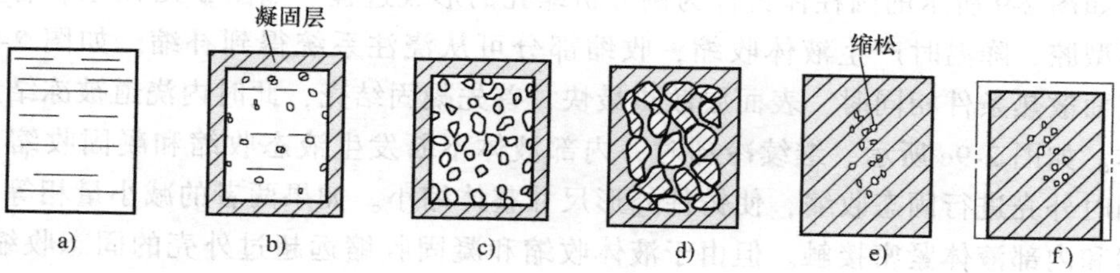

图 2-10 缩松的形成过程

3）缩孔和缩松的防止。

① 缩孔的防止。铸件上的缩孔将削减其有效截面积，大大降低铸件的承载能力，必须根据技术要求，采取适当的工艺措施予以防止。

防止铸件内部出现缩孔的工艺措施是使铸件实现定向凝固。所谓定向凝固（也称顺序凝固），就是在铸件上可能出现缩孔的厚大部位安放冒口，在远离冒口的部位安放冷铁，使铸件上远离冒口的部位先凝固，靠近冒口的部位后凝固，冒口本身最后凝固，如图 2-11 所示。定向凝固使铸件先凝固部位的收缩由后凝固部位的金属液来补缩；后凝固部位的收缩由冒口中的金属液补缩，将缩孔转移到冒口之中。冒口为铸件的多余部分，清理铸件时予以去除，即可得到无缩孔的致密铸件。冷铁的作用是加快铸件局部的冷却速度，实现铸件的定向凝固。

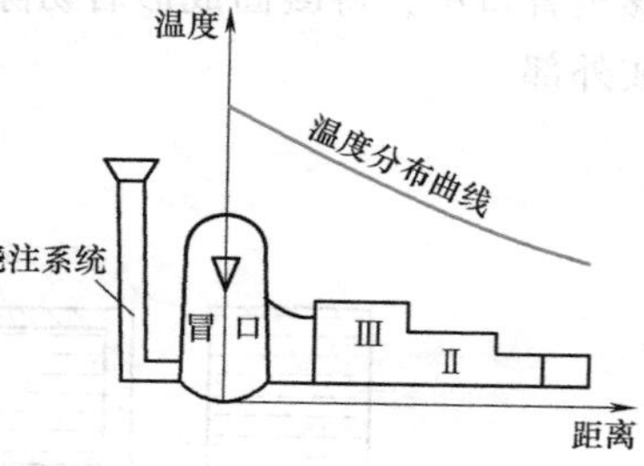

图 2-11 顺序凝固

对于形状复杂、有多个热节（铸件上热量集中、内接圆直径较大的部位）的铸件，为实现定向凝固，往往要安放多个冒口，并配合冷铁来防止缩孔。如图 2-12 所示，阀体铸件断面上有五个热节，其底部凸台处热节安放冒口后不易切除，上部的冒口又难以对该处进行补缩，故在该处设置外冷铁，相当于局部金属型，因其冷却速度快，使厚大凸台反而先凝固；其余四个热节分别由四个冒口（顶部明冒口及侧面暗冒口）进行补缩，实现了定向凝固。如果没有按照定向凝固的方向凝固，如图 2-13a 所示，就会在轮辐的厚大部位产生缩孔，也就失去了冒口的意义。若将冒口改为补贴到铸钢件的结构上，使其按照定向凝固的方向加厚铸件直到冒口处（图 2-13b），则缩孔将产生于冒口处，从而消除了铸件中的缩孔。

② 缩松的防止。缩松对铸件承载能力的影响比集中缩孔要小，但由于其数量多，容易影响铸件的气密性而使铸件渗漏。因此，对于气密性要求高的液压缸、阀体等承压铸件，必须采取工艺措施防止缩松。然而，防止缩松要比防止缩孔困难得多，不仅因为它难以被发现，还因为它常出现在由凝固温度范围大的合金制造的铸件中，即使采用冒口对其热节处进行补缩，由于发达的树枝状晶体堵塞了补缩通道，冒口还是难以发挥补缩作用。目前生产中多采用在热节处安放冷铁或在局部砂型表面涂激冷涂料的方式，以加大铸件的冷却速度来减小结晶温度范围；加大结晶压力，以破碎树枝状晶体，减小其对金属液流动的阻力，从而达

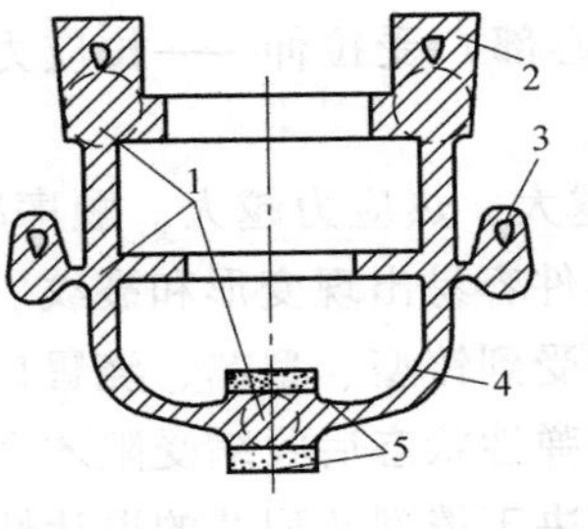

图 2-12 阀体铸件的顺序凝固

1—热节 2—明冒口 3—暗冒口

4—铸件 5—外冷铁

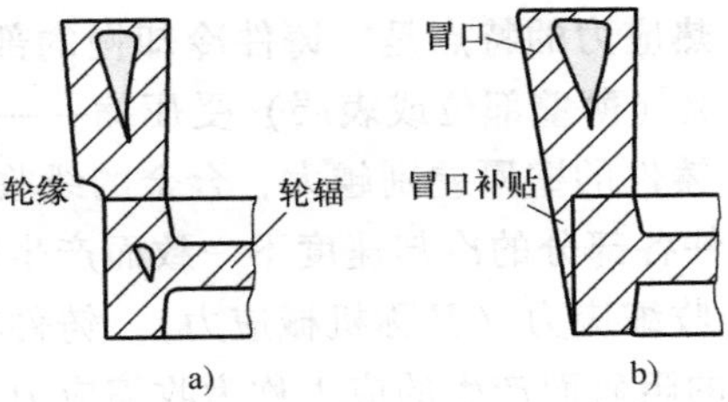

图 2-13 铸钢件冒口的补贴

到部分防止缩松的目的。

（4）铸造应力、变形和裂纹 铸件在凝固末期，其固态收缩若受到阻碍，则铸件内部将产生内应力。这些内应力有时是在冷却过程中暂存的，有时则一直保留到室温，前者称为临时应力，后者称为残余应力。铸造应力是铸件产生变形和裂纹的根本原因。

1）铸造应力的分类。铸造应力按产生的原因不同，分为热应力和收缩应力两种。热应力主要是来自铸件本身的相互作用力，收缩应力主要是来自外界砂箱和型芯对铸件的反作用力。

① 热应力。热应力是由于铸件壁厚不均，在凝固和冷却过程中，各部位因收缩受到热阻碍而引起的。落砂后热应力仍存在于铸件内，是一种残余铸造应力。

为了分析热应力的形成过程，首先应了解固态金属从高温冷却到室温过程中应力状态的变化。固态金属在弹-塑性临界温度 $T_{临}$（钢和铸铁的 $T_{临}=620\sim650℃$）以上呈塑性状态，在临界温度以下呈弹性状态。在应力作用下，通过发生塑性变形自行消除其内应力；而在外力作用下，产生弹性变形后应力依然存在。

现以图 2-14a 所示的应力框铸件为例来说明热应力的形成过程。应力框是由同一铸件不同结构中的长度相等的一根粗杆Ⅰ和两根细杆Ⅱ以及上、下横梁铸造而成的。图 2-14 上部所示为杆Ⅰ和杆Ⅱ的冷却温度曲线，由于杆Ⅰ和杆Ⅱ的截面厚度不同，故冷却速度不同，造成了冷却温度曲线不同。

第一阶段（$T_0\sim T_1$）：铸件处于高温阶段，两杆均处于塑性状态，尽管杆Ⅰ和杆Ⅱ的冷却速度不同，收缩不一致要产生应力，但铸件可以通过两杆的塑性变形使应力很快自行消失。

第二阶段（$T_1\sim T_2$）：此时杆Ⅱ的温度较低，已进入弹性状态，但杆Ⅰ仍处于塑性状态。杆Ⅱ由于冷却速度快，其收缩大于杆Ⅰ，在横杆作用下将对杆Ⅰ产生压应力，如图 2-14b 所示。处于塑性状态的杆Ⅰ受压应力作用产生压缩塑性变形，使杆Ⅰ、杆Ⅱ的收缩一致，应力随之消失，如图 2-14c 所示。

第三阶段（$T_2\sim T_3$）：当进一步冷却到更低温度时，杆Ⅰ和杆Ⅱ均进入弹性状态，此时杆Ⅰ的温度较高，冷却时还将产生较大收缩，杆Ⅱ的温度较低，收缩已趋停止，在最后阶段冷却时，杆Ⅰ的收缩将受到杆Ⅱ的强烈阻碍，因此杆Ⅰ受拉（拉应力用+表示），杆Ⅱ受压（压应力用−表示），此应力将保留到室温，形成了残余应力，如图 2-14d 所示。

由以上分析可以得出如下结论：

a. 热应力的特点是，铸件冷却慢的部位（厚壁部位或心部）受拉伸——拉应力，冷却快的部位（薄壁部位或表层）受压缩——压应力。

b. 铸件的壁厚差别越大，合金的线收缩率或弹性模量越大，热应力越大。顺序凝固时，由于铸件各部分的冷却速度不一致而产生较大的热应力，铸件容易出现变形和裂纹。

② 收缩应力（又称机械应力）。铸件在固态收缩时，因受到铸型、型芯、浇冒口、砂箱等外力的阻碍而产生的应力称为收缩应力。一般铸件冷却到弹性状态后收缩受阻才会产生收缩应力。而且收缩应力常表现为拉应力或切应力，其大小取决于铸型及型芯的退让性，形成应力的原因一经消除（如铸件落砂或去除浇口后），收缩应力也就随之消失。所以收缩应力是一种临时应力。但是，在落砂前，如果铸件的收缩应力与热应力（特别是在壁厚处）共同作用，其瞬间内应力将大于铸件的抗拉强度，则铸件会产生裂纹。图 2-15 为铸件产生收缩应力示意图。

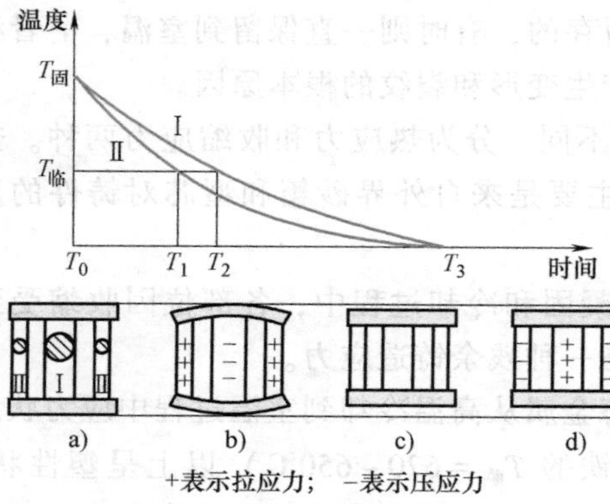

图 2-14　热应力的形成过程

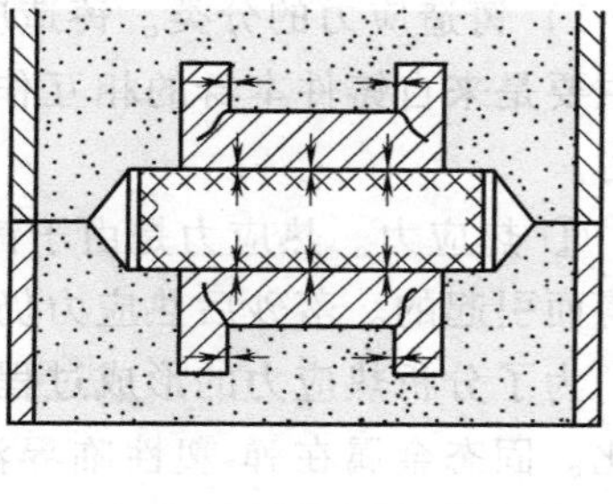

图 2-15　铸件产生收缩应力示意图

2）减少和消除铸造应力的措施。

① 合理地设计铸件结构。铸件形状越复杂，各部分壁厚相差越大，冷却时温度越不均匀，铸造应力越大。因此，在设计铸件时，应尽量使铸件形状简单、对称、壁厚均匀。

② 尽量选用线收缩率小、弹性模量小的合金。

③ 采用同时凝固的工艺。所谓同时凝固，是指采取一定的工艺措施，使铸件各部位无温差或温差尽量小，各部位几乎同时进行凝固，如图 2-16 所示。

铸件如按同时凝固原则凝固，则各部分温差较小，不易产生热应力和热裂，铸件变形较小。同时凝固时不必设置冒口，工艺简单，节约金属。但同时凝固的铸件中心易出现缩松，这将影响铸件的致密性。所以，同时凝固主要用于收缩较小的一般灰铸铁件和球墨铸铁件、壁厚均匀的薄壁铸件，以及倾向于糊状凝固的、致密性要求不高的锡青铜铸件等。

④ 在型（芯）砂中加锯末、焦炭粒，控制舂砂的紧实度等，提高铸型、型芯的退让性，可减小收缩应力。

⑤ 对铸件进行时效处理是消除铸造内应力的有效措施。时效处理分自然时效、热时效和共振时效等。自然时效是将铸件置于露天场地半年以上，让其缓慢地发生变形，以消除内应力的一种方法。热时效（人工时效）又称去应力退火，是将铸件加热到 550～650℃，保

温 2~4h，随炉缓冷至 150~200℃，然后出炉冷却至室温，以消除内应力的一种方法。共振时效是将铸件在其共振频率下振动 10~60min，以消除铸件中的残余应力的一种方法。热时效比较可靠、迅速，对于重要的精密铸件，如内燃机缸体、缸盖等必须进行热时效处理。

3）铸件的变形及其防止。如上所述，当铸件厚薄不均时，因冷却速度不同，各处的温度不均匀，在铸件中将产生热应力。处于应力状态的铸件是不稳定的，将自发地通过变形来减小内应力，趋于稳定状态。如图 2-17 所示，车床床身的导轨部分较厚，铸后将产生拉应力；侧壁较薄，铸后将产生压应力。变形的结果是导轨面中心下凹，侧壁凸起。

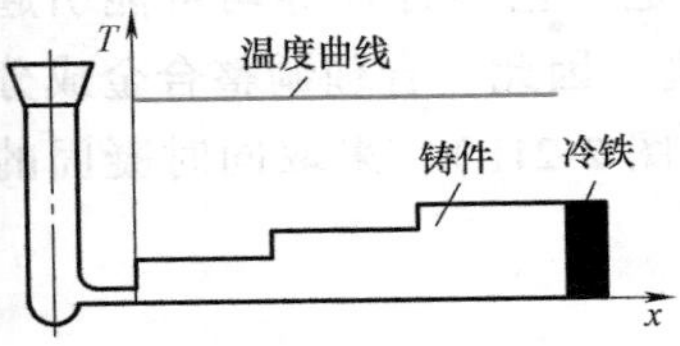

图 2-16　铸件同时凝固原则

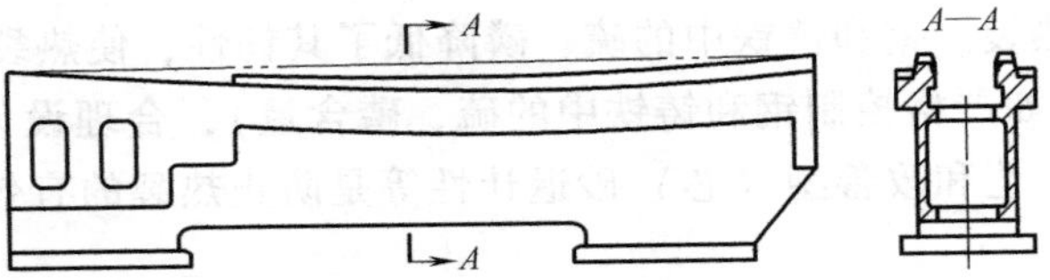

图 2-17　车床床身的挠曲变形

图 2-18 所示为一 T 形铸钢件，由于壁厚不均，铸造后壁厚部位处于拉应力状态，壁薄部位处于压应力状态，会发生图中所示的挠曲变形。图 2-19 所示为壁厚不均的框形铸件由内应力造成的变形。

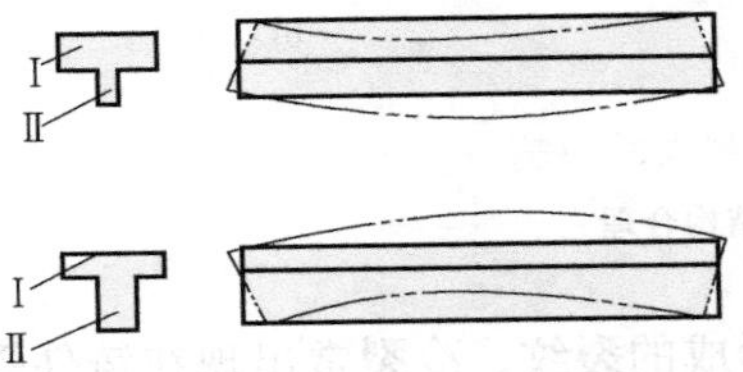

图 2-18　T 形铸钢件的挠曲变形

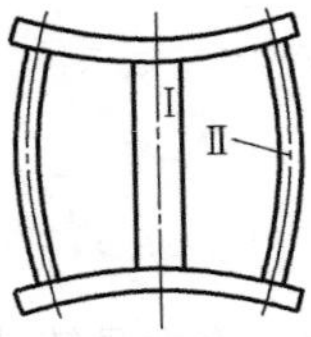

图 2-19　框形铸件的变形

有的铸件虽然无明显的变形，但经过切削加工后，破坏了铸造应力的平衡，也会产生变形甚至裂纹。如图 2-20a 所示的圆柱体铸件，由于心部冷却得比表层慢，结果是心部受拉应力，表层受压应力。当表层被加工掉一层后，心部所受拉应力减小，铸件变短（图 2-20b）。当在心部钻孔后，表层所受压应力减小，铸件变长（图 2-20c）。若从侧面切削掉一层，则会产生图 2-20d 所示的弯曲变形。

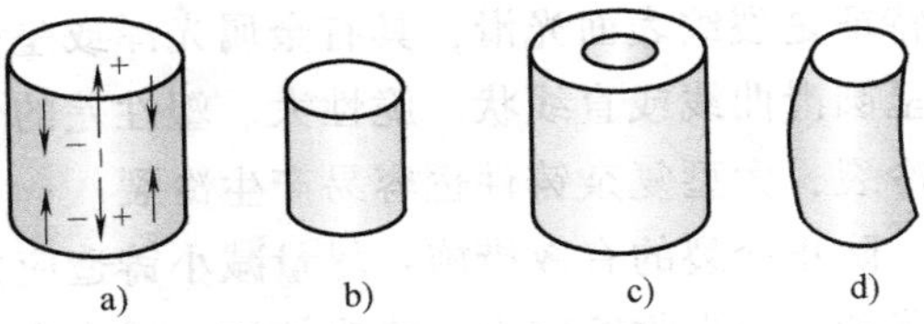

图 2-20　圆柱体铸件变形示意图

铸件的变形造成铸件精度降低，严重时可能使铸件报废，必须予以防止，由于铸件变形是由铸造应力引起的，除了前面所介绍的同时凝固和时效处理外，生产中也常采用反变形工艺，即在铸型上预先设置相当于铸件变形量的反变形量，待铸件冷却后变形正好抵消。

4）铸件的裂纹及其防止。当铸造应力超过材料的抗拉强度时，铸件便会产生裂纹。裂纹是严重的铸造缺陷，必须设法防止。裂纹按形成的温度范围分为热裂和冷裂两种。

① 热裂。热裂一般是在凝固末期，金属处于固相线附近的高温时形成的。在金属凝固末期，固体的骨架已经形成，但树枝状晶体间仍残留少量液体，此时合金如果收缩，就可能

将液膜拉裂，形成裂纹。另外，研究表明，合金在固相线温度附近的强度、塑性非常低，铸件的收缩如果稍受铸型、型芯或其他因素的阻碍，产生的应力就很容易超过该温度下的强度极限而导致铸件开裂。热裂是铸钢件、可锻铸铁坯件（白口铸铁）和某些铝合金铸件常见的缺陷之一。在铸钢件废品、次品总数中，由热裂引起的占20%以上。

热裂的特征：裂纹短，缝隙较宽，裂纹沿晶粒边界发生，所以形状曲折而不规则，裂口表面氧化严重。热裂常发生在铸件的拐角处、截面厚度突变处等应力集中的部位或铸件最后凝固区的缩孔附近或尾部。

铸件结构不合理（图 2-21a）、型（芯）砂退让性差以及铸造工艺不合理等均可能引起热裂。钢和铸铁中的硫、磷降低了其韧性，使热裂倾向大大提高。因此，合理调整合金成分（如严格控制钢和铸铁中的硫、磷含量），合理设计铸件结构（图 2-21b），采取同时凝固的工艺和改善型（芯）砂退让性等是防止热裂的有效措施。

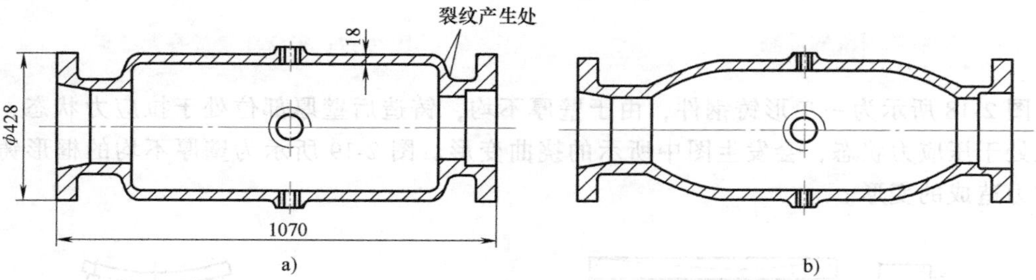

图 2-21　铸钢件结构对热裂的影响

a）结构不合理　b）结构合理

② 冷裂。冷裂是铸件处于弹性状态即在低温时形成的裂纹。冷裂常出现在铸件受拉应力的部位，特别是内尖角、缩孔、非金属夹杂物等应力集中处。有些冷裂在落砂时并没有发生，但因铸件内部已有很大的残余应力，在清理、搬动铸件时受振动或出砂后受激冷才产生了裂纹。

冷裂是铸件冷却到低温处于弹性状态时，铸造应力超过合金的强度极限而产生的。冷裂的特征是裂纹表面光滑，具有金属光泽或呈微氧化色，冷裂穿过晶粒而发生，其外形规则，常呈圆滑曲线或直线状。脆性大、塑性差的合金，如白口铸铁、高碳钢及某些合金钢容易产生冷裂，大型复杂铸件也容易产生冷裂。

防止冷裂的有效措施：尽量减小铸造应力；加冷铁和冒口实现同时凝固；对于复杂结构早落砂，减少收缩应力；修改结构，减小应力集中。

图 2-22 所示为带轮和飞轮铸件的冷裂现象。带轮的轮缘、轮辐比轮毂薄，因此冷却速度较快，收缩大。当铸件冷至弹性状态后，轮毂的收缩受到先冷却的轮缘的阻碍，使轮辐中产生拉应力，拉应力过大时轮辐发生断裂。飞轮的轮缘较厚，轮辐和轮毂较薄，往往在轮缘中产生拉应力而引起冷裂。

2.1.4　铸件缺陷分析与控制

1. 铸件缺陷分类与分析

由于铸造生产中容易出现多种铸造缺陷，所以铸件质量检验及缺陷分析尤为关键。铸件缺陷是指铸件本身不能满足用户要求的程度。它包括外观缺陷、内在缺陷和使用缺陷。

（1）外观缺陷　铸件的外观缺陷是指铸件表面存在缺陷。它包括铸件的表面粗糙度超差、表面缺陷、尺寸公差超差、几何公差超差和质量偏差等。

（2）内在缺陷　铸件的内在缺陷是指一般不能用肉眼检查出来的铸件内部的缺陷。它包括铸件的化学成分、物理性能和力学性能、金相组织方面的缺陷以及存在于铸件内部的孔洞、裂纹、夹杂物等缺陷。

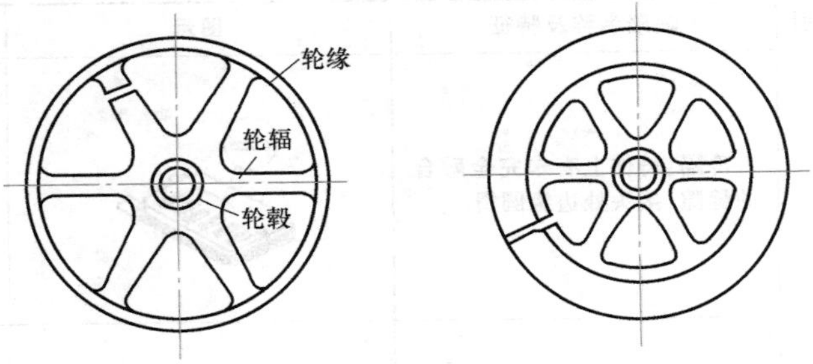

a)　　b)

图 2-22　轮形铸件的冷裂

a）带轮　b）飞轮

（3）使用缺陷　铸件的使用缺陷是指铸件不能满足使用性能的要求。如不能满足强力、高速、磨耗、腐蚀、高热等条件下的工作性能，切削性能、焊接性能、运转性能不符合要求以及工作寿命短等。常见铸造缺陷的特征及原因分析见表 2-5。

表 2-5　常见铸造缺陷的特征及原因分析

类别	缺陷名称及特征	图示	原因分析
孔眼	气孔：铸件内部或表面大小不等的孔眼，其内壁光滑，形状各异	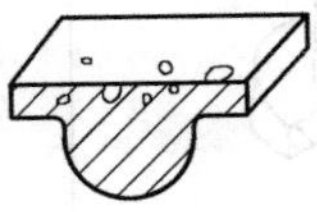	1. 砂型过于紧实或型砂透气性差 2. 型砂潮湿，起模、修型时刷水过多 3. 砂芯通气孔堵塞或砂芯未烘干
	缩孔：铸件厚大或后凝固部位出现的不规则孔眼		1. 冒口设置不当 2. 合金成分不合理，收缩大 3. 浇注温度过高 4. 铸件结构不合理
	缩松：铸件轴线部位，细小、分散的孔眼		1. 凝固收缩 2. 浇注压力小 3. 冷却速度快
	砂眼：铸件内部或表面充满砂粒的孔眼，其形状不规则	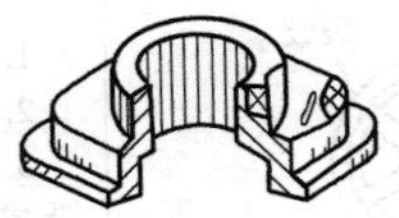	1. 型砂强度不够或局部没有舂紧，掉砂 2. 型腔、浇口内散砂未处理干净 3. 合型时砂型局部挤掉
	渣眼：孔眼内充满熔渣，孔形不规则，液体中渣多		1. 浇注温度太低，熔渣不易上浮 2. 浇注时没有挡住熔渣 3. 浇注系统不合理，撇渣作用差

（续）

类别	缺陷名称及特征	图示	原因分析
表面缺陷	冷隔：铸件上有未完全融合的缝隙，接头处边缘圆滑		1. 浇注温度过低，流动性差 2. 浇注时断流或浇注速度太慢 3. 浇口位置不当或浇口太小
	粘砂：铸件表面粘着一层难以除掉的砂粒，使表面粗糙	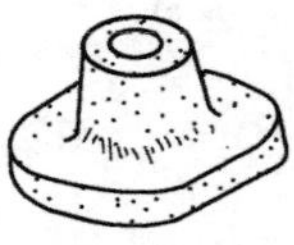	1. 未刷涂料或涂料太薄 2. 浇注温度过高 3. 型砂耐火性不够
	夹砂：铸件表面有一层突起的金属片状物，在金属片和铸件之间夹有一层湿砂	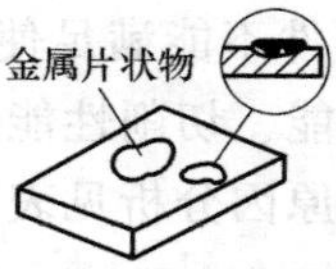	1. 型砂受热膨胀，表层鼓起或开裂 2. 型砂潮湿，强度低 3. 内浇口集中，局部砂型烘烤鼓起 4. 浇注温度过高，浇注速度太慢
形状尺寸不合格	偏芯：铸件局部形状和尺寸由于砂芯位置偏移而变动	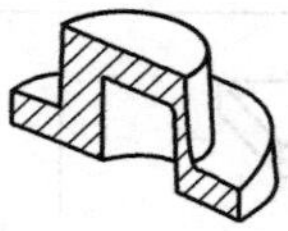	1. 砂芯变形 2. 下芯时放偏 3. 砂芯未固定好，浇注时被冲偏
	浇不足：铸件未浇满，形状不完整		1. 浇注温度太低 2. 浇注时液态金属量不够 3. 浇口太小或未开出气口
	错箱：分型面错位	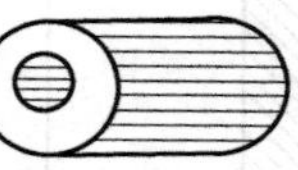	1. 合型时上、下箱错位 2. 定位销或标记线不准 3. 造芯时上、下模样未对准
裂纹	热裂：铸件开裂，裂纹沿晶粒边界曲折而不规则，呈现蓝颜色 冷裂：裂纹光滑、规则，有金属光泽		1. 铸件设计不合理，壁厚差别大 2. 砂型（芯）退让性差，阻碍铸件收缩 3. 浇注系统开设不当，各部位冷却收缩不均，造成过大的内应力
其他	铸件的化学成分、组织和性能不合格		1. 炉料成分、质量不符合要求 2. 熔炼时配料不准或操作不当 3. 热处理未按照规范操作

2. 铸件质量检验

根据用户要求和图样技术条件等有关协议的规定，用目测、量具、仪表或其他手段检验铸件是否合格的操作过程称为铸件质量检验。铸件质量检验是铸件生产过程中不可缺少的环节。

根据铸件质量检验结果，可将铸件分为合格品、返修品和废品三类。铸件的质量符合有关技术标准或交货验收技术条件的为合格品；铸件的质量不完全符合标准，但经返修后能够达到验收条件的可作为返修品；如果铸件外观质量和内在质量不合格，不允许返修或返修后仍达不到验收要求，则只能作为废品。

（1）铸件外观质量检验

1）铸件形状和尺寸检测。利用工具、夹具、量具或划线检测等手段检查铸件实际尺寸是否落在铸件图规定的铸件尺寸公差带内。

2）铸件表面粗糙度评定。利用铸造表面粗糙度比较样块评定铸件实际表面粗糙度是否符合铸件图上规定的要求。评定方法可按 GB/T 15056—1994 进行。

3）铸件表面或近表面缺陷检验。用肉眼或借助低倍放大镜检查暴露在铸件表面的宏观缺陷，如飞边、毛刺，抬型、错箱，偏芯、表面裂纹、粘砂、夹砂、冷隔、浇不到等。也可以利用磁粉检验、渗透检验等无损检测方法检验铸件表面和近表面的缺陷。

（2）铸件内在质量检验

1）铸件力学性能检验。包括常规力学性能检验，如测定铸件的抗拉强度、屈服强度、断后伸长率、断面收缩率、挠度、冲击韧度、硬度等；非常规力学性能检验，如断裂韧度、疲劳强度、高温力学性能、低温力学性能、蠕变性能等。除硬度检验外，其他力学性能的检验多用试块或破坏抽验铸件本体进行。

2）铸件特殊性能检验。如铸件的耐热性、耐蚀性、耐磨性、减振性、电学性能、磁学性能、压力密封性能等。

3）铸件的化学分析。对铸造合金的成分进行测定。铸件化学分析常作为铸件验收条件之一。

4）铸件显微检验。对铸件及铸件断口进行低倍、高倍金相观察，以确定内部组织结构、晶粒大小以及内部夹杂物、裂纹、缩松、偏析等。对灰铸铁一般要进行石墨等级评定。

5）铸件内部缺陷的无损检验。用射线探伤、超声波探伤等无损检测方法检查铸件内部的缩孔、缩松、气孔、裂纹等缺陷，并确定缺陷大小、形状、位置等。

3. 铸件质量控制

铸件缺陷的产生不仅来源于不合理的铸造工艺，还与造型材料、模具、合金的熔炼和浇注等各个环节密切相关。此外，铸造合金的选择、铸件结构的工艺性、技术要求的制订等设计因素是否合理，对于是否易于获得合格铸件也具有重要影响。就一般机械设计和制造人员而言，应从如下几方面来控制铸件质量。

（1）合理选定铸造合金和铸件结构　设计和选择材料时，在能保证铸件使用要求的前提下，应尽量选用铸造性能好的合金。同时，还应结合合金铸造性能要求，合理设计铸件结构。

（2）合理制定铸件的技术要求　具有缺陷的铸件并不都是废品，若其缺陷不影响铸件的使用要求，则为合格铸件。在合格铸件中，允许存在哪些缺陷及其存在程度如何，一般应在零件图或有关技术文件中做出具体规定，作为铸件质量检验的依据。对铸件的质量要求必须合理：若要求过低，将导致产品质量低劣；若要求过高，又会导致铸件废品率的大幅度增加和铸件成本的提高。

(3) 模样质量检验　如果模样（模板）、型芯盒不合格，则会造成铸件形状或尺寸不合格、错型等缺陷。因此，必须对模样、型芯盒及其有关标记进行认真的检验。

(4) 铸件质量检验　铸件质量检验是控制铸件质量的重要措施。检验铸件的目的是依据铸件缺陷存在的程度，确定和分辨合格铸件、待修补铸件和废品。同时，通过缺陷分析，确定缺陷产生的原因，以便采用防止铸件缺陷的措施。随着对铸件质量的要求越来越高，检验质量的方法和检验项目也越来越多，常用的检验方法如下。

1）外观检查（VT）。铸件的表面缺陷大多数在外观检查时就可以被发现，如粘砂、夹砂、表面气孔、冷隔、错型、明显裂纹等。运用尖头锤子敲击铸件，根据铸件发声的清脆程度，可以判断出铸件表皮以下是否有孔洞或裂纹。铸件的形状和尺寸可以采用量具测量，以及划线、样板检查方法确定其是否合格。

2）无损检测（NDI）。目前广泛使用的无损检测方法有磁粉探伤（MT）、着色和荧光探伤（PT）、射线探伤（RT）、超声波探伤（UT）等。无损检测能较为准确地查出铸件表面和皮下孔洞及裂纹缺陷。

3）化学成分检验。化学成分检验有炉前控制性检验和铸件化学成分检验两种方法。炉前控制性检验的方法有三角试片检验法、火花鉴定法、快速热分析仪和直读光谱仪等快速测定法。铸件化学成分检验是从同炉单独浇注的一组试块中，或从铸件上附铸的试块中，取样进行各种元素含量分析。

4）金相组织检验。金相组织检验（如晶粒度、球化率等）是将试块制成金相试样，放在金相显微镜下观察。对于更微观的金相组织，可用扫描电子显微镜或透射电子显微镜进行观察。

5）力学性能检验。检验铸件的强度、硬度、塑性、韧性等性能是否达到技术要求，通常用标准试样进行力学性能试验。对于一些重要的铸件，采用附铸试块，加工到规定尺寸（称为试样），然后放在专门的力学试验设备上测定。

2.2 常用合金的铸造

常用的铸造合金有铸铁、铸钢和铸造非铁金属。其中铸铁的应用最广，铜及其合金和铝及其合金是最常用的铸造非铁金属。随着我国铸造技术的进步以及高速列车和航空技术的需求，铸造钛及其合金等铸造合金越来越多地被广泛应用。

2.2.1 铸铁的铸造

铸铁在各类合金中应用最广。工业铸铁以铁、碳和硅为主要元素，一般 $w_C=2.4\%\sim4.0\%$，$w_{Si}=0.6\%\sim3.0\%$，杂质元素 Mn、S、P 的质量分数较高。为了提高铸铁的力学性能或物理、化学性能，还可加入一定量的合金元素，以得到合金铸铁。

根据碳在铸铁中存在形式和形态的不同，铸铁可分为白口铸铁、灰铸铁、球墨铸铁、可锻铸铁和蠕墨铸铁。其中，白口铸铁中的碳除极少量溶于铁素体外，都以渗碳体形式存在，铸铁断口呈银白色，硬而脆，很难进行切削加工，故很少直接用于制造各种铸铁零件。灰铸铁、球墨铸铁、可锻铸铁和蠕墨铸铁中的碳均以石墨形式存在于基体中，石墨形态分别为片状、球状、团絮状和蠕虫状，断口呈灰色，统称为灰口铸铁，其基体因石墨化程度的不同有铁素体、铁素体+珠光体、珠光体三种基本组织。它们的基体组织与钢相近，性能也相近，而灰口铸铁的抗压强度、硬度、耐磨性主要取决于基体，故这些性质也与钢接近。但因石墨的强度、硬度、塑性和韧性接近于零，就力学性能而言相当于"空洞"，对基体有割裂作用，故灰铸铁的抗拉强度、塑性和韧性比钢低，降低的程度主要取决于石墨的形态，从而几种不同类型灰铸铁的力学性能存在较大差异。同时，石墨的存在又使灰铸铁具有比钢优异的其他性能，且其价格比钢低，因此在工业上应用很广。

1. 灰铸铁的铸造

（1）灰铸铁的铸造特点　灰铸铁具有接近共晶的化学成分，其熔点比钢低，流动性好，而且铸铁在凝固过程中要析出比体积较大的片状石墨，其收缩率较小，故铸造性能优良。灰铸铁件的铸造工艺简单，主要采用砂型铸造，浇注温度较低，对型砂的要求也较低，中、小件大多采用经济简便的湿型（生产上称为潮模砂）铸造。灰铸铁便于制造薄而形状复杂的铸件，铸件产生缺陷的倾向小，生产中大多采用同时凝固原则，铸型一般不需要加补缩冒口和冷铁，只有厚壁铸件铸造时才采用定向凝固原则。因此，灰铸铁是生产工艺最简单、成本最低、应用最广的铸铁，在铸铁总产量中，灰铸铁要占80%以上。

（2）灰铸铁中片状石墨的析出与孕育处理

1）灰铸铁中片状石墨的析出。为了确保碳的石墨化，一是应保证灰铸铁的化学成分，主要是具有一定的碳、硅质量分数，一般 $w_C = 2.6\%\sim6\%$，$w_{Si} = 1.2\%\sim3.0\%$；二是应具有适当缓慢的凝固冷却速度。碳、硅的质量分数过低，冷却速度过快，则石墨化程度低，容易出现白口组织。图 2-23 所示为三角形试样的冷却速度对铸铁组织的影响，相同化学成分的铸铁，冷却速度很快的下部尖端处为白口组织；冷却缓慢的上部截面较大处为灰口组织，且心部组织比表层粗；两部分交界处的组织介于两者之间，称为麻口组织。碳、硅的质量分数越高，冷却速度越慢，石墨化程度越大，析出的石墨片越多、越粗大，基体组织则表现为铁素体量增多，珠光体量减少，铸铁的力学性能下降。生产中可通过控制碳、硅的质量分数与冷却速度，得到不同组织与性能的灰铸铁，图 2-24 所示为三种基体组织的灰铸铁。

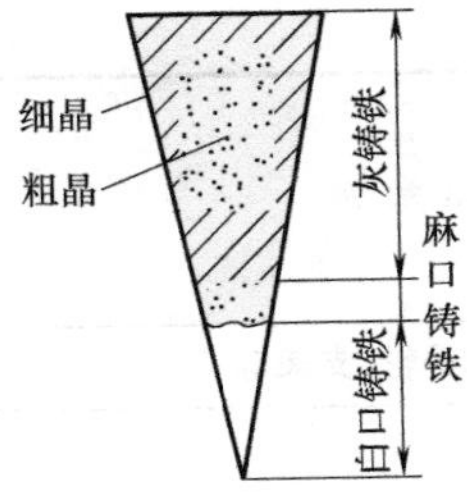

图 2-23　冷却速度对铸铁组织的影响

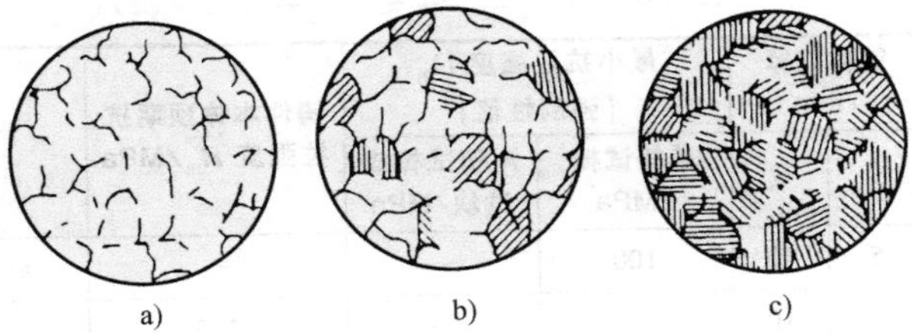

图 2-24　灰铸铁的显微组织

a）铁素体基体　b）铁素体+珠光体基体　c）珠光体基体

同一成分但壁厚不同的铸件、同一铸件的不同壁厚处、铸件的表层和心部，其冷却速度有差异，会导致石墨数量、大小与基体组织存在差异，从而导致性能上存在差异。冷却速度慢的部位（厚壁、心部）比冷却速度快的部位（薄壁、表层）的石墨数量多、尺寸大、基体中铁素体量多，珠光体量少，晶粒粗，力学性能差。因此，应按铸件的壁厚来选择不同牌号的灰铸铁，还应注意灰铸铁件的壁厚不要过厚，且要均匀。而且灰铸铁件的表层与薄壁处容易出现白口组织，该组织硬而脆，不易切削加工，可在铸后采用退火予以消除。由于砂型较金属型导热慢，铸件冷却速度缓慢，容易获得灰口组织，因此在实际生产中，还可在同一铸件的不同部位采用不同的铸型材料，使铸件各部位呈现不同的组织和性能。如冷硬铸造轧辊、车轮等，就是采用局部金属型（其余用砂型）以激冷铸件上的耐磨表面，使其产生耐磨的白口组织的。

2）灰铸铁的孕育处理。仅通过控制灰铸铁的化学成分和凝固冷却速度，只能获得粗片状石墨，这种灰铸铁称为普通灰铸铁。若向铁液中加入硅铁或硅钙合金等孕育剂，然后再进行浇注，则可使铸铁中的石墨片细小且分布均匀，并获得很细的珠光体基体组织，这种灰铸铁称为孕育铸铁，其强度比普通灰铸铁有所提高。而且由于孕育剂的作用，铸铁的组织和性能受冷却速度的影响较小，使厚壁铸件沿截面的性能仍较均匀（图 2-25），故适于制造厚大铸件。使用孕育剂还可避免铸件表层与薄壁处出现白口组织。

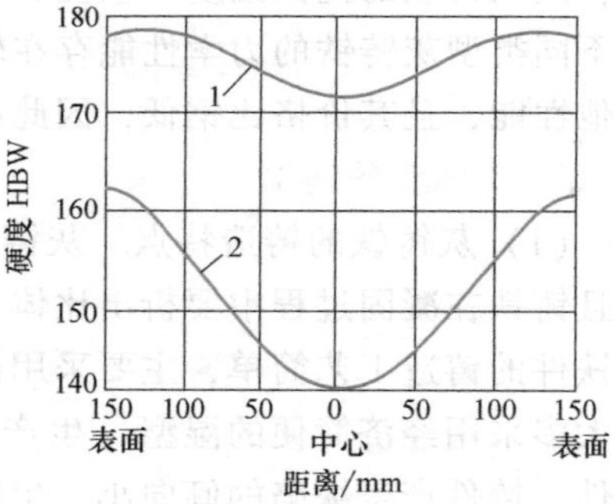

图 2-25 孕育处理对大截面（300mm×300mm）铸件硬度的影响

1—孕育铸铁 2—普通灰铸铁

（3）灰铸铁的性能特点、牌号、应用和热处理

1）灰铸铁的性能特点。虽然灰铸铁的基体与钢相近，但由于片状石墨对基体的割裂作用大，灰铸铁的抗拉强度比钢要低很多，塑性和韧性接近于零。灰铸铁的抗压强度、硬度、耐磨性则与相同基体的钢接近。石墨的自润滑和掉落形成空隙对润滑油的吸附储存作用，使灰铸铁具有良好的减摩性与切削加工性。松软石墨的吸振、消振作用使灰铸铁的减振能力比钢高 5~10 倍。因此，灰铸铁常用于制造机床床身、机座、导轨、衬套和活塞环等要求耐压、消振、减摩、耐磨的零件。

2）灰铸铁的牌号和应用。灰铸铁件包括 HT100、HT150、HT200、HT225、HT250、HT275、HT300、HT350 八个牌号，牌号中的“HT”为“灰铁”二字的汉语拼音字首，后面的三位数为最低抗拉强度值，单位为 MPa。灰铸铁的牌号、力学性能和应用见表 2-6。

表 2-6 灰铸铁的牌号、力学性能和应用（摘自 GB/T 9439—2010）

牌号	铸件壁厚/mm		最小抗拉强度 R_m（强制性值）		铸件本体预期抗拉强度 R_m/MPa	应用举例
	>	≤	单铸试棒/MPa	附铸试棒或试块/MPa		
HT100	5	40	100	—	—	低负荷零件，如外罩、手轮、支架等
HT150	5	10	150	—	155	承受中等负荷的零件，如机座、支架、箱体、带轮、飞轮、刀架、轴承、法兰、泵体、阀体等
	10	20		—	130	
	20	40		120	110	
	40	80		110	95	
	80	150		100	80	
	150	300		90	—	

（续）

牌号	铸件壁厚/mm		最小抗拉强度 R_m（强制性值）		铸件本体预期抗拉强度 R_m/MPa	应用举例
	>	≤	单铸试棒/MPa	附铸试棒或试块/MPa		
HT200	5	10	200	—	205	
	10	20		—	180	
	20	40		170	155	
	40	80		150	130	
	80	150		140	115	
	150	300		113	—	
HT225	5	10	225	—	230	
	10	20		—	200	
	20	40		190	170	承受较大负荷的重要零件，如气缸体、气缸套、活塞、齿轮、机座、床身、制动轮、联轴器、齿轮箱、轴承座、液压缸、阀体等
	40	80		170	150	
	80	150		155	135	
	150	300		145	—	
HT250	5	10	250	—	250	
	10	20		—	225	
	20	40		210	195	
	40	80		190	170	
	80	150		170	155	
	150	300		160	—	
HT275	10	20	275	—	250	
	20	40		230	220	
	40	80		205	190	
	80	150		190	175	
	150	300		175	—	
HT300	10	20	300	—	270	
	20	40		250	240	承受高负荷的重要零件，如重型机床床身、压力机机身、高压液压件、车床卡盘、活塞环、齿轮、凸轮、滑阀壳体等
	40	80		220	210	
	80	150		210	195	
	150	300		190	—	
HT350	10	20	350	—	315	
	20	40		290	280	
	40	80		260	250	
	80	150		230	225	
	150	300		210	—	

3）灰铸铁的热处理。对精度要求较高或大型的复杂灰铸铁件，如床身、机架等，在切削加工以前应进行消除内应力退火处理，以消除因铸件厚薄不均匀，冷却速度不同，收缩不一致而产生的较大内应力。消除白口退火用于表层或薄壁处出现白口组织的灰铸铁件。对表

面要求硬度高、耐磨的导轨等灰铸铁件，可采用接触电阻加热的方法进行表面淬火，使表层的基体成为细小马氏体组织。

2. 球墨铸铁的铸造

(1) 球墨铸铁的铸造特点　球墨铸铁也具有接近共晶的化学成分，其凝固收缩率较低，具有良好的铸造性能，但其缩孔、缩松倾向比灰铸铁大。这是因为球状石墨析出时的膨胀力很大，若铸型的刚度不够，则铸件的凝固外壳将向外胀大，造成其内部金属液不足，从而产生缩孔、缩松，如图 2-26 所示。为防止缩孔、缩松缺陷的产生，可增设冒口、冷铁来实现定向凝固，以便于补缩；增加型砂紧实度，采用干砂型或水玻璃快干砂型，并使上、下型牢固夹紧，以增加铸型刚度，防止型腔扩大。

此外，球墨铸铁件易出现皮下气孔，因此，除严格控制球墨铸铁中杂质的含量外，还应严格控制型砂中的水分。

(2) 球墨铸铁中球状石墨的析出与孕育处理

1) 球墨铸铁中球状石墨的析出。球化处理是制造球墨铸铁的关键，最常采用的球化剂是稀土镁合金，其加入量一般为铁液质量的 1.0%~1.6%。球化剂的密度较小，故其以冲入法加入最为普遍，如图 2-27 所示。它是将球化剂放在铁液包的堤坝内，上面铺以硅铁粉和稻草灰，以防球化剂上浮，并使其缓慢产生作用，然后将 2/3 铁液包容量左右的铁液冲入包内，使球化剂与铁液充分反应。

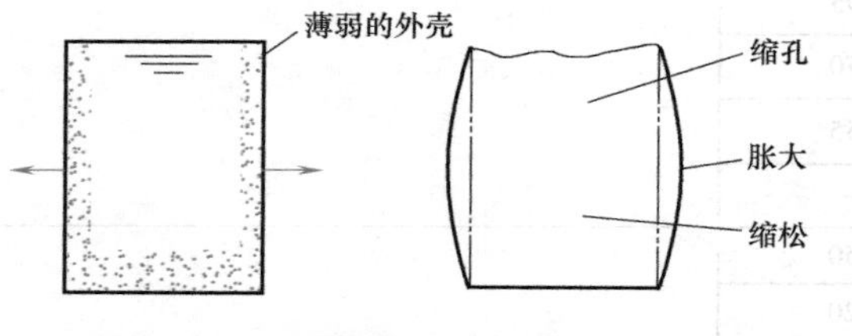

图 2-26　球墨铸铁缩孔和缩松的形成

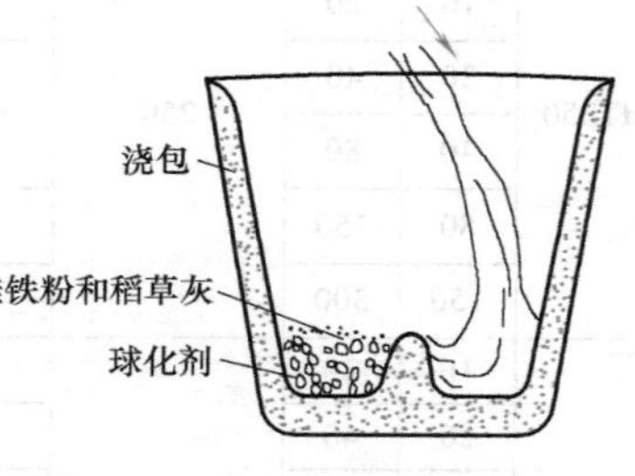

图 2-27　冲入法球化示意图

2) 球墨铸铁的孕育处理。球墨铸铁的球化处理必须伴随孕育处理，常用的孕育剂是质量分数为 75% 的硅铁或硅钙合金，其加入量为铁液质量的 0.4%~1.0%。在铁液包内的球化剂与铁液充分反应后，将孕育剂放在炼铁炉的出铁槽内，用 1/3 铁液包容量的铁液将其冲入包内，进行孕育。球化孕育处理后的铁液应及时浇注，以防止孕育和球化作用衰退。

根据石墨化程度的不同，球墨铸铁可以形成三种基本的基体组织，如图 2-28 所示。

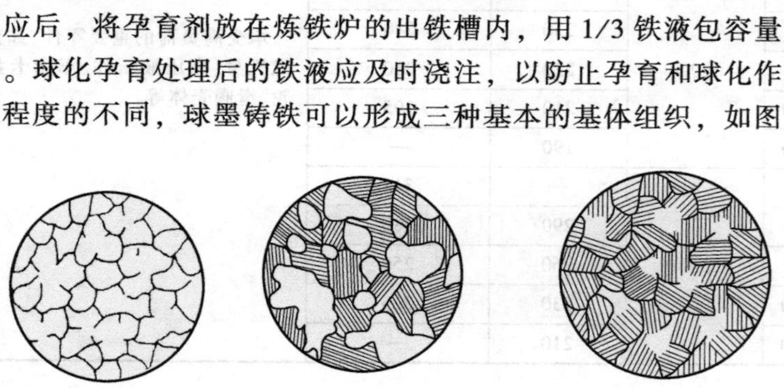

图 2-28　球墨铸铁的显微组织

a) 铁素体基体　b) 铁素体+珠光体基体　c) 珠光体基体

由于球化剂阻碍石墨化，使铸铁的白口倾向加大，因此，球墨铸铁中碳、硅的含量比灰铸铁高，一般为 $w_C=3.6\%\sim4.0\%$，$w_{Si}=2.0\%\sim3.2\%$，而且球墨铸铁适宜制造厚壁铸件，不宜制造薄壁铸件。由于硫会与镁形成硫化镁（MgS）而增加球化剂的损耗，严重影响球化质量，而且硫化镁又会与型砂中的水分作用，使铸件产生皮下气孔，因此应严格控制硫含量。此外，还应降低磷含量，以改善球墨铸铁的塑性与韧性。

经球化、孕育处理后的铁液温度会降低 50~100℃，为防止浇注温度过低，出炉的铁液温度须高达 1400℃ 以上。

（3）球墨铸铁的性能特点、牌号、应用和热处理

1）球墨铸铁的性能特点。球墨铸铁中的石墨呈接近于球状，使它对基体的割裂作用减至最低，基体强度的利用率可达 70%~90%。因此，球墨铸铁的抗拉强度高，特别是具有高的屈强比，甚至高于一般的中碳钢；其疲劳强度与钢相近，塑性和韧性与灰铸铁相比有显著提高。表 2-7 所列为珠光体球墨铸铁与 45 钢的力学性能比较。同时，石墨的存在使球墨铸铁仍可保持灰铸铁的某些优良性能，如良好的耐磨性、减摩性，小的缺口敏感性，良好的切削加工性能等，其减振性低于灰铸铁但优于钢。因此，球墨铸铁的应用非常广泛，特别是在制造曲轴、凸轮轴等承载较大、承受振动和一定冲击、要求耐磨损的铸件方面，球墨铸铁基本上取代了锻钢。

表 2-7 珠光体球墨铸铁和 45 钢的力学性能比较

性能	45 钢锻钢(正火)	珠光体球墨铸铁(正火)
抗拉强度 R_m/MPa	690	815
屈服强度 $R_{p0.2}$/MPa	410	640
屈强比 $R_{p0.2}/R_m$	0.59	0.785
伸长率 A(%)	26	3
疲劳强度(有缺口试样)/MPa	150	155
布氏硬度 HBW	<229	229~321

2）球墨铸铁的牌号与应用。球墨铸铁的牌号、力学性能和应用见表 2-8。牌号中的“QT”为“球铁”二字的汉语拼音字首，其后两组数字分别表示最低抗拉强度（MPa）和最小伸长率（%）。

表 2-8 球墨铸铁的牌号、力学性能和应用（摘自 GB/T 1348—2009）

牌号	最小抗拉强度 R_m/MPa	最小屈服强度 $R_{p0.2}$/MPa	最小伸长率 A (%)	布氏硬度 HBW	主要基体组织	应用举例
QT350-22L	350	220	22	≤160	铁素体	铸铁管、曲轴和汽车底盘零件等
QT350-22R	350	220	22	≤160	铁素体	
QT350-22	350	220	22	≤160	铁素体	
QT400-18L	400	240	18	120~175	铁素体	风电设备轮毂、底座、齿轮箱等；收割机及割草机上的导架、差速器壳、护刃器等
QT400-18R	400	250	18	120~175	铁素体	
QT400-18	400	250	18	120~175	铁素体	汽车、拖拉机后桥壳、轮毂、离合器壳、拨叉，电动机壳，阀体、阀盖，压缩机气缸，农机具上的犁铧等
QT400-15	400	250	15	120~180	铁素体	
QT450-10	450	310	10	160~210	铁素体	

（续）

牌号	最小抗拉强度 R_m/MPa	最小屈服强度 $R_{p0.2}$/MPa	最小伸长率 A（%）	布氏硬度 HBW	主要基体组织	应用举例
QT500-7	500	320	7	170~230	铁素体+珠光体	机油泵齿轮，铁路机车车辆轴瓦，水轮机的阀体等
QT550-5	550	350	5	180~250	铁素体+珠光体	
QT600-3	600	370	3	190~270	珠光体+铁素体	内燃机的曲轴、凸轮轴、气缸套、连杆，部分磨床、铣床、小型水轮机的主轴，空压机、制氧机、泵的曲轴、缸体、缸套，桥式起重机大小车滚轮等
QT700-2	700	420	2	225~305	珠光体	
QT800-2	800	480	2	245~335	珠光体或索氏体	
QT900-2	900	600	2	280~360	回火马氏体或托氏体+索氏体	汽车、拖拉机传动齿轮，柴油机凸轮轴，农机具上的犁铧等

注：字母“L”表示该牌号有低温（-20℃或-40℃）下的冲击性能要求；字母“R”表示该牌号有室温（23℃）下的冲击性能要求。

3）球墨铸铁的热处理。球墨铸铁基体性能的利用率高，所以其热处理效果好，凡可用于钢的热处理方法几乎均可用于球墨铸铁，以改善其基体的组织与性能。球墨铸铁常用的热处理方法：为获得铁素体基体，以提高铸铁塑性和韧性的退火；为获得珠光体基体，以提高铸铁强度和硬度的正火；为获得回火索氏体基体，以提高铸铁综合力学性能的调质处理；还有等温淬火、表面淬火等。

3. 可锻铸铁的铸造

（1）可锻铸铁的铸造特点与团絮状石墨的析出　可锻铸铁是由白口铸铁经石墨化退火获得的。制造可锻铸铁的关键：①要保证浇注后，获得完全白口组织，为此，可锻铸铁中碳、硅的质量分数比灰铸铁低，一般为 $w_C=2.8\%$，$w_{Si}=1.0\%\sim1.8\%$，而且冷却速度要快，故适宜制造薄壁小型铸件；②要将铸铁进行高温（900~980℃）、长时间（15~18h）的石墨化退火处理（图 2-29），使渗碳体分解为团絮状石墨。基体组织则随冷却工艺的不同而不同，若保温后以较快速度（100℃/h）冷却至共析温度以下，则可得到珠光体基体的可锻铸铁；若冷却到共析温度 720~750℃范围内再次长时间（约 30h）保温后冷却，则可得到铁素体基体的可锻铸铁。图 2-30 所示为两种可锻铸铁的显微组织。

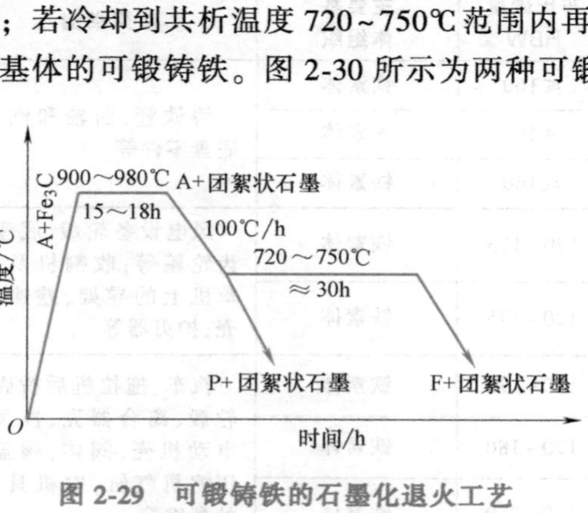

图 2-29　可锻铸铁的石墨化退火工艺

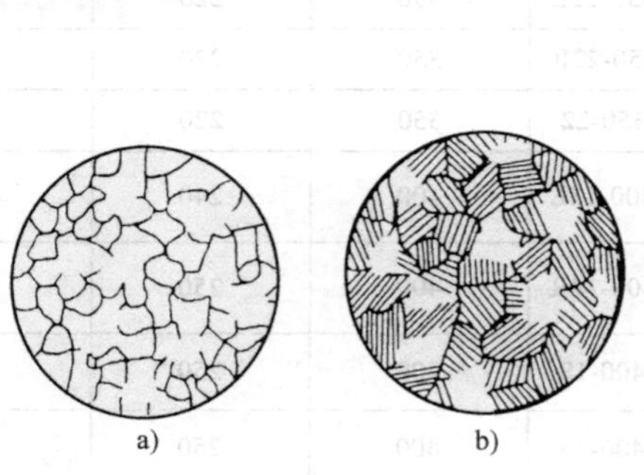

图 2-30　可锻铸铁的显微组织

a）铁素体基体　b）珠光体基体

可锻铸铁的历史悠久，但由于其生产周期长、工艺复杂、生产率低、能耗大、成本高，使它的应用和发展受到一定限制，某些传统的可锻铸铁零件已逐渐被球墨铸铁零件所代替。

（2）可锻铸铁的性能特点、牌号和应用

1）可锻铸铁的性能特点。由于团絮状石墨对基体的割裂作用与片状石墨相比大大降低，因而可锻铸铁也是一种高强度铸铁，其塑性和韧性显著优于灰铸铁，但可锻铸铁并不可锻，其力学性能比球墨铸铁稍差。可锻铸铁的显著特点是适于制造形状复杂、壁薄且韧性要求较高的小铸件，如壁厚为1.7mm的三通管件，这是其他铸铁不能相比的。

2）可锻铸铁的牌号与应用。常用可锻铸铁的牌号、力学性能和应用见表2-9。牌号中的“KT”为“可铁”二字的汉语拼音字首，其后的“H”和“Z”分别为“黑”和“珠”的汉语拼音字首，“H”表示黑心可锻铸铁，其基体为铁素体；“Z”表示珠光体可锻铸铁，其基体为珠光体。最后的两组数字分别表示最低抗拉强度（MPa）和最小伸长率（%）。

表2-9 常用可锻铸铁的牌号、力学性能和应用（摘自GB/T 9440—2010）

牌号	试样直径 d①,②/mm	最小抗拉强度 R_m/MPa	最小0.2%屈服强度 $R_{p0.2}$/MPa	最小伸长率 A(%) ($L_o=3d$)	布氏硬度 HBW	应用举例
KTH 275-12③	12或15	275	—	5	≤150	弯头、三通管件、中低压阀门等气密性零件
KTH 300-06③	12或15	300	—	6		
KTH 330-08	12或15	330	—	8		机床扳手、犁刀、犁柱、车轮壳、钢丝绳轧头等
KTH 350-10	12或15	350	200	10		汽车、拖拉机轮壳、后桥、减速器壳、制动器、机车与铁道附件等在振动载荷下工作的零件
KTH 370-12	12或15	370	—	12		
KTZ 450-06	12或15	450	270	6	150~200	载荷较高的耐磨损零件，如曲轴、凸轮轴、连杆、齿轮、活塞环、轴套、万向接头、棘轮、扳手、传动链条、犁刀、矿车车轮等
KTZ 500-05	12或15	500	300	5	165~215	
KTZ 550-04	12或15	550	340	4	180~230	
KTZ 600-03	12或15	600	390	3	195~245	
KTZ 650-02④,⑤	12或15	650	430	2	210~260	
KTZ 700-02	12或15	700	530	2	240~290	
KTZ 800-01④	12或15	800	600	1	270~320	

① 如果需方没有明确要求，则供方可以任意选取两种试棒直径中的一种。
② 试样直径代表同样壁厚的铸件，当铸件为薄壁件时，供需双方可以协商选取直径为6mm或9mm的试样。
③ KTH275-05和KTH300-06专门用于保证压力密封性能，而不要求高强度或高延展性的工作条件。
④ 油淬加回火。
⑤ 空冷加回火。

4. 蠕墨铸铁的性能特点及应用

蠕墨铸铁中的蠕虫状石墨比灰铸铁中的片状石墨的长厚比小，其端部较钝、较圆（图2-31），对基体的割裂作用介于片状石墨和球状石墨之间，故蠕墨铸铁的力学性能也介于相同基体组织的灰铸铁和球墨铸铁之间，它具有较高的强度、一定的韧性和较高的耐磨性，同时又兼有灰铸铁良好的铸造性能和减振性。

蠕墨铸铁已成功用于制造气缸盖、气缸套、钢锭模、轧辊模、玻璃瓶模和液压阀等铸件。

2.2.2 铸钢的铸造

铸钢中碳的质量分数一般为 $w_C=0.15\%\sim0.6\%$，主要有碳素铸钢和低合金铸钢两大类。其中碳素铸钢的应用最广，占铸钢总产量的80%以上。

1. 铸钢的铸造特点

铸钢的熔点高（约为1500℃）、流动性差、收缩率大，铸造性能差，熔炼过程中易氧化、吸气，铸件易产生粘砂、浇不足、冷隔、缩孔、缩松、变形、裂纹、气孔和夹渣等缺陷。为保证铸钢件的质量，工艺上常采取以下措施：

1）铸钢用型（芯）砂应具有高的耐火性，良好的透气性、强度和退让性以及低的发气性。为此，采用颗粒大而均匀的高耐火度石英砂，铸型采用干砂型或水玻璃砂快干型，砂中加入糖浆、木屑等，型腔表面涂刷耐火涂料。

2）绝大多数铸钢件要配置大量补缩冒口与冷铁，以实现定向凝固。冒口质量一般为铸件质量的25%~50%，这增大了造型和切割冒口的工作量。如图2-32所示的铸钢齿圈，因壁厚较大（80mm），齿圈内极易形成缩孔和缩松。为了保证充分补缩，在齿圈上设置三个冒口，并在各冒口间安放冷铁，使齿圈形成三个补缩距离较短的独立补缩区，提高补缩效果。浇入的钢液首先在冷铁处凝固，形成朝着冒口方向的定向凝固，齿圈上各部分的收缩都能得到金属液的补充，避免了缩孔和缩松的产生。但对于薄壁或易产生裂纹的铸钢件，则采用同时凝固。

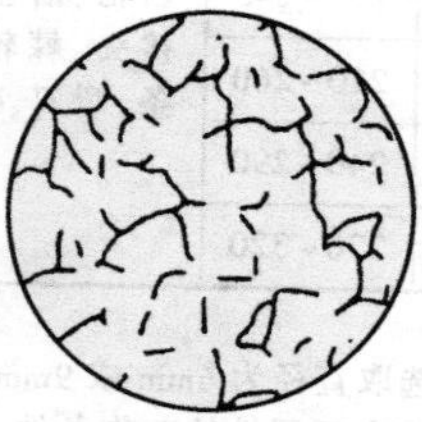

图2-31 蠕墨铸铁的显微组织

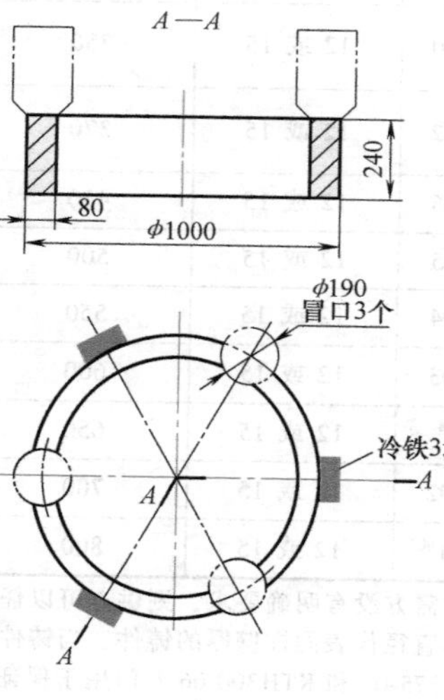

图2-32 铸钢齿圈的铸造工艺方案

3）严格掌握浇注温度。具体的浇注温度应根据钢号和铸件结构来定，一般为1500~1650℃。对于低碳钢、薄壁小件或结构复杂的容易浇不足的铸件，可适当提高浇注温度；对于高碳钢、厚壁大件及容易产生热裂的铸件，则可适当降低浇注温度。

2. 铸造碳钢的性能特点、牌号、应用和热处理

（1）铸造碳钢的性能特点　铸钢的很多力学性能高于各类铸铁，它不仅强度高，尤其是具有铸铁所不可比拟的优良塑性和韧性。此外，铸钢的焊接性能优良，可采用铸、焊联合

工艺制造大型零部件。但铸钢的铸造性能、减振性和缺口敏感性比铸铁差。铸钢最适宜制造承受重载荷及冲击载荷的形状复杂的零件，如火车车轮、锻锤机机架和砧座、高压阀门、重型水压机横梁、大型轧机机架与轧辊、齿轮等，尤其是在重型机械制造中更为重要。

(2) 铸造碳钢的牌号与应用　铸造碳钢的牌号、力学性能与应用见表 2-10。牌号中的“ZG”为“铸钢”二字的汉语拼音字首，其后的两组数字分别表示最低屈服强度(MPa)与最低抗拉强度(MPa)，“H”为“焊”字的汉语拼音字首，表示焊接结构用铸造碳钢。

表 2-10　铸造碳钢的牌号、力学性能与应用（摘自 GB/T 11352—2009 和 GB/T 7659—2010）

种类	牌号	屈服强度 R_{eH} ($R_{p0.2}$) /MPa	抗拉强度 R_m/MPa	伸长率 A_5(%)	根据合同选择			应用举例
					断面收缩率 Z(%)	冲击吸收功 A_{KV}/J	冲击吸收功 A_{KU}/J	
一般工程用①、②	ZG 200-400	200	400	25	40	30	47	塑性、韧性好，用于受力不大、要求高韧性的零件，如机座、变速器壳体等
	ZG 230-450	230	450	22	32	25	35	具有一定的强度和较好的韧性，用于受力不太大、要求高韧性的零件，如砧座、轴承盖等
	ZG 270-500	270	500	18	25	22	27	强度和韧性较高，用于受力较大且有一定韧性要求的零件，如连杆、曲轴、机架、缸体、轴承座、箱体等
	ZG 310-570	310	570	15	21	15	24	强度较高、韧性较低，用于承受载荷较高的零件，如大齿轮、制动轮等
	ZG 340-640	340	640	10	18	10	16	强度、硬度高，耐磨性好，用于齿轮、棘轮、联轴器等

种类	牌号	最小上屈服强度 R_{eH}/MPa	最小抗拉强度 R_m /MPa	最小断后伸长率 A(%)	根据合同选择		应用举例
					最小断面收缩率 Z(%)	最小冲击吸收功 A_{KU2}/J	
焊接结构用③	ZG200-400H	200	400	25	40	45	含碳量偏下限，焊接性能优良，其用途基本与 ZG 200-400、ZG 230-450 和 ZG 270-500 等相同
	ZG230-450H	230	450	22	35	45	
	ZG270-480H	270	480	20	35	40	
	ZG300-500H	300	500	20	21	40	
	ZG340-550H	340	550	15	21	35	

① 表中所列的各牌号性能，适用于厚度为 100mm 以下的铸件。当铸件厚度超过 100mm 时，表中规定的 R_{eH} ($R_{p0.2}$) 仅供设计使用。

② 表中冲击吸收功 A_{KU} 的试样缺口为 2mm。

③ 当无明显屈服时，测定规定非比例延伸强度 $R_{p0.2}$。

(3) 铸钢的热处理　铸钢的晶粒粗大，组织不均匀，而且常存在残余内应力，会降低铸钢件的强度，特别是塑性和韧性，为此，必须对铸钢件进行退火和正火热处理。正火件的力学性能高于退火件，且其成本低，应尽量采用。但正火件比退火件的应力大，因此，形状复杂、容易产生裂纹或正火易硬化的铸钢件的热处理工艺仍以退火为宜。

2.2.3 非铁合金的铸造

非铁合金具有许多优良的特性，因此也常用来制造铸件。例如：铝、镁、钛等合金的相对密度小、比强度高、被广泛应用于飞机、汽车、船舶和宇航工业；银、铜、铝等合金的导电、导热性好，是电气、仪表工业中不可缺少的材料；镍、钨、铬、钼等合金则是制造高温零件的理想材料。其中，以铜及其合金、银及其合金的铸件应用最多。

1. 铸造铝合金

铸造铝合金按成分可分为铝硅合金、铝铜合金、铝镁合金和铝锌合金。

(1) 铝硅合金（硅铝明） 铝硅合金的铸造性能好，但强度、塑性较低，经变质处理可提高其力学性能。铝硅合金的品种多，ZL102 是典型牌号，广泛用于制造内燃机缸体、缸盖、活塞、仪表外壳、风扇叶片等。

(2) 铝铜合金 铝铜合金的耐热性和切削加工性能好，但铸造性能和耐蚀性差，多用于制造内燃机活塞和气缸盖等。

(3) 铝镁合金 铝镁合金的质量小、强度高、耐蚀性好，但铸造性能差，多用于制造承受冲击载荷及在腐蚀条件下工作的零件，如飞机起落架、船用舷窗、氨用泵体等零件。

(4) 铝锌合金 铝锌合金的强度较高，但耐蚀性差、热裂倾向大，一般用于制造汽车发动机配件、仪表元件等。

2. 铸造铜合金

铸造铜合金分为铸造黄铜和铸造青铜两大类。

(1) 铸造黄铜 黄铜是铜锌合金。普通黄铜是铜与锌的二元合金，普通黄铜中再加入铝、锰、硅、铅等元素便成为特殊黄铜。黄铜的强度高、成本低、铸造性能好、品种多、产量大；合金元素的加入提高了其耐蚀性、耐磨性、耐热性及力学性能，故特殊黄铜的应用更广。铸造黄铜的牌号用“Z+铜元素符号 Cu+主加元素符号及其质量分数（%）”表示，如 ZCuZn16Si4 表示 $w_{Cu}=80\%$，$w_{Zn}=16\%$，$w_{Si}=4\%$的铸造硅黄铜。

(2) 铸造青铜 青铜是铜锡合金。习惯上把含锡青铜的称为锡青铜，不含锡的青铜称为无锡青铜。常用青铜有锡青铜、铝青铜、铅青铜等。铸造青铜的牌号用“Z+铜元素符号 Cu+主加元素符号及其质量分数（%）”表示，如 ZCuSn10Zn2 表示 $w_{Cu}=88\%$，$w_{Sn}=10\%$，$w_{Zn}=2\%$的铸造锡青铜。

锡青铜的铸造收缩率很小，但致密性差，其耐磨性和耐蚀性（在大气、海水和无机盐溶液中）优于黄铜，故适合制造形状复杂、致密性要求不高的耐磨、耐蚀零件，如轴承、轴套、水泵壳体等。铝青铜的强度、塑性，尤其是在酸、碱中的耐蚀性均高于锡青铜，流动性好，容易获得致密铸件，是应用很广的一种新型无锡青铜。其缺点是耐磨性和耐热性差，所以还不能完全取代锡青铜。

3. 铜、铝合金铸件的生产特点

铜、铝合金的熔化特点是金属料与燃料不直接接触，以减少金属的损耗和保证金属的纯净。在一般铸造车间，铜、铝合金多采用以焦炭为燃料的坩埚炉或感应电炉（电阻坩埚炉）来熔炼，如图 2-33 和图 2-34 所示。

(1) 铜合金的熔化及铸造特点 铜合金在液态时极易氧化，形成的氧化物 Cu_2O 溶解在铜内而使合金的性能下降。为防止铜的氧化，熔化青铜时应加熔剂以覆盖铜液。为去除已形

成的 Cu_2O，最好在出炉前向铜液中加入的磷铜来脱氧。由于黄铜中的锌本身就是良好的脱氧剂，所以熔化黄铜时不需另加熔剂和脱氧剂。

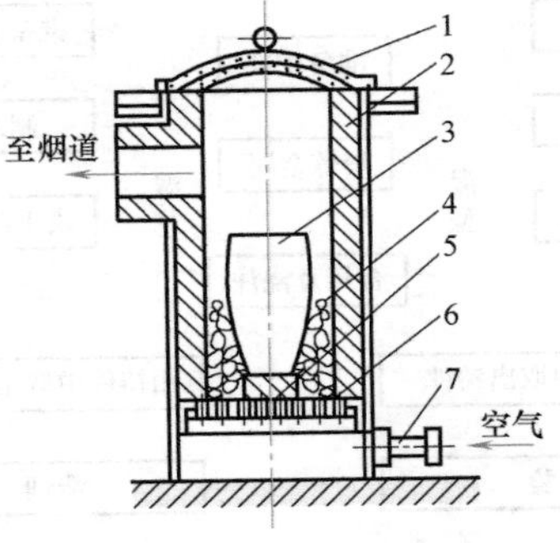

图 2-33 焦炭坩埚炉

1—炉盖 2—炉体 3—坩埚 4—焦炭 5—垫板 6—炉箅 7—进气管

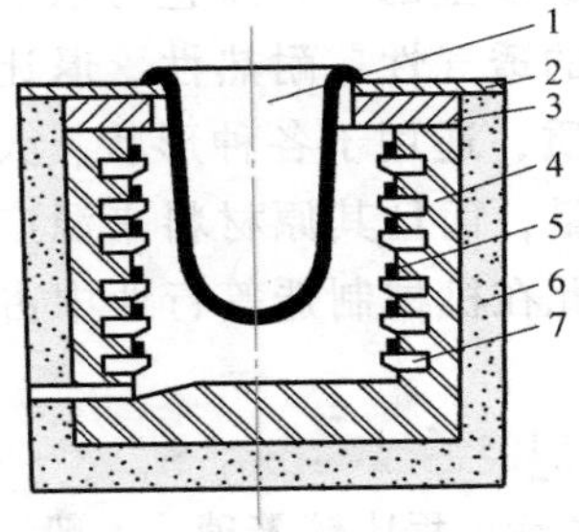

图 2-34 电阻坩埚炉

1—坩埚 2—托板 3—耐热板 4—耐火砖 5—电阻丝 6—石棉板 7—托砖

铸造黄铜的熔点低、流动性好，可浇注薄壁复杂件。铸造锡青铜的结晶温度范围宽，呈糊状凝固，易产生缩松，对防渗漏铸件，常采用冷铁来提高致密性。铸造铝青铜的结晶温度范围窄，易获得致密铸件，但收缩大，易产生集中缩孔，要用较大的冒口进行补缩。浇注时，常采用带过滤网的底注式浇注系统，以防止金属飞溅、氧化，并要去除浮渣。

（2）铝合金的熔化及铸造特点　铝合金在液态时也极易氧化，形成的氧化产物 Al_2O_3 的熔点高达2050℃，密度稍大于铝，所以熔化搅拌时容易进入铝液，形成非金属夹渣。铝液还极易吸收氢气，使铸件产生针孔缺陷。为了减缓铝液的氧化和吸气，可向坩埚内加入KCl、NaCl等作为熔剂，以便将铝液与炉气隔离开。为了驱除铝液中已吸入的氢气，防止针孔的产生，在铝液出炉之前应进行驱氢精炼。简便的方法是用钟罩向铝液中压入氯化锌（$ZnCl_2$）、六氯乙烷（C_2C_{16}）等氯盐或氯化物，反应后生成 $AlCl_3$ 气泡，这些气泡在上浮过程中可将氢气及部分 Al_2O_3 夹杂从铝液中带出。

铝硅合金处于共晶成分，其铸造性能好，可浇注薄壁复杂铸件。铝铜、铝镁、铝锌合金远离共晶点，它们的铸造性能差，适当提高浇注温度，合理安置冒口，可防止浇不到、缩孔、裂纹等缺陷的产生。浇注时，通常采用开放式浇注系统和蛇形浇道，并保证金属流连续不断，以防止飞溅和氧化。

（3）铸造工艺　为使铜、铝合金铸件表面光洁，砂型铸造时应选用细砂来造型。铜、铝合金的凝固收缩率比灰铸铁高，除锡青铜外，一般多需安置冒口使其定向凝固，以便补缩。

2.3 铸造成形工艺方法

铸造方法中应用最多的是砂型铸造。除砂型铸造以外的其他铸造方法，统称为特种铸造。特种铸造包括熔模铸造、金属型铸造、压力铸造、陶瓷型铸造等。本节主要介绍砂型铸造及特种铸造的工艺过程，重点讲述各种铸造成形工艺的特点和应用。

2.3.1 砂型铸造

砂型铸造是以型砂为造型材料，用模样在型砂中造砂型的一种工艺方法。由于型砂具有优良的透气性、耐热性、退让性和再利用性等性质，适用于各种形状、大小、材料和生产批量，而且其原材料来源广泛、价格低廉，因此在机械制造等行业中占有非常重要的地位。

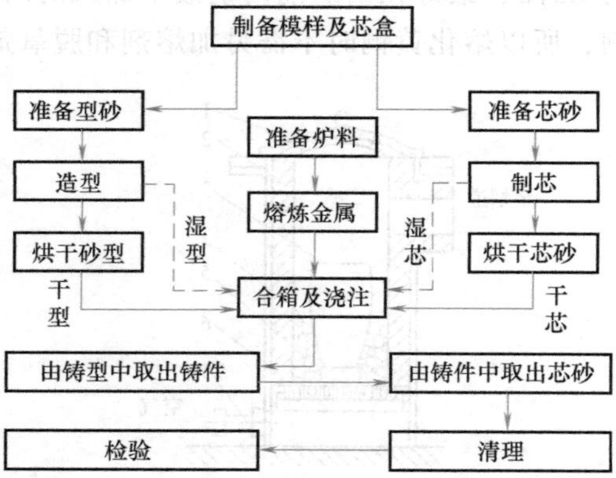

图 2-35　砂型铸造的工艺过程

1. 砂型铸造过程

砂型铸造过程比较繁琐，一般需要经过制备模样及芯盒，准备型砂及芯砂，用模样造型、用芯盒制芯，熔炼金属，合箱及浇注，落砂、清理及检验，去应力处理及防腐蚀处理等步骤。砂型铸造的工艺过程如图 2-35 所示。

造型工艺的每个环节都会影响铸件的质量，作为零件的设计者，必须了解工艺过程才能设计出性能好、成本低、结构合理的铸件。图 2-36 所示为套筒铸件的砂型铸造过程。

砂型造型按所使用设备的不同，分为手工造型和机器造型两大类。

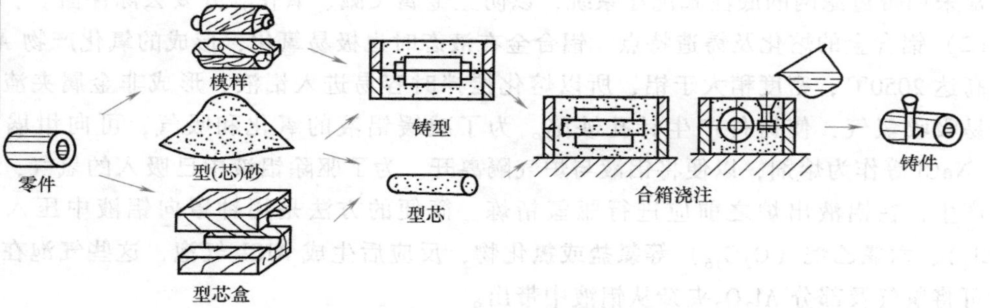

图 2-36　套筒铸件的砂型铸造过程

2. 造型材料与工艺装备

（1）铸型的组成　图 2-37 是铸型装配图，它主要由上型、下型、型腔、型芯、浇注系统等部分组成，上型与下型之间有一个接合面，该接合面称为分型面。

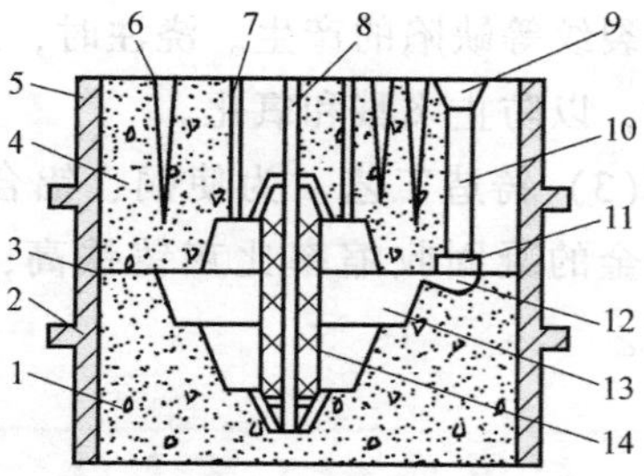

图 2-37　铸型装配图

1—下型　2—下箱　3—分型面　4—上型　5—上箱　6—通气孔　7—出气口　8—型芯通气孔　9—外浇口　10—直浇道　11—横浇道　12—内浇道　13—型腔　14—型芯

（2）型砂与芯砂　型砂和芯砂要具有“一强三性”，即一定的强度、透气性、耐火性和退让性。型砂（Molding Sand）用于制造砂型，芯砂（Core Sand）用于制造型芯，每生产 1t 合格铸件大约需要 5t 型砂和芯砂。型砂和芯砂的性能对铸件质量有很大的影响，合理地选择和配制型砂与芯砂，对于提高铸件质量和降低铸件成本具有重要意义。

1）型砂与芯砂应具备的性能。

① 强度。型砂与芯砂成形之后抵抗外力破坏的能力称为强度。强度高的铸型在搬运、合型时不易损坏，浇注时不易被熔融金属冲塌，铸件可避免产生砂眼、夹砂和塌箱等缺陷。

② 透气性。型砂与芯砂透过气体的能力称为透气性。熔融金属浇入铸型时，砂型中会产生大量气体，熔融金属中也会随温度下降而析出一些气体。这些气体如不能从砂型中排出，就会使铸件形成气孔。

③ 耐火性。型砂与芯砂在高温熔融金属的作用下不软化、不熔化的性质称为耐火性。耐火性差的型（芯）砂容易使铸件表面产生粘砂缺陷，导致铸件切削加工困难。

④ 退让性。铸件凝固时体积缩小，型砂与芯砂随铸件收缩而被压缩的性能称为退让性。退让性好的型（芯）砂不会阻碍铸件的收缩，可避免铸件产生裂纹，减小应力。

由于型芯被熔融金属包围，因此对芯砂的性能要求比型砂高。

2）型砂与芯砂的组成。型砂与芯砂主要由石英砂、黏结剂和水混合而制成，有时加入少量煤粉或木屑等辅助材料。石英砂的主要成分是 SiO_2，其中含有少量杂质。砂粒应大小均匀且呈圆形。砂粒细小有利于增加型（芯）砂的强度，但其透气性差、耐火性低。生产中，要根据熔融金属温度的高低选择不同粒度的石英砂。通常铸钢砂较粗，铸铁砂较细，非铁金属铸造砂更细一些。常用的黏结剂有普通黏土和膨润土，黏结剂加水之后，其质点之间便产生表面张力而使砂粒相互粘结，从而使型砂具有一定的强度。型砂中的黏结剂还有水玻璃、树脂等其他物质。在型砂中加入少量煤粉可以增加型砂的耐火性，以提高铸件的表面质量；加入少量木屑则可以增加型砂的退让性。

一般铸件采用湿砂型铸造，即造型之后铸型不烘干，合型之后即可浇注。大型铸件或重要的铸件以及铸钢件，多采用干型铸造，即造型后将铸型置于烘房中烘干，使铸型中的水分挥发。干型的强度更高，透气性更好。

型芯一般用来使铸件获得内腔，浇注时，型芯周围被高温熔融金属包围。因此，芯砂应有更高的性能，要求高的型芯要采用桐油、树脂等作为黏结剂。型芯一般需烘干以后使用。

3）涂料。为了提高铸件表面质量和防止铸件表面粘砂，铸型型腔和型芯外表面应刷上涂料。铸铁件的涂料为石墨粉加水，铸钢件以石英粉作为涂料。涂料中加入少量黏土可以增加其黏性。

为提高铸件质量，可在湿砂型的型腔中撒上一层干石墨粉，称为扑料。

（3）模样与芯盒　模样用来获得铸件的外部形状，芯盒则用来造出型芯以获得铸件的内腔。制造模样与芯盒的材料有木材、铝合金和塑料等。

制造模样要考虑铸造生产的特点。为了便于造型，要选择合适的分型面；为了便于起模，在垂直于分型面的模样壁上要做出斜度；模样上壁与壁连接处要以圆角过渡，称为铸造圆角；铸件需要切削加工的表面上要留出切削时切除的多余金属，即留出加工余量；对于有内腔的铸件，在模样上应做出安放型芯的芯头；考虑到金属凝固冷却后尺寸会变小，模样的尺寸要比零件大一些，增大的尺寸称为收缩量。

把上述需要考虑的因素绘制在零件图上，就变成了铸造工艺图，再根据铸造工艺图制造模样和芯盒。图 2-38 所示为滑动轴承的铸造工艺图、模样结构图、芯盒结构图和铸件图。

（4）浇注系统　将熔融金属导入型腔的通道称为浇注系统（Casting System）。为了保证铸件的质量，浇注系统应能平稳地将熔融金属导入型腔并使其充满型腔，以避免熔融金属冲

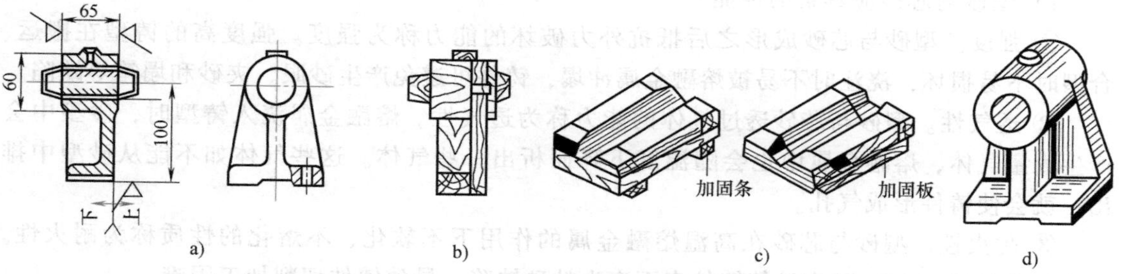

图 2-38 滑动轴承的铸造工艺图、模样结构图、芯盒结构图和铸件图

a）铸造工艺图 b）模样结构图 c）芯盒结构图 d）铸件图

击型芯和型腔，同时能防止熔渣及砂粒等进入型腔。设计合理的浇注系统还能调节铸件的凝固顺序，防止产生缩孔、裂纹等缺陷。

浇注系统通常由出气口、外浇口（浇口杯）、直浇道、横浇道及内浇道组成，如图 2-39 所示。

1）外浇口。外浇口的形状多为漏斗形。浇注时外浇口应保持充满状态，以便熔融金属能够比较平稳地流到铸型内并使熔渣上浮。

2）直浇道。直浇道是外浇口下面的一段直立通道，利用其高度产生一定的液态静压力，使熔融金属产生充填能力。大件浇注有时有几个直浇道同时进行浇注。

3）横浇道。横浇道承接直浇道流入的熔融金属，一般为梯形，它的作用是将熔融金属分配进入内浇道并起挡渣作用。横浇道应开设在内浇道的上部，以便熔渣上浮而不致流入型腔内。

4）内浇道。内浇道与型腔直接相连，其断面形状多为梯形或半圆形。内浇道的作用是控制熔融金属流入型腔的速度与方向。为防止金属液冲毁型芯，内浇道不宜正对型芯，如图 2-40 所示。

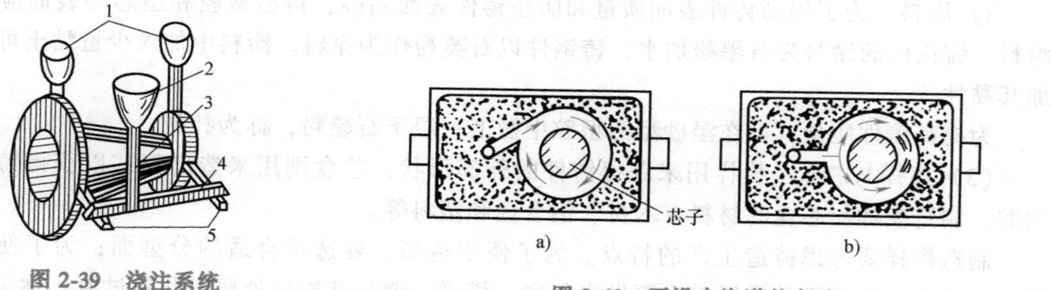

图 2-39 浇注系统

1—出气口 2—外浇口 3—直浇道

4—横浇道 5—内浇道

图 2-40 开设内浇道的方法

a）正确 b）不正确

3. 手工造型

全部用手工或手动工具完成的造型方法称为手工造型。手工造型操作灵活，工艺装备简单，适应性强，生产准备时间短，成本低。但手工造型的铸件质量较差，生产率低，劳动强度大，对工人技术水平要求高。因此，手工造型主要用于单件、小批量生产，特别是形状复杂铸件的生产。

(1) 手工造型的方法　手工造型的方法很多，根据铸件的形状不同，可采用不同的造型方法，而造型方法不同，其结构设计也不同。各种手工造型方法的主要特点和应用范围见表 2-11。

表 2-11　各种手工造型方法的主要特点和应用范围

造型方法		造型示意图	主要特点	应用范围
按砂箱特征区分	两箱造型	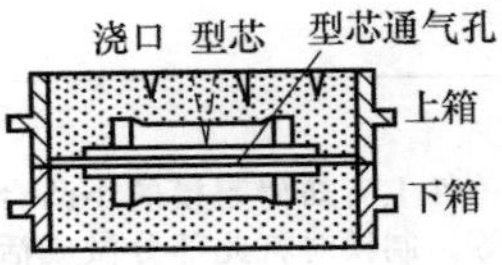	铸型由上箱和下箱组成，造型、起模、修型等操作方便	适用于各种生产批量，各种大、中、小型铸件
	三箱造型	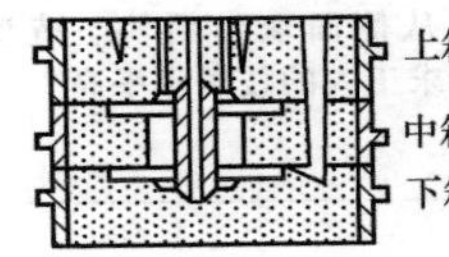	铸型由上箱、中箱、下箱三箱组成，中箱高度须与铸件两个分型面的间距相适应。三箱造型费工，中箱需有合适的砂箱	主要用于单件、小批量生产，适用于具有两个分型面的铸件
	地坑造型	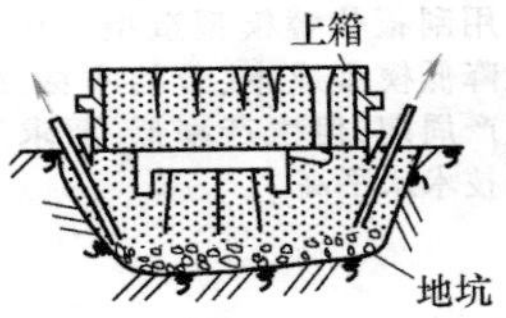	在车间地坑内造型，用地坑代替下箱，只需一个上箱，便可造一型，减少了砂箱的投资。但造型费工，而且要求工人的技术水平较高	常用于砂箱不足，制造批量不大的大、中型铸件
	脱箱造型	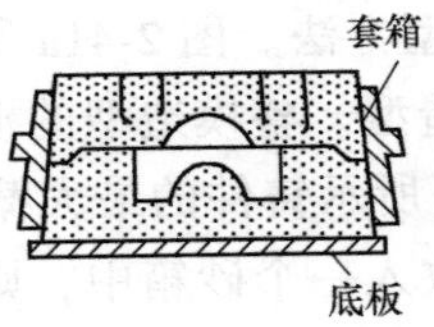	铸型合箱后，将砂箱脱出，重新用于造型。浇注前，需用型砂将脱箱后的砂型周围填紧，也可在砂型上加套箱	主要用于生产小型铸件，砂箱尺寸较小
按模型特征区分	整模造型	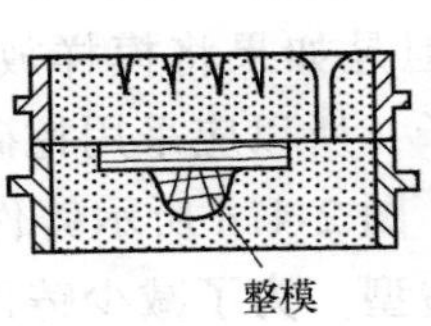	模型是整体的，多数情况下，型腔全部在半个铸型内，另外半个无型腔。其造型简单，铸件不会产生错箱的缺陷	适用于一端为最大截面，且为平面的铸件
	挖砂造型	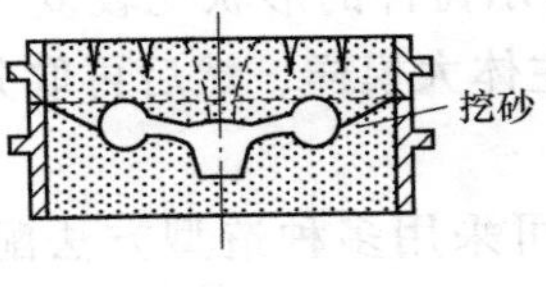	模型虽是整体的，但铸件的分型面为曲面。为了起模方便，造型时用手工挖去阻碍起模的型砂。每造一件，就挖一次砂，费工、生产率低	用于单件或小批量生产，且分型面不是平面的铸件
	假箱造型	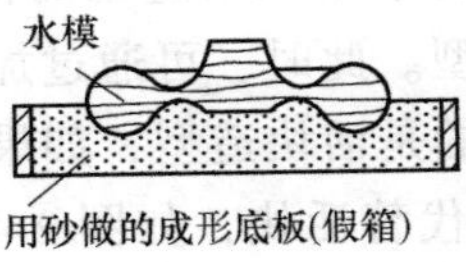	为了克服挖砂造型的缺点，先将模型放在一个预先做好的假箱上，然后放在假箱上造下箱，省去了挖砂的操作。操作简便，分型面整齐	用于成批生产需要挖砂的铸件

（续）

造型方法		造型示意图	主要特点	应用范围
按模型特征区分	分模造型	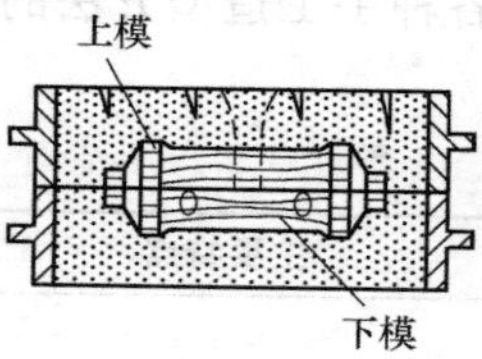	将模型沿最大截面处分为两半，通腔分别位于上、下两个半型内。造型简单，节省工时	常用于铸件最大截面在中间部分的铸件
	活块造型	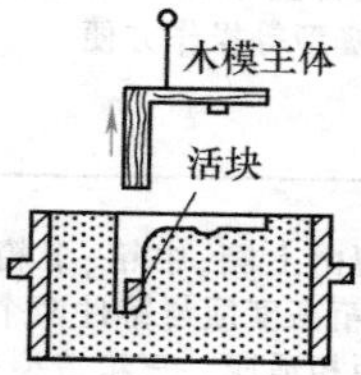	铸件上有妨碍起模的小凸台、筋条等。制模时将此部分做成活块，在主体模型起出后，活块仍留在铸型内，从侧面取出活块。造型费工，要求工人的技术水平高	主要用于单件、小批量生产带有凸出部分，难以起模的铸件
	刮板造型	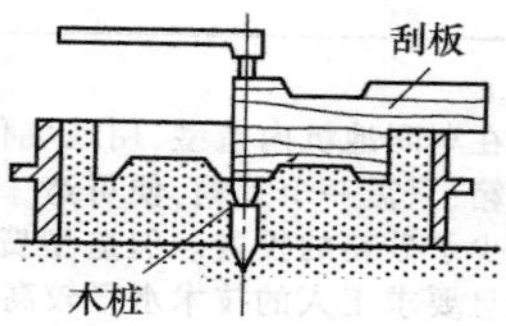	用刮板代替模型造型。它可大大降低模型成本、节约木材、缩短生产周期，但生产率低，要求工人的技术水平高	主要用于有等截面的或回转体大、中型铸件的单件或小批量生产

图 2-41 所示为不同铸件形状所用的不同的造型方法。图 2-41a 所示铸件的最大截面只有一个，而且最大截面在一侧，所以适合采用整模造型。整模造型的模样在一个砂箱中，所以铸件的表面质量比较好，不会出现错箱。图 2-41b 所示铸件的最大截面虽然也是一个，但是最大截面不在一侧，而是在中间位置，若将模样放入一个砂箱中，则无法取模，所以适合采用分模造型。分模造型的铸件上有分型面，所以表面质量不好，容易出现错箱。图 2-41c 所示铸件的形状与图 2-41b 所示铸件的形状相同，但是如果将模样放到一个砂箱中就无法取模，为了取出模样就需要手工挖掉影响起模的砂子，所以应采用挖砂造型。因挖砂需要人工操作，所以生产率低，要求工人的操作技术要高。图 2-41d 所示铸件的最大截面有两个，要取出模样，需要两个分型面、三个砂箱，即三箱造型。为了减少铸件上的分型面，尽量将分型面移到铸件的一侧。由于三箱造型的中箱高度与一部分模样的高度相同，所以中箱无法用机器造型压实，不适合大批量生产。图 2-41e 所示铸件的形状比较复杂，有凸台，为了起模方便，将这些小凸台与模样分离，取模时先取主体大模样，然后再取分离开的小模样，所以仅适用于单件、小批量生产。

（2）型芯的作用　对于形状复杂的铸件，可采用多种造型方法配合使用的方案，充分发挥型芯的作用，灵活运用各种造型方法。其原则是在保证铸件质量的基础上，尽量使铸造工艺和后续的机加工工艺简单化。图 2-41d 所示的采用三箱造型的情况，若为大批量生产，则会因无法进行机器造型而导致不宜采用三箱造型。此时，可通过加环形型芯将三箱造型改为两箱造型，如图 2-42 所示。图 2-41e 所示选用的是活块造型，如果为大批量生产，则机器造型很难去除活块，此时可在侧壁外加一个型芯代替活块，如图 2-43 所示。因为是大批量生产，所以增加一个型芯也是有必要的。

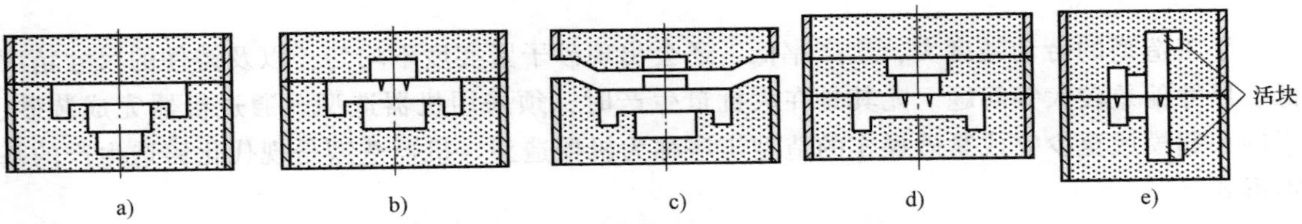

图 2-41 不同铸件形状所用的不同造型方法

a) 整模造型 b) 分模造型 c) 挖砂造型 d) 三箱造型 e) 活块造型

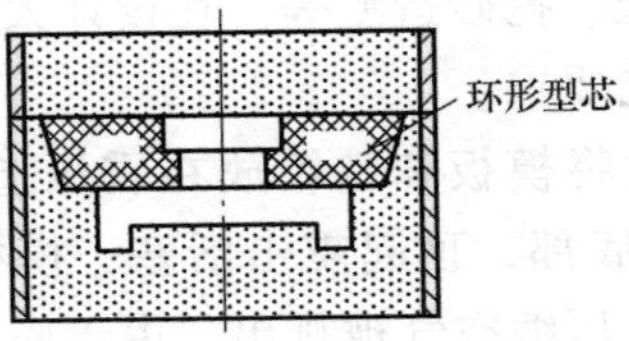

图 2-42 环形型芯将三箱造型改为两箱造型

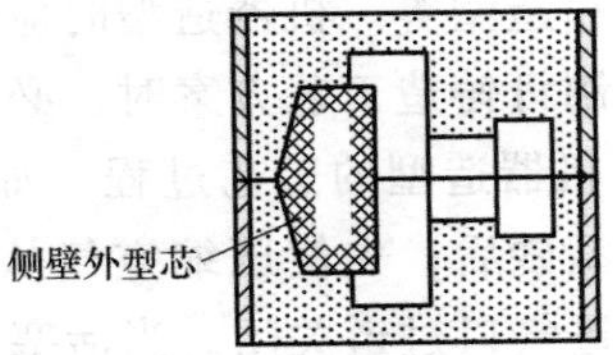

图 2-43 侧壁外型芯代替活块

铸造方法适用于形状复杂尤其是具有复杂结构内腔的零件。而零件内部空腔都是通过型芯来成形的，所以要掌握型芯的使用方法，合理、巧妙地发挥型芯的作用。图 2-44 所示是在图 2-41 所示外形几何图形的基础上将内部改为空腔，空腔通过型芯造型而成。由于铸件造型时型芯的安放位置不同，其形状也各不相同，因为型芯要平稳地安放在铸型中，需要采用型芯座和型芯头，型芯垂直安放时，需要下型芯头支承和上型芯头固定。如果型芯的体积不是很大，而且下型芯头比较大，则可以不加上型芯头，而是采用通过型芯的上部直接触碰在砂箱上来固定型芯的方式，如图 2-44a～d 所示。型芯水平安放时，一般情况下需要两侧型芯头来支承和固定，如图 2-44e 所示。

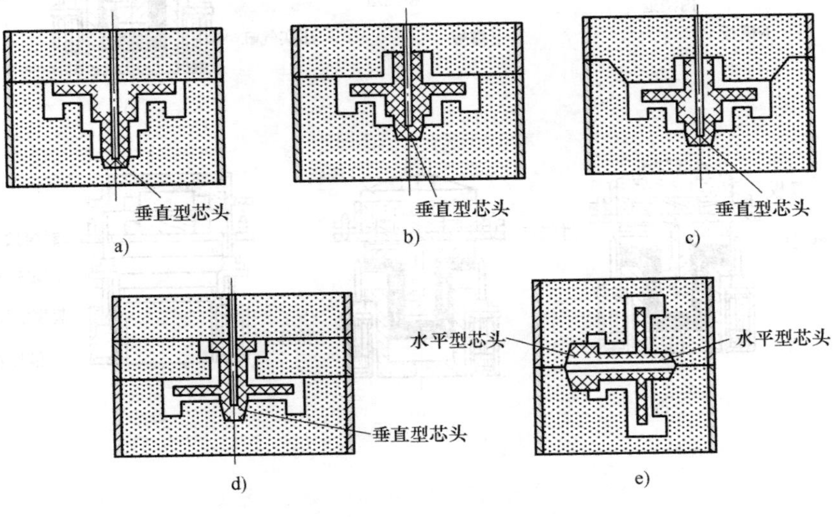

图 2-44 铸件空腔通过型芯造型完成

a) 整模造型 b) 分模造型 c) 挖砂造型 d) 三箱造型 e) 活块造型

4. 机器造型

手工造型的劳动强度大，生产率低，还会出现砂子紧实度不均匀，以及铸件的尺寸精度低、尺寸偏差较大等问题。尤其是在大批量生产时，须采用机器造型。通过机器完成装砂、紧砂和起模或至少完成紧砂操作的造型工序称为机器造型。机器造型是现代化铸造生产的基本形式。

机器造型一般都需要专用设备、工艺装备及厂房等，其投资大、生产准备时间长，并且需要其他工序（如配砂、运输、浇注、落砂等）全面实现机械化的配套才能发挥作用。机器造型只适用于成批和大批量生产，而且只能采用两箱造型或类似于两箱造型的其他方法，如射砂无箱造型等。机器造型时应尽量避免采用活块造型、挖砂造型等。在设计大批量生产的铸件和制订铸造工艺方案时，必须注意机器造型的工艺要求。

（1）机器造型的工艺过程　如图 2-45 所示，造型时将模板和砂箱放在震压造型机上，机器填满型砂后，先使压缩空气从进气口进入震击活塞底部，顶起震击活塞、模板及砂箱等，并将进气口过道关闭。当活塞上升到排气口以上时，压缩空气被排出。由于底部压力下降，震击活塞等自由下落，与震击气缸顶面发生一次撞击，如此反复多次震动，即可紧实砂型（图 2-45c）。同时，压缩空气由进气口通入压实气缸底部，顶起压实活塞、震击活塞、模板和砂型，使砂型移到震压造型机正上方的压板下面，将顶部型砂压实（图 2-45d）。然后再转动控制阀进行排气，使型砂下落。随后，当压缩空气推动液压油进入下面两个起模液压缸时，使由同步连杆连接在一起的四根起模顶杆平稳同步上升并顶起砂箱，同时震动器产生震动，使模样与砂型快速分离，从而完成起模（图 2-45e）。

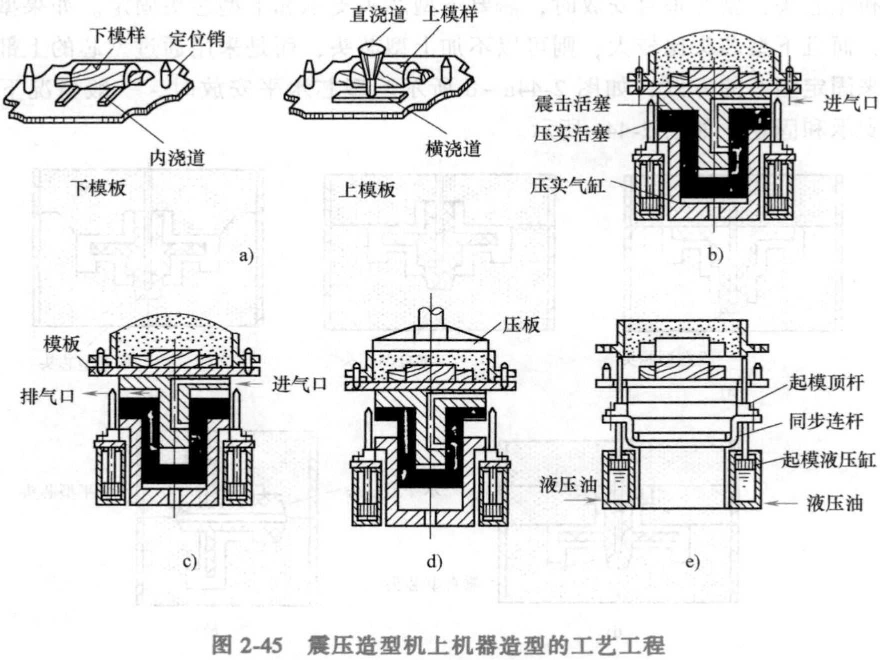

图 2-45　震压造型机上机器造型的工艺工程

a) 模板　b) 填砂　c) 震动紧砂　d) 压实顶部　e) 起模

（2）机器造型的工艺特点　机器造型采用模板造型。模板是由模样、浇注系统与底板连接成一体的专用模具。如图 2-46 所示，底板形成分型面，模板形成砂型型腔。小铸件通常采用底板两侧都有模样的双面模板及与其配套的砂箱（图 2-46a）；其他大多数情况下，则采用上、下模板分开装配的单面模板造型，用上模板造上箱，用下模板造下箱（图 2-46b）。无论是单面模板还是双面模板，模板与砂箱之间均装有定位销，所以机器造型铸件的尺寸精度远高于手工造型的铸件。

2.3.2 特种铸造

1. 熔模铸造

熔模铸造（Investment Casting）是用易熔材料制成模样，在模样上涂挂若干层耐火材料，硬化后加热熔化模样制成型壳，再经焙烧，然后在型壳温度很高的情况下进行浇注，从而获得铸件的一种方法，也称失蜡铸造。

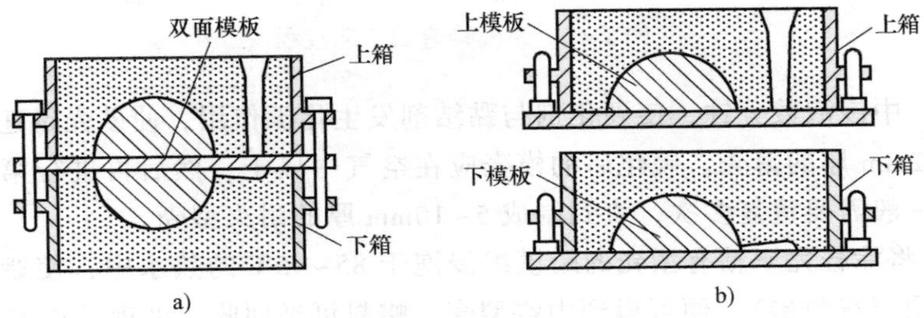

图 2-46 机器造型用模板

（1）熔模铸造的工艺过程 熔模铸造的工艺过程包括制造蜡模、制壳、脱蜡、熔烧和浇注等，如图 2-47 所示。

1）制造蜡模。制造蜡模是熔模铸造的重要过程，它不仅直接影响铸件的精度，且因每生产一个铸件就要消耗一个蜡模，所以铸件成本比较高。

压型是用于压制蜡模的专用模具，常用的有机械加工压型和易熔合金压型两种。要求压型尺寸精确、表面光洁，而且其型腔尺寸必须包括蜡料和铸造合金的双重收缩量，这样才能压出尺寸精确、表面光洁的蜡模。

蜡模材料可用蜡料、硬脂酸等配制而成。常用的蜡料是 50% 的石蜡和 50% 的硬脂酸，其熔点为 50~60℃。制蜡模时，先将蜡料熔为糊状，然后以 0.2~0.4MPa 的压力将蜡料压入压型内，待蜡料凝固后取出，修去毛刺，即可获得附有内浇道的单个蜡模。

因熔模铸件一般较小，为提高生产率，减少直浇道损耗、降低成本，通常将多个蜡模组焊在一个涂有蜡料的直浇道模上，构成蜡模组，以便一次浇注出多个铸件。

2）制壳。制壳是在蜡模组上涂挂耐火材料层，以制成较坚固的耐火型壳。制壳要经几次浸挂涂料、撒砂、硬化、风干等工序。

① 浸挂涂料。将蜡模组浸入由细耐火粉料（一般为石英粉，重要件用刚玉粉或锆英粉）和黏结剂（水玻璃或硅溶胶等）配成的涂料中（粉液比约为 1：1），使蜡模表面均匀覆盖涂料层。

② 撒砂。对浸涂后的蜡模组撒干砂，使其均匀地黏附一层砂粒。

③ 硬化、风干。将浸涂后并黏有干砂的蜡模组浸入硬化剂（NH_4Cl 质量分数为 20%~

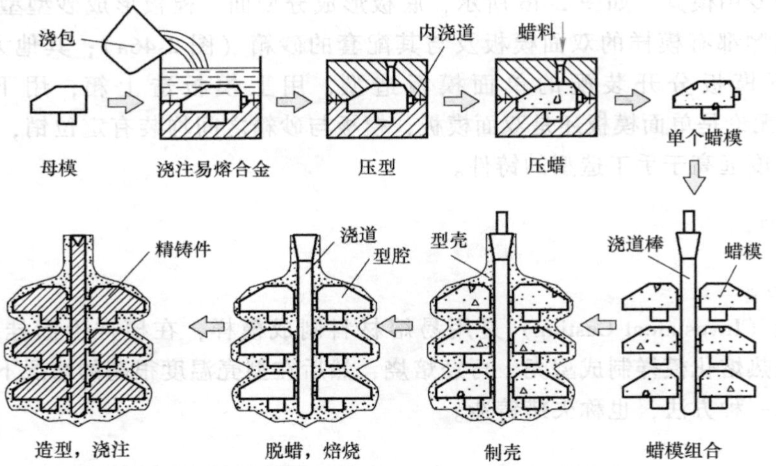

图 2-47 熔模铸造的工艺过程

25%的水溶液）中浸泡数分钟，使硬化剂与黏结剂发生化学作用，使砂壳迅速硬化，在蜡模组表层形成1~2mm 厚的薄壳。硬化后的模壳应在空气中风干，然后再进行第二次浸挂涂料等结壳过程。一般需要重复多次，直到制成 5~10mm 厚的耐火型壳。

3）脱蜡。将涂挂完毕粘有型壳的蜡模组浸泡于 85~95℃的热水中，使蜡料熔化、上浮而脱除（也可用蒸汽脱蜡），便可得到中空型壳。蜡料可经回收、处理后再利用。

4）熔化和浇注。将型壳送入 850~950℃的加热炉中进行焙烧，以彻底去除型壳中的水分、残余蜡料和硬化剂等，一般来说，熔模铸件型壳从焙烧炉中出炉后宜趁热浇注，以便浇注薄而复杂、表面清晰的精密铸件。

（2）熔模铸造的特点及应用

1）铸件精度高，表面光洁，一般尺寸公差等级可达 IT4~IT7，表面粗糙度值为 *Ra* 1.6~12.5μm。

2）可铸出形状复杂的薄壁铸件，如铸件上的凹槽（宽度大于 3mm）、小孔（直径不小于 2.5mm）均可直接铸出。

3）铸造合金的种类不受限制，钢铁材料及非铁金属合金均可适用。

4）生产批量不受限制，单件、小批量、成批、大批量生产均可适用。

熔模铸造工序复杂，生产周期长，原材料价格高，铸件成本高；铸件不能太大，否则蜡模易变形而丧失原有精度。熔模铸造是少、无切削的先进的精密成形工艺，它最适用于25kg 以下的高熔点、难以切削加工合金铸件的成批大量生产。目前，熔模铸造主要用于航天、飞机、汽轮机、燃气轮机叶片、泵轮、复杂刀具、汽车、拖拉机和机床上的小型精密铸件的生产。

2. 金属型铸造

金属型铸造（Gravity Die Casting）是将液态金属浇入金属铸型中，以获得铸件的铸造方法。由于金属铸型可重复使用，所以又称其为永久型铸造。

（1）金属型的结构及铸造工艺　根据铸件的结构特点，金属型可采用多种形式，图 2-48为铸造铝活塞的金属型铸造示意图。该金属型由左半型 1、右半型 5 和底型 7 等组成，它采用垂直分型，活塞的内腔由组合式型芯构成。铸件冷却凝固后，先取出中间型芯3，再取出左、右两侧型芯2和4，然后沿水平方向拔出左、右销孔型芯6和8，最后分开左、右半型，即可取出铸件。

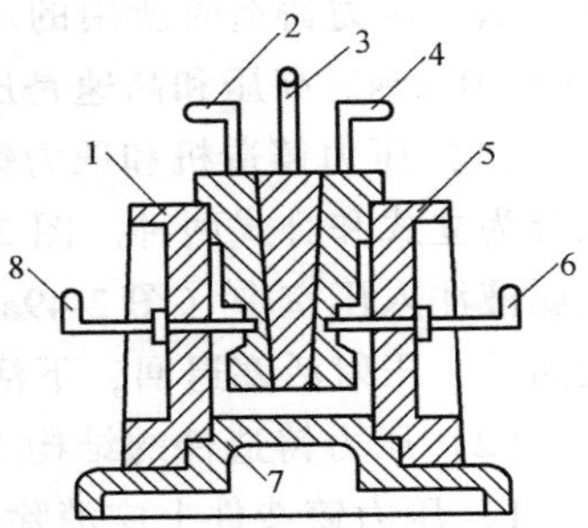

图2-48 金属型铸造示意图

1—左半型 2、3、4—组合式型芯 5—右半型 6、8—销孔型芯 7—底型

由于金属型的导热速度快，没有退让性和透气性，为了确保获得优质铸件和延长金属型的使用寿命，应该采取下列工艺措施：

1）加强金属型的排气。例如，在金属型型腔上部设排气孔、通气塞（气体能通过，金属液不能通过），在分型面上开通气槽等。

2）在表面喷刷耐火涂料。金属型与高温金属液直接接触的工作表面上应喷刷耐火涂料，以保护金属型，并可调节铸件各部分的冷却速度，提高铸件质量。耐火涂料一般由耐火材料（石墨粉、氧化锌、石英粉等）、水玻璃黏结剂和水组成，涂料层厚度为0.1~0.5mm。

3）预热金属型。金属型浇注前需预热，预热温度一般为200~350℃，其目的是防止金属液冷却速度过快而造成浇不到、冷隔和气孔等缺陷。

4）及时开型。因金属型无退让性，应在浇注时正确选定浇注温度和浇注速度外；另外，浇注后，如果铸件在铸型中停留时间过长，则易引起过大的铸造应力而导致铸件开裂，因此，铸件冷凝后，应及时从铸型中取出铸件。通常铸铁件的出型温度为700~950℃，开型时间为10~60s。

（2）金属型铸件的结构工艺性

1）由于金属型无退让性和溃散性，铸件结构一定要保证能顺利出型，铸件的结构斜度应比砂型铸件大。

2）铸件壁厚要均匀，以防出现缩松和裂纹。同时，为防止出现浇不到、冷隔等缺陷，铸件的壁厚不能过薄。例如，铝硅合金铸件的最小壁厚为2~4mm，铝镁合金铸件为3~5mm，铸铁件为2.5~4mm。

3）铸孔的孔径不能过小、过深，以便于金属型芯的安放和抽出。

（3）金属型铸造的特点及应用 金属型铸造的优点如下：

1）有较高的尺寸公差等级（IT12~IT16）和较小的表面粗糙度值，机械加工余量小。

2）由于金属型的导热性好、冷却速度快，因此铸件的晶粒较细、力学性能好。

3）可实现“一型多铸”，提高劳动生产率，而且节约造型材料，可减轻环境污染，改善劳动条件。

但是，金属型的制造成本高，不宜生产大型的、形状复杂的和薄壁铸件。由于冷却速度快，铸铁件表面易产生白口，使切削加工变得困难。受金属型材料熔点的限制，熔点高的合金不适宜用金属型铸造。金属型铸造主要用于铜合金、铝合金等非铁金属合金铸件的大批量生产，如活塞、连杆、气缸盖等。铸铁件的金属型铸造目前也有所发展，但其尺寸限制在300mm以内，质量不超过8kg，如电熨斗底板等。

3. 压力铸造

压力铸造是在高压下将熔融金属快速压入金属型中，并使其在压力下凝固，以获得铸件的方法。压力铸造时所用的压力为30~70MPa，填充速度可达100m/s，充满铸型的时间为0.05~0.15s。高压和高速是压力铸造区别于一般金属型铸造的两大特征。

（1）压力铸造机和压力铸造工艺过程　压力铸造通常在压力铸造机上完成。压力铸造机分为立式和卧式两种。图2-49为立式压力铸造机工作过程示意图。合型后，用定量勺将金属液注入压室中（图2-49a）。压射活塞向下推进，将金属液压入铸型（图2-49b），金属凝固后，压射活塞退回，下活塞上移顶出余料，动型移开，取出铸件（图2-49c）。

（2）压力铸造件的结构工艺性

1）压力铸造件上应消除内侧凹，以保证能够从压型中顺利取出压力铸造件。

2）压力铸造可铸出细小的螺纹、孔、齿和文字等，但有一定的限制。

3）应尽可能采用薄壁且要保证壁厚均匀。由于压力铸造工艺的特点，金属液的浇注和冷却速度都很快，厚壁处会因不易得到补缩而形成缩孔、缩松。压力铸造件适宜的壁厚：锌合金为1~4 mm，铝合金为1.5~5mm，铜合金为2~5mm。

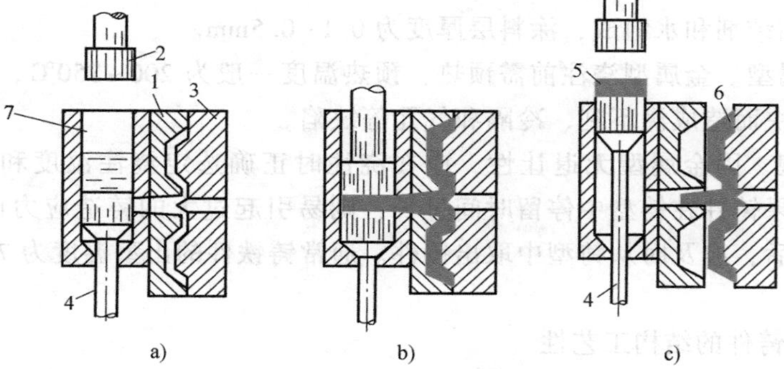

图2-49　立式压力铸造机工作过程示意图

1—定型　2—压射活塞　3—动型　4—下活塞　5—余料　6—压铸件　7—压室

对于复杂而无法取出型芯的铸件或局部有特殊性能（如耐磨、导电、导磁和绝缘等）要求的铸件可采用嵌铸法，即把镶嵌件先放在压型内，然后和压铸件铸合在一起。

（3）压力铸造的特点及应用　压力铸造的优点如下：

1）压力铸造件的尺寸精度高、表面质量好，尺寸公差等级为IT11~IT13，表面粗糙度值为$Ra6.3 \sim 1.6\mu m$，可不经机械加工直接使用，而且互换性好。

2）可以铸造壁薄、形状复杂以及具有很多小孔和螺纹的铸件，如锌合金压力铸造件的最小壁厚可达0.8mm，最小铸出孔径可达$\phi0.8$mm，最小可铸螺距达0.75mm，还能压铸镶嵌件。

3）压力铸造件的强度和表面硬度较高。因为是在压力下结晶，加上冷却速度快，所以铸件表层晶粒细密，其抗拉强度比砂型铸件高25%~40%。

4）生产率高，可实现半自动化及自动化生产。

压力铸造也存在一些不足。由于充型速度快，型腔中的气体难以排出，在压力铸造件皮下易产生气孔，故压力铸造件不能进行热处理，也不宜在高温下工作，否则气孔中的空气会产生热膨胀压力，可能使铸件开裂；金属液凝固快，厚壁处来不及补缩，易产生缩孔和缩松；设备投资大，铸型制造周期长、造价高，不宜进行小批量生产。

压力铸造应用广泛，可用于生产锌合金、铝合金、镁合金和铜合金等铸件。在压力铸造件总产量中，占比重最大的是铝合金压力铸造件，为30%~50%，其次为锌合金压力铸造件，铜合金和镁合金的压力铸造件产量很小。应用压力铸造件最多的是汽车、拖拉机制造业，其次为仪表和电子仪器工业。此外，在农业机械、国防工业、计算机、医疗器械等制造业中，压力铸造件也用得较多。

4. 低压铸造

低压铸造（Low-pressure Die Casting）是液态金属在压力作用下由下而上充填型腔，以形成铸件的一种方法。由于所用的压力较低（0.02~0.06MPa），所以叫低压铸造。

（1）低压铸造装置和工艺过程　低压铸造装置如图2-50a所示。其下部是一个密闭的保温坩埚炉，用于储存熔炼好的金属液。坩埚炉的顶部紧固着铸型（通常为金属型，也可为砂型），垂直升液管使金属液与朝下的浇注系统相通。

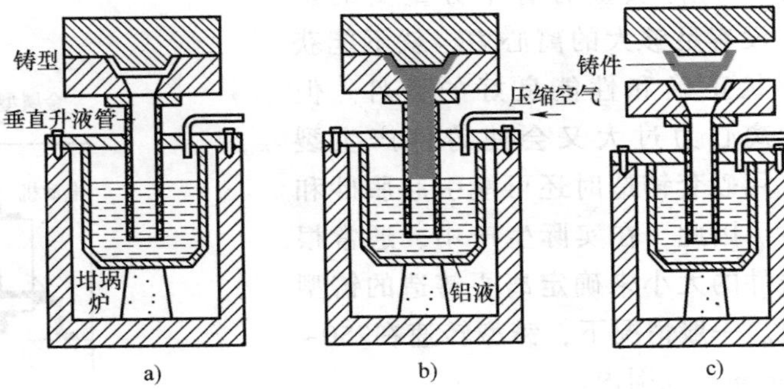

图2-50　低压铸造示意图

a）合型　b）铸造　c）取出铸件

铸型在浇注前必须预热到工作温度，并在型腔内喷刷涂料。低压铸造时，先缓慢地向坩埚炉内通入干燥的压缩空气，金属液受气体压力的作用，由下而上沿着垂直升液管和浇注系统充满型腔，如图2-50b所示。这时将气压上升到规定的工作压力，使金属液在压力下结晶。当铸件凝固后，使坩埚炉内与大气相通，金属液的压力恢复到大气压，于是垂直升液管及浇注系统中尚未凝固的金属液因重力作用而流回到坩埚中。然后开起铸型，取出铸件，如图2-50c所示。

（2）低压铸造的特点及应用　低压铸造的特点如下：

1）浇注时的压力和速度可以调节，故可适用于不同铸型，如金属型、砂型等，可铸造各种合金及各种大小的铸件。

2）采用底注式充型，金属液充型平稳，无飞溅现象，可避免卷入气体以及对型壁和型芯的冲刷，提高了铸件的合格率。

3）铸件在压力下结晶，铸件组织致密、轮廓清晰、表面光洁、力学性能较高，对于大薄壁件的铸造尤为有利。

4）省去补缩冒口，金属利用率提高到了90%~98%。

5）劳动强度低，劳动条件好，设备简易，易实现机械化和自动化。

低压铸造目前广泛应用于铝合金铸件的生产，如汽车发动机缸体、缸盖、活塞、叶轮等。还可用于铸造各种铜合金铸件（如螺旋桨等）以及球墨铸铁曲轴等。

5. 离心铸造

离心铸造（Centrifugal Casting）是将熔融金属浇入旋转的铸型中，使液态金属在离心力的作用下充填铸型并凝固成形的一种铸造方法。

（1）离心铸造的类型及工艺　为使铸型旋转，离心铸造必须在离心铸造机上进行。根据铸型旋转轴空间位置的不同，离心铸造机通常可分为立式和卧式两大类，如图 2-51 所示。

在立式离心铸造机上，铸型是绕垂直轴旋转的（图 2-51a）。由于离心力和液态金属本身重力的共同作用，使铸件的内表面呈抛物面形状，造成铸件上薄下厚。显然，在其他条件不变的前提下，铸件的高度越大，壁厚的差别就越大。因此，立式离心铸造主要用于生产高度小于直径的圆环类铸件。在卧式离心铸造机上，铸型是绕水平轴旋转的（图 2-51b）。由于铸件各部分的冷却条件相近，故铸出的圆筒形铸件壁厚均匀。因此，卧式离心铸造适合生产长度较大的套筒类、管类铸件，是常用的离心铸造方法。

（2）铸型转速的确定　离心力的大小对铸件质量有着十分重要的影响。没有足够大的离心力，就不能获得形状正确和性能良好的铸件。但是，离心力过大又会使铸件产生裂纹，用砂套铸造时还可能引起胀砂和粘砂。因此，在实际生产中，通常根据铸件的大小来确定离心铸造的铸型转速。一般情况下，铸型转速在250~1500r/min 范围内。

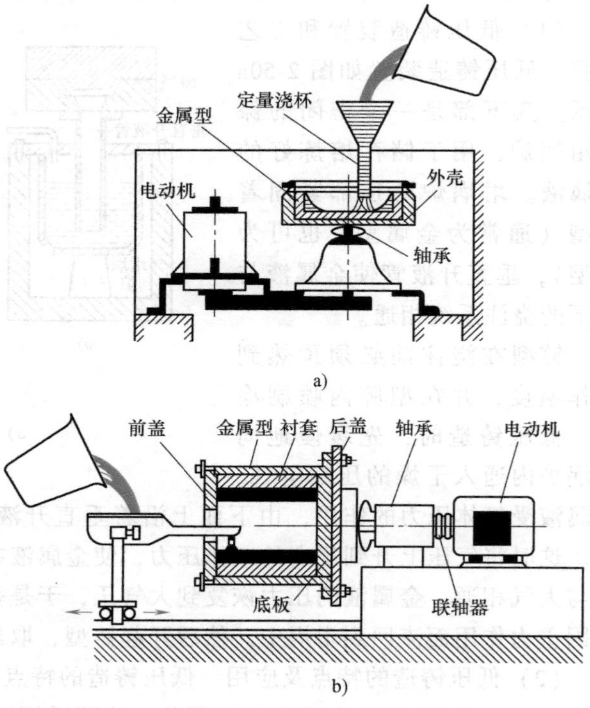

图 2-51　离心铸造机的工作原理

a）立式离心铸造机　b）卧式离心铸造机

（3）离心铸造的特点及应用　离心铸造的优点如下：

1）不用型芯即可铸出中空铸件。金属液能在铸型中形成中空的自由表面，大大简化了套筒类、管类铸件的生产过程。

2）可以提高金属液充填铸型的能力。由于金属液旋转时会产生离心力作用，一些流动性较差的合金和薄壁铸件可用离心铸造法生产，可形成轮廓清晰、表面光洁的铸件。

3）改善了补缩条件。气体和非金属夹杂物易于从金属中排出，产生缩孔、缩松、气孔和夹渣等缺陷的概率很小。

4）无浇注系统和冒口，节约金属。

5）便于铸造“双金属”铸件，如钢套镶铜轴承等。

离心铸造也存在不足。由于离心力的作用，金属中的气体、熔渣等夹杂物会因密度较小而集中在铸件的内表面上，所以内孔的尺寸不精确，质量也较差，必须增加机械加工余量；铸件易产生成分偏析和密度偏析。目前，离心铸造已广泛用于铸铁管、气缸套、铜套、双金属轴承、特殊钢的无缝管坯、造纸机滚筒等铸件的生产。

6. 陶瓷型铸造

陶瓷型铸造（Ceramic Mold Casting）是在砂型铸造和熔模铸造的基础上发展起来的一种精密铸造方法。

（1）陶瓷型铸造的工艺过程　陶瓷型铸造的工艺过程如图 2-52 所示。

1）砂套造型。为了节约昂贵的陶瓷材料和提高铸型的透气性，通常先用水玻璃砂制出砂套（相当于砂型铸造的背砂）。制造砂套的模样 *B* 应比铸件模样 *A* 大一个陶瓷料厚度（图 2-52a）。砂套的制造方法与砂型铸造相同（图 2-52b）。

2）灌浆与结胶，即制造陶瓷面层。其过程是将铸件模样固定于模底板上，刷上分型剂，扣上砂套，将配制好的陶瓷浆料从浇注口注满砂套（图 2-52c），陶瓷浆料经数分钟便开始结胶。陶瓷浆料由耐火材料（如刚玉粉、铝矾土等）、黏结剂（如硅酸乙酯水解液）等组成。

3）起模与喷烧。待浆料浇注 5～15min 后，趁浆料尚有一定弹性便可起出模样。为加速固化过程、提高铸型强度，必须用明火喷烧整个型腔（图 2-52d）。

4）焙烧与合型。陶瓷型在浇注前要加热到 350～550℃，焙烧 2～5h，以烧去残存的水分及其他有机物质，并使铸型的强度进一步提高（图 2-52e）。

5）浇注。浇注温度可略高，以便获得轮廓清晰的铸件（图 2-52f）。

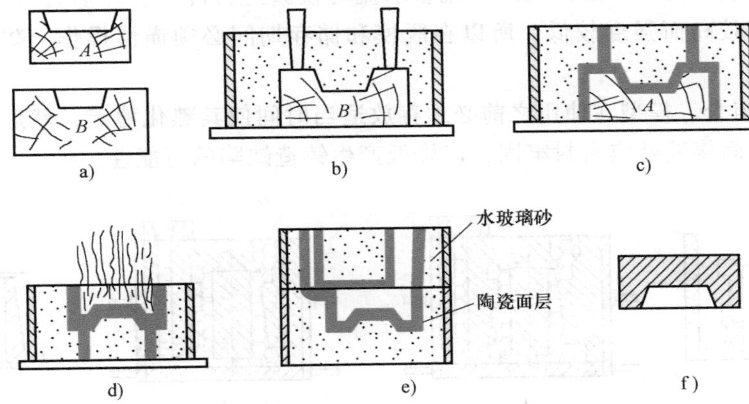

图 2-52　陶瓷型铸造的工艺过程

a）模样　b）砂套造型　c）灌浆　d）喷烧　e）合型　f）铸件

（2）陶瓷型铸造的特点及应用　陶瓷型铸造的特点如下：

1）陶瓷型铸造铸件的尺寸精度和表面粗糙度等与熔模铸造相近。这是由于陶瓷面层是在具有弹性的状态下起模的，同时陶瓷面层耐高温且变形小。

2）陶瓷型铸件的大小几乎不受限制，可从几千克到数吨。

3）在单件、小批量生产条件下，投资少、生产周期短，一般铸造车间即可生产。

4）陶瓷型铸造不适合生产批量大、质量小或形状复杂的铸件，生产过程难以实现机械化和自动化。

目前，陶瓷型铸造主要用于生产厚大的精密铸件，广泛用于生产冲模、锻模、玻璃器皿模、压力铸造型模和模板等，也可用于生产中型铸钢件等。

7. 实型铸造

实型铸造（Full-mould Casting）是采用聚苯乙烯泡沫塑料模样代替普通模样，采用微震加负压进行紧实，造好型后不取出模样就浇入金属液，在金属液的作用下，塑料模样燃烧、汽化、消失，金属液取代原来塑料模所占据的空间位置，冷却凝固后获得所需铸件的铸造方法。实型铸造也称汽化模铸造或消失模铸造。

(1) 实型铸造的工艺过程　实型铸造的工艺过程如图 2-53 所示。首先制作泡沫塑料模(图 2-53a)，用泡沫塑料模代替砂型铸造中的普通模样进行造型(图 2-53b)，与砂型铸造所不同的是，实型铸造不需要取模过程；然后进行浇注，浇注过程中泡沫塑料模汽化(图 2-53c)，冷却凝固后落砂获得铸件(图 2-53d)。

具体的工艺流程如下：

1) 预发泡模型。它是实型铸造工艺的第一道工序，复杂铸件(如气缸盖)需要采用数块泡沫塑料模分别制作，然后再胶合成一个整体模型，每个分块模型都需要一套模具进行生产。将聚苯乙烯珠粒预发到适当密度，一般通过蒸汽快速加热来预发，此阶段称为预发泡。

2) 模型成形。经过预发泡的珠粒要先进行稳定化处理，然后再送到成形机的料斗中，通过加料口加热，模具型腔中充满预发泡的珠粒后，开始通入蒸汽，使珠粒软化、膨胀、挤满所有空隙并粘合成一体，这样就完成了泡沫模型的制作过程，此阶段称为模型成形。

成形后，在模具的水冷腔内通过大流量水流对模具进行冷却，然后打开模具取出模型，此时模型的温度较高而强度较低，所以在脱模和储存期间必须谨慎操作，防止模具变形和损坏。

3) 模型簇组合。模型在使用之前必须存放适当时间使其熟化稳定，然后对分块模型进行粘接合。粘接面接缝处应密封牢固，以降低产生铸造缺陷的可能性。

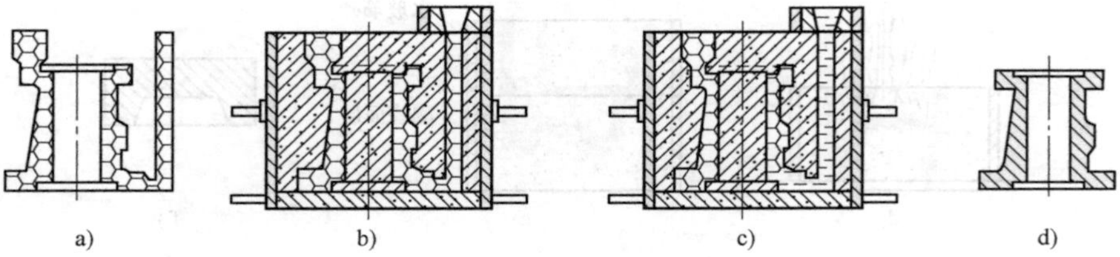

图 2-53　实型铸造的工艺过程

a) 泡沫塑料模　b) 铸型　c) 浇注　d) 铸件

4) 模型簇浸涂、干燥。为了每箱浇注可生产更多的铸件，有时将许多模型粘接成簇，把模型簇浸入耐火涂料中，然后烘干，将模型簇放入砂箱，填入干砂震动紧实，必须使所有模型簇内部孔腔和外围的干砂都得到紧实和支撑。

5) 浇注模型簇。在砂箱内通过干砂震动充填紧实后，抽真空形成负压加强紧实度，铸型就可浇注。将熔融金属浇入铸型后，模型汽化被金属所取代形成铸件。在实型铸造工艺中，浇注速度的大小比在传统孔腔铸造中更为关键。如果浇注过程中断，则砂型可能塌陷而造成废品。因此，为减少每次浇注的差别，最好使用自动浇注机。

6) 落砂清理。浇注之后，在负压保持一定时间后释放为真空，铸件在砂型中凝固和冷却，然后落砂。铸件落砂相当简单，倾翻砂箱后，铸件就可从松散的干砂中掉出。随后对铸件进行分离、清理、检查。

(2) 实型铸造的特点及应用　实型铸造的优点如下：

1) 精度高。由于采用了遇金属液即汽化的泡沫塑料模样，无需起模，无分型面、无型芯，因而无飞边、毛刺，铸件尺寸精度和表面粗糙度接近熔模铸造件，但尺寸却可大于熔模铸造件。

2）设计灵活。各种形状复杂铸件的模样均可采用泡沫塑料模粘合，成形为整体，减少了加工装配时间，可使铸件成本降低 10%~30%，也为铸件结构设计提供了充分的自由度。

3）效率高。简化了铸件生产工序，缩短了生产周期，使造型效率比砂型铸造提高了2~5 倍。

实型铸造的缺点：实型铸造的模样只能使用一次，而且泡沫塑料的密度小、强度低，模样易变形，影响了铸件的尺寸精度；浇注时模样产生的气体会污染环境。

与传统铸造技术相比，实型铸造具有无与伦比的优势，被国内外铸造界称为“21 世纪的铸造技术”。经过十多年的生产实践，我国的实型铸造技术取得了飞跃性的发展，但要保证技术、生产与质量同步发展还需要不懈的努力。实型铸造主要用于不易起模等复杂铸件的批量及单件生产，如各种电动机壳体、变速器壳体、叉车箱体等。

8. 壳型铸造

壳型铸造是用酚醛树脂砂制造薄壳砂型或型芯的铸造方法。

（1）覆膜砂的制备

1）覆膜砂的组成。覆膜砂由原砂（一般采用石英砂）、黏结剂（热塑性酚醛树脂）、硬化剂（六亚甲基四胺）、附加物（硬脂酸钙或石英粉、氧化铁粉）等组成。

2）覆膜砂的混制。覆膜砂的混制工艺有冷地法、温法及热法，其中热法是适合大量混制覆膜砂的方法。混制时，先将砂加热到 140~160℃，加入树脂与热砂混匀，树脂被加热熔化，包在砂粒表面，当砂温降到 105~110℃时，加入六亚甲基四胺水溶液（六亚甲基四胺与水的质量比为 1∶1），吹风冷却，再加入硬脂酸钙混匀，经过破碎、筛分，即得到被树脂膜均匀包覆的、像干砂一般的覆膜砂。

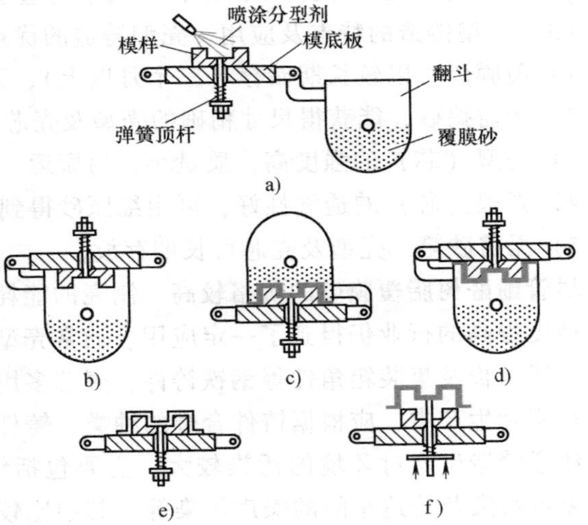

图 2-54 翻斗法制造壳型的过程

a）喷涂分型剂 b）将模板置于翻斗上 c）翻斗翻转 180°，结壳 d）翻斗复位 e）烘烤型壳 f）顶出型壳

（2）壳型（芯）的制造过程 制壳方法有翻斗法和吹砂法两种。翻斗法用于制造壳型，吹砂法用于制造壳芯。

1）翻斗法制造壳型。翻斗法制造壳型的过程如图 2-54 所示：

① 将金属模板预热到 250~300℃，并在表面喷涂分型剂（乳化甲基硅油），如图 2-54a 所示。

② 将热模板置于翻斗上并紧固，如图 2-54b 所示。

③ 翻斗翻转 180°，使斗中覆膜砂落到热模板上保持 15~50s（常称为结壳时间），覆膜

砂上的树脂软化重熔，在砂粒间的接触部位处形成连接“桥”，将砂粒粘结在一起，并沿模板形成一定厚度、塑性状态的型壳（图 2-54c）。

④ 翻斗复位，未反应的覆膜砂仍落回斗中（图 2-54d）。

⑤ 将附着在模板上的塑性薄壳移到烘炉中继续加热 30~50s（称为烘烤时间）（图 2-54e）。

⑥ 顶出型壳（图 2-54f），得到厚度为 5~15mm 的壳型。

2）吹砂法制造壳芯。吹砂法分顶吹法和底吹法两种（图 2-55）。顶吹法的吹砂压力一般为 0.1~0.35MPa，吹砂时间的吹砂 2~6s；底吹法的吹砂压力为 0.4~0.5MPa，吹砂时间为15~35s。顶吹法的设备较复杂，适合制造复杂的壳芯；底吹法的设备较简单，常用于制造小壳芯。

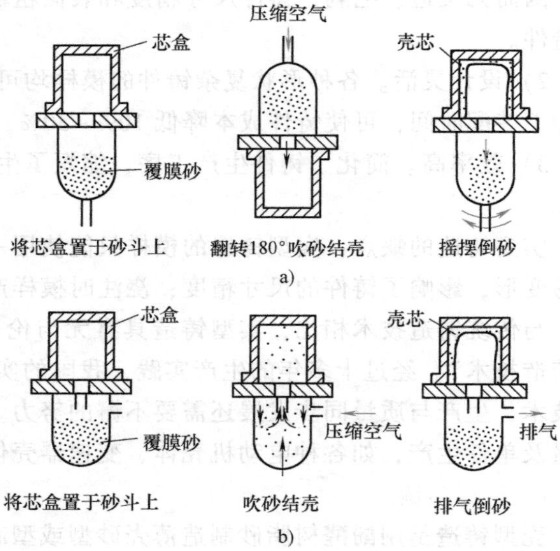

图 2-55 吹砂法制造壳芯的工艺过程
a）顶吹法 b）底吹法

（3）壳型铸造的特点及应用　壳型铸造的优点如下：

1）覆膜砂可以较长期储存（三个月以上），而且砂的消耗量少。

2）无需捣砂，能获得尺寸精确的壳型及壳芯。

3）壳型（芯）的强度高，质量小，易搬运。

4）壳型（芯）的透气性好，可用细原砂得到光洁的铸件表面。

5）无需砂箱，壳型及壳芯可长期存放。

尽管酚醛树脂覆膜砂的价格较高，制壳的能耗较高，但壳型铸造在要求铸件表面光洁和尺寸精度很高的行业仍得到了一定应用。通常壳型多用于生产液压件、凸轮轴、曲轴、耐蚀壳体、履带板及集装箱角件等钢铁铸件；壳芯多用于汽车、拖拉机中的液压阀体等铸件。

在实际生产中，应根据铸件合金的种类、铸件结构和生产条件选用合理的铸造方法。同时应注意铸造生产对环境的污染较大，主要包括铸造车间的空气污染，铸造生产的废物污染、废水污染及铸造车间的噪声污染等。其中比较突出的是空气污染和废物污染，在生产中应采取一定措施加以治理。

9. 挤压铸造

挤压铸造（Squeezing Die Casting）能够生产大型薄壁件，如汽车门、机罩及航空与建筑工业中所用的薄板等。

（1）挤压铸造原理　最简单的挤压铸造法如图 2-56 所示。它的主要特征是挤压铸造的压力较小（2~10MPa），其工艺过程是在铸型中浇入一定量的金属液，上箱随即向下运动，使金属液自下而上充型，而且挤压铸造的压力和速度（0.1~0.4m/s）较低，无涡流飞溅现象，因此生产出的铸件致密而无气孔。

（2）挤压铸造的特点及应用　挤压铸造与压力铸造及低压铸造的共同点是，压力的作用是使铸件成形并被“压实”，从而使铸件致密；其不同点是，挤压铸造时没有浇口，而且当铸件的尺寸较大、较厚时，液流所受阻力较小，所需的压力远比压力铸造小，挤压铸造的压力主要用来将铸件压实而致密。

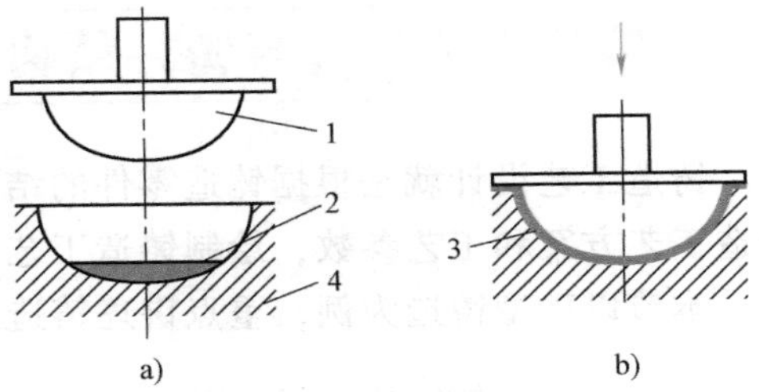

图 2-56 挤压铸造示意图

a）浇入一定量的金属液 b）上箱向下挤压

1—上箱 2—金属液 3—铸件 4—下箱

但因挤压铸造时金属液与铸型的接触较紧密，且高温金属液在铸型中停留的时间较长，故应采用水冷铸型，并应在型内壁上涂刷涂料来提高铸型寿命；采用垂直分型的铸型，以利于开型出件和上涂料。

挤压铸造可以铸出大面积的高质量薄壁铝合金铸件及复杂的空心薄壁件，如空调压缩机上、下缸体，上、下盖板，活塞，斜盘，涡旋压缩机缸体、涡旋盘；空气压缩机连杆，液压泵壳体，空气过滤器罐体、罐盖；铝及铝基复合材料活塞、发动机缸体、发动机支架、滤清器支架、变速器箱体、燃料分配器等。

10. 磁型铸造

磁型铸造（Magnetical Molding Process）是在实型铸造的基础上发展起来的。它是用聚苯乙烯塑料制成气化模，在其表面刷涂料，放进特制的磁丸箱内，然后填入磁丸（又称铁丸）并微震紧实，再将磁丸箱放在磁型机里。在强磁场力的作用下，磁化后的磁丸相互吸引，形成既有强度和紧实度，又有良好透气性的成形铸型。浇注时，气化模在金属液的热作用下气化消失，金属液替代了气化模的位置，待冷却凝固后，解除磁场，磁丸恢复原来的松散状，便能方便地取出铸件。磁型铸造原理示意图如图 2-57 所示。

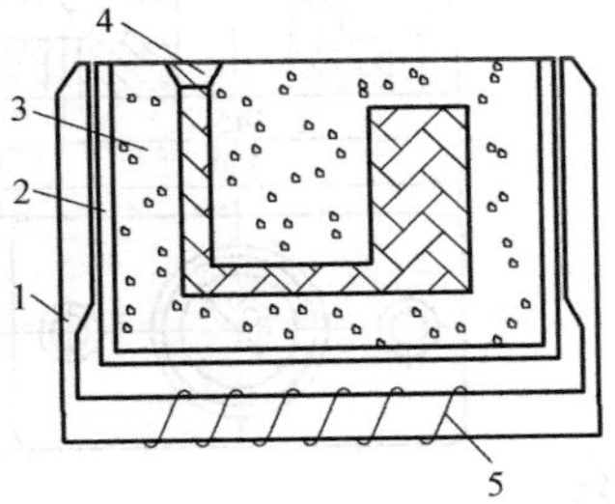

图 2-57 磁型铸造原理示意图

1—磁型机 2—砂箱 3—磁丸

4—气化模 5—线圈

磁型铸造实质上是用铁丸或钢丸代替石英砂，用磁场代替黏结剂，用气化模代替普通模样的一种铸造方法。磁丸的直径为 0.3～1.5mm，铝合金铸件宜选用铁丸，铸铁件和铸钢件应选择钢丸。钢丸或铁丸的耐热性低于石英砂，为保护钢丸和铁丸，应在泡沫塑料模的表面涂抹耐火材料，其厚度为 0.5～2mm。

磁型铸造的特点如下：

1）提高了铸件的质量。因为磁型铸造无分型面，不需起模，不用型芯，造型材料不含黏结剂，所以流动性和透气性好，可以避免气孔、夹砂、错型和偏芯等缺陷。

2）设备简单，占地面积小，所用工装设备少，通用性强，易于实现机械化和自动化生产，因而成本低。

3）造型材料可以反复使用，不用型砂，劳动条件好。

磁型铸造已在机车车辆、拖拉机、兵器、农业机械和化工机械等制造业中得到了广泛应用，主要适用于形状不是十分复杂的中、小型铸件的生产，以浇注钢铁材料为主。其铸件的质量范围为 0.25～150kg，铸件的最大壁厚可达 80mm。

2.4 铸造工艺设计与铸件结构设计

铸造工艺设计就是根据铸造零件的结构特点、技术要求、生产批量和生产条件等，确定铸造工艺方案和工艺参数，绘制铸造工艺图，编制工艺卡等技术文件的过程。

本节以砂型铸造为例，重点讲述铸造工艺设计和对铸件结构设计的要求。

2.4.1 砂型铸造工艺设计

铸造工艺图是在零件图上用各种工艺符号表示出铸造工艺方案的图形。铸造工艺图中应包括铸件的造型方法、浇注位置，铸型分型面，型芯的数量、形状及其固定方法，加工余量，起模斜度，收缩率，浇注系统，冒口、冷铁的尺寸和布置等。

绘制铸造工艺图是设计者的重要工作内容之一，而绘制铸造工艺图的基础是掌握铸造工艺。图 2-58 所示是典型支架铸件的零件图、铸造工艺图、模样图和铸型合型图。零件的结构设计也是根据技术要求和铸造工艺而定的，如图 2-58a 所示零件外侧的斜度等，就是既要考虑取模方便而又不影响零件的使用性能而设计的。

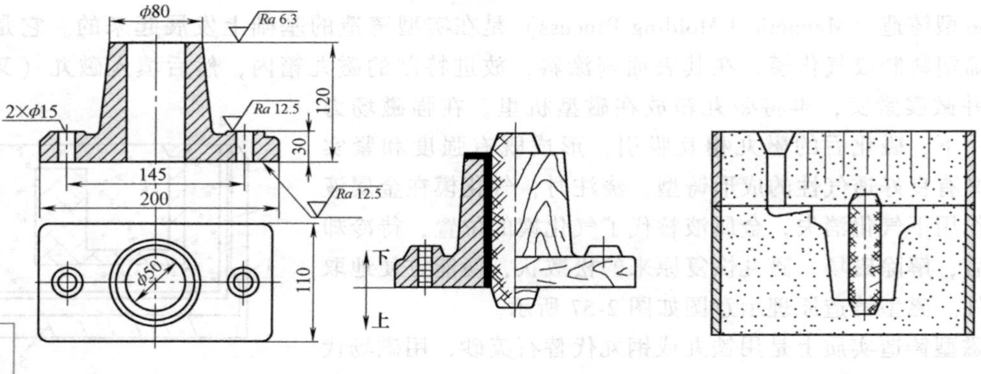

a) b) c)

图 2-58 典型支架铸件的零件图、铸造工艺图、模样图及铸型合型图

a）零件图 b）铸造工艺和模样图 c）铸型合型图

1. 造型方法的选择

选择不同的造型方法，铸件的铸造工艺和结构都将发生变化，所以要根据铸件的结构要求，合理地选择工艺简单、成本低的最佳造型方法。

（1）形状简单铸件的造型方法 图 2-59 所示为套筒铸件的造型方法，可根据不同使用要求和尺寸大小来分析选择合理的造型方法。

1）整模造型。当套筒内孔精度要求不高或筒高 h 与直径 d 相差不大时（图 2-59a），可采用两种整模自带型芯造型。图 2-59b、c 所示均为自带型芯整模造型，所不同的是铸件一个放在上箱，一个放在下箱，具体如何选择，要根据铸件尺寸和技术要求而定。

2）分模造型。当套筒内孔精度要求较高时，自带型芯造型困难，要通过型芯造内腔。当如图 2-59d 所示套筒高度 h 和直径 d 尺寸差距不大时，可以采用垂直型芯分模造型，分型面在套筒的一端。图 2-59e 所示为套筒高度 h 大于直径 d 时，依然可以采用垂直型芯分模造型，但由于型芯细长，如果分模面在一端，则型芯难以安放稳定，因此，分模面应设置在垂直套筒轴线的中间部位。图 2-59f 所示为当套筒高度 h 远远大于直径 d 时，型芯垂直将难以稳定安放，所以采用水平型芯分模造型，分模面选在轴线的最大截面上。

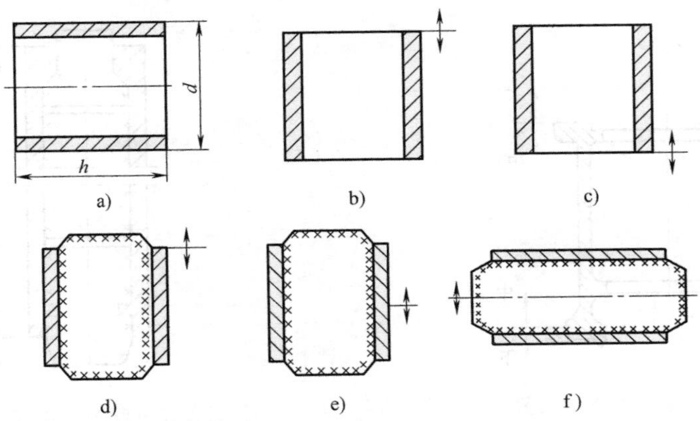

图 2-59　套筒铸件的造型方法

（2）分型面为曲面时的造型方法　图 2-60 所示为分型面为曲面时的三种造型方法。最大分型面为曲面的铸件结构，根据其生产量不同采用不同的造型方法。单件、小批量生产时，选用挖砂造型（图 2-60b），节省了造型芯等工艺过程。大批量生产时，挖砂造型效率低，而且无法用机器造型，所以应选用假箱造型（图 2-60c）。然而假箱造型仍有掉砂现象，无法保证质量。图 2-60d 所示为采用型芯块造型，将铸件曲面分型面改为水平分型面，不仅可省去繁琐的挖砂工艺，还可避免上箱掉砂造成的铸造缺陷，而且提高了生产率。

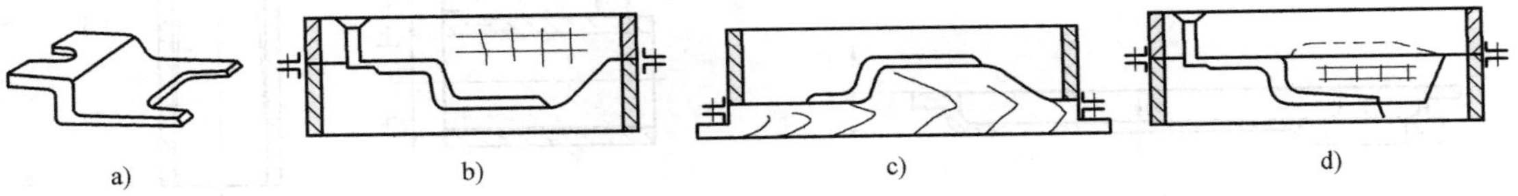

图 2-60　分型面为曲面时的造型方法

a）铸件　b）挖砂造型　c）假箱造型　d）型芯块造型

2. 浇注位置的选择

浇注位置是指浇注时铸件在铸型中所处的空间位置。浇注位置选择得正确与否，对铸件质量和生产率影响很大。选择浇注位置时应考虑以下原则：

（1）铸件的重要加工面应朝下或位于侧面　这是因为铸件上部凝固速度慢，晶粒较粗大，易形成缩孔、缩松，而且气体、非金属夹杂物的密度小，易在铸件上部形成砂眼、气孔等缺陷。铸件下部的晶粒细小，组织致密，缺陷少，质量优于上部。当铸件有几个重要加工面或重要面时，应将主要的和较大的加工面朝下或侧立。无法避免在铸件上部出现的加工面，应适当加大加工余量，以保证加工后铸件的质量。图 2-61 所示的机床床身导轨是主要工作面，浇注时应朝下。图 2-62 所示为起重机卷筒，其主要加工面为外圆柱面，采用立式浇注，卷筒的全部圆周表面位于侧位，以保证质量均匀一致。

（2）面积较大的薄壁部分应置于铸型下部或垂直、倾斜位置　图 2-63a 所示的箱盖铸件，若将薄壁部分置于铸型上部，则易产生浇不到、冷隔等缺陷。另外，熔融金属对型腔上表面的强烈热辐射，容易使上表面型砂急剧地膨胀而拱起或开裂，在铸件表面造成夹砂结疤缺陷。改置于图 2-63b 所示的位置，薄壁部分置于铸型下部，则可避免出现上述缺陷。

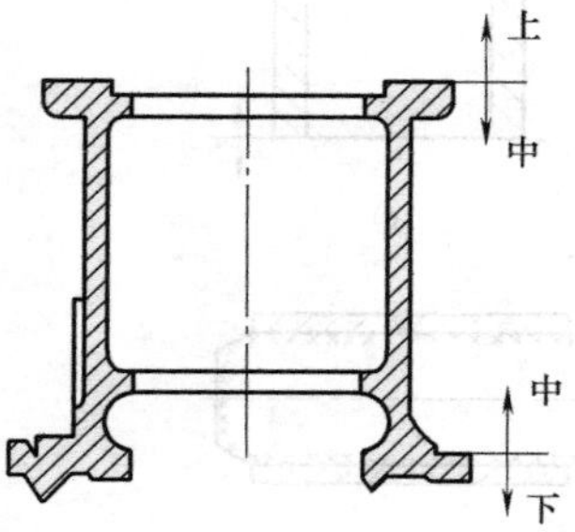

图 2-61　床身的浇注位置

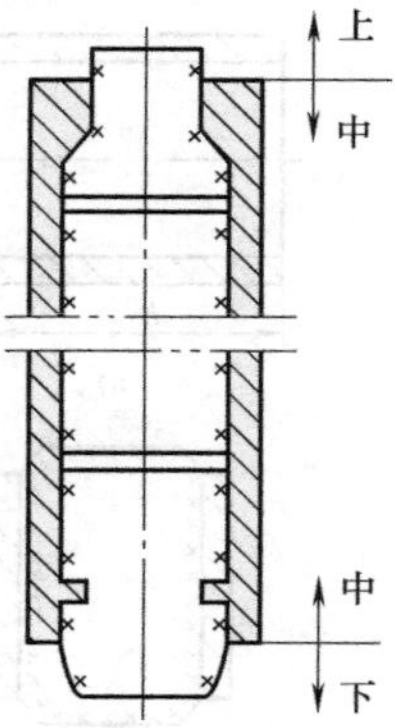

图 2-62　起重机卷筒的浇注位置

（3）将截面较厚、易形成缩孔的部位放在分型面附近的上部或侧面　铸件截面较厚的部分放在分型面附近的上部或侧面，便于安放冒口，可使铸件自下而上顺序凝固。图 2-64 所示为卷筒铸件，若将厚大凸缘处放到上面，则容易安放明冒口，有利于补缩，从而可防止产生缩孔。当铸件存在两个最大截面无法实现顺序凝固时，应考虑加冷铁或采用三箱造型。

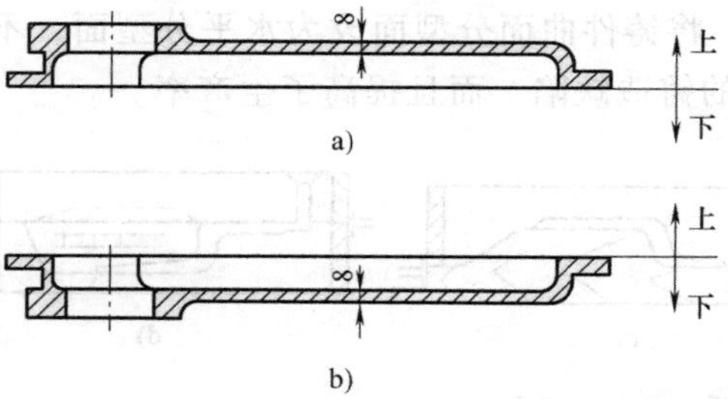

图 2-63　箱盖的浇注位置

a）不合理　b）合理

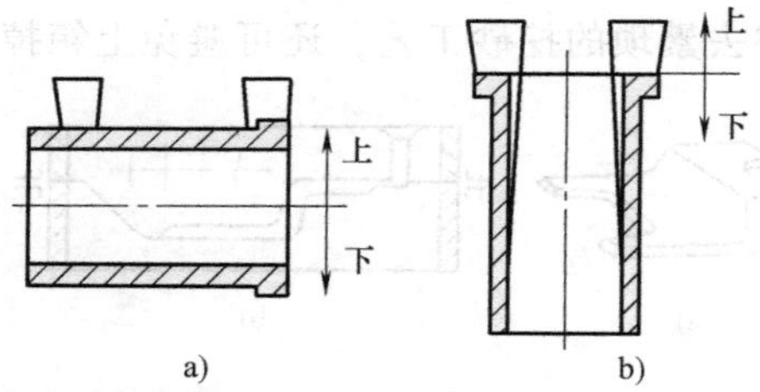

图 2-64　卷筒的浇注位置数量

a）不正确　b）正确

（4）应尽量减少型芯的数量，便于型芯安放、固定和排气　图2-65 所示为床腿铸件，若采用图 2-65a 所示的方案，则中间空腔需要一个很大的型芯，增加了制芯工作量。若采用图 2-65b所示的方案，则中间空腔由自带型芯形成，简化了造型工艺。

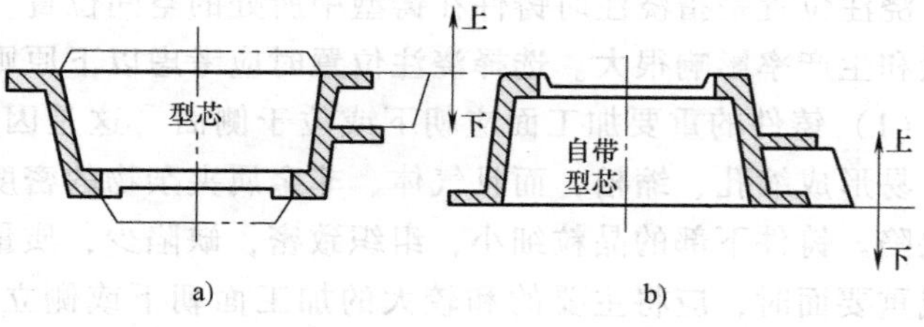

图 2-65　床腿铸件的浇注位置

a）不正确　b）正确

3. 铸型分型面的选择

分型面一般是根据零件的形状结构特征、技术要求、生产批量，并结合浇注位置来选择的。分型面选择得是否合理，对铸件的质量影响很大。分型面选择不当还将使制模、造型、合型，甚至切削加工等工序复杂化。分型面的选择应在保证铸件质量的前提下，使造型工艺尽量简化，以节省人力、物力。

分型面的选择与浇注位置的选择密切相关，一般是先确定浇注位置，再选择分型面，在比较各种分型面的利弊之后，再调整浇注位置。选择分型面时应考虑以下原则：

(1) 便于起模，使造型工艺简化

1) 为了便于起模，分型面应选在铸件的最大截面处（图 2-66）。

2) 分型面的选择应尽量减少型芯和活块的数量，以简化制模、造型、合型等工序。

图 2-67 所示支架的分型方案是避免使用活块的例子。按图中方案Ⅰ，凸台必须采用四个活块制出，而下部两个活块的部位很深，取出困难。当改用方案Ⅱ时，可省去活块，仅在 *A* 处稍加挖砂即可。

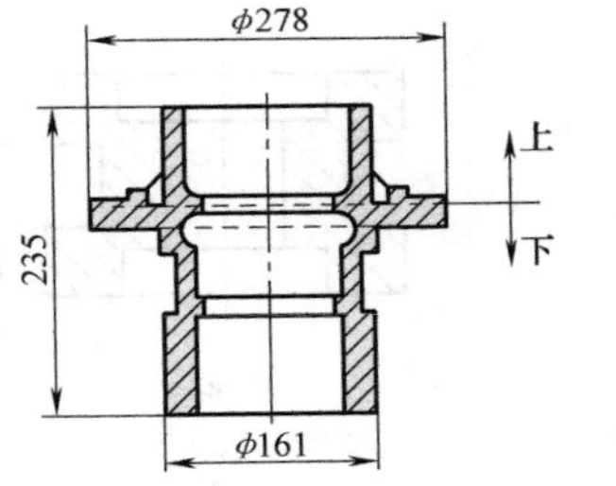

图 2-66 分型面选在最大截面处

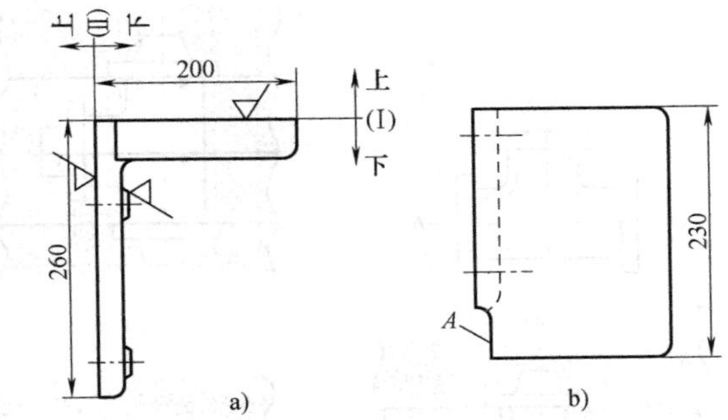

图 2-67 支架的分型方案

a）主视图 b）俯视图

3）分型面应尽量平直。图 2-68 所示为起重臂分型面的选择。若按图 2-68a 所示方案分型，则必须采用挖砂造型或假箱造型；若采用图 2-68b 所示方案分型，则可采用分模造型，使造型工艺得到简化。

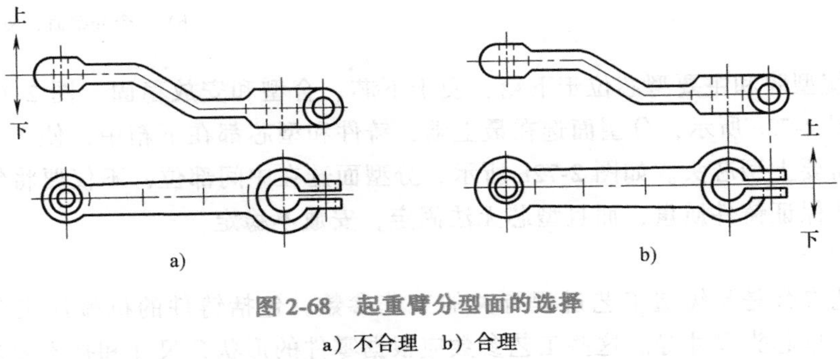

图 2-68 起重臂分型面的选择

a）不合理 b）合理

4）尽量减少分型面的数量，特别是采用机器造型时，只能有一个分型面。图 2-69 所示的三通管铸件，其内腔必须采用一个 T 形型芯来形成，但采用不同的分型方案，其分型面数量不同。当中心线 *ab* 呈垂直时，铸型必须有三个分型面才能取出模型，即用四箱造型，如图 2-69b 所示。当中心线 *cd* 呈垂直时，铸型有两个分型面，必须采用三箱造型，如图 2-69c 所示。当中心线 *ab* 与 *cd* 都呈水平位置时，因铸型只有一个分型面，采用两箱造型即可，如图 2-69d 所示。

当铸件不得不采用两个或两个以上的分型面时，可以采取利用型芯等措施减少分型面的数量，如图 2-70 所示。

（2）尽量将铸件的重要加工面或大部分加工面、加工基准面放在同一个砂箱中　将铸件放在同一个砂箱中，可以避免产生错箱和毛刺，从而可以保证铸件精度和减少清理工作量。图 2-71 所示为床身铸件，其顶部平面为加工基准面。如图 2-71a 所示，分型面在铸件一侧，保证了铸件在一个砂箱中，也就保证了加工面、加工基准面在一个砂箱中，且在下箱中。两箱整模造型，一个型芯，适合大批量生产，并保证了铸件质量。同样的铸件，若采用图 2-71b 所示的分型方案，则分型面会将铸件分为两部分，容易错箱，所以选择图 2-71a 所示方案更合理。

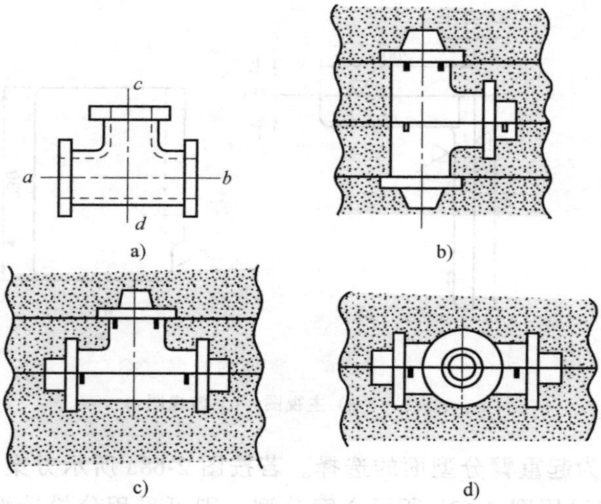

图 2-69　三通管铸件的分型方案

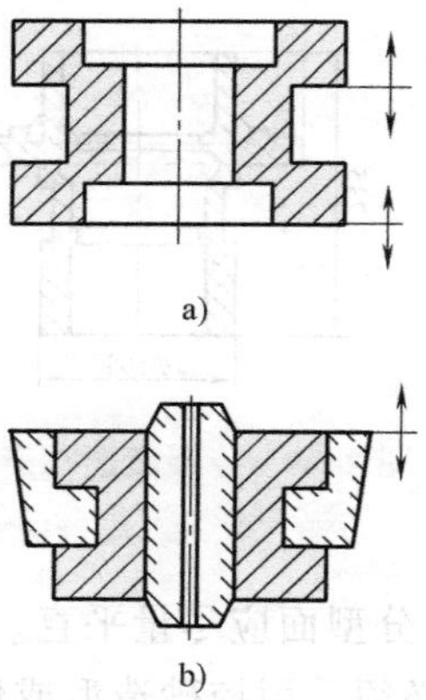

图 2-70　利用型芯减少分型面数量

a）两个分型面，三箱造型

b）一个分型面，两箱造型

（3）应使型腔和主要型芯位于下箱，便于下芯、合型和安放稳固　图 2-72 所示为工作台铸件。如图 2-72a 所示，分型面选在最上端，铸件和型芯都在下箱中，便于下芯，安放稳定，而且不需要上型芯头。如图 2-72b 所示，分型面选在中间部位，不仅要将铸件分放在两个砂箱，无法保证铸件质量，而且型芯无法固定，安放不稳定。

4. 其他工艺参数的选择

铸造工艺参数是与铸造工艺过程有关的工艺参数，包括铸件的机械加工余量、起模斜度、收缩率、型芯头尺寸等。这些工艺参数应根据零件的形状、尺寸和技术要求，结合铸件材料和铸造方法等进行选择。铸造工艺参数直接影响模样、芯盒的尺寸和结构，其选择不当会影响铸件的精度、生产率和成本。

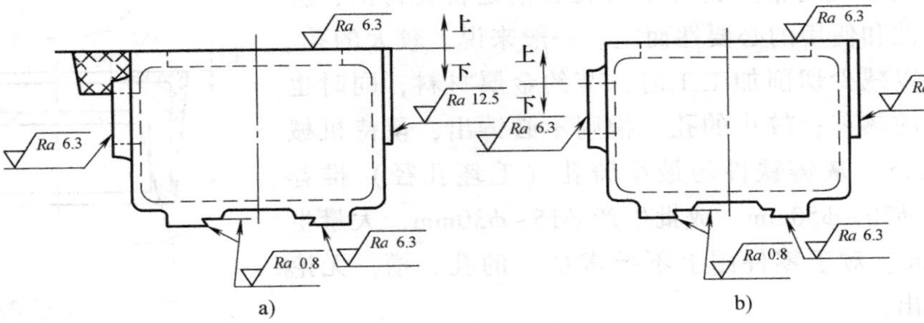

图 2-71 床身铸件的分型面

a) 正确 b) 不正确

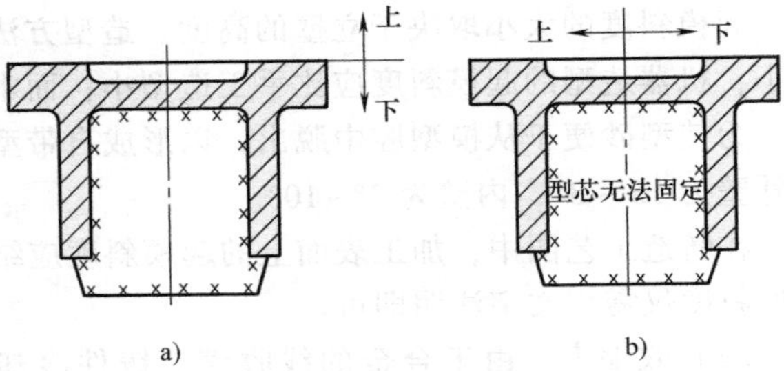

图 2-72 工作台铸件分型面

a) 正确 b) 不正确

(1) 机械加工余量 在铸件上，为了进行切削加工而加大的尺寸称为机械加工余量。若加工余量过大，则切削加工费工，且浪费金属材料；若加工余量过小，则零件会因残留氧化皮而报废，或者因铸件表层过硬而加速刀具磨损。所以加工余量要合适。

机械加工余量的具体数值取决于铸件的生产批量、合金的种类、铸件的大小、加工面与基准面之间的距离以及加工面在浇注时的位置等。大量生产时，因采用机器造型，铸件精度高，故加工余量可减小；反之，手工造型的误差大，加工余量应加大。铸钢件因表面粗糙，加工余量应加大；非铁金属合金铸件价格昂贵，且表面光洁，所以加工余量应比铸铁件小。铸件的尺寸越大或加工面与基准面之间的距离越大，铸件的尺寸误差越大，故加工余量也应随之加大。此外，浇注时朝上的表面因产生缺陷的概率较大，其加工余量应比底面和侧面大。灰铸铁件的机械加工余量见表 2-12。

表 2-12 灰铸铁件的机械加工余量 （单位：mm）

铸件最大尺寸	浇注时的位置	加工面与基准面之间的距离					
		<50	50~120	120~260	260~500	500~800	800~1250
<120	顶面 底面、侧面	3.5~4.5 2.5~3.5	4.0~4.5 3.0~3.5				
120~260	顶面 底面、侧面	4.0~5.0 3.0~4.0	4.5~5.0 3.5~4.0	5.0~5.5 4.0~4.5			
260~500	顶面 底面、侧面	4.5~6.0 3.5~4.5	5.0~6.0 4.0~4.5	6.0~7.0 4.5~5.0	6.5~7.0 5.0~6.0		
500~800	顶面 底面、侧面	5.0~7.0 4.0~5.0	6.0~7.0 4.5~5.0	6.5~7.0 4.5~5.5	7.0~8.0 5.0~6.0	7.5~9.0 6.5~7.0	
800~1250	顶面 底面、侧面	6.0~7.0 4.0~5.5	6.5~7.5 5.0~5.5	7.0~8.0 5.0~6.0	7.5~8.0 5.5~6.0	8.0~9.0 5.5~7.0	8.5~10 6.5~7.5

注：加工余量数值中的下限用于成批、大量生产，上限用于单件、小批量生产。

（2）最小铸出孔与槽　铸件上的孔和槽是否要铸出，应根据铸造工艺性和使用的必要性而定。一般来说，较大的孔、槽应当铸出，以减少切削加工工时，节约金属材料，同时也可减少铸件上的热节；较小的孔、槽则不必铸出，留待机械加工反而更经济。灰铸铁件的最小铸孔（毛坯孔径）推荐为：单件生产 $\phi30\sim\phi50$mm，成批生产 $\phi15\sim\phi30$mm，大量生产 $\phi12\sim\phi15$mm。对于零件图上不要求加工的孔、槽，无论大小，均应铸出。

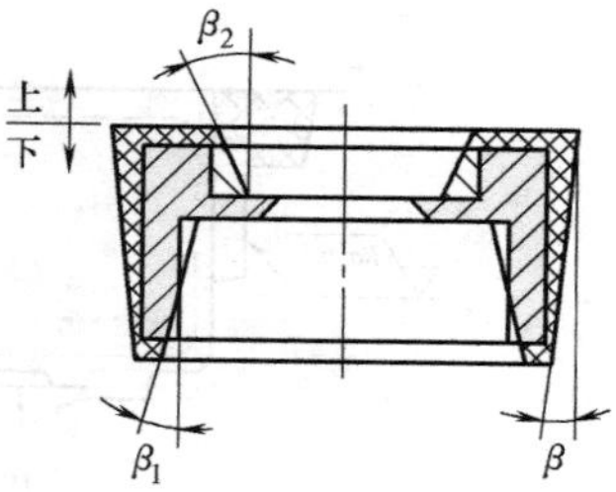

图 2-73　起模斜度

（3）起模斜度　为了使模型（或型芯）易于从砂型（或芯盒）中取出，凡垂直于分型面的立壁，制造模型时必须留出一定的倾斜度（图 2-73），此倾斜度称为起模斜度。

起模斜度的大小取决于立壁的高度、造型方法、模型材料等因素：立壁越高，起模斜度越小，机器造型的起模斜度应比手工造型小；而木型的起模斜度应比金属型大。

为使型砂便于从模型腔中脱出，以形成自带型芯，铸孔内壁的起模斜度应比外壁大，通常外壁为 15′~3°，内壁为 3°~10°。

在铸造工艺图中，加工表面上的起模斜度应结合加工余量直接标出，而不加工表面上的起模斜度仅需用文字注明即可。

（4）收缩率　由于合金的线收缩，铸件冷却后的尺寸将比型腔尺寸略为缩小，为保证铸件应有的尺寸，模型尺寸必须比铸件尺寸放大一个该合金的收缩量。收缩量的大小与铸件尺寸大小、结构复杂程度以及铸造合金的线收缩率有关，常常以铸件线收缩率 ε 表示。即

$$\varepsilon=\frac{L_{模}-L_{铸件}}{L_{模}}\times100\%$$

式中，$L_{模}$、$L_{铸件}$ 分别是同一尺寸在模样与铸件上的长度（mm）。

在铸件冷却过程中，其线收缩不仅受到铸型和型芯的机械阻碍，同时，还存在铸件各部分之间的相互制约。因此，铸件的线收缩率除因合金种类而有所差异外，还随铸件的形状、尺寸而变。通常，灰铸铁的线收缩率为 0.7%~1.0%，铸造碳钢的线收缩率为 1.3%~2.0%，铝硅合金的线收缩率为 0.8%~1.2%，锡青铜的线收缩率为 1.2%~1.4%。

（5）型芯头　型芯头是根据铸型装配工艺的要求，在型芯两端多出的锥体部分，它的形状和尺寸影响型芯的装配工艺性和稳定性。型芯头可分为垂直型芯头和水平型芯头两大类。

垂直型芯头如图 2-74a 所示，它一般由上、下型芯头组成，短而粗的型芯也可省去上型芯头。垂直型芯头的高度主要取决于型芯头的直径。型芯头必须留有一定的斜度 α。下型芯头的斜度为 5°~10°，其高度应大些，以便增强型芯在铸型中的稳定性；上型芯头的斜度为 6°~15°，其高度应小些，以便于合型。

水平型芯头如图 2-74b 所示。其长度取决于型芯头的直径及型芯的长度。为便于下芯及合型，铸型上型芯座的端部也应留出一定斜度 α。悬壁型芯头必须长而大，以平衡和支持型芯，防止合型时型芯下垂或被金属液抬起。型芯头与铸型型芯座之间应留有 1~4mm 的间隙 S，以便于铸型的装配。

2.4.2　铸造工艺方案及工艺图

铸造工艺图是表示铸造工艺内容的图样，是指导铸造操作者制作铸型的依据。

1. 滑动轴承座铸造工艺设计

材料：HT200。

生产批量：单件、小批量或大批量生产。

工艺分析：滑动轴承座（图 2-75）的主要作用是支承滑动轴承，内孔与轴承接触，要求加工精度高，轴承座底平面也有一定的加工及装配要求；底板上有几个小螺纹孔，螺纹孔的直径小，可不铸出，留待以后钻削加工而成。

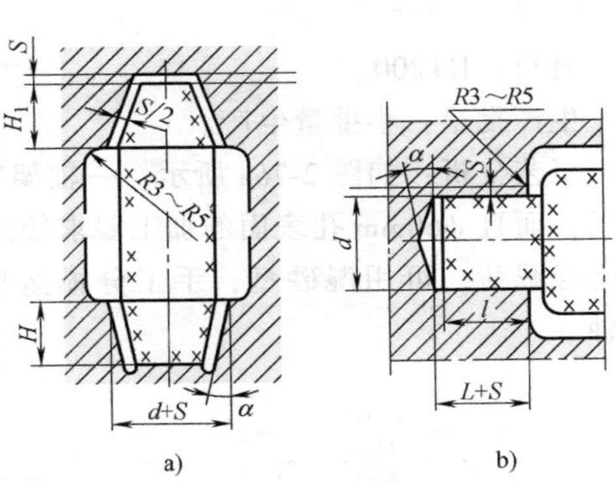

图 2-74　型芯头的结构

a）垂直型芯头　b）水平型芯头

方案Ⅰ：采用两箱整模造型，分型面在底板下端，铸件在下箱，最上端的凸台不需要采用活块造型，适合单件、小批量或大批量生产。该方案的不足是无法下型芯，所以很难造型。

方案Ⅱ：采用两箱分模造型，分型面在一侧，顶部凸台通过活块造型，下芯容易，适合单件或小批量生产。因为有活块，所以无法机械造型，不适合大批量生产。

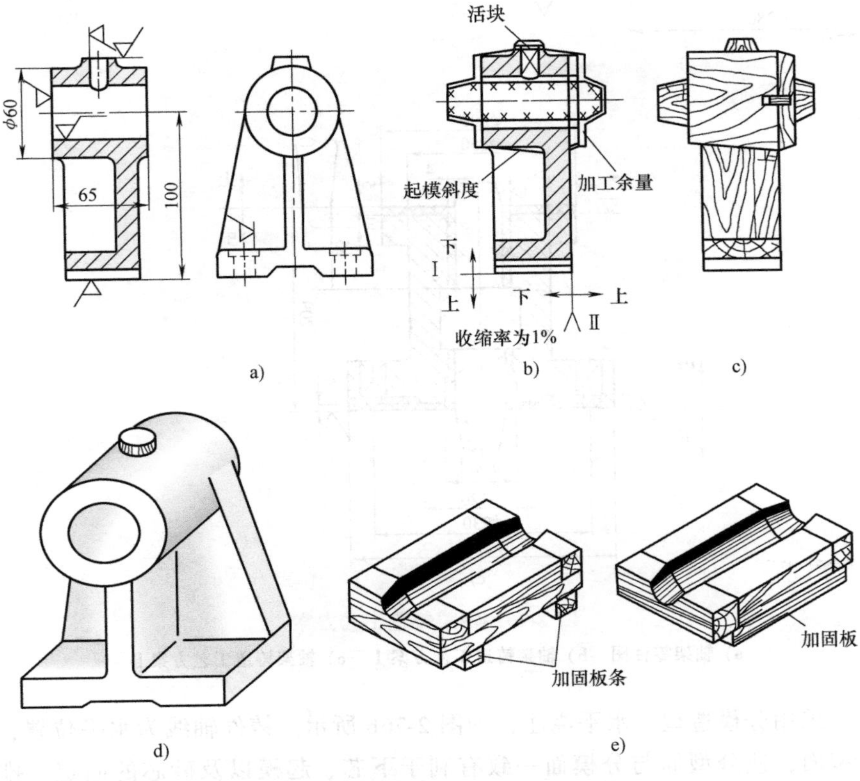

图 2-75　滑动轴承座铸造工艺设计

a）零件图　b）铸造工艺图　c）模样结构图　d）铸件图　e）芯盒结构图

2. 轴架铸造工艺设计

材料：HT200。

生产批量：小批量生产。

工艺分析：如图 2-76a 所示，一轴架零件的两端面及 ϕ60mm、ϕ70mm 内孔需进行机械加工，而且 ϕ60mm 孔表面的加工要求较高。ϕ80mm 孔不需加工，必须用砂芯铸出。该轴架承受轻载荷，可用湿砂型，手工分模造型。此铸件可供选择的主要铸造工艺方案有以下两种。

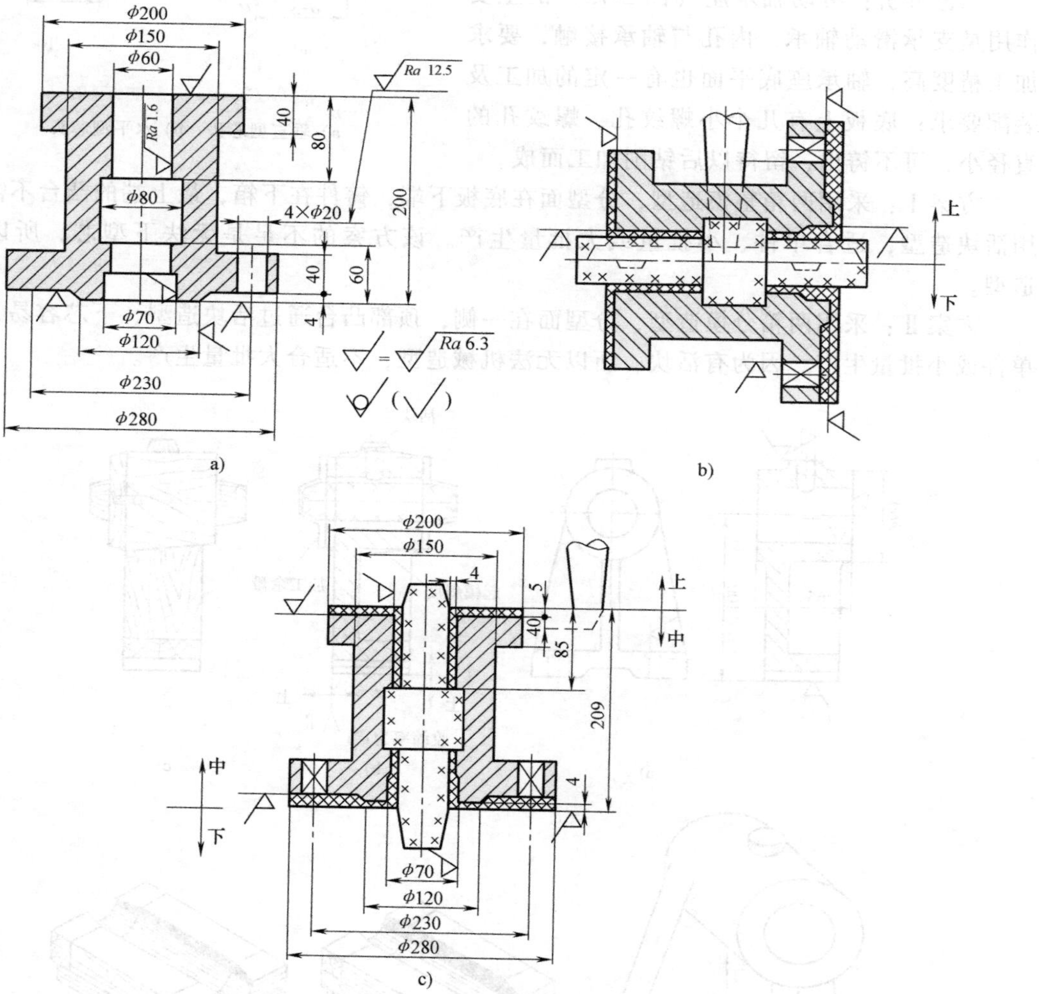

图 2-76 轴架铸造工艺方案

a）轴架零件图 b）轴架铸造工艺方案Ⅰ c）轴架铸造工艺方案Ⅱ

方案Ⅰ：采用分模造型，水平浇注，如图 2-76b 所示。铸件轴线为水平位置，过轴线的纵剖面为分型面，使分型面与分模面一致有利于下芯、起模以及砂芯的固定、排气和检验等。两端的加工面处于侧壁，加工余量均取 4mm，起模斜度取 1°，铸造圆角为 $R3 \sim R5$mm，内孔采用整体型芯。横浇道开在上型分型面上，内浇道开在下型分型面上，熔融金属从两端法兰的外圆中间注入。该方案由于将两端加工面置于侧壁位置，质量较易得到保证；内孔表面虽然有一侧位于上面，但对铸造质量影响不大。此方案浇注时熔融金属充型平稳；但由于是分模造型，易产生错型缺陷，铸件外形精度较差。

方案Ⅱ：采用三箱造型，垂直浇注。铸件两端面均为分型面，上凸缘的水平面为分模面，如图 2-76c 所示。上端面加工余量取 5mm，下端面取 4mm。采用垂直式整体型芯。在铸件上端面的分型面上开一内浇道，切向导入，不设横浇道。该方案的优点是整个铸件位于中箱，铸件外形精度较高。但是，中箱需用外形芯；上端面质量不易保证；没有横浇道，熔融金属对铸型冲击较大；由于采用三箱造型，多用一个砂箱，型砂耗用量和造型工时有所增加；上端面的加工余量增大，金属耗用量和切削工时增加，费用明显高于方案Ⅰ。另外，中箱还需要用外型芯。相比之下，方案Ⅰ更为合理。

3. 支座铸造工艺设计

材料：HT150。

生产批量：单件、小批量或大批量生产。

工艺分析：图 2-77a 所示为一普通支座零件，没有有特殊质量要求的表面，同时，它的材料为铸造性能优良的灰铸件（HT150），无需考虑补缩。因此，在制订铸造工艺方案时，不必考虑浇注位置要求，主要着眼于工艺上的简化。

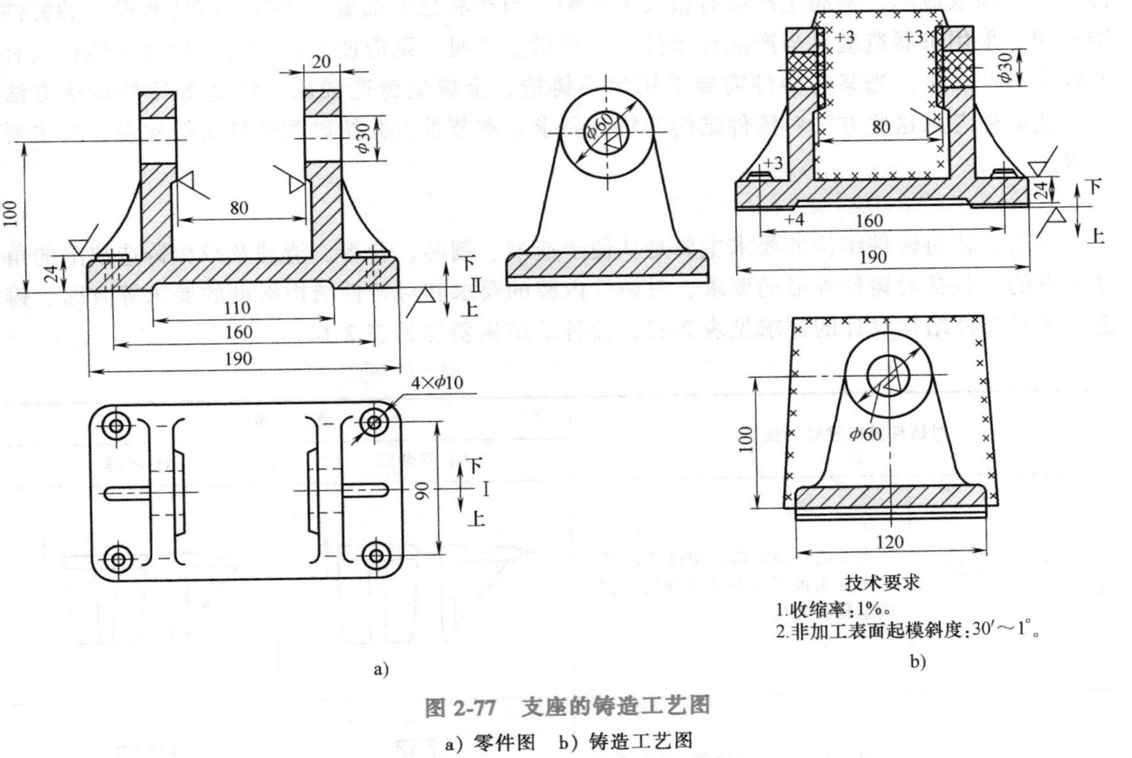

图 2-77 支座的铸造工艺图

a）零件图 b）铸造工艺图

支座虽属简单件，但底板上四个 φ10mm 孔的凸台及两个轴孔内凸台可能妨碍起模。同时，若要将轴孔铸出，还应考虑下芯的可能性。该铸件可供选择的主要铸造工艺方案有以下两种。

方案Ⅰ：采用分模造型，水平浇注。此方案的优点是铸件沿底板中心线分型，即轴孔下芯方便；缺点是底板上四个凸台必须采用活块造型，同时，铸件在上、下箱各半，容易产生错箱缺陷，飞边的清理工作量较大。

方案Ⅱ：采用整模造型，顶部浇注。此方案的优点是铸件沿底面分型，铸件全部在下箱，不会产生错箱缺陷，铸件清理方便。它的缺点是轴孔内凸台妨碍起模，必须采用活块或下芯来克服；当采用活块时，ϕ30mm 轴孔将难以下芯。

单件、小批量生产时，由于轴孔的直径较小，不需铸出，相比较而言，采用方案Ⅱ已不存在下芯难的问题，所以采用方案Ⅱ进行活块造型较为经济合理。在大批量生产中，由于机器造型难以进行活块造型，所以宜采用型芯来克服起模的困难。相比之下，方案Ⅱ下芯简便，型芯数量少，若轴孔需要铸出，则采用一个组合型芯便可完成。

综上所述，方案Ⅱ适于各种批量生产，是合理的工艺方案。支座的铸造工艺图如图 2-77b所示，轴孔不铸出。它采用一个型芯使铸件形成内凸台，而型芯的宽度大于底板是为了使上箱压住该型芯，以防止其浇注时上浮。

2.4.3 铸件结构设计

进行铸件设计时，不仅要保证其力学性能和工作性能要求，还必须考虑铸造工艺和合金的铸造性能对铸件结构的要求。铸件的结构是否合理，即其结构工艺性是否良好，对保证铸件质量、降低成本、提高生产率有很大的影响。当产品是大批量生产时，应使所设计的铸件结构便于采用机器造型；当产品是单件、小批量生产时，则应使所设计的铸件尽可能在现有条件下生产出来。当某些铸件需要采用熔模铸造、金属型铸造或压力铸造等特种铸造方法时，还必须考虑这些方法对铸件结构的特殊要求。本节重点介绍砂型铸件对结构设计的主要要求。

1. 铸造工艺对铸件结构设计的要求

铸造工艺对铸件结构的要求主要是从便于造型、制芯、合箱、清理及减少铸造缺陷的角度出发的，包括对铸件外形的要求、对铸件内腔的要求和对铸件结构斜度的要求等方面。铸造工艺对铸件结构设计的要求见表 2-13，铸件的结构斜度见表 2-14。

表 2-13 铸造工艺对铸件结构设计的要求

对铸件结构设计的要求		图例	
		a) 不合理	b) 合理
尽量使分型面为平面	图 a 的分型面需采用挖砂造型 图 b 去掉了不必要的外圆角，使造型得到简化	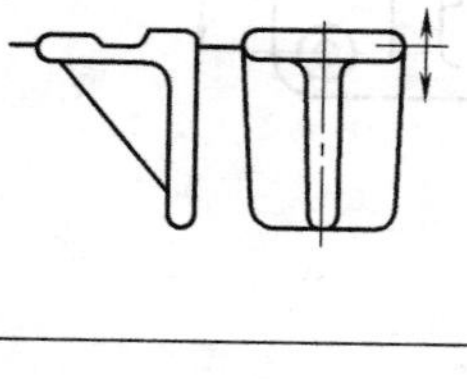	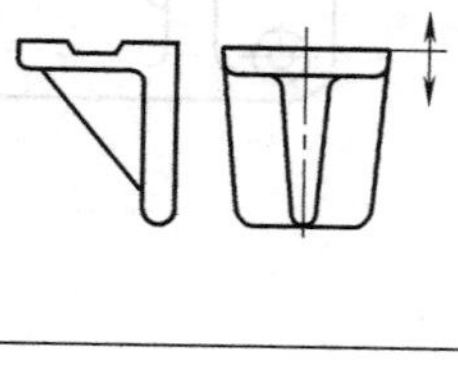
应具有最小的分型面	图 a 存在上、下边圈，通常要用三箱造型 图 b 去掉了下部边圈，简化了造型	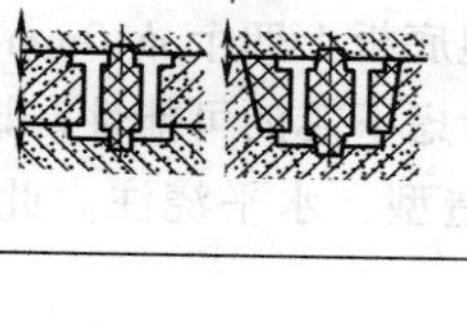	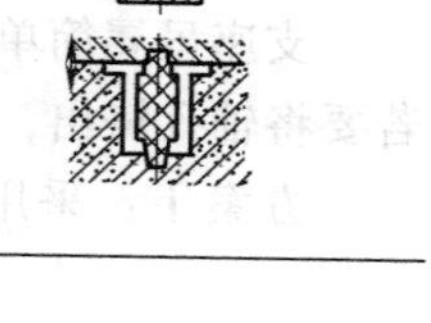

（续）

<table>
<tr><th colspan="2" rowspan="2">对铸件结构设计的要求</th><th colspan="2">图　例</th></tr>
<tr><th>a）不合理</th><th>b）合理</th></tr>
<tr><td>尽量避免起模方向存在外部侧凹，以便于起模</td><td>图a需增加外部圈芯才能起模
图b去掉了外部圈芯，简化了制造和造型工艺</td><td>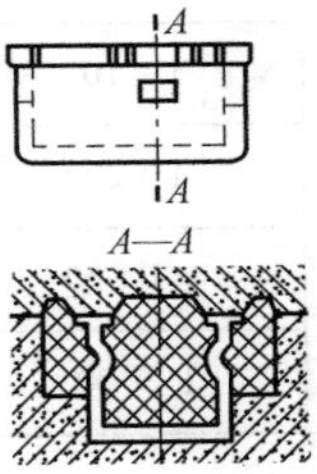</td><td>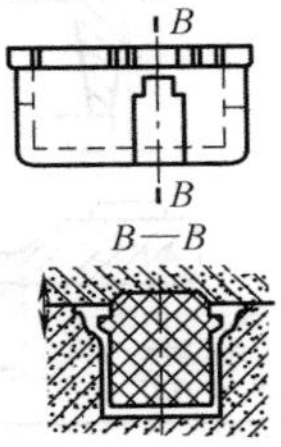</td></tr>
<tr><td rowspan="2">凸台和筋条结构应便于起模</td><td>图a需用活块或增加外部型芯才能起模
图b将凸台延长到分型面，省去了活块或型芯</td><td>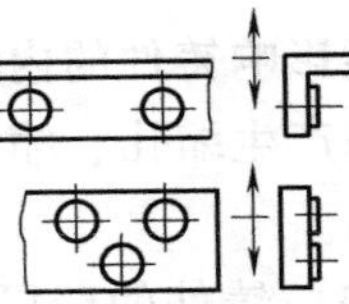</td><td>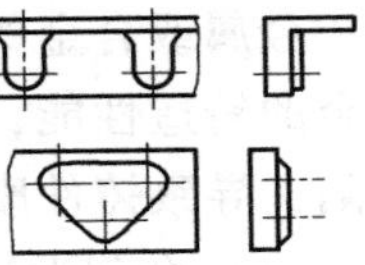</td></tr>
<tr><td>图a的筋条和凸台阴影处阻碍起模；
图b将筋条和凸台顺着起模方向布置，容易起模</td><td>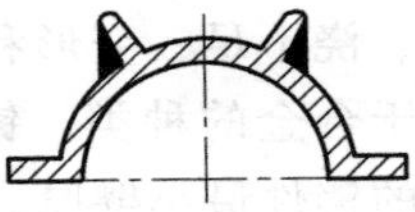</td><td>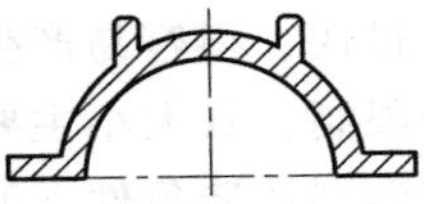</td></tr>
<tr><td rowspan="2">垂直分型面上的不加工表面最好有结构斜度</td><td>图b具有结构斜度，便于起模</td><td>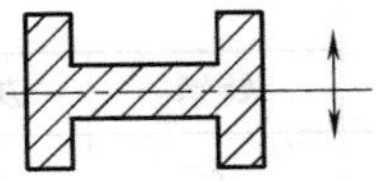</td><td>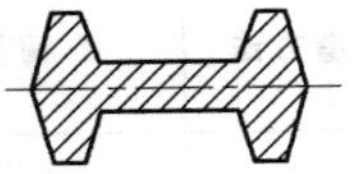</td></tr>
<tr><td>图b内壁具有结构斜度，便于用砂垛取代型芯</td><td>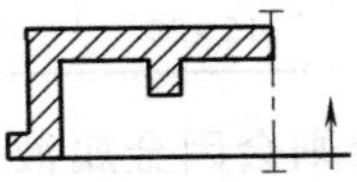</td><td>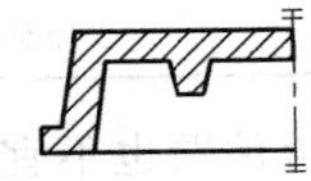</td></tr>
<tr><td>尽量少用或不用型芯</td><td>图a因出口处尺寸小，要用型芯形成内腔
图b采用开式结构，省去了型芯</td><td>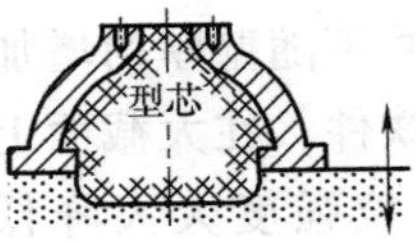</td><td>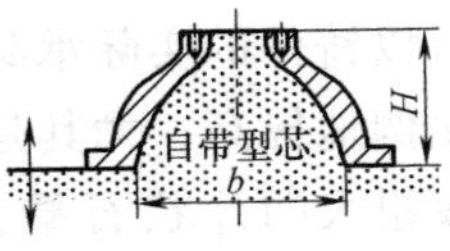</td></tr>
<tr><td>型芯在铸型中应支撑牢固</td><td>图a采用型芯撑加固，下芯合箱，清理费工
图b支撑牢固</td><td>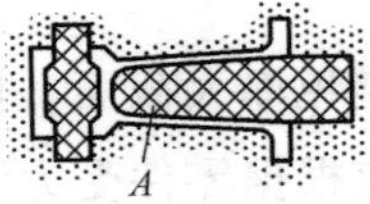</td><td>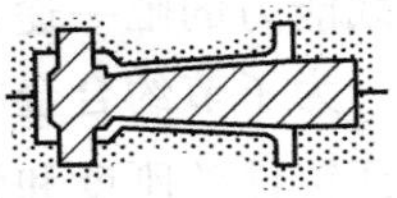</td></tr>
<tr><td>可增加型芯头或工艺孔，用以固定型芯</td><td>图a不太牢固
图b增加了型芯头和工艺孔，定位稳固</td><td>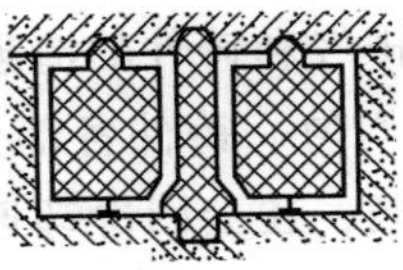</td><td>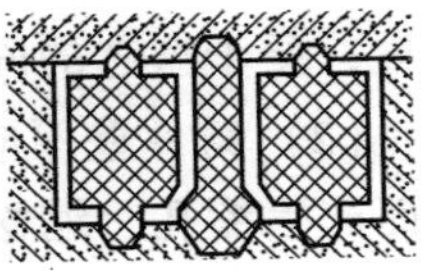</td></tr>
</table>

表 2-14　铸件的结构斜度

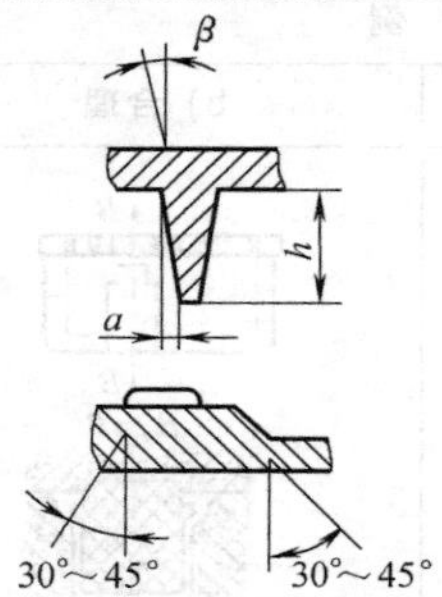

斜度 a : h	角度 β	适用范围
1 : 5	11°30′	h<25mm 的铸钢和铸铁件
1 : 10	5°30′	h=25～500mm 的铸钢和铸铁件
1 : 20	3°	
1 : 50	1°	h>500mm 的铸钢和铸铁件
1 : 100	0°30′	非铁合金铸件

2. 铸造性能对铸件结构设计的要求

金属或合金的铸造性能影响铸件的内在质量。进行铸件结构设计时，必须充分考虑适应合金的铸造性能，否则容易产生缩孔、缩松、变形、裂纹、冷隔、浇不足、气孔等多种铸造缺陷，导致铸件废品率提高。

（1）合理设计铸件壁厚　铸件的壁厚首先要根据其使用要求进行设计。但从合金的铸造性能来考虑，铸件壁既不能太薄，也不宜过厚。铸件壁太薄，则金属液注入铸型时冷却速度过快，很容易产生冷隔、浇不足、变形和裂纹等缺陷。为此，对铸件的最小壁厚必须有一个限制，其大小主要取决于合金的种类、铸造方法和铸件尺寸等因素。表 2-15 所列是在一般砂型铸造条件下所允许的铸件最小壁厚。

表 2-15　铸件最小壁厚　（单位：mm）

铸造方法	铸件尺寸	合金种类					
		铸钢	灰铸铁	球墨铸铁	可锻铸铁	铝合金	铜合金
砂型铸造	<200×200	8	5～6	6	5	3	3～5
	200×200～500×500	10～12	6～10	12	8	4	6～8
	>500×500	15～20	15～20	15～20	10～12	6	10～12

铸件壁也不宜过厚，否则会因金属液聚集引起晶粒粗大，而且容易产生缩孔、缩松等缺陷。所以铸件的实际承载能力并不随壁厚的增加而成比例地提高，尤其是灰铸铁件，在大截面上会形成粗大的片状石墨，使抗拉强度大大降低。因此，设计铸件壁厚时，不应以增加壁厚作为提高承载能力的唯一途径。

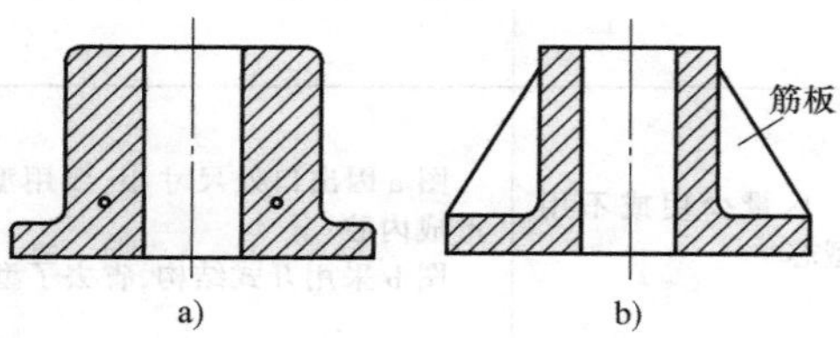

图 2-78　用加强肋来减小壁厚

a）不用肋　b）加肋

为了节约合金材料，避免厚大截面，同时又保证铸件的刚度和强度，应根据零件受力大小和载荷性质，选择合理的截面形状，如 T 形、工字形、槽形或箱形等结构，并在薄弱环节安置加强肋，如图 2-78 所示。为了减小铸件的质量，便于型芯的固定、排气和铸件的清理，还常在铸件的壁上开设窗口。

（2）铸件壁厚应尽量均匀　铸件各部分壁厚若差异过大，则不仅会因金属聚集在厚壁处而产生缩孔、缩松等缺陷，还会因冷却速度不一致而产生较大的热应力，致使薄壁和厚壁的连接处产生裂纹（图 2-79a）。设计中应尽可能使壁厚均匀，避免大的热应力存在

(图 2-79b)。铸件上的肋条分布应尽量减少交叉，以防形成较大的热节。如图 2-80所示，将图 2-80a 所示的交叉接头改为图 2-80b 所示的交错接头，或采用图 2-80c 所示的环形接头，均可减少金属的积聚，避免缩孔、缩松缺陷的产生。

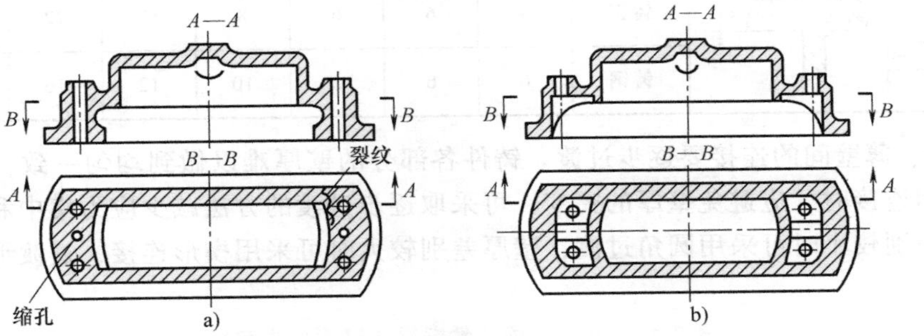

图 2-79　顶盖结构设计

(3) 铸件壁的连接方式应合理　铸件壁的连接处和转角处是铸件的薄弱环节，在设计这些部位时，应注意设法防止金属的积聚和内应力的产生。

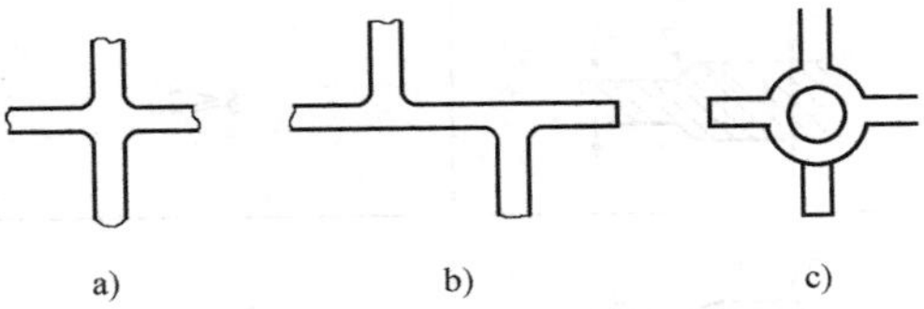

图 2-80　肋条的几种布置形式

a) 交叉接头　b) 交错接头　c) 环形接头

1) 采用圆角结构。在铸件壁的连接处和转角处应设计圆角，避免直角连接。这是由于直角处易产生应力集中现象，使直角处内侧的应力大大增加（图 2-81a)，而圆角连接处则没有这种现象（图 2-81b)。同时，由于晶体结晶具有方向性，使直角处形成了晶间的脆弱面（图 2-82a)。采用圆角结构时（图 2-82b)，可避免上述不良影响，防止裂纹产生，从而提高转角处的力学性能。此外，圆角结构还有利于造型，并可使铸件外形美观。

铸件内圆角的大小必须与壁厚相适应，其内接圆直径一般不应超过相邻壁厚的 1.5 倍，若直径过大，则会增大转角处的缩孔倾向。铸造内圆角的具体数值可参阅表 2-16。

2) 避免锐角连接。当铸件壁需以 90°夹角连接或直接以锐角连接时，对铸件质量和铸造工艺都不利，应采用图 2-83 所示的正确过渡形式。

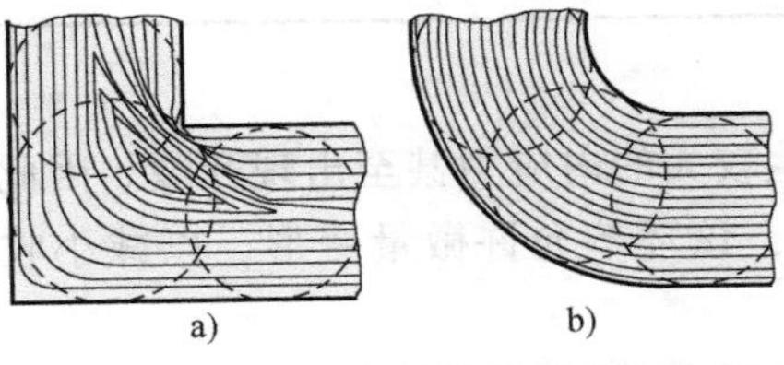

图 2-81　不同转角的热节和应力分布

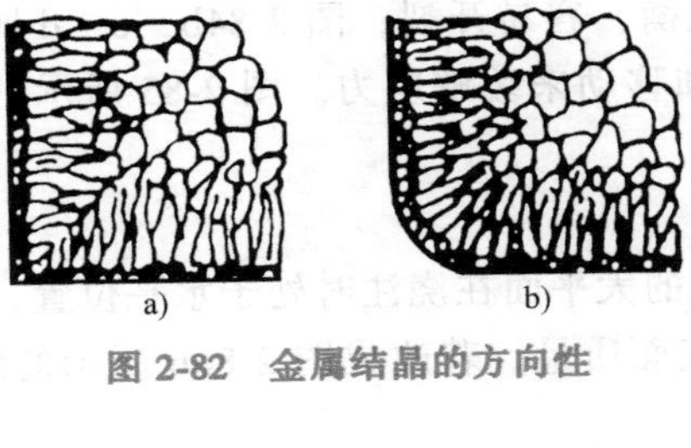

图 2-82　金属结晶的方向性

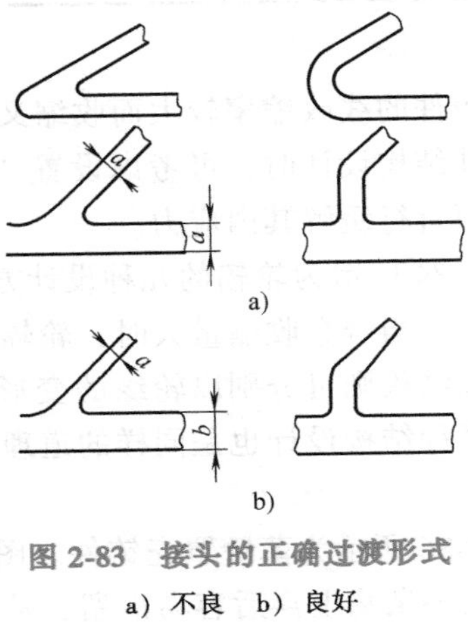

图 2-83　接头的正确过渡形式

a) 不良　b) 良好

表 2-16 铸造内圆角半径 R 值 （单位：mm）

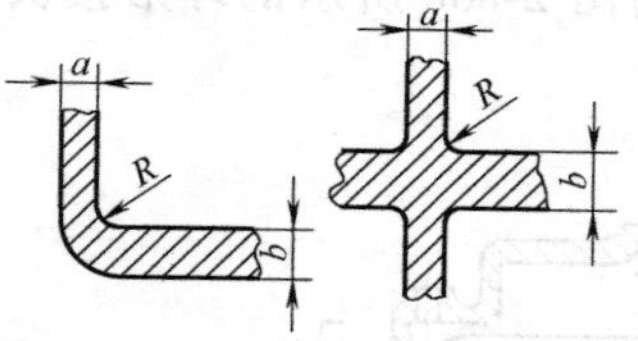

$(a+b)/2$	≤8	8~12	12~16	16~20	20~27	27~35	35~45	45~60
铸铁	4	6	6	8	10	12	16	20
铸钢	6	6	8	10	12	16	20	25

3）厚、薄壁间的连接要逐步过渡。铸件各部分的壁厚难以做到均匀一致，当不同厚度的铸件壁相连接时，应避免壁厚的突变，可采取逐步过渡的方法减少应力集中和防止产生裂纹。壁厚差别较小时可采用圆角过渡，壁厚差别较大时可采用楔形连接，过渡形式和尺寸见表 2-17。

表 2-17 几种不同铸件壁厚的过渡形式和尺寸

图例	尺寸		
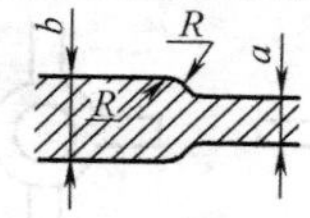	$b\leqslant 2a$	铸铁	$R\geqslant\left(\frac{1}{6}\sim\frac{1}{3}\right)\frac{a+b}{2}$
		铸钢	$R\approx\frac{a+b}{4}$
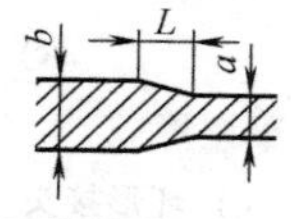	$b>2a$	铸铁	$L\geqslant 4(b-a)$
		铸钢	$L\geqslant 5(b-a)$
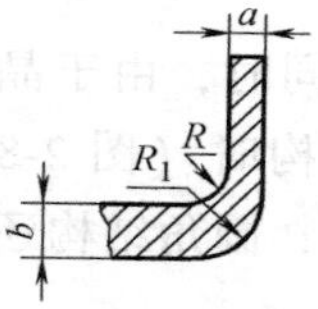	$b\leqslant 2a$	$R\geqslant\left(\frac{1}{6}\sim\frac{1}{3}\right)\frac{a+b}{2}$；$R_1\geqslant R+\frac{a+b}{2}$	
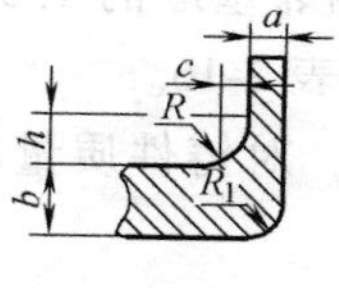	$b>2a$	$R\geqslant\left(\frac{1}{6}\sim\frac{1}{3}\right)\frac{a+b}{2}$；$R_1\geqslant R+\frac{a+b}{2}$ $c\approx\sqrt{b-a}$ 对于铸铁，$h\geqslant 4c$；对于铸钢，$h\geqslant 5c$	

3. 避免收缩受阻

当铸件的线收缩率较大而收缩又受阻时，会产生较大的内应力甚至出现开裂。因此，在进行铸件结构设计时，可考虑设置“容让”的环节，该环节允许微量变形，以减小收缩阻力，从而自行缓解其内应力。

图 2-84 所示为轮辐的几种设计方案，图 2-84a 所示为直条形偶数轮辐，其结构简单、制造方便，但当合金收缩量大时，轮辐的收缩力互相抗衡，容易开裂；图 2-84b、c、d 所示的三种轮辐结构则可分别以轮缘的变形、轮毂的转动和移动来缓解应力。图 2-85 所示的砂箱箱带的两种结构设计也是同样的道理。

4. 避免大的水平面

图 2-86 所示为薄壁罩壳铸件。图 2-86a 所示结构的大平面在浇注时处于水平位置，气体和非金属夹杂物上浮后容易滞留，从会将影响铸件表面质量。若改成图 2-86b 所示的结构，

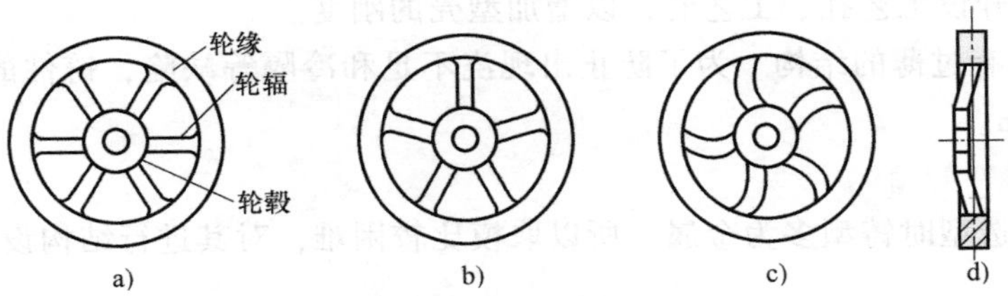

图 2-84 轮辐的几种设计方案

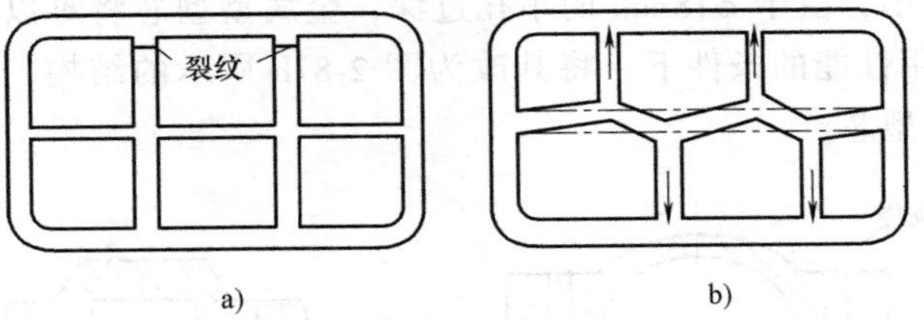

图 2-85 砂箱箱带的两种设计方案

a）交叉箱带 b）交错箱带

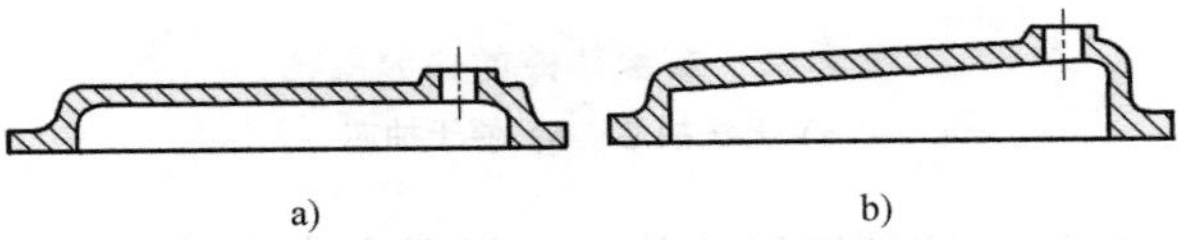

图 2-86 薄壁罩壳铸件

a）原结构 b）改进后的结构

则金属液浇注时沿斜壁上升，能顺利地将气体和杂质带出，同时金属液的上升流动也使铸件不易产生浇不足等缺陷。

2.4.4 铸造方法对铸件结构的要求

铸造方法不同，对铸件的结构要求也不同，尤其是特种铸造。特种铸造生产出来的铸件一般质量比较高，对铸件的结构要求也比较严格。所以要考虑不同铸造方法对铸件结构的特殊要求。

1. 熔模铸件的结构

熔模铸造的特点是形状复杂，表面粗糙度值小。一般通过熔模铸造成形的铸件，铸造后很少进行机械加工，设计结构时要考虑如下几个因素：

（1）应便于取出蜡模和型芯 蜡模是在压型中形成的，待石蜡固化后要把压型卸下，所以要考虑便于取出组成压型的蜡模和型芯。

（2）应避免过小或过深孔槽 为便于在蜡模表面浸渍和撒砂，通常孔径应大于 2mm，薄壁铸件的孔径应大于 0.5mm。若是通孔，则孔深与孔径的比值应为 4~6；若是不通孔，则孔深与孔径之比应不大于 2。槽宽应大于 2mm，且槽宽应为槽深的 2~6 倍。

（3）应避免壁厚有分散热节 设计壁厚时，应尽可能满足顺序凝固要求，避免有分散的热节，以便能直接用浇口进行补缩。

（4）应避免大平面 为了防止变形，应尽量避免有过大的平面。若必须采用大平面，则可在大平面上开设工艺孔、工艺肋，以增加型壳的刚度。

（5）应避免有过薄的结构　为了防止出现浇不足和冷隔等缺陷，铸件的壁厚不宜过薄，一般应为 2~8mm。

2. 金属型铸件的结构

由于金属型造型时铸型多为金属，所以取模比较困难，对其进行结构设计时要考虑如下因素：

（1）应便于出型和抽芯　图 2-87 所示为金属型造型的铝合金端盖铸件，图 2-87a 所示的内腔结构为底大口小，由于 ϕ18mm 的小孔过深，金属型型芯将难以抽出（可用砂型型芯代替）。在不影响使用性能的条件下，将其改为图 2-87b 所示的结构，增大了内腔的结构斜度，即可顺利地抽出型芯。

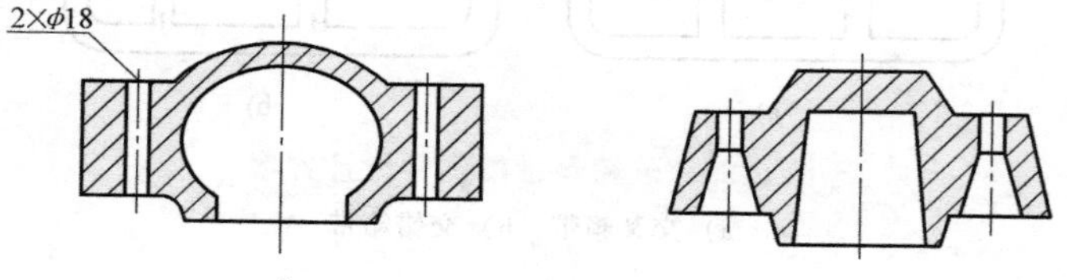

图 2-87　端盖铸件的内腔结构

a）无法抽芯　b）便于抽芯

（2）应使铸件壁厚均匀　铸件壁厚应均匀，以避免产生缩孔、缩松、裂纹、浇不足和冷隔等缺陷。铝硅合金铸件的最小壁厚为 2~4mm，铝镁合金铸件为 3~5mm。

（3）应避免过小和过深的孔　为便于金属型芯的安放和抽出，铸孔的孔径不能过小、深度不宜过大。

3. 压力铸造件的结构

压力铸造是在模具中浇注成形的，所以压力铸造件的结构不能过于复杂，设计时应考虑如下因素：

（1）应尽量消除侧凹和深腔　如图 2-88a 所示，侧凹部分向内，铸件无法取出，可将其改为图 2-88b 所示的结构，即侧凹部分向外，先将右侧外型芯从压型右侧面抽出，然后将铸件从压型内顺利取出。

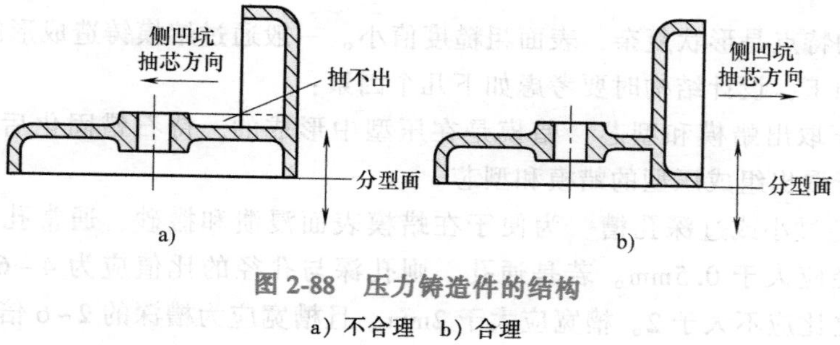

图 2-88　压力铸造件的结构

a）不合理　b）合理

（2）应合理设计壁厚和加强筋　压力铸造件的表层组织虽然细密，但随着壁厚的增加，气孔、缩孔等缺陷也逐渐增多，所以，在保证铸件强度和刚度足够的前提下，应尽量减小壁厚，并保持壁厚均匀。

(3) 应合理设计镶嵌件 为了保证镶嵌件在铸件中定位可靠，可通过合理设计镶嵌件，制成复杂件，改善压力铸造件的局部性能和简化装配工艺。

对于一些大型的复杂机架、床身及支架类铸件，可通过分开铸造成形，然后通过各种连接方式，如焊接、螺钉连接等方式组合铸件，简化铸造工艺，完成复杂件的成形过程。

2.4.5 常用铸造方法选择

各种铸造方法都分别适用于一定的范围。选择时，首先要熟悉各种铸造方法的基本特点，其次应从技术、经济、生产条件以及环境保护等方面进行综合分析比较，以确定哪种成形方法较为合理。几种常用铸造方法的比较见表 2-18。

表 2-18 几种常用铸造方法的比较

比较项目	铸造方法					
	砂型铸造	熔模铸造	金属型铸造	压力铸造	低压铸造	离心铸造
适用合金	各种合金	不限，以铸钢为主	以非铁合金为主	非铁合金	以非铁合金为主	铸钢、铸铁、铜合金
适用铸件大小	不受限制	几十克至几十千克	中、小铸件	中、小铸件，几克至几十千克	中、小铸件，有时达数百千克	零点几千克至十几吨
铸件最小壁厚/mm	铸铁>3~4	0.5~0.7 孔 ϕ0.5~ϕ2.0	铸铝>3 铸铁>5	铝合金>0.5 铜合金>2	>2	优于同类铸型的常压铸造
铸件加工余量	大	小或无	小	小或无	较小	外表面小，内表面较大
表面粗糙度值/μm	Ra50~12.5	Ra12.5~1.6	Ra12.5~6.3	Ra6.3~1.6	Ra12.5~3.2	取决于铸型材料
铸件尺寸公差/mm	100 ±1.0	100 ±0.3	100 ±0.4	100 ±0.3	100±0.4	取决于铸型材料
工艺出品率①(%)	30~50	60	40~50	60	50~60	85~95
毛坯利用率②(%)	70	90	70	95	80	70~90
投产最小批量/件	单件	1000	700~1000	1000	1000	100~1000
生产率	低、中	低、中	中、高	最高	中	中、高
应用举例	床身、箱体、支座、轴承盖、曲轴、缸体、缸盖等	刀具、叶片、自行车零件、刀杆、风动工具等	铝活塞、水暖器材、水轮机叶片、一般非铁合金铸件等	缸体、仪表和照相机的壳体和支架等	发动机缸体、缸盖、壳体、箱体、船用螺旋桨、纺织机零件等	各种铸铁管、套筒、环叶轮、滑动轴承等

① 工艺出品率 $=\dfrac{\text{铸件质量}}{\text{铸件质量}+\text{浇冒口质量}}\times100\%$。

② 毛坯利用率 $=\dfrac{\text{零件质量}}{\text{铸件质量}}\times100\%$。

(1) 各种铸造方法适用的合金种类 不同铸造方法适用的合金种类主要取决于铸型的耐热状况。砂型铸造所用石英砂耐火温度达 1700℃，比碳钢的浇注温度还高 100~200℃，因此，砂型铸造可用于铸钢、铸铁、非铁合金等各种材料。熔模铸造的型壳由耐火度更高的纯石英粉制成，因此，它还可用于生产熔点更高的合金钢铸件。金属型铸造、压力铸造和低压铸造一般都使用金属铸型和型芯，即使表面刷耐火涂料，铸型的寿命也不长，因此一般只用于非铁合金铸件。

(2) 各种铸造方法适用的铸件大小　不同铸造方法适用的铸件大小主要与铸型尺寸有关。砂型铸造的限制较小，可铸造小、中、大件。熔模铸造由于难以用蜡料做出较大的模样并受型壳强度和刚度所限，一般只适宜生产小件。对于金属型铸造、压力铸造和低压铸造，由于制造大型金属铸型和金属型芯较困难并受设备吨位的限制，一般用来生产中、小型铸件。

(3) 各种铸造方法所能达到的铸件尺寸精度和表面粗糙度　这主要与铸型的精度与表面粗糙度有关。砂型铸件的尺寸精度最差，表面粗糙度值最大。熔模铸造因压型加工得很精确、光洁，故蜡模也很精确、光洁，而且型壳是无分型面的铸型，所以熔模铸件的尺寸精度很高，表面粗糙度值小。压力铸造由于压铸型加工准确，且在高压、高速下成形，故压铸件的尺寸精度也很高，表面粗糙度值小。金属型铸造和低压铸造的金属铸型（型芯）不如压力铸造的铸型精确、光洁，而且是在重力或低压下成形，故铸件尺寸精度和表面粗糙度不如压力铸造件，但优于砂型铸件。

(4) 各种铸造方法所能获得的铸件的形状复杂程度　凡是采用砂型和砂芯生产铸件时，均可以做出形状很复杂的铸件。熔模铸造采用蜡模组合，且无分型面，可铸出形状很复杂的铸件。压力铸造采用结构复杂的压铸型，也能生产出形状复杂的铸件，但只有在大量生产时才是经济的。离心铸造较适用于管、套等特定形状的铸件。

2.5 金属铸造成形先进技术

2.5.1 悬浮铸造

悬浮铸造（Suspension Casting）是在浇注过程中，将一定量的金属粉末或颗粒加到金属液流中混合，一起充填铸型。经悬浮浇注到型腔中的已不是通常的过热金属液，而是含有固态悬浮颗粒的悬浮金属液。悬浮浇注时所加入的金属颗粒，如铁粉、铁丸、钢丸、碎切屑等统称悬浮剂。由于悬浮剂具有通常的内冷铁的作用，所以也称微型冷铁。

图 2-89 为悬浮浇注示意图。浇注的金属液沿引导浇道 7 呈切线方向进入悬浮杯 8 后，绕其轴线旋转，形成一个漏斗形漩涡，造成负压，将由悬浮剂漏斗 1 落下的悬浮剂吸入，形成悬浮金属液，然后通过直浇道 6 流入铸型 4 的型腔 5 中。

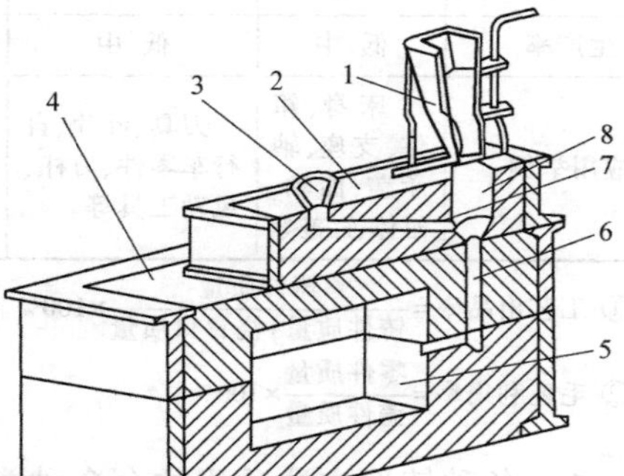

图 2-89　悬浮浇注示意图

1—悬浮剂漏斗　2—悬浮浇注装置　3—浇口杯　4—铸型　5—型腔　6—直浇道　7—引导浇道　8—悬浮杯

悬浮剂有很大的活性表面，并均匀分布于金属液中，它们将与金属液发生一系列的热物理化学作用，进而控制合金的凝固过程，起到冷却、孕育和合金化作用等。经过悬浮处理的金属，缩孔可减少 10%~20%，晶粒得到细化，力学性能随之提高。悬浮铸造已获得越来越广泛的应用，目前已用于生产船舶、冶金和矿山设备中的铸件。

2.5.2　半固态金属铸造

在金属凝固过程中，对其进行强烈搅拌，使普通铸造中易于形成的树枝晶网络被打碎，得到一种金属液母液中均匀地悬浮着一定颗粒状固相组分的固液混合浆料，这种半固态金属具有某种流变特性，因而易于用常规加工技术如压力铸造、挤压、模锻等实现成形。采用这种既非液态又非完全固态的金属浆料加工成形的方法，称为半固态金属铸造（Semi-solid Metal Casting）。与以往的金属成形方法相比，半固态金属铸造技术就是集铸造、塑性加工等多种成形方法于一体来制造金属制品的又一独特技术，其特点主要表现在以下方面：

1）由于其具有均匀的细晶粒组织及特殊的流变特性，加之在压力下成形，使工件具有很高的综合力学性能。由于其成形温度比全液态成形温度低，不仅可以减少液态成形缺陷，提高铸件质量，还可以拓宽压力铸造合金的种类至高熔点合金。

2）能够减小成形件的质量，实现金属制品的近终成形。

3）能够制造用常规液态成形方法不可能制造的合金，如某些金属基复合材料。

因此，半固态金属铸造技术以其诸多的优越性而被视为具有突破性的金属加工新工艺。

1. 半固态金属的制备方法

半固态金属坯料的制备方法有熔体搅拌法、应变诱发熔化激活法、热处理法、粉末冶金法等。其中，熔体搅拌法是应用最普遍的方法，根据搅拌原理不同可将其分成以下两种类型：

（1）机械搅拌法　机械搅拌法的突出特点是设备技术比较成熟，易于实现投产。搅拌状态和搅拌强度容易控制，剪切效率高，但对搅拌器材料的强度、可加工性及化学稳定性要求很高。在半固态成形的早期研究中多采用机械搅拌法。

（2）电磁搅拌法　电磁搅拌法的原理是在旋转磁场的作用下，使熔融金属液在容器内做涡流运动。其突出优点是不用搅拌器，对合金液成分影响小，搅拌强度易于控制，尤其适用于高熔点金属的半固态制备。

2. 半固态金属铸造的成形工艺

半固态金属铸造成形的工艺流程可分为两种：由原始浆料连铸或直接成形的方法称为流变铸造，另一种为搅熔铸造，如图 2-90 所示。一般搅熔铸造中半固态组织的恢复仍用感应加热的方法，然后进行压力铸造、锻造加工成形。

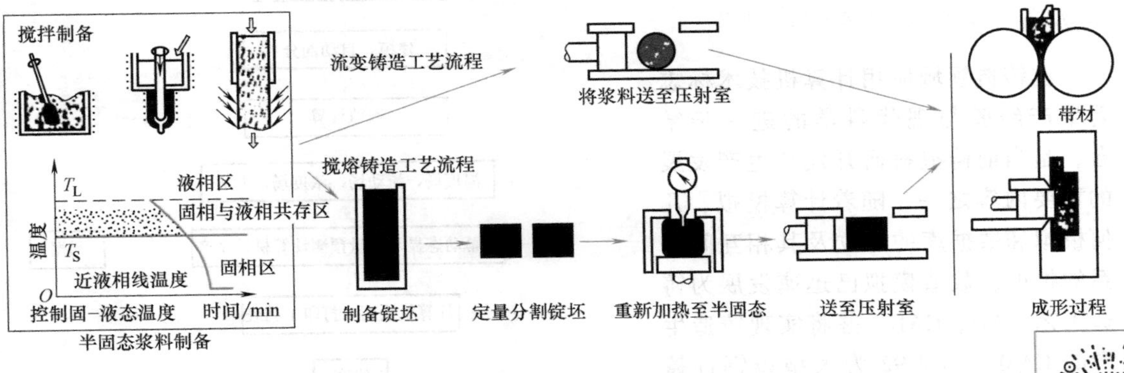

图 2-90　半固态金属铸造成形的两种工艺流程

3. 半固态金属铸造的工业应用与开发前景

目前，半固态成形的铝和镁合金件已经大量地用于汽车工业的特殊零件上。其生产的汽车零件主要有汽车轮毂、主制动缸体、反锁制动阀、盘式制动钳、动力转向器壳体、离合器总泵体、发动机活塞、液压管接头、空压机本体、空压机盖等。

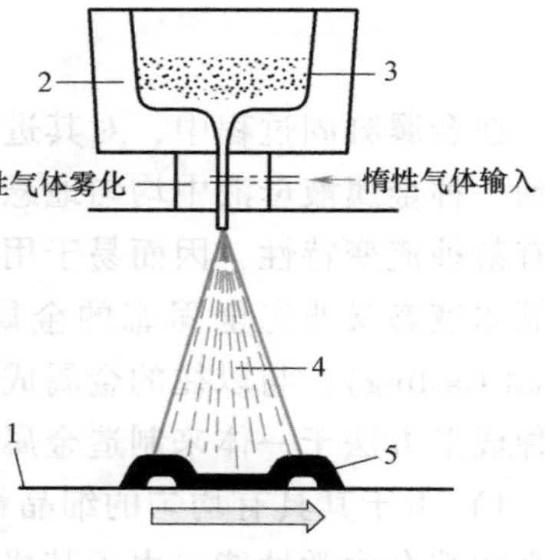

图 2-91　喷雾沉积工艺原理

1—基体　2—中间包　3—金属液
4—喷雾锥　5—喷雾沉积材料

2.5.3　近终形状铸造

近终形状铸造（Near Net Shape Casting）技术主要包括薄板坯连铸（厚度为 40~100mm）、带钢连铸（厚度小于 40 mm）以及喷雾沉积等技术。

其中，喷雾沉积技术为金属成形工艺开发了一条特殊的工艺路线，适用于复杂钢种的凝固成形。其工艺原理如图 2-91 所示。

金属液 3 的喷射流束从安装在中间包 2 底部的耐火材料喷嘴中喷出，金属液被强劲的气体流束雾化，形成高速运动的液滴。在雾化液滴与基体 1 接触前，其温度介于固、液相温度之间。随后液滴冲击在基体上，完全冷却和凝固后形成致密的产品，根据基体的几何形状和运动方式可以生产各种形状的产品，如小型材、圆盘、管子和复合材料等。喷雾锥 4 的方向沿平滑的循环钢带移动便可得到扁平状的产品；多层材料可由雾化装置连续喷雾成形；空心的产品也可采用类似的方法制成，将金属液直接喷雾到旋转的基体上，可制成管坯、圆坯和管子。以上讨论的各种方式均可在喷雾射流中加入非金属颗粒，制成颗粒固化材料。该工艺是可代替带钢连铸或粉末冶金的一种生产工艺。

2.5.4　计算机数值模拟技术

在铸造领域应用计算机技术标志着生产经验与现代科学的进一步结合，是当前铸造科研开发和生产发展的重要内容之一。随着计算模拟、几何模拟和数据库的建立及其相互间联系的扩展，数值模拟已迅速发展为铸造工艺 CAD、CAE，并将实现铸造生产的 CAM。图 2-92 为大型铸钢件铸造工艺 CAD 系统流程图。

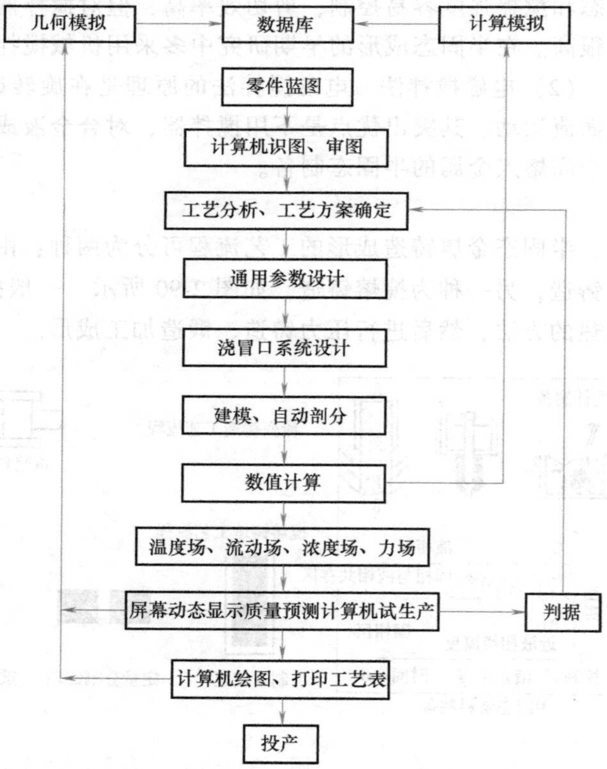

图 2-92　大型铸钢铸造工艺 CAD 系统流程图

铸件成形过程数值模拟是在虚拟

的计算机环境下，模拟仿真研究对象的特定过程，分析有关影响因素，预测该过程可能的发展趋势和结果。利用数值模拟，可以在虚拟的环境下，通过交互方式，而不需要现场试生产，就能制订出合理的铸造工艺，从而可以大量节省生产试验资金，而且可以进行工艺优化，大大缩短新产品的开发周期，因此其经济效益十分显著。

铸件成形过程数值模拟涉及铸造理论与实践、计算机图形学、多媒体技术、可视化技术、二维造型、传热学、流体力学、弹塑性力学等多种学科，是典型的多学科交叉的前沿领域。其主要研究内容有：

（1）温度场模拟　利用传热学原理，分析铸件的传热过程，模拟铸件的冷却凝固进程，预测缩孔、缩松等缺陷。

（2）流动场模拟　利用流体力学原理，分析铸件的充型过程，可以优化浇注系统，预测气孔、夹渣、冲砂等缺陷。

（3）流动与传热耦合计算　利用流体力学与传热学原理，在模拟充型的同时计算传热，可以预测浇不足、冷隔等缺陷。同时可以得到充型结束时的温度分布，为后续的凝固模拟提供准确的初始条件。

（4）应力场模拟　利用力学原理，分析铸件的应力分布，预测热裂、冷裂、变形等缺陷。

（5）组织模拟　组织模拟分为宏观、中观及微观组织模拟，利用一些数字模型来计算形核数、枝晶生长速度、组织转变，从而预测铸件性能。

2.5.5 消失模铸造

消失模铸造（Lost Foam Casting，LFC）是一种精确成形的铸造新技术，它是美国人 H. F. Shroyer 于 1958 年发明的，申请专利后，于 1962 年达到实用化。以前这种方法是专门用来生产汽车用压模等单件大型铸件的，因为只做 2~3 件铸件，与其用木模生产，不如采用泡沫塑料模来得便宜，生产周期也短得多。当初称这种方法为实型铸造。直到 20 世纪 80 年代专利期满后，消失模铸造技术才获得了大规模的应用。

1. 消失模铸造的工艺过程

消失模铸造是采用与铸件尺寸、形状相似的泡沫塑料模样，刷涂耐火涂料并充分干燥后将其放入砂箱内，充填干砂、震动造型，在常压或负压下浇注，使泡沫塑料模气化、消失，合金液取代原泡沫塑料模样，凝固冷却后形成铸件的一种铸造方法。

（1）模样材料与制模　聚苯乙烯（EPS）泡沫塑料由于具有发气量低（仅为 $105cm^3/g$）、残留物量少（仅为 0.015%）、密度小、气化迅速、价格适中等优点，成为消失模铸造最常用的模样材料。泡沫塑料模样的制造方法主要依产品的数量而定，通常分为发泡成形和加工成形。压机发泡成型工艺一般采用两步发泡法，即先将可发性聚苯乙烯珠粒预发泡，然后将经过熟化处理的预发泡珠粒填入成型模具中进行发泡成型。加工成型工艺是采用聚苯乙烯泡沫塑料板材，通过机械加工或手工加工制成局部模样，再粘结成整体模样。通常将采用聚苯乙烯泡沫塑料制作的模样简称为 EPS 模样。

（2）粘合模样及上涂料　在泡沫塑料模样上用黏结剂粘上浇口、内浇口及冒口等。将数个泡沫塑料模样粘合成串，称为模样组。消失模铸造用涂料除应具备耐火度高、热稳定性好等特点外，还应具有高的强度、好的透气性和良好的涂挂性。通常使用水基石英粉或锆英粉涂料，涂料的涂覆多采用浸涂法和刷涂法。涂覆好涂料的模型，放置在风循环干燥室内烘干。

(3) 造型　先向砂箱内放100mm的干砂作成平砂床，将模型组放置在砂床上，组装模型与浇口杯，将干砂逐层填入砂箱，使用三维振动台震实。一般振动的频率不大于50Hz，振幅小于3mm，时间在5min以内。最后将干砂刮平，覆盖塑料布，在其上盖20mm的干砂，以免浇注时合金液飞溅而损坏塑料布，破坏真空。

(4) 浇注　消失模铸造宜采用开放式、底注式或阶梯式浇注系统，浇注系统各组元的截面积应比普通铸造时大，通常铸钢件大10%~20%，铸铁件大20%~50%。消失模铸造的浇注原则是高温快浇、先慢后快。铸铁件的浇注温度一般比普通铸造法提高20~80℃，铸钢件提高10~40℃。

浇注前开动真空泵抽真空，将负压控制在0.025~0.100MPa范围内进行浇注，浇注过程不可中断，必须保持连续注入合金液，直至铸型全部充满。采用聚苯乙烯泡沫塑料模样（EPS模样）的消失模铸造工序如图2-93所示。

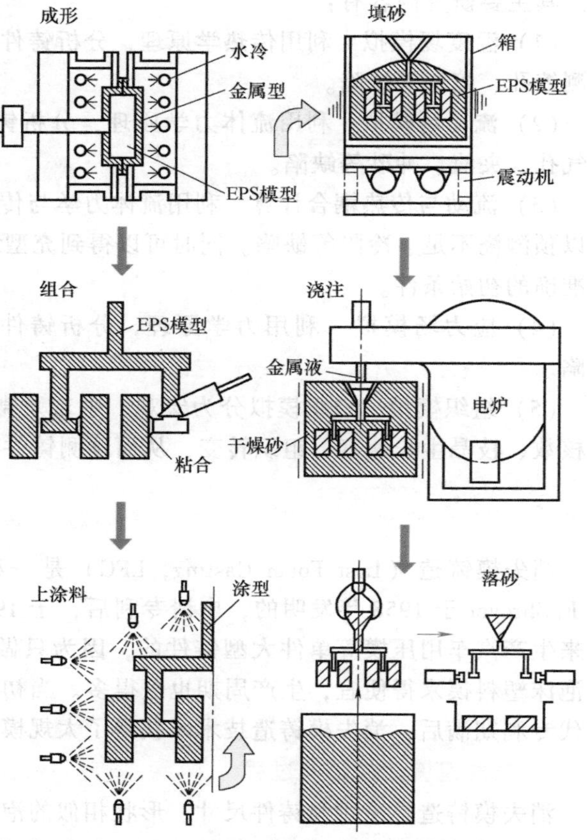

图2-93　采用EPS模样的铸造工序

2. 消失模铸造工艺的主要特点

1）消失模铸造采用的是聚苯乙烯（EPS）或共聚物珠粒压机发泡成形组合成模，而泡沫塑料模样可实现无起模斜度，既无分型面又无型芯，减小了由于型芯块组合而造成的尺寸误差。铸件尺寸公差等级可达到IT5~IT7，表面粗糙度值可达到*Ra*6.3~12.5μm，介于砂型铸造和熔模铸造之间。由于充填砂采用干砂，避免了水分、黏结剂和附加物带来的缺陷，铸件废品率下降，铸件表面质量明显提高。

2）容易实现清洁生产。低温下，聚苯乙烯（EPS）有机物排放量仅占浇注金属液的0.3%，而自硬砂为5%。同时产生有机排放物的时间短，地点集中，易于收集，可以采用负压抽吸式燃烧净化器进行处理，燃烧产物净化后对环境无害，旧砂回用率在95%以上。

3）为铸件结构设计提供了充分的自由度。原先要由多个零件加工组装的结构，采用消失模铸造工艺后，可以通过分片制模然后粘合的方法整体铸出（例如，复杂的六缸缸体、缸盖模样可以由若干个模片组装成一个整体），而且可以省去型芯，孔、洞可以直接铸出，这就大大节约了加工装配的费用，同时也可减少了加工装备的投资。

4）消失模铸造的发泡模具的制造成本高，生产批量小时，很难获得好的经济效益。

3. 消失模铸造工艺的应用和发展

从国内外对消失模铸造的应用来看，采用消失模铸造工艺生产铸件的厂家，不论是在产品数量、铸件品种方面，还是在铸件产量等方面都在逐年增加，生产规模由小逐渐变大。在国外，用消失模铸造工艺生产的铸件的材料以铝合金居多，国内主要以生产铸铁件、铸钢件为主。

1981年，美国通用汽车公司（GMPT）开始利用消失模铸造技术试制铝合金发动机缸盖，并于1985年试制成功。2001年，GMPT所属的Saginaw铸造厂的消失模生产线正式投产。该厂共有5条生产线，主要生产铝合金缸体和缸盖。20世纪90年代中后期，消失模铸造工艺在我国获得了广泛应用和发展，众多的厂家开始采用消失模铸造工艺生产耐磨、耐热、耐蚀等的合金钢铸件以及普通碳素钢铸件，而且中、大型件的生产能力逐渐提高，铸钢件的单件最大质量可达到1.5t。国内已建成消失模铸造球墨铸铁管件生产线和汽车箱体类铸件生产线。

将消失模铸造技术与其他技术相结合，就形成了特种消失模铸造技术，包括压力消失模铸造、真空低压消失模铸造、振动消失模铸造、半固态消失模铸造、消失模壳型铸造和消失模悬浮铸造等，它们各有其特点和应用前景。这些特种消失模铸造技术的研究及应用是消失模铸造技术的发展方向。

2.5.6 V法铸造

V法铸造也称V法造型，它是日本长野县工业实验所和秋田株式会社联合开发的一种新的造型方法。其原理是在砂箱内充填不含黏结剂的干燥砂，砂型的外表与内腔表面都以塑料薄膜密封，用真空泵将铸型中砂粒间隙内的空气抽出，使铸型呈负压（真空）状态。由于型砂被薄膜所包覆，于是有一个与大气压的差压加在其上。砂粒之间产生了摩擦力以保持铸型形状的稳定。所以本法也称真空密封造型，简称真空造型，又称为真空薄膜造型、减压造型和负压造型。

1. V法造型的工艺过程

V法造型的工艺过程如图2-94所示。

1）制造带有抽气箱和抽气孔的模板。

2）烘烤塑料薄膜呈塑性状态后，将其覆盖在模板上，真空泵抽出覆膜时带有的空气，使薄膜贴在模板上成形（称为覆膜成形），喷上快干涂料，如图2-94a所示。

3）将带有过滤抽气管的砂箱放在已覆好塑料薄膜的模板上。然后向砂箱内充填没有黏结剂和附加物的干石英砂。开启震实台紧实箱内的型砂，刮平，放上密封用的塑料薄膜，打开真空泵的抽气阀门，抽去型砂中的空气，使铸型内外产生压力差（约300~400mmHg，1mmHg≈133.322Pa），如图2-94b所示。由于压力差的作用，使铸型具有较高的硬度，砂型硬度计的读数可以达到90~95。

4）解除模板内的真空，然后起模。但铸型要继续抽真空，并一直到浇注、开箱、落砂才可停止。接着依上述工艺过程制作下箱。

5）下芯（下冷铁）、合箱、浇注，如图2-94c所示。待合金液凝固后，停止对铸型抽气，当型内压力接近大气压时，铸型就自行溃散，如图2-94d所示。

V法造型的基本装置有带抽气滤管的砂箱、塑料薄膜加热器、充填型砂用的震实台以及

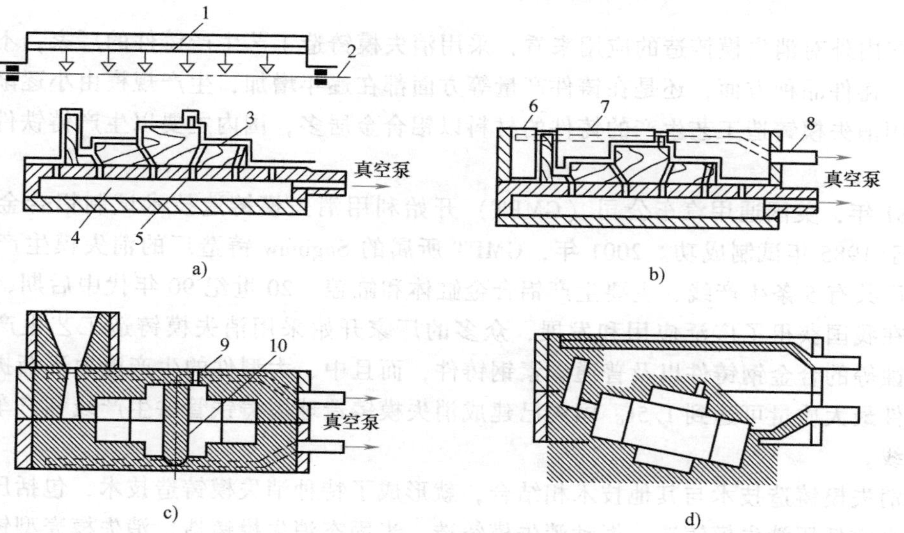

图 2-94 V 法造型的工艺过程

a）覆膜成形 b）填砂、抽真空、紧实 c）下芯、合箱、浇注 d）去除真空、落砂、取铸件

1—发热元件 2—塑料薄膜 3—塑料薄膜烘烤后成形 4—抽气箱 5—抽气孔

6—砂箱 7—密封塑料薄膜 8—抽气管 9—通气道 10—砂芯

真空泵等。塑料薄膜是 V 法造型的主要材料之一，分为型腔薄膜和背膜两种。型腔薄膜又称 V 密封膜，大多使用乙烯-醋酸乙烯共聚物（EVA）薄膜；背膜用于砂箱背面的密封，一般选用聚乙烯（PE）薄膜。涂料是在覆膜成形之后，放置砂箱填砂之前喷涂在型腔薄膜上的。涂料的骨料使用石墨粉、石英粉或锆英粉等，黏结剂用酚醛树脂，溶剂一般采用工业酒精。

2. V 法造型的特点

（1）优点

1）提高铸件质量，铸件表面光洁，轮廓清晰，尺寸准确，铸型硬度均匀，起模容易。

2）型砂中不加黏结剂、水和附加物，简化了砂处理工作，旧砂回收率可达 95%以上；造型时基本不用舂砂，铸件落砂清理方便，劳动量可减少 35%左右；浇注产生的有害气体少，作业环境卫生条件较好。

3）铸件成本有所降低。V 法造型设备所需动力约为湿型设备的 60%，模板和砂箱的使用寿命延长，生产周期缩短，金属利用率提高，废品率降低。

4）合金流动性好，充型能力强，可以铸造出 3mm 的薄壁件。

（2）缺点

1）因受塑料薄膜伸长率和成形的限制，对于形状复杂和冒口多的铸件覆膜较难。

2）型砂经长期反复使用后，砂粒表面被冷凝的塑料薄膜蒸汽所覆盖，使型砂流动性降低，紧实度下降，性能变差。

3）塑料薄膜成形和软管抽真空等工序难以实现机械化，生产率较低。

3. V 法造型的应用和发展

V 法造型由于具有一系列的优点而得到了较快的发展。自 20 世纪 80 年代国内引进 V 法造型技术以来，其在研究和应用方面发展很快。采用 V 法造型生产的铸件有铸铁浴缸、浴盆、锅、配重、平衡块等；铁路货车铸钢摇枕、侧架以及汽车后桥等；还有一些工厂用 V 法造型生产高锰钢、合金钢铸件。同时，V 法造型也适用于成形非铁金属合金铸件。

对于具有复杂内腔的铸件，可以采用 V 法加树脂砂、V 法加消失模的复合铸造工艺，使 V 法造型的应用范围得到进一步发展，并可推广应用于机床铸件、汽车铸件的生产中。随着人们对铸件尺寸精度要求的提高和环境保护意识的增强，V 法造型工艺的应用范围会继续扩大和发展。

2.5.7 铸铁型材连续铸造技术

铸铁型材连续铸造技术是一种比较先进的技术，其应用价值大、成品率高、成本低、质量好。1952 年，A. N. Myassoydov 等提出了灰铸铁型材连续铸造的相关报告。1954 年，Harold Andrews 公司制成了结晶器的密封系统，并成功地将其用于垂直式连续铸造机；接着，英国的 Sheepbridge Alloy Casting 公司又将水平式连续铸造机投入生产。1958 年，瑞士的 Wertli 公司设计制造出了第一台目前普遍应用的短结晶器的密封式水平连续铸造机。采用这种连续铸造机，不仅可生产灰铸铁件、球墨铸铁件，而且可用于生产 Cr 及 Ni 含量高的白口铸铁。这之后，苏联、美国、日本等国家也引进了铸铁型材连续铸造技术。

1. 连续铸造型材的生产特点

图 2-95 为水平式连续铸造机简图。由于采用水冷石墨模具，连续铸造型材的冷却速度高于采用砂型时的 30 倍，组织非常致密。连续铸造型材由石墨模具拉出来，尚有一部分（中心）未凝固，这部分铁液在凝固时放出凝固潜热，加热了已凝固的连铸型材边缘部分，从而进行了自退火过程。

在连续铸造型材的生产过程中，应严格控制保温炉内铁液的压头和温度。不同直径的连续铸造型材，浇注时需要采用不同的铁液压头。例如，当连续铸造型材的直径为 $\phi11 \sim \phi45$mm 时，铁液压头高度为 250~450mm；当直径为 $\phi50 \sim \phi145$mm 时，则压头高度应为 290~540mm。铁液经熔化并进行成分和温度调整后，根据需要向连续铸造机的保温炉内运送，保温炉中铁液的温度随型材尺寸而变化，一般为 1230~1300℃，并要求炉内铁液温度变化范围为 -15~15℃。

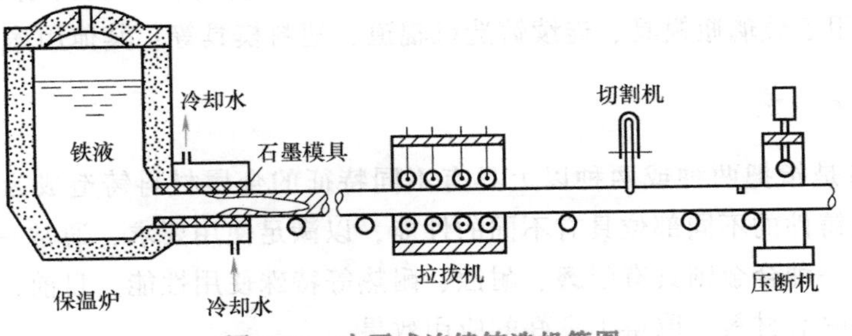

图 2-95 水平式连续铸造机简图

连续铸造型材的拉拔速度对型材质量有重要影响。以 $\phi435$mm 的型材为例，在连续铸造过程中，拉拔步距为 30~40mm，停止时间为 10~20s，拉拔速度约为 7m/h。由于大型的连续铸造型材，其中心完全凝固约需 1h，因此，当拉拔速度过快时，除易发生铁液泄漏事故外，断面形状也会发生变化。生产连续铸造型材时，一般 8h 换一次石墨模具。德国设计的连续铸造设备可连续工作 10h，拉拔参数（拉拔步距、速度和停留时间）可以调节，步距精度可达±0.1mm 以下。

2. 连续铸造型材的优点

1）连续铸造型材没有砂眼、起皮、夹砂、缩孔、缩松、夹渣等铸造缺陷，废品率低。

2）连续铸造型材的铸造工艺特点是采用水冷石墨型，其组织和力学性能都大大优于砂型。

3）由于连续铸造型材的组织细密、均匀，因而其耐油压性能优良，很适于生产液压件等需要耐油压的零件。耐油压试验结果表明，当试验周期为 20min 时，直径为 $\phi130$ ~ $\phi160$mm 的型材，其中心部位的厚度只要达到 1.1mm，即可耐压 65MPa；而外部厚度只要达到 0.75mm，也可以耐 65MPa 的油压。

4）连续铸造型材具有优良的疲劳性能。与砂型铸造相比，虽然连续铸造型材的直径有所增加，但其疲劳强度几乎也增加了一倍，从而大幅度提高了运动零件的寿命。

5）连续铸造型材具有良好的加工切削性能。因为连续铸造型材需要采用机械加工，所以其切削性能好是很重要的。在切削速度和进刀一样时（0.125~0.25mm），连续铸造型材所用电力比砂型铸件少 30%~35%，切屑掉离性好，从而可以进行高速切削。

6）由于连续铸造型材是连续生产，所以生产率很高；由于没有砂处理、清理等工序，成品率高达 95%，使得成本下降了 20%~40%。

3. 连续铸造型材的应用

由于铸铁型材连续铸造工艺的优点很多，所以其推广迅速，产量增长很快。例如，日本神户铸铁所可以生产共晶石墨铸铁型材、球墨铸铁型材及镍铬特种球墨铸型材等。其所生产的连续铸造型材的品种有：直径为 $\phi11$ ~ $\phi500$mm，长度为 300 ~ 3000mm 的圆形型材；40mm×40mm~400mm×400mm，长度为 500~3000mm 的正方形型材；20mm×45mm~180mm×290mm，长度为 500~3000mm 的矩形型材以及半圆形、槽形、L 形等形状的型材。

在日本，铸铁连续铸造型材的用途为：液压件、空压机零件约占总产量的 35%，其中液压件的用量比较大；一般机械占 20%；汽车零件占 10%，主要用于缓冲器零件和气缸内的零件；电气、日用机械约占 5%，用于冰箱和空调器零件等；纺织机械占 5%；金属型及其模具占 5%，用于玻璃瓶模具、连续铸造机辊道、塑料模具等；其他用途为 20%。

2.5.8 双金属铸造

双金属铸造是指把两种或两种以上具有不同特征的金属材料铸造成为完整的铸件的过程。其目的是使铸件的不同部位具有不同的性能，以满足使用要求，通常一种合金具有较高的力学性能，另一种合金则具有耐磨、耐蚀、耐热等特殊使用性能。目前，采用双金属铸造工艺制造双金属耐磨材料，取得了良好的应用效果。

常见的双金属铸造工艺有双液复合铸造工艺（包括重力铸造和离心铸造等）和镶铸工艺。将两种不同成分、性能的铸造合金分别熔化后，采用特定的浇注方式或浇注系统，先后浇入同一铸型内，即称双液复合铸造工艺。将一种合金预制成一定形状的镶块，将其镶铸到另一种合金内，得到兼有两种或多种特性的双金属铸件，即为镶铸工艺。

1. 双液复合铸造耐磨材料

(1) 选材 双液铸件由衬垫层、过渡层和耐磨层组成。衬垫层常用中低碳铸钢或球墨铸铁、灰铸铁等；抗磨层多用高铬耐磨白口铸铁；过渡层为两种合金的熔融体。双液复合铸造用材料的化学成分见表 2-19。

表 2-19 双液复合铸造用材料的化学成分

复合铸造用材料		化学成分(质量分数,%)								备注
名称	牌号	C	Si	Mn	P	S	Cr	Mo	Cu	
碳钢	ZG 230-450	0.20	0.50	0.80	≤0.04	≤0.04	—	—	—	衬垫层(母材)耐磨层
	ZG 270-350	0.40	0.50	0.80	≤0.05	≤0.05	—	—	—	
高铬铸铁		2.2~3.3	0.6~1.2	0.5~1.5	≤0.06	≤0.06	14~15	0.5~3.0	0.3~0.8	

(2) 铸造工艺

1) 双液平浇工艺。双液平浇工艺是将两种不同的铸造合金液体，按先后次序通过各自的浇道注入同一个铸型内。两种合金液体的浇注时间需保持一定的时间间隔：熔点高、密度大的钢液先浇注，熔点低、密度小些的铁液后浇注，这是浇注工艺的关键。一般当钢层表面温度达到 900~1400℃时，可浇注铁液。浇注速度以快浇为宜。

实际生产中，通过冒口或铸型专设的窥视孔用肉眼判断钢层表面温度，也可用测温仪测定钢层表面温度，以便确定铁液注入型腔的最佳时间间隔。为防止结合层氧化，在钢液表面覆盖脱水硼砂作为保护剂。当铁液随后被浇入型腔时，覆盖在钢表面的保护剂被铁液流冲溢至铸型的溢流槽或冒口中，完成其保护结合层的作用。

风扇磨煤机冲击板的铸型工艺如图 2-96 所示。

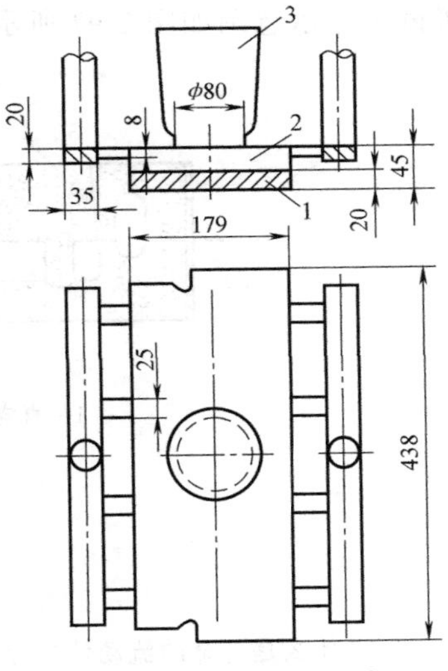

图 2-96 风扇磨煤机冲击板的铸型工艺

1—碳素钢 2—高铬铸铁 3—冒口兼窥测孔

2) 双液隔板立浇工艺。采用水平造型立浇的方式，在铸型中间设一薄的碳素钢隔板，将铸型的型腔分为两部分。两种合金即中低碳钢和高铬铸铁同时浇注，分别浇入各自的型腔，应尽量使钢液和铁液的液面同时上升，以防止隔板在浇注过程中变形或烧穿。对于质量为 50~150kg 的磨煤机衬板铸件，碳素钢隔板的厚度 δ (mm) 可用下式计算

$$\delta=ah+b$$

式中，h 为铸件厚度 (mm)；a 取 0.03；b 取 0.15。

3) 双液离心铸造工艺。采用离心铸造工艺可铸造合金白口铸铁-灰铸铁双金属中速磨煤机辊套，高铬铸铁-球墨铸铁复合冷轧轧辊，高铬铸铁、碳钢泥浆泵钢套等回转体耐磨件。铸造工艺的关键是双金属的浇注温度和浇注时间间隔。

(3) 双液复合铸造耐磨材料的应用 双液复合铸造耐磨材料可用于生产风扇式磨煤机冲击板、反击式破碎机板锤、球磨机衬板及中速磨辊套等，在保证不断裂的前提下，大幅度提高了铸件的耐磨性。

2. 镶铸复合铸造的抗磨材料

（1）镶铸用材的选用　双金属镶铸用材由镶块（条）和母材组成。镶块（条）的材质要具有高的硬度和耐磨性，常选用高铬白口铸铁和硬质合金。母材的材质应有高的韧度、良好的耐磨性、较好的流动性，与镶块的热胀系数接近，且与镶块的热处理工艺相匹配。常用30CrMnSiTi 等中低合金耐磨铸钢和高锰铸钢、铸造碳钢。

应根据镶块部位的铸件形态来设计镶块的几何尺寸，一般镶块的横断面多呈方形、圆形或椭圆形。镶块应布置在铸件磨损最严重的部位，同时又要避免使母液因流动过度而受阻，以免在镶块之间出现冷隔或浇不到等缺陷。

镶块（条）总重占母材总重的比例，视镶铸部位所要求的耐磨性和韧性而定。母材重量与镶块重量之比一般为 10∶1，要求镶铸部位有较好的耐磨性时，此比值可小于 10∶1；对韧性要求更高时，此比值可大于 10∶1。镶块的固定可采用固定内冷铁或泡沫塑料的方法等。

（2）造型工艺　铸型为干砂型或金属型。浇注系统采用母液（如铸钢等）的浇注系统。在铸件最冷端开设溢流槽，排出最冷的母液。利用最先进入型腔的高温母液加热镶块是得到结合牢固的镶铸件的有效工艺措施。

（3）镶铸工艺实例　镶铸破碎机锤头。铸件质量：7.2～12.7kg；镶块材质：Cr15 白口铸铁或 GT35 钢结硬质合金，呈圆柱形；母材：ZG 270-500 铸钢或 ZGMn13-1 高锰钢。锤头镶铸工艺示意图如图 2-97 所示。

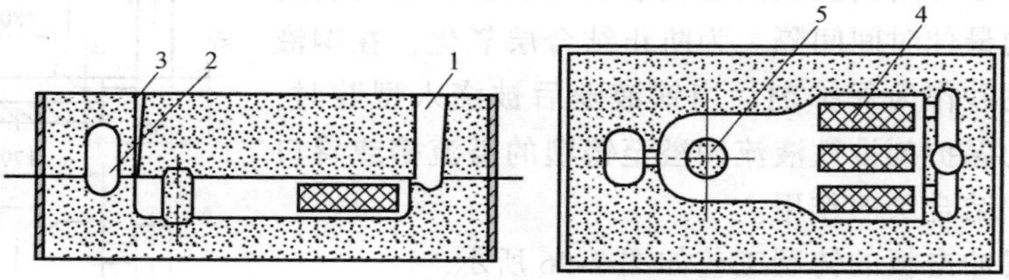

图 2-97　锤头镶铸工艺示意图

1—直浇道　2—溢出槽　3—排气孔　4—镶块　5—砂芯

复习思考题

2-1　什么是合金的流动性？什么是合金的充型能力？影响合金充型能力的主要因素有哪些？

2-2　提高浇注温度可以提高液态合金的充型能力，为什么又要防止浇注温度过高？浇注温度过高有何缺点？

2-3　何谓凝固？铸件有哪几种凝固方式？凝固方式取决于哪些因素？凝固方式与铸件质量之间的关系如何？

2-4　什么叫合金的收缩？它分为哪几个阶段？每个阶段的收缩分别会对铸件产生什么影响？

2-5　什么是定向凝固（顺序凝固）原则？什么是同时凝固原则？它们各需用什么措施来实现？上述两种凝固原则各适用于哪种场合？

2-6　试对图 2-98 所示的阶梯式铸件设计同时凝固和顺序凝固两种不同的工艺方案。

2-7　产生铸造内应力的主要原因是什么？如何减少和消除铸造内应力？

2-8　分析图 2-99 所示轨道铸件热应力的分布情况，并用虚线表示出铸件的变形方向。

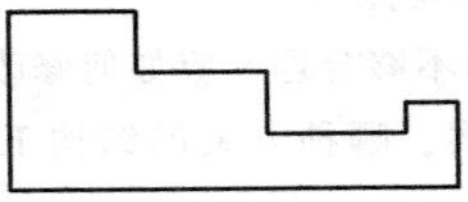

图 2-98 题 2-6 图

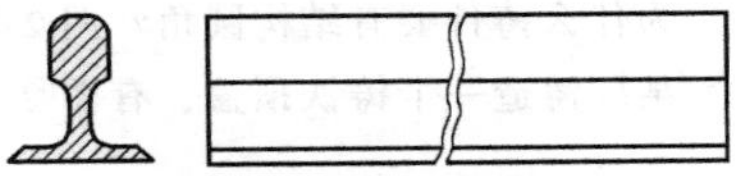

图 2-99 题 2-8 图

2-9 常用铸件缺陷都有哪些？这些缺陷形成的原因有哪些？怎样防止这些缺陷？

2-10 简述灰铸铁、球墨铸铁、可锻铸铁的铸造性能特点。

2-11 为什么球墨铸铁的强度和塑性比灰铸铁高，而铸造性能比灰铸铁差？

2-12 铸钢与球墨铸铁相比，力学性能和铸造性能有哪些不同？

2-13 某产品上的铸铁件壁厚有 5mm、20mm、52mm 三种，力学性能全部要求最小抗拉强度 R_m = 150MPa，若全部采用 HT150 是否正确？为什么？

2-14 下列铸件应选用哪类铸造合金生产？说明理由。

坦克车履带板、压气机曲轴、火车车轮、车床床身、摩托车发动机缸体、减速器蜗轮、气缸套

2-15 型砂（芯砂）由哪些材料组成？应具备哪些主要性能？常用的型砂（芯砂）有哪几种？

2-16 手工造型、机器造型各有何优缺点？适用条件是什么？

2-17 分模造型、挖砂造型、活块造型、三箱造型各适用于哪种情况？

2-18 图 2-100 所示铸件在选定分型面的情况下结构是否合理？应如何改正？

2-19 图 2-101 所示铸件在大批量生产时，其结构有何缺点？该如何改正？

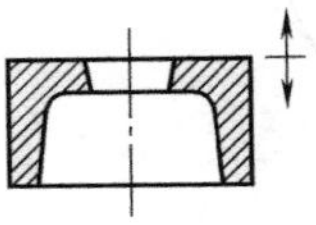

图 2-100 题 2-18 图

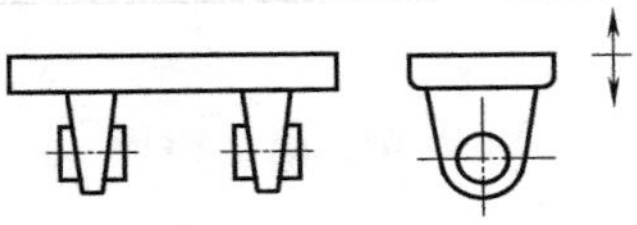

图 2-101 题 2-19 图

2-20 试确定图 2-102 所示铸件的分型面和浇注位置。

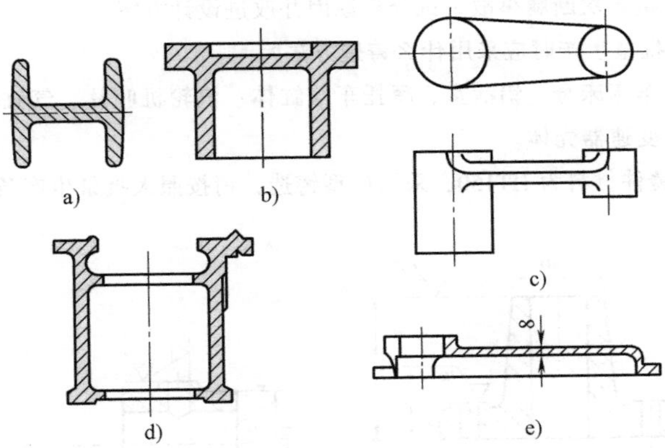

图 2-102 题 2-20 图

2-21 什么是熔模铸造？试述其工艺过程。

2-22 金属型铸造有何特点？适用于何种铸件？

2-23 压力铸造有何优缺点？它与熔模铸造的适用范围有何不同？

2-24 低压铸造的工作原理与压力铸造有何不同？为什么铝合金常采用低压铸造？

2-25 实型铸造的本质是什么？它适用于哪种场合？

2-26 简述消失模铸造的工艺过程。试比较消失模铸造与 V 法铸造的工艺特点。

2-27　什么是双金属铸造？常见的双金属铸造工艺有哪几种？工艺特点如何？

2-28　为什么铸件要有结构圆角？图 2-103 所示铸件上的哪些圆角不够合理？应如何修改？

2-29　某厂铸造一个铸铁顶盖，有图 2-104a、b 所示两种设计方案，哪种方案的结构工艺性好？试述理由。

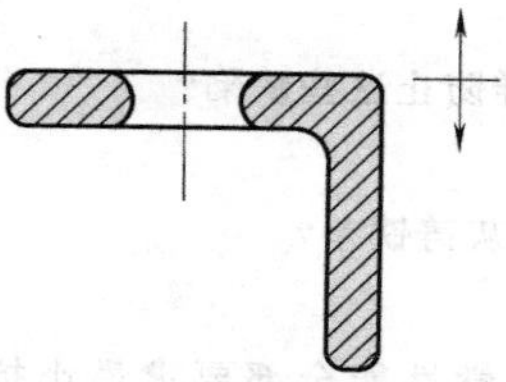

图 2-103　题 2-28 图

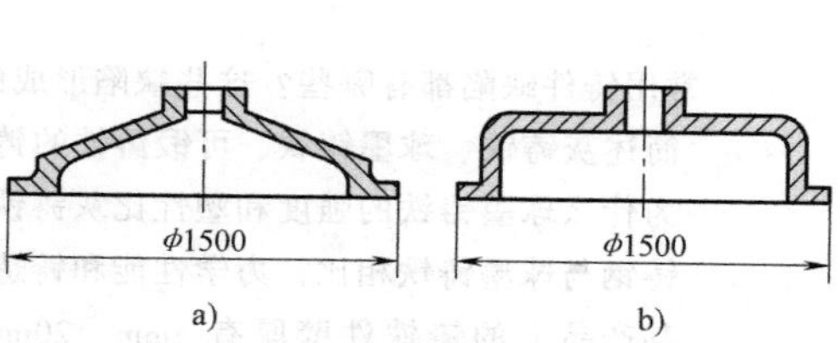

图 2-104　题 2-29 图

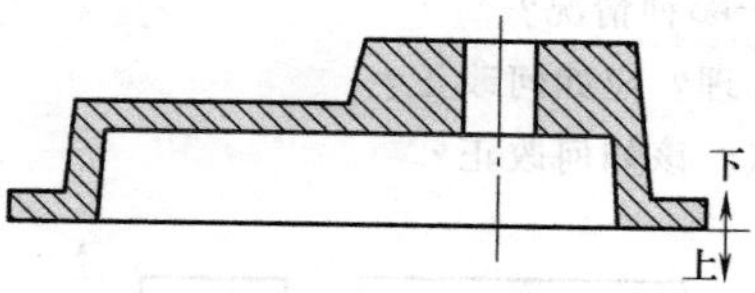

图 2-105　题 2-30 图

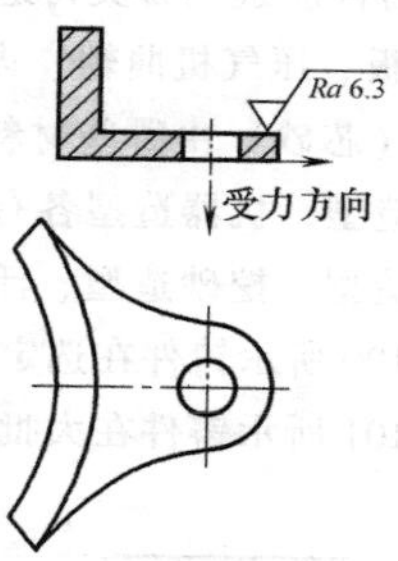

图 2-106　题 2-31 图

2-30　为什么设计铸件结构时应尽量使其壁厚均匀？图 2-105 所示铸件结构是否合理？应如何修改？

2-31　生产图 2-106 所示的支腿铸铁件，其受力方向如图中箭头所示。用户反映该铸件不仅机械加工困难，而且在使用中曾发生多次断腿事故。试分析原因并改进设计方案。

2-32　下列铸件在大批量生产时应采用什么铸造方法？

大口径铸铁污水管、车床床身、铝活塞、摩托车气缸体、汽轮机叶片、气缸套、汽车扬声器、大模数齿轮滚刀、下水道井盖、变速器壳体。

2-33　图 2-107 所示铸件材料为 HT150，采用砂型铸造，请按照大批量生产条件绘制铸造工艺图。

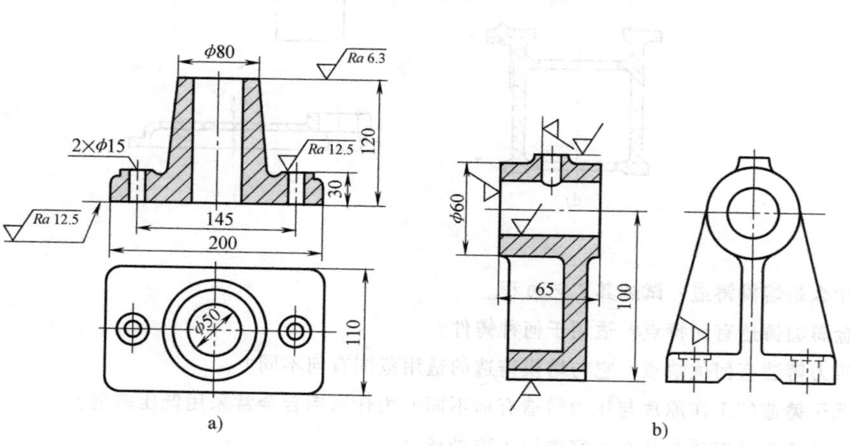

图 2-107　题 2-33 图

参考文献

[1] 施江澜，赵占西. 材料成形技术基础［M］. 3版. 北京：机械工业出版社，2013.

[2] 温爱玲. 材料成形工艺基础［M］. 北京：机械工业出版社，2013.

[3] 于爱兵，等. 材料成形技术基础［M］. 北京：清华大学出版社，2010.

[4] 汤酞则. 材料成形技术基础［M］. 北京：清华大学出版社，2008.

[5] 严绍华. 材料成形工艺基础［M］. 2版. 北京：清华大学出版社，2008.

[6] 李爱菊，孙康宁. 工程材料成形与机械制造基础［M］. 北京：机械工业出版社，2012.

第 3 章

金属塑性成形工艺

3.1 塑性成形概述

金属塑性成形是利用金属材料所具有的塑性变形能力，在外力作用下通过塑性变形，获得具有一定形状、尺寸和力学性能的零件或毛坯的加工方法。

根据加工时金属的受力和变形特点，金属塑性成形可分为体积成形和板料成形两大类。体积成形包括锻造、轧制、挤压和拉拔等；板料成形包括冲压成形、液压成形和旋压成形等。轧制、挤压、拉拔通常用来生产原材料（如管材、板材、型材等）。图 3-1 所示为常用

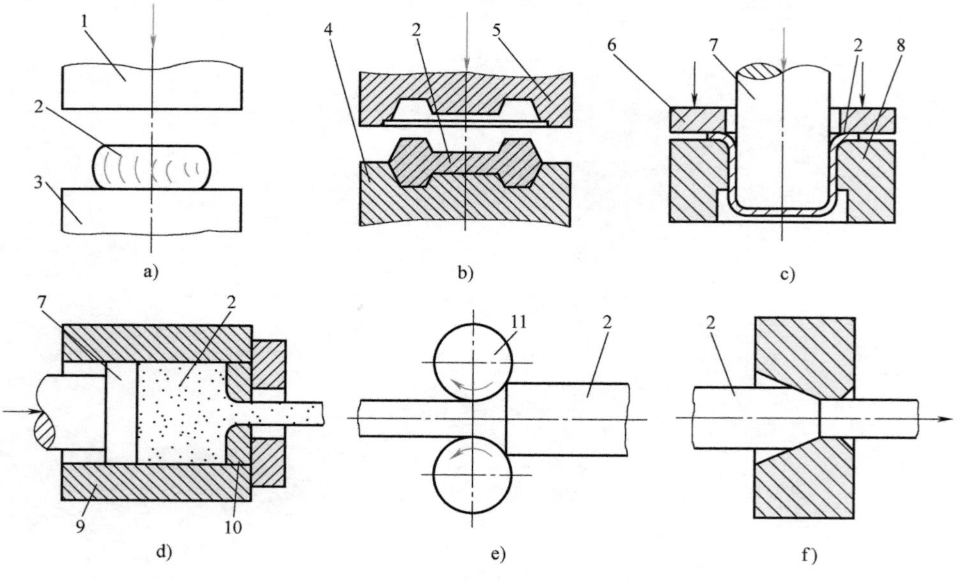

图 3-1 常用塑性成形方法

a) 自由锻 b) 模锻 c) 冲压 d) 挤压 e) 轧制 f) 拉拔

1—上砧铁 2—坯料 3—下砧铁 4—下模 5—上模 6—压板 7—凸模 8—凹模 9—挤压筒 10—挤压模 11—轧辊

的塑性成形方法。

按照加工时金属温度的不同，塑性成形可分为热成形、冷成形和温成形。热成形是在充分进行再结晶的温度以上所进行的塑性加工，如热锻、热挤压等；冷成形是在不产生回复和再结晶温度以下进行的塑性加工，如冷冲压、冷挤压、冷锻等；温成形是在介于冷、热成形之间的温度下进行的塑性加工，如温锻、温挤压等。

塑性加工与其他成形方法相比具有以下特点：

1）能改善金属的组织，提高金属的力学性能。金属材料经压力加工后，其组织、性能都得到了改善和提高：塑性加工能消除金属铸锭内部的气孔、缩孔和树枝状晶体等缺陷；由于金属的塑性变形和再结晶，可使粗大晶粒细化，得到致密的组织，从而提高金属的力学性能。

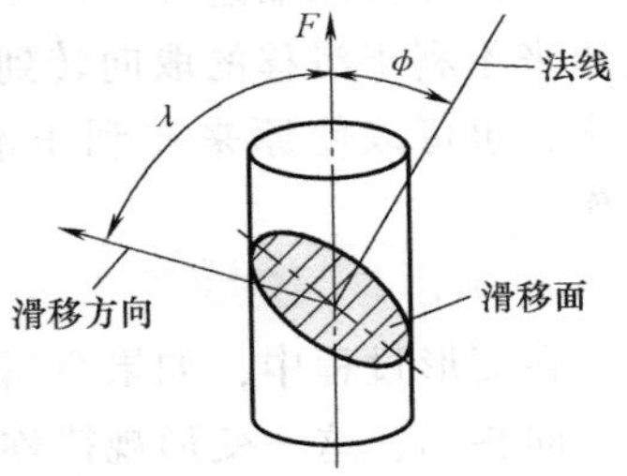

图 3-2 单晶体滑移应力分析

2）可提高材料的利用率。金属塑性成形主要是靠金属在塑性变形时改变形状，使其体积得到重新分配，而不需要切除金属，因此材料利用率高。

3）具有较高的生产率。塑性成形加工一般是利用压力机和模具进行成形加工的，生产率高。

4）可获得精度较高的毛坯或零件。塑性加工时，坯料经过塑性变形可获得较高的精度。应用先进的技术和设备，可实现少切削或无屑加工。

由于塑性成形工艺具有上述特点，其在机械、航空、航天、船舶、军工、仪器仪表、电气和五金日用品等工业领域得到了广泛应用。

3.2 塑性成形理论基础

3.2.1 塑性成形的基本规律

金属塑性变形遵循着一定的规律。金属塑性成形的基本规律包括：体积不变定律、临界切应力定律、最小阻力定律和塑性变形时伴随有弹性变形的定律等。

1. 体积不变定律

体积不变定律是指金属发生塑性变形前后的体积相等，也称为不可压缩定律。实际上，在塑性变形过程中，金属总变形包括塑性变形与弹性变形两部分，卸载后弹性变形消失，所以塑性变形过程中金属的体积不会精确地等于卸载后金属的体积。同时，塑性变形还能使钢坯内部空隙、疏松和裂纹等缺陷得以焊合或消除，密度增加，体积略有减小，从而产生微小的体积变化。但这种微小的体积变化与变形坯料体积相比是可以忽略的。因此，在金属变形加工中，坯料和锻模模膛尺寸等均可以按照体积不变定律来计算。

2. 临界切应力定律

图 3-2 所示为单晶体滑移应力分析图。现以图 3-2 所示的单晶体金属拉伸为例，来讨论滑移时的切应力问题。试件受拉伸载荷，则在此滑移系上的分切应力 τ 可表示为

$$\tau=(F/A)\cos\phi\cos\lambda$$

式中，A 是横截面积（mm^2）；F 是试件所受拉应力（N）；ϕ 是滑移面法线方向与外力的交角；λ 是外力与滑移方向的交角。

晶体滑移的驱动力是外力在滑移系上的分切应力，只有当滑移系上的分切应力（τ）达到一定值时，该滑移系才能开动。使滑移系开动的最小切应力称为临界切应力（τ_c）。在一定的温度和变形速度下，金属开始产生滑移变形所需的切应力为恒定值。变形温度升高时，滑移容易进行，新的滑移系开动，使临界切应力减小。快速变形可提高临界切应力。

在拉伸及压缩过程中晶面发生转动，使晶体各部分相对外力的取向不断发生改变，可以使原来不利于滑移的取向转到有利于滑移的取向，使更多的新滑移系开动而发生多系滑移；反之，也可以使原来有利于滑移的取向转到不利于滑移的取向，使已开动的滑移系停止动作。

3. 最小阻力定律

在变形过程中，如果金属质点有可能向各个不同方向移动，则每一质点将沿着阻力最小的方向移动，这一变形规律称为最小阻力定律。通常，质点流动阻力的最小方向是通过该质点指向金属变形部分周边的法线方向。根据这一定律，可以确定金属变形中质点的移动方向，控制金属坯料变形的流动方位，降低能耗，提高生产率。

各向同性矩形截面的金属坯料在无摩擦的平板间镦粗时，内部各质点分别沿着由横截面中心向四周的放射线方向流动，发生均匀变形，如图 3-3a 所示。实际镦粗时，因为铁砧与坯料接触面之间存在摩擦力，各接触质点向自由表面流动的摩擦阻力大小与其和自由表面间的距离成正比，接触面中心处摩擦阻力最大，金属流动最困难。越接近边缘部分的质点，其摩擦阻力越小，则该质点必向这一方向流动，就形成了以四个角的二等分线和长度方向的中线为分界线的四个流动区，在这些区中的质点与各自边线的距离都是最短的，坯料截面各质点将沿垂直于周边并由该质点至周边最短距离的方向流动，宽度方向流出的金属比长度方向少，也就是质点大多数向着长边移动，从而趋向于形成椭圆形，继续镦粗变形，坯料逐渐变成圆形（图 3-3b）。

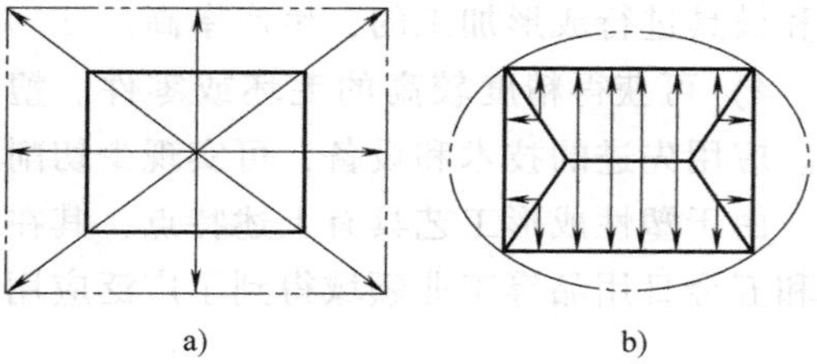

图 3-3 矩形截面金属坯料镦粗流动模型

a）无摩擦镦粗 b）实际镦粗

圆柱体金属坯料镦粗时，如不考虑摩擦作用，则其截面上各质点应沿着径向向外均匀流动，镦粗后仍为圆形截面。实际上，接触摩擦的阻力作用使与铁砧接触的坯料端面部分的流动比其侧面部分的流动慢得多，并且由于端面直接经受铁砧的压制，使质点沿着径向朝着两个端面的均匀流动受到限制。同时，坯料端面受到铁砧的冷却作用而流动困难，而且内层金属变形受到外层金属的阻碍作用而产生不均匀变形，从而导致镦粗圆柱形坯料变为鼓形。金属流动得越容易，其坯料自由镦粗时变形的不均匀程度就越大。

矩形截面棒料拔长时，金属坯料内部各质点分别向着垂直于四条边的方向的流动量不同，质点大多数向着长边移动。在制订坯料拔长工艺时，通常规定拔长送进量（L）应小于坯料的宽度（B），一般 $L=(0.7\sim1)B$。其原因在于这种拔长工艺可使坯料的横向变形流动量少，展宽量小，即沿横向（垂直于送进方向）流动的质点数少，而使坯料沿轴向优先流动，变形较快，伸长量较大，以提高拔长效率。

根据最小阻力定律，在设计模锻模具时，既要考虑减小模具某部分的阻力，以利于金属坯料流动成形，不产生缺陷；又要考虑增大模具某部分的阻力，以利于金属能充满整个模膛。

4. 塑性变形时伴随有弹性变形的定律

变形金属的总变形是由弹性变形和塑性变形组成的。弹性变形时，原子由平衡位置移动的距离不超过其与相邻原子间的距离，且在外力取消时，原子间的结合力将使原子返回平衡位置。若原子离开平衡位置的距离超过其与相邻原子间的距离，则去掉外力后，原子不会返回原始平衡位置，而是占据了新的稳定的平衡位置，金属的形状和尺寸将发生永久改变。弹性变形与塑性变形的重大差别在于弹性应变数值完全取决于所作用的应力；而在塑性变形过程中，瞬时应力只能判断应变的增量。因此，在塑性变形条件下，总变形既包括塑性变形，也包括去掉变形力后消失的弹性变形。

图 3-4a 为单晶体金属拉伸变形过程中载荷-伸长量曲线示意图。加载时先发生弹性变形，直到外加应力在某滑移系上的分切应力达到临界值时，晶内开始滑移，曲线上出现小平台，即产生微量塑性变形，导致冷变形强化，使其强度增大，塑性变形抗力提高，塑性变形停止。变形抗力是金属对于产生塑性变形的外力的抵抗能力，通常用流变应力来表示变形抗力的大小。若要使塑性变形继续进行，则需要更大的分切应力。载荷继续增加，先发生微量弹性变形，当载荷达到一定值时，才能再产生微量塑性变形。如此继续下去，弹性变形和塑性变形突变式地交替发生，使金属的总变形量增大。

上述单晶体内的弹性变形和塑性变形突变式交替发生的现象同样发生于多晶体金属的各个晶粒中。多晶体金属塑性变形是从取向最有利的晶粒开始的，然后其他晶粒再产生塑性变形。但综合作用的结果，是使多晶体金属的载荷-伸长量曲线变为一条光滑曲线，而不呈现屈服小平台（图 3-4b）。其中，OC 代表总应变量，$A'C$ 代表弹性变形量，OA' 代表塑性变形量。当卸载后，弹性变形部分立即消失，总应变量减小，而塑性变形部分永久保留下来，即发生塑性变形时存在弹性变形。塑性变形后试样长度比其原始长度大，增大的数值就是塑性变形量。

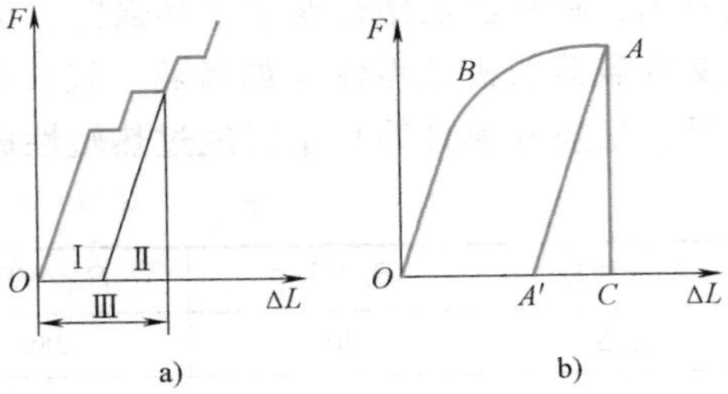

图 3-4 金属拉伸变形曲线示意图

a) 单晶体 b) 多晶体

3.2.2 塑性变形对组织和性能的影响

塑性成形的目的不仅是获得一定形状和尺寸的零件，同时也要改善其内部组织和性能以满足技术条件的要求。塑性变形对金属组织和性能的影响可以概括如下：

1）塑性变形可使金属强化（加工硬化），具有加工硬化的组织在一定温度下将发生回复和再结晶，使材料软化。

2）热塑性变形可以改善铸态组织——破碎树枝状组织，焊合内部孔隙，在主伸长变形方向形成金属纤维组织。

3）塑性变形对固态相变有影响，从而影响着金属的组织和性能。

4）塑性变形通常是不均匀的，它对金属组织和性能的影响具有双重性。

掌握和利用塑性变形对金属组织和性能影响的规律，通过采用合适的变形工艺（如精密成形、静液挤压、表面形变强化等）和最佳参数，可以有效地改善锻件的组织和性能。

1. 冷塑性变形对组织和性能的影响

冷塑性变形使金属晶粒的晶格畸变，位错增加，位错密度提高，形成纤维组织；使金属的硬度、强度增加，塑性、韧性（伸长率、断面收缩率和冲击韧度）降低。

冷加工的优点是工件的尺寸、形状精度高，表面质量好；材料的强度、硬度提高；劳动条件好。冷加工的缺点是变形抗力大，变形程度小，成形件内部残余应力大。要想继续进行冷加工变形，必须在工序间进行再结晶退火。

2. 热塑性变形对组织和性能的影响

热塑性变形是在再结晶温度以上进行的。塑性变形时产生的冷变形强化现象和再结晶过程同时进行，冷变形强化随时被再结晶所消除。热塑性变形能以较小的能量获得较大的变形，既可提高金属的塑性，降低变形抗力，又可得到细小的等轴晶粒、均匀致密的组织和力学性能优良的制品。

热塑性变形对组织结构和性能的影响如下：

（1）消除铸态金属的某些缺陷，提高材料的力学性能　通过热轧和锻造，可使金属铸锭中的疏松、气孔压合，部分消除某些偏析，将粗大的柱状晶粒和枝晶压碎，再结晶成细小、均匀的等轴晶粒，改善夹杂物、碳化物的形态与分布，从而提高金属材料的致密度和力学性能。表 3-1 所列为碳的质量分数为 0.3% 的碳钢铸锭经锻造后力学性能的提高情况。可以看出，钢材经热塑性变形后其强度、塑性和冲击韧度均有提高。所以，受力大、承受冲击和交变载荷的机械零件（如齿轮、连杆和轴类等）以及要求偏析小、组织致密的工具（如刀具、量规和模具等）常需经过热塑性成形加工。

表 3-1　碳钢铸锭经锻造后力学性能的提高情况

毛坯状态	R_m/MPa	R_{eL}/MPa	A(%)	Z(%)	a_k/(J/cm^2)
铸造	500	280	15	27	35
锻造	530	310	20	45	70

（2）形成纤维组织（锻造流线）　热加工时，因铸锭中的非金属夹杂物沿金属流动方向被拉长而形成纤维组织。这些夹杂物在再结晶时不会改变其纤维状。存在的纤维组织会导致金属材料的力学性能呈现各向异性，沿纤维方向（纵向）与垂直于纤维方向（横向）相比，强度、塑性和冲击韧度都较高，见表 3-2。

表 3-2　45 钢的力学性能与纤维方向的关系

取样	性能				
	R_m/MPa	R_{eL}/MPa	A(%)	Z(%)	a_k/(J/cm^2)
横向	675	440	10	31	30
纵向	715	470	17.5	62.8	62

因此，用热塑性成形加工方法制造零件时，必须考虑流线在零件上的合理分布，应使零件上所受最大拉力方向与流线方向一致，所受剪力和冲击力方向与流线方向相垂直。如图 3-5a 表示，棒料经过切削加工成形的螺栓头部与其螺栓杆部的流线不完全连贯，部分被切

断，切应力顺着流线方向，流线分布不合理，其质量差；而采用局部镦粗加工的螺栓头部与杆部的流线连续并沿着其轮廓分布，其质量好，如图3-5b所示。

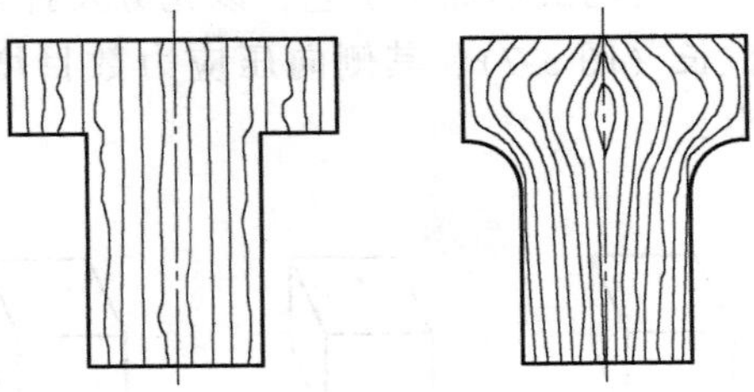

图3-5　螺栓内锻造流线示意图

a）切削加工　b）塑性加工

3.2.3　金属的锻造性能

金属的锻造性能是指金属经受锻造成形的能力，通常用塑性与变形抗力来评价。金属的塑性越高，变形抗力越低，则其锻造性能越好，越有利于加工成形。金属的锻造性能取决于它的成分和组织等内在因素，以及锻造温度、变形速度和应力状态等外在因素。

1. 内在因素的影响

（1）化学成分的影响　不同成分的金属塑性不同，其锻造性能也不同。通常，纯金属的锻造性能比合金好，低碳钢的锻造性能优于高碳钢，碳钢的锻造性能优于合金钢，低合金钢的锻造性能优于高合金钢。金属中加入合金元素，尤其是难熔合金元素，其强度提高，塑性降低，锻造性能变差。例如，碳钢中的常存元素碳、硅、锰、磷、硫等对钢的锻造性能有重要影响，其中，碳的影响最显著。随着碳含量的增加，钢的塑性降低，碳含量越高，塑性越低，锻造性能越差。磷和硫可分别引起钢的冷、热脆化。

（2）金属组织的影响　成分相同但组织不同的金属具有不同的锻造性能。单相固溶体合金比多相合金具有更好的塑性和锻造性能。第二相的性能、数量、形状、分布等对多相合金的锻造性能有重要影响，例如，固溶于铁素体和奥氏体中的碳对碳钢塑性影响小。当碳含量超过其在铁中的溶解度时，多余的碳与铁形成硬脆渗碳体，使钢的塑性降低。碳的含量越高，渗碳体量越多，钢的塑性降低得越多，锻造性能越差。渗碳体的形貌及分布情况也显著影响钢的塑性及锻造性能，球化渗碳体降低塑性的程度小，而沿晶界呈网状分布的渗碳体会使钢变脆，使锻造性能变差。晶粒度对钢的塑性及锻造性能也有影响，细晶粒组织比粗大晶粒具有更好的塑性和锻造性能。

2. 外在因素的影响

（1）变形应力状态的影响　变形金属内部应力状态可由单元体上的主应力图表示（图3-6）。应力状态对金属变形的难易程度有重要影响。主应力的个数、方向是决定塑性的因素。在具有不同主应力图的塑性变形方式下，同一金属将表现出不同的塑性。

从金属塑性的角度分析，压应力使金属密实，可防止或减少裂纹产生，阻止或减小晶间变形，提高塑性。压应力数目越多，金属的塑性越好，塑性变形越容易。三向压应力状态有利于增大金属的塑性变形量。拉应力使金属内部微孔及微裂纹处产生应力集中，使其扩展，促使晶间变形，加速晶界破坏，使塑性下降，甚至会导致金属断裂。拉应力数目越多，金属的塑性越差。

由此可以得出，金属在单向压缩时达到的塑性变形程度比单向拉伸时大得多；在挤压变形时处于三向压应力状态，比在拉拔时处于两向压缩和一向拉伸的应力状态呈现更大的塑性。因此，可以通过改变应力状态来提高金属的塑性。对塑性差的金属，应尽量采用三向压应力状态的成形加工工艺，以充分发挥其塑性。如用V形或圆形砧替代平板型砧进行圆棒的拔长（图3-7），其侧向压应力数目增加，提高了金属的塑性，有利于拔长变形，提高效率。

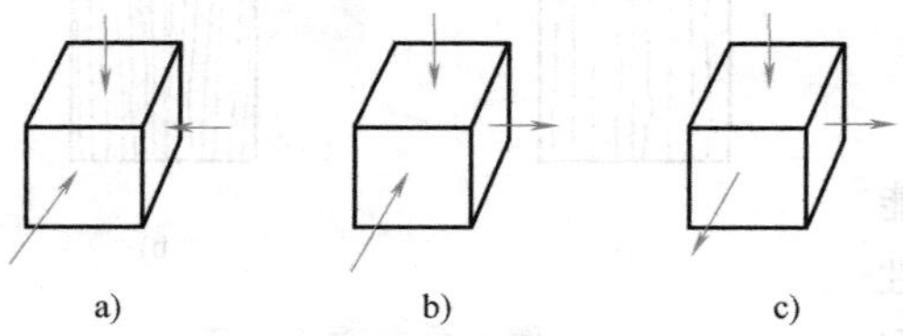

图3-6 主应力图表示应力状态

a）挤压 b）拉拔 c）自由锻

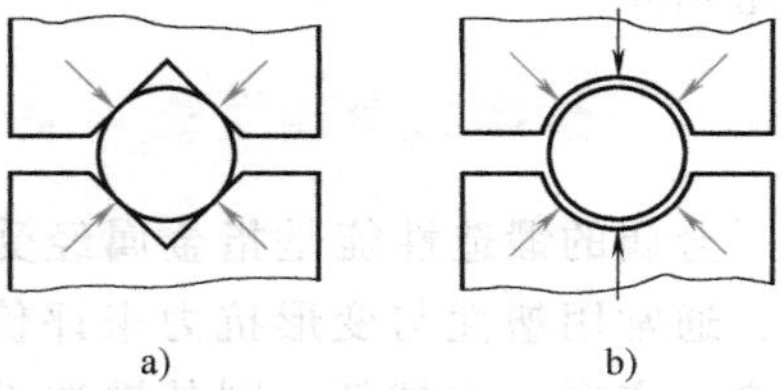

图3-7 应力状态对金属塑性的影响

a）V形砧 b）圆形砧

（2）变形温度的影响 变形温度低，则金属塑性差，变形抗力大，锻造性能差，易开裂。变形温度升高，有利于软化过程的发展，可使塑性提高，变形抗力减小，易于成形。同时，在高温变形过程中，动态再结晶可随时消除冷变形强化效应，使变形抗力减小，有利于塑性变形的继续进行。扩大锻造温度范围，对改善金属的锻造性能有利。因此，选择尽量高的加热温度和尽量宽的温度范围进行锻造是合理的。但高温会使金属表面氧化、脱碳以及产生过热、过烧等问题，将对锻造性能产生不利的影响。

加热到单相区锻造时，金属的塑性好，易于进行压力加工。通常，将钢材加热到奥氏体区进行锻造就是这个道理。由两个塑性好的相组成的两相混合组织的锻造性能仍较好，亚共析钢可在铁素体和奥氏体两相区的温度范围（$A_1 \sim A_3$）内进行锻造。但过共析钢在A_{cm}以下时，会从奥氏体中析出二次渗碳体而使塑性降低，因此，过共析钢只能在单相奥氏体区而不可以在有渗碳体析出的两相区进行锻造。有些金属在一定的低温、中温和高温范围内有脆化倾向，即呈现低温、中温和高温脆性，应避免在脆化区对其进行锻造。

（3）应变速率的影响 应变速率对金属锻造性能的影响是一个复杂的问题。金属锻造过程中，塑性变形功转换为热能，其中一部分留在金属内，使锻件温度升高，这种现象称为形变热效应；另一部分热量则会散失到周围介质中，散失掉的热量越多，则形变热效应越小。变形速度低，变形时间长，散失的变形热多，以至于在锻造过程中锻件温升不明显或降温。高速变形时间短，锻件热量散失少，热效应大，锻件塑性提高，变形抗力降低，改善了金属的锻造性能。应变速率对金属塑性与变形抗力的影响规律如图3-8所示。在低应变速率范围内，随着应变速率的增加，金属的塑性降低，变形抗力增大。当应变速率达到一定值时，金属的塑性降低到最低值，变形抗力增加到最大值。当应变速率进一步增加时，随着应变速率的增大，金属的塑性增大，变形抗力降低。总之，在分析应变速率对金属塑性及变形抗力的影响规律时，应考虑变形中形变热效应和动态再结晶的综合影响。

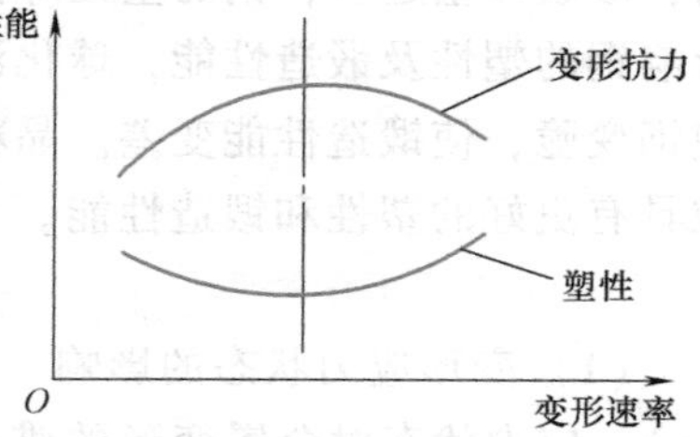

图3-8 应变速率对金属塑性及变形抗力的影响规律

高温锻造过程中，动态再结晶可消除冷变形强化效应，变形抗力降低。动态再结晶过程需要一定时间才能完成，尤其是高合金钢的再结晶温度高，再结晶速度缓慢，高速变形使动态再结晶过程进行得不充分，不能彻底消除冷变形强化，变形抗力增加，变形困难。因此，有些高温合金不宜采用高速锻打，而应采用低速压力机锻压成形，这有利于变形过程的进行。

上述分析表明，应变速率增加，一方面会使形变热效应显著，金属温度升高，塑性增加；另一方面，会使金属的塑性降低，变形抗力增大。

3.3 体积成形工艺

3.3.1 自由锻

将金属坯料放在上、下砧铁或锻模之间，使其受到冲击力或压力而变形的加工方法称为锻造。锻造是金属零件的重要成形方法之一，可以分为自由锻造和模锻两种类型。

自由锻造简称自由锻，它是利用冲击力或压力，使金属在上、下砧铁之间产生塑性变形，从而获得所需形状、尺寸以及内部质量的锻件的一种加工方法。自由锻时，除与上、下砧铁接触的金属部分受到约束外，金属坯料朝其他各个方向均能自由变形流动，不受外部的限制，故无法精确控制金属的流动。自由锻锻造所用的工具简单，具有很强的通用性，生产准备周期短，因而应用较为广泛。自由锻锻件的质量范围可由不及1kg到300t。对于大型锻件，自由锻是唯一的加工方法，这使得自由锻在重型机械制造中具有特别重要的地位。例如，水轮机主轴、多拐曲轴、大型连杆、重要的齿轮等零件在工作时都承受很大的载荷，要求具有较高的力学性能，因此常采用自由锻方法生产毛坯。

由于自由锻锻件的形状与尺寸主要靠人工操作来控制，所以锻件的精度较低，加工余量大，劳动强度大，生产率低。自由锻主要应用于单件、小批量生产，修配以及大型锻件的生产和新产品的试制等。

1. 自由锻的基本工序

基本工序是使金属坯料实现主要的变形要求，达到或基本达到锻件所需形状和尺寸的工序。自由锻主要有以下几个基本工序：

（1）镦粗　使坯料高度减小、横截面积增大的工序，是自由锻生产中最常用的工序，适用于块状、盘套类锻件的生产。

（2）拔长　使坯料横截面积减小、长度增加的工序，适用于轴类、杆类锻件的生产。为达到规定的锻造比和改变金属内部组织结构，锻制以钢锭为坯料的锻件时，拔长经常与镦粗交替反复进行。

（3）冲孔　在坯料上冲出通孔或盲孔的工序。对于圆环类锻件，冲孔后还应进行扩孔工序。

（4）弯曲　使坯料轴线产生一定曲率的工序。

（5）扭转　使坯料一部分相对于另一部分绕其轴线旋转一定角度的工序。

（6）错移　使坯料的一部分相对于另一部分平移错开，但仍保持轴心平行的工序，是生产曲拐或曲轴类锻件所必需的工序。

（7）切割　分割坯料或去除锻件余量的工序。

（8）锻接　将两分离工件加热到高温，在锻压设备产生的冲击力或压力的作用下，使两者在固相状态下接合成一牢固整体的工序。

实际生产中最常用的是镦粗、拔长和冲孔三个基本工序，相关工序见表 3-3。

表 3-3　自由锻基本工序简图

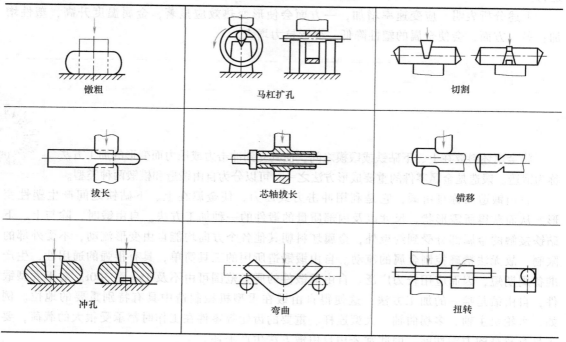

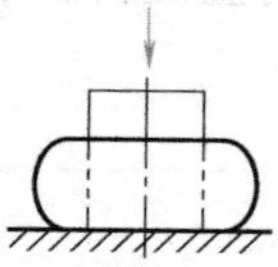 镦粗	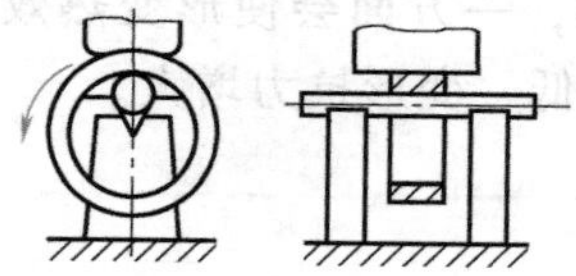 马杠扩孔	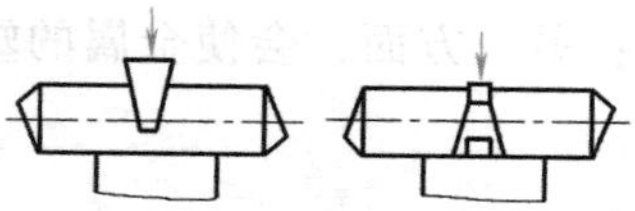 切割
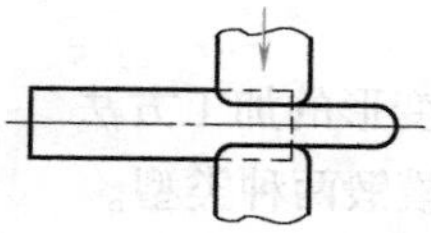 拔长	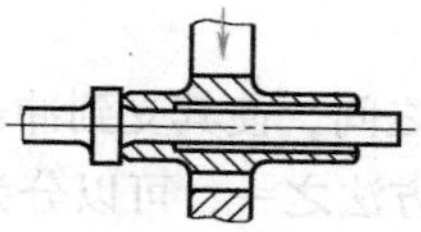 芯轴拔长	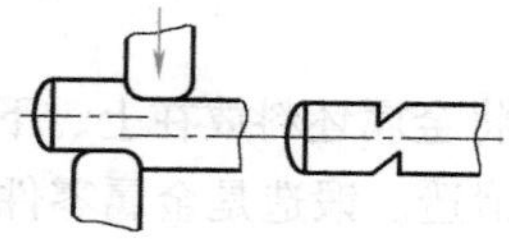 错移
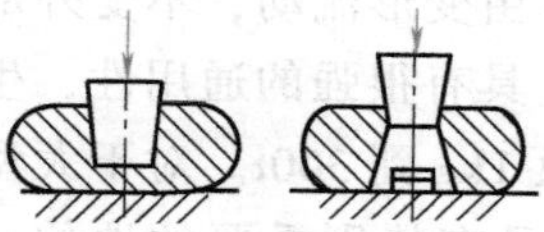 冲孔	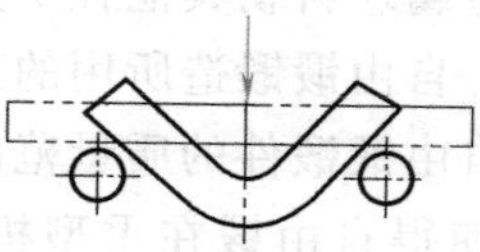 弯曲	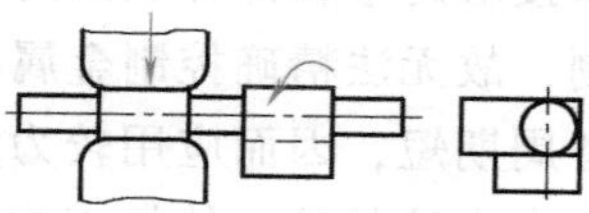 扭转

2. 锻造比

锻造可以改善铸态金属的组织结构和性能，改善的程度取决于塑性变形度。塑性变形度常用锻造前后金属坯料横截面积的比值或长度（或高度）的比值来表示，这种比例关系称为锻造比。锻造比分为拔长锻造比和镦粗锻造比。

拔长锻造比（$Y_{拔}$）是指金属坯料拔长前的横截面积（F_0）与拔长后的横截面积（F）之比，即

$$Y_{拔}=F_0/F$$

镦粗锻造比（$Y_{镦}$）是指金属坯料镦粗后的横截面积（F）与镦粗前的横截面积（F_0）之比，即

$$Y_{镦}=F/F_0$$

锻造比的正确选择具有重要意义，关系到锻件的质量。所以应根据金属材料的种类、锻件尺寸及所需性能、锻造工序等多方面因素进行锻造比的选择。

用轧材或锻坯作为锻造坯料时，由于坯料已经产生过热变形，内部组织和力学性能已得到改善，并具有纤维流线组织，所以应选择较小的锻造比（不小于 1.5）。

用钢锭作为锻造坯料时，因钢锭内部组织不均匀，存在柱状晶和粗大晶粒以及较多的缺陷，为消除铸造缺陷，改善性能，并使纤维分布符合要求，应选择适当的锻造比进行锻造。对于碳素结构钢，拔长锻造比不小于 3，镦粗锻造比不小于 2.5；对于合金结构钢，锻造比为 3~4。

对于铸造缺陷严重、碳化物粗大的高合金钢钢锭，应选择较大的锻造比，如不锈钢的锻造比选为 4~6，高速钢的锻造比选为 5~12。

3. 自由锻工序选择

自由锻的变形工艺，可根据锻件的形状特征、尺寸、技术要求以及自由锻变形工序特点来确定。它包括确定锻件成形必需的基本工序、辅助工序和修整工序，以及完成这些工序所使用的工具，确定工序顺序和设计工序尺寸等。各类自由锻锻件的基本变形工艺方案见表3-4。

表 3-4　各类自由锻锻件的基本变形工艺方案

序号	类别	图例	变形工艺方案	实例
1	盘类锻件	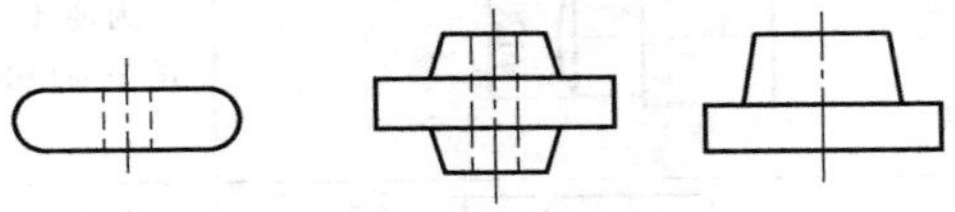	镦粗或局部镦粗→冲孔	法兰、齿轮、叶轮、模块等
2	轴类锻件	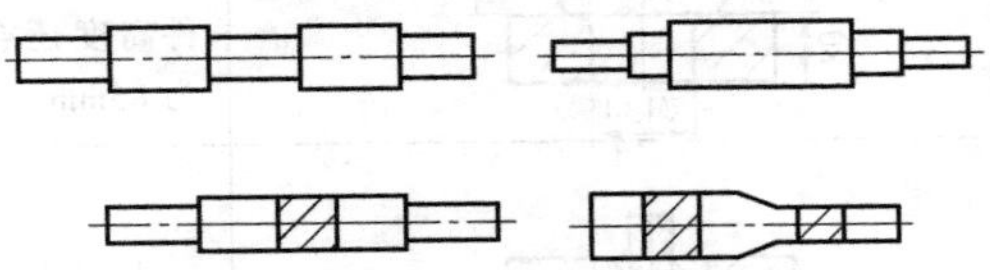	①拔长→压肩→镦台阶 ②镦粗→拔长	传动轴、齿轮轴、连杆
3	筒类锻件	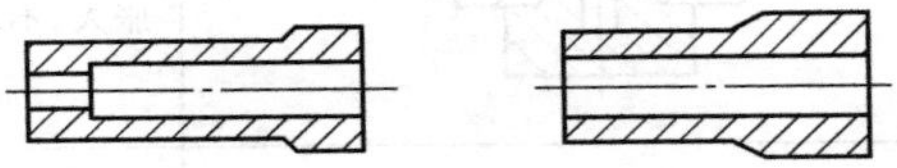	镦粗 拔长 芯轴拔长	圆筒、套、空心轴
4	环类锻件		镦粗 冲孔 芯轴上扩孔	圆环、齿圈、法兰等
5	曲轴类锻件	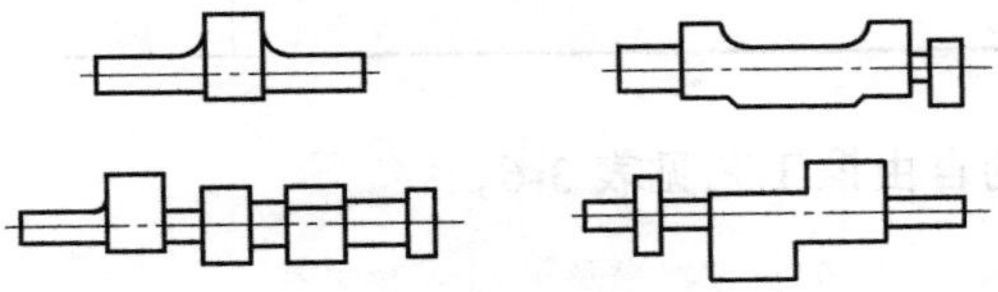	拔长 错移 锻台阶 扭转	各种曲轴、偏心轴
6	弯曲类锻件	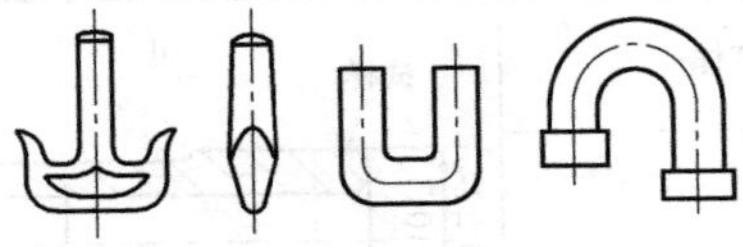	①同轴类工序 ②弯曲	吊钩、弯接头等

3. 自由锻工艺实例

例 3-1　压盖的自由锻工艺见表 3-5。

表 3-5　压盖的自由锻工艺

锻件名称	压盖	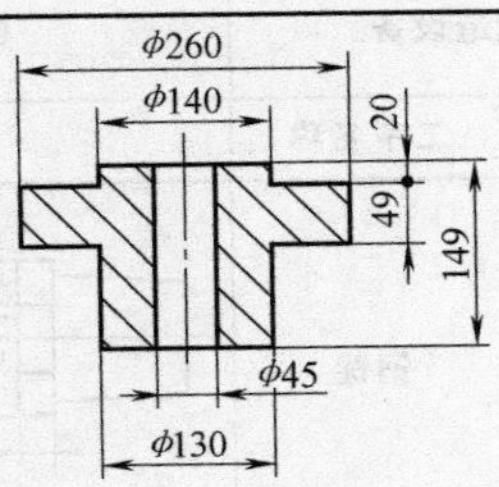 锻件图
材料	45 钢	
坯料尺寸	ϕ160mm×205mm	
坯料质量	32kg	
锻造设备	0.5t 自由锻锤	

（续）

序号	工序名称	简图	备　注
1	压肩	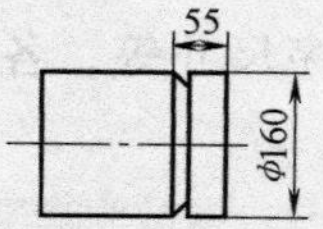	压肩长度 55mm 是根据压盖下部圆筒形的体积计算确定的
2	拔长一端	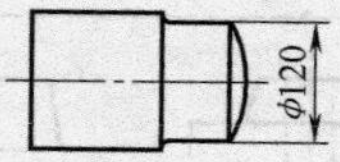	为便于下一步放入漏盘，故拔长至 φ120mm
3	局部镦粗	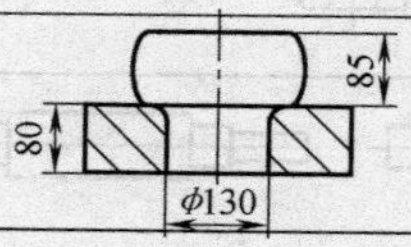	考虑到冲孔和锻出凸肩时锻件高度还会缩小，故镦粗高度为 85mm
4	冲孔	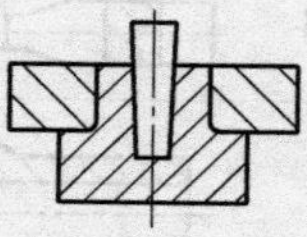	为防止冲孔时 φ130mm 外径胀大，不取下漏盘
5	锻出凸肩		
6	修整		

例 3-2　氧化反应器筒体的自由锻工艺见表 3-6。

表 3-6　氧化反应器筒体的自由锻工艺

锻件名称	氧化反应器筒体	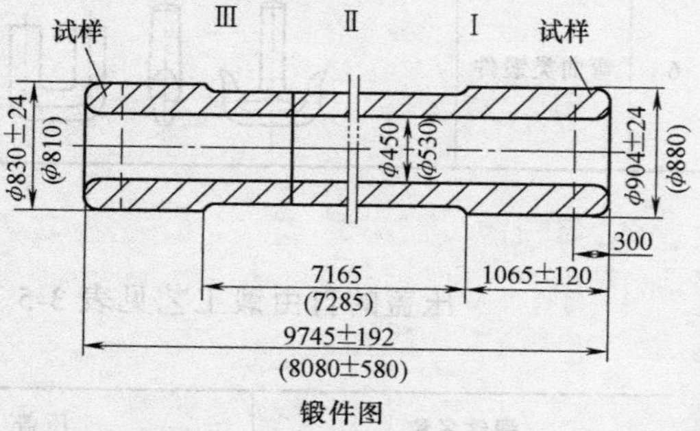锻件图
材料	24CrMo10	
锻造比	5.1	
锻件质量	27.67t	
锻造设备	6000t 水压机	

序号	工序名称	简图	序号	工序名称	简图
1	钢锭	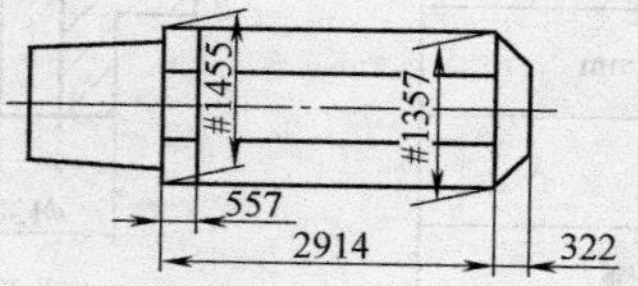	4	芯轴上拔长	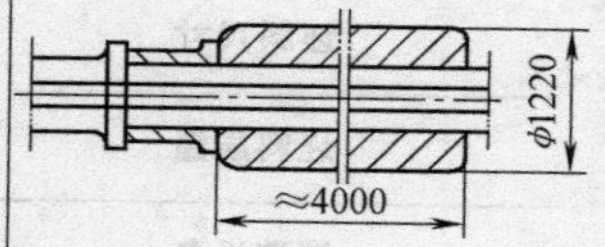

（续）

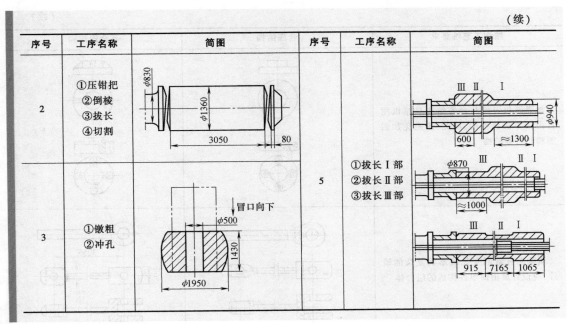

序号	工序名称	简图	序号	工序名称	简图
2	①压钳把 ②倒棱 ③拔长 ④切割	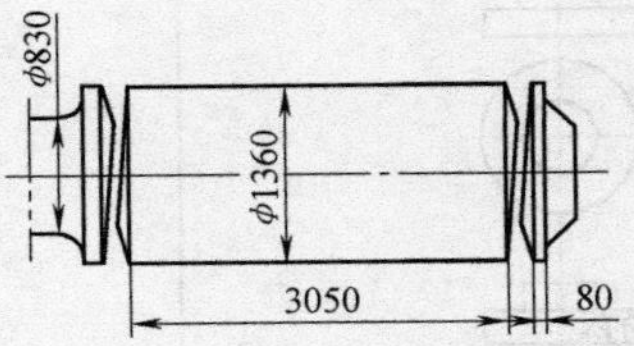	5	①拔长Ⅰ部 ②拔长Ⅱ部 ③拔长Ⅲ部	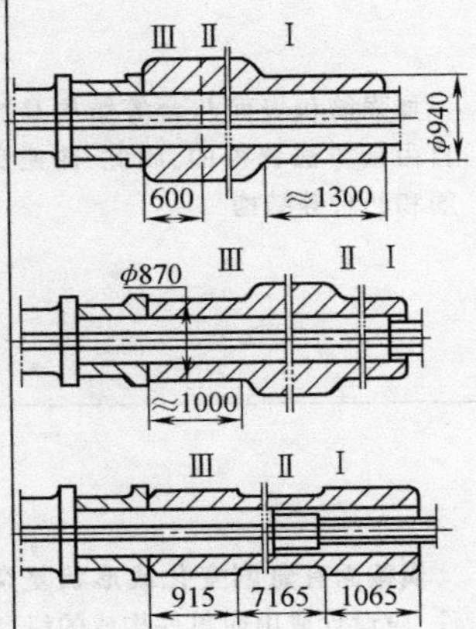
3	①镦粗 ②冲孔	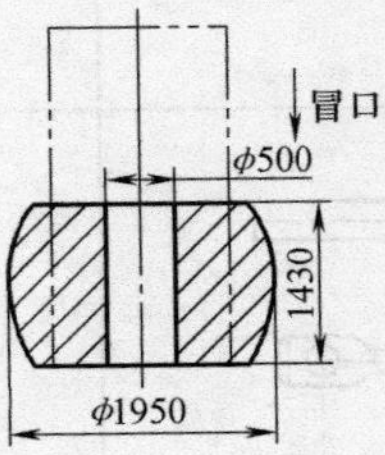			

4. 锻件结构工艺性

锻件的结构在保证其使用性能的前提下，必须符合锻压生产的工艺特点。锻件的结构工艺性良好，不但可以简化锻压生产工艺，提高生产率，而且易于保证锻件质量，降低生产成本。

由于自由锻只限于使用简单、通用工具成形，因而自由锻锻件外形结构的复杂程度受到了很大限制。在设计自由锻锻件时，除满足使用性能要求外，还应考虑锻造工艺是否能够实现，是否方便和经济，即零件结构要符合自由锻的工艺性要求。自由锻零件的结构工艺性要求见表 3-7。

表 3-7　自由锻零件的结构工艺性要求

结构工艺性要求	合理结构	不合理结构
圆锥体的锻造需用专门工具，锻造比较困难，因此，锻件上应尽量避免锥体或斜面结构	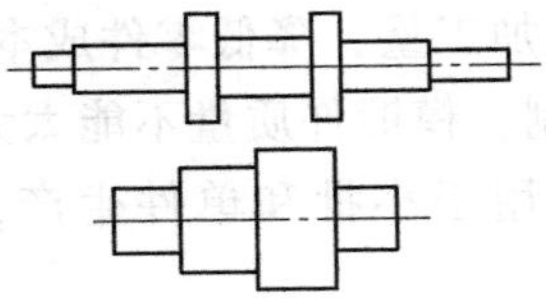	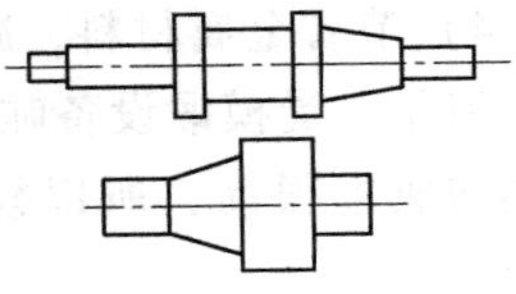
圆柱体与圆柱体交接处的锻造很困难，应改为平面与圆柱体交接	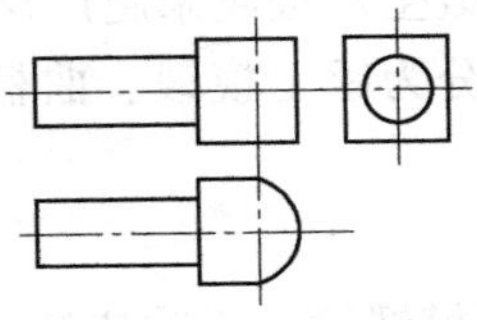	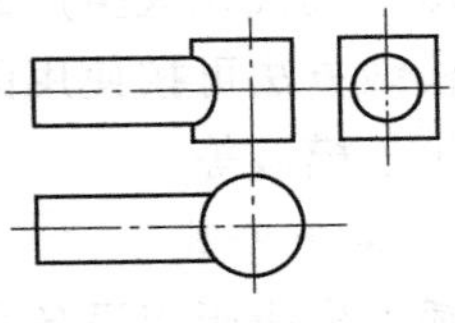
避免椭圆形、工字形或其他非规则形状截面及非规则外形	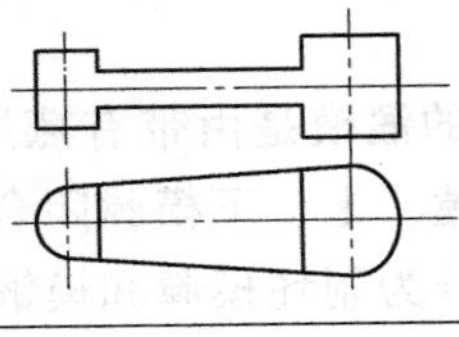	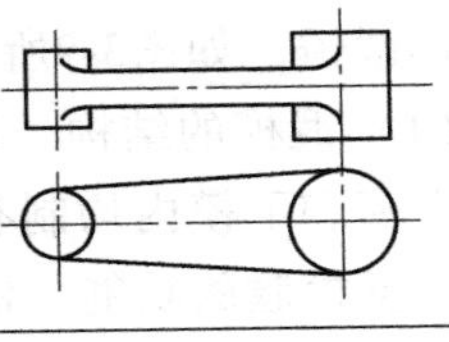

（续）

结构工艺性要求	合理结构	不合理结构
加强筋和表面凸台等结构是难以用自由锻方法获得的，因此，应避免加强筋和凸台等结构	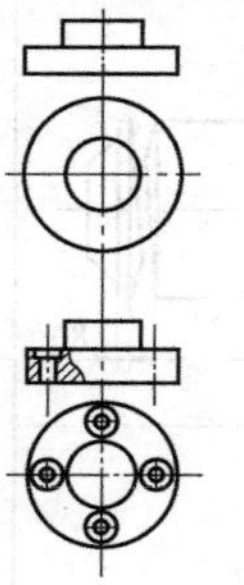	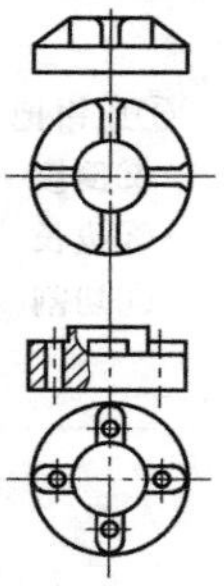
横截面有急剧变化或形状复杂的锻件，应设计成由简单件构成的组合体	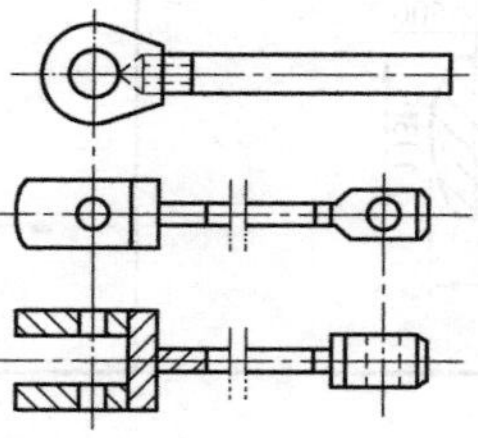	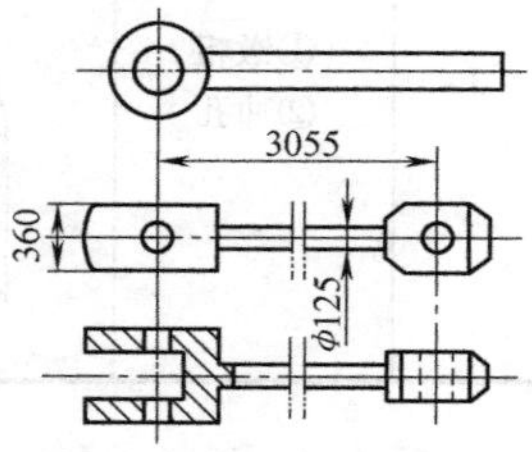

3.3.2 模锻

模锻是在冲击力或压力的作用下，使金属坯料在锻模模膛内变形，从而获得锻件的工艺方法。模锻与自由锻相比较有如下优点：

1）生产率较高，与自由锻相比，模锻时金属的变形是在模膛内进行的，故能较快地获得所需形状。

2）锻件尺寸精确，加工余量小。

3）可以锻造出形状比较复杂的锻件。而如果用自由锻来生产，则必须加大量工艺余块以简化形状。

4）节省金属材料，减少切削加工量，降低零件成本。

但是，受模锻设备吨位的限制，模锻件质量不能太大，一般在150kg以下；又由于制造锻模的成本很高，所以模锻不适用于小批和单件生产，而适用于中、小型锻件的大批量生产。

由于现代化大生产的要求，模锻生产被越来越广泛地应用于国防工业及其制造业中。

模锻方法可按使用的设备不同分为锤上模锻、曲柄压力机上模锻、摩擦压力机上模锻、平锻机上模锻等。

1. 锤上模锻

锤上模锻所用设备有蒸汽-空气模锻锤、无砧座锤、高速锤等，其中用得最多的是蒸汽-空气模锻锤，如图3-9所示。

（1）锻模的结构　锤上模锻用的锻模是由带有燕尾的上模和下模组成的，如图3-10所示。上模和下模内均制有相应的模膛，上、下模膛闭合后形成一定形状的模腔。

根据模膛的功能，锻模的模膛分为制坯模膛和模锻模膛两大类。制坯模膛的作用是使坯料预变形而实现合理分配，使其形状基本接近锻件形状，以便更好地充满模锻模膛。模锻模膛的作用是使坯料变形到锻件所要求的形状和尺寸。对于形状复杂、精度要求较高、批量较大的锻件，模锻模膛还要分为预锻模膛和终锻模膛。锻模模膛的结构特点及用途见表 3-8。弯曲连杆的锻模及模锻过程如图 3-11 所示。

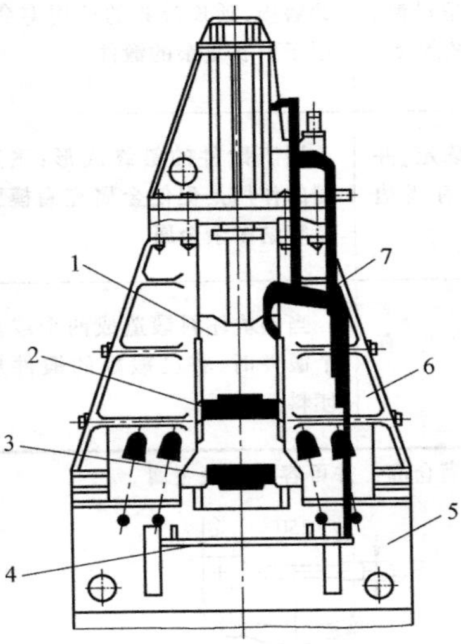

图 3-9 蒸汽-空气模锻锤

1—锤头 2—上模 3—下模 4—踏杆 5—砧座 6—锤身 7—操纵机构

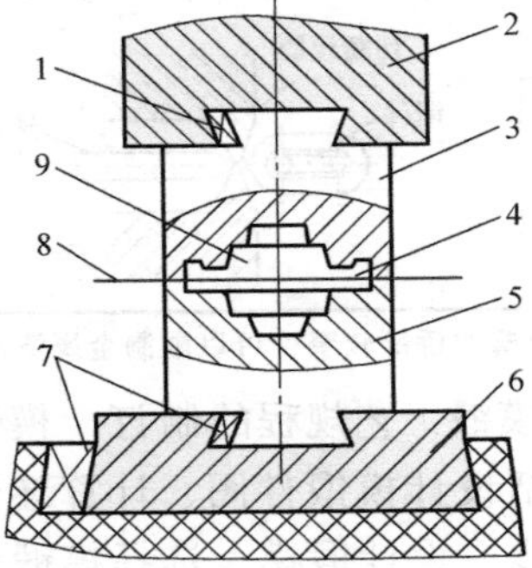

图 3-10 锤上模锻用的锻模

1—紧固楔铁 2—锤头 3—上模 4—飞边槽 5—下模 6—模垫 7—紧固楔铁 8—分模面 9—模膛

表 3-8 锻模模膛的结构特点及用途

模膛类型		简图	结构特点	用途
制坯模膛	镦粗台	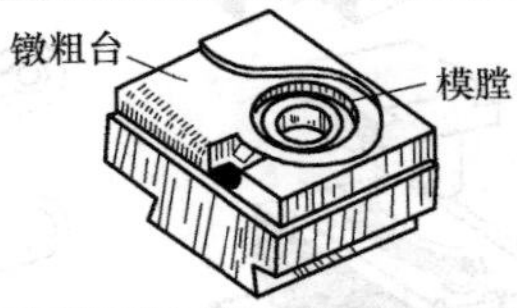	设在锻模的一角，所占面积略大于坯料镦粗尺寸	减小坯料高度，增大直径，兼有去除氧化皮的作用，用于盘类锻件的制坯
	拔长模膛	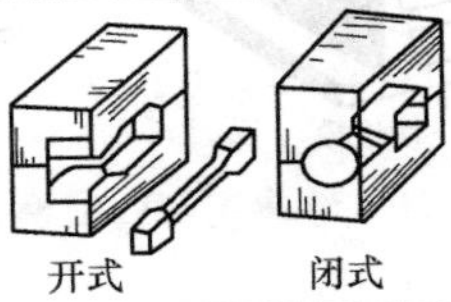	操作时坯料边送进边翻转	用于减小坯料某处的横截面面积而增加其长度，用于长轴类锻件的制坯
	滚压模膛	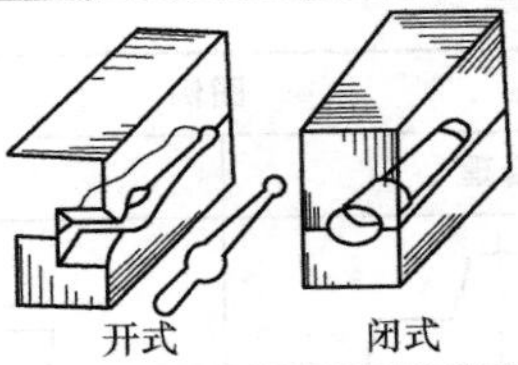	操作时，坯料边受压边转动，不做轴向送进	减小坯料某部分的横截面面积以增大另一部分的横截面面积，用于变截面长轴类锻件的制坯
	弯曲模膛	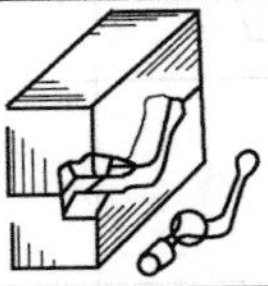	弯曲后的坯料需翻转 90°再放入模锻模膛	使坯料获得近似水平投影的形状，适用于具有弯曲轴线的锻件

（续）

模膛类型		简图	结构特点	用途
模锻模膛	预锻模膛	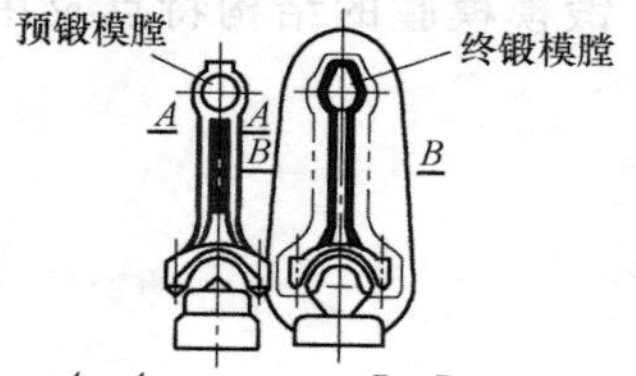	比终锻模膛高度略大、宽度略小、容积略大，不带飞边槽，相交的面与面之间以较大圆角过渡，模锻斜度大于终锻模膛的斜度	减小终锻时金属的变形量，提高锻件质量；减小终锻模膛的磨损，延长模具的使用寿命。用于形状复杂的锻件
	终锻模膛	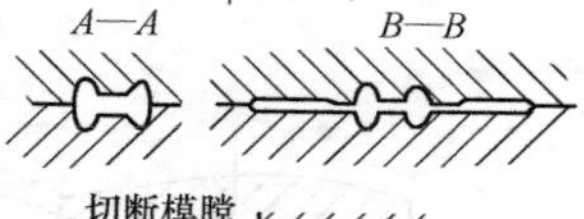	模膛尺寸根据锻件图确定，并放大一收缩量，模膛带有飞边槽，模膛位于模块中部	用于锻件的最终成形；飞边槽的作用是促使金属充满模膛及容纳多余金属
	切断模膛	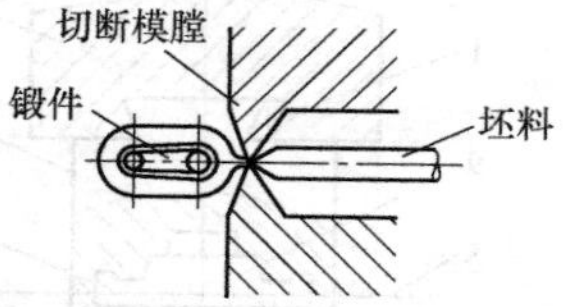	模膛位于锻模的边角上，有刃口	当一块坯料锻造成两个或多个锻件时，将已锻好的锻件从坯料上取下

注：飞边槽的桥部较窄，可以限制金属流出，使其首先充满模膛，然后充满仓部，并可容纳多余金属。

（2）模锻工艺规程的制订　模锻生产的工艺规程包括设计模锻件图、计算坯料尺寸、确定变形工步、设计锻模、选择模锻设备、确定加热规范以及模锻后续工序等。

1）设计模锻件图。模锻件图是设计和制造锻模、计算坯料尺寸及检验锻件的依据。设计模锻件图时应考虑以下问题：

① 选择分模面。分模面即上、下锻模在模锻件上的分界面，其位置的选择对于锻件成形质量、模具加工、材料利用率等都有很大影响。选择分模面的主要原则见表 3-9。

② 确定加工余量及公差。模锻时金属坯料是在模膛中成形的，因此模锻件的尺寸较准确，其加工余量和公差比自由锻锻件小得多。加工余量一般取 1~4mm，锻造公差一般为±(0.3~3)mm。

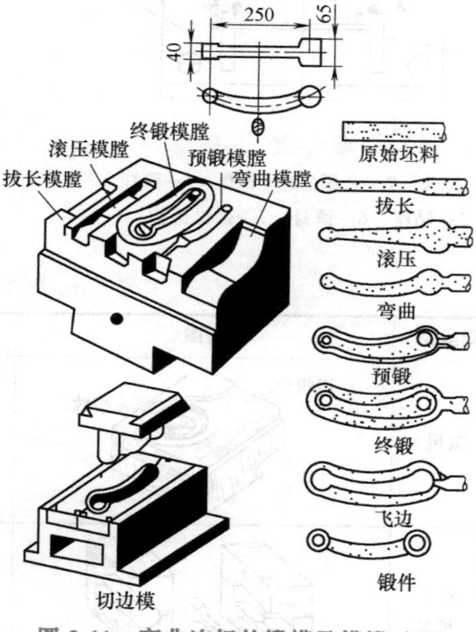

图 3-11　弯曲连杆的锻模及模锻过程

表 3-9　选择分模面的主要原则

序号	选择原则	图例	
		合理	不合理
1	锻件能从模膛中顺利取出	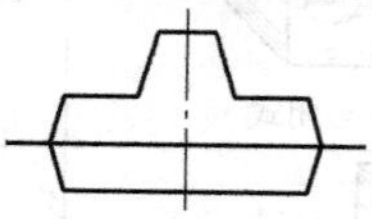	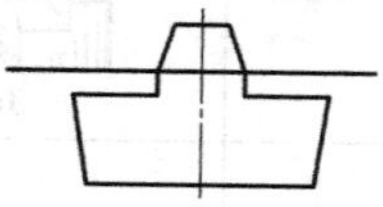
2	易保证金属充满模膛，故应选在锻件最大截面处，使模膛最浅	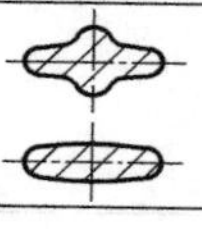	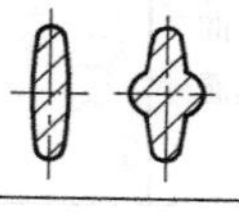

（续）

序号	选择原则	图例	
		合理	不合理
3	分模面应为一平面，以简化锻模制造	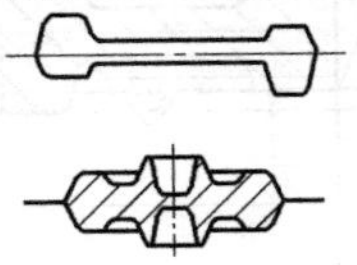	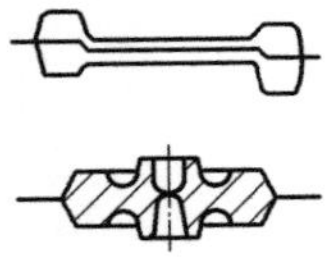
4	上、下模膛轮廓相同，以便于及时发现错模	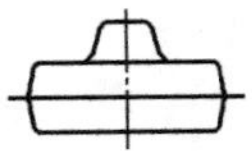	
5	盘类锻件应径向分模，以减少余块，节约金属材料	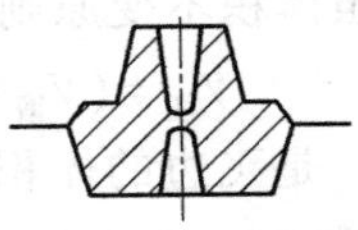	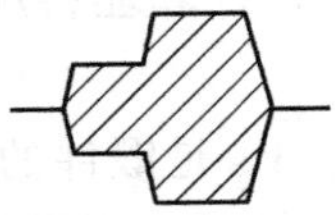

③ 确定模锻斜度。模锻件上垂直于分模面的表面要有一定的斜度，以利于将锻件从模膛中取出，这个斜度称为模锻斜度（图 3-12），其值为 3°～15°。当模膛深度与相应宽度的比值（h/b）较大时，取较小值。内斜度 α_2 应比相应的外斜度 α_1 大一级。但为简化模具加工，同一锻件的内、外模锻斜度也可取同一数值。模锻斜度一般应选 3°、5°、7°、10°、12°、15°等标准度数。

④ 确定模锻圆角半径。锻件上所有面与面相交处，都必须采用圆角过渡，如图 3-13 所示，以利于金属流动，防止在锻造过程中锻模交角处产生应力集中而导致开裂。

圆角半径的确定：外圆角半径 r=加工余量+零件圆角半径；内圆角半径 $R=(2\sim3)r$。圆角半径应选 1mm、1.5mm、2mm、3mm、4mm、5mm、6mm、8mm、10mm、12mm、15mm、20mm 等标准数值。

⑤ 冲孔连皮。锤上模锻不能直接锻出通孔，孔内会留有一定厚度的金属层，称为冲孔连皮（图 3-14），锻后需在压力机上切除。冲孔连皮的厚度 s 与孔径 d 有关，当 $d=30\sim80$mm 时，冲孔连皮的厚度 $s=4\sim8$mm；当 $d<25$mm 或冲孔深度 $h>3d$ 时，只在冲孔处压出凹穴。

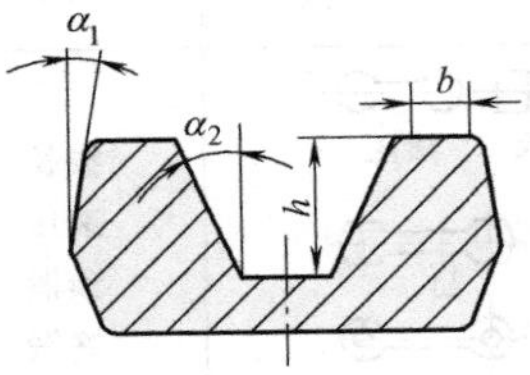

图 3-12　模锻斜度

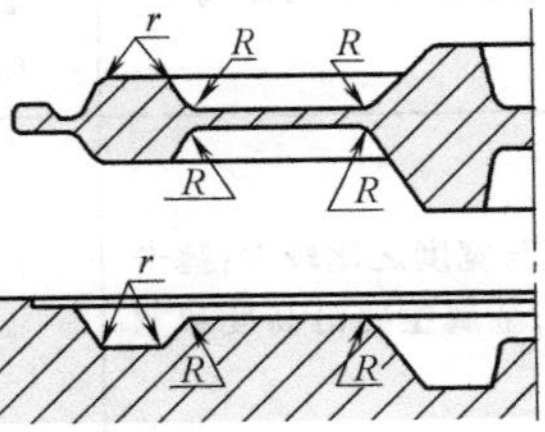

图 3-13　模锻圆角

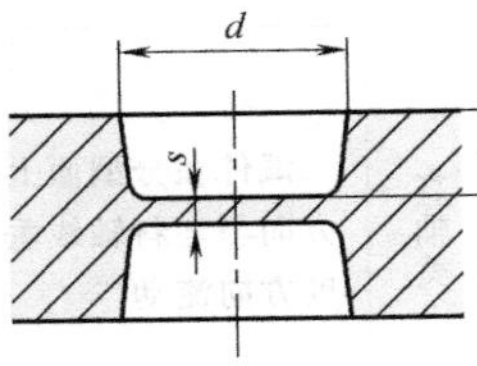

图 3-14　冲孔连皮

上述各参数确定后，即可绘制模锻件图。图 3-15 为齿轮坯模锻件图。此外，对于模锻件图上无法表示的内容，如允许表面缺陷、错移量、未注斜度、圆角以及热处理规范等可以在技术条件中给出。

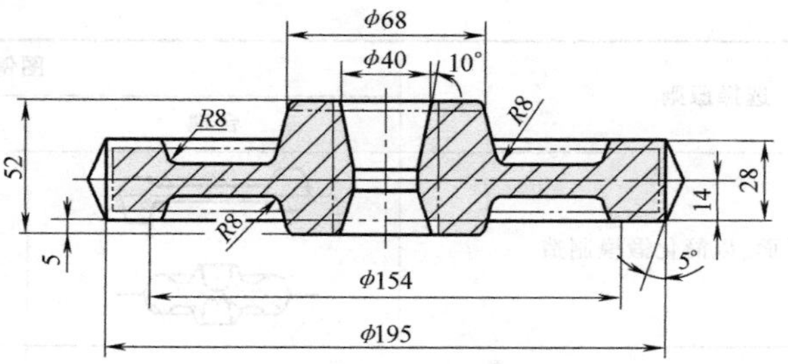

图 3-15　齿轮坯模锻件图

2）计算坯料尺寸。按照体积不变原则，模锻件坯料的体积 $V_{坯}$ 可按下式计算

$$V_{坯}=(V_{锻}+V_{飞}+V_{连})(1+K)$$

式中，$V_{锻}$ 是锻件的体积；$V_{飞}$ 是飞边的体积，可按飞边槽容积的 1/2 计算；$V_{连}$ 是冲孔连皮的体积；K 是烧损系数，一般取 2%～3.5%。

① 盘类锻件的坯料直径（$D_{计}$）可按下式计算

$$D_{计}=1.08\sqrt[3]{V_{坯}/m}$$

式中，m 是坯料的高径比，可取 1.8～2.2。

② 轴类锻件可根据锻件的最大截面积（F_{max}）计算坯料直径

$$D_{计}=1.13\sqrt{kF_{max}}$$

式中，k 是模膛系数，不制坯或有拔长工步时，$k=1$；有滚压工步时，$k=0.7$～0.85。

3）确定变形工步。变形工步主要依据锻件的形状和尺寸来确定。生产中常见的锤上模锻件的变形工步见表 3-10。

4）确定加热规范。确定合理的锻造加热规范，对改善金属的可锻性，锻件的产量、质量，以及坯料和金属的消耗都有直接影响。图 3-16 所示为碳素钢的锻造温度范围，常用金属材料的始锻温度与终锻温度见表 3-11。

表 3-10　生产中常见的锤上模锻件的变形工步

锻件分类		特　征	变形工步示例	主要变形工步
短轴类		锻件在分型面上的投影为圆形或长宽尺寸之比相近；锤击方向与坯料轴线相同；终锻时，金属沿高度、长度方向均流动	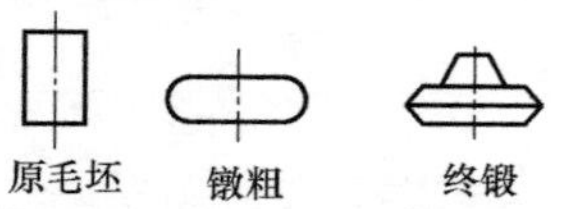	镦粗 （预锻） 终锻
长轴类	直轴类	锻件在分型面上的投影长度与宽度之比较大；锤击方向与坯料轴线垂直；终锻时，金属主要沿高度和宽度方向流动	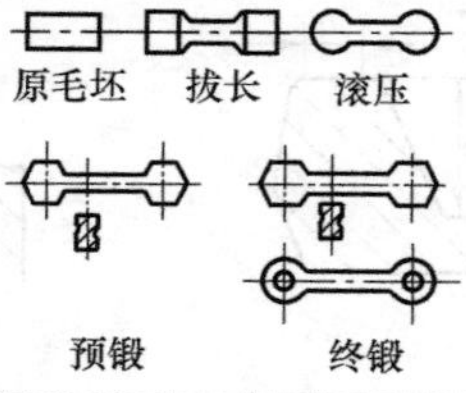	拔长 滚压 预锻 终锻
	弯轴类	轴线为弯曲线，其余特征与直轴类相似	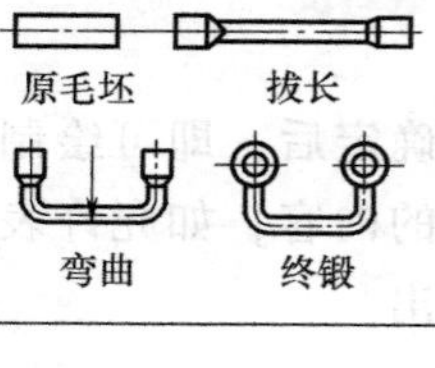	拔长 滚压 弯曲 （预锻） 终锻

（续）

锻件分类		特　征	变形工步示例	主要变形工步
长轴类	枝芽类	锻件在分模面上的投影具有局部突起；成形时，部分金属要向分支流动	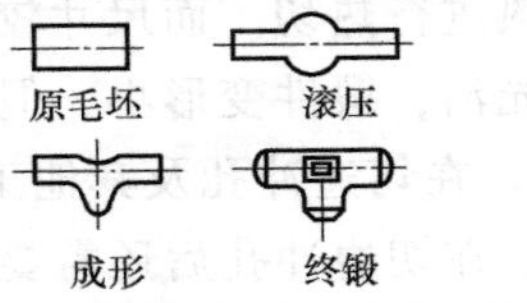	拔长 滚压 成形 （预锻） 终锻

表 3-11　常用金属材料的始锻温度和终锻温度

金属材料种类	始锻温度/℃	终锻温度/℃
w_C<0.3%的碳素钢	1200~1250	750~800
w_C=0.3%~0.5%的碳素钢	1150~1200	750~800
w_C=0.5%~0.9%的碳素钢	1100~1150	800
w_C>0.9%的碳素钢	1050~1100	800
合金结构钢	1150~1200	800~850
低合金工具钢	1100~1150	850
高速工具钢	1100~1150	900
铝合金	450~500	350~380
铜合金	850~900	650~700

5）模锻后续工序。坯料经模锻成形后，只完成了锻件主要的成形工序，尚需经一系列模锻后续工序才能满足锻件的形状、尺寸、表面质量及性能要求。常用的模锻后续工序有切边冲孔、校正、热处理、清理、精压等。

① 切边冲孔。模锻成形后的锻件一般带有飞边和连皮，需要在压力机上用专用的切边模和冲孔模将其切除。常用的切边模和冲孔模如图 3-17 所示。

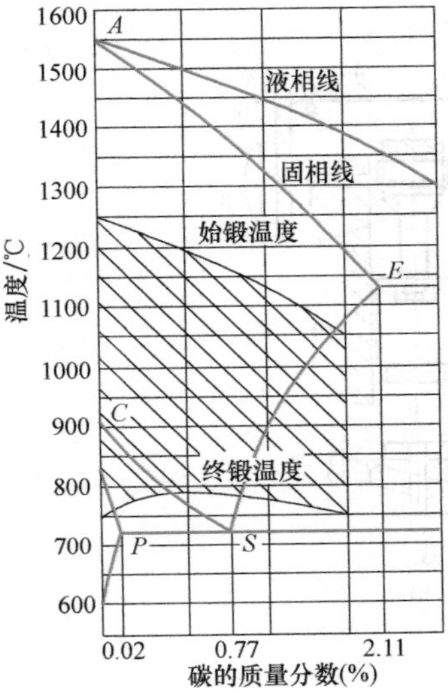

图 3-16　碳素钢的锻造温度范围

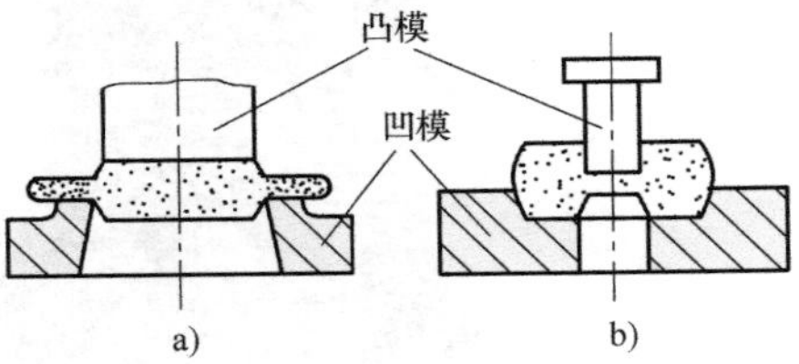

图 3-17　常用的切边模和冲孔模

a）切边模　b）冲孔模

切边和冲孔可以在热态下进行，也可以在冷态下进行。热切所需压力比冷切小得多，材料塑性好，不易产生裂纹，但易产生变形。对于较大的锻件和变形抗力大的合金钢锻件，常利用锻后余热进行热切。而尺寸较小或精度要求较高的锻件以及铝合金锻件常采用冷切，其特点是切口光洁，锻件变形小，但所需切边力较大。

② 校正。在切边冲孔及其他工序中都可能引起锻件变形。因此，许多锻件尤其是形状复杂的锻件，在切边冲孔后还需要进行校正。

③ 热处理。锻件热处理的目的是消除锻件残余应力，消除过热组织或加工硬化，使锻件具有所需的力学性能。锻件热处理一般采用正火或退火。

④ 清理。清理的目的是清除锻件表面的氧化皮、残余毛刺、油污等，以便于检查表面缺陷，提高锻件的表面质量。常用的锻件清理方法有酸洗、喷砂、喷丸和滚筒清理等。

⑤ 精压。对于精度和表面质量要求高的锻件，除进行上述修整工序外，还要进行精压。精压分平面精压和体积精压，如图 3-18 所示。平面精压用来获得模锻件某些平行平面的精确尺寸；体积精压用以提高模锻件的所有尺寸精度和表面质量。

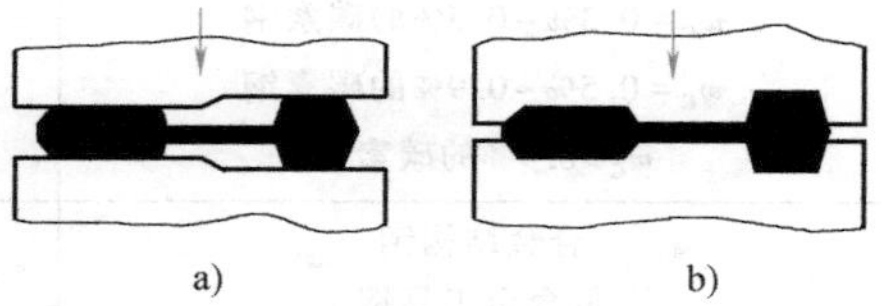

图 3-18　精压

a）平面精压　b）体积精压

2. 曲柄压力机上模锻

曲柄压力机是一种机械式压力机，其外形构造如图 3-19a 所示，传动系统如图 3-19b 所示。当离合器 7 处于接合状态时，电动机 3 的转动通过小带轮 2 和大带轮 1、传动轴 4、小齿轮 5 和大齿轮 6 传给曲柄 8，再经曲柄连杆机构使滑块 10 做上下往复直线运动。离合器处于分开状态时，大带轮 1（飞轮）空转，制动器 16 使滑块停在确定的位置上。锻模分别安装在滑块 10 和工作台 11 上。下顶杆 12 用来从模膛中推出锻件，实现自动取件。

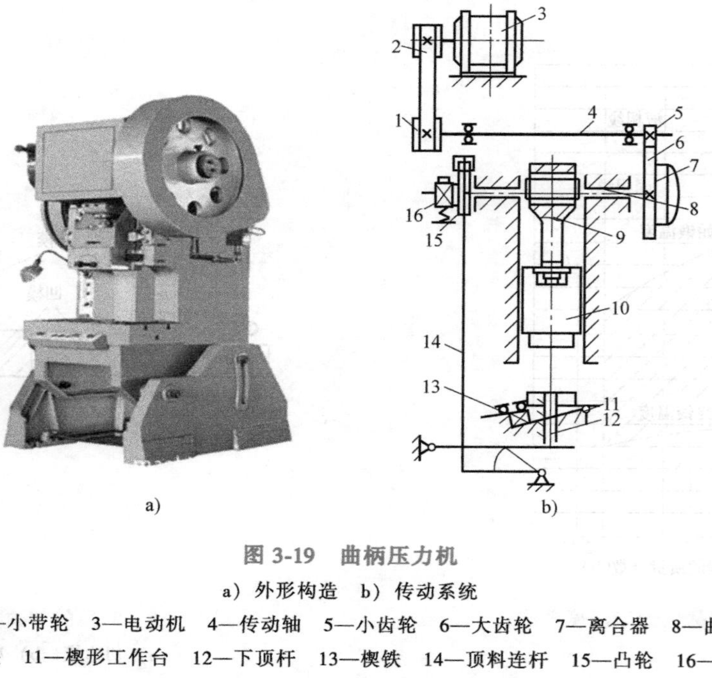

图 3-19　曲柄压力机

a）外形构造　b）传动系统

1—大带轮　2—小带轮　3—电动机　4—传动轴　5—小齿轮　6—大齿轮　7—离合器　8—曲柄　9—连杆　10—滑块　11—楔形工作台　12—下顶杆　13—楔铁　14—顶料连杆　15—凸轮　16—制动器

曲柄压力机上模锻的特点如下：

1）作用于金属上的变形力是静压力，且变形抗力由机架本身承受，不传给地基，因此工作时振动小、噪声小。

2）滑块行程固定，每个变形工步在滑块的一次行程中即可完成。

3）具有良好的导向装置和自动顶件机构，因此锻件的余量、公差和模锻斜度都比锤上模锻小。

4）所用锻模都设计成镶块式模具，这种组合模制造简单，更换容易，可以节省贵重的模具材料。

5）坯料表面上的氧化皮不易被清除，影响了锻件质量。曲柄压力机上不宜进行拔长和滚压工步。如果是横截面变化较大的长轴类锻件，可采用周期轧制坯料或用辊锻机制坯来代替这两个工步。

由于所用设备和模具具有上述特点，因此，曲柄压力机上模锻具有锻件精度高、生产率高、劳动条件好和节省金属等优越性，故适合在大批量生产条件下锻制中、小型锻件。

3. 摩擦压力机上模锻

摩擦压力机的工作原理如图3-20所示。锻模分别安装在滑块7和机座9上。滑块与螺杆6相连，沿导轨8上下滑动。螺杆穿过固定在机架上的螺母5，其上端装有飞轮4。两个摩擦盘3同装在一根轴上，由电动机1经传动带2使摩擦盘轴旋转。改变操纵杆的位置可使摩擦盘轴沿轴向窜动，这样就会使某一个摩擦盘靠紧飞轮边缘，借助摩擦力带动飞轮转动。飞轮分别与两个摩擦盘接触，产生不同方向的转动，螺杆也就随飞轮做不同方式的转动，在螺母的约束下，螺杆的转动变为滑块的上下滑动，实现模锻生产。

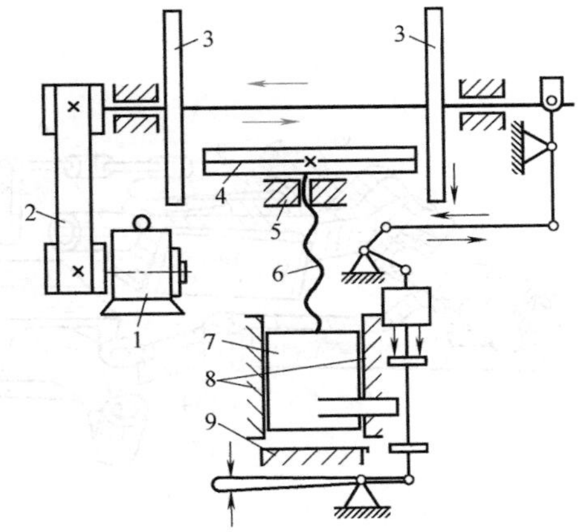

图3-20 摩擦压力机的工作原理

1—电动机 2—传动带 3—摩擦盘 4—飞轮 5—螺母 6—螺杆 7—滑块 8—导轨 9—机座

在摩擦压力机上进行模锻时，主要靠飞轮、螺杆及滑块向下运动时所积蓄的能量来实现动作。吨位为3500kN的摩擦压力机使用得较多，摩擦压力机的最大吨位可达25000kN。

摩擦压力机工作过程中，滑块的运动速度为0.5~1.0m/s，具有一定的冲击作用，且滑块行程可控，这与锻锤相似。坯料变形中的抗力由机架承受，形成封闭力系，这是摩擦压力机的又一特点。所以摩擦压力机具有锻锤和压力机的双重工作特性。

摩擦压力机上模锻的特点如下：

1）适应性好，行程和锻压力可自由调节，因而可实现轻打、重打，可在一个模膛内对锻件进行多次锻打，不仅能满足模锻各种主要成形工序的要求，还可以进行弯曲、热压、切飞边、冲连皮及精压、校正等工序。

2）滑块运行速度低，锻击频率低，金属变形过程中的再结晶可以充分进行，适用于再结晶速度慢的低塑性合金钢和非铁金属的模锻。

3）设备本身带有顶料装置，故可以采用整体式锻模，也可以采用特殊结构的组合式模具，使模具设计和制造简化，节约材料，降低成本。同时，可以锻制出形状更为复杂、工艺余块和模锻斜度都较小的锻件。此外，还可将轴类锻件直立起来进行局部镦粗。

4）摩擦压力机承受偏心载荷的能力差，一般只能使用单膛锻模进行模锻。对于形状复杂的锻件，需要在自由锻设备或其他设备上制坯。

摩擦压力机上模锻适用于中小型锻件的小批或中批生产，如铆钉、螺钉、螺母、配气阀、齿轮、三通阀等的生产。

综上所述，摩擦压力机具有结构简单、造价低、投资少、使用及维修方便、基建要求不高、工艺用途广泛等优点，所以我国中小型锻造车间大多拥有这类设备。

4. 平锻机上模锻

平锻机的主要结构与曲柄压力机相同，如图 3-21 所示，只不过其滑块做水平运动，故被称为平锻机。电动机 1 的转动经带轮 5、齿轮 7 传至曲轴 8 后，通过主滑块 9 带动凸模 10 做纵向往复运动，同时又通过凸轮 6、杠杆 14 带动副滑块和活动凹模 13 做横向往复运动。挡料板 11 通过辊子与主滑块 9 上的轨道相连，当主滑块向前运动时，轨道斜面迫使辊子上升，并使挡料板绕其轴线转动，挡料板末端便移至一边，以便凸模 10 向前运动。

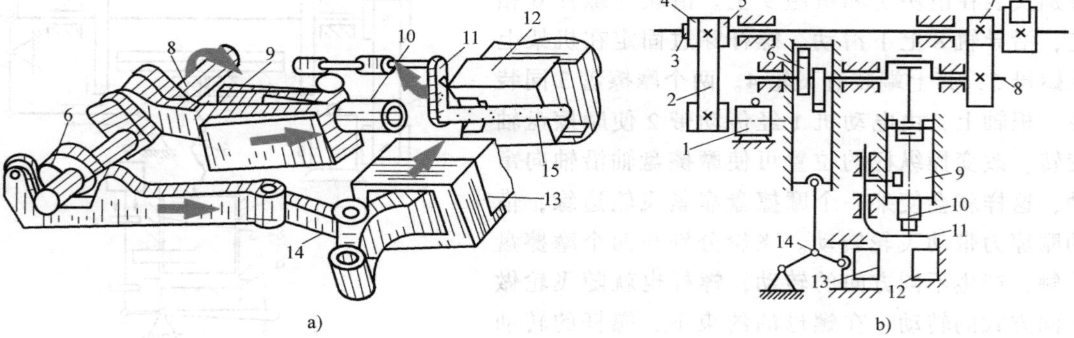

图 3-21 平锻机的结构和传动系统

1—电动机 2—传动带 3—传动轴 4—离合器 5—带轮 6—凸轮 7—齿轮 8—曲轴 9—主滑块 10—凸模 11—挡料板 12—固定凹模 13—副滑块和活动凹模 14—杠杆 15—坯料

平锻机上模锻具有如下特点：

1）扩大了模锻的范围，可以锻出锤上模锻和曲柄压力上模锻无法锻出的锻件。模锻工步主要以局部镦粗为主，也可以进行切飞边、切断和弯曲等工步。

2）锻件尺寸精确，表面粗糙度值小，生产率高。

3）节省金属，材料利用率高。

4）较难锻造非回转体及中心不对称的锻件。平锻机的造价较高，适用于大批量生产。

5. 模锻件的结构工艺性

设计模锻件时，应使零件结构与模锻工艺相适应，以便于进行模锻生产和降低成本。为此，锻件的结构应符合下列原则：

1）模锻件应具有合理的分模面，以保证锻件易从锻模中取出，且余块最少，锻模制造方便。

2）锻件上与分模面垂直的表面应设计有模锻斜度；非加工表面所形成的交角都应按模锻圆角设计。

3）零件外形力求简单、平直和对称，尤其应避免零件截面间尺寸差别过大，或具有薄壁、高筋、凸起等结构，以利于金属充满模膛和减少工序。例如，图 3-22a 所示零件的最小与最大截面之比如小于 0.5，则不宜采用模锻。此外，该零件的凸缘薄而高，中间凹下很深，也难以用模锻方法锻制。图 3-22b 所示零件扁且薄，模锻时薄的部分不易充满模膛。

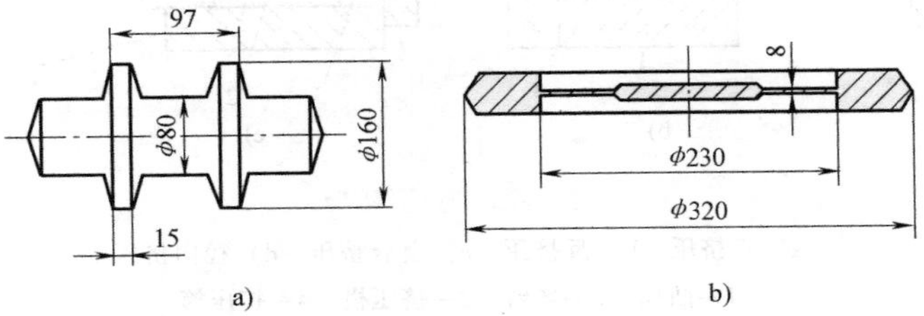

图 3-22　模锻件形状

4）模锻件上应尽量避免窄沟、深槽和深孔、多孔结构，以便于模具制造和延长锻模寿命。

3.3.3　挤压

挤压成形是指对挤压模具中的金属锭坯施加强大的压力作用，使其发生塑性变形，从挤压模具的模口中流出，或充满凸、凹模型腔，从而获得所需形状与尺寸制品的塑性成形方法。

1. 挤压的特点

1）挤压时，金属处于强烈的三向压应力状态，能充分提高金属坯料的塑性，可加工采用锻造等方法加工较为困难的一些金属材料。

2）挤压不仅可以生产出截面形状简单的管、棒等型材，还可以生产出断面极其复杂的或具有深孔、薄壁以及变截面的零件。

3）挤压制品的精度较高，表面粗糙度值小，一般尺寸公差等级为 IT8～IT9，表面粗糙度值可达 $Ra3.2 \sim 0.4\mu m$，从而可以实现少、无屑加工。

4）挤压变形后零件内部的纤维组织连续，基本沿零件外形分布而不被切断，从而提高了金属的力学性能。

5）材料利用率、生产率高；生产方便灵活，易于实现生产过程的自动化。

2. 挤压的分类

挤压根据金属流动方向和凸模运动方向进行分类。

（1）正挤压　金属流动方向与凸模运动方向相同，如图 3-23a 所示。

（2）反挤压　金属流动方向与凸模运动方向相反，如图 3-23b 所示。

（3）复合挤压　挤压过程中坯料一部分金属的流动方向与凸模运动方向相同，而另一部分金属的流动方向与凸模运动方向相反，如图 3-23c 所示。

（4）径向挤压　金属流动方向与凸模运动方向成 90°角，如图 3-23d 所示。

根据挤压时金属坯料所处的温度进行分类，可以分为热挤压、冷挤压和温挤压工艺。

挤压一般在专用挤压机上进行，也可在液压机及经过适当改进后的通用曲柄压力机或摩擦压力机上进行。

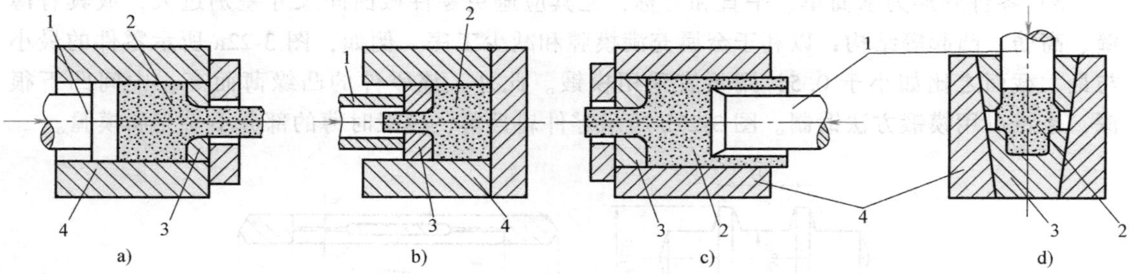

图 3-23　挤压类型

a）正挤压　b）反挤压　c）复合挤压　d）径向挤压

1—凸模　2—坯料　3—挤压模　4—挤压筒

3.3.4　轧制

金属坯料在旋转轧辊的作用下产生连续塑性变形，从而获得所要求截面形状并改变其性能的加工方法，称为辊轧，也称轧制。常用的辊轧工艺有辊锻、横轧及斜轧等。

1. 辊锻

辊锻是使坯料通过装有扇形模块的一对相对旋转的轧辊时受压产生塑性变形，从而获得所需形状的锻件或锻坯的锻造工艺方法，如图3-24所示。辊锻时，轧辊轴线与坯料轴线互相垂直。辊锻既可以作为模锻前的制坯工序，也可以直接制造锻件。目前，辊锻适合生产以下三种类型的锻件：

1）扁断面的长杆件，如扳手、链环等。

2）带有头部，且沿长度方向横截面面积递减的锻件，如叶片等。叶片辊锻工艺和铣削工艺相比，其材料利用率可提高4倍，生产率可提高2.5倍，而且叶片质量大为提高。

3）连杆件。国内已有不少工厂采用辊锻的方法锻制连杆，它的生产率高，简化了工艺过程。但锻件还需用其他锻压设备进行精整。

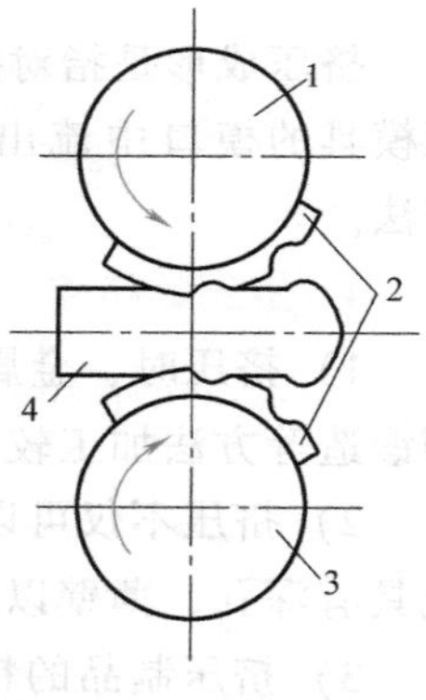

图 3-24　辊锻示意图

1—上轧辊　2—扇形模块　3—下轧辊　4—坯料

2. 横轧

横轧是轧辊轴线与坯料轴线互相平行的轧制方法，如辗环轧制、齿轮轧制等。

（1）辗环轧制　辗环轧制是用来扩大环形坯料的内、外直径，以获得各种环状零件的轧制方法。如图3-25所示，驱动辊1由电动机带动旋转，利用摩擦力使坯料3在驱动辊和芯辊2之间受压变形。驱动辊还可由液压缸推动做上下移动，改变1、2两辊间的距离，可使坯料厚度逐渐变小，而直径得到扩大。导向辊4用以保证正确运送坯料，信号辊5用来控制环件直径。坯料变形到与信号辊5接触，便立即发出信号，使驱动辊1停止工作。这种方法生产的环类件呈各种形状，如火车车轮轮毂、轴承内外圈、齿轮及法兰等。

（2）齿轮轧制　采用热横轧可制造出直齿轮和斜齿轮，这是一种无屑或少屑加工齿轮的新工艺。如图3-26所示，轧制前将坯料2加热，然后使带有齿形的轧轮1做径向进给，迫使轧轮与坯料对辗，这样坯料上的一部分金属受压形成齿底，相邻部分的金属则被轧轮齿部“反挤”而上升，形成齿顶。

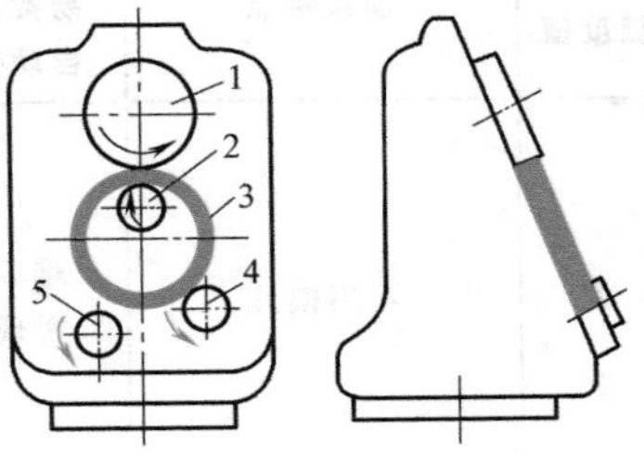

图 3-25 辗环轧制示意图

1—驱动辊 2—芯辊 3—坯料
4—导向辊 5—信号辊

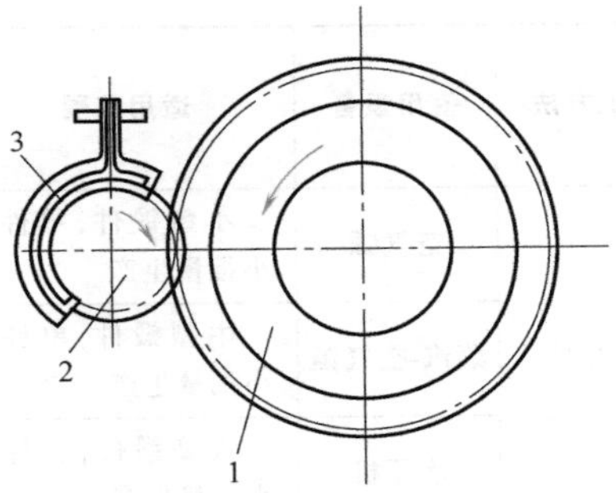

图 3-26 热轧齿轮示意图

1—轧轮 2—坯料 3—感应加热器

3. 斜轧

斜轧时，两个带有螺旋槽的轧辊相互倾斜配置，轧辊轴线与坯料轴线相交成一定角度，以相同的方向旋转；坯料在轧辊的作用下绕自身轴线反向旋转，同时还做轴向向前运动，即螺旋运动，坯料受压后产生塑性变形，最终得到所需制品。钢球轧制、周期轧制均可采用斜轧的方法，图 3-27 所示钢球斜轧，棒料 2 在轧辊 1、3 之间的螺旋形槽内受到轧制，并被分离成单个钢球。轧辊每转一圈，即可轧制出一个钢球，轧制过程是连续的。斜轧还可直接热轧出带有螺旋线的高速工具钢滚刀、麻花钻、自行车后闸壳以及冷轧丝杠等。

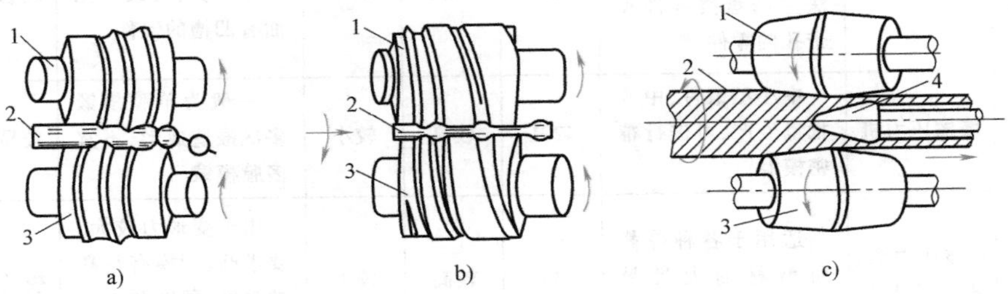

图 3-27 斜轧

a）螺旋斜轧钢球 b）螺旋斜轧周期性轧材 c）穿孔斜轧无缝钢管

1—上轧辊 2—棒料 3—下轧辊 4—芯头

3.3.5 常用体积成形方法的选择

每种成形方法都有其工艺特点和使用范围，生产中应根据零件所承受的载荷情况和工作条件，材料的成形性能，零件结构的复杂程度、结构大小、加工精度和生产费用进行综合比较，选择合理的加工方法。正确选择成形方法的原则如下：

1）保证零件或毛坯的使用性能。

2）依据生产批量大小和工厂设备能力、模具装备条件选择成形方法。

3）在保证零件技术要求的前提下，尽量选用工艺简便、生产率高、质量稳定的成形方法。

几种常用体积成形方法的对比见表3-12。

表 3-12 几种常用体积成形方法的对比

加工方法		使用设备	适用范围	生产率	加工精度	表面粗糙度值	模具特点	是否容易实现自动化	劳动条件
自由锻		空气锤	小型锻件,单件、小批量生产	低	低	大	不用模具	难以实现	差
		蒸汽-空气锤	中型锻件,单件、小批量生产						
		水压机	大型锻件,单件、小批量生产						
模锻	胎膜锻	空气锤、蒸汽-空气锤	中小型锻件,中、小批量生产	较高	中	中	模具简单,不需固定在设备上,更换方便	较易实现	差
	锤上模锻	蒸汽-空气锤、无砧座锤	中小型锻件,大批量生产	高	中	中	模具固定在锤头和砧座上,模膛复杂,造价高	较难实现	差
	曲柄压力机上模锻	曲柄压力机	中小型锻件,大批量生产,不宜进行拔长和滚压工序,可用于挤压	很高	高	小	组合模具,有导柱、导套和顶出装置	容易实现	好
	平锻机上模锻	平锻机	中小型锻件,大批量生产,适合锻造带法兰的盘类零件和带孔的零件	高	较高	较小	三块模组成,有两个分型面,可锻出侧面有凹槽的锻件	较易实现	较好
	摩擦压力机上模锻	摩擦压力机	中小型锻件,中等批量生产,可进行精密模锻	较高	较高	较小	一般为单膛模锻多次锻造成形,不宜多膛模锻	较易实现	较好
挤压	热挤压	机械压力机、液压挤压机	适用于各种等截面型材的大批量生产	高	较高	较小	由于变形力较大,要求凸、凹模有很高的强度、硬度和小的表面粗糙度值	较易实现	好
	冷挤压	机械压力机	适用于塑性好的小型金属零件的大批量生产	高	高	小	变形抗力很大,凸、凹模的强度、硬度很高,表面粗糙度值小	较易实现	好
零件轧制	纵轧	辊锻机	适合大批量生产连杆、叶片等零件,也可以为曲柄压力机模锻制坯	高	高	小	在轧辊上固定两个半圆形的模块(扇形模块)	容易实现	好
		扩孔机	适合大批量生产环套类零件,如滚动轴承	高	高	小	金属在具有一定孔形的碾压辊和芯辊间变形	容易实现	好

（续）

加工方法		使用设备	适用范围	生产率	加工精度	表面粗糙度值	模具特点	是否容易实现自动化	劳动条件
零件轧制	横轧	齿轮轧机	适用于各种模数较小的齿轮的大批量生产	高	高	小	模具为与零件相啮合的同模数齿形轧轮	容易实现	好
	斜轧	斜轧机	适用于钢球、丝杠等零件的大批量生产，也可为曲柄压力机制坯	高	高	小	两个轧辊为模具，轧辊带有螺旋形槽	容易实现	好

3.4　薄板成形工艺

冲压加工是金属塑性成形加工的基本方法之一。它是通过装在压力机上的模具对板料施加压力，使其产生分离或变形，从而获得具有一定形状、尺寸和性能的零件或毛坯的加工方法。因为它通常是在常温下进行，而且主要采用板料来加工，故又称为冷冲压或板料冲压。只有当板料厚度超过 8mm 或材料塑性较差时才采用热冲压。

板料冲压与其他加工方法相比具有以下特点：

1）可制造其他加工方法难以加工或无法加工的形状复杂的薄壁零件。

2）冲压件尺寸精度高，表面光洁，质量稳定，互换性好，一般不需再进行机械加工即可装配使用。

3）生产率高，操作简便，成本低，工艺过程易实现机械化和自动化。

4）可利用塑性变形的加工硬化来提高零件的力学性能，在材料消耗少的情况下获得强度高、刚度大、质量小的零件。

5）冲压模具的结构较复杂，加工精度要求高，制造费用大，因此，板料冲压适用于大批量生产。

由于冲压加工具有上述特点，因而其应用范围极广，几乎在一切制造金属成品的工业部门中都被广泛采用，尤其是在现代汽车、拖拉机、家用电器、仪器仪表、飞机、导弹、兵器以及日用品生产中占有重要地位。

板料冲压，特别是制造中空的杯状产品时，其所用原材料必须具有足够的塑性。常用的金属板料有低碳钢，高塑性的合金钢，不锈钢，铜、铝、镁及其合金等。

板料冲压的基本工序很多，一般可分为两大类：分离工序和成形工序，见表 3-13。

表 3-13　板料冲压的基本工序

类别	工序		简　图	特　点
分离工序	冲裁	落料	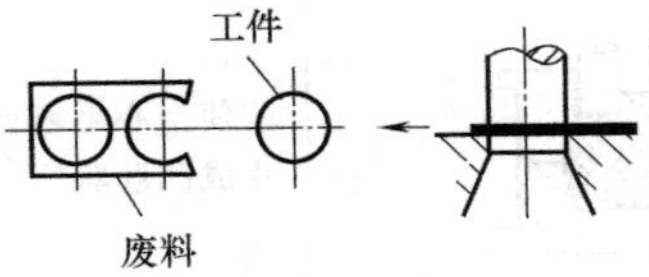	用模具沿封闭轮廓线冲切板料，冲下部分是工件

（续）

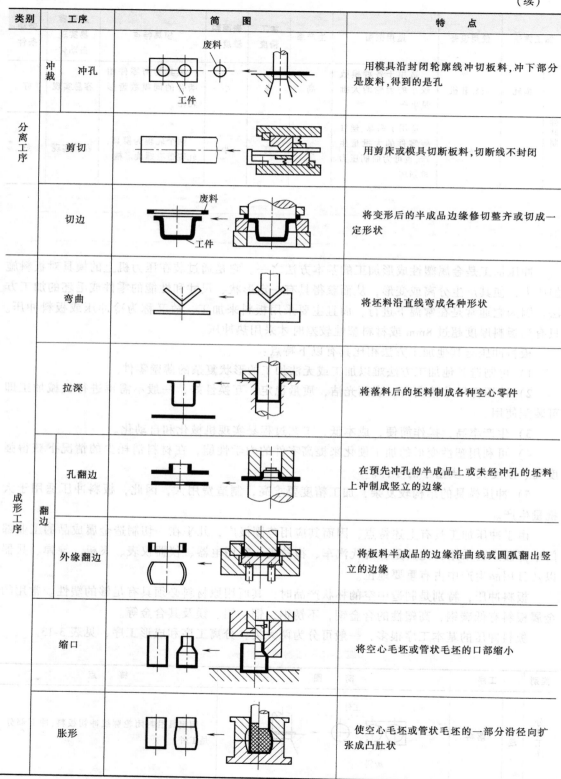

类别	工序		简图	特点
分离工序	冲裁	冲孔	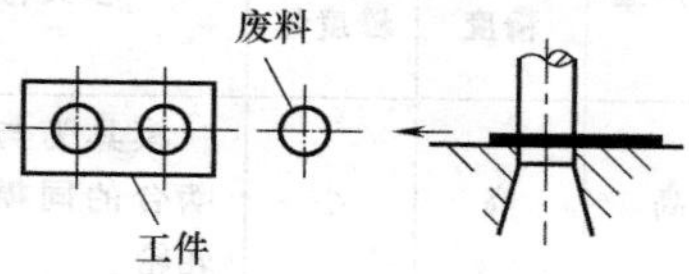	用模具沿封闭轮廓线冲切板料，冲下部分是废料，得到的是孔
	剪切		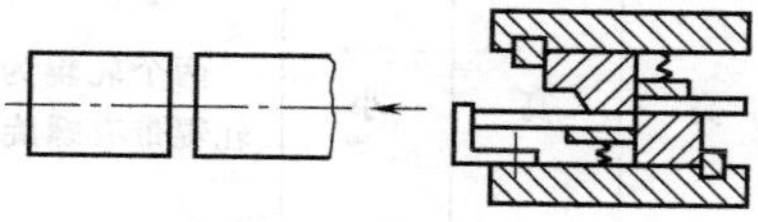	用剪床或模具切断板料，切断线不封闭
	切边		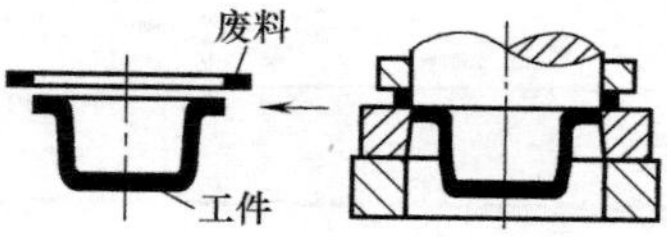	将变形后的半成品边缘修切整齐或切成一定形状
成形工序	弯曲		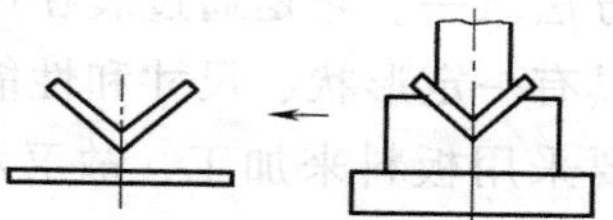	将坯料沿直线弯成各种形状
	拉深		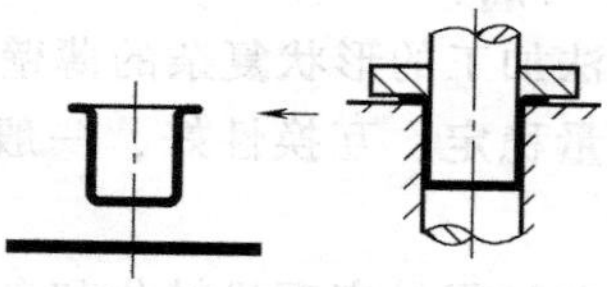	将落料后的坯料制成各种空心零件
	翻边	孔翻边	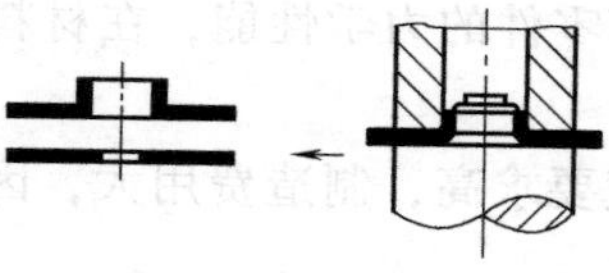	在预先冲孔的半成品上或未经冲孔的坯料上冲制成竖立的边缘
		外缘翻边	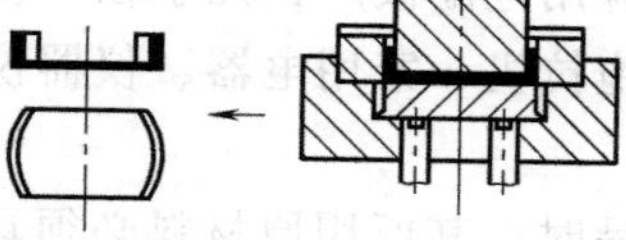	将板料半成品的边缘沿曲线或圆弧翻出竖立的边缘
	缩口		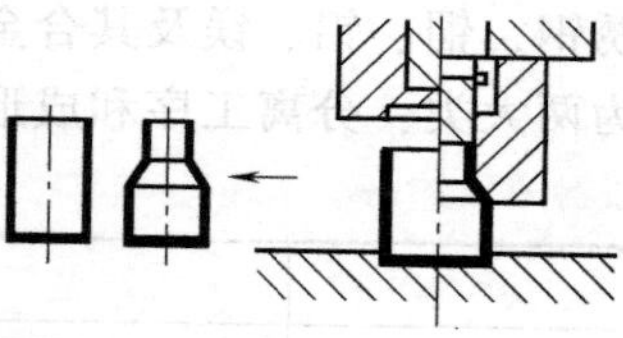	将空心毛坯或管状毛坯的口部缩小
	胀形		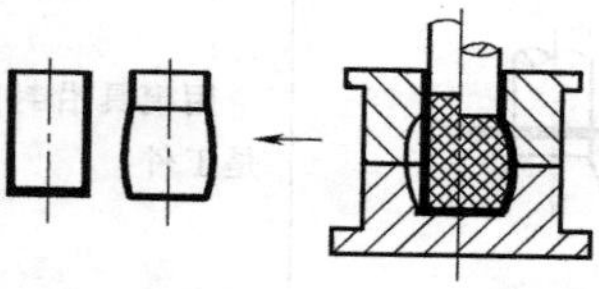	使空心毛坯或管状毛坯的一部分沿径向扩张成凸肚状

3.4.1 分离工序

分离工序是使坯料的一部分与另一部分相互分离的工序，如落料及冲孔、修整、切断等。

1. 落料及冲孔

落料及冲孔统称为冲裁。冲裁是使坯料按封闭轮廓分离的工序。落料时，冲落部分为成品，余料为废料；冲孔时，冲落部分是废料，余料部分为成品，如图 3-28 所示。

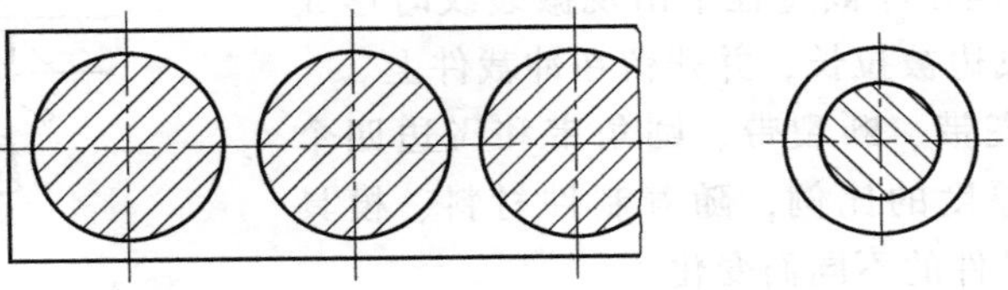

a)　　b)

图 3-28 垫圈的落料与冲孔

a）落料　b）冲孔

(1) 冲裁变形过程　冲裁时板料的变形和分离过程对冲裁件质量有很大影响。如图 3-29 所示，冲裁与分离过程可以分为三个阶段：

1）弹性变形阶段。凸模接触板料后，开始压缩材料，使板料产生弹性压缩变形，并被稍许挤入凹模。由于凸、凹模之间存在间隙 c，板料还将略有弯曲，使凹模上的板料上翘。

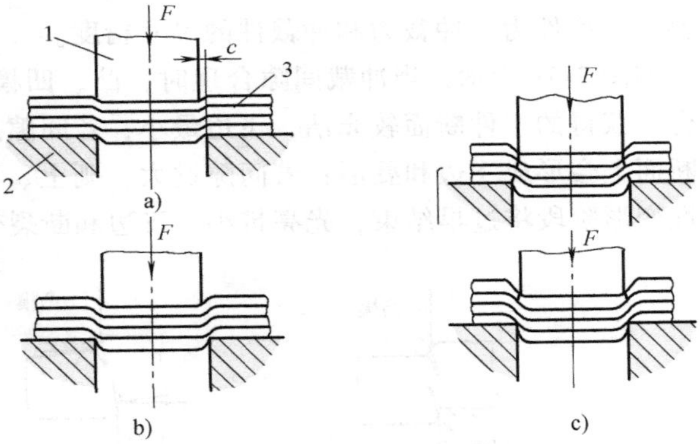

图 3-29 板料冲裁与分离过程

a）弹性变形阶段　b）塑性变形阶段　c）断裂分离阶段

1—凸模；2—凹模；3—板料

2）塑性变形阶段。凸模继续压入，压力增加，当材料的内应力达到屈服强度时便产生塑性变形。随着凸模的压入和塑性变形程度的增大，变形区材料硬化加剧。由于模具锋利刃口的作用，使板料与凸、凹模刃口接触的上、下转角处因应力集中而产生微裂纹。至此，塑性变形阶段结束，冲裁变形力达到最大值。

3）断裂分离阶段。凸模继续压入，已产生的上下微裂纹向材料内部扩展延伸，上下裂纹相遇重合后，材料便分离。

总之，普通冲裁的机理是“两向裂纹扩展相遇”的分离机理。

(2) 冲裁件质量　冲裁件质量主要是指切断面质量、表面质量、形状误差和尺寸精度。对于冲裁工序而言，冲裁件的切断面质量往往是关系到工序成功与否的重要因素。从图 3-30 中能够看到，冲裁件切断面可以明显地分为四个部分：光亮带、断裂带、圆角带、飞边。

1）光亮带。光亮带是在冲裁过程中模具刃口切入材料后，材料与模具刃口侧面挤压而产生塑性变形的结果。光亮带部分由于具有挤压特征，表面光洁、垂直，是冲裁件切断面上精度最高、质量最好的部分。光亮带所占比例通常是冲裁件断面厚度的 1/3～1/2。

2）断裂带。断裂带是在冲裁过程的最后阶段材料剪断分离时形成的区域，是模具刃口附近裂纹在拉应力作用下不断扩展而形成的撕裂面。断裂带的表面粗糙并略带斜角，不与板平面垂直。

3）圆角带。圆角带的形成，是模具压入材料时刃口附近的材料被牵连变形的结果，材料的塑性越好，圆角带越大。

4）飞边。飞边是在冲裁过程中出现微裂纹时形成的，随后已形成的飞边被拉长，并残留在冲裁件上。

切断面上的光亮带、断裂带、圆角带和飞边四个部分各自所占断面厚度的比例，随着制件材料、模具和设备等各种冲裁条件的不同而变化。

冲裁件切断面的质量主要与凸凹模间隙、刃口锋利程度有关，同时也受模具结构、材料性能及板料厚度等因素影响。

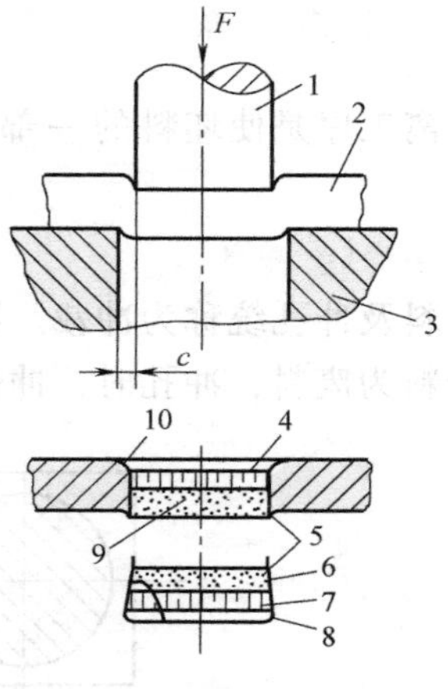

图 3-30 冲裁件切断面的特征

1—凸模 2—板料 3—凹模 4、7—光亮带 5—飞边 6、9—断裂带 8、10—圆角带

（3）凸凹模间隙 凸凹模间隙不仅严重影响冲裁件的切断面质量，也影响着模具寿命、卸料力、推件力、冲裁力和冲裁件的尺寸精度。

如图 3-31 所示，当冲裁间隙合理时，凸、凹模刃口冲裁所产生的上、下剪裂纹会基本重合，获得的工件断面较光洁，飞边最小；若间隙过小，则上、下剪裂纹向外错开，在冲裁件断面上会形成飞边和叠层；若间隙过大，则上、下裂纹向里错开，材料中的拉应力增大，塑性变形阶段将过早结束，光亮带小，飞边和断裂带均较大。

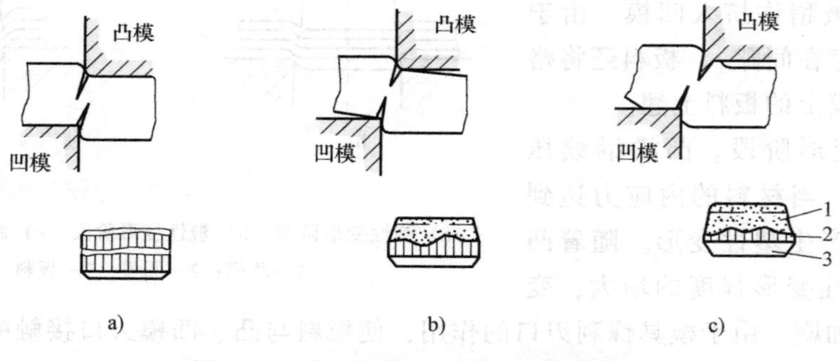

图 3-31 冲裁间隙对切断面质量的影响

a）间隙过小 b）间隙合适 c）间隙过大

1—断裂带 2—光亮带 3—圆角带

冲裁间隙对冲裁模具的寿命也有较大影响。在冲裁过程中，模具刃口处所受的压力非常大，使模具刃口产生磨损，其磨损量与接触压力、相对滑动距离成正比，与材料屈服强度成反比。当间隙减小时，接触压力会增大，摩擦距离增长，摩擦发热变得严重，导致模具磨损加剧，使模具与材料之间产生粘结现象，引起刃口的压缩疲劳破坏，使其崩刃。间隙过大时，板料弯曲拉伸相对增加，使模具刃口端面上的正压力增大，容易产生崩刃或塑性变形，使磨损加剧。可见，间隙过小与过大都会导致模具寿命降低。因此，间隙合适或适当增大模

具间隙，可使凸、凹模侧面与材料间的摩擦减小，并减缓间隙不均匀的不利影响，从而提高模具寿命。

冲裁间隙还对冲裁力有较大影响。一般认为，增大间隙可以降低冲裁力，而小间隙则会使冲裁力增大。当间隙合理时，上、下裂纹重合，最大剪切力较小；而间隙小时，材料所受力矩和拉应力减小，压应力增大，材料不易产生撕裂。上、下裂纹不重合又产生二次剪切，使冲裁力有所增大；增大间隙时，材料所受力矩与拉应力增大，材料易于剪裂分离，故最大冲裁力有所减小。如果对冲裁件质量要求不高，为降低冲裁力和减少模具磨损，可以取偏大的冲裁间隙。间隙对卸料力、推件力也有较明显的影响，间隙越大，卸料力和推件力越小。

因此，选择合理的间隙值对冲裁生产是至关重要的。当冲裁件断面质量要求较高时，应选取较小的间隙值；对冲裁件断面质量无严格要求时，应尽可能加大间隙，以提高冲模寿命。

单边间隙（$Z/2$）的合理数值可按下述经验公式计算

$$Z/2 = mt$$

式中，t 是板料厚度（mm）；m 是与板料性能及厚度有关的系数。

实际应用中，当板料较薄时，m 可以选用如下数据：低碳钢、纯铁 $m=0.06\sim0.09$；铜、铝合金 $m=0.06\sim0.1$；高碳钢 $m=0.08\sim0.12$。

当板料厚度 $t>3$mm 时，由于冲裁力较大，应适当把系数 m 放大。对冲裁件断面质量没有特殊要求时，系数 m 可放大 1.5 倍。

（4）冲裁件的排样　排样是指落料件在条料、带料或板料上合理布置的方法。排样合理可使废料少，材料利用率高。图 3-32 所示为同一个冲裁件采用四种不同排样方式时材料消耗的对比情况。

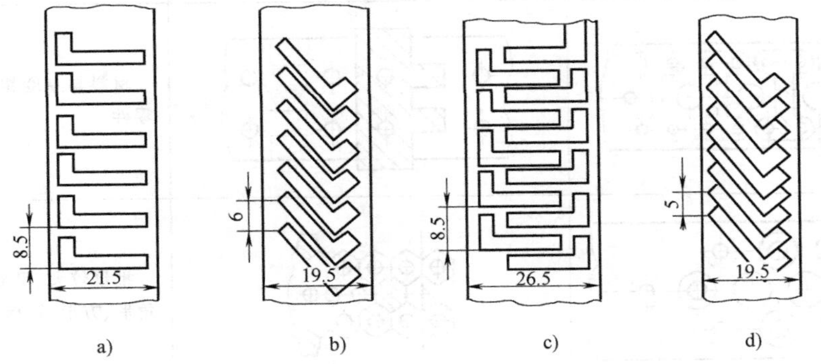

图 3-32　不同排样方式材料消耗对比

a）182.7mm² b）117mm² c）112.63mm² d）97.5mm²

落料件的排样有两种类型：无搭边排样和有搭边排样。

无搭边排样是利用落料件开头的一个边作为另一个落料件边缘的排样方式，如图 3-32d 所示。这种排样方式的材料利用率很高，但飞边不在同一个平面上，而且不容易保证尺寸准确，因此只适用于对冲裁件质量要求不高的场合。

有搭边排样是指在各个落料件之间均留有一定尺寸的搭边。其优点是飞边小且在同一个平面上，冲裁件尺寸准确、质量较高，但材料消耗多。

合理的排样是提高材料利用率、降低成本、保证冲件质量及模具寿命的有效措施。

从废料角度来分，冲裁排样可分为有废料排样和少无废料排样两种方式。有废料排样时，工件与工件间、工件与条料边缘间都有搭边存在，冲裁件的尺寸完全由冲模保证，精度高，具有保护模具的作用，但材料利用率低。少无废料排样时，工件与工件间、工件与条料边缘间有较少搭边和废料或无搭边存在。少无废料排样的材料利用率高，模具结构简单，但冲裁时由于凸模刃口受不均匀侧向力的作用，使模具容易遭到破坏，冲裁件质量也较差。

按工件在材料上的排列形式来分，冲裁排样可分为直排、斜排、对排、混合排、多行排、裁搭边等形式。排样形式示例见表 3-14。

表 3-14　排样形式示例

排样形式	有废料排样	少无废料排样	应用范围
直排	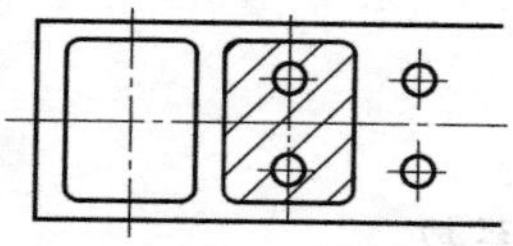	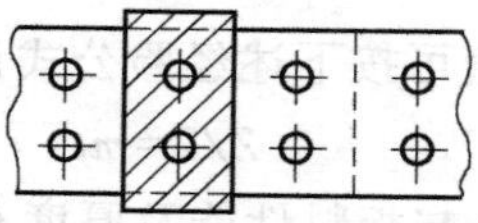	方形、矩形零件
斜排	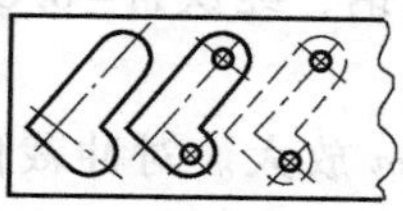	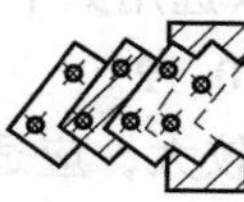	椭圆形、L 形、T 形、S 形零件
对排	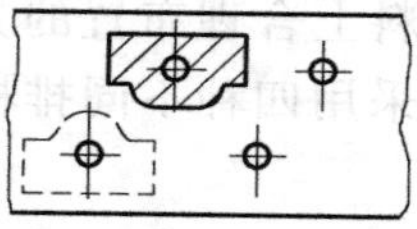	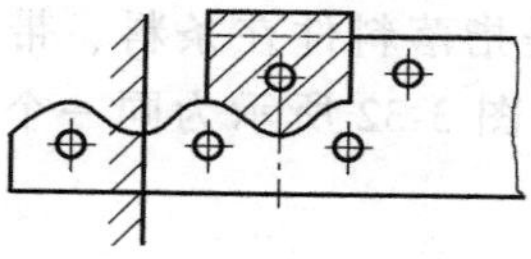	梯形、三角形、半圆形、T 形、π 形零件
混合排	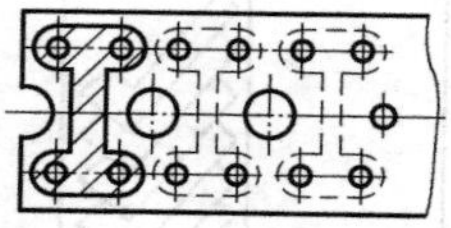	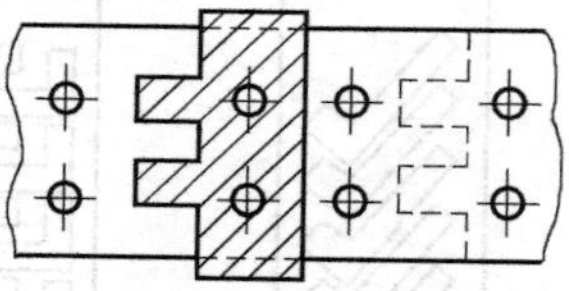	材料与厚度相同的两种以上的零件
多行排	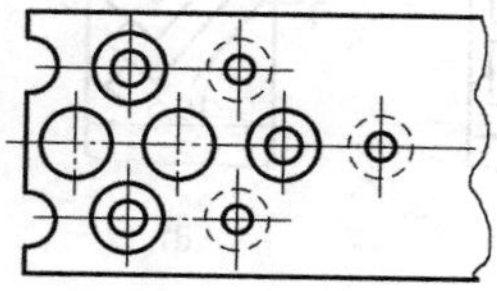	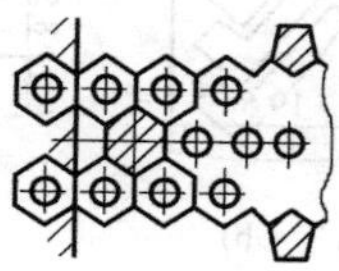	批量较大、尺寸不大的圆形、六角形、方形、矩形零件
裁搭边	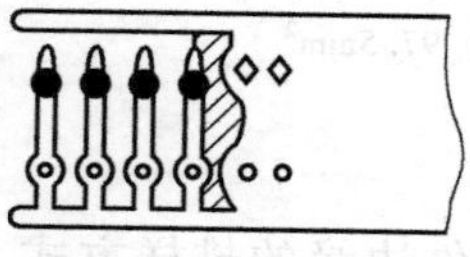	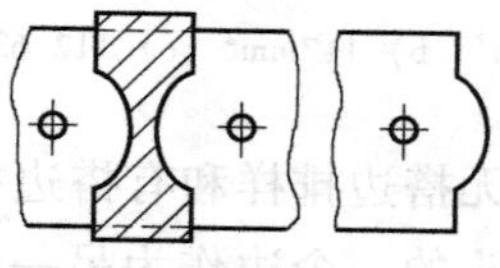	细长零件
分次裁搭边	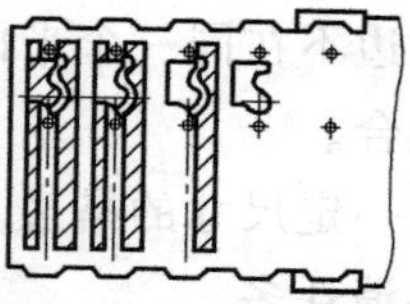		

2. 修整

修整是利用修整模沿冲裁件外缘或内孔刮削一薄层金属，以切掉冲裁件上的剪裂带和飞边，获得平直而光洁的断面，从而提高冲裁件的尺寸公差等级（IT6~IT7），降低表面粗糙度值（Ra0.8~0.4μm）。修整冲裁件的外形称外缘修整，修整冲裁件的内孔称内孔修整，如图 3-33 所示。

修整的机理与冲裁完全不同，而与切削加工相似。对于大间隙冲裁件，单边修整量一般为板料厚度的 10%；对于小间隙冲裁件，单边修整量在板料厚度的 8%以下。当冲裁件的修整总量大于一次修整量时，或板料厚度大于 3mm 时，均需进行多次修整。

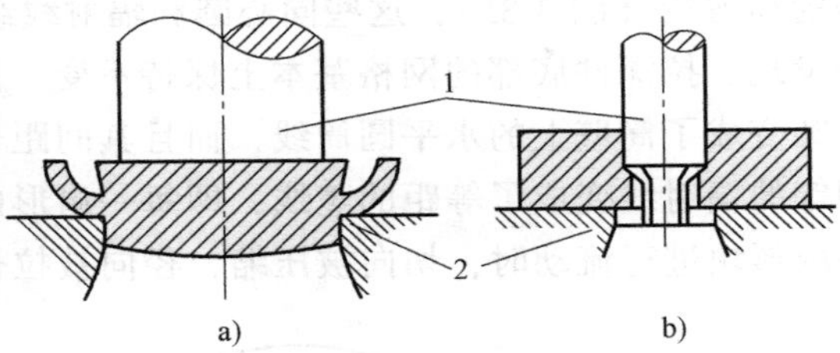

图 3-33 修整工序简图
a）外缘修整 b）内孔修整
1—凸模 2—凹模

外缘修整模的凸、凹模间隙，单边取 0.001~0.01mm。也可以采用负间隙修整，即凸模刃口尺寸大于凹模刃口尺寸。

3. 切断

切断是指用剪刃或冲模使板料沿不封闭轮廓分离的工序。

剪刃安装在剪床上，它把大板料剪切成一定宽度的条料，供下一步冲压工序用。也可把冲模安装在压力机上，用以制取形状简单、精度要求不高的平板件。

3.4.2 成形工序

成形工序是使坯料的一部分相对于另一部分产生位移但不破裂的工序，如拉深、弯曲、翻边、胀形、缩口等。

1. 拉深

（1）拉深过程及变形特点 拉深是利用模具使冲裁后得到的平板坯料变形成开口空心零件的工序（图 3-34）。其变形过程为：把直径为 D 的平板坯料放在凹模上，在凸模作用下，坯料被拉入凸模和凹模的间隙中，形成了筒底、凸模圆角、筒壁、凹模圆角及尚未拉入凹模的凸缘部分五个区域。凸模继续下压，使全部凸缘材料拉入凹模形成筒壁后得到开口圆筒形零件。

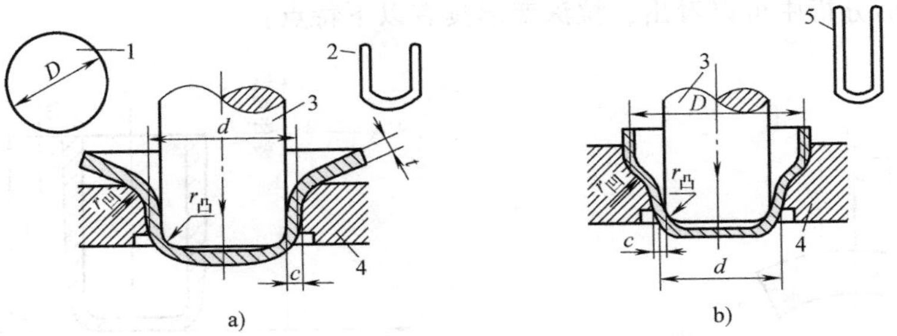

图 3-34 拉深工序
a）第一次拉深 b）第二次拉深
1—坯料 2—第一次拉深成品（即第二次拉深的坯料） 3—凸模 4—凹模 5—成品

拉深件的底部金属一般不变形，只起传递拉力的作用，厚度基本不变。坯料外径 D 与内径 d 之间环形部分的金属，切向受压应力作用，径向受超过屈服强度的拉应力作用，逐步进入凸模和凹模之间的间隙，形成拉深件的直壁。直壁本身主要受轴向拉应力作用，其厚度有所减小，而直壁与底部之间的过渡圆角部分被拉薄得最为严重。

为了进一步说明金属的流动过程，拉深前在毛坯上画上距离为 a 的等距同心圆和分度相等的辐射线（图 3-35），这些同心圆和辐射线组成了扇形网格。拉深后观察这些网格的变化会发现，拉深件底部的网格基本上保持不变，而筒壁的网格则发生了很大的变化：原来的同心圆变成了筒壁上的水平圆筒线，而且其间距也增大了，越靠近筒口增大得越多；原来分度相等的辐射线变成了等距的竖线，即每一扇形内的材料都各自在其范围内沿着径向流动。每一扇形块进行流动时，切向被压缩，径向被拉长，最后变成筒壁部分。

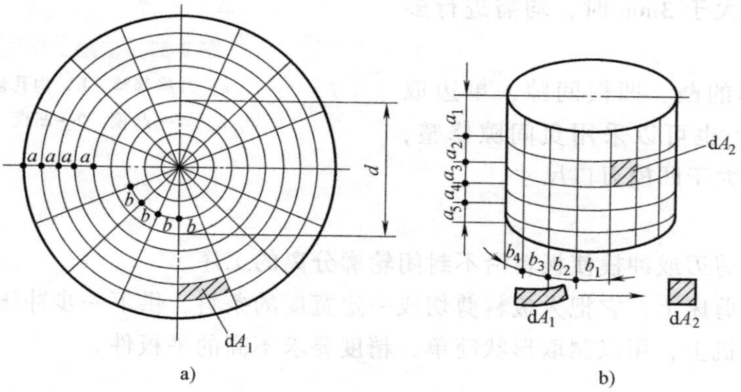

图 3-35 拉深件的网格变化

a）拉深前板料的网格 b）拉深件的网格变化

如果从变形区取出一扇形单元体来分析，则小单元体在切向受到压应力的作用，而在径向受到拉应力的作用（图 3-36），扇形网格变成了矩形网格，从而使得各处的厚度变得不均匀，如图 3-37b 所示。筒壁上部变厚，且越靠筒口越厚，最厚处的增加量可达 25%；筒底稍许变薄，在凸模圆角处最薄，最薄处约为原来厚度的 87%，约减薄了 13%。由于产生了较大的塑性变形，引起了加工硬化，如图 3-37a 所示。圆筒零件筒口材料变形程度大，加工硬化严重，硬度也高。由上向下越接近底部硬化越小，硬度越低，这也是危险截面靠近底部的原因。

从拉深变形分析中可以看出，拉深变形具有以下特点：

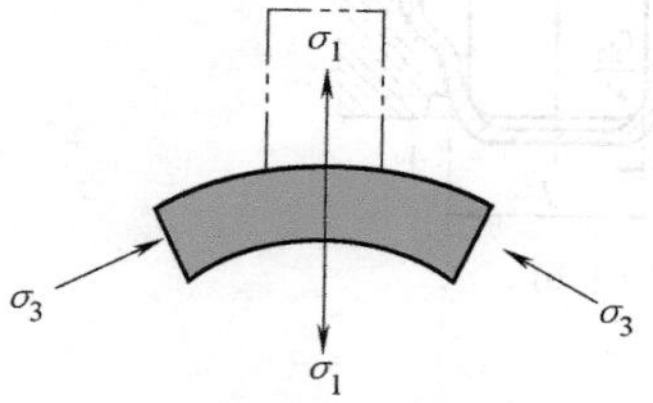

图 3-36 单元网格的受力

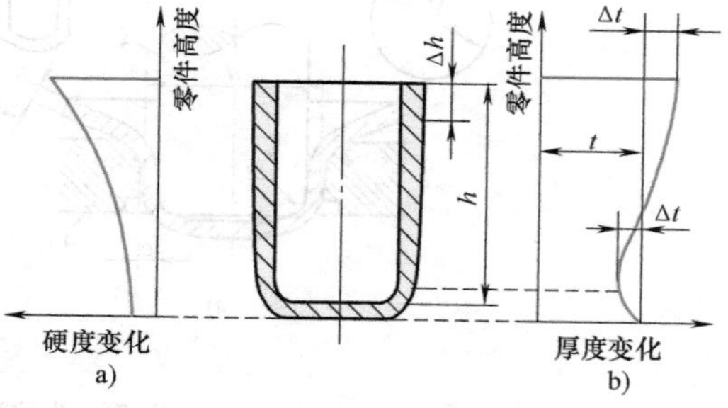

图 3-37 拉深件壁厚和硬度的变化

1）板料凸缘部分的材料是变形区，发生了塑性变形，并不断被拉入凹模内形成筒形拉深件。

2）凸缘区板料在切应力和径向拉应力的作用下，产生切向压缩和径向伸长的变形，形成筒形的直壁区。直壁区受轴向拉应力。

3）拉深时金属材料产生很大的塑性流动，板料直径越大，拉深后筒形直径越小，其变形程度就越大。

（2）拉深系数　拉深系数 m 是指拉深后拉深件圆筒部分的直径与拉深前毛坯（或半成品）的直径之比。它是拉深工艺的重要参数，表示拉深变形过程中坯料的变形程度。m 值越小，拉深时坯料的变形程度越大。

拉深系数有一个极限值，称为最小极限拉深系数，用 m_{min} 表示，小于这一极限值时，会使变形区的危险截面发生破裂。因此，每次拉深前要选择使拉深件不破裂的最小拉深系数，以保证拉深工艺的顺利实现。

最小极限拉深系数的大小与很多因素有关。一般能增加筒壁传力区拉应力和能减小危险截面强度的因素均使极限拉深系数加大；反之，可以降低筒壁传力区拉应力及增加危险截面强度的因素都有利于毛坯变形区的塑性变形，极限拉深系数就可以减小。

图 3-38　拉穿废品

（3）影响拉深件质量的因素　从拉深过程中可以看出，拉深件主要受拉应力作用。当拉应力值超过材料的强度极限时，拉深件将被拉裂而成为废品（图 3-38）。最危险的部位是直壁与底部的过渡圆角处。为防止筒壁破裂，通常是在降低凸缘变形区变形抗力和摩擦阻力的同时，提高传力区的承载能力。比如在凹模与坯料的接触面上涂敷润滑剂，采用屈强比低的材料，设计合理的拉深凸、凹模的圆角半径和间隙，选择正确的拉深系数等。

拉深件出现拉裂现象与下列因素有关：

1）凸、凹模的圆角半径。拉深模的工作部分不能是锋利的刃口，必须做成一定的圆角。对于钢的拉深件，取 $r_{凹}=10t$，而 $r_{凸}=(0.6\sim1)r_{凹}$。若这两个圆角半径过小时，容易将板料拉穿。

2）凸、凹模间隙。拉深模的凸、凹模间隙远比冲裁模的大，一般取单边间隙 $c=(1.1\sim1.2)t$。间隙过小时，模具与拉深件间的摩擦力增大，易拉穿工件和擦伤工件表面，而且会降低模具寿命；间隙过大时，则又容易使拉深件起皱，从而影响拉深件的尺寸精度。

3）拉深系数。拉深系数 m 越小，说明拉深件的变形程度越大，坯料被拉入凹模越困难，越容易产生拉穿废品。一般情况下，拉深系数 $m=0.5\sim0.8$，坯料塑性差时取上限，坯料塑性好时取下限。如果拉深系数过小，不能一次拉深成形，则可采用多次拉深工艺（图 3-39）。但多次拉深过程中，冷变形强化现象严重，为保证坯料具有足够的塑性，在一两次拉深后应安排工序间的退火处理。其次，在多次拉深中，拉深系数应一次比一次略大一些，以确保拉深件的质量，使生产顺利进行。总拉深系数等于各次拉深系数的乘积。

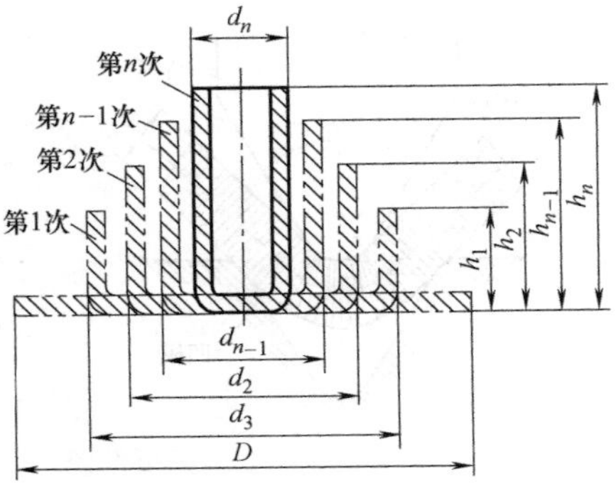

图 3-39　多次拉深时圆筒直径的变化

4）润滑。为了减少摩擦，降低拉深件壁部的拉应力和减少模具的磨损，拉深时通常要加润滑剂或对坯料进行表面处理。

拉深过程中的另一种常见缺陷是起皱（图 3-40），这是法兰部分在切向压应力作用下容易出现的现象。起皱主要是由于凸缘部分受到的切向压应力超过了板材临界压应力所引起的。凸缘是否起皱不仅取决于切向压应力的大小，还取决于凸缘的相对厚度。拉深件严重起皱后，法兰部分的金属将更难通过凸、凹模间隙，致使坯料被拉断而报废。轻微起皱时，法兰部分的金属可勉强通过凸、凹模间隙，也会在产品侧壁留下起皱痕迹而影响产品质量。为防止起皱，可采用设置压边圈的方法来解决（图 3-41）。起皱现象与毛坯的相对厚度（t/D）和拉深系数有关。相对厚度越小或拉深系数越小，越容易起皱。增加凸缘相对厚度，增大拉深系数，设计具有较高抗失稳能力的中间半成品形状，采用弹性模量和硬化模量大的材料等都有利于防止拉深件起皱。

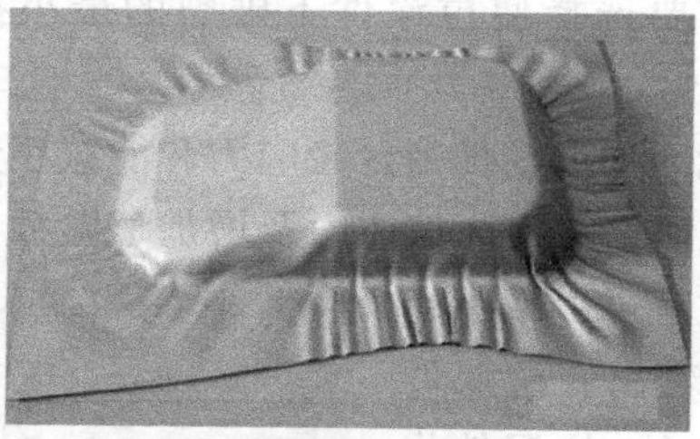

图 3-40　起皱拉深件

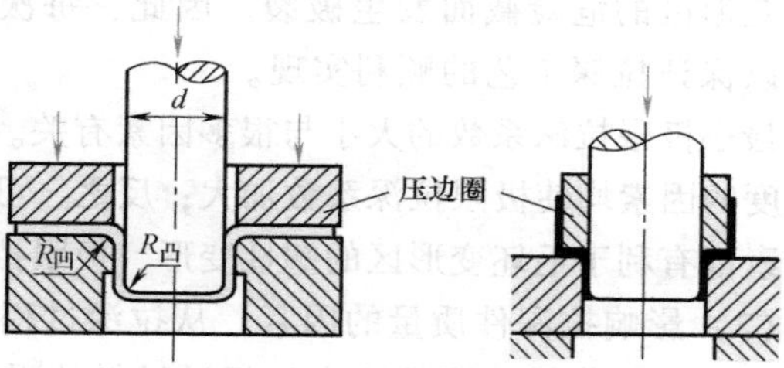

图 3-41　有压边圈的拉深

2. 弯曲

弯曲是将坯料弯成具有一定角度和曲率的变形工序，如图 3-42 所示。弯曲过程中，板料弯曲部分的内侧受压缩，外层受拉伸。当外侧的拉应力超过板料的抗拉强度时，即会造成金属破裂。板料越厚，内弯曲半径 r 越小，拉应力就越大，越容易弯裂。因此，将内弯曲半径与坯料厚度的比值 r/t 定义为相对弯曲半径，来表示弯曲变形程度。相对弯曲半径有一个极限值，即最小相对弯曲半径，是指弯曲件不弯裂条件下的最小内弯曲半径与坯料厚度的比值 r_{min}/t。该值越小，板料的弯曲性能越好。生产中用它来衡量弯曲时变形毛坯的弯曲成形极限。为防止弯裂，最小弯曲半径应为 $r_{min}=(0.25\sim1)t$。

弯曲时应尽可能使弯曲线与板料纤维垂直，如图 3-43a 所示。若弯曲线与纤维方向一致，则容易发生破裂，如图 3-43b 所示。在弯曲结束后，由于弹性变形的恢复，会使被弯曲的角度增大，此现象称为弯曲回弹现象。因此，在设计弯曲模时，必须使模具的角度比成品件角度小一个回弹角，以便在弯曲后保证成品件的弯曲角度准确。

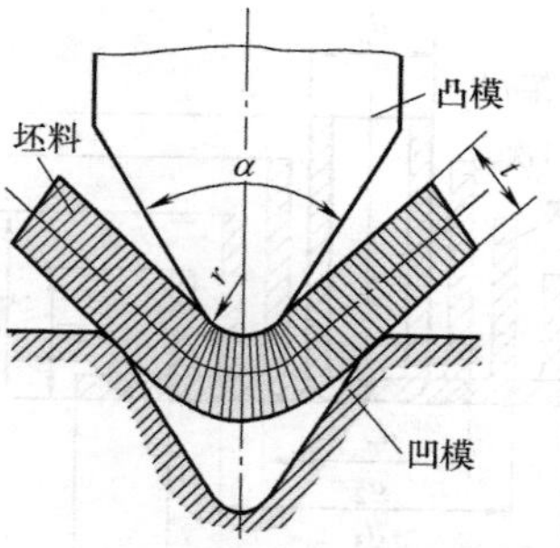

图 3-42　弯曲过程中金属变形简图

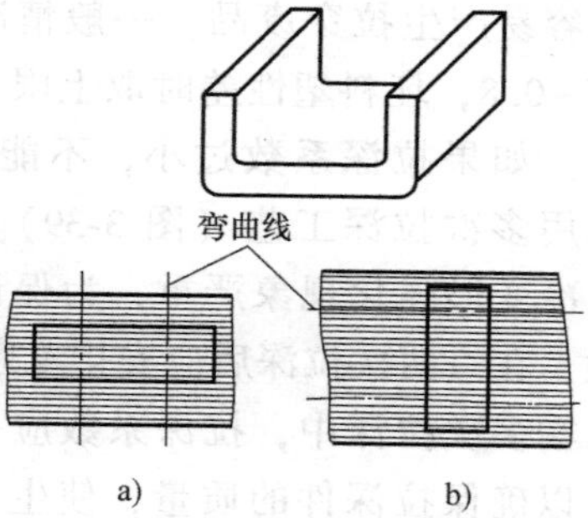

图 3-43　弯曲时的纤维方向

a）垂直于弯曲线　b）平行于弯曲线

3. 翻边

翻边是将毛坯或半成品的外边缘或孔边缘沿一定的曲率翻成竖立的边缘的冲压方法，如图 3-44 所示。用翻边方法可以加工形状较为复杂且有良好刚度的立体零件，能在冲压件上制取与其他零件装配的部位，如机车车辆的客车中墙板翻边、客车脚蹬门压铁翻边、汽车外门板翻边、摩托车油箱翻孔、金属板小螺纹孔翻边等。翻边可以代替某些复杂零件的拉深工序，改善材料的塑性流动以免发生破裂或起皱。例如，用翻边代替先拉后切的方法制取无底零件，可减少加工次数，节省材料。

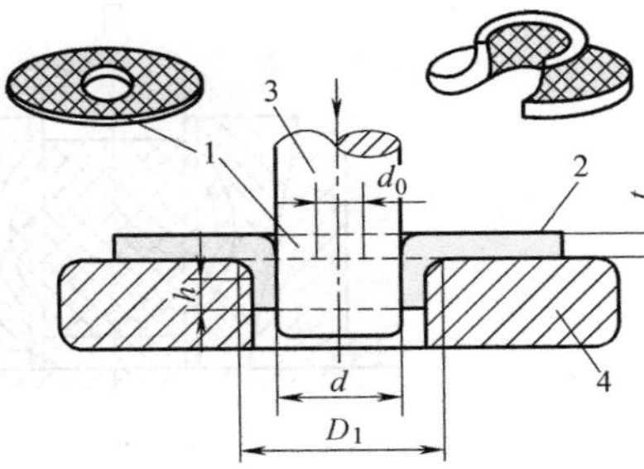

图 3-44　翻边

1—毛坯　2—冲压件　3—冲头　4—砥铁

按翻边的毛坯及工件边缘的形状，可分为内孔翻边和外缘翻边等类型。在内孔翻边过程中，毛坯外缘部分由于受到压边力的约束通常是不变形区，竖壁部分已经变形是传力区，带孔底部是变形区。变形区处于双向拉应力状态，变形区在切向和径向拉应力的作用下将变薄，孔边部厚度变小最为严重，因而也最容易产生裂纹。

冲头圆角半径 $r_{凸}=(4\sim9)t$。在进行翻边工序时，如果翻边孔的直径超过允许值，则会使孔的边缘发生破裂，其允许值用翻边系数 K_0 来衡量

$$K_0=d_0/d$$

式中，d_0 是翻边前的孔径尺寸；d 是翻边后的内孔尺寸。

对于镀锡铁皮，$K_0\geqslant0.65$；对于酸洗钢，$K_0\geqslant0.68$。

当零件所需凸缘的高度较大时，用一次翻边成形计算出的翻边系数 K_0 值很小，直接成形无法实现，则可采用先拉深、后冲孔、再翻边的工艺来实现。

4. 胀形

胀形主要用于板料的局部胀大（或称起伏成形），如压制凹坑、加强筋、起伏形的花纹及标记等。另外，管形料的胀形（如波纹管）、板料的拉形等，均属胀形工艺。

胀形与其他冲压成形工序的主要不同之处是，胀形时变形区在板面方向呈双向拉应力状态，在板厚方向上是减小，即厚度减小，表面积增大。

胀形时，板料的塑性变形局限于一个固定的变形区之内，通常没有外来材料进入变形区内。变形区内板料的变形主要是通过减小壁厚、增大局部表面积来实现的。胀形的极限变形程度主要取决于板料的塑性，板料的塑性越好，可能达到的极限变形程度就越大。

常用的胀形方法有钢模胀形和以液体、气体、橡皮等作为施力介质的软模胀形，如图 3-45 所示。软模胀形的模具结构简单，工件变形均匀，能成形形状复杂的工件，如液压胀形、橡皮胀形。另外，高速、高能特种成形的应用也越来越受到人们的重视，如爆炸胀形、电磁胀形等。

由于胀形时板料处于两向拉应力状态，变形区的坯料不会出现失稳起皱现象。因此，胀压成形的零件表面光滑、品质好。胀形所用的模具可分为刚模和软模两类。软模胀形时板料的变形比较均匀，容易保证零件的精度，便于成形复杂的空心零件，所以其在生产过程中被广泛应用。

胀形力卸除后材料回弹小，工件几何形状容易固定，尺寸精度容易保证。对汽车覆盖件

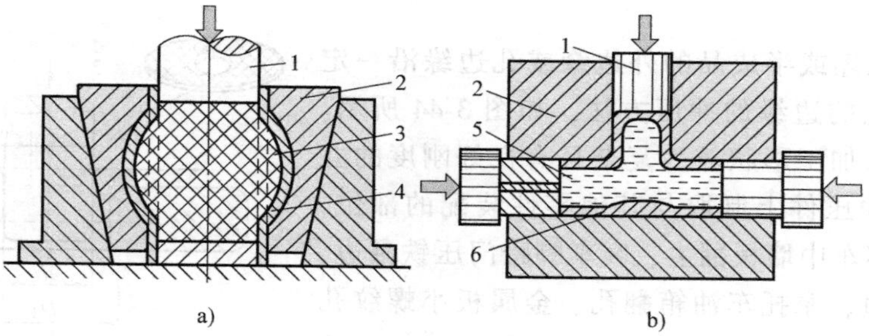

图 3-45 软模胀形

a）用软胶模胀形 b）用液体胀形

1—凸模 2—凹模 3—软胶膜 4、6—胀形件 5—液体

等较大曲率半径零件的成形和一些冲压零件的校形，常采用胀形方法。

5. 缩口

缩口是利用缩口模将管坯或预先拉深好的圆筒形件的口部直径缩小的一种成形方法，如图 3-46 所示。缩口工艺在国防工业和民用工业中有广泛应用，如枪炮的弹壳、钢气瓶等。在缩口变形过程中，坯料变形区受双向压应力的作用，切向压应力是最大主应力，它使坯料直径减小，壁厚和高度增加，因而切向可能产生失稳起皱。同时，在非变形区的筒壁，在缩口压力的作用下，轴向可能产生失稳变形。故缩口的极限变形程度主要受失稳条件的限制，防止失稳是缩口工艺要解决的主要问题。

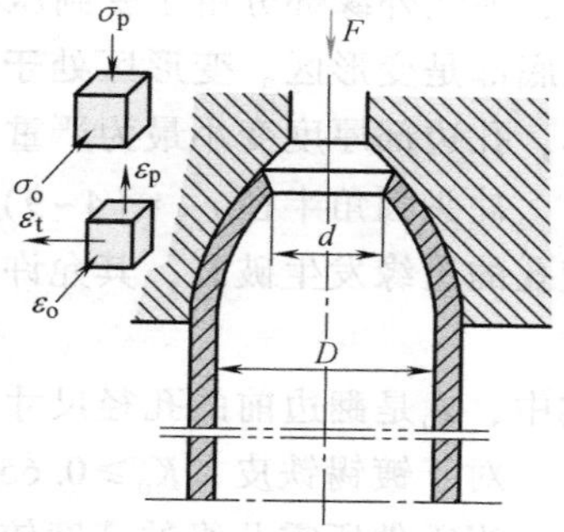

图 3-46 缩口成形

3.4.3 冲压工艺设计

板料冲压成形工艺设计是根据零件的形状、尺寸精度要求和生产批量的大小，制订冲压加工工艺方案，确定加工工序，编制冲压工艺规程的过程。它是冲压生产中非常重要的一项工作，其合理与否，直接影响到冲压件的质量、劳动生产率、工件成本以及工人劳动强度大小和安全生产程度。

1. 冲压工艺方案

（1）选择冲压基本工序的依据 冲压基本工序主要是根据冲压件的形状、大小、尺寸公差及生产批量确定的。

1）剪切和冲裁。剪切和冲裁都能实现板料的分离。在小批量生产中，对于尺寸和尺寸公差大而形状规则的外形板料，可采用剪床剪切。在大量生产中，对于各种形状的板料和零件通常采用冲裁模冲裁。对于平面度要求较高的零件，应增加校平工序。

2）弯曲。对于各种弯曲件，在小批量生产中常采用手工工具打弯，对于窄长的大型件，可用折弯机压弯。对于批量较大的各种弯曲件，通常采用弯曲模压弯，当弯曲半径太小时，应增加整形工序使其达到要求。

3）拉深。对于各类空心件，多采用拉深模进行一次或多次拉深成形，最后用修边工序达到高度要求。对于批量不大的旋转体空心件，用旋压加工代替拉深更为经济。对于大型空心件的小批量生产，当工艺允许时，用铆接或焊接代替拉深更为经济。

(2) 确定冲压工序

1) 确定冲压工序的原则。冲压工序主要是根据零件的形状确定的，其确定原则一般如下：

① 对于有孔或有切口的平板零件，当采用简单冲模冲裁时，一般应先落料，后冲孔（或切口）；当采用连续冲模冲裁时，则应先冲孔（或切口），后落料。

② 对于多角弯曲件，当采用简单弯模分次弯曲成形时，应先弯外角，后弯内角；当位于变形区（或靠近变形区）或孔与基准面有较高要求时，必须先弯曲，后冲孔。

③ 对于旋转体复杂拉深件，一般按由大到小的顺序进行拉深，即先拉深尺寸较大的外形，后拉深尺寸较小的内形；对于非旋转体复杂拉深件，则应先拉深尺寸较小的内形，后拉深尺寸较大的外形。

④ 对于有孔或缺口的拉深件，一般应先拉深，后冲孔或缺口。对于带底孔的拉深件，有时为了减少拉深次数，当孔径要求不高时，可先冲孔，后拉深。当底孔要求较高时，一般应先拉深，后冲孔；也可先冲孔，后拉深，再冲切底孔边缘。

⑤ 校平、整形、切边工序应分别安排在冲裁、弯曲、拉深之后进行。

2) 工序数目与工序合并。工序数目主要根据零件的形状与公差要求、工序合并情况、材料极限变形参数来确定。其中，工序合并的必要性主要取决于生产批量。一般在大量生产中，应尽可能把冲压基本工序合并起来，采用复合模或连续模冲压，以提高生产率、降低成本；当批量不大时，以采用简单冲模分散冲压为宜。但有时批量虽小，为了满足零件公差的较高要求，也需要把工序适当集中起来，用复合冲模或连续冲模冲压。因此，工序合并的可能性主要取决于零件尺寸的大小、冲压设备的能力和模具制造的可能性及其使用的可靠性。

3) 确定模具类型和结构形式。根据已确定的工艺方案，综合考虑冲压件的形状特点、精度要求、生产批量、加工条件、工厂设备情况、操作方便与安全情况等，选定冲模类型及结构形式，并估算模具费用。

4) 选择冲压设备。根据冲压工艺性质、冲压件批量大小、模具尺寸精度、变形抗力大小来选择冲压设备。冲压设备的选择主要是压力机类型和规格参数的选择。

① 压力机类型的选择。根据要完成的冲压工艺的性质、生产批量大小、冲压件的几何尺寸及其精度要求来选择压力机的类型：

a. 中小型冲裁件、弯曲件、拉深件的生产，采用开式机械压力机。

b. 中型冲压件的生产采用闭式机械压力机。

c. 小批量生产、大型厚板冲压件的生产采用液压机。

d. 大批量生产或复杂零件的大量生产，选用高速压力机和多工位自动压力机。

② 压力机规格参数的确定：根据冲压设备、冲压件的尺寸、模具的尺寸和冲压力来确定压力机的规格参数。

公称压力（吨位）：在下死点前某一位置时（曲柄离下死点 20°~30°）滑块所具有的压力。所选压力机的公称压力必须大于冲压所需的总冲压力，即 $P_{压力机}>P_{总}$。

滑块行程：滑块从上死点到下死点所经过的距离。压力机的滑块行程要适当，因为它直接影响模具的主要高度，行程过大，会造成凸模与导板分离或导板模与导柱导套分离。

闭合高度：滑块在下死点时，滑块底面到压力机工作台的距离。压力机闭合高度应与冲模的闭合高度相适应，即冲模的闭合高度应介于压力机的最大闭合高度和最小闭合高度之间。

工作台尺寸：压力机工作台面的尺寸必须大于模具下模座的外形尺寸，并留有安装固定的余地；但工作台也不应太大，以免工作台受力不均匀。

2. 冲压工艺参数

在冲压工艺方案确定之后，工艺人员应对冲压工艺参数进行选择并进行必要的工艺计算。

（1）冲裁件的冲压工艺参数

1）冲裁间隙。冲裁间隙的选取主要与材料的种类、厚度有关，要在保证冲裁件断面质量和尺寸精度的前提下，使模具寿命最高。表 3-15 所列为汽车、拖拉机、机械制造业冲裁模初始双面间隙。

表 3-15　汽车、拖拉机、机械制造业冲裁模初始双面间隙 Z（$Z=2c$）（单位：mm）

材料厚度 δ	08、10、Q235A		Q345		40、50		65Mn	
	Z_{min}	Z_{max}	Z_{min}	Z_{max}	Z_{min}	Z_{max}	Z_{min}	Z_{max}
<0.5	间隙极小							
0.5	0.040	0.060	0.040	0.060	0.040	0.060	0.040	0.060
0.6	0.048	0.072	0.048	0.072	0.048	0.072	0.048	0.072
0.7	0.064	0.092	0.064	0.092	0.064	0.092	0.064	0.092
0.8	0.072	0.104	0.072	0.104	0.072	0.104	0.064	0.092
0.9	0.090	0.126	0.090	0.126	0.090	0.126	0.090	0.126
1.0	0.100	0.140	0.100	0.140	0.100	0.140	0.090	0.126
1.2	0.126	0.180	0.132	0.180	0.132	0.180		
1.5	0.132	0.240	0.170	0.240	0.170	0.230		
1.75	0.220	0.320	0.220	0.320	0.220	0.320		
2.0	0.246	0.360	0.260	0.380	0.260	0.380		
2.1	0.260	0.380	0.280	0.400	0.280	0.400		
2.5	0.360	0.500	0.380	0.540	0.380	0.540		
2.75	0.400	0.560	0.420	0.600	0.420	0.600		
3.0	0.460	0.640	0.480	0.660	0.480	0.660		
3.5	0.540	0.740	0.580	0.780	0.580	0.780		
4.0	0.640	0.880	0.680	0.920	0.680	0.920		
4.5	0.720	1.000	0.680	0.960	0.780	1.040		
5.5	0.940	1.280	0.780	1.100	0.980	1.320		
6.0	1.080	1.440	0.840	1.200	1.140	1.500		
6.5			0.940	1.300				
8.0			1.200	1.680				

2）凸、凹模工作尺寸。在冲裁过程中，冲裁件的形状及尺寸精度主要是由凸、凹模工作部位的尺寸来决定的，而直接影响冲裁件断面质量的冲裁间隙也是依靠凸、凹模工作部位

的尺寸来实现和保证的。因此，正确地确定凸、凹模工作部位的尺寸，是冲裁模设计成功与否的关键。

① 凸、凹模工作尺寸的确定依据。设计落料模时，以凹模为基准，按落料件先确定凹模刃口尺寸，然后根据选取的间隙值确定凸模刃口尺寸。

设计冲孔模时，以凸模为基准，按冲孔件先确定凸模刃口尺寸，然后根据选取的间隙值来确定凹模刃口尺寸。由于冲模在使用过程中有磨损，磨损的结果是使落料件尺寸增大，冲孔尺寸减小。为了保证模具的使用寿命，落料凹模刃口尺寸应靠近落料件公差范围内的下极限尺寸，冲孔凸模刃口尺寸应靠近孔的公差范围内的上极限尺寸。

考虑到磨损，凸、凹模间隙均应采用最小合理间隙。同时，在确定冲裁模刃口制造公差时，应考虑制件的公差要求，从冲模的制造成本、制造难易程度、制造周期等方面进行综合分析。

② 凸、凹模工作尺寸的计算原则。落料时，应先确定凹模刃口尺寸。凹模刃口的基本尺寸应接近或等于落料件的下极限尺寸，以保证凹模刃磨到一定程度后仍能冲出合格的零件。凸模刃口尺寸则按凹模的公称尺寸减去一个最小间隙来确定，即间隙是在凸模上制出的。

冲孔时，应先确定凸模刃口尺寸。凸模刃口的公称尺寸取接近或等于冲孔的上极限尺寸，以保证凸模刃磨到一定程度后仍能冲出合格的零件。凹模的公称尺寸则按凸模尺寸加一个间隙（最小间隙值）来确定，即间隙是从凹模上制出的。

模具的制造公差等级应与冲裁件的尺寸公差等级相适应，见表3-16。若零件没有标注公差，则对于非圆形件，按国家标准GB/T 1804—2000《一般公差　未注公差的线性和角度尺寸公差》中的IT14处理模具制造精度；对于圆形件，可按IT10处理。工件尺寸公差按“入体”原则标注为单向公差。

表3-16　模具制造精度与冲裁件尺寸精度的对应关系

冲模制造公差等级	材料厚度 t/mm											
	0.5	0.8	1.0	1.5	2	3	4	5	6	8	10	12
IT6~IT7	IT8	IT8	IT9	IT10	IT10	—	—	—	—	—	—	—
IT7~IT8	—	IT9	IT10	IT10	IT12	IT12	IT12	—	—	—	—	—
IT9	—	—	—	IT12	IT12	IT12	IT12	IT12	IT14	IT14	IT14	IT14

③ 凸、凹模刃口尺寸的计算。

落料

$$D_{凹}=(D_{max}-\chi\Delta)_{0}^{+\delta_{凹}}$$

$$D_{凸}=(D_{凹}-Z_{min})_{-\delta_{凸}}^{0}$$

冲孔

$$d_{凸}=(d_{min}+\chi\Delta)_{-\delta_{凸}}^{0}$$

$$d_{凹}=(d_{凸}+Z_{min})_{0}^{+\delta_{凹}}$$

式中，$D_{凹}$、$D_{凸}$分别是落料凹模和凸模的公称尺寸（mm）；$d_{凸}$、$d_{凹}$分别是冲孔凸模和凹模的公称尺寸（mm）；D_{max}是落料件的上极限尺寸（mm）；d_{min}是冲孔件的下极限尺寸（mm）；Z_{min}是凸凹模之间的最小双面间隙（mm）；Δ是冲裁件的公差（mm）；χ是磨损系数，其值为0.5~1，与冲裁精度有关，当工件尺寸公差等级为IT10以上时，$\chi=1$，当工件尺寸公差等级为IT11~IT13时，$\chi=0.75$，当工件尺寸公差等级在IT14以下时，$\chi=0.5$；$\delta_{凹}$、$\delta_{凸}$分别是凹模和凸模的制造公差。

冲模的加工方式有凸、凹模分别加工和配合加工两种，其刃口尺寸计算和模具制造公差的标注也不相同。凸模与凹模分别加工的方式主要适合冲裁圆形或简单形状的零件。

3）冲裁力、卸料力、推件力和顶件力计算。

冲裁力是指冲裁过程中材料对凸模的最大剪切抗力，也是压力机在此时应具有的最小压力；卸料力是冲裁时将工件或废料从凸模上卸下来的力；推件力是从凹模内将工件或废料顺着冲裁方向推出的力；顶件力是从凹模内将工件或废料逆着冲裁方向顶出的力。

冲裁力、卸料力、推件力和顶件力是由冲裁材料的力学性能、材料厚度、冲裁件形状和尺寸、凸凹模间隙及润滑剂的质量等因素决定的，它们是通过压力机、卸料机构、推出机构和顶出机构来提供的。因此，选择压力机吨位或设计冲模的卸料机构、推出机构和顶出机构时，需事先计算出卸料力、推件力和顶件力的大小。

① 冲裁力计算。各种形状刃口冲裁力的计算公式见表3-17，其中τ_b为材料的剪切强度。考虑到模具刃口的磨损、凸模与凹模的间隙不均匀、材料性能的波动和材料厚度偏差等因素，实际所需冲裁力应比表3-17中所列公式计算得到的值增加30%。

平刃冲裁力按下式计算

$$F=KLt\tau_b\approx LtR_m$$

式中，F是冲裁力（N）；L是冲裁周边长度（mm）；t是板料厚度（mm）；τ_b是材料的抗剪强度（MPa）；R_m是材料的抗拉强度（MPa）；K是安全系数，考虑到模具刃口磨损变钝，凸、凹模间隙不均，材料性能和厚度偏差等因素的影响，一般取$K=1.3$。

② 卸料力、推件力和顶件力计算。卸料力、推件力和顶件力通常用经验公式计算：

卸料力 $$F_{卸}=K_{卸}F$$

推件力 $$F_{推}=nK_{推}F$$

顶件力 $$F_{顶}=K_{顶}F$$

式中，F是冲裁力（N）；n是同时卡在凹模里的工件（或废料）的数目；$K_{卸}$、$K_{推}$、$K_{顶}$分别是卸料力系数、推件力系数、顶件力系数。

表3-17 冲裁力F的计算公式

工序	简图	公式
在剪床上用平刃切断	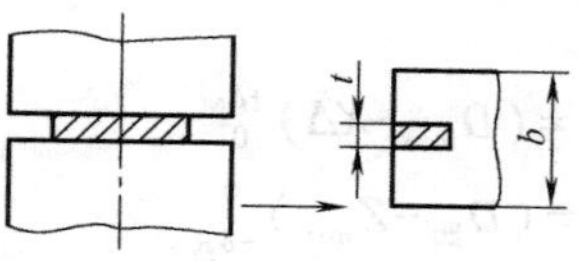	$F=bt\tau_b$
在剪床上用斜刃切断	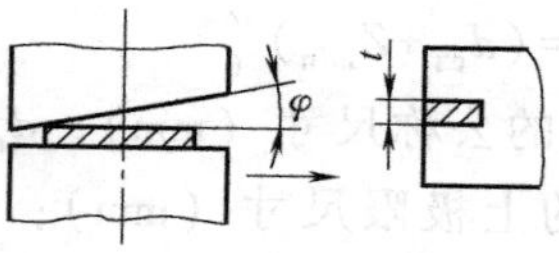	$F=0.5t^2\tau_b\dfrac{1}{\tan\varphi}$ 一般$\varphi=2°\sim5°$

（续）

工序	简图	公　式
用平刃冲裁工件	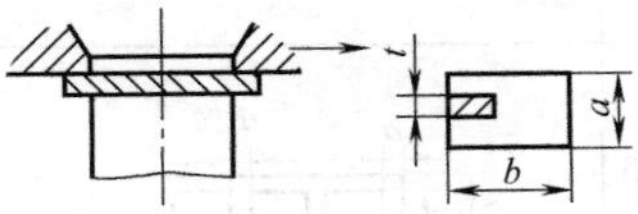	$F=Lt\tau_b$ $L=2(a+b)$
	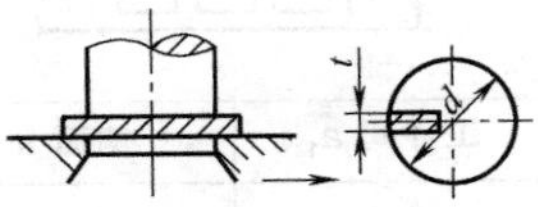	$F=\pi dt\tau_b$
在单边斜刃冲模上冲裁工件或冲缺口	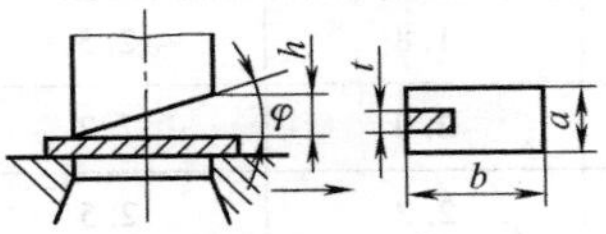	当 $h\geqslant t$ 时，$F=t\tau_b\left(a+b\dfrac{t}{h}\right)$ 当 $h<t$ 时，$F=t\tau_b(a+b)$
在双边斜刃冲模上冲裁工件	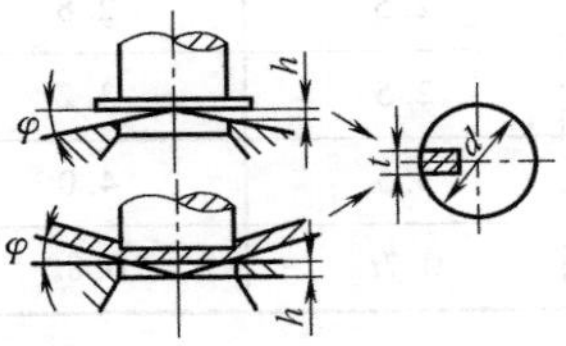	当 $h>0.5t$ 时 $F=2dt\tau_b\arccos\varphi\dfrac{h-0.5t}{h}$
	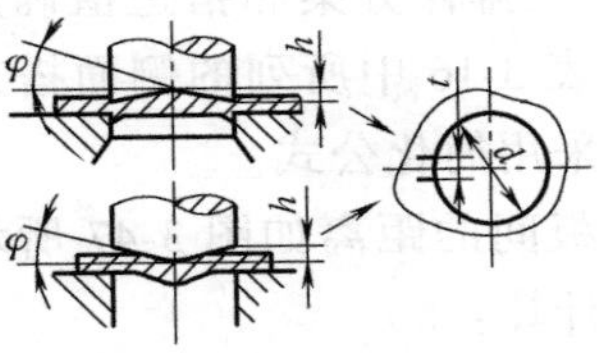	

4）排样参数。

① 搭边值的确定。搭边值是根据经验确定的。表 3-18 所列为最小搭边值的经验数据，供设计时参考。

表 3-18　最小搭边值的经验数据　　（单位：mm）

材料厚度 t	圆形工件或圆角半径 $r>2t$ 的工件		矩形工件（边长 $L<50$）		矩形工件（边长 $L\geqslant50$ 或圆角半径 $r\leqslant2t$）	
	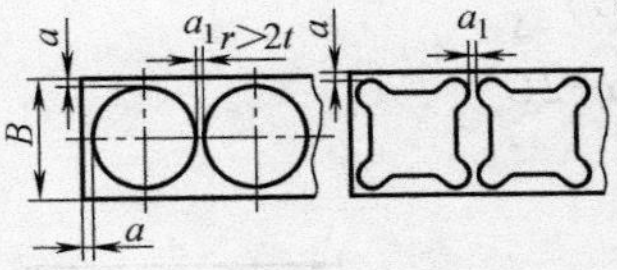		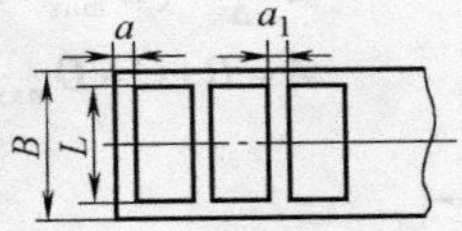		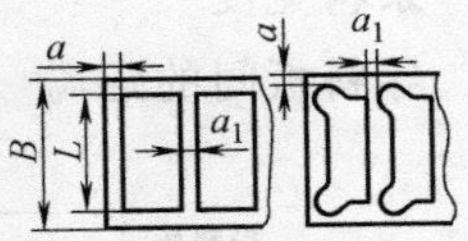	
	工件间 a_1	侧面 a	工件间 a_1	侧面 a	工件间 a_1	侧面 a
<0.25	1.8	2.0	2.2	2.5	2.8	3.0
0.25~0.5	1.2	1.5	1.8	2.0	2.2	2.5
0.5~0.8	1.0	1.2	1.5	1.8	1.8	2.0
0.8~1.2	0.8	1.0	1.2	1.5	1.5	1.8

（续）

材料厚度 t	圆形工件或圆角半径 $r>2t$ 的工件		矩形工件（边长 $L<50$）		矩形工件（边长 $L\geqslant50$ 或圆角半径 $r\leqslant2t$）	
	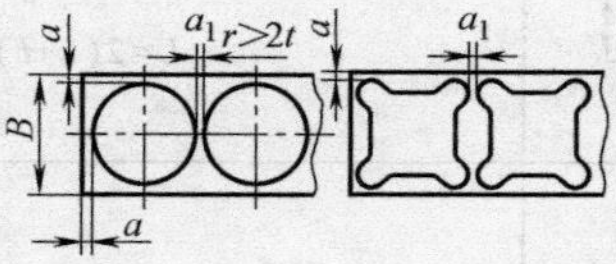		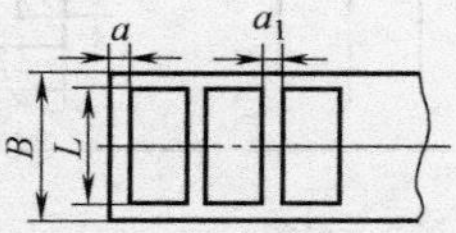		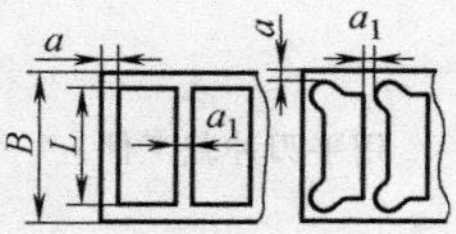	
	工件间 a_1	侧面 a	工件间 a_1	侧面 a	工件间 a_1	侧面 a
1.2~1.6	1.0	1.2	1.5	1.8	1.8	2.0
1.6~2.0	1.2	1.5	1.8	2.5	2.0	2.2
2.0~2.5	1.5	1.8	2.0	2.2	2.2	2.5
2.5~3.0	1.8	2.2	2.2	2.5	2.5	2.8
3.0~3.5	2.2	2.5	2.5	2.8	2.8	3.2
3.5~4.0	2.5	2.8	2.5	3.2	3.2	3.5
4.0~5.0	3.0	3.5	3.5	4.0	4.0	4.5
5.0~12.0	$0.6t$	$0.7t$	$0.7t$	$0.8t$	$0.8t$	$0.9t$

② 条料的宽度与导料板间的距离。在排样方案和搭边值确定之后，就可以确定条料的宽度，进而确定导料板间的距离。由于表 3-16 中所列的侧面搭边量 a 已经考虑了由剪料公差引起的减小值，条料宽度的计算一般采用简化公式。

有侧压装置时，条料的宽度与导料板间的距离如图 3-47 所示。有侧压装置的模具，能使条料始终沿着导料板送进，故按下式计算：

条料宽度 $\qquad B_{-\Delta}^{\ 0}=(D_{\max}+2a)_{-\Delta}^{\ 0}$

导料板间的距离 $\qquad A=B+C=D_{\max}+2a+C$

式中，$D_{\max}$ 是条料宽度方向冲裁件的最大尺寸；a 是侧面搭边量，可参考表 3-16 选取；Δ 是条料宽度的单向（负向）偏差；C 是导料板与最宽条料之间的间隙。

无侧压装置时，条料的宽度与导料板间的距离如图 3-48 所示。无侧压装置的模具，应考虑在送料过程中因条料的摆动而使侧面搭边量减小的情况。为了补偿侧面搭边量的减小，条料宽度应增加一个条料可能的摆动量，即按下式计算：

条料宽度 $\qquad B_{-\Delta}^{\ 0}=(D_{\max}+2a+C)_{-\Delta}^{\ 0}$

导料板间的距离 $\qquad A=B+C=D_{\max}+2a+2C$

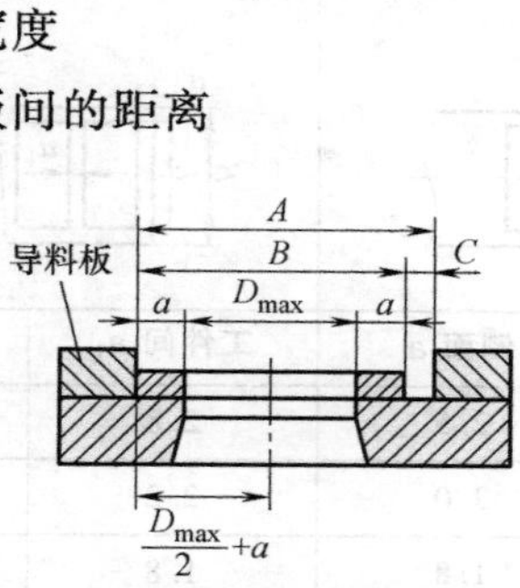

图 3-47　有侧压板的冲裁

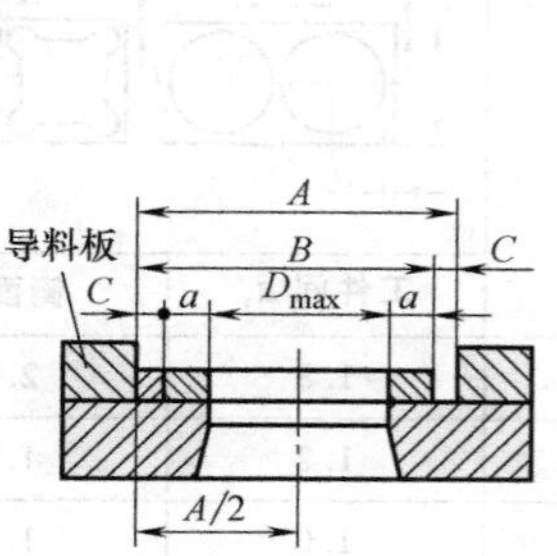

图 3-48　无侧压板的冲裁

（2）拉深件的冲压工艺参数

1）拉深件的毛坯尺寸。

① 修边余量。在计算毛坯尺寸前，考虑到板料具有各向异性，材质的不均匀性和凸、凹模之间间隙不均匀等原因，拉深后的工件顶端一般都不平齐，通常都要增加修边工序，以切去不平齐部分。所以在计算毛坯尺寸前，需在拉深件边缘加修边余量。修边余量值可参考表 3-19 和表 3-20 选取。

表 3-19 无凸缘圆筒形拉深件的修边余量 Δδ

凸缘直径 d_1	工件的相对高度（h/d）				图 示
	0.5~0.8	>0.8~1.6	>1.6~2.5	>2.5~4	
≤10	1.0	1.2	1.5	2	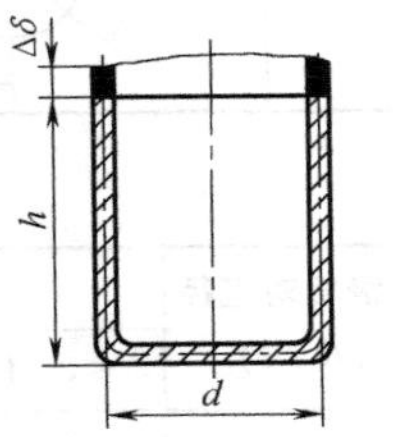
>10~20	1.2	1.6	2	2.5	
>20~50	2	2.5	2.5	4	
>50~100	3	3.8	3.8	6	
>100~150	4	5	5	8	
>150~200	5	6.3	6.3	10	
>200~250	6	7.5	7.5	11	
>250	7	8.5	8.5	12	

表 3-20 有凸缘圆筒形拉深件的修边余量 Δδ （单位：mm）

凸缘直径 d_1	工件的相对高度（d_1/d）				图 示
	1.5	>1.5~2	>2~2.5	>2.5~3.0	
≤25	1.6	1.4	1.2	1.0	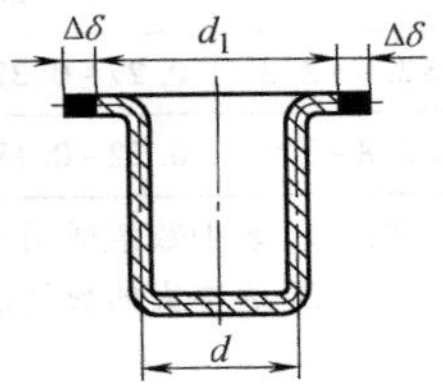
>25~50	2.5	2.0	1.8	1.6	
>50~100	3.5	3.0	2.5	2.2	
>100~150	4.3	3.6	3.0	2.5	
>150~200	5.0	4.2	3.5	2.7	
>200~250	5.5	4.6	3.8	2.8	
>250	6	5	4	3	

② 形状简单的旋转体拉深零件的毛坯尺寸。由于拉深后零件的平均厚度与毛坯厚度差别不大，厚度变化可以忽略不计，可根据拉深前毛坯与拉深后工件的表面积相同的原则，计算拉深件的毛坯尺寸。

对于各种形状简单的旋转体拉深零件毛坯直径 D，可以直接按表 3-21 中所列的公式计算。

2）拉深系数和拉深次数。对于带有凸缘的圆筒形零件，窄凸缘件拉深时的拉深系数完全参照圆筒形零件来计算，宽凸缘件拉深时的第一次拉深最大相对高度和极限位深系数见表 3-22 和表 3-24。后续拉深变形与圆筒形零件的拉深类似，所以从第二次拉深开始，可参照圆筒形零件来确定极限拉深系数。

表 3-21　形状简单的旋转体拉深零件毛坯直径 D 的计算公式

序号	零件形状	毛坯直径 D
1	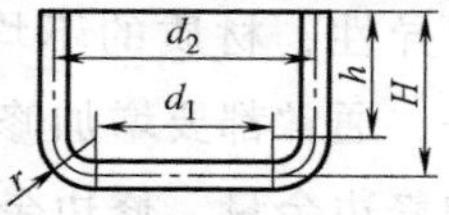	$\sqrt{d_1^2+4d_2h+6.28d_1r+8r^2}$ 或 $\sqrt{d_2^2+2d_2H-1.72d_2r-0.56r^2}$
2	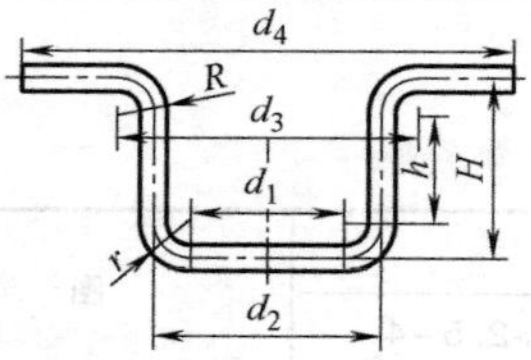	当 $r=R$ 时，$\sqrt{d_4^2+4d_2h-3.44d_2r}$ 当 $r\neq R$ 时，$\sqrt{d_1^2+6.28rd_1+8r^2+4hd_2+6.28Rd_2+4.56R^2+d_4^2-d_3^2}$
3	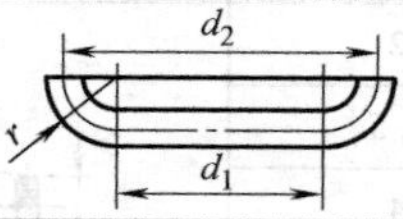	$\sqrt{d_1^2+2r(\pi d_1+4r)}$

表 3-22　带宽凸缘圆筒形零件第一次拉深的最大相对高度 h/d

凸缘相对直径 (d_1/d)	毛坯的相对厚度 (t/D)×100%					图示
	≤2~1.5	<1.5~1.0	<1.0~0.6	<0.6~0.3	<0.3~0.15	
≤1.1	0.90~0.75	0.82~0.65	0.70~0.57	0.61~0.50	0.52~0.45	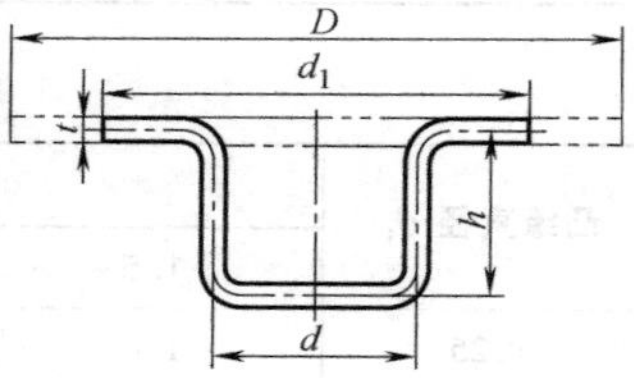
>1.1~1.3	0.80~0.65	0.72~0.56	0.60~0.50	0.53~0.45	0.47~0.40	
>1.3~1.5	0.70~0.58	0.63~0.50	0.53~0.45	0.48~0.40	0.42~0.35	
>1.5~1.8	0.50~0.48	0.53~0.42	0.44~0.37	0.39~0.34	0.35~0.29	
>1.8~2.0	0.51~0.42	0.46~0.36	0.38~0.32	0.34~0.29	0.30~0.25	
>2.0~2.2	0.45~0.35	0.40~0.31	0.33~0.27	0.29~0.25	0.26~0.22	
>2.2~2.5	0.35~0.28	0.32~0.25	0.27~0.22	0.23~0.20	0.21~0.17	
>2.5~2.8	0.27~0.22	0.24~0.19	0.21~0.17	0.18~0.15	0.16~0.13	
>2.8~3.0	0.22~0.18	0.20~0.16	0.17~0.14	0.15~0.12	0.13~0.10	

注：1. 表中数值适用于 10 钢，对于比 10 钢塑性好的金属，取较大值，否则取较小值。

2. 表中大的数值适用于大的圆角半径，小的数值适用于底部及凸缘上小的圆角半径。

表 3-23　带宽凸缘圆筒形零件第一次拉深的极限拉深系数 m_1（适用于 08 钢、10 钢）

凸缘相对直径 (d_1/d)	毛坯的相对厚度 (t/D)×100%					图示
	≤2~1.5	<1.5~1.0	<1.0~0.6	<0.6~0.3	<0.3~0.15	
≤1.1	0.51	0.53	0.55	0.57	0.59	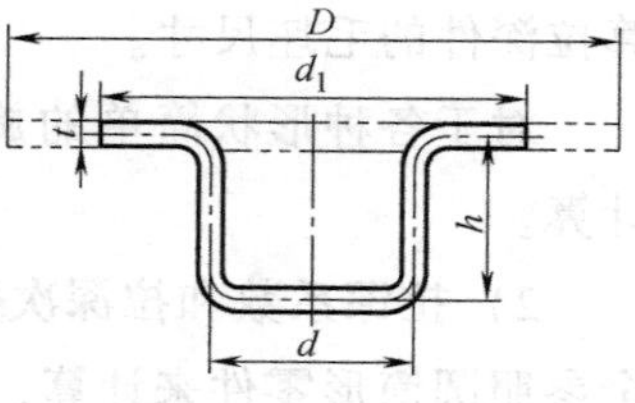
>1.1~1.3	0.49	0.51	0.53	0.54	0.55	
>1.3~1.5	0.47	0.49	0.50	0.51	0.52	
>1.5~1.8	0.45	0.46	0.47	0.48	0.48	
>1.8~2.0	0.42	0.43	0.44	0.45	0.45	
>2.0~2.2	0.40	0.4	0.42	0.42	0.42	
>2.2~2.5	0.37	0.38	0.38	0.38	0.38	
>2.5~2.8	0.34	0.35	0.35	0.35	0.35	
>2.8~3.0	0.32	0.33	0.33	0.33	0.33	

对于无凸缘圆筒形零件的拉深，生产上采用的最小极限拉深系数是考虑了各种具体条件后用试验方法求出的。多次拉深时，每道次的拉深系数都应大于极限拉深系数。低碳钢筒形件带压边的极限拉深系数见表 3-24。

表 3-24 低碳钢筒形件带压边的极限拉深系数

拉深次数	毛坯相对厚度 t/D(%)					
	2.0~1.5	1.5~1.0	1.0~0.6	0.6~0.3	0.3~0.15	0.15~0.08
第一次	0.48~0.50	0.50~0.53	0.53~0.55	0.55~0.58	0.58~0.60	0.60~0.63
第二次	0.73~0.75	0.75~0.76	0.76~0.78	0.78~0.79	0.79~0.80	0.80~0.82
第三次	0.76~0.78	0.78~0.79	0.79~0.80	0.80~0.81	0.81~0.82	0.82~0.84
第四次	0.78~0.80	0.80~0.81	0.81~0.82	0.82~0.83	0.83~0.85	0.85~0.86
第五次	0.80~0.82	0.82~0.84	0.84~0.85	0.85~0.86	0.86~0.87	0.87~0.88

注：1. 表中数据也适用于软黄铜 H62。对拉深性能偏低的 20、25、Q235、硬铝等材料，可取比表中数值大 1.5%~2.0%；对拉深性能偏高的 05、08S 深拉钢及软铝等材料，可取比表中数值小 1.5%~2.0%。

2. 表中数据适用于未经中间退火时的拉深。若采用中间退火，可取比表中数值小 2%~3%。

3. 表中较小值适用于大的凹模圆角半径 $R_{凹}=(8\sim15)t$，较大值适用于小的凹模圆角半径 $R_{凹}=(4\sim8)t$。

3）拉深力。拉深力通常是指其在拉深过程中的最大值 F_{max}。拉深力的确定，一般以危险截面所受拉应力必须小于该截面可承受的最大破坏应力为依据。但是，由于影响拉深力和危险截面破坏应力的因素比较复杂，生产中一般用经验公式计算拉深力。

① 筒形零件无压边圈时：

第一次拉深 $$F=1.25\pi(D-d_1)tR_m$$

以后各次拉深 $$F=1.3\pi(d_{n-1}-d_n)tR_m$$

② 筒形零件有压边圈时：

第一次拉深 $$F=\pi d_1 tR_m K_1$$

以后各次拉深 $$F=\pi d_n tR_m K_2$$

式中，F 是各次拉深力（N）；d_n 是第 n（$n=1$，2，…）次拉深直径（mm）；D 是毛坯直径（mm）；t 是材料厚度（mm）；R_m 是材料的抗拉强度（MPa）；K_1、K_2 是修正系数。

4）拉深凸、凹模工作部分尺寸。拉深模工作部分尺寸是指凹模圆角半径 r_d，凸模圆角半径 r_p，凸、凹模的间隙 c，凸模直径 D_p，凹模直径 D_d 等，如图 3-49 所示。

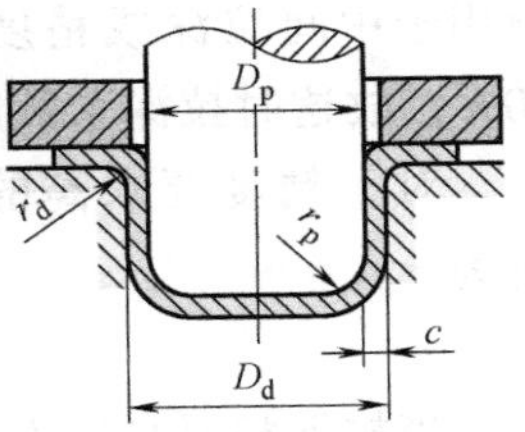

图 3-49 拉深模工作部分尺寸

① 凹模圆角半径 r_d。拉深时，凹模圆角半径的大小对拉深工作的影响非常大。它不仅影响拉深力的大小和拉深件的质量，还会影响拉深模具的寿命，所以 r_d 的值要合适。在生产上，一般应尽量避免采用过小的凹模圆角半径，在保证工件质量的前提下尽量取大值，以满足模具寿命的要求。首次拉深的凹模圆角半径 r_d 可按表 3-25 选取。

表 3-25 首次拉深的凹模圆角半径 r_d

首次拉深的凹模圆角半径 r_d	坯料厚度 t/mm				
	2.0~1.5	1.5~1.0	1.0~0.6	0.6~0.3	0.3~0.1
无凸缘拉深	$(4\sim7)t$	$(5\sim8)t$	$(6\sim9)t$	$(7\sim10)t$	$(8\sim13)t$
有凸缘拉深	$(6\sim10)t$	$(8\sim13)t$	$(10\sim16)t$	$(12\sim18)t$	$(15\sim22)t$

注：当材料性能好且润滑良好时，表中数值可适当减小。

后续各次拉深时 r_d 应逐步减小，其值可按下式确定，但必须满足 $r_d \geqslant 2t$，否则将很难拉深出所需零件，而只能靠拉深后整形得到所需零件

$$r_{dn}=(0.6\sim0.8)r_{d(n-1)}$$

② 凸模圆角半径 r_p。凸模圆角半径对拉深工序的影响没有凹模圆角半径大，但其值也必须合适。若凸模圆角半径 r_p 过小，拉深初期毛坯弯曲变形大，工件易产生局部变薄或拉裂；若凸模圆角半径 r_p 过大，则会使 r_p 处材料在拉深初期不与凸模表面接触，易出现底部变薄和内皱问题。

一般首次拉深时凸模的圆角半径为

$$r_p=(0.7\sim1.0)r_d$$

以后各次 r_p 可取各次拉深中直径减小量的一半，即

$$r_{p(n-1)}=\frac{d_{n-1}-d_n-2t}{2}$$

式中，$r_{p(n-1)}$ 是本次拉深的凸模圆角半径；d_{n-1} 是本次拉深的工件直径；d_n 是下次拉深的工件直径。

最后一次拉深时，r_{pn} 应等于零件的内圆角半径值，即

$$r_{pn}=r_{零件}$$

但 r_{pn} 不得小于材料厚度 t。如果必须获得较小的圆角半径，则最后一次拉深时仍取 $r_{pn}>r_{零件}$，拉深结束后再增加整形工序以得到 $r_{零件}$。

③ 凸、凹模的间隙 c。拉深模间隙 c 是指单面间隙。间隙的大小对拉深力、拉深件的质量、拉深模的寿命都有影响，因此拉深模的间隙值也应合适。确定 c 时要考虑压边状况、拉深次数和工件精度等，既要考虑板料本身的公差，又要考虑板料的增厚现象，间隙一般都比毛坯厚度略大一些。

无压边圈拉深模具的单边间隙 c 为

$$c=(1\sim1.1)t_{max}$$

式中，t_{max} 是材料的最大厚度；系数 1~1.1 中较小的值用于末次拉深或精密拉深件，较大的值用于中间拉深或精度要求不高的拉深件。采用较小间隙时，拉深力比一般情况要增大 20%，故这时拉深系数应加大。

对于精度要求高的拉深件，为了减小回弹和提高尺寸精度，最后一次拉深的间隙值为

$$c=(0.9\sim0.95)t$$

当拉深相对高度 $h/d<0.15$ 的工件时，为了克服回弹，应采用负间隙。

（3）弯曲件的冲压工艺参数

1）最小相对弯曲半径。由于影响板料最小相对弯曲半径的因素较多，故在实际应用中应考虑一些工艺因素的影响，其数值一般由试验方法确定。表 3-26 所列为最小相对弯曲半径的试验数值。

2）弯曲回弹值。在模具设计时，为保证生产出合格的弯曲件，必须预先考虑弯曲件回弹的影响，以适当的回弹量进行补偿。由于影响回弹量的因素很多，而且各因素之间往往相互影响，因此很难实现对回弹量的精确计算。一般情况下，可根据经验数据和简单计算来初步确定回弹角的大小，然后通过实际试模修正。

表 3-26 最小相对弯曲半径 r_{min}/t 的试验数值

材料	正火或退火		硬化	
	弯曲线方向			
	与轧纹垂直	与轧纹平行	与轧纹垂直	与轧纹平行
铝			0.3	0.8
退火纯铜	0	0.3	1.0	2.0
黄铜 H68			0.4	0.8
08F	0	0.3	0.2	0.5
08、10、Q215	0	0.4	0.4	0.8
15、20、Q235	0.1	0.5	0.5	1.0
25、30、Q255	0.2	0.6	0.6	1.2
35、40	0.3	0.8	0.8	1.5
45、50	0.5	1.0	1.0	1.7
硬铝(硬)	2.0	3.0	3.0	4.0
镁合金	300℃热弯		冷弯	
MA1-M	2.0	3.0	6.0	8.0
MA8-M	1.5	2.0	5.0	6.0
钛合金	300~400℃热弯		冷弯	
BT1、BT5	1.5	2.0	3.0	4.0
	3.0	4.0	5.0	6.0
钼合金(t≤2mm)	300~400℃热弯		冷弯	
BM1、BM2	2.0	3.0	4.0	5.0

注：本表用于板材厚度 t<10mm、弯曲角≥90°、剪切断面良好的情况。

3）弯曲件毛坯尺寸。弯曲件毛坯尺寸计算的原则是毛坯长度应该等于弯曲后工件中性层的长度。所以在计算弯曲件毛坯尺寸时，要首先确定中性层的位置。中性层位置可用其弯曲半径 ρ 表示，如图 3-50 所示。ρ 可按以下经验公式计算

$$\rho = r + xt$$

式中，ρ 是中性层弯曲半径（mm）；r 是内弯曲半径（mm）；t 是材料厚度（mm）；x 是中性层位移系数，见表 3-27。

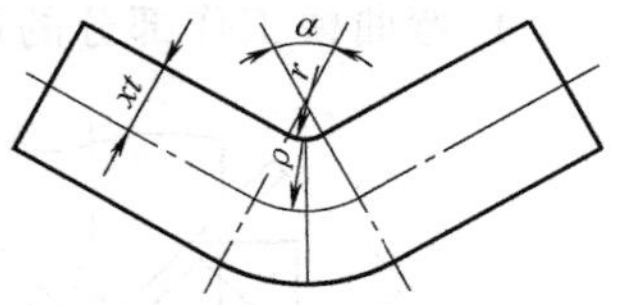

图 3-50 弯曲件的中性层

表 3-27 弯曲角为 90°时中性层位移系数 x 的值

r/t	0.1	0.2	0.3	0.4	0.5	0.6	0.7	0.8	1.0	1.2
x	0.21	0.22	0.23	0.23	0.25	0.26	0.28	0.30	0.32	0.33
r/t	1.3	1.5	2.0	2.5	3.0	4.0	5.0	6.0	7.0	≥8.0
x	0.34	0.36	0.38	0.39	0.40	0.42	0.44	0.46	0.48	0.50

4）弯曲力。弯曲力是设计弯曲模和选择压力机吨位的重要依据。特别是在弯曲板料较厚、弯曲变形程度较大、材料强度较大时，必须对弯曲力进行计算。由于影响弯曲力的因素较多，如材料性能、零件形状、弯曲方法、模具结构、模具间隙和模具工作表面质量等，因

此，用理论分析的方法很难准确计算弯曲力。生产中常用经验公式计算弯曲力数值，作为设计弯曲工艺过程和选择冲压设备的依据。

① 自由弯曲的弯曲力：

V 形件的弯曲力
$$F_{自}=\frac{0.6KBt^2R_m}{r+t}$$

U 形件的弯曲力
$$F_{自}=\frac{0.7KBt^2R_m}{r+t}$$

式中，$F_{自}$ 是自由弯曲在冲压行程结束时的弯曲力（N）；B 是弯曲件的宽度（mm）；t 是弯曲件的厚度（mm）；r 是弯曲件的内弯曲半径（mm）；R_m 是材料的抗拉强度（MPa）；K 是安全系数，一般 $K=1.3$。

② 校正弯曲的弯曲力。校正弯曲是在自由弯曲阶段以后，进一步对贴合凸模、凹模表面的弯曲件进行挤压，其校正弯曲力比自由弯曲时的弯曲力大得多。V 形弯曲件和 U 形弯曲件的校正弯曲力均按下式计算

$$F_{校}=Sp$$

式中，$F_{校}$ 是校正弯曲力（N）；S 是校正部分的投影面积（mm^2）；p 是单位面积上的校正力（MPa），其值见表 3-28。

表 3-28　单位面积上的校正力　（单位：MPa）

材料	板料厚度 t/mm			
	<1	1~3	3~6	6~10
铝	10~20	20~30	30~40	40~50
黄铜	20~30	30~40	40~60	60~80
10、15、20 钢	30~40	40~60	60~80	80~100
25、30 钢	40~50	50~70	70~100	100~120

5）弯曲模工作部分的尺寸。弯曲模工作部分的尺寸如图 3-51 所示。

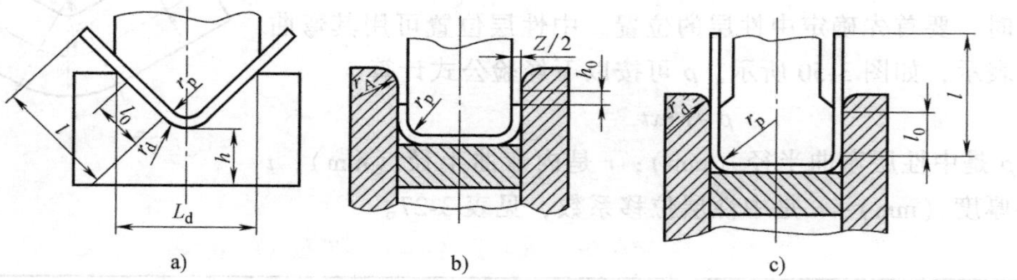

图 3-51　弯曲模工作部分的尺寸

① 凸模圆角半径 r_p。当工件的相对弯曲半径 r/t 较小时，凸模圆角半径 r_p 取为工件的弯曲半径，但不应小于最小弯曲半径值。当 $r/t>10$ 时，应考虑回弹，对 r_p 加以修正。

② 凹模圆角半径 r_d。凹模圆角半径 r_d 不能过小，以免擦伤工件表面，影响冲模寿命。r_d 值通常根据材料厚度选取，见表 3-29。

V 形件弯曲凹模的底部可开退刀槽或取圆角半径 $r_d=(0.6\sim0.8)(r_p+t)$。

③ 凹模深度 l_0。V 形件弯曲模的凹模深度 l_0 及底部最小厚度 h 值可查表 3-30，但应保证凹模开口宽度 L_d 不大于弯曲坯料展开长度的 80%。

表 3-29 凹模圆角半径 r_d

材料厚度 t/mm	凹模圆角半径 r_d
≤2	(3~6)t
2~4	(2~3)t
>4	2t

表 3-30 V 形件弯曲模的凹模深度 l_0 及底部最小厚度 h 值 （单位：mm）

弯曲件边长 l	材料厚度 t					
	≤2		2~4		>4	
	h	l_0	h	l_0	h	l_0
10~25	20	10~15	22	15	—	—
25~50	22	15~20	27	25	32	30
50~75	27	20~25	32	30	37	35
75~100	32	25~30	37	35	42	40
100~150	37	30~35	42	40	47	50

对于弯边高度不大或要求两边平直的 U 形件，其弯曲模凹模深度应大于零件高度，如图 3-51b 所示。对于弯边高度较大，而平直度要求不高的 U 形件，可采用图 3-51c 所示的凹模形式。

3.4.4 冲压模具

冲压模具（简称冲模）是通过加压将金属或非金属板料或型材分离、成形或接合而得到制件的工艺设备。冲模是冲压生产中使用的主要工艺设备，其结构合理与否对冲压件质量、生产率及模具寿命等都有很大的影响。

1. 冲模的分类

按工序的组合方式不同，冲模一般可分为简单冲模、连续冲模和复合冲模三种类型。

（1）简单冲模 简单冲模是在压力机的一次冲程中只完成一道工序的冲模。图 3-52 所示为落料用的简单冲模。凹模 7 通过压板 6 固定在下模板 5 上，下模板用螺栓固定在压力机的工作台上。凸模 11 通过压板 12 固定在上模板 2 上，上模板则通过模柄 1 与压力机的滑块连接。为使凸模 11 能对准凹模孔，并保持间隙均匀，通常设置有导柱 4 和导套 3。条料在凹模上沿两个导板 8 之间送进，直至碰到定位销

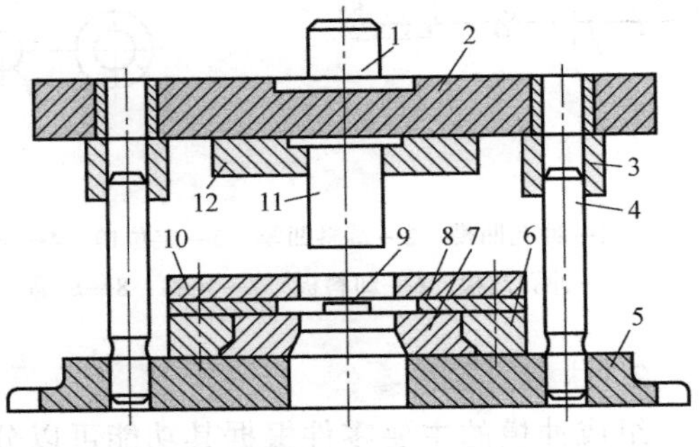

图 3-52 简单冲模

1—模柄 2—上模板 3—导套 4—导柱 5—下模板 6、12—压板 7—凹模 8—导板 9—定位销 10—卸料板 11—凸模

9 为止。凸模冲下的零件（或废料）进入凹模孔落下，而条料则夹附住凸模并随凸模一起回程向上运动。条料碰到卸料板 10 时（固定在凹模 7 上）则被推下。然后板料继续在导板间送进，重复上述动作，冲下第二个零件。简单冲模适用于生产批量不大的冲压件的生产。

（2）连续冲模　连续冲模是指在压力机的一次冲程中，坯料在冲模中只经过一次定位就可以完成数道工序的模具，如图 3-53 所示。工作时，上模向下运动，定位销 3 进入预先冲出的孔中使坯料 7 定位，落料凸模 4 进行落料，冲孔凸模 5 同时进行冲孔。上模在回程中，卸料板推下废料，然后再将坯料送进（距离由挡料销控制）进行第二次冲裁。连续冲模适合成批生产冲压件。

用连续模冲制零件时，必须解决条料准确定位的问题，这样才能保证冲压件的质量。典型连续模的结构形式按定位方式区分，主要有固定挡料销及导正销的连续模、有侧刃的连续模以及有自动挡料装置的连续模。在冲压生产中，连续模的结构设计内容是相当广泛的，其结构设计和制造技术的发展也相当迅速。例如，将装配工序引入连续模中，使冲压工序与装配工序合于一模，通过连续模直接完成冲压与装配。这种类型的模具被应用于生产之中，扩充了冲压的概念，扩大了冲模的功能，也扩展了冲压技术的应用领域。

（3）复合冲模　复合冲模是指在压力机的一次冲程中，在模具同一部位同时完成数道工序的冲模。图 3-54 所示为冲孔落料复合模的基本结构，其突出特点是模具中有一个凸凹模。它的外圆是落料凸模刃口，内孔则是冲孔凹模刃口。当滑块带着凸凹模向下运动时，条料在凸凹模外圆和落料凹模之间落料，在冲孔凸模和凸凹模内孔之间冲孔，同时完成落料与冲孔。图 3-55 所示为典型的冲孔落料倒装复合冲裁模装配图。复合模适用于产量大、精度要求较高的冲压件的生产。

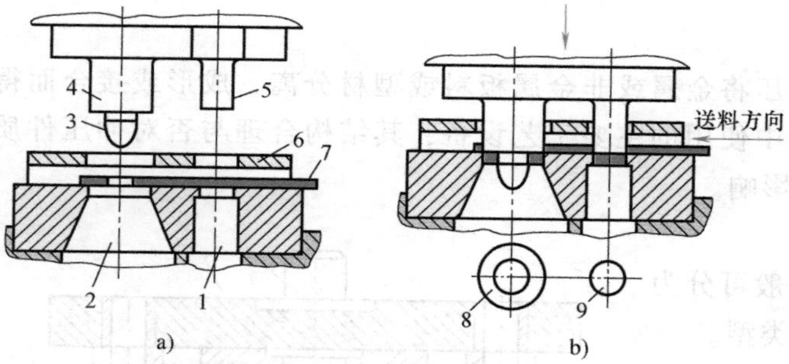

图 3-53　连续冲模

1—冲孔凹模　2—落料凹模　3—定位销　4—落料凸模　5—冲孔凸模　6—卸料板　7—坯料　8—成品　9—废料

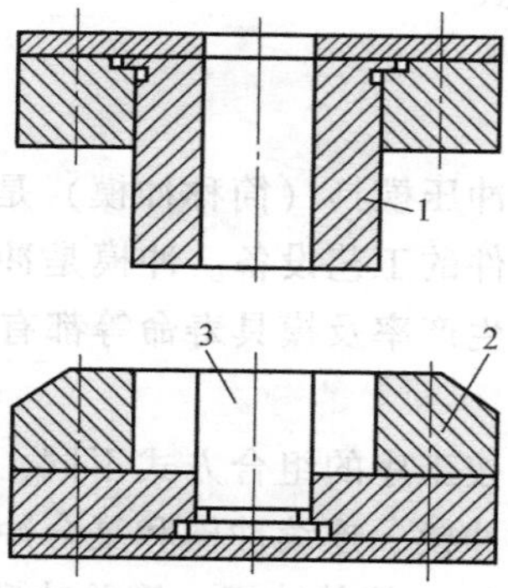

图 3-54　冲孔落料复合模的基本结构

1—凸凹模　2—落料凹模　3—冲孔凸模

2. 冲模的主要零件

组成冲模的主要零件根据其功能可以分为两大类：工艺结构零件和辅助结构零件。

（1）工艺结构零件　这类零件直接参与完成工艺过程，并且与毛坯直接发生作用，主要包括工作零件，定位零件和压料、卸料及出件零件。例如：工作零件凸模又称冲头，它与凹模共同作用，使板料分离或变形以完成冲压过程，它们是冲模的主要工作部分；定位零件导料板控制坯料的进给方向，定位销控制送进量；卸料板是用来卸除冲压后套在凸模上的工

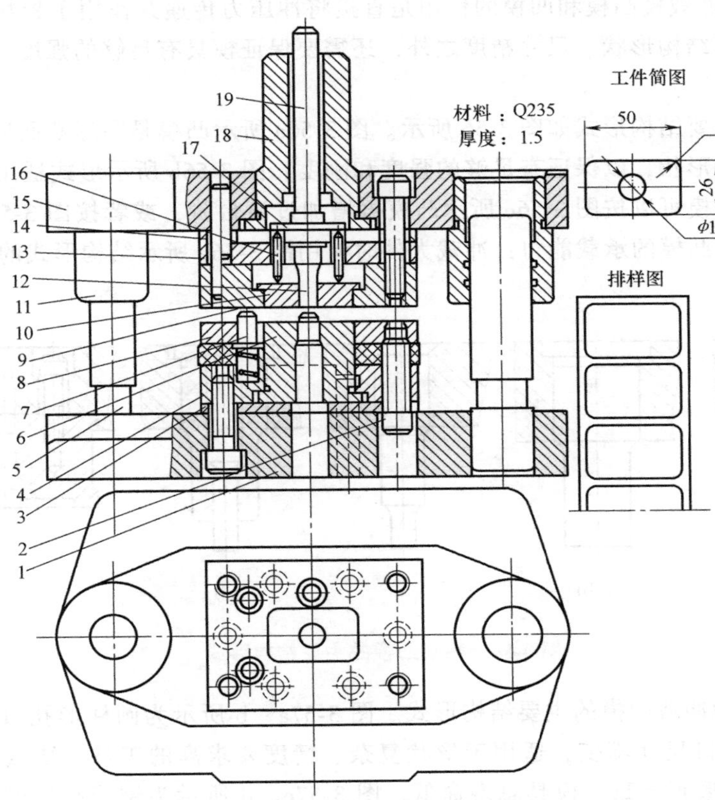

图 3-55 冲孔落料倒装复合冲裁模

1—下模座 2—卸料螺钉 3、14—垫板 4—凸凹模固定板 5—导柱 6—凸凹模 7—活动导料销 8—卸料板 9—落料凹模 10—推件板 11—导套 12—冲孔凸模 13—冲孔凸模固定板 15—上模座 16—推杆 17—推板 18—模柄 19—顶件杆

件或废料。

（2）辅助结构零件 此类零件不直接参与完成工艺过程，也不与毛坯直接作用，只是对完成工艺过程起辅助作用，使模具的功能更加完善，主要包括导向零件、固定零件和紧固及其他零件。例如：导向零件导套和导柱用来保证上、下模对准；固定零件上模板用以固定凸模、模柄等零件，下模板则用以固定凹模、送料和卸料构件等。

冲模的主要零件分类见表 3-31。

表 3-31 冲模的主要零件分类

工艺结构零件			辅助结构零件		
工作零件	定位零件	压料、卸料及出件零件	导向零件	固定零件	紧固及其他零件
凸模 凹模 凸凹模	挡料销和导正销 导料板 定位销、定位板 侧压板 侧刃	卸料板 压边圈 顶件器 推件器	导柱 导套 导板 导筒	上、下模座 模柄 凸、凹模固定板 垫板 限位支承装置	螺钉 销钉 键 其他

下面分别介绍冲裁、弯曲、拉深模具工作零件及其尺寸的确定方法。

1）冲裁模。冲裁模凸模和凹模的作用是直接将冲压力传递并作用于板料之上。在设计时，除了要考虑其结构形状、尺寸精度之外，还需要保证模具有足够的强度、刚度、韧性及耐磨性等。

冲裁凸模的主要结构形式如图 3-56 所示。图 3-56a 所示凸模是圆形断面标准形式，它采用圆角过渡的阶梯形状，以保证有足够的强度和刚度；图 3-56b 所示形式适用于长径比较小的凸模；细长形凸模可以按图 3-56c 所示凸模再增加过渡台阶，或者按图 3-56d 所示凸模加护套结构，以提高凸模的承载能力；冲裁大件时常用图 3-56e 所示结构形式的凸模。

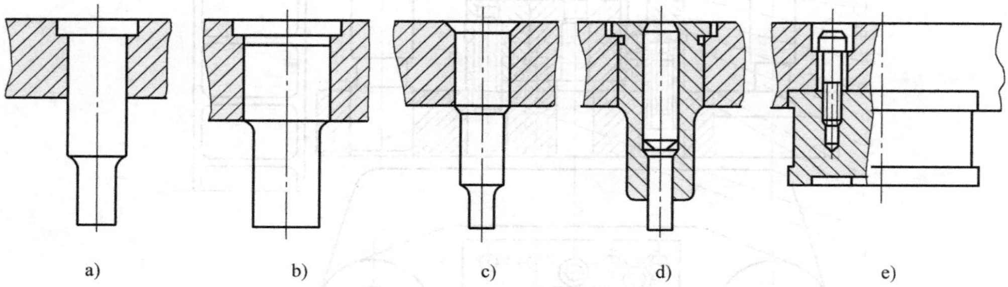

图 3-56　冲裁凸模的主要结构形式

图 3-57 所示为冲裁凹模的主要结构形式。图 3-57a、b 所示为圆柱形孔口凹模，其刃口强度高，修磨后孔口尺寸不变，适用于形状复杂、精度要求高的工件；缺点是孔内积存工件，增加冲裁力，磨损严重，模具总寿命低。图 3-57c、d 所示为锥形孔口凹模，孔内不积料，胀力小，每次修磨量小，但刃口强度低，修磨后孔口尺寸增加，用于精度不高、形状简单的薄料制品。图 3-57e 所示为低硬度凹模，一般淬火硬度为 35～40HRC，用于薄、软的金属和非金属材料，斜面可以敲击，便于调整模具。

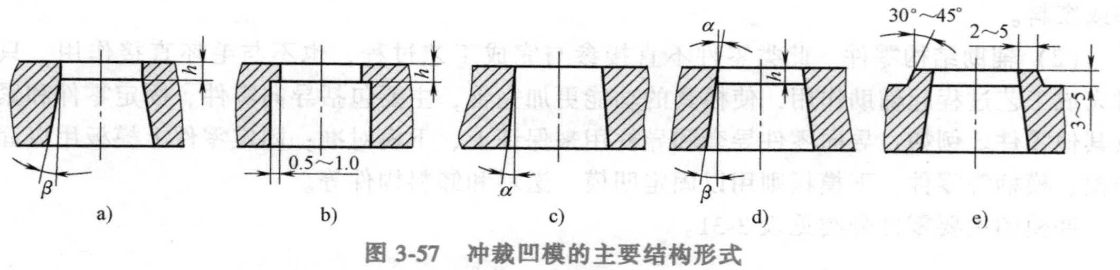

图 3-57　冲裁凹模的主要结构形式

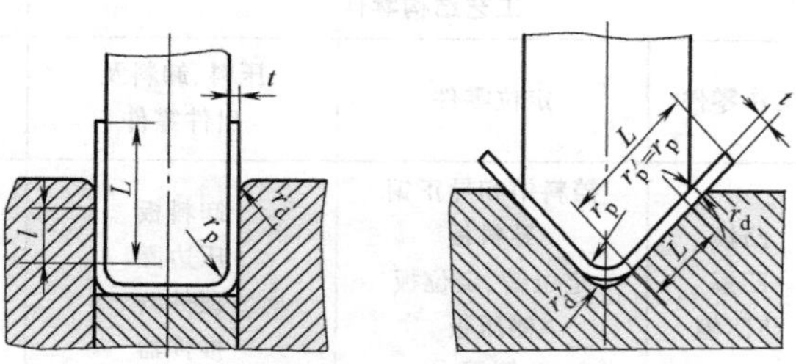

图 3-58　弯曲模工作部分的尺寸

模具材料采用 T10A、9Mn2V、Cr12、CrWMn 等，热处理硬度为 58～62HRC。凹模壁厚和高度可按有关经验公式计算，冲裁件形状简单时，凹模壁厚取偏小值；凹模高度随着冲件批量加大需要增加总修磨量。

2）弯曲模。弯曲模工作部分的尺寸主要是指凸、凹模的圆角半径和凹模深度，U

形件弯曲模还需要确定凸、凹模之间的间隙，如图 3-58 所示。

V 形件弯曲模的凸模圆角半径和角度，可根据工件的内圆角半径和角度以及回弹情况确定。凹模圆角半径 r_d'应取小于工件相应部分的外圆角半径（r_p+t），其中 r_p 为凸模圆角半径。U 形件弯曲模的凸模与凹模之间的间隙可按下式计算

$$Z=t_{max}+ct$$

式中，t_{max}是材料最大厚度（mm）；c 是间隙系数，其值及凹模深度可查有关手册或资料。

3）拉深模。拉深模工作部分的结构形状和尺寸对拉深时毛坯变形和拉深件质量的影响很大。由于拉深方法、变形程度、零件形状、尺寸及其精度的要求不同，拉深模的结构形式也不同。无压料时拉深模工作部分的主要结构形式如图 3-59 所示。其中图 3-59a 所示的圆弧形凹模结构简单，加工方便，是常用的拉深凹模结构形式；图 3-59b 所示的锥形凹模、图 3-59c所示的渐开线形凹模和图 3-59d 所示的等切面形凹模对抗失稳起皱有利，但加工较

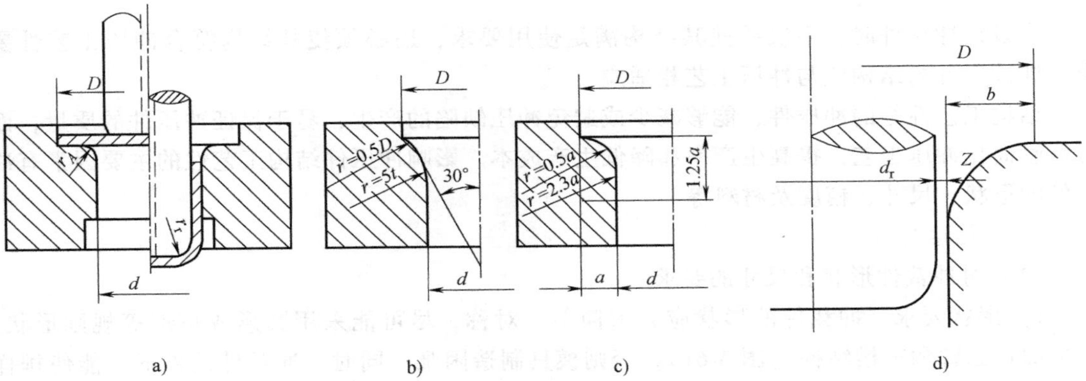

图 3-59 无压料时拉深模工作部分的主要结构形式

a）圆弧形 b）锥形 c）渐开线形 d）等切面形

复杂，主要用于拉深系数较小的拉深件。图 3-60 所示为有压料时拉深模工作部分的主要结构形式，图 3-60a 所示结构用于直径小于 100mm 的拉深件，图 3-60b 所示结构用于直径大于 100mm 的拉深件。这种结构除了具有锥形凹模的特点外，还可减轻坯料的反复变形，以提高工件侧壁质量。拉深凹模的圆角半径可按以下经验公式确定

$$r_d=0.8\sqrt{(D-d)t}$$

式中，r_d 是凹模圆角半径（mm）；D 是毛坯直径（mm）；d 是凹模内径（mm）；t 是板料厚度（mm）。

首次拉深凹模是圆角半径也可按有

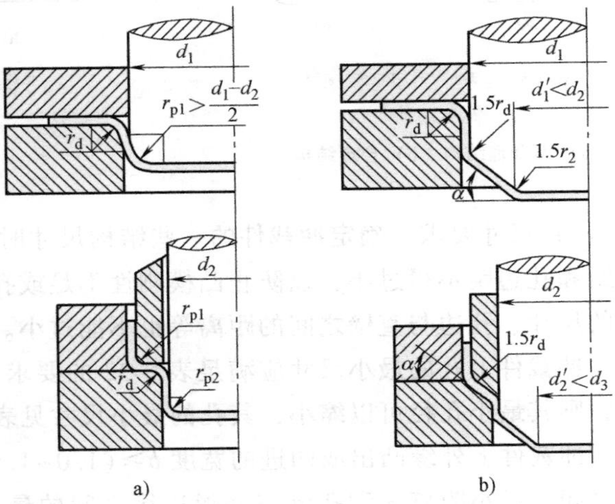

图 3-60 有压料时拉深模工作部分的主要结构形式

关手册或者资料选取，以后各次拉深的凹模圆角半径逐渐减小，可按下式确定

$$r_{di}=(0.6\sim0.9)r_d(i=2,3,\cdots,n)$$

通常拉深凸模的圆角半径可以取为凹模圆角半径。当然，在确定凸模圆角半径时还需要考虑后续工序的要求，而最后一道拉深工序的凸模圆角半径应等于成品零件相应部位的尺寸。

3. 冲压设备的选择

冲压生产中常用的设备是剪床和压力机。剪床用来把板料剪切成一定宽度的条料，以供下一步冲压工序使用。压力机用来实现冲压工序，以制成所需形状和尺寸的成品零件。压力机的最大吨位现已达40000kN。常用的冲压设备有开式压力机和闭式压力机，闭式压力机又分单动压力机和双动压力机。此外，液压机也普遍用于冲压加工。选择冲压设备时，一般应首先根据冲压工序的性质选定设备类型，再根据冲压工序所需的冲压力和模具尺寸选定冲压设备的技术参数。

3.4.5 冲压件的结构工艺性

在设计冲压件时，不仅要使其结构满足使用要求，还必须使其结构符合冲压工艺性要求，即冲压件的结构应与冲压工艺相适应。

结构工艺性好的冲压件，能够减少或避免冲压缺陷的产生，易于保证冲压件的质量，而且能够简化冲压工艺，提高生产率和降低生产成本。影响冲压件结构工艺性的主要因素有冲压件的形状、尺寸、精度及材料等。

1. 冲裁件的结构工艺性

(1) 对冲裁件形状和尺寸的要求

1) 形状要求。冲裁件的形状应力求简单、对称，尽可能采用圆形或矩形等规则形状，避免细长悬臂和窄槽结构（图3-61），否则模具制造困难。同时，冲裁件的外形应能使排样合理，废料最少，以提高材料的利用率（图3-62）。

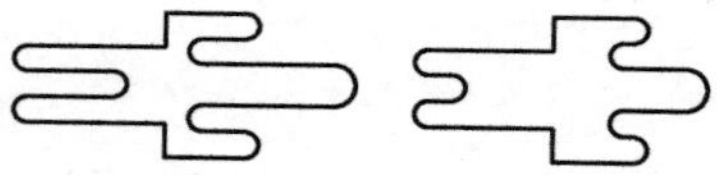

a) b)

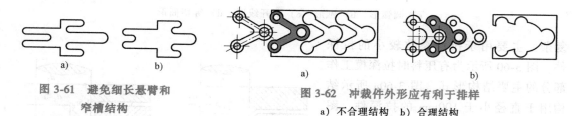

图3-61 避免细长悬臂和窄槽结构

a) 不合理结构 b) 合理结构

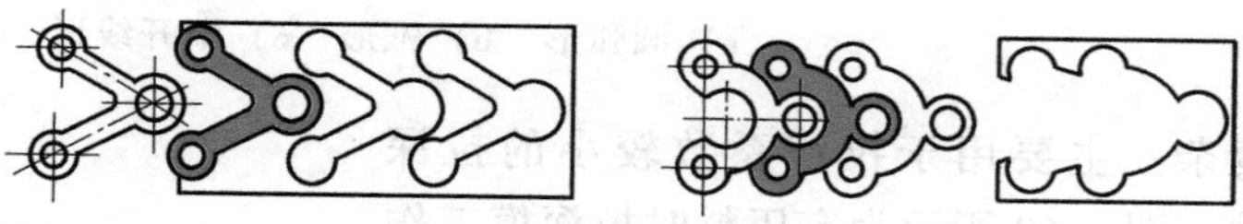

a) b)

图3-62 冲裁件外形应有利于排样

a) 不合理结构 b) 合理结构

2) 尺寸要求。确定冲裁件的一些结构尺寸时，必须考虑材料的厚度。例如，孔径、孔间距和孔边距不得过小，以防止凸模刚性不足或孔边冲裂。为避免工件变形，外缘凸出或凹进的尺寸、孔边与直壁之间的距离等也不能过小。

冲裁件上孔的最小尺寸应满足表3-32的要求。若对冲孔凸模采用保护措施，如加保护套，则其最小孔径可以缩小，其孔的最小尺寸见表3-33。

冲裁件上外缘凸出或凹进的宽度 $b\geqslant(1.0\sim1.5)t$。冲裁件上若有多个内孔，则孔壁与孔壁之间的最小距离 a 和孔壁与外形边缘之间的最小距离 a 应满足 $a\geqslant2t$，且 $a>3\text{mm}$，如图3-63所示。

表 3-32 冲裁件上孔的最小尺寸

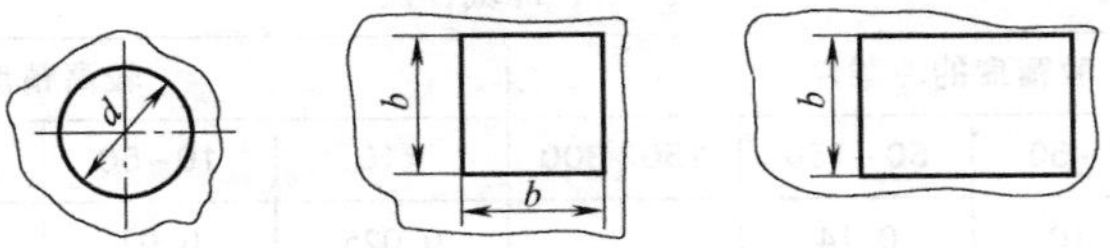

材料	圆孔	方孔	长方孔
硬钢	$d \geq 1.3t$	$b \geq 1.2t$	$b \geq 1.0t$
软钢、黄铜	$d \geq 1.0t$	$b \geq 0.9t$	$b \geq 0.8t$
铝	$d \geq 0.8t$	$b \geq 0.7t$	$b \geq 0.6t$
纸胶板	$d \geq 0.6t$	$b \geq 0.5t$	$b \geq 0.4t$

注：1. d 不能小于等于 3mm。
2. t 为板材厚度（mm）。

表 3-33 带保护套凸模上孔的最小尺寸

材 料	圆孔直径 d	方孔及长方形孔的最小边长 b
硬钢	$d \geq 0.5t$	$b \geq 0.4t$
软钢、黄铜	$d \geq 0.35t$	$b \geq 0.3t$
铝	$d \geq 0.3t$	$b \geq 0.28t$

注：t 为板材厚度（mm）。

3）圆角连接。冲裁件上直线与直线、曲线与直线的交接处均应用圆角连接，以避免交角处应力集中而产生裂纹。落料件、冲孔件的最小圆角半径见表 3-34。

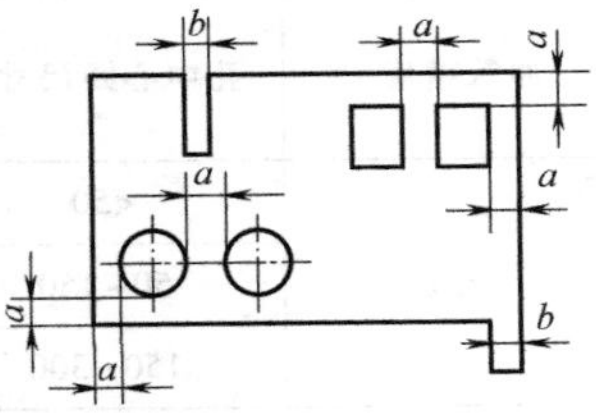

图 3-63 冲裁件各部位的尺寸

（2）冲裁件的公差等级和断面的表面粗糙度

1）公差等级。普通冲裁件内、外形尺寸的经济公差等级不高于 IT11 级，一般落料件的公差等级最好低于 IT10 级，冲孔件公差等级最好低于 IT9 级。普通冲裁件外形与内孔的尺寸公差、孔中心距的尺寸公差、孔中心与边缘的尺寸公差分别见表 3-35～表 3-37。

2）断面的表面粗糙度。冲裁件断面的表面粗糙度和飞边与材料的塑性、材料厚度、冲裁模间隙、刃口的锐钝以及模具结构有关，断面的表面粗糙度值一般为 $Ra12.5 \sim 50\mu m$，最小可达 $Ra6.3\mu m$。断面所允许的飞边高度见表 3-38。

表 3-34 落料件、冲孔件的最小圆角半径

工序	圆弧角	最小圆角半径		
		黄铜、纯铜、铝	低碳钢	合金钢
落料	$\alpha \geq 90°$	$0.18t$	$0.25t$	$0.35t$
	$\alpha < 90°$	$0.35t$	$0.50t$	$0.70t$
冲孔	$\alpha \geq 90°$	$0.20t$	$0.30t$	$0.45t$
	$\alpha < 90°$	$0.40t$	$0.60t$	$0.90t$

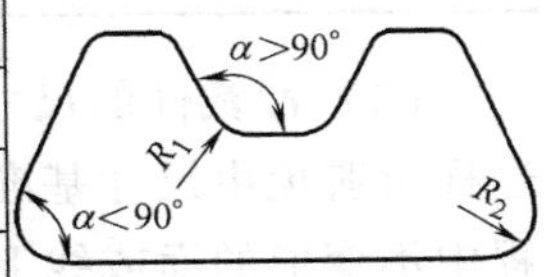

注：t 为板材厚度（mm）。

表 3-35　普通冲裁件外形与内孔的尺寸公差　（单位：mm）

板料厚度 t	冲裁件尺寸							
	一般精度的冲裁件				较高精度的冲裁件			
	<10	10~50	50~150	150~300	<10	10~50	50~150	150~300
0.2~0.5	$\frac{0.08}{0.05}$	$\frac{0.10}{0.08}$	$\frac{0.14}{0.12}$	0.20	$\frac{0.025}{0.02}$	$\frac{0.03}{0.04}$	$\frac{0.05}{0.08}$	0.08
0.5~1	$\frac{0.12}{0.05}$	$\frac{0.16}{0.08}$	$\frac{0.22}{0.12}$	0.30	$\frac{0.03}{0.02}$	$\frac{0.04}{0.04}$	$\frac{0.06}{0.08}$	0.10
1~2	$\frac{0.18}{0.06}$	$\frac{0.22}{0.10}$	$\frac{0.30}{0.16}$	0.50	$\frac{0.04}{0.03}$	$\frac{0.06}{0.06}$	$\frac{0.08}{0.10}$	0.12
2~4	$\frac{0.24}{0.08}$	$\frac{0.28}{0.12}$	$\frac{0.40}{0.20}$	0.70	$\frac{0.06}{0.04}$	$\frac{0.08}{0.08}$	$\frac{0.10}{0.12}$	0.15
4~6	$\frac{0.30}{0.10}$	$\frac{0.35}{0.15}$	$\frac{0.50}{0.25}$	1.0	$\frac{0.10}{0.06}$	$\frac{0.12}{0.10}$	$\frac{0.15}{0.15}$	0.20

注：1. 分子为外形尺寸公差，分母为内孔尺寸公差。

2. 一般精度的冲裁件公差等级采用 IT8~IT7 级的普通冲裁模；较高精度的冲裁件公差等级采用 IT7~IT6 级的高级冲裁模。

表 3-36　普通冲裁件孔中心距尺寸公差　（单位：mm）

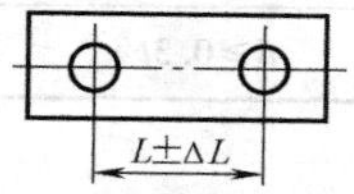

冲裁精度	孔中心距尺寸 L	材料厚度 t			
		<1	1~2	2~4	4~6
一般	<50	±0.10	±0.12	±0.15	±0.20
	50~150	±0.15	±0.20	±0.25	±0.30
	150~300	±0.20	±0.30	±0.35	±0.40
高级	<50	±0.03	±0.04	±0.06	±0.08
	50~150	±0.05	±0.06	±0.08	±0.10
	150~300	±0.08	±0.10	±0.12	±0.15

表 3-37　普通冲裁件孔中心与边缘的尺寸公差　（单位：mm）

板料厚度 t	孔中心与边缘尺寸				板料厚度 t	孔中心与边缘尺寸			
	<50	50~120	120~220	220~320		<50	50~120	120~220	220~320
<2	±0.5	±0.6	±0.7	±0.8	>4	±0.7	±0.8	±1.0	±1.2
2~4	±0.6	±0.7	±0.8	±1.0					

（3）冲裁件的尺寸基准　冲裁件的结构尺寸基准应尽可能与制造时的定位基准重合，这样可避免由尺寸基准不重合带来的尺寸误差。冲孔件的孔位尺寸基准应尽量选择在冲压过程中不变形的面或线上，这样孔位尺寸就易于得到保证。如图 3-64a 所示，尺寸 B 与 C 的基准标注在零件轮廓上，由于模具制造公差及模具刃口磨损的影响，必然会造成孔中心距尺寸的不稳定；图 3-64b 所示为正确的标注方法。

表 3-38 断面所允许的飞边高度 （单位：mm）

板料厚度 t	≤0.3	>0.3~0.5	>0.5~1.0	>1.0~1.5	>1.5~2.0
新模试冲时允许的飞边高度	≤0.015	≤0.02	≤0.03	≤0.04	≤0.05
生产时允许的飞边高度	≤0.05	≤0.08	≤0.10	≤0.13	≤0.15

2. 拉深件的结构工艺性

（1）对拉深件结构和尺寸的要求

1）拉深件的外形应简单、对称，深度不宜过大，这样容易成形。拉深件的形状有回转体形、非回转体对称形和非对称空间形三类。其中以回转体形，尤其是直径不变的杯形件最易拉深，其模具制造也方便。

2）拉深件的圆角半径在不增加工序的情况下，其最小允许值如图 3-65 所示，否则将增加拉深次数和整形工作。另外，带凸缘拉深件的凸缘尺寸要合理，不宜过大或过小，否则会造成拉深困难或导致压边圈失去作用。

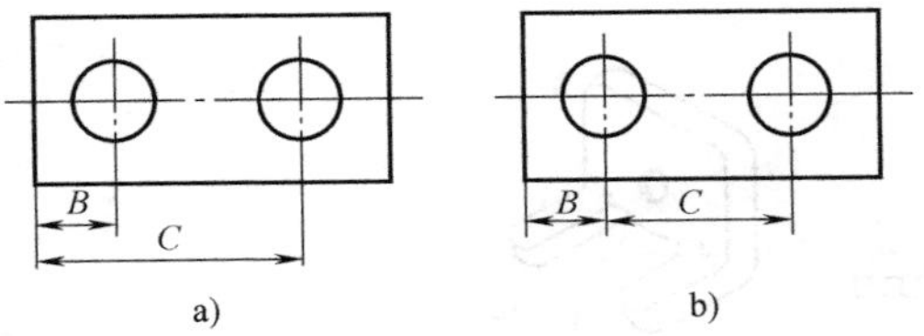

图 3-64 冲裁件尺寸基准的标注

a）不正确标注 b）正确

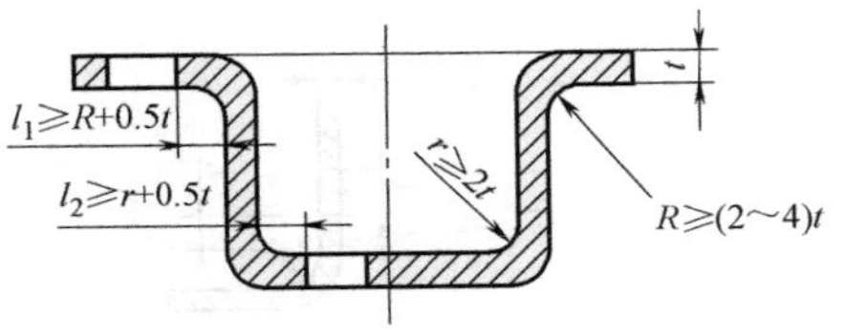

图 3-65 拉深件的圆角半径和孔

3）拉深件上的孔应避开转角处，防止孔变形，便于冲孔，如图 3-65 所示。

4）拉深件的壁厚变薄量一般要求不超出拉深工艺的变化规律（最大变薄量为 10%~18%）。拉深件应尽量避免直径小而深度过大，否则不仅需要多副模具进行多次拉深，还容易出现废品。拉深件的高度应尽可能小，以便能通过 1~2 次拉深工序成形。

（2）对拉深件精度的要求

1）由于拉深件各部位的厚度有较大变化，所以对零件图上的尺寸应明确标注是外壁尺寸还是内壁尺寸，不能同时标注内、外尺寸。

2）由于拉深件有回弹，所以零件横截面的尺寸公差等级一般都在 IT12 级以下。如果零件公差等级要求高于 IT12 级，则应增加整形工序来提高尺寸精度。

3）对于多次拉深的零件，其外表面或凸缘表面允许有拉深过程中产生的印痕和口部的回弹变形，但必须保证符合精度要求。

3. 弯曲件的结构工艺性

（1）对弯曲件结构和尺寸的要求

1）弯曲件的形状应尽量对称，尽量采用 V 形、Z 形等简单、对称的形状，以利于制模和减少弯曲次数。

2）弯曲半径不能小于材料允许的最小弯曲半径，并应考虑材料的纤维方向，以防弯曲过程中因应力集中而弯裂，可在弯曲前钻出止裂孔，以防裂纹的产生，如图 3-66 所示。但弯曲半径也不宜过大，以免因回弹量过大而使弯曲件精度降低。

3）弯曲边过短时不易成形，故应使弯曲边平直部分的长度 $h>2t$（t 为材料厚度）。如果要求 h 很小，则需先留出适当的余量以增大 h，弯好后再切去所增加的金属，或者采用预压工艺槽的办法来解决，如图 3-67 所示。

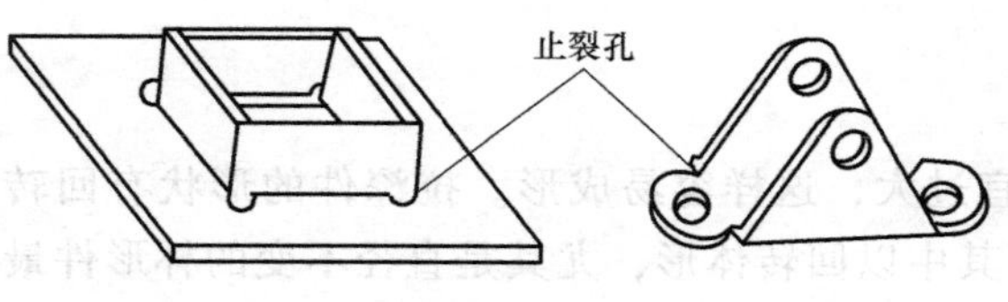

图 3-66　弯曲件上的止裂孔

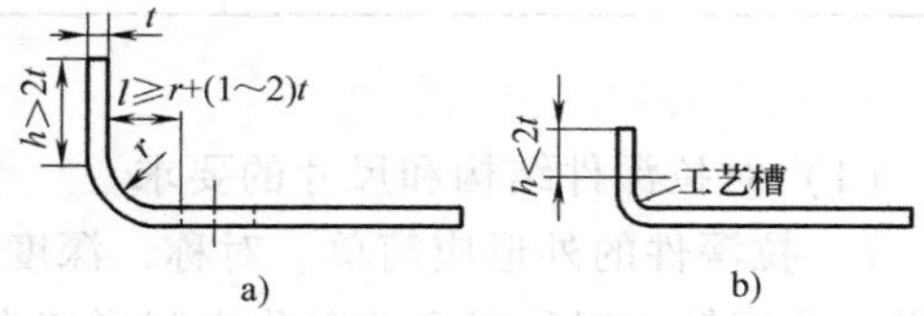

图 3-67　弯曲边高度

a）未预压工艺槽　b）预压工艺槽

4）弯曲带孔件时，为避免孔变形，孔的位置应如图 3-68 所示，图中 $L>(1.5\sim2)t$。当 L 过小时，可在弯曲线上冲工艺孔或开工艺槽。由于对零件孔的精度要求较高，应弯曲后再冲孔。

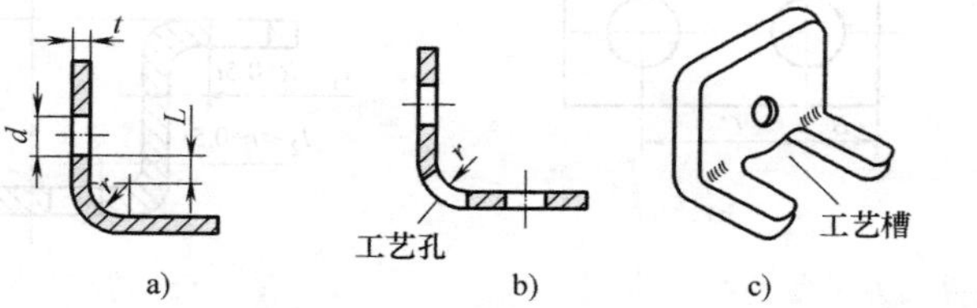

图 3-68　避免弯曲件孔变形的办法

a）控制孔边与弯曲中心距离　b）冲工艺孔　c）冲工艺槽

（2）对弯曲件精度的要求　弯曲件的精度受坯料定位、偏移、翘曲和回弹等因素的影响，弯曲工序越多，精度就越低。一般弯曲件的经济公差等级在 IT13 级以下，角度公差大于 15′。弯曲件未注公差的长度尺寸的极限偏差见表 3-39，弯曲件角度的自由公差见表 3-40。

表 3-39　弯曲件未注公差的长度尺寸的极限偏差　（单位：mm）

长度尺寸 l		3~6	6~18	18~50	50~120	120~260	260~500
板料厚度 t	<2	±0.3	±0.4	±0.6	±0.8	±1.0	±1.5
	2~4	±0.4	±0.6	±0.8	±1.2	±1.5	±2.0
	>4	—	±0.8	±1.0	±1.5	±2.0	±2.5

表 3-40　弯曲件角度的自由公差

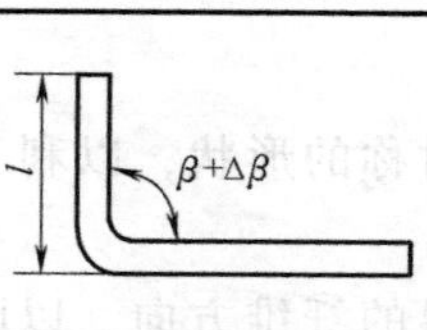	l/mm	<6	6~10	10~18	18~30	30~50
	Δβ	±3°	±2°30′	±2°	±1°30′	±1°15′
	l/mm	50~80	80~120	120~180	180~260	260~360
	Δβ	±1°	±50′	±40′	±30′	±25′

4. 改进结构以简化工艺及节省材料

1）对于形状复杂的冲压件，可采用冲焊结构，即先分别冲制若干个简单件，再将其焊成整体件，如图 3-69 所示。

2）采用冲口工艺，以减少组合件的数量（图 3-70），从而可节省材料，简化工艺过程。

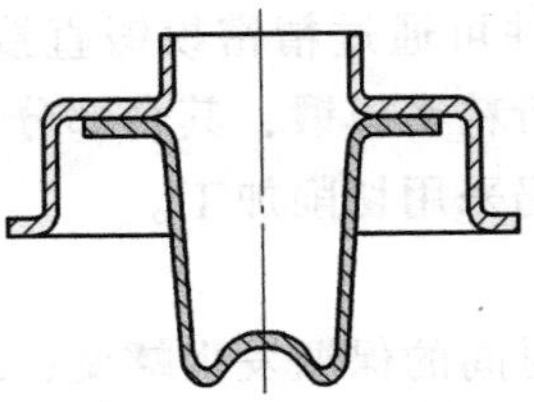

图 3-69 冲焊结构零件

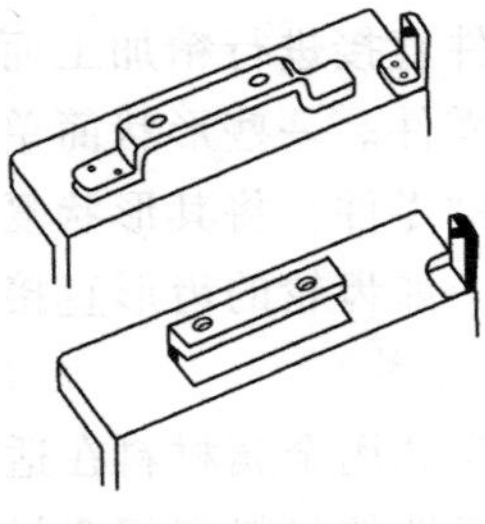

图 3-70 冲口工艺的应用

3）在使用性能不变的情况下，应尽量简化冲压件结构，以减少工序，节省材料，降低成本。

3.5 先进塑性成形技术

3.5.1 先进模锻技术

1. 精密模锻

精密模锻因其锻造温度较低，也称为温模锻。它是在模锻设备上锻造出形状复杂、高精度锻件的模锻工艺。如精密模锻锥齿轮，其齿形部分可直接锻出而不必再经过切削加工。精密模锻件的尺寸公差等级可达 IT12~IT15，表面粗糙度值为 *Ra*3.2~1.6μm。图 3-71 所示为 TS12 差速齿轮锻件图。

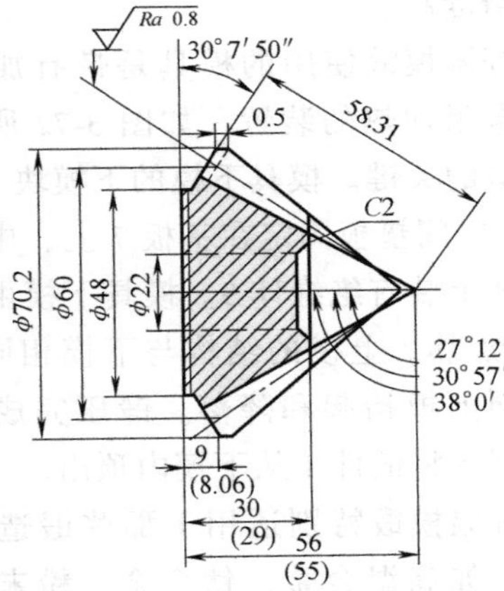

图 3-71 TS12 差速齿轮锻件图

一般精密模锻工艺过程：先将原始坯料用普通模锻工艺制成中间坯料；然后对中间坯料进行严格清理，除去氧化皮和缺陷；最后在无氧化或少氧化气氛中加热，再进行精密模锻。

精密模锻成形的温度介于冷锻和热锻温度范围内，其在成形特性方面有别于冷锻和热锻。为了最大限度地减少氧化，省去中间热处理工步，提高精密模锻件的品质，精密模锻过程的加热温度较低。

精密模锻的工艺特点如下：

1）要求使用高质量的毛坯。需精确地计算原始坯料的尺寸，否则会增大锻件尺寸公差。

2）需精细清理坯料表面，除净坯料表面的氧化皮、脱碳层及其他缺陷等。

3）为提高锻件的尺寸精度和降低表面粗糙度值，采用无氧化或少氧化的加热方法。

4）精密模锻锻件的精度在很大程度上取决于锻模的加工精度，因此，精锻模膛的精度必须很高，一般要比锻件的精度高两级。精密锻模上一定有导柱、导套结构，以保证合模准确。为排除模膛中的气体，减小金属流动阻力，使金属更好地充满模膛，在凹模上应开有排气小孔。

目前，精密模锻主要应用在以下两个方面：①利用精密模锻工艺取代粗切削加工工序，将精密模锻件直接进行精加工而获得成品，如齿轮坯、中小型阀体等；②通过精密模锻基本可获得成品零件。一些形状简单、尺寸精度要求不高的零件可通过精密模锻直接得到成品；而另一些关键零件，将其形状复杂、难以切削加工部分进行精密模锻，其余部分仍采用少量的切削加工，如齿轮的齿形直接用精密模锻成形，而键槽仍采用切削加工。

2. 等温模锻

等温模锻利用金属材料在适当高温和应力下，经过长时间的保温发生蠕变；或利用具有应变速率敏感性的材料和相变材料等所出现的超塑性条件，来实现薄壁、高筋、形状复杂或难变形金属的成形。

等温模锻由于克服了常规热变形过程中坯料温度变化的问题，而具有如下特点：

1）降低了材料的变形抗力。在等温模锻过程时，在变形速度较低的情况下，材料软化过程进行得比较充分，使材料的变形抗力降低。

2）提高了材料的塑性流动能力。等温模锻时变形速度较低，延长了材料的变形时间，提高了材料的塑性流动能力，这使形状复杂、具有窄筋制品的锻造成为可能。

3）锻件尺寸精度高、表面质量好、组织均匀、性能优良。等温模锻坯料的加热温度比普通模锻低100~400℃，加热时间缩短了1/3~2/3，减少了氧化、脱碳等缺陷，提高了锻件的表面质量；由于坯料内部温度分布均匀，所以锻件组织均匀、内部残余应力小、性能优良；又由于材料变形抗力小，变形温度波动小，减少了模具的弹性变形，使锻件几何尺寸稳定、精度高。

等温模锻使用的模具是带有加热器进行感应加热或电阻加热的装置，如图3-72所示，它是实现等温模锻的关键。模具下模的下模块4支承在中间垫板6上，中间垫板固定在基板7上，中间垫板与基板的壳体8上装有绝缘体9。模具下模由用水冷却的感应器10加热。上模的结构与下模相同，上模感应器3可随同上模抬起和降落。锻压完成后模具开启，由顶料杆5将锻件1从下模内顶出。

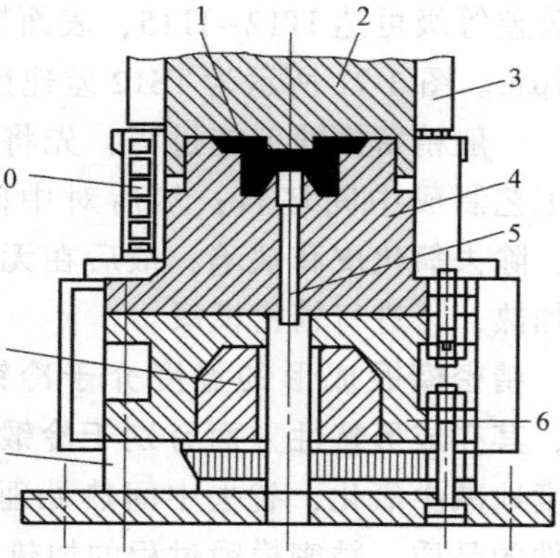

图3-72 带有感应器的等温模锻模具示意图

1—锻件 2—上模块 3—上模感应器 4—下模块 5—顶料杆 6—中间垫板 7—基板 8—壳体 9—绝缘体 10—感应器

等温模锻特别适用于那些锻造温区窄的难变形材料，如高温合金、钛合金、粉末高温合金等，并且已经成为这些难变形材料的主要成形方法。等温模锻也适合锻造成形形状复杂、窄筋、薄壁制品的零件。等温模锻的零件尺寸精度高，既可节约材料，又可减少加工工时。等温模锻主要应用于航空航天、汽车等领域。

3.5.2　板材热成形技术

1. 超塑性成形技术

超塑性成形是指金属在较低的应变速率（$\varepsilon=10^{-4}\sim10^{-2}/s$），一定的变形温度（约为熔点的一半）和均匀的细晶粒度（晶粒平均直径为0.2～5μm）条件下，相对延伸率超过100%的塑性成形工艺。

超塑性气压成形原理图如图3-73所示，将金属板料放置在模具中，与模具一起加热到规定温度，向模具内吹入压缩空气，使板料紧贴模具成形，从而获得较复杂的壳体零件。

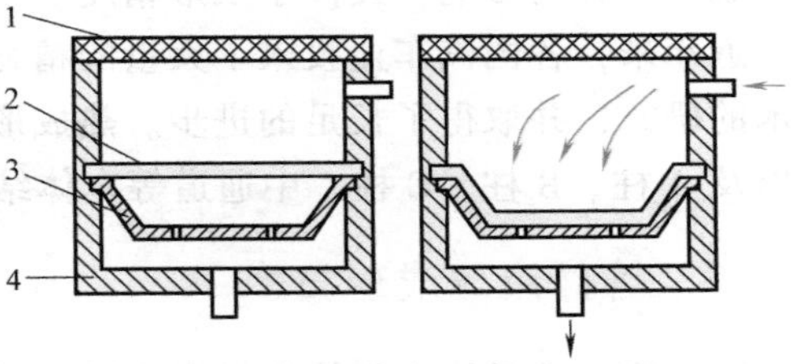

图3-73　超塑性气压成形原理图

1—加热元件　2—板料　3—模具　4—模框

超塑性成形的宏观变形有如下特点：大延伸、无颈缩、小应力、易成形。一般金属的变形能力差，容易出现颈缩，会导致断裂，如钢铁材料的延伸率不超过40%。而超塑性金属具有均匀变形与抵抗局部变形的能力，可使金属的延伸率达到100%甚至更高。例如，Zn-22%Al合金的拉伸试验延伸率达到了1000%，轴承钢GCr15的超塑性延伸率大于500%，这是大延伸特点。无颈缩是从宏观看没有颈缩，为宏观均匀塑性变形，变形后表面平滑，没有起皱、凹陷、微裂纹及滑移痕迹等。小应力是指超塑性金属具有粘流特点，变形靠晶粒转动、易位与晶界的滑动，变形过程中没有或只有很小的加工硬化，流动性和填充性很好，易于成形。

2. 高强度钢热冲压技术

高强度钢在室温下不仅变形能力很差，容易开裂，而且成形后零件的回弹大。因此，传统的冷成形方法难以解决高强度钢板成形时遇到的问题。热冲压成形技术可以解决上述难题。热冲压成形以钢板在红热状态下冲压成形，并同时在模具内被冷却淬火为特征。图3-74为车身B柱加强板热成形过程示意图。热冲压成形的工艺过程为：

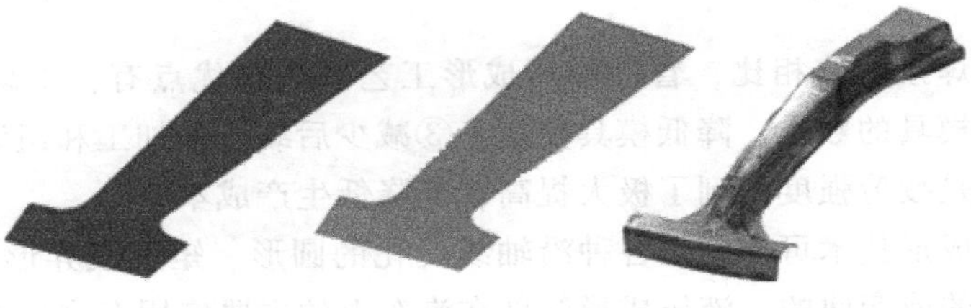

a)　　b)　　c)

图3-74　车身B柱加强板热成形过程示意图

a）板坯　b）加热奥氏体化　c）成形和模压淬火

1）加热阶段。把常温下强度为500～600MPa的高强度硼钢板加热到880～950℃，使之均匀奥氏体化。

2）成形阶段。将高温板料送入专用模具与压力机内，在红热状态下冲压成形。

3）冷却阶段。成形后保持压力不变，专用模具中的冷却系统开始工作，使零件快速冷却淬火（快速冷却速度大于 27 ℃/s），使奥氏体转变为马氏体。

与传统成形零件相比，热成形零件具有以下优点：①高强度：屈服强度可达到1200MPa，抗拉强度可达到 1600~2000MPa；②轻量化：板厚比传统钢板减薄达 35%；③消除了成形回弹的影响，提高了成形精度。

近年来，各国汽车业投入了大量的精力来开展以硼钢为主的高强度钢板的开发及热成形技术的研究，并取得了长足的进步。热成形工艺被广泛用于车门防撞梁、前后保险杠等保安件以及 A 柱、B 柱、C 柱、中通道等车体结构件的生产。

3.5.3 管件液压成形技术

管件液压成形技术是将管材作为原材料，通过对管腔内施加液体压力以及在轴向施加载荷作用，使其在给定模具型腔内发生塑性变形，管壁与模具内表面贴合，从而得到所需形状零件的成形技术。

变径管液压成形工艺过程可以分为三个阶段：填充阶段（图 3-75a），将管材放在下模内，然后闭合上模，使管材内充满液体并排出气体，将管的两端用水平冲头密封；成形阶段（图 3-75b），对管内液体加压胀形的同时，两端的冲头按照设定加载曲线向内推进补料，在内压和轴向补料的联合作用下使管材基本贴靠模具，这时，除了过渡区圆角以外的大部分区域已经成形；整形阶段（图 3-75c），提高压力，使过渡区圆角完全贴靠模具而成形为所需工件，这一阶段基本没有补料。

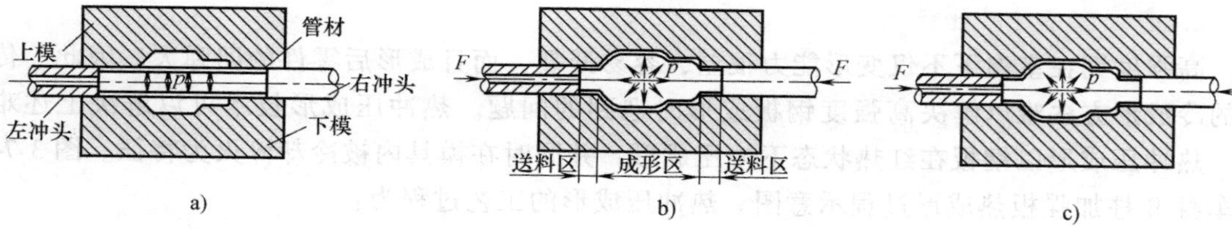

图 3-75 变径管液压成形工艺过程

与传统的冲压焊接工艺相比，管件液压成形工艺的主要优点有：①减小质量，节约材料；②减少零件和模具的数量，降低模具费用；③减少后续机械加工和组装焊接量；④提高强度及刚度，尤其是疲劳强度得到了极大提高；⑤降低生产成本。

采用管材液压成形技术可以制造各种沿轴线变化的圆形、矩形或异形截面的管状零件，零件轴线可以是直的或弯曲的。液压成形管件在汽车上的主要应用有排气系统异形管件、副车架总成、底盘构件、车身框架、座椅框架及散热器支架、前轴、后轴及驱动轴等。

复习思考题

3-1 金属经冷、热塑性变形后的组织和性能有什么变化？能否根据它们的微观组织区别这两种变形？

3-2 锻造比对锻件质量有何影响？

3-3 如何提高金属的塑性？提高塑性的常用措施是什么？

3-4 “趁热打铁”的含义是什么？

3-5 试说明图 3-76 所示的阶梯轴是如何进行自由锻的？

3-6 在图 3-77 所示的两种砧铁上进行拔长时，哪一种效果更好些？为什么？

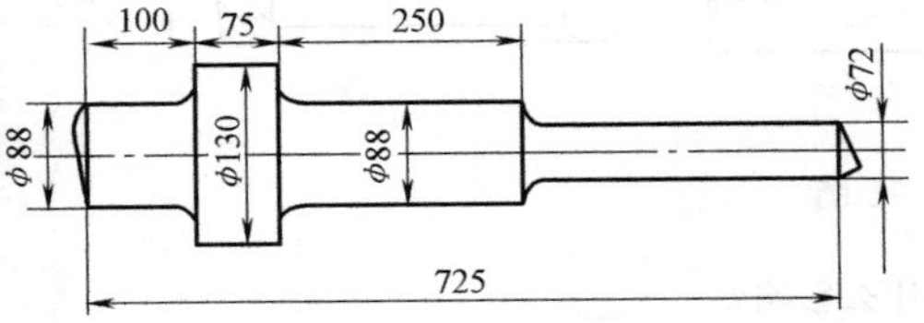

图 3-76 题 3-5 图

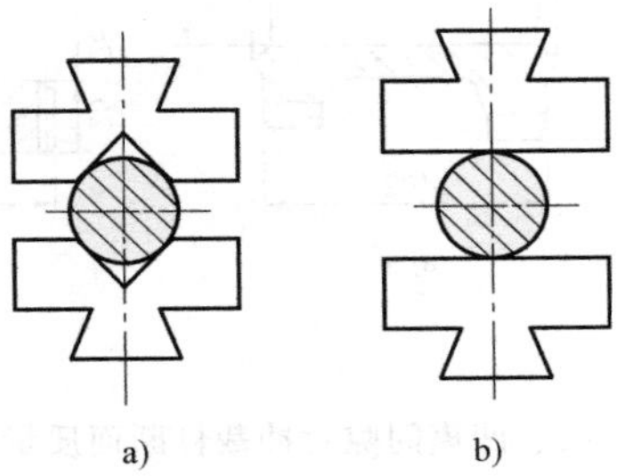

图 3-77 题 3-6 图

3-7 金属加热时将产生哪些变化？确定锻造温度范围的原则是什么？

3-8 图 3-78 所示各零件的结构是否适合模锻生产？为什么？如何改进？

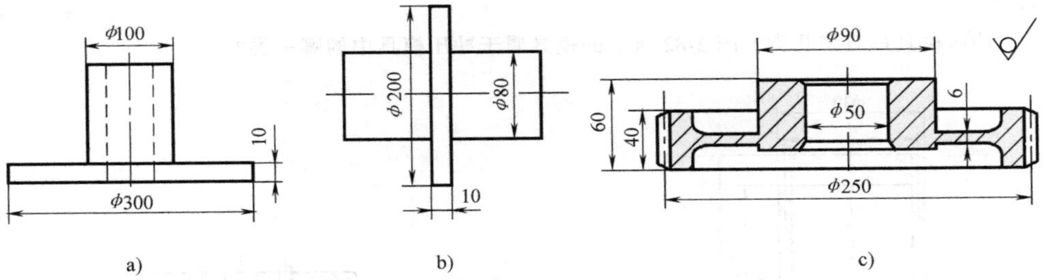

图 3-78 题 3-8 图

3-9 图 3-79 所示各连杆零件采用模锻工艺制造，请选择合理的分模面位置。

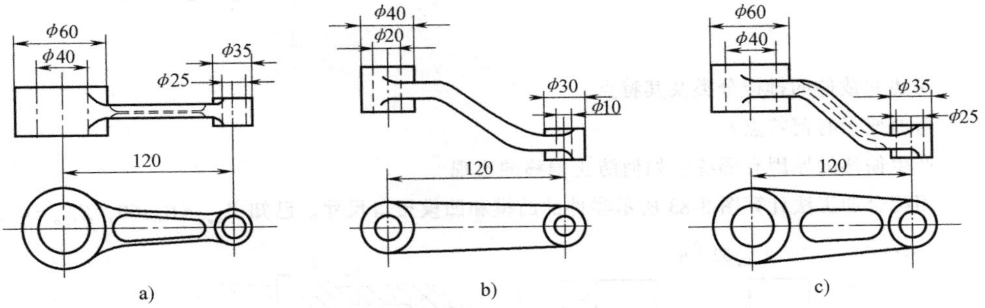

图 3-79 题 3-9 图

3-10 图 3-80 所示各零件的生产批量分为单件、小批量、大批量时，应选用哪种方法制造？请定性地画出各种方法所需的锻件图。

3-11 精密锻造时需要采取哪些工艺措施才能保证产品的精度？

3-12 挤压零件的生产特点是什么？

3-13 轧制零件的方法有哪些？各有什么特点？

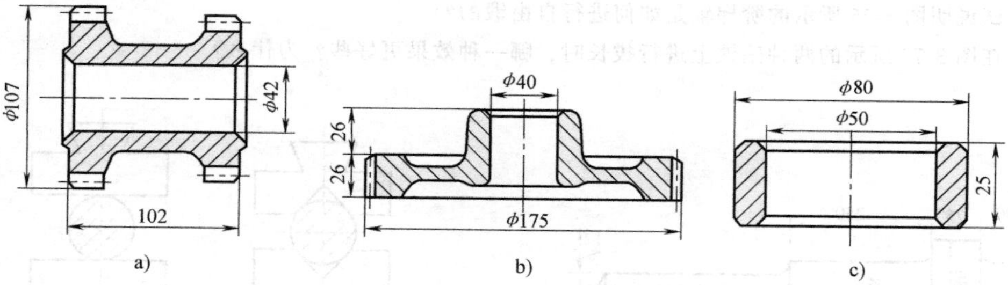

图 3-80 题 3-10 图

3-14 凸、凹模间隙对冲裁件断面质量和尺寸精度有什么影响？

3-15 冲压工艺中，凸、凹模刃口尺寸应如何计算？

3-16 冲压都有哪些基本工序？冲压的特点有哪些？

3-17 比较落料和拉深工序的凸、凹模的结构及间隙有什么不同，为什么会有这些不同？

3-18 工件在拉深时出现了拉裂的状况，产生这种现象的原因可能有哪些？

3-19 计算图 3-81 所示圆筒形坯料的尺寸、拉深系数及各次拉深工序件尺寸。（材料为 10 钢，板料厚度 $t=2\text{mm}$）

3-20 冲压模具都有哪几类？图 3-82 所示的模具属于冲压模具中的哪一类？

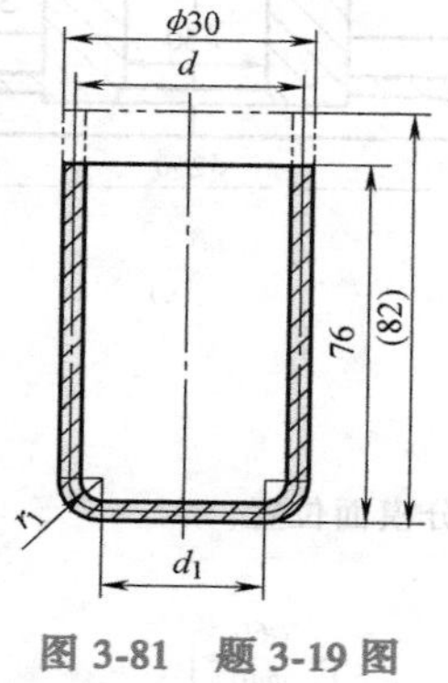

图 3-81 题 3-19 图

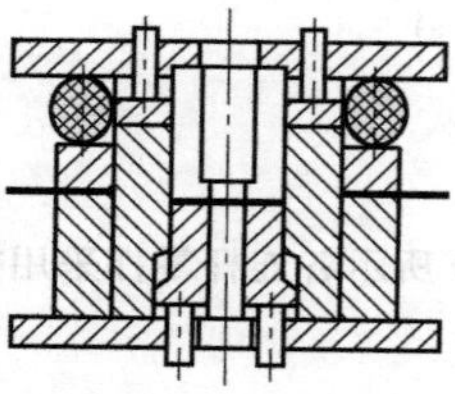

图 3-82 题 3-20 图

3-21 简述冲裁件的排样分类及其特点。

3-22 弯曲变形有何特点？

3-23 产生偏移的原因有哪些？如何防止偏移的出现？

3-24 用配合加工法计算图 3-83 所示零件的凸模和凹模刃口尺寸。已知 $Z_{max}=0.360$，$Z_{min}=0.246$。

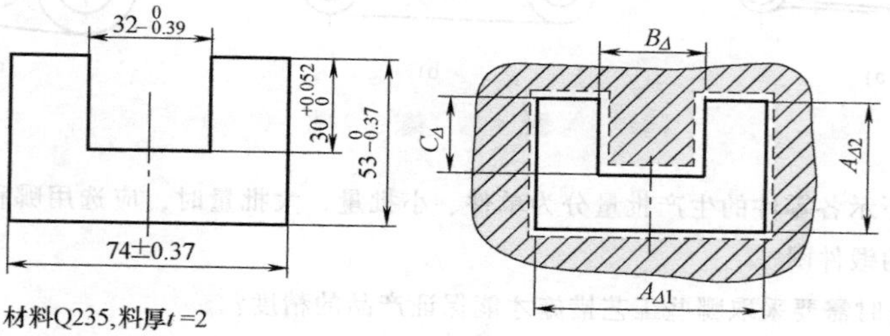

材料Q235，料厚$t=2$

图 3-83 题 3-24 图

3-25 简述凸模的设计原则。

3-26 试简述产生弯曲回弹的原因以及减少回弹可采取的工艺措施。

3-27 冲压工艺对材料有哪些基本要求？

3-28 弯曲件工艺安排的原则是什么？

3-29 对冲压模具材料的要求有哪些？

3-30 图 3-84 所示的拉深件出现了什么质量问题？

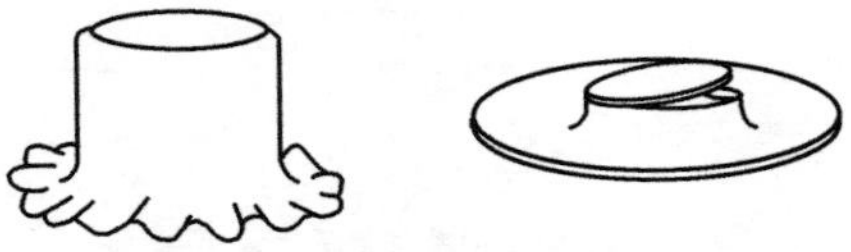

图 3-84 题 3-30 图

3-31 分析图 3-85 所示两个冲裁件的特点，确定其应采用什么样的模具结构并说明理由。

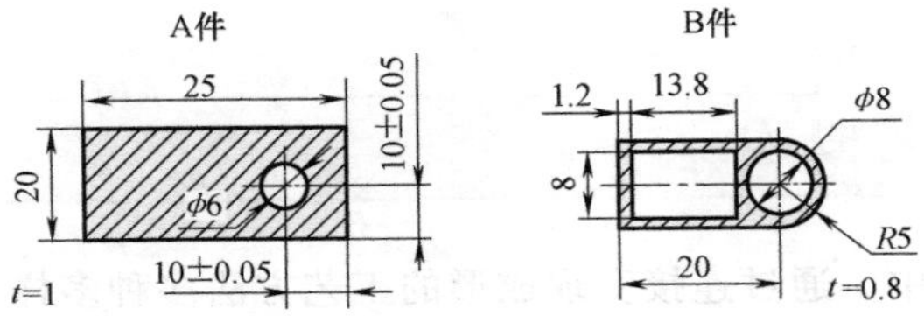

图 3-85 题 3-31 图

参考文献

[1] 中国机械工程学会塑性工程学会. 锻压手册 [M]. 3 版. 北京：机械工业出版社，2013.

[2] 严绍华. 材料成形工艺基础 [M]. 2 版. 北京：清华大学出版社，2008.

[3] 施江澜，赵占西. 材料成形技术基础 [M]. 2 版. 北京：机械工业出版社，2007.

[4] 汤酞则. 材料成形技术基础 [M]. 北京：清华大学出版社，2008.

[5] 于爱兵，陈思夫，王爱君，等. 材料成形技术基础 [M]. 北京：清华大学出版社，2012.

[6] 苑世剑. 现代液压成形技术 [M]. 北京：国防工业出版社，2009.

[7] 中国锻压协会. 汽车冲压件制造技术 [M]. 北京：机械工业出版社，2013.

第 4 章

连接成形工艺

4.1 连接成形工艺概述

在现代化工业生产中，通过连接实现成形的工艺方法多种多样，常见的连接成形工艺主要有焊接、胶接和机械连接等。

1. 焊接

焊接通常是指金属的焊接。它是通过加热或加压或两者并用，使两个分离的物体产生原子间结合力而连接成一体的成形方法。根据焊接过程中加热程度和工艺特点的不同，焊接方法可以分为三大类。

（1）熔焊　熔焊是将工件焊接处局部加热到熔化状态（通常还加入填充金属）形成熔池，冷却结晶后形成焊缝，使被焊工件结合为不可分离的整体的焊接方法。

（2）压焊　压焊是在焊接过程中无论加热与否，均需要对工件施加压力，使工件在固态、半固态或液态下实现连接的焊接方法。

（3）钎焊　钎焊是将熔点低于被焊金属的钎料（填充金属）熔化后，填充接头间隙，并与被焊金属相互扩散以实现连接的焊接方法。钎焊过程中被焊工件不熔化，且一般没有塑性变形。

常见焊接方法分类如图 4-1 所示。

焊接成形的特点主要表现在以下几个方面：

1）节省金属材料，结构质量小。

2）能以小拼大，化大为小，制造重型、复杂的机器零部件，简化铸造、锻造及切削加工工艺，可获得最佳技术经济效果。

3）焊接接头不仅具有良好的力学性能，还具有良好的密封性。

4）能够制造双金属结构，使材料性能得到充分利用。

以上特点使得焊接广泛应用于机器制造、汽车工业、造船工业、建筑工业、电力设备生产、航空航天工业等。

但是，焊接成形也存在一些不足之处，例如，焊接结构不可拆卸，会给维修带来不便；焊接

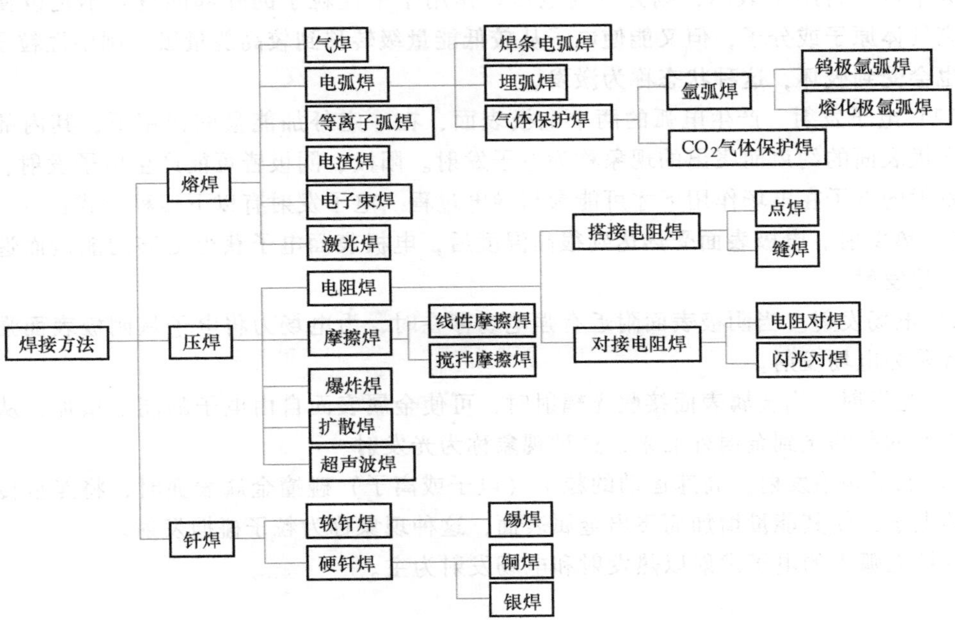

图 4-1 常见焊接方法分类

结构中会存在焊接应力和变形；焊接接头的组织性能往往不均匀，并会产生焊接缺陷等。

2. 胶接

胶接是使用胶粘剂来连接各种材料的连接成形方法。与其他连接方法相比，胶接不受材料类型的限制，能够实现各种材料之间的连接，而且具有工艺简单、应力分布均匀、密封性好、耐蚀、节能、应力和变形小等特点，已被广泛用于现代化生产的各个领域。胶接的主要缺点是接头抗剥离性能较差，固化时间长，胶粘剂易老化，耐热性差等。

3. 机械连接

机械连接包括螺纹连接、销钉连接、键连接和铆钉连接，其中铆钉连接为不可拆连接，其余均为可拆连接。机械连接的主要特点是所采用的连接件一般为标准件，具有良好的互换性，选用方便，工作可靠，易于检修；其不足之处是增加了机械加工工序，结构质量大，密封性差，影响外观，而且成本较高。

4.2 焊接成形理论基础

4.2.1 焊接电弧

1. 焊接电弧的物理基础

电弧既是一种气体导电现象，又是一种自持续放电现象。电弧中的带电粒子主要是依靠电弧中气体介质的电离和电极的电子发射两个物理过程产生的。

(1) 电离和激发 在一定条件下，中性气体分子或原子分离为正离子和电子的现象称为电离。使中性气体粒子失去第一个电子所需要的最低外加能量称为第一电离能，通常以电子伏为单位。若用 V 表示，则为电离电压。作用于中性粒子的外部能量若不足以使电子完全脱离气体原子或分子，但又能使电子从较低能量级转移到较高能量级，则中性粒子的稳定状态也会受到破坏，这种状态称为激发。

（2）电子发射　产生电弧的两个电极表面，在一定外加能量的作用下，其内部电子能冲破电极表面的约束而飞出的现象称为电子发射。阳极、阴极皆可能产生电子发射，但只有阴极发射的电子在电场作用下才可能参与导电过程。电子发射有以下四种形式：

1）热发射。电极表面受热达到很高温度后，电极表面电子获得足够的能量而逸出的过程称为热发射。

2）电场发射。当阴极表面附近有强电场存在时，由电场力将电子从阴极表面强行拉出的过程称为电场发射。

3）光发射。当金属表面接收光辐射时，可使金属表面自由电子的能量增加，从而冲破金属表面的制约飞到金属外面来，这种现象称为光发射。

4）粒子碰撞发射。高速运动的粒子（电子或离子）碰撞金属表面时，将能量传给金属表面的电子，使其能量增加而飞出金属表面，这种现象称为粒子碰撞发射。

焊接电弧中的电子发射以热发射和电场发射为主。

2. 焊接电弧的产生过程

电弧焊时，仅仅把焊接电源加到电极与焊件两端是不可能产生电弧的，首先需要在电极与焊件之间提供一个导电通道，这样才能引燃电弧。引燃电弧通常有两种方式，即接触式引弧和非接触式引弧。两种引弧方式具有不同的引弧过程。

（1）接触式引弧　接触式引弧也称为短路引弧，常用于焊条电弧焊、埋弧焊、熔化极气体保护焊等。其常见的操作方式是将焊条和焊件分别接通于弧焊电源两极，将焊条与焊件轻轻地接触，然后迅速提拉焊条（或焊丝自动爆断），这样就能在焊条端部与焊件之间产生一个电弧。这是一种最常见的引弧方式。焊接电弧虽然是在一瞬间产生的，但实际上包含了短路、分离和燃烧三个阶段。

1）短路阶段。焊条一旦接触焊件，便发生了短路。由于焊条端部表面和焊件表面都不可能是绝对平整光洁的，它们之间只是在几个凸点上接触，电流也只是从这些凸点中流过，如图 4-2 所示。由于接触点的面积很小，因此流过这些点的电流密度极大，导致在接触点上产生了大量的电阻热，使接触点处的温度骤然升高并发生熔化，形成液态金属层。

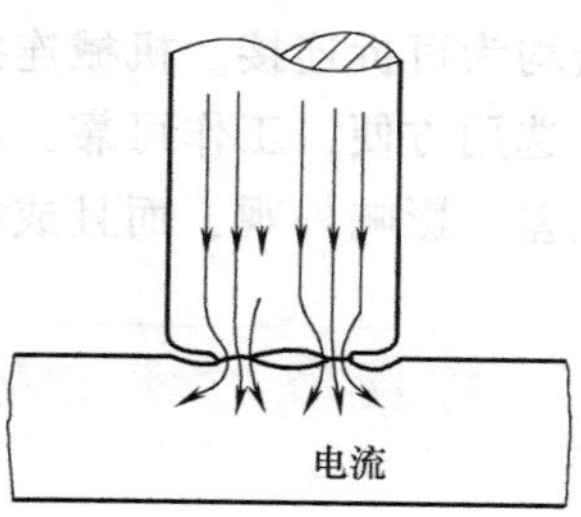

图 4-2　焊丝与焊件短路时的接触状态

2）分离阶段。在焊条与焊件短路后，如果是焊条电弧焊或埋弧焊，一般是迅速将焊条从焊件上稍稍提起，这会使液态金属的横截面积减小，电流密度急剧增大，温度猛烈升高和电磁收缩力增大，从而使液态金属很快断开；如果是熔化极气体保护焊，由于焊丝直径一般较细，则会发生自动爆断。在焊条与焊件分离的瞬间，一方面焊条与焊件之间的电场强度急剧增大；另一方面两极之间可能产生大量电离电压较低的金属蒸气和药皮蒸气。因而，在强电场的作用下，能发生强烈的场致发射和场致电离，使带电粒子数量大大增加。

3）燃烧阶段。当两极之间既具有足够的电场作用，又具有足够多的带电粒子时，就会引燃电弧。电弧引燃后，温度继续升高，还产生了弧光，各种形式的发射和电离均得到加强，正、负粒子分别跑向两极。在这个过程中，带电粒子的产生和消失交织在一起，各种能量的释放和消耗也交织在一起。经过短暂的调整，带电粒子的产生和消失、能量的释放和消耗达到动态平衡，焊接电弧就进入了稳定燃烧阶段。在燃烧阶段，由于电极为冷阴极型，因此电子发射仍以场致发射为主。

(2) 非接触式引弧　非接触式引弧是指在电极与焊件之间存在一定间隙，施以高压击穿间隙将电弧引燃的方法，常用于钨极氩弧焊、等离子弧焊等。为了避免钨极被污染或造成焊缝夹钨，一般不允许钨极与焊件接触，此时只能采用非接触式引弧。

关于非接触式引弧，目前有高频高压引弧和高压脉冲引弧两种方式。其中，高频高压引弧时，电压峰值一般为2000~3000V，每秒振荡100次，每次振荡频率为150~260kHz；高压脉冲引弧的电压峰值一般为3000~5000V，频率为50Hz或100Hz。引弧施加方式有并联和串联两种。并联方式是直接把引弧电压接到钨级和焊件两端；串联方式是把引弧电压串联到焊件回路中，通过高频输出变压器和旁路电容加到钨极和焊件上。实践表明，串联方式主回路构成简单，而且引弧效果好，目前用得比较多。图4-3a为非接触引弧器串联接入主电路示意图，图4-3b、c分别为高频高压引弧电压波形和高压脉冲引弧电压波形示意图。

非接触式引弧只包含激发和燃烧两个阶段。在激发阶段，在钨极和焊件之间除了施加焊接电源的空载电压外，还施加了高频高压引弧电压或高压脉冲引弧电压。由于引弧电压很高，在阴极表面能产生非常强烈的场致发射，因此能为电极空间提供大量的电子。这些电子在强电场的作用下被加速运动，能撞击中性原子，从而产生强烈的场致电离，使带电粒子的数量进一步增加。当带电粒子的数量增加到一定程度时，气隙发生击穿，将电弧引燃，进入燃弧阶段。电弧经过短时间调整后，当带电粒子的产生和消失以及能量的释放和消耗达到动态平衡时，就进入稳定燃烧阶段。由于钨极是热阴极，如果电流很大，则电弧引燃后热发射和热电离将非常强烈。

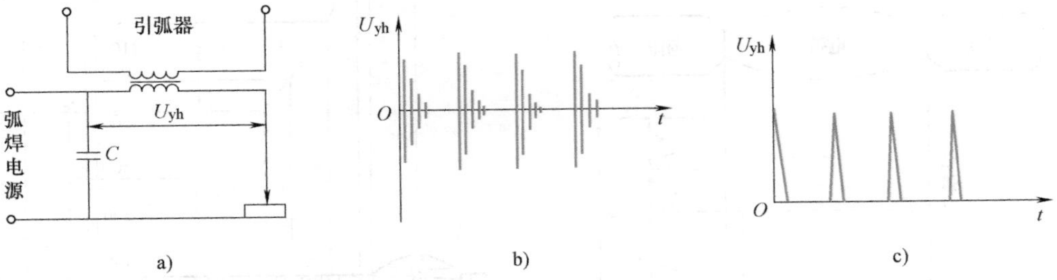

图4-3　高频高压引弧和高压脉冲引弧

a) 引弧器接入方式　b) 高频高压引弧电压波形　c) 高压脉冲引弧电压波形

U_{yh}—引弧电压　t—时间

3. 焊接电弧的构造

焊接电弧是由阴极区、阳极区和弧柱区三部分构成的。这三部分的尺寸不同，电压降也不同，如图4-4所示。其中阴极附近的区域是阴极区，阴极区很狭窄，只有10^{-6}~10^{-5} cm，但电压降U_K比较大，其值介于氛围气体电离电压值与阴极物质蒸气的电离电压值之间，因此该区内的电场强度很大，如果阴极电压降为10V，则电场强度可达10^6~10^7V/cm。电弧燃烧时，通常在阴极表面上可以看到一个很小但很亮的斑点，称为阴极斑点，它是电子集中发射的地方，电流密度很大。阳极附近的区域是阳极区，该区域比阴极区稍宽，其宽度为 10^{-3}~10^{-2}cm，但电压降 U_A 比阴极区低，为 2~4V，因此，该区域的电场强度比阴极区小得多，为 10^3~10^4V/cm。通常在阳极表面上也可以看到一个很小但很亮的斑点，称为阳极斑点，此处是集中接收电子的地方，电流密度也很大。弧柱区是阴极区与阳极区之间的区域，它的长度很大，可以看成整个电弧的长度，但其电压降 U_C 比 U_K 和 U_A 均小，因此其电场强度也比较小，通常只有 5~10V/cm。在弧柱长度方向上，带电粒子的分布是均匀的，因此电压降 U_C 与电弧长度成正比；而在其径向上，中心的带电粒子密度大，周围的带电粒子密度小。

对于每一个焊接电弧，电弧电压 U_a 都等于阴极电压降 U_K、弧柱电压降 U_C 和阳极电压降 U_A 之和，即

$$U_a = U_K + U_C + U_A$$

4.2.2 焊接接头的组织与性能

在焊件需要连接的部位，用焊接方法制造而成的接头称为焊接接头，一般简称接头。现代焊接技术中，焊接接头的种类繁多，其中应用最广泛的是熔焊焊接接头。

焊接时，随着焊接热源向前移动，后面的熔池金属迅速冷却结晶而形成焊缝。与此同时，与焊缝相邻两侧一定范围内的金属受到焊缝热传导的作用，被加热至不同温度，离焊缝越近，被加热的温度越高，反之温度越低。因此，在焊接过程中，靠近焊缝的金属相当于受到一次不同规范的热处理，其组织性能发生了变化，形成了所谓的热影响区。焊缝和热影响区统称焊接接头，图 4-5 所示为低碳钢焊接接头的温度分布与组织变化。

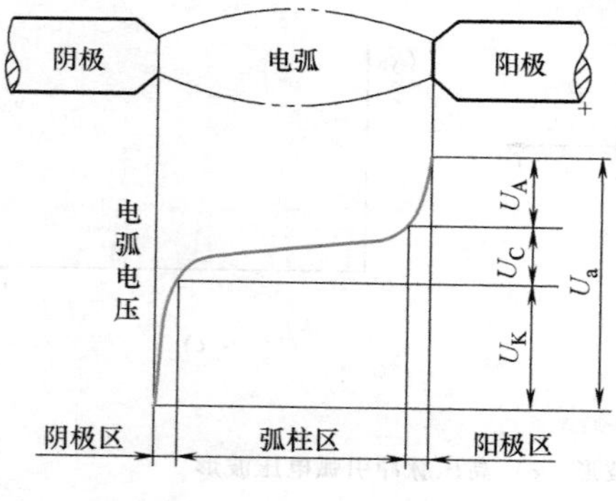

图 4-4 电弧各区的电压分布

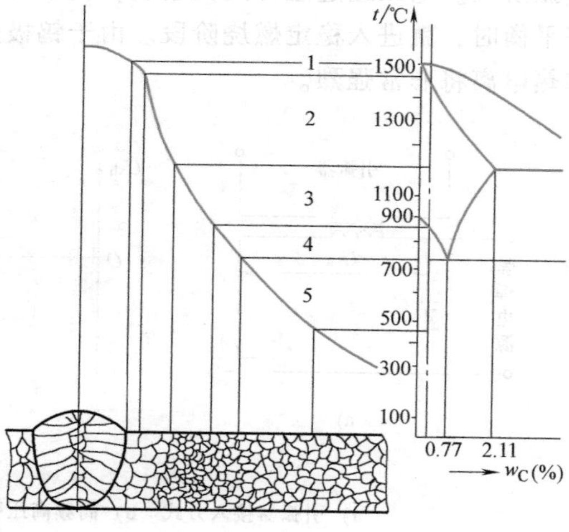

图 4-5 低碳钢焊接接头温度分布与组织变化

1—熔合区 2—过热区 3—正火区

4—不完全重结晶区 5—再结晶区

1. 焊缝金属的组织和性能

焊缝金属是由母材和焊条（丝）熔化形成的熔池冷却结晶而成的。焊缝金属在结晶时，

是以熔池和母材金属交界处的半熔化金属晶粒为晶核，沿着垂直于散热面方向反向生长为柱状晶，最后这些柱状晶在焊缝中心相接触而停止生长。由于焊缝组织是铸态组织，故其晶粒粗大、成分偏析、组织不致密。但由于焊丝本身的杂质含量低及合金化作用，使焊缝化学成分优于母材，所以焊缝金属的力学性能一般不低于母材。

2. 热影响区的组织和性能

（1）熔合区　温度处于液相线与固相线之间，是焊缝金属到母材金属的过渡区域，其宽度只有0.1~0.4mm。焊接时，该区内液态金属与未熔化的母材金属共存，冷却后其组织为部分铸态组织和部分过热组织，化学成分和组织极不均匀，是焊接接头中力学性能最差的薄弱部位。

（2）过热区　温度在固相线与1100℃之间，宽度为1~3mm。焊接时，该区域内奥氏体晶粒严重长大，冷却后得到晶粒粗大的过热组织，材料塑性和韧度明显下降。

（3）正火区　温度在1100℃与Ac_3之间，宽度为1.2~4mm。焊后空冷使该区域内的金属相当于进行了正火处理，故其组织为均匀而细小的铁素体和珠光体，力学性能优于母材。

（4）不完全重结晶区　不完全重结晶区也称部分正火区，加热温度在Ac_3与Ac_1之间。焊接时，只有部分组织转变为奥氏体；冷却后获得细小的铁素体和珠光体，其余部分仍为原始组织，因此晶粒大小不均匀，力学性能也较差。

（5）再结晶区　温度在Ac_1与450℃之间。只有焊接前经过冷塑性变形（如冷轧、冲压等）的母材金属，才会在焊接过程中出现再结晶现象。该区域金属的力学性能变化不大，只是塑性有所增加。如果焊前未经冷塑性变形，则热影响区中就没有再结晶区。

3. 影响焊接接头性能的因素及其改善措施

（1）影响焊接接头性能的因素　由于该类接头采用高温热源进行局部加热而成，焊缝金属是由焊接填充材料及部分母材熔融凝固形成的铸造组织，其化学成分与母材不同或基本相同，但组织很可能不同于母材。近缝区受焊接热循环和热塑性变形的影响，其组织和性能都发生了变化，特别是熔化区的组织和性能的变化更为明显。因此，焊接接头是一个不均匀体。焊接接头因焊缝的形状和布局不同，会引起不同程度的应力集中；此外，焊接接头残余应力与变形和高刚性，都会影响其基本性能。

影响焊接接头性能的主要因素较多，如图4-6所示。这些因素可归纳为两个方面：一个是力学方面的影响因素；另一个是材质方面的影响因素。

在力学方面，影响焊接接头性能的因素有接头形状的不连续性、焊接缺陷、残余应力和焊接变形等。接头形状的不连续性，如焊缝的余高和施焊过程中可能造成的接头错位等，都是引起应力集中的根源。特别是未焊透和焊接裂纹等焊接缺陷，往往是接头破坏的起点。

在材质方面，影响焊接接头性能的因素主要有焊接热循环所引起的组织变化，焊接材料引起的焊缝化学成分的变化，焊接过程中的热塑性变形所产生的材质变化，焊后热处理所引起的组织变化以及矫正变形所引起的加工硬化等。

（2）改善焊接接头性能的措施　由于是按等强度原则选择焊条，焊缝金属的强度一般不低于母材，其韧性也接近母材，只有塑性略有降低，而焊接接头上塑性和韧性最差的区域在熔合区和过热区，这主要是由粗大的过热组织所造成的；又由于在这两个区域拉应力最大，所以它们是焊接接头中最薄弱的部位，往往成为裂纹发源地。改善焊接接头组织和性能的主要措施如下：

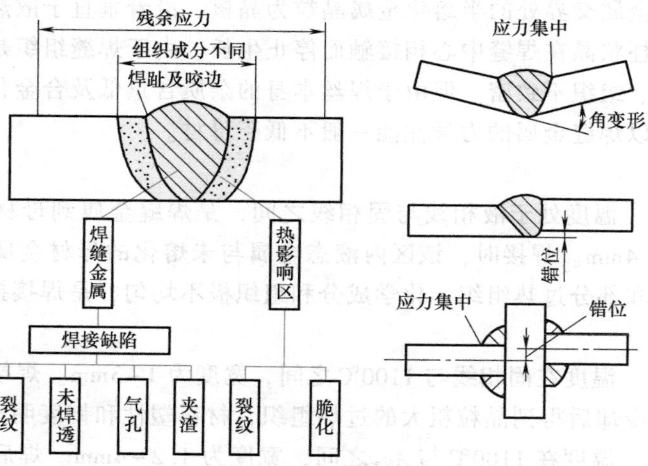

图 4-6　影响焊接接头性能的主要因素

1）合理选择焊接方法、接头形式与焊接规范，控制合适的焊后冷却速度，以尽量减小热影响区的范围，细化晶粒，降低脆性。

2）进行焊后热处理，通过退火或正火工艺来细化晶粒，改善热影响区的组织和性能。

3）采用多层焊工艺，利用后层对前层的回火作用，使前层的组织和性能得到改善。

4）尽量选择低碳且硫、磷含量低的钢材作为焊接结构材料，避免焊接工件表面存在油污、水分等。

4.2.3　焊接应力与变形

焊接时产生应力与变形的原因是焊件受到不均匀加热，并且因加热所引起的热变形和组织变形受到焊件本身刚度的约束。焊接过程中产生的应力与变形称为暂态或瞬态应力与变形；而在焊接完毕和构件完全冷却后残余的应力与变形，则称为残余或剩余应力与变形。

焊接残余应力和残余变形在某种程度上会影响焊接结构的承载能力和服役寿命，因此，对这一问题的研究不仅具有理论意义，还具有重要的实际工程价值。而为了确定残余应力与残余变形，必须了解焊接过程中所发生的瞬态应力与变形及其演化规律。

1. 焊接应力与变形的形成机理及影响因素

焊接时，焊件受到不均匀加热并使焊缝区熔化，与焊接熔池毗邻的高温区材料的热膨胀则受到周围冷态材料的制约，从而产生了不均匀的压缩塑性变形。在冷却的过程中，已发生压缩塑性变形的这部分材料（如长焊缝两侧）同样受到周围金属的制约而不能自由收缩，并在一定程度上受到拉伸而卸载。与此同时，熔池凝固、焊缝金属冷却收缩也因受到制约而产生收缩拉应力和变形。这样，在焊接接头区域就产生了缩短的不协调应变，即残余应变，或称其为初始应变或固有应变。

焊接应力与变形是由多种因素交互作用而导致的结果。图 4-7 和图 4-8 所示为引起焊接应力与变形的主要因素及其内在联系。焊接时的局部不均匀热输入是产生焊接应力与变形的决定性因素，热输入是通过材料因素、制造因素和结构因素所构成的内拘束度和外拘束度来

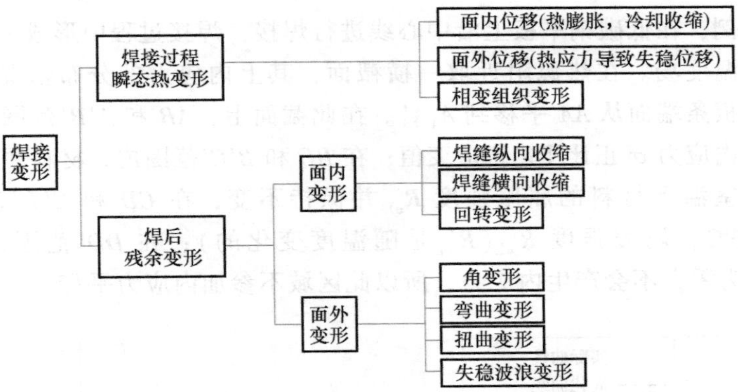

图 4-7　引起焊接应力与变形的主要因素

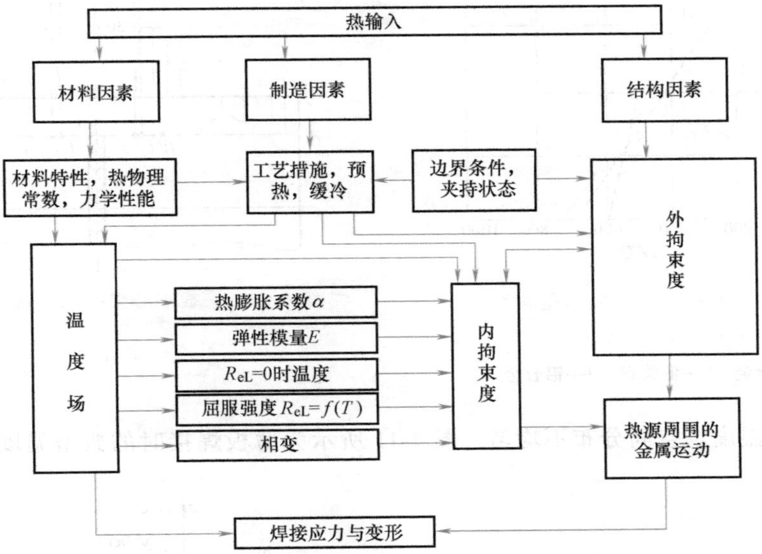

图 4-8　焊接应力与变形的内在联系

影响热源周围的金属运动，最终形成了焊接应力与变形。影响热源周围金属运动的内拘束度主要取决于材料的热物理参数和力学性能，而外拘束度主要取决于制造因素和结构因素。

焊接应力与变形产生的过程非常复杂，主要表现为焊接时温度变化范围大，焊缝上的最高温度可以达到材料的沸点，而离开焊接热源温度就急剧下降至室温。温度的这种变化会导致以下两方面问题。

（1）高温下金属性能显著改变　图 4-9 所示为几种金属材料的屈服强度与温度的关系曲线。由图可见，低碳钢在 0～500℃ 范围内的 R_{eL} 变化很小，工程中将其简化为一条水平直线；在 500～600℃ 范围内，R_{eL} 值迅速下降，工程上将其简化为一条斜线；超过 600℃ 时，则认为其 R_{eL} 接近于零。对于钛合金，在 0～700℃ 范围内，R_{eL} 一直下降，工程上用一条斜线对其进行简化。材料 R_{eL} 的这种变化必然会影响到整个焊接过程中的应力分布，从而使问题变得更加复杂。

以低碳钢为例，在低碳钢平板上沿中心线进行焊接，焊接过程中形成一个中心高两侧低的对称的不均匀温度场。在热源附近取一横截面，其上内应力的分布情况如图 4-10 所示。在此温度场下，板条端面从 AA'平移到 $A_1A'_1$。在此截面上，AB 和 $A'B'$范围内的材料处于完全弹性状态，其内应力 σ 正比于内部应变值；在 BC 和 $B'C'$范围内，材料屈服，有 $|\varepsilon_e-\varepsilon_T|>\varepsilon_s$，内应力达到室温下材料的屈服强度 R_{eL} 并保持不变；在 CD 和 $C'D'$ 范围内，温度从 500℃上升到 600℃，屈服强度 R'_{eL}(R'_{eL}是随温度变化的)；在 DD'范围内，温度超过了 600℃，R_{eL}可视为零，不会产生内应力，所以此区域不参加内应力平衡。

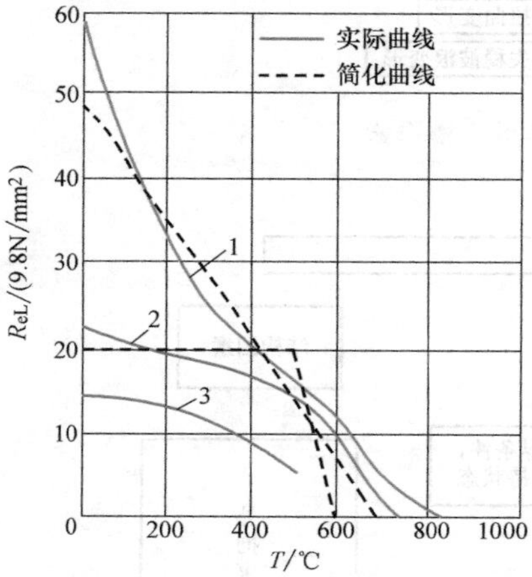

图 4-9 几种金属材料的屈服强度与温度的关系曲线

1—钛合金 2—低碳钢 3—铝合金

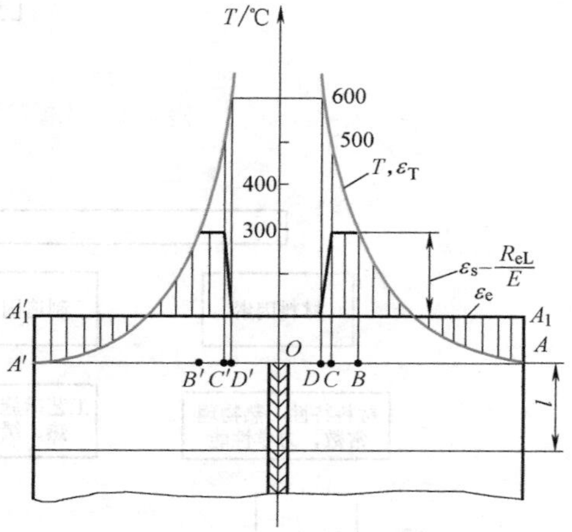

图 4-10 平板中心焊接时内应力的分布情况

(2) 焊接温度场空间分布不均匀 图 4-11 所示为薄板焊接时的典型温度场。由于焊接

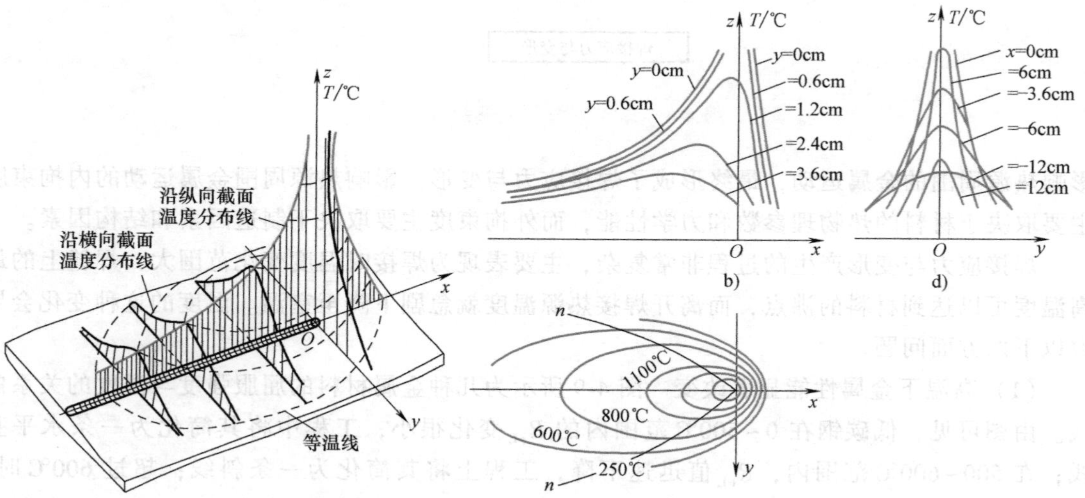

图 4-11 薄板焊接时的典型温度场

时的加热并非沿着整个焊缝长度同时进行，因此，焊缝上各点的温度是不同的。这使得平面假设的准确性有所降低。但是，由于焊接速度一般较快，而材料的导热性能较差（如低碳钢、低合金钢），在焊接温度场的后部，还是有一个相当长的区域的纵向温度梯度较小，因此仍然可以用平面假设进行近似的分析。

此外，焊接加热过程中会出现相变，相变的结果会引起许多物理和力学参量的变化，并因而影响焊接应力与变形的分布。

2. 预防和减小焊接应力与变形的工艺措施

（1）焊前预热　焊前预热可减小工件上各部分的温差，降低焊缝区的冷却速度，从而减小焊接应力与变形，预热温度一般在400℃以下。

（2）选择合理的焊接顺序

1）尽量使焊缝能自由收缩，以减小焊接残余应力。图4-12所示为一大型容器底板的拼焊顺序，若先焊纵向焊缝③，再焊横向焊缝①和②，则焊缝①和②在横向和纵向的收缩都会受到阻碍，焊接应力增大，焊缝交叉处和焊缝上都极易产生裂纹。因此，先焊焊缝①和②，再焊焊缝③比较合理。

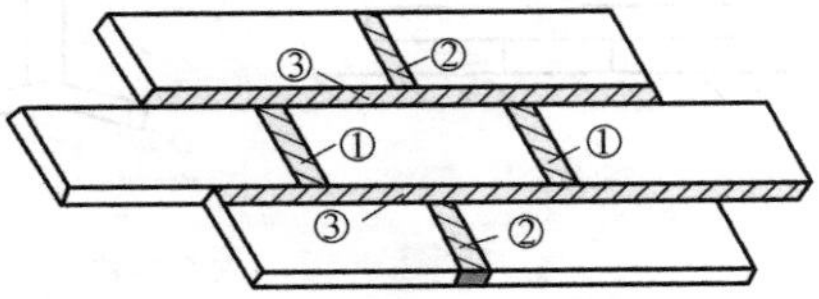

图4-12　大型容器底板的拼焊顺序

2）对称焊缝采用分散对称焊工艺，长焊缝尽可能采用分段退焊或跳焊的方法进行焊接，以缩短加热时间，降低接头区温度，并使温度分布均匀，从而减小焊接应力与变形，如图4-13和图4-14所示。

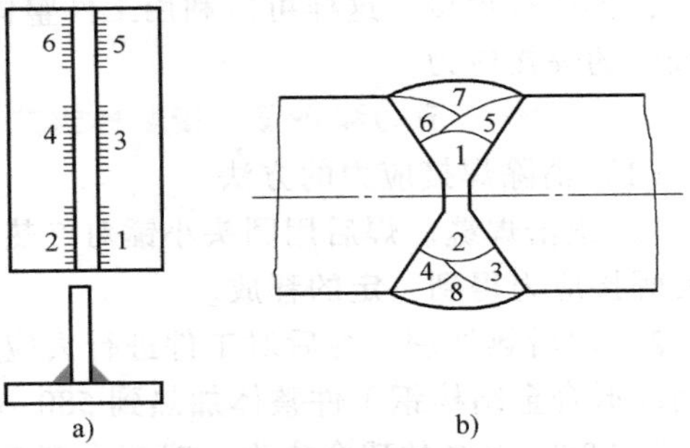

图4-13　分散对称的焊接顺序

a）T型梁　b）对接接头多层焊

（3）加热减应区　铸铁补焊时，在补焊前可对铸件上的适当部位进行加热，以减小对焊接部位伸长的约束。焊后冷却时，加热部位与焊接处一起收缩，从而可减小焊接应力。被加热的部位称为减应区，故这种方法称为加热减应区法，如图4-15所示。利用这个原理也可以焊接一些刚度比较大的工件。

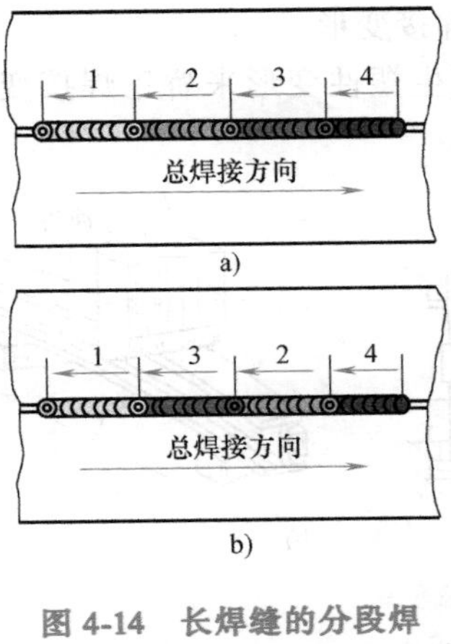

图4-14　长焊缝的分段焊

a）退焊　b）跳焊

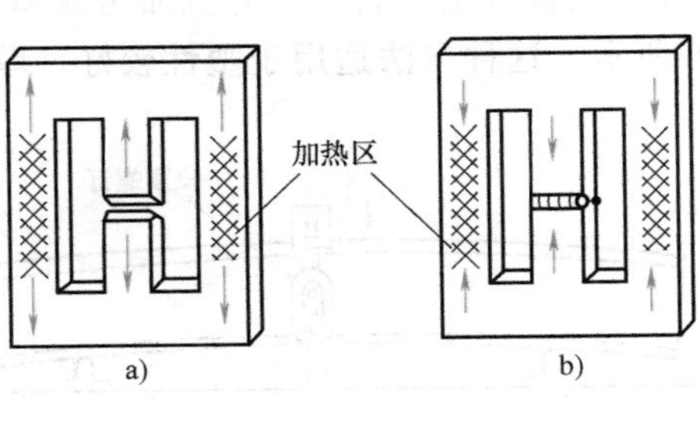

图4-15　加热减应区法

a）焊接时　b）冷却时

(4) 反变形法　反变形法是指焊接前预测焊接变形量和变形方向，在焊前组装时将被焊工件向与焊接变形相反的方向进行人为变形，以达到抵消焊接变形的目的，如图 4-16 所示。

(5) 刚性固定法　利用夹具等强制手段，以外力固定被焊工件来减小焊接变形的方法称为刚性固定法，如图 4-17 所示。该方法能有效地减小焊接变形，但会产生较大的焊接应力，所以一般只用于塑性较好的低碳钢结构。

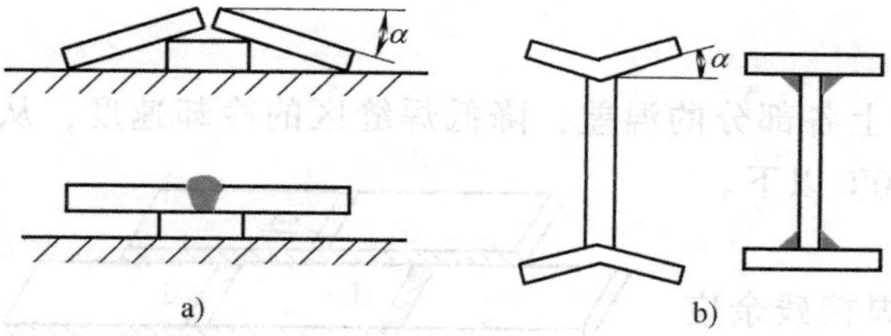

图 4-16　反变形法

a) 自由反变形　b) 预制反变形

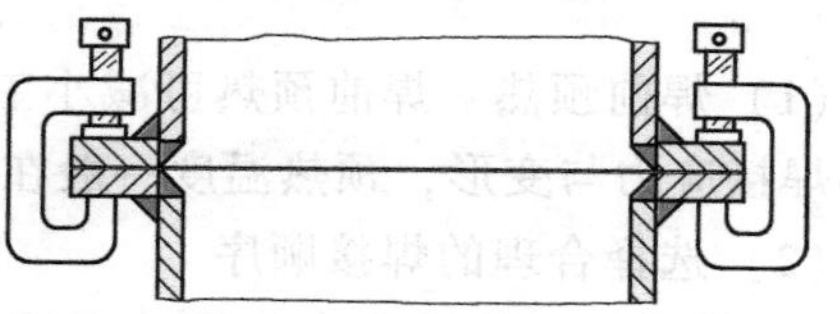

图 4-17　刚性固定法

对于大型或结构较为复杂的工件，也可以先组装后焊接，即先将工件用点焊或分段焊定位后，再进行焊接。这样可以利用工件整体结构之间的相互约束来减小焊接变形，但也会产生较大的焊接应力。

3. 消除焊接应力和矫正焊接变形的方法

(1) 消除焊接应力的方法

1) 锤击焊缝。焊后用圆头小锤对红热状态下的焊缝进行锤击，这样可以延展焊缝，从而使焊接应力得到一定的释放。

2) 焊后热处理。焊后对工件进行去应力退火，对于消除焊接应力具有良好的效果。碳素钢或低合金结构钢工件整体加热到 580～680℃，保温一定时间后，空冷或随炉冷却，一般可消除 80%～90%的残余应力。对于大型工件，可采用局部高温退火来降低应力峰值。

3) 机械拉伸法。对工件进行加载，使焊缝区产生微量塑性拉伸，可以使残余应力减小。例如，压力容器在进行水压试验时，将试验压力加到工作压力的 1.2～1.5 倍，这时焊缝区将发生微量塑性变形，应力将被释放。

(2) 矫正焊接变形的措施　当焊接变形量超过设计允许量时，必须对焊件变形进行矫正。矫正变形的基本原理是产生新的变形来抵消原来的焊接变形。

1) 机械矫正：利用压力机加压或锤击等机械力，产生塑性变形来矫正焊接变形，如图 4-18 所示。这种方法适用于塑性较好、厚度不大的工件。

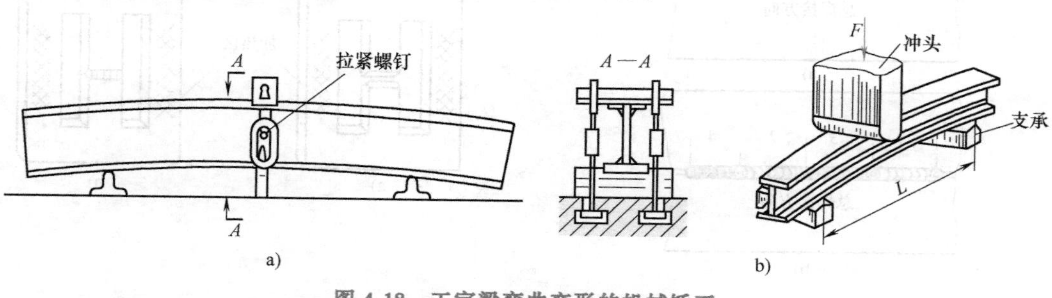

图 4-18　工字梁弯曲变形的机械矫正

a) 拉紧器矫正　b) 压力机矫正

2）火焰矫正：利用金属局部受热后的冷却收缩来抵消已发生的焊接变形。这种方法主要用于低碳钢和低淬硬倾向的低合金钢。火焰矫正一般采用气焊焊炬，无需专门设备，其效果主要取决于火焰加热位置和加热温度。加热位置通常以点状、线状和三角形加热变形伸长部分，使其冷却产生收缩变形，以达到矫正的目的；加热温度通常为600~800℃。图4-19所示为T形梁上拱变形的火焰矫正方法。

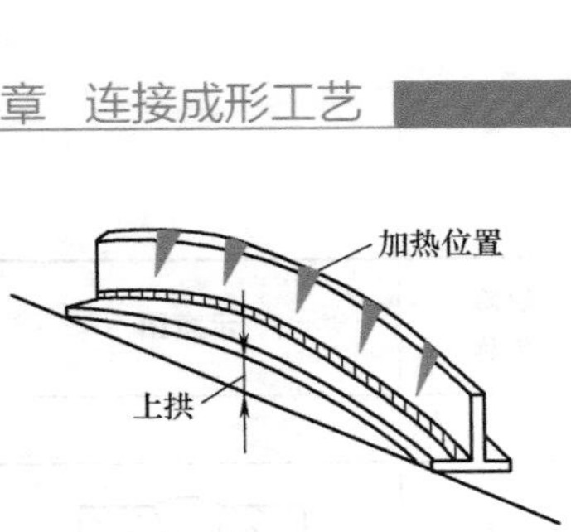

图4-19 T形梁上拱变形的火焰矫正

4.2.4 焊接缺陷及其检验

1. 焊接常见缺陷

在焊接生产过程中，由于设计、工艺、操作中各种因素的影响，往往会产生各种各样的焊接缺陷。焊接缺陷不仅会影响焊缝的美观，还有可能减小焊缝的有效承载面积，造成应力集中而引起断裂，直接影响焊接结构使用的可靠性。表4-1所列为常见焊接缺陷及其产生的原因。

2. 焊接缺陷的检验

在焊接之前和焊接过程中，应对影响焊接质量的因素进行认真检查，以防止和减少焊接缺陷的产生；焊后应根据产品的技术要求，对焊接接头的缺陷情况和性能进行成品检验，以确保使用安全。

焊后成品检验可以分为破坏性检验和非破坏性检验两类。破坏性检验主要包括焊缝的化学成分分析、金相组织分析和力学性能试验，破坏性检验能提供各种确切的定量数据，如力学性能、熔核尺寸、缺陷性质和多寡以及耐蚀性等，主要用于科研和新产品试生产；非破坏性检验的方法很多，由于其不会对产品产生损害，因而在焊接质量检验中占有很重要的地位。

表4-1 常见焊接缺陷及其产生的原因

缺陷名称	示意图	特征	产生原因
常见内部缺陷			
气孔		焊接时，熔池中的过饱和H、N以及冶金反应产生的CO，在熔池凝固时未能逸出，在焊缝中形成了空穴	焊接材料不清洁；弧长太长，保护效果差；焊接规范不恰当，冷却速度太快；焊前清理不当
裂纹	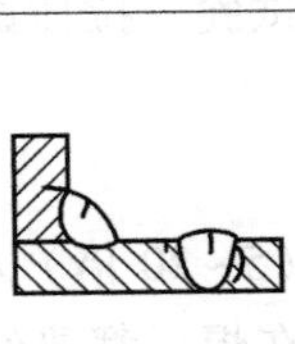	热裂纹：沿晶开裂，具有氧化色泽，多产生在焊缝上，焊后立即开裂 冷裂纹：穿晶开裂，具有金属光泽，多产生在热影响区，有延时性，可发生在焊后任何时刻	热裂纹：母材中S、P含量高；焊缝冷却速度太快，焊接应力大；焊接材料选择不当 冷裂纹：母材淬硬倾向大；焊缝含氢量高；焊接残余应力较大
未焊透	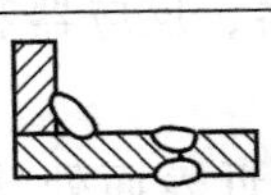	焊接接头的根部未完全熔透	焊接电流太小，焊接速度太快；坡口角度太小，间隙过窄，钝边太厚

（续）

缺陷名称	示意图	特征	产生原因
常见内部缺陷			
夹渣		焊后残留在焊缝中的非金属夹杂物	焊道间的熔渣未清理干净；焊接电流太小，焊接速度太快；操作不当
未熔合	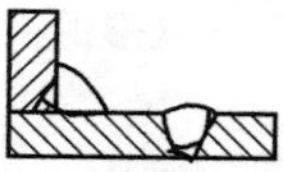	焊道与母材之间或焊道与焊道之间未完全熔化结合的部分	层间清渣不干净，焊接电流太小，焊条偏心，焊条摆动幅度太小等
常见外部缺陷			
焊瘤	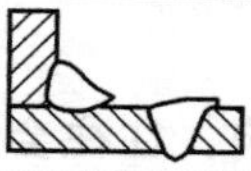	焊接时，熔化金属流淌到焊缝区之外的母材上所形成的金属瘤	焊接电流太大，电弧过长，焊接速度太慢；焊接位置和运条不当
咬边	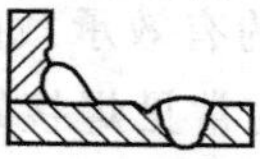	在焊缝和母材的交界处产生的沟槽和凹陷	焊条角度和摆动不正确；焊接电流太大，电弧过长
烧穿	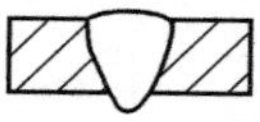	焊接过程中，熔化金属自坡口背面流出所形成的穿孔缺陷	焊件加热过甚
弧坑	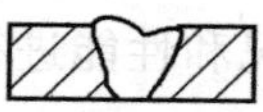	焊接收尾处（焊缝终端）形成的低于焊缝高度的凹陷坑	主要是熄弧停留时间过短，薄板焊接时电流过大

（1）破坏性检测方法

1）金相分析。金相分析是金属材料试验研究的重要手段之一，采用定量金相学原理，由二维金相试样磨面或薄膜的金相显微组织的测量和计算来确定合金组织的三维空间形貌，从而建立合金成分、组织和性能间的定量关系。金相分析包括光学金相分析和电子金相分析，光学金相分析又包括宏观分析和显微分析。

2）化学成分分析。化学成分分析主要是对焊缝金属的化学成分进行分析，从焊缝金属中钻取试样是关键，除应注意试样不得被氧化和沾染油污外，还应注意取样部位在焊缝中所处的位置和层次。不同层次的焊缝金属受母材的稀释作用不同，一般以多层焊或多层堆焊的第三层以上的成分作为熔敷金属的成分。

3）力学性能试验。力学性能试验用于测定焊接接头、焊缝及熔敷金属的强度、塑性和冲击吸收功等力学性能，以确定它们是否可满足产品的设计或使用要求，并验证焊接工艺、焊接材料正确与否。力学性能试验方法包括焊接接头的力学性能试验、拉伸试验以及弯曲试验，可根据需要进行选择。

（2）常用的非破坏性检验方法

1）目视检验。目视检验是用肉眼或借助样板、低倍放大镜（5~20 倍）检查焊缝成形、焊缝外形尺寸是否符合要求，焊缝表面是否存在缺陷。所有焊缝在焊后都要经过目视检验。

2）致密性检验。对于储存气体、液体、液化气体的各种容器、反应器和管路系统，都需要对焊缝和密封面进行致密性试验。

3）磁粉检验。磁粉检验用于检验铁磁性材料的焊件表面或近表面处缺陷（裂纹、气孔、夹渣等)。将焊件放置在磁场中磁化，使其内部通过分布均匀的磁力线，并在焊缝表面撒上细磁铁粉，若焊缝表面无缺陷，则磁铁粉均匀分布；若表面有缺陷，则一部分磁力线会绕过缺陷暴露在空气中，形成漏磁场，则该处会出现磁粉集聚现象。根据磁粉集聚的位置、形状、大小可相应判断出缺陷的情况。

4）渗透探伤。渗透探伤只适合检查工件表面难以用肉眼发现的缺陷，对表层以下的缺陷则无法检出。常用荧光检验和着色检验两种方法。

5）超声波探伤。超声波探伤用于探测材料内部缺陷。当超声波通过探头从焊件表面进入内部遇到缺陷和焊件底面时，将分别发生反射。反射波信号被接收后在荧光屏上出现脉冲波形，根据脉冲波形的高低、间隔、位置，可以判断出缺陷的有无、位置和大小，但不能确定缺陷的性质和形状。超声波探伤主要用于检验表面光滑、形状简单的厚大焊件，而且常与射线探伤配合使用，用超声波探伤确定有无缺陷，发现缺陷后用射线探伤确定其性质、形状和大小。

6）射线探伤。射线探伤是指利用 X 射线或 γ 射线照射焊缝，根据底片感光程度检验焊接缺陷。由于焊接缺陷的密度比金属小，故在有缺陷处底片的感光度大，显影后底片上会出现黑色条纹或斑点，根据底片上黑斑的位置、形状、大小即可判断缺陷的位置、大小和种类。X 射线探伤宜用于厚度在 50mm 以下的焊件，γ 射线探伤宜用于厚度为 50~150mm 的焊件。

4.2.5 材料的焊接性

1. 焊接性的概念

焊接性是指同质材料或异质材料在制造工艺条件下，能够通过焊接形成完整接头并满足预期使用要求的能力。换言之，焊接性是材料对焊接加工的适应性，即材料在一定的焊接工艺条件下（包括焊接方法、焊接材料、焊接参数和结构形式等），获得优质焊接接头的难易程度和该焊接接头能否在使用条件下可靠运行。材料焊接性的概念有两个方面的含义：一是材料在焊接加工中是否容易形成接头或生产缺陷；二是焊接完成的接头在一定的使用条件下可靠运行的能力。也就是说，焊接性不仅包括结合性能，还包括结合后的使用性能。

分析和研究焊接性的目的，在于查明一定的材料在指定的焊接工艺条件下可能出现的问题，以确定焊接工艺的合理性或材料的改进方向。因此，必须对整个焊接过程中的材料（母材、焊材）和焊接接头区（焊缝、熔合区和热影响区）的成分、组织和性能，包括焊接参数的影响和焊后接头区的使用性能等，进行系统地研究。

2. 影响焊接性的因素

影响焊接性的四大因素是材料因素、设计因素、工艺因素及服役环境因素。材料因素包括钢的化学成分、冶炼轧制状态、热处理、组织状态和力学性能等。设计因素是指焊接结构设计的安全性，它不但受材料的影响，在很大程度上还受结构形式的影响。工艺因素包括施工时所采用的焊接方法、焊接工艺规程（如焊接热输入、焊接材料、预热、焊接顺序等）和焊后热处理等。服役环境因素是指焊接结构的工作温度、负荷条件（动载、静载、冲击等）和工作环境（化工区、沿海及腐蚀介质等）。

3. 钢的焊接性评定方法

钢是焊接结构中最常用的金属材料，因而评定钢的焊接性尤为重要。由于钢的裂纹倾向性与其化学成分密切相关，因此，可以根据钢的化学成分评定其焊接性的好坏。通常将影响最大的碳作为基础元素，把其他合金元素质量分数对焊接性的影响折合成碳的相当质量分数，碳的质量分数和其他合金元素的相当质量分数之和称为碳当量，用符号 ω_{CE} 表示，它是评定钢焊接性的一个参考指标。国际焊接学会推荐的碳钢和低合金结构钢的碳当量计算公式为

$$\omega_{CE}=\left(\omega_{C}+\frac{\omega_{Mn}}{6}+\frac{\omega_{Cr}+\omega_{Mo}+\omega_{V}}{5}+\frac{\omega_{Ni}+\omega_{Cu}}{12}\right)\times 100\%$$

式中，各元素的质量分数都取其成分范围的上限。

经验表明，碳当量越高，裂纹倾向越大，钢的焊接性越差。一般认为：

1）$\omega_{CE}<0.4\%$时，钢的塑性良好，淬硬倾向不大，焊接性良好，焊接时一般不预热。

2）$\omega_{CE}=0.4\%\sim0.6\%$时，钢的塑性下降，淬硬和冷裂倾向明显，焊接性较差，焊接时需要适当预热和采取一定的焊接工艺措施，以防止裂纹发生。

3）$\omega_{CE}>0.6\%$时，钢的塑性较低，淬硬和冷裂倾向严重，焊接性差，工件需预热到较高温度，并采取严格的焊接工艺措施及焊后热处理等。

碳当量公式仅用于对材料焊接性的粗略估算，在实际生产中，可通过直接试验，模拟实际情况下的结构、应力状况和施焊条件，在试件上焊接，观察试件的开裂情况，并配合必要的接头使用性能试验进行评定。

4.3 熔焊

熔焊也称熔化焊，它是利用热源将工件及填充金属局部加热熔化，形成熔池，然后随着热源的向前移动，熔池金属冷却结晶，形成焊缝。常用的熔焊方法有气焊、电弧焊（焊条电弧焊、埋弧焊、气体保护焊）、等离子弧焊、激光焊等。

4.3.1 气焊

气焊是利用可燃气体在氧气中燃烧时所产生的热量，将母材焊接处熔化而实现连接的一种熔焊方法。

生产中常用的可燃气体有乙炔、液化石油气等。以乙炔为例，其在氧气中燃烧时的火焰温度可达 3200℃。

气焊时，应根据工件材料选择焊丝和气焊熔剂。气焊的焊丝只作为填充金属，与熔化的母材一起组成焊缝金属。焊接低碳钢时，常用的焊丝有 H08、H08A 等。焊丝直径根据工件厚度选择，一般与工件厚度不宜相差太大。气焊熔剂的作用是保护熔化金属，去除焊接过程中形成的氧化物，增加液态金属的流动性。

与电弧焊比较，气焊火焰温度低，加热速度慢，焊接热影响区宽，焊接变形大，且在焊接过程中，熔化金属受到的保护差，焊接质量不易保证，因而其应用已经很少。但气焊具有无需电源、设备简单、费用低、移动方便、通用性强的特点，因而在无电源场合和野外工作时有实用价值。目前，气焊主要用于碳钢薄板（厚度为 0.5~3mm）、黄铜的焊接和铸铁的补焊。

4.3.2 焊条电弧焊

焊条电弧焊示意图如图 4-20 所示，它由焊工手工操作焊条进行焊接，是应用最广泛的金属焊接方法之一。

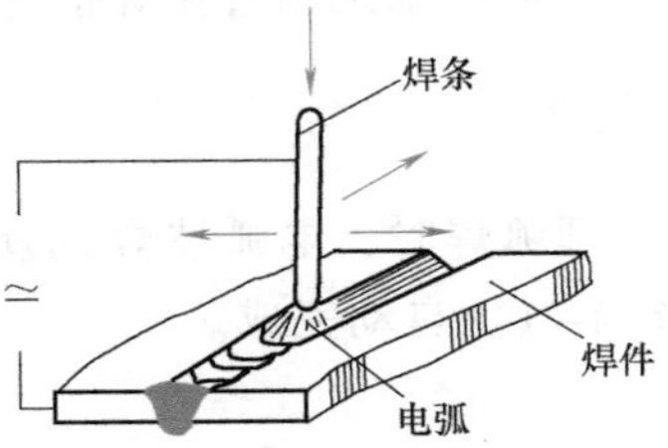

图 4-20 焊条电弧焊示意图

1. 焊条电弧焊的特点

焊条电弧焊所用焊接设备简单，应用灵活方便，可以进行各种位置及各种不规则焊缝的焊接；焊条产品系列完整，可以焊接大多数常用金属材料。但焊条载流能力有限(20~500A)，焊接厚度一般为 3~20mm，生产率较低。由于是手工操作，焊接质量在很大程度上取决于焊工的操作技能，而且焊工需要在高温、尘雾环境下工作，劳动条件差、强度大；另外，焊条电弧焊不适合焊接一些活泼金属、难熔金属及低熔点金属。

2. 焊条

(1) 焊条的组成与作用　焊条是焊条电弧焊所使用的熔化电极与焊接材料，它由芯部的金属焊芯和表面药皮涂层组成。

1) 焊芯。焊芯的作用一是作为电极，导电产生电弧，形成焊接热源；二是熔化后作为填充金属成为焊缝的一部分，其化学成分和质量直接影响焊缝质量。常用熔焊用钢丝的牌号和化学成分见表 4-2。牌号中的“H”是“焊”字的汉语拼音字首，后面的两位数字表示碳的质量分数的万分数，尾部字母“A”“E”分别表示优质钢、高级优质钢。焊条直径用焊芯直径表示，一般为 $\phi1.6 \sim \phi6.0$mm，其中以 $\phi3.2 \sim \phi5.0$mm 的焊条应用最广。焊条的长度通常为 300~450mm。

表 4-2 常用熔焊用钢丝的牌号和化学成分（摘自 GB/T 14957—1994）

牌号	质量分数(%)							
	w_C	w_{Mn}	w_{Si}	w_{Cr}	w_{Ni}	w_{Cu}	w_S	w_P
H08A	≤0.10	0.30 ~ 0.55	≤0.03	≤0.20	≤0.30	≤0.20	≤0.03	≤0.03
H08E	≤0.10	0.30 ~0.55	≤0.03	≤0.20	≤0.30	≤0.20	≤0.02	≤0.02
H08MnA	≤0.10	0.80 ~ 1.10	≤0.07	≤0.20	≤0.30	≤0.20	≤0.03	≤0.03

2) 药皮。药皮在焊接过程中的主要作用是保证电弧稳定地燃烧；造气、造渣以隔绝空气，保护熔化金属；对熔化金属进行脱氧、去硫、渗入合金元素等。各种原料粉末如碳酸钾、碳酸钠、大理石、萤石、锰铁、硅铁、钾钠水玻璃等，按其作用以一定比例配成涂料，压涂在焊芯表面以形成药皮。

(2) 焊条的种类　焊条按熔渣性质的不同分为酸性焊条和碱性焊条两大类。

酸性焊条形成的熔渣以酸性氧化物居多，其氧化性强，合金元素烧损大，焊缝中氢含量高，塑性和韧性不高，抗裂性差。但酸性焊条具有良好的工艺性，对油、水、锈不敏感，交流、直流电源均可用，广泛应用于一般钢结构件的焊接。

碱性焊条又称低氢焊条，它形成的熔渣以碱性氧化物居多，药皮成分主要为大理石和萤石，并含有较多铁合金，其有益元素较多，有害元素较少，脱氧、除氢、渗合金作用强，可使焊缝的力学性能得到提高，与酸性焊条相比，焊缝金属含氢量低，塑性与抗裂性好。但碱性焊条对油污、水、锈较敏感，易出现气孔，焊接时易产生较多有毒物质，而且电弧稳定性差，一般要求采用直流焊接电源，主要用于焊接重要的钢结构。

4.3.3 埋弧焊

埋弧焊时，电弧被焊剂所包围。引弧、送丝、电弧沿焊接方向移动等过程均由焊机（图 4-21）自动完成。

1. 埋弧焊的工作原理

埋弧焊的工作原理如图 4-22 所示，焊接电源的两极分别接至导电嘴和焊件。焊接时，颗粒状焊剂由焊剂漏斗经软管均匀地堆敷到焊件的待焊处，焊丝由焊丝盘经送丝机构和导电嘴送入焊接区，电弧在焊剂下面的焊丝与母材之间燃烧。电弧热使焊丝、焊剂及母材局部熔化和部分蒸发。金属蒸气、焊剂蒸气和冶金过程中析出的气体在电弧的周围形成一个空腔，熔化的焊剂在空腔上部形成一层熔渣膜。这层熔渣膜如同一个屏障，使电弧、液体金属与空气隔离，而且能将弧光遮蔽在空腔中。在空腔的下部，母材局部熔化形成熔池；在空腔的上部，焊丝熔化形成熔滴，并以渣壁过渡的形式向熔池中过渡，只有少数熔滴为自由过渡形式。随着电弧的向前移动，电弧力将液态金属推向后方并逐渐冷却凝固成焊缝，熔渣则凝固成渣壳覆盖在焊缝表面。

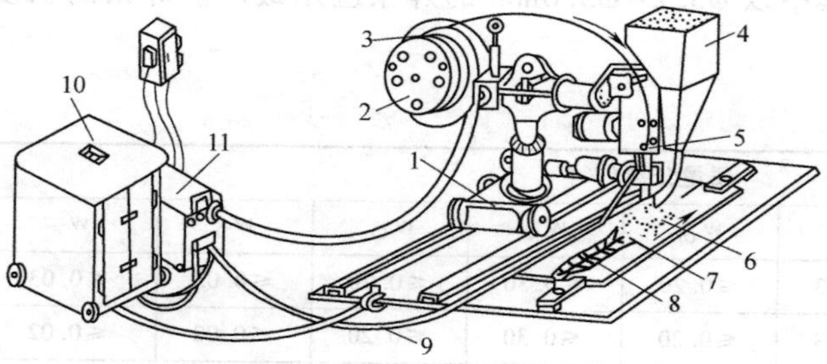

图 4-21 埋弧焊焊机

1—焊接小车 2—操纵盘 3—焊丝盘 4—焊剂漏斗 5—焊接机头 6—焊剂 7—渣壳 8—焊缝 9—焊接电缆 10—焊接电源 11—控制箱

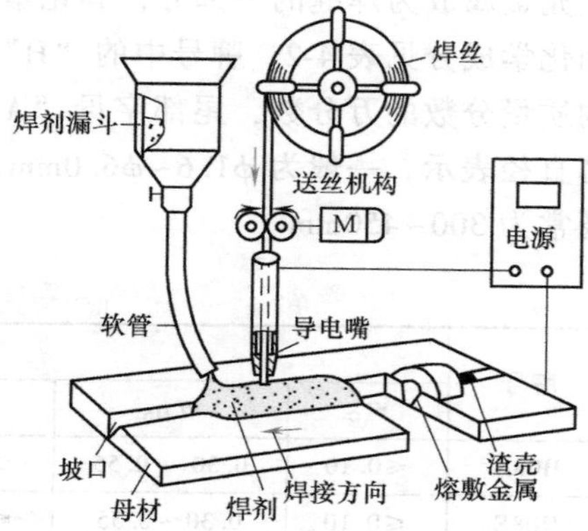

图 4-22 埋弧焊的工作原理

在焊接的过程中，焊剂不仅起着保护焊接金属的作用，也起着冶金处理的作用，即通过冶金反应清除有害的杂质和过渡有益的合金元素。

2. 埋弧焊的特点

（1）埋弧焊的主要优点

1）生产率高。埋弧焊所用电流可达到 1000A 以上，比焊条电弧焊高 5~7 倍，因而电弧的熔深能力和焊丝熔敷率都比较大，这也使得焊接速度大大提高。

2）节省金属材料和电能。没有焊条头，20~25mm 以下厚度的工件可不开坡口，这既可节省由于加工坡口而损失的金属，也可使焊缝中焊丝的填充量大大减少。同时由于焊剂的保护，金属烧损和飞溅大幅减少，且电弧热得到了充分利用，从而节省了金属和电能。

3）焊接质量好。电弧保护严密，采用熔渣隔离空气效果显著；焊接规范可自动控制，焊接参数可通过电弧自动调节系统的调节保持稳定，故焊接质量高且稳定，焊缝形状也美观。

4）劳动条件好。埋弧焊时没有刺眼的电弧光，烟雾也少，对焊工技术要求也不高。

（2）埋弧焊的缺点

1）焊接适用的位置受到限制。由于采用颗粒状的焊剂进行焊接，因此一般只适用于平焊位置（俯位）的焊接，如平焊位置的对接接头、角接接头以及堆焊等。对于其他位置，则需要采用特殊的装置以保证焊剂对焊缝区的覆盖。

2）焊接厚度受到限制。这主要是由于当焊接电流小于 100A 时，电弧的稳定性通常会变差，因此不适合焊接厚度小于 1 mm 的薄板。

3）对焊件坡口的加工与装配要求较高。这是因为埋弧焊时不能直接观察电弧与坡口的相对位置，故必须保证坡口的加工和装配精度，或者采用焊缝自动跟踪装置才能保证不焊偏。

3. 埋弧焊的应用

埋弧焊已有 70 多年的历史，至今仍是现代焊接生产中生产率高、应用广泛的熔焊方法之一。埋弧焊由于具有生产率高、焊缝质量好、熔深大、机械化程度高等特点，而成为锅炉、压力容器、船舶、桥梁、起重机械、工程机械、冶金机械以及海洋结构、核电设备等制造的主要焊接手段，特别是对于中厚板、长焊缝的焊接具有明显的优越性。

埋弧焊可焊接的钢种有碳素结构钢、低合金结构钢、不锈钢、耐热钢以及复合钢等。此外，用埋弧焊堆焊耐热、耐蚀合金，或焊接镍基合金、铜基合金等也能获得很好的效果。

4.3.4 非熔化极气体保护焊

以纯钨或活化钨（如钍钨、铈钨等）作为非熔化电极，采用惰性气体（如氩气、氦气等）作为保护气体的电弧焊方法，称为非熔化极气体保护焊（GTAW）或钨极惰性气体保护焊（TIG）。

1. TIG 的工作原理

TIG 焊的工作原理如图 4-23 所示。钨极被夹持在电极夹上，从 TIG 焊焊枪的喷嘴中伸出一定长度，在伸出的钨极端部与焊件之间产生电弧，对焊件进行加热。与此同时，惰性气体进入枪体，从钨极的周围通过喷嘴喷向焊接区，以保护钨极、电弧及熔池，使其免受大气的侵害。焊接薄板时，一般不需要加填充焊丝，可以利用焊件被焊部位自身的熔化形成焊缝。焊接厚板和开有坡口的焊件时，可以从电弧的前方把填充金属以手动或自动的方式，按一定的速度向电弧中送进，填充金属熔化后进入熔池，与母材熔化金属一起冷却凝固形成焊缝。

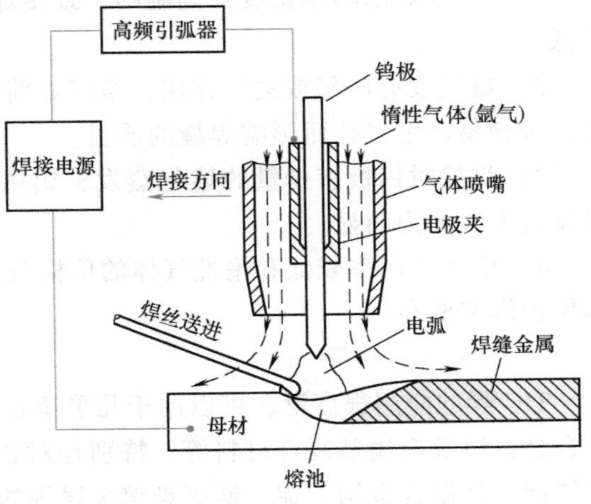

图 4-23 TIG 焊的工作原理

钨的熔点高达 3653K，与其他金属相比，具有难熔化、可长时间在高温状态下工作的性质。TIG 焊正是利用了钨的这一性质，在圆棒状的钨极与母材间产生电弧进行焊接。电弧燃烧过程中，钨极是不熔化的，故可以维持恒定的电弧长度，保持焊接电流大小不变，使焊接过程稳定。

惰性气体也称非活性气体，泛指氩、氦、氖等气体，具有不与其他物质发生化学反应和不溶于金属的性质。利用这些性质，TIG 焊使用惰性气体完全覆盖电弧和熔化金属，使电弧不受周围空气的影响和避免熔化金属与周围的氧、氮等发生反应，从而起到保护作用。在惰性气体中，由于氩气是由空气中分馏获得的，资源丰富，成本较低，因此是用得比较多的一种气体。

2. TIG 焊的特点

（1）TIG 焊的优点

1）能够实现高品质焊接，得到优良的焊缝。这是由于电弧在惰性气氛中极为稳定，保护气体对电弧及熔池的保护很可靠，能有效地排除氧、氮、氢等气体对焊接金属的侵害。

2）焊接过程中钨电极是不熔化的，故易于保持稳定的电弧长度，不变的焊接电流，稳定的焊接过程，使焊缝很美观、平滑、均匀。

3）焊接电流的使用范围通常为 5～500A。即使电流小于 10A，仍能正常焊接，因此特别适用于薄板的焊接。如果采用脉冲电流焊接，则可以更方便地对焊接热输入进行调节和控制。

4）在薄板焊接时无需填充焊丝；在厚板焊接时，由于填充焊丝不通过焊接电流，所以不会因熔滴过渡引起电弧电压和电流变化而产生飞溅现象，为获得光滑的焊缝表面提供了良好条件。

5）钨极氩弧焊时的电弧是各种电弧焊方法中稳定性最好的电弧之一。电弧呈典型的钟罩形形态，焊接熔池的可见性好，焊接操作十分容易进行，因此应用比较普遍。

6）可以焊接各种金属材料，如钢、铝、钛、镁等。

7）可靠性高，所以可以焊接重要构件，可用于核电站及航空、航天工业。

（2）TIG 焊的缺点

1）焊接效率低于其他方法。由于钨极的承载电流能力有限，且电弧较易扩展而不集中，所以 TIG 焊的功率密度受到制约，致使焊缝熔深浅，熔敷速度小，焊接速度不高和生产率低。

2）氩气没有脱氧或去氢作用，所以焊前对焊件的除油、去锈、去水等准备工作要求严格，否则易产生气孔而影响焊缝的质量。

3）焊接时钨极有少量的熔化蒸发，钨微粒如果进入熔池会造成夹钨而影响焊接质量，电流过大时尤为明显。

4）由于生产率较低和惰性气体的价格较高，生产成本比焊条电弧焊、埋弧焊和 CO_2 气体保护焊都要高。

3. TIG 焊的应用

TIG 焊的应用很广泛，可以用于几乎所有金属和合金的焊接，如钢铁材料、非铁金属及其合金，以及金属基复合材料等。特别是对铝、镁、钛、铜等非铁金属及其合金，不锈钢、耐热钢，高温合金钼、铌、锆等难熔金属等的焊接最具优势。

TIG 焊有手工焊和自动焊两种方式。它适用于各种长度焊缝的焊接；既可以焊接薄件，也可以焊接厚件；既可以在平焊位置焊接，也可以在各种空间位置焊接，如仰焊、横焊、立焊等焊缝及空间曲面焊缝等。

钨极氩弧焊通常用于焊接厚度在6mm以下的焊件。如果采用脉冲钨极氩弧焊，则焊接厚度可以降到0.8mm以下。对于厚度大的重要结构（如压力容器、管道等），TIG焊也有广泛的应用，但一般只用于打底焊，即在坡口根部优先用TIG焊焊接第一层，然后再用其他焊接方法焊满整个焊缝，这样可以确保底层焊缝的质量。

4.3.3 熔化极气体保护焊

熔化极气体保护电弧焊（Gas Metal Arc Welding，GMAW）是采用连续、等速送进可熔化的焊丝与被焊工件之间的电弧作为热源来熔化焊丝和母材金属，形成熔池和焊缝的焊接方法。为了得到良好的焊缝，应利用外加气体作为电弧介质，并保护熔滴、熔池金属及焊接区高温金属免受空气的有害作用。

由于不同种类的保护气体及焊丝对电弧状态、电气特性、热效应、冶金反应及焊缝成形等有着不同影响，根据保护气体的种类和焊丝类型，熔化极气体保护焊有很多种类，如图4-24所示。

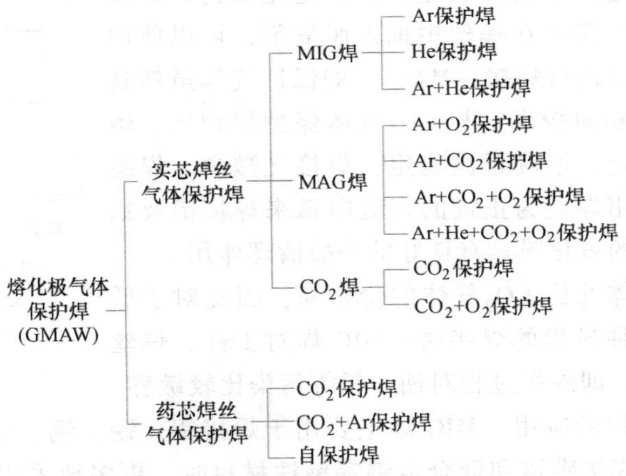

图4-24 熔化极气体保护焊的分类

气体保护焊中，焊丝是对焊接过程影响最大的因素之一。焊丝应满足以下要求：

1）焊丝应与母材相适应，不同的母材金属，应选用不同的焊丝。

2）根据母材的厚度和焊接位置来选择合适的焊丝直径。

3）正确选择焊丝形式。焊丝分为实芯焊丝与药芯焊丝，实际上应用最多的是镀铜实芯焊丝。

气体保护焊中另一个影响较大的因素是保护气体。以氩、氦或其混合气体等惰性气体为保护气体的焊接方法称为熔化极惰性气体保护焊（MIG焊）。通常该方法应用于铝、铜和钛等非铁金属。在氩中加入少量氧化性气体（O_2、CO_2或其混合气体）混合而成的气体作为保护气体的焊接方法称为熔化极活性气体保护电弧焊（MAG焊）。通常该方法常用于钢铁材料的焊接，一般情况下，该活性气体中O_2的体积分数为2%~5%或CO_2的体积分数为5%~20%，其作用是提高电弧稳定性和改善焊缝形成。采用纯CO_2作为保护气体的焊接方法称为

CO_2气体保护焊（CO_2焊），也有采用CO_2+O_2混合气体作为保护气体的。由于CO_2焊的成本低和效率高，现已成为钢铁材料的主要焊接方法。

由上述可见，保护气体性质不同，则电弧形态、熔滴过渡形式和焊道形状等也不同，保护气体性质对焊接结果有重要影响。所以熔化极气体保护焊根据焊丝端头熔滴的过渡形态，除了有典型的喷射过渡电弧焊以外，还有短路过渡电弧焊和脉冲电弧焊。这些焊接方法对电源的要求不同，喷射过渡和短路过渡电弧焊都采用直流恒压源，且后者对直流电源有特殊要求；而脉冲电弧焊采用直流脉冲输出特性的电源。

1. 熔化极氩弧焊

（1）熔化极氩弧焊的工作原理　熔化极氩弧焊的工作原理如图4-25所示。焊接时，氩气或富氩混合气体从焊枪喷嘴中喷出，保护焊接电弧和焊接区；焊丝由送丝机构向待焊区送进；焊接电弧在焊丝与焊件之间燃烧，焊丝被电弧加热熔化形成熔滴过渡到熔池中。冷却时，由焊丝和母材金属共同组成熔池凝固结晶，形成焊缝。

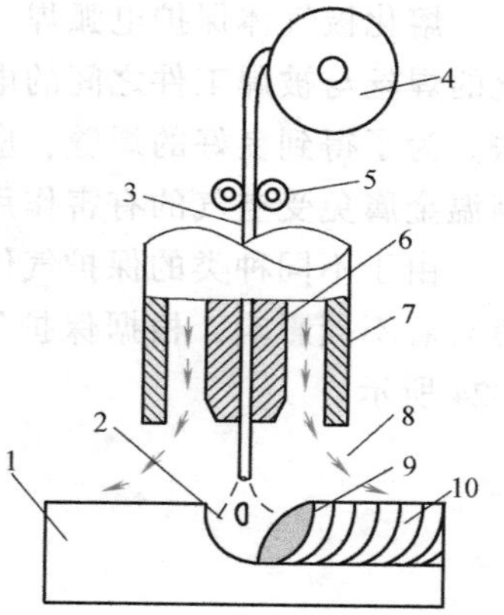

图4-25　熔化极氩弧焊的工作原理

1—焊件　2—电弧　3—焊丝　4—焊丝盘　5—送丝滚轮　6—导电嘴　7—保护罩　8—保护气体　9—熔池　10—焊缝金属

（2）熔化极氩弧焊的特点　MIG焊的保护气体是没有氧化性的纯惰性气体，电弧空间无氧化性，能避免氧化，焊接过程中不产生熔渣，不需要在焊丝中加入脱氧剂，可以使用与母材同等成分的焊丝进行焊接；MAG焊的保护气体虽然具有氧化性，但氧化性相对较弱。与CO_2气体保护焊相比，熔化极氩弧焊的电弧稳定，熔滴过渡稳定，焊接飞溅少，焊缝成形美观。MIG焊采用焊丝为正极的直流电弧来焊接铝及铝合金时，对母材表面的氧化膜具有良好的阴极清理作用。

氩气及其混合气体均比CO_2气体的价格高，因此对于低碳钢来说，MIG是一种昂贵的焊接法；MIG焊对工件、焊丝的焊前清理要求较高，即焊接过程对油、锈等污染比较敏感。

（3）熔化极氩弧焊的应用　MIG焊主要用于焊接铝、镁、铜、钛及其合金，以及不锈钢等金属材料。而在焊接碳钢和低合金钢等钢铁材料时，更多地采用富氩混合气体的MAG焊。但MAG焊的电弧气氛具有一定的氧化性，因此不能用于铝、镁、铜、钛等容易氧化的金属及其合金的焊接。

目前，熔化极氩弧焊被广泛应用于汽车制造、工程机械、化工设备、矿山设备、机车车辆、船舶制造、电站锅炉等行业。由于熔化极氩弧焊焊出的焊缝内在质量和外观质量都很高，该方法已经成为焊接一些重要结构时优先选用的焊接方法之一。

2. CO_2气体保护焊

（1）CO_2气体保护焊的工作原理

CO_2气体保护焊（以下简称CO_2焊）的工作原理如图4-26所示。焊接时，在焊丝与焊件之间产生电弧；焊丝自动送进，被电弧熔化形成熔滴并进入熔池；CO_2气体经喷嘴喷出，包围电弧和熔池，起着隔离空气和保护焊接金属的作用。同时，CO_2气体还参与冶金反应，其在高温下的氧化性有助于减少焊缝中的氢。

CO_2焊通常是按所采用的焊丝直径来分类的。当焊丝直径小于$\phi1.6$mm时，称为细丝

CO_2焊，主要用短路过渡形式来焊接薄板材料，常用这种方法焊接厚度小于 3mm 的低碳钢和低合金结构钢。当焊丝直径大于或等于 $\phi1.6$mm 时，称为粗丝 CO_2焊，一般采用大的焊接电流和高的电弧电压来焊接中厚板，熔滴采用滴状过渡或喷射过渡形式。

按操作方式，CO_2焊可分为自动焊和半自动焊两种类型。对于较长的直线焊缝和规则的曲线焊缝，可采用自动焊；而对于不规则的或较短的焊缝，通常采用半自动焊，它也是现在生产中用得较多的焊接方法。

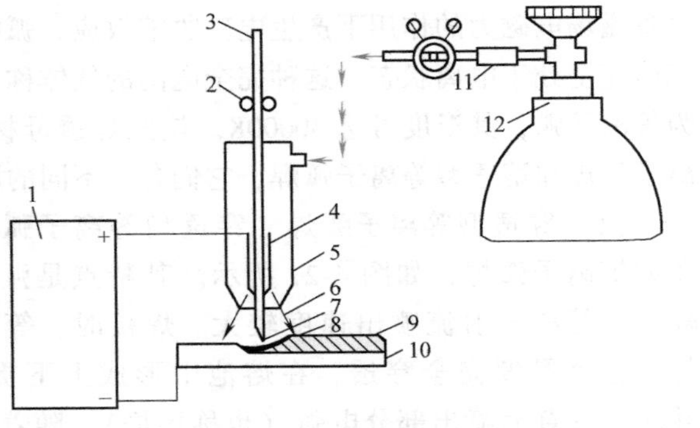

图 4-26　CO_2气体保护焊过程示意图

1—焊接电源　2—送丝滚轮　3—焊丝　4—导电嘴　5—喷嘴　6—CO_2气体　7—电弧　8—熔池　9—焊缝　10—焊件　11—预热干燥器　12—CO_2气瓶

（2）CO_2气体保护焊的特点　CO_2焊是一种高效、节能的焊接方法，具有生产率高和材料价格低廉等特点，因此，其经济效益很高。

用粗丝（焊丝直径不小于 $\phi1.6$ mm）焊接时可以使用较大的电流，实现射滴过渡。电流密度可高达 100~300A/mm^2，所以焊丝熔化系数大，可达 15~26g/(A·h)。焊件的熔深很大，可以不开或开小坡口。另外，该方法基本上没有熔渣，焊后不需要清渣，节省了许多工时，因此可以较大地提高焊接生产率。其中，$\phi1.6$mm 焊丝被大量用于焊接厚大钢板，电流可达 500A 左右。用细丝（焊丝直径小于 $\phi1.6$mm）焊接时可以使用较小的电流，实现短路过渡形式。这时电弧对焊件是间断加热的，电弧稳定，热量集中，焊接热输入小，适合焊接薄板；同时焊接变形也很小，甚至不需要焊后矫正工序。

CO_2 焊是一种低氢型焊接方法，焊缝含氢量极低，耐蚀能力较强，所以焊接低合金钢时不易产生冷裂纹，同时也不易产生氢气孔。CO_2 焊所使用的气体和焊丝价格便宜，焊接设备在国内已定型生产，为该方法的应用创造了十分有利的条件。

CO_2 焊是一种明弧焊接方法，焊接时便于监视和控制电弧和熔池，有利于实现焊接过程的机械化和自动化。用半自动焊焊接曲线焊缝和空间位置焊缝十分方便。

（3）CO_2气体保护焊的应用　CO_2焊在机车车辆制造、汽车制造、船舶制造、金属结构及机械制造等方面的应用十分普遍，既可采用小电流短路过渡方式焊接薄板，也可以采用大电流自由过渡方式焊接厚板。从焊接接头形式来看，CO_2焊可以进行对焊、角焊等方式的焊接，不仅可以平焊，也可以立焊和仰焊，可焊工件厚度范围较宽，从 0.5mm 到 150mm 均可焊接。

目前，CO_2焊除了不适合焊接容易氧化的非铁金属及其合金外，可以焊接碳钢和合金结构钢构件，甚至用于焊接不锈钢也取得了较好的效果。

4.3.6　等离子弧焊

1. 等离子弧焊的类型及原理

等离子弧焊是使用惰性气体作为工作气和保护气，利用等离子弧作为热源来加热并熔化母材金属，使其形成焊接接头的熔焊方法。等离子弧发生时，在钨级与工件之间加一高压电弧后，在一定压力和流量的冷气流（氩气）的均匀包围下产生热压缩效应，以及在带电粒子流自身磁场电磁力的作用下产生电磁收缩效应，弧柱被压缩，截面减小，电流密度提高，使弧柱气体完全处于电离状态，这种完全电离的气体称为等离子体，被压缩的能量高度集中的电弧称为等离子弧，其温度可达30000K。按照焊透母材的方式，等离子弧焊分为两种，即穿透型等离子弧焊和熔透型等离子弧焊，它们各有不同的原理。

（1）穿透型等离子弧焊　穿透型等离子弧焊也称为小孔型等离子弧焊，如图4-27所示。其特点是弧柱压缩程度较强，等离子射流喷出速度较大。焊接时，等离子弧把焊件的整个厚度完全穿透，在熔池中形成上下贯穿的小孔，并从焊件背面喷出部分电弧（也称尾焰）。随着等离子弧沿焊接方向的移动，熔化金属依靠其表面张力的承托，沿着小孔两侧的固体壁面向后方流动，熔池后方的金属不断封填小孔，并冷却凝固形成焊缝。焊缝的断面形状为酒杯状。

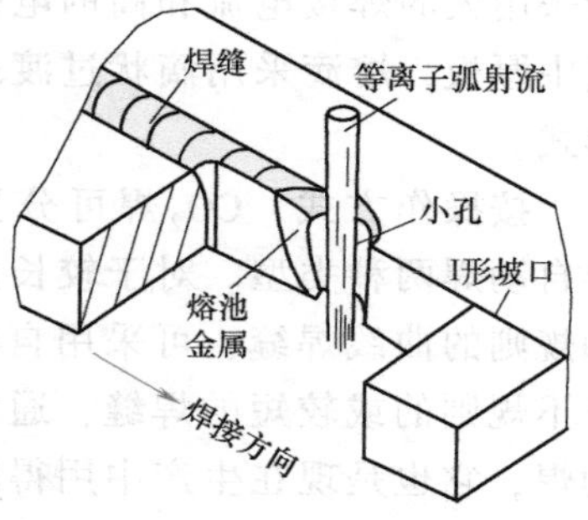

图4-27　穿透型等离子弧焊示意图

（2）熔透型等离子弧焊　熔透型等离子弧焊分为普通熔透型等离子弧焊和微束等离子弧焊。

1）普通熔透型等离子弧焊。普通熔透型等离子弧焊的工作原理如图4-28所示。其特点是弧柱压缩程度较弱，等离子气流喷出速度较小。由于电弧的穿透力相对较小，因此在焊接熔池中不形成小孔，焊件背面无尾焰，液态金属熔池在等离子弧的下面，靠熔池金属的热传导作用来熔透母材，实现焊接。焊缝的断面形状呈碗状。与穿透型等离子弧焊比较，它具有焊接参数较软（即焊接电流和离子气流量较小，电弧穿透能力较弱），焊接参数波动对焊缝成形的影响较小，焊接过程的稳定性较高，焊缝成形系数较大（主要是由于熔宽增加了），热影响区较宽，焊接变形较大等特点。

2）微束等离子弧焊。焊接电流在30A以下的熔透型等离子弧焊，通常称为微束等离子弧焊，其工作原理如图4-29所示。焊接时采用小孔径压缩喷嘴（$\phi0.6\sim\phi1.2$mm）及联合型

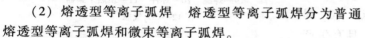

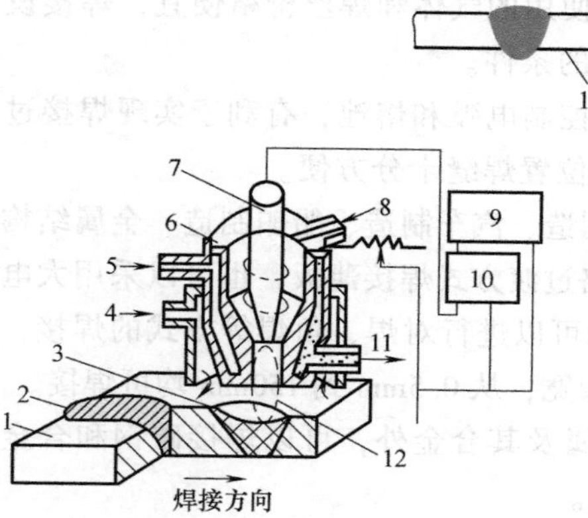

图4-28　普通熔透型等离子弧焊的工作原理

1—母材　2—焊缝　3—液态熔池　4—保护气　5—进水　6—喷嘴　7—钨极　8—等离子气　9—焊接电源　10—高频发生器　11—出水　12—等离子弧　13—接头断面

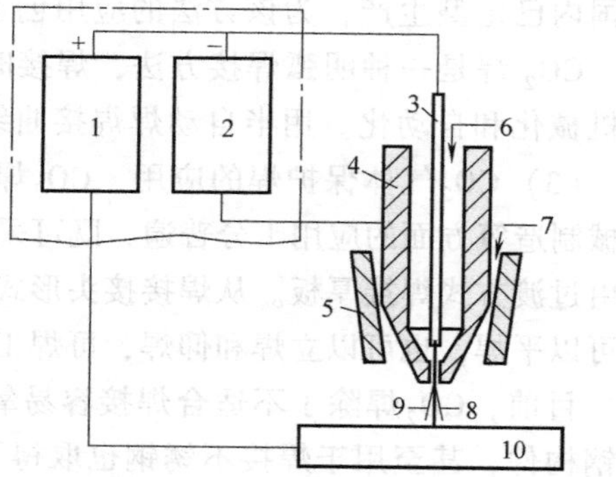

图4-29　微束等离子弧焊的工作原理

1—等离子弧电源　2—维弧电源　3—钨极　4—喷嘴　5—保护罩　6—等离子气　7—保护气　8—等离子弧　9—维弧　10—焊件

等离子弧。通常利用两个独立的焊接电源供电：一个电源向钨极与喷嘴之间供电，产生非转移弧（称维弧），电流一般为2~5A，电源空载电压一般大于90V，以便引弧；另一个电源向钨极与焊件之间供电，产生转移弧（称主弧）。该方法可以得到针状的、细小的等离子弧，因此适宜焊接非常薄的焊件。

2. 等离子弧焊的特点

（1）等离子弧焊的优点　与钨极氩弧焊相比，等离子弧焊有以下优点：

1）电弧能量集中，因此焊缝深宽比大、横截面积小；焊接速度快，特别是焊接厚度大于3.2mm的材料时尤其显著；焊板焊接变形小，焊接厚板时热影响区窄。

2）电弧挺度好，以焊接电流10A为例，等离子弧喷嘴高度（喷嘴到焊件表面的距离）达6.4mm时弧柱仍较挺直，而钨极氩弧焊的弧长仅能采用0.6mm。

3）电弧的稳定性好，微束等离子弧焊的焊接电流小至0.1A时仍能稳定燃烧。

4）由于钨极内缩在喷嘴之内，不可能与焊件接触，因此没有焊缝夹钨的问题。

（2）等离子弧焊的缺点

1）由于需要两股气流，使全过程的控制和焊枪的构造复杂化。

2）由于电弧的直径小，要求焊枪喷嘴轴线更准确地对准焊缝。

3. 等离子弧焊的应用

直流正接等离子弧焊可用于焊接碳钢、合金钢、耐热钢、不锈钢、铜及铜合金、钛及钛合金、镍及镍合金等材料。交流等离子弧焊主要用于铝及铝合金、镁及镁合金、铍青铜、铝青铜等材料的焊接。穿透型等离子弧焊多用于厚度为1~9mm材料的焊接，最适宜焊接的板厚和极限板厚见表4-3。

表4-3　穿透型等离子弧焊适用的板材厚度　（单位：mm）

材质	不锈钢	钛及钛合金	镍及镍合金	低合金钢	低碳钢
适宜板厚	3~8	2~10	3~6	2~7	4~7
极限板厚	13~18	13~18	18	18	10~18

普通熔透型等离子弧焊与穿透型等离子弧焊相比，其焊接电流和离子气流量较小，电弧穿透能力较弱，因此多用于厚度小于或等于3mm材料的焊接，适用于薄板、角焊缝和多层焊的填充及盖面焊道的焊接。

微束等离子弧焊可以焊接超薄焊件，如厚度为0.2mm的不锈钢钢片，它目前已成为焊接金属薄箔、波纹管等超薄件的首选方法。

4.3.7　激光焊

1. 激光焊的原理

激光焊实质上是激光与非透明物质相互作用的过程，这个过程极其复杂，微观上是一个量子过程，宏观上则表现为反射、吸收、加热、熔化、气化等现象。

（1）光的反射及吸收　当光束照在清洁、磨光的金属表面上时，一般都存在着强烈的反射。金属对光束的反射能力与它所含的自由电子密度有关，自由电子密度越大（即电导率越大），反射能力越强。对同一种金属而言，反射率还与入射光的波长有关。波长较长的红外线，主要与金属中的自由电子发生作用；而波长较短的可见光和紫外线，除与自由电子发生作用外，还与金属中的束缚电子发生作用，而束缚电子与照射光作用的结果是使反射率降低。总之，对于同一金属，波长越短，反射率越低，吸收率越高。

(2) 材料的加热　一旦激光光子入射到金属晶体中，光子即与电子发生非弹性碰撞，光子将其能量传递给电子，使电子由原来的低能级跃迁到高能级。与此同时，金属内部的电子间也在不断地互相碰撞，每个电子两次碰撞间的平均时间间隔为 10^{-13}s 的数量级，因此，吸收了光子而处于高能级的电子将在与其他电子的碰撞以及与晶格的相互作用中进行能量的传递，光子的能量最终转化为晶格的热振动能，引起材料温度升高，改变材料表面及内部的温度。

(3) 材料的熔化及气化　激光焊时，材料达到熔点所需的时间为微秒级；脉冲激光焊时，当材料表面吸收的功率密度为 10^5W/cm^{2}时，达到沸点的典型时间为几毫秒；当功率密度大于 10^6W/cm^{2}时，被焊材料会发生剧烈蒸发。在连续激光深熔焊时，正是由于蒸发的存在，蒸汽压力和蒸汽反作用力等能克服熔化金属表面张力以及液体金属静压力而形成小孔，小孔类似于黑体，它有助于对光束能量的吸收，显示出“壁聚焦效应”，即激光束聚焦后不是平行光束，而是与孔壁间形成一定的入射角（图 4-30），激光束照射到孔壁上后，经多次反射后达到孔底，最终被完全吸收。

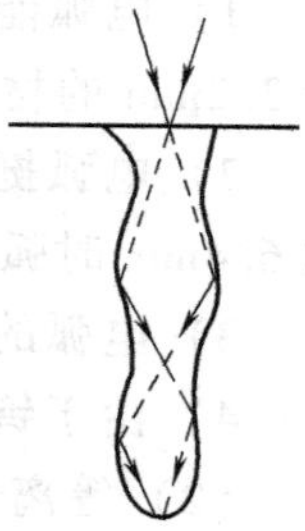

图 4-30　壁聚焦效应

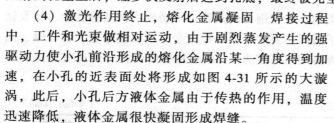

(4) 激光作用终止，熔化金属凝固　焊接过程中，工件和光束做相对运动，由于剧烈蒸发产生的强驱动力使小孔前沿形成的熔化金属沿某一角度得到加速，在小孔的近表面处将形成如图 4-31 所示的大漩涡，此后，小孔后方液体金属由于传热的作用，温度迅速降低，液体金属很快凝固形成焊缝。

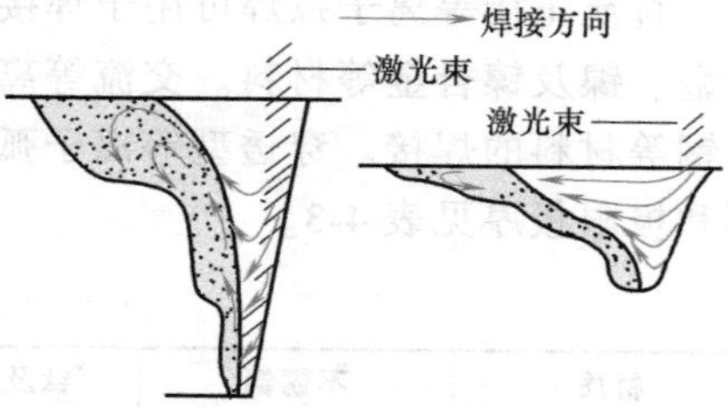

图 4-31　小孔内液体金属的流动

2. 激光焊的分类及特点

(1) 激光焊的类型　激光焊是近年来应用量增长最快，也是发展前景最被看好的一项激光加工技术。根据激光对工件的作用方式，激光焊可分为脉冲激光焊和连续激光焊。在脉冲激光焊中大量使用的脉冲激光器主要是钇铝石榴石（YAG）激光器。若根据激光对材料的加热机制和实际作用在焊件上的功率密度不同，激光焊接可分为热传导激光焊（功率密度小于 10^5W/cm^2）和深熔激光焊（功率密度大于或等于 10^5W/cm^2）。

热传导激光焊时，焊件表面温度不超过材料的沸点，焊件吸收的光能转变为热能后通过热传导将焊件熔化，无小孔效应发生，熔池形状近似为半球形。

深熔激光焊时，金属表面在激光束的作用下温度迅速上升到沸点，金属迅速蒸发形成的蒸气压力、反冲力等能克服熔融金属的表面张力以及液体的静压力等而形成小孔，激光束可直接深入材料内部，能形成深宽比大的焊缝。图 4-32 为深熔激光焊示意图。深熔激光焊时，能量转换通过熔池小孔完成。小孔周围是熔融的液体金属，由于壁聚焦效应，这个充满蒸气的小孔如同“黑体”，几乎全部吸收了

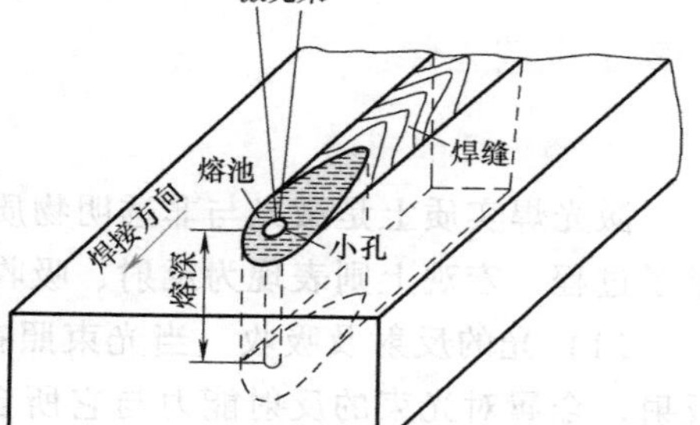

图 4-32　深熔激光焊示意图

入射的激光能量，热量是通过激光与物质的直接作用而形成的，而常规的焊接和热传导激光焊，其热量首先在焊件表面聚积，然后经热传导到达工件内部，这是深熔激光焊与热传导激光焊的根本区别。

（2）激光焊的主要特点

1）热量输入很小，焊缝深宽比大，其深宽比可达10∶1，热影响区小，能避免“热损伤”，故可进行精密零件、热敏感性材料的加工。工件收缩和变形很小，无需焊后矫形。

2）焊缝强度高，焊接速度快，焊缝窄且通常表面状态好，免去了焊后清理等工作。

3）光束易于控制，焊接定位精确，易于实现自动化。

4）焊接一致性和稳定性好，一般不加填充金属和焊剂，并能实现部分异种材料的焊接。例如，激光能对钢和铝之类的物理性能差别很大的金属进行焊接，并且效果良好。

5）可对绝缘导体直接焊接。目前已能把带绝缘（如聚氨酯甲酸酯）的导体直接焊接到线柱上，而采用普通焊接方法时则需将绝缘层剥掉。

6）可焊接难以接近的部位。激光束可以用反射镜、偏转棱镜或光导纤维引到一般焊炬难以到达的部位进行焊接，甚至可以透过玻璃进行焊接，故具有很大的灵活性。

7）设备投资较大，光束操控的精确性要求也较高。

3. 激光焊的应用

激光焊属于高能密度焊接方法。激光焊可焊接的工件厚度可以从几微米到50 mm，其在航天、医疗、机械、汽车等各个领域均有重要的应用。表4-4所列为激光焊应用实例。

表4-4　激光焊应用实例

工业部门	应用实例
航空	发动机壳体、风扇机匣、燃烧室、流体管道、机翼隔架、电磁阀、膜盒等
航天	火箭壳体、导弹蒙皮与骨架、陀螺等
航海	舰船钢板拼焊
石化	滤油装置中的多层网板
电子仪表	集成电路内引线、显像管电子枪、全钽电容、速调管、仪表游丝、光导纤维等
机械	精密弹簧、针式打印机零件、金属薄壁波纹管、热电偶、电液伺服阀等
钢铁	焊接厚度为0.2~8mm、宽度为0.5~1.8mm的硅钢、高中低碳钢和不锈钢，焊接速度为1~10m/min
汽车	汽车底架、传动装置、齿轮、蓄电池阳极板、点火器中轴与拨板组合件等
医疗	心脏起搏器以及心脏起搏器所用的锂碘电池等
食品	食品罐（用激光焊代替了传统的锡焊或高频电阻焊，具有无毒、焊接速度快、美观、性能优良的特点）

4.4　压焊

压焊也称压力焊，它是典型的固相焊接方法，焊接时无论加热与否，均需要对工件施加压力，并使待焊接部位的温度升高，通过调节温度、压力和时间，使工件在固态或半固态的状态下实现连接。压焊方法有电阻焊、摩擦焊、爆炸焊、扩散焊及超声波焊。

4.4.1　电阻焊

1. 电阻焊的分类及特点

（1）电阻焊的分类　电阻焊是将被焊工件压紧于两电极之间并通以电流，利用电流流经工件接触面及邻近区域产生的电阻热将其加热到熔化或塑性状态，使其形成金属结合的一种方法。电阻焊方法主要有四种，即点焊、缝焊、凸焊、对焊，如图 4-33 所示。

（2）电阻焊的特点

1）电阻焊的优点：

① 熔核形成时，始终被塑性环包围，熔化金属与空气隔绝，冶金过程简单。

② 加热时间短、热量集中，故热影响区小，变形与应力小，通常在焊后不必安排矫正和热处理工序。

③ 不需要焊丝、焊条等填充金属，以及氧、乙炔、氩等焊接材料，焊接成本低。

④ 操作简单，易于实现机械化和自动化，改善了劳动条件。

⑤ 生产率高，而且无噪声及有害气体，在大批量生产中，可以和其他制造工序一起编到组装线上，但闪光对焊因有火花喷溅，所以需要隔离。

2）电阻焊的缺点：

① 目前还缺乏可靠的无损检测方法，焊接质量只能靠工艺试样和工件的破坏性试验来检验，以及靠各种监控技术来保证。

② 点焊、缝焊的搭接接头不仅增加了构件的质量，而且因在两板间熔核周围形成尖角，致使接头的抗拉强度和疲劳强度均有所降低。

③ 设备功率大，机械化、自动化程度较高，使设备成本较高，维修较困难，并且常用的大功率单相交流焊机不利于电网的正常运行。

2. 电阻焊工艺及其应用

（1）点焊　点焊（图 4-33a）是在被焊工件上焊出单独的焊点。点焊时，首先将工件叠合，放在上、下电极之间压紧。然后通电，产生电阻热。工件接触处的金属被加热到熔化状态形成熔核，熔核周围的金属被加热到塑性状态，并在压力作用下形成一个封闭的包围熔核的塑性金属环。电流切断后，熔核金属在压力作用下冷却并结晶成为组织致密的焊点。在电

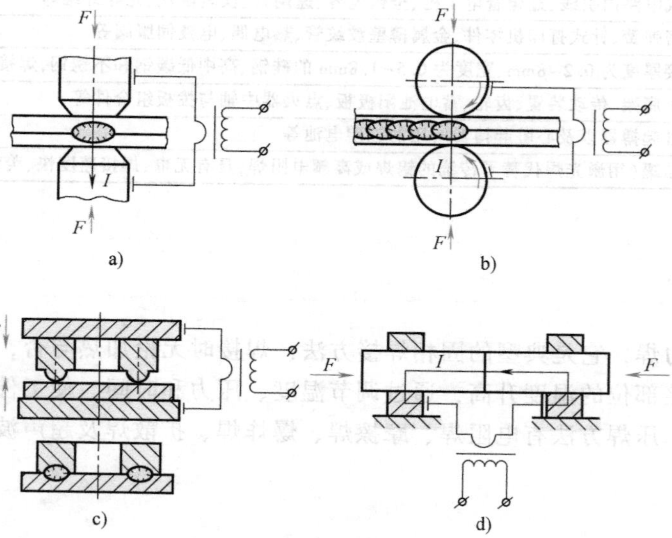

图 4-33　主要电阻焊方法
a）点焊　b）缝焊　c）凸焊　d）对焊

极和工件接触处，也会产生接触电阻热。由于电极由铜制成，而铜的导热性好，所以电极和工件一般不会焊接在一起。

点焊时，可根据需要分别采用点焊硬规范和点焊软规范。所谓点焊硬规范，是指采用较大的焊接电流、较快的焊接速度，瞬间完成焊接；点焊软规范是指采用较小的焊接电流、较慢的焊接速度，完成焊接的时间较长。点焊硬规范的生产率较高，但不适用于淬硬性较高的金属的焊接；而点焊软规范生产率较低，但由于焊接速度较慢，不易使工件淬硬，故适用于淬硬性倾向较大的材料的焊接。

点焊主要用于焊接搭接接头，焊接厚度一般小于 3mm，可以焊接碳钢、不锈钢、铝合金等。点焊在汽车制造中被大量使用，同时也广泛应用于航空航天、电子等工业。

（2）缝焊（滚焊） 缝焊的特点是在被焊工件的接触面之间形成多个连续的焊点（图 4-33b）。缝焊过程与点焊类似，可以看成连续的点焊。缝焊时用转动的圆盘状电极代替点焊时的固定电极，工件在两个旋转的滚轮电极通电后，形成一条焊点前后搭接的连续焊缝。由于缝焊两邻近的焊点距离无限小，分流现象严重，为了保证焊接时的电流密度，缝焊的板厚不能太大，一般应小于 3mm。缝焊焊缝平整，有较高的强度和气密性，常用于焊接薄壁容器。

（3）凸焊 凸焊（图 4-33c）的特点是在焊接处事先加工出一个或多个突起点，这些突起点在焊接时和另一个被焊工件紧密接触。通电后，突起点被加热，压塌后形成焊点。由于突起点接触提高了凸焊时焊点的压强，并使焊接电流比较集中。因此，凸焊可以焊接厚度相差较大的工件。多点凸焊可以提高生产率，并且焊点的距离可以设计得比较小。

（4）对焊 对焊（图 4-33d）的特点是使被焊工件的两个接触面连接。对焊分为电阻对焊和闪光对焊。

1）电阻对焊。电阻对焊的焊接过程如下：在电极夹具中装工件并夹紧→加压，使两个工件紧密接触→通电→接触电阻热加热接触面到塑性状态→切断电流→增加压力→形成接头。电阻对焊接头外形匀称，但接头强度比闪光对焊低。

2）闪光对焊。闪光对焊的焊接过程如下：在电极夹具中装工件并夹紧→使两个工件不紧密地接触，真正接触的是一些点→通电→接触点受电阻热熔化及气化→液体金属发生爆炸，产生火花与闪光→继续移动两工件→连续产生闪光→端面全部熔化→迅速对工件加压→切断电流→工件在压力作用下产生塑性变形→形成接头。

闪光对焊的特点是工件装夹时不紧密接触，使形成点接触的电流密度很大，形成闪光（磁爆），由于磁爆清除了焊缝表面的氧化物和污物，故焊前对焊件表面的清理要求不高，焊后接头强度和塑性均较好。闪光对焊广泛用于焊接钢筋、车圈、管道和轴等。

4.4.2 线性摩擦焊

线性摩擦焊（LFW）是一种利用被焊工件接触面在压力作用下相对往复运动摩擦产生热量，从而实现焊接的固态连接方法。它拥有传统熔焊方法无法比拟的优点，与其他摩擦焊如旋转摩擦焊相比较，其应用范围更加广泛，可用于非圆形截面等不规则构件的焊接。早在 20 世纪 60 年代，Jack Searle 就提出了非圆形件的摩擦焊原理构想，但直到 1990 年才出现第一台线性摩擦焊机。线性摩擦焊最初主要用于塑料的焊接，随着研究的不断深入，其应用领域逐渐扩展到铝、钛、镍等合金甚至异种金属的焊接。目前，由于设备等原因的限制，其应用主要集中在航空发动机整体叶盘的制造与维修领域。

1. 线性摩擦焊的原理

图 4-34 为线性摩擦焊原理示意图。上、下工件分别夹紧在上夹具及振动体上，振动体在偏心轴的带动下使摩擦副中一侧的工件被往复机构所驱动。在垂直于往复运动方向压力 F 的作用下，相对于另一侧被固定的工件以较小的振幅、合适的频率做相对运动。随着摩擦运动的进行，摩擦表面被清理干净，摩擦热使得摩擦界面的金属逐渐达到粘塑性状态并产生变形。最后控制两工件迅速对中并施加顶锻力，完成工件的焊接。线性摩擦焊的四个阶段如图 4-35 所示。

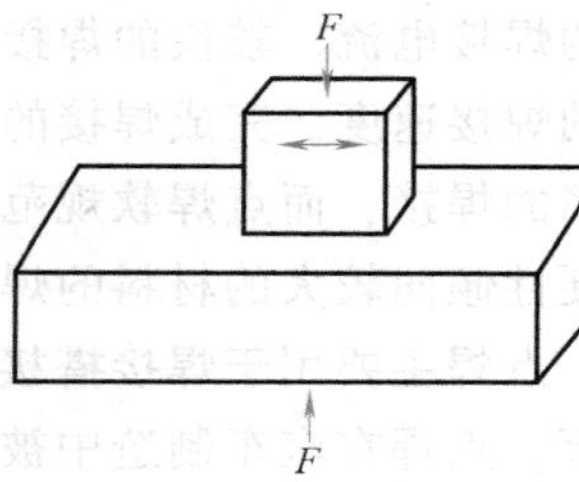

图 4-34　线性摩擦焊原理示意图

(1) 初始摩擦阶段　两紧密接触工件开始相对往复运动，在摩擦凸起部分首先产生摩擦、剪切与粘结，摩擦产热，实际接触面积不断增加。在此阶段中无轴向缩短产生。

(2) 过渡阶段　随着摩擦的进行，摩擦界面温度不断升高，摩擦区域材料开始软化，摩擦界面逐渐被一层高温粘塑性金属所覆盖，产热机制由初期的干摩擦产热逐渐转变为粘塑性金属层内的塑性变形产热，两工件的实际接触面积达到 100%。在此阶段中工件开始轴向缩短。

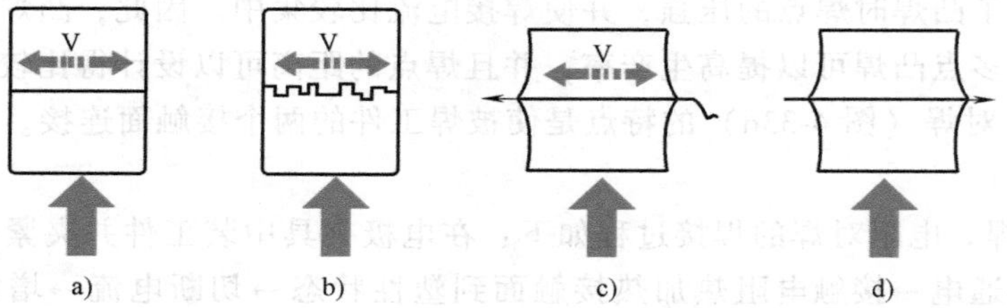

图 4-35　线性摩擦焊的四个阶段

a) 初始摩擦阶段　b) 过渡阶段　c) 准稳定摩擦阶段　d) 顶锻阶段

(3) 准稳定摩擦阶段　此时摩擦热量由界面间的粘着摩擦和塑性金属剪切变形共同提供，产热量趋于稳定。热量由摩擦界面向工件内部传导，焊接面两侧的金属温度不断升高，开始塑性流动，在压力的作用下，摩擦界面高温塑性金属不断被挤出形成飞边，轴向缩短开始增加。

(4) 顶锻阶段　当接头温度和变形达到合适值后开始制动，急停相对运动并使两工件迅速对中。此时轴向缩短量急剧增加，焊合区金属通过相互扩散和再结晶使两侧工件实现可靠连接。

2. 线性摩擦焊的特点

同熔焊和其他类型的摩擦焊方法相比，线性摩擦焊主要具有以下特点：

1) 适用范围广，打破了旋转摩擦焊的局限性。可以焊接方形、多边形截面的金属或塑料焊件。利用合适的夹具，还可以焊接不规则的构件，如叶片与轮盘的焊接。

2) 焊接过程中材料通常不熔化，属于固相焊，焊接接头质量高。与熔焊相比，两者在焊接接头的成形机制和性能方面存在着显著差异。首先，线性摩擦焊接头不产生与熔化和凝固冶金有关的一些焊接缺陷和焊接脆化现象，如偏析、夹杂、裂纹和气孔等；其次，由于压力的共同作用，摩擦面及其附近区域将产生一些力学冶金效应，如晶粒细化、组织致密等；再者，由于加热时间短，热影响区窄，组织无明显粗化。在焊接铝、钛等传统熔焊方法难以焊接的材料时，更能体现线性摩擦焊的优越性。

3）焊接过程可靠性高。焊接过程完全由焊接设备自动控制，人为因素很小。焊接过程中所需控制的焊接参数较少，只有压力、时间、频率和振幅等，有利于实现焊接自动化，提高生产率。线性摩擦焊还具有工艺适应性广泛、尺寸精度较高、低耗和清洁等优点。

3. 线性摩擦焊的应用现状

目前，由于线性摩擦焊设备的造价较高，故其应用领域主要集中在航空发动机整体叶盘的制造与维修方面，在其他领域中应用很少。因此，研发低成本经济型的线性摩擦焊设备是促进线性摩擦焊技术快速发展的前提条件。虽然距第一台线性摩擦焊机的出现已经有近20年的时间，但对其机理的研究还处于初期阶段，产热、传热、变形流动和组织转变等方面的试验研究还很不足；数值模拟手段的应用也不够，大量基础性的理论研究十分必要。随着我国航空航天工业的快速发展，相关设备的制造对焊接技术提出了越来越多新的要求和挑战，研究包括线性摩擦焊在内的新型焊接技术对于提高我国的航空航天水平有着重要的意义。我国航空工业总公司已将整体叶盘结构的线性摩擦焊技术列入了“航空制造技术中长期发展规划”与“航空新结构制造技术预研计划”，这必将大大促进线性摩擦焊在我国的发展与应用。

4.4.3 搅拌摩擦焊

搅拌摩擦焊（FSW）是20世纪90年代初在英国被研发出的一种与摩擦焊工艺，其原理如图4-36所示。这种工艺使用由一个销钉和一个凸台组成的旋转工具，焊接开始时，搅拌头高速旋转，特型指棒迅速钻入被焊板的接缝中，与特型指棒接触的金属摩擦生热形成了很薄的热塑性层。当特型指棒钻入工件表面以下时，有部分金属被挤出表面，由于正面轴肩和背面垫板的密封作用，一方面，轴肩与被焊板表面发生摩擦，产生辅助热；另一方面，搅拌头和工件相对运动时，在搅拌头前面不断形成的热塑性金属转移到搅拌头后面，填满后面的空腔。在整个焊接过程中，空腔的产生与填满连续进行，焊缝区金属经历着被挤压、摩擦生热、塑性变形、转移、扩散以及再结晶等过程。

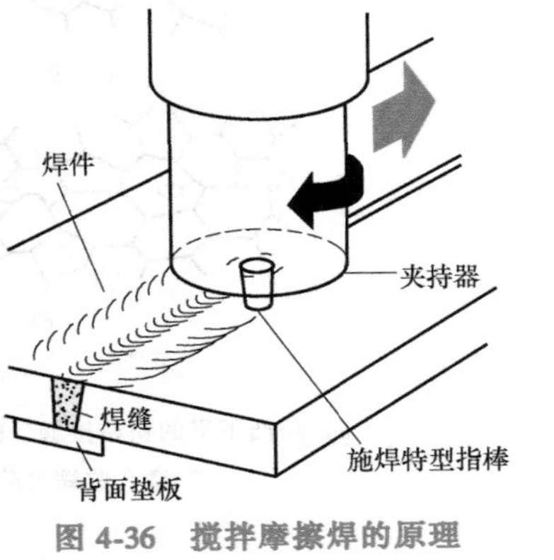

图4-36 搅拌摩擦焊的原理

搅拌摩擦焊的主要优势在于其工作温度低于固相温度，为150～200K。由于其使用液相，因此无凝固结构，而有一种高强度的动态再结晶结构，所以不存在铝材上的热裂纹风险。故搅拌摩擦焊同样可以建立在一般情况下被归为不适合焊接材料的焊接连接。此外，较低的热影响有益于避免连接区内的持续软化，这在沉淀硬化或者冷作硬化合金的熔焊连接中实际上不可避免，但它有助于使变形程度最小化。该工艺的主要缺点是在工艺实施期间需要在工件和焊接工具上施加相对较大的作用力并需要刚性极好的夹持工具，同时要限制焊接装置的柔韧性。因此，原则上焊接可在传统的铣削中心上进行，一般情况下，需要使用可记录过载情况或者具有适当的保护措施的专用设备。由于需要夹持力，该工艺主要适用于较长且平整的，可在凹陷位置进行焊接的连接。专用机器人同样用于搅拌摩擦焊并可形成三维连接。连接薄板也可使用常规的工业机器人，但是要采用适用于点焊的工艺。

到目前为止，搅拌摩擦焊主要用于使用其他工艺很难焊接的铝质材料，可以完成对接、搭接、铰接、丁字接等多种形式的连接。由于焊缝长度可以很长，该工艺在飞机制造、船舶制造和轨道车辆制造方面有很大优势。据估计，由于铝材的流变特性，在这种情况下，摩擦力（低抗拉强度的较软材料的摩擦力明显比大多数钢材的摩擦力要小）会直接影响工具磨损和工艺稳定性。虽然存在生产钢材或进行钢-铝连接时使用搅拌摩擦焊的方案，原则上可以进行工业应用，但其目前为止还未得到实现，原因是其明显加大的工具磨损，降低了在焊缝长度较大的情况下获得同等质量的可靠性，使得成本升高。

4.4.4 扩散焊

扩散焊（或称扩散连接）是在一定的温度和压力下，通过微观塑性变形或通过在待焊表面上产生的微量液相而扩大待焊表面的物理接触，然后经较长时间的原子相互扩散来实现结合的一种焊接方法。

1. 典型扩散焊的原理

同种金属的扩散焊过程可用图 4-37 所示的三个阶段模型来形象地描述。图 4-37a 所示为接触表面初始情况。

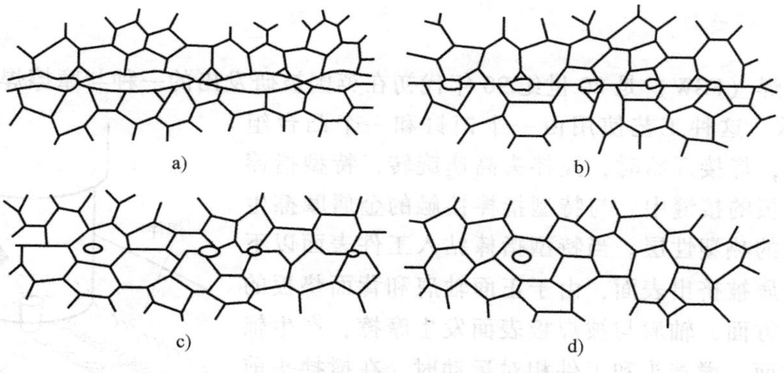

图 4-37 同种金属固相扩散焊模型

a）凹凸不平的初始接触 b）第一阶段：变形和交界面的形成 c）第二阶段：晶界迁移和微孔收缩消除 d）第三阶段：体积扩散，微孔消除和界面消失

（1）第一阶段 变形和交界面的形成 在温度和压力的作用下，粗糙表面的微观凸起部位首先接触。由于最初接触点少，每个接触点上的压应力很高，接触点很快产生塑性变形。在变形过程中，表面吸附层被挤开，氧化膜被挤碎，表面上的微观突起点被挤平，从而达到紧密接触的程度，形成金属键连接。随着变形的继续，这个接触点区逐渐扩大，接触点数目也逐渐增多，直到宏观上大部分表面形成晶粒之间的连接（图 4-37b）。其余未接触部分形成孔洞，残留在截面上。在变形的同时，由于相变、位错等因素，使表面上产生“微凸”，出现新的无污染的表面。这些“微凸”作为形成金属键的“活化中心”而起作用，在表面进一步压紧变形时，这些点首先形成金属键连接。

(2) 第二阶段 晶界迁移和微孔的收缩和消除 通过原子扩散（主要是孔洞表面或界面原子扩散）和再结晶，使界面晶界发生迁移。界面上第一阶段留下的孔洞逐渐变小，继而大部分孔洞在界面上消失，形成了焊缝，如图 4-37c 所示。

(3) 第三阶段 体积扩散，微孔消除和界面消失 在这一阶段，原子扩散向纵深发展，即出现所谓的“体”扩散。随着扩散的进行，原始界面完全消失，界面上残留的微孔也消失，在界面处达到冶金连接（图 4-37d），接头成分趋向均匀。

2. 扩散焊的方法

每一类扩散焊根据所使用的工艺手段不同而有多种方法，见表 4-5。

表 4-5 扩散焊的分类及特点

序号	划分依据	名 称	特 点
1	保护气氛	真空扩散焊	在真空条件下进行扩散焊
		气体保护扩散焊	在惰性气体或还原性气体中进行扩散焊
2	加压方法	机械加压扩散焊	用机械压力对连接面施加压力，压力的均匀性难以得到保证
		热胀差力加压扩散焊	利用夹具和焊接材料或两个焊接工件热膨胀系数之差来获得压力
		气体加压扩散焊	利用保护气压力对连接面施加压力，适用于板材大面积扩散焊
		热等静压扩散焊	利用超高压气体对工件从四周均匀加热进行扩散焊
3	加热方法	电热辐射加热扩散焊	常用方法，利用电阻丝的高温辐射加热工件，控温方便、准确
		感应加热扩散焊	高频感应加热，适用于小件的焊接
		电阻扩散焊	利用工件自身电阻和连接面接触电阻，通电加热工件，加热较快
		相变扩散焊	焊接温度在相变点附近温度范围内变动，缩短了扩散时间，改善了接头性能
4	与其他工艺组合	超塑成形扩散焊	将超塑成形和扩散焊结合在一个热循环中进行
		热轧扩散焊	将板材滚轧变形与扩散焊结合
		冷挤压扩散焊	利用冷挤压变形增强扩散焊接头强度

(1) 真空扩散焊 真空扩散焊是常用焊接方法，通常在真空扩散焊设备中进行。被焊材料或中间层合金中含有易发挥元素时不应采用此方法，由于设备尺寸限制，该方法仅适合焊接尺寸不大的工件。

(2) 超塑成形扩散焊 对于超塑性材料，如 TC4 钛合金，可以在高温下用较低的压力同时实现成形和焊接。采用此种组合工艺可以在一个热循环中制造出复杂的空心整体结构件。该组合工艺中扩散焊的特点是：压力较低，与成形压力相匹配；时间较长，可长达数小时。在超塑状态下进行扩散焊有助于焊接质量的提高，该方法已在航空航天工业中得到应用。

(3) 热等静压扩散焊 热等静压扩散焊是在热等静压设备中进行的焊接。焊前应将组装好的工件密封在薄的软质金属包囊之中并将其抽真空，封焊抽气口，然后将整个包囊置于加热室中进行加热，利用高压气体与真空气囊中的压力差对工件施加各向均衡的等静压力，在高温高压下完成扩散焊过程。由于压力各向均匀，工件变形小。当待焊表面处于两被焊工件本身所构成的空腔内时，可不用包囊而直接使用真空电子束焊等方法将工件周围封焊起来。焊接时所加气压压力较高，可达 100MPa。当工件轮廓不能充满包囊时应采用夹具将其填满，以防止工件变形。该方法尤其适用于脆性材料的扩散焊。

3. 扩散焊的特点及应用

与其他焊接方法相比较，扩散焊有以下优点：

（1）接头质量好　扩散焊接头的显微组织和性能与母材接头接近或相同。扩散焊的主要焊接参数易于控制，批量生产时接头质量较稳定。

（2）零部件变形小　因扩散焊时所加压力较低，宏观塑性变形小，工件多数是整体加热，随炉冷却，故零部件变形小，焊后一般不需进行加工。

（3）可一次焊接多个接头　扩散焊可作为部件的最后组装连接工艺。

（4）可焊接大断面接头　焊接大断面接头时所需设备的吨位不高，易于实现。采用气体压力加压时，很容易对两板材实施叠合扩散焊。

（5）可焊接其他焊接方法难以焊接的工件和材料　对于塑性差或熔点高的同种材料，相互不溶解或在熔焊时会产生脆性金属间化合物的异种材料，以及厚度相差很大的工件和结构很复杂的工件，扩散焊是一种优先选择的方法。

（6）与其他热加工、热处理工艺结合可获得较大的技术经济效益　例如，将钛合金的扩散焊与超塑成形技术相结合，可以在一个工序中制造出刚度大、质量小的整体钛结构件。

4.5　钎焊

4.5.1　钎焊的分类及特点

1. 钎焊的分类

按照不同的特征和标准，钎焊有如下分类方法。

（1）按照钎料的熔点分类　按照美国焊接学会推荐的标准，钎焊分为两类：所使用钎料的液相线温度在 450℃ 以下的钎焊称为软钎焊；钎料液相线温度在 450℃ 以上的钎焊称为硬钎焊。

（2）按照钎焊温度分类　可将钎焊分为高温钎焊、中温钎焊和低温钎焊，但是这种分类不规范，高、中、低温的划分是相对于母材的熔点而言的，其温度分界标准也不十分明确，只是一种通常的说法。例如，对于铝合金来说，加热温度在 500~630℃ 范围内称为高温钎焊，加热温度在 300~500℃ 时称为中温钎焊，而加热温度低于 300℃ 时称为低温钎焊。铜及其他金属合金的钎焊有时也有类似的情况，但温度划分范围不尽相同。通常所说的高温钎焊，一般是指温度高于 900℃ 的钎焊。

（3）按照环境介质及去除母材表面氧化膜的方式分类　可将钎焊分为有钎剂钎焊、无钎剂钎焊、自钎剂钎焊、刮擦钎焊、气体保护钎焊和真空钎焊等。

（4）按照热源种类和加热方式分类　钎焊方法的主要作用在于创造必要的温度条件，确保匹配适当的母材、钎料、钎剂或气体介质之间进行必要的物理化学过程，从而获得优质的钎焊接头。钎焊方法的种类很多，常用的有火焰钎焊、烙铁钎焊、炉中钎焊、电阻钎焊、感应钎焊、激光钎焊等。钎焊方法分类如图 4-38 所示。下面介绍几种常用的钎焊方法。

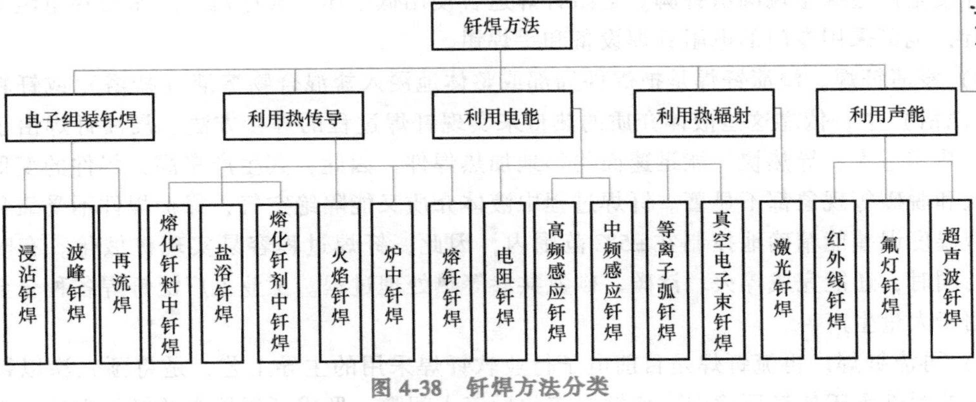

图 4-38 钎焊方法分类

1）火焰钎焊。火焰钎焊是一种常见的钎焊方法，它是利用可燃性气体或液体燃料的气化产物与氧或空气混合燃烧所形成的火焰来进行钎焊加热的。

火焰钎焊的通用性大，装置简单，所用燃料来源广，不依赖电力供应。钎焊前工件需要进行表面清洗，任何胶、油污、水、锈、漆都可能影响钎焊质量。焊后需要去除接头表面的钎剂和渣壳。火焰钎焊因要求焊接循环中为氧化环境，所以只能用于活性不太高和不需要专门保护的母材的连接，主要用于以铜基钎料、银基钎料钎焊碳钢、低合金钢、不锈钢、铜及铜合金，也用于以铝基钎料钎焊铝及铝合金。

2）感应钎焊。感应钎焊是将工件的待焊部位置于交变磁场中，通过电磁感应在焊件中产生感应电流来实现工件加热的钎焊方法。

感应钎焊可在空气中或真空、保护气体中进行，可使用各种钎料，广泛地用于钎焊结构钢、不锈钢、铜和铜合金、高温合金、钛合金等，既可用于软钎焊，也可用于硬钎焊；特别适用于对称形状工件的局部加热钎焊，如管件套装、管与法兰、轴与轴套类工件的钎焊连接等。

3）炉中钎焊。炉中钎焊按钎焊过程中钎焊区的气氛组成，可分为空气炉中钎焊、保护气氛炉中钎焊（又可分为中性气氛及活性气氛两种）及真空炉中钎焊。炉中钎焊是适用于大批量生产的、劳动效率较高的自动化钎焊方法。只要能在钎焊前将钎料置于接头上，并在钎焊过程中保持钎料位置不变，炉中钎焊就是可行的。

炉中钎焊可广泛应用于可以预先将钎料放于接头附近或内部的工件，预先放置的钎料有丝、箔片、屑块、棒、粉末、软膏和带状等形状。炉中钎焊时焊件被整体加热，加热速度较慢，工件变形小，适用于较大零件，密集钎缝、较长钎缝以及大面积钎缝的钎焊。炉中钎焊由于一炉中可以放置多个工件，可实现连续或半连续操作，故也适用于较小工件的大批量生产，具有较高的生产率。

4）电阻钎焊。电阻钎焊又称为接触钎焊，它是依靠电流通过工件或与工件接触的加热块产生的电阻热来加热工件和熔化钎料的钎焊方法。

电阻钎焊广泛应用于铜基和银基钎料，最适用于箔状钎料，它可以方便地直接放在零件的钎焊面之间。另外，在某些情况下，工件表面可电镀或包覆一层金属做钎料用。为使钎焊处导电，将钎料以水溶液或酒精溶液涂于钎焊处，这在电子工业中应用很广。若使用钎料丝，则应在待焊面加热到钎焊温度后，将钎料丝末端靠近钎缝间隙，直至钎料熔化，填满间隙，并使全部边缘呈现圆滑钎脚。电阻钎焊适合使用低电压、大电流，通常可在电阻焊焊机上进行，也可采用专门的电阻钎焊设备和手焊钳。

5）浸渍钎焊。浸渍钎焊是把焊件局部或整体地浸入盐混合物溶液（盐浴）或钎料溶液（称金属浴）中，依靠这些液体介质的热量来实现钎焊过程的焊接方法。浸渍钎焊由于液体介质的热容量大、导热快，能迅速而均匀地加热焊件。因此，其生产率高，焊件的变形、晶粒长大和脱碳等现象都不显著。钎焊过程中液体介质又能隔绝空气，保护焊件不受氧化；并且溶液温度误差能精确地控制在±5℃范围内，因此，钎焊过程容易实现机械化。有时，在钎焊的同时，还能完成淬火、渗碳、碳氮共渗等热处理过程。工业上广泛钎焊各种合金，特别适用于大量生产。

6）再流钎焊。再流钎焊是目前电子行业软钎焊采用的主导工艺，是将预先涂以钎料并装配好的焊件置于加热环境中，待钎料熔化后流入间隙，形成钎焊接头的钎焊方法。再流钎焊主要用于电子元件、印制电路板的表面组装，还可用于印制电路板或集成电路的元器件与铜箔电路的连接。按加热方式不同，再流钎焊分为不同方法并具有相应名称，如气相钎焊、红外钎焊、激光钎焊、热板钎焊、热风钎焊、离子束软钎焊等。再流钎焊已成为现代电子器件制造的主要方法。

7）超声波钎焊。超声波钎焊是利用超声波振动传入熔化钎料，利用钎料内发生的空化现象破坏和去除母材表面的氧化物，使熔化钎料湿润纯净的母材表面而实现钎焊焊接方法。其特点是钎焊时不需使用钎剂。超声波起到辅助去膜作用，需采用其他加热手段加热焊件和钎料。

超声波钎焊常用于低温软钎焊工艺。随着温度升高，空化破坏作用加剧。当零件受热超过400℃时，超声波振动不仅使钎料的氧化膜微粒脱落，钎料本身也会小块小块地脱落。超声波钎焊主要用于铝合金的低温钎焊，这是因为铝合金的表面氧化膜稳定，缺乏有效钎剂，而超声波却能较好地满足要求，多用于采用锌基钎料的铝合金表面的预先钎料涂覆。此外，超声波去膜也可用于诸如硅、玻璃、陶瓷等非金属难钎焊材料的钎焊。

8）光学及激光钎焊。光学及激光钎焊是利用光的能量使焊点处发热，将钎料熔化以浸润被焊零件，填充连接空隙的钎焊方法。目前常用的光学钎焊方法有两种：一种是用红外灯线直接照射，使钎料熔化，它一般用于集成电路封盖；另一种是利用透镜和反射镜等光学系统，将点光源的射线经聚光透镜成平行光束，光束的大小由一组透镜聚焦调节，光线与被焊物的作用时间长短用一个特殊的快门来控制。根据不同的设备，可应用在微电子器件内引线的焊接和管壳的封装。

2. 钎焊的特点

由于钎焊在原理、设备、工艺过程方面与其他焊接方法不同，因此，钎焊技术在工程应用中表现出了以下独特的特点：

1）钎焊加热温度一般远低于母材的熔点，因而对母材的物理化学性能影响较小；焊件整体被均匀加热，引起的应力和变形小，容易保证焊件的尺寸精度。

2）钎焊技术具有很高的生产率，可以一次完成多缝多零件的连接。例如，苏联制造的推力为750N的液体火箭发动机，其燃烧室内的钎缝长度达750m，可通过钎焊一次完成；火箭发动机不锈钢面板/波纹板芯推力室壳体采用钎焊连接，数百条焊缝可一次钎焊完成。

3）钎焊技术可用于结构复杂、精密、开敞性和接头可达性差的焊件。例如，采用真空钎焊技术可实现多层复杂结构铝合金雷达天线和微波器件的精密钎焊。

4）钎焊技术特别适用于多种材料的组合连接。它不仅可以连接常规金属材料，对于其他焊接方法难以连接的金属材料以及陶瓷、玻璃、石墨及金刚石等非金属材料也适用，此外，还较易实现异种金属、金属与非金属材料的连接。

然而，由于钎焊接头的耐热能力比较差，接头强度比较低，钎焊时表面清理及焊件装配质量的要求比较高。

4.5.2 常用金属材料的钎焊

1. 同种材料的钎焊

（1）钢材的钎焊　在汽车车身的制造中，针对厚度小于2mm的薄钢板，钢材的钎焊在很大程度上是为了降低总体热输入和工作温度，以此来防止结构发生变化及金属涂层损伤。

在抑制连接时的结构变化并保持钢板力学性能的同时，减小涂层（主要是锌层）损伤对保持耐蚀性能十分重要，必须沿着整个加工链处理此类钢材，以免损伤表面涂层。例如，纯锌的熔化温度约为420℃，沸点为907℃，当熔焊的温度达到钢材的熔化温度时（超过1500℃），焊接区的锌层会出现热损坏。在焊接时，锌以爆发的形式从镀锌钢材上蒸发，从而形成飞溅物。此外，锌往外蒸发时会在焊缝中形成气孔，这会影响连接的强度，最终导致温度超过907℃的焊接区以及热影响区的耐蚀性丧失。

钎焊在获得较低的温度体系方面具有优势，关键在于其可以使用高强度的钎料或者给予足够宽的承载面来传输作用力。用于连接带涂层钢种的钎料在供应状态下的力学性能见表4-6。

表4-6　用于连接带涂层钢种的钎料在供应状态下的力学性能

焊剂	熔化温度范围/℃	抗拉强度/(N/mm^2)	延伸率(%)
CuSi2Mn1	1030~1050	285	45
CuSi3Mn	965~1030	350	40
CuAl9Ni5Fe3Mn2	1015~1045	690	16
CuMn13Al8Fe3Ni2	945~985	900	10

铜硅基焊剂的强度为250~350N/mm^2，因而该焊剂是为焊接低合金薄板钢而制作的。当工作温度高于940℃，即高于熔化温度约500℃时，需要有针对性地限制锌层的损伤和飞溅物的形成。目前，借助定制的铝青铜合金生产焊剂，其用于加工高强度钢（如TRIP 700、DP600）。

锌铝基低熔点焊剂可采用较低的工作温度并大幅限制镀锌表面的热负荷。由于承载横截面较宽，应充分考虑锌铝基焊剂强度较低的问题，通过调制焊剂的成分可以获得较高的强度。连接带涂层钢材的锌铝基焊剂在连接状态下的力学性能见表4-7。

表4-7　连接带涂层钢材的锌铝基焊剂在连接状态下的力学性能

焊剂	熔化温度范围/℃	抗拉强度/(N/mm^2)	延伸率(%)
ZnAl4	380~388	205	35
ZnAl15	380~446	284	9
ZnAl5Cu3.5	—	325	2
ZnAl7.5Cu2.5	—	410	5

在进行钎焊工作时，尤其要考虑热控制方式。在对带涂层的板材进行钎焊时，应产生一个局部集中程度尽量低的热输入，以避免钎焊焊缝附近的区域过热。同时，必须加热要湿润的表面，以使熔化物迅速冷却且焊滴不完全扩散。

钎焊基本的焊缝结构包括对焊接头上的I型焊缝、搭接接头上的角焊缝和凸缘接头上的角焊缝，如图4-39所示。

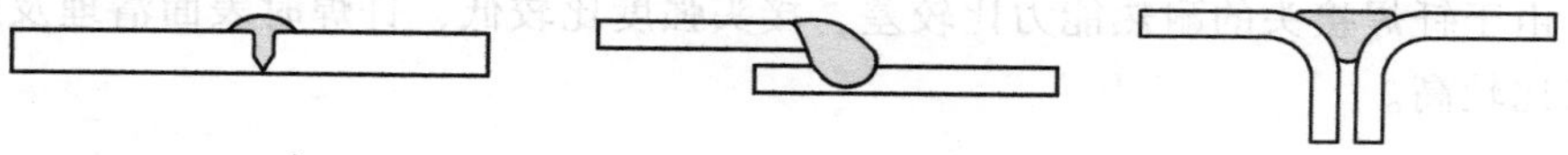

图4-39 钎焊基本的焊缝结构（金属保护气钎焊或激光钎焊）
a）对焊接头上的I型焊缝 b）搭接接头上的角焊缝 c）凸缘接头上的角焊缝

下面介绍激光钎焊、MIG钎焊和等离子钎焊。激光束钎焊适用于批量生产的情况，MIG钎焊和等离子钎焊一般适用于手工单件生产（和维修），也适用于量产。

激光束钎焊基于一束集中对准连接部位的光束，同时持续在聚焦的光束里输送焊条形式的焊剂，焊剂会湿润激光束所照射的表面。使用工作气体对焊剂进行扫气处理（图4-40）。通过工件与激光束的相对移动也可在3D部件上进行任意连接。通常，激光束钎焊适合连接凸缘接头和搭接接头上的角焊缝。一种称为Tophat的光束灼烧方式（也就是相对于高斯分布，灼烧区的强度分布均匀）被证明具有优势，它可以在一个较宽的范围内实施均匀加热。在这种情况下，除了固态激光器之外，人们也广泛使用功率最大的4kW的二极管激光器。它可以在极高的效率下达到4m/min的速度。通常，间隙桥接尺寸为0.2mm。

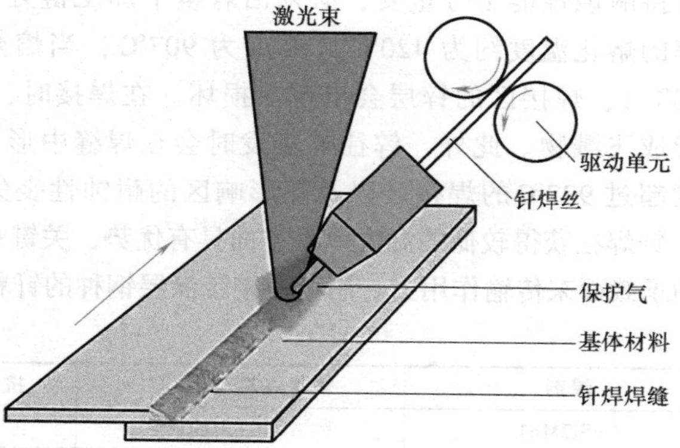

图4-40 激光束钎焊布置示意图

在涉及焊接的内容中，被作为降低能量的电弧工艺进行说明的电弧技术的开发同样基于电弧的钎焊应用。原则上，它们都是在短电弧范围内或者脉冲电弧范围内工作的。脉冲电弧技术可在较少短路的情况下以良好的间隙均衡性地进行材料过渡，尤其是在钎焊搭接接头的角焊缝方面。一般而言，脉冲电弧工艺可使焊缝形成比短电弧工艺更平坦的曲线。为了使输入保持低水平，可使用一个相对低的基本电流。带涂层板金属保护气钎焊的间隙桥接能力约为板材厚度的2倍，而钎焊速度接近50~70cm/min。

类似于激光束钎焊，等离子钎焊会将作为不导电焊条的焊剂输送到粉末冶金钨电极和部件之间燃烧的等离子电弧中。相对于金属保护气钎焊，等离子钎焊的特点是，在较高工艺速度下锌的烧损较少，飞溅物形成得较少。如果是长焊缝，则将等离子钎焊作为全机械化的工艺来实施；如果是短焊缝，则将其作为手动工艺来实施。

（2）铝材的钎焊　在制造热交换器（散热器、加热器、空调蒸发器等）时，往往要对铝材进行钎焊。早在20世纪八九十年代，铝材就已越来越多地替代了铜和黄铜等材料。除了可制造较轻的部件之外，人们也利用铝材的其他特性，如导热性、变形性和耐蚀性等。在此，要求在连接由叶片、管路和型材组成的物体时使变形最小化。

钎焊铝材时，使用钎焊温度为582~621℃的铝硅基（硬钎焊）焊剂或钎焊温度为400℃的铝锌基（软钎焊）焊剂。铝材表面上有稳定的、熔点高的氧化层，钎焊前必须将其去掉，因为它会抑制浸润过程。实际情况中，人们很少会在铝材和铝合金上使用软钎焊，因为这可能会使此类连接的耐蚀性降低。

对于对铝制热交换器进行硬钎焊的经济性工艺，应在保护气体下实施，例如NOCOLOK钎焊或可控气氛钎焊（CAB）。真空钎焊工艺仅适用于批量生产，此外，它很难保持所需的清洁度，而且成本相对较高。在保护气体气氛下，钎焊时应使用带保护气体扫气功能的、持续工作的连续加热炉。NOCOLOK工艺使用规定的熔化温度为565~572℃（低于铝硅基焊剂的熔化温度范围）的铝焊接助熔剂（KAlF），它会湿润铝的表面从而清除氧化层。

铝硅基焊剂中硅的质量分数为7.5%~12%。硅的质量分数的提高会导致液相温度的降低，直至形成共晶（其特点是温度为577℃）。硅的质量分数较高的特征是流动填充能力和间隙填充能力更佳，由于浓度梯度的原因，焊剂和基体材料之间有可能出现扩散现象。

2. 异种材料的钎焊

在方案中，可考虑采用坚固的混合材料来满足制造要求和生产较轻结构的要求，例如，可以同时使用铝材和钢材，并在生产中以材料配合的形式使其相互连接在一起。熔化温度差在800℃以上的配对组合包括钛、铝和铁、铝，而明显不同的热导率会使焊缝旁边形成不均匀的温度分布。不同的热胀系数会导致不均质的收缩特性，从而产生较高的内应力。

此外，虽然铁和铝在液体状态下具有完全的溶解性，但是在固体状态下，1310℃时铝在铁中的原子百分含量约为42%，室温下铁在铝中的溶解性为0.08原子百分含量。也就是说，铁-铝熔化物冷却后最终会形成金属间相，它具有强度高和延展率低的特性。收缩时作用在部件上的多轴负荷以及金属间相的低延展率，会造成冷却时连接就已失效的情况。

通过钎焊，要避免最终形成一个共同的熔池并限制或抑制金属间相的形成。目前用于连接钢-铝和钛-铝轻量化结构的方案如下：

1）热连接。热连接方案是基于材料的熔化温度差。可有针对性地使用该方案，熔化那些熔化温度低的铝配合件，随后类似钎焊，浸润钢材或钛材表面。

2）另一种方案是基于焊剂的应用，一方面，该方案具有较低的熔化温度；另一方面，该方案既可以浸润钢材配合件，也可以浸润铝材配合件。

在第一种情况下，可通过使用激光束来实施该方案。例如，用激光束加热钢材表面，随后通过热传导熔化铝配合件，同样可使用铝硅基焊接填料。在第二种情况下，无助焊剂钎焊钢材和铝合金薄板材的方案是基于选用铝硅基焊剂或者选用锌基软钎料。如果选择后者，从材料的角度来说，具有以下意义：约420℃的低熔化温度和铝的加合金处理会降低液相温度，直至共晶温度达到400℃（在原子百分含量为11.3%的情况下，铝的共晶温度为380℃），这样在连接时不会损坏锌层。

如前所述，由于蒸发温度较低，使用锌基焊剂时必须有针对性且可控地进行热输入。此外，必须使用可以去除铝材上的天然氧化皮而不必使用助焊剂的工艺。使用激光束虽然可实现局部热输入，但是需要采取另外的措施（如通过上游工序）浸润铝材表面或者必须少量熔化铝材配合件。相反，由于电弧的作用，对于热量降低的 MIG 钎焊（调节式短电弧技术）可不使用助焊剂，并实施典型的钎焊工艺，但此时不应过度加热锌层。锌铝基焊剂具有 $200\sim285N/mm^2$ 的较低强度，因此可借助宽的承载横截面来实现连接所需的强度。锌铝/铜基焊剂中含有质量分数高达 3.5% 的铜和微量的镁，其强度可达到 $410N/mm^2$。在这种情况下，钢配合件的连接会出现缺陷。

在使用调节式短电弧技术进行 MIG 钎焊时，可以采取附加措施通过较低程度的热输入适度进行浸润，从而抑制局部过热。在腐蚀负荷下，建议密封住连接部位，以避免湿气侵入间隙而产生腐蚀。表 4-8 所列为对不同几何形状是否适合用锌铝/铜基焊剂进行钎焊的初步评估。

表 4-8　不同几何形状是否适合用锌铝/铜基焊剂进行钎焊的评估

几何形状	图示	镀锌铝/钢
对接接头	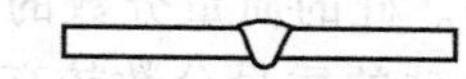	不适合
凸缘接头上的角焊缝	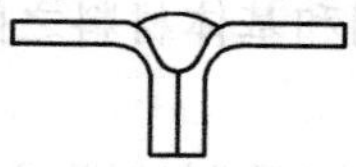	适合
搭接接头上的角焊缝		适合（铝材为朝向热源的一侧）

4.6　焊接件的结构工艺性

结构工艺性是指在一定的生产规模下，如何选择零件加工和装配的最佳工艺方案。焊接件的结构工艺性是焊接结构设计和生产中一个比较重要的问题，是经济原则在焊接结构生产中的具体体现。在焊接结构的生产制造中，除考虑使用性能之外，还应考虑制造时焊接工艺的特点及要求，这样才能保证在较高的生产率和较低的成本下，获得符合设计要求的产品质量。

焊接件的结构工艺性应考虑到各条焊缝的可焊到性、焊缝质量的保证、焊接工作量、焊接变形的控制、材料的合理应用、焊后热处理等因素，具体主要表现在焊缝布置、焊接接头和坡口形式的选择等方面。

4.6.1　焊缝布置

焊缝位置对焊接接头的质量、焊接应力和变形以及焊接生产率等均有较大影响，因此在布置焊缝时，应考虑以下几个方面。

1. 焊缝位置应便于施焊，有利于保证焊缝质量

焊缝分为平焊缝、横焊缝、立焊缝和仰焊缝四种形式，如图 4-41 所示。其中施焊操作最方便、焊接质量最容易保证的是平焊缝，因此，布置焊缝时应尽量使焊缝能在水平位置进行焊接。

除焊缝空间位置外，还应考虑各种焊接方法所需要的施焊操作空间。图 4-42 所示为考

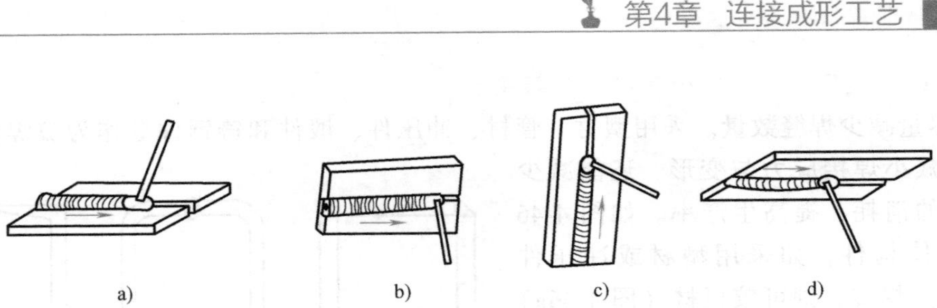

图 4-41 焊缝的空间位置
a）平焊 b）横焊 c）立焊 d）仰焊

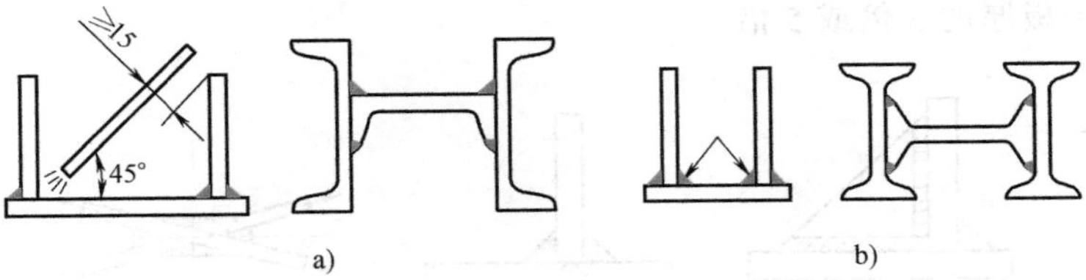

图 4-42 手工电弧焊时的焊缝布置
a）合理 b）不合理

虑手工电弧焊施焊空间时，对焊缝布置的要求；图 4-43 所示为考虑点焊或缝焊施焊空间（电极位置）时，对焊缝布置的要求。

另外，还应注意焊接过程中对熔化金属的保护情况。气体保护焊时，要考虑气体的保护作用，如图 4-44 所示。埋弧焊时，要考虑接头处有利于熔渣形成封闭空间，如图 4-45所示。

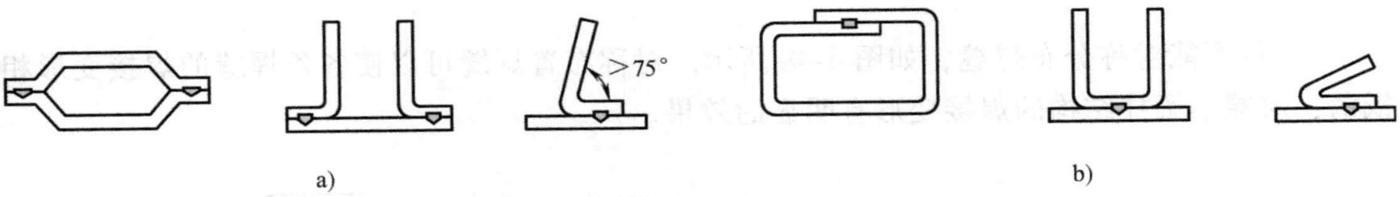

图 4-43 电阻点焊和缝焊时的焊缝布置
a）合理 b）不合理

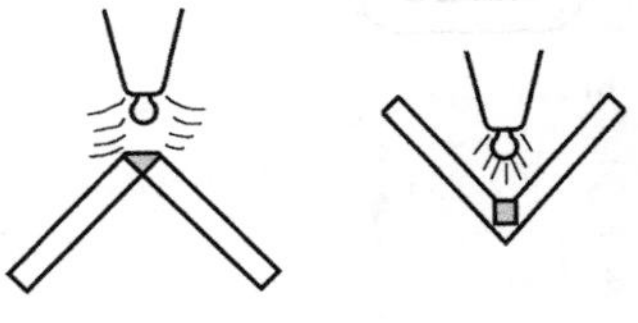

图 4-44 气体保护焊时的焊缝布置
a）合理 b）不合理

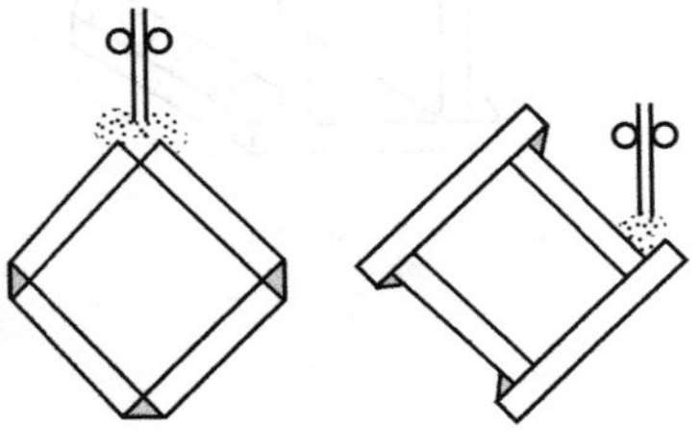

图 4-45 埋弧焊时的焊缝布置
a）合理 b）不合理

2. 焊缝布置应有利于减小焊接应力与变形

1）尽量减少焊缝数量。采用型材、管材、冲压件、锻件和铸钢件等作为被焊材料。这样不仅能减小焊接应力与变形，还能减少焊接材料的消耗，提高生产率。如图 4-46 所示的箱体构件，如采用型材或冲压件（图 4-46b）焊接，则可较板材（图 4-46a）减少两条焊缝。

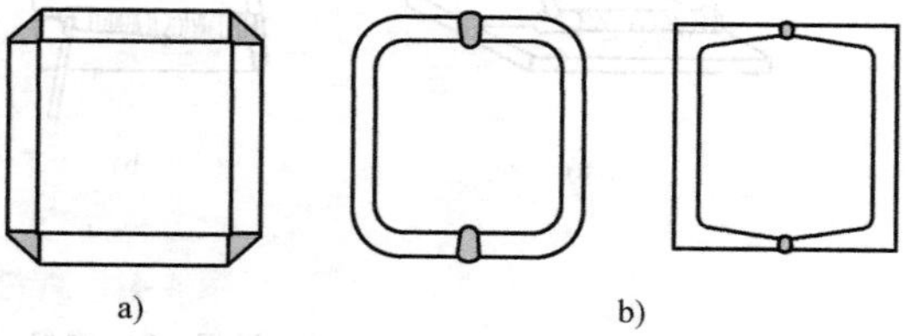

图 4-46 减少焊缝数量

a）不合理 b）合理

2）尽可能分散布置焊缝，如图 4-47 所示。焊缝集中分布容易使接头过热，从而使材料的力学性能降低。两条焊缝的间距一般要求大于板厚的 3 倍或 5 倍。

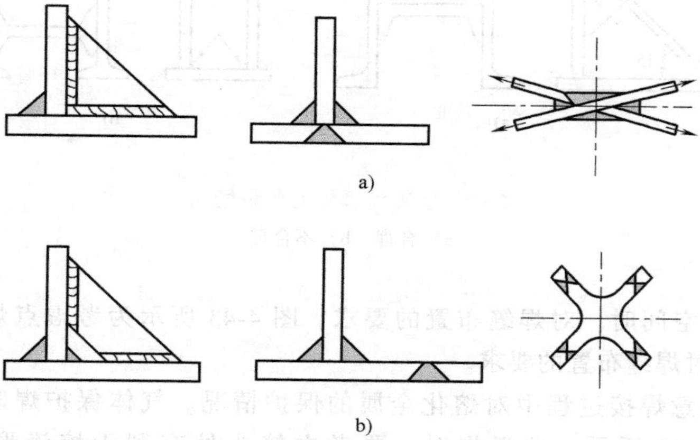

图 4-47 分散布置焊缝

a）不合理 b）合理

3）尽可能对称分布焊缝，如图 4-48 所示。对称布置焊缝可以使各条焊缝的焊接变形相抵消，对减小梁柱结构的焊接变形有明显的效果。

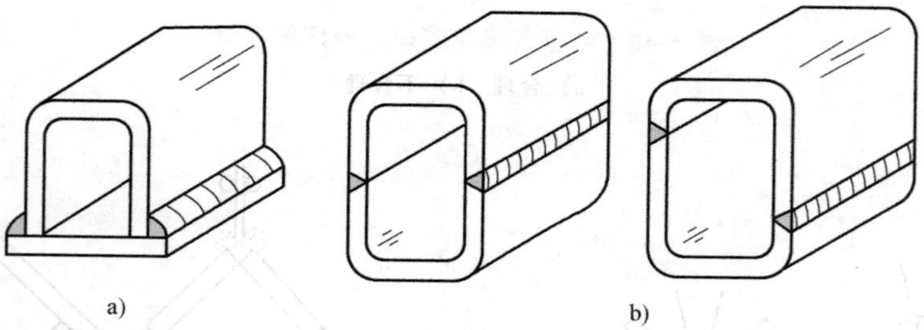

图 4-48 对称分布焊缝

a）不合理 b）合理

3. 焊缝应尽量避开最大应力和应力集中部位

如图 4-49 所示，焊缝应尽量避开最大应力和应力集中部位，以防止焊接应力与外加应力相互叠加，造成过大的应力而开裂。无法避开时，应附加刚性支承，以减小焊缝承受的应力。

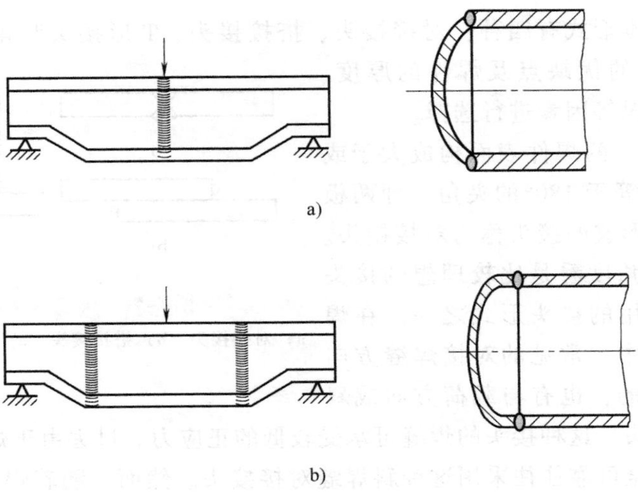

图 4-49　焊缝避开最大应力集中部位

a）不合理　b）合理

4. 焊缝应尽量避开机械加工面

一般情况下，焊接工序应在机械加工工序之前完成，以防止焊接损坏机械加工表面。此时焊缝的布置也应尽量避开需要加工的表面，因为焊缝的机械加工性能不好，且焊接残余应力会影响加工精度。如果焊接结构上某一部位的加工精度要求较高，又必须在机械加工完成之后进行焊接工序时，应将焊缝布置在远离加工面处，以避免焊接应力与变形对已加工表面精度的影响，如图 4-50 所示。

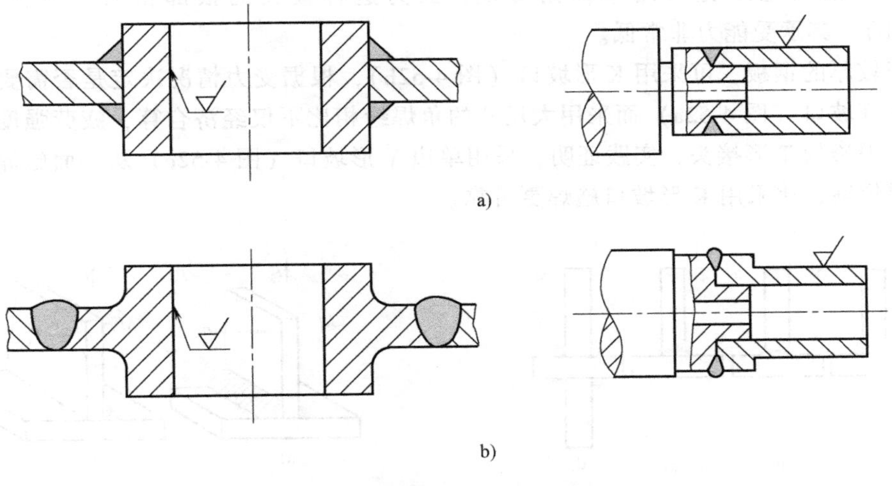

图 4-50　焊缝远离机械加工表面

a）不合理　b）合理

4.6.2 焊接接头形式和坡口形式的选择

1. 焊接接头形式的选择

焊接接头的基本形式有四种：对接接头、搭接接头、T形接头和角接接头，如图4-51所示。应根据接头的优缺点及焊件的厚度、工作条件、受力情况等因素进行选择。

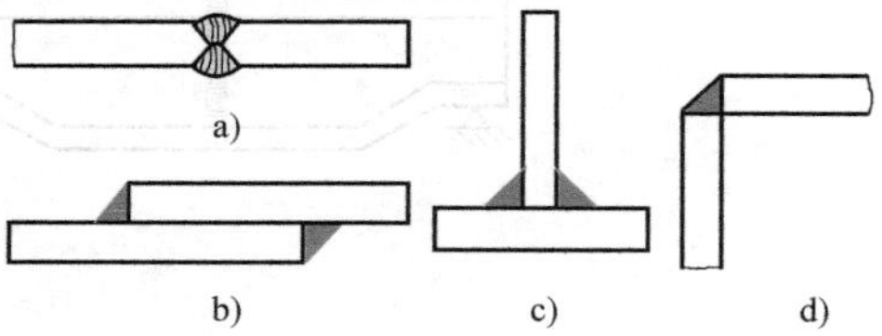

图4-51 焊接接头的基本形式

a) 对接接头 b) 搭接接头 c) T字接头 d) 角接接头

(1) 对接接头 两焊件表面构成大于或等于135°、小于或等于180°的夹角，即两板件相对端面焊接而形成的接头称为对接接头。对接接头从力学的角度看是比较理想的接头形式，也是广泛应用的接头形式之一。在焊接结构和焊接生产中，常见的对接焊缝方向是与载荷方向垂直的，也有与载荷方向成斜角的斜焊缝对接接头，这种接头的焊缝可承受较低的正应力。过去由于焊接技术水平低，为了保证焊接质量安全可靠往往采用这种斜焊缝对接接头。然而，随着焊接技术的快速发展，目前的焊接技术水平已经能够使得焊缝金属具有并不低于母材金属的优良性能，而斜焊缝对接接头因浪费材料和工时，所以一般不再采用。

(2) 搭接接头 两板件重叠起来进行焊接所形成的接头称为搭接接头。

搭接接头的应力分布极不均匀，疲劳强度较低，不是最理想的接头形式。但是，它的焊前准备和装配工作比对接接头简单得多，其横向收缩量也比对接接头小，所以其在受力较小的焊接结构中仍有较广泛的应用。在搭接接头中，最常见的是角焊缝组成的搭接接头，一般用于厚度在12mm以下的钢板的焊接。除此之外，还有开槽焊、塞焊、锯齿状搭接接头等多种形式。

(3) T形（十字）接头 T形接头是将互相垂直的被连接件用角焊缝连接起来的接头，如图4-52所示。这种接头是典型的电弧焊接头，能承受各种方向的力和力矩，如图4-53a所示。对这类接头应避免采用单面角焊缝，因为这种接头的根部相当于有很深的缺口（图4-53b），其承受能力非常低。

对于较厚的钢板，可采用K形坡口（图4-52b），根据受力情况决定是否需要焊透。这样做与不开坡口（图4-52a）而采用大尺寸的角焊缝相比不仅经济合算，疲劳强度也高。对要求完全焊透的T形接头，实践证明，采用单边V形坡口（图4-52c）从一面施焊，焊后在背面清根焊满，比采用K形坡口施焊更可靠。

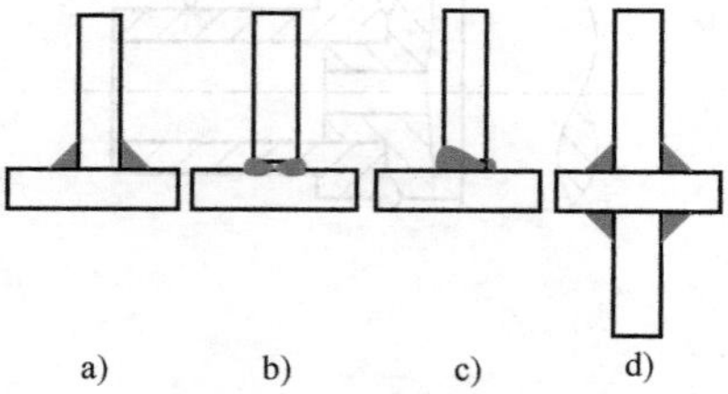

图4-52 常见T形接头

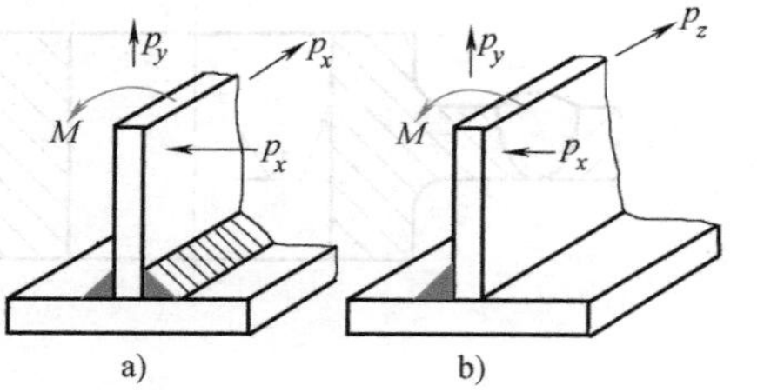

图4-53 T形接头的承载能力

（4）角接接头 两板件断面构成直角的焊接接头称为角接接头。角接接头多用于箱形构件上，常见的如图 4-54 所示。其中图 4-54a 所示为最简单的角接接头，但其承载能力差；图 4-54b 所示为采用两面焊缝从内部加强的角接接头，其承载能力较大；图 4-54c、d 所示接头开坡口易焊透，有较高的强度，而且在外观上具有良好的棱角，但应注意层状撕裂问题；图 4-54e、f 所示接头易装配，省工时，是最经济的角接接头；图 4-54g 所示为保证接头具有准确直角的角接接头，并且刚性大，但角钢厚度应大于板厚；图 4-54h 所示为最不合理的角接接头，其焊缝多且不易施焊，结构的总质量也较大，浪费了大量材料。

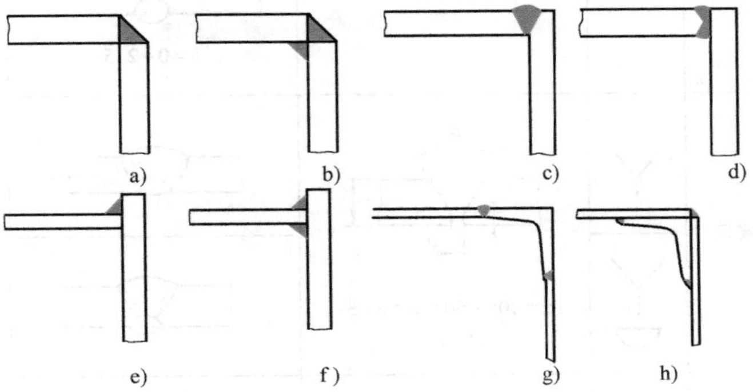

图 4-54 角接接头的形式

2. 焊接坡口形式的选择

为保证厚度较大的焊件能够被焊透，常将焊件接头边缘加工成一定形状的坡口。坡口除用于保证焊透外，还能起到调节母材金属和填充金属比例的作用，由此可以调整焊缝的性能。坡口形式的选择主要根据板厚和所采用的焊接方法确定，同时兼顾焊接工作量大小、焊接材料消耗、坡口加工成本和焊接施工条件等，以提高生产率和降低成本。根据 GB/T 985—2008 的规定，焊条电弧焊常采用的坡口形式有不开坡口（I 形坡口）、Y 形坡口、双 Y 形坡口、U 形坡口等。

手工电弧焊板厚 6mm 以上对接时，一般要开设坡口，对于重要结构，板厚超过 3mm 就要开设坡口。厚度相同的工件常有几种坡口形式可供选择，Y 形和 U 形坡口只需一面焊，可焊到性较好，但焊后角变形大，焊条消耗量也大些。双 Y 形和双面 U 形坡口两面施焊，受热均匀，变形较小，焊条消耗量较小，在板厚相同的情况下，双 Y 形坡口比 Y 形坡口可节省焊接材料 1/2 左右，但必须两面都可焊到，所以有时会受到结构形状的限制。U 形和双面 U 形坡口根部较宽，容易焊透，且焊条消耗量也较小，但坡口制备成本较高，一般只在重要的受动载的厚板结构中采用。表 4-9 所列为气焊、手工电弧焊和气体保护焊焊缝坡口形式和尺寸举例。

对两块厚度相差较大的金属材料进行焊接时，接头处会产生应力集中，而且接头两边受热不均易产生焊不透等缺陷。国家标准中规定，对于不同厚度钢板对接的承载接头，当两板厚度差（$t-t_1$）不超过表 4-10 中的规定时，焊接接头的基本形式和尺寸按厚度较大的板确定；反之，则应在厚板上做出单面或双面斜度，有斜度部分的长度 $L \geqslant 3(t-t_1)$，如图 4-55 所示。

表 4-9 气焊、手工电弧焊和气体保护焊焊缝坡口形式和尺寸举例 （单位：mm）

焊件厚度 t	名称	焊缝符号	坡口形式和尺寸	焊缝示意图	焊缝标注方法
1~3	不开坡口（I形坡口）	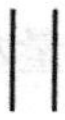	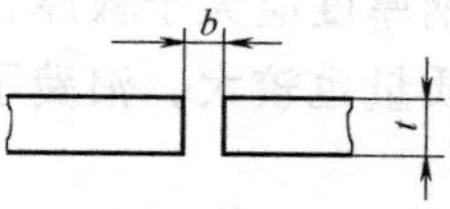	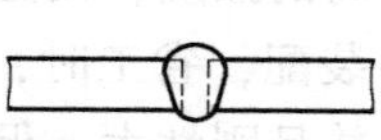 $b=0\sim1.5$	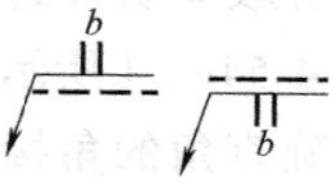
3~6				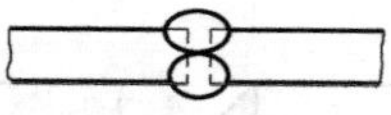 $b=0\sim2.5$	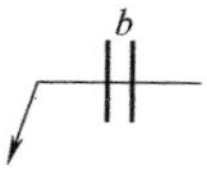
3~26	Y 形坡口		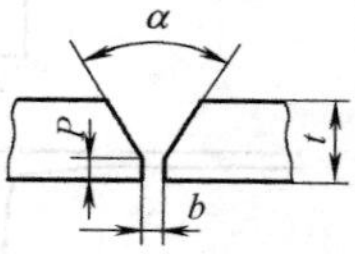 $\alpha=40°\sim60°;b=0\sim3;P=1\sim4$		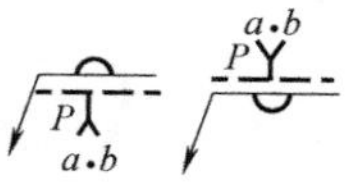
				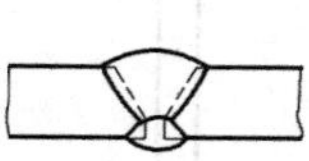	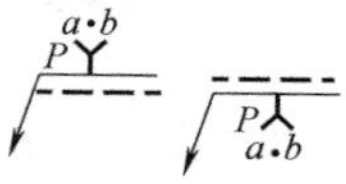
20~60	U 形坡口		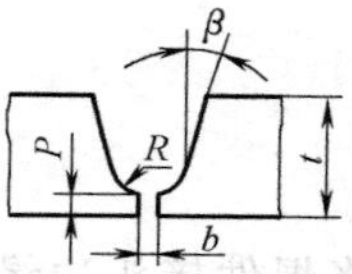 $\beta=1°\sim8°;b=0\sim3;P=1\sim4;R=6\sim8$		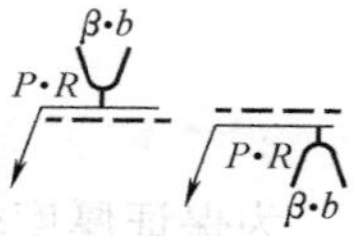

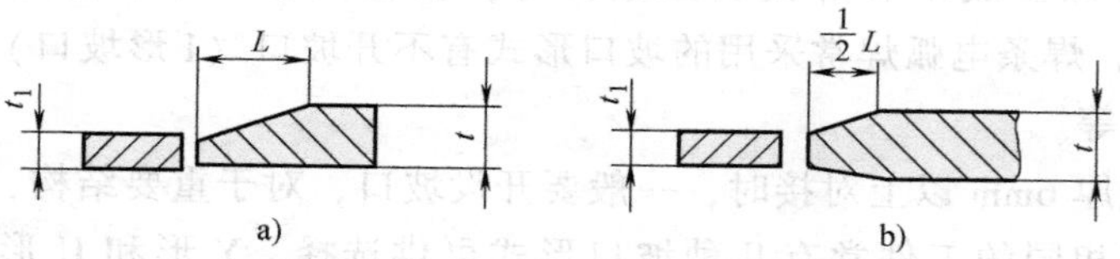

图 4-55 不同厚度钢板的对接

表 4-10 不同厚度钢板对接时允许的厚度差 （单位：mm）

较薄板的厚度 t_1	2~5	5~9	9~12	12
允许厚度差 $(t-t_1)$/mm	1	2	3	4

4.7 胶接工艺

胶接也称粘接、粘合等，它是指用胶粘剂将同质或异质物理表面连接在一起的一种技术。胶接具有应力分布连续、质量小、工艺温度低、密封、绝缘、减振、隔热和隔声等特点，特别适用于不同材质、不同厚度、薄壁结构和复杂结构的连接，另外还可和机械连接、

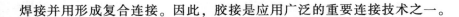

焊接并用形成复合连接。因此，胶接是应用广泛的重要连接技术之一。

4.7.1 胶粘剂

胶粘剂的种类很多，下面从其主要组成、形态、固化方式和性能等方面对胶粘剂进行分类，以便选择和使用。

（1）按主要化学成分分类　胶粘剂可分为有机胶粘剂和无机胶粘剂两大类，见表4-11。

表4-11　胶粘剂的分类

分类				典型代表
有机胶粘剂	合成胶粘剂	树脂	热固性胶粘剂	酚醛树脂、不饱和聚酯
			热塑性胶粘剂	α-氰基丙烯酸酯
		橡胶	单一橡胶	氯丁胶浆
			树脂改性	氯丁-酚醛
		混合型	橡胶与橡胶	氯丁-丁腈
			树脂与橡胶	酚醛-丁腈、环氧-聚硫
			热固性树脂与热塑性树脂	酚醛-缩醛、环氧-尼龙
	天然胶粘剂	动物胶粘剂		骨胶、虫胶
		植物胶粘剂		淀粉、松香、桃胶
		矿物胶粘剂		沥青
		天然橡胶胶粘剂		橡胶水
无机胶粘剂	磷酸盐			磷酸-氧化铝
	硅酸盐			水玻璃
	硫酸盐			石膏
	硼酸盐			—

（2）按表现形态分类　胶粘剂可分为液体型、膏糊型和固体型。

（3）按固化硬化方法分类　胶粘剂可分为溶剂挥发型、化学反应型和热熔型三大类。

（4）按固化后的性能特点分类　胶粘剂可分为结构型、非结构型和次结构型。

4.7.2 胶接接头设计

胶接接头的受力情况比较复杂，其中最主要的是机械力的作用。作用在胶接接头上的机械力主要有四种类型：剪切力、拉伸力、剥离力和不均匀扯离力，如图4-56所示，其中以剥离和不均匀扯离的破坏作用较大。

选择胶接接头的形式时，应考虑以下原则：

1）尽量使胶层承受剪切力和拉伸力，避免承受剥离力和不均匀扯离力。

2）在可能和允许的条件下适当增加胶接面积。

3）采用混合连接方式，如胶接加点焊、铆接、螺栓连接、销连接等，这样可以取长补短，增加胶接接头的耐久性。

4）注意不同材料的合理配置，如材料线胀系数相差很大的圆管套接时，应将线胀系数小的套在外面，而将线胀系数大的套在里面，以防止加热引起的热应力造成接头开裂。

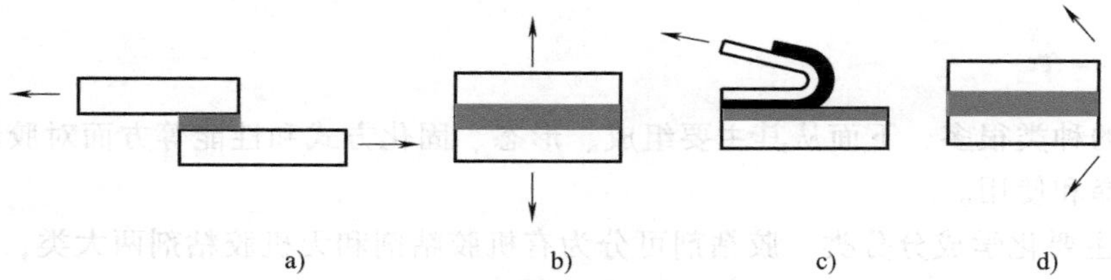

图 4-56　胶接接头受力类型

a）剪切　b）拉伸　c）剥离　d）不均匀扯离

5）接头结构应便于加工、装配、胶接操作和以后的维修。胶接接头的基本形式是搭接，常见的胶接接头形式如图 4-57 所示。

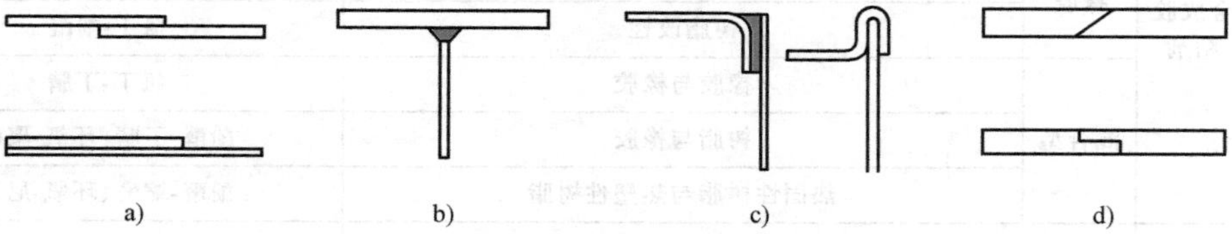

图 4-57　常见的胶接接头形式

a）搭接接头　b）角接接头　c）面接接头　d）对接接头

4.7.3　胶接工艺过程

胶接是一种新的化学连接技术。在正式胶接之前，先要对被胶接物表面进行表面处理，以保证胶接质量。然后将准备好的胶粘剂均匀地涂敷在被胶接表面上，胶粘剂扩散、流变、渗透，合拢后，在一定的条件下固化，当胶粘剂的大分子与被胶接物表面的距离小于 5×10^{-10}m 时，形成化学键，同时，渗入孔隙中的胶粘剂固化后生成无数的“胶勾子”，从而完成胶接过程。

胶接的一般工艺过程有：确定部位、表面处理、配胶、涂胶、固化、检验等。

（1）确定部位　胶接大致可分为两类：一类用于产品制造，另一类用于各种修理，无论是何种情况，都需要对胶接部位有比较清楚的了解，如表面状态、清洁程度、破坏情况、胶接位置等，这样才能为实施具体的胶接工艺做好准备。

（2）表面处理　表面处理的目的是获得最佳的表面状态，有助于形成足够的黏附力，提高胶接强度和使用寿命。表面处理主要解决下列问题：去除被胶接表面的氧化物、油污等异物污物层，以及吸附的水膜和气体，清洁表面；使表面获得适当的表面粗糙度；活化被粘表面，使低能表面变为高能表面、惰性表面变为活性表面等。表面处理的具体方法有表面清理、脱脂去油、除锈粗化、清洁干燥、化学处理、保护处理等，依据被胶接表面状态、胶粘剂品种、强度要求、使用环境等进行选用。

（3）配胶　单组分胶粘剂一般可以直接使用，但如果有沉淀或分层，则在使用之前必须搅拌混合均匀。多组分胶粘剂在使用前必须按规定比例调配混合均匀，根据胶粘剂的适用期、环境温度、实际用量来决定每次配制量的大小，应当随配随用。

(4) 涂胶　涂胶是指以适当的方法和工具将胶粘剂涂布在被胶接表面，其操作正确与否，对胶接质量有很大影响。涂胶方法与胶粘剂的形态有关，液态、糊状或膏状的胶粘剂可采用刷涂、喷涂、浸涂、注入、滚涂、刮涂等方法，要求涂胶均匀一致，避免空气混入，达到无漏涂、不缺胶、无气泡、不堆积，胶层厚度控制在 0.08~0.30mm。

(5) 固化　固化是胶粘剂通过溶剂挥发、乳液凝聚的物理作用或缩聚、加聚的化学作用，变为固体并具有一定强度的过程，它是保证获得良好胶接性能的关键过程。胶层固化应控制温度、时间、压力三个参数。固化温度是固化条件中最为重要的因素，适当提高固化温度可以加速固化过程，并能提高胶接强度和其他性能。加热固化时要求加热均匀，严格控制温度，缓慢冷却。适当的固化压力可以提高胶粘剂的流动性、润湿性、渗透和扩散能力，防止产生气孔、空洞和分离，使胶层厚度更为均匀。固化时间与温度、压力密切相关，升高温度可以缩短固化时间，降低温度则要适当延长固化时间。

(6) 检验　对胶接接头的检验方法主要有目测、敲击、溶剂检查、试压、测量、超声波检查、X 射线检查等，目前尚无较理想的非破坏性检验方法。

4.7.4 胶接的特点及应用

1. 胶接的主要特点

1）能连接材质、形状、厚度、大小等相同或不同的材料，特别适合连接异形、异质、薄壁、复杂、微小、硬脆或热敏制件。

2）接头应力分布均匀，避免了焊接热影响区相变、焊接残余应力和变形等对接头的不良影响。

3）可以获得刚度好、质量小的结构，且表面光滑、外表美观。

4）具有密封、绝缘、防腐、防潮、减振、隔热、消声等多种功能，连接不同金属时，不会发生电化学腐蚀。

5）成本低，节约能源。

6）局限性：胶接接头的强度不够高，大多数胶粘剂的耐热性不好，易老化，且对胶接接头的质量尚无可靠的检测方法。

2. 胶接的实际应用

胶接是航空航天工业中非常重要的连接方法，主要用于铝合金钣金及蜂窝结构的连接。除此以外，在机械制造、汽车制造、建筑装潢、电子工业、轻纺、新材料、医疗、日常生活中，胶接正在扮演着越来越重要的角色。

4.8 先进连接技术

4.8.1 无铆钉连接

无铆钉铆接（也称咬合连接）是一种符合轻量化理念的机械连接工艺。通过无铆钉连接可形成永久性连接，而且不需使用连接元件、附加材料或辅助材料。该方法通常使用由冲头和底模组成的工具套组，使得两个或多个叠加的钢板、管材、型材或者铸件发生局部塑性变形而实现连接。

无铆钉连接被认为是一种自动化程度极高且经济的连接工艺，借助该方法可以在没有结构热负荷的情况下，将不同种类和带涂层的材料可靠地连接在一起以达到力配合和形状配合。

1. 无铆钉连接的工艺类型及其过程

(1) 无铆钉连接的工艺类型 无铆钉连接分为单级和多级工艺，如图 4-58 所示。单级工艺的特征是通过冲头的移动实现连接。相反，冲头移动，且底模也用于形成连接件的连接工艺称为多级工艺。无铆钉连接可根据制造过程中的切割部分和连接单元的几何形状进行分类。由于连接具有更佳的疲劳强度、耐蚀性和密封性，汽车工业中更多地采用无板件剪裂工艺。连接的几何形状分为长条形、圆形以及特殊形状。

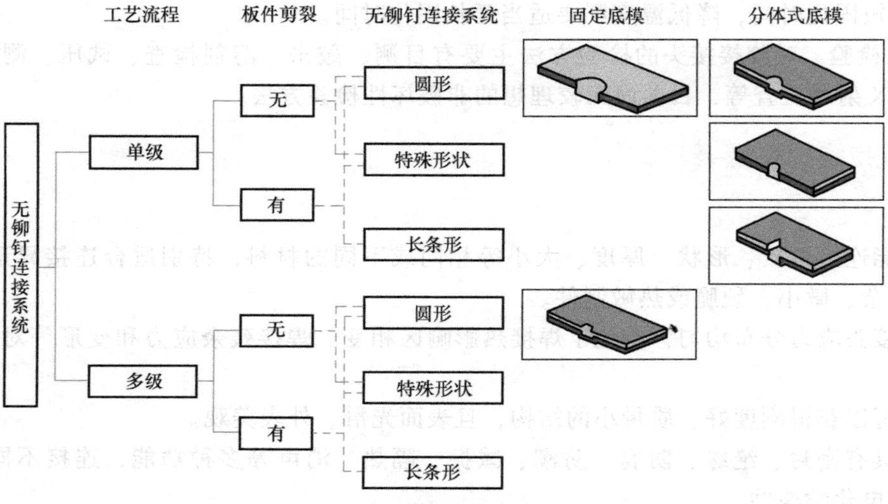

图 4-58 无铆钉连接工艺类型

(2) 无铆钉连接的工艺过程 要根据应用情况来选择所使用的无铆钉连接工艺。连接的方法多种多样，这里以图 4-59 所示的无板件剪裂、带固定式底模的单级无铆钉连接工艺为例进行进一步说明。

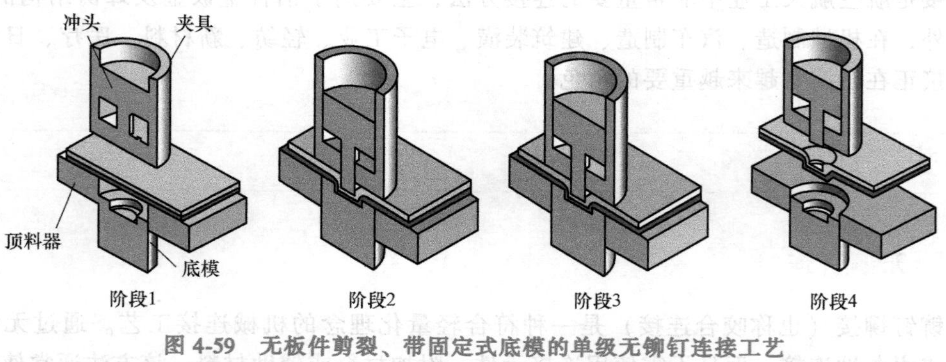

图 4-59 无板件剪裂、带固定式底模的单级无铆钉连接工艺

阶段 1：首先将要连接的连接件放在冲头和底模之间，然后借助夹具的弹簧力将钢板固定在冲头和底模之间并预紧。

阶段 2：本阶段为咬合阶段，用冲头将要连接的钢板压入封闭式底模中，直至钢板达到底模板或者所谓的底模砧板为止。

阶段 3：这一阶段称为冲挤，在此阶段将形成强度相关的特性，冲头通过不间断的移动来挤压位于底模砧板上部的材料，底模侧的材料径向流入底模的环形槽内，它借助冲头侧材料的后续流入形成下部凹陷。

阶段 4：在达到设定的力（力控制）或者规定的行程（形成控制）后，连接过程结束，然后进行回程。

下部凹陷和颈部厚度与材料变形时产生的冷作硬化一起，基本决定了无铆钉连接的承载能力（图 4-60）。

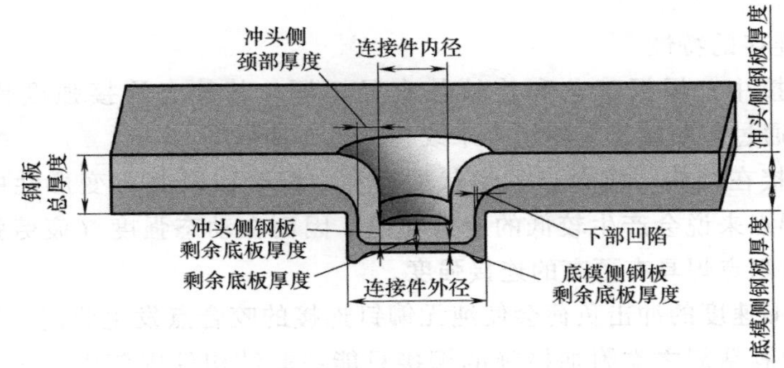

图 4-60 圆形无铆钉连接及其名称

无板件剪裂、带分体式底模的单级无铆钉连接工艺如图 4-61 所示；带板件剪裂的单级无铆钉连接工艺如图 4-62 所示；带底模侧预钻孔钢板的单级无铆钉连接工艺如图 4-63 所示。

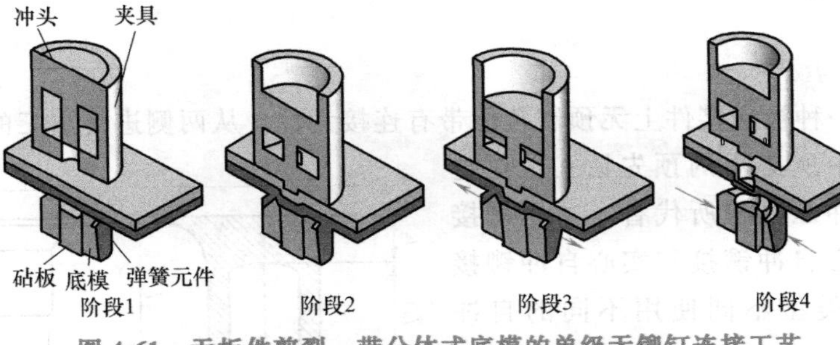

图 4-61 无板件剪裂、带分体式底模的单级无铆钉连接工艺

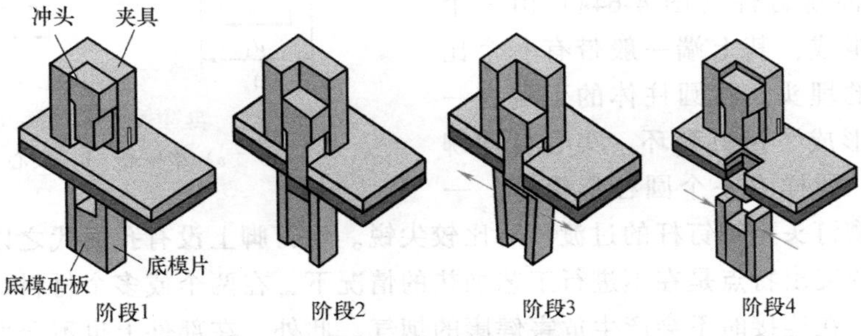

图 4-62 带板件剪裂的单级无铆钉连接工艺

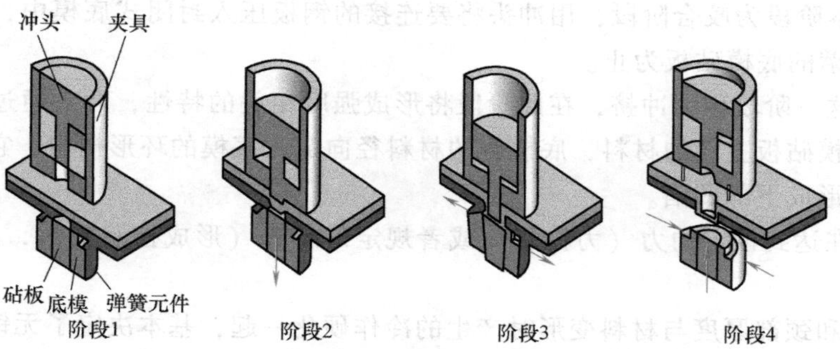

图 4-63　带底模侧预钻孔钢板的单级无铆钉连接工艺

2. 无铆钉连接的特性及应用

(1) 无铆钉连接的特性

1) 无铆钉连接中，根据工艺和连接件直径不同，其静态连接强度比电阻点焊时低40%~75%。可以通过与胶接工艺相组合来改善静态连接强度。

2) 无铆钉连接在结构、咬合点的形状配合和力配合以及其可变形性中点上没有热影响，相对于刚性焊点来说会产生较低的应力峰值，因而在动态强度（疲劳强度）方面，无铆钉连接大多比电阻点焊具有更高的连接强度。

3) 具有高变形速度的冲击负荷会使纯无铆钉连接的咬合点发生脱离。因此，不采用诸如涂覆耐冲击结构胶粘剂之类附加措施的铆接只能在非结构件内使用，如汽车中的发动机罩、尾门或挡泥板等。

(2) 无铆钉连接的应用　无铆钉连接可用于多个板材加工技术领域。这种连接工艺的用户包括汽车工业、空调工业、家用电器业和建筑业。

4.8.2　自冲铆接

1. 自冲铆接的概念

自冲铆接是一种被连接件上无预制孔但带有连接元件，从两侧进行加工的连接方式。传统铆钉连接方式中所必需的预先钻孔，在这里被铆钉的剪切冲压过程所代替。冲压铆接基本可分为半空心自冲铆接和实心自冲铆接两种类型，根据类型不同使用不同的自冲铆钉。

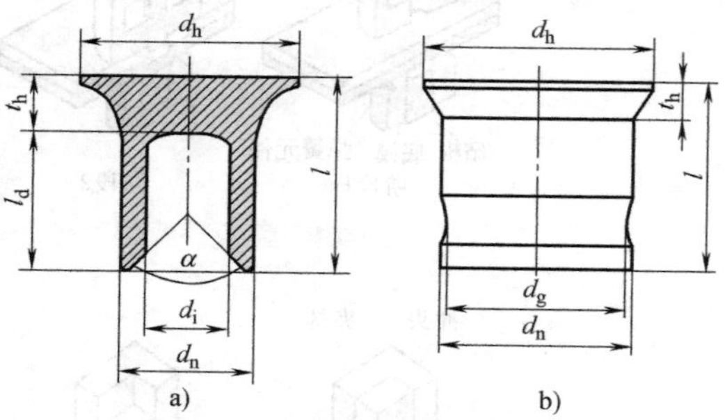

图 4-64　自冲铆钉的重要几何尺寸

a) 半空心　b) 实心

半空心自冲铆钉件（图 4-64a）由一个圆柱形的铆体组成，其上端一般带有一个比铆体半径更大的埋头。在圆柱体的下端有一个孔，该部分形成了铆钉套环。实心自冲铆钉（图 4-64b）同样有一个圆柱形铆体，一般情况下，其铆钉头至铆钉杆的过渡相对比较尖锐。铆钉脚上没有孔而代之以一个环形槽。

自冲铆接的突出特点是在不进行工艺加热的情况下，在两个或多个材料位置之间形成一个连接。因此，在连接时不会产生危害健康的烟气。此外，在部件上也不会发生热变形或者因结构转变造成局部材料特征发生变化。除了纯连接之外，该技术也可按照所谓的混合结构在不同的金属和非金属材料之间形成组合连接。由于可以完全自动地进行冲压铆接工艺，因此，在小批量生产以及大批量生产中都可以经济地使用该技术。

2. 自冲铆接的过程

（1）半空心自冲铆钉铆接　在用半空心自冲铆钉进行冲压铆接时，一般情况下，借助一个控制作用力的冲头向着成形底模的方向连续推动连接件，将其压入要连接的钢板半成品中。为了改善连接件的连接质量，在这个过程中应使用夹具，具体步骤如图 4-65 所示：

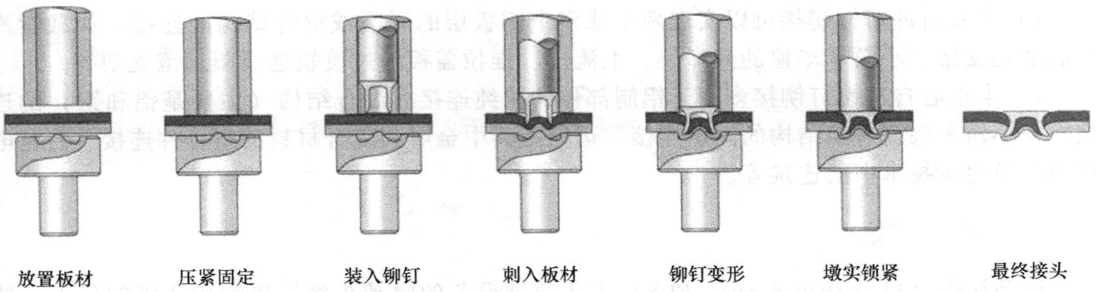

图 4-65　使用半空心自冲铆钉铆接的具体步骤

1）将要连接的零件放在底模和铆钉头之间，同时铆钉自动定位，通过夹具的弹性力张紧被连接工件。

2）装上并压入铆钉并将其产生的毛边保留在铆接孔内，以后会自然脱落。

3）冲头向下运动，铆钉冲切底模侧的被连接件。

4）半空心自冲铆钉压穿下部钢板层，并由此形成一个无法松动的力配合和形状配合连接。

（2）实心自冲铆钉铆接　用实心自冲铆钉进行冲压焊接，与半空心自冲铆钉铆接相似，在一个持续进行的过程中，铆钉组件向着切割底模的方向压穿要连接的材料直至形成一个连接，如图 4-66 所示。不同之处在于，实心自冲铆钉铆接时所有的连接件都被完全压穿，其中下部连接件必须具有塑性延性。相对于半空心自冲铆钉铆接，实心自冲铆钉铆接在进行连接时铆接件不发生塑性变形。由于底模中有金属箍，因此最下面连接件的材料会被压入实心自冲铆钉的螺杆螺母中。此处同样会产生一个形状配合和力配合的连接。

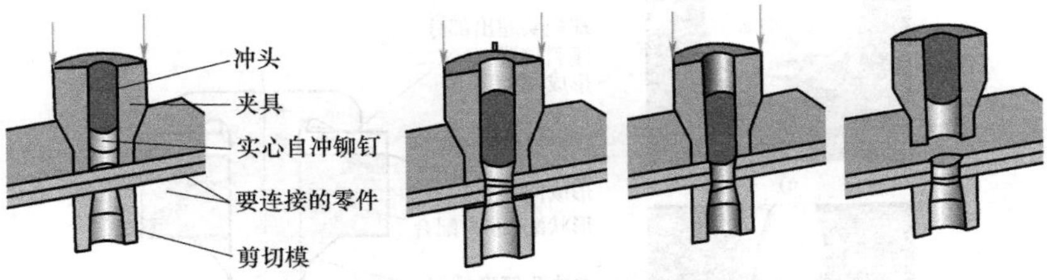

图 4-66　使用实心自冲铆钉进行冲压铆接的压入过程

自冲铆接在材料类型和材料组合方面具有很高的灵活性，因而其应用在许多工业领域内都具有重要意义。利用该技术的最大工业分支是汽车工业、轨道交通业以及大型家电领域。

3. 自冲铆接的特点及应用

(1) 自冲铆接的特点

1) 可进行不同种类、不同表面涂层材料的连接。

2) 无需加热，不会产生因热作用影响而引起的扭曲变形。

3) 连接接头强度高，可进行外观检验。

4) 不需要预先钻孔和冲孔，加工效率和自动化程度高。

5) 工作过程对环境无污染，无清渣等后续工作。

(2) 自冲铆接的应用

1) 实心自冲铆钉铆接可以实现两个或多个钢板层的同类或混合结构的连接，如载货汽车的散热支架、小轿车车窗的升降架、汇流排、推拉盖板的过渡轨道及望远镜支架等。

2) 半空心自冲铆钉铆接多用于铝制部件的单纯连接或混合结构（主要是铝和钢）的连接，如小轿车底盘骨架结构的固定连接、运输工具中金属和复合材料的组合件连接、白色电器物品及建筑技术中的连接等。

4.8.3 流动钻铆

流动钻铆（Flow Drill Screw，FDS）工艺通过设备的驱动头将连接能传递到螺栓上，使这种类似于钉子的辅助连接件被加速到高速状态，并将其钉入连接件中。

1. 流动钻铆的工艺流程和质量标准

流动钻铆连接只需一个过程步骤，可以在 1s 内实现铆接，如图 4-67 所示。同时，流动钻铆只需采用一种几何形状的螺栓就可连接不同的部件，极大程度地减少了连接元件的多样性，经济效益显著。然而在流动钻铆连接过程中，连接件不可避免地会发出脉冲噪声。此外，为保证后部位置有足够的支承作用，需要采用自身有足够刚度的部件或者借助临时后部支承来实现。安装螺栓时形成的典型连接区和连接质量的检验标准如图 4-68所示。

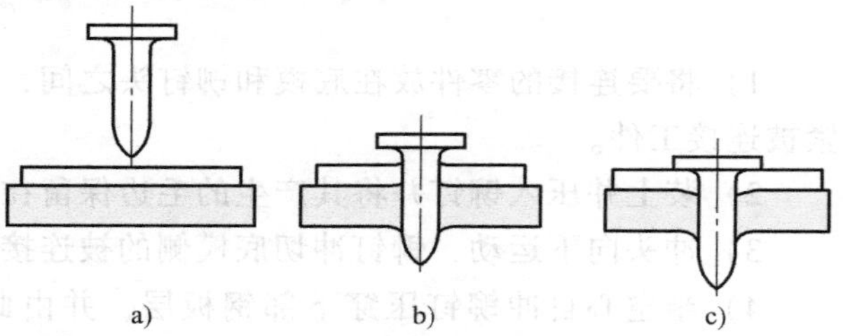

图 4-67 流动钻铆工艺流程示意图

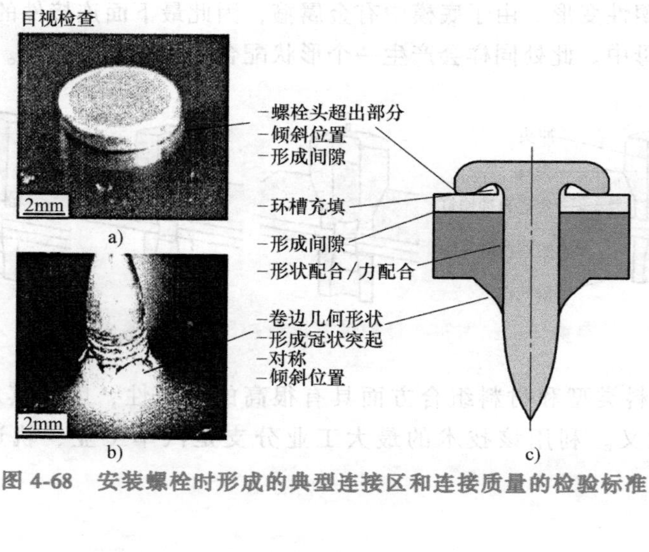

图 4-68 安装螺栓时形成的典型连接区和连接质量的检验标准

2. 流动钻铆的特性

(1) 机械负荷下的强度高 FDS 螺栓在剪切载荷下可以传输较高的强度。与传统的点焊相比，FDS 具有更高的负荷水平。

(2) 连接速度快 FDS 工艺过程简单，无需预钻孔、清除孔屑、孔渣以及额外的定位工作。

(3) 经济性好 采用 FDS 工艺在单侧和不钻孔的情况下实现连接，也可与厚度不超过 1.8mm 的热成形钢建立混合连接，安装方便，经济性好。

4.8.4 冷金属过渡焊

冷金属过渡（Cold Metal Transfer，CMT）焊，是熔滴以一种新型过渡形式过渡的 MIG/MAG 焊，是奥地利伏能士（Fronius）公司的专利技术。与传统的 MIG/MAG 焊相比，CMT 焊的热输入量减少了很多，因此可应用于以前普通 MIG/MAG 焊不能普及应用的场合。

1. CMT 焊的工作原理

CMT 焊的工作原理是短路过渡。采用常规的短路过渡，如果熔滴被大电流破断（在短路过程中），那么这个过程就会把更多的热量输入到母材中。而使用 CMT 过渡，一方面，最大限度地降低了短路过程中的电流；另一方面，熔滴过渡时焊丝有一个回抽过程（图 4-69）。因而熔滴过渡时几乎没有电流流过，最终达到了热输入量很小的效果，因而被称为“冷金属”过渡焊。

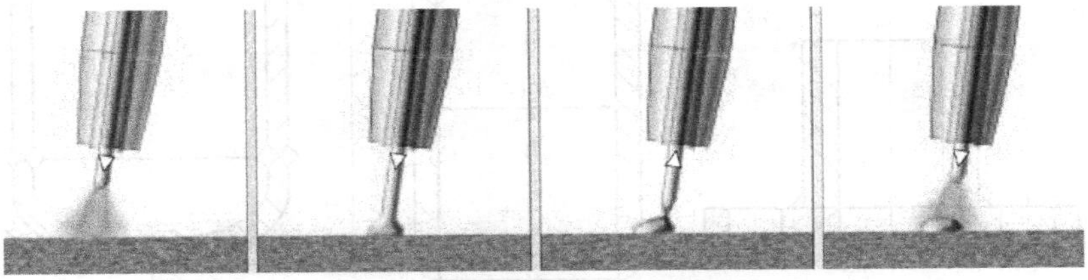

图 4-69 CMT 焊的工作原理

2. CMT 焊的优势

CMT 焊技术与传统的 MIG/MAG 焊工艺相比有着显著的优势：

(1) 热输入量极低 极低的热输入量对于薄板和超薄板焊接（薄板的最小厚度是 0.3mm），可以得到极好的焊接效果。

(2) 电弧稳定性高 在 CMT 焊工艺的控制方法中，弧长是采用机械方式进行调节的，而传统 MIG/MAG 焊则通过电压反馈控制弧长。这使得 CMT 焊工艺对于会使电压产生变化从而使弧长改变等不利因素（如工件表面状态、焊接速度的变化）都不敏感，因此电弧非常稳定。

(3) 钎焊过程中无飞溅 CMT 焊工艺在焊接和钎焊过程中是没有飞溅的。在实际生产过程中，与普通焊接方法和钎焊相比，可节省 90% 的焊缝清理时间。

3. CMT 焊的应用前景

1）CMT 工艺对薄板和超薄板的焊接有显著的适应性，对于厚度在 3mm 以上的铝材料以及 2mm 以上的 CrNi 材料和碳钢材料有着显著的优势，包括好的间隙搭桥能力和高的焊接速度。

2）当进行热渡锌薄钢板的钎焊时，几乎完全没有飞溅，具有很好的间隙搭桥能力，焊缝成形一致、美观，钎焊速度快。

复习思考题

4-1 试述电弧中带电粒子的产生方式。

4-2 什么是焊接热影响区？低碳钢焊接热影响区内各主要区域的组织和性能如何？从焊接方法和工艺上，能否减小或消灭热影响区？

4-3 焊接变形的基本形式有哪些？如何预防和矫正焊接变形？

4-4 对下列零件做非破坏性检验，各应选用哪些方法？

（1）锅炉锅筒上的纵焊缝和环焊缝；（2）液化石油气罐；（3）AISI 321 压力容器（大修检查）。

4-5 图 4-70 所示焊件的焊缝布置是否合理？若不合理，请加以改正。

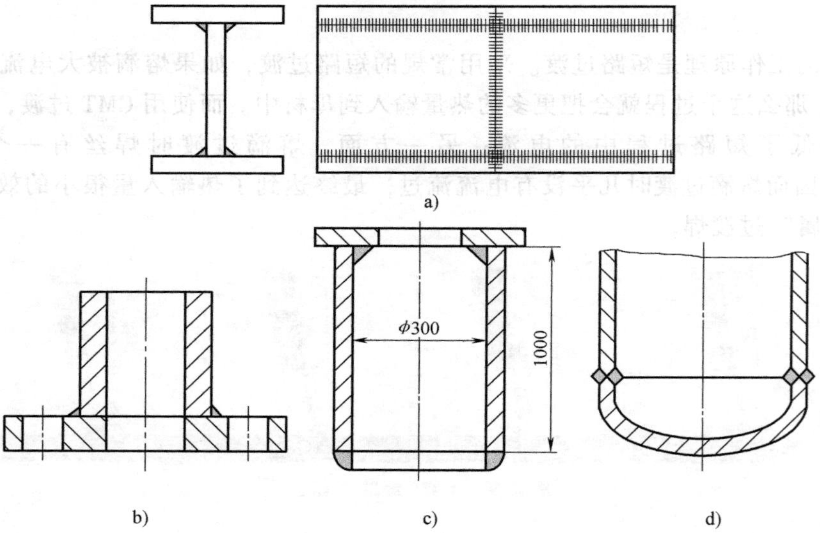

图 4-70 题 4-5 图

4-6 讨论工字梁在图 4-71 所示焊接顺序下产生焊接应力与变形的情况，指出哪种顺序比较合理。

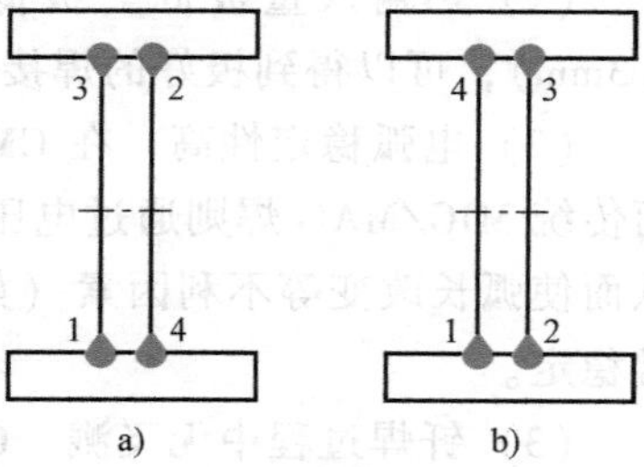

图 4-71 题 4-6 图

4-7 讨论图 4-72 所示焊接接头是否能满足工艺性要求，为什么？

4-8 点焊焊接接头如图 4-73 所示，讨论其结构工艺性。

4-9 制造下列焊件应分别采用哪种焊接方法和焊接材料？应采取哪些工艺措施？

（1）壁厚 50mm，材料为 Q345 的压力容器。

（2）壁厚 20mm，材料为 ZG270-500 的大型柴油机缸体。

（3）壁厚 10mm，材料为 AISI 321 的管道。

（4）壁厚 1mm，材料为 20 钢的容器。

4-10 简述钎剂的一般组成及其作用。

4-11 推导钎料在平板间隙中上升高度与钎料表面张力、润湿角之间的关系。

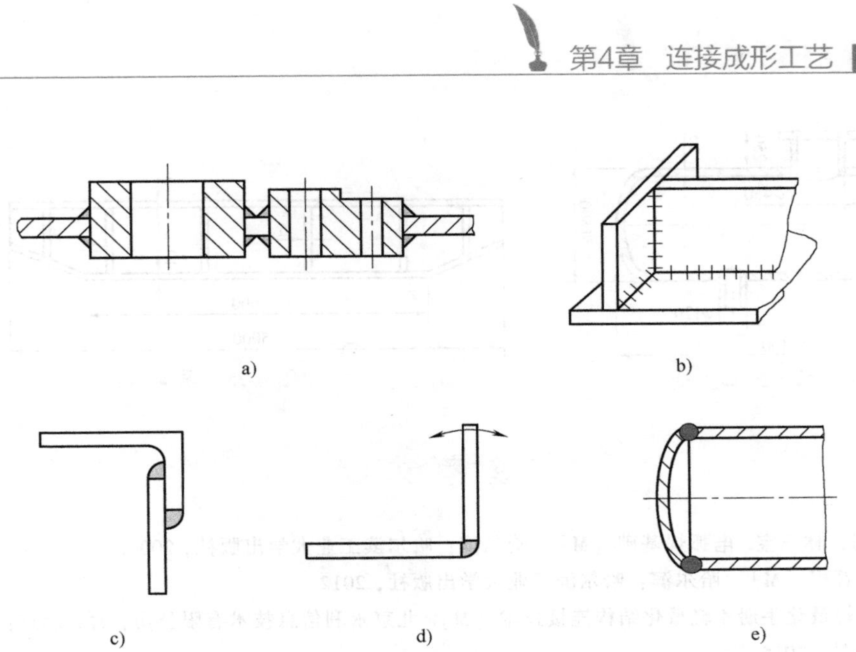

图 4-72 题 4-7 图

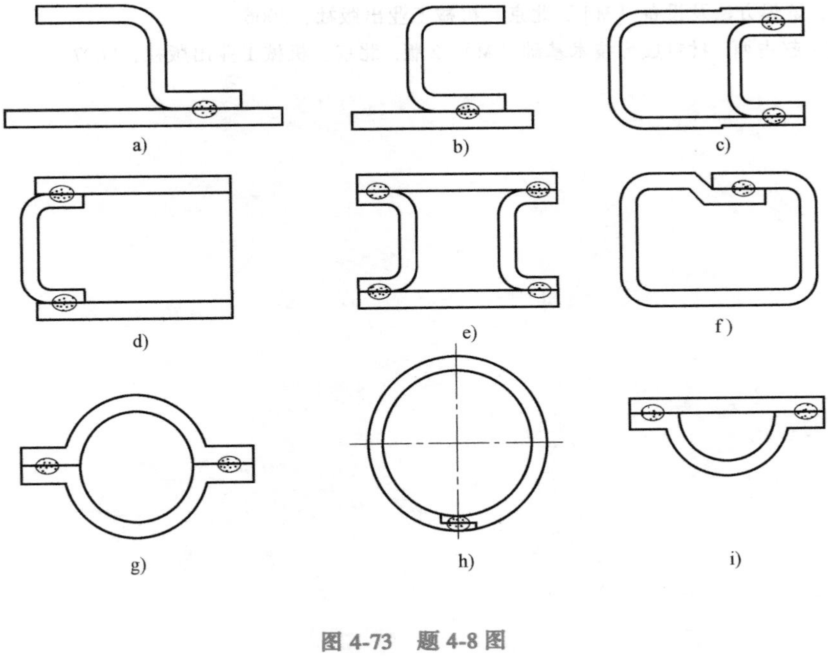

图 4-73 题 4-8 图

4-12 一储罐如图 4-74 所示，生产数量为 10 台，材料为 Q345，钢板尺寸为 2000mm×5000mm×16mm，焊缝应如何布置？各条焊缝分别应选择哪种焊接方法？

4-13 焊接梁的结构和尺寸如图 4-75 所示，材料为 Q235，钢板的最大长度为 2500mm，试讨论成批生产时腹板和翼板上的焊缝应如何布置，并确定各条焊缝的焊接方法，画出接头和坡口的形式。

4-14 试比较钎焊和胶接的异同点。

4-15 胶接时为什么要对工件进行表面处理？胶接过程中有哪些重要参数需要控制？

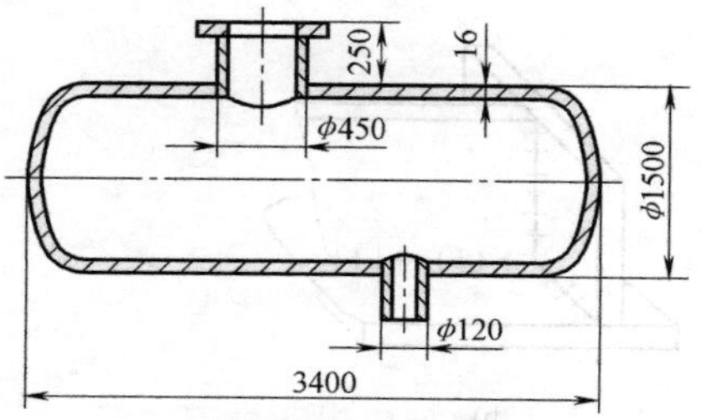

图 4-74　题 4-12 图

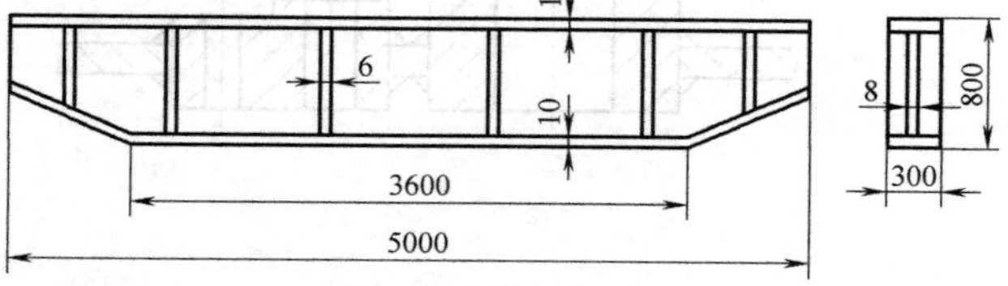

图 4-75　题 4-13 图

参 考 文 献

[1]　杨春利，林三宝. 电弧焊基础［M］. 哈尔滨：哈尔滨工业大学出版社，2003.

[2]　朱艳. 钎焊［M］. 哈尔滨：哈尔滨工业大学出版社，2012.

[3]　亨宁. 轻量化手册 4 轻量化结构连接技术［M］. 北京永利信息技术有限公司，译. 北京：北京理工大学出版社，2015.

[4]　鞠鲁粤. 工程材料与成形技术基础［M］. 北京：高等教育出版社，2007.

[5]　方洪渊. 焊接结构学［M］. 北京：机械工业出版社，2008.

[6]　李亚江. 焊接冶金学——材料焊接性［M］. 北京：机械工业出版社，2006.

[7]　王宗杰. 熔焊方法及设备［M］. 北京：机械工业出版社，2006.

[8]　施江澜，赵占西. 材料成形技术基础［M］. 2 版. 北京：机械工业出版社，2007.

第 5 章

材料的其他成形工艺

5.1 粉末冶金成形

粉末冶金是采用成形和烧结等工序将金属粉末或金属与非金属粉末的混合物，制成金属制品的工艺技术。由于粉末冶金的生产工艺与陶瓷的生产工艺在形式上类似，此工艺方法又被称为金属陶瓷法。

近代粉末冶金技术的发展有三个重要标志：一是克服了难熔金属（如钨、钼等）熔铸过程中的技术瓶颈，如电灯钨丝和硬质合金的出现；二是多孔含油轴承的研制成功，伴随粉末冶金机械零件的发展，更充分发挥了粉末冶金少屑、无屑的特点；三是向新材料、新工艺发展。

与液态成形方法相比，粉末冶金方法的优点如下：

1）可避免铸造偏析、减少机加工余量等缺点。用粉末冶金法生产零件制品时，金属的总损耗只有 1%~5%。

2）某些特殊性能或者组织形态的材料难以用传统成形方法实现，而只能采用粉末冶金方法成形，如多孔材料、氧化物弥散强化合金、硬质合金等。另外，这种方法可用来制取高纯度的材料而不给材料带来污染。

3）一些活性金属、高熔点金属制品用其他工艺成形十分困难。这些材料在采用普通工艺过程中，随着温度的升高，其显微组织及结构将受到明显的破坏，而采用粉末冶金工艺却可避免这些影响。

相比于传统的液态成形方法，粉末冶金方法也存在着以下不足：

1）粉末冶金产品的力学性能较差。粉末冶金烧结过程中的孔隙难以完全消除，因此，粉末冶金的产品在强度和韧性上与相应成分的铸件、锻件相比要差。

2）粉末冶金难以制成大型产品。冶金粉末烧结过程的流动性要比金属液体差，因此，粉末冶金产品的形状和大小都会受到一定的限制。

3）模具制造成本较高。粉末冶金过程需要专门模具和相应压机，为减少模具制造成本，粉末冶金工艺一般只适用于大批量产品的生产。

5.1.1 粉末冶金成形的基本原理

1. 粉末压制过程原理

粉末压制过程主要包括以下三个阶段：

1）填充孔隙，增加颗粒间的啮合程度，粉末总体变形，外力克服粉末间的摩擦阻力，粉末移动，填充到孔隙中去，压坯密度显著提高。

2）随着压力增加，粉末颗粒将产生屈服，当压制压力达到材料的屈服强度后，粉末颗粒产生塑性变形。

3）在压制后期，粉末变形抗力增加，引起加工硬化，颗粒将发生断裂或破碎，进一步填充到压坯较小的孔隙中去。

相同直径的球形体，如金属为面心立方或密排六方的晶体结构，其致密度约为74%，因此，金属晶格至少有26%的孔隙度。如需提高压坯密度，则需要采用不同粒度的粉末来提高填充率。

粉末压制过程中，影响质量的关键因素主要有压坯强度、压制时的位移与变形以及压制压力。

（1）压坯强度　压坯强度是指压坯反抗外力作用而保持其几何形状和尺寸不变的能力，它是反映粉末压制质量优劣的重要标志之一。粉末颗粒之间的结合力大致可分为以下两种：

1）粉末颗粒之间的机械啮合力。粉末的外表面呈凹凸不平的不规则形状，通过压制，粉末颗粒之间由于界面嵌合，从而形成粉末颗粒之间的机械啮合，这是使压坯具有强度的主要原因之一。

2）粉末颗粒表面原子之间的引力。在压制后期，金属粉末颗粒受较大的外力作用而发生位移和变形，粉末颗粒表面上的原子将彼此接近，当进入原子引力作用范围之内时，粉末颗粒会形成原子间的结合，粉末的接触区域越大，其压坯强度越高。

（2）压制时的位移与变形　粉末在压制过程中受压模约束，颗粒间的变形使接触面积增加，孔隙度降低，进而强度增大。也就是说，压制过程中出现了位移和变形。

粉末在压制过程中，由于粗糙表面的相互作用而形成拱桥孔洞的现象，称为搭桥。当施加压力时，粉末体内的拱桥效应遭到破坏，粉末颗粒便被填充孔隙而重新排列位置，增加接触。粉末体受压后体积明显减小，这是因为粉末在被压制时不但发生了位移，而且发生了变形。粉末变形可能有三种情况：

1）弹性变形。外力卸除后，粉末可以恢复原来的形状。

2）塑性变形。压力超过粉末的弹性极限，不能恢复原来的形状。压缩铜粉的试验指出，发生塑性变形所需要的单位压制压力大约是该材质弹性极限的2.8~3倍。金属的塑性越大，其塑性变形也就越大。

3）脆性断裂。当单位压制压力超过强度极限后，粉末颗粒就会发生粉碎性破坏。当压制难熔金属（如W、Mo）或其化合物（如WC、Mo_2C）等脆性粉末时，除有少量塑性变形外，主要是脆性断裂。

（3）压制压力与压坯密度的关系　压坯密度与压制压力之间的关系曲线，称为压制曲线，如图5-1所示，也称为压制平衡图。一定成分和性能的粉末一般只有一条压制曲线，压制曲线对合理选择压制压应力具有指导作用。每一条压制曲线一般可以分为三个区域：

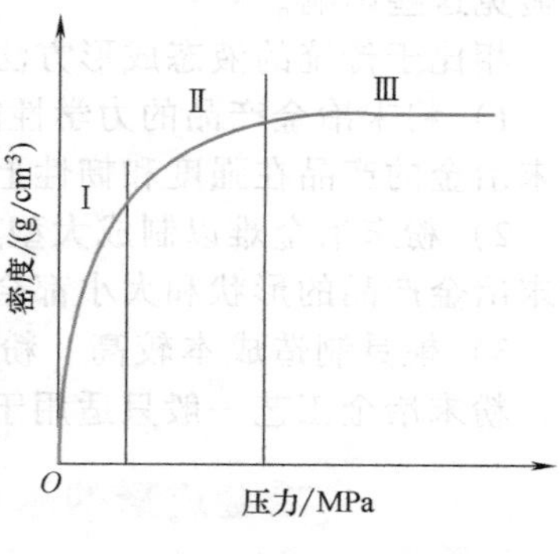

图5-1　典型粉末的压制曲线

1）Ⅰ区。密度随压力急速增加。颗粒填入空隙，同时破坏“拱桥”，颗粒做相对滑动和转动。

2）Ⅱ区。密度随压力增加得较慢。颗粒通过变形填充进剩余空隙中，变形过程导致加工硬化，变形抗力使密度缓慢增加，压制过程处于相对稳定的状态。压力一般应选择在该区域。

3）Ⅲ区。密度几乎不随压力的增加而变化。颗粒加工硬化严重、接触面积很大，外压力被刚性面支承。颗粒表面和内部残存孔隙很难消除，只能通过颗粒碎裂消除残余孔隙。

实测的压制曲线受以下因素影响：

① 压坯高径比 H/D。H/D 越大，压坯平均密度越低，使曲线向下偏移。一般取 $H/D=0.5\sim1$。

② 粉末粒度。单一粉末粒度越小，压制曲线会向下偏移，反之则向上偏移；合适粒度组成的粉末比单一粒度粉末的压制曲线偏高。

③ 粉末颗粒形状。形状越复杂，曲线位置越低。

④ 粉末加工硬化。加工硬化粉末的压制曲线偏低；退火软化粉末的压制曲线则偏高。

⑤ 粉末氧化。金属粉末氧化后，压制曲线偏低。

2. 粉末烧结过程原理

（1）烧结的基本过程　烧结是粉末冶金生产过程中的基本工序，对最终产品的性能起着决定性作用。烧结造成的废品一般无法通过后道工序弥补；但烧结前工序中存在的某些缺陷，在一定的范围内可以通过适当改变温度、调节升降温时间与速度等加以纠正。

烧结是将粉末或粉末压坯首先加热到低于颗粒基体成分的熔点温度，再以一定的方法和速度冷却到室温的工序过程。粉末烧结后，粉末颗粒之间发生粘结，烧结体的强度增加。烧结过程中将发生一系列物理和化学的变化，使粉末颗粒的聚集体变成为晶粒的聚结体，最终获得满足质量要求的制品。

球形颗粒的烧结模型如图 5-2 所示。烧结主要分为以下几个阶段：

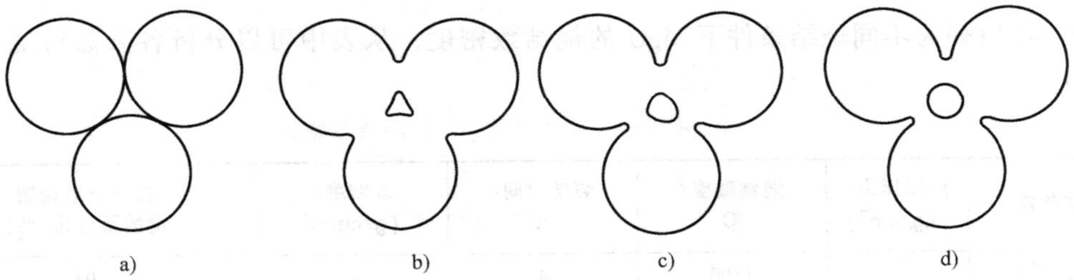

图 5-2　球形颗粒的烧结模型

a）烧结前颗粒的原始接触　b）烧结早期的烧结颈长大　c）、d）烧结后期的孔隙球化

1）粘结阶段。烧结初期，颗粒间的原始接触点或面转变成晶体结合，即通过成核、结晶长大等原子过程形成烧结颈。

2）烧结颈长大阶段。原子向颗粒结合面的大量迁移使烧结颈扩大，颗粒间距离缩小，烧结体体积收缩，致使密度大幅度增加，形成连续的孔隙网络；同时由于晶粒长大，晶界越过孔隙移动，而被晶界扫过的地方，孔隙大量消失。

3）闭孔隙球化和缩小阶段。当烧结体密度达到 90%以后，多数孔隙被完全分隔，闭孔数量显著增加，孔隙形状趋近球形并不断缩小。

（2）烧结驱动力　从热力学的观点看，粉末烧结是系统亥姆霍兹自由能减小的过程，即烧结体相对于粉末体在一定条件下处于能量较低的状态。

烧结系统亥姆霍兹自由能的降低，是烧结过程的驱动力。

固相烧结组织示意图如图 5-3 所示。图 5-3a 所示为粉末颗粒烧结前有两个相邻的表面；图 5-3b 所示为烧结之后颗粒表面成为晶界，使得总表面积减小，从而降低了系统的亥姆霍兹自由能。

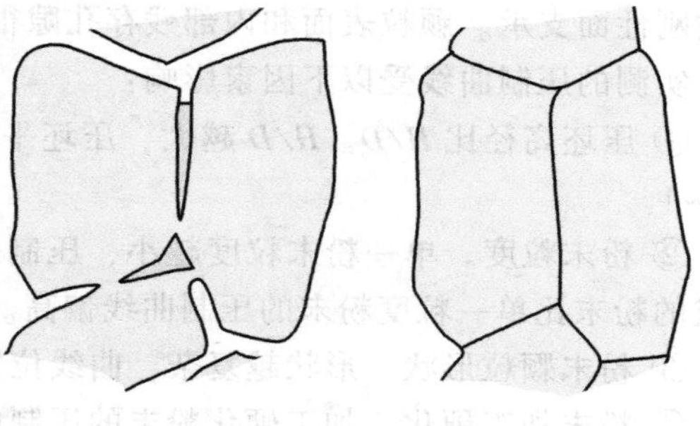

a) b)

图 5-3 固相烧结组织示意图

烧结的原动力可由三个方面构成，即由表面张力造成的一种机械力、烧结体内的空位浓度差以及各处的蒸气压之差。对于不同的烧结系统，起主要作用的原动力可能不同。

烧结后颗粒的界面转变为晶界面，由于晶界能更低，故总的能量仍是降低的。除表面张力引起烧结颈处的物质向孔隙发生宏观流动外，晶体粉末烧结时，还存在原子扩散的物质迁移。

3. 影响烧结过程的因素

（1）材料的性质 各种界面能与自由能、扩散系数、粘性系数、临界剪切应力、蒸气压和蒸发速率、点阵类型与结晶形态、异晶转变新生态等。

（2）粉末的性质 颗粒大小、颗粒的形状与形貌、颗粒的结构、颗粒的化学组成。

（3）压坯的物理性能 压制密度、压制残余应力、颗粒表面氧化膜的变形或破坏以及压坯孔隙中气体等。

（4）烧结工艺参数 包括烧结温度、烧结时间、加热及冷却速度、烧结气氛、成形压力等。

表 5-1 所列为不同烧结条件下 MgO 的烧结致密度，从表中可以分析各参数对烧结过程的影响。

表 5-1 不同烧结条件下 MgO 的烧结致密度

烧结条件	热压压力/(kg/cm^2)	烧结温度/℃	烧结时间/h	致密度/(g/cm^3)	相当于理论密度的百分比(%)
普通烧结	—	1500	4	—	94
热压烧结	150	1300	4	3.37	96
	300	1350	10	3.44	97
活性热压烧结	240	1200	0.5	3.48	97
	480	1000	1	3.52	98.4
	480	1100	1	3.55	99.2
	480	1300	1	3.56	99.6

5.1.2 粉末冶金成形的工艺方法

1. 基本工序

粉末冶金成形工艺的基本工序如下：

1）原料粉末的制取和准备　粉末可以是纯金属或它的合金、非金属、金属与非金属的化合物以及其他各种化合物等。

2）将金属粉末及各种添加剂均匀混合后制成所需形状的坯块。

3）将坯块在物料主要组元熔点以下的温度进行烧结，使制品具有最终的物理、化学和力学性能。

粉末冶金工艺过程如图5-4所示。

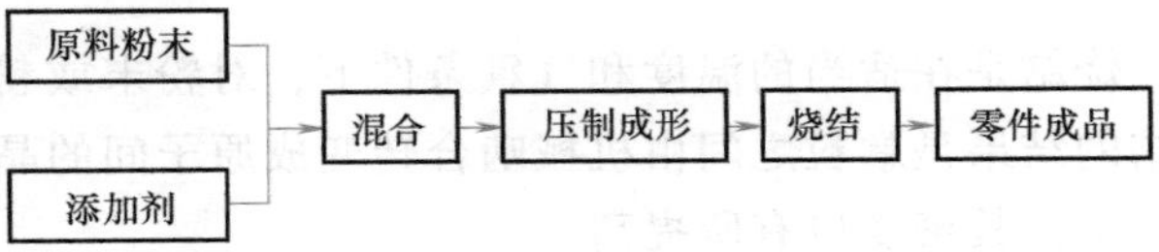

图5-4　粉末冶金工艺过程

2. 粉末

粉末是制造烧结零件的基本原料。粉末的制备方法有很多种，归纳起来可分为机械法和物理化学法两大类。

（1）机械法　机械法包括机械破碎法与液态雾化法。机械破碎法中最常用的是球磨法，该法用 $\phi10 \sim \phi20$mm 的钢球或硬质合金对金属进行球磨，适合制备一些脆性的金属粉末（如铁合金粉）。对于软金属粉，可采用漩涡研磨法。液态雾化法也是目前用得比较多的一种机械制粉方法，特别有利于制造合金粉，如低合金钢粉、不锈钢粉等。它是将熔化的金属液体通过小孔缓慢下流，用高压气体（如压缩空气）或液体（如水）喷射，通过机械力与急冷作用使金属熔液雾化，获得颗粒大小不同的金属粉末。液态雾化法工艺简单，可连续、大量生产，因而被广泛采用。

（2）物理化学法　常见的物理方法有气相与液相沉积法。例如，锌、铅的金属气体冷凝而获得低熔点金属粉末；又如，金属羰基物 $Fe(CO)_5$、$Ni(CO)_4$ 等液体经 180~250℃加热的热离解法，能够获得纯度高的超细铁与镍粉末，称为羰基铁与羰基镍。化学法主要有电解法与还原法。电解法是生产工业铜粉的主要方法，即采用硫酸铜水溶液电解析出纯度高的铜。还原法是生产工业铁粉的主要方法，采用固体碳还原铁磷或铁矿石粉的方法，还原后得到海绵铁，经过破碎后的铁粉在氢气中退火，最后进行筛分便可制得所需要的铁粉。

3. 粉末混合

粉末混合是将两种或两种以上组分的粉末混合均匀的过程。混合质量的好坏不仅影响烧结成形过程和压坯质量，也会影响最终制品的质量。

粉末混合主要分为机械法和化学法，其中应用广泛的是机械法。机械法又分为干混和湿混。铁基制品生产中常采用干混；制备硬质合金混合料则常采用湿混，如在混料时加入一定比例的硬质合金球于汽油中进行充分湿磨。化学法混料是将金属或化合物粉末与添加金属的盐溶液均匀混合；或者是各组元全部以某种盐的溶液形式混合，然后经沉淀、干燥和还原等处理而得到均匀分布的混合物，如用来制取钨-铜-镍高密度合金、铁-镍磁性材料、银-钨触头合金等的混合物原料。

4. 压制成形

压制成形是将松散的粉末体密实成具有一定形状、尺寸、密度和强度的压坯的工艺过程。压制成形方法有很多种，如模压成形、等静压成形、粉末连续成形、粉末注射成形和粉浆浇注成形等，其中模压成形是使用最广泛的粉末压制成形技术。模压成形通常在机械式压力机或液压机上，于室温及一定压力下进行。粉末冶金的压制压力一般为 140~840MPa，陶

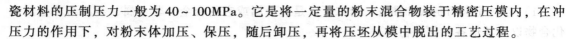

瓷材料的压制压力一般为40~100MPa。它是将一定量的粉末混合物装于精密压模内，在冲压力的作用下，对粉末体加压、保压，随后卸压，再将压坯从模中脱出的工艺过程。

5. 烧结

烧结是在适当的温度和气氛条件下，对粉末或粉末压坯进行加热所发生的现象或过程。烧结的结果是颗粒之间由机械啮合转变成原子间的晶体结合，烧结体强度增加，而且在多数情况下，其密度也有所提高。

按烧结方式不同，可分为常压烧结和施压烧结两大类。常压烧结是在大气压下或在较低的气体压力下对压坯进行烧结的方法。常压烧结时，不产生液相的烧结称为固相烧结，有液相参与的烧结称为液相烧结。液相烧结过程中，液相将渗入孔隙，同时加快收缩，使烧结体的密度增加。根据施压方式的不同，施压烧结又可分为热压烧结、粉末热锻和热等静压等类型。热压烧结是指对石墨模具中的松散粉末或粉末压坯进行加热的同时对其施加单轴压力的烧结过程，以提高烧结密度，例如，粉末冶金摩擦片，双金属减摩材料，Al_2O_3、BeO、SiO、BN、AlN等功能陶瓷均可采用热压烧结，其烧结温度可降低100~150℃。粉末热锻一般是先对压坯进行预烧结，然后在适当的高温下再实施锻造。热等静压是指在对装于包套之中的松散粉末进行加热的同时，对其施加各向同性的等静压力的烧结过程，该法解决了普通热压烧结由于缺少横向压力和压力不均匀所造成的制品密度不均的问题。

5.1.3 粉末冶金成形的典型应用

1. 概述

由于粉末成形所使用模具的加工制作比较困难，价格较为昂贵，因此粉末冶金方法的经济效益往往只有在大规模生产时才能表现出来。粉末冶金工艺的不足之处是粉末的制备成本较高，制品的大小和形状受到限制，烧结件的抗冲击性较差等。但是，随着粉末冶金技术的发展，新工艺不断出现与完善，这些不足正逐步被克服。

从普通机械到精密仪器，从五金工具到大型机械，从电子工业到电机制造业，从采矿到化工，从民用工业到军事工业，从一般技术到尖端高科技，几乎所有的工业部门都会不同程度地使用粉末冶金材料及其制品。金属粉末和粉末冶金材料、制品在各工业部门中的应用举例见表5-2。

表5-2 金属粉末和粉末冶金材料、制品在各部门中的应用举例

工业部门	金属粉末和粉末冶金材料、制品应用举例
机械加工	硬质合金、金属陶瓷、粉末高速工具钢
汽车、拖拉机、机床制造	机械零件、摩擦材料、多孔含油轴承、过滤器
电机制造	多孔含油轴承、铜-石墨电刷
精密仪器制造	仪表零件、软磁材料、硬磁材料
电气和电子工业	电触头材料、电真空电极材料、磁性材料
计算机工业	记忆元件
化学、石油工业	过滤器、防腐零件、催化剂
军工	穿甲弹头、军械零件、高密度合金
航空	摩擦片、过滤器、防冻用多孔材料、粉末超合金
航天和火箭	发汗材料、难熔金属及其合金、纤维强化材料
原子能工程	核燃料元件、反应堆结构材料、控制材料

采用粉末冶金法制造机械零件，具有生产率高、能耗低、节省材料和相对成本低等优点。其经济效益与机械加工方法的对比见表5-3。

表 5-3 用粉末冶金法制造机械零件的经济效益与机械加工方法的对比

零件名称	1t 零件的金属消耗量/t		相对劳动量		1000 个零件的相对成本	
	机械加工	粉末冶金	机械加工	粉末冶金	机械加工	粉末冶金
液压泵齿轮	1.80~1.90	1.05~1.10	1.0	0.30	1.0	0.50
钛制紧固螺母	1.85~1.95	1.10~1.12	1.0	0.50	1.0	0.50
黄铜制轴承保持架	1.75~1.85	1.15~1.13	1.0	0.45	1.0	0.35
飞机导线用铝合金固定夹	1.85~1.95	1.05~1.09	1.0	0.35	1.0	0.40

2. 含油轴承

轴承是在机械传动过程中起固定和减小载荷摩擦系数的部件。在工作时对其要求为：具有一定的机械强度和塑性；具有低的摩擦因数和良好的磨合性能；在重负荷下运转时耐磨性要好；不会发生剥落、粘着以及卡住转轴等。

含油轴承是利用粉末冶金工艺方法制成的多孔性材料，并经过浸油处理后，能广泛用于各工业部门的重要结构零件。它具有以下一系列的优点：

1）原料来源充足，价格便宜。例如，制造铁基含油轴承所用的主要原料是还原铁粉及少量石墨粉等。

2）工序少，周期短，效率高，成本低。

3）自润滑性好。所谓自润滑性，是指含油轴承在工作时，能将储存于孔隙中的润滑油自动提供给摩擦表面进行润滑，从而达到减摩的目的。

4）含有固体润滑剂（如石墨、二硫化钼等），这对在高温下工作的轴承尤其重要。

5）选择材料组分范围较大。根据不同要求，在配料时可加入不同的合金元素，以获得理想的耐磨组织，适应使用性能要求。

6）工作噪声小，并能承受间断的冲击负荷，使用寿命长。

3. 机械结构零件

机械结构零件是指具有相当严格的尺寸精度要求，参与机械运动，与其他零件发生摩擦，承受着拉伸、压缩或扭转以及一定程度的冲击负荷等的零件。目前，这些零件主要是由钢铁或其他金属材料，采用熔铸、锻压、切削加工等工艺制成的。用粉末冶金法制造的机械结构零件称为烧结结构零件。烧结结构零件作为粉末冶金工业中产量最大，应用范围最广的一类产品，因其较好的综合力学性能，被广泛应用于汽车、农机、办公机械、液压件、家用电器、日用机械等行业中。

烧结结构零件通常是以金属粉末与非金属粉末的混合物为原料，通过压制成形和固相烧结制成的。与普通熔铸材料相比，其基本特点有：

1）材料中含有孔隙，因此，烧结结构材料的力学性能、耐磨性、耐蚀性、电磁性等均受到不同程度的影响。

2）材料组织处于不平衡状态。为保证烧结零件的尺寸精度，通常采用固相烧结方式（有时部分添加的元素呈液相），因此，烧结结构材料无法形成完全处于平衡状态的金属组织结构。这是烧结结构材料与熔炼合金的主要差别之一。

3）材料一般不需要进行切削加工。

粉末冶金烧结体的力学性能受多种因素的影响，包括粉末性质、压制成形条件与烧结条件。它们主要是通过影响烧结体的密度，来影响制品的力学性能。烧结材料含有残留孔隙，

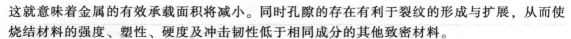

这就意味着金属的有效承载面积将减小。同时孔隙的存在有利于裂纹的形成与扩展，从而使烧结材料的强度、塑性、硬度及冲击韧性低于相同成分的其他致密材料。

衡量烧结体质量的主要性能指标如下：

1）密度与孔隙度。对于不同的粉末粒度组成及烧结工艺，粉末压坯在烧结中的收缩程度是不同的。在一定范围内，随着粉末粒度的减小，烧结温度提高及保温时间延长，粉末压坯收缩量增加，密度提高。根据密度的大小，可以推算出烧结体的物理性能及力学性能。

2）硬度。可用布氏硬度、洛氏硬度或维氏硬度法测定。由于烧结体内孔隙的存在，将会影响硬度的测量精度。通常，孔隙度越大，硬度越低；测量面积越大，波动范围越小。烧结体测得的宏观硬度值普遍偏低，采用维氏硬度法比洛氏硬度法要准确。

3）强度。未烧结的粉末压坯强度较低。经烧结后，颗粒聚集体变成了晶体结合体，烧结体的强度显著提高。针对不同的粉末冶金材料，烧结体的强度指标也不同。例如，对于结构材料，要求冲击韧性、抗拉强度与疲劳强度等符合要求；而对于硬质合金，则主要要求抗弯强度符合要求。当然，烧结体的强度还受孔隙度的影响，密度高，则强度也高。

5.2 非金属材料成型

非金属材料一般是指除金属以外的工程材料，通常包括塑料、橡胶、陶瓷、复合材料等。非金属材料的主要成型特点如下：

1）通常是流态成型，也可以是固态成型，能制成型状复杂的零件。例如，塑料可以用注射、挤塑、压塑方法成型，还可以用浇注和胶接等方法成型；陶瓷可以用注浆方法成型，也可用注射、压注等方法成型。

2）非金属材料通常是在较低的温度下成型，成型工艺较为简便。

3）非金属材料的成型一般要与材料的生产工艺相结合。例如，陶瓷应先成型再烧结，复合材料常常是将固态的增强料与呈流态的基料同时成型。

5.2.1 塑料成型

塑料是以合成树脂为主要成分，并加入增塑剂、润滑剂、稳定剂及填料等组成的高分子材料。在一定的温度和压力下，可以用模具使其成型为具有一定形状和尺寸的塑料制件，当外力解除后，在常温下其形状保持不变。塑料的质量小，比强度高；耐蚀，化学稳定性好；有优良的电绝缘性能、光学性能、减摩性能、耐磨性能和消声减振性能；加工成型方便，成本低。它主要分为热塑性塑料（如聚乙烯、聚丙烯、聚苯乙烯、聚氯乙烯等）和热固性塑料（如酚醛塑料、氨基塑料、环氧塑料等）两类。塑料的成型方法主要有注射成型、压塑成型、传递成型和挤出成型等。

1. 注射成型

注射成型：是热塑性塑料的主要成型方法，近年来，也用于部分热固性塑料的成型加工。其特点是生产率高、易于实现机械化和自动化，并能制造外形复杂、尺寸精确的塑料制品，有60%~70%的塑料制件是采用注射成型方法生产的。

注射成型的原理是将粒状原料在注射机的机筒内加热熔融塑化，在柱塞或螺杆的加压作用下，压缩熔融物料并向前移动，然后通过机筒前端的喷嘴，以很高的速度将其注入温度较低的闭合模具内，冷却定型后，开模就得到了制品。注射成型的工艺过程包括加料、塑化、注射、保压、冷却定型和脱模等步骤。塑化是指塑料在注射机机筒中经过加热达到塑化状态（粘流态或塑化态）；注射是指将塑化后的塑料流体，在螺杆（或柱塞）的推动下经喷嘴压入模具型腔；塑料充满型腔后，需要保压一定时间，使塑件在型腔中冷却、硬化、定型；压力撤销后开模，并利用注射机的顶出机构使塑件脱模，取出塑件。注射成型的工艺条件主要包括温度、压力和时间等。

（1）温度　注射成型时需要控制的温度包括机筒温度、喷嘴温度、模具温度等。

机筒温度应控制在塑料的粘流温度 T_f（对结晶型塑料为熔点 T_m）以上，提高机筒温度可使塑料熔体的黏度下降，对充模有利，但必须低于塑料的热分解温度 T_d。喷嘴处的温度通常略低于机筒的最高温度，以防止塑料流经喷嘴处时，因升温产生“流延”。模具温度根据不同塑料的成型条件，通过模具的冷却（或加热）系统进行控制。对于要求模具温度较低的塑料，如聚乙烯、聚苯乙烯、聚丙烯、ABS、聚氯乙烯等，应在模具上安装冷却装置；对模具温度要求较高的塑料，如聚碳酸酯、聚砜、聚甲醛、聚苯醚等，应在模具上安装加热系统。

（2）压力　注射成型过程中的压力包括塑化压力和注射压力两种。塑化压力又称背压，是注射机螺杆顶部熔体在螺杆转动后退时受到的压力。增加塑化压力能提高熔体温度，并使温度分布均匀。注射压力是指柱塞或螺杆头部注射时对塑料熔体施加的压力。它用于克服熔体从机筒流向型腔时的阻力，保证一定的充模速率和对熔体进行压实。注射压力的大小取决于塑料品种、注射机类型、模具浇注系统的结构尺寸、模具温度、塑件壁厚及流程大小等多种因素，近年来，采用注射流动模拟计算机软件，可对注射压力进行优化设计。在注射机上常用表压指示注射压力的大小，一般在 40~130MPa 之间。常用塑料的注射成型工艺条件见表 5-4。

表 5-4　常用塑料的注射成型工艺条件

塑料品种	注射温度/℃	注射压力/MPa	成型收缩率(%)
聚乙烯	180~280	49~98.1	1.5~3.5
硬聚氯乙烯	150~200	78.5~196.1	0.1~0.5
聚丙烯	200~260	68.7~117.7	1.0~2.0
聚苯乙烯	160~215	49.0~98.1	0.4~0.7
聚甲醛	180~250	58.8~137.3	1.5~3.5
聚酰胺(尼龙 66)	240~350	68.7~117.7	1.5~2.2
聚碳酸酯	250~300	78.5~137.3	0.5~0.8
ABS	236~260	54.9~172.6	0.3~0.8
聚苯醚	280~340	78.5~137.3	0.7~1.0
氯化聚醚	180~240	58.8~98.1	0.4~0.6
聚砜	345~400	78.5~137.3	0.7~0.8

（3）时间　注射时间是一次注射成型所需的时间，又称成型时间。它主要影响注射机的利用率和生产率。注射时间一般为 0.5~2min，厚大件可达 5~10min。

2. 压塑成型

压塑成型是塑料成型加工中较传统的工艺方法之一，目前主要用于热固性塑料的成型加工。

压塑成型原理是将经过预制的热固性塑料（也可以是热塑性塑料）原料，直接加入敞开的模具加料室，然后闭模，并对模具加热加压。塑料在热和压力的作用下呈熔融流动状态充满型腔，随后由于塑料分子发生交联反应而逐渐硬化成型。

压塑成型工艺过程：预先对塑料原料进行预压成型和预热处理，然后将塑料原料加入模具加料室中闭模后加热加压，使塑料原料塑化，经过排气和保压硬化后，脱模取出塑件，最后清理模具并对塑件做后期处理。

影响压塑成型质量的因素包括成型温度和压力。压塑成型温度的高低，对塑料能否顺利充型以及塑件质量有较大影响。在一定范围内，提高温度可以缩短成型周期，减小成型压力。但是，如果温度过高，则会加快塑料的硬化，影响物料的流动，造成塑件内应力过大，易出现变形、开裂、翘曲等缺陷；温度过低则会使硬化不足，塑件表面无光，物理性能和力学性能下降。通常压缩比大的塑料需要较大的成型压力，生产中常将松散的塑料原料预压成块状，这样既方便加料又可以降低成型所需压力。表 5-5 所列为常用热固性塑料的压塑成型温度和压力。

表 5-5　常用热固性塑料的压塑成型温度和压力

塑料种类	成型温度/℃	成型压力/MPa
酚醛树脂(PF)	140~180	7~42
三聚氰胺甲醛树脂(MF)	140~180	14~56
脲甲醛树脂(UF)	135~155	14~56
聚酯树脂(UP)	85~150	0.35~3.5
邻苯二甲酸二丙烯酯(PDPO)	120~160	3.5~14
环氧树脂(EP)	145~200	0.7~14
有机硅塑料(OSMC)	150~190	7~56

3. 传递成型

传递成型又称压注成型或挤胶成型，它是在压塑成型的基础上发展起来的热固性塑料的成型方法，其工艺类似于注射成型工艺，所不同的是传递成型时塑料在模具的加料室内塑化，再经过浇注系统进入型腔，而注射成型中塑料是在注射机机筒内塑化。

传递成型工艺过程：将塑料原料经过预处理，闭模后将原料加入加料室加热软化（若是下加料室传递成型，则应先加料，然后闭模加热），随即在柱塞的挤压下，通过模具的浇注系统将熔融塑料挤入型腔，塑料在型腔内继续受热受压而固化成型，然后开模取出制品，并清理型腔、加料室和浇注系统。

传递成型的优点是成型周期短，塑件飞边小、易于清理，能成型薄壁多嵌件的复杂塑料制品，塑件的精度和质量较压塑成型件高。但传递成型加料室内总会留有余料，塑料的损耗较大，同时模具结构较压塑模复杂，制造成本较高。

4. 挤出成型

挤出成型也称为挤塑成型，主要采用热塑性塑料加工棒、管等型材和薄膜等，也是中空成型的主要制坯方法。挤出成型生产线由挤出机、挤出模具、牵引装置、冷却定型装置、切割或卷曲装置、控制系统等组成，如图 5-5 所示。挤出机相当于注射机的注射系统，它由料斗、机筒和挤出螺杆组成。工作时挤出螺杆在传动系统的驱动下转动，将塑料推向机筒中加热塑化，在挤出机的前端装有挤出模具（又称机头或口模），塑料在通过挤出模具时形成所需形状的制件，再经过冷却定型处理就可以得到等截面的塑料型材。如果挤出的中空管状塑料不经冷却，而是将热塑料管坯移入中空吹塑模具中向管内吹入压缩空气，则在压缩空气的作用下，管坯将膨胀并贴附在型腔壁上成型，经过冷却后即可获得薄壁中空制品。如果挤出的中空管状塑料不经冷却，而是在机头中心通入压缩空气，将管坯吹成管状薄膜，冷却后即可加工为各种薄膜制品。在挤出机头心部穿入金属导线，挤出制品即为塑料包敷电线或电缆。

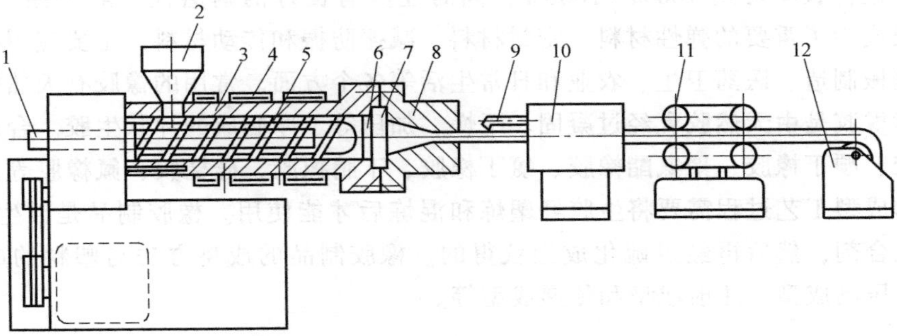

图 5-5　型材挤出生产线

1—冷却水入口　2—料斗　3—机筒　4—加热器　5—挤出螺杆　6—分流滤网　7—过滤板　8—机头　9—喷冷却水装置　10—冷却定型装置　11—牵引装置　12—切割或卷曲装置

挤出工艺参数包括压力、温度和挤出速率等。挤出加工时，机筒的压力可以达到55MPa根据塑料品种的不同，塑化温度一般为180～250℃。挤出速率是单位时间内挤出机口模挤出的塑料质量（kg/h）或长度（m/min）。挤出速率大小表示挤出机生产率的高低，它与挤出口模的阻力、螺杆与机筒的结构、螺杆转速、加热系统及塑料特性等因素有关。

5. 真空成型

真空成型也称为吸塑成型，它是将热塑性塑料板材、片材固定在模具上，用辐射加热器加热到软化温度，用真空泵（或空气压缩机）抽取板材与模具之间的空气，借助大气压力使坯材吸附在模具表面，冷却后再用压缩空气脱模，形成所需塑件的加工方法。其生产设备简单，效率高，模具结构简单，能加工大尺寸的薄壁塑件，而且生产成本低。

真空成型方法包括凹模真空成型、凸模真空成型、凹凸模真空成型等。凹模真空成型方法一般用于外表面精度要求较高，成型深度不大的塑件。凸模真空成型方法一般用于内表面精度要求较高，有凸起形状的薄壁塑件，与凹模真空成型方法成型的塑件相比，生产出的塑件的壁厚稍均匀。凹凸模真空成型方法是先将塑料板材夹在凹模上加热，软化后将加热器移开，然后通过凸模吹入压缩空气，凹模抽真空使塑料板贴附在凸模的外表面。这种成型方法由于将塑料板吹鼓延伸后再成型，因此塑件壁厚均匀，可用于成型较深的制件。

真空成型产品类型包括塑料包装盒、餐具盒、罩壳类塑件、冰箱内胆、浴室镜盒等。其常用材料有聚乙烯、聚丙烯、聚氯乙烯、ABS、聚碳酸酯等。

6. 反应注射成型

反应注射成型是将两种能发生反应的塑料原料分别加热软化后，由计量系统加入高压混合器经混合发生塑化反应，再注射到模具型腔中，在型腔中继续发生化学反应，并且伴有膨胀、固化的加工工艺。它适合加工聚氨酯、环氧树脂等热固性塑料，也可以用于生产尼龙、ABS、聚酯等热塑性塑料。例如，汽车仪表盘、转向盘，飞机和汽车的座椅及座椅垫，家具和鞋类，仿大理石浴缸和浴盆等。

5.2.2 橡胶成型

橡胶材料是在使用温度下处于高弹态的高分子材料。它具有良好的弹性，其弹性模量仅为10MPa，但伸长率可达100%~1000%，同时还具有良好的耐磨性、隔声性、绝缘性等。因此，橡胶成为了重要的弹性材料、密封材料、减振防振和传动材料，主要应用在国防、交通运输、机械制造、医药卫生、农业和日常生活等各个方面。常用的橡胶有天然橡胶和合成橡胶。天然橡胶是由天然胶乳经过凝固、干燥、加压等工序制成的片状生胶。合成橡胶主要有丁苯橡胶、顺丁橡胶、聚氨酯橡胶、氯丁橡胶、丁腈橡胶、硅橡胶、氟橡胶等。

橡胶的成型工艺过程需要将生胶经塑炼和混炼后才能使用。橡胶制品是以生胶为基础，加入适量配合剂，然后再经过硫化成型获得的。橡胶制品的成型方法与塑料的成型方法相似，主要有压制成型、注射成型和传递成型等。

1. 压制成型

橡胶的压制成型是将经过塑炼和混炼预先压延好的橡胶坯料，按一定规格和形状下料后，加入压制模中，闭模后在液压机上按规定的工艺条件进行压制，使胶料在受热受压的条件下以塑性流动充满型腔，经过一定时间完成硫化，再脱模、清理毛边，最后检验得到所需制品的方法。橡胶压制成型的工艺流程如图5-6所示。

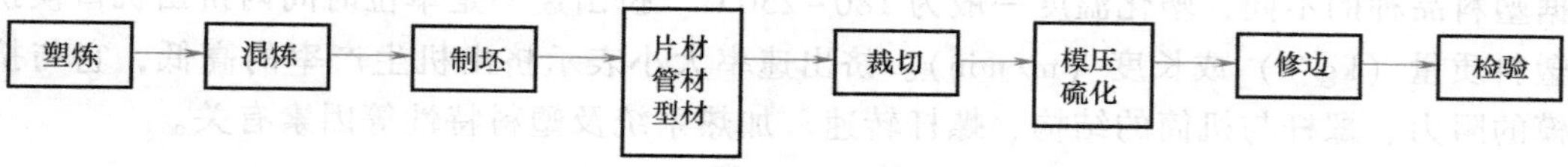

图5-6 橡胶压制成型的工艺流程

在一定的温度下，利用机械挤压、辊轧等方法，使生胶的分子链断链，使其由强韧的弹性状态转变为柔软、具有可塑性的状态，这种使弹性生胶转变为可塑性状态的加工工艺过程称为塑炼。将各种配合剂混入生胶中，制成质量均匀的混炼胶的工艺过程称为混炼。其作用是提高橡胶制品的使用性能，改进橡胶的工艺性能和降低成本。制坯是指将混炼胶通过压延或挤压的方法制成所需的坯料，通常是片材，也可为管材或型材。裁切坯料时，坯料的质量分数应有超过成品质量分数5%~10%的余量，结构精确的封闭式压制模在成型时余量可减小到1%~2%，一定的余量不仅可以保证胶料充满型腔，还可以在成型时排出型内的气体和保持足够的压力。裁切可用圆盘刀或压力机按型腔形状剪切。模压硫化是压制成型的主要工序，它包括加料、闭模、硫化、脱模和模具清理等步骤，胶料经闭模加热加压后成型，经过硫化使胶料分子交联，成为具有高弹性的橡胶制品。脱模后的橡胶制品经修边和检验合格后即为成品。

橡胶压制成型工艺的关键是控制模压硫化过程。硫化是指在一定压力和温度下，橡胶坯料结构中的线性分子链之间形成交联，随着交联度的增加，橡胶变硬变韧的过程。硫化过程的主要参数包括硫化温度、压力和时间等。硫化温度直接影响硫化速度和产品质量。硫化温度高，则硫化速度快，生产率就高。但是，硫化温度过高会使橡胶高分子链裂解，从而使橡胶的强度、韧性下降，因此硫化温度不宜过高。橡胶的硫化温度主要取决于橡胶的热稳定性，其热稳定性越高，则允许的硫化温度也越高。表 5-6 所列为常见胶料的最适宜硫化温度。

表 5-6 常见胶料的最适宜硫化温度 （单位：℃）

胶料类型	最适宜硫化温度	胶料类型	最适宜硫化温度
天然橡胶胶料	143	丁基橡胶胶料	170
丁苯橡胶胶料	150	三元乙丙橡胶胶料	160~180
异戊橡胶胶料	151	丁腈橡胶胶料	180
顺丁橡胶胶料	151	硅橡胶胶料	160
氯丁橡胶胶料	151	氟橡胶胶料	160

硫化时间是和硫化温度密切相关的。在硫化过程中，当硫化橡胶的各项物理、力学性能达到或接近最佳点时，此种硫化程度称为正硫化或最适宜硫化。在一定温度下达到正硫化所需的硫化时间称为正硫化时间，一定的硫化温度对应于一定的正硫化时间。当胶料配方和硫化温度一定时，硫化时间决定硫化程度，不同大小和壁厚的橡胶制品通过控制硫化时间来控制硫化程度，制品的尺寸越大或越厚，则所需的硫化时间越长。

为使胶料能够流动和充满型腔，并将胶料中的气体排出，应有足够的硫化压力。通常在 100~140℃ 范围内压模时，必须施加 20~50MPa 的压力，才能保证获得清晰的复杂轮廓。增加压力能提高橡胶的力学性能，延长制品的使用寿命。试验表明，用 50MPa 压力硫化的轮胎的耐磨性能，比用 2MPa 压力硫化的轮胎的耐磨性能高出 10%~20%。但是，过高的硫化压力会加速分子的降解作用，反而会使橡胶的性能降低。

2. 注射成型

橡胶注射成型的工艺过程包括预热塑化、注射、保压、硫化、脱模和修边等工序。将混炼好的胶料通过加料装置加入机筒中加热塑化，塑化后的胶料在柱塞或螺杆的推动下，经过喷嘴射入闭合的模具中，模具在规定的温度下加热，使胶料硫化成型。在注射成型过程中，由于胶料在充型前一直处于运动状态受热，因此各部分的温度较压制成型时均匀，而且橡胶制品在高温模具中短时即能完成硫化，制品的表面和内部的温差小，硫化质量较均匀。注射成型的橡胶制品具有质量好、精度高、生产率高等工艺特点。

注射成型工艺条件主要有机筒温度、注射温度（胶料通过喷嘴后的温度）、注射压力、模具温度和成型时间。

（1）机筒温度　胶料在机筒中加热塑化，在一定温度范围内，提高机筒温度可以使胶料的黏度下降，流动性增加，有利于胶料的成型。一般柱塞式注射机的机筒温度控制在 70~80℃；螺杆式注射机因胶温较均匀，机筒温度控制在 80~100℃，有的可达到 115℃。

（2）注射温度　注射温度一般应控制在不产生焦烧的前提下，尽可能接近模具温度。

（3）注射压力　注射压力是注射时螺杆或柱塞施加给胶料的单位面积上的力。注射压力大，有利于胶料充型，还可提高胶料通过喷嘴时的速度，使剪切摩擦产生的热量增加，这对充型和加快硫化有利。采用螺杆式注射机时，注射压力一般为 80~110MPa。

（4）模具温度　在注射成型过程中，由于胶料在充型前已经具有较高的温度，充型之后能迅速硫化，表层与内部的温差小，故模具温度较压制成型时高，一般可高出30~50℃。注射天然橡胶时，模具温度为170~190℃。

（5）成型时间　成型时间是指完成一次成型过程所需的时间，它是动作时间与硫化时间之和，由于硫化时间所占比例较大，故缩短硫化时间是提高注射成型效率的重要手段。硫化时间与注射温度、模具温度、制品壁厚等因素有关。

5.2.3　陶瓷成型

陶瓷可分为传统陶瓷与新型陶瓷两大类。虽然它们都是经过高温烧结而合成的无机非金属材料，但其在所用粉体、成型方法、烧结机制及加工要求等方面有着较大区别，见表5-7。

表5-7　传统陶瓷与新型陶瓷成型的主要区别

区别	传统陶瓷	新型陶瓷
原料	天然矿物原料	人工精制合成原料(分为氧化物和非氧化物两大类)
成型方法	注浆、可塑成型为主	注浆、压制、热压注、注射、轧膜、流延等静压成型为主
烧结	温度一般在1350℃以下；燃料以煤、油、气为主	结构陶瓷需1600℃左右高温烧结，功能陶瓷需精确控制烧结温度；燃料以电、气、油为主
机械加工	一般不需机械加工	常需切割、打孔、研磨和抛光
性能	以外观效果为主	以内在质量为主，常呈现耐热、耐磨、耐蚀和各种敏感特性
用途	炊具、餐具、陈设品	主要用于航空航天、能源、冶金、交通、电子、家电等行业

新型陶瓷制品的生产过程主要包括配料与坯料制备、成型、烧结及后续加工等工序。

（1）配料　为了制作陶瓷制品，首先要按瓷料的组成，将所需的各种原料进行称量配料，这是陶瓷成型工艺中最基本的一环。称料要求精确，因为配料中某些组分加入量的误差将会影响到陶瓷材料的结构和性能。

（2）坯料制备　配料后应根据不同成型方法，混合制备成不同形式的坯料，如用于注浆成型的水悬浮液；用于热压注成型的热塑性料浆；用于挤压、注射、轧膜和流延等含有机塑化剂的塑性料；用于干压或等静压成型的造粒粉料。混合一般采用球磨或搅拌等机械混合法。

（3）成型　成型是指将坯料制成具有一定形状和规格的坯体。成型技术与方法对陶瓷制品的性能具有重要影响，由于陶瓷制品品种繁多，性能要求、形状规格、大小厚薄不一，产量不同，所用坯料性能各异，因此所采用的成型方法多种多样，应综合分析后确定。

（4）烧结　烧结是对成型坯体进行低于熔点的加热，使其内的粉体间产生颗粒粘结，经过物质迁移导致致密化和高强度的过程。只有经过烧结，成型坯体才能成为坚硬的具有某种显微结构的陶瓷制品（多晶烧结体）。烧结对陶瓷制品的显微结构及性能有着直接影响。

（5）后续加工　陶瓷经成型、烧结后，还可根据需要进行后续精密加工，使其符合表面粗糙度、形状、尺寸等精度要求，如磨削加工、研磨与抛光、超声波加工、激光加工甚至切削加工等。切削加工是采用金刚石刀具在超高精度机床上进行的，目前在陶瓷加工中仅有少量应用。下面着重介绍新型陶瓷的几种常用成型方法。

1. 浇注成型

浇注成型是指将陶瓷原料粉体悬浮于水中制成料浆，然后注入模型内成型，坯体的形成主要有注浆成型（由模型吸水成坯）、凝胶注模成型（由凝胶原位固化）等方式。

（1）注浆成型 注浆成型是将陶瓷悬浮料浆注入多孔质模型内，借助模型的吸水能力将料浆中的水吸出，从而在模型内形成坯体。其工艺过程包括悬浮料浆制备、模型制备、料浆浇注、脱模取件、干燥等阶段。

悬浮料浆制备是注浆成型工艺的关键工序，注浆成型料浆是由陶瓷原料粉体和水组成的悬浮液，为保证料浆的充型性及成型性，以得到形状完整、表面平滑光洁的坯体，减少成型时间和干燥收缩，减小坯体变形与减少开裂等缺陷，要求料浆具有良好的流动性、足够小的黏度（<1Pa·s）、尽可能低的含水量、弱的触变性（静止时黏度变化小）、良好的稳定性（悬浮性）及良好的渗透（水）性等性能。新型陶瓷的原料粉体多为瘠性料，必须采取一定的措施，才能使料浆具有良好的流动性与悬浮性，单靠调节料浆水分是不可能实现的。

注浆方法有实心注浆和空心注浆两种。为了强化注浆过程，铸造生产中的压力铸造、真空铸造、离心铸造等工艺方法也被用于注浆成型，并形成了压力注浆、真空注浆与离心注浆等强化注浆方法。实心注浆如图 5-7a 所示，料浆注入模型后，料浆中的水分同时被模型的两个工作面吸收，注件在两模之间形成，没有多余料浆排出。坯体的外形与厚度由两模工作面构成的型腔决定。当坯体较厚时，靠近工作面处坯层较致密，远离工作面的中心部分较疏松，坯体结构的均匀程度会受到一定影响。空心注浆如图 5-7b 所示，料浆注入模型后，由模型单面吸浆，当注件达到要求的厚度时，排出多余料浆而形成空心注件。坯体外形由模型工作面决定，坯体的厚度则取决于料浆在模型中的停留时间。在注浆过程中，人为地对料浆施加外力，以加速注浆过程的进行，提高吸浆速度，使坯体致密度与强度得到提高。离心注浆如图 5-7c 所示，浆料在离心力的作用下紧贴模具表面，形成致密的坯体。离心注浆成型的坯体比较致密，具有厚度均匀、变形、较小、成型时间短等优点。

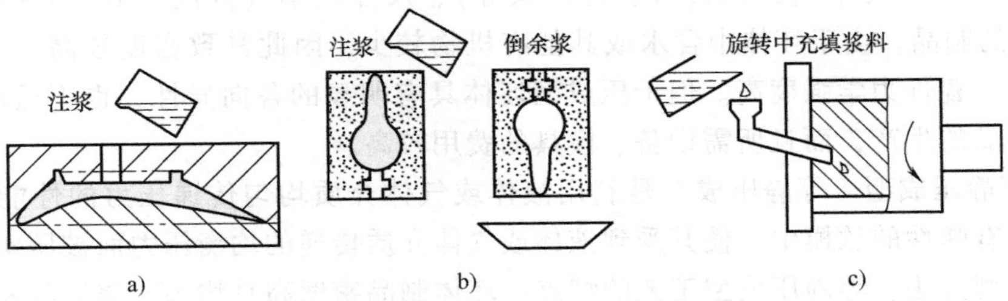

图 5-7 注浆成型

a）实心注浆 b）空心注浆 c）离心注浆

注浆成型适于制造大型厚胎、薄壁、形状复杂的不规则制品。其成型工艺简单，但劳动强度大，不易实现自动化，而且坯体烧结后的密度较小，强度较差，收缩、变形较大，所得制品的外观尺寸精度较低，因此，性能要求较高的陶瓷一般不采用此法生产。但随着分散剂的发展，均匀性好的高浓度、低黏度浆料的发明，以及强化注浆技术的突破，注浆成型制品的性能与质量一直在不断提高。

（2）凝胶注模成型 首先将陶瓷细粉加入含有分散剂、有机高分子化学单体（如丙烯酰胺与双甲基丙烯酰胺）的水溶液中，调制成低黏度、高固相（陶瓷原料粉的体积分数通常达到50%以上）的浓悬浮料浆，再将聚合固化引发剂（如过硫酸铵）加入料浆中混合均匀，在料浆固化前将其注入无吸水性的模型内，在引发剂的作用下，料浆中的有机单体交联聚合成三维网状结构，使浓悬浮料浆在模型内原位固化成型。

2. 压制成型

压制成型是将经过造粒的粒状陶瓷粉料装入模具内直接受压力而成型的方法。造粒即制备压制成型所用的坯料，它是在陶瓷原料细粉中加入一定量的塑化剂，制成粒度较粗（约20目左右）、含有一定水分、具有良好流动性的团粒，以利于陶瓷坯料的压制成型。

对于新型陶瓷用粉料的粒度，应是越细越好，但太细反而会对成型性不利。因为粉粒越细，越易团聚，流动性越差，成型时将不能均匀地填充模型，易产生空洞，从而导致坯体致密度不高。若形成团粒，则流动性好，装模方便，分布均匀，有利于提高坯件与烧结体的密度与均匀性。造粒质量的好坏直接影响成型坯体及烧结体的质量，所以造粒是压制成型工艺的关键工序。在各种造粒方法中，以喷雾干燥法造粒的质量为最好，且适用于现代化大规模生产，目前已广为采用。喷雾干燥造粒法是将混合有适量塑化剂的陶瓷原料粉体预先调制成浆料（方法同注浆成型浆料的调制），再用喷雾器将其喷入造粒塔进行雾化和热风干燥，出来的粒子即为流动性较好的球状团粒。

压制方法主要有干压成型、等静压成型和热压烧结成型等。

（1）干压成型　将造粒制备的团粒（水的质量分数小于6%）松散地装入模具内，在压力机柱塞施加的外压力作用下，团粒产生移动、变形、粉碎而逐渐靠拢，所含气体同时被挤压排出，形成较致密的具有一定形状、尺寸的压坯，然后卸模脱出坯体。干压成型有单向加压与双向加压两种方式。为保证坯体质量，干压成型时需根据坯体形状、大小、壁厚及粉料流动性、含水量等情况，控制好成型压力（一般为40~100MPa）、加压速度与保压时间等工艺参数。干压成型工艺的特点是操作方便，生产周期短，效率高，易于实现自动化生产，适合大批量生产形状简单（圆截面形、薄片状等）、尺寸较小（高度为0.3~60mm、直径为5~50mm）的制品。由于坯体中含水或其他有机物较少，因此其致密度较高，尺寸较精确，烧结收缩小，瓷件力学强度高。但干压成型坯体具有明显的各向异性，也不适用于尺寸大、形状复杂制品的生产，而且所需设备、模具的费用较高。

（2）等静压成型　等静压成型是利用液体或气体介质均匀传递压力的性能，把陶瓷粒状粉料置于有弹性的软模中，使其受到液体或气体介质传递的均衡压力而被压实成型的一种新型压制成型方法。等静压成型工艺的特点：坯体制品密度高且均匀，烧结收缩小，不易变形，制品强度高、质量好，适用于形状复杂、较大且细长制品的制造，但等静压成型设备的成本较高。

等静压成型可分为冷等静压成型与热等静压成型两种类型。冷等静压成型主要是指在室温下，采用高压液体传递压力的等静压成型工艺，它根据所使用模具不同又分为湿式冷等静压成型和干式冷等静压成型。其中，湿式冷等静压成型如图5-8a所示，将配好的粒状粉料装入由塑料或橡胶做成的弹性模具内，密封后置于高压容器中，注入高压液体介质（压力通常在100MPa以上），此时模具与高压液体直接接触，压力传递至弹性模具对坯料加压成型，然后释放压力取出模具，并从模具中取出成型好的坯体。湿式冷等静压容器内可同时放入几个模具，压制不同形状的坯体，但其生产率不高，主要适合成型多品种、形状较复杂、产量小的大型制品。干式冷等静压成型是指在高压容器内封紧一个加压橡皮袋，加料后的模具送入橡皮袋中加压，压成后又从橡皮袋中退出脱模；也可将模具直接固定在容器橡皮袋中。此法的坯料添加和坯件取出都在干态下进行，模具也不与高压液体直接接触，如图5-8b所示。干式冷等静压成型模具的两头（垂直方向）并不加压，故适合压制长型、薄壁、管状制品。

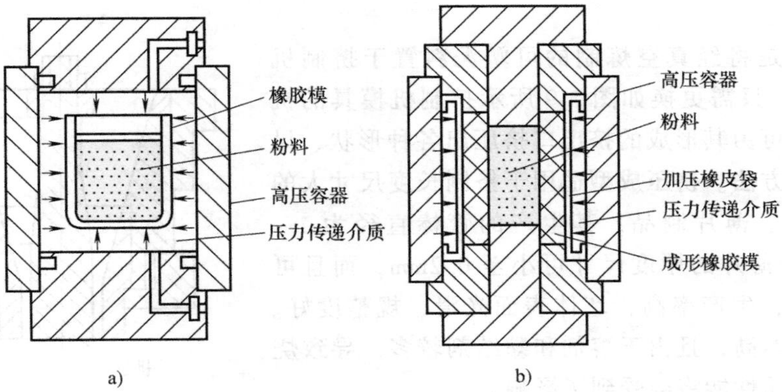

图5-8 冷等静压成型

a）湿式 b）干式

热等静压成型是指在高温下，采用惰性气体代替液体作为压力传递介质的等静压成型工艺，它是在冷等静压成型与热压烧结等工艺基础上发展起来的，又称热等静压烧结。它采用金属箔代替橡胶模，用惰性气体向密封容器内的粉末同时施加各向均匀的高压高温，使成型与烧结同时完成。与热压烧结相比，该法生产的制品致密、均匀，但所用设备复杂，生产率低，成本高。

（3）热压烧结成型 热压烧结成型是将干燥的粉料充填入石墨或氧化铝模型内，再从单轴方向边加压边加热，使成型与烧结同时完成。由于加热加压同时进行，陶瓷粉料处于热塑性状态，有利于粉末颗粒间接触、流动等过程的进行，因而可减小成型压力，降低烧结温度，缩短烧结时间，容易得到晶粒细小、致密度高、性能良好的制品。但制品形状简单，且生产率低。

3. 热压注成型

热压注成型是利用蜡类材料热熔冷固的特点，将配料混合后的陶瓷细粉与熔化的蜡料黏结剂加热搅拌成具有流动性与热塑性的蜡浆，在热压注机中用压缩空气将热熔蜡浆注满金属模型空腔，蜡浆在模型内冷凝形成坯体，再脱模取件的过程。其中，蜡浆的制备是热压注成型工艺中最重要的一环。拌蜡前的陶瓷细粉应充分干燥并加热至60~80℃，再与熔化的石蜡在和蜡机中混合搅拌，陶瓷细粉过冷易凝结成团块而难以搅拌均匀。石蜡作为增塑剂，具有良好的热流动性、润滑性和冷凝性，其加入量通常为陶瓷粉料用量的12%~16%。加入表面活性物质（如油酸、硬脂酸、蜂蜡等）的目的是使陶瓷细粉与石蜡更好地结合，减少石蜡用量，改善蜡浆的成型性能并提高蜡坯的强度。热压注成型时，蜡浆温度一般为65~75℃，模具温度为15~25℃，注浆压力为0.3~0.5MPa，压力持续时间通常为0.1~0.2s。热压注成型的蜡坯在烧结之前，要先埋入疏松的惰性吸附剂（一般采用煅烧 Al_2O_3 粉料）中加热（温度一般为900~1100℃）进行排蜡处理，以获得具有一定强度的不含蜡的坯体。若直接烧结蜡坯，则会因石蜡的流失、失去黏性而解体，从而不能保持其形状。

热压注成型方法主要用于批量生产外形复杂、表面质量好、尺寸精度高的中小型制品，其设备较简单，操作方便，模具磨损小，生产率高。但坯体密度较低，烧结收缩较大，易变形，不宜制造壁薄、大而长的制品，且工序较繁琐，耗能大，生产周期长。

4. 挤压成型

挤压成型是将经真空炼制的可塑泥料置于挤制机（挤坯机）内，只需更换如图 5-9 所示挤制机模具的机嘴与机芯，便可由其形成的挤出口挤压出各种形状、尺寸的坯体成型方法。挤压成型适用于挤制长度尺寸大的细棒、薄壁管、薄片制品，其生产的管棒直径为 1~30mm，管壁与薄片的厚度尺寸可小至 0.2mm，而且可连续批量生产，生产率高，坯体表面光滑、规整度好。但模具制作成本高，且由于溶剂和黏结剂较多，导致烧结收缩大，制品性能将会受到了影响。

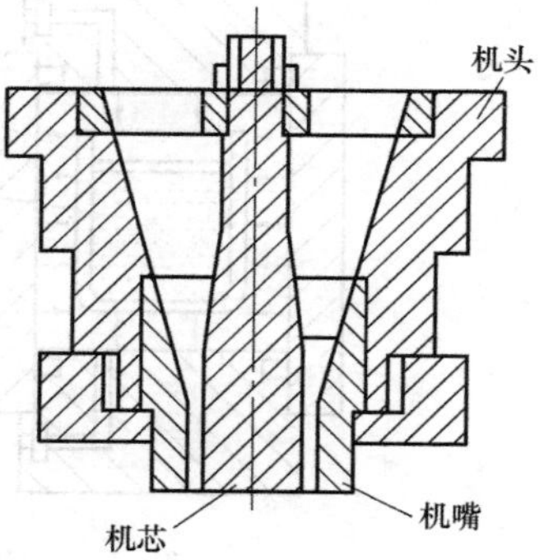

图 5-9　挤压成型模具组合图

5. 注射成型

注射成型是将陶瓷粉末和有机黏结剂混合后，加热混炼并制成粒状粉料，通过注射成型机，在 130~300℃的温度下将粉料注射到金属模型内，冷却后黏结剂固化成型，脱模取出坯体。

注射成型适用于形状复杂、壁薄（0.6mm）、带侧孔制品（如汽轮机陶瓷叶片等）的大批量生产，其坯体制品密度均匀，烧结体精度高，且工艺简单、成本低。但生产周期长，金属模具设计困难，制造费用高。

6. 流延、轧膜成型

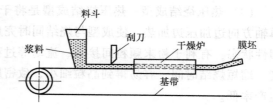

流延、轧膜成型方法用于陶瓷薄膜坯的成型。流延成型是将陶瓷粉料与黏结剂、增塑剂、分散剂、溶剂等进行混磨，形成稳定、流动性良好的陶瓷料浆，如图 5-10 所示。流延成型是目前制造厚度小于 0.2mm 超薄型制品的主要方法，如薄膜电子电路配线基片、叠层电容器瓷片、集成电路组件叠层薄片、压敏电阻、磁记忆片等。轧膜成型是将陶瓷粉料与一定量的有机黏结剂和溶剂混合拌匀后，制造批量较大的，厚度在 1mm 以下的薄片状制品，如薄膜、厚膜电路基片和圆片电容器等。

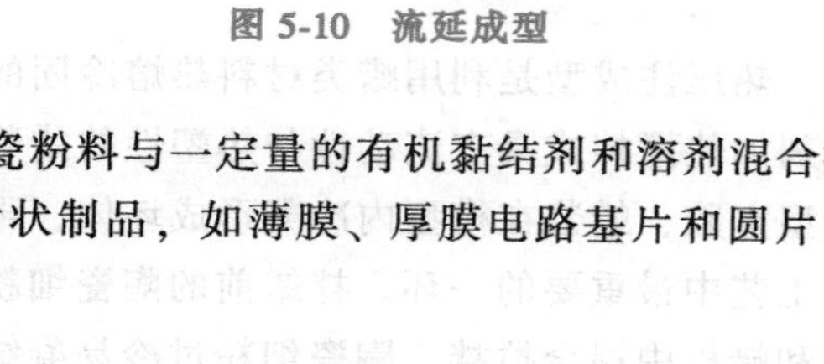

图 5-10　流延成型

5.2.4　复合材料成型

复合材料是将两种或两种以上不同性质的材料组合在一起而得到的一类新型材料，其性能比其组成材料要更加优异。复合材料一般由两类物质组成：一类物质作为基体材料，形成几何形状并起粘结作用，如树脂、陶瓷、金属等；另一类物质作为增强材料，起提高强度或韧度的作用，如纤维、颗粒、晶须等。增强材料与基体材料的综合优越性只有通过成型工序才能体现出来，复合材料具有的可设计性以及材料、制品一致性等特点，都是由不同的成型工艺赋予的。因此，应当根据制品的结构形状和性能要求来选择成型方法。由于复合材料是由连续的基体相包围以某种规律分布于其中的分散强化相而形成的多相材料，其成型工艺主要取决于基体材料的种类，一般情况下，其基体材料的成型工艺方法也常常适用于以该类材料为基体的复合材料，特别是以颗粒、晶须及短纤维为增强体的复合材料。

金属材料的各种成型工艺通常均适用于由颗粒、晶须及短纤维增强的金属基复合材料，包括压力铸造、熔模铸造、离心铸造、挤压、轧制、模锻等。在形成复合材料的过程中，增强材料通过其表面与基体材料粘结并固定于基体材料之中，其本体材料的性状结构不发生变化。而与此有显著区别的是，基体材料的性状则要经历显著变化。

1. 树脂基复合材料成型

用于树脂基复合材料的基体材料有热固性与热塑性树脂两类，其中以热固性树脂为最常用。

（1）热固性树脂基复合材料成型 热固性树脂基复合材料以热固性树脂为基体材料，以无机物、有机物为增强材料。常用的热固性树脂有不饱和聚酯树脂、环氧树脂、酚醛树脂等，常用的增强材料有碳纤维（布）、玻璃纤维（布、毡）、有机纤维（布）、石棉纤维等。其中，碳纤维常用以增强环氧树脂，玻璃纤维常多用以增强不饱和聚酯树脂。热固性树脂基复合材料的主要成型方法如下：

1）手糊成型、喷射成型与铺层法成型。

① 手糊成型。先在涂有脱模剂的模具上均匀地涂上一层树脂混合液，再将裁剪成一定形状和尺寸的纤维增强织物按制品要求铺设到模具上，用刮刀、毛刷或压辊使其平整并均匀地浸透树脂，排出气泡。多次重复以上步骤并层层铺贴，直至达到所需层数，然后固化成型，脱模、修整后获得坯件或制品。其工艺流程如图 5-11 所示。

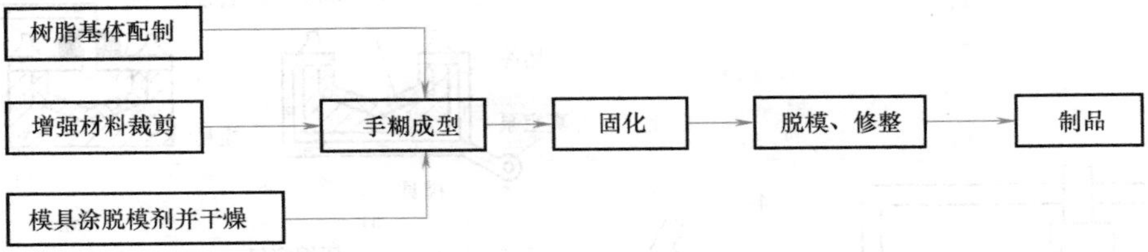

图 5-11 手糊成型工艺流程示意图

手糊成型的特点是操作技术简单，不受制品尺寸和形状的限制，可根据设计要求成型不同厚度、不同形状的制品，适用于多品种、小批量生产。但这种成型方法的生产率低，劳动条件差且劳动强度大；制品的质量、尺寸精度不易控制，性能稳定性差，制品强度较其他成型方法低。手糊成型可用于制造船体、储罐、储槽、大口径管道、风机叶片、汽车壳体、飞机蒙皮、机翼、火箭外壳等大中型制件。

② 喷射成型。喷射成型是将调配好的树脂胶液（多采用不饱和聚酯树脂）与短切纤维（长度为 25~50mm），通过喷射机的喷枪（喷嘴直径为 1.2~3.5mm，喷射量 8~60g/s）均匀地喷射到模具上沉积，每喷一层（厚度应小于 10mm）即用辊子滚压，将其压实、浸渍并排

出气泡，然后继续喷射，直至完成坯件的制作，最后固化成制品，如图 5-12 所示。

与手糊成型法相比，喷射成型法的生产率有所提高，劳动强度下降，适合批量生产大尺寸制品，制品无搭接缝隙，整体性好。但其场地污染大，制品中树脂的含量高（质量分数约为 65%），强度较低。喷射成型法可用于成型船体、容器、汽车车身、机器外罩、大型板等制品。

③ 铺层法成型。用手工或机械手，将预浸材料（将连续纤维或织物、布浸渍树脂，烘干而成的半成品材料，如胶布、无纬布、无纬带等）按预定方向和顺序在模具内逐层铺贴至所需厚度（或层数），获得铺层坯件，然后将坯件装袋，经加热加压固化后，脱模修整获得制品。铺层成型的制品强度较高，铺贴时，纤维的取向、铺贴顺序与层数可按受力需要，根据材料的优化设计来确定。铺层坯件的加热加压固化方法通常有真空袋法、压力袋法、热压罐法等，如图 5-13 所示。真空袋法产生的压力较小，为 0.05~0.07MPa，故难以得到密实的制品。压力袋法是通过向弹性压力袋内充入压缩空气，实现对置于模具上的铺层坯件均匀施加压力，压力可达 0.25~0.5MPa。热压罐法是利用金属压力容器——热压罐，对置于模具上的铺层坯件加压（通过压缩空气实现）和加热（通过热空气、蒸汽或模具内加热元件产生的热量实现），使其固化成型。真空袋法、压力袋法和热压罐法还可用于手糊成型或喷射成型坯件的加压固化成型。

2）缠绕法成型。缠绕法成型是采用预浸纱带、预浸布带等预浸料，或将连续纤维、布带浸渍树脂后，在适当的缠绕张力下按一定规律缠绕到一定形状的芯模上至一定厚度，经固化脱模获得制品的一种方法。与其他成型方法相比，缠绕法成型可以保证按照承力要求确定纤维排布的方向、层次，充分发挥纤维的承载能力，体现了复合材料强度的可设计性及各向异性。因而其制品结构合理、比强度高；纤维按规定方向排列整齐，制品精度高、质量好；易实现自动化生产，生产率高。但缠绕法成型需使用缠绕机、高质量的芯模和专用的固化加热炉等，投资较大。

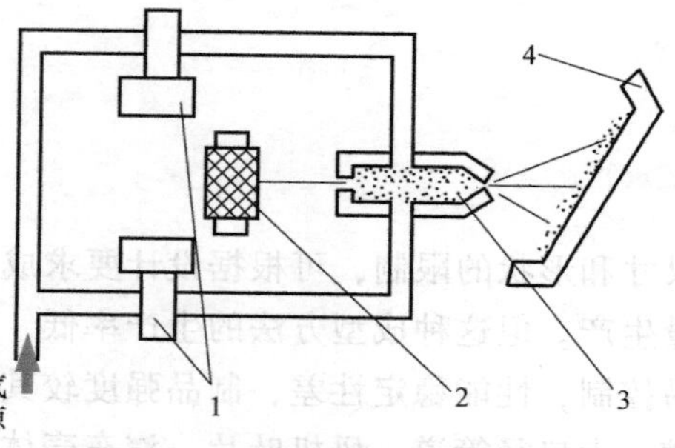

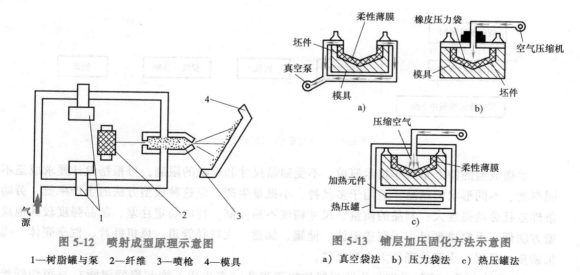

图 5-12 喷射成型原理示意图

1—树脂罐与泵 2—纤维 3—喷枪 4—模具

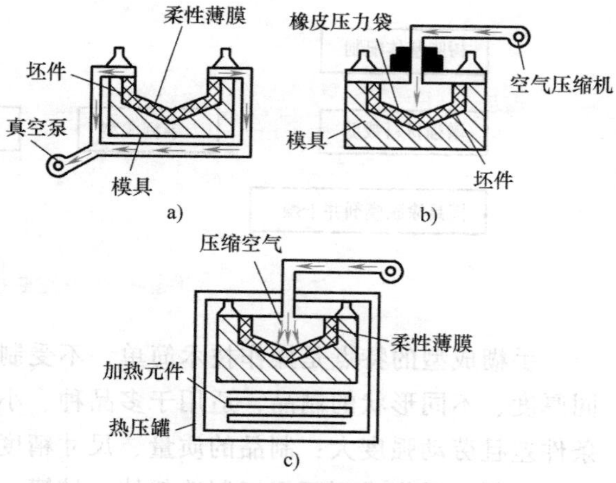

图 5-13 铺层加压固化方法示意图

a）真空袋法 b）压力袋法 c）热压罐法

3）模压成型。模压成型是将模塑料、预浸料以及缠绕在芯模上的缠绕坯料等放置在金属模具中，在压力和温度的共同作用下，经过塑化、熔融流动、充满模型成型固化而获得制品的成型方法。模塑料是由树脂浸渍短切纤维后经过烘干制成的，如散乱状的高强度短纤维模塑料（纤维含量高）、成卷的片状模塑料（片料宽度为1.0mm，厚度为2.0mm）、块状模塑料（一定质量和形状的料块）、成型坯模塑料（结构、形状、尺寸与制品相似的坯料）等。模压成型方法适用于异形制品的成型，其生产率高，制品的尺寸精确、重复性好，表面粗糙度值小、外观好，材料质量均匀、强度高，适于大批量生产。结构复杂的制品可一次成型，无需采用有损制品性能的辅助机械加工。其主要缺点是模具设计制造复杂，一次性投资费用高，制件尺寸受压力机规格的限制，一般只用于中小型制品的批量生产。模压成型工艺按成型方法可分为压制模压成型、压注模压成型与注射模压成型。

① 压制模压成型。将模塑料、预浸料（布、片、带需经裁剪）等放入金属对模（由凸模和凹模组成）内，由压力机（大多为液压机）将压力作用在模具上，通过模具直接对模塑料、预浸料进行加压，同时加温，使其流动充型，固化成型。整个模压过程是在一定温度、压力、时间下进行的，所以温度、压力和时间是控制模压成型工艺的主要参数，其中温度的影响尤为重要。压制模压成型工艺简便，应用广泛，可用于成型船体、机器外罩、冷却塔外罩、汽车车身等制品。

② 压注模压成型。将模塑料在模具加料室中加热成熔融状，然后通过流道压入闭合模具中成型固化，或先将纤维、织物等增强材料制成坯件置入密闭模型内，再将加热成熔融状态的树脂压入模型中，浸透其中的增强材料，然后固化成型。该方法主要用于制造尺寸精确、形状复杂、薄壁、表面光滑、带金属嵌件的中小型制品，如各种中小型容器及各种仪器、仪表的表盘、外壳等，还可制作小型车船外壳及零部件等。

③ 注射模压成型。将模塑料在螺杆注射机的机筒中加热成熔融状态，通过喷嘴小孔，以高速、高压注入闭合模具中固化成型。它是一种高效率、自动化的模压成型工艺，适合生产小型的形状复杂的零件，如汽车及火车配件、纺织机零件、泵壳体、空调机叶片等。

4）其他成型方法。

① 层压成型：将纸、棉布、玻璃布等片状增强材料，在浸胶机中浸渍树脂，经干燥制成浸胶材料，然后按层压制品的大小对浸胶材料进行裁剪，并根据制品要求的厚度（或质量）计算所需浸胶材料的张数，逐层叠放在多层压力机上，进行加热层压固化，最后脱模获得层压制品。为使层压制品表面光洁美观，叠放时可于最上和最下两面放置2~4张含树脂量较高的面层用于浸胶材料。

② 离心浇注成型：利用筒状模具旋转产生的离心力将短切纤维连同树脂同时均匀地喷洒到模具内壁上形成坯件；或先将短切纤维毡铺在筒状模具的内壁上，再在模具快速旋转的同时，向纤维层均匀地喷洒树脂液浸润纤维并形成坯件，坯件达到所需厚度后通热风固化。

③ 拉挤成型：将浸渍过树脂胶液的连续纤维束或带，在牵引机构拉力的作用下，通过成型模具定形，再进行固化，连续引拔出长度不受限制的复合材料管，棒，方形、工字形、槽形以及非对称形的异形截面型材，如飞机和船舶的结构件、矿井和地下工程构件等。拉挤成型设备复杂，拉挤工艺只限于生产型材。

不同成型方法可进行复合，即用几种成型方法同时完成一件制品。例如，成型一种特殊用途的管子，在采用纤维缠绕的同时，还用布带缠绕或喷射方法复合成型。

（2）热塑性树脂基复合材料成型　热塑性树脂基复合材料由热塑性树脂和增强材料组成。基体材料中应用较广的有尼龙、聚甲醛、聚碳酸酯、改性聚苯醚、聚砜和聚烯烃类树脂。增强材料有增强短纤维和各种增强粒子。热塑性树脂基复合材料成型时，是依靠树脂的物理状态的变化来完成的。其过程主要由加热熔融、流动成型和冷却硬化三个阶段组成。已成型的坯件或制品，在加热熔融后还可以二次成型。粒子及短纤维增强的热塑性树脂基复合材料可采用挤出成型、注射成型和模压成型，其中挤出成型和注射成型占主导地位。

挤出成型是将颗粒或粉状树脂以及短切纤维混合料送入挤出机缸筒内，经加热熔融呈粘流态，在挤压力（借助旋转螺杆的推挤）的作用下使其连续通过口模（机头孔型），然后冷却硬化定型，得到口模所限定形状的等断面型材，如各种板、管、棒、片、薄膜以及各种异形断面型材。挤出成型工艺的优点是型材的长度不受限制，设备通用性强，制品质量均匀、密实。

2. 金属基复合材料成形

金属基复合材料是以金属为基体，以纤维、晶须、颗粒、薄片等为增强体的复合材料。基体金属多采用纯金属及其合金，如铝、铜、银、铅、铝合金、铜合金、镁合金、钛合金、镍合金等。增强材料采用陶瓷颗粒、碳纤维、石墨纤维、硼纤维、陶瓷纤维、陶瓷晶须、金属纤维、金属晶须、金属薄片等。

复合（成形）工艺根据复合时金属基体的物态不同可分为固相法和液相法。由于金属基复合材料的加工温度高，工艺复杂，界面反应控制困难，成本较高，故其应用的成熟度远不如树脂基复合材料，且应用范围较小。目前，它主要应用于航空、航天领域。

（1）颗粒增强金属基复合材料成形　对于以各种颗粒、晶须及短纤维增强的金属基复合材料，其成形通常采用以下方法：

1）粉末冶金复合法。各种粉末（金属、合金或陶瓷粉末）之间或各种粉末与实体金属材料之间，靠粉末的烧结并进行加压成形，制作双层或多层复合材料的工艺。

2）铸造法。一边搅拌金属或合金熔融体，一边向熔融体中逐步投入增强体，使其分散混合，形成均匀的液态金属基复合材料，然后采用压力铸造、离心铸造和熔模精密铸造等方法形成金属基复合材料。

3）加压浸渍。将颗粒、短纤维或晶须增强体制成含有一定体积分数的多孔预成形坯体，将预成形坯体置于金属型腔的适当位置，浇注熔融金属并加压，使熔融金属在压力下浸透预成形坯体（充满预成形坯体内的微小间隙），冷却凝固形成金属基复合材料制品。采用该方法已成功制造了陶瓷晶须局部增强铝活塞。

4）挤压或压延。将短纤维或晶须增强体与金属粉末混合后进行热挤或热轧，以获得制品。

（2）纤维增强金属基复合材料的成形　对于以长纤维增强的金属基复合材料，其成形方法主要有：

1）扩散结合法。按制件形状及增强方向的要求，将基体金属箔或薄片以及增强纤维裁剪后交替铺叠，然后在低于基体金属熔点的温度下加热加压并保持一定时间，使基体金属产生蠕变和扩散，从而使纤维与基体间形成良好的界面结合，获得制件，如图 5-14 所示。该法是连续长纤维增强金属基复合材料最具代表性的复合成形工艺。

2）熔融金属渗透法。在真空或惰性气体介质中，使排列整齐的纤维束之间浸透熔融金属，常用于连续制取圆棒、管子和其他截面形状的型材，而且加工成本低。

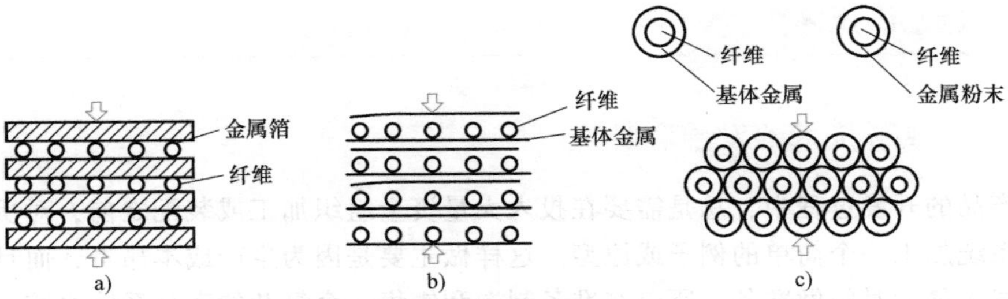

图 5-14　扩散结合法示意图

a）金属箔复合法　b）金属无纬带重叠法　c）表面镀有金属的纤维结合法

3）等离子喷涂法。在惰性气体的保护下，等离子弧向排列整齐的纤维喷射熔融金属微粒子的成形方法。其特点是熔融金属粒子与纤维结合紧密，纤维与基体材料的界面接触较好；而且微粒在离开喷嘴后是急速冷却的，因此几乎不与纤维发生化学反应，又不损伤纤维。此外，还可以在等离子喷涂的同时，将喷涂后的纤维随即缠绕在芯模上成形。喷涂后的纤维经过集束层叠，再用热压法压制成制品。

（3）层合金属基复合材料成形　层合金属基复合材料是由两层或多层不同金属相互紧密结合组成的材料，可根据需要选择不同的金属层。其成形方法有轧合、双金属挤压、爆炸焊合等。

1）轧合。将不同的金属层通过加热、加压轧合在一起，形成整体结合的层压包覆板。包覆层金属的厚度一般是层压板厚度的 2.5%~20%。

2）双金属挤压。将由基体金属制成的金属芯置于由包覆用金属制成的套管中，组装成挤压坯，在一定压力、温度条件下挤压成带无缝包覆层的线材、棒材、矩形材和扁型材等。

3）爆炸焊合。利用炸药爆炸产生的爆炸力使金属叠层间整体结合成一体的焊接方法。

3. 陶瓷基复合材料成型

陶瓷基复合材料的成型方法分为两类：一类针对的是以陶瓷短纤维、晶须、颗粒等为增强体的复合材料，其成型工艺与陶瓷基本相同，如料浆浇注法、热压烧结法等；另一类针对的是以碳、石墨、陶瓷连续纤维为增强体的复合材料，其成型工艺常采用料浆浸渗法、料浆浸渍后热压成型法和化学气相渗透法。

（1）料浆浸渗法　料浆浸渗法是将纤维增强体编织成所需形状，用陶瓷浆料浸渗，干燥后进行烧结的成型方法。该法的优点是不损伤增强体，工艺较简单，无需模具；缺点是增强体在陶瓷基体中的分布不均匀。

（2）料浆浸渍后热压成型法　料浆浸渍后热压成型法是将纤维或织物增强体置于制备好的陶瓷粉体浆料里浸渍，然后将含有浆料的纤维或织物增强体组成一定结构的坯体，干燥后在高温、高压下热压烧结为制品的方法。与料浆浸渗法相比，该方法所获制品的密度与力学性能均有所提高。

（3）化学气相渗透法　将增强纤维编织成所需形状的预成型体，并置于一定温度的反应室内，然后通入某种气源，在预成型体孔穴的纤维表面上产生热分解或化学反应沉积出所需陶瓷基体，直至预成型体中各孔穴被完全填满，从而获得高致密度、高强度、高韧性的制件。

5.3 快速成形技术

5.3.1 快速成形技术的发展和特点

在新产品的开发过程中，总是需要在投入大量资金组织加工或装配之前，对所设计的零件或整个系统加工一个简单的例子或原型。这样做主要是因为生产成本昂贵，而且模具的生产需要花费大量的时间做准备，所以在准备制造和销售一个复杂的产品系统之前，应加工一个工作原型，通过它可以对产品设计进行评价、修改和功能验证。

一个产品的典型开发过程是从前一代的原型中发现错误，或从进一步研究中发现更有效和更好的设计方案，而一件原型的生产是极其费时的，模具的准备需要几个月，因此，一个复杂的零件用传统方法加工非常困难。20 世纪 70 年代末到 80 年代初期，美国和日本的研究人员各自独立地提出了快速成形（Rapid Prototyping，RP）的技术设想，即利用连续层的选区固化生产三维实体。在图 5-15 中，快速成形技术的一般步骤得以展示：首先利用三维造型软件设计出（或者通过三维数字化反求工程获得）产品的三维实体模型，再利用 RP 处理软件将该三维实体模型进行离散、分层，然后将离散后的数据登录 RP 设备进行制造。

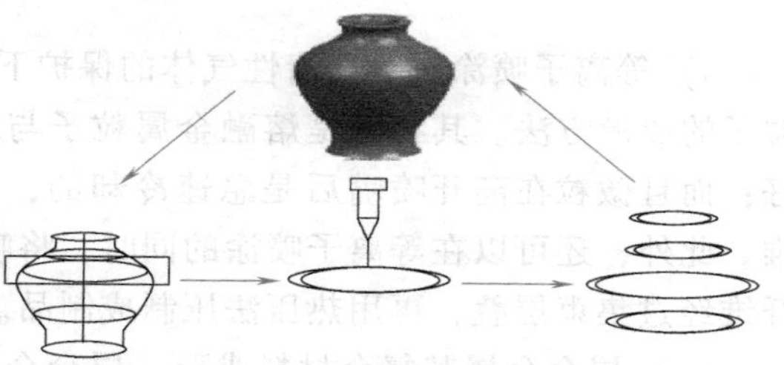

图 5-15　分层制造生成示意图

快速成形技术是近年来发展起来的直接根据 CAD 模型快速生产样件或零件的成组技术的总称，它集成了 CAD 技术、数控技术、激光技术和材料技术等科技成果，是先进制造技术的重要组成部分。与传统制造方法不同，快速成形技术从零件的 CAD 几何模型出发，通过软件分层离散和数控成形系统，用激光束或其他方法将材料堆积形成实体零件。由于它把复杂的三维制造转化为一系列二维制造的叠加，因此，可以在不用模具和工具的条件下生成几乎任何复杂的零部件，极大地提高了生产率和制造柔性。快速成形技术具有以下特点：

1）快速成形作为一种使设计概念可视化的重要手段，计算机辅助设计零件的实物模型可以在很短的时间内被加工出来，从而对加工能力和设计结果进行快速评估。利用快速成形与直接数字化制造技术，可使成本下降为数控加工的 1/5~1/3，周期则缩短为数控加工的 1/10~1/5。

2）由于快速成形技术是将复杂的三维形体转化为二维截面来解决，因此，它能制造任意复杂形体的高精度零件，而无需任何工装、模具。

3）快速成形作为一种重要的制造技术，采用适当的材料，即可被用在后续生产操作中，并获得最终产品。

4）快速成形操作可以应用于模具制造，可以快速、经济地获得模具。

5）产品制造过程几乎与零件的复杂性无关，可实现自由制造，这是传统制造方法所无法比拟的。

5.3.2 快速成形技术的原理和工艺方法

1. 快速成形的基本原理

基于材料累加原理的快速成形操作过程，实际上是一层一层地离散制造零件。为了形象化这种操作，可以想象一整条面包的结构是一片面包落在另一片面包之上层层累积而成的。快速成形有很多种工艺方法，但所有的快速成形工艺方法都是一层一层地制造零件，其区别是制造每一层的方法和材料不同。

（1）三维模型的构造　三维模型的构造是指在三维CAD设计软件（如Pro/E、UG、SolidWorks、SolidEdge等）中获得描述零件的CAD文件。目前，一般快速成形支持的文件输出格式为STL模型，即对实体曲面做近似处理，也称面型化处理，它是用平面三角面片近似代替模型表面。这样处理的优点是极大地简化了CAD模型的数据格式，从而便于后续的分层处理。由于它在数据处理上较简单，而且与CAD系统无关，所以很快发展为快速成形制造领域中CAD系统与快速成形机之间数据交换的标准，每个三角面片用四个数据项表示，包括一个顶点坐标和一个法向矢量，而整个CAD模型就是这样一组矢量的集合。

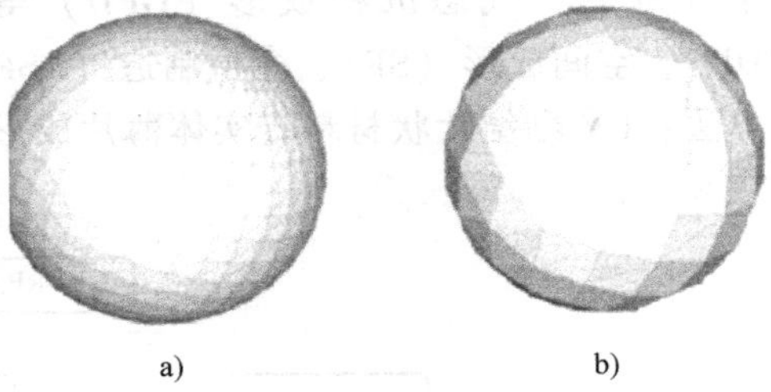

图5-16　不同CH值下的近似效果

a）CH=0.05　b）CH=0.2

在三维CAD设计软件对CAD模型进行面型化处理时，一般软件系统中有输出精度控制参数，通过控制该参数，可减小曲面近似处理误差。例如，Pro/E软件选定弦高值（Chord Height，CH）作为精度控制参数，图5-16所示为一球体在两个不同CH值下的近似效果。对于一个模型，软件中会给定一个取值范围，一般情况下这个范围可以满足工程要求。但是，如果该值选得太小，则会增加处理时间及存储空间，而中等复杂的零件都要数兆字节甚至数十兆字节左右的存储空间，并且这种数据转换过程中无法避免地会产生误差。例如，某个三角形的顶点在另一三角形边的中间、三角形不封闭等问题是实际中经常遇到的，这将给后续数据处理带来麻烦，需要进一步检查修补。

（2）三维模型的离散处理　通过专用的分层程序将三维实体模型（一般为STL模型）分层，分层切片是在选定了制作（堆积）方向后，对CAD模型进行一维离散，获取每一薄层片的截面轮廓及实体信息。通过一簇平行平面沿制作方向与CAD模型相截，所得到的截面交线就是薄层的轮廓信息，而实体信息是通过一些判别准则来获取的。平行平面之间的距离就是分层的厚度，也就是成形时堆积的单层厚度。在这一过程中，由于分层，破坏了切片方向CAD模型表面的连续性，不可避免地会丢失模型的一些信息，导致零件尺寸及形状误差的产生。切片层的厚度直接影响零件的表面粗糙度和整个零件的形面精度，分层切片后所获得的每一层信息就是该层片上下轮廓信息及实体信息，而轮廓信息是用平面与CAD模型的STL文件（面型化后的CAD模型）求交获得的，所以轮廓是由求交后的一系列交点顺序连成的折线段所构成，故分层后所得到的模型轮廓已经是近似的，而层层之间的轮廓信息已经丢失，层厚越大，丢失的信息越多，导致在成形过程中产生了型面误差。

2. 快速成形的工艺方法

目前，快速成形的主要工艺方法及其分类如图 5-17 所示。

尽管各种快速成形技术的一般步骤都相同，但不同的工艺过程其生产制品的方法有所不同，下面介绍快速成形的几种主要工艺方法。液态树脂固化主要有光固化成形（SL）、光束干涉固化成形（BIS）、树脂热固化成形（LTP）、全息干涉固化成形（HIS）、实体掩模成形（SGC）等方法；熔融材料固化主要有弹道微粒制造（BMP）、熔积成形（FDM）、三维焊接成形（3DW）、形状沉积成形（SDM）、电铸成形（ES）等方法；激光熔合固化有选区激光烧结（SLS）、气态沉积成形（GPD）等方法；黏结剂黏结材料有三维印刷快速成形（3DP）、空间成形（SF）、壳型制造（TSF）等方法；黏性片材的粘结有叠层制作（LOM）等方法；UY 黏结片状材料有实体薄片成形（SFP）等方法。

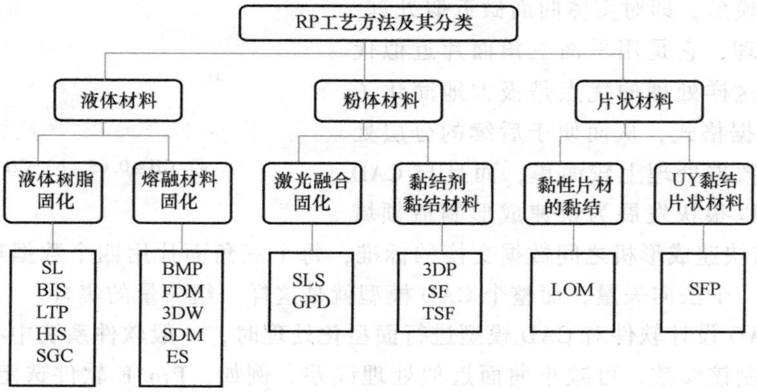

图 5-17 快速成形的主要工艺方法及其分类

（1）光固化法 光固化法是目前应用最为广泛的一种快速成形制造工艺，实际上它比熔融沉积法发展得还早。光固化法采用的是将液态光敏树脂固化（硬化）到特定形状的工艺。以光敏树脂为原料，在计算机控制下的紫外激光以预定零件各分层截面的轮廓为轨迹，对液态树脂进行逐点扫描，使被扫描区的树脂薄层产生光聚合反应，从而形成零件的一个薄层截面。光固化法成形工艺如图 5-18 所示。

成形开始时工作台在其最高位置（深度为 a），此时液面高于工作台一个层厚，对零件第一层的截面轮廓进行扫描，使扫描区域的液态光敏树脂固化，形成零件第一个截面的固化层。然后工作台下降一个层厚，使先固化好的树脂表面再敷上一层新的液态树脂然后重复扫描固化，与此同时新固化的一层牢固地粘接在前一层上，一直重复该过程直到达到高度 b。此时，已经产生了一个有固定壁厚的圆柱体环形零件。这时可以注意到，工作台在垂直方向下降了距离 ab。到达高度 b 后，光束在 x-y 面的移动范围加大，从而在前面成形的零件部分上生成凸缘形状，一般此处应添加类似于 FDM 的支承。当一定厚度的液体被固化后，该过程重复进行，产生出另一个从高度 b 到 c 的圆柱体环形截面。但周围的液态树脂仍然是可流动的，因为它并没有在紫外线光束范围内。零件就这样由下及上一层层地产生。而没有用到的那部分液态树脂可以在制造别的零件或成形时被再次利用。可见，光固化成形也像 FDM 成形法一样需要一个微弱的支承材料，在光固化成形法中，这种支承采用的是网状结构。零件制造结束后从工作台上将其取下，去掉支承结构，即可获得三维零件。

光固化成形所能达到的最小公差取决于激光的聚焦程度，通常是0.0125mm。倾斜的表面也可以有很好的表面质量。光固化法是第一个投入商业应用的RP技术。目前，全球销售的SL（光固化成形）设备约占RP设备总数的70%。SL工艺的优点是精度较高，表面质量好，原材料的利用率接近100%，能制造形状特别复杂、特别精细的零件，设备的市场占有率很高。其缺点是需要设计支承，可以选择的材料种类有限，容易发生翘曲变形，材料价格较贵。该工艺适合成形比较复杂的中小型零件。

（2）选区激光烧结　选区激光烧结（Selective Laser Sintering，SLS）是一种将非金属（或普通金属）粉末有选择性地烧结成单独物体的工艺。如图5-19所示，该法采用CO_2激光器作为热源，目前使用的是在加工室的底部装备两个圆筒：一个是粉末补给筒，其内部的活塞被逐渐提升，通过一个滚动机构给零件造形筒供给粉末；另一个是零件造形筒，其内部的活塞（工作台）被逐渐地降低到烧结部分形成的地方。首先在工作台上均匀地铺上一层很薄（100~200μm）的粉末，激光束在计算机的控制下，按照零件分层轮廓有选择性地进行烧结，从而使粉末固化成截面形状。一层完成后，工作台下降一个层厚，滚动铺粉机构在已烧结的表面再铺上一层粉末进行下一层烧结。未烧结的粉末仍然松散地保留在原来的位置，支承着被烧结的部分，它还辅助限制变形，无需设计专门的支承结构。这个过程重复进行，直到制造出整个三维模型。全部烧结完后去掉多余的粉末，再进行打磨、烘干等处理后便可获得需要的零件。目前，成熟的工艺材料为蜡粉及塑料粉，用金属粉或陶瓷粉进行直接烧结的工艺也已被开发和应用。

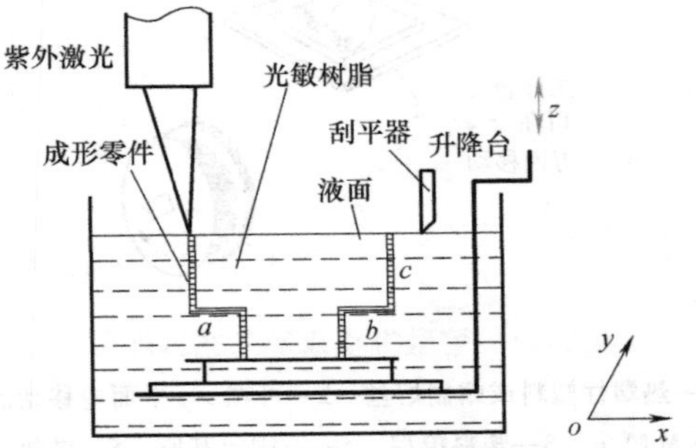

图5-18　光固化法成形工艺

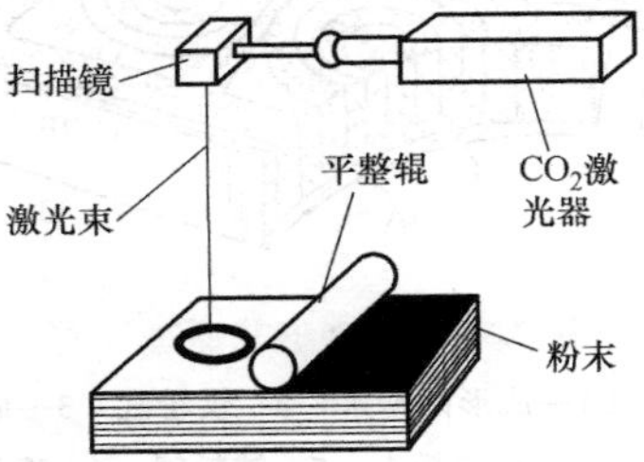

图5-19　选区激光烧结成形工艺

SLS工艺的优点是原型件的力学性能好，强度高；无需设计和构建支承；可选用的材料种类多；原材料的利用率接近100%。其缺点是原型表面粗糙；原型件疏松多孔，需要进行后处理；能量消耗高；加工前需要对材料预热2h，成形后需要冷却5~10h，生产率低；成形过程中需要不断充氮气，以确保烧结过程的安全性，成本较高；成形过程会产生有毒气体，对环境有一定的污染。SLS工艺特别适合制作功能测试零件。由于它可以采用各种不同成分的金属粉末进行烧结，进行渗铜等后处理，因而其制造的原型件可具有与金属零件相近的力学性能，故可用于直接制造金属模具。由于该工艺能够直接烧结蜡粉，特别适合进行小批量、比较复杂的中小型零件的生产。

（3）三维打印　1989年，美国麻省理工学院的Emanuel M. Sachs和John S. Haggerty等在美国申请了三维印刷技术的专利，这也成为该领域的核心专利之一。此后，这两位研究人员又多次对该技术进行修改和完善，形成了今天的三维打印（3 Dimension Printing，3DP）技术。图 5-20 为 3DP 工艺原理简图。

3DP 工艺与 SLS 工艺有很多相似之处，都是将粉末材料有选择性地粘结成一个整体。两者最大的区别在于 3DP 无需将粉末材料熔融，而是通过喷嘴喷出的黏结剂使其粘合在一起。其工艺过程通常是：上一层粘结完毕后，成形缸 3（图 5-20）下降一个距离（等于层厚），供粉缸 2 上升一段高度，推出若干粉末，并被铺粉辊推到成形缸，铺平并被压实。喷头 6 在计算机的控制下，按下一个建造截面的成形数据有选择性地喷射黏结剂建造层面。铺粉辊 5 铺粉时，多余的粉末被粉末收集装置（图中未示出）收集起来。如此周而复始地送粉、铺粉和喷射黏结剂，最终完成一个三维粉体的粘结，从而生产出制品。3DP 技术适合成形小件，工件的表面不够光洁，需要对整个截面进行扫描粘结，成形时间较长，需要使用多个喷头。

（4）熔融沉积成形法　如图 5-21 所示，在熔融沉积成形过程中，龙门架式机械控制喷头可以在工作台的两个主要方向移动，工作台可以根据需要向上或向下移动。热塑性塑料或蜡制的熔丝从加热小口处挤出。最初的一层是按照预定的轨迹以固定的速率将熔丝挤出在泡沫塑料基体上形成的，当第一层完成后，工作台下降一个层厚并开始叠加制造下一层。该工艺的关键是保持半流动成形材料的温度刚好在熔点之上，通常比熔点高 1℃ 左右为宜。

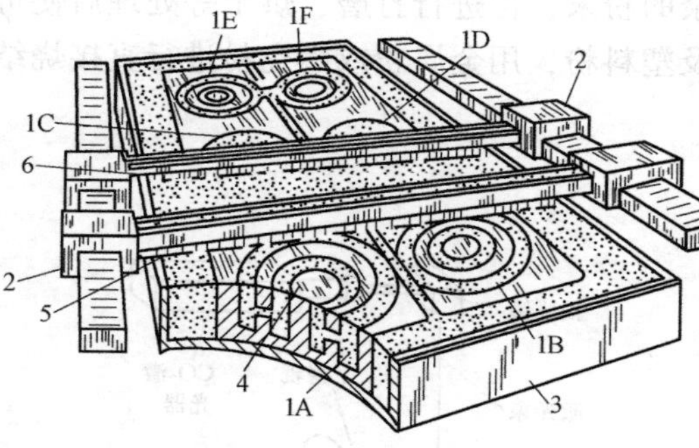

图 5-20　3DP 工艺原理简图

1（A~F）—成形的粉末　2—供粉缸　3—成形缸　4—未成形的粉末　5—铺粉辊　6—喷头

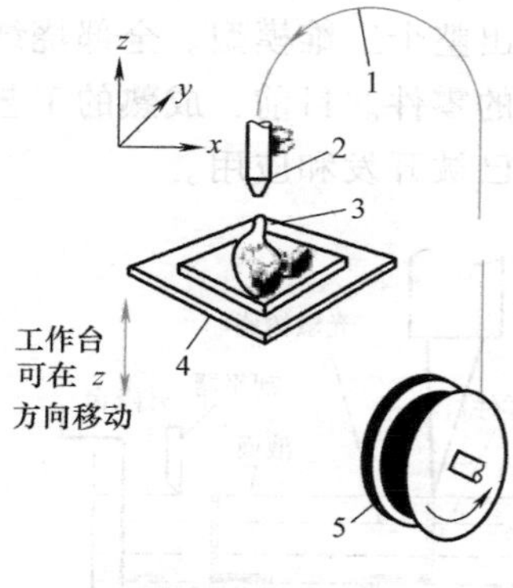

图 5-21　熔融沉积成形工艺原理图

1—热塑性塑料或蜡制熔丝　2—可在 x-y 平面内移动的 FDM 喷头　3—塑料模型　4—不固定基座　5—供丝轮

采用熔融沉积成形法制作复杂的零件时，必须添加工艺支承。如图 5-22a 所示，下一层熔丝将铺在没有材料支承的空间。支承材料可以用低密度的熔丝，其强度比模型材料强度要低，在零件加工完成后可以将它去除。

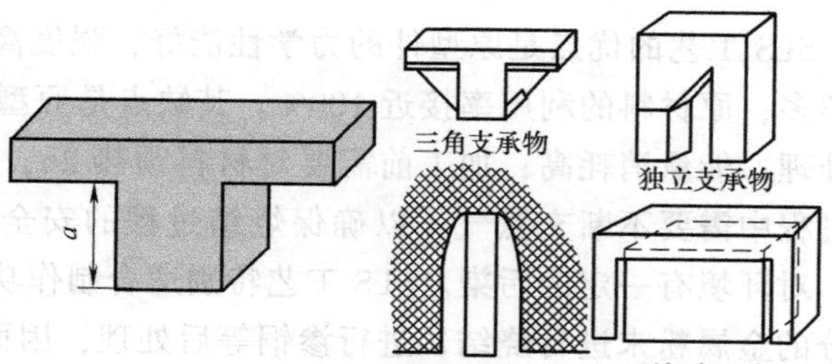

图 5-22　快速成形支承结构图

a）有一个突出截面需要支撑材料的零件　b）在快速成形机器中常用的支撑结构

在熔融沉积成形过程中，铺层的厚度由挤出丝的直径决定的。通常，0.25~0.5mm 是在垂直方向所能达到的最佳公差范围。在 x-y 平面，只要熔丝能够挤出到特征模型上，尺寸的精确度可以达到0.025mm。

熔融沉积成形法的优点是材料的利用率高，材料的成本低，可选用的材料种类多，工艺简单、易于操作且对环境的影响小。其缺点是精度低，结构复杂的零件不易制造，表面质量差，成形效率低，不适合制造大型零件。该工艺适用于产品的概念建模及其形状和功能测试，中等复杂程度的中小件成形加工。

（5）数控加工法 数控加工法是综合计算机辅助设计（CAD）、计算机辅助制造（CAM）、计算机数字控制（CNC）等先进技术，把计算机上构成的三维数据模型由整块材料切削加工而成的成形方法。工件经一次装夹后，数字控制系统将控制机床按不同工序自动选择和更换刀具，自动改变机床主轴转速、进给量和刀具相对工件的运动轨迹及其他辅助机能，依次完成工件几个面上的多工序加工，整个加工过程由计算机程序自动控制，不受操作者人为因素的影响。

数控加工法不同于上述四种RP工艺方法，它是“减法式”数字加工，是现代数字化制造工厂广泛应用的机械加工方式。快速成形技术提供商往往会以数控加工作为快速成形模型的补充加工工艺。它具有速度快、成本低、加工精度高、加工尺寸范围大、材料选择范围广的特点，可以保证手板模型的材料和批量生产零件材料的一致性，表面质量和力学性能可以达到很高的水平。

（6）主流快速成形工艺比较 主流快速成形工艺的比较见表5-8。

表5-8 主流快速成形工艺的比较

比较项目	光固化	选区激光烧结	三维打印	熔融沉积	数控加工
成形速度	较快	较慢	较慢	较慢	快
成形精度	较高	较低	较低	较低	较高
制造成本	较高	较低	低	较低	较低
复杂程度	中等	复杂	中等	中等	中等、复杂
零件大小	中小件	中小件	中小件	中小件	中大件
常用材料	热固性光敏树脂	石蜡、塑料、金属、陶瓷粉末等	ABS，其中还混合了铝和玻璃	石蜡、尼龙、ABS、低熔点金属等	ABS、POM（赛钢）、亚克力、尼龙、PC、PP、电木、金属材料（铝合金、镁合金、锌合金、铜等）

5.3.3 快速成形技术的应用

快速成形技术自问世以来，经历了数十年的发展，其在成形工艺的各个环节取得了长足进步，并占据了相当大的市场，发展非常迅速。人们对材料逐层添加法这种新的制造方法已逐步适应。该技术通过与数控加工、铸造、金属冷喷涂、硅胶模等制造手段相结合，已成为现代模型、模具和零件制造的强有力手段，在航空航天、汽车摩托车、家电、生物医学等领域得到了广泛应用，对改善制造业的产品设计和制造水平起到了巨大作用，在工程和教学研究等应用领域也占据了主流地位。

1. 医学应用

快速成形技术独特的制造方法和个性化定制等特性，使其在医学上获得了应用，如牙齿、骨骼、医学器械和植入管定制等。另外，快速成形技术在牙科正畸、助听器方面也应用较广。

2. 制造领域

快速成形技术在制造领域中的应用在总体应用中占比最大，高达67%，这显示出RP技术在生产制造业中的独特优势，也体现了生产制造对新技术、新工艺的需求。严格来讲，目前RP技术应用在制造领域中的方式并不是前文所定义的快速制造（RM），即并不是利用RP设备直接制造出无需再加工便可使用的制品。它通常应用在产品试制和试验阶段，如功能检测和装配检测等。同时，也有利用RP技术直接制造的大量例子。例如，波音公司建立了一整套定制生产流程，可以在很短时间内制造传统加工方法很难加工的航空航天工业中的导风管道。此外，它在间接制造（如制造注射模具等）方面也有广泛应用。

快速成形技术体系涉及三维数字化技术、三维模型设计技术、快速成形软件及成套设备、成形材料等。按产业链的分布及技术的主流应用领域，快速成形技术主要存在以下主体市场形态：

1）快速成形系统的研发、生产机构（Rapid Prototyping Systems）。

2）快速制造系统的研发、生产机构（Direct Manufacturing Systems）。

3）开源快速成形系统的研发机构，主要面向快速成形系统制造者提供开源的软件系统（Open Source Systems）。

4）三维打印机方面的研发、生产机构（Concept Modeling Systems）。

5）快速成形市场应用的商业软件开发机构（Software for the Rapid Prototyping Market）。

6）快速成形商业服务提供者（Commercial Service Providers）。

① 制作概念模型的机构，主要面向产品设计阶段的产品样件模型制作、模具原型制作、小批量个性化概念模型制作等（Concept Modelers）。

② 从事快速成形或者快速制造的机构，主要面向生物医学方面的快速成形用户（Biomedical Users of Rapid Prototyping）。

③ 从事快速成形或者快速制造的机构，主要面向艺术品设计快速成形或小批量的快速制造（Art via Rapid Prototyping）。

7）快速成形系统的经销商（Equipment Resellers）。

8）快速成形技术研究的机构（Academia and Research）。

复习思考题

5-1 粉末冶金工艺生产制品时通常包括哪些工序？

5-2 为什么粉末冶金零件需要有均匀一致的横截面？

5-3 试比较制造粉末冶金零件时使用的烧结温度与各有关材料的熔点。

5-4 烧结过程中会出现什么现象？

5-5 用粉末冶金工艺生产合金零件的成形方法有哪些？

5-6 列举粉末冶金工艺的优点和主要缺点。

5-7 列举常用的热固性塑料与热塑性塑料，并说明两者的主要区别。

5-8 热塑性塑料的成形工艺方法有哪些？如何控制这些工艺参数？

5-9 分析塑料成型中注射成型、压塑成型、传递成型的主要异同点。

5-10 简述橡胶压制成型过程。控制硫化过程的主要条件有哪些？

5-11 橡胶的注射成型与压制成型各有何特点？

5-12 陶瓷注浆成型对浆料有何要求？其坯体是如何形成的？该法适合制作何类制品？

5-13 复合材料的原材料、成型工艺和制品性能之间存在什么关系？

5-14 复合材料模压成型工艺按成型方法可分为哪几种？各有何特点？

5-15 颗粒增强金属基复合材料的成型方法主要有哪些？

5-16 列举常用快速成形方法及其使用的成形材料。

5-17 对比分析不同快速成形工艺的优缺点。

参考文献

[1] 黄培云．粉末冶金原理［M］．2版．北京：冶金工业出版社，1997.

[2] 吴成义．粉体成形力学原理［M］．北京：冶金工业出版社，2003.

[3] 理查德·J·布鲁克．第17A卷、第17B卷：陶瓷工艺．［M］．清华大学新型陶瓷与精细工艺国家重点实验室，译．北京：科学出版社，1999.

[4] 王盘鑫．粉末冶金学［M］．北京：冶金工业出版社，1996.

[5] 曾德麟．粉末冶金材料［M］．北京：冶金工业出版社，1989.

[6] 李德群．塑料成型工艺及模具设计［M］．北京：机械工业出版社，1994.

[7] 汪啸穆．陶瓷工艺学［M］．北京：中国轻工业出版社，1994.

[8] 魏月贞．复合材料［M］．北京：机械工业出版社，1987.

[9] 沈其文．材料成形工艺基础［M］．武汉：华中理工大学出版社，1999.

[10] 崔令江，郝滨海．材料成形技术基础［M］．北京：机械工业出版社，2003.

[11] 施江澜，赵占西．材料成形技术［M］．北京：机械工业出版社，2008.

[12] 刘伟军．快速成型技术及应用［M］．北京：机械工业出版社，2005.

[13] 李彦生，李涤尘．光固化快速成型技术及其应用［J］．应用光学，1999，20（3）：34-36.

[14] 潘琰峰，沈以赴，等．选择性激光烧结技术的发展现状［J］．工具技术，2004，38（6）：3-7.

[15] 刘厚才，莫健华，刘海涛．三维打印快速成形技术及其应用［J］．机械科学与技术，2008，27（9）：1184-1186.

第6章

毛坯成形方法选择

6.1 材料成形方法选择的原则与依据

绝大多数机械零件都是先由原材料通过铸、锻、焊等成形方法制成毛坯，再经过切削加工而制成的。在零件设计时，应根据零件的工作条件、所需功能、使用要求及经济指标（经济性、生产条件、生产批量等）等因素进行零件结构设计（确定形状、尺寸、精度、表面粗糙度等）、材料选用（选定材料、强化改性方法等）、工艺设计（选择成形方法、确定工艺路线等）等。不同结构与材料的零件需采用不同的成形加工方法，各种成形加工方法对不同零件的结构与材料有着不同的适应性，对材料的性能与零件的质量也会产生不同的影响，而且成形加工方法与零件的生产周期、成本、生产条件及批量等有着密切关系。由此可见，成形方法的选择是零件设计的重要内容，也是零件制造工艺人员所关心的重要问题。零件结构设计、材料选用、成形方法选择、经济指标优化等方面，是相互关联、相互影响甚至相互依赖的，而且它们之间既协调统一，又相互矛盾。因此，在零件设计时应根据具体情况，进行综合分析与比较，确定最佳方案。

6.1.1 材料成形方法的选择原则

优质、高产、低耗、环保是所有生产活动应遵循的基本原则，把这一原则应用到材料成形方法选择以及整个机械设计与制造过程中，可以具体化为四条基本原则，即适用性原则、可行性原则、经济性原则和环保性原则。

1. 适用性原则

适用性原则是指要满足零件的使用要求及适应成形加工工艺性的要求。

（1）满足使用要求　零件的使用要求包括零件的形状、尺寸、精度、表面质量和材料成分、组织等，以及工作条件对零件材料性能的要求。这些是保证零件完成规定功能所必须满足的要求，是进行成形方法选择时首先要考虑的问题。不同零件，功能不同，其使用要求也不同，即使是同一类零件，其选用材料与成形方法也会有很大差异。例如，机床的主轴和手柄同属杆类零件，但其使用要求不同，主轴是机床的关键零件，其尺寸、形状和加工精度的要求很高，受力复杂，在长期使用中不允许发生过量变形，应选用45钢或40Cr钢等具有良好综合力学性能的材料，经锻造成形及严格切削加工和热处理制成；而机床手柄则采用低碳钢圆棒料或普通灰铸铁件作为毛坯，经简单的切削加工即可制成。又如，燃气轮机的叶片与风扇叶片虽然同样具有空间几何曲面形状，但前者应采用优质合金钢经精密锻造成形，而后者则可采用低碳钢薄板冲压成形。

另外，在根据使用要求选择成形方法时，还必须注意各种成形方法能否经济地获得制品的几何精度、结构形状复杂程度、尺寸与质量大小等。

(2) 适应成形加工工艺性的要求　各种成形方法都要求零件的结构与材料具有相应的成形加工工艺性，成形加工工艺性对零件加工的难易程度、生产率、生产成本等起着十分重要的作用。因此，选择成形方法时，必须注意零件结构与材料所能适应的成形加工工艺性。例如，当零件形状比较复杂、尺寸较大时，用锻造成形往往难以实现，如采用铸造或焊接，则其材料必须具有良好的铸造性能或焊接性能，在零件结构上也要适应铸造或焊接的要求。

2. 可行性原则

对于工程技术人员来说，其所进行的每一项产品设计都有一定的生产纲领，而且在很多情况下，由哪家企业完成该项产品的生产任务也是已经确定了的。材料成形方法选择的可行性原则，就是要把主观设想的毛坯制造方案或获得途径，与某个特定企业的生产条件以及社会协作条件和供货条件结合起来，以保证按质、按量、按时获得所需要的毛坯或零件。

一家企业的生产条件，既包括该企业的工程技术人员和工人的业务技术水平和生产经验，也包括设备条件、生产能力和当前生产任务状况，以及企业的管理水平等。例如，某个零件的毛坯，原设计为锻钢件，但某厂具有稳定生产球墨铸铁件的条件和生产经验，而该零件的设计只要稍加改动，采用球墨铸铁件不但完全可以满足使用要求，而且生产成本可以显著降低，于是就可改变原来的设计方案。再如，某厂开发出一种新产品，由于生产批量迅速扩大，按照经济性原则考虑，其中的锻件都应采用模锻件，但该厂目前的模锻生产能力不能适应这一要求，而自由锻设备较多，该厂一方面积极考虑扩大模锻生产能力的问题，另一方面，从当前的生产条件出发，结构复杂的重要锻件采用模锻，部分简单锻件则采用胎模锻制造，既满足了产量迅速扩大对锻件的需求，又充分利用了现有的生产条件。

考虑获得某个毛坯或零件的可行性，除本企业的生产条件外，还应把社会协作条件和供货条件考虑在内，从外协或外购途径获得毛坯或者直接获得的零件，有时具有更好的质量和经济效益。随着社会生产分工的不断细化和专业化，以及产品的不断标准化和系列化，越来越多的零件和部件由专业化工厂生产是必然的趋势。因此，制订生产方案时，要尽量掌握有关信息，结合本企业的条件，按照保证质量、降低成本、按时完成生产任务的要求，选择最佳生产或供货方案。

3. 经济性原则

选择成形方法时，在保证零件使用要求的前提下，对于几个可供选择的方案应在经济上进行分析比较，从中选择成本低廉的成形方法。例如，生产一个小齿轮，可以由圆棒料切削而成，也可以采用小余量锻造齿坯，还可以使用粉末冶金方法制造，至于最终选择何种成形方法，应该在比较全部成本的基础上确定。

(1) 应把满足使用要求与降低成本统一起来　脱离使用要求，对成形加工提出过高要求，会造成无谓的浪费；反之，不顾使用要求，片面地强调降低成形加工成本，则会导致零件达不到工作要求，甚至会造成重大事故。为了有效降低成本，应合理选择零件材料与成形方法。例如，汽车、拖拉机发动机曲轴承受交变、弯曲与冲击载荷，设计时主要考虑强度和韧性的要求，曲轴形状复杂，具有空间弯曲轴线，多年来选用调质钢（如 40、45、40Cr、35CrMo 钢等）模锻成形，现在则普遍改用疲劳强度与耐磨性较高的球墨铸铁（如 QT600-3、QT700-2 等）。砂型铸造成形不仅可以满足使用要求，而且成本降低了 50%~80%，加工工时减少了 30%~50%，还提高了曲轴件的耐磨性。

（2）降低零件总成本　为了获得最大的经济效益，不能仅从成形工艺角度考虑经济性，而应从降低零件总成本角度加以考虑，即应从所用材料价格、零件成品率、整个制造过程的加工费、材料利用率与回收率、零件寿命成本、废弃物处理费用等方面进行综合考虑。例如，手工造型的铸件和自由锻造的锻件，虽然毛坯的制造费用一般较低，但原材料消耗和切削加工费用都比机器造型的铸件和模锻的锻件高，而且生产率低，因此在大批量生产时，采用手工造型和自由锻造制造零件的整体制造成本反而比机器造型和模锻制造高。再如，螺钉在单件小批量生产时，可选用自由锻件或圆钢切削而成；但在大批量制造标准螺钉时，考虑加工费用在零件总成本中占很大比例，应采用冷镦、搓丝方法制造，以使总成本下降。

4. 环保性原则

环境问题已成为全球关注的重大问题。温室效应、臭氧层破坏、酸雨、固体垃圾、资源和能源的枯竭等，不仅阻碍生产发展，甚至危及人类的生存。因此，在发展工业生产的同时，必须考虑环境保护问题，力求做到与环境相宜，对环境友好。

（1）对环境友好的含义　对环境友好就是要使环境负载小，主要包括：

1）能量耗费少，CO_2产生得少。

2）贵重资源用量少。

3）废弃物少，再生处理容易，能够实现再循环。

4）不使用、不生产对环境有害的物质。

（2）环境负载性的评价　要考虑从原料到制成材料，然后经成形加工成制品，再经使用至损坏而废弃，最后回收、再生、再使用（再循环），这一整个过程中所消耗的全部能量，CO_2气体排出量，以及各阶段产生的废弃物、有毒排气、废水等情况。即评价环境负载性，谋求对环境友好，不能仅考虑制品的生产工程，而应全面考虑生产、还原两个工程。所谓还原工程就是制品制造时的废弃物及其使用后废弃物的再循环、再资源化工程，它对材料与成形方法的选择有根本性影响。例如，汽车在使用时需要燃料并会排出废气，人们就希望出现尽可能节能的汽车，故首先要求汽车质量小，发动机效率高，这必然要通过更新汽车用材与成形方法才可能实现。

（3）成形加工方法与单位能耗的关系　材料经各种成形加工工艺变为制品，生产系统中的能耗就由此工艺流程确定。钢铁由棒材到制品的几种成形加工方法的单位能耗与材料利用率见表 6-1。

表 6-1　几种成形加工方法的单位能耗与材料利用率

成形加工方法	单位能耗/(10^6J/kg)	材料利用率(%)
铸造	30~38	90
冷、温变形	41	85

（续）

成形加工方法	单位能耗/(10^6 J/kg)	材料利用率(%)
热变形	46~49	75~80
机械加工	66~82	45~50

矿石制成棒材的单位能耗大约为 33MJ/kg。由表 6-1 可见，与材料生产相比，制品成形加工的单位能耗较大，且单位能耗大的加工方法，其材料利用率通常也较低。与机械加工相比，铸造与塑性变形等加工方法的单位能耗较小，材料利用率较高。成形加工方法是与所用材料密切相关的，因此，应全面考虑选择单位能耗少的成形加工方法，并选择能采用低单位能耗成形加工方法的材料。

(4) 工业安全性　选择成形加工方法时，应充分考虑安全生产、安全使用问题，要充分认识生产、使用过程中会引起不良后果或事故等的不安全因素，以保证可靠生产、可靠使用。

6.1.2　材料成形方法选择依据

1. 选用材料与成形方法

根据零件类别、用途、功能、使用性能要求、结构形状与复杂程度、尺寸大小、技术要求等，可基本确定零件应选用的材料与成形方法。而且，通常需根据材料来选择成形方法。例如，机床床身类零件是各类机床的主体，且为非运动零件，它的功能是支承和连接机床的各个部件，以承受压力和弯曲应力为主，同时为了保证工作的稳定性，应有较好的刚度和减振性，机床床身一般均为形状复杂并带有内腔的零件，故在大多数情况下，机床床身选用灰铸铁件作为毛坯，其成形工艺一般采用砂型铸造。

另外，在不影响零件使用要求的前提下，可通过选择适当的成形工艺，改变零件的结构设计，以简化零件制造工艺，提高生产率，降低成本。如图 6-1 所示的仪表座冲压件，原设计采用冲焊工艺（图 6-1a），本体、支架与耳块均分别采用冲压工艺成形，然后再用定位焊工艺将支架与耳块焊接到本体上，其生产工序多，所需模具多，为了定位焊时定位准确，还需专用夹具，因而成本高，工艺准备时间长。如果采用冲口工艺（图 6-1b），本体、支架与耳块一次冲压成形，不需焊接，可以减少工序与模具、夹具数量，并缩短工艺准备时间，从而大大降低了成本。

2. 零件的生产批量

单件小批量生产时，应选用通用设备和工具，低精度、低生产率的成形方法，这样，毛坯生产周期短，能节省生产准备时间和工艺装备的设计制造费用，虽然单件产品消耗的材料及工时多，但总成本较低，如铸件选用手工砂型铸造方法，锻件采用自由锻或胎模锻方法，焊接件以手工焊接为主，薄板零件则采用钣金钳工成形方法等。大批量生产时，应选用专用设备和工具，以及高精度、高生产率的成形方法，这样，毛坯生产率高、精度高，虽然专用工艺装置增加了费用，但材料的

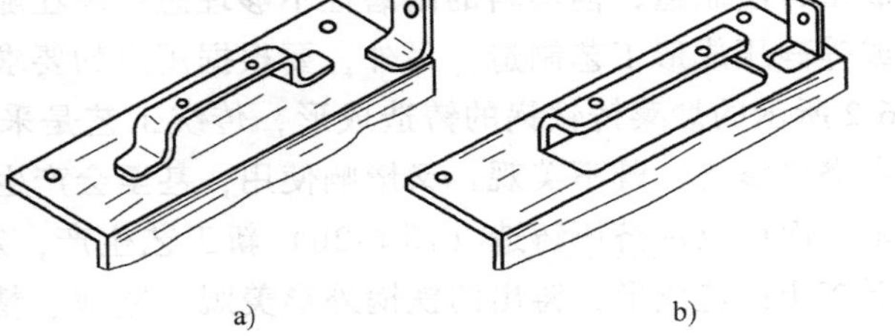

图 6-1　仪表座冲压件的两种成形工艺

a）冲焊工艺　b）冲口工艺

总消耗量和切削加工工时会大幅降低，总成本也会降低，如相应采用机器造型、模锻、埋弧焊或自动、半自动的气体保护焊以及板料冲压等成形方法。特别是大批量生产材料成本占制造成本比例较大的制品时，采用高精度、近净成形新工艺生产的优越性就显得尤为显著。例如，采用轧制成形方法生产高速工具钢直柄麻花钻，年产量两百万件，原轧制毛坯的磨削余量为 0.4mm。采用高精度的轧制成形工艺，轧制毛坯的磨削余量减为 0.2mm，由于材料成本约占制造成本的 78%，故仅仅因磨削余量的减少，每年就可节约高速工具钢约 48t，即 40 万元人民币左右，另外还可节约磨削工时和砂轮损耗，经济效益非常明显。

在一定条件下，生产批量还会影响毛坯材料和成形工艺的选择。例如，机床床身大多情况下采用灰铸铁作为毛坯，但在单件生产条件下，由于其形状复杂，制造模样、造型、造芯等工序耗费材料和工时较多，经济上往往不合算，若采用焊接件，则可以大大缩短生产周期，降低生产成本（但焊接件的减振、减摩性不如灰铸铁件）。又如，齿轮在生产批量较小时，直接从圆棒料上切削制造的总成本可能是合算的，但当生产批量较大时，使用锻造齿坯则可以获得较好的经济效益。

3. 现有生产条件

在选择成形方法时，必须考虑企业的实际生产条件，如设备条件、技术水平、管理水平等。一般情况下，应在满足零件使用要求的前提下，充分利用现有生产条件。当采用现有条件不能满足产品生产要求时，也可考虑调整毛坯种类、成形方法，对设备进行适当的技术改造；或扩建厂房，更新设备，提高技术水平；或通过厂间协作解决。

单件生产大、重型零件时，一般工厂往往不具备重型设备与专用设备，此时可采用板、型材焊接，或将大件分成几小块铸造、锻造或冲压，再采用铸-焊、锻-焊、冲-焊联合成形工艺拼成大件，这样不仅成本较低，而且一般工厂也可以生产。

4. 利用新工艺、新技术、新材料

随着工业的发展，人们的要求多变且个性化。这就要求产品的生产由少品种、大批量转变成多品种、小批量；要求产品类型更新快，生产周期短；要求产品的质量优、成本低。在这种市场竞争形势下，选择成形方法就不应只着眼于一些常用的传统工艺，而应扩大对新工艺、新技术、新材料的应用，如精密铸造、精密锻造、精密冲裁、冷挤压、液态模锻、特种轧制、超塑性成型、粉末冶金、注射成型、等静压成型、复合材料成型以及快速成形等，采用少屑、无屑成形方法，以提高产品质量、经济效益与生产率。

使用新材料往往会从根本上改变成形方法，并显著提高制品的使用性能。例如，在酸、碱介质下工作的各种阀、泵体、叶轮、轴承等零件，均有耐蚀、耐磨的要求，最早采用铸铁制造性能差、寿命短，随后改用不锈钢铸造成形制造；自塑料工业发展后，就改用塑料注射成型方法制造，但塑料的耐磨性不够理想；现在随着陶瓷工业的发展，又改用陶瓷注射成形或等静压成形工艺制造。另外，要根据用户的要求不断提高产品质量，改进成形方法。如图 6-2 所示的炒菜铸铁锅的铸造成形，传统工艺是采用砂型铸造成形（图 6-2a），因锅底部残存浇口痕疤，既不美观，又影响使用，甚至会产生渗漏，而且铸锅的壁厚不能太薄，故较粗笨。而后改用挤压铸造（图 6-2b）新工艺生产，定量浇入铁液，不用浇口，直接由上型向下挤压铸造成形，铸出的铁锅外形美观、壁薄、精致轻便、不渗漏、质量好、使用寿命长，并可节约铁液，便于组织机械化流水线生产。

当几种成形工艺都可用于制品生产时，应根据生产批量与条件，尽可能采用先进的成形

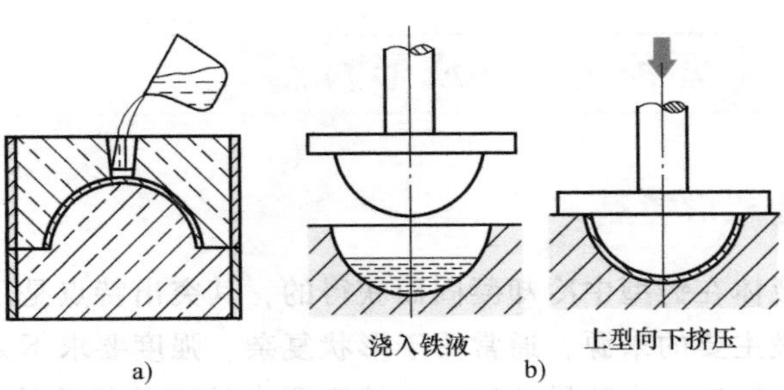

a)　　　b)

图 6-2　铸铁锅的两种成形方法

a）砂型铸造　b）挤压铸造

工艺取代落后的旧工艺。

总之，在选择材料成形方法时，应具体问题具体分析，在保证使用要求的前提下，力求做到质量好、成本低和制造周期短。

6.1.3　常用成形方法比较

常用成形方法的比较见表 6-2。

表 6-2　常用成形方法的比较

成形方法	铸造	锻造	冲压	焊接	轧材
成形特点	液态成形	固态塑性变形	固态塑性变形	永久连接	轧材切削
对原材料的工艺性要求	流动性好，收缩率低	塑性好，变形抗力小	塑性好，变形抗力小	强度高，塑性好，液态下化学稳定性好	切削加工性能好
常用材料	铸铁、铸钢、非铁合金	低碳钢、中碳钢、合金结构钢	低碳钢薄板、非铁合金薄板	低碳钢、低合金结构钢、不锈钢、非铁合金	碳钢、合金钢、非铁合金
适宜成形的形状	不受限制，可以相当复杂，尤其是内腔	自由锻简单；模锻较复杂，但有一定限制	可较复杂，但有一定限制	一般不受限制	简单，横向尺寸变化小
适宜成形的尺寸与质量	砂型铸造不受限制；特种铸造受限制	自由锻不受限制；模锻受限制，质量一般小于 150kg	最大板厚为 8~10mm	不受限制	中、小型
材料利用率	高	自由锻低；模锻较高	较高	较高	较低
适宜的生产批量	砂型铸造不受限制	自由锻单件、小批量；模锻成批、大量	大批量	单件、小批量、成批	单件、小批量、成批
生产周期	砂型铸造较短	自由锻短；模锻长	长	短	短
生产率	砂型铸造低	自由锻低；模锻较高	高	中、低	中、低
应用举例	机架、床身、底座、工作台、导轨、变速箱、泵体、阀体、带轮、轴承座、曲轴、凸轮轴、齿轮等形状复杂的零件	机床主轴、传动轴、齿轮、连杆、凸轮、螺栓、弹簧、曲轴、锻模、冲模等对力学性能尤其是强度和韧性要求较高的零件	汽车车身覆盖件、仪器仪表与电器的外壳及零件、油箱、水箱等用薄板成形的零件	锅炉、压力容器、化工容器、管道、厂房构架、起重机车构架、桥梁、车身、船体、飞机构件、重型机械机架、立柱、工作台等各种金属结构件、组合件，还可用于零件的修补	光轴、丝杠、螺栓、螺母、销子等形状简单的中、小型件

6.2 零件毛坯的主要种类及其成形特点

6.2.1 金属的铸造成形特点

铸件是熔融金属液体在铸型中冷却凝固而获得的，其突出特点是尺寸、形状几乎不受限制。铸件是零件毛坯最主要的来源，通常用于形状复杂、强度要求不太高的场合。目前生产中的铸件大多采用砂型铸造，少数尺寸较小、精度要求较高的优质铸件一般采用特种铸造，如金属型铸造、离心铸造和压力铸造等。砂型铸造的铸件，当采用手工造型时，铸型误差较大，铸件的精度低，因而铸件表面的加工余量也比较大，影响零件的加工效率，故适用于单件、小批量生产。当大批量生产时，广泛采用机器造型。机器造型所需的设备投资费用较高，而且铸件的质量也受到一定限制，一般多用于中小尺寸铸件的制造。砂型铸造铸件的材料不受限制，铸铁应用最多，铸钢和非铁金属也有一定的应用。

熔模铸造的铸件精度高，表面质量好；由于型壳用高级耐火材料制成，故能用于生产高熔点及难切削合金；生产批量不受限制。熔模铸造主要用于生产汽轮机叶片，成形刀具和汽车、拖拉机、机床上的小型零件，以及形状复杂的薄壁小件。

金属型铸造的铸件比砂型铸造的铸件精度高，表面质量和力学性能好，生产率较高，但需要一套专用的金属型。金属型铸造适合生产批量大、尺寸不大、结构不太复杂的非铁金属铸件，如发动机中的铝活塞等。

离心铸造的铸件，其金属组织致密，力学性能较好，外形精度及表面质量均好，但内孔精度差，需留出较大的加工余量。离心铸造适用于钢铁材料及铜合金的旋转铸件（如套筒、管子和法兰盘等）。由于铸造时需要使用特殊设备，故产量大时才比较经济。

压力铸造的铸件精度高，表面粗糙度值小，机械加工时只需进行精加工，因而可节省很多金属。同时，铸件的结构可以较复杂，铸件上的各种孔眼、文字以及花纹图案均可铸出。但是压力铸造需要一套昂贵的设备和铸型，故主要用于生产批量大、形状复杂、尺寸较小、质量不大的非铁金属铸件。

几种常用铸件的基本特点、生产成本与生产条件见表6-3。

表6-3 几种常用铸件的基本特点、生产成本与生产条件

特点		类型					
		砂型铸件	金属型铸件	离心铸件	熔模铸件	低压铸造件	压力铸造件
零件	材料	任意	铸铁及非铁金属	以铸铁及铜合金为主	所有金属，以铸钢为主	以非铁金属为主	锌合金及铝合金
	形状	任意	用金属芯时形状有一定限制	以自由表面为旋转面的零件为主	任意	用金属型与金属芯时，形状有一定限制	形状有一定限制
	质量/kg	0.01~300000	0.01~100	0.1~4000	0.01~10	0.1~3000	<50
	最小壁厚/mm	3~6	2~4	2	1	2~4	0.5~1
	最小孔径/mm	$\phi4\sim\phi6$	$\phi4\sim\phi6$	$\phi10$	$\phi0.5\sim\phi1$	$\phi3\sim\phi6$	$\phi3$（锌合金 $\phi0.8$）

（续）

特点		类型					
		砂型铸件	金属型铸件	离心铸件	熔模铸件	低压铸造件	压力铸造件
零件	致密性	低～中	中～较好	高	较高～高	较好～高	中～较好
	表面质量	低～中	中～较好	中	高	较好	高
生产成本	设备成本	低(手工)～中(机器)	较高	较低～中	中	中～高	高
	模具成本	低(手工)～中(机器)	较高	低	中～较高	中～较高	高
	工时成本	低(手工)～中(机器)	较低	低	中～高	低	低
生产条件	操作技术	高(手工)～中(机器)	低	低	中～高	低	低
	工艺准备时间	几天(手工)～几周(机器)	几周	几天	几小时～几周	几周	几周～几个月
	生产率/(件/h)	<1(手工)～20(机器)	5～50	2(大件)～36(小件)	1～1000	5～30	20～200
	最小批量/件	1(手工)～20(机器)	≤1000	≤10	10～10000	≤100	≤10000
产品举例		机床床身、缸体、带轮、箱体	铝合金、铜套	缸套、污水管	汽轮机叶片、成形刀具	大功率柴油机活塞、气缸头、曲轴箱	微型电机外壳、化油器体

6.2.2　金属的塑性成形特点

1. 锻件的成形特点

由于锻件是通过金属塑性变形而获得的，因此其形状复杂程度受到较大的限制。在生产中应用较多的锻件主要有自由锻锻件和模锻锻件两种。

自由锻锻件不使用专用模具，故精度低。锻件毛坯加工余量大，生产率不高，因此一般只适合单件、小批量生产结构较为简单的零件或大型锻件。

模锻锻件的精度高，加工余量小，生产率高，而且可以锻造形状复杂的毛坯件。特别是材料经锻造后锻造流线得到了合理分布，使锻件强度比铸件强度大大提高。生产模锻件毛坯时需要专用模具和设备，因此只适用于大批量生产中、小型锻件。

2. 冲压件的成形特点

冲压成形一般是在室温下进行的，主要适用于厚度为6mm以下、塑性良好的金属板料、条料的制作，也适用于一些非金属材料，如塑料、石棉、硬橡胶板材的某些制件的制作。冲压可以制作出形状复杂、质量较小而刚度好的薄壁件，其表面品质好，尺寸精度能够满足一般互换性要求，而且不必再经切削加工。由于冷变形后会产生加工硬化，冲压件的强度和刚度有所提高。冲压易于实现机械化与自动化，生产率高，成品合格率与材料利用率均高，所以冲压件的制造成本较低。由于冲压模具费用高，故冲压件只适合成批或大量生产，广泛应用于汽车、飞机、电动机、电器、仪表、玩具与生活日用器皿等许多生产领域。在交通运输机械和农业机械中，冲压件所占的比重很大，很多薄壁件都采用冲压法成形，如汽车罩壳、储油箱、机床防护罩等。

3. 挤压件的成形特点

冷挤压是一种生产率高的少屑、无屑加工工艺。冷挤压件尺寸精确、表面光洁，冷挤压所生产的薄壁、深孔、异形截面等形状复杂的零件，一般不再需要切削加工，因而节省了金属材料与加工工时。此外，由于挤压过程的加工硬化作用，零件的强度、硬度、耐疲劳性能都有显著提高。而且挤压时金属在三向压应力状态下变形，有利于改善金属的塑性，因此，不但塑性良好的铜、铝合金、低碳钢可以挤压成形，高碳含量的碳素结构钢、合金结构钢、工具钢、奥氏体型不锈钢也都可以挤压成形。目前，受挤压设备吨位的限制，挤压件的质量一般还只限于30kg以下。为了增大挤压变形量，简化工序，提高生产率与解决设备吨位不大的困难，也可将金属加热到100~800℃进行温挤压或热挤压成形，但所得产品的精度与表面质量不如室温下冷挤压成形的好。

目前，冷挤压成形工艺已广泛用于汽车、拖拉机、风动机械以及一些军工零件与自行车、缝纫机等零件的生产。

常用金属塑性成形零件的成形特点、生产成本与生产条件见表6-4。

6.2.3 金属的焊接成形特点

焊接是一种永久性连接金属的方法。一些单件生产的大型机件，如机架、立柱、箱体、底座、水轮机、蜗壳、管道、容器、转子与空心转轴等，有些是采用焊接成形工艺制造的。焊接成形工艺具有非常灵活的特点，它能以小拼大，焊件不仅强度与刚度好，而且质量小；可以进行异种材料之间的焊接，材料利用率高；工序简单，工艺准备时间和生产周期短；一般不需重型设备与专用设备；产品的改型较方便。例如，一些受力复杂的大型机件对强度、刚度要求均高，若采用锻件必须先铸钢锭，钢锭锻造之前还要截头去尾，材料利用率低，且大件自由锻造所用的巨型水压机不是一般工厂所具有的。若采用铸钢件，则需用大容量炼钢炉，还需巨大的模样与专用砂箱等工艺装备，不但工艺准备周期长，而且单件生产采用这些大型专用装备的成本也太高，产品改型时还需改变所有工艺装备，十分麻烦。而采用钢板或型材焊接，或采用铸-焊、锻-焊或冲-焊联合成形工艺，其优点就十分明显了。缺点是容易产生焊接变形，抗振性较差。

根据不同要求，焊接结构还可在同一零件上采用不同材料生产。例如，铰刀的切削部分采用高速工具钢，刀柄部分采用45钢，然后焊成一体。有时为了简化后续工艺，还可以把工件分段制造，然后再焊接成整体。这些优点都是其他成形工艺所不具备的。但是，焊接是一个不均匀的加热和冷却过程，焊接结构内部容易产生应力与变形，同时焊接结构上热影响区的力学性能也会有所下降。因此，若工艺措施不当，焊件中可能产生不易被发现的缺陷，这些缺陷有时还会在使用过程中逐步扩展，导致焊件突然失效而酿成事故，所以重要的焊件必须进行无损探伤，并且应做定期检查。对于性能要求高的重要机械零部件，如床身、底座等，采用焊接式毛坯时，机械加工前应进行退火或回火处理，以消除焊接应力，防止零件变形。焊接结构应尽可能采用同种金属材料制作，异种金属材料焊接时，由于两者的热物理性能不同，往往会在焊接处产生很大的应力，甚至造成裂纹，必须引起注意。

表 6-4 常用金属塑性成形零件的成形特点、生产成本与生产条件

特点		类型								
		锻件			挤压件	冷镦件	冲压件			
		自由锻锻件	模锻锻件	平锻锻件			落料与冲孔件	弯曲件	拉深件	旋压件
零件	材料	各种形变合金	各种形变合金	各种形变合金	各种形变合金，特别适用于铜、铝合金及低碳钢	各种形变合金	各种形变合金板料	各种形变合金板料	各种形变合金板料	各种形变合金板料
	形状	有一定限制	有一定限制	有一定限制	有一定限制	有一定限制	有一定限制	有一定限制	一端封闭的筒体、箱体	一端封闭的旋转体
	质量/kg	0.1~200000	0.01~100	1~100	1~500	0.001~50	—	—	—	—
	最小壁厚或板厚/mm	5	3	$\phi3$~$\phi230$ 的棒料	—	—	最大 10	最大 100	最大 10	最大 25
	最小孔径/mm	$\phi10$	$\phi10$	—	$\phi20$	$\phi5$	(1/2~1)板厚	—	<$\phi3$	—
	表面质量	差	中	中	中~好	较好~好	好	好	好	好
成本	设备成本	较低~高	高	高	高	中~高	中	低~中	中~高	低~中
	模具成本	低	较高~高	较高~高	中	中~高	中	低~中	中~高	低~中
	工时成本	高	中	中	中	中	低~中	低~中	中	中
生产条件	操作技术	高	中	中	中	中	低	低~中	中	中
	工艺准备时间	几小时	几周~几个月	几周~几个月	几天~几周	几周	几天~几周	几小时~几天	几周~几个月	几小时~几天
	生产率/(件/h)	1~50	10~300	400~900	10~100	100~10000	10~10000	10~10000	10~1000	10~100
	最小批量/件	1	100~1000	100~10000	10~1000	1000~10000	100~10000	1~10000	100~10000	1~100

6.2.4 塑料件的成型特点

塑料具有优异的性能。工程塑料件往往是一次成型的，几乎可制成任何形状的制品，生产率高；工程塑料的密度只有钢材的1/7~1/5，可减小制件的质量；工程塑料件的比强度高于金属件；大多数工程塑料的摩擦因数都很小，因此无论有无润滑，塑料都是良好的减摩材料，常用来制造轴承、齿轮、密封圈等零件；工程塑料件对酸、碱的耐蚀性很好，例如，被称为塑料王的聚四氟乙烯，甚至在“王水”中煮沸也不会被腐蚀。此外，工程塑料件还具有优良的绝缘性能，以及消声、吸振和成本低廉等优点。但是，工程塑料件也存在缺点，主要是成形收缩率大，刚性差，耐热性差，易发生蠕变，热导率低而线胀系数大，尺寸不稳定，容易老化，这使它在机械工程中的应用受到了一定的限制。塑料成型的工艺方法很多，且都有各自的特点及使用范围。

1. 注射成型

注射成型是热塑性塑件的主要成型工艺，也可应用于某些热固性塑料件的成型，它适用于形状复杂的塑件，尤其是侧向抽芯数量多的塑件的制作。与压制成型相比，它具有成型周期短、生产率高、塑件品质好且稳定、模具寿命长、易于实现自动化操作等优点。但注射机及其模具费用较高，只有在成批、大量生产条件下选用才合算。而且，注射成型不适用于用布基和纤维填充的塑料，因为它们会堵塞注射机的喷嘴。

此外，对于尺寸精度和形状精度要求高、表面粗糙度值要求小的塑件，还可选用精密注射成型工艺。但这种工艺需要有专门的精密注射机来产生高的注射压为（180~250MPa，普通注射压力为40~200MPa）和注射速度，并且温度控制要精确，合模系统要有足够的刚度，塑料应有良好的流动性和成型性，尺寸与形状的稳定性要好，抗蠕变性能也要好。目前，用于精密注射成型的塑料有聚碳酸酯、聚酰胺、聚甲醛及ABS塑料等。

2. 压制成型

与注射成型相比，压制成型的优点是可采用普通液压机而不需专用注射机，压制成型模具结构简单（无浇注系统），压制的塑件内部取向组织少，塑件收缩率小，性能均匀。其缺点是成型周期长，生产率低，劳动强度大，塑件精度难以控制，模具寿命短，不易实现自动化生产。

压制成型主要用于热固性塑料，尤其适用于含布基或纤维基填充塑料的成型，其塑件形状一般不如注射件复杂。压制成型也可用于压制热塑性塑料，但塑料同样要经历由固态变为黏流态而充满型腔的阶段。热塑性塑料进行压制成型时，模具需要交替地加热和冷却，故生产周期长，效率低，所以只是对于一些流动性很差、无法进行注射成型的热塑性塑料（如聚四氟乙烯等），才考虑使用压制成型工艺。此外，压制成型还可用来生产发泡塑料制品。

3. 挤出成型

挤出成型是一种用途广泛的热塑性塑料的加工方法。挤出成型的特点如下：

1）生产操作简单，工艺控制较容易。挤出成型生产过程是连续的，生产率高，可生产品质均匀、致密的塑件。

2）设备成本低，投资少，见效快。

3）应用范围广，综合生产能力强，主要用来生产连续的型材，如管、棒、丝、板、薄膜、电线电缆的涂层塑件等，也可用于异形型材及中空塑件型坯的生产，还可用于混合、塑

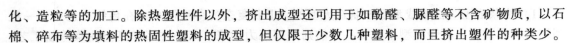

化、造粒等的加工。除热塑性件以外，挤出成型还可用于如酚醛、脲醛等不含矿物质，以石棉、碎布等为填料的热固性塑料的成型，但仅限于少数几种塑料，而且挤出塑件的种类少。

4. 吹塑成型

吹塑成型又称为中空成型，其优点是所用设备和模具结构简单，缺点是塑件壁厚不均匀，适用于容器类及箱体类塑件的成型。

5. 浇注成型

浇注成型包括静态浇注、离心浇注、嵌铸、流延铸塑及搪塑等多种类型。浇注成型时塑料以流体状态充填型腔，很少施加压力，故对设备和模具要求不高，适用于形状复杂件及大型件的成型。

6.2.5 粉末冶金件、陶瓷件及复合材料件等的成型特点

1. 粉末冶金件的成型

粉末冶金既是制取金属材料的一种冶金法，也是制造毛坯或零件和器件的一种成形方法。随着粉末冶金技术的不断发展，用金属粉末制造的零件越来越多。粉末冶金件一般都具有某些特殊性能，如减摩性、耐磨性、密封性、过滤性、多孔性、耐热性、电磁性能等。粉末冶金的优点是生产率高，适合生产形状复杂的零件，无需机械加工或只需少量加工，节约材料，适合生产各种材料或各种由特殊性能材料搭配在一起的零件。它的缺点是模具成本相对较高，粉末冶金件的强度比相应的固体材料强度低，材料成本也相对较高。粉末冶金件的性能及应用见表 6-5。

表 6-5 粉末冶金件的性能及应用

材料类别	密度/(g/cm³)	抗拉强度/MPa	伸长率(%)	应用举例
铁及低合金粉末压实件	5.2~6.8	5~20	2~8	轴承和低负荷结构元件
	6.1~7.4	14~50	8~30	中等负荷结构元件，磁性零件
合金钢粉末压实件	6.8~7.4	20~80	2~15	高负荷结构零部件
不锈钢粉末压实件	6.3~7.6	30~75	5~30	耐蚀性好的零件
青铜	5.5~7.5	10~30	2~11	垫片、轴承及机器零件
黄铜	7.0~7.9	11~24	5~35	机器零件

2. 陶瓷件的成型

（1）成型前的准备　陶瓷件的成型与大多数成型工艺的不同之处在于，在成型前必须进行制粉。粉体的填充特性及其集合体的组织不仅影响陶瓷制品的外观品质，而且在很大程度上决定了陶瓷制品烧结后的显微结构，从而影响制品的性能。因为特种陶瓷粉体要求粒度细而均匀，一般多采用合成法制取，而较少采用粉碎法，更少用球磨机粉碎。

塑化是特种陶瓷成型前的一道工序。因为特种陶瓷多为松散的瘠性粒子，无可塑性，故必须加入塑化剂（一般为有机塑化剂），使其具有流动性、可塑性，以利于制坯。

造粒也是不可缺少的工序。粉料细虽对烧结有益，但其流动性不好，对成型过程反而不利。故应在加入塑化剂的同时，将粉体制成粒度较粗、具有一定的颗粒级配、流动性好的粒子（或称为团粒），其粒径为 20~80 目（0.85~0.19mm）。

（2）成型工艺方法的特点及应用

1）注浆成型　注浆成型适于制造大型的、形状复杂的薄壁制品。在传统工艺中，一般利用浆料自重流入石膏模型中成型，目前则采用压力注浆、离心注浆和真空注浆等新工艺，以适应形状复杂、精度更高的中小型制品，其中效果较好的有热压铸成型。

2）挤压成型　挤压成型的优点是污染小，操作易于实现自动化（可连续生产），效率高，适用于管状、棒状制品的成型。其缺点是挤嘴结构复杂，加工精度要求高，对泥料的要求（如细度、溶剂、增塑剂、黏结剂的含量）较高。

3）轧膜成型。轧膜成型用于制造批量较大、厚度在 1mm 以下的膜片状制品，如薄膜、厚膜电路基片，圆片电容器等。该方法的不足之处是坯体性能上存在各向异性，烧结时横向收缩大，易出现变形和开裂，不能制造厚度在 0.08mm 以下的超薄片。

4）模压成型（干压成型）。模压成型的工艺简单，操作方便，生产周期短，生产率高，便于自动化生产，坯体密度大，尺寸精确，收缩小，强度高，电性能好，为特种陶瓷生产所常用。该法的缺点是生产大型坯体较困难，模具磨损大，加工复杂，成本高；只能上下方向加压，压力分布不均，密度不均，收缩不均，从而会产生开裂、分层等现象。

3. 复合材料件的成型

（1）塑料（树脂）基复合材料的成型　用于塑料（树脂）基复合材料的增强材料主要是纤维，其中以玻璃纤维增强的塑料（树脂）基复合材料的成型技术较为成熟，其制品已在国民经济的很多行业得到应用。其成型工艺及其特点见表 6-6，可根据结构件的大小、形状、生产批量及品质要求等，选择不同的成型工艺。

表 6-6　玻璃纤维增强的塑料（树脂基复合材料）的成型工艺及其特点

<table>
<tr><th colspan="2">成型方法</th><th>制品举例</th><th>优　点</th><th>缺　点</th></tr>
<tr><td rowspan="7">湿法成形</td><td>手糊成型</td><td>长达 50m 的船壳</td><td>设备简单、操作简单，模具便宜，不限制尺寸，设计容易、自由，可涂胶衣</td><td>工时数多，只有单面平滑，制品品质受操作者操作水平的影响</td></tr>
<tr><td>真空袋成型</td><td rowspan="2">长达 25m 的大型制品</td><td>玻璃纤维含量大，表面品质良好，孔隙率小，蜂窝夹层与芯材的粘结好，其他与手糊成型相同</td><td>工时数多，袋面的品质不如模具面，制品品质受操作者操作水平的影响</td></tr>
<tr><td>加压袋成型</td><td>可成型圆筒状件，玻璃纤维含量大，密度高、孔隙率小，可成型陷槽，可以预埋芯材嵌件，其他与手糊成型相同</td><td>仅用凹模，工时数更多，袋面的品质不如模具面，制品品质受操作者操作水平的影响</td></tr>
<tr><td>高压釜成型</td><td>大小为能放到高压釜内的制品</td><td>可成型陷槽，玻璃纤维含量大，密度大，可以预埋芯材和嵌件，其他与手糊成型相同</td><td>工时数多，高压釜价格高，尺寸受高压釜限制，制品品质受操作者操作水平的影响</td></tr>
<tr><td>喷射成型</td><td>长达 10m 的大型制品</td><td>装置轻便、投资小，玻璃纤维基材便宜，成型复杂形状制品时损失少，工时数少，模具便宜，容易现场施工</td><td>模具反面的表面加工质量差，操作控制难，在工件形状简单时与手糊成型的工时数无差别</td></tr>
<tr><td>冷压成型</td><td>大至汽艇的船壳</td><td>模具、夹具便宜，模具制作时间短，成型压力低，可涂胶衣，可预埋嵌件，工艺操作性比手糊成型好，工时数少，适合成批（200~10000 件）生产</td><td>生产性比金属对模成型差，必须装饰</td></tr>
<tr><td>丙烯酸酯板/纤维增强塑料复合成型</td><td>大至浴盆、防水底盘或汽车底盘</td><td>表面品质好</td><td>生产性不如喷射成型好，表面耐热性不够</td></tr>
</table>

（续）

成型方法		制品举例	优　点	缺　点
湿法成形	树脂注入成型	长达5m、深至浴盆的深度	工艺操作性比手糊成型好，模具寿命长，两表面品质都好，适合中等批量（250~5000件）生产	必须修理，生产性比金属对模成型差
	连续层合成型	宽达2m的板状物，长度不限	长度自由，可实现自动化，模具、夹具便宜，表面品质可变，可赋予各种形状，壁厚均匀	最大厚度为4mm，少量生产不经济
	连续挤拉成型	从小型棒状物到直径为250mm的圆筒，以及高为200mm、宽为1000mm的方管	可连续操作，可用于小型截面物件的生产，在一个方向可以得到高强度，可成型截面形状相当复杂的制品	少量生产不经济
	纤维缠绕成型	从小型圆筒至直径为4mm、长度为7mm的容器	比强度最大，材质、方向性均匀，可进行机械加工，可实现自动化，使用特殊模具也可成型形状复杂的制品，可用预浸纱，可成型两端封闭物，玻璃纤维成本低	形状限于回转体或与回转体接近的制品，在高压（1~7MPa）条件下使用时需要衬里
金属对模成形	预浸纱压力成型，毡压力成型	从安全帽至长度达7m的船壳	经济，材料便宜，易实现自动化，易调节厚度	厚度在6mm以下，尺寸受限制
	预浸布压力成型		适于大型平板的成型，壁厚一定的制品成型容易	限于简单形状制品
	预浸布压力成型	从小型板状物至厚板	玻璃纤维含量大，强度高；既可成型厚壁层合板，也可成型薄壁层合板	布的成本高，限于简单形状的制品
	片状模塑料成型	从小型制品至100kg的制品	形状自由，易使用注入法，适于自动化，厚度变化自由，细部成型性良好，可带嵌件	材料价格稍高，需要注意材料的保管
	块状模塑料成型	从小型制品至10kg的制品	形状自由，易使用注入法，适于自动化，厚度变化自由，细部成型性良好，可带嵌件	强度不高
	热冲压成型（纤维增强塑料板）	从小型制品至100kg的制品	工艺操作性极好，可用机械压力，制品特性好，成型的同时就可进行装饰	最小生产批量大，形状受限制，设备费用高，模具价格高
传递成型（块状模塑料）		小型电气零件等	制品尺寸精度好，成型时飞边少，可带嵌件	制品尺寸受限制，模具价格高
注射成型（块状模塑料及纤维增强热塑性塑料）		200g以下的制品，也可制成质量达6kg的制品	适于自动化大量生产，工时数少，重复性好，细部成型好，适用于小型精密零件的成型	制品尺寸受限制，模具价格高
离心成型		长达7m的圆筒	工时数少，可实现自动化，模具、夹具便宜，内、外表面平滑，损耗少，壁厚均匀、孔隙率低，可在外面开螺纹	限于壁厚一定的圆筒，设备费用高
回转成型		—	可一体成型大型密闭容器，可以干法混合（热塑性树脂）	设备费用高，成型周期长，玻璃纤维的分布难以均匀
回转层合成型		—	可一体成型大型圆筒，不需模具，设备简单，生产性良好，材料性能良好，可现场成型	形状限于圆筒形
浇注成型		小型电气零件等	工艺简单，模具、夹具便宜，材料利用率高，可埋入任意尺寸、形状和数量的嵌件	固化速度慢，增强效果差

(2) 陶瓷基复合材料的成型　陶瓷基复合材料通常是指由纤维、晶须、颗粒及相变增韧的陶瓷材料。在发挥陶瓷基体的耐高温、耐蚀、超高硬度等优点的基础上，复合的主要目的是克服陶瓷基体的脆性而改善其韧性。目前，在改进陶瓷脆性方面开发了几种有效的工艺方法，但仍存在不少问题。其中，有必要进一步在纤维增强陶瓷基复合材料的制备及成型工艺上进行开发研究。而晶须增韧陶瓷复合材料的制备技术相对较成熟，将此复合材料应用于热机结构是可行的，但仍需完善制备及成型技术，以稳定和提高其力学性能。以下介绍几种有应用前景的制备及成型工艺。

1）传统的浆料浸渗成型。浆料浸渗成型在制造长纤维补强玻璃和玻璃纤维增强陶瓷基复合材料方面应用较多且较成功。其缺点是只能制作一维或二维纤维增强的复合材料，而且由于热压烧结等工艺的限制，只能生产一些结构简单的零件。

2）短纤维定向排列的浸渗成型。短纤维定向排列的浸渗成型弥补了长纤维浆料浸渗成型的不足，通过定向排列成型工艺，得到了一种分散均匀、性能优良的短纤维增强复合材料。

3）熔体浸渗成型。熔体浸渗成型是通过加压将陶瓷熔体浸渗于增韧纤维或颗粒预成型体的间隙内，以制备复合材料制品的一种工艺，其最大优点是能生产出形状结构复杂的制品。

4）化学气相浸渗成型。化学气相浸渗成型是用涂敷材料的气体在热端发生化学反应并沉积下来浸渗到纤维预制件中的成型方法，它可在较低温度和压力下制造出成分均匀、结构复杂的浸渗复合材料制品，但是沉积速度慢，生产率低。

(3) 金属基复合材料的成形　金属基复合材料的制备及成形技术不如塑料基复合材料成熟，但其性能优于陶瓷基复合材料。金属基复合材料的增强相主要有纤维、晶须和颗粒，其加工及成形工艺中属于纤维增强的有熔融浸透法，其中包括热固成形法（热压、热辊、热拉、烧结）、液态成形法（浸润、真空浇注、挤压、压铸）、加压铸造法和真空铸造法。属于颗粒增强的有液态搅拌铸造成形、半固态复合铸造成形、喷射复合成形、离心铸造成形和原位反应成形法。这些方法的主要特点是金属液能顺利地渗透到增强物之间，使增强物与金属基体结合良好，其中尤以真空加压法更能获得均匀、致密的制品。颗粒增强金属基复合材料的成形特点及技术关键见表 6-7。

表 6-7　颗粒增强金属基复合材料的成形特点及技术关键

成形工艺	特　点	技 术 关 键
液态搅拌铸造成形	整体复合，用于低熔点合金	防止颗粒偏析，防止搅动过程中吸气
半固态复合铸造成形	整体复合，除用于非铁金属合金外，还可用于铁合金	简化工艺和设备
喷射铸造成形	整体复合，颗粒与基体密度差小	控制快速凝固速度，控制增强颗粒含量
离心铸造成形	用于环形、筒形件的外表面或内表面的复合，粒子与基体材料的密度差大	控制凝固速度

4. 型材

机械零件采用型材作为毛坯占有相当大的比重，通常被用来作为毛坯的型材有圆钢、方钢、六角钢以及槽钢、角钢等。型材根据其精度可分为普通精度的热轧材和高精度的冷轧

(或冷拔)材两种。普通机械零件多采用热轧型材。冷轧型材的尺寸较小、精度较高，多用于毛坯精度要求较高的中小型零件的生产或进行自动送料的自动机械加工中。冷轧型材价格相对高些，一般用于批量较大的生产。

6.3　常用机械零件毛坯成形方法的选择

常用机械零件的毛坯成形方法有铸造、锻造、焊接、冲压、直接取自型材等，零件的形状特征和用途不同，其毛坯成形方法也不同。下面分别介绍轴杆类、盘套类、机架箱座类零件毛坯成形方法的选择。

6.3.1　轴杆类零件

轴杆类零件的结构特点是轴向(纵向)尺寸远大于径向(横向)尺寸，如各种传动轴、机床主轴、丝杠、光杠、曲轴、偏心轴、凸轮轴、齿轮轴、连杆、拨叉、锤杆、摇臂以及螺栓、销子等，如图 6-3 所示。在各种机械中，轴杆类零件一般都是重要的受力和传动零件。

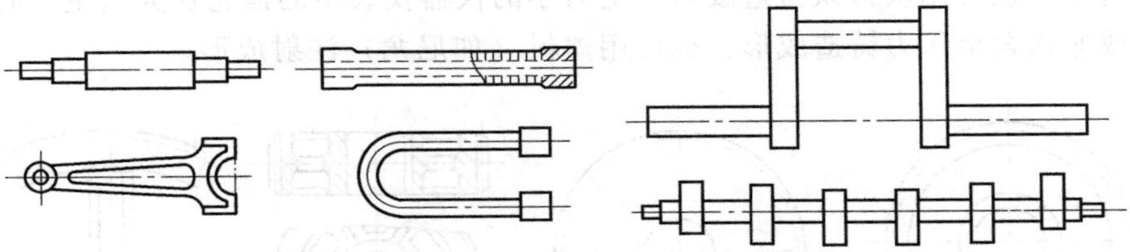

图 6-3　轴杆类零件

轴杆类零件的材料大多为钢。除光轴、直径变化较小的轴、力学性能要求不高的轴，其毛坯一般采用轧制圆钢外，其余的几乎都采用锻钢件作为毛坯。阶梯轴的各处直径相差越大，采用锻件越有利。对于某些具有异形断面或弯曲轴线的轴，如凸轮轴、曲轴等，在满足使用要求的前提下，可采用球墨铸铁毛坯，以降低制造成本。在有些情况下，还可以采用锻-焊或铸-焊结合的方法来制造轴杆类零件的毛坯。图 6-4 所示的汽车排气阀，将锻造的耐热合金钢阀帽与轧制的碳素结构钢阀杆焊成一体，节约了合金钢材料。图 6-5 所示为我国 20 世纪 60 年代初期制造的 12000t 水压机立柱，长 18m，净重 80t，采用整体铸造或锻造不易实现，因而选用 ZG 270-500，分成 6 段铸造，粗加工后采用电渣焊焊成整体毛坯。

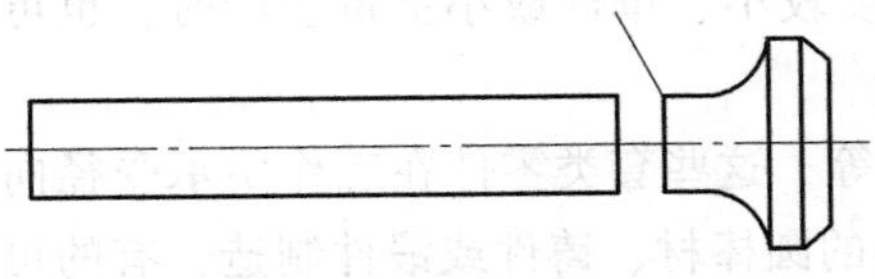

图 6-4　汽车排气阀的锻-焊结构

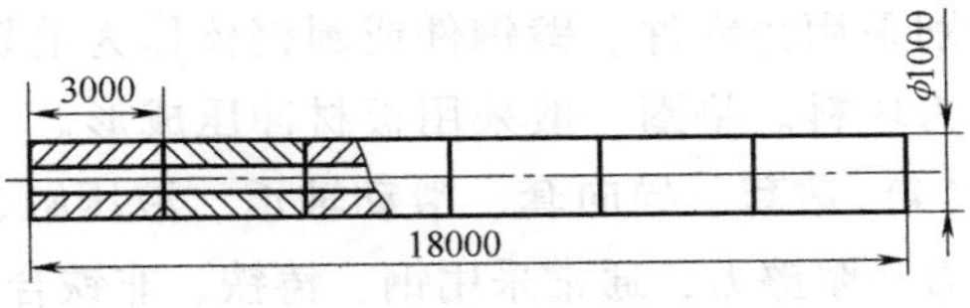

图 6-5　水压机立柱的铸-焊结构

6.3.2　盘套类零件

在盘套类零件中，除部分套类零件的轴向尺寸大于径向尺寸外，其余零件的轴向尺寸一般小于径向尺寸，或两个方向的尺寸相差不大。盘套类零件有齿轮、带轮、飞轮、模具、法兰盘、联轴器、套环、轴承环以及螺母、垫圈等，如图 6-6 所示。

这类零件的使用要求和工作条件有很大差异，因此所用材料和毛坯也各不相同。

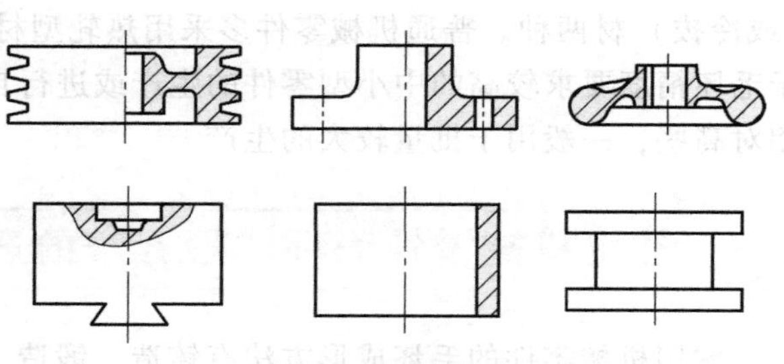
图 6-6 盘套类零件

(1) 齿轮　齿轮是各类机械中的重要传动零件，其运转时齿面承受接触应力和摩擦力，齿根承受弯曲应力，有时还要承受冲击力。故要求齿轮具有良好的综合力学性能，一般选用锻造毛坯，如图 6-7a 所示。大批量生产时还可采用热轧齿轮或精密模锻齿轮，以提高力学性能。在单件或小批量生产的条件下，直径为 100mm 以下的小齿轮也可用圆钢棒作为毛坯，如图 6-7b 所示。直径大于400mm 的大型齿轮锻造比较困难，可用铸钢或球墨铸铁件作为毛坯，铸造齿轮一般以辐条结构代替模锻齿轮的辐板结构，如图 6-7c 所示。在单件生产的条件下，也可采用焊接方法制造大型齿轮的毛坯，如图 6-7d 所示。对于低速运转且受力不大或者在多粉尘环境下开式运转的齿轮，也可用灰铸铁铸造成形。受力小的仪器仪表中的齿轮在大量生产时，可采用板材冲压或非铁合金压力铸造成形，也可用塑料（如尼龙）注射成形。

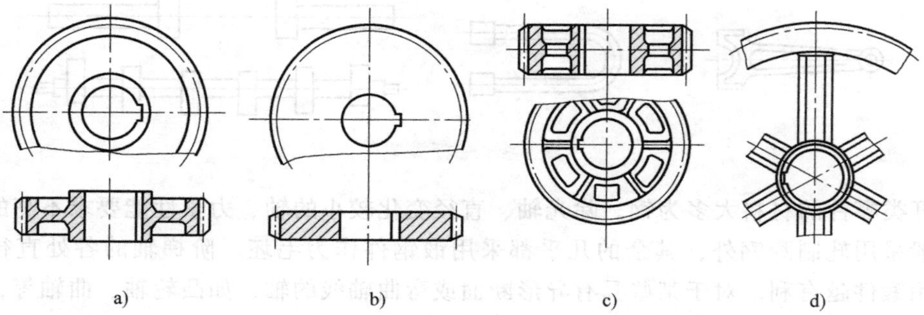

图 6-7 不同类型的齿轮

a) 锻造毛坯　b) 圆钢毛坯　c) 铸造毛坯　d) 焊接毛坯

(2) 带轮、飞轮、手轮和垫块等　这些零件是受力不大、以承压为主的零件，通常采用灰铸铁件，单件生产时也可采用低碳钢焊接件。

(3) 法兰、垫圈、套环、联轴器等　根据受力情况、形状、尺寸等的不同，此类零件可分别采用铸铁件、锻钢件或圆钢棒作为毛坯。厚度较小、单件或小批量生产时，也可用钢板作为坯料。垫圈一般采用板材冲压成形。

(4) 钻套、导向套、滑动轴承、液压缸、螺母等　这些套类零件在工作中承受径向力或轴向力和摩擦力，通常采用钢、铸铁、非铁合金材料的圆棒材、铸件或锻件制造，有的可直接采用无缝管下料。当尺寸较小、大批量生产时，还可采用冷挤压和粉末冶金等方法制坯。

(5) 模具毛坯　一般采用合金钢锻造成形。

6.3.3 机架箱座类零件

机架箱座类零件包括各种机械的机身、底座、支架、横梁、工作台，以及齿轮箱、轴承座、缸体、阀体、泵体、导轨等，如图 6-8 所示。其特点是结构通常比较复杂，有不规则的外形和内腔；质量从几千克至数十吨，工作条件也相差很大。其中，如机身、底座等一般的基础零件，主要起支承和连接机械各部件的作用，以承受压力和静弯曲应力为主，为保证工作的稳定性，要求其具有较好的刚度和减振性。有些机械的机身、支架往往还同时承受压、拉和弯曲应力的联合作用，或者还有冲击载荷作用；工作台和导轨等零件，则要求有较好的耐磨性；箱体零件一般受力不大，但要求有良好的刚度和密封性。

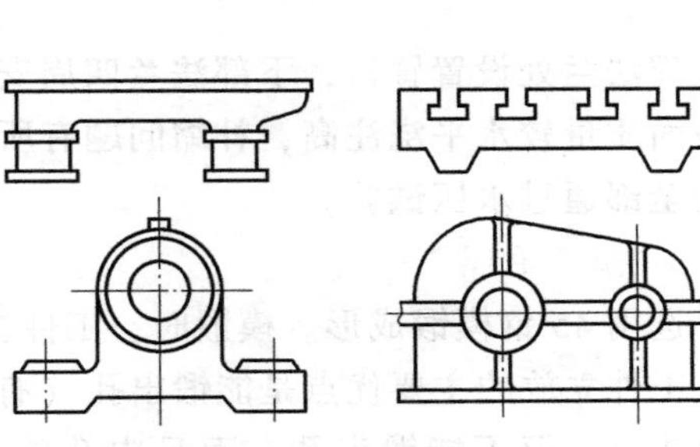

图 6-8 机架箱座类零件

鉴于这类零件的结构特点和使用要求，通常都以铸件为毛坯，而且以铸造性良好，价格便宜，并有良好耐压、减摩和减振性能的灰铸铁为主；少数受力复杂或受较大冲击载荷的机架类零件，如轧钢机、大型锻压机等重型机械的机架，可选用铸钢件毛坯，不易整体成形的特大型机架可采用连接成形结构；在单件生产或工期要求紧迫的情况下，也可采用型钢-焊接结构。航空发动机中的箱体零件，为减小质量，通常采用铝合金铸件。

6.4 毛坯成形方法选择实例

6.4.1 承压液压缸

承压液压缸的形状及尺寸如图 6-9 所示。材料为 45 钢，生产批量为 200 件，工作压力为 1.5MPa，要求水压试验的压力为 3MPa。图样规定内孔及两端法兰的结合面需要加工，其余外圆部分不加工。下面比较承压液压缸毛坯的选择方案。

1. 圆钢切削加工

直接选用 ϕ150mm 的圆钢进行切削加工。该方案的优点是能全部通过水压试验。缺点是材料利用率低，切削加工量大，从而提高了产品的生产成本。

2. 铸造毛坯

铸造毛坯选用 ZG 340-640 材料砂型铸造成形，浇注位置可以采用水平浇注，也可以采用垂直浇注，如图 6-10 所示。水平浇注时，在法兰顶部安装冒口。该方案的主要优点是工艺较简单，铸出内孔方便，节约金属材料，切削加工量小；缺点是法兰与缸壁的交接处可能补缩不好，冒口消耗大量钢液，内表面质量较差，水压试验的合格率较低。垂直浇注时，可

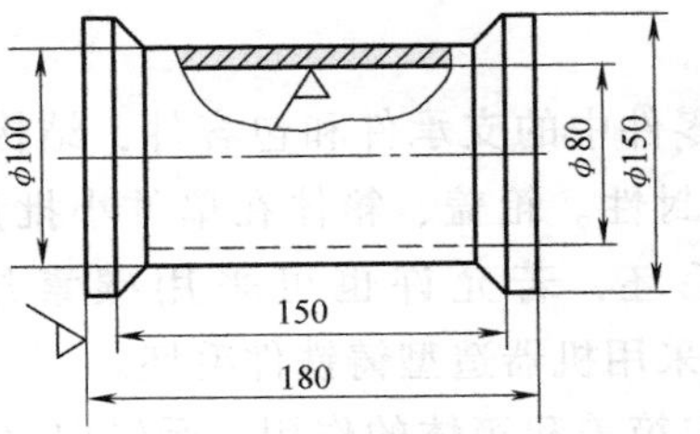

图 6-9 轴承液压缸零件图

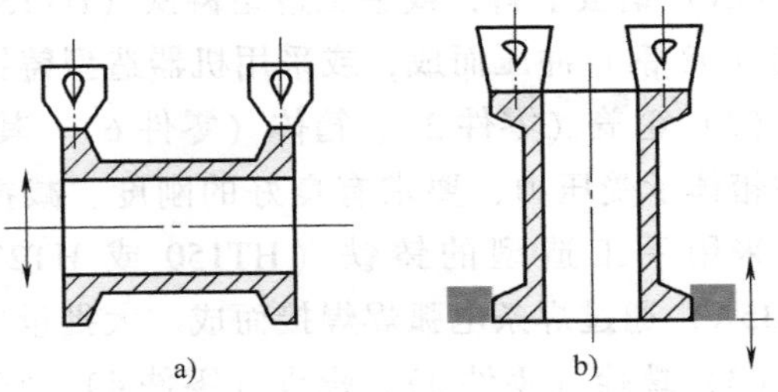

图 6-10 轴承液压缸的浇注

在上部法兰处设置冒口，下部法兰四周安置冷铁，以实现定向凝固。该方案的主要优点是内孔表面质量较水平浇注高，补缩问题有所改善；缺点是工艺较复杂，冒口消耗大量钢液，仍不能全部通过水压试验。

3. 模锻毛坯

选用45钢模锻成形。模锻时，工件在模膛内可以立放，也可以卧放，如图6-11a、b所示。工件立放的主要优点是能锻出孔（有冲孔连皮），缺点是不能锻出法兰；工件卧放时可锻出法兰，但不能锻出孔，而且内孔的切削加工量较大。采用模锻时设备昂贵，模具费用高。

4. 胎模锻毛坯

截取45钢坯料，加热后在空气锤上镦粗、冲孔、芯轴拔长，并在胎模内带芯轴锻出法兰，如图6-11c所示。该毛坯能够全部通过水压试验，与模锻相比，其主要优点是毛坯接近零件的结构形状尺寸，切削加工量少，成本低，但生产率也较低。

5. 焊接结构毛坯

选用45钢无缝钢管，在其两端焊上45钢法兰，如图6-12所示。该方案的主要优点是节省材料，工艺准备时间短，无需特殊设备，能全部通过水压试验；缺点是不易获得规格合适的无缝钢管。

综上所述，从生产批量、生产可行性及经济性考虑，以胎模锻毛坯的方案较为合理，但若有合适的无缝钢管，也可采用焊接结构。

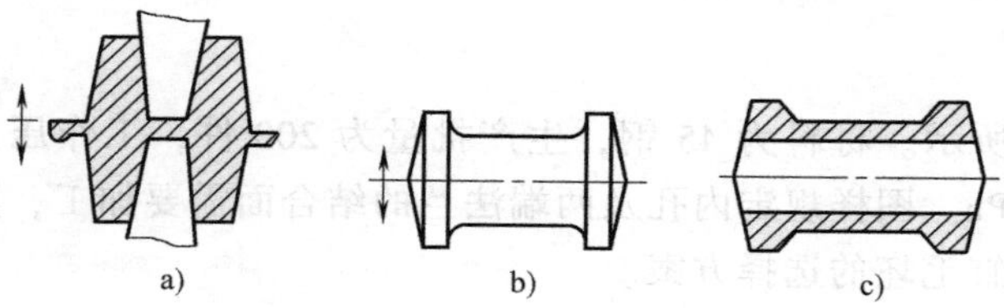

图6-11 承压液压缸锻造毛坯
a）工件立放模锻 b）工件卧放模锻 c）胎模锻

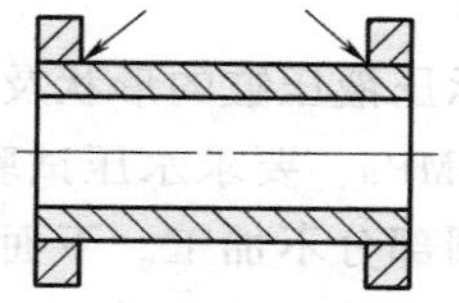

图6-12 承压液压缸焊接毛坯

6.4.2 齿轮减速器

图6-13所示单级齿轮减速器的外形尺寸为430mm×410mm×320mm，传递功率为5kW，传动比为3.95。对这台齿轮减速器主要零件的毛坯成形方法分析如下：

（1）视孔盖（零件1） 其力学性能要求不高。单件小批量生产时，采用碳素结构钢（Q235A）钢板下料，或手工造型铸铁（HT150）件毛坯。大批量生产时，采用优质碳素结构钢（08钢）冲压而成，或采用机器造型铸铁件毛坯。

（2）箱盖（零件2）、箱体（零件6） 其为传动零件中的支承件和包容件，结构复杂，其中箱体承受压力，要求有良好的刚度、减振性和密封性。箱盖、箱体在单件小批量生产时，采用手工造型的铸铁（HT150或HT200）件毛坯，若允许也可采用碳素结构钢（Q235A）通过焊条电弧焊焊接而成。大批量生产时，采用机器造型铸铁件毛坯。

（3）螺栓（零件3）、螺母（零件4） 它们起固定箱盖和箱体的作用，受纵向（轴向）拉应力和横向切应力。螺栓和螺母采用碳素结构钢（Q235A）镦、挤而成，为标准件。

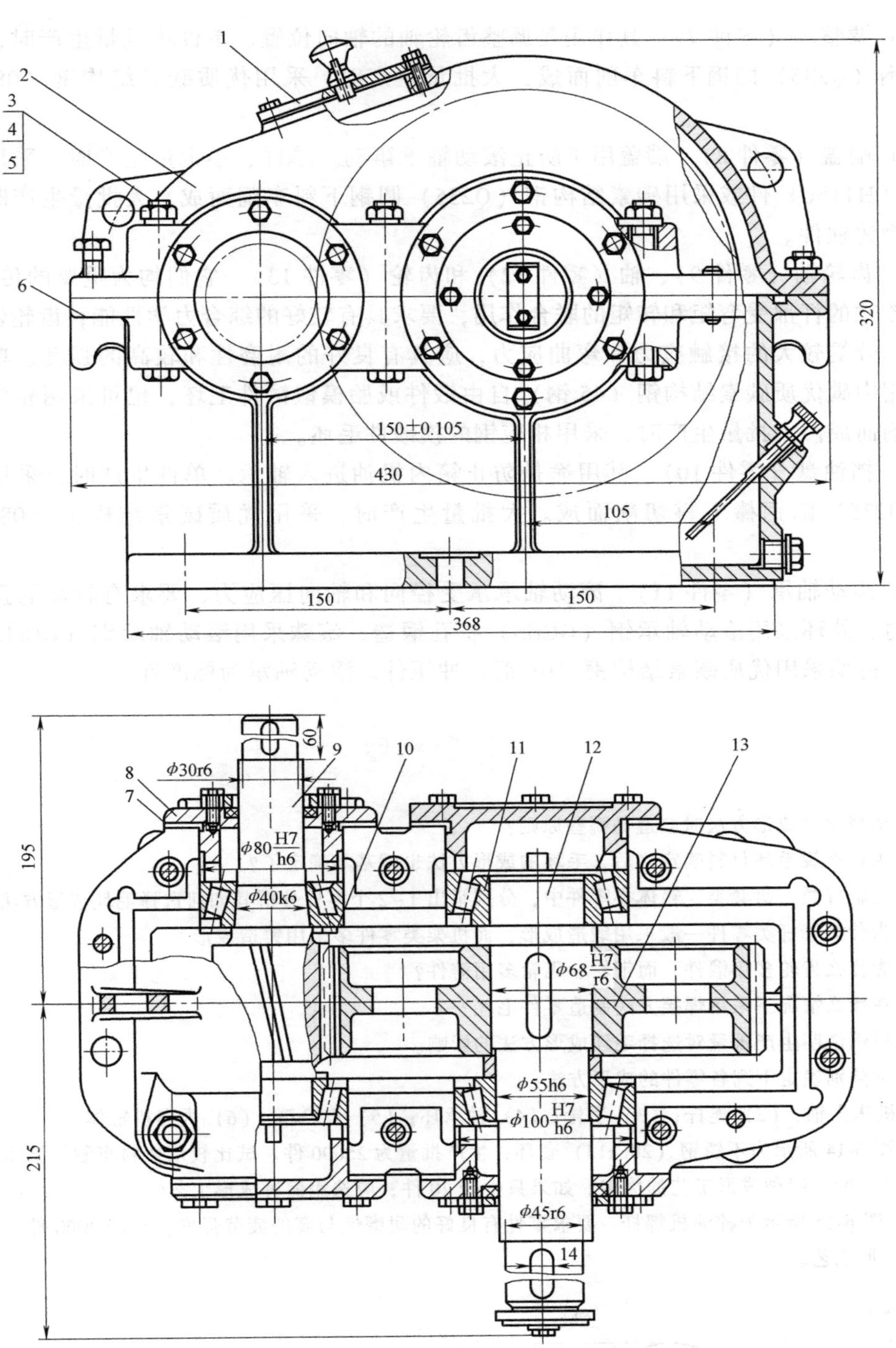

图 6-13 单级齿轮减速器

1—视孔盖 2—箱盖 3—螺栓 4—螺母 5—弹簧垫圈 6—箱体 7— 调整环 8—端盖 9—齿轮轴 10—挡油盘 11—滚动轴承 12—轴 13—齿轮

（4）弹簧垫圈（零件5） 其作用是防止螺栓松动，要求具有良好的弹性和较高的屈服强度。弹簧垫圈由碳素弹簧钢（65Mn）冲压而成，为标准件。

（5）调整环（零件 7） 其作用是调整齿轮轴的轴向位置。单件小批量生产时，采用碳素结构钢（Q235）圆钢下料车削而成；大批量生产时，采用优质碳素结构钢（08 钢）冲压件。

（6）端盖（零件 8） 端盖用于防止滚动轴承窜动。单件、小批量生产时，采用手工造型铸铁（HT150）件或采用碳素结构钢（Q235）圆钢下料车削而成。大批量生产时，采用机器造型铸铁件。

（7）齿轮轴（零件 9）、轴（零件 12）和齿轮（零件 13） 它们均为重要的传动零件。轴和齿轮轴的杆部受弯矩和转矩的联合作用，要求具有较好的综合力学性能；齿轮轴与齿轮的轮齿部分受较大的接触应力和弯曲应力，应具有良好的耐磨性和较高的强度。单件生产时，采用中碳优质碳素结构钢（45 钢）自由锻件或胎模锻锻件毛坯，也可采用相应钢的圆钢棒车削而成。大批量生产时，采用相应钢的模锻件毛坯。

（8）挡油盘（零件 10） 其用途是防止箱内机油进入轴承。单件生产时，采用碳素结构钢（Q235）圆钢棒下料切削而成。大批量生产时，采用优质碳素结构钢（08 钢）冲压件。

（9）滚动轴承（零件 11） 滚动轴承承受径向和轴向压应力，要求有较高的强度和耐磨性。内、外环采用滚动轴承钢（GCrl5）扩孔锻造，滚珠采用滚动轴承钢（GCr15）螺旋斜轧，保持架采用优质碳素结构钢（08 钢）冲压件。滚动轴承为标准件。

复习思考题

6-1 选择材料成形方法时应遵循哪些原则？

6-2 为什么说毛坯材料确定之后，毛坯的成形方法也就基本确定了？

6-3 在轴杆类、盘套类、箱体类零件中，分别举出 1~2 个零件分析其如何选择毛坯成形方法。

6-4 为什么轴杆类零件一般采用锻造成形，而机架类零件多采用铸造成形？

6-5 为什么齿轮多用锻件，而带轮、飞轮多用铸件？

6-6 在什么情况下采用焊接方法制造零件毛坯？

6-7 举例说明生产批量对选择毛坯成形方法的影响。

6-8 试分别确定下列各零件的成形方法：

（1）机床主轴；（2）连杆；（3）手轮；（4）轴承环；（5）齿轮箱；（6）内燃机缸体。

6-9 图 6-14 所示为不锈钢（20Cr13）套环，生产批量为 25000 件。试比较用棒料车制、挤压成形、熔模铸造、粉末冶金四种成形工艺的优劣。如果只生产 20 件，应选用何种成形工艺？

6-10 图 6-15 所示为榨油机螺杆，要求零件有良好的耐磨性与高的疲劳强度，年产 2000 件。试选择制作材料及成形工艺。

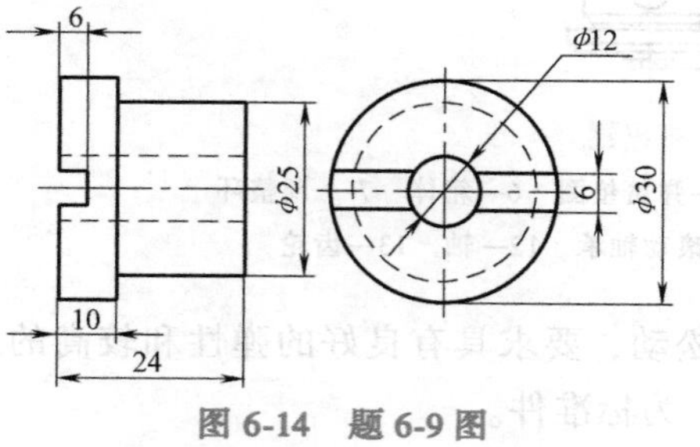

图 6-14 题 6-9 图

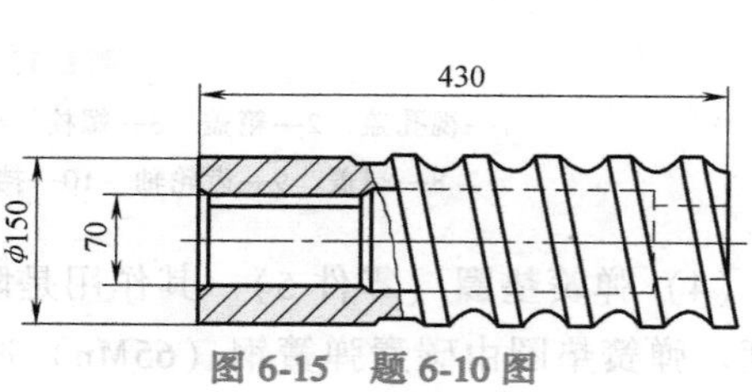

图 6-15 题 6-10 图

参考文献

[1]　施江澜，赵占西. 材料成形技术基础［M］. 3 版. 北京：机械工业出版社，2013.
[2]　汤酥则. 材料成形技术基础［M］. 北京：清华大学出版社，2008.
[3]　严绍华. 材料成形工艺基础［M］. 2 版. 北京：清华大学出版社，2008.

第 7 章

机械加工方法与金属切削原理

7.1　零件表面成形与机械加工方法

7.1.1　零件表面成形方法

1. 工件表面成形原理

零件表面一般均可看作是由一条母线沿着一条导线运动而形成的，母线和导线统称为形成表面的发生线。例如，一个平面（图 7-1a）可看作是直线 1（母线）沿着直线 2（导线）移动而形成的，直线 1 和直线 2 即为形成平面的两条发生线。为得到图 7-1b 所示的曲面，可以使直线 1（母线）沿着曲线 2（导线）移动，直线 1 在空间扫过的面即形成了曲面，同理，直线 1 和曲线 2 为形成曲面的两条发生线。同样，如图 7-1c 所示，直线 1（母线）沿圆 2（导线）运动即可形成圆柱面，直线 1 和圆 2 即为圆柱面的发生线。

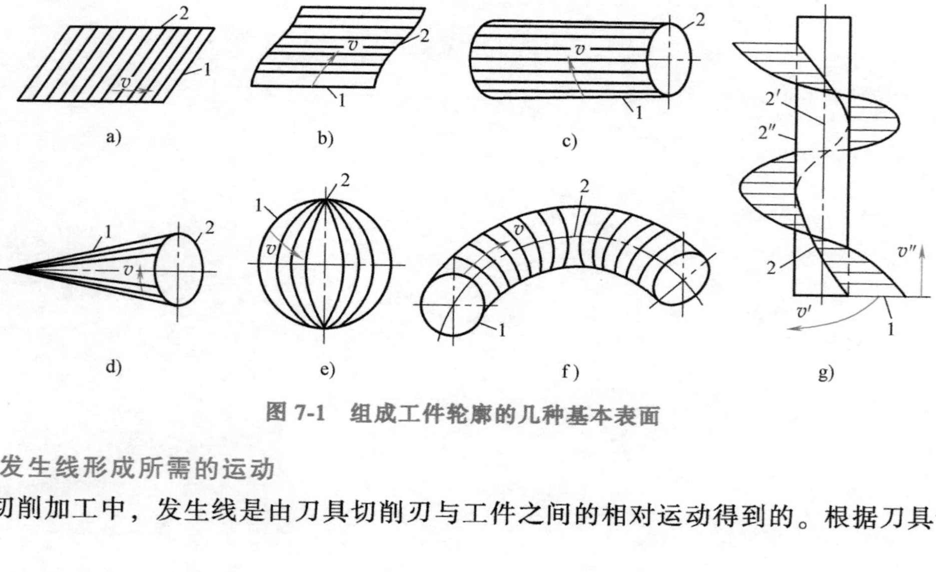

图 7-1　组成工件轮廓的几种基本表面

2. 发生线形成所需的运动

在切削加工中，发生线是由刀具切削刃与工件之间的相对运动得到的。根据刀具切削刃的形状以及刀具与工件之间的相对运动方式，可将发生线的形成方法分为以下四种：

（1）轨迹法　如图 7-2a 所示，切削刃为切削点 1，它按一定规律做轨迹运动，从而形成所需要的发生线 2。

（2）成形法　如图 7-2b 所示，利用成形刀具对工件进行加工，切削刃为一条切削线 1，它的形状和长度与需要形成的发生线 2 完全一致。因此，用成形法来形成发生线不需要专门的成形运动。

（3）相切法　如图 7-2c 所示，刀具旋转，其旋转中心按一定规律运动，刀具上切削刃 1 的运动轨迹与工件表面相切，从而形成了发生线 2。用相切法形成发生线需要两个成形运动：一个是刀具的旋转运动，另一个是刀具中心按一定规律所做的运动。

（4）展成法　如图 7-2d 所示，利用工件和刀具做展成切削运动形成发生线。刀具切削刃为切削线 1，它与需要形成的发生线 2 的形状不吻合。切削线 1 与发生线 2 彼此做无滑动的纯滚动，发生线 2 就是切削线 1 在切削过程中的连续位置形成的包络线。

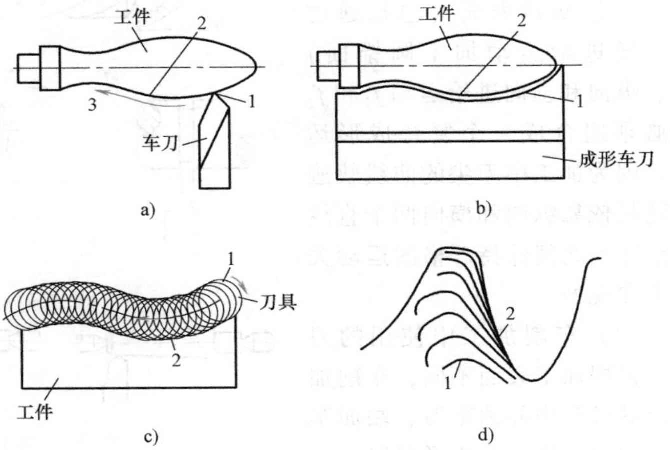

图 7-2　形成发生线的四种方法

a）轨迹法　b）成形法　c）相切法　d）展成法

7.1.2　机械加工方法

1. 车削

（1）车削的用途和种类　车削是机械加工中使用最广泛的一种切削方法，主要用于加工各种回转表面，如内外圆柱面、圆锥面、成形回转表面及螺纹面等。

（2）车削的加工范围与运动　在各种车床中，卧式车床的应用最普遍，它的加工范围很广，能车削内外圆柱面、圆锥面、环槽形回转表面；车削端面及加工各种螺纹；还可以进行钻孔、扩孔、铰孔和滚花等加工（图 7-3）。由图 7-3 可以看出，为了加工出各种回转表面，车床必须具备下列运动。

1）工件的旋转运动，即主运动，常用 n(r/min）表示。主运动是实现切削加工最基本的运动，其特点是速度和所消耗的动力都较大。

2）刀具的直线移动，即进给运动，常用 f（mm/r）表示。其中，刀具平行于工件旋转轴线方向的移动（车圆柱面）称为纵向进给运动 f_1；垂直于工件旋转轴线方向的移动（车端面）称为横向进给运动 f_2；与工件旋转轴线成一定角度的移动（如车削圆锥面）称为斜向进给运动。进给运动的速度较低，所消耗的动力也较少。

主运动和进给运动是形成被加工表面形状所必需的运动，称为机床的表面成形运动。在车床的多数加工情况下，工件的旋转运动和刀具的移动是两个相互独立的运动，称其为简单成形运动；而加工螺纹时，由于工件旋转（n）和刀具移动（f）不是独立的，它们之间必须保持严格的运动关系，由它们组合成的运动称为复合成形运动，习惯上常称为螺纹进给运动。另外，加工成形回转表面（包括通过纵、横进给运动加工圆锥面）时，纵向和横向进给运动 f_1 和 f_2 也必须组合成一个复合成形运动。因为加工中刀尖的曲线轨迹运动是依靠纵向和横向两个直线进给运动之间保持严格的运动关系来实现的。

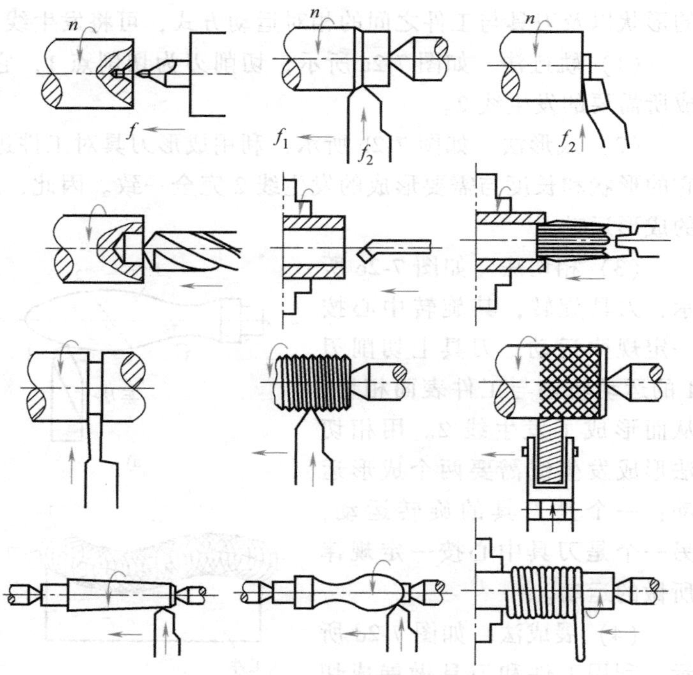

图 7-3　卧式车床加工的典型工件

（3）车削加工中使用的刀具　根据加工表面不同，车削加工刀具可分为外圆车刀、端面车刀、割刀、镗刀和成形车刀。

1）外圆车刀。外圆车刀用于纵向车削外圆，它又可分为四种类型：图 7-4 中的 4 号车刀为直头外圆车刀，这种车刀制造简单，但只能加工外圆，加工端面时必须转动刀架；图 7-4 中的 3 号车刀为弯头外圆车刀，可用于纵向车削外圆，也可用于横向车削端面及内外圆倒角，但其加工表面粗糙度值大，刀具的使用寿命较短，并且弯头刀杆的制造工时也多。宽刃精车刀（图 7-4 中的 9 号车刀）做成平头直线刃，它和曲线刃车刀（图 7-4 中的 5 号车刀）均能加工出表面粗糙度值小的工件表面主要用于精车加工。

2）端面车刀。端面车刀用于车削端面，其进给方向可以是纵向也可以横向，因此又可分为两种类型。

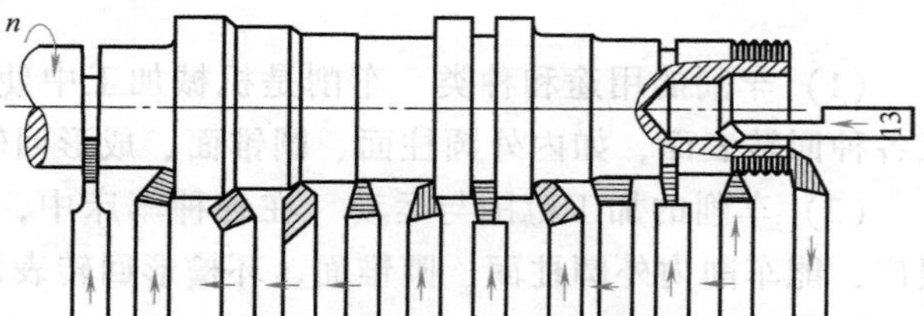

图 7-4　外圆车刀

① 横切端面车刀（图 7-4 中的 6、12 号车刀）可以由外圆向内进给，也可以由中心向外进给，这两种情况的主、副切削刃及主、副偏角均不相同，前者的轴向切削分力有可能使车刀压入端面，得到逐渐加深的内凹锥面（图 7-5a 中的虚线），会造成不可修复的废品；后者受切削力外推（图 7-5b），可能会车出逐渐变浅的凸面，但能修复，故车端面时要加以考虑。

② 纵切端面车刀（图 7-5c）又名劈刀，实际上就是 $\kappa_r=90°$ 的外圆车刀，用来加工不大的台肩端面。车削阶梯轴及细长轴时，这种车刀均用得较多。

3）割刀。割刀用于切断工件或切槽（图 7-4 中的 1、7、10 号车刀）。刀头长度和宽度由工件直径及槽宽尺寸决定。用于切断时，刀头长度应比切断处的外圆半径略大一些；而在选择宽度的时候，既要考虑减少工件材料消耗，又要保证刀具本身强度，通常宽度为 2～

6mm。割刀有两个副切削刃，副偏角 $\kappa_r = 1° \sim 2°$，以减少其与工件侧面之间的摩擦。有时将割刀的主切削刃偏斜（$\kappa_r<90°$），这样可使切断面上不留下小圆柱形的残余材料，如图 7-6 所示。

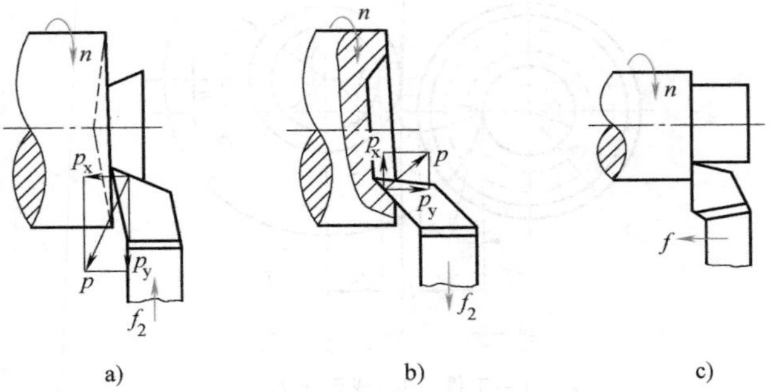

图 7-5　端面车刀

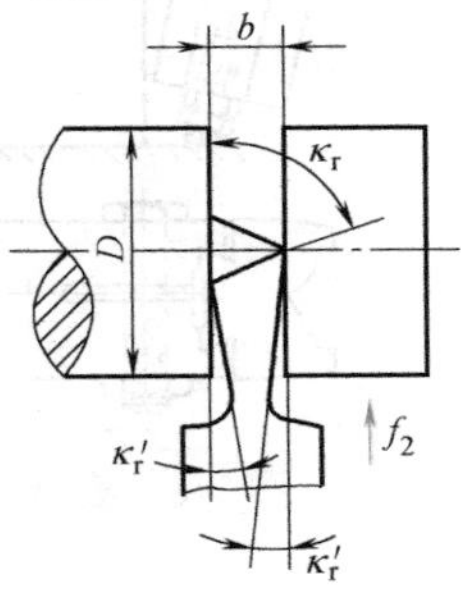

图 7-6　$\kappa_r<90°$的割刀

4）镗刀。镗刀用于在车床或镗床上加工通孔、不通孔、孔内的槽或端面，如图 7-7 所示。镗刀刀杆尺寸受孔径和孔深的限制时，切削条件很不利，生产率很低。

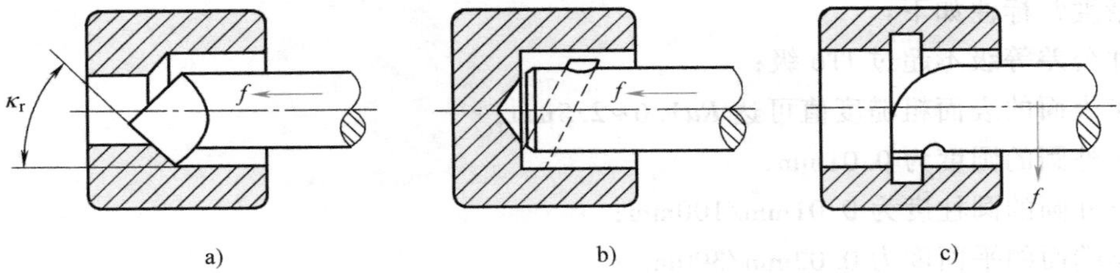

图 7-7　镗刀

5）成形车刀。成形车刀是根据工件外形加工出其型面轮廓而设计的专用车刀，用于在卧式车床、转塔车床、半自动和自动车床上加工工件内、外表面的回转型面。

虽然用普通车刀也可以车削工件的复杂型面，但这种方法不仅操作费力、生产率低，而且难以保证所加工的各零件有准确、一致的加工精度，特别是大批量生产时困难更大。所以常采用仿形装置或用成形车刀进行加工：前者适用于长度较大的型面，后者主要用于长度较小的型面。在仪表制造中，常有形状复杂、精度高而生产批量很大的零件，往往用成形车刀在转塔车床或自动车床上进行加工。

成形车刀按车刀形状可分为杆形、棱形和圆形三种：

① 杆形成形车刀相当于将切削刃磨成特定形状的普通车刀（图 7-4 中的 2、8 号车刀），常见的螺纹车刀也属此类（图 7-4 中的 11 号车刀）。杆形成形车刀构造简单，但用钝后为保持切削刃形状不变，只能沿车刀前面刃磨，由于可重磨次数不多，故不常用。

② 棱形成形车刀（图 7-8）的外形为棱柱体，刀头厚，可重磨次数增多，切削刃强度和加工精度较高；但其制造复杂，且不能加工内表面。通常用的棱形成形车刀的进给方向为工件的径向，它与割刀的进给方向是相同的。

③ 圆形成形车刀（图 7-9）的外形为回转体，沿圆周开缺口磨出切削刃，可重磨次数更多，因其制造较为简单，且可加工成形孔，故应用最多。

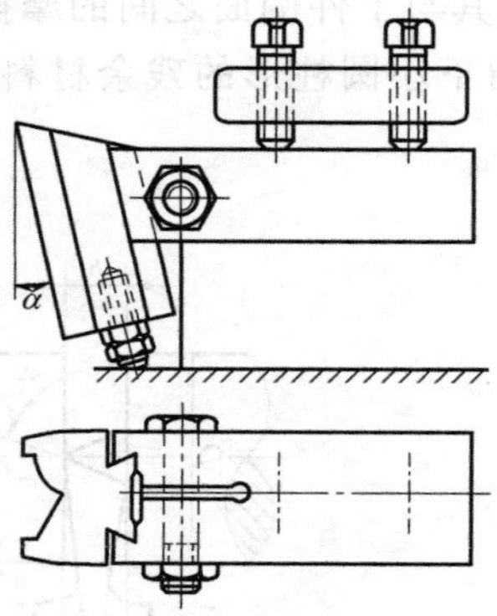

图 7-8　棱形成形车刀

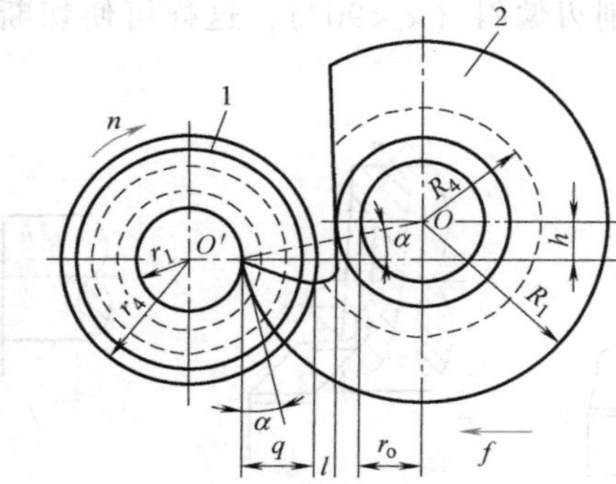

图 7-9　圆形成形车刀

1—工件　2—成形车刀

(4) 车削的加工精度　车削工件的内、外旋转表面时，加工技术要求包括表面本身精度（尺寸精度、形状精度）、表面相互位置精度（同轴度、垂直度、平行度）、表面粗糙度以及热处理要求等，它们在零件工作图上都有一定的标注方法。例如，卧式车床车削可达到的加工精度常标注如下：

尺寸公差等级不超过 IT6 级；

精车表面的表面粗糙度值可达 $Ra1.6 \sim 2.5\mu m$；

精车外圆的圆度为 0.01mm；

精车外圆的圆柱度为 0.01mm/100mm；

精车端面的平面度为 0.02mm/300mm；

精车螺纹的螺距精度为 0.04mm/100mm；0.06mm/300mm。

2. 铣削

(1) 铣削的加工范围和特点

1) 铣削的加工范围。在机械加工中，铣削是切削效率较高的一种加工方法。铣削可以加工平面、台阶面、沟槽（键槽、T 形槽、燕尾槽）、分齿零件（齿轮、链轮、棘轮、花键轴等）、螺旋形表面（螺纹、螺旋槽）及各种曲面等。图 7-10 所示为铣削范围，可见，铣

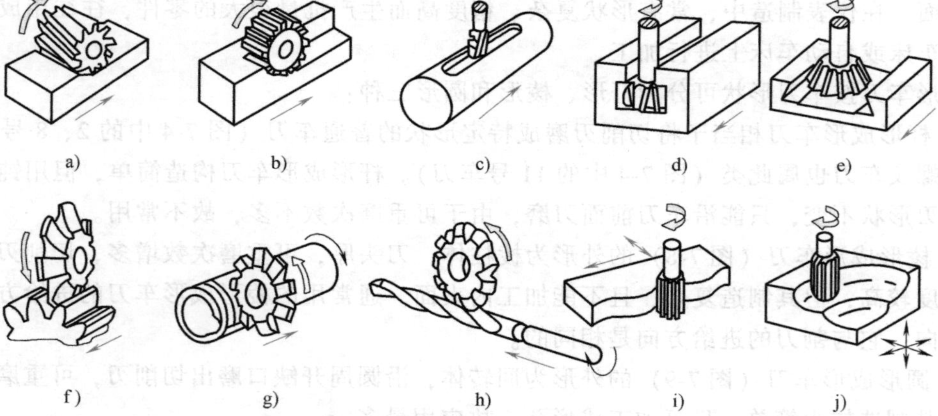

图 7-10　铣削加工范围

削可以加工各种形状的表面。用精铣刀加工导轨面，加工表面粗糙度值为 $Ra0.4\sim0.8\mu m$，可代替精刨和磨削工艺，大大提高了生产率，是一种高效切削加工方法。

2）铣削过程及其特点。铣削过程与车削过程类似，其加工表面也是由旋转运动和直线运动两个表面形成运动形成的，所不同的仅仅是以铣刀的旋转主运动 n（图 7-11）代替了车削中工件的旋转主运动，而进给运动 v_f则为工件在垂直于铣刀轴线方向的直线运动。

铣刀实质上是一种由若干车刀组成的多刃刀具，从图 7-12 中可以看出，铣刀是一个形状复杂的多刃刀具，有很多刃口分布在其回转表面上，每个刀齿就相当于一把旋转的车刀，铣削过程就是由多把旋转的车刀在做切削加工。但它与车削过程仍有以下不同之处：

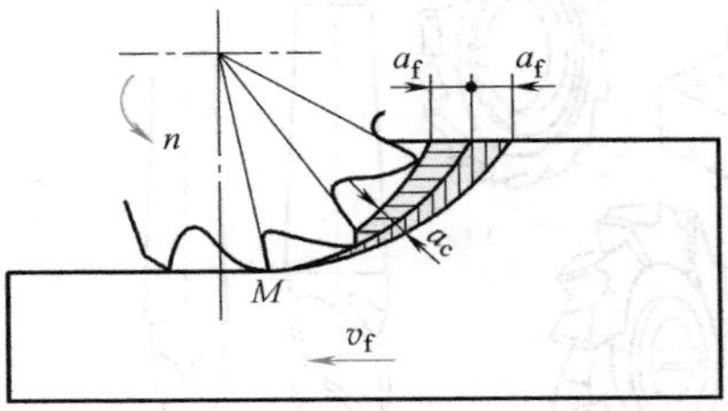

图 7-11 铣削过程示意图

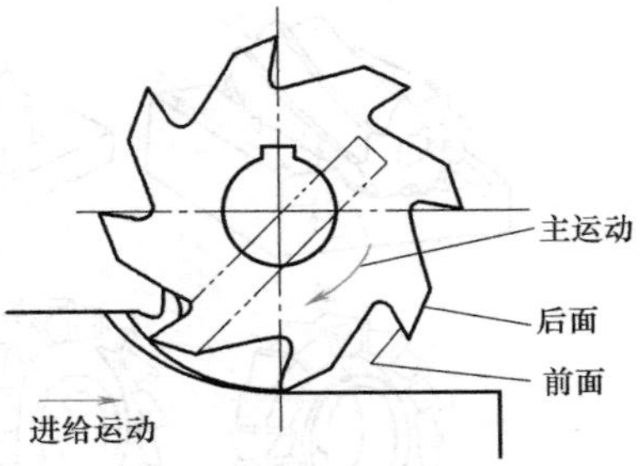

图 7-12 棱形成形铣刀

① 断续的切削过程 铣刀刀齿切入工件是一个断续地、周期性受冲击的切削过程，容易加速刀齿磨损，因此加工表面的质量会受到影响，并且刀具也常有崩刃破损的可能。

② 切削厚度具有时变特性。切削厚度是相邻刀齿切削刃运动轨迹之间的距离。铣削时，切削厚度 a_c是随时变化的（图 7-11）。当刀齿最初切入工件时，理论上 a_c为零，由于刀齿刃口有圆弧半径 ρ_0，开始切削时，切削刃将在工件表面上滑动一段距离（至 M 点），直至 $a_c \geqslant \rho_0$（$\rho_0=0.01\sim0.1mm$）时，才能切入工件。在最初切入阶段，刀具前角 γ_o为负值（γ_o可达$-40°$），此时刀具对工件的压力很大，摩擦剧烈，切削温度急剧上升，表面冷硬层加深，表面粗糙度值变大，同时加速了铣刀刀齿的磨损。

③ 铣削力波动。铣削过程中，刀齿断续地进行切削，并且切削厚度 a_c和铣削宽度 a_e又经常不断地在变化，这是铣削力和转矩不断变化的主要原因。此外，铣刀上的各个刀齿在刃磨后很难保证仍处于同一圆周或端面上，这更增加了铣削力的波动，从而使机床、刀具这一机械加工系统发生振动，造成铣削过程不平稳，降低了工件表面的加工质量，并加剧了铣刀的磨损。

④ 切屑的变形程度大。切削过程中，刀具切下的切屑长度小于切削层长度，切削层长度与切屑长度之比称为变形系数 $\xi(\xi>1)$。变形系数 ξ 直观地反映了切屑的变形程度。采用外圆车削和端面铣削两种切削方式，在相同的条件下加工 45 钢进行试验，图 7-13 和图 7-14 所示分别为两种切削方式的切削速度 v 和进给量 f（铣削中为单齿进给量 a_f）对变形系数 ξ 的影响。

由图可知，铣削和车削具有相同的变形规律，但铣削时切屑的塑性变形比车削时大 25%左右。这是由于铣削是从切削层厚度为零（或较小）处逐渐切入工件的，而车削的切削厚度一直是稳定不变的。

（2）铣刀的种类

1）按用途分类。铣刀的种类很多，按用途不同可分为图 7-15 所示的几种。

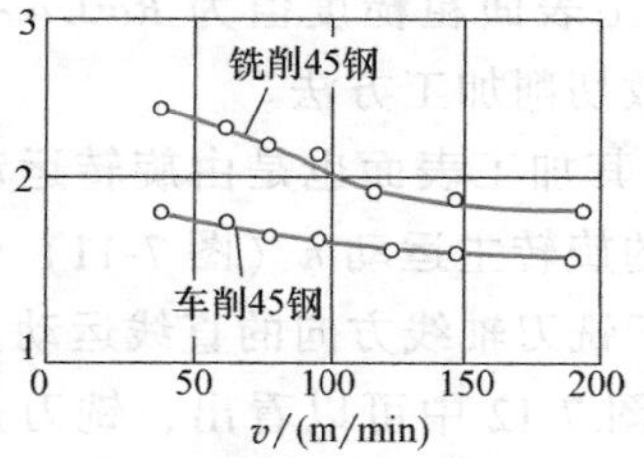

图 7-13 切削速度与变形系数的关系

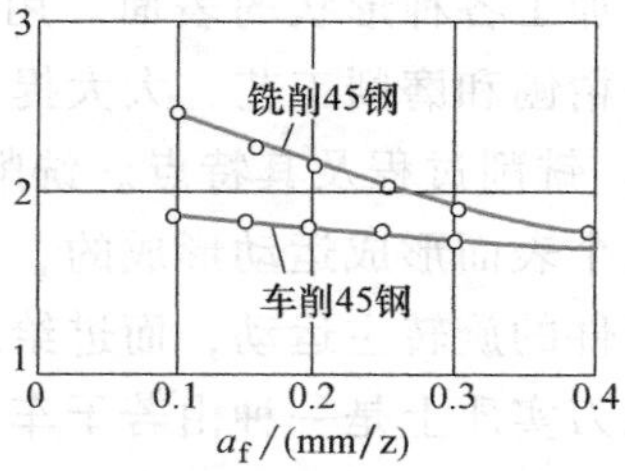

图 7-14 进给量与变形系数的关系

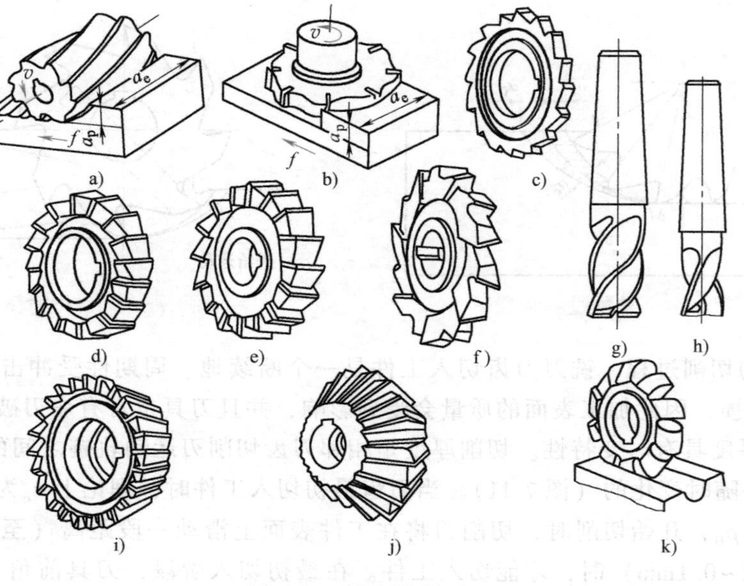

图 7-15 铣刀的类型

a) 圆柱铣刀 b) 硬质合金面铣刀 c) 槽铣刀 d) 两面刃铣刀 e) 三面刃铣刀 f) 错齿三面刃铣刀 g) 立铣刀 h) 键槽铣刀 i, j) 角度铣刀 k) 成形铣刀

① 圆柱铣刀（图 7-15a）。刀具的多个刀齿分布在圆柱面上，每个刀齿呈螺旋形，可提高切削加工的平稳性。这种刀具装在卧式铣床上，用来在中小型工件上加工狭长平面和带圆弧收尾的平面。由于刀具由整体高速工具钢材料制成，故它的切削性能差，加工生产率较低。

② 硬质合金面铣刀（图 7-15b）。这种刀具装在立式铣床上，用来加工大平面，有极高的生产率。加工时，由分布在圆锥面或圆柱面上的主切削刃起切削作用，而端部切削刃为副切削刃，起辅助切削作用。刀具的结构是将硬质合金刀片焊接在刀头上，再用机械方式把刀头夹固在刀体上。还有一种刀片可转位的面铣刀结构，它直接将多边形刀片夹固在刀体上。在切削刃磨钝后，转动刀片由另一个新刃口担任切削。可转位刀片的面铣刀能顺利地解决刃磨精度问题，也没有焊接和刃磨时产生的内应力，因而可采用较大的切削速度和进给量，加工生产率高，它是铣刀的一个发展方向。

③ 沟槽铣刀（图 7-15c）。沟槽铣刀用来加工沟槽。刀具的主切削刃分布在圆周表面上，两端面的副切削刃仅参加一部分切削和修光工作。

④ 两面刃铣刀（图 7-15d）。在刀具的一侧端面上也有刀齿，这种刀具用于加工台阶面。为了改善切削条件，可采用斜齿结构。

⑤ 三面刃铣刀（图 7-15e）。刀具两侧面均有切削刃，由于直齿切削刃在全齿宽上同时参加切削，切削力波动大，为增加切削平稳性，可用图 7-15f 所示的错齿结构。

⑥ 错齿三面刃铣刀（图 7-15f）。刀具相邻两刀齿交错地左斜和右斜排列，以改善切削条件。这种铣刀用来切槽和加工台阶面，应用范围很广泛。

⑦ 立铣刀（图 7-15g）。立铣刀可加工平面、台阶面、槽和相互垂直的平面。刀齿制成螺旋形，有利于切削和排屑，加工中可采用较大的进给量和背吃刀量。

⑧ 键槽铣刀（图 7-15h）。键槽铣刀专用于加工键槽，其与立铣刀的区别在于，刀瓣仅有两个且端面切削刃延伸到刀具中心，可使端面切削刃担任主要切削作用。刀具在加工中先做轴向进给，直接切入工件，然后沿键槽方向运动，铣出键槽全长。

⑨ 角度铣刀（图 7-15i、j）。角度铣刀专用来铣沟槽和斜面。铣刀刀齿分布在圆锥面上，刀齿长度不能太大，否则会影响排屑。

⑩ 成形铣刀（图 7-15k）。由于其刀齿廓形与工件加工表面吻合，故这种刀具是需要根据加工表面形状而专门设计制造的。

2）按刀齿的疏密程度分类。铣刀还可按刀齿的疏密程度分为粗齿铣刀和细齿铣刀。粗齿铣刀的刀齿齿数少，刀齿强度高，容屑空间大，适用于粗加工；而细齿铣刀的齿数多，容屑空间小，适用于精加工。

3. 刨削

刨削时，刀具的往复直线运动为切削主运动，如图 7-16 所示。因此，刨削速度不可能太高，生产率较低。刨削比铣削平稳，其尺寸公差等级一般可达 IT8~IT7，表面粗糙度值为 $Ra1.6 \sim 3.2\mu m$，精刨时平面度可达 0.02mm/1000mm，表面粗糙度值可达 $Ra0.4 \sim 0.8\mu m$。牛头刨床一般只用于单件生产，加工中小型工件；龙门刨床主要用来加工大型工件，加工精度和生产率都高于牛头刨床。

插床实际上可以看作立式牛头刨床，主要用来加工键槽等内表面。插齿机的插刀与转动的工件形成展成运动，可加工出渐开线齿轮的齿面。

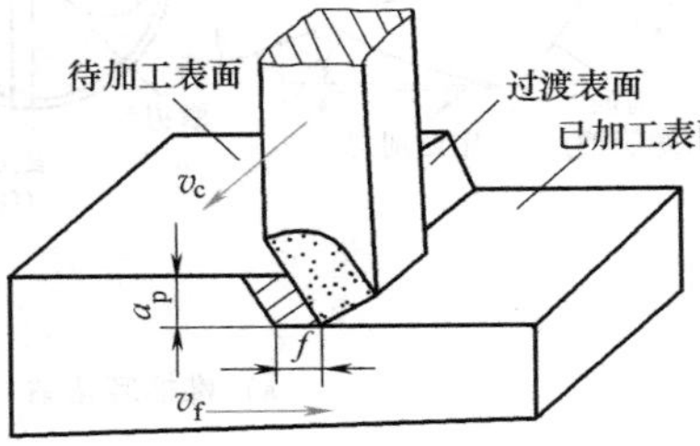

图 7-16 刨削加工

4. 钻削与镗削

机械加工中，各种零件上常常有许多孔需要加工，通常在工件上形成孔以及扩大或修整已有孔（图 7-17）的加工方法有钻孔、扩孔、锪孔、镗孔和铰孔等，所使用的刀具统称为孔加工刀具。孔加工刀具在金属切削加工中的应用极为广泛。

（1）从实体材料上加工出孔的刀具　这种刀具称为钻头。它只能用来加工精度要求不高的孔，或为精度要求较高的孔做预加工。钻头有以下类型：

1）扁钻是使用得最早的一种钻孔刀具，如图 7-18 所示。它的结构存在一些严重缺点，如前角太小、排屑困难、导向性差、可重磨次数少等，因而影响了其切削性能和加工质量，一般情况下很少使用。但扁钻具有结构简单、制造方便、价格低、易采用硬质合金刀片等优点，所以在钻削脆硬材料或加工规格特殊的成形孔、阶梯孔以及浅孔时，常用到扁钻。

扁钻有整体式（图 7-18a）和装配式（图 7-18b）两类。整体式扁钻主要用于加工直径在 ϕ12mm 以下的孔，在钻微孔（$d_a<\phi$1mm）时，尤为经济适用；装配式扁钻主要用于较大直径的孔加工。

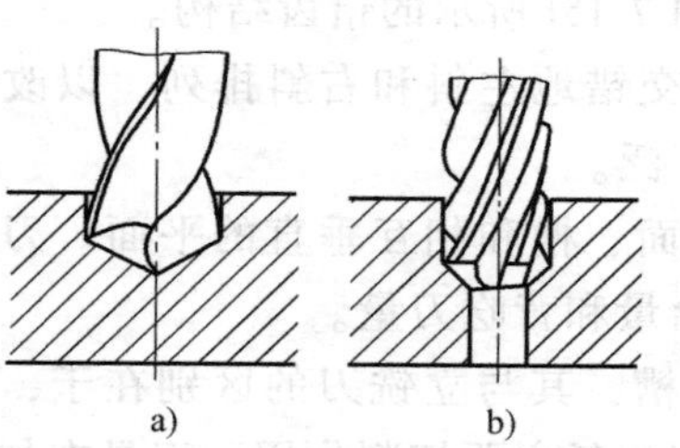

图 7-17 孔加工示意

a）在实体材料上加工孔 b）对已有孔进行加工

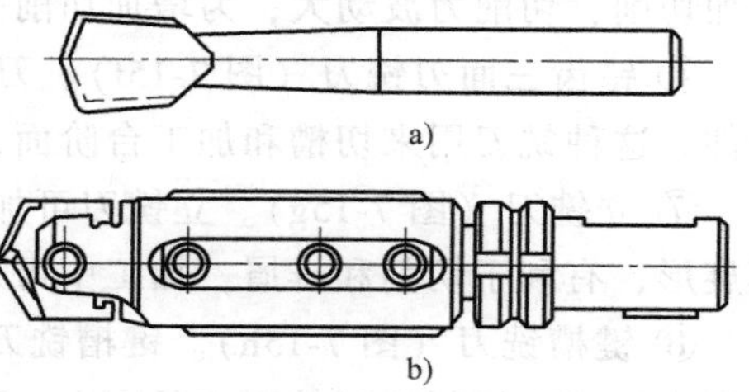

图 7-18 扁钻

2）麻花钻是一种形状较为复杂的钻孔刀具，因其排屑槽呈螺旋状而得名，在目前孔加工中应用最为广泛。麻花钻有直柄和锥柄两种形式（图 7-19）。国家标准规定麻花钻的直径为 ϕ0.5~ϕ75mm。它的加工公差等级一般能达到 IT11~IT13，表面粗糙度值能达到 Ra 6.3~12.5μm。

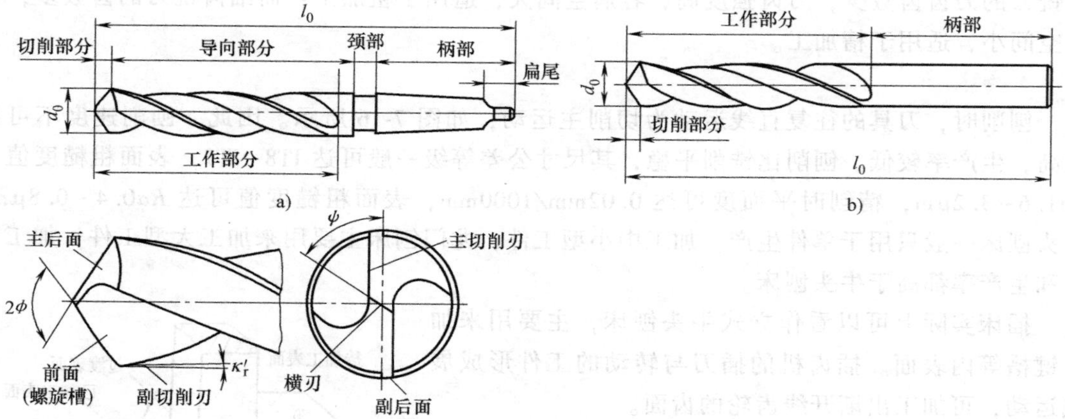

图 7-19 麻花钻的结构

a）锥柄麻花钻 b）直柄麻花钻 c）标准麻花钻的切削部分

3）深孔钻。通常称钻削深孔（孔深与直径之比大于 5）时所用的钻头为深孔钻，如图 7-20 所示。深孔加工时的工作条件差、排屑困难、刀杆刚性差、切削液难以注入，加工中，常采用高压切削液进行冷却和强迫排屑。

（2）对已有孔进行加工的刀具 这类刀具能扩大孔径，提高孔的加工精度，常用的有以下几种：

1）扩孔钻的形状与麻花钻相似，只是齿数多，一般有 3~4 个齿，故导向性能较好，切削平稳，扩孔加工余量小，参与工作的主切削刃较短，与钻孔相比大大改善了切削条件；扩孔钻的容屑槽浅，钻芯较厚，刀体强度高，刚性好。因此，扩孔钻钻孔的加工质量比麻花钻高。

扩孔钻主要有两种类型：整体锥柄扩孔钻（图 7-21），扩孔范围为 $\phi10 \sim \phi32mm$；套式扩孔钻（图 7-22），扩孔范围为 $\phi25 \sim \phi80mm$。扩孔钻的加工公差等级一般可达 IT10 ~ IT11，表面粗糙度值可达 $Ra3.2 \sim 6.3\mu m$，常用于铰孔或磨孔前的扩孔，以及一般精度孔的最后加工。

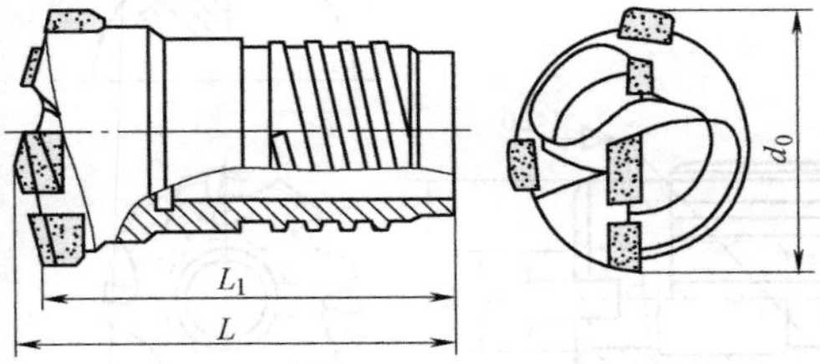

图 7-20 深孔钻

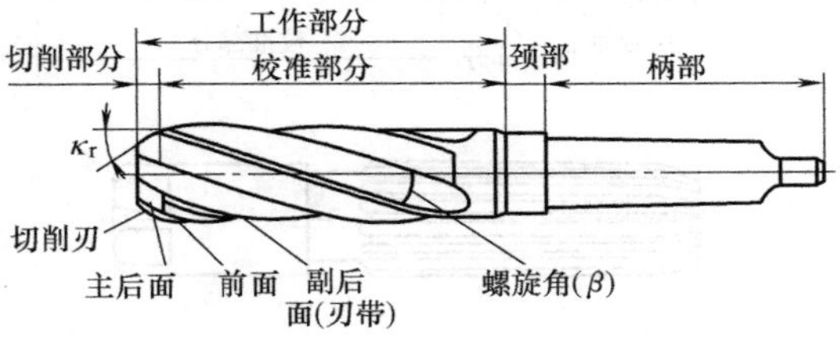

图 7-21 整体锥柄扩孔钻

2）锪钻（图 7-23）用来加工各种沉头孔、锥孔、端面凸台等。

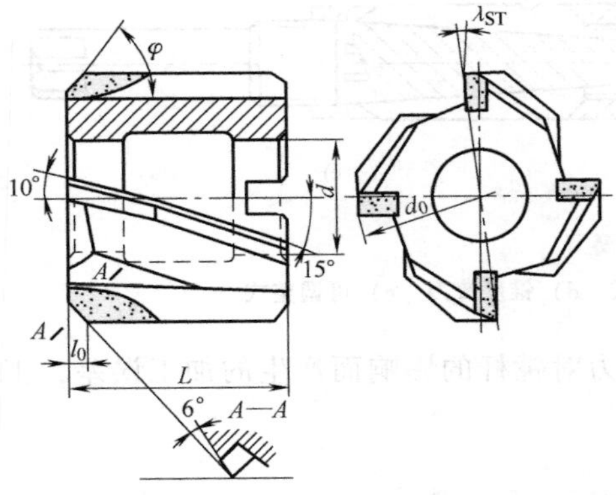

图 7-22 套式扩孔钻

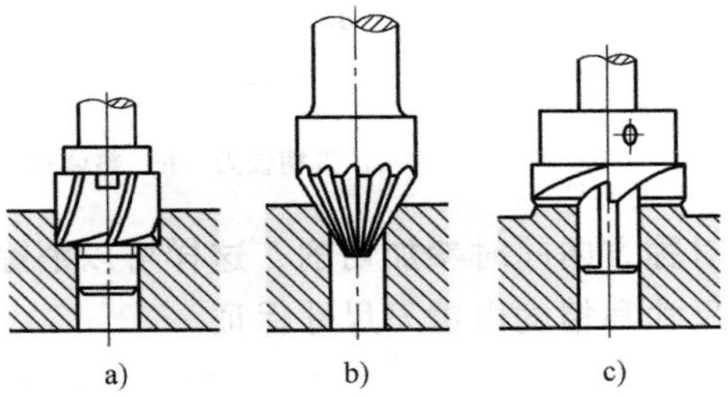

图 7-23 锪钻

a）加工沉头孔 b）加工锥孔 c）加工端面凸台

3）铰刀（图 7-24a）是用于提高被加工孔质量的半精加工和精加工刀具。由于其加工余量更小，刀齿数目更多（$z=6 \sim 12$），又有较长的修光刃，切削更加平稳，因此加工精度和表面质量都很高。

铰刀分为手工铰刀和机用铰刀两种类型。手工铰刀有整体式和可调整式之分，机用铰刀有带刀柄和套装式两种结构，用于加工锥形孔的铰刀称为锥度铰刀，如图 7-24b ~ d 所示。铰削的加工公差等级可达 IT6 ~ IT8。表面粗糙度值为 $Ra0.4 \sim 1.6\mu m$。由于铰孔的生产率较高，加工费用低，质量好，因此其在中、小直径孔的精加工中应用极为广泛。

4）镗刀是一种使用范围较广的刀具。它可以对不同直径和形状的孔进行粗、精加工，特别是加工一些大直径的孔和孔内环槽时，镗刀几乎是唯一可用的刀具。镗刀的突出优点是能够修整上道工序所造成的轴线歪曲、偏斜等缺陷，所以镗刀宜用来进行孔距精度要求较高的孔系加工。镗削加工公差等级为 IT6 ~ IT11，表面粗糙度值为 $Ra0.8 \sim 6.3\mu m$。

镗刀分单刃镗刀和多刃镗刀两大类。单刃镗刀只有一个主切削刃（图 7-25），其结构简单，制造方便，通用性强，但加工精度难以控制，生产率较低。双刃镗刀两端都有切削刃，

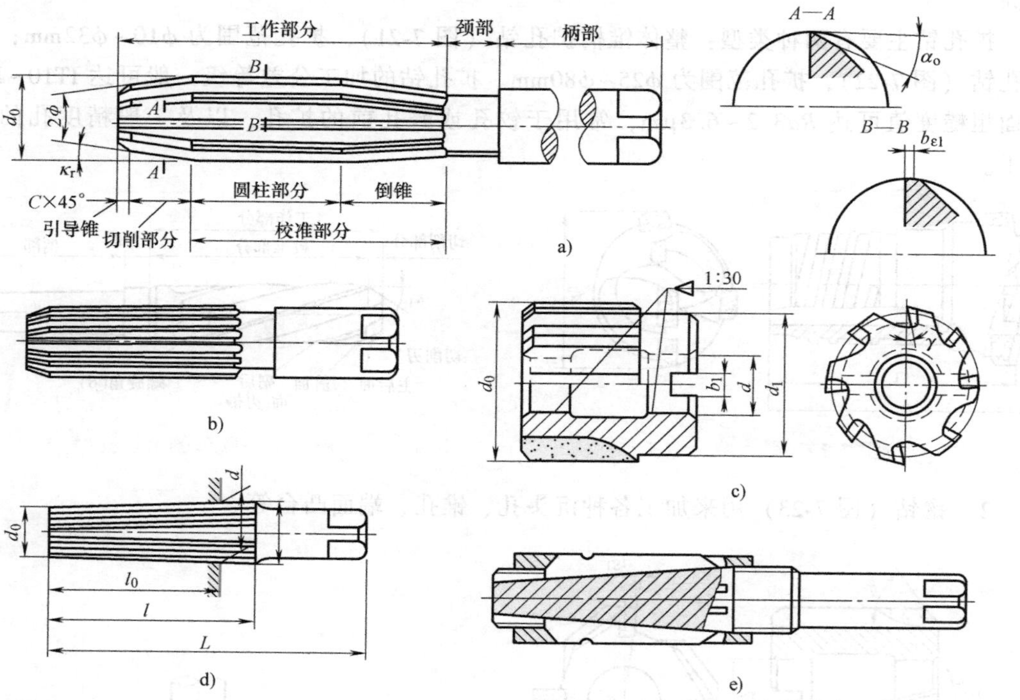

图 7-24 铰刀

a）带柄铰刀 b）整体式 c）套装式 d）锥度铰刀 e）可调整式

在对称方向同时参加切削，这样可以消除因背向力对镗杆的影响而产生的加工误差，工件孔径尺寸和精度由镗刀尺寸保证。

5. 磨削

在近代机械制造中，磨削加工占有非常重要的地位，机器零件凡是加工公差等级要求在 IT6 级以上的，往往都需要经过一道或数道磨削加工工序。磨削加工是利用磨料制成的诸如砂轮、砂带、油石之类的磨具，从工件表面切去细微切屑的一种加工过程。目前，磨削已广泛用于金属及其他材料的精加工，成为一种主要的加工方式。磨削与其他切削加工方法比较，有如下独特的优点：

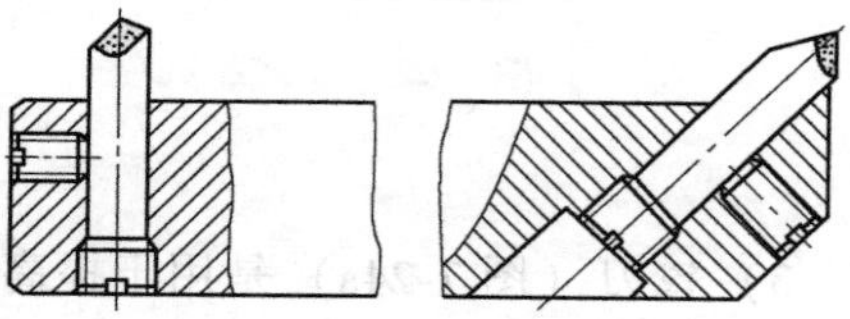

图 7-25 单刃镗刀

1）可以加工很硬的材料。磨具的磨料为刚玉（Al_2O_3）、碳化硅（SiC）以及碳化硼（B_4C_3）等材料，它们的硬度很高，仅次于金刚石，能加工淬硬钢、硬质合金及其他较硬的工件材料。其他切削方式的刀具，由于刀具材料硬度不高，就不可能对淬硬钢之类的工件进行加工。

2）可以获得较高的加工精度。砂轮的颗粒很小，不能从工件上切下大的切屑，由于切削力很小，“机床-刀具-工件”这一工艺系统几乎不会变形，从而保证了工件的加工精度。此外，磨料很硬，可刮下很小的切屑，在砂轮切入工件 0.1μm 时，就可见火花（即有磨屑产生），所以经过磨削加工后的零件，其尺寸误差可控制在 1~2μm 之内。

3）经过磨削后的零件，不需再用手工修配，既节省很多钳工工时，又便于装配。在内、外圆表面磨削中，又具有进给速度高和无空行程的特点，可使切削机动时间减少很多。

目前的零件加工中，磨床不仅已成为最后加工所不可缺少的一种机床，同时还可加工其他机床所不能加工的硬度很高的工件。

基于上述特点，目前磨削加工的应用范围很广（图 7-26），可用来磨削零件的各种回转表面（外圆、内圆、圆锥面等）、平面、沟槽、成形表面及刃磨各种切削刀具等。此外，磨削也可用于清理毛坯和完成割断工序，甚至对于余量不大的精密锻造或铸造的毛坯也可以直接磨削成零件成品。

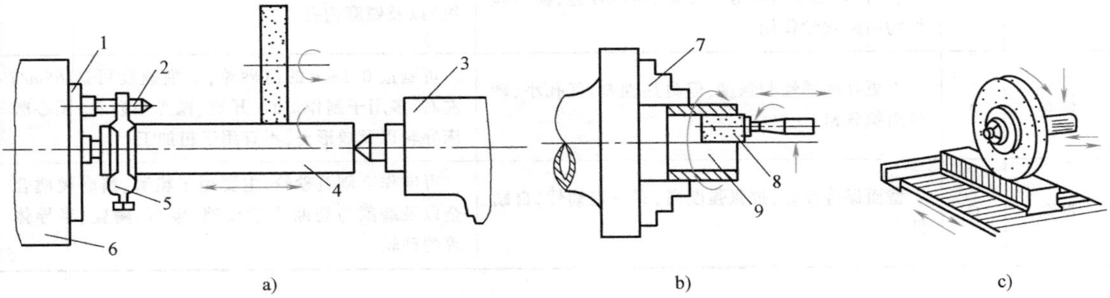

图 7-26 磨削加工范围

a）磨外圆 b）磨内孔 c）磨平面

1—拨盘 2—拨销 3—尾座 4、9—工件 5—鸡心夹头 6—头架 7—自定心卡盘 8—砂轮

（1）砂轮的性质 砂轮的性质取决于其磨料、黏结剂、粒度、硬度和组织结构等因素。

1）磨料。磨料在砂轮中呈颗粒状，它直接担任切削工作，因此必须具有很高的硬度与耐热性，并有一定的韧性和锋利的几何形状。目前用于制造砂轮的几种人造磨料的特性和用途见表 7-1。

表 7-1 几种人造磨料的特性和用途

种类	磨料名称	代号	主要成分	性质	颜色	用途	
刚玉类	普通刚玉	G	Al_2O_3 质量分数约为 87%	抗弯强度大，韧性好，刚度低	土褐色	磨削韧性材料	不锈钢、可锻铸铁、硬青钢等
	白刚玉	GB	Al_2O_3 质量分数约为 97%		白色		淬火钢、铝件、用于精磨及成形磨
碳化物类	黑碳化硅	T	SiC 质量分数大于 95%	硬度高，较脆，很锐利	黑色	磨削硬脆材料	硬铸铁、黄铜、软青铜等
	绿碳化硅	TL	SiC 质量分数大于 97%		绿色		硬质合金和工具钢
	碳化硼	TP	B_2C_3	极硬，很脆	黑色		制粉末，研磨硬质合金
氮氧化物类	氮化硼		立方氮化硼	极硬，抗弯强度为氧化铝的 2 倍，热稳定性好		磨削极硬材料	高硬度钢高强度钢、硬质合金

2）黏结剂。黏结剂是把许多细小的磨粒粘结在一起而组成砂轮的材料。砂轮能否耐

蚀、能否承受冲击和抗潮湿以及经受高速旋转而不致裂开等，主要取决于黏结剂的成分和性质。常用黏结剂的性质和用途见表 7-2。

表 7-2 常用黏结剂的性质和用途

黏结剂	代号	性质	用途
陶瓷	A	粘结强度高，刚性大，耐热、耐温、耐蚀性都很好，能很好地保持廓形；但脆易裂，韧性及弹性较差，不能承受冲击和弯曲载荷	除切割工件或磨削窄槽外，可用在一切砂轮上，工厂中 80%的砂轮是用黏土、滑石、硅石等陶瓷材料配制而成的
树脂	S	强度高，弹性好，韧性好，不易碎裂；但耐热性差，工作时必须有良好的冷却，耐蚀性差，易与碱性物质起化学作用	切断、磨槽、磨淬火钢刀具、磨成形表面（如螺纹）以及镗磨内孔
橡胶	X	有更好的弹性和强度，但耐热性差，气孔小，砂轮组织致密	可制造 0.1mm 的薄砂轮，切削速度可达 65m/s 左右，多用于制作切断、开槽、抛光用砂轮，无心磨床导轮以及成形磨，不宜用于粗加工
青铜	Q	型面保持性好，抗张强度高，有一定韧性，自励性差	可制作金刚石砂轮，主要用于粗磨、精磨硬质合金以及磨削与切断光学玻璃、宝石、陶瓷、半导体等的砂轮

3）粒度。粒度是指磨料的颗粒尺寸（μm）。对于用筛选法获得的磨粒来说，粒度号是用 1in（1in=0.0254m）长度内有多少孔的筛网来命名的。而用 W××表示的微粉，其粒度是用显微镜分析法来测量的，W 后的数字（粒度号）是表示磨料颗粒最大尺寸的微米数。

4）硬度。砂轮的硬度并不是指磨粒本身的硬度，而是指砂轮工作表面的磨粒在外力作用下脱落的难易程度。即磨粒容易脱落的，砂轮硬度为软；反之，砂轮硬度为硬。同一种磨料可做出不同硬度的砂轮，这主要取决于黏结剂的成分。砂轮硬度从“超软”到“超硬”可分成 7 级，其中再分小级，见表 7-3。

表 7-3 砂轮硬度等级

硬度等级(代号)	小级(代号)	硬度等级(代号)	小级(代号)
超软(CR)	超软 3(CR3)、超软 4(CR4)	中硬(ZY)	中硬 1(ZY1)、中硬 2(ZY2)、中硬 3(ZY3)
软(R)	软 1(R1)、软 2(R2)、软 3(R3)	硬(Y)	硬 1(Y1)、硬 2(Y2)
中软(ZR)	中软 1(ZR1)、中软 2(ZR2)	超硬(CY)	
中(Z)	中 1(Z1)、中 2(Z2)		

一般磨削硬材料（如淬硬钢、硬质合金等）时，磨料磨钝得快，希望及早脱落，所以应选用软砂轮；磨削软材料时，则应用硬砂轮。但磨削特别软的材料（如纯铜等）时应用软砂轮，以免切屑堵塞砂轮表面。在机械加工中，常用的砂轮硬度等级是 R2 至 Z2，粗磨钢锭及铸件时常用 ZY2。

（2）砂轮的选用　正确选用砂轮对磨削加工起着重要的作用。砂轮选用得正确与否，应根据工件磨削后所得的形状、尺寸、表面粗糙度和表面质量等来衡量，选用砂轮时则主要依据砂轮的形状、类型、硬度以及磨钝后修整等因素。

为了选用方便，砂轮截面形状和尺寸均已标准化了，根据加工工件形状和加工要求，制成表 7-4 所列的各种形状的砂轮。一般砂轮形状中以 P 型使用最广泛，可用于磨削外圆、磨削平面、无心磨削、刃磨刀具等。PSA 型用于磨削外圆与刃磨刀具。B 型、BW 型常用于磨削平面及刃磨刀具。N 型用于磨削平面。刃磨铣刀常用 D 型砂轮，磨削齿轮用 D 型与 PSX 型砂轮。为适应生产中工件切割和切槽的需要，又发展了表 7-5 以外的代号为 PB 的薄型砂轮。

表 7-4　砂轮的形状与代号

形状	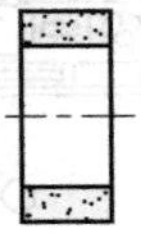	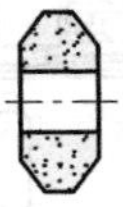	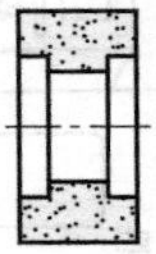	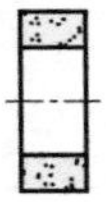	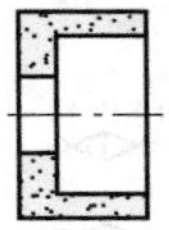	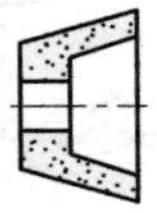	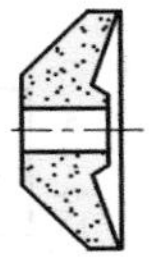
名称	平形	双边斜	双边凹	筒形	杯形	碗形	碟形
代号	P	PSX	PSA	N	B	BW	D

选用砂轮时，在可能的情况下，其外径应尽量选得大些，这样可以提高砂轮的圆周速度，以降低工件的粗糙度值和提高生产率。砂轮宽度应根据机床的刚度、功率大小来决定，机床刚性好、功率大时，可使用宽砂轮。

6. 齿面加工

齿轮齿面的加工运动较复杂，根据形成齿面的方法不同，可分为两大类：成形法和展成法。成形法加工齿面所使用的机床一般为普通铣床，刀具为成形铣刀，需要两个简单成形运动：刀具的旋转运动（主运动）和直线移动（进给运动）。展成法加工齿面的常用机床有滚齿机（如 Y3150E 型滚齿机）、插齿机等。

在滚齿机上滚切斜齿圆柱齿轮时，一般需要两个复合成形运动：由滚刀的旋转运动 B_{11} 和工件的旋转运动 B_{12} 组成的展成运动；由刀架的轴向移动 A_{21} 和工件的附加旋转运动 B_{22} 组成的差动运动。前者产生渐开线齿形，后者产生螺旋线齿长。图 7-27 所示为滚齿机滚切斜齿圆柱齿轮的传动原理，共有四条传动链：①速度传动链：电动机→1→2→u_v→3→4，即主运动传动链，它使滚刀和工件共同获得一定速度和方向的运动；②展成传动链：4→5→Σ→6→7→u_x→8→9，产生展成运动并保证滚刀与工件之间的严格运动关系（工件转过一个齿，滚刀转过一个齿）；③轴向进给传动链：9→10→u_f→11→12，使刀架获得轴向进给运动；④差动传动链：12→13→u_y→14→15→Σ→6→7→u_x→8→9，保证差动运动的严格运动关系（刀架移动一个导程，工件转一周）。四条传动链中，速度传动链和轴向进给传动链为内联系传动链。滚切直齿圆柱齿轮时，不需要差动运动。滚切蜗轮的传动原理与滚切圆柱齿轮时相似。

图 7-28 所示为 Y3150E 型滚齿机。立柱 2 固定在床身 1 上，刀架溜板 3 可沿立柱上的导轨做轴向进给运动。滚刀安装在刀杆 4 上，可随刀架体 5 倾斜一定的角度（滚刀安装角），以便用不同旋向和螺旋升角的滚刀加工不同的工件。加工时，工件固定在工作台 9 的心轴 7 上，可沿床身导轨做径向进给运动或调整径向位置。

7. 复杂曲面加工

三维曲面的切削加工，主要采用仿形铣削和数控铣削的方法或特种加工方法。仿形铣削必须有原型作为靠模，加工中球头仿形头始终以一定压力接触原型曲面，仿形头的运动变换为电感量，信号经过放大控制铣床三个轴的运动，形成刀头沿曲面运动的轨迹。铣刀多采用

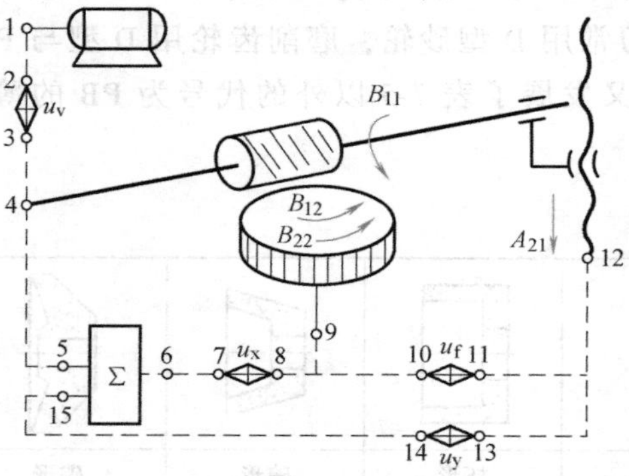

图 7-27 滚切斜齿圆柱齿轮的传动原理

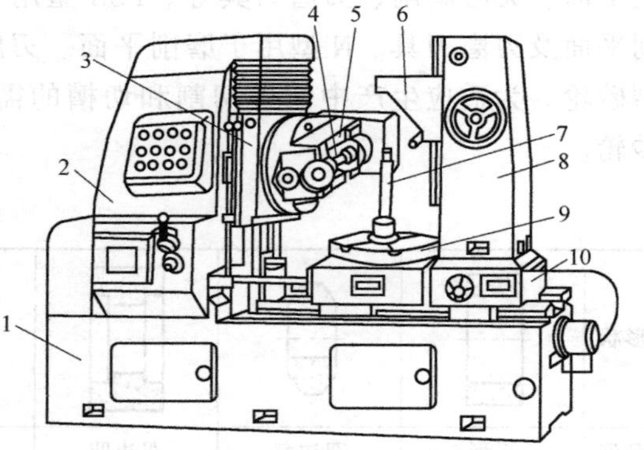

图 7-28 Y3150E 型滚齿机

1—床身 2—立柱 3—刀架溜板 4—刀杆 5—刀架体 6—支架 7—心轴 8—后立柱 9—工作台 10—床鞍

与仿形头相等半径的球头铣刀。原型一般采用工件样件，可通过手工制作或快速成形方法制造。仿形加工的误差取决于原型精度、靠模压力、切削用量及曲面本身的复杂程度等。

数控技术的出现为曲面加工提供了更有效的方法。在数控铣床或加工中心上加工时，曲面是通过球头铣刀按曲面坐标值逐点加工而成的。在编制数控程序时，要考虑刀具半径补偿，因为数控系统控制的是球头铣刀球心位置轨迹，而成形面是球头铣刀切削刃运动的包络面。曲面加工数控程序的编制，一般情况下可由 CAD/CAM 集成软件包（大型商用 CAD 软件都有 CAM 模块）自动生成，特殊情况下还要进行二次开发。

采用加工中心加工复杂曲面的优点：加工中心上有刀库，配备了几十把刀具，对曲面的粗、精加工及凹曲面的不同曲率半径的要求，都可选到合适的刀具；同时，通过一次装夹，可完成各主要表面及辅助表面，如孔、螺纹、槽等的加工，有利于保证各加工表面的相对位置精度。

8. 特种加工

科学技术的发展提出了许多传统切削加工方法难以完成的加工任务，如具有高硬度、高强度、高脆性或高熔点的各种难加工材料（如硬质合金/钛合金、淬火工具钢、陶瓷、玻璃等）零件的加工，具有较低刚度或复杂曲面形状的特殊零件（如薄壁件、弹性元件、具有复杂曲面形状的模具、叶轮机的叶片、喷丝头等）的加工等。特种加工方法正是为完成这些加工任务而产生和发展起来的。

特种加工方法区别于传统切削加工方法，是利用化学、物理（电、声、光、热、磁）或电化学方法对工件材料进行去除的一系列加工方法的总称，包括化学加工（CHM）、电化学加工（ECM）、电化学机械加工（ECMM）、电火花加工（EDM）、电接触加工（RHM）、超声波加工（USM）、激光束加工（LBM）、离子束加工（IBM）、电子束加工（EBM）、等离子体加工（PAM）、电液加工（EHM）、磨料流加工（AFM）、磨料喷射加工（AJM）、液体喷射加工（HDM）以及各类复合加工等。

（1）电火花加工　电火花加工是利用工具电极和工件电极间瞬时火花放电所产生的高温熔蚀工件材料来使工件成形的。电火花加工在专用的电火花加工机床上进行。图 7-29 为电火花加工原理示意图。电火花加工机床一般由脉冲电源、自动进给机构、机床本体及工作液循环过滤系统等部分组成，工件固定在机床工作台上。脉冲电源提供加工所需的能量，其两极分别接在工具电极与工件上。当工具电极与工件在自动进给机构的驱动下在工作液中相互靠近时，极间电压击穿间隙而产生火花放电，释放大量的热，工件表层吸收热量后达到很高的温度（10000℃以上），其局部材料因熔化至气化而被蚀除下来，形成微小的凹坑。工作液循环过滤系统强迫清洁的工作液以一定的压力通过工具电极与工件之间的间隙，及时排除电蚀产物，并将电蚀产物从工作液中过滤出去。多次放电的结果是工件表面产生大量凹坑，工具电极在自动进给机构的驱动下不断下降，其轮廓形状便被复印到工件上（工具电极材料尽管也会被蚀除，但其蚀除速度远小于工件材料）。

电火花加工机床已有系列产品，根据加工方式，可将其分成两种类型：一种是用特殊形状的工具电极加工相应工件的电火花成形加工机床（如前所述）；另一种是用线（一般为钼丝、钨丝或铜丝）电极加工二维轮廓形状工件的电火花线切割机床。

图7-30所示为电火花线切割机床的工作原理。储丝筒1正反方向交替地转动，带动电极丝4相对工件5上下移动；脉冲电源的两极分别接在工件和电极丝上，使电极丝与工件之间产生脉冲放电，对工件进行切割；工件安放在数控工作台上，通过工作台 *X-Y* 向驱动电动机2驱动，在垂直电极丝的平面内相对于电极丝做二维曲线运动，将工件加工成所需的形状。目前的电火花线切割机床还能实现电极丝的摆动，从而能加工出锥面等形状。

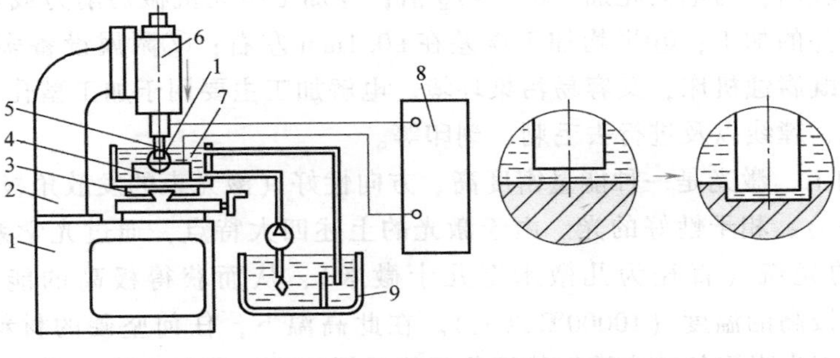

图7-29　电火花加工原理示意图

1—床身　2—立柱　3—工作台　4—工件电极　5—工具电极　6—自动进给机构　7—工作液　8—脉冲电源　9—工作液循环过滤系统

电火花加工的应用范围很广，适合加工各种硬、脆、韧、软和高熔点的导电材料，可以加工各种型孔（圆孔、方孔、异形孔）、曲线孔和微小孔（如拉丝模和喷丝头小孔），也可以加工各种立体曲面型腔，如锻模、压铸模、塑料模的模膛；既可以用来进行切断、切割，也可以用来进行表面强化、刻写、打印铭牌和标记等。

（2）电解加工　电解加工是利用金属在电解液中产生阳极溶解的电化学原理对工件进行成形加工的一种方法。电解加工原理示意图如图7-31所示。工件接直流电源正极，工具接负极，两极之间保持狭小的间隙（0.1～0.8mm），具有一定压力（0.5～

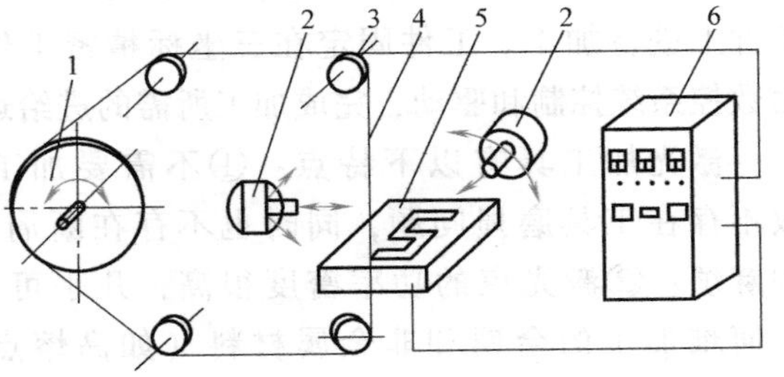

图7-30　电火花线切割加工机床的工作原理

1—储丝筒　2—工作台 *X-Y* 向驱动电动机　3—导轮　4—电极丝　5—工件　6—脉冲电源

2.5MPa）的电解液从两极间的间隙中高速（15~60m/s）流过。当阴极工具向阳极工件不断进给时，在面对阴极的工件表面上，金属材料按阴极型面的形状不断溶解，电解产物被高速电解液带走，于是工具型面的形状就相应地被复印在了工件上。

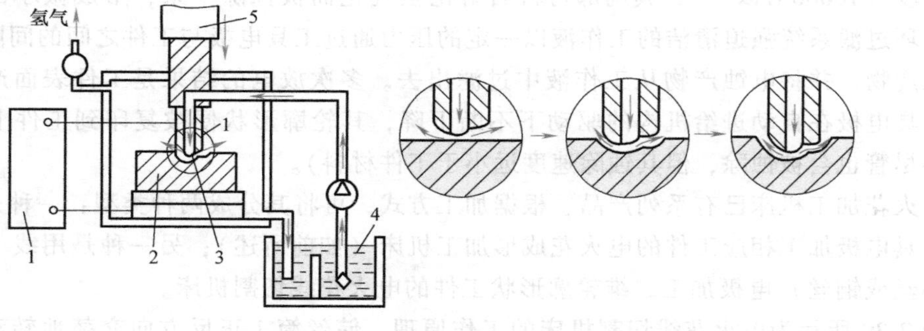

图 7-31　电解加工原理示意图

1—直流电源　2—工件　3—工具电极　4—电解液　5—进给机构

电解加工具有以下特点：①工作电压小（6~24V），工作电流大（500~20000A）；②能以简单的进给运动一次加工出形状复杂的型面或型腔（如锻模、叶片等）；③可加工难加工材料；④生产率较高，为电火花加工的5~10倍；⑤加工中无机械切削力或切削热，适用于易变形或薄壁零件的加工；⑥平均加工误差在±0.1mm左右；⑦附属设备多、占地面积大、造价高，电解液既腐蚀机床，又容易污染环境。电解加工主要用于加工型孔、型腔、复杂型面、小直径深孔、膛线以及进行去毛刺、刻印等。

（3）激光加工　激光是一种能量密度高、方向性好（激光束的发散角极小）、单色性好（波长和频率单一）、相干性好的光。由于激光的上述四大特点，通过光学系统可以使它聚焦成一个极小的光斑（直径为几微米至几十微米），从而获得极高的能量密度（107~1010W/cm^2）和极高的温度（10000℃以上）。在此高温下，任何坚硬的材料都将瞬时急剧熔化和蒸发，并产生强烈的冲击波，使熔化的物质爆炸式地喷射去除。激光加工就是利用这种原理熔蚀材料进行加工成形的。为了帮助熔蚀物的排除，还需对加工区吹氧（加工金属用），或吹保护性气体，如二氧化碳、氨等。

激光加工工艺由激光加工机完成。激光加工机通常由激光器、电源、光学系统和机械系统等组成，如图7-32所示。激光器（常用的有固体激光器和气体激光器）把电能转变为光能，产生所需的激光束，经光学系统聚焦后，照射在工件上进行加工。工件固定在三坐标精密工作台上，由数控系统控制和驱动，完成加工所需的进给运动。

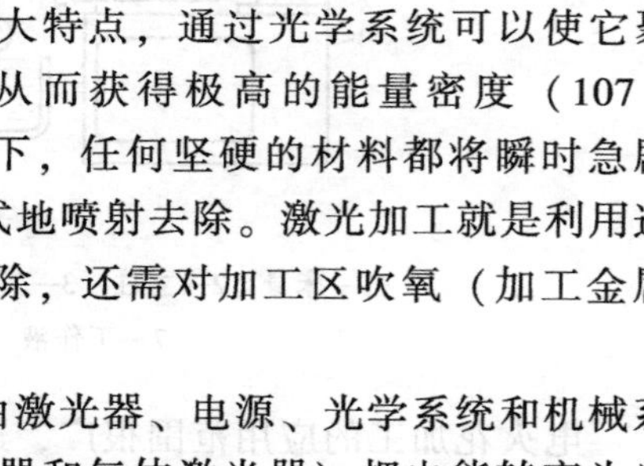

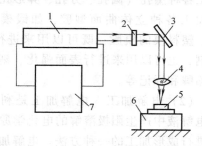

图 7-32　激光加工机示意图

1—激光器　2—光阑　3—反射镜　4—聚焦镜　5—工件　6—工作台　7—电源

激光加工具有以下特点：①不需要加工工具，故不存在工具磨损问题，同时也不存在断屑、排屑的麻烦；②激光束的功率密度很高，几乎可以加工任何难加工的金属和非金属材料（如高熔点材料、耐热合金及陶瓷、宝石、金刚石等硬脆材料）；③激光加工是非接触型加工，工件无受力变形；④加工部位所受热影响较小，工件热变形很小；⑤激光切割的切缝窄，切割边缘质量好。目前，激光加工已广泛用于金刚石拉丝模、钟表宝石轴承、发散式气冷冲片的多孔蒙皮、发动机喷油器、航空发动机叶片等的小孔加工，以及多种金属材料和非金属材料的切割加工。在大规模集成电路的制作中，已采用激光焊接、激光划片、激光热处理等工艺。

(4) 超声波加工　超声波加工是利用超声频（16~25kHz）振动的工具端面冲击工作液中的悬浮磨粒，磨粒对工件表面撞击抛磨来实现加工的一种方法，其加工原理如图 7-33 所示。超声波发生器将工频交流电能转变为具有一定功率输出的超声频电振荡，通过换能器将此超声频电振荡转变为超声机械振动，借助于振幅扩大棒把振动的位移幅值由 0.005~0.01mm 放大至 0.01~0.15mm，驱动工具振动。工具端面在振动中冲击工作液中的悬浮磨粒，使其以很大的速度不断地撞击、抛磨被加工表面，把加工区域的材料粉碎成很细的微粒后打击下来。虽然每次打击下来的材料很少，但由于打击的频率高，仍有一定的加工速度。由于工作液循环流动，被打击下来的材料微粒便被及时带走。随着工具的逐渐进给，其形状便被印在了工件上。

工具材料常采用不淬火的 45 钢，磨料常采用碳化硼、碳化硅、氧化铅或金刚砂粉等。超声波加工可加工各种硬脆材料，特别是电火花加工和电解加工无法加工的不导电材料和半导体材料，如玻璃、陶瓷、石英、锗、硅、玛瑙、宝石、金刚石等；它也能加工导电的硬质合金、淬火钢等材料，但加工效率比较低。超声波加工能获得较好的加工质量，一般尺寸误差为 0.01~0.05mm，表面粗糙度值为 $Ra0.1 \sim 0.4\mu m$。

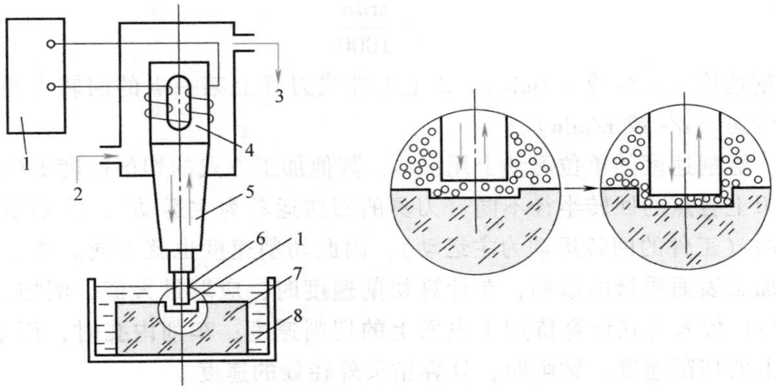

图 7-33　超声波加工原理示意图

1—超声波发生器　2、3—冷却水进出口　4—换能器　5—振幅扩大棒　6—工具　7—工件　8—工作液

在加工难切削材料时，常将超声振动与其他加工方法配合进行复合加工，如超声车削、超声磨削、超声电解加工、超声线切割等。这些复合加工方法把两种甚至多种加工方法结合在一起能起到取长补短的作用，使加工效率、加工精度及工件的表面质量得到显著提高。

7.2　切削运动与切削要素

7.2.1　工件上的加工表面

车削加工是一种典型的切削加工方法，现以车削加工为例，介绍切削过程中工件上的加工表面。如图 7-34 所示，普通外圆车削加工在主运动和进给运动的共同作用下，工件表面的一层金属连续地被车刀切下来并转变为切屑，从而加工出所需要的工件新表面。在加工过程中，工件上有三个连续变化的表面，即待加工表面、已加工表面和过渡表面。

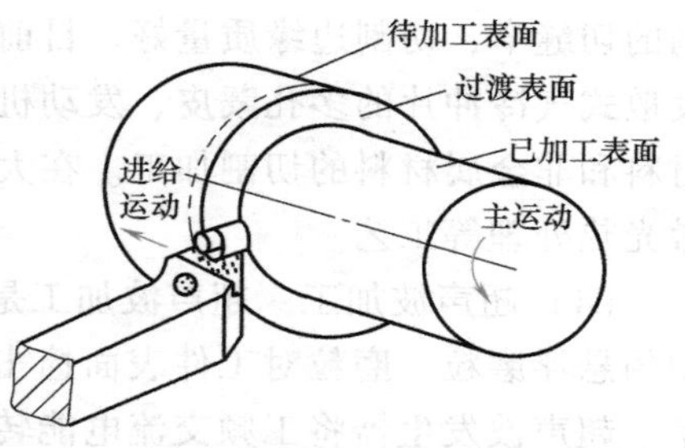

图 7-34 外圆车削运动及其加工表面

1）待加工表面：加工时即将被切除的表面。

2）已加工表面：已经被切去多余金属而形成的符合要求的工件新表面。

3）过渡表面：加工时主切削刃正在切削的那个表面，它是待加工表面和已加工表面之间的表面。

在切削过程中，切削刃相对于工件的运动轨迹面，就是工件上的过渡表面和已加工表面。显然，这里有两个要素：一是切削刃；二是切削运动。不同形状的切削刃与不同的切削运动组合，即可形成各种工件表面，如图 7-35 所示。

7.2.2 切削用量三要素

1. 切削速度

单位时间内，刀具和工件在主运动方向上的相对位移称为切削速度，若主运动为旋转运动，则切削速度的计算公式为

$$v_c = \frac{\pi d n}{1000}$$

式中，v_c 是切削速度（m/s 或 m/min）；d 是工件或刀具上某一点的回转直径（mm）；n 是工件或刀具的转速（r/s 或 r/min）。

在生产中，磨削速度的单位习惯上用 m/s，其他加工方式的切削速度单位用 m/min。

由于切削刃上各点的回转半径不同（刀具的回转运动为主运动），或切削刃上各点对应的工件直径不同（工件的回转运动为主运动），因此切削速度也就不同。考虑到切削速度对刀具磨损和已加工表面质量的影响，在计算切削速度时，应取最大值。例如，车削外圆时，用 d_w（图 7-35a）代入公式计算待加工表面上的切削速度；车削内孔时，用 d_m 代入公式计算已加工表面上的切削速度；钻削时，计算钻头外径处的速度。

2. 进给量

在主运动每转一转，或进给每一行程时（或单位时间内），刀具与工件之间在运动方向上的相对位移称为进给量 f，单位是 mm/r（用于车削、镗削）或 mm/行程（用于刨削、磨削等）。进给量还可以用进给速度 v_f（mm/s 或 mm/min）或每齿进给量 f_z（用于铣刀、铰刀等多刃刀具，单位为 mm/z）表示。显然，进给速度 v_f、进给量 f 和每齿进给量 f_z 之间有如下关系

$$v_f = fn = f_z zn$$

3. 背吃刀量

背吃刀量为工件上待加工表面与已加工表面之间的垂直距离。车削外圆时（参考图7-35 所示的车削情况），背吃刀量为

$$a_p = \frac{d_w - d_m}{2}$$

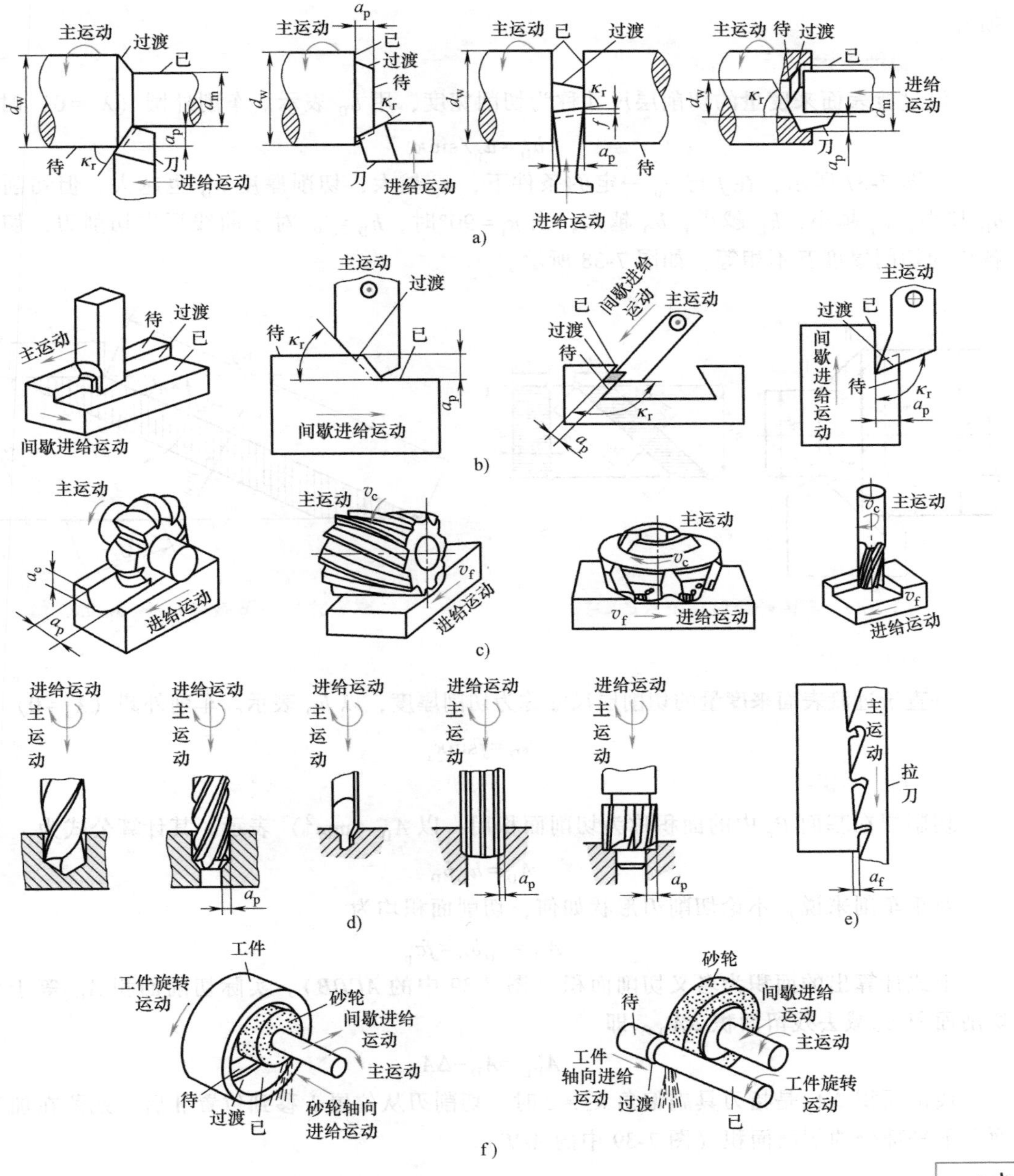

图 7-35 各种切削加工的切削运动和加工表面

注："已"表示已加工表面；"过渡"表示过渡表面；"待"表示待加工表面。

式中，d_w和d_m分别是待加工表面和已加工表面的直径（mm）。

7.2.3 切削层几何参数

切削层是指工件上正被切削刃切削的一层金属，亦即相邻两个加工表面之间的一层金属。以车削外圆为例（图 7-36），切削层是指工件转了一转，刀具从工件上切下的那一层金属。切削层的大小反映了切削刃所受载荷的大小，直接影响到加工质量、生产率和刀具的磨损等。

1. 切削宽度

沿过渡表面来度量的切削层尺寸称为切削宽度，用 b_D 表示。车削外圆（$\lambda_s=0$）时

$$b_D=a_p/\sin\kappa_r$$

如图 7-37 所示，在 f 与 a_p 一定的条件下，κ_r 越大，切削厚度 h_D 也越大，但切削宽度 b_D 越小；κ_r 越小，h_D 越小，b_D 越大；当 $\kappa_r=90°$时，$h_D=f$。对于曲线形主切削刃，切削层各点的切削厚度互不相等，如图 7-38 所示。

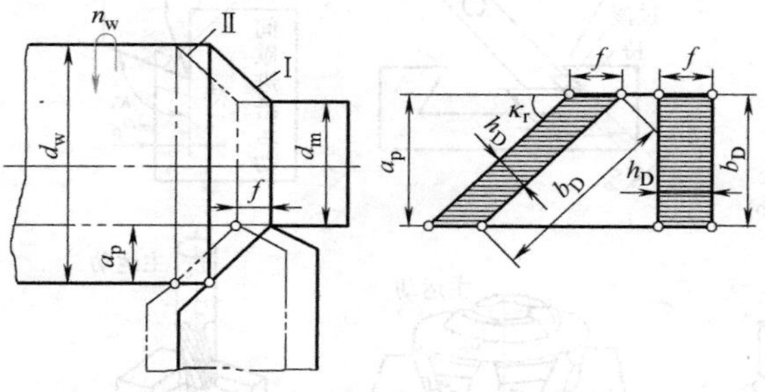

图 7-36 车削外圆时切削层的参数

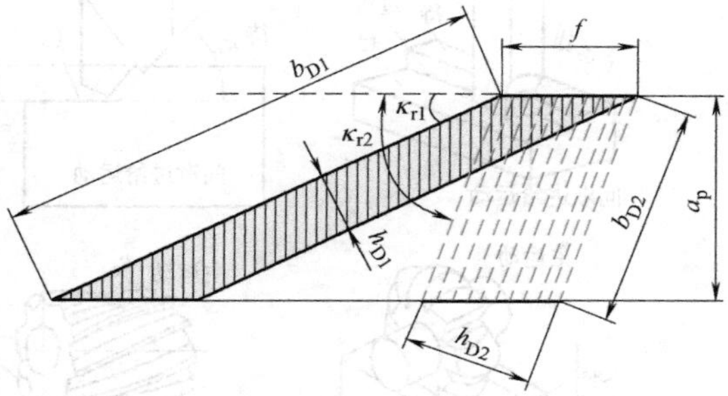

图 7-37 κ_r 不同时 h_D 和 b_D 的变化

2. 切削厚度

垂直于过渡表面来度量的切削层尺寸称为切削厚度，以 h_D 表示。车削外圆（$\lambda_s=0$）时

$$h_D=f\sin\kappa_r$$

3. 切削面积

切削层在基面 P_r 内的面积称为切削面积用，以 A_D（mm^2）表示。其计算公式为

$$A_D=h_Db_D$$

对于车削来说，不论切削刃形状如何，切削面积均为

$$A_D=h_Db_D=fa_p$$

上式计算出的面积为名义切削面积（图 7-39 中的 $ACDB$）。实际切削面积 A_{DE} 等于名义切削面积 A_D 减去残留面积 ΔA_D，即

$$A_{DE}=A_D-\Delta A_D$$

残留面积 ΔA_D 是指刀具副偏角 $\kappa_r'\neq0$ 时，切削刃从位置Ⅰ移到位置Ⅱ后，残留在加工表面上不平部分的剖面面积（图 7-39 中的 ABE）。

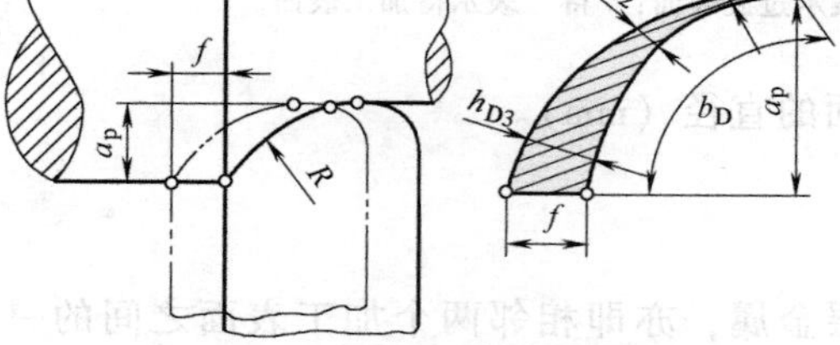

图 7-38 曲线切削刃切削时的 h_D 和 b_D

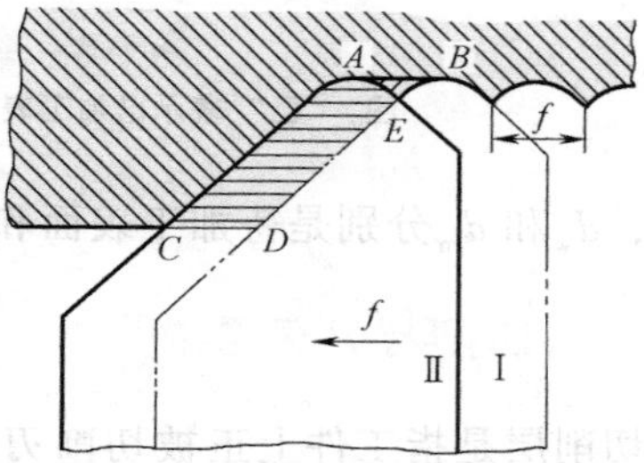

图 7-39 切削面积和残留面积

7.3 刀具结构与材料

7.3.1 刀具结构

1. 刀具结构要素

金属切削刀具种类繁多，结构复杂，但是它们用于切削部分的形貌总是近似地以外圆车刀切削部分的形态为基本形态。因此，在确定刀具切削部分几何形状的术语时，常以车刀的切削部分为基础，车刀切削部分的结构要素如图 7-40 所示，其定义如下：

(1) 前刀面 A_γ　前刀面是刀具上与切屑接触并相互作用的表面。

(2) 切削刃　切削刃是前刀面上直接进行切削的边锋。它有主切削刃 S 与副切削刃 S'之分，如图 7-40 所示。

(3) 后刀面　后刀面是刀具上与过渡表面接触并相互作用的表面。与主切削刃毗邻的称为主后刀面 A_α；与副切削刃毗邻的称为副后刀面，用 A'_α表示。

(4) 刀尖　刀尖是指主、副切削刃连接处的一段很短的切削刃，通常也称为过渡刃。

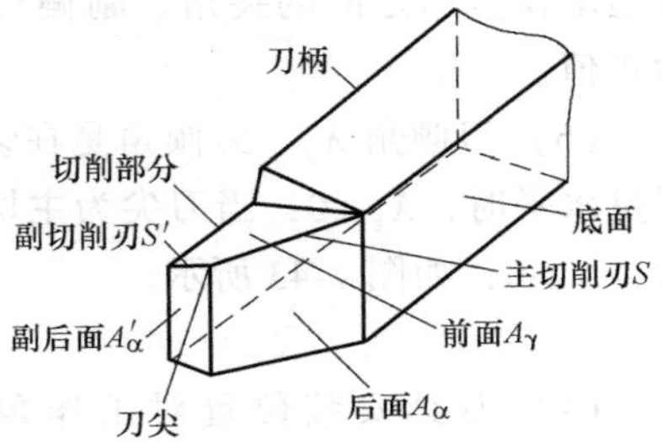

图 7-40　车刀切削部分的结构要素

2. 刀具角度参考平面

刀具要从工件上切下金属，必须具有一定的切削角度，也正是由于切削角度的存在，才决定了刀具切削部分各表面的空间位置。要确定和测量刀具角度，必须引入三个相互垂直的参考平面，如图 7-41 所示。

(1) 切削平面　通过主切削刃上某一点并与工件加工表面相切的平面。

(2) 基面　通过主切削刃上某一点并与该点切削速度方向相垂直的平面。

(3) 正交平面　通过主切削刃上某一点并与主切削刃在基面上的投影相互垂直的平面。

切削平面、基面和正交平面共同组成了标注刀具角度的正交平面参考系，常用的标注刀具角度的参考系还有法平面参考系、背平面参考系和假定工作平面参考系。

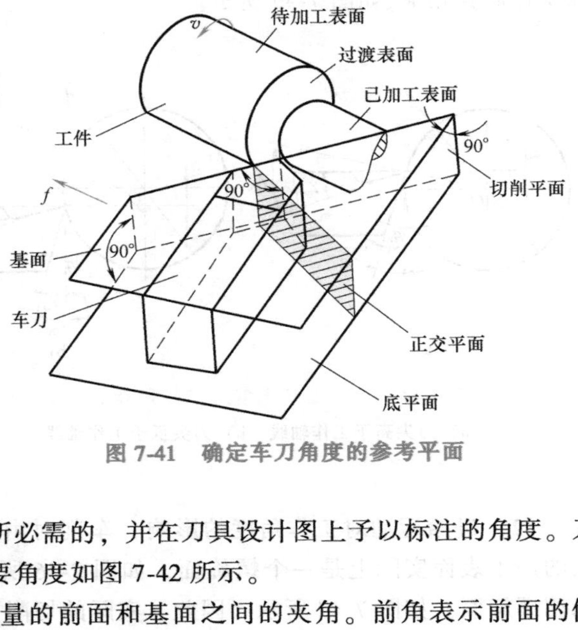

图 7-41　确定车刀角度的参考平面

3. 刀具的标注角度

刀具的标注角度是制造和刃磨刀具时所必需的，并在刀具设计图上予以标注的角度。刀具的标注角度有五个，以车刀为例，其主要角度如图 7-42 所示。

(1) 前角 γ_o　前角是在正交平面内测量的前面和基面之间的夹角。前角表示前面的倾斜程度，有正、负和零值之分，正负规定如图 7-42 所示。

（2）后角 α_o　后角是在正交平面内测量的主后面与切削平面之间的夹角。后角表示后面的倾斜程度，一般为正值。

（3）主偏角 κ_r　主偏角是在基面内测量的主切削刃在基面上的投影与进给运动方向之间的夹角。主偏角一般为正值。

（4）副偏角 κ_r'　副偏角是在基面内测量的副切削刃在基面上的投影与进给运动反方向之间的夹角。副偏角一般为正值。

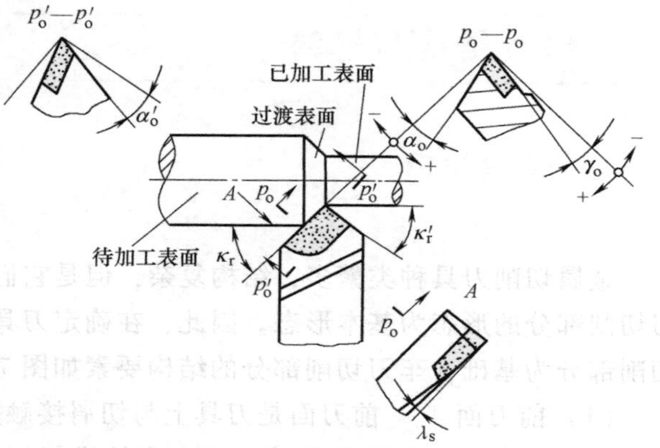

图 7-42　车刀的主要角度

（5）刃倾角 λ_s　刃倾角是在切削平面内测量的主切削刃与基面之间的夹角。当主切削刃呈水平时，$\lambda_s=0$；当刀尖为主切削刃上的最低点时，$\lambda_s<0$；当刀尖为主切削刃上最高点时，$\lambda_s>0$，如图 7-43 所示。

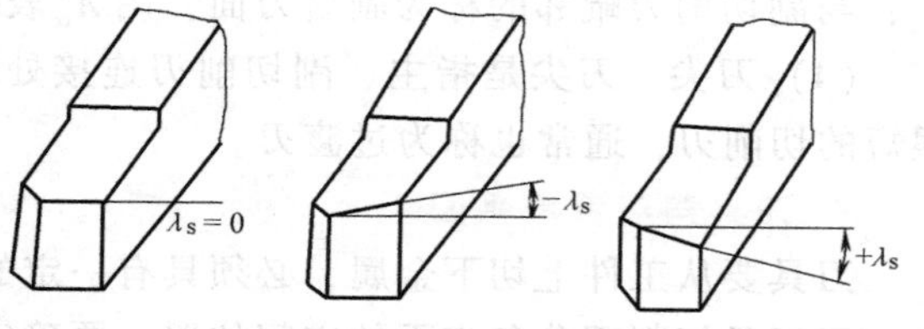

图 7-43　刃倾角的符号

4. 刀具的工作角度

（1）刀具安装位置对工作角度的影响　以车刀车削外圆为例，若不考虑进给运动，则当刀尖安装得高于或低于工件轴线时，刀具的工作前角 γ_{oe} 和工作后角 α_{oe} 如图 7-44 所示。当车刀刀杆的纵向轴线与进给方向不垂直时，刀具的工作主偏角 κ_{re} 和工作副偏角 κ_{re}' 如图 7-45 所示。

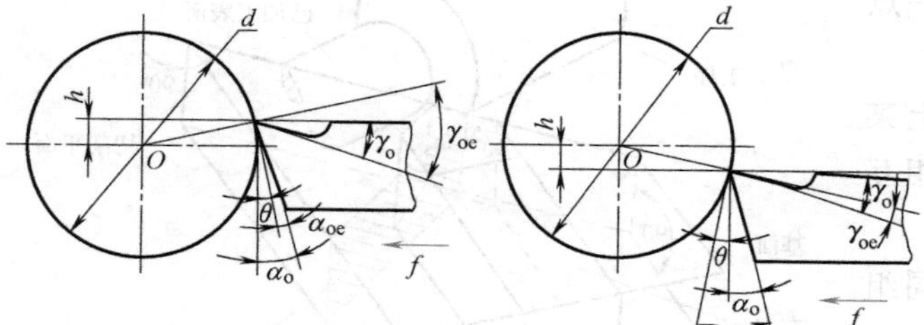

图 7-44　车刀安装高度对工作角度的影响

a）刀尖高于工作轴线　b）刀尖低于工作轴线

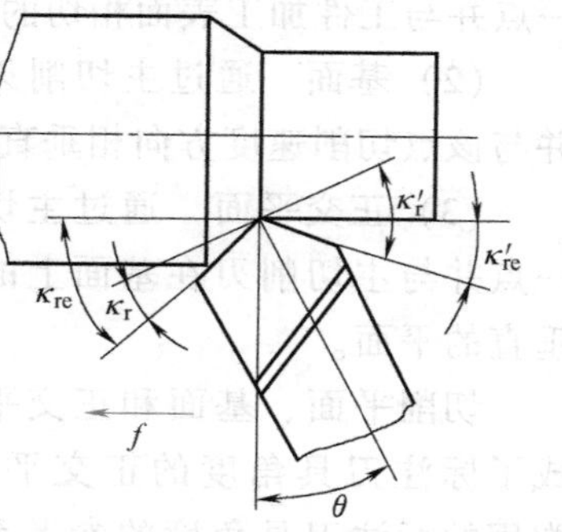

图 7-45　车刀安装得偏斜对工作角度的影响

θ—切削时刀杆纵向轴线的偏转角

（2）进给运动对工作角度的影响　车削时由于进给运动的存在，使车削外圆及车削螺纹的加工表面实际上是一个螺旋面，如图 7-46 所示；车削端面或切断时，加工表面是阿基米德螺旋面，如图 7-47 所示。因此，实际的切削平面和基面都要偏转一个附加的螺旋升角，使车刀的工作前角增大，工作后角减小。车削时，进给量通常比工件直径小很多，故螺旋升角很小，它对车刀工作角度的影响不大，可忽略不计。但在车削端面、切断和车削外圆的进给量（或加工螺纹的导程）较大时，则应考虑螺旋升角的影响。

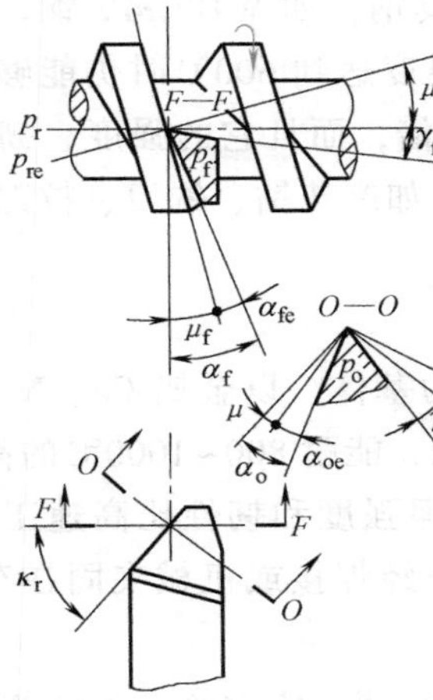

图 7-46 纵向进给运动对工作角度的影响

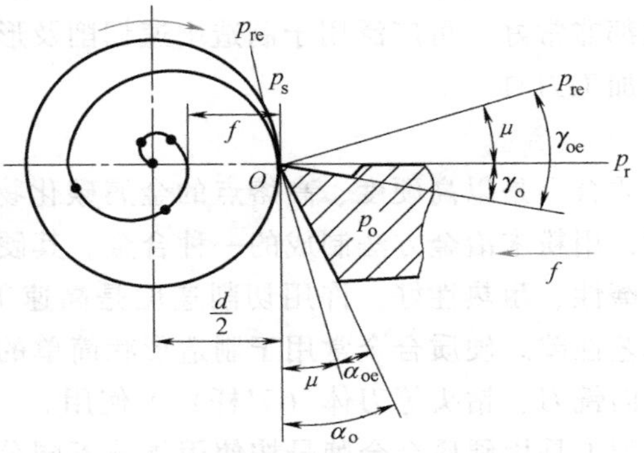

图 7-47 横向进给运动对工作角度的影响

7.3.2 刀具材料

1. 刀具材料应具备的基本性能

在切削过程中，刀具切削部分与切屑、工件相互接触的表面上承受着很大的压力和强烈的摩擦，刀具在高温、高压以及冲击和振动下进行切削。因此，刀具材料应满足以下基本需求：

（1）高的硬度 一般情况下，刀具材料的硬度应该高于工件材料的硬度。

（2）高的耐磨性 耐磨性代表了刀具的抗磨损能力，直接影响刀具的工作寿命。

（3）高的耐热性 刀具材料在高温下仍应保持较高的硬度、耐磨性、强度和韧性，即应具有高的耐热性。

（4）足够的强度与韧性 为了承受切削力、冲击和振动，刀具材料应具备足够的强度和韧性。强度用抗弯强度表示，韧性用冲击吸收功表示。刀具材料的强度和韧性越高，硬度和耐磨性就越差，这两个性能常常是矛盾的。

（5）低的摩擦因数 刀具材料与工件之间的摩擦因数越低，切削过程中承受的切削力和切削温度就越低，能够有效延长刀具寿命。

（6）良好的工艺性 为了便于制造，刀具材料应具有良好的切削加工性（锻、轧、焊接、切削加工、磨削性等）和热处理性能。

2. 碳素工具钢与合金工具钢

碳素工具钢是含碳量最高的优质钢（碳的质量分数为 0.7%～1.2%），如 T10A 钢。碳素工具钢淬火后具有较高的硬度，而且价格低廉。但这种材料的耐热性较差，当温度达到200℃时，即失去其原有的硬度，并且淬火时容易产生变形和裂纹。

合金工具钢是在碳素工具钢中加入少量的 Cr、W、Mn、Si 等合金元素形成的刀具材料（如 9SiCr）。由于合金元素的加入，与碳素工具钢相比，其热处理变形有所减少，耐热性也有所提高。然而，以上两种材料的耐热性还是比较差，因此常用于制造手工工具和一些形状较简单的低速刀具，如锉刀、锯条、铰刀等。

3. 高速工具钢

高速工具钢是含有较多W、Cr、V等合金元素的高合金工具钢，如W18Cr4V钢。与碳素工具钢和合金工具钢相比，高速工具钢具有较好的耐热性，温度达到600℃时仍能够正常切削，其许用切削速度为30~50 m/min，是碳素工具钢的5~6倍，而且它的强度、韧性和工艺性都非常好，可广泛用于制造中速切削及形状复杂的刀具，如麻花钻、铣刀、拉刀、各种齿轮加工刀具。

4. 硬质合金

硬质合金是以高硬度、高熔点的金属碳化物（WC、TiC）为基体，以金属Co、Ni等为黏结剂，用粉末冶金方法制成的一种合金。其硬度为74~82HRC，能耐800~1000℃的高温，因此耐磨性、耐热性好，许用切削速度是高速工具钢的6倍，但强度和韧性比高速工具钢低，工艺性差。硬质合金常用于制造形状简单的高速切削刀片，经焊接或机械夹固在车刀、刨刀、面铣刀、钻头等刀体（刀杆）上使用。

切削工具用硬质合金牌号按使用领域不同分为P、M、K、N、S、H六类。各个类别为满足不用的使用要求，以及根据切削工具用硬质合金材料的耐磨性和韧性不同，又分为若干组，用01、10、20等两位数字表示组号，必要时可在两个组号之间插入一个补充组号，用05、15、25等表示。

P类硬质合金以TiC、WC为基，以Co(Ni+Mo、Ni+Co）为黏结剂，主要用于长切屑材料的加工，如钢、铸钢、长切屑或锻铸铁等，常用牌号有P10、P20等；M类硬质合金以WC为基，以Co为黏结剂，添加少量TiC(TaC、NbC)，这是一种通用合金，可用于不锈钢、铸钢、锰钢、可锻铸铁、合金钢等的加工，主要牌号有M30、M40；K类硬质合金以WC为基，以Co为黏结剂，或添加少量TaC、NbC，主要用于短切屑材料的加工，如铸铁、冷硬铸铁、灰铸铁等，主要牌号有K10等；N类硬质合金主要用来加工非铁金属、非金属材料，如铝、镁、塑料、木材等；S类硬质合金主要用于耐热和优质合金材料的加工；H类硬质合金主要用于硬切削材料的加工，如淬硬钢、冷硬铸铁等。

可以通过以下措施改善硬质合金的性能：

(1) 调整化学成分　增添少量的碳化钽（TaC)、碳化铌（NbC)，使硬质合金既有高硬度又有高韧性。

(2) 细化合金晶粒度　超细晶粒硬质合金的硬度可达90~93 HRA，抗弯强度可达2.0 GPa。

5. 新型刀具材料

(1) 陶瓷

1) 纯氧化铝陶瓷。这种陶瓷主要用氧化铝加微量添加剂（如MgO）经冷压烧结而成，是一种廉价的非金属材料。其抗弯强度为400~500 MPa，硬度为91~92 HRA。由于抗弯强度太低，故难以推广应用。

2) 复合氧化铝陶瓷。这种陶瓷是在氧化铝基体中添加高硬度的难熔碳化物（如TiC)，并加入一些其他金属元素（如镍、钼）进行热压而成的。其抗弯强度在800MPa以上，硬度可达到93~94HRA。

陶瓷具有很高的高温硬度，在1200℃时，其硬度尚能达到80HRA；化学稳定性好，与被加工金属的亲和作用小。但陶瓷的抗弯强度和冲击韧性较差，对冲击十分敏感。目前，陶瓷多用于各种金属材料的半精加工和精加工，特别适用于淬硬钢、冷硬铸铁的加工。在 Al_2O_3基体中加入 SiC 和 ZrO_2晶须而形成的晶须陶瓷，其韧性得到了大大的提高。

3）复合氮化硅陶瓷。在 Si_3N_4基体中添加 TiC 等化合物和金属 Co 进行热压，可以制成复合氮化硅陶瓷。它的力学性能与复合氧化铝陶瓷相近，特别适合切削冷硬铸铁和淬硬钢。

由于生产陶瓷的原料在自然界中容易获得，且价格低廉，因此，陶瓷是一种极有发展前途的刀具材料。

（2）金刚石　金刚石分为天然金刚石和人造金刚石，它们都是碳的同素异形体。其硬度高达 10000 HV，是自然界中最硬的材料。天然金刚石质量好，但价格昂贵。人造金刚石是在高温高压条件下，借助某些合金的触媒作用，由石墨转化而成的。金刚石能切削陶瓷、高硅铝合金、硬质合金等难加工材料，还可以切削非铁金属及其合金，但不能切削铁族材料。因为碳元素和铁元素有很强的亲和性，碳元素向工件扩散，会加快刀具磨损。但在温度高于 700℃时，金刚石将转化为石墨结构而丧失硬度。金刚石刀具的刃口可以磨得非常锋利，对非铁金属进行精密和超精密切削时，加工表面粗糙度值可达到 $Ra0.01\sim0.1\mu m$。

（3）立方碳化硼　碳化硼的性能和形状与石墨类似。立方碳化硼经高温高压处理转化为立方氮化硼（CBN）。立方氮化硼是六方氮化硼的同素异构体，其硬度仅次于金刚石。立方氮化硼的热稳定性和化学惰性优于金刚石，可耐 1300~1500℃的高温。立方氮化硼可用于切削淬硬钢、冷硬铸铁、高温合金等，其切削速度比硬质合金高 5 倍。立方氮化硼刀片采用机械夹固或焊接方法固定在刀柄上。

7.4 金属切削过程及其物理现象

7.4.1 金属切削过程

1. 切削加工的概念

切削加工是用刀具切削工件的常用加工方法。它大致可以定义为：首先使刀具接触工件，然后使刀具对工件做相对运动，由于工件内部产生较大的应力而引起工件材料破坏，把不需要的部分（余量）作为切屑剥离下来，从而加工出具有所需形状、尺寸和表面质量的工件。

2. 金属切削变形过程的基本特征

金属材料受压后，内部产生应力应变，在大约与受力方向成 45°的斜平面内，剪应力随载荷增大而逐渐增大，并且有新的剪应变产生。开始是弹性变形，载荷增大到一定程度后，剪切变形进入塑性流动阶段，金属材料内部沿着剪切面发生相对滑移，于是金属材料被压扁（对于塑性材料）或剪断（对于脆性材料）。根据上述理论，切削时金属层受刀具前面的挤压，受压金属层将沿剪切面向上滑移，如果是脆性材料（如铸铁），则沿此剪切面被剪断。如果刀具不断向前移动，则此种滑移将持续下去，如图 7-48 所示，于是被切金属层就转变为切屑。

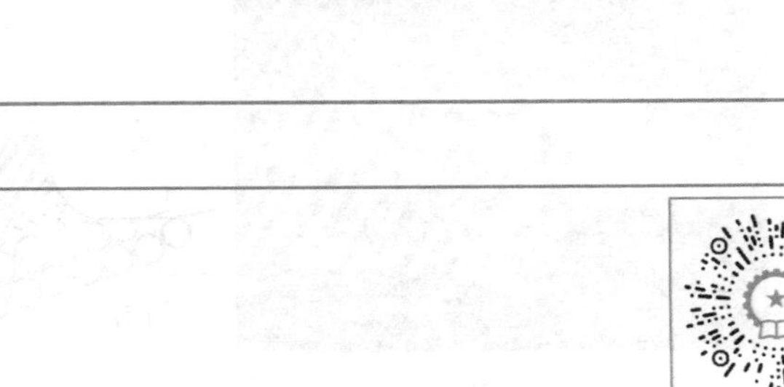

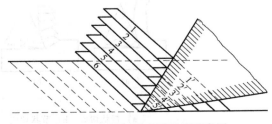

图 7-48　金属切削变形过程示意图

对塑性金属进行切削时，切屑形成的过程就是切削层金属的变形过程。图 7-49a 所示为以低速直角自由切削工件侧面时，用显微镜观察到的切削层金属的变形情况，由该图可绘制出图 7-49b、c 所示的滑移线和流线示意图。当工件受到刀具的挤压以后，如图 7-49b 所示，切削层金属在初始滑移面 *OA* 以左发生弹性变形，越靠近 *OA* 面，弹性变形越大。在 *OA* 面上，应力增大到材料的屈服强度，此时将产生塑性变形，出现滑移现象。随着刀具的连续移动，原来处于初始滑移面上的金属不断向刀具靠拢，应力和变形也逐渐加大。在 *OE* 面上，应力和变形达到最大值。越过 *OE* 面，切削层金属将脱离工件基体，沿着刀具前面流出而形成切屑，完成切离过程。经过塑性变形的金属，其晶粒沿大致相同的方向伸长。可见，金属切削过程实质上是一种挤压过程，在这一过程中出现的许多物理现象都是由切削过程中的变形和摩擦引起的。

切削塑性金属材料时，刀具与工件接触的区域可分为三个变形区，如图 7-49c 所示。*OA* 面和 *OE* 面之间是切削的塑性变形区，称为第Ⅰ变形区或基本变形区。基本变形区的变形量最大，常用它来说明切削过程的变形情况。切屑与刀具前面摩擦的区域称为第Ⅱ变形区或摩擦变形区。切屑形成后与刀具前面之间存在压力，所以其沿刀具前面流出时必然有很大的摩擦，从而使切屑底层又一次产生塑性变形。工件已加工表面与刀具后面接触的区域称为第Ⅲ变形区或加工表面变形区。这三个变形区汇集在切削刃附近，此处的应力比较集中且复杂，金属的被切削层就在此处与工件基体发生分离，大部分变成切屑，很小一部分留在已加工表面上。

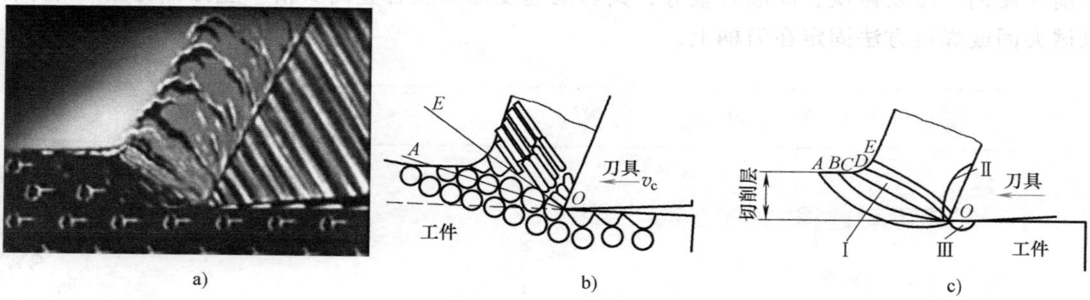

图 7-49 切屑形成的过程

a）金属切削层变形图像 b）切削过程中晶粒变形情况 c）切削过程中的三个变形区

7.4.2 切屑的类型及控制

由于工件材料以及切削条件不同，切削变形的程度也就不同，因而所产生的切屑形态也多种多样。切屑形态一般分为四种基本类型，如图 7-50 所示。

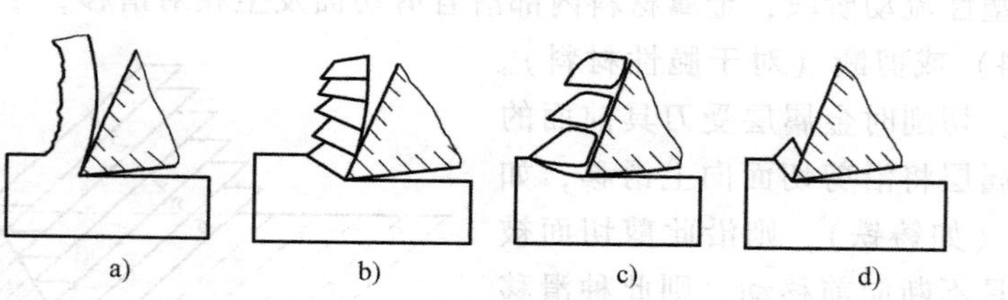

图 7-50 切屑的类型

a）带状切屑 b）节状切屑 c）粒状切屑 d）崩碎切屑

（1）带状切屑 带状切屑是最常见的一种切屑，它的形状像一条连绵不断的带子，底部光滑，背部呈毛茸状。一般加工塑性材料，当切削厚度较小、切削速度较高、刀具前角较大时，得到的切屑往往是带状切屑。出现带状切屑时，切削过程平稳，切削力波动较小，已加工表面的表面粗糙度值较小。

（2）节状切屑 节状切屑也称挤裂切屑，其上的滑移面大部分被剪断，只有一小部分连在一起。它的外弧面呈锯齿形，内弧面有时有裂纹。这种切屑是在切削速度较低、切削厚度较大的情况下产生的。出现节状切屑时，切削过程不平稳，切削力有波动，已加工表面的表面粗糙度值较大。

（3）粒状切屑 粒状切屑也称单元切屑，切屑沿剪切面完全断开，从而呈粒状（单元状）。切削塑性材料且切削速度较低时会产生这种切屑。出现粒状切屑时，切削力波动较大，已加工表面的表面粗糙度值大。

（4）崩碎切屑 切削脆性材料时，被切金属层在刀具前面的推挤下未经塑性变形就在张应力状态下脆断，形成不规则的碎块状切屑。形成崩碎切屑时，切削力小，但波动大，加工表面凸凹不平。

切屑的形态是随切削条件的改变而转化的。在形成节状切屑的情况下，若减小前角或切削厚度，就可以得到粒状切屑；反之，若加大前角，提高切削速度，减小切削厚度，则可以得到带状切屑。

7.4.3 积屑瘤现象

在切削速度不高而又能形成连续切屑的情况下，加工一般钢料或其他塑性材料时，常常在刀具前面粘着一块剖面有时呈三角状的硬块。它的硬度很高，通常是工件材料硬度的2~3倍，在处于比较稳定的状态时，能够代替切削刃进行切削。这块“冷焊”在前面上的金属称为积屑瘤或刀瘤，如图7-51所示。

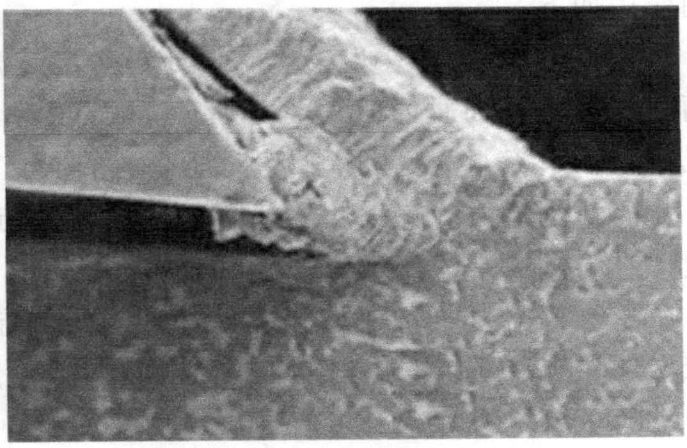

图7-51 积屑瘤现象

积屑瘤形成的原因是，当切屑在沿刀具前刀面滑动时，两者之间的摩擦系数大，粘附能力强。在一定的压力与问题条件下，切屑底层受到很大的摩擦阻力。当摩擦阻力超过切屑本身分子间的结合力时，滞流层金属的流速接近于零，与前刀面粘结成一体，从而形成了积屑瘤。积屑瘤产生的条件有两个，一是加工工件材料为塑性材料，二是采用中等的切削速度。

切削温度对积屑瘤的产生具有显著影响。切削温度低时，切屑与前刀面之间多为点接触，摩擦系数低，不易形成粘结；切削温度高时，切屑处于微熔状态，润滑效果强，摩擦系数低，积屑瘤同样不易形成；切削温度中等时，例如切削中碳钢的温度在300~380℃时，切屑底层材料软化，粘结严重，摩擦系数最大，可以形成高度很大的积屑瘤。此外，接触面压力、粗糙程度、粘结强度等因素都与形成积屑瘤的条件有关。

积屑瘤的产生会引起刀具实际前角增大，进而导致切削力降低，有时可以延长刀具寿命等。但是积屑瘤是不稳定的，增大到一定程度后会碎裂，这样容易嵌入在已加工表面内，增大工件的表面粗糙度值，影响刀具使用寿命。

积屑瘤在加工过程中是不可控的，只能通过改变切削条件避免其产生，例如，避开中速切削加工；采用润滑性能好的切削液；增大刀具前角，减小接触面积和接触力；适当增加工件硬度。

7.4.4 切削力与切削功率

1. 切削力的来源、切削力的合力及其分解、切削功率

分析和计算切削力，是计算功率消耗，进行机床、刀具、夹具设计，制订合理的切削用量，优化刀具几何参数的重要依据。在自动化生产中，还可以通过切削力来监控切削过程和刀具的工作状态，如刀具折断、磨损、破损等。切削金属时，刀具切入工件，使被加工材料发生变形并成为切屑所需的力称为切削力。切削力来源于以下三个方面：

1）克服被加工材料弹性变形的抗力。

2）克服被加工材料塑性变形的抗力。

3）克服切屑与刀具前刀面之间的摩擦力，以及过渡表面和已加工表面与刀具后刀面之间的摩擦力。

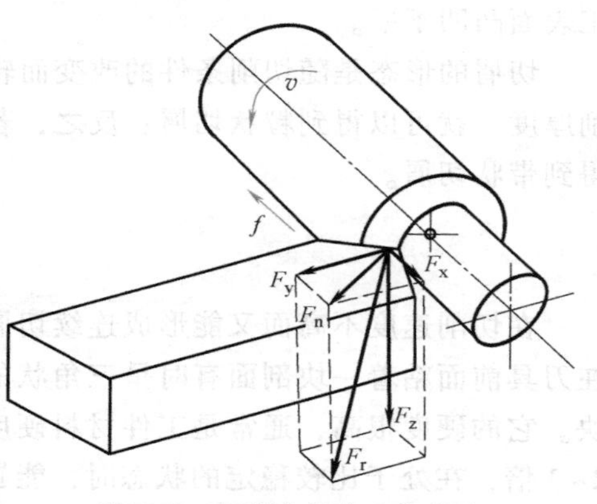

图 7-52 切削力的合力和分力

上述各力的总和形成了作用在刀具上的合力 F_r。为了分析方便，F_r 可分解为三个相互垂直的分力 F_x、F_y 和 F_z，如图 7-52 所示。车削时各分力的作用如下：

F_z：主切削力或切向力。它的方向与过渡表面相切并与基面垂直。F_z 是计算车刀强度、设计机床主轴系统、确定机床功率时所必需的。

F_x：进给力。它是处于基面内，且方向与工件轴线平行、与进给方向相反的力。F_x 是设计进给机构，计算车刀进给功率时所必需的。

F_y：背向力。它是处于基面内，且方向与工件轴线垂直的力。F_y 是计算工件挠度、机床零件和车刀强度的依据。工件在切削过程中产生的振动往往与 F_y 有关。

随车刀材料、车刀几何参数、切削用量、工件材料和车刀磨损情况的不同，F_x、F_y 和 F_z 之间的比例可在较大范围内变化。

切削过程中消耗的功率称为切削功率。因为 F_y 方向没有位移，所以不消耗功率，故切削功率为力 F_z 和 F_x 所消耗的功率之和。于是

$$P_c=\left(F_z v_c+\frac{F_x n_w f}{1000}\right)\times 10^{-3}$$

式中，P_c 是切削功率（kW）；F_z 是主切削力（N）；v_c 是切削速度（m/s）；F_x 是进给力（N）；n_w 是工件转速（r/s）；f 是进给量（mm/r）。

切削功率的计算公式中，右侧第二项是消耗在进给运动中的功率，它相对 F_z 所消耗的功率来说很小，一般为 F_z 所消耗功率的 1%～2%，因此可以略去不计，则有

$$P_c \geqslant F_z v_c \times 10^{-3}$$

在求得切削功率后，还可以计算出主运动电动机的功率 P_E，但需要考虑机床的传动效率 η。

$$P_E \geqslant \frac{P_c}{\eta}$$

一般 η 取为 0.75～0.85，大值适用于新机床，小值适用于旧机床。

2. 切削力的测量

随着测试手段的进步，切削力的测量方法有了很大的发展，在很多场合下已经能很精确地测量切削力了。目前采用的切削力测量手段主要有以下两种。

（1）测定机床功率，计算切削力　用功率表测出机床电动机在切削过程中消耗的功率后，计算出切削功率。这种方法只能粗略估算切削力的大小，不够精确。当要求精确知道切削力的大小时，通常采用测力仪直接测量。

（2）用测力仪测量切削力　测力仪的测量原理是利用切削力作用在测力仪的弹性元件上所产生的变形，或作用在压电晶体上所产生的电荷经过转换处理后，读出 F_z、F_x 和 F_y 的值。近代先进的测力仪常与微机配套使用，直接进行数据处理，自动显示被测力的值和建立切削力的经验公式。在自动化生产中，还可利用测力传感器产生的信号来优化和监控切削过程。

3. 影响切削力的因素

（1）工件材料的影响　工件材料的强度、硬度越高，τ_s 就越大，虽然变形系数 ξ 略有减小，但总的切削力还是增大的。强度、硬度相近的材料，其塑性越大，则切削力也越大。

（2）切削用量的影响

1）背吃刀量和进给量的影响。背吃刀量 a_p 和进给量 f 加大时，切削力均增大，但两者的影响程度不同。a_p 对变形系数没有影响，所以 a_p 增大时，切削力按正比增加；而 f 增大时，变形系数 ξ 略有下降，故切削力与 f 不成正比关系。

2）切削速度的影响。加工塑性材料时，在中速和高速下，随着切削速度的增加，切削力减小。切削速度提高时，切削温度升高，摩擦因数下降，从而使变形系数减小。在低速范围内，由于积屑瘤的影响，切削速度对切削力的影响有特殊规律。

（3）刀具几何参数的影响

1）前角的影响。前角加大，则变形系数减小，切削力减小。材料的塑性越大，前角对切削力的影响也越大。

2）负倒棱的影响。在锋利的切削刃上磨出负倒棱（图 7-53），可以提高刃区强度，从而提高刀具的使用寿命。但负倒棱会使刀具变形增加，切削力随之增大。

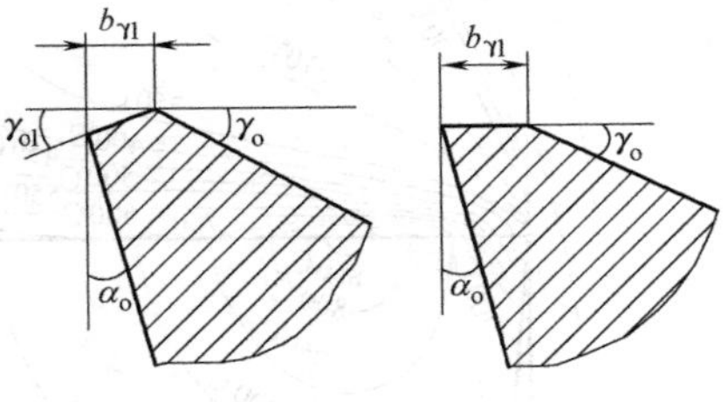

图 7-53　具有负倒棱的切削刃结构

3）主偏角的影响。当主偏角 κ_r 增大时，F_y 减小，F_x 增大。主偏角 κ_r 的变化对 F_z 的影响不大，不超过 10%。

4）刀尖圆弧半径的影响。在一般的切削加工中，刀尖圆弧半径 r_ε 对 F_y 和 F_x 的影响较大，对 F_z 的影响较小。随着 r_ε 的增大，F_y 增大，F_x 减小，F_z 略有增大。

5）刃倾角的影响。刃倾角 λ_s 对 F_z 的影响很小。随着刃倾角 λ_s 的减小，F_y 增大，F_x 减小。

（4）刀具磨损的影响　后刀面磨损后，形成了后角为零，高度为 VB 的小棱面，造成后刀面上的切削力增大，因而总切削力增大。

7.4.5 切削热和切削温度

1. 切削热的产生与传导

切削过程中消耗的能量，除了有1%~2%用于形成新表面和以晶格扭曲等形式形成潜藏能外，有98%~99%的能量转化为了热能，甚至可以近似地认为切削时所产生的能量全部转化为了热能。大量的切削热将使切削温度升高，并直接影响刀具前刀面上的摩擦因数、积屑瘤的产生和消退、刀具磨损、工件的加工精度和已加工表面的质量等，所以研究切削热和切削温度也是分析工件加工质量和刀具寿命的重要内容。

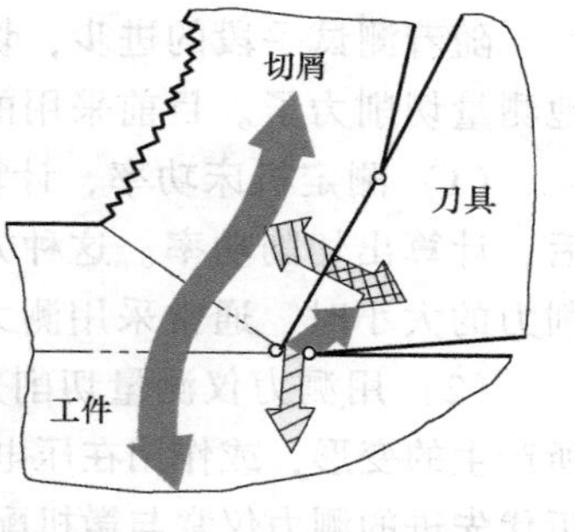

图 7-54 切削热的产生与传导

被切削的金属在刀具的作用下发生弹性和塑性变形而消耗功，这是切削热的一个重要来源。此外，切屑与刀具前面以及工件与后面之间的摩擦也要消耗功，产生大量的热。因此，切削时共有三个发热区域，即剪切面、切屑与前面接触区、后面与过渡表面接触区，如图 7-54 所示。三个发热区与三个变形区相对应，所以切削热的来源就是切屑变形功和刀具前、后面的摩擦功。

2. 切削区域的温度分布

由于刀具上各点与三个变形区（三个热源）的距离各不相同，因此，刀具上不同点处获得热量和传导热量的情况也不相同，结果是使各个刀面上的温度分布不均匀。应用人工热电偶法测温，并辅以传热学得到的刀具、切屑和工件上的切削温度分布情况如图 7-55 所示。切削塑性材料时，刀具上温度最高处是在距离刀尖一定长度的地方，该处由于温度高而首先开始磨损。这是因为切屑沿前面流出时，热量积累得越来越多，而如果此时热传导十分不利，则在与刀尖之间有一定距离的地方温度就会达到最大值。

图 7-56 所示为切削塑性材料时刀具前面上切削温度的分布情况。而在切削脆性材料时，

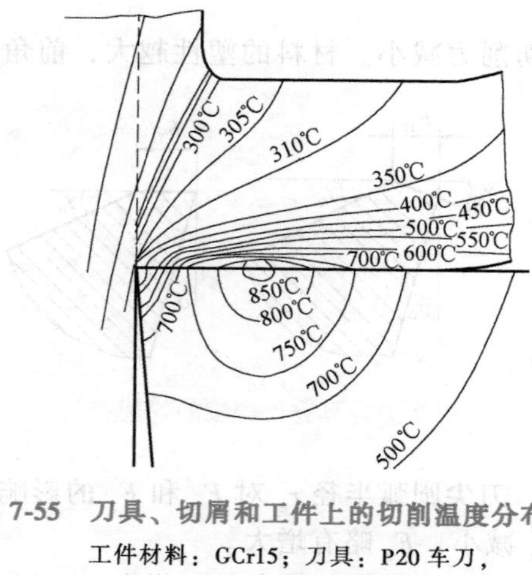

图 7-55 刀具、切屑和工件上的切削温度分布情况

工件材料：GCr15；刀具：P20 车刀，$\gamma_o=0°$；切削用量：$b_D=5.8\text{mm}$，$h_D=0.35\text{mm}$，$v_c=80\text{m/min}$

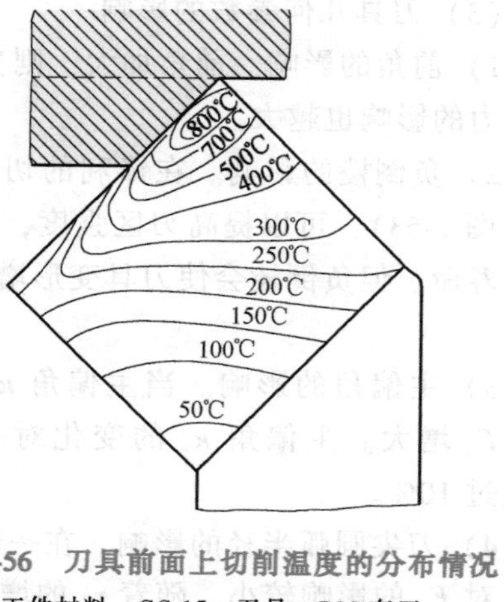

图 7-56 刀具前面上切削温度的分布情况

工件材料：GCr15；刀具：P20 车刀；切削用量：$a_p=4.1\text{mm}$，$f=0.5\text{mm/r}$，$v_c=80\text{m/min}$

第Ⅰ变形区的塑性变形不太显著，且切屑呈崩碎状，与刀具前面接触长度大大减少，使第Ⅱ变形区的摩擦减少，切削温度不易升高，只有刀尖与工件发生摩擦，即只有第Ⅲ变形区产生的热量是主要的。因而，切削脆性材料时，最高切削温度将位于刀尖处且靠近刀具后面的地方，磨损也将首先从此处开始。

3. 影响切削温度的因素

（1）切削用量的影响

1）切削速度的影响。切削速度对切削温度有显著影响。试验证明，随着切削速度的提高，切削温度将明显上升，如图 7-57 所示。其原因为：当切屑沿刀具前面流出时，切屑底层与前面发生强烈摩擦，从而产生很多热量。截取极短的一段切屑作为研究对象来观察，当这个切屑单元沿前面流出时，摩擦热一边产生一边向切屑顶面和刀具内部传导。若切削速度提高，则摩擦热产生的时间极短，而切削热向切屑内部和刀具内部传导都需要一定时间。因此，提高切削速度的结果是，摩擦热来不及传导出去，而是大量积聚在了切屑底层，从而使切削温度升高。

2）进给量的影响。一方面，随着进给量的增大，金属切除率增多，切削温度会升高；另一方面，单位切削力和单位切削功率随着进给量的增大而减小，切除单位体积金属所产生的热量也减小。此外，进给量增大时，切屑的热容量也增大，由切屑带走的热量增加。故切削区的平均温度上升得不显著。

进给量与切削温度的关系如图 7-58 所示。

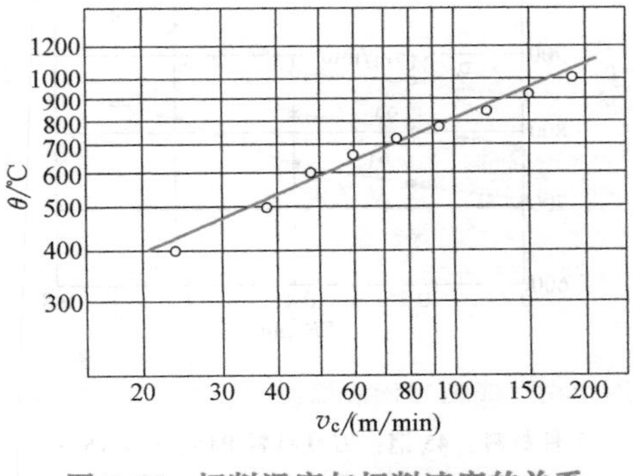

图 7-57 切削温度与切削速度的关系

工件材料：45 钢；刀具材料 P15；

切削用量：$a_p=4.1\text{mm}$，$f=0.1\text{mm/r}$

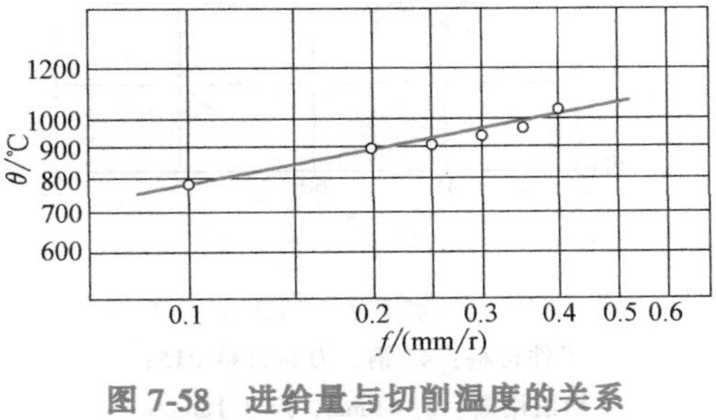

图 7-58 进给量与切削温度的关系

工件材料：45 钢；刀具材料 P15；

切削用量：$a_p=3\text{mm}$，$v_c=94\text{m/min}$

3）背吃刀量的影响。背吃刀量对切削温度的影响很小。因为背吃刀量增大后，切削区产生的热量虽然成正比增多，但切削刃参与切削的工作长度也成正比例增大，改善了散热条件，所以切削温度升高得不明显。背吃刀量与切削温度的关系如图 7-59 所示。

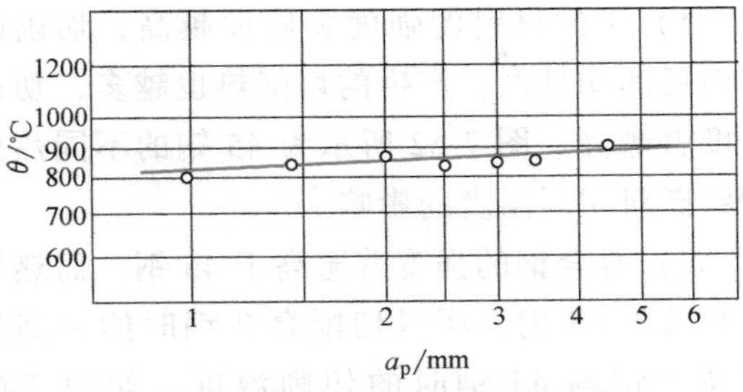

图 7-59 背吃刀量与切削温度的关系

工件材料：45 钢；刀具材料 P15；

切削用量：$f=0.1\text{mm/r}$，$v_c=107\text{m/min}$

显然，切削速度对切削温度的影响最大，背吃刀量对切削温度的影响最小。所以，在提高金属切除率的同时，为了有效地控制切削温度以延长刀具使用寿命，应优先选用大的背吃刀量，其次是进给量，而必须严格控制切削速度。

（2）刀具几何参数的影响

1）前角的影响。前角的大小直接影响切削过程中的变形和摩擦，所以它对切削温度有显著影响。在一定范围内，前角大，则切削温度低；前角小，则切削温度高。如果进一步加大前角，则因刀具散热体积减小，切削温度将不再进一步降低，反而会升高。

2）主偏角的影响。主偏角与切削温度的关系如图 7-60 所示。随着 κ_r 的增大，切削刃的工作长度将缩短，使切削热相对集中，而且 κ_r 加大后，刀尖角减小，使散热条件变差，从而提高了切削温度。

3）负倒棱的影响。负倒棱宽度在 $0\sim2f$ 的范围内变化时，基本上不影响切削温度。原因是：一方面，负倒棱的存在使切削区的塑性变形增大，切削热随之增加；另一方面，却又使刀尖的散热条件得到改善。二者共同影响的结果，是切削温度基本不变。

（3）刀具磨损的影响　刀具磨损后切削刃变钝，刃区前方的挤压作用增大，使切削区金属的变形增加；同时，磨损后的刀具与工件的摩擦增大，两者均使切削热增多。所以，刀具的磨损是影响切削温度的主要因素。图 7-61 所示为切削 45 钢时，车刀后面磨损值与切削温度的关系。

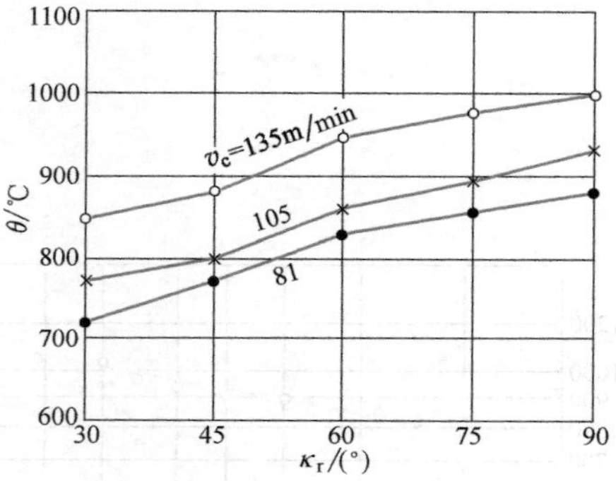

图 7-60　主偏角与切削温度的关系

工件材料：45 钢；刀具材料 P15；

切削用量：$a_p=3\text{mm}$，$f=0.1\text{mm/r}$

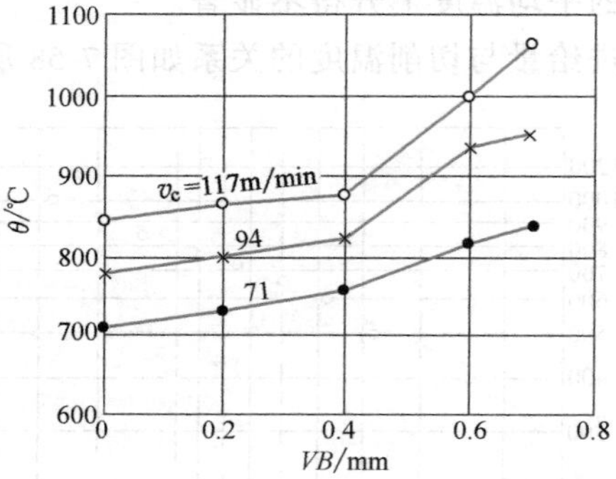

图 7-61　车刀后面磨损值与切削温度的关系

工件材料：45 钢；刀具材料 P15，$\gamma_o=15°$；

切削用量：$a_p=3\text{mm}$，$f=0.1\text{mm/r}$

（4）工件材料的影响

1）工件材料的强度和硬度越高，切削时所消耗的功越多，产生的切削热也越多，切削温度就越高。图 7-62 所示为 45 钢的不同热处理状态对切削温度的影响。

2）合金钢的强度普遍高于 45 钢，而热导率则低于 45 钢，所以切削合金钢时的切削温度高于切削 45 钢时的切削温度，如图 7-63 所示。

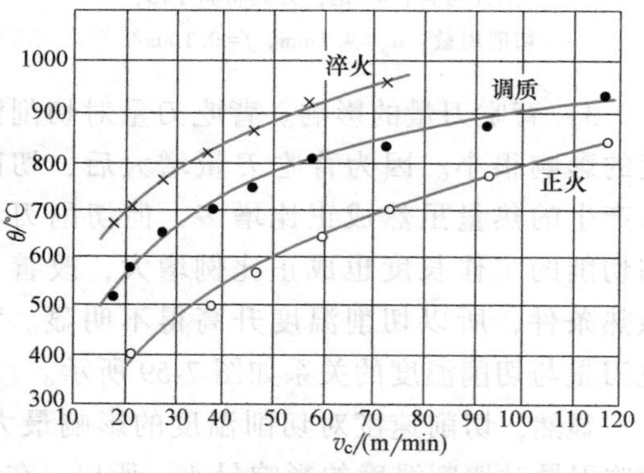

图 7-62　45 钢的热处理状态对切削温度的影响

刀具：P15，$\gamma_o=15°$；切削用量：$a_p=3\text{mm}$，$f=0.1\text{mm/r}$

3）不锈钢和高温合金不但热导率低，而

且有较高的高温强度和硬度，所以切削这类材料时，切削温度比其他材料要高很多，如图7-64所示。因此，必须采用导热性和耐热性较好的刀具材料，并充分加注切削液。

4）脆性金属在切削时塑性变形很小，切屑呈崩碎状，与刀具前刀面的摩擦较小，所以其切削温度比切削钢料时低。图7-64中也表示了切削灰铸铁时的切削温度，比切削45钢时的切削温度低20%~30%。

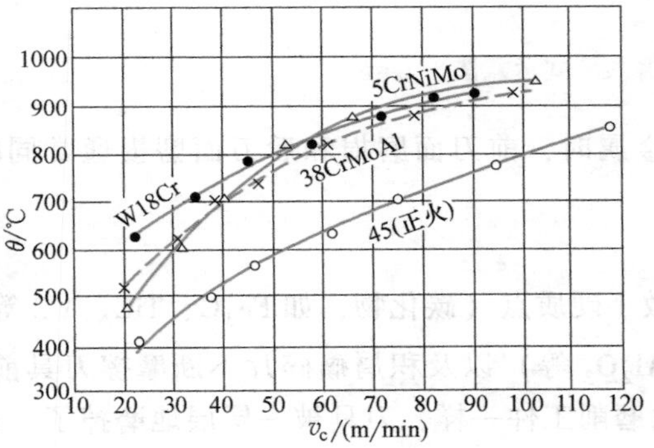

图7-63 合金钢的切削温度

刀具：P15，$\gamma_o=15°$；切削用量：$a_p=3$mm，$f=0.1$mm/r

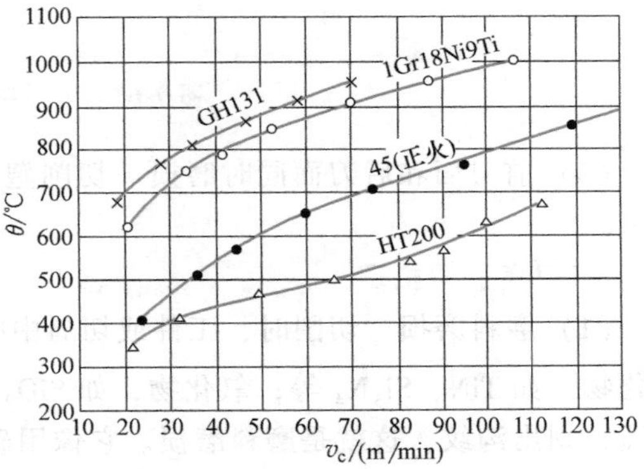

图7-64 不锈钢、高温合金和灰铸铁的切削温度

刀具：K20，$\gamma_o=15°$；切削用量：$a_p=3$mm，$f=0.1$mm/r

7.4.6 刀具的磨损和失效

1. 刀具的磨损形态

刀具磨损是指在正常的切削过程中，由于物理的或化学的作用，使刀具原有的几何角度逐渐丧失。显然，在切削过程中，刀具前、后面不断与切屑、工件接触，在接触区存在强烈的摩擦，同时在接触区又有很高的温度和压力。因此，随着切削的进行，刀具前、后刀面都将逐渐磨损。刀具磨损呈现三种形式。

（1）前刀面磨损（月牙洼磨损） 在切削速度较高、切削厚度较大的情况下加工塑性金属，当刀具的耐热性和耐磨性稍有不足时，在前面上经常会磨出一个月牙洼（图7-65a、b）。在产生月牙洼的地方切削温度最高，因此磨损也最大，从而形成一个凹窝（月牙洼）。月牙洼和切削刃之间有一条棱边。在磨损过程中，月牙洼的宽度逐渐扩展。当月牙洼扩展到使棱边很小时，切削刃的强度将大大减弱，结果是导致崩刃。月牙洼的磨损量用其深度*KT*表示。

（2）后刀面磨损 由于加工表面和刀具后刀面之间存在着强烈的摩擦，在后刀面上毗邻切削刃的地方很快就会磨出一个后角为零的小棱面，这种磨损形式叫做后刀面磨损（图7-65c）。在切削速度较低、切削厚度较小的情况下，切削塑性金属及脆性金属时，一般不产生月牙洼磨损，但都存在着后刀面磨损。在切削刃参与切削的各点上，后刀面的磨损是不均匀的。从图7-65中可见，在刀尖部分（*C*区），由于强度和散热条件差，磨损剧烈，其最大值为*VC*。在切削刃靠近工件外表面处，由于加工硬化层或毛坯表面硬层等的影响，往往会在该区产生较大的磨损沟而形成缺口。该区域的磨损量用*VN*表示。*N*区的磨损又称为边界磨损。在参与切削的切削刃中部，其磨损较均匀，用*VB*表示评价磨损值，V_{Bmax}表示最大磨损值。

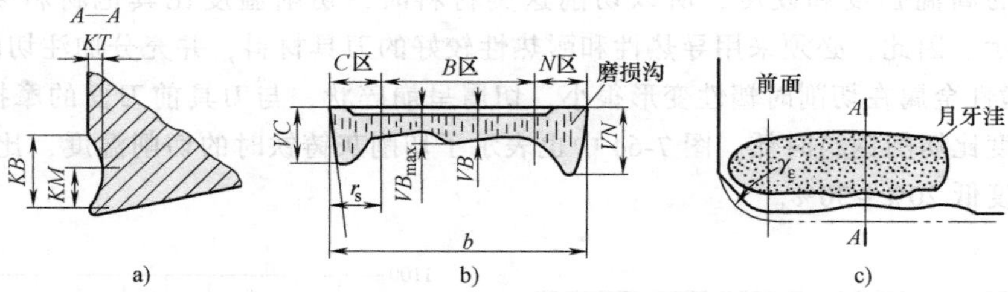

图 7-65 车刀典型磨损形式示意图

（3）前刀面和后刀面同时磨损 切削塑性金属时，前刀面磨损和后刀面磨损通常同时存在。

2. 刀具磨损机理

（1）磨料磨损 切削时，工件或切屑中的微小硬质点（碳化物，如 Fe_3C、TiC、VC 等；氮化物，如 TiN、Si_3N_4 等；氧化物，如 SiO_2、Al_2O_3 等）以及积屑瘤碎片不断摩擦刀具前、后面，划出沟纹，这就是磨料磨损。它像用砂轮磨削工件一样，刀具被一层层地磨掉了。这是一种纯机械作用。磨料磨损在各种切削速度下都存在，但在低速下，磨料磨损是刀具磨损的主要原因。这是因为在低速下，切削温度较低，其他原因产生的磨损不明显。刀具抵抗磨料磨损的能力主要取决于其硬度和耐磨性。

（2）冷焊磨损 工件表面、切屑底面与刀具前、后刀面之间存在着很大的压力和强烈的摩擦，因而它们之间会发生冷焊。由于摩擦副的相对运动，冷焊结构将被破坏而被带走，从而造成冷焊磨损。由于工件或切屑的硬度比刀具的硬度低，所以冷焊结构的破坏往往发生在工件或切屑一方。但由于交变应力、接触疲劳、热应力以及刀具表层结构缺陷等原因，冷焊结构的破坏也会发生在刀具一方。这使刀具材料的颗粒被工件或切屑带走，从而造成刀具磨损。这是一种物理作用（分子吸附作用）。在中等偏低的速度下切削塑性材料时，冷焊磨损较为严重。

（3）扩散磨损 切削金属材料时，切屑、工件与刀具在接触过程中，彼此的化学元素在固态下相互扩散，改变了材料原来的成分与结构，使刀具表层变得脆弱，从而加剧了刀具磨损。当接触面温度较高时，例如，用硬质合金刀片切削钢件，当温度达到 800℃时，硬质合金中的钴会迅速扩散到切屑、工件中，WC 分解为 W 和 C 扩散到钢中。随着切削过程的进行，切屑和工件都在高速运动，它们和刀具表面在接触区内始终保持着扩散元素的浓度梯度，从而使扩散现象持续进行。于是，硬质合金发生贫 C、贫 W 现象，而 Co 的减少又使硬质相的粘结强度降低。切屑、工件中的 Fe 和 C 则扩散到硬质合金中，形成低硬度、高脆性的复合碳化物。扩散的结果是加剧了刀具磨损。扩散磨损常与冷焊磨损、磨料磨损同时发生。刀具前面上温度最高处扩散作用强烈，于是该处形成月牙洼。抗扩散磨损能力取决于刀具的耐热性。氧化铝陶瓷和立方氮化硼刀具抗扩散磨损的能力较强。

（4）氧化磨损 当切削温度达到 700~800℃时，空气中的氧在切屑形成的高温区与刀具材料中的某些成分（Co、WC、TiC）发生氧化反应，产生较软的氧化物（Co_3O_4、CoO、WO_3、TiO_2），从而使刀具表面层硬度下降，较软的氧化物被切屑或工件擦掉而形成氧化磨损。这是一种化学反应过程，它最容易发生在主、副切削刃工作的边界处（此处易与空气接触）这也是造成刀具边界磨损的主要原因之一。

3. 刀具磨损过程及磨钝标准

(1) 刀具磨损过程 以切削时间 t 和刀具后面磨损量 VB 两个参数为坐标，磨损过程可以用图 7-66 中所示的一条磨损曲线来表示。磨损过程分为三个阶段，即初期磨损、正常磨损和剧烈磨损。

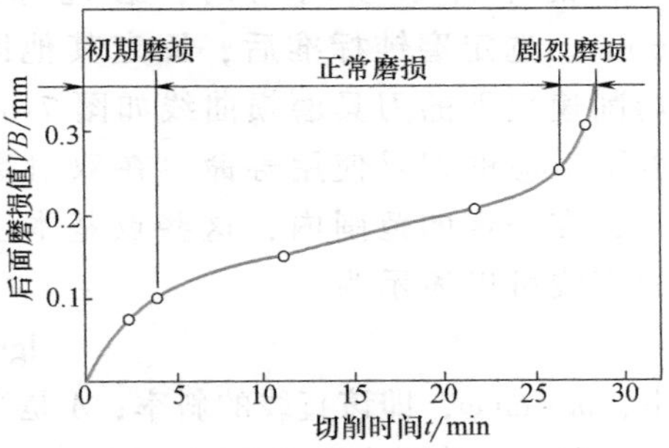

图 7-66 硬质合金车刀的典型磨损曲线

刀具：P10（TiC 涂层）外圆车刀，

$\gamma_o=4°$，$\kappa_r=45°$，$\lambda_s=-4°$，$r_\varepsilon=0.5mm$；

工件材料：60Si2Mn（40HRC）

切削用量：$v_c=115m/min$，$f=0.2mm/r$，$a_p=1mm$

1）初期磨损阶段。初期磨损阶段的特点是在极短的时间内，VB 增大得很快。由于新刃磨后的刀具表面存在微观不平度，后面与工件之间为峰点接触，故磨损很快。所以，初期磨损量的大小与刀面刃磨质量有很大的关系，通常 $VB=0.05\sim0.1mm$。经过研磨的刀具，初期磨损量小，而且要耐用得多。

2）正常磨损阶段。刀具在较长时间内缓慢地磨损，且 VB-t 呈线性关系。经过初期磨损后，后面上的微观不平度被磨掉，后刀面与工件的接触面积增大，压强减小，且分布均匀，所以磨损量缓慢而均匀地增加。这就是正常磨损阶段，也是刀具工作的有效阶段。曲线的斜率代表了刀具正常工作时的磨损强度。磨损强度是衡量刀具切削性能的重要指标之一。

3）剧烈磨损阶段。在相对很短的时间内，VB 猛增，刀具因而完全失效。刀具经过正常磨损阶段后，切削刃变钝，切削力增大，切削温度升高，这时刀具的磨损情况发生了质的变化而进入剧烈磨损阶段。这一阶段的磨损强度很大，此时如果刀具继续工作，则不但不能保证加工质量，还会消耗刀具材料，经济上不合算。因此，在刀具进入剧烈磨损阶段前，必须换刀或重新刃磨。

(2) 刀具磨钝标准 刀具磨损后将影响切削力、切削温度和加工质量，因此，必须根据加工情况规定一个最大的允许磨损值，这就是刀具的磨钝标准。一般刀具后刀面上均有磨损，它对加工精度和切削力的影响比前面显著，同时，后面的磨损量容易测量。因此，在涉及刀具管理和金属切削的科学研究中，都按后刀面磨损量来制定刀具磨钝标准。它是指后刀面磨损带中间部分的评价磨损量允许达到的最大值，用 VB 表示。

4. 刀具的使用寿命与切削用量的关系

(1) 刀具的使用寿命 在生产实践中，直接用 VB 值来控制换刀的时机在多数情况下是极其困难的，通常采用与磨钝标准相对应的切削时间来控制换刀时机。刃磨好的刀具自开始切削直到磨损量达到磨钝标准为止的净切削时间，称为刀具的使用寿命，用 T 表示。也可以用相应的切削路程 L_m（$L_m=V_cT$）或加工的零件数来定义刀具的寿命。

刀具的使用寿命是很重要的参数。在相同条件下切削同一材料的工件，可以用刀具的使用寿命来比较刀具材料的切削加工性能；用同一种刀具切削不同材料的工件，又可以用刀具的切削寿命来比较工件材料的切削加工性；还可以通过刀具的使用寿命来判断刀具的几何参数是否合理。工件材料和刀具材料的性能对刀具的使用寿命影响最大。切削速度、进给量、背吃刀量以及刀具的几何参数对刀具的使用寿命都有影响。在这里，用单因素法来建立 v_c、a_p、f 与刀具使用寿命 T 的数学关系。

（2）刀具使用寿命与切削速度的关系　首先选定刀具的磨钝标准。为了节约材料，同时又能反映刀具在正常工作情况下的磨损强度，按照 ISO 的规定：当切削刃参加切削部分的中部磨损均匀时，磨钝标准取 $VB=0.3$mm；磨损不均匀时，取 $VB_{max}=0.6$mm。选定磨钝标准后，固定其他因素不变，只改变切削速度做磨损试验，得出各种切削速度下的刀具磨损曲线如图 7-67 所示；再根据选定的磨钝标准 VB，求出各切削速度下对应的刀具使用寿命。在双对数坐标纸上画出寿命与速度的各个点，如图 7-68 所示，在一定的范围内，这些点基本上分布在一条直线上。这条在双对数坐标图上所作的直线可以表示为

$$\lg v_c=-m\lg T+\lg A$$

式中，$m=\tan\varphi$，即该直线的斜率；A 是当 $T=1$s 或 1min 时直线在纵坐标上的截距。

m 和 A 可从图中实测得到。因此，v_c 与 T 的关系可写成

$$v_c=A/T^m \text{ 或 } v_cT^m=A$$

这个关系是 20 世纪初由美国著名工程师泰勒（F·W·Taylor）建立的，常称其为泰勒公式，它揭示了切削速度与刀具使用寿命之间的关系，是确定切削速度的重要依据。泰勒公式说明：随着切削速度的变化，为保证 VB 不变，刀具使用寿命 T 必须做相应的变化。指数 m 的大小反映了刀具使用寿命 T 对切削速度变化的敏感性，m 越小，直线越平坦，表明 T 对 v_c 的变化越敏感，也就是说刀具的切削性能越差。对于高速工具钢刀具，$m=0.1\sim0.125$；对于硬质合金刀具，$m=0.1\sim0.4$；对于陶瓷刀具，$m=0.2\sim0.4$。

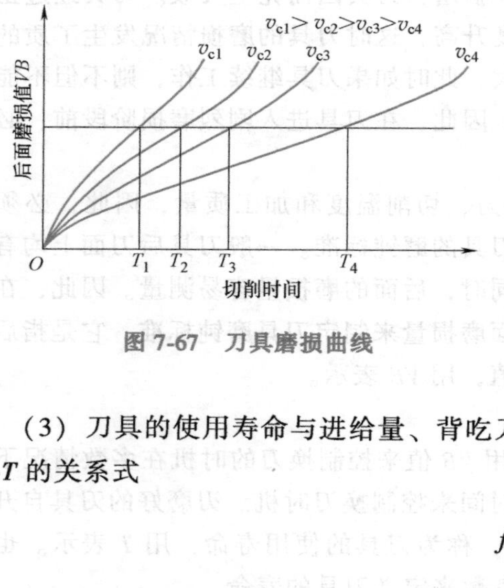

图 7-67　刀具磨损曲线

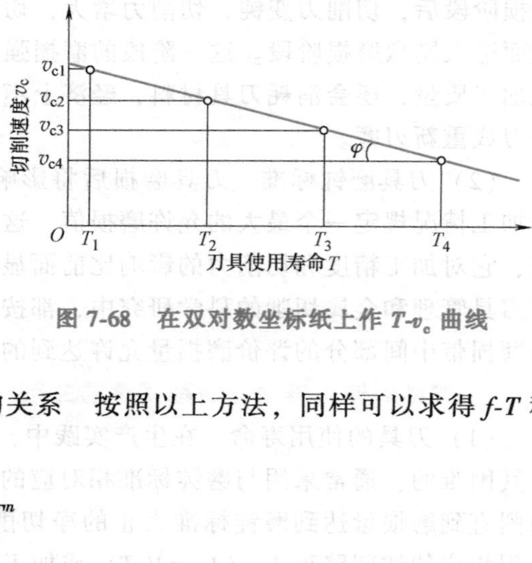

图 7-68　在双对数坐标纸上作 T-v_c 曲线

（3）刀具的使用寿命与进给量、背吃刀量的关系　按照以上方法，同样可以求得 f-T 和 a_p-T 的关系式

$$f=B/T^n$$

$$a_p=C/T^p$$

式中，B、C 是系数；n、p 是指数。

（4）刀具的使用寿命与切削用量的综合关系　综合以上三式，可以得到刀具使用寿命的三因素公式

$$T=\frac{C_T}{v_c^{1/m}f^{1/n}a_p^{1/p}}$$

或

$$v_c = \frac{C_v}{T^m f^{y_v} a_p^{x_v}}$$

式中，C_T、C_v 分别是工件材料、刀具材料和其他切削条件有关的系数；指数 $x_v = m/p$，$y_v = m/n$。系数 C_T、C_v 和指数 x_v、y_v 可在有关工程手册中查得。

上式为广义泰勒公式，一般情况下，$\frac{1}{m} > \frac{1}{n} > \frac{1}{p}$ 或 $m < n < p$。这说明在影响刀具使用寿命 T 的三项因素 v_c、f、a_p 中，v_c 对 T 的影响最大，其次为 f，a_p 对 T 的影响最小。所以在提高生产率的同时，又希望刀具使用寿命下降得不多的情况下，优选切削用量的顺序为：首先尽量选用大的背吃刀量 a_p，然后根据加工条件和加工要求选取允许的最大进给量 f，最后根据刀具使用寿命或机床功率允许的情况选取最大切削速度 v_c。

在确认了选择切削用量的基本顺序后，还要考虑切削用量具体数值如何选定的问题。选定切削用量的具体数值时，还需要附加一些约束条件。

5. 刀具破损

在加工过程中，刀具不经过正常磨损，而是在很短的时间内突然失效，这种情况称为刀具破损。刀具破损形式有烧刃、卷刃、崩刃、断裂、表层剥落等。

（1）刀具破损的主要形式

1）工具钢、高速工具钢刀具。工具钢、高速工具钢的韧性较好，一般不易发生崩刃。但其硬度和耐热性较差，当切削温度超过一定数值时（工具钢 250℃，合金工具钢 350℃，高速工具钢 600℃），它们的金相组织会发生变化，马氏体转变为硬度较低的托氏体、索氏体或奥氏体，从而丧失切削能力。工具钢、高速工具钢在热处理硬度不够或切削高硬度材料时，其切削刃或刀尖都可能产生塑性变形，使刀具形状和几何参数发生变化，刀具迅速磨损，这种现象称为卷刃或相变磨损。精加工、薄切削刀具上可能产生卷刃。

2）硬质合金、陶瓷、立方氮化硼、金刚石刀具。这些材料的硬度高且耐热性好，不易烧刃或卷刃，但其韧性低，很容易发生崩刃、折断。

① 切削刃微崩刃。当工件材料的组织、硬度、余量不均匀，前角太大，有振动或断续切削，或者刀具刃磨质量差时，切削刃容易发生微崩刃，即刃区出现微小的崩落、缺口或剥落。

② 切削刃或刀尖崩碎。在比崩刃条件更为恶劣的条件下，可能造成切削刃或刀尖崩碎，它是微崩刃的进一步发展，其尺寸和范围比微崩刃大，刀具完全丧失切削能力。

③ 刀片或刀具折断。当切削条件极为恶劣，切削用量过大，有冲击载荷，刀片中有微裂纹、残余应力时，刀片或刀具可能发生折断而不能继续工作。

④ 刀片表层剥落。对于脆性大的刀具材料，由于表层组织中有缺陷或潜在裂纹，或由于焊接、刃磨而使表层存在残余应力，在切削过程中不稳定或承受交变载荷时，易产生剥落，刀具将不能继续工作。

⑤ 切削部位塑性变形。硬质合金刀具在高温和三向正应力状态下工作时，会产生表面塑性流动，使切削刃或刀尖发生塑性变形而造成塌陷。

⑥ 刀片的热裂。当刀具承受交变的机械负载和热负载时，切削部分表面会因反复热胀冷缩而产生交变热应力，从而使刀片产生疲劳和开裂。

（2）刀具破损的防止

1）合理选择刀具材料的种类和牌号。在保证一定硬度和耐磨性的前提下，刀具材料必须具有必要的韧性。

2）合理选择刀具的几何参数。所选择的几何参数应保证切削刃和刀尖具有足够的强度，可在切削刃上磨出负倒棱以防止崩刃。

3）保证焊接和刃磨质量，避免因焊接和刃磨带来的各种弊病。

4）合理选择切削用量，避免过大的切削力和过高的切削温度。

5）保证工艺系统具有较好的刚性，减小振动。

6）尽量使刀具不承受或少承受突变载荷。

7.5 工件材料的切削加工性

7.5.1 概念

工件材料的切削加工性是指对工件材料进行切削加工的难易程度。在研究刀具的使用寿命、切削用量、刀具材料以及刀具几何参数时，都已涉及了工件材料加工难易程度的问题。材料的切削加工性是一个相对的概念，某种材料切削加工性的好坏，是相对于另一种材料而言的。一般在讨论钢料的切削加工性时，以 45 钢作为比较基准；而讨论铸铁的切削加工性时，则以灰铸铁作为比较基准。例如，高强度钢难加工，就是相对于 45 钢而言的。

刀具的切削性能与材料的切削加工性密切相关，不能脱离刀具的切削性能孤立地讨论材料的切削加工性，而应把两者有机地结合起来进行研究。在了解了材料的切削加工性并采取了有效措施后，就能够保证加工质量，提高加工效率，降低加工成本。因此，研究材料的切削加工性对切削过程的优化具有现实意义。

7.5.2 指标

衡量材料切削加工性的指标要根据具体加工情况选用。常用的衡量材料切削加工性的指标有以下几种：

1）以刀具寿命 T 的相对比值作为衡量材料切削加工性的指标。

2）以相同刀具使用寿命下切削速度的相对比值作为衡量材料加工性的指标。

3）以切削力或切削温度作为衡量材料切削加工性的指标。

4）以已加工质量作为衡量材料切削加工性的指标。

5）以切屑控制或断屑的难易程度作为衡量材料切削加工性的指标。

例如，相对加工性（K_r）的含义为：以切削正火状态的 45 钢的刀具寿命 V60 作为基准，记做（V60）$_j$，将在相同条件下切削待评价材料的刀具寿命与其的比值称为相对加工性，即 K_r=V60/(V60)$_j$。相对加工性大于 1，表明待评价材料相对于 45 钢具有更优的切削加工性。下表列出了几种代表性工件材料的相对加工性。而当刀具耐用度 T_{min} 一定时，切削某种材料所允许的最大切削速度 v_T 越高，说明材料的切削加工性越好。常取 T_{min} = 60min。

表 7-5 几种代表性工件材料的相对加工性

加工性等级	名称及种类		相对加工性 K_r	低表性工件材料
1	很容易切削材料	一般有色金属	>3.0	5-5-5 铜铅合金、9-4 铝铜合金、铝镁合金
2	容易切削材料	易切削钢	2.5~3.0	钢 σ_b=0.392~0.490GPa
3		较易切削钢	1.6~2.5	正火 30 钢 σ_b=0.441~0.549GPa
4	普通材料	一般钢及铸铁	1.0~1.6	45 钢、灰铸铁、结构钢
5		稍难切削材料	0.65~1.0	85 钢轧制 σ_b=0.8829GPa
6	难切削材料	较难切削材料	0.5~0.65	65Mn 调质 σ_b=0.9319~0.981GPa
7		难切削材料	0.15~0.5	50CrV 调质、1Cr18Ni9Ti 未粹火，α 相钛合金
8		很难切削材料	<0.15	β 相钛合金，镍基高温合金

7.5.3 改善途径

1. 通过热处理改变材料的组织和力学性能

1）高碳钢和工具钢的硬度高，且有较多的网状、片状渗碳体组织，加工困难，可经过球化退火降低硬度，并得到球状渗碳体，从而改善其切削加工性。

2）热轧状态的中碳钢，其组织不均匀，表皮有硬化层，经过正火可使其组织与硬度均匀，从而改善其切削加工性。

3）低碳钢的塑性过高，可通过冷拔或正火降低其塑性，提高硬度，使切削加工性得到改善。

4）加工不锈钢时，可通过调质提高硬度，降低塑性，以利于切削加工。

5）铸铁件的表层及薄截面处，由于冷却速度较快（特别是金属型浇注时），常会产生白口组织，致使切削加工难以进行，应对其进行软化退火处理。

2. 调整材料的化学成分

在钢中添加一些元素，如硫、钙、铅等，可使钢的切削加工性得到改善，这样的钢叫易切削钢。易切削钢可使刀具的寿命提高，切削力变小，容易断屑，已加工表面质量好。易切削钢的添加元素几乎不能与钢的基体固溶，而是以金属或非金属夹杂物的状态分布在基体中，这类夹杂物可以改善钢的切削加工性。

7.6 高速切削技术

7.6.1 高速切削技术概述

1. 高速切削（加工）的定义

高速切削（加工）的定义众多，如高切削速度切削、高主轴转速切削、高进给量切削、高速和高进给量切削、高生产率切削等。高速切削加工技术中的“高速”，通常用切削线速度进行界定，它是一个相对的概念，不能简单地定义为某一具体的切削速度。由于不同加工方式、不同工件材料有不同的高速加工范围，因而应根据不同的加工材料，结合实际生产情况，确定不同的高速加工速度范围。图 7-69 所示为高速加工的速度范围与加工材料的关系。

国际生产工程科学院（CIRP）提出，切削线速度为 500~7000m/min 的切削加工称为高

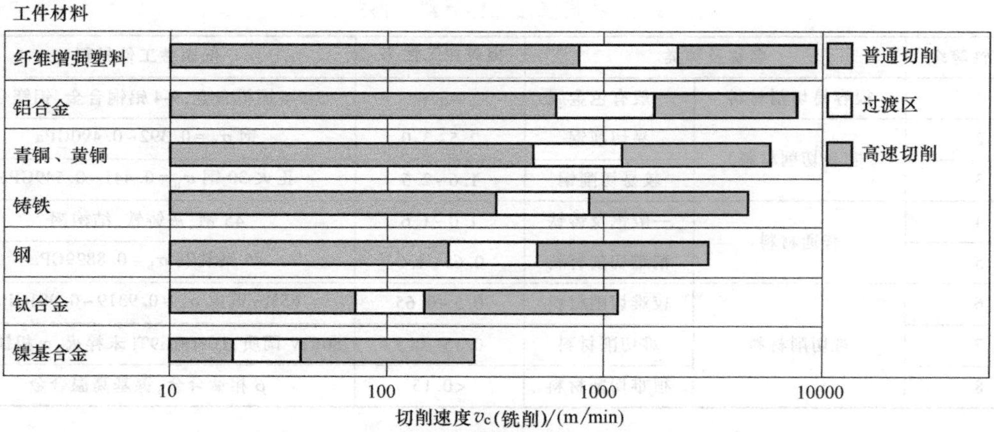

图 7-69　高速加工的速度范围与加工材料的关系

速切削加工。德国达姆施塔工业大学生产工程与机床研究所（PTW）则提出，高于普通切削速度5~10倍的切削加工为高速切削加工，并提出按主轴最高转速与最高移动速度构成的相应范围，划分出传统切削、高去除率切削（HVM）和高速切削（HSM）三个加工区域。

一般认为，高速加工是指采用较硬材料的刀具，通过极大地提高切削速度和进给速度，来提高材料切除率、加工精度和加工表面质量的现代加工技术。与常规切削加工相比，高速切削加工发生了本质性的飞跃。高速切削技术的主要特点如下：

（1）加工效率高　材料去除率有了较大提高，适用于材料去除率大的场合。

（2）切削力小　切削力较常规切削有所降低，背向力降低得更明显。工件受力变形小，适合加工刚性差的薄壁件和细长件。

（3）切削热小　加工过程迅速，绝大多数切削热被切屑带走，工件中积聚的热量极少，温升低，适合加工熔点低、易氧化和易于产生热变形的零件，可提高加工精度。

（4）动力学特性好　刀具激振频率远离工艺系统固有频率，不易产生振动，而且切削力小、热变形小、残余应力小，易于保证加工精度和表面质量。

（5）工序集约化　可获得高的加工精度和低的表面粗糙度值，而且在一定条件下，可对硬表面进行加工，从而可使工序集约化，这对于模具加工具有特别的意义。

（6）环保　可实现“干切”和“准干切”，避免了切削液污染。

（7）刀具寿命受到影响　随着切削速度的增加，刀具寿命会相应地降低。

总而言之，高速切削的最初目的是提高加工效率和降低成本，这是因为单位时间内材料的切除率高（与切削速度×进给量×背吃刀量成正比），则切削加工时间减少，成本降低。

2. 高速切削技术的起源与发展历程

高速切削加工的概念由德国的 Carl J. Salomon 博士于 20 世纪 30 年代提出，其理论核心建立在以下设想的基础之上：对于给定的工件材料，都有一个临界切削速度，当实际切削速度超过临界速度时，切削温度随切削速度的增加而下降；而在达到该临界速度之前，随着切削速度的增加，切削温度逐渐上升，如图 7-70 和图 7-71 所示。按此假设，对材料进行切削加工时，在工作区两端存在一个速度“死谷（Valley of Death）”，在该范围内，刀具因承受不了太高的切削温度而无法进行切削加工。但是，当速度超过该范围后，切削温度下降，单位切削力也减小，刀具寿命增加，切削时间大幅减少，可以成倍地提高生产率。

虽然这一理论在现在看来还有需要商榷之处，但却为高速切削加工做了意义重大的开拓性探索。后来的不少研究表明，随着切削速度的持续增加，切削温度的增加速率下降，最后趋于稳定。在高速切削时，刀具寿命有时反而会得到提高，对此，目前有两种解释：一种理论认为，工件材料在进入切削区后，切削高温使其强度、硬度降低，材料软化，而刀具材料则具有相对较高的强度和硬度；另一种理论认为，随着切削速度的增加，切削区材料剪切角增大，切削变形系数减小，材料在高速下来不及变形，刀具与切屑间的摩擦因数减小，切削过程中实际产生的热量减少，而且热量多数由切屑带走，进入刀具、工件的热量相对较少，从而使刀具的使用寿命得到提高。

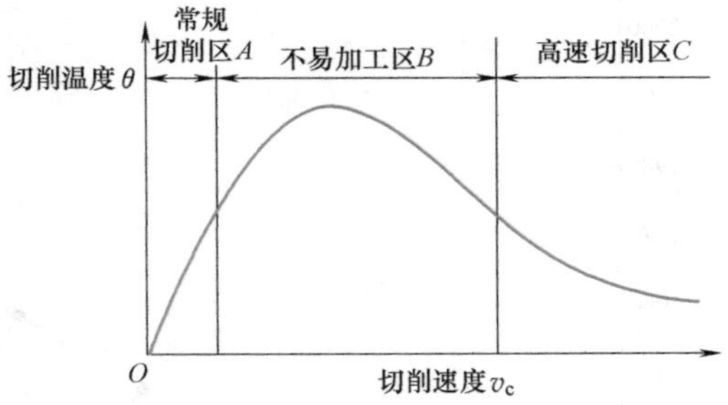

图 7-70　高速切削的温度-速度曲线

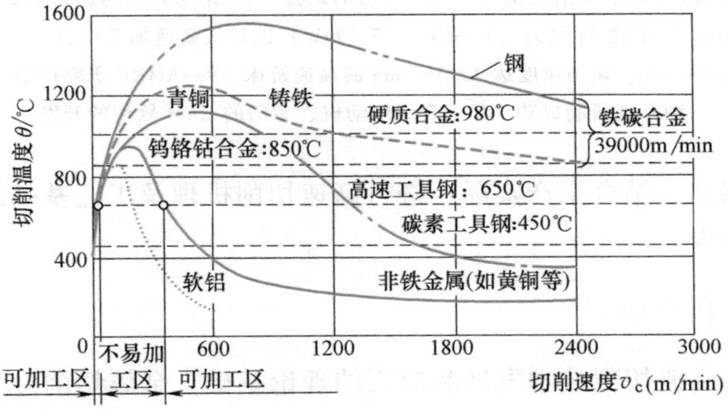

图 7-71　高速铣削中的切削温度

高速切削加工的发展可分为五个阶段，如图 7-72 所示。

随着高速高性能机床、超硬耐磨和耐热刀具材料等关键技术的进步，高速切削技术作为一项高新技术得到了迅速发展。美国、德国、日本、瑞士、加拿大、西班牙等国家，一方面不断改进高速切削的相关设备，如刀具材料、机床结构、进给部件、主轴部件、机床控制系统等，另一方面仍在深入地进行高速切削机理和工艺的研究，以使高速切削技术更加优质、高效、低耗地应用到机械加工生产活动中去。

我国对高速切削技术的研究起步较晚，直到 20 世纪 80 年代中后期，当高速切削技术在国外工业生产中不断得到应用的时候，我国才开始注意到高速切削技术的必然发展趋势和巨大应用前景，并开始着手研究用于高速切削的高速机床与刀具技术。20 世纪 80 年代末到 90 年代初，我国曾对高速切削机理、工艺进行研究，近年来，国内众多高校和科技工作者也一直致力于对高速切削技术的研究，并取得了一定的成果，各项关键技术取得了一些进展。然而，由于实际生产中缺乏对相应的高速切削机理、工艺的基础研究作为发展基础和缺乏稳定可靠的技术指导，使得多数高速切削机床的主轴转速偏低，不少应用工艺中仍然采用传统的切削用量进行切削，从而远远没有发挥高速切削技术所固有的潜在优势，造成机床利用率

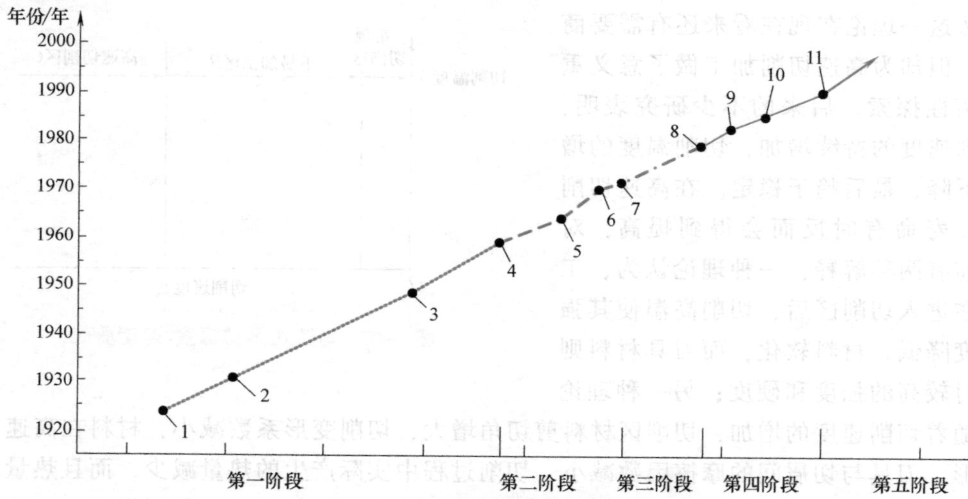

图 7-72 高速切削加工的发展历程

1—Salomon 做大量高速切削试验 2—Salomon 获得德国专利 3—William · Coomly 发现切削功率随转速下降的现象 4—R · L · Vaughn 于 1958 年做了切削速度范围较广的切削试验 5—钢与铸铁高速切削试验 6—磁浮轴承技术 7—转速达 18000r/min、功率达 25 马力（1 马力 = 735.499W）的卧式高速加工中心 8—转速为 60000r/min、进给速度为 50m/min、切削速度达 7000m/min 的高速铣床 9—AMRP 研究计划 10—高速主轴系统研制成功 11—直线电动机、专门的 CAM 软件的开发

低、生产成本高。因此，结合生产实际，进行高速切削机理及工艺基础的深入研究，对我国的金属加工业意义重大。

7.6.2 高速切削基础理论

高速切削机理是高速切削技术发展和应用的理论基础。金属切削过程就是工件材料在刀具作用下发生剪切滑移而形成切屑并从刀具前面流出的过程，工件的加工表面同时经历了刀具后面的挤压摩擦过程。由于切削加工过程中材料的塑性变形会产生一系列的物理及化学变化，例如：被加工材料经受强烈的弹塑性变形，剪切滑移形成切屑；材料在变形过程中产生切削抗力和大量的切削热，在刀具工作区域形成高温高压区域；由于载荷不均匀和变形的波动，还会产生切削振动等。

工件材料在刀具作用下发生在第一变形区的剪切滑移、第二变形区的刀-屑界面摩擦学行为和第三变形区已加工表面变质层的形成过程，构成了金属高速高效切削机理研究的基本框架。在此框架中，涉及高应变率条件下材料流动应力与应变之间关系的精确描述以及材料本构模型的建立，切屑剪切局域化临界条件定量描述与锯齿形切屑形成机理，刀-屑界面摩擦学行为描述与刀具磨损破损机理，切削力和切削热分布规律数字化描述与预测，切削动力学与切削稳定性，力-热强耦合物理建模及其对加工变形、表面完整性和刀具切削性能的影响以及数字仿真等切削机理方面的研究内容。

7.6.3 高速切削关键设备

1. 高速切削（加工）机床

高速切削（加工）机床是实施高速切削（加工）的基础核心装备，如图 7-73 所示。高

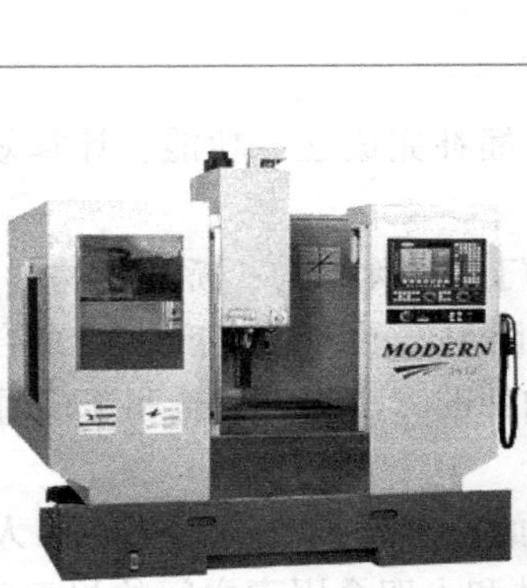

Modern 2412立式加工中心(美国)

东芝高速立式加工中心(日本)

DMU60T5轴高速加工中心(德国)

图 7-73 高速切削机床

速切削机床包括高速主轴、快速进给系统、高速数控系统、高刚性机床结构等部分。

（1）高速主轴 高速主轴是高速切削机床中的关键部分。高速主轴多采用由内装交流伺服电动机直接驱动的集成化结构，如图 7-74 所示。高速切削不但要求主轴转速达到很高的水平，而且要求主轴能够传递足够的转矩，能适应从粗加工到精加工的变化，能够保持 5000h 以上的寿命，具有高转速和宽转速范围、高刚性和回转精度、良好的热稳定性、可靠的工具装夹系统、先进的润滑和冷却系统、稳定可靠的监测系统。

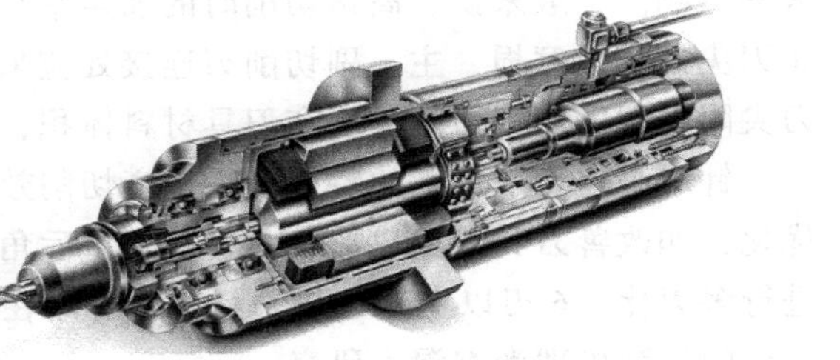

图 7-74 高速电主轴典型结构——内置式电主轴

（2）快速进给系统 与高主轴转速相适应和匹配的是很快的进给速度。采用直线伺服电动机代替传统的坐标驱动，从而代替滚珠丝杠副传动结构是进给系统的发展趋势和特征。要实现并准确控制进给速度，对机床导轨、滚珠丝杠、伺服系统、工作台结构等提出了更高的要求。

（3）高速数控系统 高速切削加工时，要求数控系统具有快速数据处理能力、前瞻计算控制功能和高的功能化特性，以保证在高速切削时，特别是在多轴联动切削复杂曲面轮廓时，仍具有良好的加工性能。要求数控系统具有几何补偿及热补偿功能以获得高的零件精度，并具体有加减预插补、前馈控制、精确矢量补偿、回冲加速、平滑插补、最佳拐角减速度、热补偿等功能。

传统数控系统将 CAD 数据由直线插补转化为点到点的刀具路径轨迹，其效率低、误差大。目前，FANUC 和 Siemens 数控系统已采用 NURBS 插补完成这一功能，计算效率提高了 30%~50%，能获得更光滑的零件加工表面。

(4) 高刚性机床结构　机床的结构形式一般有龙门式对称结构、桥式结构、箱形结构、高床身结构、防尘密封结构（加工石墨用）等。采用阻尼特性高、密度小的聚合物混凝土（人造花岗岩）材料作为床身和立柱材料，预埋金属构件的方法形成导轨和连接面。

2. 高速切削刀具

刀具技术是实现高速切削加工的关键。刀具应用的合理性由机床、工件和人等因素决定，作为一个系统工程，要正确认识刀具、机床、工件和人四个因素之间的相互关系，最大限度地提高加工效率和质量，降低生产成本。目前，我国的刀具材料和涂层技术与国外还有较大差距。为满足现代制造技术的要求，先进刀具的发展方向为“三高一专”，即高精度、高效率、高可靠性和专用化。先进刀具有三大技术基础：材料、涂层和刀具结构。

(1) 新型刀具材料和涂层　涂层硬质合金、陶瓷、CBN 等硬度高、耐磨性和耐热性好、强度和稳定性优良的刀具材料，可满足高速切削的加工要求。涂层硬质合金刀具的涂覆技术有化学气相沉积法（CVD）法和物理气相沉积（PVD）法。当对金属、陶瓷进行涂层，通过使母材中的结合成分与涂层成分有机结合，使其既具有韧性又具有耐磨性。陶瓷刀具的硬度高、化学性能稳定、耐氧化，在高温时强度及硬度等力学性能都很好，所以被广泛用于高速切削加工中。其弱点是破坏韧性低，对龟裂的抵抗性仅为硬质合金的 1/3~1/2，所以在加工中容易发生崩刃。PCBN 是 CBN 的烧结体——聚晶立方氮化硼，它具有很高的硬度和耐磨性、很高的热稳定性和高温硬度、较高的化学稳定性、良好的导热性、较低的摩擦因数，是适用于高速切削、硬态切削、干式切削等先进切削工艺方法的理想刀具，具有重要的应用价值。

(2) 专用刀具结构　高速切削不同材料时的几何参数对加工质量、刀具使用寿命有很大的影响。一般来说，高速切削时的前角平均比传统加工方法小 10°，后角大 5°~8°。为防止刀尖处的热磨损，主、副切削刃连接处应采用修圆刀尖或倒角刀尖，以增大刀尖角，加大刀尖附近刃区切削刃的长度和刀具材料体积，从而提高刀具刚性和降低切削刃破损的概率。

针对高速切削加工的特点，为提高切削效率和刀具的刚性，在刀具结构设计方面也做了优化，如改善刀具的刃口形状、刃部及主后角、排屑性等。另外，通过对 2 刃、4 刃立铣刀进行多刃化（6 刃以上）改进，且使得芯厚在 80% 以上，可提高立铣刀的刚性。但目前对多刃化的切削机理尚需深入研究。

现代刀具设计更强调刀具切削刃的细化设计，改变刀具宏观参数，如前角、后角、螺旋角等传统方法已不能满足要求。钝圆半径、倒棱宽度、倒棱角度等可以强化切削刃，从而影响切削力分布、加工温度、切屑形成、刀具寿命。倒棱宽度影响切屑形成过程，倒棱宽度不同，切屑的曲率半径不同，切屑厚度也不同。

(3) 刀夹装置　在高的主轴转速下，采用可靠的刀夹装置可使刀具保持足够的夹持力，避免因离心力造成刀具损坏。如图 7-75 所示，德国对 HSK 刀柄进行了标准化。此外，热缩刀柄、异性结构连接刀柄，以及标准-特殊结构复合的弹性柔性刀柄等在高速切削刀具中的应用也日益广泛。

3. 高速切削安全保障系统

动平衡对高速切削刀具十分重要。高速切削时的切削速度相当高，当主轴转速达到

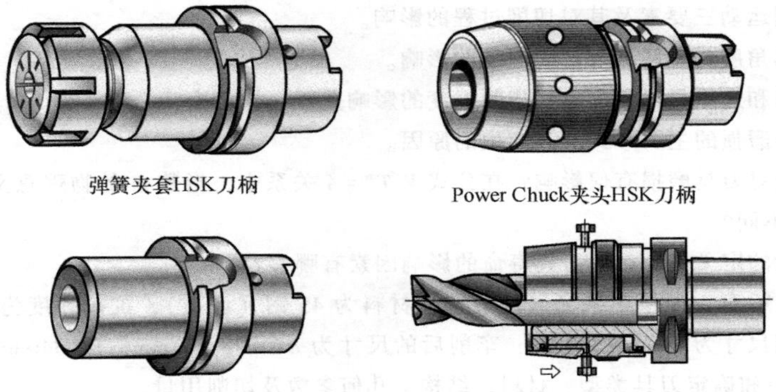

图 7-75 HSK 刀柄的类型

40000r/min 时，掉下来的刀具碎片就像出膛的子弹一样。由高转速引起的离心力在高速切削中会使抗弯强度和断裂韧性都较低的刀片发生断裂，除损害工件外，还给操作者和机床带来了危险。

因此，对于高速切削，必须充分重视高速运动引起的安全问题。刀具夹紧、工件夹紧必须安全可靠，并配有可靠的工况监测系统。高速切削刀具在结构上须满足以下要求：刀具体必须满足动平衡要求；既要具有上压式压紧机构，又要具备阻止刀片沿离心力方向移动的机夹结构；刀片通过键槽与刀具体定位，并通过上压式机构压紧或螺钉紧固。刀具系统不平衡会缩短刀具寿命、增加停机时间、降低精度，并使表面粗糙度值增加。

高速切削安全保障内容包括：机床周围人员的安全保障；避免相关加工设施的损伤；重大事故的工况辨识、预防和紧急处理；保证产品产量与质量。在机床结构方面，必须设有安全保护墙、安全玻璃门窗，采用吸能和隔声材料。另外，应具有机床起动与安全装置互锁功能。

机床及其切削过程的安全监测包括切削力监测、机床功率监测、刀具状态信息监测、主轴及主轴轴承状况监测、电气控制系统过程稳定性监测等。

复习思考题

7-1 根据刀具切削刃形状以及刀具与工件之间的相对运动方式，可将发生线的形成方法分为哪几种？

7-2 车削加工、铣削加工和磨削加工的材料去除方式有何区别？各自的优缺点是什么？

7-3 列举车床上常用的几种车刀，并说明它们的适用加工对象。

7-4 车削和铣削哪一个更适合进行超精密加工？为什么？

7-5 试从加工方式和应用范围上说明钻削和镗削加工的共同点和区别。

7-6 影响砂轮性能的因素有哪些？

7-7 特种加工在成形工艺方面与切削加工有什么不同？

7-8 简述电解加工、电火花加工、激光加工和超声波加工的表面成形原理和应用范围。

7-9 简述滚切斜齿轮时的四条传动链。

7-10 切削过程的三个变形区各有何特点？它们之间有什么关联？

7-11 分析积屑瘤产生的原因及其对加工的影响，生产中最有效地控制积屑瘤的手段是什么？

7-12 试述切削运动三要素及其对切削过程的影响。

7-13 简述刀具角度对切削力与切削温度的影响。

7-14 背吃刀量和进给量对切削力和切削温度的影响是否一样？为什么？

7-15 试述刀具磨损的主要形式及其产生的原因。

7-16 切削用量对刀具磨损有何影响？在公式 $V_cT^m=A$ 关系中，指数 m 的物理意义是什么？不同刀具材料的 m 值为什么不同？

7-17 刀具寿命的定义是什么？刀具寿命的影响因素有哪些？

7-18 在车床上粗车、半精车某套筒的外圆，材料为45钢（调质），抗拉强度为681.5MPa，硬度为200~230HBW，毛坯尺寸为80mm×350mm，车削后的尺寸为 $d=\phi75_{-0.25}^{\ 0}$ mm，$L=340$mm，表面粗糙度值均为 $Ra3.2\mu m$。试选择和确定刀具类型、材料、结构、几何参数及切削用量。

7-19 高速切削的主要特点和优势是什么？高速切削对机床、刀具等切削要素有哪些要求？

7-20 分析高速切削时切削力、切削热与切削速度之间的关系。

参考文献

[1] 卢秉恒. 机械制造技术基础 [M]. 3版. 北京：机械工业出版社，2008.

[2] 冯之敬. 机械制造工程原理 [M]. 3版. 北京：清华大学出版社，2015.

[3] KALPAKJIAN S, SCHMID S R. Manufacturing Engineering and Technology [M]. New York: McGraw-Hill, 2006.

[4] 陈明，安庆龙，刘志强. 高速切削技术基础与应用 [M]. 上海：上海科学技术出版社，2012.

第8章 金属切削机床

8.1 金属切削机床概述

8.1.1 机床的组成

机床是用来生产其他机械的工作母机，各类机床通常都由下列基本部分组成。

（1）动力源　动力源是为机床提供动力（功率）和运动的驱动部分，如各种交流电动机、直流电动机和液压传动系统的液压泵、液压马达等。

（2）传动系统　传动系统包括主传动系统、进给传动系统和其他运动的传动系统，如变速箱、进给箱等部件，有些机床主轴组件与变速箱组合在一起成为主轴箱。

（3）支承件　支承件用于安装和支承其他固定的或运动的部件，支承其重力和切削力，如床身、立柱等。支承件是机床的基础构件，也称机床大件或基础件。

（4）工作部件　工作部件包括：①与最终实现切削加工的主运动和进给运动有关的执行部件，如主轴及主轴箱、工作台及其滑板或滑座、刀架及其溜板以及滑枕等；②与工件和刀具安装及调整有关的部件或装置，如自动上下料装置、自动换刀装置、砂轮修整器等；③与上述部件或装置有关的分度、转位、定位机构和操纵机构等。

不同种类的机床，由于其用途、表面形成运动和结构布局的不同，这些工作部件的构成和结构差异很大。但就运动形式来说，主要是旋转运动和直线运动，所以工作部件结构中大多含有轴承和导轨。

（5）控制系统　控制系统用于控制各工作部件的正常工作，主要是指电气控制系统，有些机床局部采用液压或气动控制系统。数控机床则是指数控系统，它包括数控装置、主轴和进给的伺服控制系统（伺服单元）、可编程序控制器和输入输出装置等。

（6）冷却系统　冷却系统用于对加工工件、刀具及机床的某些发热部位进行冷却。

（7）润滑系统　润滑系统用于对机床的运动副（如轴承、导轨等）进行润滑，以减少摩擦、磨损和发热。

（8）其他装置　如排屑装置、自动测量装置等。

8.1.2 机床的运动

机床的切削加工是通过工具（包括刀具、砂轮等，下同）与工件之间的相对运动来实现的。机床的运动分为表面形成运动和辅助运动。

1. 表面形成运动

表面形成运动是机床最基本的运动，也称工作运动。表面形成运动包括主运动和进给运动。这两种不同性质的运动和不同形状的刀具相配合，可以实现轨迹法、成形法和展成法等各种不同加工方法，构成不同类型的机床。一般来说，工具形状越复杂，机床所需的表面形成运动就越简单。例如，拉床主运动由拉刀的直线运动实现，且无进给运动（其进给运动由拉刀切削齿的齿升量实现）。主运动和进给运动的形式和数量取决于工件要求的表面形状和所采用的工具的形状。通常，机床主要采用结构上易于实现的旋转运动和直线运动实现表面形成运动，而且主运动只有一个，进给运动则可有一个或几个。

2. 辅助运动

机床在加工过程中，加工工具与工件除工作运动以外的其他运动称为辅助运动。辅助运动用以实现机床的各种辅助动作，主要包括以下几种类型：

（1）切入运动　切入运动用于保证工件被加工表面获得所需要的尺寸，使工具切入工件表面一定深度。有些机床的切入运动属于间歇运动形式的进给。数控机床的切入运动可通过控制相应轴的进给来实现，如数控车床的 X 轴进给。

（2）空行程运动　空行程运动主要是指进给前后的快速运动。例如：趋近，是指进给前加工工具与工件相互快速接近的过程；退刀，是指进给结束后加工工具与工件相互快速离开的过程；返回，是指退刀后加工工具或工件回到加工前位置的过程。

（3）其他辅助运动　包括分度运动、操纵和控制运动等。例如，刀架或工作台的分度转位运动，刀库和机械手的自动换刀运动，变速、换向，部件与工件的夹紧与松开，自动测量、自动补偿等。

8.1.3 机床的主要技术性能指标和型号

机床的技术性能是根据使用要求提出和设计的，通常包括下列内容。

1. 机床的工艺范围

机床的工艺范围是指能够在机床上加工的工件类型和尺寸，能够加工完成的工序类型，以及能够使用何种刀具等。不同的机床，有宽窄不同的工艺范围。通用机床具有较宽的工艺范围，在同一台机床上可以满足较多的加工需要，适用于单件小批生产。专用机床是为特定零件的特定工序而设计的，其自动化程度和生产率都较高，但它的加工范围很窄。数控机床则既有较宽的工艺范围，又能满足零件较高精度的要求，并可实现自动化加工。

2. 机床的技术参数

机床的主要技术参数包括尺寸参数、运动参数与动力参数。尺寸参数是具体反映机床加工范围的参数，包括主参数、第二主参数和与加工零件有关的其他尺寸参数。我国对各类机床的主参数已有统一规定，见表 8-1。

表 8-1　常用机床的主参数

机床名称	主参数	机床名称	主参数
卧式车床	床身上最大回转直径	矩台平面磨床	工作台面宽度
立式车床	最大车削直径	滚齿机	最大工件直径
摇臂钻床	最大钻孔直径	龙门铣床	工作台面宽度
卧式镗床	镗轴直径	升降台铣床	工作台面宽度
坐标镗床	工作台面宽度	龙门刨床	最大刨削宽度
外圆磨床	最大磨削直径	牛头刨床	最大刨削宽度

运动参数是指机床执行件的运动速度，如主轴的最高转速与最低转速、刀架的最大进给量与最小进给量（或进给速度）。

动力参数是指机床电动机的功率。有些机床还给出了主轴允许承受的最大转矩等其他参数。

3. 机床型号的编制

机床型号是机床产品的代号，用以简明地表示机床的类型、性能和结构特点、主要技术参数等。我国的机床型号是按 GB/T 15375—2008《金属切削机床型号编制方法》（适用于各类通用机床和除组合机床以外的专用机床）编制的。此标准规定，机床型号由一组汉语拼音字母和阿拉伯数字按一定规律组合而成。

（1）通用机床的型号编制

1）型号表示方法。通用机床的型号由基本部分和辅助部分组成，中间用“/”分开，其构成如下：

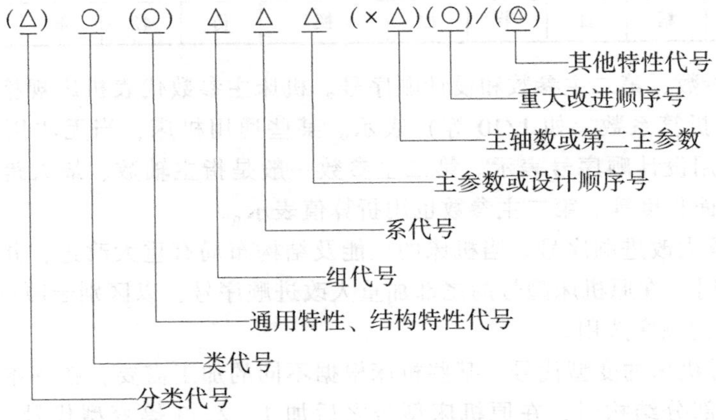

说明：

① 有“（）”的代号或数字，当无内容时，则不表示；若有内容，则不带括号。

② 有“○”符号的，为大写的汉语拼音字母。

③ 有“△”符号的，为阿拉伯数字。

④ 有◎符号的，为大写的汉语拼音字母，或阿拉伯数字，或两者兼有之。

2）机床的分类及代号。机床的类代号用大写的汉语拼音字母表示。需要时，类以下还可有若干分类，分类代号用阿拉伯数字表示，放在类代号之前，作为型号的首位。第一分类代号前的“1”省略，第“2”“3”分类代号则应予以表示。例如，磨床类机床就有 M、2M、3M 三个分类。

机床的组别和系别代号用两位阿拉伯数字表示，位于类代号或特性代号之后。每类机床按其结构性能及使用范围划分为 10 个组，用数字 0~9 表示；每个组又划分为十个系（系列）。系的划分原则：主参数相同，并按一定公比排列，工件和刀具本身及其特点基本相同，且基本结构及布局形式也相同的机床，即为同一系。机床分类及其代号见表 8-2。

表 8-2　机床的分类及其代号

类别	车床	钻床	镗床	磨床			齿轮加工机床	螺纹加工机床	铣床	刨插床	拉床	锯床	其他机床
代号	C	Z	T	M	2M	3M	Y	S	X	B	L	G	Q
参考读音	车	钻	镗	磨	二磨	三磨	牙	丝	铣	刨	拉	割	其

3）机床的特性代号。当某类型机床除有普通型外，还具有某种通用特性时，则在类代号之后加上通用特性代号，见表 8-3。若仅有某种通用特性，而无普通型者，则通用特性不必表示。对主参数相同而结构、性能不同的机床，在型号中加结构特性代号予以区分。结构特性代号为汉语拼音字母，位置排在类代号之后，当型号中有通用特性代号时，则排在通用特性代号之后。

表 8-3　机床的通用特性代号

通用特性	高精度	精密	自动	半自动	数控	加工中心（自动换刀）	仿形	轻型	加重型	柔性加工单元	数显	高速
代号	G	M	Z	B	K	H	F	Q	C	R	X	S
读音	高	精	自	半	控	换	仿	轻	重	柔	显	速

4）机床主参数、第二主参数和设计顺序号。机床主参数代表机床规格的大小，用折算值（主参数乘以折算系数，如 1/10 等）表示。某些通用机床，当无法用一个主参数表示时，则在型号中用设计顺序号表示。第二主参数一般是指主轴数、最大跨距、最大工件长度、工作台工作面长度等。第二主参数也用折算值表示。

5）机床的重大改进顺序号。当机床的性能及结构布局有重大改进，并按新产品重新设计、试制和鉴定时，在原机床型号的尾部加重大改进顺序号，以区别于原机床型号。序号按 A、B、C 等字母的顺序选用。

6）同一型号机床的变型代号。某些机床根据不同的加工需要，在基本型号机床的基础上仅改变机床的部分结构时，在原机床型号之后加 1、2、3 等变型代号，并用“/”分开（读作“之”），以示区别。

（2）专用机床的型号编制

1）设计单位代号。当设计单位为机床厂时，用机床厂所在城市名称的大写汉语拼音字母及该机床厂在该城市建立的先后顺序号，或机床厂名称的大写汉语拼音字母表示；当设计单位为机床研究所时，用研究所名称的大写汉语拼音字母表示。

2）专用机床的组代号。组代号用一位阿拉伯数字（不包括“0”）表示，放在设计单位代号之后，并用“—”（读作“之”）分开。专用机床的组（按产品的工作原理划分）由各机床厂和机床研究所根据产品情况自行确定。

3) 专用机床的设计顺序号。设计顺序号按各机床厂和机床研究所的设计顺序（由“001”起始）排列，放在专用机床的组代号之后。

例如，北京第一机床厂设计制造的第一百种专用机床为专用铣床，属于第三组，其编号为 B1—3100。

需要说明的是，目前工厂中使用和生产的机床有相当一部分其型号是按旧的机床型号编制方法编制的，其型号的含义可查阅相应的标准。

8.1.4 机床精度及刚度

加工中保证被加工工件达到要求的精度和表面粗糙度，并能在机床长期使用中保持这些要求，机床本身必须具备的精度称为机床精度。它包括几何精度、运动精度、传动精度、定位精度、工作精度及精度保持性等几个方面。各类机床按精度不同，可分为普通级（P）、精密级（M）和高精度级（G）。以上三种精度等级的机床均有相应的精度标准，其公差若以普通精度级为 1，则大致比例为 1∶0.4∶0.25。在设计阶段，主要从机床的精度分配、元件及材料选择等方面来提高机床精度。

1. 几何精度

几何精度是指机床空载条件下，在不运动（机床主轴不转或工作台不移动等情况下）或运动速度较低时，各主要部件的形状、相互位置和相对运动的精确程度。如导轨的直线度、主轴径向圆跳动及轴向窜动、主轴轴线对滑台移动方向的平行度或垂直度等。几何精度直接影响加工工件的精度，是评价机床质量的基本指标。它主要取决于结构设计、制造和装配质量。

2. 运动精度

运动精度是指机床空载并以工作速度运动时，主要零部件的几何位置精度，如高速回转主轴的回转精度。对于高速精密机床，运动精度是评价机床质量的一个重要指标，它与结构设计及制造等因素有关。

3. 传动精度

传动精度是指机床传动系各末端执行件之间运动的协调性和均匀性。影响传动精度的主要因素是传动系统的设计，以及传动元件的制造和装配精度。

4. 定位精度

定位精度是指机床的定位部件运动到达规定位置的精度。定位精度直接影响被加工工件的尺寸精度和几何精度。机床构件和进给控制系统的精度、刚度以及其动态特性，机床测量系统的精度都将影响机床定位精度。

5. 工作精度

加工规定的试件，用试件的加工精度表示机床的工作精度。工作精度是各种因素综合影响的结果，包括机床自身的精度、刚度、热变形以及刀具、工件的刚度及热变形等。

6. 精度保持性

在规定的工作期间内保持机床所要求精度的能力，称为精度保持性。影响精度保持性的主要因素是磨损。磨损的影响因素十分复杂，如结构设计、工艺、材料、热处理、润滑、防护、使用条件等。

机床刚度是指机床系统抵抗变形的能力。作用在机床上的载荷有重力、夹紧力、切削力、传动力、摩擦力、冲击振动干扰力等。载荷按照其性质不同，可分为静载荷和动载荷。不随时间变化或变化极为缓慢的力称为静载荷，如重力、切削力的静力部分等。随时间变化的力，如冲击振动力及切削力的交变部分等称为动载荷。故机床刚度相应地分为静刚度及动刚度，后者是抗振性的一部分，习惯上所说的刚度一般是指静刚度。

8.2 金属切削机床核心部件

1. 传动系统的功能及分类

传动系统一般由动力源（如电动机）、变速装置、执行件（如主轴、刀架、工作台）以及开停、换向和制动机构等部分组成。动力源给执行件提供动力，并使其得到一定的运动速度和方向；变速装置传递动力和变换运动速度；执行件执行机床所需的运动，完成旋转或直线运动。

（1）主传动系统　主传动系统可按不同的特征来分类：

1）按驱动主传动系统的电动机的类型分为交流电动机驱动和直流电动机驱动。交流电动机驱动又可分为单速交流电动机驱动和调速交流电动机驱动。调速交流电动机驱动又有多速交流电动机驱动和无级调速交流电动机驱动之分。无级调速交流电动机通常采用变频调速的原理。

2）按传动装置类型分为机械传动装置、液压传动装置、电气传动装置及它们的组合形式。

3）按变速的连续性分为分级变速传动和无级变速传动。

分级变速传动在一定的变速范围内只能得到某些转速，变速级数一般不超过 30 级。

分级变速传动方式有滑移齿轮变速、交换齿轮变速和离合器（如摩擦块离合器、牙嵌离合器、齿形离合器）变速。因其传递功率较大、变速范围广、传动比准确、工作可靠，广泛地应用于通用机床，尤其是中小型通用机床中。它的缺点是有速度损失，不能在运转中进行变速。

无级变速传动可以在一定的变速范围内连续改变转速，以便得到最有利的切削速度；能在运转中变速，便于实现变速自动化；能在负载作用下变速，便于在车削大端面时保持恒定的切削速度，以提高生产率和加工质量。无级变速传动可由机械摩擦无级变速器、液压无级变速器和电气无级变速器实现。机械摩擦无级变速器结构简单、使用可靠，常用在中小型车床、铣床等的主传动系统中。液压无级变速器传动平稳、运动换向冲击小，易于实现直线运动，常用于主运动为直线运动的机床，如磨床、拉床、刨床等机床的主传动系统中。电气无级变速器有直流电动机调速和交流调速电动机两种类型，由于可以大大简化机械结构，便于实现自动变速、连续变速和负载下变速，其应用越来越广泛，尤其是在数控机床上，目前几乎全都采用电气变速方式。数控机床和大型机床中，有时为了在变速范围内满足一定恒功率和恒转矩的要求，或为了进一步扩大变速范围，常在无级变速器后面串接机械分级变速装置。

（2）进给传动系统　不同类型的机床实现进给运动的传动类型不同。根据加工对象、成形运动、进给精度、运动平稳性及生产率等因素的要求，主要有机械进给传动、液压进给传动、电气伺服进给传动等类型。机械进给传动系统虽然结构较复杂，制造及装配工作量较大，但由于其工作可靠、便于检查，仍有很多机床采用。

由于数控机床近几年的广泛应用，本书重点介绍电气伺服进给传动系统。

电气伺服进给传动系统是数控装置和机床之间的联系环节，是以机械位置或角度作为控制对象的自动控制系统，其作用是接收来自数控装置发出的进给脉冲，经变换和放大后驱动工作台按给定的速度和距离移动。

1）电气伺服进给传动系统的控制类型。电气伺服进给传动系统按有无检测和反馈装置，分为开环、闭环和半闭环系统。

① 开环系统。典型的开环伺服系统使用步进电动机，如图 8-1 所示。开环系统中没有对工作台实际位移量的检测和反馈装置，数控装置发来的每一个进给脉冲由步进电动机直接变换成一个转角（步距角），并通过齿轮（或同步带、滚珠丝杠副）带动工作台移动。

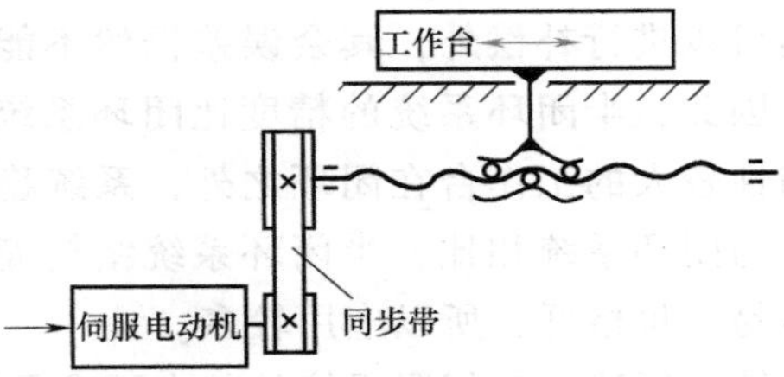

图 8-1 开环伺服系统

开环伺服系统的精度取决于步进电动机的步距角精度、步进电动机至执行部件间传动系统的传动精度。这类系统的定位精度较低，一般为±(0.01~0.02)mm，但系统简单、调试方便、成本低，适用于精度要求不高的数控机床。

② 闭环系统。在闭环系统中，使用位移测量元件测量机床执行部件的移（转）动量，对执行部件的实际移（转）动量和控制量进行比较，比较后的差值用信号反馈给控制系统，对执行部件的移（转）动进行补偿，直至差值为零。例如，在图 8-2 所示的闭环系统中，检测元件 6 安装在工作台 5 上，直接测量工作台的位移，将测得的位移量反馈到数控装置 1，与要求的进给位移量进行比较，根据比较结果增加或减少发出的进给脉冲数，由伺服电动机 2 校正工作台的位移误差。

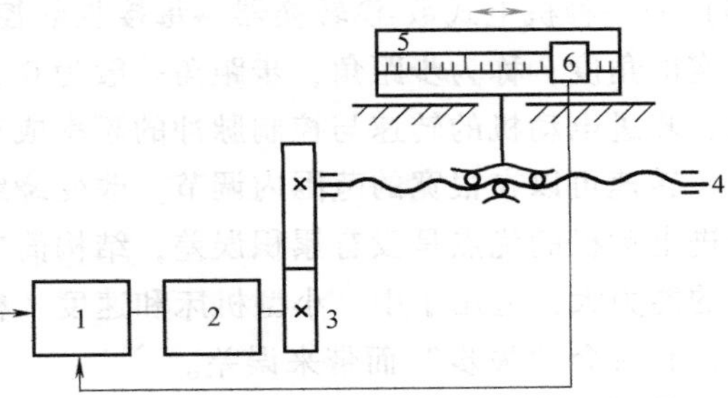

图 8-2 闭环系统

1—数控装置 2—伺服电动机 3—齿轮
4—丝杠 5—工作台 6—检测元件

为提高系统的稳定性，闭环系统除了检测执行部件的位移量外，还检测其速度。检测反馈装置有两类：用旋转变压器作为位置反馈，测速发电机作为速度反馈；用脉冲编码器兼做位置和速度反馈，后者用得较多。闭环控制可以消除整个系统的误差、间隙和失动，其定位精度取决于检测装置的精度，其控制精度、动态性能等较开环系统好；但系统比较复杂，安装、调整和测试比较麻烦，成本高，多用于精密型数控机床上。

③ 半闭环系统。如果检测反馈装置不是直接安装在执行部件上，而是安装在进给传动系统中间部位的旋转部件上，则称之为半闭环系统，如图 8-3 所示。图 8-3a 所示是将检测反

馈装置安装在伺服电动机的端部；图 8-3b 所示是将检测装置安装到丝杠的端部，通过测量丝杠的转动间接测量工作台的移动；图 8-3c 所示是将检测装置和伺服电动机一起安装在丝杠的端部。半闭环系统只能补偿环路内部传动链的误差，不能纠正环路之外的误差。例如，图 8-3a 中传动齿轮的齿形误差和间隙、丝杠螺母的导程误差和间隙、丝杠轴承的轴向跳动等误差等均在环路之外，无法补偿；图 8-3b、c 中除了将齿轮移至环路内可以进行补偿外，其余误差仍然不能得到补偿。因此，半闭环系统的精度比闭环系统差。由于惯性较大的工作台在闭环之外，系统稳定性较好。与闭环系统相比，半闭环系统结构简单、调整容易、价格低，所以应用较多。

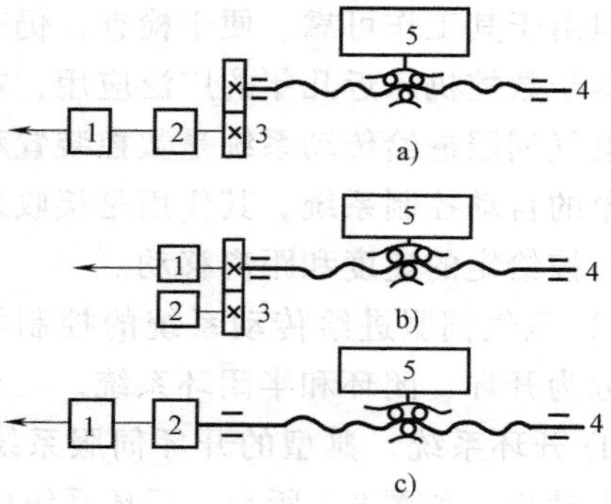

图 8-3　半闭环系统

1—反馈装置　2—伺服电动机　3—齿轮
4—丝杠螺母传动　5—工作台

综上所述，对伺服系统的基本要求是稳定性好、精度高、快速响应性好、定位精度高。影响机床伺服系统性能的因素主要有：进给传动件的间隙、扭转、挠曲；机床运动部件的振动、摩擦；机床的刚度和抗振性；系统的质量和惯量；低速下的运动平稳性，有无爬行现象等。

2）电气伺服进给系统驱动部件。电气伺服进给系统由伺服驱动部件和机械传动部件组成。伺服驱动部件有步进电动机、直流伺服电动机、交流伺服电动机、直线伺服电动机等。

① 步进电动机。步进电动机又称脉冲电动机，是将电脉冲信号变换成角位移（或线位移）的一种机电式数-模转换器。每接收数控装置输出的一个电脉冲信号，电动机轴就转过一定的角度，称为步距角，步距角一般为 0.5°~3°。角位移与输入脉冲个数成严格的比例关系，步进电动机的转速与控制脉冲的频率成正比。

转速可以在很宽的范围内调节。改变绕组通电的顺序，可以控制电动机的正转或反转。步进电动机的优点是没有累积误差，结构简单，使用、维修方便，制造成本低，带动负载惯量的能力大，适用于中、小型机床和速度、精度要求不高的场合；其缺点是效率较低，发热大，有时会“失步”而带来误差。

② 直流伺服电动机。机床上常用的直流伺服电动机主要有小惯量直流电动机和大惯量直流电动机。

小惯量直流电动机的优点是转子直径较小、轴向尺寸大；长径比约为 5，故转动惯量小，仅为普通直流电动机的 1/10 左右，因此响应速度快。其缺点是额定转矩较小，一般必须与齿轮降速装置相匹配。小惯量直流电动机常用于高速轻载的小型数控机床中。

大惯量直流电动机又称宽调速直流电动机，有电励磁和永磁型两种类型。电励磁大惯量直流电动机的特点是励磁量便于调整，成本低。永磁型大惯量直流电动机能在较大过载转矩下长期工作，并能直接与丝杠相连而不需要中间传动装置，还可以在低速下平稳地运转，输出转矩大。宽调速电动机可以内装测速发电机，还可以根据用户需要，在电动机内部加装旋转变压器和制动器，为速度环提供较高的增益，能获得优良的低速刚度和动态性能。大惯量直流电动机的频率高、定位精度高、调整简单、工作平稳；其缺点是转子温度高、转动惯量大、响应时间较长。

③ 交流伺服电动机。自20世纪80年代中期开始，以异步电动机和永磁同步电动机为基础的交流伺服进给驱动装置得到迅速发展。它采用新型的磁场矢量变换控制技术，对交流电动机做磁场的矢量控制；将电动机定子的电压矢量或电流矢量作为操作量，控制其幅值和相位。它没有电刷和换向器，因此可靠性好、结构简单、体积小、质量小、动态响应好。在同样体积下，交流伺服电动机的输出功率可比直流电动机提高10%~70%。交流伺服电动机与同容量的直流电动机相比，其质量约减小一半，价格仅为直流电动机的1/3，效率高、调速范围广、响应频率高。它的缺点是本身虽有较大的转矩惯量比，但它带动惯性负载的能力差，一般需用齿轮减速装置，多用于中小型数控机床中。

④ 直线伺服电动机。直线伺服电动机是一种能直接将电能转化为直线运动机械能的电力驱动装置，是适应超高速加工技术发展的需要而出现的一种新型电动机。直线伺服电动机驱动系统替换了传统的由回转型伺服电动机加滚珠丝杠的伺服进给系统，从电动机到工作台之间的一切中间传动环节都没有了，可直接驱动工作台进行直线运动，使工作台的加/减速度提高到传统机床的10~20倍，速度提高3~4倍。

直线伺服电动机的工作原理同旋转电动机相似，可以看成是将旋转型伺服电动机沿径向剖开，向两边拉开展平后演变而成的，如图8-4所示。原来的定子演变成直线伺服电动机的初级，原来的转子演变成直线伺服电动机的次级，原来的旋转磁场变成了平磁场。

在磁路构造上，直线伺服电动机一般做成双边型，磁场对称，不存在单边磁拉力，在磁场中受到的总推力可较大。

为使初级和次级之间能够在一定移动范围内做相对直线运动，直线伺服电动机的初级和次级长短是不一样的。可以是短的次级移动，长的初级固定，如图8-5a所示；也可以是短的初级固定，长的次级移动，如图8-5b所示。

图8-6是直线伺服电动机传动示意图，直线伺服电动机分为同步式和感应式两类。同步式是在直线伺服电动机的定件（如床身）上，在全行程沿直线方向一块接一块地装上永磁铁（电动机的次级）；在直线伺服电动机动件（如工作台）下部的全长上，对应地一块接一块地安装上含铁心的通电绕组（电动机的初级）。

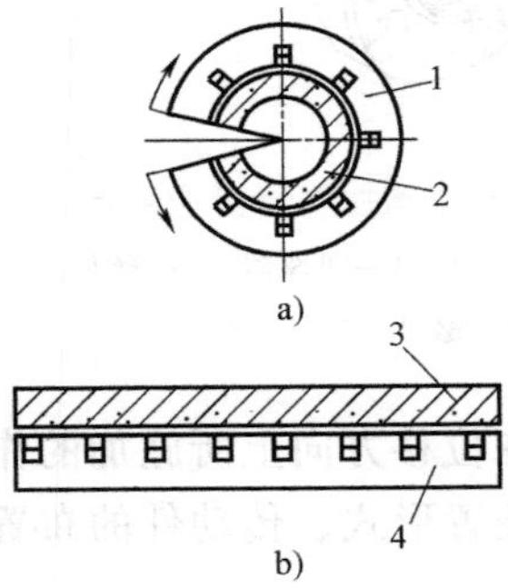

图8-4 旋转电动机变为直线电动机的过程

a）旋转电动机 b）直线电动机

1—定子 2—转子

3—次级 4—初级

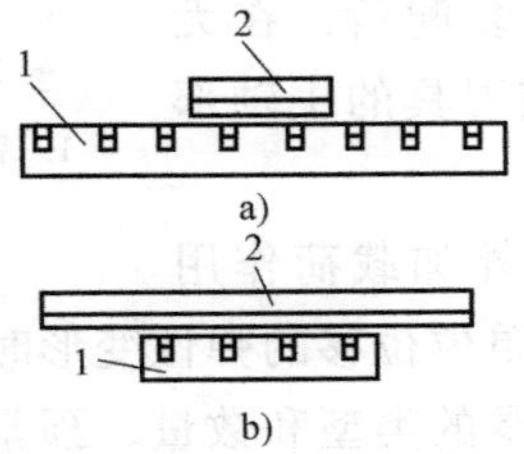

图8-5 直线伺服电动机的形式

a）短次级 b）短初级

1—初级 2—次级

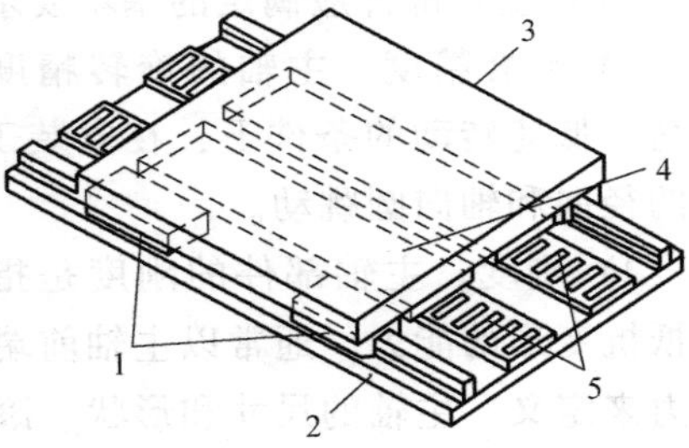

图8-6 直线伺服电动机传动示意图

1—直线滚动导轨 2—床身 3—工作台

4—直流电动机动件（绕组）

5—直流电动机定件（永磁铁）

感应式与同步式的区别是在定件上用不通电的绕组替代同步式的永磁铁，且每个绕组中每一匝均是短路的。直线伺服电动机通电后，在定件和动件之间的间隙中产生一个大的行波磁场，依靠磁力推动动件（工作台）做直线运动。

采用直线伺服电动机驱动方式，省去了减速器（齿轮、同步带等）和滚珠丝杠副等中间环节，不仅简化了机床结构，而且避免了因中间环节的弹性变形、磨损、间隙、发热等因素带来的传动误差；无接触地直接驱动，使其结构简单，维护简便，可靠性高，体积小，传动刚度高，响应快，可得到瞬时高的加/减速度。据相关文献介绍，它的最大进给速度可达到150~180m/min，最大加/减速度为1~8g（1g=9.81m/s）。

现在直线伺服电动机已成功地应用在超高速机床中，例如，1993年制造出世界上第一台由直线伺服电动机驱动工作台的高速加工中心。其在X、Y、Z三个坐标轴上都采用了感应式直线伺服电动机直接驱动方式，加工速度得以大幅度提高，可达到60m/min；由于加/减速度可调整，缩短了定位时间，大大提高了生产率，并且提高了零件的加工精度和表面质量。

3）电气伺服进给系统中的机械传动部件。机械传动部件主要指齿轮（或同步带）和滚珠丝杠螺母副。电气伺服进给系统中，运动部件的移动是靠脉冲信号控制的，要求运动部件动作灵敏、惯量低、定位精度好、具有适宜的阻尼比，传动机构不能有反向间隙。

滚珠丝杠螺母副是将旋转运动转换成执行件的直线运动的运动转换机构，如图8-7所示，它由螺母、丝杠、滚珠、回珠器、密封耳等组成。滚珠丝杠螺母副的摩擦因数小，传动效率高。

滚珠丝杠螺母副主要承受轴向载荷，因此对丝杠轴承的轴向精度和刚度要求较高，常采用角接触球轴承或双向推力圆柱滚子轴承与滚针轴承的组合支承方式。

2. 主轴

主轴部件是机床的重要部件之一，它是机床的执行件。它的功用是支承并带动工件或刀具旋转进行切削，承受切削力和驱动力等载荷，完成表面成形运动。

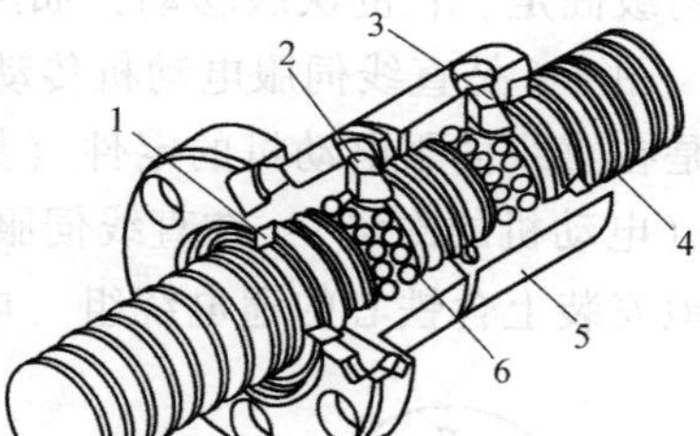

图8-7　滚珠丝杠螺母副的结构
1—密封环　2、3—回珠器　4—丝杠　5—螺母　6—滚珠

主轴部件由主轴及其支承轴承、传动件、密封件及定位元件等组成。

（1）主轴部件应满足的基本要求

1）旋转精度。主轴的旋转精度是指装配后，在无载荷、低速转动的条件下，在安装工件或刀具的主轴部位的径向和轴向圆跳动。

2）刚度。主轴部件的刚度是指其在外加载荷作用下抵抗变形的能力，通常以主轴前端产生单位位移的弹性变形时，在位移方向上所施加的作用力来定义。主轴的尺寸和形状、滚动轴承的类型和数量、预紧和配置形式、传动件的布置方式、主轴部件的制造和装配质量等都影响主轴部件的刚度。

主轴静刚度不足对加工精度和机床性能有直接影响，并会影响主轴部件中齿轮、轴承的正常工作，降低其工作性能和寿命，影响机床抗振性，容易引起切削颤振，降低加工质量。

3）抗振性。主轴部件的抗振性是指其抵抗受迫振动和自激振动的能力。在切削过程中，主轴部件不仅受静态力作用，同时也受冲击力和交变力的干扰，使主轴产生振动。主轴部件的振动会直接影响工件的表面加工质量和刀具的使用寿命，并产生噪声。随着机床向高速、高精度发展，对抗振性的要求越来越高。影响抗振性的主要因素是主轴部件的静刚度、质量分布及阻尼。

4）温升和热变形。主轴部件运转时，因各相对运动处的摩擦生热，切削区的切削热等使主轴部件的温度升高，形状尺寸和位置发生变化，造成主轴部件的热变形。主轴热变形可引起轴承间隙的变化，润滑油温度升高后其黏度会降低，这些变化都会影响主轴部件的工作性能，降低加工精度。

（2）主轴部件的传动方式　主轴部件的传动方式主要有齿轮传动、带传动、电动机直接驱动等。主轴部件传动方式的选择，主要取决于主轴的转速、所传递的转矩、对运动平稳性的要求以及结构紧凑、装卸维修方便等要求。

1）齿轮传动。齿轮传动的特点是结构简单、紧凑，能传递较大的转矩，能适应变转速、变载荷工作，应用最广。它的缺点是线速度不能过高，通常小于 12m/s，不如带传动平稳。

2）带传动。由于各种新材料及新型传动带的出现，带传动的应用日益广泛。常用的传动带有平带、V 带、多楔带和同步带等。带传动的特点是靠摩擦力传动（除同步带外）、结构简单、制造容易、成本低，特别适用于中心距较大的两轴间的传动；传动带有弹性可吸振、传动平稳、噪声小，适用于高速传动；带传动在过载时会打滑，能起到过载保护作用。其缺点是有滑动，不能用在速比要求准确的场合。

同步带是通过带上的齿与带轮上的轮齿相啮合来传递运动和动力的，如图 8-8a 所示。同步带的带齿有两种：梯形齿和圆弧齿。圆弧齿受力合理，较梯形齿同步带能够传递更大的转矩。

同步带传动无相对滑动，传动比准确，传动精度高；采用伸缩率小、抗拉抗弯疲劳强度高的承载绳（图 8-8b），如钢丝、聚酰胺纤维等，因此强度高，可传递超过 100kW 以上的动力；厚度小、质量小、传动平稳、噪声小，适用于高速传动，传动速度可达 50m/s；无需特别张紧，对轴和轴承压力小，传动效率高；不需要润滑，耐蚀，能在高温下工作，维护保

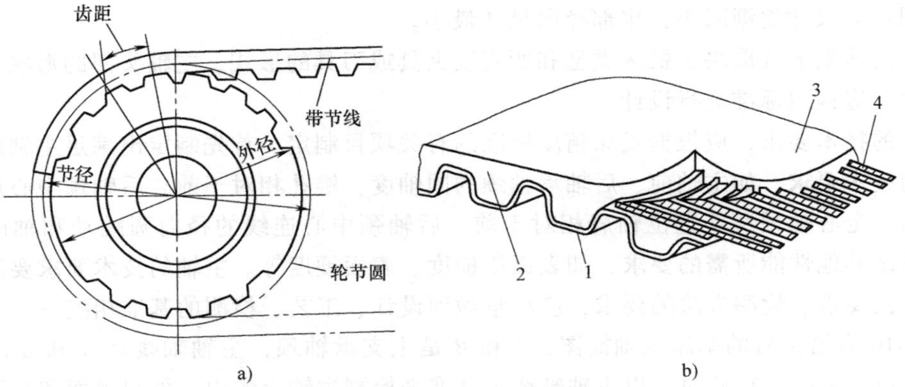

图 8-8　同步带传动

a）传动原理　b）同步带结构

1—包布层　2—带齿　3—带背　4—承载绳

养方便；传动比大，可达1：10以上。其缺点是制造工艺复杂，安装条件要求高。

3）电动机直接驱动。如果主轴转速不算太高，则可采用普通异步电动机直接带动主轴，如平面磨床的砂轮主轴；如果转速很高，则可将主轴与电动机制成一体，成为主轴单元，如图8-9所示，其中电动机转子轴就是主轴，电动机座就是机床主轴单元的壳体。主轴单元大大简化了结构，有效地提高了主轴部件的刚度，降低了噪声和振动；有较宽的调速范围；有较大的驱动功率和转矩；便于组织专业化生产。因此，主轴单元被广泛地用于精密机床、高速加工中心和数控车床中。

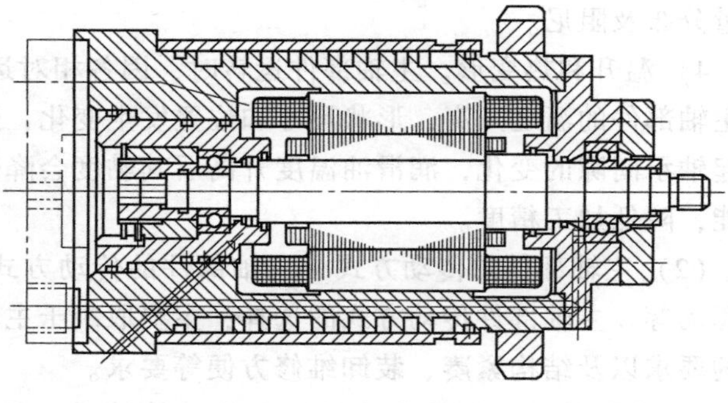

图 8-9 高速电主轴单元

（3）主轴部件的结构

1）主轴的支承形式。多数机床的主轴采用前、后两个支承。这种支承形式结构简单，制造装配方便，容易保证精度。为了提高主轴部件的刚度，前、后支承应消除间隙或进行预紧。为提高刚度和抗振性，有的机床主轴采用三个支承。三个支承中，可以前、后支承为主要支承，中间支承为辅助支承；也可以前、中支承为主要支承，后支承为辅助支承。三个支承的方式对三个支承孔的同心度要求较高，制造装配较复杂；主支承也应消除间隙或预紧，辅助支承则应保留一定的径向游隙或选用游隙较大的轴承。由于三个轴颈和三个箱体孔不可能绝对同轴，三个轴承不能都预紧，以免发生干涉，恶化主轴的工作性能，使空载功率大幅度上升和轴承温升过高。

在三支承主轴部件中，采用前、中支承为主要支承的情况较多。

2）主轴的构造。主轴的构造和形状主要取决于主轴上所安装的刀具、夹具、传动件、轴承等零件的类型、数量、位置和安装定位方法等。主轴一般为空心阶梯轴，前端径向尺寸大，中间径向尺寸逐渐减小，尾部径向尺寸最小。

主轴的前端形式取决于机床类型和所安装夹具或刀具的形式。主轴头部的形状和尺寸已经标准化，应遵照标准进行设计。

主轴的技术要求，应根据机床精度标准的有关项目制定。首先制定出满足主轴旋转精度所必需的技术要求，如主轴前、后轴承轴颈的同轴度，锥孔相对于前、后轴颈中心连线的径向圆跳动，定心轴颈及其定位轴肩相对于前、后轴颈中心连线的径向圆跳动和轴向圆跳动等。再考虑其他性能所需的要求，如表面粗糙度、表面硬度等。主轴的技术要求要满足设计要求、工艺要求、检测方法的要求，应尽量做到设计、工艺、检测的基准相统一。

图8-10为简化后的车床主轴简图，A 和 B 是主支承轴颈，主轴轴线是 A 和 B 的圆心连线，就是设计基准。检测时，以主轴轴线为基准来检测主轴上各内、外圆表面和端面的径向圆跳动和轴向圆跳动，所以它也是检测基准，同时也是主轴前、后锥孔的工艺基准，以及锥孔检测时的测量基准。

主轴各部位的尺寸公差、几何公差、表面粗糙度和表面硬度等的具体数值应根据机床的

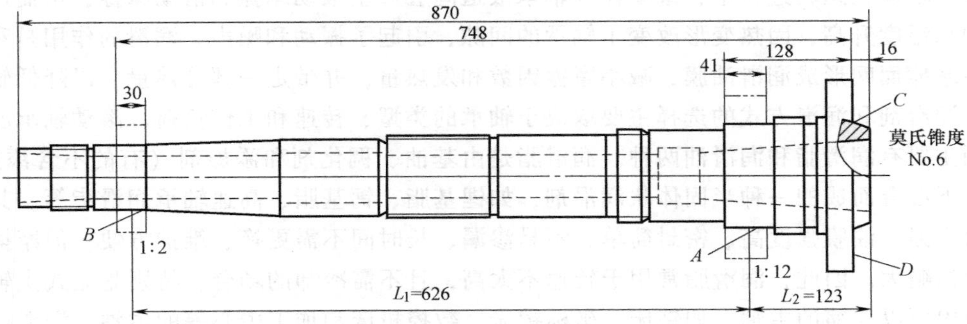

图 8-10　车床主轴简图

类型、规格、精度等级及主轴轴承的类型来确定。

3）主轴的材料和热处理。主轴的材料应根据载荷特点、耐磨性要求、热处理方法和热处理后的变形情况进行选择。普通机床主轴可选用中碳钢（如 45 钢）经调质处理后，在主轴端部、锥孔、定心轴颈或定心锥面等部位进行局部高频淬硬，以提高其耐磨性。只有在载荷大和有冲击时，或精密机床需要减小热处理后的变形时，或有其他特殊要求时，才考虑选用合金钢。当支承为滑动轴承时，轴颈也需淬硬，以提高耐磨性。

对于高速、高效、高精度机床的主轴部件，热变形及振动等一直是国内外研究的重点，特别是对于高精度、超精密加工机床的主轴，在选材时，既要考虑其综合力学性能，又要有较低的线胀系数。

4）主轴轴承。主轴部件中最重要的组件是轴承。轴承的类型、精度、结构、配置方式、安装调整、润滑和冷却等状况，都直接影响主轴部件的工作性能。

机床上常用的主轴轴承有滚动轴承、液体动压轴承、液体静压轴承、空气静压轴承等。此外，还有自调磁浮轴承等适应高速加工的新型轴承。

主轴部件主支承常用的滚动轴承有角接触球轴承、双列短圆柱滚子轴承、圆锥滚子轴承、推力轴承、陶瓷滚动轴承等，如图 8-11 所示。

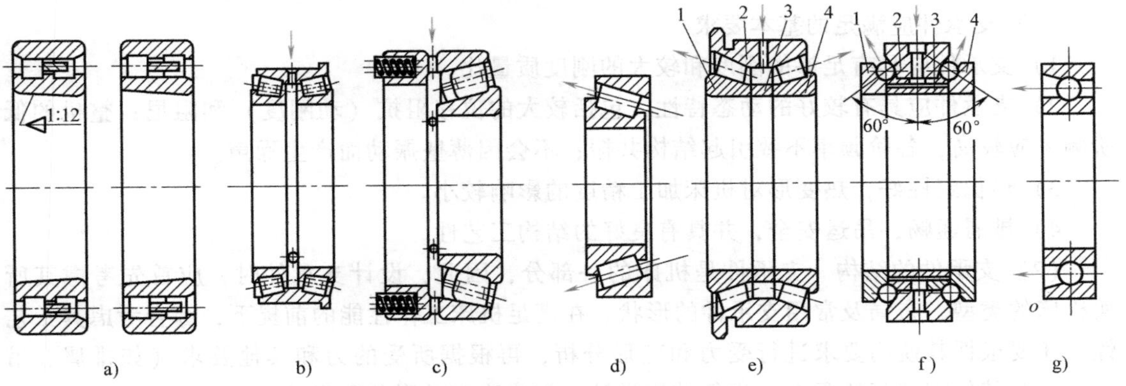

图 8-11　典型的主轴轴承

a）双列短圆柱滚子轴承　b）双列空心圆锥滚子轴承　c）单列空心圆锥滚子轴承

d）圆锥轴承　e）双列圆锥轴承　f）双向推力角接触球轴承　g）角接触球轴承

1、4—内圈　2—外圈　3—隔套

滚动轴承在运转过程中，滚动体和轴承滚道间会产生滚动摩擦和滑动摩擦，从而产生热量使轴承温度升高，因热变形改变了轴承的间隙，引起了振动和噪声。润滑的作用是利用润滑剂在摩擦面间形成润滑油膜，减小摩擦因数和发热量，并带走一部分热量，以降低轴承的温升。润滑剂和润滑方式的选择主要取决于轴承的类型、转速和工作负荷。滚动轴承所用的润滑剂主要有润滑脂和润滑油两种。润滑脂是由基油、稠化剂和添加剂（有的不含添加剂）在高温下混合而成的一种半固体状润滑剂，如锂基脂、钙基脂、高速轴承润滑脂等。其特点是黏附力强、油膜强度高、密封简单、不易渗漏、长时间不需更换、维护方便，但摩擦阻力比润滑油略大。因此，润滑脂常用于转速不太高，且不需冷却的场合，特别是立式主轴或装在套筒内可以伸缩的主轴，如钻床、坐标镗床、数控机床和加工中心等的主轴。润滑油的种类很多，其黏度随温度的升高而降低，选择润滑油时，应保证在轴承工作温度下其黏度保持在 10~20mm^2/s 范围内（40℃时）。转速越高，所选润滑油的黏度应越低；负荷越重，黏度应越高。主轴轴承的油润滑方式主要有油浴、滴油、循环润滑、油雾润滑、油气润滑和喷射润滑等。

滚动轴承密封的作用是防止切削液、切屑、灰尘、杂质等进入轴承，并使润滑剂无泄漏地保持在轴承内，以保证轴承的使用性能和寿命。密封的类型主要有非接触式和接触式两大类。非接触式密封又分为间隙式、曲路式和垫圈式；接触式密封件有径向密封圈和毛毡密封圈。

滑动轴承因具有抗振性良好、旋转精度高、运动平稳等特点，而被应用于高速或低速的精密、高精密机床和数控机床中。主轴滑动轴承按产生油膜的方式，可以分为动压轴承和静压轴承两类；按照流体介质不同，又可分为液体滑动轴承和气体滑动轴承。

3. 支承系统

机床的支承件是指床身、立柱、横梁、底座等大件，它们相互固定连接成机床的基础和框架。机床上的其他零部件可以固定在支承件上，或者工作时在支承件的导轨上运动。因此，支承件的主要功能是保证机床各零部件之间的相互位置和相对运动精度，并保证机床有足够的静刚度、抗振性、热稳定性和使用寿命。支承件的合理设计是机床设计的重要环节之一。

（1）支承件应满足的基本要求

1）支承件应具有足够的刚度和较大的刚度质量比。

2）支承件应具有较好的动态特性，包括较大的位移阻抗（动刚度）和阻尼；整机的低阶频率应较高，各阶频率不致引起结构共振；不会因薄壁振动而产生噪声。

3）热稳定性好，热变形对机床加工精度的影响较小。

4）排屑通畅，吊运安全，并具有良好的结构工艺性。

（2）支承件的结构　支承件是机床的一部分，因此，设计支承件时，应首先考虑其所属机床的类型、布局及常用支承件的形状。在满足机床工作性能的前提下，综合考虑其工艺性。还要根据其使用要求进行受力和变形分析，再根据所受的力和其他要求（如排屑、吊运、安装其他零件等的要求）进行结构设计，初步决定其形状和尺寸。

支承件的总体结构形状基本上可以分为三类：

1）箱形类支承件在三个方向上的尺寸都相差不多，如各类箱体、底座、升降台等。

2）板块类支承件在两个方向上的尺寸比第三个方向上大得多，如工作台、刀架等。

3）梁支类支承件在一个方向上的尺寸比另两个方向上大得多，如立柱、横梁、摇臂、滑枕、床身等。

支承件的截面形状设计要求是在保证质量最小的条件下，具有最大的静刚度。静刚度主要包括弯曲刚度和扭转刚度，两者均与截面惯性矩成正比。支承件的截面形状不同，即使采用同一种材料且截面积相等，其抗弯和抗扭惯性矩也不同。一般而言：

1）无论是方形、圆形或矩形，空心截面的刚度都比实心的大，而且同样的截面形状和相同大小的面积，外形尺寸大而壁薄的截面，比外形尺寸小而壁厚的截面的抗弯刚度和抗扭强度都高。所以为提高支承件的刚度，其截面应是中空形状，尽可能加大截面尺寸，在工艺允许的前提下壁厚尽量薄一些，但壁厚也不能太薄，以免出现薄壁振动。

2）圆（环）形截面的抗扭刚度比方形的好，而抗弯刚度则比方形的低。因此，以承受弯矩为主的支承件，其截面形状应取矩形，并以其高度方向为受弯方向；以承受转矩为主的支承件，其截面形状应取圆（环）形。

3）封闭截面的刚度远远大于开口截面的刚度，特别是抗扭刚度。因此，设计时应尽可能把支承件的截面做成封闭形状。但是为了排屑和在床身内安装机构的需要，有时不能做成全圆形状。

图 8-12 为机床床身断面图，均为空心矩形截面。图 8-12a 所示为典型的车床类床身，其在工作时承受弯曲和扭转载荷，并且床身上需有较大空间排除大量切屑和切削液。图 8-12b 所示为镗床、龙门刨床类床身，它主要承受弯曲载荷，由于切屑不需要从床身中排除，所以顶面多采用封闭式的，台面不能太高，以便于工件的安装和调整。图 8-12c所示为用于大型和重型机床类的床身，图中采用了三道壁床身，重型机床可采用双层壁结构床身，以便进一步提高刚度。

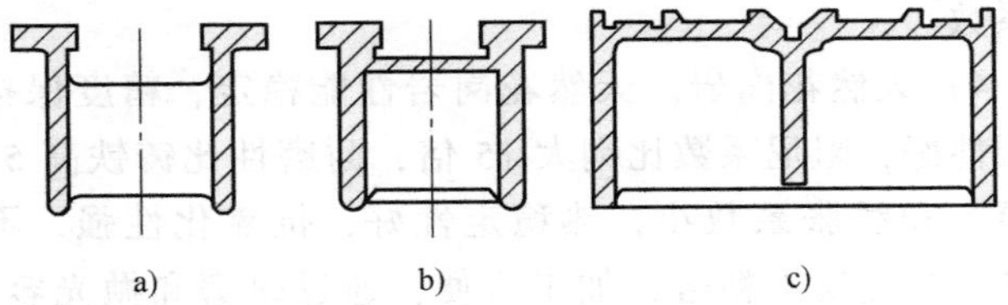

图 8-12　机床床身断面图

a）车床类床身　b）镗床、龙门刨床类床身

c）大型和重型机床类床身

（3）支承件的材料　支承件常用的材料有铸铁、钢板和型钢、预应力钢筋混凝土、天然花岗岩等。

1）铸铁。一般支承件用灰铸铁制成，在铸铁中加入少量合金元素可提高耐磨性，铸铁的铸造性能好，容易获得结构复杂的支承件，同时铸铁的内摩擦力大，阻尼系数大，对振动的衰减性能好，且成本低。但铸件需要木模芯盒，制造周期长，有时会产生缩孔、气泡等缺陷，故适用于成批生产。

常用的灰铸铁件牌号有 HT200、HT150、HT100。HT200 称为Ⅰ级铸铁，其抗压、抗弯性能较好，可制成带导轨的支承件，不适宜制作结构太复杂的支承件。HT150 称为Ⅱ级铸铁，它的流动性好，铸造性能好，但力学性能较差，适用于形状复杂的铸件、重型机床床身和受力不大的床身及底座。HT100 称为Ⅲ级铸铁，其力学性能差，一般用于制作镶装导轨的支承件。为增加耐磨性，可采用高磷铸铁、磷铜钛铸铁、铬钼铸铁等合金铸铁。

铸造支承件要进行时效处理，以消除内应力。

2）钢板和型钢。焊接结构用钢板和型钢等焊接支承件的特点是制造周期短，省去了制作木模环节和铸造工艺；支承件可制成封闭结构，刚性好；便于进行产品更新和结构改进；钢板焊接支承件固有频率比铸铁支承件高，在刚度要求相同的情况下，采用钢焊接支承件可比铸铁支承件壁厚减小一半，质量可减小20%~30%。随着计算机技术的应用，可以对焊接件结构负载和刚度进行优化处理，即通过有限元法进行分析，根据受力情况合理布置筋板，选择合适厚度的材料，以提高大件的动、静刚度。因此，近几十年来在国外用钢板焊接结构件代替铸件制作支承件的趋势不断扩大，开始主要应用在单件、小批量生产的重型机床和超重型机床上，之后逐步发展到一定批量的中型机床中。

钢板焊接结构件的缺点是钢板材料的内摩擦阻尼约为铸铁件的1/3，抗振性较铸铁件差，为提高机床抗振性能，可采用提高阻尼的方法来改善动态性能。

3）预应力钢筋混凝土。预应力钢筋混凝土主要用于制作不常移动的大型机械的机身、底座、立柱等支承件。预应力钢筋混凝土支承件的刚度和阻尼比铸铁件大几倍，抗振性好，成本较低。用钢筋混凝土制成支承件时，钢筋的配置对支承件影响较大。一般三个方向都要配置钢筋，总预拉力为120~150kN。其缺点是脆性大，耐蚀性差，油的渗入会导致材质疏松，所以表面应进行喷漆或喷涂塑料处理。

图8-13所示为数控车床的底座和床身，底座1为钢筋混凝土结构，混凝土的内摩擦阻尼系数很高，所以机床的振抗性很好。床身2为内封砂芯的铸铁床身，也可提高床身的阻尼系数。

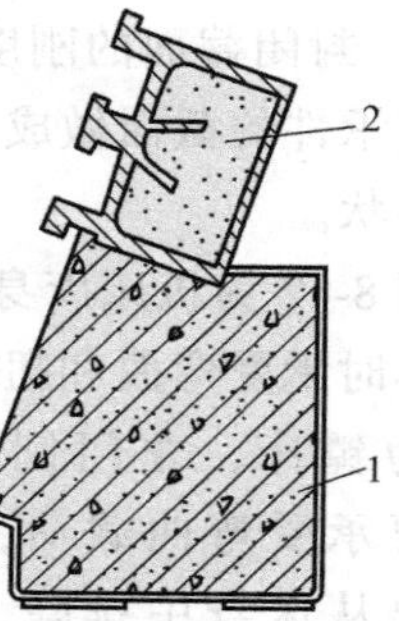

图8-13 数控车床的底座和床身

1—钢筋混凝土底座

2—内封砂芯床身

4）天然花岗岩。天然花岗岩性能稳定，精度保持性好，抗振性好，阻尼系数比钢大15倍，耐磨性比铸铁高5~6倍，热导率和线胀系数小，热稳定性好，抗氧化性强，不导电，抗磁，与金属不粘合，加工方便，通过研磨和抛光容易得到很高的精度和很小表面粗糙度值，目前在三坐标测量机、印制电路板、数控钻床、气浮导轨基座等中得到了应用。它的缺点是结晶颗粒粗于钢铁的晶粒，抗冲击性能差，脆性大，油和水等液体易渗入晶界中而使表面局部变形胀大，难以制作复杂的零件等。

5）人造花岗岩。它是以天然花岗岩为增强体，以有机树脂为黏结剂的一种新型复合材料。除具有良好的综合力学性能外，还具有优良的刚性、阻尼减振性能、良好的热稳定性和耐蚀性，在高速和精密加工机床的底座和床身中得到越来越多的应用。

4. 导轨

导轨的功用是承受载荷和导向。它承受安装在其上的运动部件及工件的质量和切削力，运动部件可以沿导轨运动。运动的导轨称为动导轨，不动的导轨称为静导轨或支承导轨。动导轨相对于静导轨可以做直线运动或者回转运动。导轨副按导轨面的摩擦性质可分为滑动导轨副和滚动导轨副。滑动导轨副又可分为普通滑动导轨副、静压导轨副和卸荷导轨副等。

（1）导轨应满足的主要技术要求

1）导向精度高。导向精度是指导轨副在空载或切削条件下运动时，实际运动轨迹与给定运动轨迹之间的偏差。影响导向精度的因素很多，如导轨的几何精度和接触精度、导轨的结构形式、导轨和支承件的刚度、导轨的油膜厚度和油膜刚度、导轨和支承件的热变形等。

2）承载能力大，刚度好。根据导轨承受载荷的性质、方向和大小，合理地选择导轨的截面形状和尺寸，使导轨具有足够的刚度，以保证机床的加工精度。

3）精度保持性好。精度保持性主要是由导轨的耐磨性决定的，导轨常见的磨损形式有磨料（或磨粒）磨损、粘着磨损或咬焊、接触疲劳磨损等。影响耐磨性的因素有导轨材料、载荷状况、摩擦性质、工艺方法、润滑和防护条件等。

4）低速运动平稳。当动导轨做低速运动或微量进给时，应保证其运动始终平稳，不会出现爬行现象。

（2）导轨的截面形状和组合形式　直线运动导轨的截面形状主要有四种：矩形、三角形、燕尾形和圆柱形，这些形状可互相组合。每种导轨副中还有凸形和凹形之分。

1）矩形导轨（图 8-14a）。图 8-14a 上部是凸形，下部是凹形。凸形导轨清除切屑容易，但不易留存润滑油，凹形导轨则相反。矩形导轨具有承载能力大、刚度高、制造简便、检验和维修方便等优点，但其存在侧向间隙，需要镶条调整，导向性差。它适用于载荷较大而导向性要求略低的机床。

2）三角形导轨（图 8-14b）。三角形导轨面磨损时，动导轨会自动下沉，自动补偿磨损量，不会产生间隙。三角形导轨的顶角 α 一般在 90°~120°范围内变化，α 越小，导向性越好，但摩擦力越大。所以，小顶角用于轻载精密机械，大顶角则用于大型或重型机床。三角形导轨的结构有对称式和不对称式两种。当水平力大于垂直力，且两侧压力分布不均时，采用不对称式导轨。

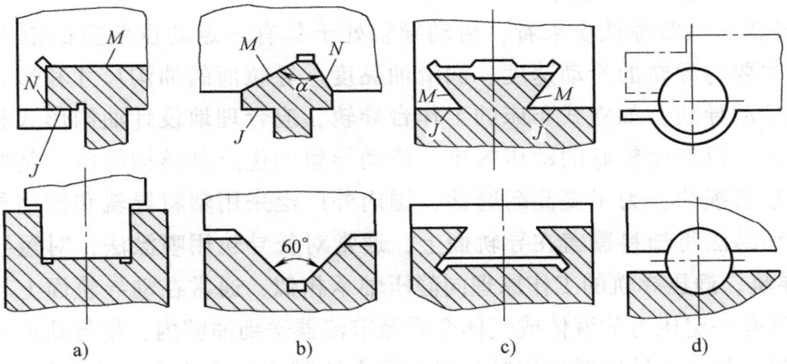

图 8-14　导轨的截面形状

3）燕尾形导轨（图 8-14c）。燕尾形导轨可以承受较大的颠覆力矩，导轨的密度较小，结构紧凑，间隙调整方便。但是，其刚度较差，加工、检验和维修都不太方便。燕尾形导轨适合用于受力较小、层次多、要求间隙调整方便的部件。

4）圆柱形导轨（图 8-14d）。圆柱形导轨制造方便，工艺性好，但是磨损后较难调整和补偿间隙。它主要用于受轴向负荷的导轨，应用较少。

上述四种截面导轨的尺寸已经标准化，可参考有关机床标准。

机床直线运动导轨通常由两条导轨组合而成，根据不同要求，机床导轨主要有如下组合形式：

1）双三角形导轨（图 8-15a）。双三角形导轨不需要镶条调整间隙，其接触刚度好，导向性和精度保持性好，但是工艺性差，加工、检验和维修不方便，多用在精度要求较高的机床中，如丝杠车床、导轨磨床、齿轮磨床等。

2）双矩形导轨（图 8-15b、c）。双矩形导轨的承载能力大，制造简单，多用在普通精度的机床和重型机床中，如重型车床、组合机床、升降台铣床等。双矩形导轨的导向方式有两种：由两条导轨的外侧导向时，叫作宽式组合，如图 8-15b 所示；分别由一条导轨的两侧导向时，叫作窄式组合，如图 8-15c 所示。机床产生热变形后，宽式组合导轨侧向间隙的变化比窄式组合导轨大，导向性不如窄式组合导轨。无论是宽式还是窄式组合导轨，其侧导向面都需用镶条调整间隙。

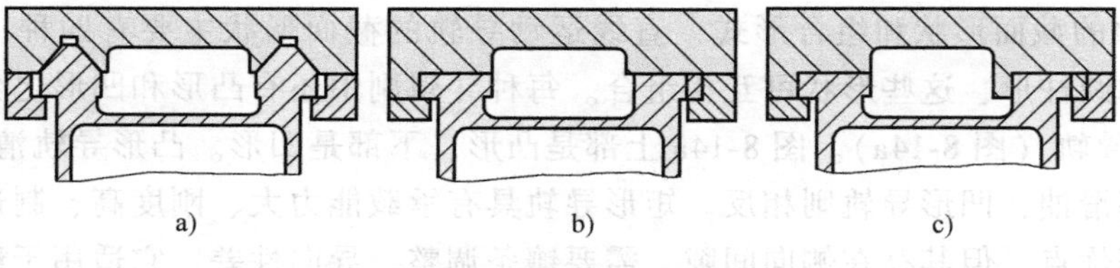

图 8-15 导轨的组合形式

a）双三角形导轨 b）宽式双矩形导轨 c）窄式双矩形导轨

3）矩形和三角形导轨的组合。这类组合的导轨导向性好、刚度高、制造方便，应用最广，如车床、磨床、龙门铣床的床身导轨。

4）矩形和燕尾形导轨的组合。这类组合的导轨能承受较大力矩，调整方便，多用在横梁、立柱、摇臂导轨中。

（3）导轨的结构类型及特点

1）滑动导轨。从摩擦性质来看，滑动导轨处于具有一定动压效应的混合摩擦状态。导轨的动压效应主要与导轨的滑动速度、润滑油黏度、导轨面的油沟尺寸和形式等有关。对于速度较高的主运动导轨，如立式车床的工作台导轨，应合理地设计油沟形式和尺寸，选择合适黏度的润滑油，以产生较好的动压效果。滑动导轨的优点是结构简单、制造方便、抗振性良好，其缺点是磨损快。为了提高耐磨性，国内外广泛采用塑料导轨和镶钢导轨。塑料导轨是用喷涂法或粘结法将塑料覆盖在导轨面上，通常对长导轨用喷涂法，对短导轨用粘结法。

2）静压导轨。静压导轨的工作原理同静压轴承相似，通常在动导轨面上均匀分布有油腔和封油面，把具有一定压力的液体或气体介质经节流器送到油腔内，使导轨面间产生压力，将动导轨微微抬起，与支承导轨脱离接触，浮在压力油膜或气膜之上。静压导轨的摩擦因数小，在起动和停止时没有磨损，精度保持性好。其缺点是结构复杂，需要一套专门的液压或气压设备，维修和调整比较麻烦。因此，静压导轨多用于精密和高精度机床或低速运动机床中。

3）卸荷导轨。卸荷导轨用来降低导轨面的压力，减小摩擦阻力，从而提高导轨的耐磨性和低速运动时的平稳性，尤其是对大型、重型机床来说，工作台和工件的质量很大，导轨面上的摩擦阻力很大，故常采用卸荷导轨。

导轨的卸荷方式有机械卸荷、液压卸荷和气压卸荷。

4）滚动导轨。在静、动导轨面之间放置滚动体，如滚珠、滚柱、滚针或滚动导轨块，可组成滚动导轨。滚动导轨与滑动导轨相比具有如下优点：摩擦因数小，动、静摩擦因数很接近，因此摩擦力小，起动轻便，运动灵敏，不易爬行；磨损小，精度保持性好，寿命长，具有较高的重复定位精度，运动平稳；可采用油、脂润滑，润滑系统简单，常用于对运动灵敏度要求高的地方，如数控机床和机器人或者精密定位微量进给机床中。与滑动导轨相比，滚动导轨的结构复杂，成本较高，抗振性差，但可以通过预紧方式提高其抗振性。

滚动导轨的滚动体有滚珠、滚柱和滚针三种，如图 8-16 所示。滚珠式为点接触，其承载能力差，刚度低，故滚珠导轨多用于小载荷。滚柱式为线接触，其承载能力比滚珠式高，刚度好，滚柱导轨可用于较大载荷。滚针式为线接触，常用于径向尺寸小的导轨。

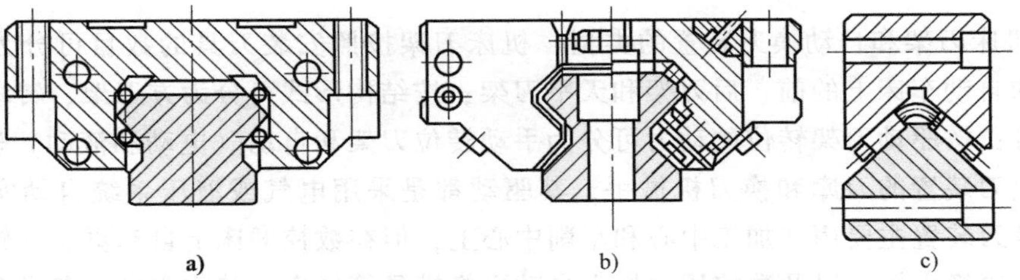

图 8-16 滚动直线导轨副的滚动体

a）滚珠循环型 b）滚柱循环型 c）滚针不循环型

5. 刀架及换刀系统

机床上的刀架是安放刀具的重要部件，许多刀架还直接参与切削工作，如卧式车床上的四方刀架、转塔车床上的转塔刀架、回轮式转塔车床上的回轮刀架、自动车床上的转塔刀架和天平刀架等。这些刀架既用于安放刀具，还直接参与切削，承受极大的切削力，所以往往是工艺系统中较薄弱的环节。随着自动化技术的发展，机床的刀架也有了许多变化，特别是数控车床上采用的电（液）换位自动刀架，有的还使用两个回转刀盘。加工中心则进一步采用了刀库和换刀机械手，实现了大容量存储刀具和自动交换刀具的功能，这种刀库安放刀具的数量为几十把到上百把，自动交换刀具的时间从十几秒减少到几秒甚至零点几秒。这种刀库和换刀机械手组成的自动换刀装置，就成为加工中心的主要特征。

（1）机床刀架自动换刀装置应满足的要求

1）满足工艺过程所提出的要求。机床依靠刀具和工件间的相对运动形成工件表面，而工件的表面形状和表面位置不同，要求刀架和刀库上能够布置足够多的刀具，并能够方便且正确地加工各工件表面。为了实现在工件的一次装夹中完成多工序加工，要求刀架、刀库可以方便地转位。

2）在刀架、刀库上要能牢固地安装刀具。在刀架上安装刀具时，还应能精确地调整刀具的位置，采用自动交换刀具时，应能保证刀具交换前后都能处于正确位置，以保证刀具和工件间准确的相对位置。刀架的运动精度将直接反映到被加工工件的几何形状精度和表面粗糙度上，为此，刀架的运动轨迹必须准确，运动应平稳，刀架运转的终点到位应准确，而且保持性要好，以便长期保持刀具的正确位置。

3）刀架、刀库、换刀机械手应具有足够的刚度。由于刀具的类型、尺寸各异，质量相差很大，刀具在自动转换过程中方向变换较复杂，而且有些刀架还直接承受切削力，考虑到采用新型刀具材料和先进的切削用量，刀架刀库和换刀机械手都必须具有足够的刚度，以使切削过程和换刀过程平稳。

4）可靠性高。由于刀架和自动换刀装置在机床工作过程中使用次数很多，而且使用频率也高，必须充分重视它的可靠性。

5）换刀时间短。刀架和自动换刀装置是为了提高机床的自动化水平而出现的，因而它的换刀时间应尽可能缩短，以利于提高生产率。

6）操作方便、安全。刀架是工人经常操作的机床部件之一，因此它的操作是否方便和安全，往往是评价刀架设计好坏的指标。刀架的设计应便于工人装刀和调刀，切屑流出方向不能朝向工人，而且操作调整刀架的手柄（或手轮）要省力，应尽量设置在便于操作的地方。

（2）机床刀架和自动换刀装置的类型　机床刀架按照安装刀具的数目可分为单刀架和多刀架，如自动车床上的前、后刀架和天平刀架；按结构形式可分为方刀架、转塔刀架、回轮式刀架等；按驱动刀架转位的动力可分为手动转位刀架和自动（电动和液动）转位刀架。

自动换刀装置的刀库和换刀机械手，其驱动都是采用电气或液压系统自动实现的。目前，自动换刀装置主要用在加工中心和车削中心上，但在数控磨床上自动更换砂轮，电加工机床上自动更换电极，以及数控压力机上自动更换模具等场合，其应用也日渐增多。

数控车床的自动换刀装置主要采用回转刀盘，刀盘上安装 8~12 把刀。有的数控车床采用两个刀盘，实行四坐标控制，少数数控车床也具有刀库形式的自动换刀装置。图 8-17a 所示为一个刀架上的回转刀盘，刀具与主轴中心平行安装，回转刀盘既有回转运动，又有纵向进给运动（$f_{纵}$）和横向进给运动（$f_{横}$）。图 8-17b 所示为刀盘中心线相对于主轴轴线倾斜的回转刀盘，刀盘上有 6~8 个刀位，每个刀位上可装两把刀具，分别用于加工外圆和内孔。图 8-17c 所示为装有两个刀盘的数控车床，刀盘 1 的回转中心与主轴轴线平行，用于加工外圆；刀盘 2 的回转中心线与主轴轴线垂直，用于加工内表面。图 8-17d 所示为安装有刀库的

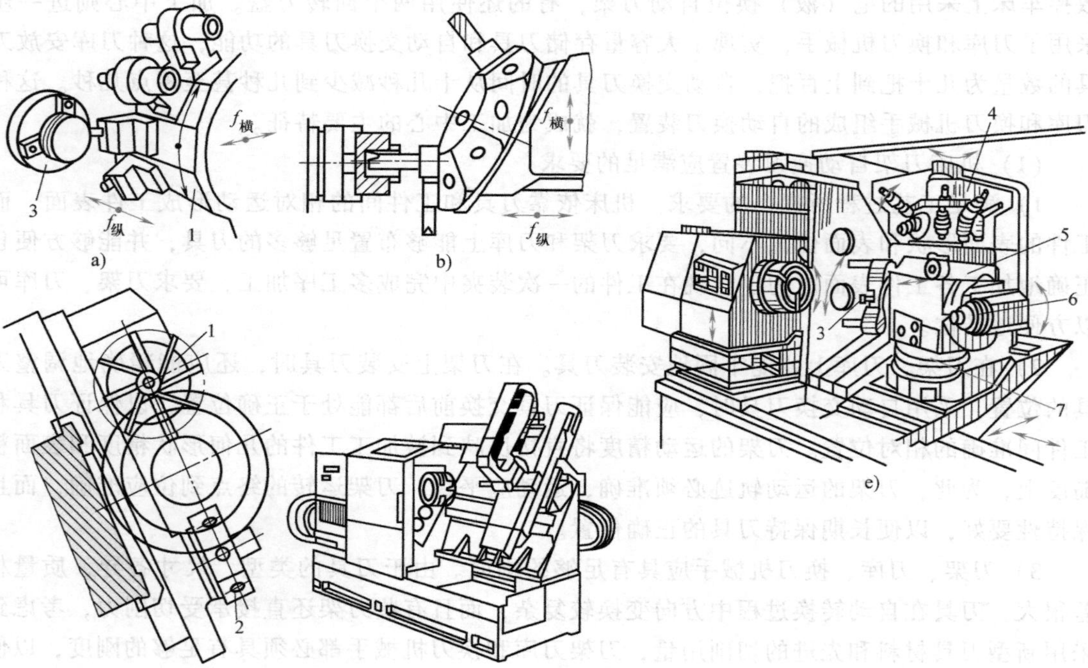

图 8-17　数控车床上的自动换刀装置

a)、b) 回转刀盘　c) 双回转刀盘　d) 采用链式刀库的数控机床　e) 采用鼓轮式刀库的车削中心

1、2—刀盘　3—回转刀盘　4—鼓轮式刀库　5—机械手　6—刀具转轴　7—回转头

数控车床，刀库可以是回转式或链式的，通过机械手交换刀具。图 8-17e 所示为带鼓轮式刀库的车削中心，回转刀盘 3 的上面装有多把刀具，鼓轮式刀库 4 中可装 6~8 把刀，机械手 5 可将刀库中的刀具换到刀具转轴 6 上去，刀具转轴可由电动机驱动回转进行铣削加工，回转头 7 可交换采用回转刀盘 3 和刀具转轴 6，轮番进行加工。

因为加工中心有立式、卧式、龙门式等几种类型，所以这些机床上的刀库和换刀装置也各式各样。加工中心上的刀库类型有鼓轮式刀库、链式刀库、格子箱式刀库和直线式刀库等，如图 8-18 所示。

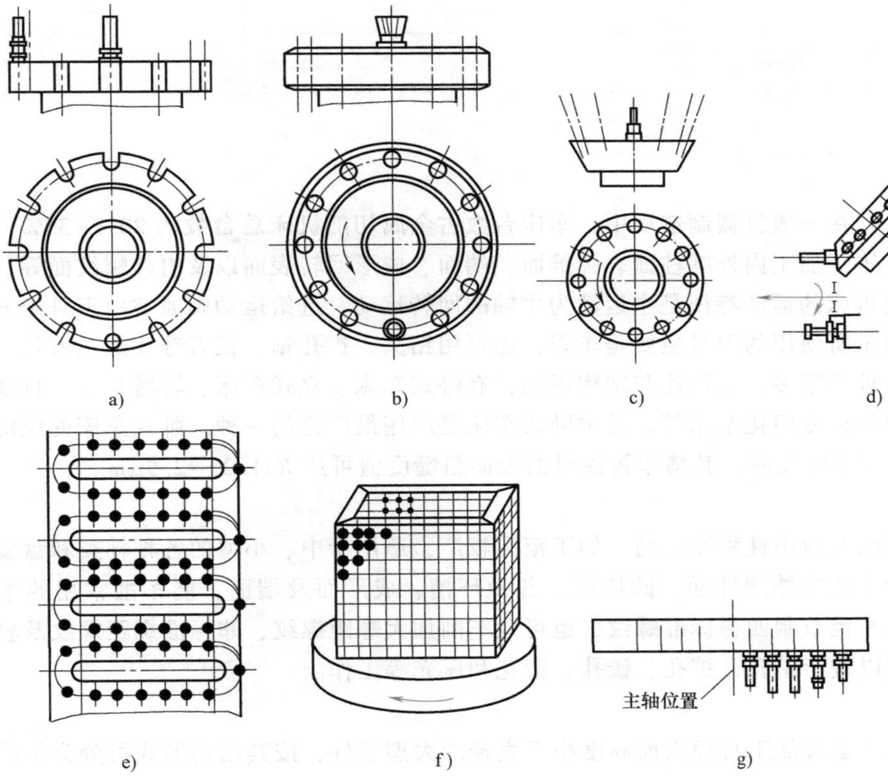

图 8-18 加工中心上的刀库类型

a)、b)、c)、d) 鼓轮式刀库 e) 链式刀库 f) 格子箱式刀库 g) 直线式刀库

鼓轮式刀库应用较广，它包括刀具轴线与鼓轮轴线平行、垂直或成锐角三种形式。这种刀库结构简单紧凑，但因刀具单环排列、定向利用率低，大容量刀库的外径将较大，转动惯量大，选刀运动时间长。因此，这种形式的刀库容量较小，一般不超过 32 把刀具。

链式刀库的容量较大，当采用多环链式刀库时，刀库外形较紧凑，占用空间较小，适合做大容量的刀库。在增加存储刀具数目时，可增加链条长度，而不增加链轮直径。因此，链轮的圆周速度不会增加，而且刀库的运动惯量不像鼓轮式刀库增加得那样多。

格子箱式刀库的容量较大，结构紧凑，空间利用率高，但布局不灵活，通常将刀库安放于工作台上。有时在使用一侧的刀具时，甚至必须更换另一侧的刀座板。

直线式刀库的结构简单，刀库容量较小，一般应用于数控车床、数控钻床上，个别加工中心上也采用。

换刀机械手分为单臂单手式、单臂双手式和双手式机械手。单臂单手式换刀机械手结构简单，换刀时间较长，适用于刀具主轴与刀库刀套轴线平行、刀库刀套轴线与主轴轴线平行以及刀库刀套轴线与主轴轴线垂直的场合。单臂双手式机械手可同时抓住主轴和刀库中的刀具，并进行拔出、插入操作，换刀时间短，广泛应用于加工中心上刀库、刀套轴线与主轴轴线平行的场合。

双手式机械手的结构较复杂，换刀时间短，这种机械手除可完成拔刀、插刀外，还起运输刀具的作用。

8.3 常见金属切削机床

8.3.1 车床

在一般机器制造厂中，车床台数占金属切削机床总台数的 20%~35%。车床主要用于加工内外圆柱面、圆锥面、端面、成形回转表面以及内外螺纹面等。

车床类机床的运动特征是主运动为主轴的回转运动，进给运动则通常由刀具来完成。

车床加工所使用的刀具主要是车刀，还可用钻头、扩孔钻、铰刀等孔加工刀具。

车床的种类很多，按用途和结构不同，有卧式车床、立式车床、转塔车床、自动和半自动车床以及各种专门化车床等。其中卧式车床是应用最广泛的一种。卧式车床的经济加工精度一般可达 IT8 级左右，其精车铸铁时的表面粗糙度值可达 $Ra1.25\sim2.5\mu m$。

1. 卧式车床

卧式车床的通用性程度较高，加工范围较广，适用于中、小型的各种轴类和盘套类零件的加工；能车削内外圆柱面、圆锥面、各种环槽、成形面及端面；能车削常用的米制、寸制、模数制及径节制四种标准螺纹，也可以车削加大螺距螺纹、非标准螺距螺纹及较精密的螺纹；还可以进行钻孔、扩孔、铰孔、滚花和压光等工作。

2. 立式车床

立式车床适合加工直径大而高度小于直径的大型工件，按其结构形式可分为单柱式和双柱式两种。立式车床的主参数用最大车削直径的 1/100 表示。例如，C5112A 型单柱立式车床的最大车削直径为 1200mm。

由于立式车床的工作台处于水平位置，因此，其对笨重工件的装卸和找正都比较方便，工件和工作台的质量比较均匀地分布在导轨面和推力轴承上，有利于保持机床的工作精度和提高生产率。

3. 转塔车床

与卧式车床相比，转塔车床在结构上的明显特点是没有尾座和丝杠。卧式车床的尾座由转塔车床的转塔刀架所代替。

在转塔车床上，根据工件的加工工艺情况，预先将所用的全部刀具安装在机床上并调整好，每组刀具的行程终点位置由可调整的挡块来加以控制。加工时，用这些刀具轮流进行切削。机床调整好后，加工每个工件时不必再反复地装卸刀具及测量工件尺寸。因此，在成批加工复杂工件时，转塔车床的生产率比卧式车床高。图 8-19 所示为在转塔车床上加工的典型零件。

图 8-20 是普通转塔车床外形图。前刀架可沿床身做纵向进给，以切削大直径外圆柱面，也可做横向进给，以切削内外端面、沟槽等。转塔刀架只能做纵向运动，转塔的六角面上可以利用附具分别安装挡料块、车刀、钻头、铰刀、板牙等切削刀具和工具，也可在一个附具上安装数把车刀以实现多刀同时加工，因此，转塔刀架的加工范围较广。

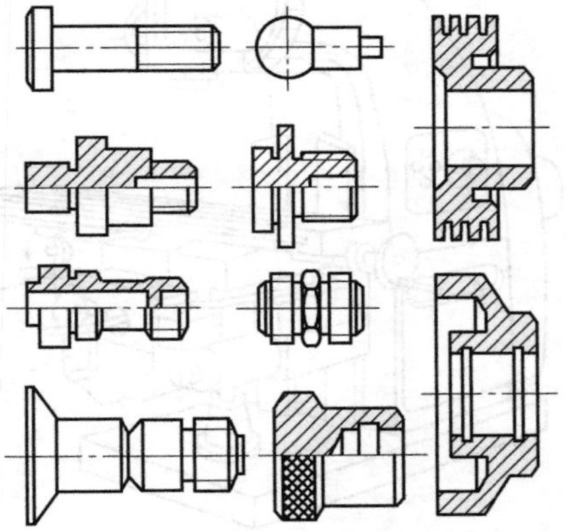

图 8-19 在转塔车床上加工的典型零件

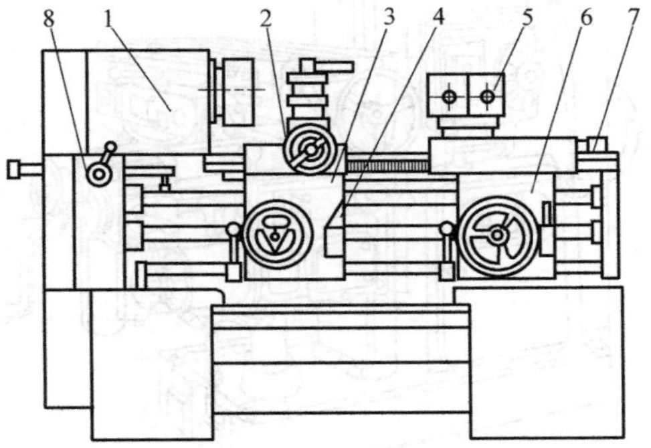

图 8-20 普通转塔车床外形图

1—主轴箱 2—前刀架 3—床身 4—前刀架溜板箱 5—转塔刀架 6—转塔刀架溜板箱 7—定程装置 8—进给箱

8.3.2 铣床

铣床是用铣刀进行铣削加工的机床。通常铣削的主运动是铣刀的旋转，工件或铣刀的移动为进给运动，这有利于进行高速切削，其生产率比刨床高。铣床适应的工艺范围较广，可加工各种平面、台阶、沟槽、螺旋面等。

铣床的主要类型有升降台式铣床、床身式铣床、龙门铣床、工具铣床、仿形铣床以及近年来发展起来的数控铣床等。

1. 升降台式铣床

升降台式铣床按主轴在铣床上布置方式的不同，分为卧式和立式两种类型。

卧式升降台铣床是一种主轴水平布置的升降台铣床，如图 8-21 所示。在卧式升降台铣床上还可安装由主轴驱动的立铣头附件。

图 8-22 所示为万能升降台铣床。它与卧式升降台铣床的区别在于，其工作台与床鞍之间增装了一层转盘，转盘相对于床鞍可在水平面内扳转一定的角度（±45°），以便加工螺旋槽等表面。

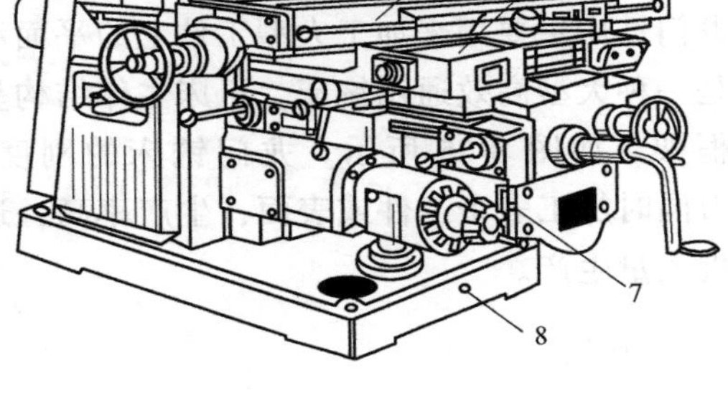

图 8-21 卧式升降台铣床

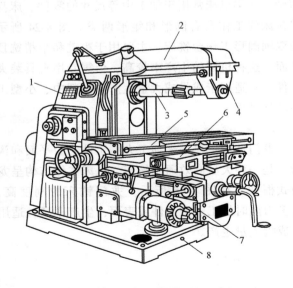

1—床身 2—悬臂 3—铣刀心轴 4—挂架 5—工作台 6—床鞍 7—升降台 8—底座

立式升降台铣床是一种主轴垂直布置的升降台铣床，如图 8-23 所示。

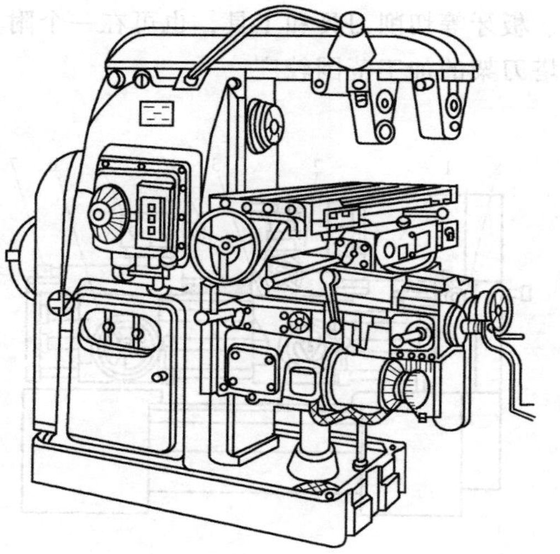

图 8-22　万能升降台铣床

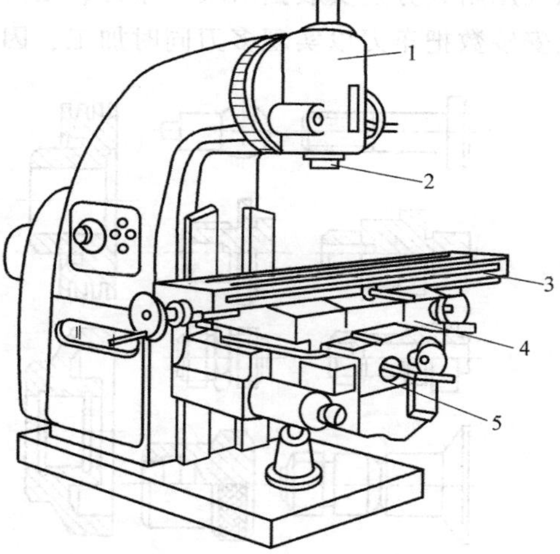

图 8-23　立式升降台铣床

1—立铣头　2—主轴　3—工作台

4—床鞍　5—升降台

2. 床身式铣床

床身式铣床的工作台不做升降运动，也就是说，它是一种工作台不升降的铣床。机床的垂直运动由安装在立柱上的主轴箱来实现，这样可以提高机床的刚度，便于采用较大的切削用量。此类机床常用于加工中等尺寸的零件。床身式铣床的工作台有圆形和矩形两类。图 8-24 所示为双轴圆形工作台铣床，主要用于粗铣和半精铣顶平面。这种机床的生产率较高，但需专用夹具装夹工件。它适用于成批或大量生产中铣削中、小型工件的顶平面。

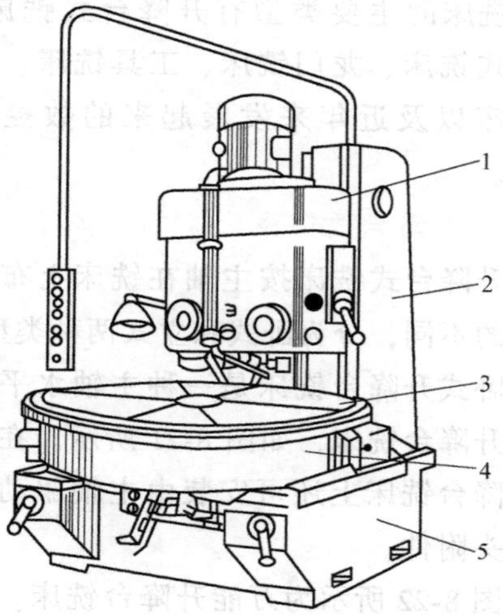

图 8-24　双轴圆形工作台铣床

1—主轴　2—立柱　3—圆工作台

4—滑座　5—底座

3. 龙门铣床

龙门铣床主要用来加工大型工件上的平面和沟槽，是一种大型高效通用铣床。机床主体结构呈龙门式框架，如图 8-25 所示。龙门铣床的刚度高，可多刀同时加工多个工件或表面，生产率高，适用于成批大量生产。

8.3.3　磨床

磨床是用磨料磨具（如砂轮、砂带、油石、研磨料）作为工具进行切削加工的机床。它是由于精加工和硬表面加工的需要而发展起来的，目前

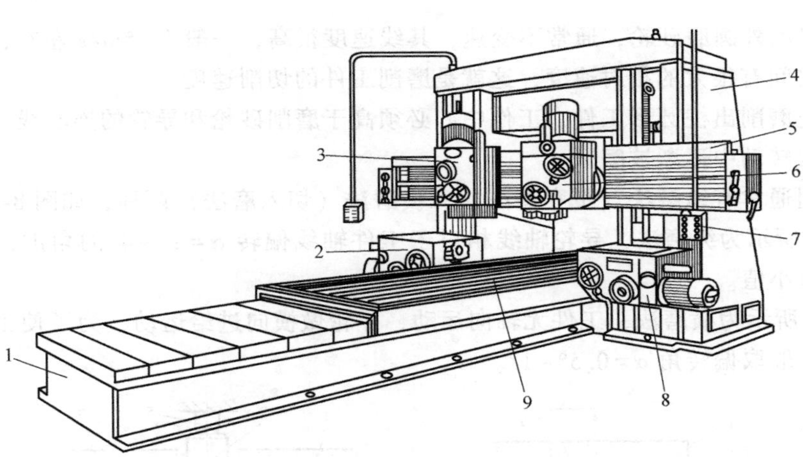

图 8-25 龙门铣床

1—床身 2、8—卧铣头 3、6—立铣头 4—立柱 5—横梁 7—控制器 9—工作台

也有少数应用于粗加工的高效磨床。

为了适应磨削各种加工表面、工件形状及生产批量的要求，磨床的种类很多，其中主要类型有外圆磨床、内圆磨床、平面磨床、工具磨床、刀具刃磨磨床、各种专门化磨床（如曲轴磨床、凸轮轴磨床、花键轴磨床、活塞环磨床、齿轮磨床、螺纹磨床等）、研磨床、其他磨床（如珩磨机、抛光机、超精加工机床、砂轮机等）。

1. M1432A 型万能外圆磨床

M1432A 型万能外圆磨床主要用于磨削圆形或圆锥形的外圆和内孔，也能磨削阶梯轴的轴肩和端平面。其主参数以工件最大磨削直径的 1/10 表示。这种磨床属于普通精度级，其通用性较大，而且自动化程度不高，磨削效率较低，所以适用于工具车间、机修车间和单件及小批量生产的车间。

2. 普通外圆磨床

普通外圆磨床的结构与万能外圆磨床基本相同，所不同的是：①头架和砂轮架不能绕轴心在水平面内调整角度位置；②头架主轴直接固定在箱体上不能转动，工件只能用顶尖支承进行磨削；③不配置内圆磨头装置。

因此，普通外圆磨床的工艺范围较窄，但由于其减少了主要部件的结构层次，头架主轴又固定不转，故机床及头架主轴部件的刚度高，工件的旋转精度好。这种磨床适合中批及大批量磨削外圆柱面、锥度不大的外圆锥面及阶梯轴轴肩等。

3. 无心磨床

无心磨床通常指无心外圆磨床。无心磨削示意图如图 8-26 所示。

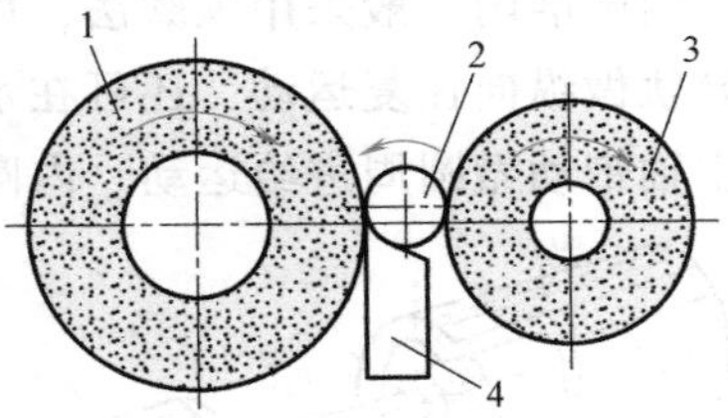

图 8-26 无心磨削示意图

1—磨削砂轮 2—工件 3—导轮 4—托板

无心磨削的特点：工件 2 不用顶尖支承或卡盘夹持，置于磨削砂轮 1 和导轮 3 之间并用托板 4 支承定位，工件中心略高于两轮中心的连线，并在导轮摩擦力作用下带动旋转。导轮为刚玉砂轮，它以树脂或橡胶为黏结剂，与工件间有较大的摩擦因数，线速度为 10~50m/min，工件的线速度基本上等于导轮的线速度。磨削砂

轮1采用一般的外圆磨砂轮，通常不变速，其线速度很高，一般为35m/s左右，所以在磨削砂轮与工件之间有很大的相对速度，这就是磨削工件的切削速度。

为了避免磨削出棱圆形工件，工件中心必须高于磨削砂轮和导轮的连心线。这样，就可使工件在多次转动中逐渐被磨圆。

无心磨削通常有纵磨法（贯穿磨法）和横磨法（切入磨法）两种，如图8-27所示。

图8-27a所示为纵磨法，导轮轴线相对于工件轴线偏转$\alpha=1°\sim4°$的角度，粗磨时取大值，精磨时取小值。

图8-27b所示为横磨法，工件无轴向运动，导轮做横向进给运动，为了使工件在磨削时紧靠挡块，一般取偏转角$\alpha=0.5°\sim1°$。

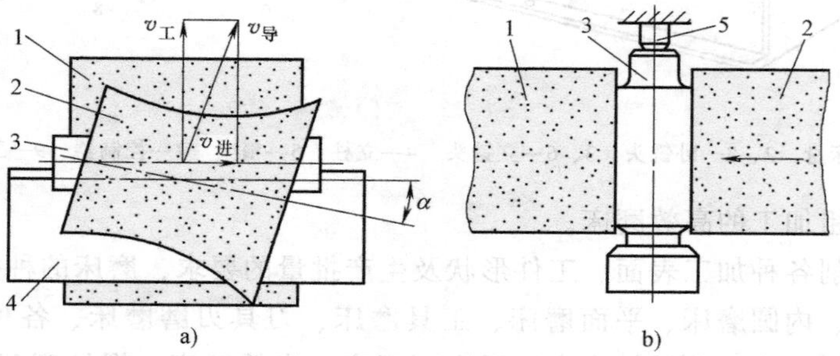

图8-27 无心磨削的两种方法

a）纵磨法 b）横磨法

1—磨削砂轮 2—导轮 3—工件 4—托板 5—挡块

无心磨床适合在大批量生产中磨削细长轴以及不带中心孔的轴、套、销等零件，它的主参数以最大磨削直径表示。

4. 内圆磨床

内圆磨床有普通内圆磨床、无心内圆磨床和行星内圆磨床等多种类型，用于磨削圆柱孔和圆锥孔。按自动化程度分，有普通、半自动和全自动内圆磨床三类，其中普通内圆磨床比较常用。普通内圆磨床的主参数以其最大磨削孔径的1/10表示。

内圆磨削一般采用纵磨法，如图8-28a所示。头架安装在工作台上，可随同工作台沿床身导轨做纵向往复运动，还可在水平面内调整角度位置以磨削圆锥孔。工件装夹在头架上，由主轴带动做圆周进给运动。内圆磨砂轮由砂轮架主轴带动做旋转运动，砂轮架可由手动或

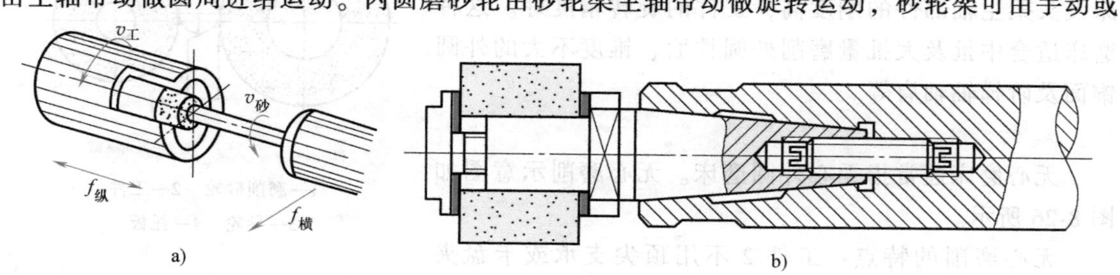

图8-28 内圆磨削及砂轮的安装

a）内圆磨削 b）砂轮的安装

液压传动沿床鞍做横向进给，工作台每往复一次，砂轮架横向进给一次。

砂轮装在加长杆上，加长杆锥柄与主轴前端锥孔相配合，如图 8-28b 所示，可根据所磨孔的直径和长度进行更换，砂轮的线速度通常为 15~25m/s，这种磨床适用于单件小批量生产。

5. 平面磨床

平面磨床用于磨削各种零件的平面。根据砂轮的工作面不同，平面磨床可分为用砂轮轮缘（即圆周）进行磨削和用砂轮端面进行磨削两类。用砂轮轮缘进行磨削的平面磨床，砂轮主轴常处于水平位置（卧式）；而用砂轮端面进行磨削的平面磨床，砂轮主轴常为立式的。根据工作台的形状不同，又可分为矩形工作台平面磨床和圆形工作台平面磨床。所以，根据砂轮工作面和工作台形状的不同，平面磨床主要有下列四种类型：卧轴矩台平面磨床、卧轴圆台平面磨床、立轴矩台平面磨床和立轴圆台平面磨床。其中，卧轴矩台平面磨床和立轴圆台平面磨床最为常见。

卧轴矩台平面磨床主要采用周磨法磨削平面，如图 8-29 所示。

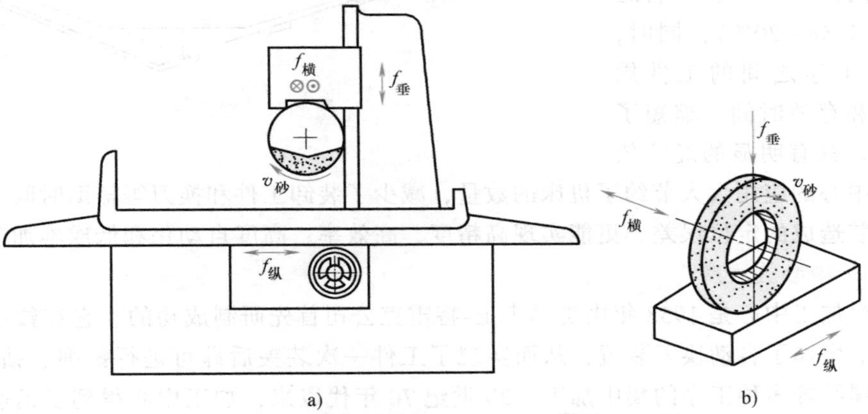

图 8-29 卧轴矩台平面磨床外形图及磨削示意图

a）外形图 b）周磨法示意图

立轴圆台平面磨床采用端磨法磨削平面，如图 8-30 所示。

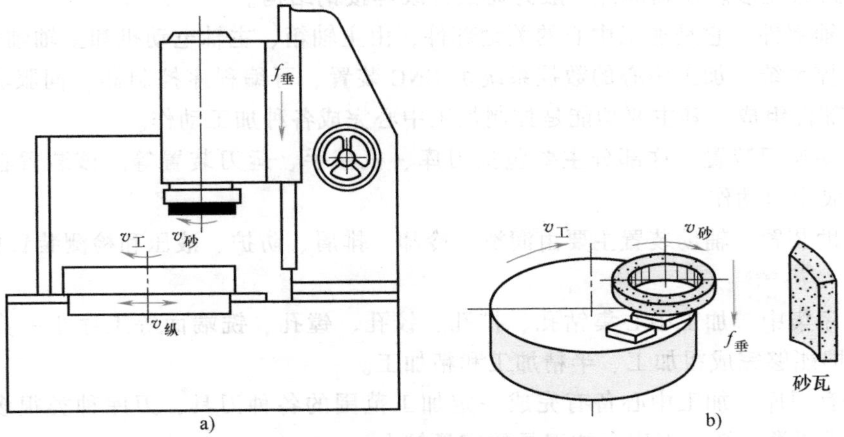

图 8-30 立轴圆台平面磨床外形图及磨削示意图

a）外形图 b）端磨法示意图

8.3.4 加工中心

加工中心是备有刀库，并能自动更换刀具，对工件进行多工序加工的数字控制机床，如图 8-31 所示。工件经一次装夹后，数字控制系统能控制机床按不同工序，自动选择和更换刀具，自动改变机床主轴转速、进给量和刀具相对工件的运动轨迹及其他辅助功能，依次完成工件几个面上多工序的加工。加工中心由于工序集中和能够自动换刀，减少了工件的装夹、测量和机床调整等时间，使机床的切削时间达到机床开动时间的 80%左右（普通机床仅为 15%~20%）；同时，也减少了工序之间的工件周转、搬运和存放时间，缩短了生产周期，具有明显的经济效果。加工中心的应用大大节约了机床的数量，减少了装卸工件和换刀等辅助时间，消除了由于多次安装造成的定位误差，更能实现高精度、高效率、高度自动化和低成本加工。

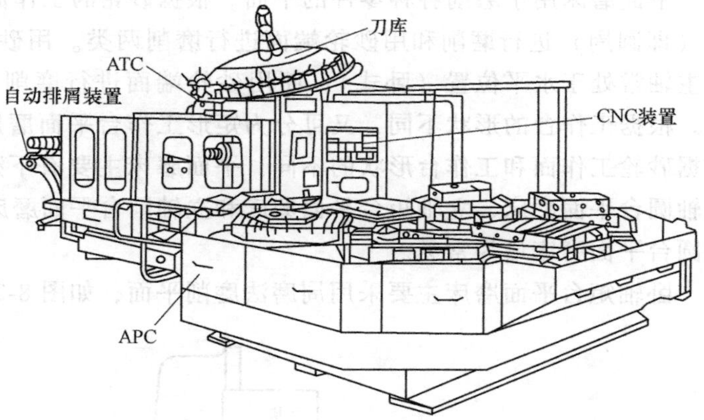

图 8-31　加工中心

1. 加工中心的组成

第一台加工中心是 1958 年由美国卡尼-特雷克公司首先研制成功的。它在数控卧式镗铣床的基础上增加了自动换刀装置，从而实现了工件一次装夹后即可进行铣削、钻削、镗削、铰削和攻螺纹等多种工序的集中加工。20 世纪 70 年代以来，加工中心得到了迅速发展，但是从总体上来看，其基本组成是大致相同的，主要由以下部分组成：

（1）基础部件　基础部件包括床身、立柱、横梁、工作台等。它们是加工中心中质量和体积较大的部分，承受了大部分载荷，所以必须具有足够的刚度和强度，以及较高的制造精度和较小的热变形。基础部件一般为铸铁件或焊接钢结构。

（2）主轴部件　它是加工中心的关键部件，由主轴箱、主轴电动机和主轴轴承等组成。

（3）数控系统　加工中心的数控系统由 CNC 装置、可编程序控制器、伺服驱动装置和操纵面板等部件组成，其主要功能是控制加工中心完成各种加工动作。

（4）自动换刀装置　这部分主要包括刀库、机械手、运刀装置等。该装置在数控系统的控制下完成换刀动作。

（5）辅助装置　辅助装置主要由润滑、冷却、排屑、防护、液压和检测装置构成。

2. 加工中心的特点

（1）工序集中　加工中心集钻孔、扩孔、铰孔、镗孔、铣端面等工序于一身，工件经一次装夹，即能够完成粗加工、半精加工和精加工。

（2）备有刀库　加工中心备有完成一定加工范围的各种刀具，刀库种类很多，常见的有盘式和链式两类。链式刀库存放刀具的容量较大。

（3）有自动换刀装置　换刀机构在机床主轴与刀库之间交换刀具，常见的换刀装置为机械手，也有不带机械手而由主轴直接与刀库交换刀具的装置，称为无臂式换刀装置。

(4) 有自动转位工作台　为了实现轮流使用多种刀具的目的，使工件经一次装夹完成多种加工，加工中心配有转位工作台。

(5) 精度高　由于减少了装卸工件和换刀的次数，消除了由于多次安装造成的定位误差，加工中心的定位精度可高达 0.002mm。

(6) 配有两个托盘　为了进一步缩短非切削时间，有的加工中心配有两个自动交换工件的托板。一个装着工件，在工作台上加工；另一个则在工作台外装卸工件。机床完成加工循环后自动交换托板，使装卸工件与切削加工的时间相重合。

3. 加工中心的分类

加工中心根据主轴的布置方式不同，分为立式、卧式和立卧两用式三类。

(1) 立式加工中心　立式加工中心是主轴轴线垂直于工作台台面的加工中心。立式加工中心大多为固定立柱式，工作台为十字滑台形式，以三个直线运动坐标为主，一般不带转台，仅进行顶面加工，如图 8-32 所示。

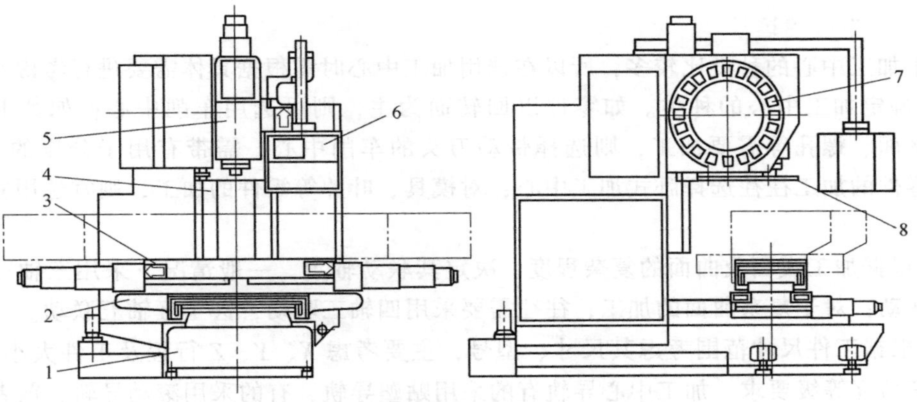

图 8-32　XH715 型立式加工中心外形图

1—床身　2—滑座　3—工作台　4—立柱　5—主轴箱　6—操作面板　7—刀库　8—换刀机械手

(2) 卧式加工中心　卧式加工中心是主轴轴线与工作台平行的加工中心。卧式加工中心通常有 3~5 个可控坐标，立柱一般有固定式和可移动式两种类型。卧式加工中心一般具有分度转台或数控转台，可加工工件的各个侧面；也可做多个坐标的联合运动，以便加工复杂的空间曲面，如图 8-33 所示。

(3) 立卧两用式加工中心　立卧两用式加工中心包括带立、卧两个主轴的复合式加工中心以及主轴能调整成卧轴或立轴的立卧可调式加工中心，它们能对工件进行五个面的加工。

加工中心的分类方法很多，除了根据主轴的布置方式分类外，还可以按运动坐标数和同时控制的坐标数分为三轴两联动、三轴三联动、四轴三联动、五轴四联动等类型；按工艺用途可分为镗铣加工中心、钻削加工中心和复合加工中心；按自动换刀装置类型可分为转塔头加工中心、刀库+主轴换刀加工中心、刀库+机械手换刀加工中心等；按加工精度又可分为普通加工中心和高精度加工中心。为了把加工中心的特征表述得更清楚，常在立式或卧式加工中心之后，同时说明其采用的是什么控制系统、几轴几联动或其他特性如何。

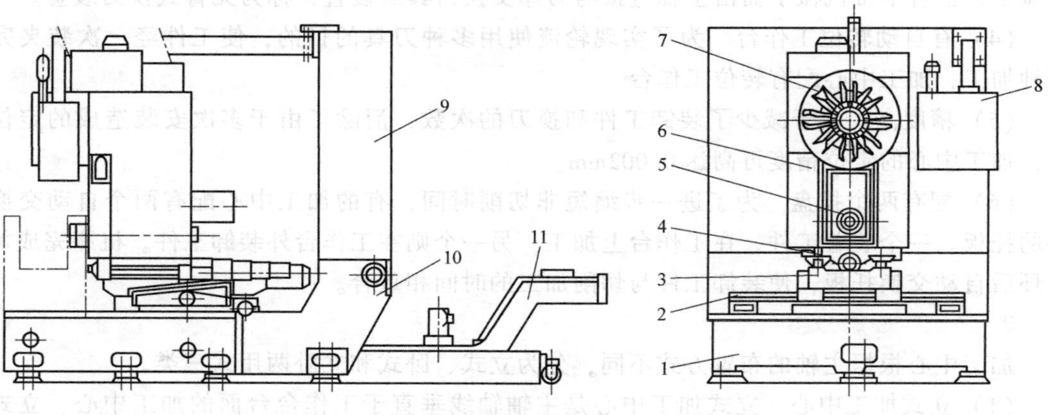

图 8-33　TH6340 型卧式加工外形图

1—床身　2—基座　3—横向滑座　4—横向滑板　5—主轴箱　6—立柱

7—刀库　8—操作面板　9—电气柜　10—支架　11—排屑装置

4. 加工中心的选择

由于加工中心的种类比较多，所以在选用加工中心时需根据具体需要进行考虑：

1）确定加工中心的种类。如零件以回转面为主，则可选用车削中心；如其上还有键槽、小平面、螺孔等需要加工，则选择带动刀头的车削中心，需带有用于分度的 C 轴等。对箱体零件的加工往往选择卧式加工中心；对模具、叶片等零件的加工，则宜选用立式加工中心。

2）根据加工表面及曲面的复杂程度，决定其联动轴数。一般情况下采用三轴三联动或三轴两联动；对于复杂曲面的加工，往往需要采用四轴三联动，甚至五轴五联动。

3）根据工件尺寸范围考虑其尺寸、型号，主要考虑 X、Y、Z 行程及工件大小、承重，再考虑其精度等级要求。加工中心导轨有的采用贴塑导轨，有的采用滚动导轨，前者的承载能力较大，适用于有较重载切削的工况；滚动导轨的磨损小，运动速度快，适用于切削力较小的工况。当切削力过大时，为了提高机床刚性，往往选用龙门式结构的加工中心。

4）确定其他功能。加工中心往往带有接触式测头，测头占一把刀具的工位，可以由程序控制调出，检测加工表面的精度，以防止切削力作用下变形过大。有些加工中心还有自适应控制功能，即可以根据电动机功率来自动调整切削用量，以达到提高生产率、保护设备和刀具的目的。

加工中心适合加工形状复杂、工序多、精度要求较高、需要使用多种类型的普通机床和众多刀具及夹具，且经多次装夹和调整才能完成加工的零件。其加工的主要对象有箱体类零件，盘、套、板类零件，外形不规则零件，复杂曲面，刻线、刻字、刻图案以及其他特殊加工类型。推荐将下列加工内容作为加工中心的主要选择对象：

1）中小批量轮番生产并有一定复杂程度的零件。

2）有多个不同位置的平面和孔系需加工的箱体或多棱体零件。

3）有较高的位置精度要求，更换机床加工时很难保证加工要求的零件。

4）加工精度一致性要求较高的零件。

5）切削条件多变的零件，如某些零件由于形状特点需切槽、镗孔、攻螺纹等。

6）可成组安装在工作台上，进行多品种混合加工的零件。

7）结构或形状复杂，普通加工时操作困难、工时长、加工效率低的零件。

8）可镜像加工的零件。

由于加工中心的加工质量、加工效率高，并具有高度的柔性，其应用越来越广。

8.3.5 高速切削机床

1. 高速切削机床简介

虽然高速切削的基本理论在数十年前就已提出，但相应的高速切削技术却发展缓慢，究其原因，主要是缺乏相应的高速切削机床技术的支持。近十几年来，随着科学技术水平的不断提高，特别是机床各主要单元技术（如电主轴技术，高精度、高速度 CNC 技术，高速进给技术以及高速刀具技术等）的迅速发展，极大地促进了高速切削机床的制造水平，使得高速切削技术的应用日益广泛。目前，其应用已遍及汽车、航空航天、模具以及精密机械行业。高速切削机床技术是先进制造领域中的核心技术之一，其技术水平已经成为衡量一个国家制造业水平的重要标志。

（1）高速切削机床的性能特点　与普通的数控机床相比，高速切削机床具有如下特点：

1）高速度。虽然背吃刀量小，但由于主轴转速高，进给速度快，因此单位时间内的金属切除量增加，提高了加工效率。

2）背吃刀量小。背吃刀量小能够获得很高的精度和很小的表面粗糙度值，从而减少或省去了光整加工工序，简化了工艺流程。

3）干式切削。高速切削通常采用干式切削方式，使用压缩空气进行冷却，无需切削液及相应设备，既降低了成本，又有利于环保。

4）切削力小，切削温度低，有利于延长机床和刀具的寿命。

5）可直接加工硬化材料，可省去电极制造工序，简化了工艺流程。

6）可加工薄壁零件，可减少零件变形，优化了零件性能。

7）工艺集中。可将粗加工、半精加工、精加工合为一体，全部在一台机床上完成，减少了设备数量，避免了多次装夹产生的误差。

（2）高速切削机床的关键技术　能否实现高速切削主要取决于两个方面：硬件技术和软件技术。硬件技术主要是指数控机床和刀具；软件技术主要是指数控编程技术，也就是 CAM 系统。这两个方面的发展相辅相成，缺一不可。

1）高速切削对机床的要求：

① 主轴转速高、功率大。目前，高速切削机床的主轴转速一般都在 10000r/min 以上，有的高达 60000~100000r/min，为一般机床的 10 倍；主电动机功率一般在 22kW 以上，以实现高效率、重工序切削的目的。

② 进给量和快速行程速度高。进给速度高达 60~100m/min，也为一般机床的 10 倍左右，可较大幅度地提高机床的生产率。

③ 主轴和工作台（拖板）运动的加（减）速度高。主轴从起动到达到最高转速，或从最高转速到静止，只用 1~2s 的时间。工作台的加（减）速度也由一般数控机床的（0.1~0.2）g 提高到（1~8）g（$1g=9.81\mathrm{m/s^2}$）。由于在进给速度变化的过程中是不能进行加工的，因此，为了实现高速切削，无论是主轴还是工作台，其速度的提升或降低都要求在极短

的时间内完成，这就要求高速运动部件的加速度要大。

④ 机床要有优良的静、动特性以及热特性。高速切削时，机床各运动部件之间的相对运动速度很高，运动副结合面之间将发生急剧的摩擦和发热，同时，大的加速度也会对机床产生很大的动载荷。因此，在设计、制造高速切削机床时，必须在传动和结构上采取特殊的工艺措施，使高速切削机床既具有足够的静刚度，又有足够的动刚度和热刚度。

⑤ 配备与主要部件的高速度相匹配的辅件，如快速刀具交换、快速工件交换、快速排屑等装置以及安全防护（防弹罩）和监测等装置。

⑥ 数控系统功能优良。程序段的处理速度为1~20ms，线性增量为5~20μm，非线性增量由圆弧、NURBS插补实现；通过RS232的数据流为19.2kbit/s（20ms），通过以太网的数据流为250kbit/s（1ms）；具有有效的不同误差的补偿控制策略（如对温度、象限以及滚珠丝杠误差进行补偿）；控制器具有前瞻（Look-Ahead）功能，采用前馈控制。

2）高速切削对CAM软件的要求分为两个方面：基本要求和特殊要求。

① 基本要求：

a. 安全性高。不可出现过切或碰撞。

b. 具有验证机构。能够对生成的刀具轨迹进行仿真检查。

c. 具有多种加工策略。

d. 具有轨迹编辑功能。

e. 具有丰富的数据接口。

② 特殊要求：

a. 能自动生成高速加工的工艺参数。系统能够根据被加工材料、工艺特点、机床性能、刀具等参数，自动生成工艺参数，并允许编程人员根据经验进行优化。

b. 能生成平滑的刀具轨迹。高速加工的进给量很大，要求刀具轨迹尽量平滑，避免突然换向，否则刀具有可能冲出预定的轨迹而造成过切。

c. 进给量优化。为了确保达到最高的切削效率，并保证高速加工的安全性，应根据加工瞬时余量的大小，由CAM系统自适应地对进给量进行优化处理，使刀具以不断变化的切削速率加工零件，既减少刀具磨损又节约加工时间。

d. 减少加工数据量。应采用NURBS插补功能进行高速加工，加工数据以NURBS格式传输到CNC中，这样既可以减少程序段数，提高了数据传输速度，又可以提高产品的加工精度和表面质量。

e. 毛坯余量知识。即系统能够自动记录每个加工步骤之后的毛坯余量。高速加工要求毛坯余量尽可能均匀，这样对加工质量和刀具寿命都有利。有了毛坯余量知识，系统就可以自动生成预加工轨迹（如笔式加工等），确保高速加工的余量均匀，也可以自动生成补充加工轨迹（如清根加工等），满足最终的加工要求。

（3）高速切削机床的主要部件　高速切削机床由一系列具有高速、高精度的部件及其支承件组成：

1）高速主轴部件（电主轴）。

2）高速进给驱动和传动系统。

3）具有高速进给控制功能的数控装置。

4）高速刀具系统。

5）适用于高速切削的工件装夹设备。

6）动、静、热特性优良的床身、立柱及工作台等支承部件。

7）其他附件，如冷却、排屑装置，防护和监测装置等。

下面主要就高速切削机床中的高速主轴技术、高速进给系统以及相应的数控系统进行简要介绍。

2. 高速主轴技术

（1）高速主轴技术简介　机床的精度在很大程度上取决于主轴的制造精度，对于高速切削机床的主轴来讲更是如此。为了提高高速切削机床主轴的静态精度和动态精度，根据误差理论，必须减小各主轴部件的制造误差及装配误差，更重要的是，应尽可能减少主轴系统中的误差源，即尽可能地缩短主轴传动链的长度。

借助于电气传动技术（变频调速技术、电动机矢量控制技术等）的现代成果，高速切削机床主传动的机械结构已得到极大的简化，基本上取消了带传动和齿轮传动，机床主轴由内装式电动机直接驱动，从而把机床主传动链的长度缩短为零。这种主轴电动机与机床主轴“合二为一”的传动结构形式，称为电主轴或直接传动主轴。由于当前电主轴主要采用的是交流高频电动机，故也称其为高频主轴。电主轴的典型结构和系统组成如图 8-34 所示。

主轴由前后两套轴承支承。为了容易使主轴运转部分达到精确的动平衡，在主轴上取消了一切形式的键连接和螺纹连接。电动机的定子通过一个冷却套固装在电主轴的壳体中。这样，电动机的转子就是机床的主轴，电主轴的箱体就是电动机座，成为机电一体化的一种新型主轴系统。主轴的转速通过电动机的变频调速与矢量控制装置来改变。在主轴的后部安装有齿盘和测速、测角传感器。主轴前端外伸部分的内锥孔和端面用于安装和固定加工中心的可换刀柄。

在国外，电主轴已成为一种机电一体化的高科技产品。国际上著名的电主轴生产厂家主要有瑞士的 FISCHER 公司、IBAG 公司和 STEP-UP 公司，德国的 GMN 公司和 FAG 公司，美国的 PRECISE 公司，意大利的 GAMFIOR 公司和 FOEMAT 公司，日本的 NSK 公司和 KOYO 公司以及瑞典的 SKF 公司等。

（2）电主轴的技术参数指标　电主轴的主要技术参数有套筒直径、最高转速、输出功率、转矩和刀具接口等。其中，套筒直径为电主轴的主要参数。

除了上述技术参数外，高速电主轴还有如下重要参数：精度和静刚度、临界转速、残余动不平衡值、噪声及套筒温升阈值、拉紧和松开刀具所需力的最小值、电主轴的额定寿命以及主轴与刀具的接口规格等。可参阅电主轴生产商的相关产品手册或向其进行具体细节的技术咨询。

（3）电主轴的轴承　电主轴所用轴承的性能对电主轴的使用功能和使用寿命有重要的影响，因此，电主轴的轴承应具有以下特点：高速回转精度高、径向和轴向刚度高、温升较小以及使用寿命长。电主轴的轴承一般采用滚动轴承、流体静压轴承和磁悬浮轴承。

（4）电主轴的电动机及其驱动方式　电主轴的电动机均采用交流异步感应电动机，有两种驱动和控制方式。

1）普通变频器标量驱动和控制。这里以 IBAG 公司的 HFK90S 型电主轴所用的普通变频器为例进行说明。这类驱动控制特性为恒转矩驱动，输出功率和转速成正比，其转矩和功率特性如图 8-34 和图 8-35 所示。这类驱动方式在低速时的输出功率不够稳定，不能满足低速、大转矩的要求，也不具备主轴的准停和 C 轴控制功能，但其价格较为便宜，主要用于在高速范围内工作的电主轴，如磨削、小孔钻削及普通高速铣削的电主轴。

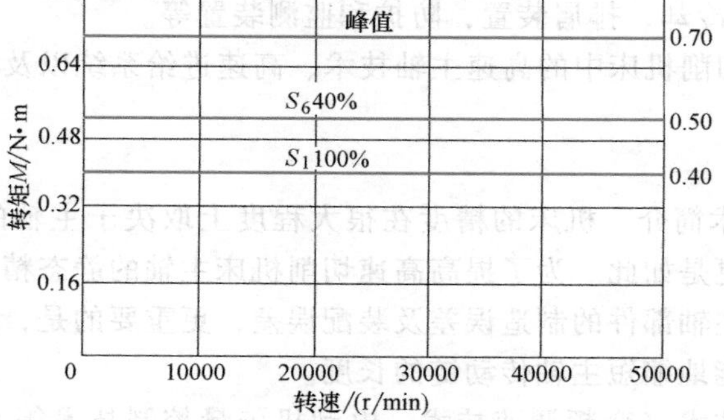

图 8-34　HFK90S 型电主轴的转矩-转速特性

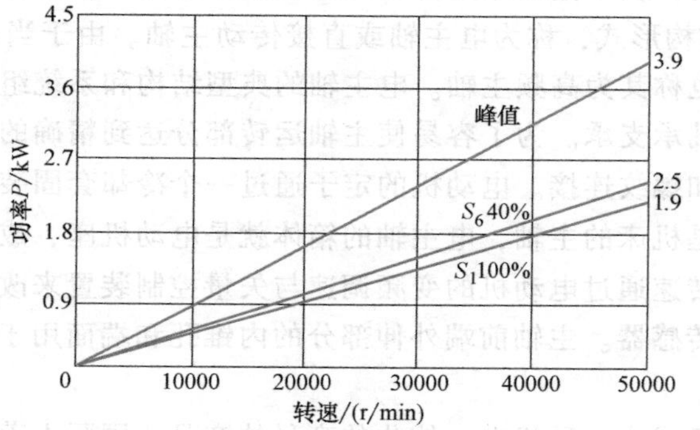

图 8-35　HFK90S 型电主轴的功率-转速特性

2）矢量控制驱动器的驱动和控制。这里以 IBAG 公司的 HF250 型电主轴的矢量控制驱动器为例进行说明。这种矢量控制驱动的控制特性为低速端的恒转矩驱动以及中、高速端的恒功率驱动。其转矩和功率特性如图 8-36 和图 8-37 所示。这种驱动方式又分为开环控制和闭环控制两种。在闭环控制方式下，可通过主轴上的位置传感器来实现位置和速度反馈，获得更好的动态性能，并可实现主轴准停和 C 轴控制功能。

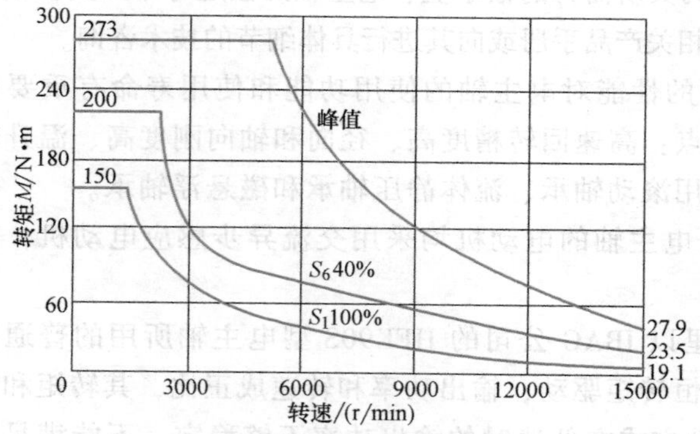

图 8-36　HF250 型电主轴的转矩特性

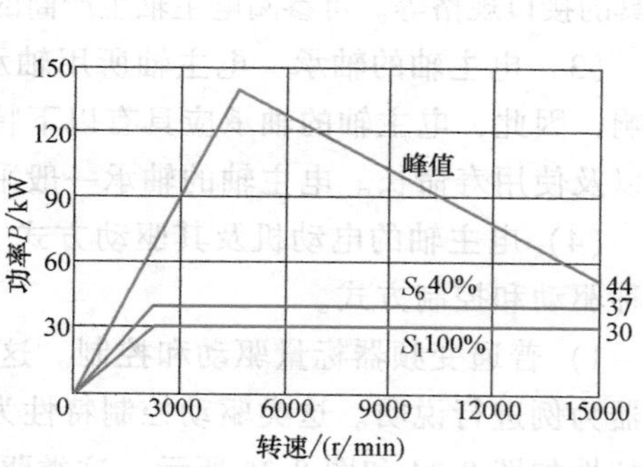

图 8-37　HF250 型电主轴的功率特性

3. 高速进给系统

高速进给系统是高速切削机床的关键部件之一，对高速进给系统的要求主要体现在以下几个方面：

1）高速度。高速切削机床对进给速度的基本要求为60m/min，有时高达120m/min。

2）大加速度。高速切削机床对进给加速度的基本要求为（1~2)g，某些场合高达（2~10)g。

3）高静态、动态精度。

4）高可靠性、安全性。

5）成本较低。

目前，高速切削机床用的进给系统主要有高速滚珠丝杠螺母副传动系统和直线电动机进给驱动系统。传统的滚珠丝杠螺母副在数控机床中应用比较广泛，但其在高速场合下具有以下缺点：系统刚度低，动态特性差；高速下热变形严重；噪声大，寿命短。因此，不宜直接采用滚珠丝杠螺母副，必须加以改进和精化。目前，在滚珠丝杠螺母副传动系统实现高速化方面，主要采取如下措施：

1）提高系统刚度。丝杠采用中空结构，并进行预拉伸处理；提高丝杠的支承刚度；通过采用先进工艺，使滚珠和滚道的适应度处于最佳状态，提高系统的接触刚度。

2）增大丝杠螺母的导程和螺纹的线数，以提高滚珠丝杠螺母副的运动速度。

3）强制冷却，减小热变形。例如，可将冷却液通入空心丝杠内部进行循环冷却。

4）采用新型的螺母结构。例如，适当减小滚珠直径，钢珠采用空心结构。此外，还可以对滚道和回珠器进行优化设计，以改善滚珠快速滚动时的流畅性，降低噪声。

5）采用陶瓷等新材料制造滚珠。陶瓷滚珠可显著降低温升，减小噪声，可有效提高滚珠丝杠螺母副传动系统的高速性能。

6）对螺母预紧力进行控制。通过压电陶瓷对预紧力进行动态调节，可保证在高速下滚珠丝杠螺母副始终可靠地工作在最佳状态。

7）采用螺母旋转，丝杠不动的运动方案。螺母安装在驱动电动机的转子上，做高速转动的同时还进行轴向移动，从而消除了长丝杠高速转动时的各种问题。

8）采用双电动机驱动结构。采用两个电动机分别驱动丝杠和螺母，可以将进给速度提高一倍。

经过以上措施的改进，滚珠丝杠螺母副传动系统在一定程度上可以满足进给系统的高速要求，但是，该系统仍然存在以下问题：

1）高速滚珠丝杠螺母副制造困难，导致成本增加。

2）速度和加速度的提高有较大的限制。

3）进给行程有限（4~6m）。

4）因矢动量等非线性特性的存在。全闭环时系统稳定性较差。

图8-38所示为直线电动机进给系统与滚珠丝杠螺母副进给系统加速度性能的比较。由图可见，滚珠丝杠驱动工作台从静止到25m/min需时0.5s；而直线电动机驱动工作台从静止到75m/min只需0.05s。可见，直线电动机进给系统具有比滚珠丝杠螺母副进给系统更优良的加速性能，正逐步成为现代高

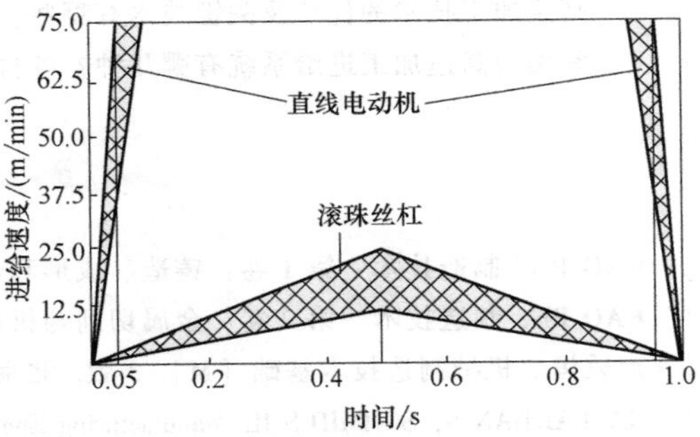

图8-38 直线电动机进给系统与滚珠丝杠螺母副进给系统加速度性能的比较

速加工机床进给系统的基本传动方式。

4. 高速切削机床的数控系统

（1）对高速切削机床数控系统的要求　对于数控系统，伺服系统的位置滞后误差和加、减速引起的滞后误差是影响高速切削精度的最主要原因。其次，数控系统的插补周期以及轮廓误差也会产生加工误差。

高速切削机床的数控系统与一般数控系统相比，并没有本质上的区别，但为了满足高速、高精度的加工要求，高速切削机床的数控系统应满足如下技术要求：

1）能够高速度地处理程序段。

2）能够迅速、准确地处理和控制信息流，将其加工误差控制为最小。

3）能够尽量减少机械冲击，使机床平滑移动。

4）要有足够的容量，可以让大容量加工程序高速运转，或者具有通过网络传输大量数据的能力。

5）具有高速度工作的主轴电动机、进给伺服电动机和传感器等。

6）具有高可靠性和安全性。

高速切削机床的数控系统是技术含量极高的高科技产品，它高度集成了现代的软、硬件技术，并且使用了操作系统、通信协议等的很多底层核心技术。目前，只有少数几家公司掌握了已商业化的高端数控系统技术，如FANUC公司、SIEMENS公司、HEIDEN-HAIN公司等。

（2）高速切削控制技术　高速切削控制技术包括减小位置伺服滞后产生加工误差的控制、减小加减速滞后产生误差的控制、前瞻控制、NURBS插补技术等，关于这部分内容，请参阅数控系统方面的教材或文献。

复习思考题

8-1　机床常用的技术性能指标有哪些？

8-2　试说明如何区分机床的主运动与进给运动。常用车床和铣床的主运动与进给运动是什么？

8-3　举例说明从机床型号的编制中可获得哪些有关机床产品的信息。

8-4　简述电气伺服传动系统中开环、闭环和半闭环系统的区别。

8-5　机床主轴部件、导轨、支承件及刀架应满足的基本技术要求分别有哪些？

8-6　分析比较外圆磨床和内圆磨床的切削运动和进给运动的特点。

8-7　选用加工中心时需考虑的因素有哪些？

8-8　高速加工技术的优点及关键技术有哪些？

8-9　常用的高速加工进给系统有哪几种？各自的优缺点是什么？

参考文献

[1]　RAO PN. 制造技术　第1卷：铸造、成形和焊接［M］. 3版. 北京：机械工业出版社，2009.

[2]　RAO PN. 制造技术　第2卷：金属切削与机床［M］. 3版. 北京：机械工业出版社，2009.

[3]　卢秉恒. 机械制造技术基础［M］. 3版. 北京：机械工业出版社，2008.

[4]　KALPAKJIAN S，SCHMID S R. Manufacturing Engineering and Technology［M］. 北京：机械工业出版社，2004.

[5]　翁世修，吴振华. 机械制造技术基础［M］. 上海：上海交通大学出版社，1999.

第 9 章

工件装夹与制造质量分析

9.1 夹具概述

为了在工件的某一部位上加工出符合规定技术要求的表面，必须在加工前将工件装夹在机床上或夹具中。采用夹具装夹工件，既可准确地确定工件、机床和夹具三者的相互位置，降低对工人的技术要求，保证加工表面的位置精度，又可减少工人装卸工件的时间和劳动强度，提高劳动生产率，有时还可以扩大机床的使用范围。所以，机床夹具在生产中的应用十分广泛。

9.1.1 工件定位的方法

在机床上进行加工时，必须先把工件安装在准确的加工位置上，并将其可靠地固定，以确保工件在加工过程中不发生位置变化，这样才能保证加工出的表面达到规定的加工要求(尺寸、形状和位置精度)，这个过程叫作装夹。简而言之，确定工件在机床上或夹具中占有准确加工位置的过程叫定位；在工件定位后用外力将其固定，使其在加工过程中保持定位位置不变的操作叫夹紧。装夹就是定位和夹紧过程的总和。定位与夹紧是两个不同的概念，初学者往往容易混淆。

工件在机床上的装夹方法主要有两种：用找正法装夹和用夹具装夹。

1. 用找正法装夹工件

用找正法装夹工件是指把工件直接放在机床工作台上、单动卡盘或机用虎钳等机床附件中，以工件的一个或几个表面为基准，用划针或指示表找正工件位置后再对其进行夹紧。也有先按加工要求进行加工面位置的划线工序，然后再按划出的线痕进行找正来实现装夹的。这类装夹方法的劳动强度大、生产率低、对工人技术水平的要求高；定位精度较低，由于常常需要增加划线工序，所以增加了生产成本。但由于只需使用通用性很好的机床附件和工具，该装夹方法适用于不同零件的各种表面的装夹，特别适用于单件、小批量生产。

2. 用夹具装夹工件

用夹具装夹工件是将工件安装在夹具中，不再进行找正，便能直接得到准确加工位置的装夹方式。如图 9-1a 所示的一批工件，除键槽外其余各表面均已加工合格，现要求在立式铣床上铣出满足图示加工要求的键槽。若采用找正法装夹工件，则须先进行划线，划出槽的位置，再将工件安装在立式铣床的工作台上，按划出的线痕进行找正，找正完成后用压板或台虎钳夹紧工件。然后根据槽的线痕位置调整铣刀的相对位置，调整好后才能开始加工。加工中还需先试切一段行程，测量尺寸，根据测量结果调整铣刀的相对位置，直至达到要求为止。加工第二个工件时又须重复上述步骤。这种装夹方法不但费工费时，而且同一批工件的加工误差分散范围较大。采用图 9-1b 所示的夹具装夹，则不需进行划线就可把工件直接放入夹具中去。工件的 *A* 面支承在两支承板 2 上；*B* 面支承在两齿纹顶支承钉 3 上；端面靠在平头支承钉 4 上，这样就确定了工件在夹具中的位置，然后旋紧夹紧螺母 9 通过螺旋压板 8

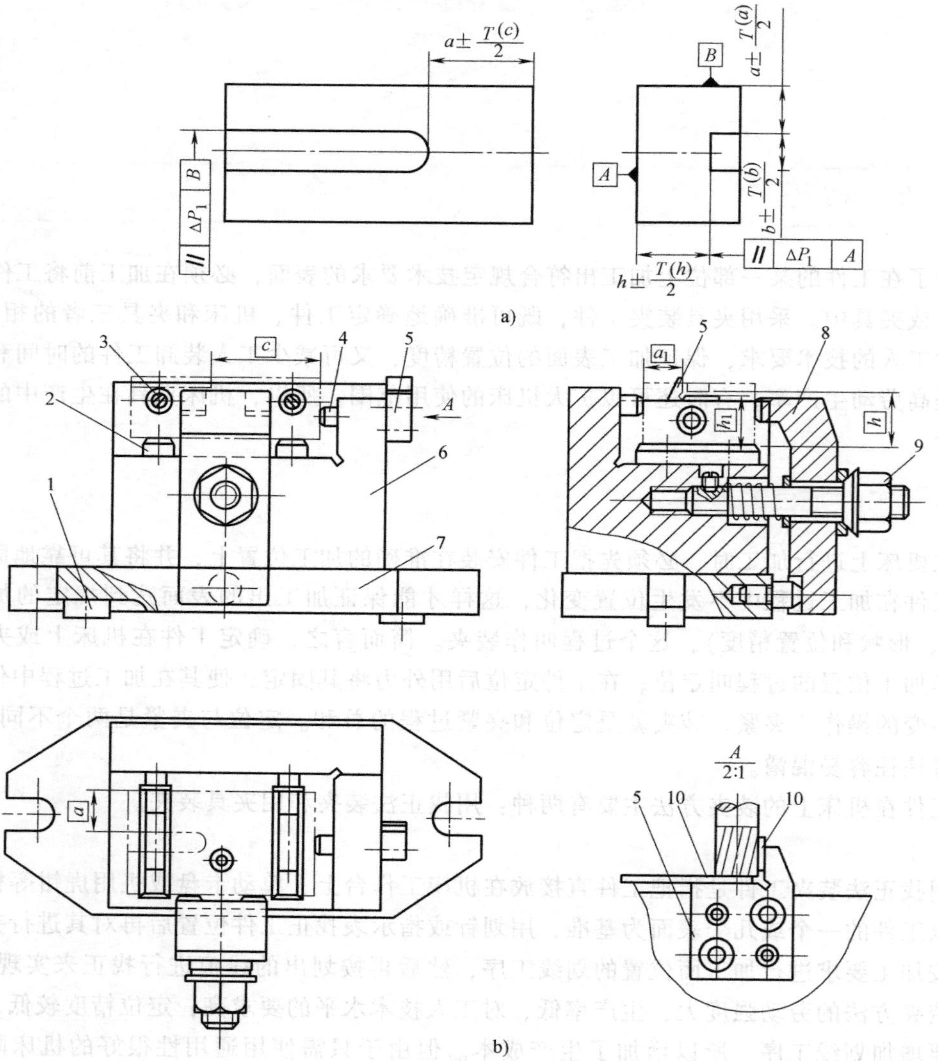

图 9-1　铣槽工序用的铣床夹具

1—定位键　2—支承板　3—齿纹顶支承钉　4—平头支承钉　5—侧装对刀块
6—夹具底座　7—底板　8—螺旋压板　9—夹紧螺母　10—对刀塞尺

把工件夹紧，即完成了工件的装夹过程。下一个工件进行加工时，夹具在机床上的位置不动，只需松开夹紧螺母 9 装卸工件即可。

9.1.2 夹具的定义

机床夹具是机床上用来装夹工件（和引导刀具）的一种装置。其作用是将工件定位，以使工件获得相对于机床和刀具的正确位置，并把工件可靠地夹紧。图 9-2 所示就是一个车床专用夹具。

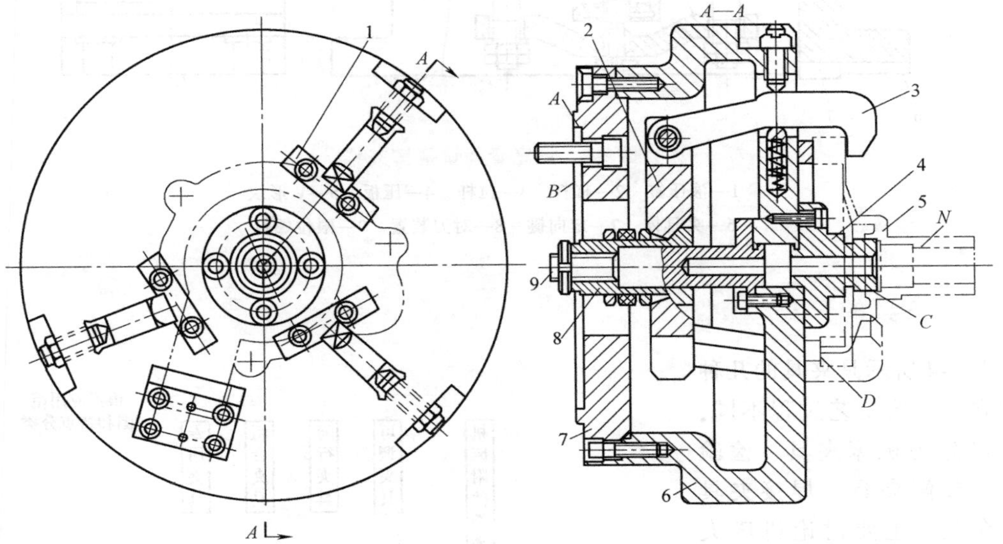

图 9-2 车床专用夹具

1—支承板 2—浮动盘 3—卡爪 4—定位销 5—工件
6—夹具体 7—连接盘 8—连接套 9—拉杆

9.1.3 夹具的基本组成

机床夹具一般由以下几部分组成。

（1）定位元件 用于确定工件在夹具中的位置，如图 9-3 中的 V 形块 5 和限位螺钉 9。

（2）夹紧装置 用于夹紧工件，如图 9-3 中由液压缸 1、杠杆 2、拉杆 3 及压板 4 等组成的夹紧装置。

（3）对刀、导引元件或装置 用于确定刀具相对于夹具定位元件的位置，防止刀具在加工过程中产生偏斜，如图 9-3 中的对刀装置 8。

（4）连接元件 用于确定夹具本身在工作台或机床主轴上的位置，如图 9-3 中的定向键 7。

（5）其他装置或元件 如用于分度的分度元件、用于自动上下料的上下料装置等。

（6）夹具体 用于将夹具上的各种元件和装置连接成一个有机的整体，如图 9-3 中的夹具体 6。夹具体是夹具的基座和骨架。

定位元件、夹紧装置和夹具体是夹具的基本组成部分。

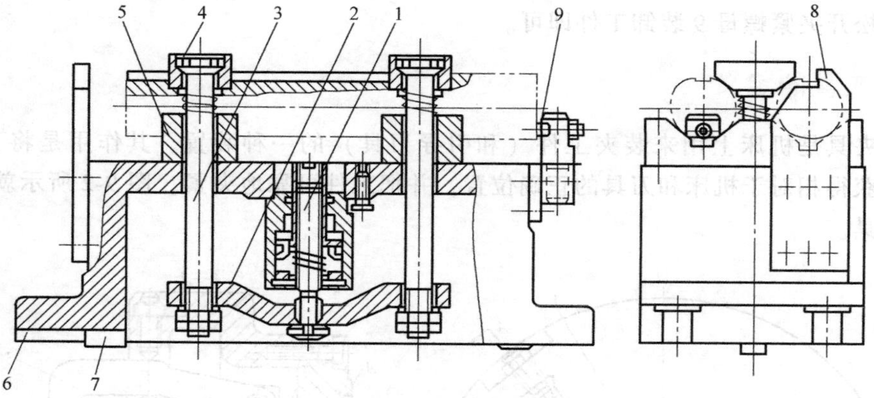

图 9-3　尾座套筒铣键槽夹具

1—液压缸　2—杠杆　3—拉杆　4—压板　5—V 形块

6—夹具体　7—定向键　8—对刀装置　9—限位螺钉

9.1.4　夹具的分类

图 9-4 所示是夹具的几种分类方法。按工艺过程不同，夹具可分为机床夹具、检验夹具、装配夹具、焊接夹具等。在此，主要讨论机床夹具的分类。

机床夹具可根据其应用范围和特点，分为通用夹具、专用夹具、组合夹具、可调夹具（包括通用可调夹具和成组夹具）等类型。

1. 通用夹具

通用夹具包括自定心卡盘和单动卡盘、台虎钳、万能分度头、磁力工作台等，其最大特点是通用性强，使用时无需调整或稍加调整，就可适应多种工件的装夹，因而被广泛应用于单批生产之中。

2. 专用夹具

专用夹具是专为某一工件的某道工序而设计的，一般不能用于其他零件或同一零件的

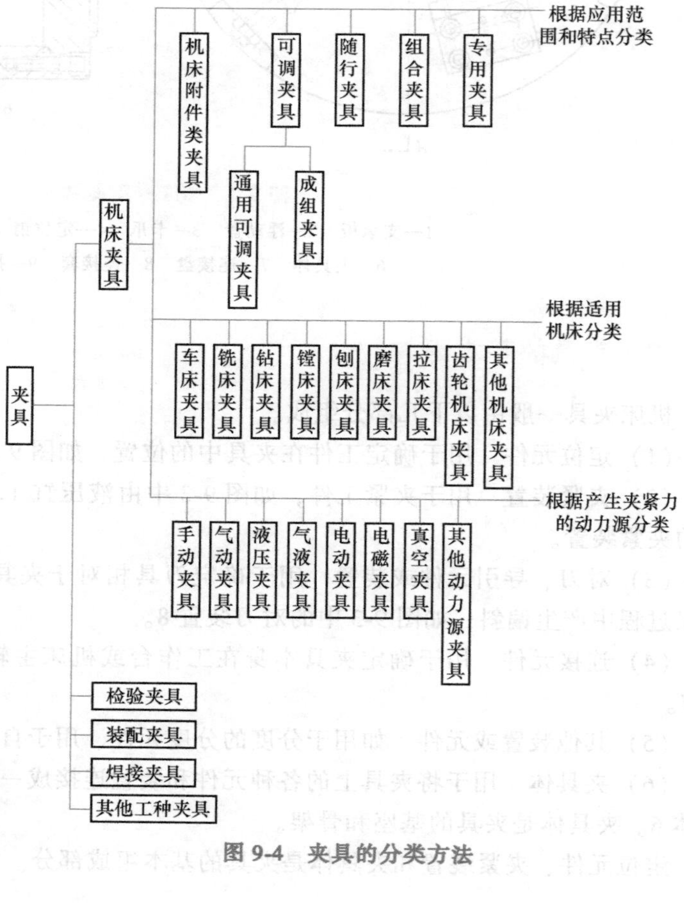

图 9-4　夹具的分类方法

其他工序。图 9-3 所示的夹具就是专用夹具。专用夹具适用于定型产品的成批大量生产。

3. 通用可调夹具和成组夹具

通用可调夹具和成组夹具的共同点是，在加工完一种工件后，只需对夹具进行适当调整或更换个别元件，即可用于加工形状、尺寸相近或加工工艺相似的多种工件。这两种夹具的不同之处在于，前者的加工对象并不明确，适用范围较广；后者则专为某一零件组的成组加工而设计，其加工对象明确，针对性强，结构更加紧凑。典型的通用可调夹具有滑柱钻模及带各种钳口的台虎钳等。

4. 组合夹具

组合夹具是由一套预先制造好的标准元件和合件组装而成的专用夹具（图 9-5）。这些元件和合件的用途、形状及尺寸规格各不相同，具有较好的互换性、耐磨性和较高的精度，能根据工件的加工要求组装成各种专用夹具。组合夹具使用完毕后，可将元件拆散，经清洗后保存，留待下次组装新夹具时使用。组合夹具是机床夹具中标准化、系列化、通用化程度最高的一种夹具。其基本特点是结构灵活多变，元件能长期重复使用，设计和组装周期短。正因为如此，组合夹具特别适用于单件小批量生产、新产品试制和完成临时突击性生产任务。组合夹具的缺点是，与专用夹具相比，一般显得体积和质量较大、刚性较差、需要大量的元件储备和较大的基本投资。但是，随着组合夹具的设计、制造及组装技术的不断提高，

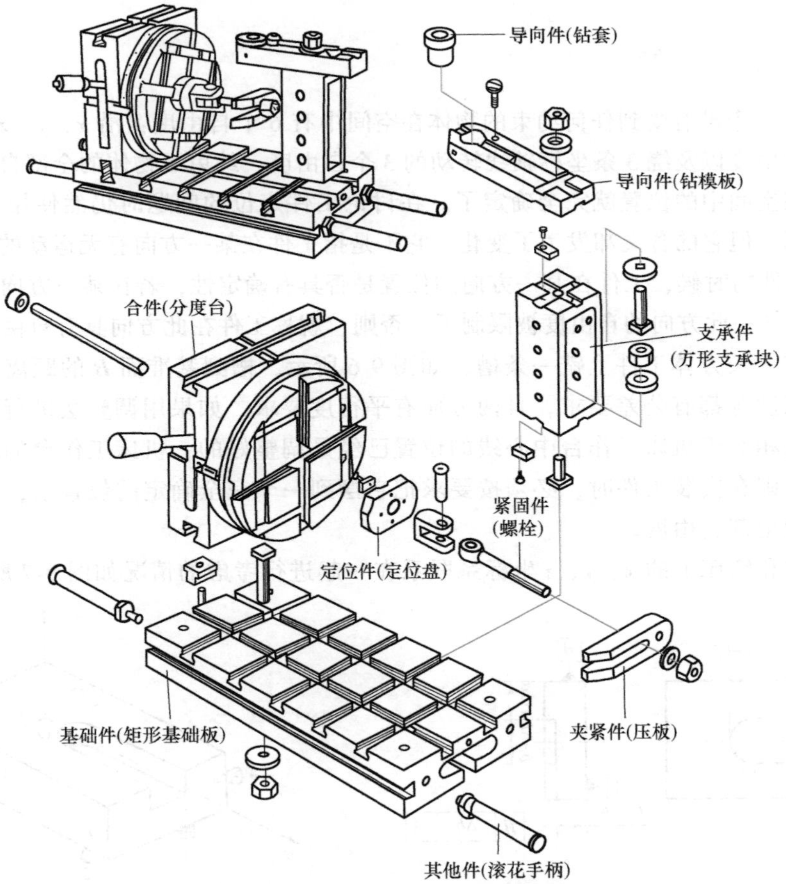

图 9-5 槽系组合钻模元件分解图

这些缺点将被逐步克服。

5. 随行夹具

随行夹具是大批量生产中在自动线上使用的一种移动式夹具。它除了对工件进行装夹外，还带着工件沿自动生产线运动，以使工件通过自动生产线上的各台机床，依次进行加工。随行夹具用于那些适合在自动生产线上加工，但又无良好输送基面的工件；也可用于一些虽有良好输送基面，但材质较软，容易划伤已加工的定位基面的非铁金属工件。设计随行夹具时，不仅要考虑工件在随行夹具中的定位和夹紧问题，还要考虑随行夹具在机床夹具上的定位和夹紧以及在自动生产线上的输送等问题。

机床夹具还可按其所适用的机床和产生夹紧力的动力源等进行分类。根据所适用的机床，可将夹具分为车床夹具、铣床夹具、钻床夹具（钻模）、镗床夹具（镗模）、磨床夹具和齿轮机床夹具等。根据产生夹紧力的动力源，可将夹具分为手动夹具、气动夹具、液压夹具、电动夹具、电磁夹具和真空夹具等。

除少数通用夹具，如自定心卡盘、单动卡盘、台虎钳、万能分度头等可以直接从市场上购买以外，生产中所用的大多数夹具都需要自行设计和制造。

9.2 夹具的定位与夹紧

9.2.1 六点定位原则

一个没有受到任何约束的物体在空间中有 6 个自由度：沿 x、y、z 方向移动的 3 个自由度以及绕 3 条坐标轴线转动的 3 个自由度。约束了物体的全部自由度，意味着它在空间中的位置就完全确定了。在讨论工件定位的问题时仍然使用“自由度”这个词，但它的含义却发生了变化，它不是指工件在某一方向有无运动的可能，而是指工人在装夹工件的时候，工件在某一方向的位置是否具有确定性，若在某一方向的位置具有确定性，则称工件在此方向的自由度被限制了，否则，就称工件在此方向具有自由度。

例如，在一长方体工件上铣一条槽，如图 9-6 所示，槽到基准面 B 的距离、槽底的高度位置、槽的长度等都有公差要求，且两方面有平行度要求。如果用调整法进行加工，铣刀的高度位置和它相对于机床工作台中心线的位置已经是调整好的，机床工作台的进给距离也已经调整妥当，则在安装工件时，必须按要求把它摆到一个完全确定的位置上，也就是说，必须约束工件的全部自由度。

把该工件和铣床上的 x、y、z 坐标系联系在一起进行考虑的情况如图 9-7 所示，Ox 轴的

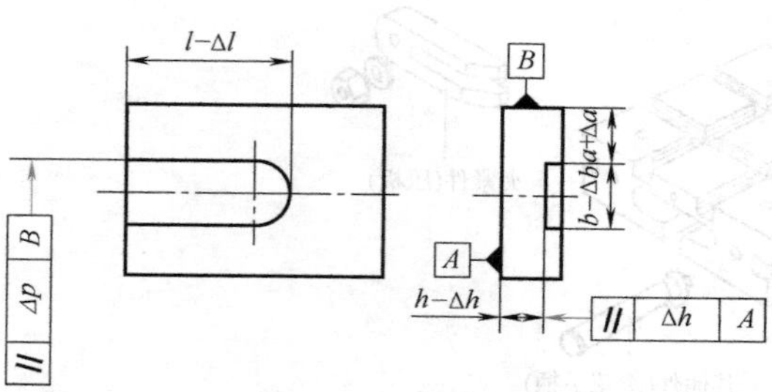

图 9-6　带槽工件的尺寸

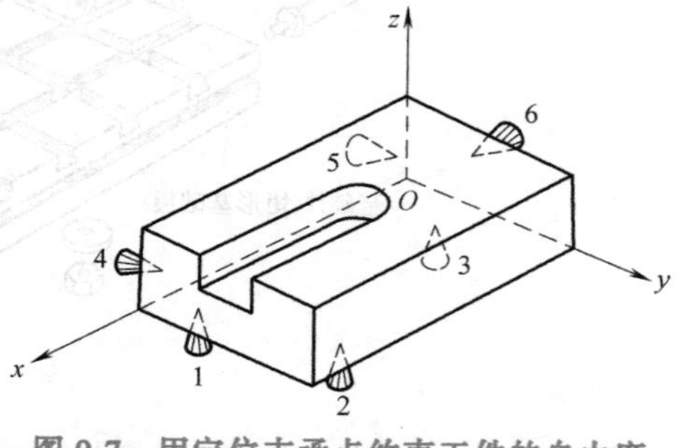

图 9-7　用定位支承点约束工件的自由度

方向是铣床工作台的纵进给方向。由于刀具的位置已事先调整好，如果装夹工件时它的高度位置不符合要求，则铣出槽的深度将不正确。因此，必须约束工件在 z 方向的自由度。如果工件倾斜了，则铣出来的槽底和基准面 A 将不平行。装夹工件时，为了使其获得水平位置，必须约束工件绕 x 轴和 y 轴倾斜的自由度。为此，可适当在高度上平行于 xOy 平面的平面上布置 3 个定位用的支承点 1、2、3。装夹工件时，只要工件上用作定位基准的表面（本例中为底面 A）和这 3 个支承点保持接触，工件的高度、水平度就确定了。也就是说，约束了 $\vec{z}$、$\widehat{x}$和 $\widehat{y}$3 个自由度；为了得到尺寸 a，工件在 y 方向的位置必须符合要求。装夹工件时，必须约束其在 y 方向的自由度 $\vec{y}$；而为了保证槽和基准面 B 的平行度，工件不能处于绕 z 轴的任意偏斜位置，应当使基准面 B 平行于 xOz 坐标平面，也就是必须约束自由度 $\widehat{z}$。为了约束 $\vec{y}$ 和 $\widehat{z}$，可以在一个适当的、平行于 xOz 坐标平面的平面上布置两个定位用的支承点 4 和 5。装夹工件时，只要工件的定位基准面（本例中为 B 面）和这两个支承点保持接触，其在 y 方向的位置和绕 z 轴的角度位置就不再是任意的，而是完全确定的，即约束了 $\vec{y}$ 和 $\widehat{z}$ 两个自由度。最后，为了保证得到需要的槽长度 l，装夹工件时，其在 x 轴方向的位置也不应当是任意的。在平行于 yOz 坐标平面的一个平面上布置第 6 个支承点 6，只要工件的定位面和这个支承点保持接触，其在 x 方向上的位置也就是完全确定的，即约束了自由度 $\vec{x}$。这种利用适当地布置 6 个定位支承点来限制（约束）工件的 6 个自由度，使工件在空间占有唯一的完全确定位置的原则称为六点定位原则，简称六点定则。

9.2.2 典型定位方式分析

工件的定位表面有各种形式，如平面、外圆、内孔等。对于这些表面，总是采用一定结构的定位元件，以保证定位元件的定位面和工件定位基准面相接触或配合，从而实现工件的定位。一般来说，定位元件的设计应满足下列要求：

1）要有与工件相适应的精度。

2）要有足够的刚度，受力后不允许产生变形。

3）要有足够的耐磨性，以便在使用中保持精度。一般多采用低碳钢渗碳淬火或中碳钢淬火，硬度为 58~62HRC。

表 9-1 所列为常用定位元件所能限制的自由度。

表 9-1 常用定位元件所能限制的自由度

工件定位基准面	定位元件	定位方式简图	定位元件的特点	限制的自由度
平面 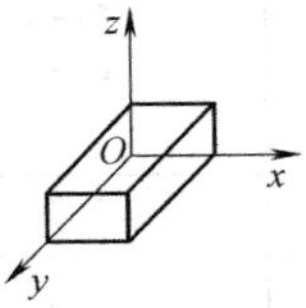	支承钉	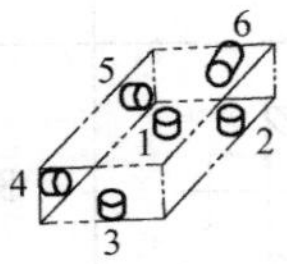	—	$\vec{x},\vec{y},\vec{z}$ $\widehat{x},\widehat{y},\widehat{z}$
	支承板	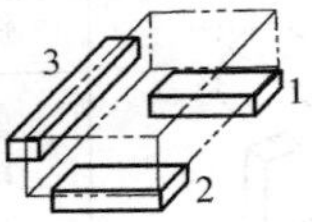	每个支承板也可以设计为两个或两个以上的小支承板	$\vec{x},\vec{z}$ $\widehat{x},\widehat{y},\widehat{z}$

（续）

工件定位基准面	定位元件	定位方式简图	定位元件的特点	限制的自由度
圆孔 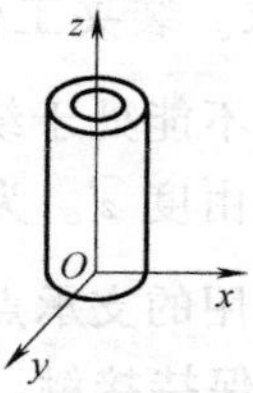	定位销（心轴）	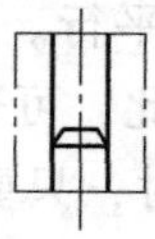	短销（短心轴）	$\vec{x},\vec{y}$
		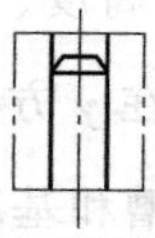	长销（长心轴）	$\vec{x},\vec{y}$ $\overset{\frown}{x},\overset{\frown}{y}$
	圆锥销	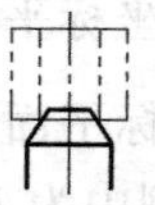	单圆锥销	$\vec{x},\vec{y},\vec{z}$
		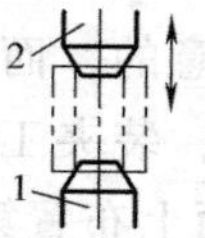	1—固定圆锥销 2—活动圆锥销	$\vec{x},\vec{y},\vec{z}$ $\overset{\frown}{x},\overset{\frown}{y}$
外圆柱面 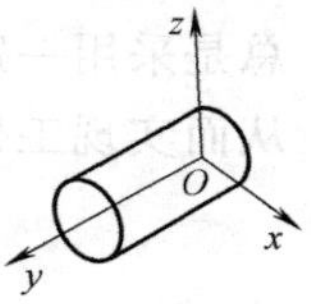	支承板或支承钉	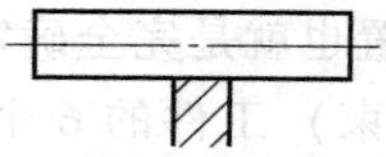	短支承板或支承钉	$\vec{z}$
		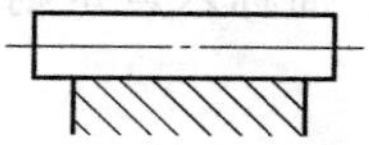	长支承板或两个支承钉	$\vec{z}$ $\overset{\frown}{x}$
	V形块	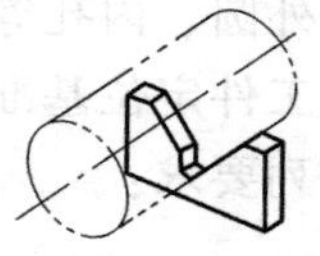	窄V形块	$\vec{x},\vec{z}$
		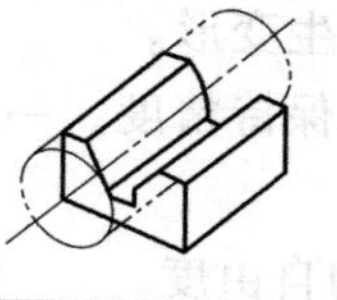	宽V形块或两个窄V形块	$\vec{x},\vec{z}$ $\overset{\frown}{x},\overset{\frown}{z}$
外圆柱面 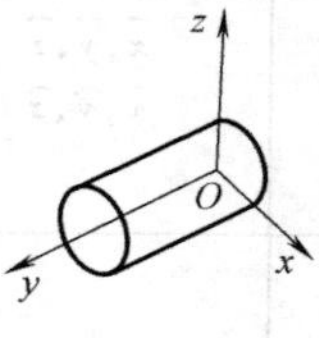	定位套	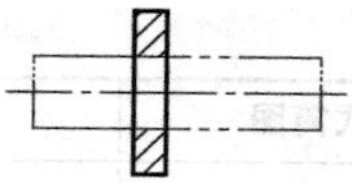	短套	$\vec{x},\vec{z}$
		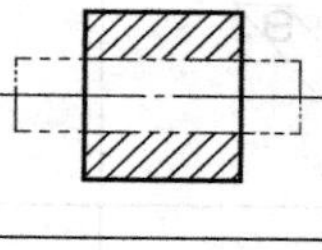	长套	$\vec{x},\vec{z}$ $\overset{\frown}{x},\overset{\frown}{z}$
	半圆孔	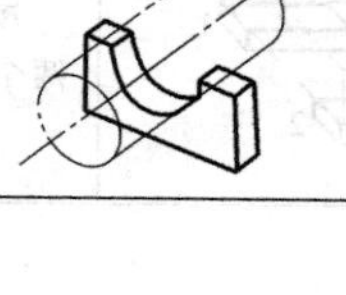	短半圆孔	$\vec{x},\vec{z}$
			长半圆孔	$\vec{x},\vec{z}$ $\overset{\frown}{x},\overset{\frown}{z}$

（续）

工件定位基准面	定位元件	定位方式简图	定位元件的特点	限制的自由度
外圆柱面 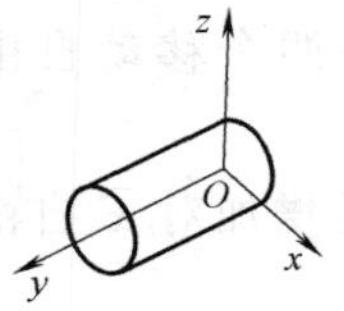	锥套	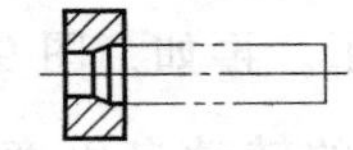	单锥套	$\vec{x},\vec{y},\vec{z}$
		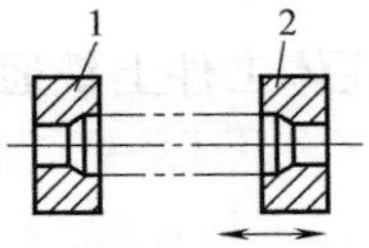	1—固定锥套 2—活动锥套	$\vec{x},\vec{y},\vec{z}$ $\widehat{x},\widehat{z}$

在多个表面（或多个定位元件）同时参与定位的情况下，各定位表面（或定位元件）所起的作用有主次之分。通常称定位点数最多的表面（或元件）为主要定位面（或主要定位元件）或支承面，称定位点数次多的表面（或元件）为第二定位基准面（或第二定位元件）或导向面，称定位点数为 1 的表面为第三定位基准面（或第三定位元件）或止动面。

在分析多个表面定位情况下各表面限制的自由度时，分清主、次定位面（或定位元件）很重要。例如，表 9-1 中的工件以圆孔定位时，若采用固定圆锥销与活动圆锥销组合定位，则应首先确定固定圆锥销限制的自由度为 $\vec{x}$、$\vec{y}$、$\vec{z}$，然后分析活动圆锥销限制的自由度。孤立地看，浮动圆锥销限制 $\vec{x}$、$\vec{y}$ 两个自由度，但与固定圆锥销一起综合考虑，它实际限制的是自由度 $\widehat{x}$、$\widehat{y}$。

9.2.3 定位类型

1. 完全定位与不完全定位

工件定位时若六个自由度完全被限制，则称为完全定位。工件定位时，若六个自由度中有一个或一个以上自由度未被（也不需要）限制，则称为不完全定位。

工件定位时需要限制哪几个自由度，首先与工序的加工内容及要求有关，其次还与所用工件定位基面的形状有关。

图 9-8a 所示的在长方体工件上铣削上平面的工序，要求保证 z 方向上的高度尺寸以及上平面与底面的平行度，只需限制 $\widehat{x}$、$\widehat{y}$、$\vec{z}$ 三个自由度即可。而图 9-8b 所示为铣削一个通槽，需限制除了 $\vec{x}$ 外的其他五个自由度。图 9-8c 所示为在同样的长方体工件上铣削一个一定长度的键槽，在三个坐标轴的移动和转动方向上均有尺寸及相互位置的要求，因此，这种情况必须限制全部的六个自由度，即完全定位。

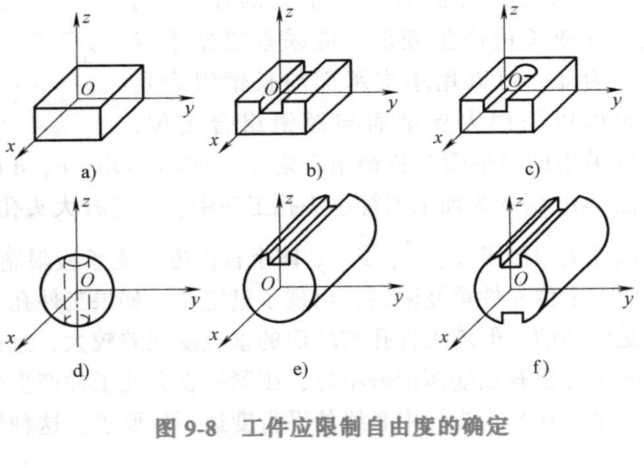

图 9-8 工件应限制自由度的确定

比较图 9-8e 与图 9-8b，图 9-8e 所示为圆柱体工件，而图 9-8b 所示为长方体工件。虽然均是在工件上铣一个通槽，加工内容、要求相同，但加工定位时，图 9-8b 的定位基面是一个底面与一个侧面，而图 9-8e 只能采用外圆柱面作为定位基面。因此，图 9-8e 对于 $\widehat{x}$ 的限制就没有必要，即限制四个自由度就可以了。再如，图 9-8d 所示为过球体中心钻一通孔，定位基面为球面，则无需限制三个坐标轴的转动自由度，只限制 $\vec{x}$、$\vec{y}$ 两个移动自由度即可。

对比图 9-8f 与图 9-8e，两者均是在圆柱体工件上铣通槽，但图 9-8f 需增加对 $\widehat{x}$ 自由度的限制，即共需要限制五个自由度才正确。

2. 欠定位与过定位

按照工艺要求应该限制的自由度未被限制的定位，称为欠定位。此时，工件的定位支承点数少于应限制的自由度数。欠定位不能保证工件的正确安装位置，因此是不允许的。

如果工件的某一个自由度被定位元件重复限制，则称为过定位。过定位是否允许，要视具体情况而定。通常，如果工件的定位面经过机械加工，且形状、尺寸、位置精度均较高，则过定位是允许的。有时过定位不但是允许的，而且是必要的，因为合理的过定位不仅不会影响加工精度，还会起到加强工艺系统刚度和增加定位稳定性的作用。反之，如果工件的定位面是毛坯面，或虽经过机械加工，但加工精度不高，这时过定位一般是不允许的，因为它可能造成定位不准确或定位不稳定，或发生定位干涉等情况。

由于过定位往往会带来不良后果，一般确定定位方案时，应尽量避免。消除或减少过定位引起的干涉，一般有两种方法。

1）改变定位装置的结构，使定位元件重复限制自由度的部分不起定位作用。图 9-9a 所示为孔与端面组合定位的情况。其中，长销的大端面可以限制 $\vec{y}$、$\widehat{x}$、$\widehat{z}$ 三个自由度，长销可以限制 $\vec{x}$、$\vec{z}$、$\widehat{x}$、$\widehat{z}$ 四个自由度。显然 $\widehat{x}$ 和 $\widehat{z}$ 自由度被重复限制，出现了两个自由度过定位。在这种情况下，若工件端面与孔的中心线不垂直或销的轴线与销的大端面有垂直度误差，则在轴向夹紧力的作用下，将使工件或长销产生变形，应采取措施予以避免。为此，可以用小支承面与长销组合定位，也可以采用大支承面与短销组合定位，还可以采用球面垫圈与长销组合定位，如图 9-9b、c、d 所示。

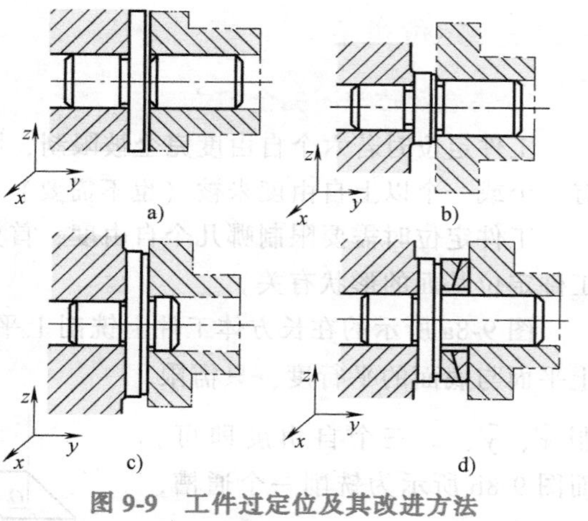

图 9-9　工件过定位及其改进方法

图 9-10 所示为加工连杆小头孔工序中，以连杆大头孔和端面定位的两种情况。图 9-10b 中的长圆柱销限制了 $\vec{x}$、$\vec{y}$、$\widehat{x}$、$\widehat{y}$ 四个自由度，支承板限制了 $\vec{z}$、$\widehat{x}$、$\widehat{y}$ 三个自由度。显然，$\widehat{x}$、$\widehat{y}$ 被两个定位元件重复限制，出现了过定位。如果工件孔与端面能保证很好的垂直度，则此过定位是允许的。但若工件孔与端面的垂直度误差较大，且孔与销的配合间隙又很小，则定位后会引起工件歪斜且端面接触不好，压紧后就会使工件产生变形或使圆柱销歪斜。结果将导致加工后的小头孔与大头孔中心线的平行度达不到要求，这种情况下应避免过定位。最简单的解决

办法是将长圆柱定位销改成短圆柱销（图9-10a），由于短圆柱销仅限制 $\vec{x}$、$\vec{y}$ 两个移动自由度，$\widehat{x}$、$\widehat{y}$ 的重复定位就可以避免了。

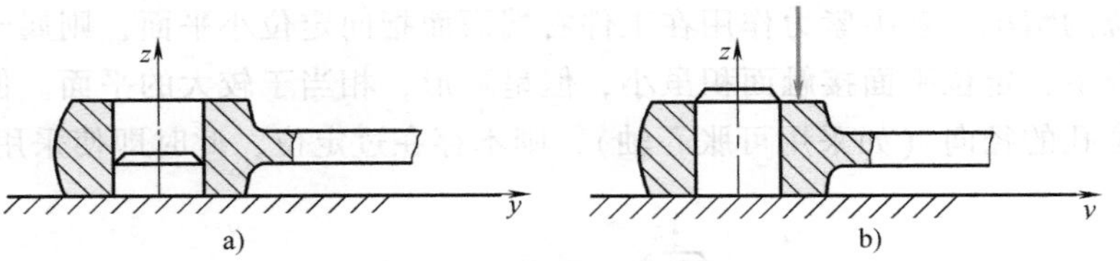

图 9-10 连杆的定位分析

a）短圆柱销定位 b）长圆柱销定位

图 9-11 所示的工件以底平面定位，要求限制 $\vec{z}$、$\widehat{x}$、$\widehat{y}$ 三个自由度。图 9-11a 所示为采用了四个支承钉的情况，属于过定位。若工件定位面较粗糙，则该定位面实际只能与三个支承钉接触，造成了定位不稳定。如施加夹紧力强行使工件定位面与四个支承钉均接触，则必然会导致工件变形而影响加工精度。

为避免过定位，可将支承钉数量改为三个；也可将四个支承钉中的一个改为辅助支承，辅助支承只起支承作用而不起定位作用。

如果工件的定位面是已加工面且很规整，则完全可以采用四个支承钉，而不会影响定位精度，反而能增强支承刚度，有利于减小工件的受力变形。此时，还可以用支承板代替支承钉（图 9-11b），或用一个大平面（如平面磨床的磁性工作台）代替支承钉。

图 9-12 所示工件以底面及与其垂直的两圆柱孔为定位基准。若采用一个平面和两个短圆柱销定位（图 9-12a），则平面限制 $\vec{z}$、$\widehat{x}$、$\widehat{y}$ 三个自由度，短圆柱销 1 限制 $\vec{x}$、$\vec{y}$ 两个自由度，短圆柱销 2 限制 $\vec{y}$、$\widehat{z}$ 两个自由度。其中 $\vec{y}$ 自由度被重复限制，属于过定位。此时，由于工件孔中心距的误差、两定位销中心距的误差，以及工件孔、圆柱销的直径误差等，可能导致两定位销无法同时进入工件孔内。为解决这一过定位问题，可将两定位销之一在定位干涉方向（y 向）上削边，做成菱形销，如图 9-12b 所示，以避免干涉。

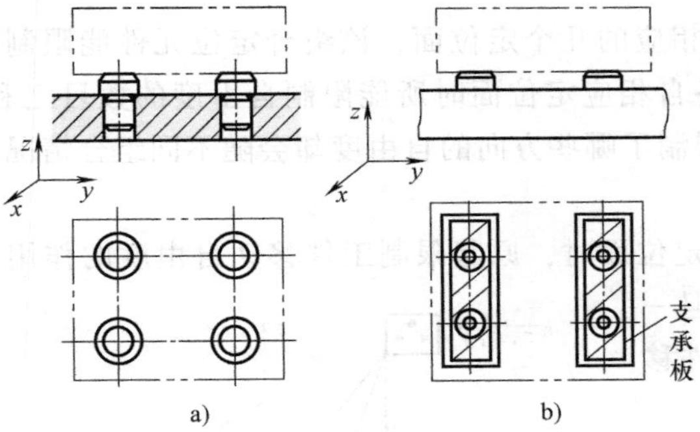

图 9-11 平面的过定位分析

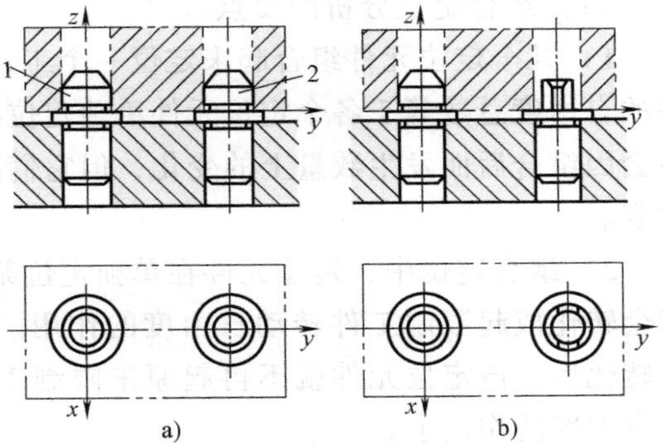

图 9-12 工件以一面两孔定位

1、2—圆柱销

2）提高工件和夹具有关表面的位置精度。图 9-13 所示为齿坯定位示例，齿坯由心轴和大平面定位，心轴限制 $\vec{x}$、$\vec{y}$、$\widehat{x}$、$\widehat{y}$ 四个自由度，大平面限制 $\vec{z}$、$\widehat{x}$、$\widehat{y}$ 三个自由度，其中 $\widehat{x}$、$\widehat{y}$ 被两个定位元件所限制，产生了过定位。如能提高工件内孔与端面的垂直度精度和提高定位销与定位平面的垂直度精度，则也能减少过定位的影响。

另外，过定位还常常与夹紧力的作用方向有关。例如，图 9-14 中长销、小平面组合定位的情况，若夹紧力作用在工件右端面而指向定位小平面，则属于过定位。实际上在这种情况下，定位平面接触面积虽小，但呈环形，相当于较大的平面。但若夹紧力的方向作用于定位孔的径向（如采用可胀心轴），则不存在过定位，此时即使采用较大的平面也无妨。

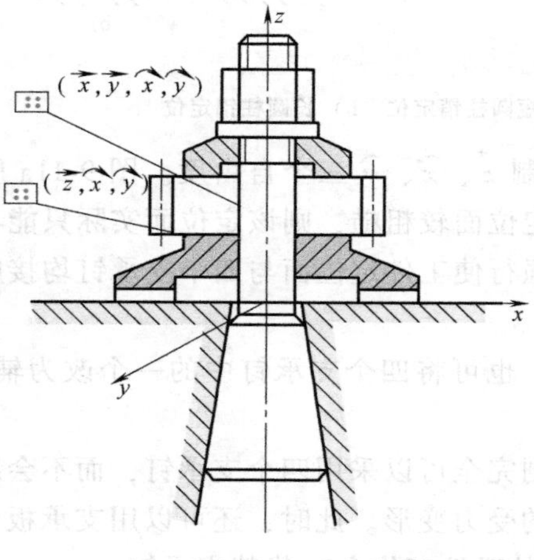

图 9-13　齿坯定位示例

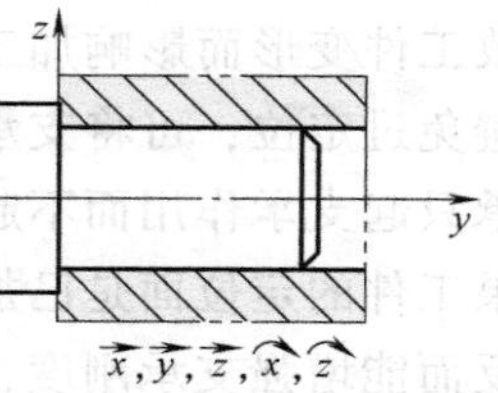

图 9-14　长销、小平面组合定位

3. 组合定位分析

实际生产中工件的形状千变万化各不相同，往往不是用单一定位元件定位单个表面就可解决定位问题的，而是要用几个定位元件组合起来同时定位工件的几个定位面。复杂的机器零件都是由一些典型的几何表面（如平面、圆柱面、圆锥面等）作各种不同组合而形成的，因此一个工件在夹具中的定位，实质上就是把前面介绍的各种定位元件作不同组合来定位工件相应的几个定位面，以达到工件在夹具中的定位要求，这种定位分析就是组合定位分析。

（1）组合定位分析的要点

1）几个定位元件组合起来定位一个工件相应的几个定位面，该组合定位元件能限制工件的自由度总数等于各个定位元件单独定位各自相应定位面时所能限制自由度的数目之和，不会因组合后而发生数量上的变化，但它们限制了哪些方向的自由度却会随不同组合情况而改变。

2）组合定位中，定位元件在单独定位某定位面时，原起限制工件移动自由度的作用可能会转化成起限制工件转动自由度的作用。但一旦转化后，该定位元件就不再起原来限制工件移动自由度的作用了。

3）单个表面的定位是组合定位分析的基本单元。

例如图 9-15 所示的三个支承钉定位一平面时，就以平面定位作为定位分析的基本单元，限制 $\vec{z}$、$\widehat{x}$、$\widehat{y}$ 三个方向的自由度，而不再进一步去探讨这三个方向的自由度分别由哪个支承钉来限制，否则易引起混乱，对定位分析毫无帮助。

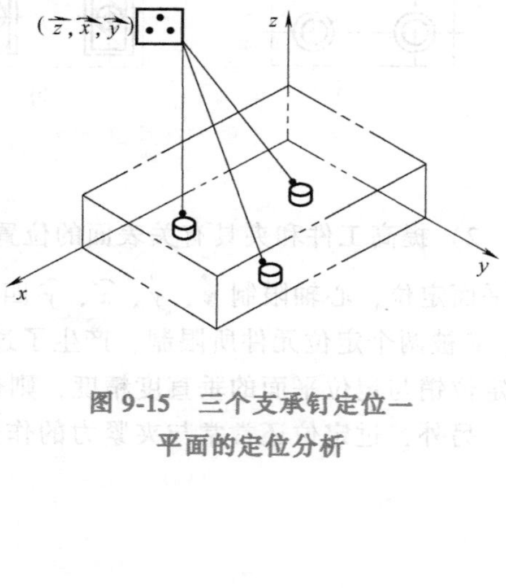

图 9-15　三个支承钉定位一平面的定位分析

例 9-1　分析图 9-16 所示定位方案。各定位元件限制了几个方向的自由度？按图示坐标系限制了哪几个方向的自由度？有无重复定位现象？

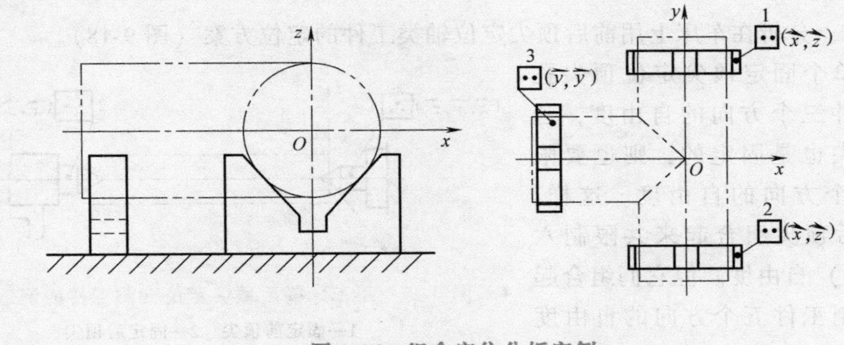

图 9-16　组合定位分析实例

1、2、3—固定短 V 形块

解　一个固定短 V 形块能限制工件两个自由度，三个固定短 V 形块组合起来共限制工件六个即（2+2+2）自由度，不会因组合而发生数量上的增减。按图示坐标系，短 V 形块 1 限制 $\vec{x}$、$\vec{z}$ 方向自由度，短 V 形块 2 与之组合起限制 $\widehat{x}$、$\widehat{z}$ 方向自由度的作用，即 V 形块 2 由单独定位时限制两个移动自由度转化成限制工件两个转动自由度。也可以把固定短 V 形块 1、2 组合起来视为一个长 V 形块，用它来定位长圆柱体，共限制 $\vec{x}$、$\vec{z}$、$\widehat{x}$、$\widehat{z}$ 四个方向的自由度。两种分析是等同的。固定短 V 形块 3 限制了 $\vec{y}$、$\widehat{y}$ 方向的自由度，其中单独定位时限制 $\vec{z}$ 方向自由度的作用在组合定位时转化成限制 $\widehat{y}$ 方向自由度的作用。这是一个完全定位，没有重复定位现象。

（2）组合定位时重复定位现象的消除方法　组合定位时，常会产生重复定位现象。若这种重复定位是不允许的，则可采取下列消除重复定位的措施：

1）使定位元件沿某一坐标轴可移动，来消除其限制沿该坐标轴移动方向自由度的作用，如图 9-17 所示。由于图示各定位元件沿 y 坐标轴可移动，它们与相对应的固定定位元件相比，都相应地减少了一个限制 $\vec{y}$ 方向自由度的作用。

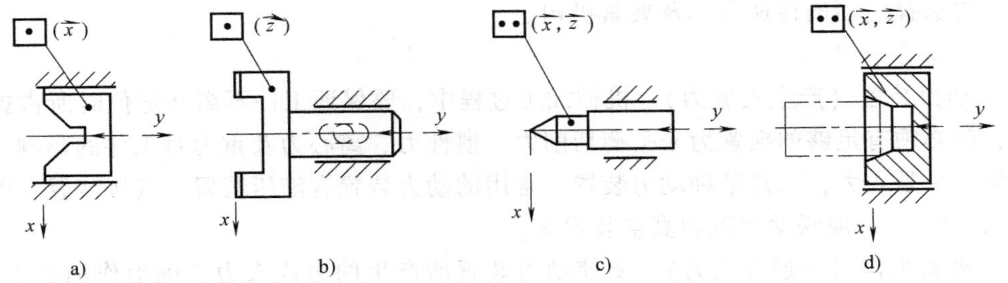

图 9-17　可移动定位元件

a）可移动 V 形块　b）可移动双支承钉组合　c）可移动顶尖　d）可移动内锥套

2）采用自位支承结构，消除定位元件限制绕某个（或两个）坐标轴转动方向自由度的作用。

3）改变定位元件的结构形式。把短圆柱销改为削边圆柱定位销是最典型的例子。

例 9-2　分析在车床上用前后顶尖定位轴类工件的定位方案（图 9-18）。

解　单个固定顶尖定位顶尖孔能限制工件三个方向的自由度，若车床后顶尖也是固定的，则也要限制工件三个方向的自由度。这样，固定前、后顶尖组合起来共限制六个即（3+3）自由度。但它们组合起来只能限制工件五个方向的自由度（即 $\overset{\frown}{y}$ 方向自由度无法限制），因此有重复定位现象，即固定前顶尖要限制工件 $\vec{y}$ 方向的自由度，而固定后顶尖也要限制工件 $\vec{y}$ 方向的自由度，$\vec{y}$ 方向有重复定位。因为一批工件轴长度不同，若工件太短则无法与固定前、后顶尖同时接触，若工件太长则根本无法装入固定前、后顶尖之间。这种重复定位现象是不允许的，所以车床的后顶尖做成沿 y 轴可移动的，它能随工件长度不同而与工件后顶尖孔接触，因而只能限制工件两个方向的自由度，消除了 $\vec{y}$ 方向重复定位现象。按图示坐标系，固定前顶尖 1 限制了 $\vec{x}$、$\vec{y}$、$\vec{z}$ 方向的自由度，可移动后顶尖单独定位时起限制 $\vec{x}$、$\vec{z}$ 方向自由度的作用，但与固定前顶尖组合定位时便转化成起限制 $\overset{\frown}{x}$、$\overset{\frown}{z}$ 方向自由度的作用。要注意的是，转化后移动后顶尖就不再起限制 $\vec{x}$、$\vec{z}$ 方向自由度的作用了。

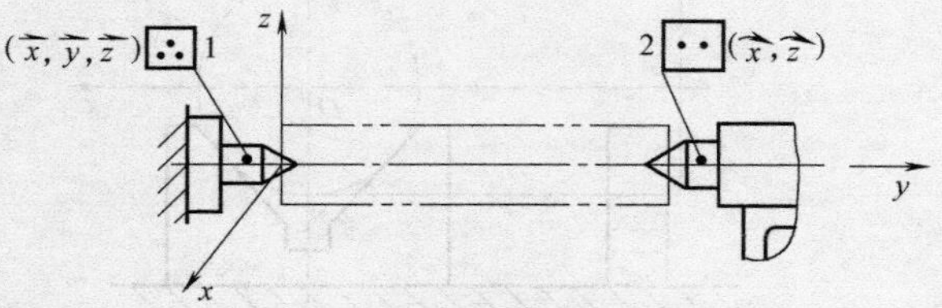

图 9-18　用车床前后顶尖定位轴类工件的定位方案

1—固定前顶尖　2—固定后顶尖

9.2.4　夹紧装置的组成与基本要求

工件的夹紧是指工件定位以后（或同时），还需采用一定的装置把工件压紧、夹牢在定位元件上，使工件在加工过程中不会由于切削力、重力或惯性力等的作用而发生位置变化，以保证加工质量和生产安全。能完成夹紧功能的装置就是夹紧装置。

在考虑夹紧方案时，首先要确定的就是夹紧力的三要素，即夹紧力的方向、作用点和大小，然后再选择适当的传递方式及夹紧机构。

1. 夹紧装置的组成

（1）动力装置（产生夹紧力）　机械加工过程中，要保证工件不离开定位时所占据的正确位置，就必须有足够的夹紧力来平衡切削力、惯性力、离心力及重力对工件的影响。夹紧力的来源：一是人力，二是某种动力装置。常用的动力装置有液压装置、气压装置、电磁装置、电动装置、气-液联动装置和真空装置等。

（2）夹紧机构（传递夹紧力）　要使动力装置所产生的力或人力正确地作用到工件上，需要有适当的传递机构。在工件夹紧过程中起力的传递作用的机构，称为夹紧机构。

夹紧机构在传递力的过程中，能根据需要改变力的大小、方向和作用点。手动夹具的夹紧机构还应具有良好的自锁性能，以保证人力的作用停止后，仍能可靠地夹紧工件。

图 9-19 所示是液压夹紧铣床夹具。其中液压缸 4、活塞 5、铰链臂 2 和压板 1 等组成了铰链压板夹紧机构。

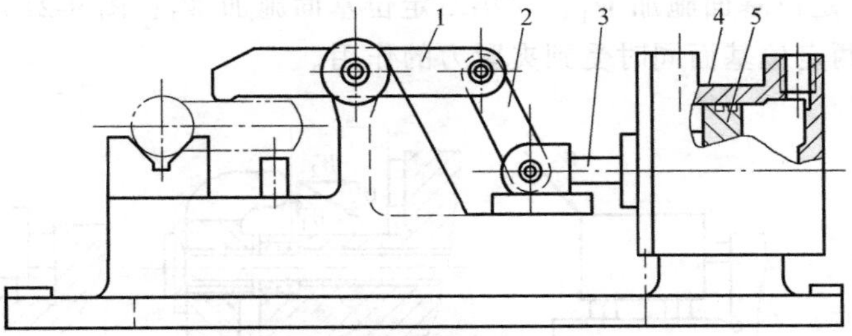

图 9-19 液压夹紧铣床夹具

1—压板 2—铰链臂 3—活塞杆 4—液压缸 5—活塞

2. 对夹紧装置的基本要求

1）夹紧过程中，夹紧装置不改变工件定位后所占据的正确位置。

2）夹紧力的大小适当，同一批工件的夹紧力要稳定不变既要保证工件在整个加工过程中的位置稳定不变、振动小，又要使工件不产生过大的夹紧变形。夹紧力稳定可减小夹紧误差。

3）夹紧可靠，手动夹紧要能保证自锁。

4）夹紧装置的复杂程度应与工件的生产纲领相适应。工件生产批量越大，允许设计越复杂、效率越高的夹紧装置。

5）工艺性好，使用性好。其结构应力求简单，便于制造和维修。夹紧装置的操作应当方便、安全、省力。

9.2.5 夹紧力的确定原则

夹具设计时夹紧力大小的确定原则：设计夹紧机构时，必须首先合理确定夹紧力的三要素，即大小、方向和作用点。

1. 夹紧力的方向

1）夹紧力的方向应有助于定位，而不应破坏定位。只有一个夹紧力时，夹紧力应垂直于主要定位支承或使各定位支承同时受夹紧力作用。

图 9-20 所示为夹紧力的方向朝向主要定位面的示例。在图 9-20a 中，工件以左端面与定位元件的 A 面接触，限制工件的三个自由度；底面与 B 面接触，限制工件的三个自由度；

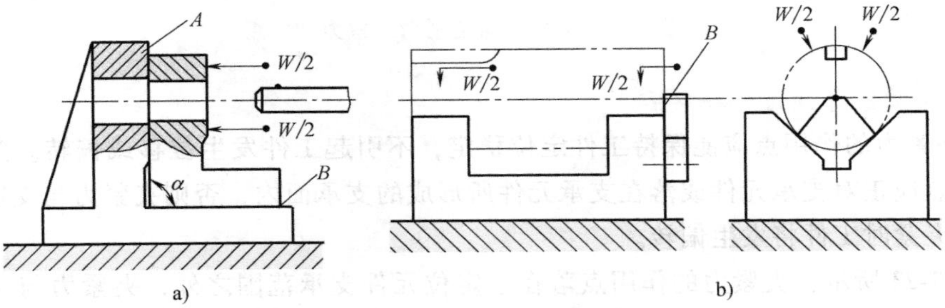

图 9-20 夹紧力的方向朝向主要定位面

夹紧力的方向朝向主要定位面 A，有利于保证孔与左端面的垂直度要求。在图 9-20b 中，夹紧力的方向朝向 V 形块的 V 形面，可使工件装夹稳定可靠。

图 9-21 所示为使各定位基面同时受夹紧力作用（分别加力）和一力两用的情况。图 9-21a所示为对第一定位基面施加 W_1，对第二定位基面施加 W_2；图 9-21b、c 所示为施加 W_3 代替 W_1、W_2，使两定位基面同时受到夹紧力的作用。

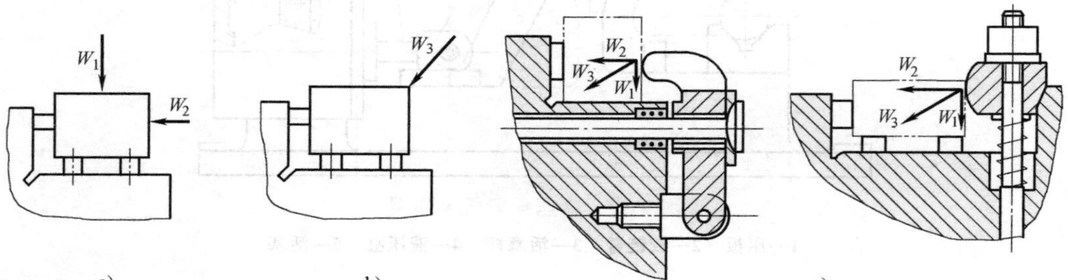

图 9-21　分别加力和一力两用

用几个夹紧力分别作用时，主要夹紧力的方向应朝向主要定位支承面，并注意夹紧力的动作顺序。例如，三平面组合定位，$W_1>W_2>W_3$，W_1 是主要夹紧力，其方向朝向主要定位支承面，应最后作用；W_2、W_3 应先作用。

2）夹紧力的方向应方便装夹和有利于减小夹紧力，最好与切削力、重力方向一致。

图 9-22 所示为夹紧力与切削力、重力的关系：图 9-22a 所示为夹紧力 W 与重力 G、切削力 F 方向一致，此时可以不夹紧或用很小的夹紧力，即 $W=0$；图 9-22b 所示为夹紧力 W 与切削力 F 方向垂直，此时夹紧力较小，即 $W=F/f-G$（f 为工件与支承件之间的摩擦因数）；图 9-22c 中的夹紧力 W 的方向与切削力 F 的方向成夹角 α，夹紧力较大；图 9-22d 中的夹紧力 W 与切削力 F、重力 G 垂直，此时夹紧力最大，$W=(F+G)/f$；图 9-22e 中的夹紧力 W 与切削力 F、重力 G 反向，此时夹紧力较大，$W=F+G$。

由上述分析可知，图 9-22a、b 所示情况夹紧力小，应优先选用；图 9-22c、e 次之；图 9-22d 所示情况夹紧力最大，应尽量避免采用。

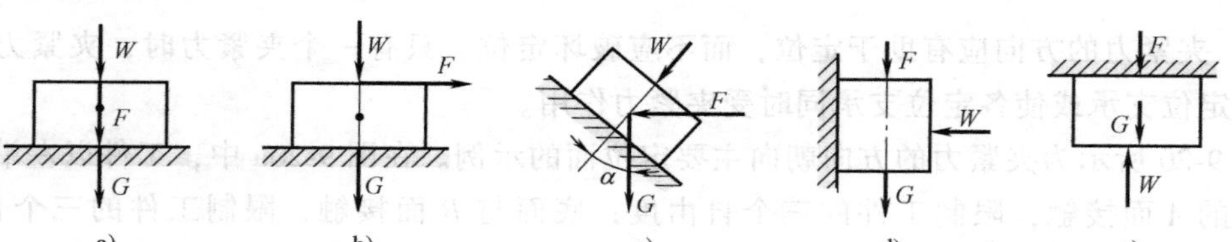

图 9-22　夹紧力与切削力、重力的关系

2. 夹紧力的作用点

1）夹紧力的作用点应能保持工件定位稳定，不引起工件发生位移或偏转。为此，夹紧力的作用点应正对支承元件或落在支承元件所形成的支承面内，否则夹紧力与支座反力会构成力矩，夹紧时工件将发生偏转。

如图 9-23 所示，夹紧力的作用点落在了定位元件支承范围之外，夹紧力与支座反力构成力矩，夹紧时工件将发生偏转，从而破坏工件的定位。

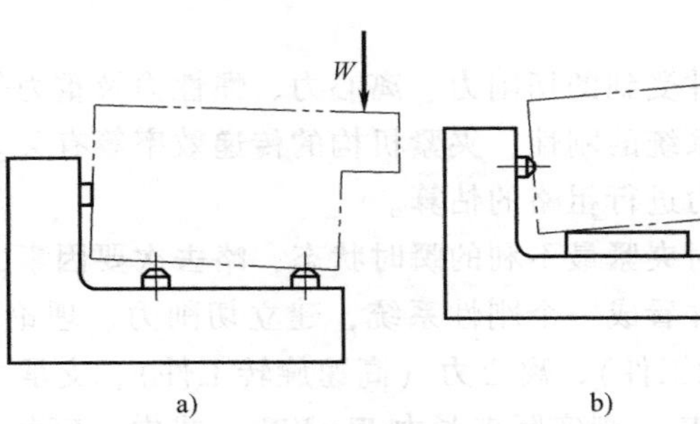

图 9-23　夹紧力作用点的位置不正确

2）夹紧力的作用点应有利于减小夹紧变形。

夹紧力的作用点应落在工件刚性好的方向和部位，特别是对于低刚度工件。图 9-24a 所示薄壁套的轴向刚性比径向刚性好，若用卡爪沿径向夹紧，则工件变形大；若沿轴向施加夹紧力，则工件变形就会小得多。对于图 9-24b 所示的薄壁箱体，夹紧力不应作用在箱体的顶面，而应作用在刚性好的凸边上。当箱体没有凸边时，如图 9-24c 所示，可将单点夹紧改为三点夹紧，使着力点落在刚性好的箱壁上，以减小工件的夹紧变形。

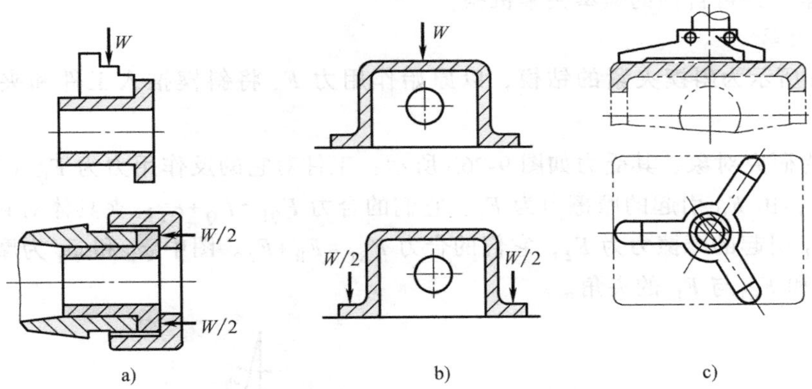

图 9-24　夹紧力作用点与夹紧变形的关系

为减小工件的夹紧变形，可采取增大工件受力面积的措施，如设计特殊形状的夹爪、压脚等分散作用夹紧力，增大工件受力面积。

3）夹紧力的作用点应尽量靠近工件加工表面，以提高定位稳定性和夹紧可靠性，减少加工中的振动。

不能满足上述要求时，可按图 9-25 所示在拨叉上铣槽，由于主要夹紧力的作用点距加工表面较远，故在靠近加工表面处设置辅助支承，施加夹紧力 W，以提高定位稳定性，承受夹紧力和切削力等。

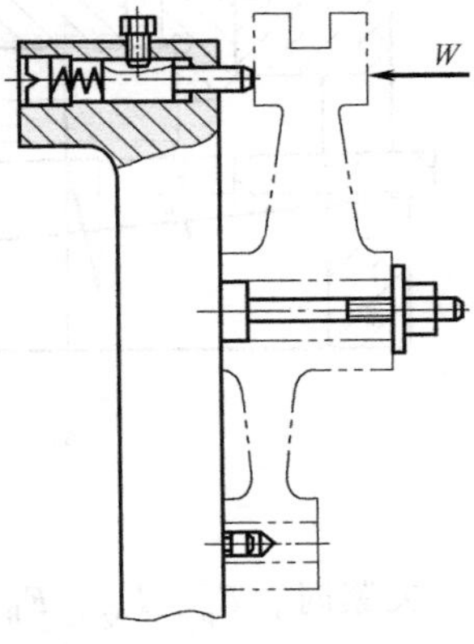

图 9-25　夹紧力作用点靠近加工表面

3. 夹紧力的大小

夹紧力的大小必须适当。若夹紧力过小，则工件在加工过程中会发生移动，破坏定位；若夹紧力过大，则会使工件和夹具变形，影响加工质量。

理论上，夹紧力应与工件受到的切削力、离心力、惯性力及重力等力的作用平衡；实际上，夹紧力的大小还与工艺系统的刚性、夹紧机构的传递效率等有关。切削力在加工过程中是变化的，因此只能对夹紧力进行粗略的估算。

估算夹紧力时，应找出对夹紧最不利的瞬时状态，略去次要因素，考虑主要因素在力系中的影响。通常将夹具和工件看成一个刚性系统，建立切削力、理论夹紧力 W_0、重力（大型工件）、惯性力（高速运动工件）、离心力（高速旋转工件）、支承力以及摩擦力的静力平衡条件，计算出理论夹紧力 W_0，则实际夹紧力 $W=KW_0$。式中，K 为安全系数，与加工性质（粗、精加工）、切削特点（连续、断续切削）、夹紧力来源（手动、机动夹紧）、刀具情况有关。一般 $K=1.5\sim3$，粗加工时取 $=2.5\sim3$，精加工时取 $1.5\sim2.5$。

生产中还经常用类比法（或试验）确定夹紧力。

9.2.6 典型夹紧机构

夹紧机构是夹紧装置的重要组成部分，因为无论采用何种动力源装置，都必须通过夹紧机构将原始力转化为夹紧力。各类机床夹具应用的夹紧机构多种多样，以下介绍几种利用机摩擦实现夹紧，并可自锁的典型夹紧机构。

1. 斜楔夹紧

图 9-26a 所示为斜楔夹紧的钻模，以原始作用力 F_p 将斜楔推入工件和夹具之间实现夹紧。

取斜楔为研究对象，其受力如图 9-26b 所示：工件对它的反作用力为 F_Q（等于夹紧力，但方向相反），由 F_Q 引起的摩擦力为 F_1，它们的合力 $F_{Q1}=F_Q+F_1$；夹具体对它的反作用力为 F_R，由 F_R 引起的摩擦力为 F_2，它们的合力 $F_{R1}=F_R+F_2$。图中 φ_1 和 φ_2 为摩擦角，分别是 F_{Q1}与 F_Q 和 F_{R1}与 F_R 的夹角。

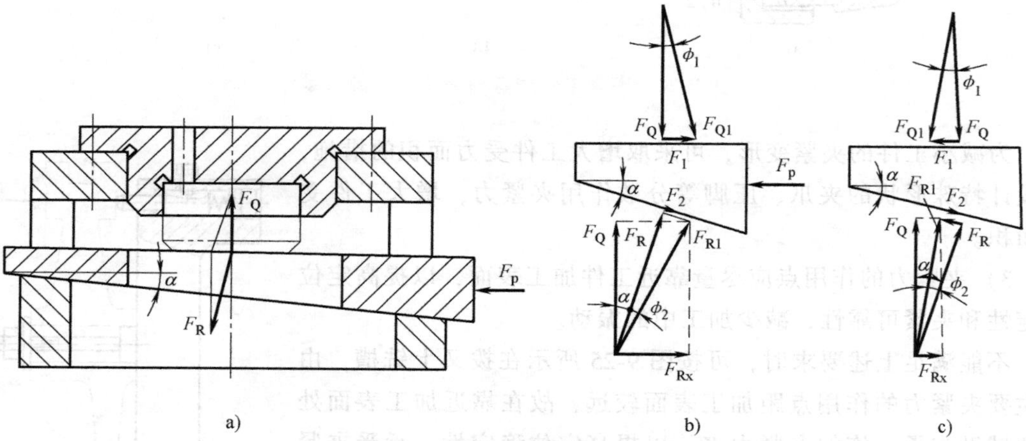

图 9-26 斜楔夹紧原理及受力分析

夹紧时，F_p、F_Q、F_R 三力平衡，有

$$F_p=F_Q\tan\phi_1+F_Q\tan(\alpha+\phi_2)$$

故夹紧力为

$$F_Q=\frac{F_p}{\tan\phi_1+\tan(\alpha+\phi_2)}$$

工件夹紧后 F_p 力消失，则斜楔应能自锁。如图 9-26c 所示，这时斜楔受到合力 F_{Q1} 和 F_{R1} 的作用，其中 F_{R1} 的水平分力 F_{Rx} 有使斜楔松开的趋势，欲阻止其松开而自锁，需使摩擦力 $F_1 \geqslant F_{Rx}$，即

$$F_Q\tan\phi_1 \geqslant F_Q\tan(\alpha-\phi_2)$$

因两处摩擦角很小，故有 $\tan\phi_1\approx\phi_1, \tan(\alpha-\phi_2)\approx\alpha-\phi_2$，则上式可写作 $\phi_1>\alpha-\phi_2$，或写出斜楔夹角的自锁条件，即

$$\alpha<\phi_1+\phi_2$$

一般钢与铁的摩擦因数 $\mu=0.1\sim0.15$，则 $\phi_1=\phi_2=\phi=5°\sim7°$，故当 $\alpha\leqslant10°\sim14°$ 即可实现自锁。通常为安全起见，取 $\alpha=5°\sim7°$。

斜楔夹紧的特点如下：

1）有增力作用。若定义扩力比 $i_p=\dfrac{F_Q}{F_p}$，则根据夹紧力计算式得，$i_p\approx3$，且 α 越小增力作用越大。

2）夹紧行程小。设当斜楔水平移动距离为 s 时，其垂直方向的夹紧行程为 h，则因 $h/s=\tan\alpha$ 及 $\tan\alpha\leqslant1$，故 $h\ll s$，且 α 越小，其夹紧行程也越小。

3）结构简单，但操作不方便。

根据以上特点，斜楔夹紧很少用于手动操作的夹紧装置，而主要用于机动夹紧且毛坯质量较高的场合。有时，为解决增力和夹紧行程间的矛盾，可在动力源不间断的情况下，增大 α 使之为 $15°\sim30°$。或者可采用双升角形式，大升角用于夹紧前的快速行程，小升角用于夹紧中的增力和自镇。

2. 螺旋夹紧

由于螺旋夹紧结构简单，夹紧可靠，所以在夹具中得到广泛应用。图 9-27 所示为最简单的单螺旋夹紧机构。夹具体上装有螺母 2，转动螺杆 1，通过压块 4 将工件夹紧。螺母为可换式，螺钉 3 可防止其转动。压块可避免螺杆头部与工件直接接触而造成压痕。螺旋夹紧的扩力比 $i_p=\dfrac{F_Q}{F_p}=80$，因此螺旋夹紧力远比斜夹紧力大。同时螺旋夹紧行程不受限制，所以在手动夹紧中应用极广。但螺旋夹紧动作慢，辅助时间长，效率低，为此出现了许多快速螺旋夹紧机构。在实际生产中，螺旋-压板组合夹紧比单螺旋夹紧用得更为普遍。

3. 偏心夹紧

偏心夹紧机构是由偏心件作为夹紧元件直接夹紧或与其他元件组合实现对工件的夹紧，常用的偏心件有圆偏心和偏心轴偏心两种。

图 9-28 所示为一种常见的偏心轮-压板夹紧机构。当顺时针转动手柄 2 使偏心轮 3 绕轴 4 转动时，偏心轮的圆柱面紧压在垫板 1 上，由于垫板的反作用力，偏心轮上移，同时抬起压板 5 右端，而左端下压夹紧工件。

由于圆偏心夹紧时的夹紧力小，自锁性能不是很好，且夹紧行程小、故多用于切削力小，无振动、工件尺寸公差不大的场合，但是圆偏心夹紧机构是一种快速夹紧机构。

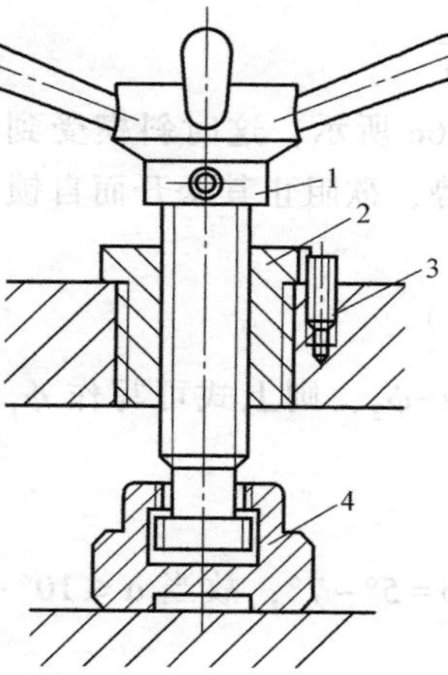

图 9-27 单螺旋夹紧机构

1—螺杆 2—螺母 3—螺钉 4—压块

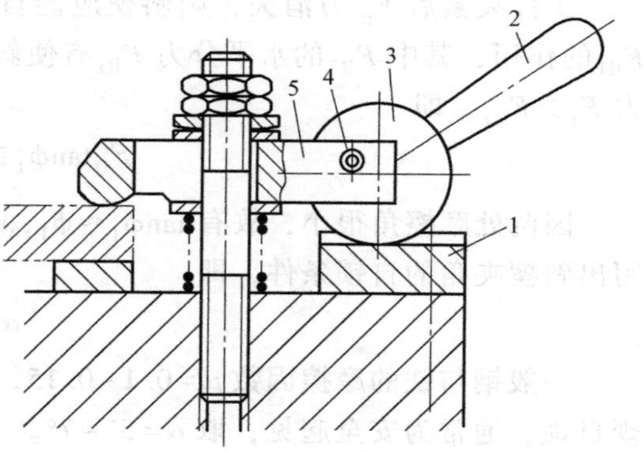

图 9-28 偏心轮-压板夹紧机构

1—垫板 2—手柄 3—偏心轮 4—轴 5—压板

9.3 定位误差分析

9.3.1 基准的概念

定位方案的分析与确定，必须按照工件的加工要求合理地选择工件的定位基准。零件是由若干表面组成的，这些表面之间必然有尺寸和位置上的要求，这就引出了基准的概念。

基准是用来确定生产对象上几何要素间的几何关系时所依据的那些点、线、面。根据应用场合和作用不同，可将基准分为设计基准和工艺基准。

1. 设计基准

设计基准是在零件图上用来确定点、线、面位置的基准，设计基准是由该零件在产品结构中的功用所决定的。

在零件图上，按零件在产品中的工作要求，用一定的尺寸或位置关系来确定各表面间的相对关系。

图 9-29 所示的钻套轴线 *O-O* 是外圆表面及内孔的设计基础；端面 *A* 是端面 *B*、*C* 的设计基准；内孔表面 *D* 的中心线是 ϕ40h6 外圆表面的径向圆跳动和端面 *B* 的轴向圆跳动的设计基准。同样，图 9-29b 中的 *F* 面是 *C* 面和 *E* 面的设计基准，也是两孔垂直度和 *C* 面平行度的设计基础；*A* 面为 *B* 面的距离尺寸及平行度的设计基准。

作为设计基准的点、线、面在工件上不一定具体存在，如表面的几何中心、对称中心线、对称中心面等，而常常由某些具体表面来体现，这些具体表面称为基面。

2. 工艺基准

工艺基准是在加工和装配中使用的基准，它按照用途不同又可分为定位基准、测量基准、装配基准等。

（1）定位基准　在加工中使工件在机床夹具上占有正确位置所采用的基准称为定位基

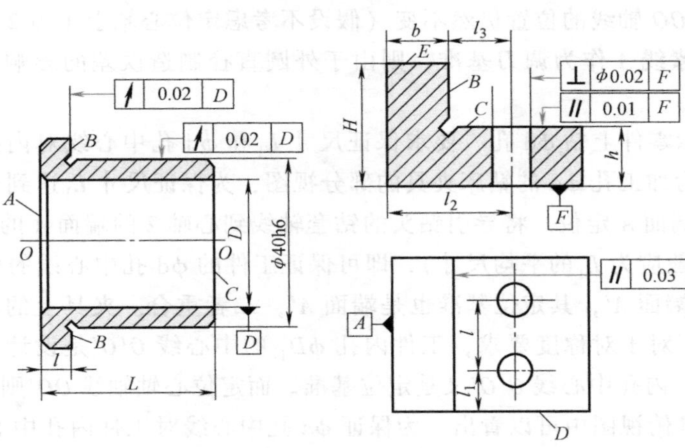

a) b)

图 9-29 基准分析示例

准。例如，将图 9-29a 所示零件的内孔套在心轴上加工 ϕ40h6 外圆时，内孔中心线即为定位基准。加工一个表面时，往往需要同时使用数个定位基准。如图 9-29b 所示的零件，加工孔时，为保证对 *F* 面的垂直度，要用 *F* 面作为定位基准；为保证 l_1、l_3的距离尺寸，用 *D*、*B* 面作为定位基准。

作为定位基准的点、线、面在工件上也不一定存在，但必须由相应的实际存在的表面来体现。这些实际存在的表面称为定位基面。

(2) 测量基准 测量基准是检测时所使用的基准。例如，在图 9-29a 中，将内孔套在心轴上去检测 ϕ40h6 外圆的径向圆跳动。

(3) 装配基准 装配基准是装配时用来确定零件或部件在机器中的位置所采用的基准。例如，图 9-29b 所示的支承块，其底面 *F* 为装配基准。

(4) 调刀基准 调刀基准是加工中用来调整加工刀具位置所采用的基准。

在零件加工前对机床进行调整时，为了确定刀具的位置，还要用到调刀基准，由于最终的目的是确定刀具相对工件的位置，所以调刀基准往往选为夹具上定位元件的某个工作面。因此，它与其他各类基准不同：不是体现在工件上，而是体现在夹具中，是由夹具定位元件的定位工作面体现的。因此，调刀基准应具备两个条件：

1) 它是由夹具定位元件的定位工作面体现的。

2) 它是在加工精度参数（尺寸、位置）方向上调整刀具位置的依据。若加工精度参数是尺寸，则夹具图上应以调刀基准标注调刀尺寸。

选取调刀基准时，应尽可能不受夹具定位元件制造误差的影响。例如，选取图 9-30 所示定位心轴的轴线 *OO* 作为调刀基准时，可不受定位外圆直径制造误差的影响。即使是在夹具维修后更换了定位心轴，虽然定位外圆的直

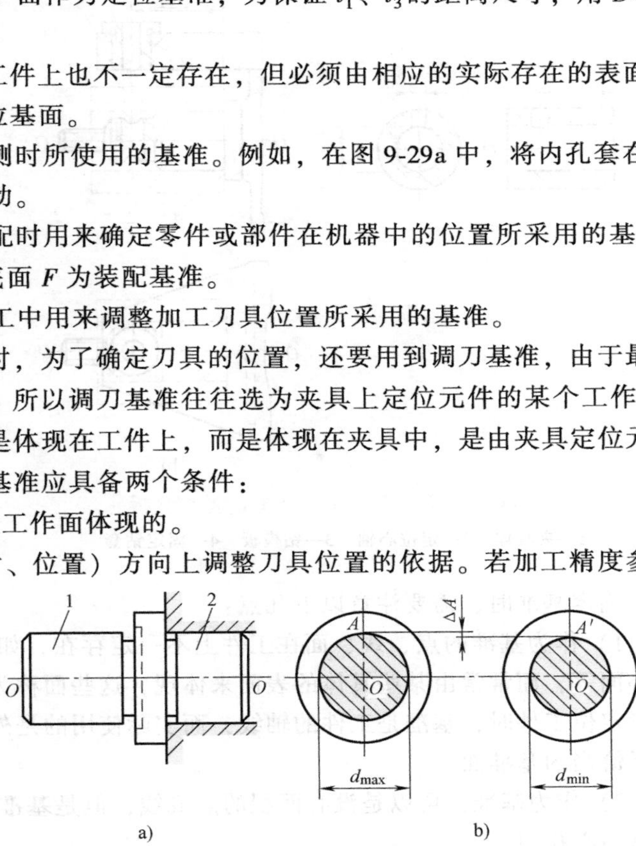

a) b)

图 9-30 调刀基准的选取

1—定位部分 2—与夹具体配合部分

径发生了变化，但 OO 轴线的位置仍然不变（假设不考虑定位心轴上 1 与 2 的同轴度误差）。若选用定位外圆上素线 A 作为调刀基准，则由于外圆直径制造误差的影响，将使调刀尺寸产生 ΔA 的变化。

在图 9-31a 所示零件上钻 ϕd 孔，要求保证尺寸 L_1 和 ϕd 孔中心线对内孔中心线的对称度。图 9-31b 所示为加工孔 ϕd 的钻床夹具的部分视图，为保证尺寸 L_1 达到要求，工件以 A' 端面紧靠心轴 2 的端面 A 定位。将导引钻头的钻套轴线到心轴 2 的端面 A 的位置尺寸调整成相应的 L_j 尺寸（一般应为 L_1 的平均尺寸），即可保证工件的 ϕd 孔中心线的位置尺寸 L_1。尺寸 L_1 的设计基准是端面 A'，其定位基准也是端面 A'，二者重合。夹具上的调刀基准则是定位心轴 2 的端面 A。对于对称度要求，工件内孔 ϕD_1 的中心线 $O'O'$ 是设计基准，工件以内孔在心轴 2 上定位，内孔中心线 $O'O'$ 又是定位基准。而定位心轴轴线 OO' 则是调刀基准。在图 9-31b 所示的夹具俯视图中可以看出，为保证 ϕd 孔中心线对工件内孔中心线 $O'O'$ 的对称度，必须保证钻套轴线对定位心轴 2 轴线 OO 的对称度。

由上面的分析可知，设计基准和定位基准都是体现在工件上的，而调刀基准则是由夹具定位元件的定位工作面来体现的。从上面的示例中还可归纳出调刀基准的特点及其与相应定位基准的对应关系，如图 9-32 所示。

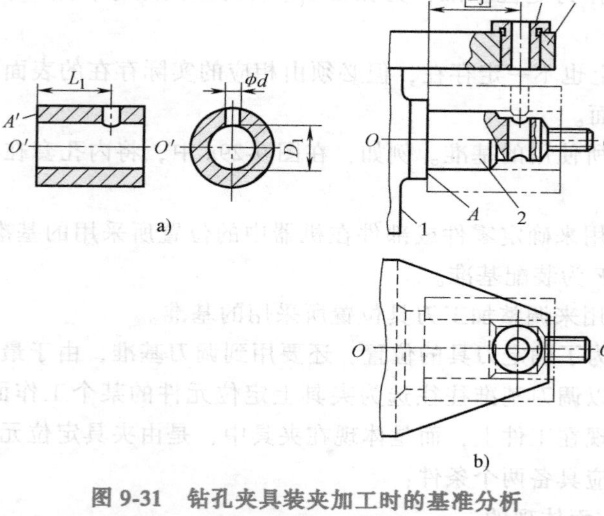

图 9-31　钻孔夹具装夹加工时的基准分析

1—夹具体　2—定位心轴　3—钻模板　4—固定钻套

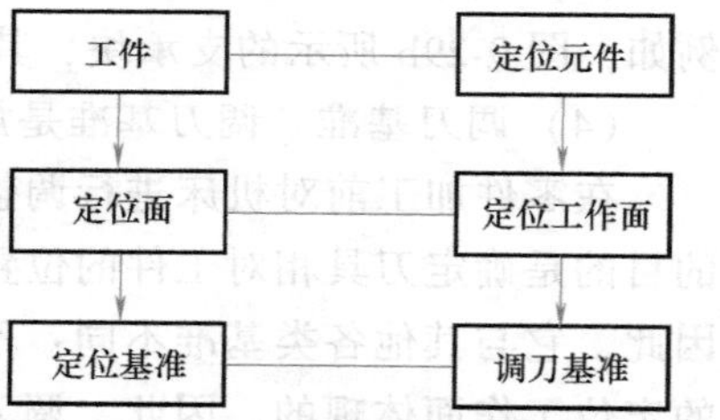

图 9-32　调刀基准与定位基准的关系

确定基准时，需要注意以下几点：

1）作为基准的点、线、面在工件上不一定存在，如孔的中心线、外圆的轴线以及对称中心面等，而常常由某些具体的表面来体现，这些面称为基准面。例如，在车床上用自定心卡盘定位工件时，基准是工件的轴线，而实际使用的是外圆柱面。因此，选择定位基准就是选择恰当的基准面。

2）作为基准，可以是没有面积的点或线，但是基准面总是有一定面积的，如代表轴线的是中心孔面。

3）基准的定义不仅涉及尺寸之间的联系，还涉及位置精度（平行度、垂直度等）。

按照定位基本原理进行夹具定位分析，重点是解决单个工件在夹具中占有准确加工位置的问题。但要达到一批工件在夹具中占有准确的加工位置，还必须对一批工件在夹具中定位时是否会产生误差进行分析计算，即定位误差的分析与计算，计算的目的是依据所产生的误差的大小，判断该定位方案能否保证加工要求，从而证明该定位方案的可行性。

由夹具设计、制造与使用中引起的各项有关误差称为夹具误差，它是工序加工误差的一个组成部分，对保证加工精度起重要作用。而定位误差又是夹具误差的一个重要组成部分。因此，定位误差的大小往往成为评价夹具设计质量的重要指标。它也是合理选择定位方案的一个主要依据。根据定位误差分析计算的结果，便可看出影响定位误差的因素，从而找到减少定位误差和提高夹具工作精度的途径。由此可见，分析定位误差是夹具设计中一个十分重要的环节。

9.3.2 定位误差的分析与计算

六点定位原理解决了工件位置“定与不定”的矛盾，现在需要进一步解决定位精度问题，即解决工件位置定得“准与不准”的矛盾。在六点定位原理中，是将工件作为一个整体进行考察的，而分析定位精度时，则需要针对工件的具体表面进行分析。这是因为在一批工件中，每个工件彼此在尺寸、形状、表面状况及相互位置上均存在差异（在公差范围内的差异）。因此对于一批工件来说，工件定位后每个具体表面都有自己不同的位置变动量，即工件每个表面都有不同的位置精度。

定位误差是在工件定位时产生的加工表面相对其工序基准的位置误差，用Δ_{DW}表示。在调整法加工中，加工表面的位置可认为是固定不动的。因此，定位误差也可以认为是由于工件定位不准确所造成的工序基准沿工序尺寸方向的变动量。由于工件在夹具中的位置是由定位基准确定的，因此，工序基准的位置变动可以分解为定位基准本身的变动量以及工序基准相对于定位基准的变动量。前者称为基准位置误差，用Δ_{JW}表示；后者称为基准不重合误差，用Δ_{JB}表示。工件的定位误差等于基准位置误差与基准不重合误差之和，即

$$\Delta_{DW}=\Delta_{JW}+\Delta_{JB}$$

基准位置误差和基准不重合误差均应沿工序尺寸方向度量，如果与工序尺寸方向不一致，则应在投射到工序尺寸方向后进行计算。

有时基准位置误差及基准不重合误差是由于同一尺寸变化所致，则上式中存在叠加和相互抵消两种可能。因此，上式应该写成如下形式

$$\Delta_{DW}=\Delta_{JW}\pm\Delta_{JB}$$

由于使用夹具以调整法加工工件时，还会因夹具对顶、工件夹紧及加工过程而产生加工误差，定位误差仅是加工误差的一部分，因此，在设计和制造夹具时一般限定定位误差不超过工件相应尺寸公差的1/3。

1. 基准位置误差的分析计算

（1）平面定位时的基准位置误差　生产中广泛使用平面作为定位基准。平面定位的主要形式是支承定位。图9-33所示为平面定位的基本位置误差。底面是第一定位基准，它与定位支承点可靠地接触。在一般情况下，用已加工表面做定位基准时，由表面不平整引起的基准位置误差较小，在分析与计算定位误差时，可以不予考虑。因此，对于高度方向的工序尺寸来说，其基准位置误差等于零；对于水平方向的工序尺寸，其定位基准为左侧面B。由

于 B 面与底面存在角度误差±$\Delta\alpha$，所以对一批工件来说，其定位基准 B 的位置就可能如图中那样发生变动。其最大变动量即为水平方向的基准位置误差 $\Delta_{JW}=2H\tan\Delta\alpha$。

其中 H 为侧面支承点到底面的距离，当 H 等于工件高度的一半时，基准位置误差达到最小值，所以从减小误差的角度出发，侧面支承点应布置在工件高度的一半处。

对于以毛坯平面作为定位基准的情况，其基准位置误差还与表面粗糙程度以及支承点之间的距离有关。但粗基准一般只在第一道工序中使用，而且只使用一次。此时的工序尺寸远非零件的最终尺寸，所以一般不考虑基准位置误差。

（2）内孔定位时的基准位置误差　套类工件常以内孔中心线作为定位基准。这是因为这类工件常用内孔中心线作为工序基准。此时定位元件常用刚性心轴，与工件以间隙配合定位。对于轴向工序尺寸，其定位基准为端面，属于将平面作为定位基准的情况，在此不再赘述。对于径向工序尺寸，其定位基准的变动情况如图 9-34a 所示。孔相对于心轴可以在间隙范围内做任意方向、任意大小的位置变动。这种情况下，孔的表面及表面上的线和点，与孔中心线的位置变动无论是在方向还是数量上都是完全一致的，所以，孔中心线位置的最大变动量即为基准位置误差。孔中心线的变动范围是以最大间隙 Δ_{max} 为直径的圆柱体，而最大间隙发生在最大直径的孔与最小直径的心轴相配合时，故此时基准位置误差的大小为

$$\Delta_{JW}=\Delta_{max}=T_D+T_d+\Delta_{min}$$

式中，T_D 是工件内孔直径公差；T_d 是定位心轴直径公差；Δ_{min} 是间隙配合的最小间隙（即最小直径孔与最大直径心轴相配合时的间隙）。并且基准位置误差的方向是任意的。

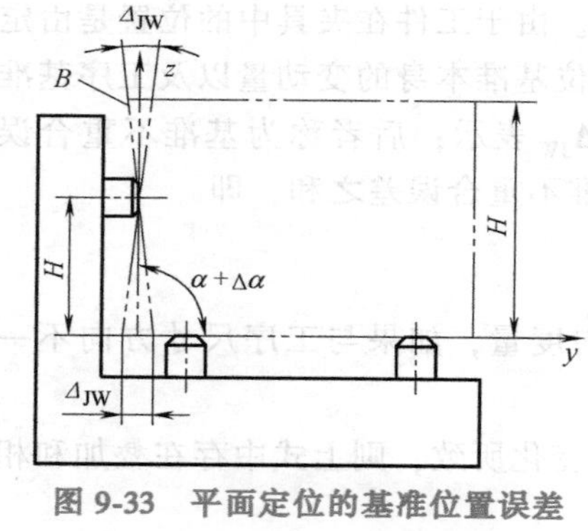

图 9-33　平面定位的基准位置误差

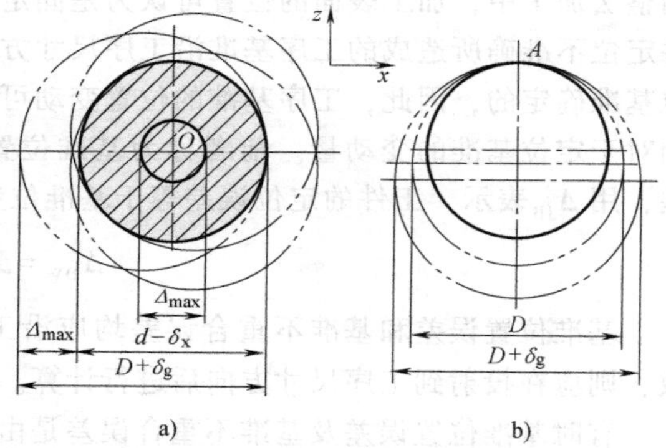

图 9-34　心轴定位的基准位置误差

若采取一定措施，如对工件施加一个作用力，使工件内孔与心轴始终在一个固定位置处接触（图 9-34b），则此时既可认为定位基准是孔的中心线，也可认为定位基准是内孔上素线 A。如果以内孔上素线为定位基准，则可以看成是支承定位，此时基准位置误差无论是在水平方向还是垂直方向均等于零（忽略心轴直径的变化）。如果将工件孔中心线作为定位基准，因为定位基准只在垂直方向变动，所以在水平方向上基准位置误差等于零；而在垂直方向上，其基准位置误差为

$$\Delta_{JW}=\frac{1}{2}(T_D+T_d)$$

当工件以内孔与心轴的过盈配合定位或是采用其他自动装置定位时，即使定位孔的直径尺寸存在误差，定位孔的表面位置也将发生变动，但孔中心线的位置却是固定不变的。因此

在这种情况下，无论是在哪个方向上，基准位置误差都等于零。

(3) 外圆定位时的基准位置误差 外圆柱表面的定位有定心定位和支承定位两种基本形式。定心定位是以圆柱面的轴线为定位基准。常见的定心定位装置有各种形式的自定心卡盘、弹簧夹头以及其他定心机构（可参考机床夹具设计方面的文献）。用这类定位装置定位时，工件轴线在径向方向是固定不动的，因此基准位置误差等于零。

圆柱形工件最常见的支承定位方式是采用 V 形块定位，如图 9-35 所示。此时工件的定位基准可以认为是工件的轴线。当工件直径发生变化时，与 V 形块相接触的素线 A、B 的位置都会发生变化，但工件轴线的水平方向变动量等于零，此即 V 形块的对中性。在垂直方向上，基准位置误差为

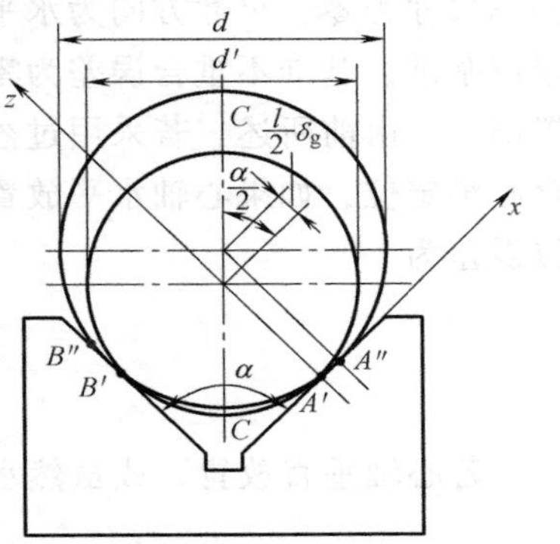

图 9-35 V 形块定位的基准位置误差

$$\Delta_{JW}=\frac{T_d}{2\sin\frac{\alpha}{2}}$$

式中 T_d是工件外圆直径公差；α 为 V 形块夹角。

至于其他形式的支承定位，工件的定位基准是与定位元件相接触的素线。此时在接触面的法线方向，工件的基准位置误差等于零。

2. 定位误差的分析与计算

在分析了各种定位方式的基准位置误差后，就应该讨论与定位误差有关的另一项误差因素——基准不重合误差了。所谓基准不重合误差，是指工序基准相对于定位基准的最大变动量。以下针对几种典型的定位情况分别讨论定位误差的计算。

(1) 工序基准与定位基准重合 图 9-36 为一个工件的加工工序简图和定位简图。平面 B 为工序尺寸 H_1的定位基准和工序基准；平面 D 为工序尺寸 H_2的定位基准和工序基准。这属于工序基准与定位基准重合的情况，此时，基准不重合误差为零。对于工序尺寸 H_1，由于定位基准 B 又是工件的第一定位基准，当 B 为精基准时，其基准位置误差为零。因此，工序尺寸 H_1的定位误差为零。

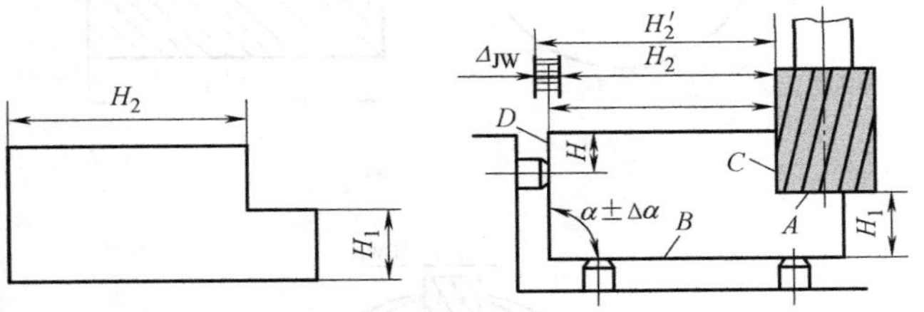

a) b)

图 9-36 基准重合时的定位误差分析

对于工序尺寸 H_2，基准不重合误差为零，但由于定位基准 D 是第二定位基准，而且平面 D 与平面 B 之间存在垂直度误差，所以存在基准位置误差。这一误差即为工序尺寸 H_2的定位误差，按前述分析有

$$\Delta_{DWH_2}=\Delta_{JWH_2}=2H\tan\Delta\alpha$$

图 9-37a 为在轴套上铣键槽的工序简图，以图 9-37b 所示的方式定位。加工时，键槽两侧由铣刀一次铣出，宽度 b 由刀具本身宽度保证。键槽对孔中心线有对称度要求，对称度的

公称尺寸为零，尺寸方向为水平方向，故孔中心线为其工序基准。在本例中，孔中心线也为定位基准，基准不重合误差为零。因此，对于对称度加工要求来说，其定位误差即为基准位置误差。由前所述，若采用过盈配合心轴定位，则此误差为零。若如图 9-37c 所示用间隙配合心轴定位，如果心轴水平放置，工件在重力作用下始终以内孔上素线与心轴接触，则其定位误差为

$$\Delta_{DWb}=\Delta_{JWb}=\frac{1}{2}(T_D+T_d)$$

若心轴垂直放置，或虽然水平放置但在夹紧时工件位置可能发生变动，则其定位误差为

$$\Delta_{DWb}=\Delta_{JWb}=T_D+T_d+\Delta_{min}$$

（2）工序基准与定位基准不重合　在图 9-37 所示的例子中，为了获得键槽的长度尺寸 $l_0^{+T_1}$，用端面 C 作为定位基准，但工序基准为端面 B，即基准不重合。由于工序基准与定位基准之前的尺寸 l_1 之间存在误差，在定位时，工序基准 B 的位置将在 B' 和 B'' 的范围内变动。其大小等于尺寸 l_1 的公差 T_{l_1}，即为工序基准 B 相对定位基准 C 的位置误差，即基准不重合误差。本例中，如果认为端面与孔中心线之间没有垂直度误差，此时基准位置误差为零。此时键槽长度尺寸的定位误差为

$$\Delta_{DW1}=\Delta_{JB1}=T_{l_1}$$

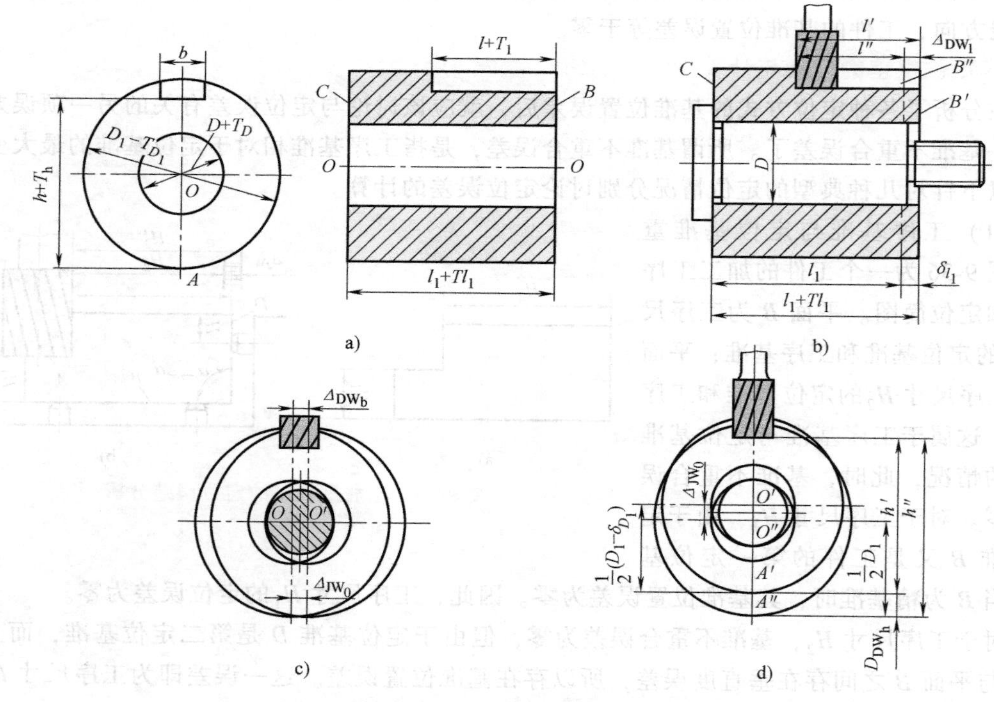

图 9-37　基准不重合时的定位误差分析

对键槽底面的加工来说，定位基准为孔中心线 O，而工序基准为下素线 A，基准不重合。定位情况如图 9-37d 所示，此时，基准不重合误差即为孔中心 O 与下素线 A 之间的尺

寸误差。如果不考虑内孔与外圆的同轴度误差，则该尺寸公差即为外圆直径公差的一半，即

$$\Delta_{\mathrm{JBh}}=\frac{1}{2}T_{D_1}$$

此时，如仍按心轴垂直放置考虑，则键槽深度尺寸的定位误差为基准位置误差与基准不重合误差之和，即

$$\Delta_{\mathrm{DWh}}=\Delta_{\mathrm{JWh}}+\Delta_{\mathrm{JBh}}=T_D+T_d+\Delta_{\min}+\frac{1}{2}T_{D_1}$$

例 9-3 有一批如图 9-38 所示的工件，$\phi50\mathrm{h6}(^{\ 0}_{-0.016})$mm 外圆，$\phi30\mathrm{H7}(^{+0.021}_{\ 0})$mm 内孔和两端面均已加工合格，并保证外圆对内孔的同轴度误差在 $T_e=\phi0.015$mm 范围内。按图示的定位方案，用 $\phi30\mathrm{g6}(^{-0.007}_{-0.020})$mm 心轴定位，在立式铣床上用顶尖顶住心轴，铣宽为 12h9 $(^{\ 0}_{-0.046})$mm 的键槽。除槽宽要求外，还应满足下列要求：

1）槽的轴向位置尺寸 $l=25\mathrm{h12}(^{\ 0}_{-0.21})$mm。

2）槽底位置尺寸 $H=42^{\ 0}_{-0.10}$mm。

解 除槽宽由铣刀相应尺寸保证外，现分别分析上面三个加工精度参数的定位误差。

1）$l=25\mathrm{h12}(^{\ 0}_{-0.21})$mm 尺寸的定位误差：设计基准是工件左端面，定位基准也是工件左端面（紧靠心轴的定位工作端面），基准重合，$\Delta_{\mathrm{JB1}}=0$，又 $\Delta_{\mathrm{JW1}}=0$，所以 $\Delta_{\mathrm{DW1}}=0$。

2）$H=42^{\ 0}_{-0.10}$mm 尺寸的定位误差：该尺寸的设计基准是外圆的最低母线，定位基准是内孔轴线，定位基准和设计基准不重合，两者的联系尺寸是外圆半径 $d/2$ 和外圆对内孔的同轴度误差 T_e，并且与 H 尺寸的方向相同。故基准不重合误差为

$$\Delta_{\mathrm{JB2}}=T_d/2+T_e=(0.016/2+0.015)\mathrm{mm}=0.023\mathrm{mm}$$

工件内孔轴线是定位基准，定位心轴轴线是调刀基准，内孔与心轴作间隙配合。因此，一批工件的定位基准相对夹具的调刀基准在 H 尺寸方向上的基准位移误差（按调整螺母时工件内孔与定位心轴可在任意边接触的一般情形考虑）为

$$\Delta_{\mathrm{JB2}}=T_D+T_d+\Delta=(0.021+0.013+0.007)\mathrm{mm}=0.041\mathrm{mm}$$

因此，定位误差为

$$\Delta_{\mathrm{DW2}}=\Delta_{\mathrm{JB2}}+\Delta_{\mathrm{JW2}}=(0.023+0.041)\mathrm{mm}=0.064\mathrm{mm}$$

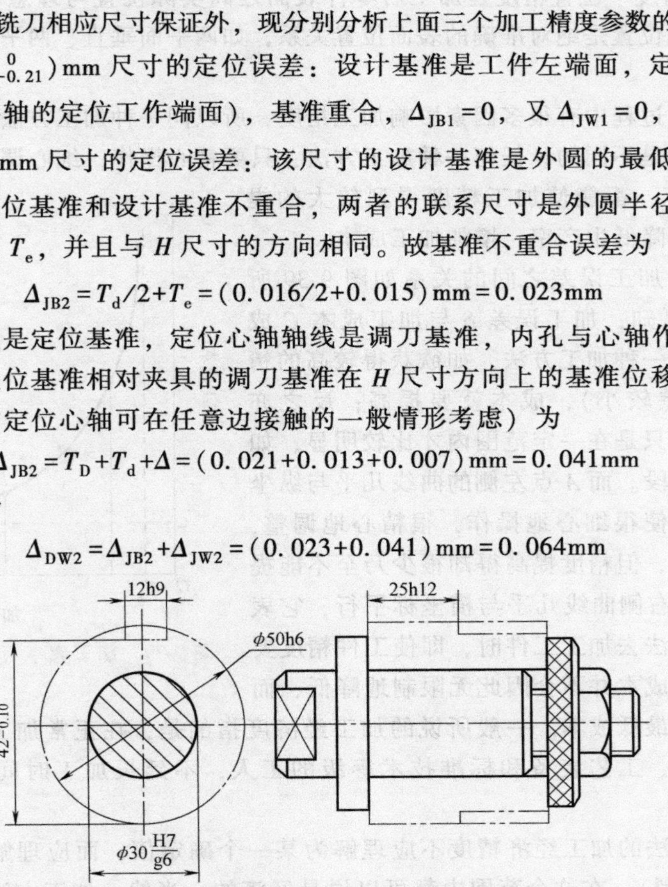

图 9-38 用心轴定位内孔铣槽工序的定位误差分析计算

9.4 机械加工质量及其控制

零件是构成机械产品的基本单元，零件的机械加工质量决定着机械产品的性能、质量和使用寿命。如何保证零件的加工质量，是本节要讨论的内容。

9.4.1 制造质量的指标

机械零件的加工质量主要包括零件的加工精度和加工表面质量两个方面。

1. 加工精度的含义

加工精度是指零件加工后的实际几何参数（包括尺寸、形状和位置）与理想几何参数的符合程度。加工精度包括尺寸精度、形状精度和位置精度三个方面。

（1）尺寸精度　尺寸精度是加工后零件实际尺寸与理想尺寸之间的符合程度。其中理想尺寸是指零件图上所标注的有关尺寸的平均值。

（2）形状精度　形状精度是加工后零件表面实际形状与表面理想形状之间的符合程度。其中表面理想形状是指绝对准确的表面形状，如圆柱面、平面、球面、螺旋面等。

（3）位置精度　位置精度是加工后零件表面之间实际位置与理想位置的符合程度。其中表面之间理想位置是绝对准确的表面位置关系，如两平面垂直、两平面平行、两圆柱面同轴等。

由于在加工过程中有很多因素影响加工精度，所以同一种加工方法在不同的工作条件下所能达到的精度是不同的。任何一种加工方法，只要精心操作，细心调整，并选用合适的切削参数进行加工，都能使加工精度得到较大的提高，但这样做会降低生产率，增加加工成本。

加工成本与加工误差之间的关系如图 9-39 所示。由图 9-39 可知，加工误差 δ 与加工成本 C 成反比关系。用同一种加工方法，如欲获得较高的精度（即加工误差较小），成本就要提高；反之亦然。但上述关系只是在一定范围内才比较明显，如图 9-39 中的 AB 段。而 A 点左侧的曲线几乎与纵坐标平行，这时即使很细心地操作，很精心地调整，成本提高了很多，但精度提高得却很少乃至不能提高。相反，B 点右侧曲线几乎与横坐标平行，它表明用某种加工方法去加工工件时，即使工件精度要求很低，但加工成本并不会因此无限制地降低，而必须耗费一定的最低成本。一般所说的加工经济度指的是，在正常加工条件下（采用符合质量标准的设备、工艺装备和标准技术等级的工人，不延长加工时间）所能保证的加工精度。

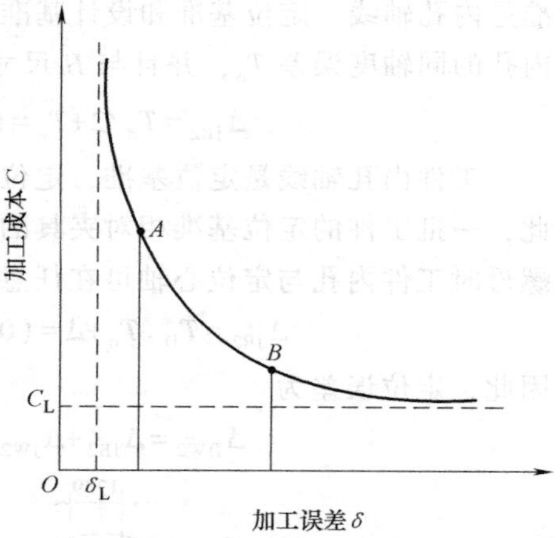

图 9-39　加工成本与加工误差之间的关系

某种加工方法的加工经济精度不应理解为某一个确定值，而应理解为一个范围（如图 9-39 中的 AB 范围），在这个范围内都可以说是经济的。当然，加工方法的经济精度并不是固定不变的，随着工艺技术的发展、设备及工艺装备的改进，以及生产的科学管理水平的不断提高等，各种加工方法的加工经济精度等级范围也将随之不断提高。

2. 加工表面质量的含义

加工表面质量包括两个方面的内容：加工表面的几何形状和表面层的物理力学性能。

(1) 加工表面的几何形状　加工表面的几何形状误差主要包括表面粗糙度、波度和纹理方向等。

1) 表面粗糙度：加工表面的微观几何形状误差，其波距小于1mm，如图9-40所示。

2) 波度：加工表面不平度中波距为1~10mm的几何形状误差，它是由机械加工中的振动引起的。

宏观几何形状误差是波距大于10mm的加工表面不平度，如圆度误差、圆柱度误差等，它们属于加工精度范畴。

3) 纹理方向：机械加工时在零件加工表面形成的刀纹方向。它取决于表面形成过程中所采用的机械加工方法。

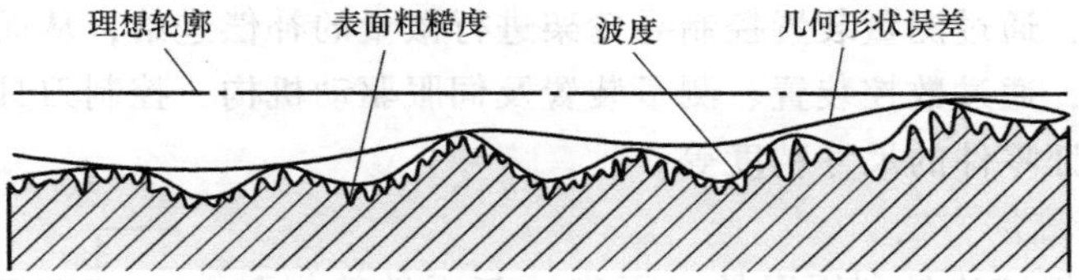

图9-40　加工表面的几何形状误差示意图

(2) 表面层的物理力学性能　由于机械加工中力因素和热因素的综合作用，将使工件加工表面的物理力学性能发生一定的变化，主要反映在以下几个方面：

1) 表面层金属的冷作硬化。表面层金属硬度的变化用硬化程度和深度两个指标来衡量。在机械加工过程中，工件表面层金属都会产生一定程度的冷作硬化，使表面层金属的显微硬度有所提高。一般情况下，硬化层的深度可达0.05~0.30mm；若采用滚压加工，则硬化层的深度更可高达几毫米。

2) 表面层金属的金相组织变化。机械加工过程中，切削热会引起表面层金属的金相组织变化。

3) 表面层金属的残余应力。由于切削力和切削热的综合作用，表面层金属晶格会发生不同程度的塑性变形或产生金相组织的变化，使表层金属产生残余应力。

9.4.2　获得加工精度的方法

机械产品纷繁多样，机械零件的尺寸、形状等可能千差万别。零件加工表面的尺寸、形状和位置都需要采用一定的加工方法获得其尺寸精度、形状精度以及位置精度。

1. 获得尺寸精度的方法

(1) 试切法　试切法是在零件加工过程中，不断对已加工表面的尺寸进行测量，以测量数据为依据调整刀具相对工件加工表面的位置，进行尝试切削，直到达到工件要求尺寸精度的加工方法。例如，轴类零件上轴颈尺寸的试车削加工和轴颈尺寸的在线测量磨削、箱体零件孔系的试镗加工以及精密量块的手工精研等都是采用试切法加工的。试切法的效率不高，加工精度取决于工人的技术水平，故适用于单件小批量生产。

(2) 调整法　调整法是按零件规定的尺寸预先调整好机床、刀具与工件间的相对位置来保证加工表面尺寸精度的加工方法。此时，零件的尺寸精度主要取决于调整精度、调整时的测量精度和机床精度等。例如，在多刀车床或转塔车床上加工轴类零件、在铣床上铣槽、在无心磨床上磨削外圆以及在摇臂钻床上用钻床夹具加工孔系等都是采用调整法加工的。调整法有较高的生产率，常用于成批大量生产。

(3) 定尺寸刀具法　定尺寸刀具法是用刀具的相应尺寸来保证工件加工表面尺寸精度的方法，如钻孔、铰孔、攻螺纹等。采用此方法时，影响加工精度的主要因素有刀具的尺寸精度、刀具与工件的位置精度等。定尺寸刀具法操作简便，生产率高，加工精度也较稳定，适用于各种生产类型。常见定尺寸刀具加工方法如用方形拉刀拉方孔，用钻头、扩孔钻或铰刀加工内孔，用组合铣刀铣工件两侧面和槽面等。

(4) 自动控制法　自动控制法是将尺寸测量装置、进给装置和控制系统组成一个自动加工控制系统，使加工过程中的测量、补偿调整和切削加工自动完成以保证工件尺寸精度的方法。这种方法加工质量稳定、生产率高，是机械制造业的发展方向。例如，在无心磨床上磨削轴承圈外圆时，通过测量装置控制导轮架进行微量的补偿进给，从而保证工件的尺寸精度；在数控机床上，通过数控装置、测量装置及伺服驱动机构，控制刀具在加工时应具有的精确位置，从而保证零件的尺寸精度等。

2. 获得形状精度的方法

(1) 轨迹法　轨迹法是利用刀具（刀尖）与工件的相对运动轨迹获得加工表面形状精度的加工方法，如普通车削、铣削、刨削等均属于轨迹法。用轨迹法加工所获得的形状精度主要取决于刀具与工件的相对成形运动的精度。图 9-41 所示为利用工件做回转运动和刀具做直线运动获得圆柱面，即车削外圆的情况。

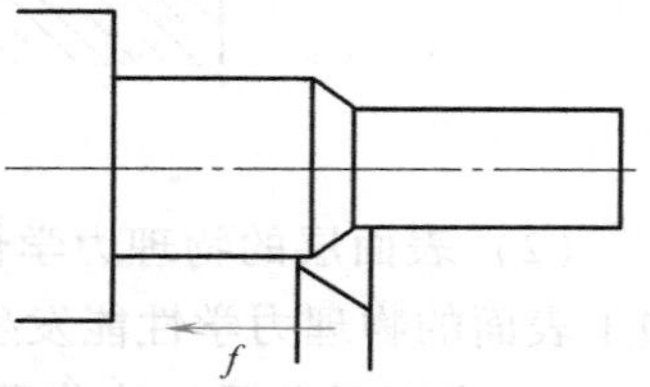

图 9-41　车削外圆

(2) 成形法　成形法是利用成形刀具对工件进行加工以获得加工表面形状精度的加工方法，如成形车削、成形铣削、拉削等。用成形法所获得的形状精度主要取决于切削刃的形状精度和成形运动精度。图 9-42 所示为用曲面成形车刀加工曲面。

(3) 展成法　展成法是利用工件和刀具做展成切削运动时，由切削刃在被加工表面上的包络表面形成所要求形状的加工方法，如滚齿、插齿等。其加工精度主要取决于展成运动精度和刀具形状精度。

3. 获得位置精度的方法

工件的相互位置精度一般由机床精度、夹具精度和工件的装夹精度来保证。工件的装夹方式，即获得位置精度的方法主要有以下几种。

(1) 一次装夹获得法　一次装夹获得法是指零件有关表面间的位置精度是在工件的同一次装夹中，由有关刀具与工件成形运动间的位置关系来保证的加工方法。例如，车削轴类零件时外圆与端面的垂直度，加工箱体孔系时各孔之间的同轴度、平行度和垂直度等，均可采用一次装夹获得法来保证。此时，影响加工表面间位置精度的主要因素是所用机床（及夹具）的几何精度。

(2) 多次装夹获得法　当零件结构复杂、加工面较多时，需要经过多道工序的加工，其位置精度需通过多次装夹法来获得。多次装夹获得法根据工件装夹方式的不同，可分为直接找正装夹、划线找正装夹和用夹具装夹三类。

1）直接找正装夹：用划针、百分表等工具直接找正工件的正确位置后再夹紧的方法。如图 9-43 所示，用单动卡盘安装工件，先用百分表按外圆 A 进行找正，夹紧后车削外圆 B，从而保证 B 面与 A 面的同轴度要求。此法的生产率低，一般用于单件小批量生产。

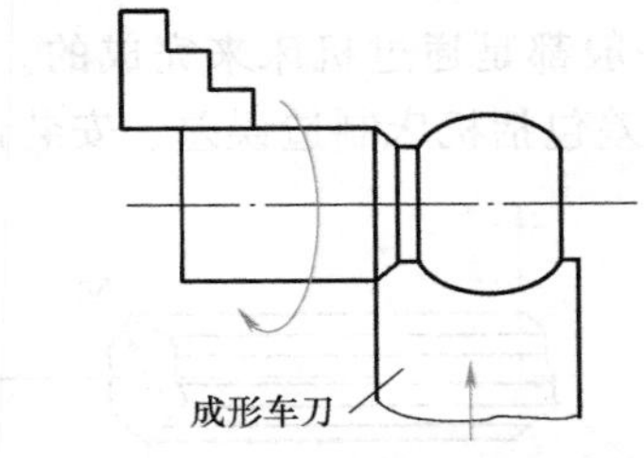

图 9-42 用曲面成形车刀加工曲面

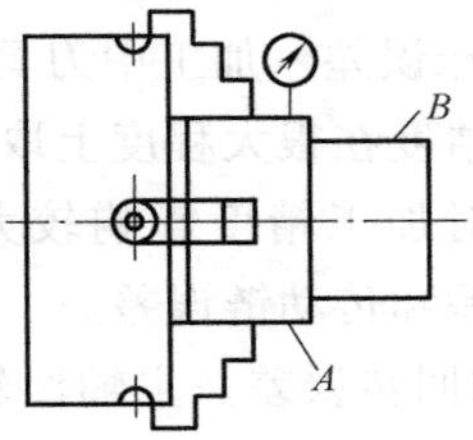

图 9-43 直接找正装夹

2）划线找正装夹：工件在加工前先用划针划出加工表面的位置线或轮廓线，再按所划的线将工件在机床上找正并夹紧的方法。由于划线既费时，精度又不高，所以一般用于批量不大、形状复杂而笨重的工件或低精度毛坯的加工。

3）用夹具装夹：将工件直接安装在夹具的定位元件上来获得位置精度的方法。这种方法安装工件迅速方便，定位精度较高且稳定，生产率较高，广泛用于大批量生产。

9.4.3 影响加工精度的因素

零件的机械加工是在工艺系统中进行的，机床、夹具、刀具和工件构成了一个完整的工艺系统。工艺系统的各种误差，在不同条件下会以不同程度和方式反映为零件的加工误差。工艺系统的误差是“因”，是根源；加工误差是“果”，是表现。因此，将工艺系统的误差称为原始误差。工艺系统的原始误差根据产生的阶段不同可归纳如下：

1）加工前的误差。包括加工原理误差、工艺系统的几何误差、机床误差、刀具制造误差、夹具误差、调整误差、定位误差等。

2）加工过程中的误差。包括由工艺系统受力变形、受热变形引起的加工误差及刀具磨损等。

3）加工后的误差。包括由工件内应力重新分布引起的变形误差以及测量误差等。

1. 加工原理误差

加工原理误差是由于采用了近似的加工运动或者近似的刀具轮廓而产生的。在很多场合下，为了得到规定的零件表面，都必须在工件和刀具的运动之间建立一定的联系。例如：车削螺纹时，必须使工件和车刀之间有准确的螺旋运动联系；滚切齿轮时，必须使工件和滚刀之间有准确的展成运动联系；在磨削活塞裙部椭圆时，要求工件在每一次旋转中对刀具做相应的径向运动，两个运动之间的联系必须满足椭圆截面形状的要求。机械加工中的这种运动联系一般都是由机床的相关机构来保证的，也有很多场合是用夹具来保证的。前者如螺纹加工、齿轮加工等，后者如活塞裙部椭圆的靠模磨削等。除此以外，还有用成形刀具直接加工出成形表面的方法。

从理论上来讲，应采用理想的加工原理、完全准确的运动联系，以获得完全准确的成形表面。但是，采用理论上完全正确的加工原理有时会使机床或夹具的结构极为复杂，造成制造上的困难；或者由于环节过多，增加了机构运动中的误差，反而得不到高的加工精度。在生产实际中，也常用近似的加工原理来获得实效。采用近似的加工原理往往还可以提高生产率和使工艺过程更为经济。因此，只要将原理误差控制在允许的范围之内（一般小于工件公差值的10%~15%），在生产中仍能得到广泛应用。

2. 工艺系统的几何误差

（1）机床误差　加工中刀具相对于工件的成形运动一般都是通过机床来完成的。因此，工件的加工精度在很大程度上取决于机床的精度。机床误差包括机床制造误差、安装误差和磨损，其中对加工精度影响较大的有主轴回转误差、导轨误差和传动链误差。

1）主轴回转误差。主轴回转误差是指主轴回转时各瞬间的实际回转轴线相对于理想回转轴线的变动量。变动量越小，说明主轴的回转精度越高。主轴回转误差可分解为径向跳动、轴向窜动和角度摆动三种基本形式。

① 径向跳动：主轴实际回转轴线始终平行于理想回转轴线，在一个平面内做等幅跳动，如图9-44a所示。

② 轴向窜动：主轴实际回转轴线沿理想回转轴线方向的轴向运动，如图9-44b所示。它主要影响工件端面形状和轴向尺寸精度。

③ 角度摆动。主轴实际回转轴线与理想回转轴线呈一倾斜角摆动，但交点位置固定不变，如图9-44c所示。它主要影响工件的形状精度。

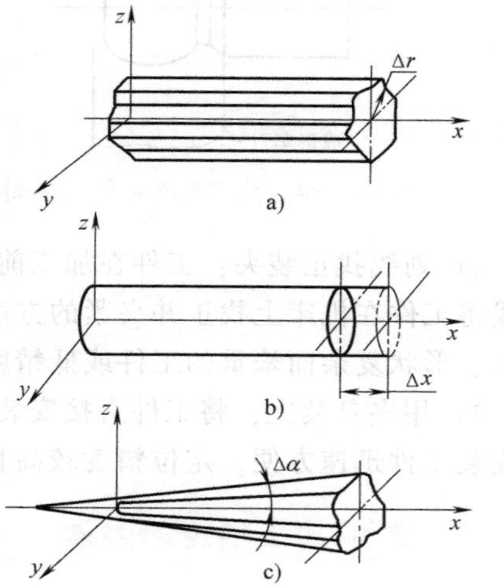

图9-44　主轴回转误差的基本形式

a）径向跳动　b）轴向窜动　c）角度摆动

主轴工作时，其回转误差常常是由以上三种基本形式的合成运动造成的。

2）导轨误差。导轨是机床上确定各主要部件相对位置及运动的基准。对直线导轨的精度要求主要体现在以下几个方面：

① 导轨在水平面内的直线度误差。导轨在水平面内的直线度误差为 Δy 时，使刀具在水平面内相对于工件的正确位置产生 Δy 的偏移量，导致被加工工件在半径方向产生 $\Delta R=\Delta y$ 的误差，如图9-45所示。导轨在水平面内的直线度误差将直接反映在被加工工件表面的法线方向（误差敏感方向）上，对加工精度的影响最大。

② 导轨在垂直面内的直线度误差。导轨在垂直面内有直线度误差 Δz 时，将使刀具在半径方向上产生 ΔR 的误差，如图9-46所示，则

$$(R+\Delta R)^2=\Delta z^2+R^2$$

化简并忽略 ΔR^2 项，得

$$\Delta R=\frac{\Delta z^2}{d}$$

假设 $\Delta z=0.1\text{mm}$，$R=20\text{mm}$，$d=2R_1$，则 $\Delta R=(0.01/40)\text{mm}=0.00025\text{mm}$。与 Δz 相比，ΔR 很小，由此可知，导轨在垂直平面内的直线度误差一般可忽略不计。

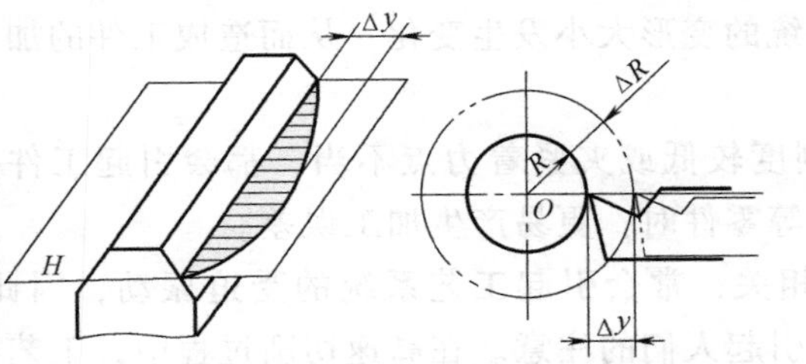

图 9-45 导轨在水平面内的直线度误差

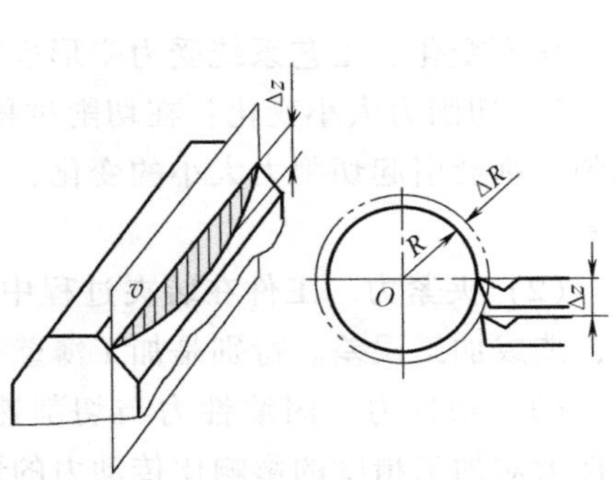

图 9-46 导轨在垂直面内的直线度误差

③ 导轨面间的平行度误差。当前、后导轨在垂直平面内有平行度误差（扭曲误差）时，刀架将产生摆动，刀架沿床身导轨做纵向进给运动时，刀尖的运动轨迹是一条空间曲线，这将使工件产生形状误差。如图 9-47 所示，当前、后导轨在任意截面内的扭曲量为 Δl_3时，工件半径将产生 $\Delta R \approx \Delta y = \Delta l_3 H/B$ 的偏移量，一般车床的 $H/B \approx 2/3$，外圆磨床的 $H \approx B$。因此，导轨面内的平行度误差对加工精度影响较大。

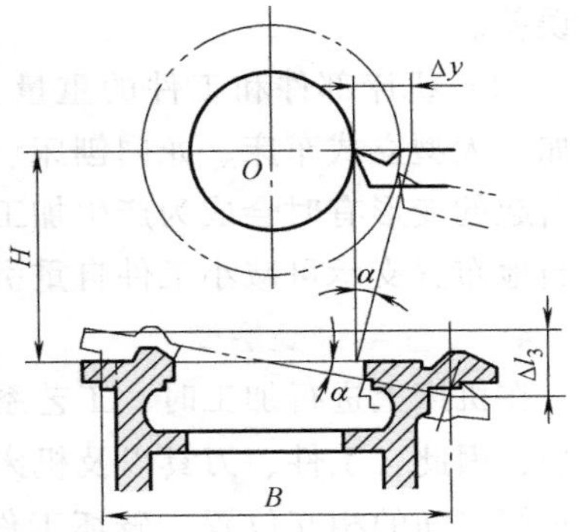

图 9-47 导轨面间的平行度误差

3）传动链误差。传动链误差是指传动链实际传动关系与理论传动关系之间的差值，一般用传动链末端元件的转角误差来衡量。有些加工方法（如车螺纹、滚齿、插齿等）要求刀具与工件之间必须具有严格的传动比关系，但当传动链中的某个传动元件由于制造、装配或磨损等原因存在误差时，就会破坏正确的传动关系而使工件产生误差。由于各元件在传动链中的位置不同，其对传动精度的影响也就不同。

（2）刀具误差　刀具误差主要表现为刀具的制造误差和磨损，其对加工精度的影响随刀具的种类不同而异。采用定尺寸刀具、成形刀具、展成刀具进行加工时，刀具的制造误差会直接影响工件的加工精度；而对于一般刀具（如普通车刀等），其制造误差对工件加工精度并无直接影响。

任何刀具在切削过程中，都不可避免地会产生磨损，并由此影响工件的尺寸和形状精度。正确地选用刀具材料，合理地选用刀具几何参数和切削用量，正确地刃磨刀具，合理地选用切削液等，均可有效地减少刀具的磨损。必要时，还可采用补偿装置对刀具磨损进行自动补偿。

（3）装夹误差　工件在定位和夹紧过程中，由于位置不准确，将在加工过程中引起工艺尺寸的变化而产生装夹误差。用调整法加工时将直接造成加工误差，在其他情况下也会造成位置误差等。

3. 工艺系统受力变形

（1）切削力

1）切削力作用点位置变化：在切削过程中，工艺系统的刚度会随着切削力作用点位置的变化而变化，工艺系统受力变形也随之变化，从而引起工件的加工误差。

2）切削力大小变化：在切削过程中，如果毛坯几何形状误差较大或工件材料的硬度不均匀，则会引起切削力大小的变化，使工艺系统的变形大小发生变化，从而造成工件的加工误差。

(2) 夹紧力　工件在装夹过程中，由于刚度较低或夹紧着力点不当，都会引起工件变形，造成加工误差。特别是加工薄壁套、薄板等零件时，更易产生加工误差。

(3) 惯性力　因惯性力与切削速度密切相关，常会引起工艺系统的受迫振动，因此，惯性力对加工精度的影响比传动力的影响更易引起人们的注意。在高速切削过程中，工艺系统中如果存在高速旋转的不平衡构件，就会产生离心力。它与传动力一样，在误差敏感方向上的分力大小呈周期性变化，由它所引起的变形也相应地发生变化，从而造成工件的径向跳动误差。

(4) 机床部件和工件的重量　在工艺系统中，由于零部件的自重作用也会引起变形。例如，大型立式车床、龙门刨床、龙门刨床刀架横梁的变形。对于大型工件的加工，工件自重引起的变形有时会成为产生加工误差的主要原因，因此在实际生产中，装夹大型工件时，恰当地布置支承可减小工件自重引起的变形，从而减小加工误差。

4. 工艺系统受热变形

在机床上进行加工时，工艺系统受到切削热、摩擦热以及阳光和取暖设备的辐射热等的影响，因此，工件、刀具以及机床的许多部分都会因温度的升高而产生复杂的变形，从而改变它们之间的相互位置，破坏工件和刀具之间相对运动的正确性，改变已调整好的加工尺寸，引起背吃刀量和切削力的改变，以及破坏传动链的精度等。工艺系统的热变形对加工精度具有显著的影响，特别是在精密加工和大件加工中，由热变形引起的加工误差有时可占工件总误差的40%~70%。

实践表明，机床在工作中受到多种热源的影响，主要有：

(1) 电气热　机械动力源的能量损耗转化为热（电动机、电气柜、液压泵、液压操纵箱、活塞副、各种阀件等）。

(2) 摩擦热　传动部分（轴承副、齿轮副、离合器、导轨副等）将产生摩擦热，并通过润滑油将热量散发开来，特别是床身内部的润滑油池，形成了一个很大的热源，对床身的热变形影响很大，会造成导轨弯曲。

(3) 切削热　切削热大部分是被切屑和切削液带走的，但是切屑和切削液落到床身上后，其热量也就传递给了床身，使后者产生了热变形。

(4) 环境传来的热　环境传来的热（室温的变化、阳光的照射、取暖装置的影响等）会使机床各部分受热不均匀而引起变形。

一般而言，上述前两项起主要作用，但在个别情况下，后两种热源也可能突出成为主要矛盾。

工件在机械加工中所产生的热变形主要是由切削热引起的。现在分析工件受热比较均匀的情况（如车削外圆）。设测得的工件温升是 ΔT，则热伸长 ΔL（直径上或长度上）可以按简单的物理公式计算

$$\Delta L=\alpha L\Delta T$$

式中，α 是工件材料的线胀系数，钢材为 $12\times10^{-6}/℃$，铸铁为 $11\times10^{-6}/℃$；L 是工件在热变形方向上的尺寸。

5. 工件残余应力引起的误差

（1）残余应力　残余应力也称内应力，是指当外载荷去掉后仍存在于工件内部的应力。存在内应力时，工件处于一种不稳定的相对平衡状态，在外界某种因素的影响下，工件内部的组织很容易失去原有的平衡，并达到新的平衡状态。在这一过程中，工件将产生相应的变形，从而破坏其原有的精度。

（2）残余应力产生的原因

1）毛还制造和热处理中产生的残余应力。在铸、锻、焊、热处理等加工过程中，由于各部分冷热收缩不均匀及金相组织转变引起的体积变化，将会使毛坯内部产生残余应力。毛坯的结构越复杂，各部分的厚度越不均匀，散热条件相差越大，则在毛坯内部产生的残余应力也越大。具有残余应力的毛坯由于残余应力暂时处于相对平衡的状态，加工时切去一层金属后，就打破了这种平衡，残余应力将重新分布，工件就会产生明显的变形。

例如，图 9-48 所示为一内外壁厚度相差较大的铸件在铸造过程中残余应力的形成过程。铸件浇注后，由于壁 A 和壁 C 比较薄，容易散热，所以冷却速度较壁 B 快。当 A、C 的温度已经降低很多后，其收缩速度将变得很慢，但这时 B 收缩得较快，因而受到 A、C 的阻碍，这样，B 内就产生了拉应力，而 A、C 内就产生了压应力，形成了相互平衡的状态，如图 9-48b所示。如果在 A 上开一缺口，则 A 上的压应力消失，在残余应力的作用下，B 收缩，C 伸长，铸件就产生了弯曲变形，如图 9-48c 所示，直至残余应力重新分布达到新的平衡状态为止。

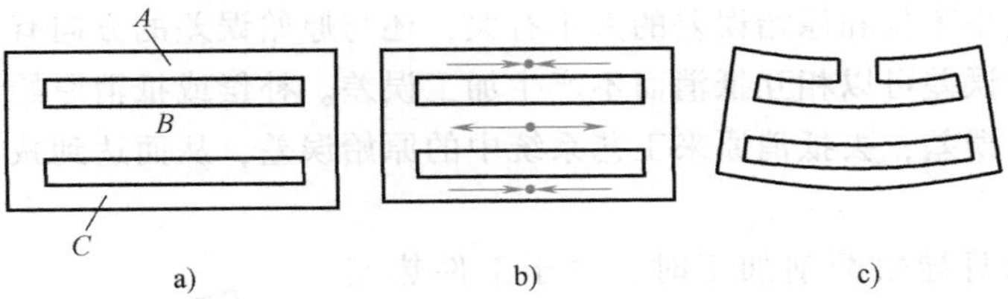

图 9-48　铸件残余应力的形成过程

a）壁厚不均的铸件　b）冷却时产生内应力　c）切口后产生变形

2）冷校直产生的残余应力。一些刚度较差容易产生弯曲变形的轴类工件，常用冷校直的方法使其变直。将有弯曲变形的轴放在两个 V 形块上，凸起部位向上，如图 9-49a 所示。现对凸起部位施加外力，如果 F 的大小仅能使工件产生弹性变形，那么在去除 F 后工件将恢复原状，不会有校直效果。所以，外力 F 必须使工件产生反向弯曲，并且使轴的外层材料产生一定的塑性变形才能取得校直效果。压直状态如图 9-49b 所示，其应力分布如图 9-49c所示。去除外力后，由于下部外层已产生拉伸的塑性变形，上部外层已产生压缩的塑性变形，故里层的弹性恢复受到阻碍。结果是下部外层产生残余拉应力，下部里层产生残余压应力；上部外层产生残余压应力，上部里层产生残余拉应力，如图 9-49d 所示。综合以上分析可知，一个外形弯曲但没有残余应力的工件，经冷校直后其外形虽然被校直了，但在工件内部却产生了附加的残余应力，工件处于不稳定状态，如再次被加工，工件就将产生新的变形。

3）切削加工中产生的残余应力。工件表面在切削力、切削热的作用下，也会出现不同程度的塑性变形和由金相组织变化引起的体积改变，从而产生残余应力。这种残余应力的大小和方向是由加工时的各种工艺因素所决定的。切削加工产生的残余应力将使工件在加工后由于内应力重新分布而变形，从而破坏加工精度。

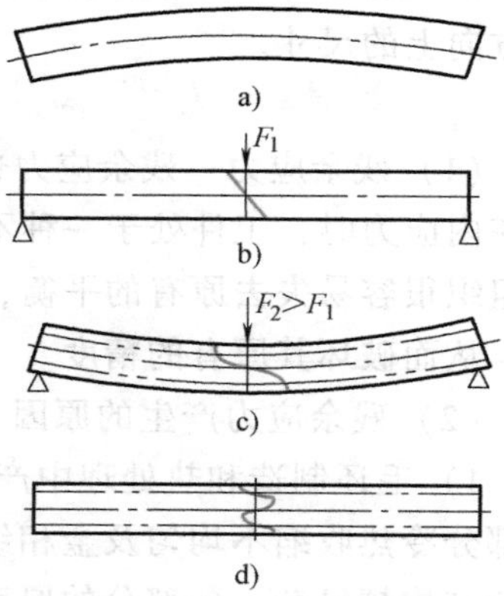

图 9-49　冷校直残余应力的形成过程

a）弯曲工件　b）压直

c）反弯曲　d）校正后

9.4.4　提高加工精度的途径

1. 消除与减小原始误差

加工误差是由诸多误差因素按一定规律合成的，如果把原始误差消除或减小，使其在加工误差中不起作用，则可提高加工精度。这需要在查明产生加工误差的主要因素之后，设法使其消除或减少。

例如，切削细长轴时，由于力和热的作用，会使工件产生弯曲变形。此时，可采用下列措施消除或减少变形，保证加工精度：

1）使用跟刀架平衡法向切削力，使用大主偏角车刀（$\kappa_r=90°$）进行切削，以减小法向力，从而减少径向变形。

2）采用大走刀反向进给切削法，使轴向切削力不再对工件起压缩作用而是起拉伸作用，再辅之以弹簧后顶尖或经常松开后顶尖并调整其位置以适应工件的热伸长。

2. 补偿或抵消原始误差

加工误差的大小不仅和原始误差的大小有关，还与原始误差的方向有关。两个大小相等且方向相反的原始误差可以相互抵消而不产生加工误差。补偿或抵消原始误差，就是人为地制造一种新的原始误差，去抵消原来工艺系统中的原始误差，从而达到减少加工误差、提高加工精度的目的。

例如，机床床身导轨磨削加工时，由于工件热变形会产生中凹的形状误差，而规定要求加工后应有一定的中凸量。为此，磨削前可在床身中间用螺钉施力，预先使其产生中凹的变形，如图 9-50 所示。待其磨削加工好放松后，虽然有磨削热变形的影响，但仍能获得要求的中凸形状。

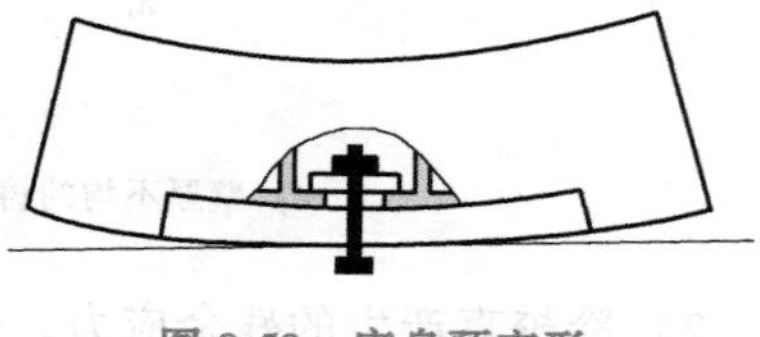
图 9-50　床身预变形

3. 转移原始误差

转移原始误差的实质是在一定条件下，把原始误差转移到不影响加工精度的方向或是转移到误差非敏感方向，这是减少加工误差的又一途径。

如图 9-51 所示，为了减少转塔车床的转塔转位误差对零件加工精度的影响，把转塔刀架上的外圆车刀安装在垂直方向，使由转位误差造成的车刀切削刃位置的变化出现在

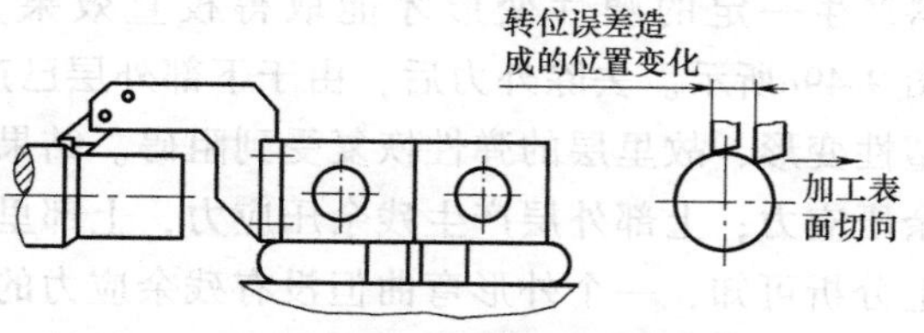

图 9-51　转塔车床原始误差转移

加工表面的切向方向，即误差非敏感方向。

4. 误差均化

误差均化是利用相互作用的误差间相互的抵偿作用进行修正或加工，最终使综合误差减小的方法。

例如，基准平板（高精度平板）的高平面度要求就是利用误差均化来保证的。加工时，*A*、*B*、*C* 三块平板按 *A*-*B*、*B*-*C*、*C*-*A* 的方式相互合研，利用相互比较、相互修正或互为基准的方法进行研磨或刮研加工，通过表面粗糙度值的减小均化过程、表面波纹度的相互均化过程和几何误差的均化过程，最终获得符合高平面度要求的精确平面。误差均化方法在直尺、角度量规等的加工中也有广泛应用。

5. 加工过程中的主动控制

随着加工控制技术和测量技术水平的提高，在加工过程中进行主动控制方法也被广泛采用。在过去的加工中，重点是在加工前采取措施来保持刀具与工件间的相互位置，这是被动的。在加工过程中经常测量刀具与工件的相对位置变化或工件的加工误差，并以此实时控制和调整工艺系统状态，以提高加工精度的工艺措施就是主动控制。

例如，在外圆磨床上使用主动量仪在加工过程中对被磨工件尺寸进行连续测量，并随时控制砂轮和工件间的相对位置，直至工件尺寸达到规定的公差为止。

9.5 机械加工表面质量

机器零件的机械加工质量，除了加工精度之外，表面质量也是极其重要而不容忽视的一个方面。产品的工作性能，尤其是它的可靠性、耐久性在很大程度上取决于主要零件的表面质量。

9.5.1 表面完整性

零件的使用性能，如耐磨性、疲劳强度、耐蚀性等除与材料本身的性能和热处理有关外，主要取决于加工后表面的完整程度。随着产品性能的不断提高，一些重要零件必须在高应力、高速、高温等条件下工作。由于表面上作用着最大的应力并直接受到外界介质的腐蚀，许多零件的损坏都是从几何表面之下几十微米范围内开始的。这些事实说明，表面层内的任何缺陷都可能引起应力集中、应力腐蚀等现象而导致零件的损坏。因而，表面完整性问题变得更加突出和重要。

1. 表面完整性的定义

表面完整性这一名词，是由美国金属切削研究协会在 1964 年召开的一次技术座谈会上首先引用的。其定义为：由于采用了受控制的加工方法，零件表层状态或性能没有任何损伤甚至有所提高的现象。也就是说，表面完整性是解释和控制加工过程中在一个表面中可能发生的许多变化，包括这些变化对材料性能和该表面使用性能的影响。按照加工过程对工件材料主要技术性能的影响，选择并控制加工过程，从而达到所需的表面完整性。

2. 表面完整性的组成

表面完整性首先要考虑加工过程对工件表面之下所产生的一系列影响。次表面的特性发生在各不同层次或区域。次表面材料层发生的变化可以简单到只是应力状态不同于材料本体，也可以非常复杂。

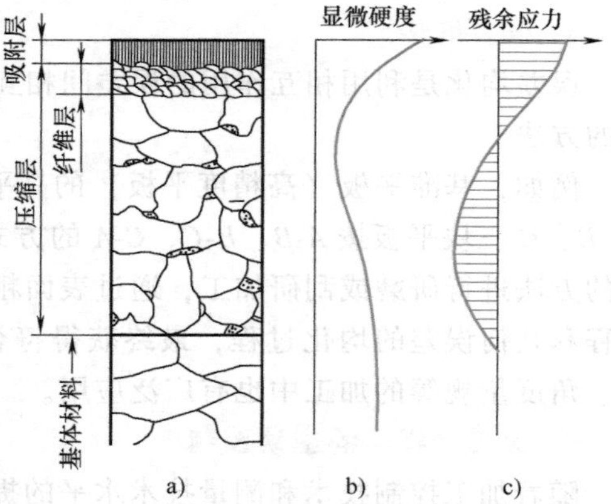

图 9-52 加工表面层沿深度的性质变化

图 9-52a 所示为加工表面层沿深度的性质变化。在最外层生成氧化膜或其他化合物，并吸收、渗进了气体粒子，故称其为吸附层，该层的总厚度通常不超过 60Å（$1Å=10^{-10}$ m）。压缩区即为塑性变形区，它由切削力造成，厚度为几十至几百微米，随加工方法的不同而变化。其上部为纤维层，它是由被加工材料与刀具间的摩擦力造成的。另外，切削热也会使表面层产生各种变化，像淬火、回火那样，使材料产生相变以及晶粒大小的变化等。所以表面层内的物理力学性能不同于基体，它主要由下列部分组成。

（1）裂纹　裂纹（图 9-53a）是使表面连贯性发生变化的细小开裂及间隙。通常它们是不透气的，并且有清晰的边缘，在深度与宽度之比为 4∶1 或更大的范围内有显著的方向变化，用肉眼或 10×以下的放大镜即可辨别出来。

（2）微观裂纹　它是需要放大 10×以上才能辨别出来的裂纹。

（3）弧坑　弧坑（图 9-53b）具有粗糙的边缘，近似于圆形或椭圆形的浅凹表面凹陷，其深度与宽度之比一般小于 4∶1。这种弧坑常见于电火花加工中火花放电所留下的痕迹，也可能是电解加工中的偶然短路所造成的痕迹。

（4）硬度变化层　硬度变化层（图 9-53c）是指加工过程中，由温度变化、机械变形或化学变化所造成的表面层硬度变化（变化小于±2 洛氏硬度或相当于对材料基体硬度无影响的变化量）。这种硬度变化常用冷硬层深度 h_y 和硬化程度 $N(\%)$ 来衡量，即

$$N=\frac{H-H_0}{H_0}$$

式中，H 是加工后表面层的显微硬度；H_0 是原材料的显微硬度。

（5）热影响层　热影响层（图 9-53d）是未融化但却接收了足够的热能，从而发生了微观组织变化和微观硬度变化的材料部分。

（6）杂质　杂质（图 9-53e）零件表层中的小颗粒，它们可能是外部成分或材料正常成分的一部分。

（7）晶间腐蚀　晶间腐蚀（图 9-53f）是一种锈蚀或腐蚀形式，主要集中在表面晶界上，其形状一般呈尖 V 形凹口或裂纹状。主要是加工过程中的高温所造成的晶间氧化或因遇到活性化学试剂而造成的晶间腐蚀。

（8）皱折、重叠或裂纹　它们是由于对重叠表面连续进行塑性加工而在表面上产生的缺陷，如图 9-53g 所示。

（9）金相变化　金相变化（图 9-53h）是加工过程中因温度的影响而产生的微观组织变化，包括再结晶、合金消耗、化学反应、再凝固层、再沉积层和再铸层。

（10）塑性变形　由于超出材料的屈服强度而产生的微观组织变化称为塑性变形（图

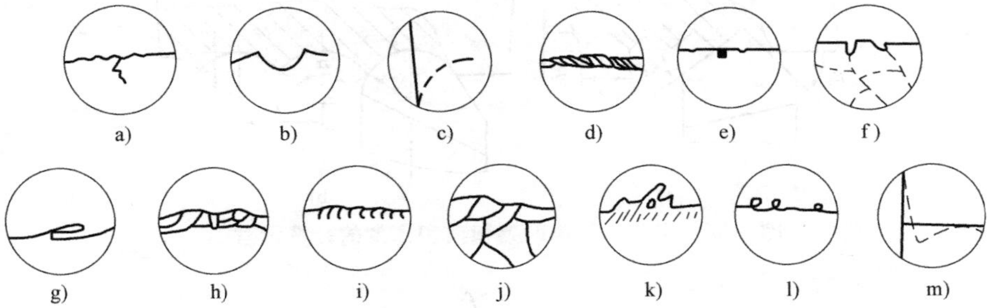

图 9-53 变质层的组成

9-53i)，一般包括结晶组织的拉长和硬度的提高。

（11）再结晶　再结晶（图 9-53j）是由于加工之前就存在于材料中的无应力晶粒或结晶组织而产生的新的无应力晶粒或结晶组织，它一般是由于塑性变形和随后的加热或加热过程中所产生的金相变化而产生的。

（12）再铸材料　再铸材料（图 9-53k）是指在加工过程中某一点熔化后再凝固的表面。它往往含有混合而成的再沉积材料和再熔化材料。

（13）再沉积材料　再沉积材料（图 9-53l）是在材料切除过程中以熔化状态离开表面，而在凝固前又附着在表面上的材料。

（14）残余应力　残余应力（图 9-53m）是指消除一切外界影响（力、温度变化或外部能量）后在材料中残存的那些应力。

在生产中，并不是对所有零件都要进行上述各项研究和检查，一般是根据零件工作的重要性来决定生产中要控制和检查的项目。

9.5.2 表面粗糙度的形成与影响因素

为了便于分析，下面将切削加工和磨削加工分开来讲述。

1. 切削加工

（1）表面粗糙度形成的原因　对于切削加工，如车、铣、刨等，表面纹理形成的主要原因有三个方面。在切削加工表面上，垂直于切削速度方向的表面粗糙度称为横向表面粗糙度；在切削速度方向上测量的表面粗糙度为纵向表面粗糙度。一般来说，横向表面粗糙度值较大，它主要是由几何因素和物理因素两方面形成的；纵向表面粗糙度则主要由物理因素形成。

1）几何因素。由于刀具切削刃的几何形状、几何参数、进给运动及切削刃本身的表面粗糙度等原因，未能将被加工表面上的材料层完全干净地去除掉，在已加工表面上遗留下残留面积，残留面积的高度构成了表面粗糙度。

表面粗糙度主要取决于切削残留面积的高度。影响切削残留面积高度的因素主要包括刀尖圆弧半径 r_ε、主偏角 κ_r、副偏角κ_r'及进给量f等。

图 9-54 所示为车削、刨削时残留面积高度的计算示意图。图 9-54a 所示为用尖刀切削的情况，切削残留面积的高度为

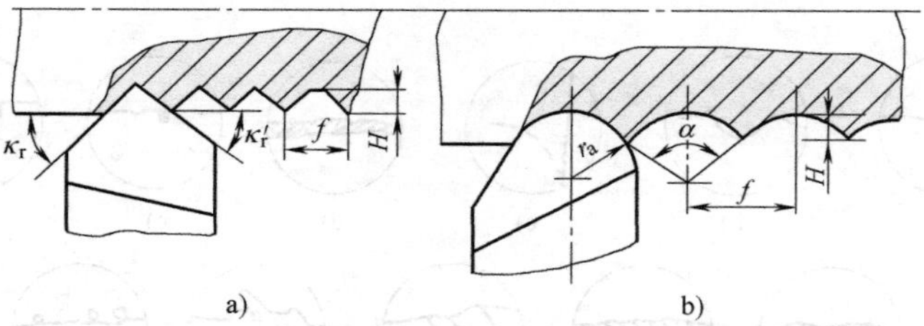

图 9-54　车削、刨削时残留面积高度的计算示意图

$$H=\frac{f}{\cot\kappa_r+\cot\kappa_r'}$$

图 9-54b 所示为用圆弧切削刃切削的情况，切削残留面积的高度为

$$H=\frac{f}{2}\tan\frac{\alpha}{4}$$

经推导，略去二次微小量，整理得

$$H\approx\frac{f^2}{8r_a}$$

2）物理因素。实际切削时，表面粗糙度值与由残留面积造成的理论表面粗糙度值相比要更大些，如图 9-55 所示。这是由于除前述几何原因外，还有表层塑性变形等物理因素的影响，其中影响较大的有以下几项：

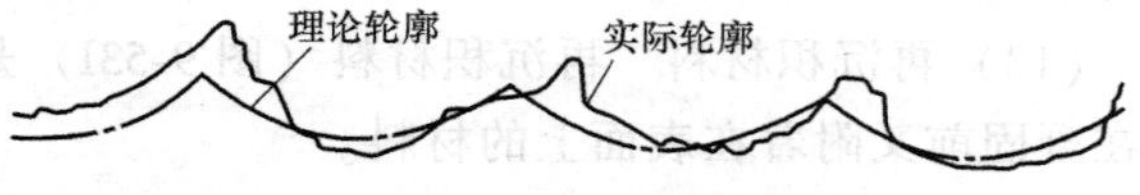

图 9-55　加工后表面的实际轮廓与理论轮廓

① 由金属切削原理可知，用中、低速切削塑性材料时，由于切屑的滞流层粘附（冷焊）在刀具前面上，形成了硬度很高（高于工件材料硬度的 2~2.5 倍）的楔块，称为积屑瘤（图 9-56)。积屑瘤可代替切削刃进行切削，但是由于积屑瘤形状不规则，沿切削刃方向高低不等，会在加工表面上形成犁沟。另外，积屑瘤的高度是不稳定的，一会儿增长，一会儿脱落，脱落下来的碎片又会嵌入已加工表面中，所有这些都将使表面粗糙度值增大。

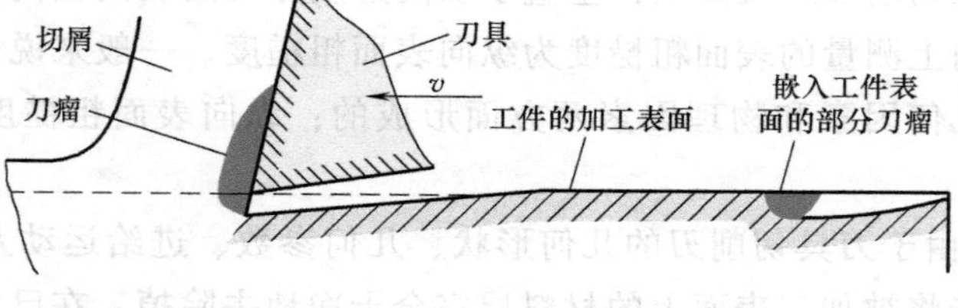

图 9-56　积屑瘤对工件表面质量的影响

② 鳞刺。由金属切削原理可知，在用比较低的，甚至不产生积屑瘤的速度切削塑性材料时，已加工表面上将形成鳞片状的毛刺，称为鳞刺。鳞刺的形成，严重地影响了已加工表面的表面粗糙度。图 9-57 所示为鳞刺形成的过程，包括四个阶段。图 9-57a 所示为抹拭阶段：切屑将刀具前面上有润滑作用的吸附膜抹拭干净；图 9-57b 所示为导裂阶段：切屑与刀

具前面由于温度和压力作用而冷焊在切削刃前下方，切屑与加工表面间出现裂口；图 9-57c 所示为层积阶段：切削厚度逐渐增大，切削力也逐渐增大，导裂也增大；图 9-57d 所示为是刮成阶段：切削厚度增大，切削力也随之增大，当切削力超过一定值，足以克服切屑与刀具前面间的黏附力时，切屑又重新沿刀具前面流出，同时切削刃刮出鳞刺的顶部，一个鳞刺即宣告形成。

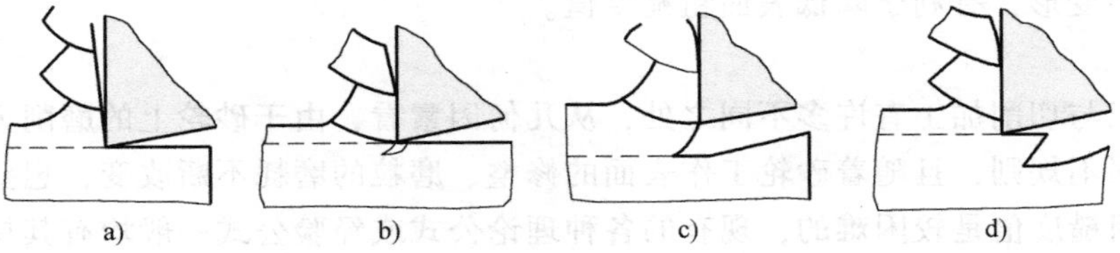

图 9-57 鳞刺形成的过程

a) 抹拭阶段；b) 导裂阶段；c) 层积阶段；d) 刮成阶段

③ 脆性材料的碎裂。脆性材料的塑性变形小，由于碎裂而形成崩裂切屑，使表面粗糙。其他如薄层切削时的打滑，刀具后面的摩擦、挤压和回弹等，都对表面粗糙度有影响。

3）切削加工时的振动。工艺系统的低频振动一般会在加工表面上产生波纹度，工艺系统的高频振动是产生纵向表面粗糙度的原因之一。

（2）影响表面粗糙度的工艺因素　从几何因素看，要降低表面粗糙度值，可通过减小切削层残留面积来解决。减小进给量以及刀具的主、副偏角，增大刀尖圆角半径，均能有效地降低表面粗糙度值。

从物理因素看，要降低表面粗糙度值主要应采取措施减少加工时的塑性变形，避免产生积屑瘤和鳞刺。对此起主要作用的影响因素有切削速度，被加工材料的性质以及刀具的几何形状、材料和刃磨质量。

1）切削速度的影响。由试验可知，切削速度越高，切削过程中切屑和加工表面的塑性变形程度就越小，表面粗糙度值也就越小。积屑瘤和鳞刺都是在较低的速度范围产生的，此速度范围随不同的工件材料、刀具材料、刀具前角等变化。采用较高的切削速度常能防止积屑瘤、鳞刺的产生。图 9-58 所示为切削速度对表面粗糙度的影响，实线表示只受塑性变形影响时的情况，虚线表示受积屑瘤影响时的情况。

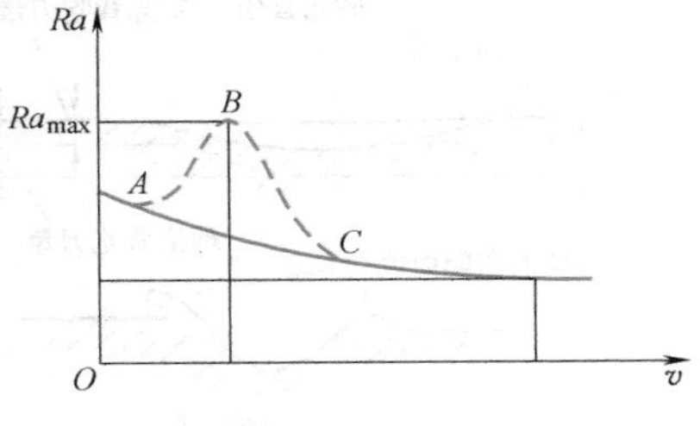

图 9-58 切削速度对表面粗糙度的影响

2）被加工材料性质的影响。一般来说，韧性越大的塑性材料，加工后表面粗糙度值越大。对于同样的材料，晶粒组织越粗大，加工后的表面粗糙度值也越大。因此，为了减小加工后的表面粗糙度值，常在切削加工前进行调质处理，以得到均匀细密的晶粒组织和适当的硬度。

3）刀具几何形状、材料、刃磨质量的影响。刀具的前角γ_o对切削过程中的塑性变形有很大影响。γ_o值增大时，塑性变形程度减小，表面粗糙度值就能降低；γ_o为负值时，塑性变形增大，表面粗糙度值也将增大。后角α_o过小会增加摩擦，刃倾角λ_s的大小又会影响刀具的实际工作前角。因此，刀具角度都会影响加工表面的表面粗糙度。刀具的材料与刃磨质量对积屑瘤、鳞刺等现象影响很大。例如，用金刚石车刀精车铝合金时，由于摩擦因数较小，刀面上就不会产生切屑的粘附、冷焊现象，因此能降低表面粗糙度值；降低刀具前、后面的刃磨表面粗糙度值，也能起到同样的作用。

此外，合理地选择切削液，提高冷却和润滑效果，常能抑制积屑瘤、鳞刺的生成，减少切削时的塑性变形，有利于降低表面粗糙度值。

2. 磨削加工

磨削加工与切削加工有许多不同之处，从几何因素看，由于砂轮上的磨削刃形状和分布很不均匀、很不规则，且随着砂轮工作表面的修整、磨粒的磨耗不断改变，想要定量地计算出加工表面粗糙度值是较困难的，现有的各种理论公式或经验公式一般均有其局限性，且与实际情况有很大出入，所以这里只做定性的讨论。

磨削加工表面是由砂轮上大量的磨粒刻划出的无数极细的沟槽形成的。单位面积上的刻痕越多，即通过单位面积上的磨粒数越多，以及刻痕的等高性越好，则表面粗糙度值就越小。

在磨削过程中，由于磨粒大多具有很大的负前角，因此产生了比切削加工时大得多的塑性变形。磨粒磨削时，金属材料沿着磨粒侧面流动，形成沟槽隆起的现象，从而增大了表面粗糙度值（图 9-59），磨削热使表面金属软化，易于产生塑性变形，也进一步增大了表面粗糙度值。

从以上分析可知，影响磨削表面粗糙度的主要因素如下：

（1）砂轮的粒度　砂轮的粒度越细，则砂轮工作表面单位面积上的磨粒数越多，工件上的刻痕也就越密而细，所以表面粗糙度值越小。但是粗粒度砂轮如经过细修整，在磨粒上车出微刃（图 9-60），则也能加工出表面粗糙度值小的表面。

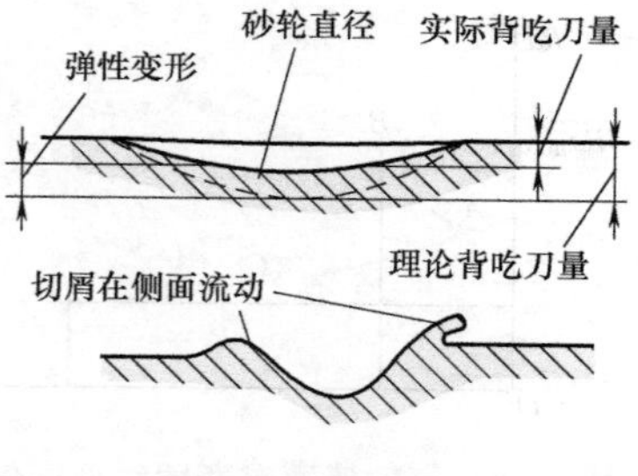

图 9-59　磨粒在工件上的刻痕

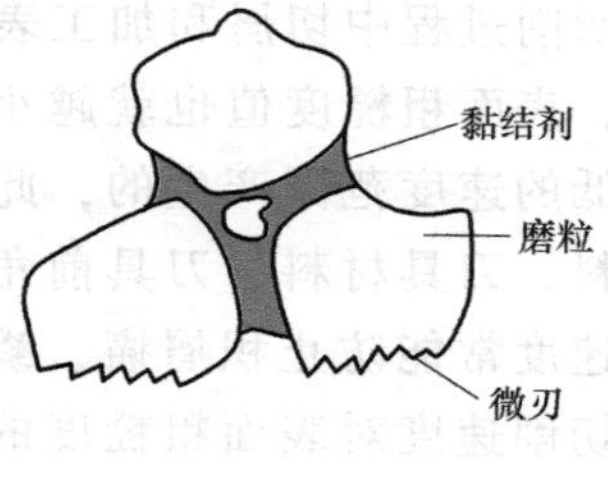

图 9-60　磨粒上的微刃

（2）砂轮的修整　用金刚石修整砂轮相当于在砂轮工作表面车出一道螺纹，修整导程和背吃刀量越小，修出的砂轮就越光滑，磨削刃的等高性也越好，因而磨出的工件表面粗糙度值就越小。修整用的金刚石是否锋利对修整效果影响很大。

（3）砂轮速度　提高砂轮速度可以增加在工件单位面积上的刻痕，同时塑性变形造成的隆起量随着v的增大而下降，原因是高速度下塑性变形的传播速度小于磨削速度，材料来不及变形，因而表面粗糙度值可以显著降低。

图 9-61 所示为砂轮速度对表面粗糙度的影响。

(4) 磨削背吃刀量与工件速度 增大磨削背吃刀量和工件速度将增加塑性变形的程度，从而增大表面粗糙度值。图 9-62 和图 9-63 所示分别为磨削背吃刀量和工件速度对表面粗糙度的影响。

通常在磨削过程中，开始采用较大的磨削背吃刀量，以提高生产率，而在最后则采用小的背吃刀量或无进给磨削，以降低表面粗糙度值。

其他如材料的硬度、切削液的选择与净化、轴向进给速度等都是影响表面粗糙度的不容忽视的重要因素。

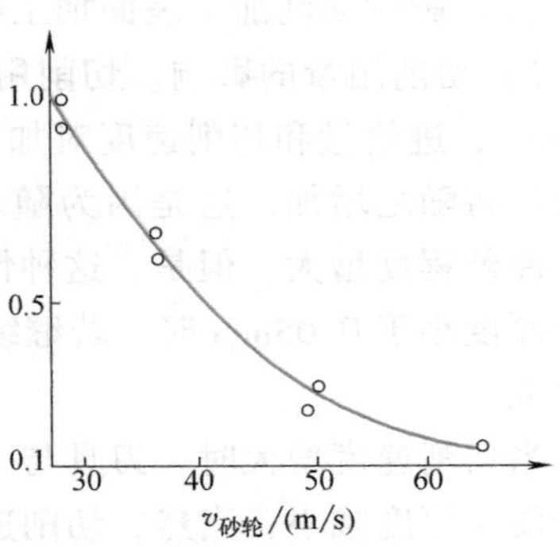

图 9-61 砂轮速度对表面粗糙度的影响

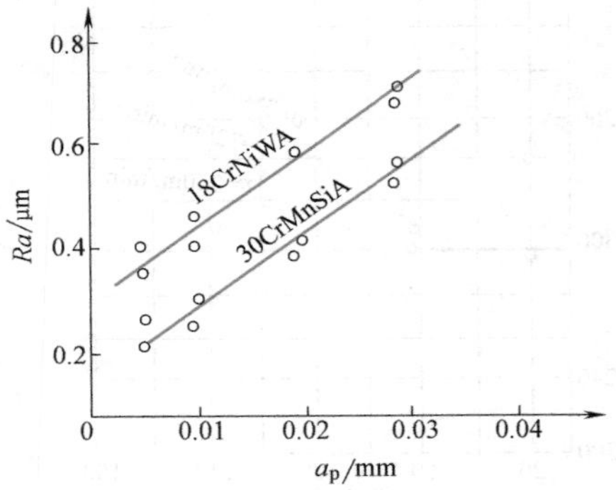

图 9-62 磨削背吃刀量对表面粗糙度的影响

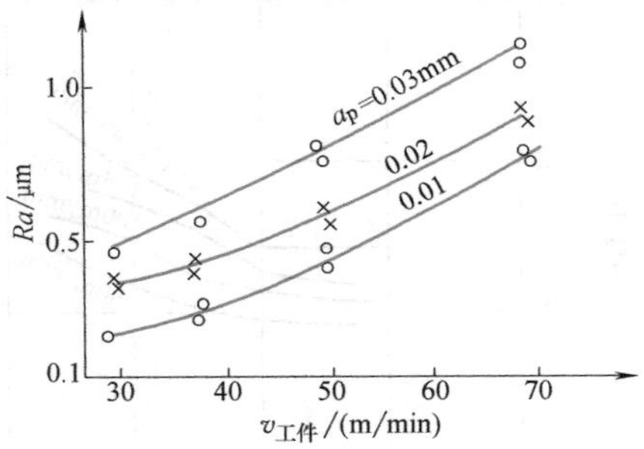

图 9-63 工件速度对表面粗糙度的影响

9.5.3 加工表面力学性能的变化

由于受到切削力和切削热的作用，表面金属层的物理力学性能会发生很大的变化，最主要的变化是表层金属显微硬度的变化（即加工硬化）、金相组织的变化和在表层金属中产生残余应力。

1. 表面层的加工硬化

机械加工过程中产生的塑性变形使晶格扭曲、畸变，晶粒间产生滑移，晶粒被拉长，这些都会使表面层金属的硬度增加，统称为加工硬化（或称为强化）。表层金属加工硬化的结果，是增大金属变形的阻力，减小金属的塑性，金属的物理性质（如密度、导电性、导热性等）也会有所变化。

金属加工硬化的结果，是使金属处于高能位不稳定状态，只要一有条件，金属的冷硬结构将本能地向比较稳定的结构转化，这些现象统称为弱化。机械加工过程中产生的切削热，将使金属在塑性变形中产生的冷硬现象得到恢复。

由于金属在机械加工过程中同时受到力因素和热因素的作用，机械加工后的表面金属的最后性质取决于强化和弱化两个过程的综合。

评定加工硬化的指标有表层金属的显微硬度、硬化层深度 h（μm）和硬化程度 N。

（1）影响切削加工表面加工硬化的因素

1）切削用量的影响。切削用量中，进给量和切削速度的影响最大。图 9-64 所示为切削 45 钢时，进给量和切削速度对加工硬化的影响。由图可知，加大进给量时，表层金属的显微硬度将随之增加。这是因为随着进给量的增大，切削力也增大，表层金属的塑性变形加剧，冷硬程度增大。但是，这种情况只是在进给量比较大时才会出现；如果进给量很小，如切削厚度小于 0.05mm 时，若继续减小进给量，则表层金属的冷硬程度不仅不会减小，反而会增大。

当切削速度增大时，刀具与工件之间的作用时间减少，使塑性变形的扩展深度减小，因而冷硬层深度减小；当然，切削速度增大时，切削热在工件表面层上的作用时间也缩短了，将使冷硬程度增加。在图 9-64 及图 9-65 所示的加工条件下，当切削速度增大时，都出现了冷硬程度随之增大的情况。

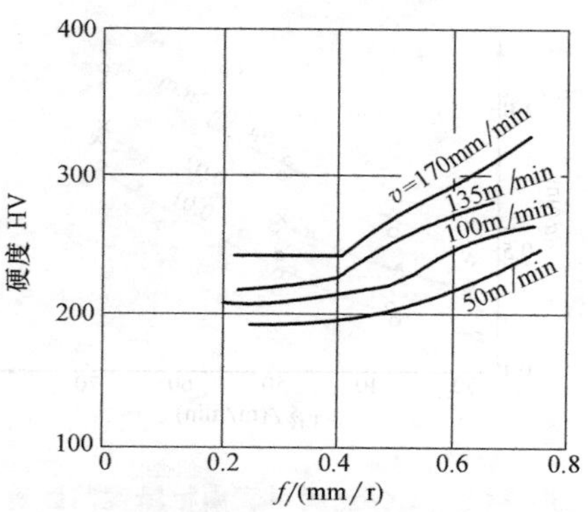

图 9-64　进给量和切削速度对加工硬化的影响

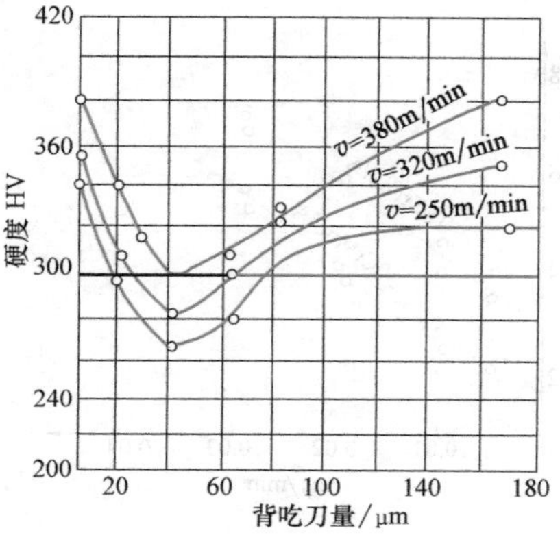

图 9-65　切削层厚度对加工硬化的影响

背吃刀量对表层金属加工硬化的影响不大。

2）刀具几何形状的影响。切削刃钝圆半径的大小对切屑形成的过程有决定性影响。试验表明，已加工表面的显微硬度随着切削刃钝圆半径的加大而明显地增大。这是因为切削刃钝圆半径增大时，径向切削分力也将随之加大，表层金属的塑性变形程度加剧，导致冷硬程度增大。

3）加工材料性能的影响。工件材料的塑性越大，冷硬倾向越大，冷硬程度也越严重。碳钢中含碳量越高，强度越高，塑性越小，因而冷硬程度越小。非铁金属合金的熔点低，容易弱化，冷作硬化现象比钢材轻得多。

（2）影响磨削加工表面加工硬化的因素

1）工件材料性能的影响。分析工件材料对磨削表面加工硬化的影响时，可以从材料的塑性和导热性两方面着手进行。磨削高碳工具钢 T8 时，加工表面的冷硬程度平均可达 60%～65%，个别可达 100%；而磨削纯铁时，加工表面的冷硬程度可达 75%～80%，有时可达 140%～150%。原因是纯铁的塑性好，磨削时的塑性变形大，强化倾向大；此外，纯铁的导热性比高碳工具钢好，热量不容易集中于表面层，故弱化倾向小。

2）磨削用量的影响。加大磨削深度，磨削力随之增大，磨削过程中的塑性变形加剧，表面的冷硬倾向增大。图 9-66 所示为磨削高碳工具钢 T8 时的试验曲线。

加大纵向进给速度，每颗磨粒的切削厚度随之增大，磨削力加大，冷硬程度增加。但提高纵向进给速度，有时又会使磨削区产生较大的热量而使冷硬程度减弱。因此，加工表面的冷硬状况要综合考虑上述两种因素的作用。

提高工件转速，会缩短砂轮对工件热作用的时间，使软化倾向减弱，从而使表面层的冷硬程度增大。

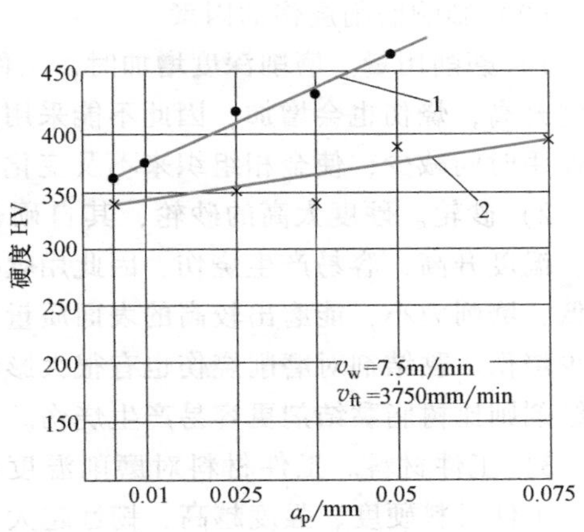

图 9-66　磨削深度对加工硬度的影响

提高磨削速度，每颗磨粒切除的切削厚度变小，减弱了塑性变形程度，磨削区的温度提高，弱化倾向增大。所以，高速磨削时加工表面的冷硬程度总比普通磨削时低。

3）砂轮粒度的影响。砂轮的粒度号数越大，每颗磨粒承受的载荷越小，冷硬程度也越低。

2. 表面层金相组织的变化

（1）表面层金相组织的变化与磨削烧伤的产生　当切削热使工件加工表面层的温度超过工件材料金相组织变化的临界温度时，表面层金属将发生金相组织转变。就一般的切削加工（如车削、铣削、刨削等）而言，由切削热产生的工件加工表面温升还达不到相变的临界温度，因此一般不会发生金相组织变化。

在磨削加工中，由于磨粒在高速下进行切削、刻划和滑擦，而且多数磨粒为负前角切削，磨削温度很高，产生的热量远远高于切削时的热量，而且磨削热有 60%~80%传给了工件，工件表面温升常高达 900℃以上，足以引起表层金属发生金相组织的变化，使得表面层金属的硬度和强度下降，产生残余应力甚至引起显微裂纹，这种现象称为磨削烧伤。产生磨削烧伤时，加工表面常会出现黄、褐、紫、青等烧伤色，这是磨削表面在瞬时高温下的氧化膜颜色。不同的烧伤色，表明工件表面受到的烧伤程度不同。磨削烧伤将严重地影响零件的使用性能，因此，磨削是一种典型的容易造成加工表面金相组织变化的加工方法。

磨削淬火钢钢件时，工件表面层的金相组织将产生以下三种变化：

1）回火烧伤。如果磨削表面层温度在相变温度与马氏体转变温度之间（一般中碳钢为 300~720℃），这时马氏体将转变成为硬度较低的回火托氏体或回火索氏体。

2）退火烧伤。如果磨削表面层温度超过相变温度（一般中碳钢为 720℃），而磨削区域中又无切削液进入，则马氏体转变为奥氏体，表层被退火，磨削表面硬度急剧下降。

3）淬火烧伤。如果磨削区温度超过了相变温度，再加上切削液的急冷作用，表层金属将发生二次淬火，使表层金属出现二次淬火马氏体组织，其硬度比原来的回火马氏体高，但很薄；其下层为硬度较低的回火索氏体或回火屈氏体，表层总硬度下降。

由以上分析可知，造成磨削烧伤的根源是磨削热量过大，因此，可以通过以下两条途径避免磨削烧伤：一方面尽可能地减少磨削热的产生；另一方面改善冷却条件，使传入工件的热量减少。

（2）影响磨削烧伤的因素

1）磨削用量。磨削深度增加时，工件的塑性变形会随之增加，工件表面及里层的温度都将升高，烧伤也会增加，因此不能采用太大的磨削深度。进给量和磨削速度增加，由于热源作用时间减少，使金相组织来不及变化，因而可减轻烧伤，但会导致表面粗糙度值增大。

2）砂轮。硬度太高的砂轮，其自砺性不好，钝化后的磨粒不易脱落，将使切削力增加，温度升高，容易产生烧伤，因此用软砂轮较好；立方氮化硼砂轮的热稳定性好，磨削温度低，磨削力小，能磨出较高的表面质量。选用粗粒度砂轮磨削，砂轮不易被磨屑堵塞，可减少烧伤。黏结剂对磨削烧伤也有很大影响，树脂黏结剂比陶瓷黏结剂容易产生烧伤，橡胶黏结剂则比树脂黏结剂更容易产生烧伤。

3）工件材料。工件材料对磨削温度的影响主要取决于它的硬度、强度、韧性和热导率。工件材料硬度、强度越高，韧性越大，磨削时消耗的功率越大，发热量越多，磨削温度越高，烧伤越严重；但材料过软，易堵塞砂轮，反而会使加工表面温度急剧上升。导热性较差的材料，如轴承钢、不锈钢、耐热钢等在磨削时都容易出现烧伤。

4）冷却条件。为降低磨削区的温度，在磨削时广泛采用切削液进行冷却。常用的冷却方法因高速回转气流的影响，实际切削液很难进入磨削区，故冷却效果较差。为了使切削液能喷注到工件表面上，通常增加切削液的流量和压力并采用特殊喷嘴。此外，还可采用多孔砂轮、内冷却砂轮和浸油砂轮。使用特殊的多孔性砂轮（孔隙占40%~70%），切削液被引入砂轮的中心腔内，由于离心力的作用，切削液再经过砂轮内部的孔隙从砂轮四周的边缘甩出，这样切削液即可直接进入磨削区，从而可取得良好的冷却效果。

3. 表面层残余应力

外载荷去除后，仍残存在工件表层与基体材料交界处的相互平衡的应力称为残余应力。产生表面残余应力的主要原因如下。

（1）冷态塑性变形　切削加工时，加工表面在切削力的作用下会产生强烈的冷塑性变形，特别是切削刀具对已加工表面的挤压和摩擦，使表面层金属向两边发生伸长塑性变形，表层金属的比热容增大，体积膨胀。但受到与它相连的里层金属的限制，工件表面产生了残余压应力，在里层则产生了残余拉应力。

（2）热态塑性变形　切削加工时，大量的切削热使工件表面局部温度比里层的温度高得多，会使加工表面产生热膨胀。当加工结束后，表层温度下降进行冷却收缩，但受到基体金属的阻碍，从而在表层产生了残余拉应力，里层产生了残余压应力。

（3）金相组织变化　如前所述，如果在加工中工件表层温度超过金相组织的转变温度，则工件表层将产生组织转变。不同的金相组织有不同的比密度，故相变会引起体积的变化，从而在表层、里层产生互相平衡的残余应力。例如，在磨削淬火钢时，表层金属组织由马氏体转变成接近珠光体的托氏体或索氏体组织时，密度增大，比热容减小，表层金属要产生相变收缩，但会受到基体金属的阻碍，从而表层金属产生残余拉应力，里层金属产生残余压应力。如果磨削时表层金属变成淬火马氏体组织，密度减小，比热容增大，则表层将产生残余压应力，里层则产生残余拉应力。

实际上，加工表面层残余应力是以上三个方面综合作用的结果。在一定条件下，可能由某一两种原因起主导作用。例如切削加工中，当切削热不多时，以冷态塑性变形为主，表面将产生残余压应力；而在磨削加工中，温度较高，以热态塑性变形和相变为主，表面将产生残余拉应力。

9.5.4　控制加工表面质量的工艺途径

综上所述，在加工过程中影响表面质量的因素是非常复杂的，为了获得要求的表面质量，就必须对加工方法、切削参数进行适当的控制。但是，控制表面质量常常会增加加工成本，影响加工效率，所以对一般零件宜用正常的加工工艺来保证其表面质量，不必提出过高要求。而对于一些直接影响产品性能、寿命和安全的重要零件的重要表面，则有必要加以控制。例如，承受高应力交变载荷的零件需要控制受力表面不产生裂纹与拉应力；对于轴承沟道，为了提高其接触疲劳强度，必须控制表面不产生磨削烧伤和微观裂纹；量块则主要应保证其尺寸精度及稳定性，故必须严格控制表面粗糙度和残余应力等。对于类似这样的零件表面，就必须选用合适的加工工艺，严格控制表面质量，并进行必要的检查。

1. 冷压表面强化工艺

冷压表面强化工艺是指通过冷压加工方法使表面层金属发生冷态塑性变形，以降低表面粗糙度值，提高表面硬度，并在表面层产生压缩残余应力的表面强化工艺。冷压加工强化工艺是一种既简单又有明显效果的加工方法，因而其应用十分广泛。

（1）喷丸强化　喷丸强化是利用大量快速运动的珠丸打击被加工工件表面，使工件表面产生冷硬层和残余压应力，从而显著提高零件的疲劳强度和使用寿命的方法。

珠丸可以是铸铁的，也可以是切成小段的钢丝（使用一段时间后将自然变成球状）。对于铝质工件，为避免表面残留铁质微粒而引起电解腐蚀，宜采用铝丸或玻璃丸。珠丸的直径一般为0.2~4mm，对于尺寸较小、表面粗糙度值要求较小的工件，应采用直径较小的珠丸。

喷丸强化主要用于强化形状复杂或不宜用其他方法强化的工件，如板弹簧、螺旋弹簧、连杆、齿轮、焊缝等。

（2）滚压加工　滚压加工时，利用经过淬硬和精细研磨的滚轮或滚珠，在常温状态下对金属表面进行挤压，将表层的凸起部分向下压，凹下部分往上挤（图9-67），逐渐将前道工序留下的波峰压平，从而修正工件表面的微观几何形状。此外，它还能使工件表面金属组织细化，形成残余压应力。

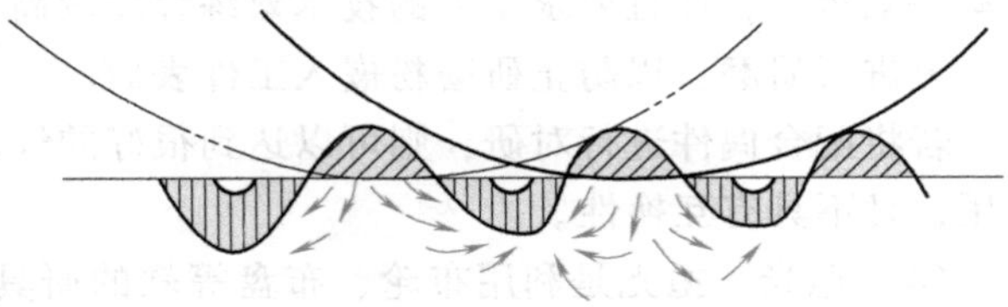

图9-67　滚压加工原理图

滚压加工可使表面粗糙度降低3~5级，表面硬度一般可提高10%~40%，表层金属的耐疲劳强度一般可提高30%~50%。

2. 精密和光整加工工艺

为控制加工表面质量，采用超精加工、珩磨等光整加工方法作为终加工工序。超精加工、珩磨等都是利用磨条以一定的压力压在工件的被加工表面上，并做相对运动以降低工件表面粗糙度值和提高精度的工艺方法。一般用于表面粗糙度值小于$Ra0.08\mu m$的表面的加工。由于切削速度低、磨削压强小，所以加工时产生的热量很少，不会产生热损伤，并产生残余压应力。如果加工余量合适，则还可以去除磨削加工变质层。

采用超精加工、珩磨工艺虽然比直接采用精磨达到要求的表面粗糙度多增加了一道工序，但由于这些方法都是靠加工表面自身定位进行加工的，因而机床结构简单、精度要求不高，而且大多设计成多工位机床，并能进行多机床操作，所以生产率较高，加工成本较低。鉴于上述优点，其在大批大量生产中应用得比较广泛。例如，在轴承制造中，为了提高轴承的接触疲劳强度和寿命，越来越普遍地采用超精加工来加工套圈与滚子的滚动表面。

（1）超精加工　超精加工是用细粒度的磨条以一定的压力压在旋转的工件表面上，并在轴向做往复振荡进行微量切除的光整加工方法，它常用于加工内外圆柱、圆锥面和滚动轴承套圈的沟道。超精加工后表面粗糙度值可达 $Ra0.012\mu m$，表面加工纹路由波纹曲线相互交叉形成，这样的表面容易形成油膜，润滑效果好，因此耐磨性好。由于切削区温度低，表面层只有轻度塑性变形，所以表面残余压应力较小。

（2）珩磨　珩磨与超精加工类似，只是使用的工具和运动方式不同，珩磨头带有若干块细粒度的磨条，这些磨条靠机械或液压的作用胀紧和施加一定的压力于工作表面上，并相对工件做旋转与往复运动，结果是在工件表面上形成了由螺旋线交叉而成的网状纹路。此方法主要用于内孔的光整加工，孔径范围为 $\phi8\sim\phi1200mm$，长径比 L/D 可达 10 或 10 以上。

近年来，采用了人造金刚石、立方氮化硼磨料制作的磨条，效率显著提高，珩磨压力增加至 1～1.5MPa，珩磨余量可达 0.05～0.1mm，而磨削区温度仍很低，表面不产生变质层。因此，珩磨可取代内圆磨削并能直接获得良好的表面质量。

（3）研磨　研磨是将研磨剂涂敷（干式）或浇注（湿式）在研具与工件之间，工件与夹具在一定的压力下做不断变更方向的相对运动，在磨粒的作用下逐步刮擦并微量切除工件表面的很薄金属层。此种方法可适用于各种表面的加工，表面粗糙度值可达 $Ra0.01\sim0.16\mu m$，尺寸公差等级可达 IT5 级以上。研磨剂一般采用煤油、润滑油或油脂与研磨粉混合而成，有时还加入活性添加剂，如油酸、硬脂酸等，研磨时尚有一定的化学作用。研具一般采用比工件软的材料制成，常用的有细小珠光体铸铁、夹布胶木、玻璃、纯铜等。其研磨效率一般极低，而且要求工人的技术熟练程度较高。在研磨较软材料时，宜将研磨粉压嵌在研具上进行研磨，以防止研磨粉嵌入工件表面。

若将配合偶件进行对研，则可以达到很好的气、液密封配合。但是，对研偶件只能成对使用，且不具有互换性。

（4）抛光　抛光是利用布轮、布盘等软的研具涂上抛光膏抛光工件的表面，靠抛光膏的机械刮擦和化学作用去掉表面粗糙度的峰顶，使表面获得光泽镜面。抛光时一般去不掉余量，所以不能提高工件的精度，甚至还会损坏原有精度。经抛光的表面能减小残余拉应力值。

复习思考题

9-1　机床夹具由哪几个部分组成？各部分分别起什么作用？

9-2　工件在机床上的装夹方法有哪些？其原理是什么？

9-3　何谓基准？试分析下列零件的有关基准：

（1）图 9-68 所示齿轮的设计基准和装配基准，滚切齿形时的定位基准和测量基准。

（2）图 9-69 所示为小轴零件图及在车床顶尖间加工小端外圆及台肩面 2 的工序图，试分析台肩面 2 的设计基准、定位基准及测量基准（图中 1 为左端面）。

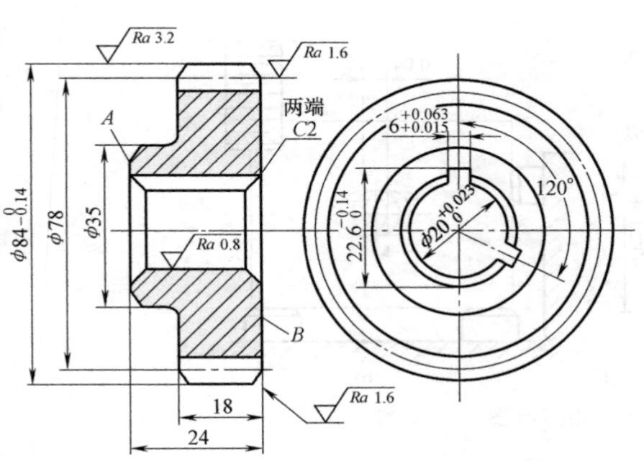

图 9-68 题 9-3（1）图

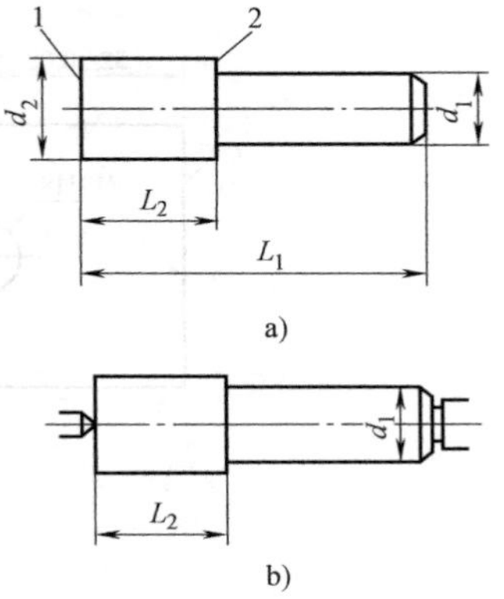

图 9-69 题 9-3（2）图

9-4 什么是六点定位原理？

9-5 根据六点定位原理，分析图 9-70 所示各定位方案中各定位元件所限制的自由度。

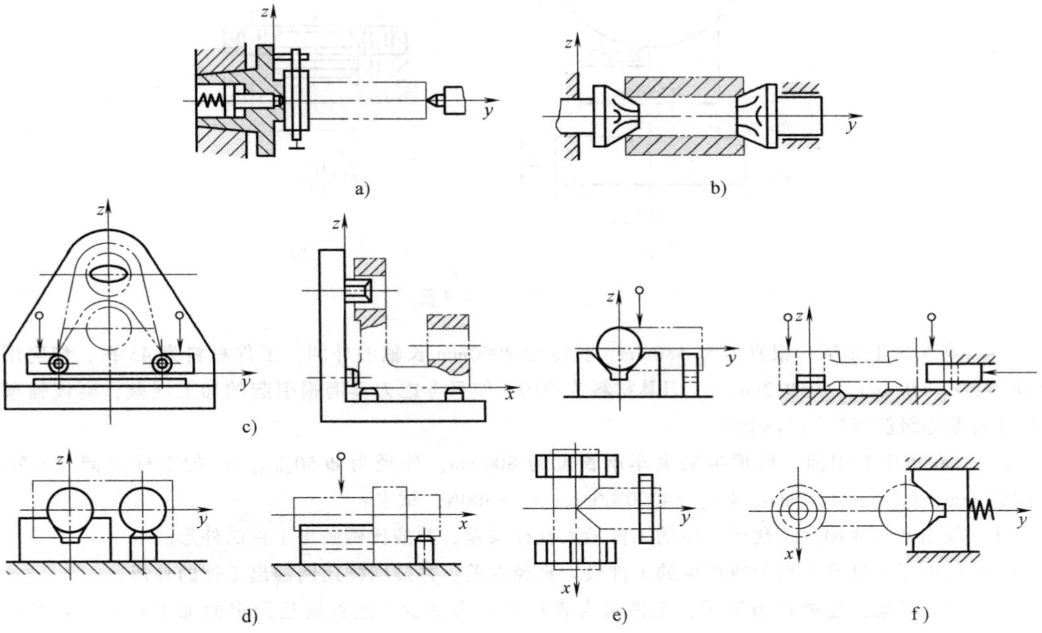

图 9-70 题 9-5 图

9-6 有一批如图 9-71a 所示的工件，除 *A*、*B* 处的台阶面外，其余各表面均已加工合格。今用图 9-71b 所示的夹具方案定位铣削 *A*、*B* 台阶面，保证 30mm±0.01mm 和 60mm±0.06mm 两个尺寸。试分析和计算定位误差。

9-7 有一批如图 9-72a 所示的工件，除 2×ϕ5mm 孔外，其余各表面均已加工合格。现按图 9-72b 所示的方案用盖板式钻模装夹后依次加工孔Ⅰ和孔Ⅱ。盖板式钻模用 $\phi25f9(^{-0.020}_{-0.072})$ 心轴与工件孔 $\phi25H9(^{+0.052}_{0})$ 相配定位。试分析并计算两个孔心距的定位误差。

9-8 什么叫主轴回转误差？它包括哪些方面？

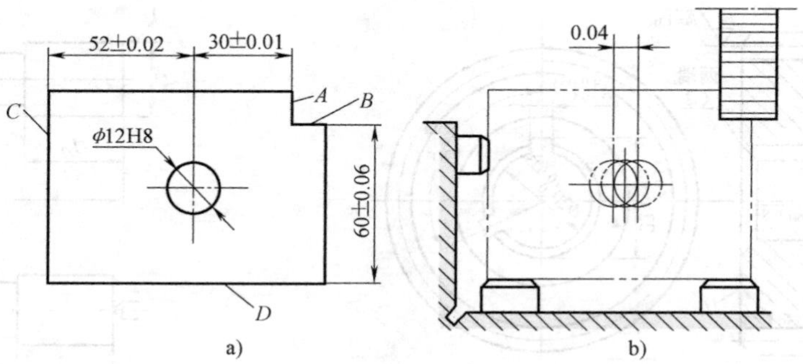

图 9-71　题 9-6 图

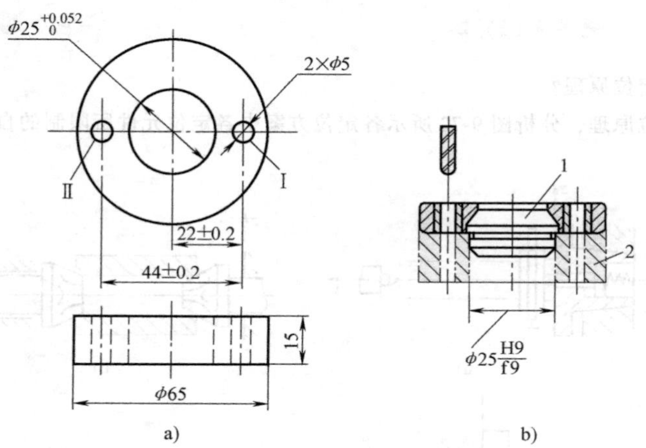

图 9-72　题 9-7 图

9-9　在车床上车削一根直径为 ϕ80mm、长度为 2000mm 长轴的外圆，工件材料为 45 钢，切削用量为 $v=2\text{m/s}$，$a_p=0.4\text{mm}$，$f=0.2\text{mm/r}$，刀具材料为 P10。如只考虑刀具磨损引起的加工误差，则该轴车削后的尺寸公差等级能否达到 IT8 级？

9-10　在车床上用前、后顶尖装夹车削长度为 800mm，外径为 $\phi 50_{-0.04}^{\ 0}$ mm 的工件外圆。已知 $k_{系}=10000\text{N/mm}$，$k_{尾}=5000\text{N/mm}$，$k_{刀架}=4000\text{N/mm}$，$F_y=300\text{N}$，试求：

（1）仅由于机床刚度变化所产生的工件最大直径误差，并按比例画出工件的外形。

（2）仅由于工件受力变形所产生的工件最大直径误差，并按同样比例画出工件的外形。

（3）综合考虑上述两种情况后，工件最大直径误差为多少？能否满足预定的加工要求？若不符合要求，可采取哪些措施予以解决？

9-11　已知车床车削工件外圆时的 $k_{系}=2000\text{N/mm}$，毛坯偏心量 $e=2\text{mm}$，最小背吃刀量 $a_{p_2}=1\text{mm}$，$C=C_y f^y HBS^n=1500\text{N/mm}$，试求：

（1）毛坯最大背吃刀量 a_{p1}。

（2）第一次进给后，反映在工件上的残余偏心误差 $\Delta_{工_1}$ 是多少？

（3）第二次进给后的 $\Delta_{工_2}$ 是多少？

（4）第三次进给后的 $\Delta_{工_3}$ 是多少？

（5）若其他条件不变，取 $k_{系}=10000\text{N/mm}$，求 Δ'_{x1}、Δ'_{x2}、Δ'_{x3} 各为多少？并说明 $k_{系}$ 对残余偏心量的影响规律。

9-12 在卧式铣床上按图 9-73 所示的装夹方式用铣刀 A 铣削键槽，经测量发现，工件两端的深度大于中间的深度，且都比未铣键槽前的调整深度小。试分析产生这一现象的原因。

9-13 在外圆磨床上磨削图 9-74 所示轴类工件的外圆 ϕ，若机床的几何精度良好，试分析所磨外圆出现纵向腰鼓形的原因，并分析 $A—A$ 截面加工后的形状误差，画出 $A—A$ 截面的形状，最后提出减小上述误差的措施。

9-14 有一批套筒零件如图 9-75 所示，其他加工面已加工好，现以内孔 D_2 在圆柱心轴 d 上定位，用调

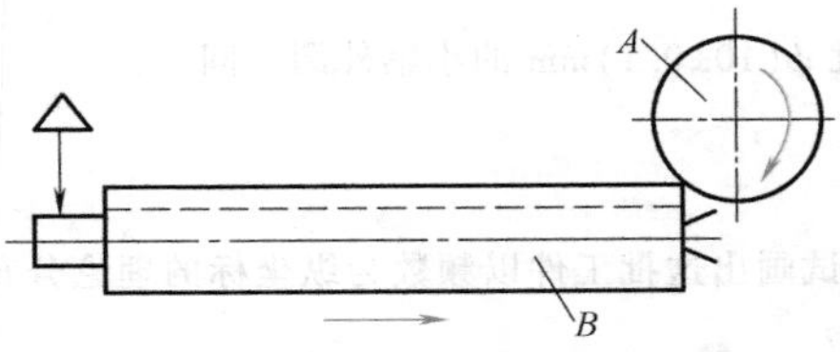

图 9-73 题 9-12 图

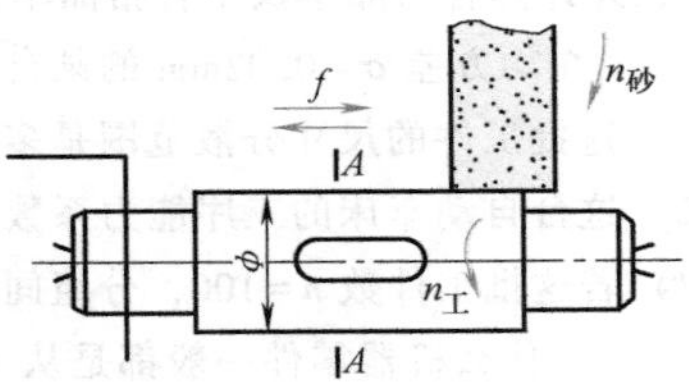

图 9-74 题 9-13 图

整法最终铣削键槽。若定位心轴处于水平位置，试分析计算尺寸 L 的定位误差。已知：$D_1=\phi 50_{-0.06}^{\ 0}$mm，$D_2=\phi 30_{\ 0}^{+0.021}$mm，心轴直径 $d=\phi 30_{-0.020}^{-0.007}$mm。

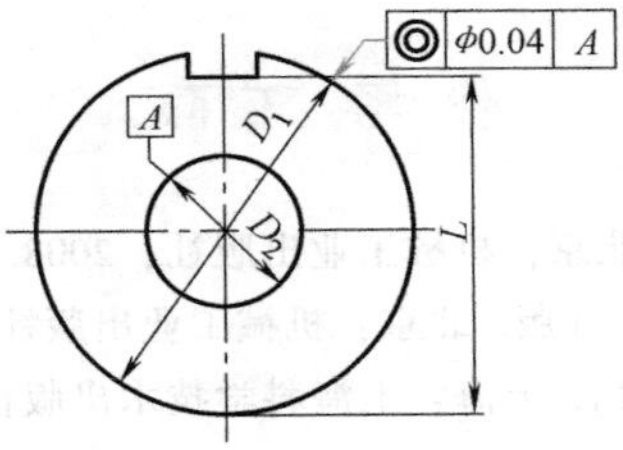

图 9-75 题 9-14 图

9-15 在某车床上加工一根长为 1632mm 的丝杠，要求加工成 IT8 级，其螺距累积误差的具体要求为：在 25mm 长度上不大于 18μm；在 100mm 长度上不大于 25μm；在 300mm 长度上不大于 35μm；在全长上不大于 80μm。精车螺纹时，若机床丝杠的温度比室温高 2℃，工件丝杠的温度比室温高 7℃，从工件热变形的角度分析，精车后丝杠能否满足预定的加工要求？

9-16 如图 9-76a 所示，在外圆磨床上磨削某薄壁衬套 A，衬套 A 装在心轴上后，用垫圈、螺母压紧，然后顶在顶尖上磨削衬套 A 的外圆至图样要求。卸下工件后发现工件呈鞍形，如图 9-76b 所示，试分析其原因。

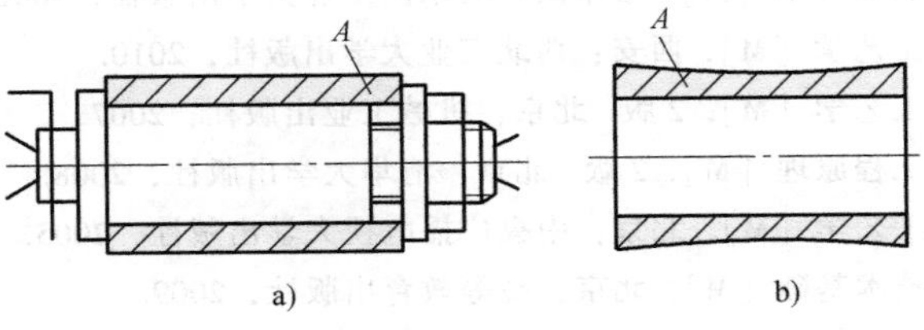

图 9-76 题 9-16 图

9-17 有一板状框架铸件（图 9-77），壁 3 薄，壁 1 和壁 2 厚，当采用宽度为 B 的铣刀铣断壁 3 后，断口尺寸 B 将会因内应力重新分布产生什么样的变化？为什么？

9-18 车削一批轴的外圆，其尺寸要求为 $\phi 20_{-0.1}^{\ 0}$ mm，若此工序尺寸按正态分布，均方差 $\sigma=0.025$mm，公差带中心小于分布曲线中心，其偏移量 $e=0.03$mm。试指出该批工件的常值系统性误差及随

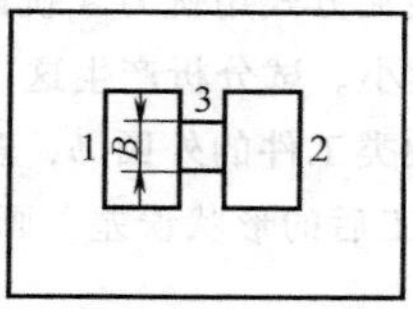

图 9-77　题 9-17 图

机误差，并计算合格品率及不合格品率。

9-19　在均方差 $\sigma=0.02\text{mm}$ 的某自动车床上加工一批 $\phi(10\pm0.1)\text{mm}$ 的小轴外圆，问：

(1) 这批工件的尺寸分散范围是多少？

(2) 这台自动车床的工序能力系数是多少？

(3) 若这批工件数 $n=100$，分组间隙 $\Delta x=0.02\text{mm}$，试画出这批工件以频数为纵坐标的理论分布曲线。

9-20　为什么机器零件一般都是从表面层开始破坏的？

9-21　试述表面粗糙度、表面层物理力学性能对机器使用性能的影响。

9-22　为什么在切削加工中一般都会产生冷作硬化现象？

9-23　什么是回火烧伤？什么是淬火烧伤？什么是退火烧伤？为什么磨削加工时容易产生烧伤？

9-24　试述机械加工中工件表面层产生残余应力的原因。

参考文献

[1]　张茂. 机械制造技术基础 [M]. 北京：机械工业出版社，2008.

[2]　卢秉恒. 机械制造技术基础 [M]. 3 版. 北京：机械工业出版社，2008.

[3]　余承辉. 机械制造工艺与夹具 [M]. 上海：上海科学技术出版社，2010.

[4]　张世昌，李旦，高帆. 机械制造技术基础 [M]. 北京：高等教育出版社，2007.

[5]　韩秋实，王红军. 机械制造技术基础 [M]. 北京：机械工业出版社，2010.

[6]　李凯岭. 机械制造技术基础 [M]. 北京：清华大学出版社，2010.

[7]　倪森寿. 机械制造基础 [M]. 北京：高等教育出版社，2013.

[8]　蔡光起. 机械制造技术基础 [M]. 沈阳：东北大学出版社，2002.

[9]　巩亚东，原所先，史家顺. 机械制造技术基础 [M]. 北京：科学出版社，2010.

[10]　杨斌久，李长河. 机械制造技术基础 [M]. 北京：机械工业出版社，2009.

[11]　李菊丽，何绍华. 机械制造技术基础 [M]. 北京：北京大学出版社，2013.

[12]　常同立，杨家武，佟志忠. 机械制造工艺学 [M]. 北京：清华大学出版社，2010.

[13]　姚智慧. 现代机械制造技术 [M]. 哈尔滨：哈尔滨工业大学出版社，2002.

[14]　田锡天. 机械制造工艺学 [M]. 西安：西北工业大学出版社，2010.

[15]　王先逵. 机械制造工艺学 [M]. 2 版. 北京：机械工业出版社，2007.

[16]　冯之敬. 机械制造工程原理 [M]. 2 版. 北京：清华大学出版社，2008.

[17]　赵长发. 机械制造工艺学 [M]. 北京：中央广播电视大学出版社，2005.

[18]　陈立德. 机械制造技术基础 [M]. 北京：高等教育出版社，2009.

第10章 机械加工工艺规程

10.1 加工工艺规程概述

制订机械加工工艺是机械制造企业工艺技术人员的一项主要工作内容。机械加工工艺规程的制订与生产实践有着密切的联系，它要求工艺规程制订者具有一定的生产实践知识和专业基础知识。在实际生产中，由于零件的结构形状、几何精度、技术条件和生产数量等要求不同，一个零件需要经过一定的加工过程才能由图样转变成成品零件。因此，机械加工工艺人员必须从工厂现有的生产条件和零件的生产数量出发，根据零件的具体要求，在保证加工质量、提高生产率和降低生产成本的前提下，对零件上的各加工表面选择适宜的加工方法，合理地安排加工顺序，科学地拟订加工工艺过程，才能得到合格的机械零件。

10.1.1 生产过程与工艺过程

1. 生产过程和工艺过程的概念

机械产品的生产过程是指将原材料转变为成品的所有劳动过程。这里所指的成品可以是一台机器、一个部件，也可以是某种零件。对于机器制造而言，生产过程包括：

1）原材料、半成品、成品的运输和保存。

2）生产和技术准备工作，如产品的开发和设计、工艺及工艺装备的设计与制造、各种生产资料的准备以及生产组织。

3）毛坯制造和处理。

4）零件的机械加工、热处理及其他表面处理。

5）部件或产品的装配、检验、调试、涂装和包装等。

机械产品在此过程中经过的完整路线称为工艺路线。

工艺过程是指改变生产对象的形状、尺寸、相对位置和性质等，使其成为半成品或成品的过程。它是生产过程的一部分。工艺过程可分为毛坯制造、机械加工、热处理和装配等项目。

机械制造工艺过程是指用机械加工的方法直接改变毛坯的形状、尺寸和表面质量，使其成为零件或部件的那部分生产过程，包括机械加工工艺过程和机器装配工艺过程。

2. 机械加工工艺过程的组成

在机械加工工艺过程中，针对零件的结构特点和技术要求，需要采用不同的加工方法和装备，按照一定的顺序进行加工，才能完成由毛坯到零件的过程。组成机械加工工艺过程的基本单元是工序。工序又由安装、工位、工步和进给等组成。

(1) 工序　一个或一组工人，在一个工作地点对同一个或同时对几个工件进行加工所连续完成的那部分工艺过程，称为工序。由工序的定义可知，判别是否为同一工序的主要依据是工作地点是否变动和加工是否连续。

生产规模不同，加工条件不同，其工艺过程及工序的划分也不同。对于图 10-1 所示的阶梯轴，根据加工是否连续和变换机床的情况，小批量生产时，可划分为表 10-1 所列的 3 道工序；大批大量生产时，则可划分为表 10-2 所列的 5 道工序；单件生产时，可以划分为表 10-3 所列的 2 道工序。

表 10-1　小批量生产的工艺过程

工序号	工序内容	设备
1	车一端面，钻中心孔；掉头车另一端面，钻中心孔	车床
2	车大端外圆及倒角；车小端外圆及倒角	车床
3	铣键槽；去毛刺	铣床

表 10-2　大批大量生产的工艺过程

工序号	工序内容	设备
1	铣端面，钻中心孔	中心孔机床
2	车大端外圆及倒角	车床
3	车小端外圆及倒角	车床
4	铣键槽	立式铣床
5	去毛刺	钳工

表 10-3　单件生产的工艺过程

工序号	工序内容	设备
1	车一端面，钻中心孔；车另一端面，钻中心孔；车大端外圆及倒角；车小端外圆及倒角	车床
2	铣键槽；去毛刺	铣床

(2) 安装　在加工前，应先使工件在机床上或夹具中占有正确的位置，这一过程称为定位；工件定位后，将其固定，使其在加工过程中保持定位位置不变的操作称为夹紧；将工件在机床或夹具中每定位、夹紧一次所完成的那一部分工序内容称为安装。一道工序中，工件可能被安装一次或多次。

(3) 工位　为了完成一定的工序内容，一次安装工件后，工件与夹具或设备的可动部分一起相对刀具或设备的固定部分所占据的每一个位置称为工位。为了减少由于多次安装带来的误差和时间损失，加工中常采用回转工作台、回转夹具或移动夹具，使工件在一次安装中，先后处于几个不同的位置进行加工，称为多工位加工。图 10-2 所示为利用回转工作台，

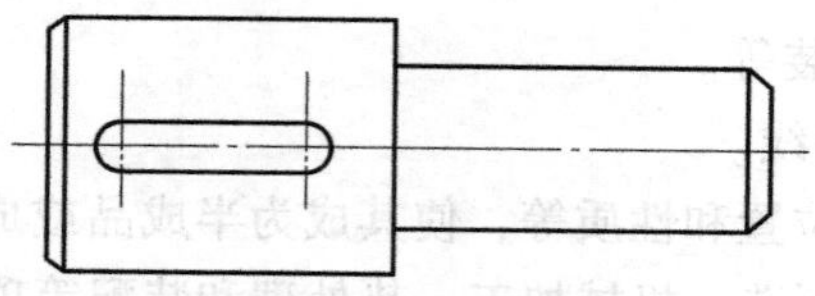

图 10-1　阶梯轴

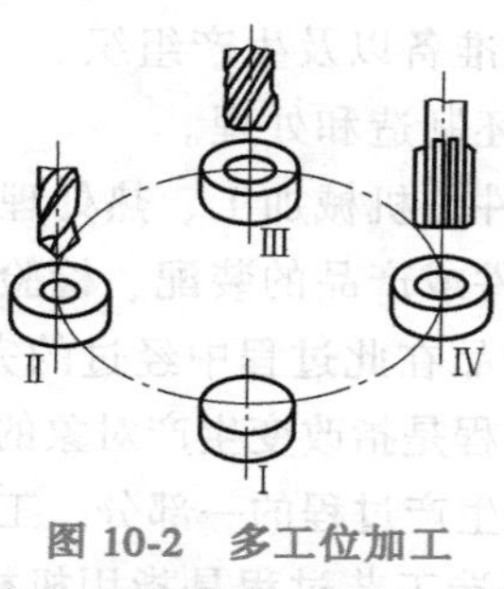

图 10-2　多工位加工
工位Ⅰ—装卸工件　工位Ⅱ—钻孔
工位Ⅲ—扩孔　工位Ⅳ—铰孔

在一次安装中依次完成装卸工件、钻孔、扩孔、铰孔四个工位加工的例子。采用多工位加工方法，既可以减少安装次数，提高加工精度，减轻工人的劳动强度；又可以使各工位的加工与工件的装卸同时进行，提高了劳动生产率。

(4) 工步　工序又可分成若干工步。加工表面不变、切削刀具不变、切削用量中的进给量和切削速度基本保持不变的情况下，所连续完成的那部分工序内容称为工步。以上三个不变因素中只要有一个因素改变，即成为新的工步。一道工序包括一个或几个工步。

为简化工艺文件，对于那些连续进行的几个相同的工步，通常可看作一个工步。为了提高生产率，常用几把刀具同时加工几个待加工表面，这种由刀具合并起来的工步，称为复合工步，如图 10-3 所示。图 10-4 所示的立轴转塔车床回转刀架一次转位完成的工位内容应属于一个工步。复合工步在工艺规程中作为一个工步。

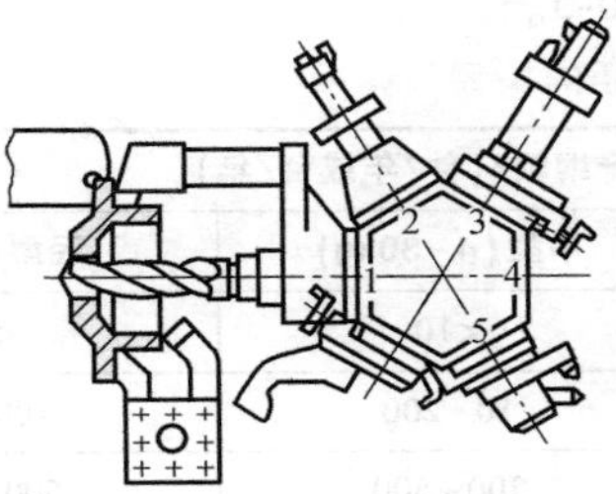

图 10-3　复合工步

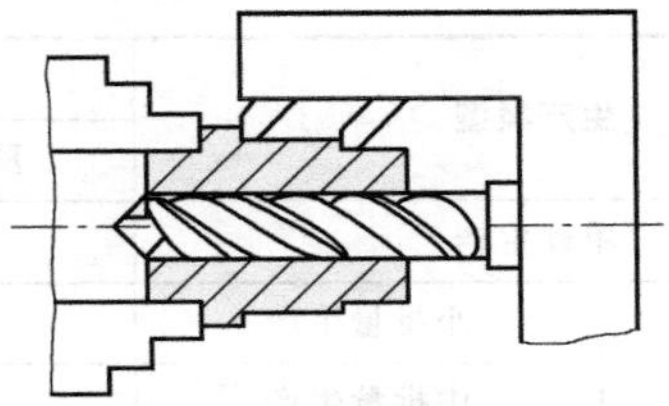

图 10-4　立轴转塔车床回转刀架

(5) 进给　在一个工步中，若需切去的金属层很厚，则可分几次切削，每进行一次切削就是一次进给。一个工步可以包括一次或几次进给。

10.1.2　生产纲领和生产类型

1. 生产纲领

生产纲领是指企业在计划期内应当生产的产品产量和进度计划。计划期通常为一年，所以生产纲领也称为年产量。

对于零件而言，产品的产量除了制造机器所需要的数量之外，还要包括一定的备品和废品，因此零件的生产纲领应按下式计算：

$$N=Qn(1+a)(1+b)$$

式中，N 是零件的年产量（件/年）；Q 是产品的年产量（台/年）；n 是每台产品中该零件的数量（件/台）；a 是该零件的备品率（%）；b 是该零件的废品率（%）。

2. 生产类型与加工工艺过程的特点

生产类型是指企业生产专业化程度的分类。按照产品的生产纲领、投入生产的批量，可将生产分为单件生产、批量生产和大量生产三种类型。

(1) 单件生产　单个生产不同结构和尺寸的产品，很少重复甚至不重复，这种生产方式称为单件生产。如新产品试制、维修车间的配件制造和重型机械制造等都属此种生产类型。其特点是生产的产品种类较多，而同一产品的产量很小，工作地点和加工对象经常改变。

(2) 大量生产　同一产品的生产数量很大，大多数工作地点经常按一定节奏重复进行某一零件的某一工序的加工，这种生产称为大量生产。例如，自行车制造和一些链条厂、轴承厂等的专业化生产即属此种生产类型。其特点是同一产品的产量大，工作地点较少改变，加工过程重复。

（3）批量生产　一年中分批轮流制造几种不同的产品，每种产品均有一定的数量，工作地点的加工对象周期性地重复，这种生产称为批量生产。如一些通用机械厂、某些农业机械厂、陶瓷机械厂、造纸机械厂、烟草机械厂等的生产即属于这种生产类型。其特点是：产品的种类较少，有一定的生产数量，加工对象周期性地改变，加工过程周期性地重复。

同一产品（或零件）每批投入生产的数量称为批量。根据批量的大小又可分为大批量生产、中批量生产和小批量生产。小批量生产的工艺特征接近单件生产，大批量生产的工艺特点接近大量生产。

根据前面公式计算的零件生产纲领，参考表10-4即可确定生产类型。不同生产类型的制造工艺有不同特征，各种生产类型的工艺特点见表10-5。

表10-4　生产类型和生产纲领的关系

生产类型		生产纲领/(件/年或台/年)		
		重型(>30kg)	中型(4~30kg)	轻型(<4kg)
单件生产		<5	<10	<100
批量生产	小批量生产	5~100	10~200	100~500
	中批量生产	100~300	200~500	500~5000
	大批量生产	300~1000	500~5000	5000~50000
大量生产		>1000	>5000	>50000

表10-5　各种生产类型的工艺特点

工艺特点	单件生产	批量生产	大量生产
毛坯的制造方法	铸件用木模手工造型，锻件用自由锻	铸件用金属型造型，部分锻件用模锻	铸件广泛用金属型机器造型，锻件用模锻
零件互换性	无需互换、互配，零件可成对制造，广泛用修配法装配	大部分零件有互换性，少数用修配法装配	全部零件有互换性，某些精度要求高的配合采用分组装配
机床设备及其布置	采用通用机床；按机床类别和规格采用“机群式”排列	部分采用通用机床，部分采用专用机床；按零件加工分“工段”排列	广泛采用生产率高的专用机床和自动机床；按流水线形式排列
夹具	很少用专用夹具，通过划线和试切法达到设计要求	广泛采用专用夹具，部分用划线法进行加工	广泛采用专用夹具，通过调整法达到精度要求
刀具和量具	采用通用刀具和万能量具	较多采用专用刀具和专用量具	广泛采用高生产率的刀具和量具
对技术工人的要求	需要技术熟练的工人	各工种需要一定熟练程度的技术工人	对机床调整工人的技术要求高，对机床操作工人的技术要求低
对工艺文件的要求	只有简单的工艺过程卡	有详细的工艺过程卡或工艺卡，零件的关键工序有详细的工序卡	有工艺过程卡、工艺卡和工序卡等详细的工艺文件

10.2 机械加工工艺规程设计

机械加工工艺规程是规定零件机械加工工艺过程和操作方法等的工艺文件之一，它是在具体的生产条件下，把较为合理的工艺过程和操作方法，按照规定的形式书写成工艺文件，经审批后用来指导生产的文件。机械加工工艺规程一般包括以下内容：工件加工的工艺路线，各工序的具体内容及所用的设备和工艺装备，工件的检验项目及检验方法，切削用量，时间定额等。

机械加工艺规程的主要功能：①指导生产的重要技术文件；②生产组织和生产准备工作的依据；③新建和扩建工厂（车间）的技术依据。

机械加工工艺规程制订的原则是优质、高产和低成本，即在保证产品质量的前提下，争取获得最好的经济效益。在具体制订工艺规程时还应做到：①技术上的先进性；②经济上的合理性；③良好的劳动条件及避免环境污染。产品质量、生产率和经济性这三个方面有时相互矛盾，因此，合理的工艺规程应处理好这些矛盾，体现三者的统一。

制订工艺规程的原始资料包括：①产品全套装配图和零件图；②产品验收的质量标准；③产品的生产纲领（年产量）；④毛坯资料；⑤生产条件；⑥国内外先进工艺及生产技术发展情况；⑦相关的工艺手册、图册和数据库。

10.2.1 机械加工工艺规程设计的内容和步骤

1. 分析研究产品的装配图和零件图

1）熟悉产品的性能、用途、工作条件，明确各零件的相互装配位置及其作用，了解和研究各项技术条件的制订依据，找出其主要技术要求和关键技术问题。

2）对装配图和零件图进行工艺审查。审查内容包括：图样上规定的各项技术条件是否合理，零件的结构工艺性是否良好，图样上是否缺少必要的尺寸、视图或技术条件。过高的精度、过低表面粗糙度值和其他技术要求会使工艺过程复杂，加工困难。应尽可能减少加工和装配的劳动量，达到易于制造、易于使用、易于维修的综合目的。如果发现有问题，则应及时提出，并会同有关设计人员共同讨论研究，按照规定手续对图样进行修改和补充。

使用性能完全相同的零件，因结构稍有不同，其制造成本就会有很大差别。所谓良好的结构工艺性，应是在不同生产类型的具体生产条件下，对零件毛坯的制造、零件的机械加工和机器产品的装配，都能采用较经济的方法进行。

如图 10-5 所示的车床进给箱箱体零件，其同轴孔的直径设计为单向递减（图 10-5a）时，就只能适用于单件小批量生产。对此，同轴孔的镗削加工可在工件的一次装夹中完成。但在大批量生产中，为了用双面组合加工机床加工，就应改为双向递减的孔径设计（图 10-5b），用左、右镗杆各镗两个孔，使机动时间大致相同，从而缩短加工工时，平衡节拍，提高效率。

基于零件机械加工工艺可行性、经济性和效率原则进行分析，举例对典型零件（齿轮、阶梯轴、轴承座、连杆等）机械加工结构工艺性进行了改进，见表 10-6。

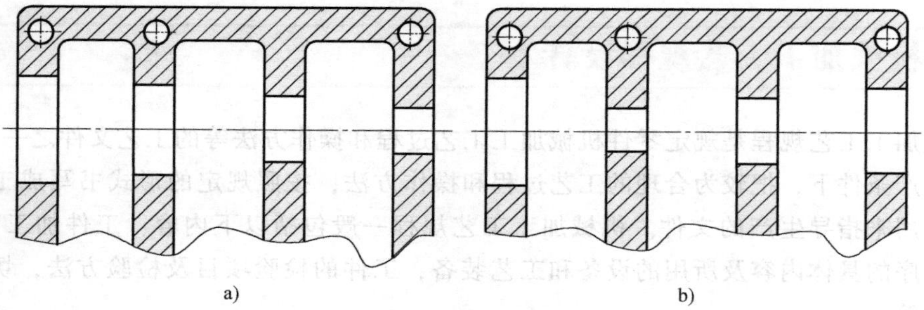

a)　　　　　　　　b)

图 10-5　箱体零件结构工艺性与生产类型

a）单向递减结构　b）双向递减结构

表 10-6　零件机械加工结构工艺性对比

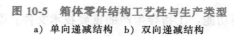

	A 结构工艺性差	B 结构工艺性好	说　　明
1	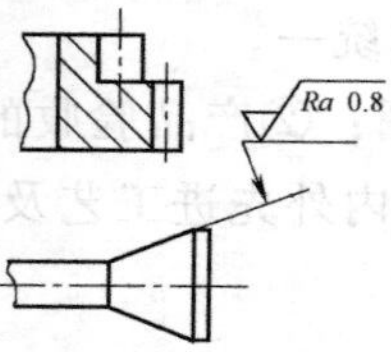	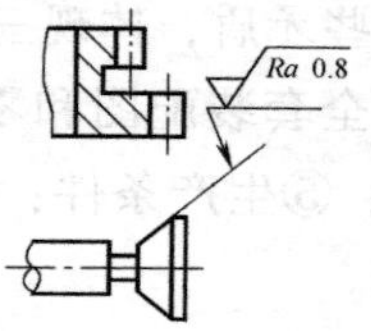	B 结构留有退刀槽，才可以进行加工，并能减少刀具和砂轮的磨损
2	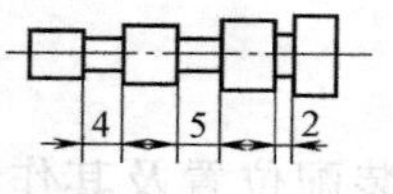	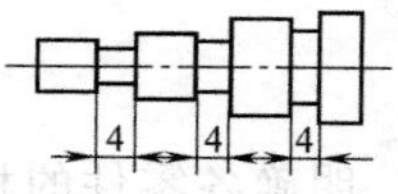	B 结构采用相同的槽宽，以减少刀具的种类和换刀时间
3	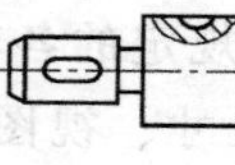	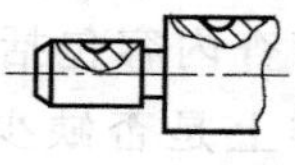	由于 B 结构中键槽的方位相同，就可在一次安装中进行加工，以提高生产率
4	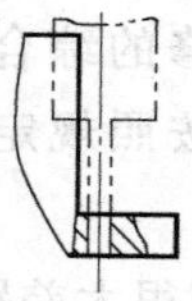	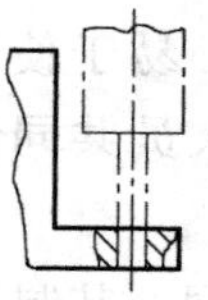	A 结构不便引进刀具，难以实现孔的加工
5			B 结构可避免钻头钻入和钻出时，由工件表面倾斜引起的引偏或断损
6		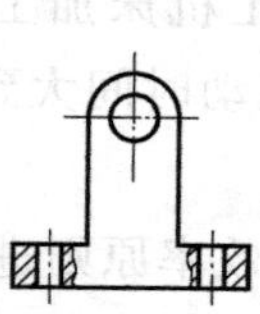	B 结构既可节省材料，减小质量，又避免了深孔加工

（续）

	A 结构工艺性差	B 结构工艺性好	说 明
7	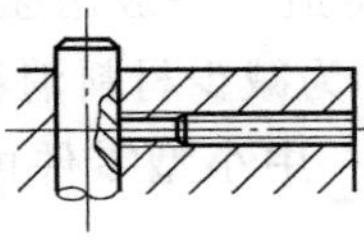	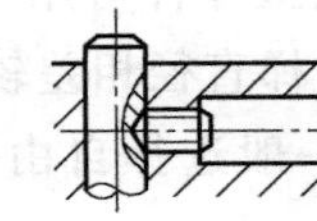	B结构可减少深孔的螺纹加工
8	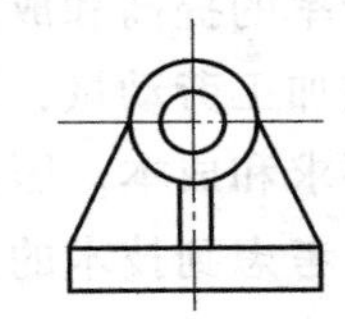	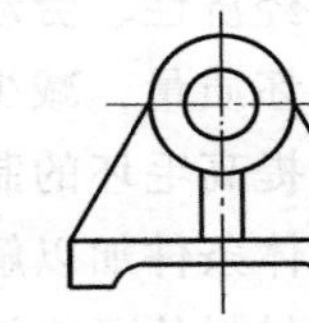	B结构可减少底面的加工量且有利于减小平面度误差，提高接触刚度
9	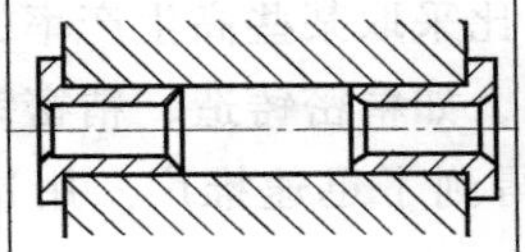	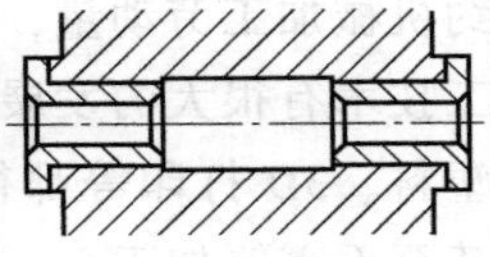	B结构按孔的实际配合需要改短了加工长度，并将两端改用凸台定位，从而降低了孔及端面的加工成本
10	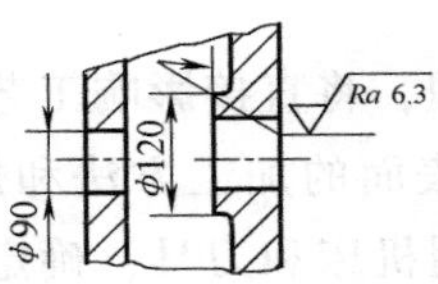	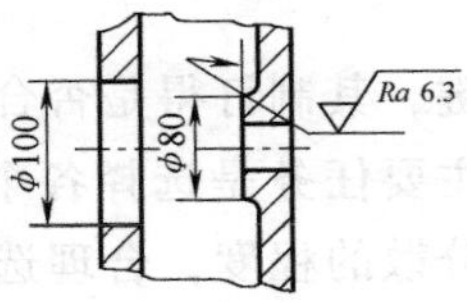	箱体内壁凸台过大，外壁孔径过小，很难加工，改成B结构较好
11	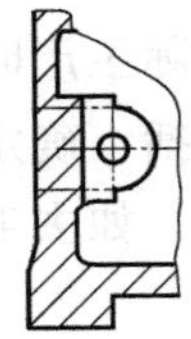	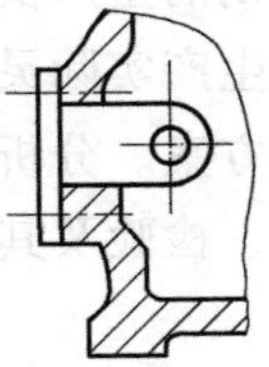	箱体类零件的外表面比内表面容易加工，故应以外表面代替内表面作为装配连接表面，如B结构
12	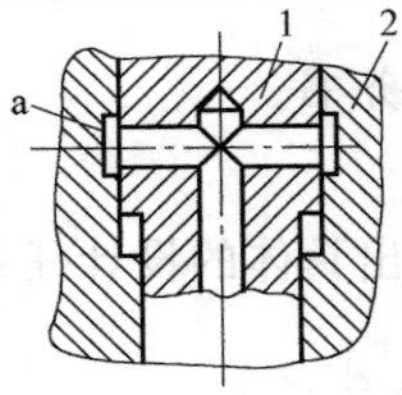	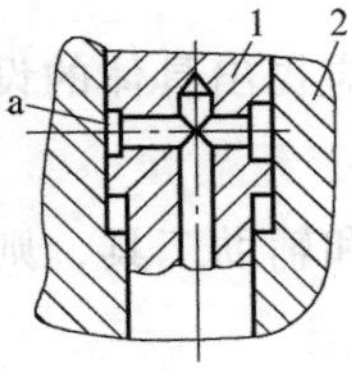	B结构把环槽a改在件1的外圆上，比在件2的内孔中便于加工和测量
13	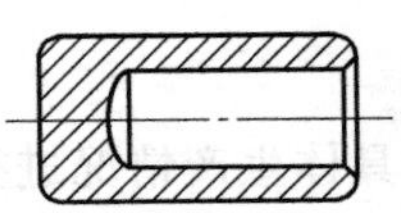	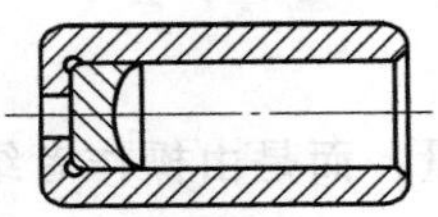	B结构改用镶装结构，避免了A结构对内孔底部圆弧面进行精加工的困难

2. 确定毛坯

根据产品图样审查毛坯的材料选择及制造方法是否合适，从工艺角度（如定位夹紧、加工余量、结构工艺性等）对毛坯制造提出要求。必要时，设计工程师需要与毛坯车间的工程师共同确定毛坯图。

零件的材料大致确定了毛坯的种类。例如，材料为铸铁和青铜的零件应选择铸件毛坯；钢质零件的形状不复杂，力学性能要求不太高时可选型材；对于重要的钢质零件，为保证其力学性能，应选择锻件毛坯。形状复杂的毛坯，一般用铸造方法制造；薄壁零件不宜用砂型铸造；中小型零件可考虑用先进的铸造方法；大型零件可用砂型铸造。一般用途的阶梯轴，如各阶梯直径相差不大，则可用圆棒料；如各阶梯直径相差较大，为减少材料消耗和机械加工劳动量，则宜选择锻件毛坯。尺寸大的零件一般选择自由锻造；中小型零件可选择模锻件；一些小型零件可做成整体毛坯。

毛坯的种类和质量与机械加工的质量、材料经济性、劳动生产率的提高和成本的降低都有密切的关系。在确定毛坯时，要尽可能提高毛坯质量，减少机械加工劳动量，提高材料利用率，降低机械加工成本，但是，这样就必然会提高毛坯的制造要求和成本。因此，两者是相互矛盾的，需要根据生产纲领和毛坯车间的具体条件加以解决。考虑到技术的发展，在确定毛坯时要充分注意到利用新工艺、新技术和新材料的可能性。在改进了毛坯的制造工艺和提高了毛坯的质量后，往往可以大幅度节约机械加工劳动量，比采取某些高生产率的机械加工工艺措施更为有效。目前，少、无屑加工技术有很大的发展，如精密铸造、精密锻造、冷轧、冷挤压、粉末冶金、异型钢材、工程塑料、3D 打印等都得到了迅速推广。用这些方法制造的毛坯，只需经过少量的机械加工，甚至不需要加工。

3. 拟订工艺路线，选择定位基面

工艺路线的拟订是制订工艺规程的关键，其制订得是否合理，将直接影响工艺规程的合理性、科学性和经济性。拟订工艺路线的主要任务是选择各个表面的加工方法和加工方案，确定各个表面的加工顺序以及工序集中与分散的程度，合理选用机床和刀具，确定所用夹具的大致结构等。关于工艺路线的拟订，经过长期的生产实践已总结出一些具有普遍性的工艺设计原则，但在具体拟订时，特别要注意根据生产实际灵活应用。实际生产时需要提出几个方案，对其进行对比分析，寻找最经济合理的方案。分析步骤主要包括：确定加工方法，安排加工顺序，确定定位夹紧方法，安排热处理、检验及其他辅助工序，如去毛刺、倒角、清洗、干燥等。

4. 确定各工序所采用的设备

如果需要改装设备或自制专用设备，则应提出具体的设计任务书。

5. 确定各工序所用的设备及刀具、夹具、量具和辅助工具

如果需要设计专用的刀具、夹具、量具和辅助工具，则应提出具体的设计任务书。

6. 确定各主要工序的技术要求及检验方法

7. 确定各工序的加工余量，计算工序尺寸及其公差

8. 确定切削用量

目前，很多工厂一般都不规定切削用量，而是由操作者结合具体生产情况进行选取。但是，对于大批量的流水线生产，尤其是采用自动线生产的，则需要对各工序、工步规定切削用量，以保证各工序生产节奏的均衡性。

9. 确定工时定额

工时定额目前主要按照经过生产实践验证积累起来的统计资料来确定，随着工艺过程的不断改进，也需要相应地修改工时定额。

10. 技术经济分析

充分利用现有设备和工艺手段，发挥工人的创造性，挖掘企业潜力，创造经济效益。

11. 填写工艺工件

完成工艺规程的制订后，需要将工艺规程用工艺文件的形式固定下来，以指导生产。

10.2.2 制订机械加工工艺规程时要解决的关键问题

1. 机械加工定位基准的选择原则

根据基准的作用，可将其分为设计基准、测量基准、工艺基准等。如果设计基准与测量基准或工艺基准相同，测量或加工时就可以直接利用设计基准作为测量或加工的基准，以方便后续加工。

当设计基准与测量基准或工艺基准不一致时，在测量或加工时就要用尺寸链换算，以得到与测量基准或加工基准一致的尺寸，然后才能进行测量或加工。机械加工过程中，定位基准的选择合理与否决定着零件质量的好坏，对能否保证零件的尺寸精度和相互位置精度要求，以及对零件各表面间的加工顺序安排都有很大影响，当用夹具安装工件时，定位基准的选择还会影响夹具结构的复杂程度。因此，定位基准的选择是一个很重要的工艺问题。

定位基准有粗基准和精基准之分。零件开始加工时，所有的面均未加工，只能以毛坯面作为定位基准，这种以毛坯面为定位基准的，称为粗基准；以后的加工，必须以加工过的表面作为定位基准，以加工过的表面作为定位基准的称为精基准。

在加工中，首先使用的是粗基准，但在选择定位基准时，为了保证零件的加工精度，首先考虑的是选择精基准，精基准选定以后，再考虑合理地选择粗基准。

（1）精基准的选择原则　选择精基准时，重点考虑如何减少工件的定位偏差，保证工件的加工精度，同时也要考虑工件装卸方便，夹具结构简单，一般应遵循下列原则：

1）基准重合原则。即选用设计基准作为定位基准，以避免定位基准与设计基准不重合而引起的基准不重合偏差。

2）基准统一原则。当零件上有许多表面需要进行多道工序加工时，尽可能在各工序的加工中选用同一组基准定位，称为基准统一原则。

基准统一可较好地保证各个加工面的位置精度，同时各工序所用夹具定位方式统一，夹具结构相似，可减少夹具的设计、制造工作量和成本，简化工艺规程的制订工作，缩短生产准备周期；由于减少了基准转换，便于保证各加工表面的相互位置精度。

例如加工阶梯轴类零件时，大多采用两中心孔定位加工各外圆表面，符合基准统一原则。箱体零件采用一面两孔定位，齿轮的齿坯和齿形加工多采用齿轮的内孔及一端面为定位基准，均属于基准统一原则。

3）自为基准原则。某些要求加工余量小而均匀的精加工工序，选择加工表面本身作为定位基准，称为自为基准原则。例如在导轨磨床上磨削车床床身导轨时，为了保证加工余量小而均匀，用可调支承来支承床身零件，采用百分表找正导轨面相对机床运动方向的正确位置的方式，然后装夹工件加工导轨面以保证其余量均匀，满足对导轨面的质量要求。还有浮动镗刀镗孔、珩磨孔、拉孔、无心磨磨外圆等也都是自为基准的实例。

4）互为基准原则。当对工件上两个相互位置精度要求较高的表面进行加工时，可采用加工面间互为基准反复加工，以保证位置精度要求。例如加工精度和同轴度要求高的套筒类零件，精加工时，一般先以外圆定位磨内孔，再以内孔定位磨外圆。要保证精密齿轮的齿圈跳动精度，在齿面淬硬后，先以齿面定位磨内孔，再以内孔定位磨齿面，从而保证位置精度。再如车床主轴的前锥孔与主轴支承轴颈间有严格的同轴度要求，加工时就是先以轴颈外圆为定位基准加工锥孔，再以锥孔为定位基准加工外圆，如此反复多次，最终达到加工要求。这都是互为基准的典型实例。

5）便于装夹原则。所选精基准应保证工件安装可靠，夹具设计简单、操作方便快捷。还应该指出，工件上的定位精基准，一般应是工件上具有较高精度要求的重要工作表面，但有时为了使基准统一或定位可靠，操作方便，人为地制造一种基准面，这些表面在零件的工件中并不起作用，仅仅在加工中起定位作用，如中心孔、工艺凸台、工艺孔等。这类基准称为辅助基准。以上精基准选择的几项原则，每项原则只能说明一个方面的问题，理想的情况是使基准既“重合”又“统一”，同时又能使定位稳定、可靠，操作方便，夹具结构简单。但实际运用中往往会出现相互矛盾的情况，这就要求从技术和经济两方面进行综合分析，抓住主要矛盾，进行合理选择。

（2）粗基准的选择原则　选择粗基准时，重点考虑如何保证各个加工面都能分配到合理的加工余量，保证加工面与非加工面的位置尺寸和位置精度，并特别注意要尽快获得精基准面，为后续工序提供可靠的精基准。具体选择时，一般应遵循下列原则：

1）选择重要表面为粗基准。为保证工件上重要表面的加工余量小而均匀，应选择加工余量最小的面作为粗基准。所谓重要表面一般是工件上加工精度以及表面质量要求较高的表面，如床身的导轨面，车床主轴箱的主轴孔，都是各自的重要表面。因此，加工床身和主轴箱时，应以导轨面或主轴孔为粗基准，如图 10-6 所示。

2）选择非加工表面为粗基准。为了保证加工面与非加工面间的相对位置要求，应选择非加工面为粗基准。如果工件上有多个非加工面，则应选其中与加工面相对位置要求较高的非加工面为粗基准，以便保证要求，使外形对称等。例如当圆筒型毛坯工件的孔与外圆之间偏心较大，如图 10-7 所示，应当选择非加工的外圆为粗基准，将工件装夹在自定心卡盘中，把毛坯的同轴度偏差在镗孔时切除，从而保证其壁厚均匀。

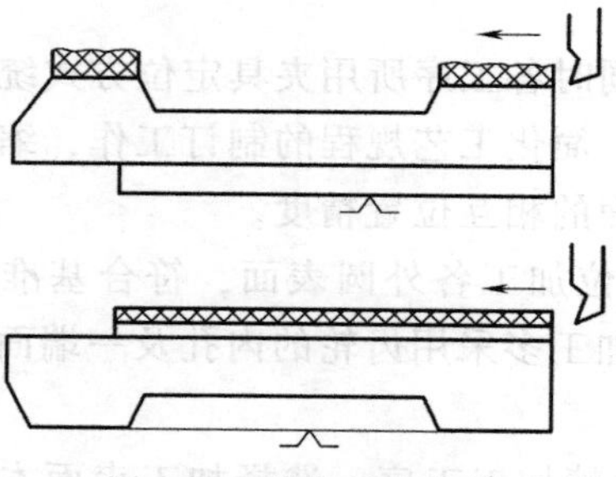

图 10-6　机床导轨定位

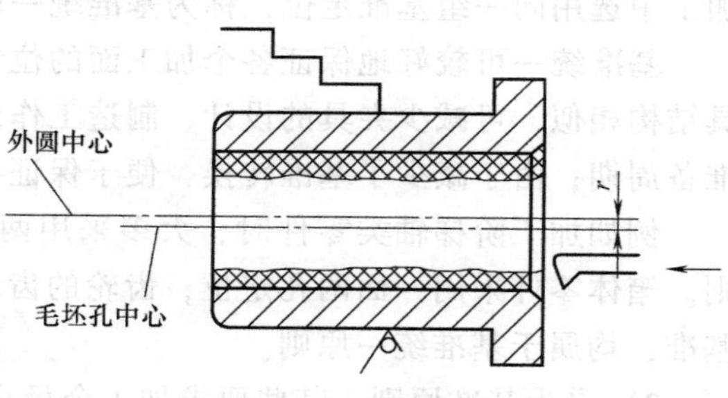

图 10-7　毛坯定位

3）选择加工余量最小的表面为粗基准。为了保证零件上重要表面加工余量均匀，应选重要表面为粗基准。零件上有些重要工作表面的精度很高，为了达到加工精度要求，在粗加工时就应使其加工余量尽量均匀。

在没有要求保证重要表面加工余量均匀的情况下，如果零件上每个表面都要加工，则应选择其中加工余量最小的表面为粗基准，以避免该表面在加工时因余量不足而留下部分毛坯面，造成工件废品。例如，车床床身导轨面是重要表面，不仅精度和表面质量要求很高，而且要求导轨表面的耐磨性好，整个表面具有大体一致的物理力学性能。

床身毛坯铸造时，导轨面是朝下放置的，其表面层的金属组织细致均匀，没有气孔、夹砂等缺陷。因此，导轨面粗加工时，希望加工余量均匀，这样不仅有利于保证加工精度，同时也可以使在粗加工中切去的一层金属尽可能薄一些，以便留下一层组织紧密而耐磨的金属层。

为了达到上述目的，在选择粗基准时，应以床身导轨面为粗基准先加工床脚平面，再以床脚面为精基准加工导轨面，这样就可以使导轨面的粗加工余量小而均匀。反之，若以床脚为粗基准先加工导轨面，由于床身毛坯的平行度误差，不得不在床身的导轨面上切去一层不均匀的较厚金属，不利于床身加工质量的保证。

以重要表面作为粗基准，在重要零件的加工中得到较多的应用，例如机床主轴箱箱体的加工，通常是以主轴孔为粗基准先加工底面或顶面，再以加工好的平面为精准加工主轴孔及其他孔系，可以使精度要求高的主轴孔获得均匀的加工余量。

4）选择较为平整光洁、加工面积较大的毛坯表面作为粗基准。作为粗基准的表面应无锻造飞边和铸造浇冒口、分型面及毛刺等缺陷，用夹具装夹时，还应使夹具结构简单，操作方便。

5）粗基准在同一尺寸方向上只能使用一次。粗基准应尽量避免重复使用，特别是在同一尺寸方向上只允许装夹使用一次。因粗基准是毛面，表面粗糙、形状误差大，如果二次装夹重复使用同一粗基准，两次装夹中加工出的表面就会产生较大的相互位置偏差。

实际上，无论是精基准还是粗基准的选择，上述原则都不可能同时满足，有时还是互相矛盾的。因此，在选择时应根据具体情况进行分析，权衡利弊，保证其主要的要求。

2. 加工方法的选择

在分析研究零件图的基础上，对各加工表面选择相应的加工方法。

1）首先根据每个加工表面的技术要求，确定加工方法及分几次加工（各种加工方法及其组合后所能达到的经济精度和表面粗糙度值，可参阅相关机械加工手册）。选择零件表面的加工方案时，必须在保证零件达到图样要求方面是可靠的，并且在生产率和加工成本方面是最经济合理的。

2）决定加工方法时要考虑加工材料的性质。例如，淬火钢必须用磨削的方法加工；而非铁金属磨削困难，一般都采用金刚车或高速精密车削的方法进行精加工。

3）选择加工方法时要考虑生产类型，即要考虑生产率和经济性的问题。在大批量生产中，可采用专用的高效率设备和专用工艺装备。例如，平面和孔可采用拉削加工，轴类零件可采用半自动液压仿形车床加工，甚至在大批量生产中可以从根本上改变毛坯的制造工艺，大大减少切削加工的工作量。例如，用粉末冶金工艺制造液压泵的齿轮、用失蜡浇注工艺制造柴油机上的小尺寸零件等。在单件小批量生产中，则采用通用设备、通用工艺装备以及一般的加工方法。

4）选择加工方法时还要考虑制造厂的现有设备情况和技术条件，应该充分利用现有设备，挖掘企业潜力，发挥工人的积极性和创造性，有时虽有该类设备，但因负荷或节拍的平衡问题，还需改用其他加工方法。

此外，选择加工方法时还应该考虑一些其他因素，如工件的形状和质量以及加工方法所能达到的表面物理力学性能等。

3. 加工阶段的划分

（1）划分方法　零件的加工质量要求较高时，都应划分加工阶段，一般可划分为粗加工、半精加工和精加工三个阶段。当要求零件的精度特别高、表面粗糙度值很小时，还应增加光整加工和超精密加工阶段。各加工阶段的主要任务如下：

1）粗加工阶段的主要任务是切除毛坯上各加工表面的大部分加工余量，使毛坯在形状和尺寸上接近零件成品。因此，应采取措施尽可能提高生产率。同时要为半精加工阶段提供精基准，并留有充分、均匀的加工余量，为后续工序创造有利条件。

2）半精加工阶段的主要任务是达到一定的精度要求，并保证留有一定的加工余量，为主要表面的精加工做准备。同时完成一些次要表面的加工，如紧固孔的钻削、攻螺纹、铣键槽等。

3）精加工阶段的主要任务是保证零件各主要表面达到图样规定的技术要求。

4）光整加工阶段。对于公差等级要求很高（IT6 级以上）、表面粗糙度值很小（小于 $Ra0.2\mu m$）的零件，需安排光整加工阶段。其主要任务是减小表面粗糙度值或进一步提高尺寸精度和形状精度。

（2）划分加工阶段的原因

1）保证加工质量的需要。零件在粗加工时，由于要切除掉大量金属，会产生较大的切削力和切削热，同时也需要较大的夹紧力，在这些力和热的作用下，零件会产生较大的变形。而且经过粗加工后，零件的内应力将重新分布，也会使其发生变形。如果不划分加工阶段而连续加工，就无法避免和修正由上述原因所引起的加工误差。划分加工阶段后，粗加工造成的误差可通过半精加工和精加工得到修正，并逐步提高零件的加工精度和表面质量，保证了零件的加工要求。

2）合理使用机床设备的需要。粗加工时一般使用功率大、刚性好、生产率高而精度不高的机床设备；而精加工则需采用精度高的机床设备。划分加工阶段后，就可以充分发挥粗、精加工设备各自的性能特点，避免以粗代精，做到合理使用设备。这样不但提高了粗加工的生产率，而且有利于保持精加工设备的精度和使用寿命。

3）及时发现毛坯缺陷。毛坯上的各种缺陷（如气孔、砂眼、夹渣或加工余量不足等），在粗加工后即可被发现，便于及时修补或报废，以免继续加工后造成工时和加工费用的浪费。

4）便于安排热处理。热处理工序可将加工过程划分成几个阶段，如精密主轴在粗加工后进行去除应力的人工时效处理，半精加工后进行淬火，精加工后进行低温回火，最后再进行光整加工。这几次热处理就把整个加工过程划分为粗加工→半精加工→精加工→光整加工阶段。

在拟订零件工艺路线时，一般应遵守划分加工阶段这一原则，但是具体应用时还要根据零件的情况灵活处理。例如，对于精度和表面质量要求较低而刚性足够、毛坯精度较高、加工余量小的工件，可不划分加工阶段。又如，对于一些刚性好的重型零件，由于装夹吊运很费时，也往往不划分加工阶段，而是在一次安装中完成粗、精加工。

还需指出，将工艺过程划分成几个加工阶段是对整个加工过程而言的，不能单纯从某一表面的加工或某一工序的性质来判断。例如，在半精加工阶段甚至粗加工阶段，就需要将工件的

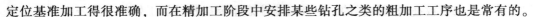

定位基准加工得很准确，而在精加工阶段中安排某些钻孔之类的粗加工工序也是常有的。

4. 工序的集中与分散

工序集中就是零件的加工集中在少数工序内完成，而每一道工序的加工内容比较多；工序分散则相反，它是指整个工艺过程中工序数量多，而每一道工序的加工内容则比较少。

(1) 工序集中的特点

1）有利于采用高生产率的专用设备和工艺装备，如采用多刀多刃、多轴机床、数控机床和加工中心等，从而大大提高了生产率。

2）减少了工序数目，缩短了工艺路线，从而简化了生产计划和生产组织工作。

3）减少了设备数量，相应地减少了操作工人的数量和减小了生产面积。

4）减少了工件安装次数，不但缩短了辅助时间，而且在一次安装中能加工较多的表面，也易于保证这些表面的相对位置精度。

5）专用设备和工艺装置复杂，生产准备工作和投资都比较大，尤其是转换新产品比较困难。

(2) 工序分散的特点

1）设备和工艺装备的结构都比较简单，调整方便，对工人的技术水平要求低。

2）可采用最有利的切削用量，减少机动时间。

3）容易适应生产产品的变换。

4）设备数量多，操作工人多，占用生产面积大。

工序集中和工序分散各有特点，在拟订工艺路线时，工序是集中还是分散，即工序数量是多还是少，主要取决于生产规模和零件的结构特点及技术要求。在一般情况下，单件小批生产时，多将工序集中；大批量生产时，既可采用多刀、多轴等高效率机床将工序集中，也可将工序分散后组织流水线生产。目前的发展趋势是倾向于工序集中。

5. 加工顺序的安排

零件加工顺序主要包括：机械加工顺序、热处理顺序、检验顺序以及其他辅助工序安排。

(1) 机械加工顺序

1）基准先行。零件加工一般多从精基准的加工开始，再以精基准定位加工其他表面。因此，选作精基准的表面应安排在工艺过程起始工序先进行加工，以便为后续工序提供精基准。例如，轴类零件先加工两端中心孔，然后再以中心孔为精基准，粗、精加工所有外圆表面；齿轮加工则先加工内孔及基准端面，再以内孔及端面为精基准，粗、精加工齿形表面。

2）先粗后精。精基准加工好以后，整个零件的加工工序应是粗加工工序在前，然后依次进行半精加工、精加工及光整加工。按先粗后精的原则，先加工精度要求较高的主要表面，即先粗加工再半精加工各主要表面，最后再进行精加工和光整加工。在对重要表面进行精加工之前，有时需对精基准进行修整，以便保证重要表面的加工精度。例如，进行主轴的高精度磨削时，精磨和超精磨削前都须研磨中心孔；精密齿轮磨齿前，也要对内孔进行磨削加工。

3）先主后次。根据零件的功用和技术要求，先将零件的主要表面和次要表面分开，然后先安排主要表面的加工，再把次要表面的加工工序插入其中。次要表面一般是指键槽、螺孔、销孔等表面，这些表面一般都与主要表面有一定的相对位置要求，应以主要表面为基准进行次要表面的加工，所以次要表面的加工一般放在主要表面的半精加工之后、精加工之前一次加工结束。也有放在最后加工的，但此时应注意不要碰伤已加工好的主要表面。

4）先面后孔。对于箱体、底座、支架等零件，其平面的轮廓尺寸较大，用大平面作为精基准加工孔比较稳定可靠，也容易加工，有利于保证孔的精度。如果先加工孔，再以孔为基准加工平面，则比较困难，加工质量也会受到影响。

（2）热处理工序　热处理可用来提高材料的力学性能，改善工件材料的加工性能和消除内应力，其安排主要是根据工件的材料和热处理目的来进行。热处理工艺可分为两大类：预备热处理和最终热处理。

1）预备热处理。预备热处理的目的是改善加工性能，消除内应力和为最终热处理准备良好的金相组织。预备热处理工艺有退火、正火、时效、调质等。

① 退火和正火。退火和正火用于经过热加工的毛坯。对于碳的质量分数高于0.5%的碳钢和合金钢，为降低其硬度，使其易于切削，常采用退火处理；对于碳的质量分数低于0.5%的碳钢和合金钢，为避免其硬度过低而导致切削时粘刀，应采用正火处理。退火和正火能够细化晶粒、均匀组织，为以后的热处理做准备。退火和正火常安排在毛坯制造之后，粗加工之前进行。

② 时效处理。时效处理主要用于消除毛坯制造和机械加工中产生的内应力。为减少运输工作量，对于一般精度的零件，在精加工前安排一次时效处理即可；对于精度要求较高的零件（如坐标镗床的箱体等），则应安排两次或数次时效处理工序。简单零件一般可不进行时效处理。除铸件外，对于一些刚性较差的精密零件（如精密丝杠），为消除加工中产生的内应力，稳定零件的加工精度，常在粗加工与半精加工之间安排多次时效处理。有些轴类零件的加工，在校直工序后也要安排时效处理。

③ 调质。调质是指在淬火后进行高温回火处理，它能获得均匀、细致的回火索氏体组织，为后续表面淬火和渗氮处理时减少变形做准备，因此，调质也可作为预备热处理。由于调质后零件的综合力学性能较好，对于某些硬度和耐磨性要求不高的零件，调质也可作为最终热处理工序。

2）最终热处理。最终热处理的目的是提高硬度、耐磨性和强度等力学性能。

① 淬火。淬火有表面淬火和整体淬火之分。表面淬火因为变形小、氧化程度低及脱碳较少而应用较广，另外，表面淬火件还具有外部强度高、耐磨性好，而内部保持良好的韧性、抗冲击力强的优点。为提高表面淬火零件的力学性能，常需将调质或正火等热处理作为预备热处理。其一般工艺路线为：下料→锻造→正火（退火）→粗加工→调质→半精加工→表面淬火→精加工。

② 渗碳淬火。渗碳淬火适用于低碳钢和低合金钢，先提高零件表层的含碳量，经淬火后使表层获得高的硬度，而心部仍保持一定的强度和较高的韧性及塑性。渗碳分整体渗碳和局部渗碳。局部渗碳时，对不渗碳部分要采取防渗措施（镀铜或镀防渗材料）。由于渗碳淬火变形大，且渗碳深度一般在0.5~2mm之间，所以渗碳工序一般安排在半精加工和精加工之间。其工艺路线一般为：下料→锻造→正火→粗加工→半精加工→渗碳淬火→精加工。

当局部渗碳零件的不渗碳部分，采用加大余量后切除多余的渗碳层的工艺方案时，切除多余渗碳层的工序应安排在渗碳后、淬火前进行。

③ 渗氮处理。渗氮是使氮原子渗入金属表面获得一层含氮化合物的处理方法。渗氮层可以提高零件表面的硬度、耐磨性、疲劳强度和耐蚀性。由于渗氮处理温度较低、变形小，

且渗氮层较薄（一般不超过0.7mm），因此，渗氮工序应尽量靠后安排，常安排在精加工之间进行。为减小渗氮时的变形，在切削后一般需进行消除应力的高温回火。

（3）检验工序的安排 检验工序一般安排在粗加工后、精加工前；送往外车间前后；重要工序和工时长的工序前后；零件加工结束后，入库前。

（4）其他工序的安排

1）表面强化工序，如滚压、喷丸处理等，一般安排在工艺过程的最后。

2）表面处理工序，如发蓝处理、电镀等，一般安排在工艺过程的最后。

3）探伤工序，如X射线检查、超声波探伤等，多用于零件内部质量的检查，一般安排在工艺过程的开始。磁力探伤、荧光检验等主要用于零件表面质量的检验，通常安排在该表面加工结束以后。

4）平衡工序包括动、静平衡，一般安排在精加工以后。

在安排零件的工艺过程时，不要忽视去毛边、倒棱和清洗等辅助工序。在铣键槽、齿面倒角等工序后应安排去毛边工序。零件在装配前都应安排清洗工序，特别是在研磨等光整加工工序之后，更应注意进行清洗工序，以防止残余的磨料嵌入工件表面，加剧零件在使用中的磨损。

6. 机床的选择

机床的选择首先取决于现有的生产条件，应根据确定的加工方法选择正确的机床设备，机床设备选择得合理与否不但直接影响工件的加工质量，而且影响工件的加工效率和制造成本。在确定了机床设备类型后，选择的尺寸规格应与工件的尺寸相适应，精度等级应与本工序的加工要求相适应，电动机功率应与本加工工序所需功率相适应，机床设备的自动化程度和生产率应与工件的生产类型相适应。

如果没有现成的设备可供选择，则可以考虑采用自制专用机床。可根据工序加工要求提出专用机床设计任务书，应附有与该工序有关的一切必要的数据资料，包括工序尺寸公差及技术条件，工件的装夹方式，工序加工所用切削用量、工时定额、切削力、切削功率以及机床的总体布置形式等。

选择机床时还要考虑机床要具有足够的柔性，以适应产品改型及转产的需求。

10.2.3 加工余量

在选择了毛坯，拟订出加工工艺路线之后，就需确定加工余量，计算各工序的工序尺寸。加工余量的大小与加工成本有密切关系，加工余量过大不仅会浪费材料，还会增加切削工时，增加刀具和机床的磨损，从而增加成本；加工余量过小，则会使前一道工序的缺陷得不到纠正，造成废品，从而也会使成本增加。因此，合理地确定加工余量，对提高加工质量和降低成本都有十分重要的意义。

1. 加工余量的概念

在机械加工过程中，从加工表面切除的金属层厚度称为加工余量。加工余量分为工序余量和加工总余量。工序余量是指为完成某一道工序所必须切除的金属层厚度，即相邻两工序的工序尺寸之差。加工总余量简称加工余量，是指由毛坯变为成品的过程中，在某加工表面上所切除的金属层总厚度，即毛坯尺寸与零件图设计尺寸之差。

由于毛坯尺寸和各工序尺寸不可避免地存在误差，因此，无论是加工余量还是工序余量实际上都是一个变动值，因而加工余量又有基本余量、最大余量和最小余量之分，通常所说的加工余量是指基本余量。

加工余量、工序余量的公差标注应遵循“入体原则”。即毛坯尺寸按双向标注上、下极限偏差；被包容表面尺寸的上极限偏差为零，也就是公称尺寸为上极限尺寸（如轴）；包容面尺寸的下极限偏差为零，也就是公称尺寸为下极限尺寸（如内孔）。

加工过程中，工序完成后的工件尺寸称为工序尺寸。由于存在加工误差，各工序加工后的尺寸也有一定的公差，称为工序公差。工序公差带的布置也遵循“入体原则”。

不论是被包容面还是包容面，其加工余量均等于各工序余量之和，即

$$Z_0 = Z_1 + Z_2 + Z_3 + \cdots + Z_n = \sum_{i=1}^{n} Z_i$$

加工余量还有双边余量和单边余量之分。平面加工余量是单边余量，它等于实际切削的金属层厚度；对于外圆和孔等回转表面，加工余量是指双边余量，即以直径方向计算，实际切削的金属为加工余量数值的一半。

2. 确定加工余量时应考虑的因素

为切除前道工序在加工时留下的各种缺陷和误差的金属层，又考虑到本工序可能产生的安装误差而不致使工件报废，必须保证一定数值的最小工序余量。为了合理确定加工余量，首先必须了解影响加工余量的主要因素。

（1）前道工序的尺寸公差　由于工序尺寸有公差，前道工序的实际工序尺寸有可能是上、下极限尺寸。为了保证在前道工序的实际工序尺寸是极限尺寸的情况下，本工序也能将前道工序留下的表面粗糙度和缺陷层切除，本工序的加工余量应包括前道工序的公差。

（2）前道工序的形状和位置公差　当工件上有些形状和位置公差不包括在尺寸公差的范围内时，这些误差也必须在本工序加工纠正，则本工序的加工余量中必须包括这些误差。

（3）前道工序的表面粗糙度和表面缺陷　为了保证加工质量，本工序必须将前道工序留下的表面粗糙度和缺陷层切除。

（4）本工序的安装误差　安装误差包括工件的定位误差和夹紧误差，若用夹具装夹，则还包括夹具在机床上的装夹误差。这些误差会使工件在加工时的位置发生偏移，所以确定加工余量时还必须考虑安装误差的影响。

3. 确定加工余量的方法

（1）分析计算法　本方法是根据有关加工余量的计算公式和一定的试验资料，对影响加工余量的各项因素进行分析和综合计算来确定加工余量的。用这种方法确定加工余量比较经济合理，但必须有比较全面和可靠的试验资料。目前，只有在材料十分贵重，以及军工生产或少数大量生产的工厂中，才采用分析计算法。

（2）经验估算法　本方法是根据工厂的生产技术水平，依靠实际经验来确定加工余量。为防止因余量过小而产生废品，经验估算的数值总是偏大。这种方法常用于单件小批量生产。

（3）查表修正法　此法是根据各工厂长期的生产实践与试验研究所积累的有关加工余量数据，制成各种表格并汇编成手册，确定加工余量时，查阅有关手册，再结合本厂的实际情况进行适当修正后确定加工余量，目前此法应用较为普遍。

10.2.4 工艺尺寸链

机械加工过程中，工件的尺寸在不断地变化，由毛坯尺寸到工序尺寸，最后达到设计要求的尺寸。在这个变化过程中，加工表面本身的尺寸及各表面之间的尺寸都在不断地变化，这种变化无论是在一个工序内部，还是在各个工序之间都有一定的内在联系。应用尺寸链理论去揭示它们之间的内在关系，掌握它们的变化规律是合理确定工序尺寸及其公差和计算各种工艺尺寸的基础，因此，本节先介绍工艺尺寸链的基本概念，然后分析工艺尺寸链的计算方法以及工艺尺寸链的应用。

1. 工艺尺寸链的定义

在零件的加工过程中，为了加工和检验的方便，有时需要进行一些工艺尺寸的计算。为使这种计算迅速准确，按照尺寸链的基本原理，将这些有关尺寸以一定顺序首尾相连排列成封闭的尺寸系统，即构成了零件的工艺尺寸链，简称工艺尺寸链。

2. 工艺尺寸链的组成

（1）环　组成工艺尺寸链的各个尺寸都称为工艺尺寸链的环。

（2）封闭环　工艺尺寸链中间接得到的环称为封闭环。封闭环用带下角标“0”的字母表示，如 A_0。

（3）组成环　除封闭环以外的其他环都称为组成环。组成环分增环和减环两种。

（4）增环　当其余各组成环保持不变，某一组成环增大，封闭环也随之增大，该环即为增环。一般在该环尺寸的代表符号上，加一向右的箭头表示。

（5）减环　当其余各组成环保持不变，某一组成环增大，封闭环反而减小，该环即为减环。一般在该尺寸的代表符号上，加一向左的箭头表示。

3. 工艺尺寸链的特征

（1）关联性　组成工艺尺寸链的各尺寸之间必然存在着一定的关系，相互无关的尺寸不能组成工艺尺寸链。工艺尺寸链中每一个组成环不是增环就是减环，其尺寸发生变化都要引起封闭环的尺寸变化。对工艺尺寸链中的封闭环尺寸没有影响的尺寸，就不是该工艺尺寸链的组成环。

（2）封闭性　尺寸链必须是一组首尾相接并构成一个封闭图形的尺寸组合，其中应包含一个间接得到的尺寸。不构成封闭图形的尺寸组合就不是尺寸链。

4. 尺寸链图的作法

主轴箱箱体镗孔简图如图 10-8 所示，尺寸 a、b、c 都是尺寸链的环，其中 b 是封闭环。加工工艺尺寸链的封闭环是由零件的加工顺序来确定的。在零件工作图上，零件尺寸链的封闭环却是图上未标注的尺寸。在机器的装配过程中，凡是在装配后才形成的尺寸（例如，通常的装配间隙或装配后形成的过盈），就称为装配尺寸链的封闭环，它是由两个零件上的表面（或中心线等）构成的。尺寸 a 和 c 都是组成环，按其对封闭环的影响性质又可细分为：

1）尺寸 c 是增环，即当其余各组成环不变，而这个环增大使封闭环也增大者。为明确起见，可加标一个正向的箭头，如 $\vec{c}$。

2）尺寸 a 是减环，即当其余各组成环不变，而这个环增大反而使封闭环减小者。为明确起见，可加标一个反向的箭头，如$\overleftarrow{a}$。

主轴箱箱体镗孔的尺寸链简图如图 10-9 所示。

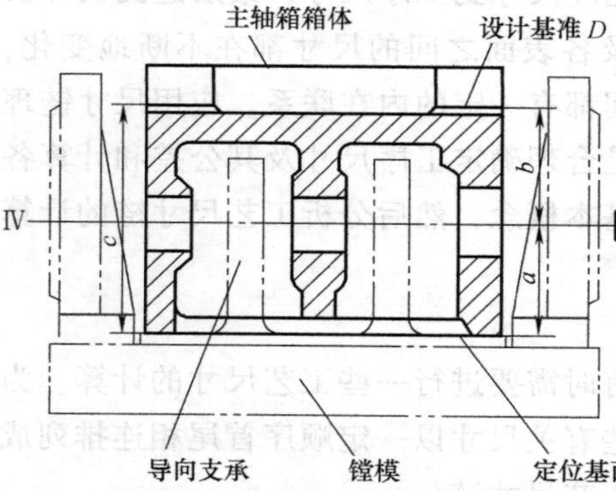

图 10-8　主轴箱箱体镗孔简图

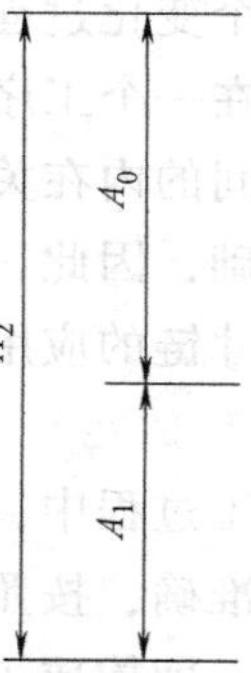

图 10-9　主轴箱箱体镗孔的尺寸链简图

有一套筒零件，设计时根据装配图要求，标注了如图 10-10a 所示的轴向尺寸 $10_{-0.36}^{\ 0}$ 和 $50_{-0.17}^{\ 0}$，至于大孔深度则没有明确的精度要求，只要上述两个尺寸加工合格，它也就符合要求。因此，零件图上的这个未标注的深度尺寸，就是零件设计时的封闭环 A_0，连接有关的标注尺寸绘成尺寸链图（图 10-10b），其中 $\overrightarrow{A}_1=50_{-0.17}^{\ 0}$ 为增环，$\overleftarrow{A}_2=10_{-0.36}^{\ 0}$ 为减环。

可是，在具体加工时往往先加工外圆、车端面，再钻孔、切断，然后调头装夹，车另一端面，保证全长 $50_{-0.17}^{\ 0}$。由于测量 $10_{-0.36}^{\ 0}$ 比较困难，所以总是用深度游标卡尺直接测量大孔深度。这时 $10_{-0.36}^{\ 0}$ 成为间接保证的尺寸，故成了工艺尺寸链的封闭环 A'_0（图 10-10c），其中，$\overrightarrow{A}'_1=50_{-0.17}^{\ 0}$ 为增环，$\overleftarrow{A}'_2$（大孔深度）为减环。制订工艺规程时，为了间接保证 $\overleftarrow{A}_0=10_{-0.36}^{\ 0}$，就需要进行尺寸链计算，以确定作为组成环的大孔深度 $\overleftarrow{A}'_2$ 的制造公差。这就是测量基准与设计基准不重合引起的尺寸换算。

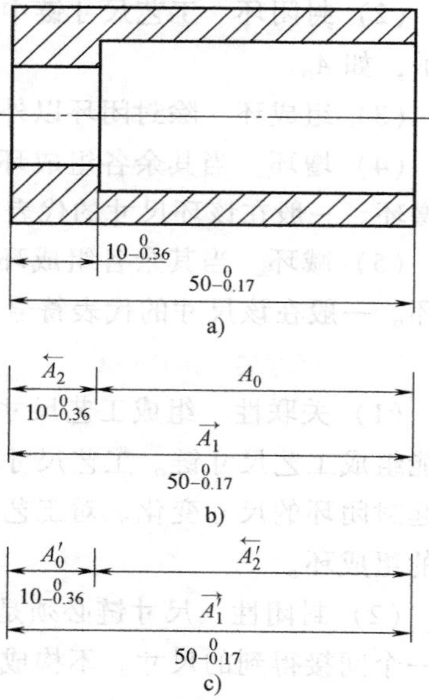

图 10-10　套筒零件的两种尺寸链

由上面这个具体例子可以看出，尺寸链图的作法可归纳为：

1）首先确定间接保证的尺寸，并把它定为封闭环。

2）从封闭环起，按照零件上表面间的联系，依次画出有关的直接获得的尺寸（大致上按比例），作为组成环，直到尺寸的终端回到封闭环的起端形成一个封闭图形。必须注意：要使组成环环数达到最少。

3）按照各尺寸首尾相接的原则，可顺着一个方向在各尺寸线终端画箭头。凡是箭头方向与封闭环箭头方向相同的尺寸就是减环，箭头方向与封闭环箭头方向相反的尺寸就是增环。

此处还要注意以下几点：

1）工艺尺寸链的构成，取决于工艺方案和具体的加工方法。

2）确定哪一个尺寸是封闭环，是解尺寸链的决定性的一步。封闭环搞错了，整个解算也就错了，甚至得出完全不合理的结果（例如，一个尺寸的上极限偏差小于其下极限偏差）。

3）一个尺寸链只能解一个封闭环。

5. 工艺尺寸链的计算

尺寸链的计算方法有两种：极值法与概率法。

极值法是从最坏情况出发来考虑问题的，即当所有增环都为上极限尺寸而减环恰好都为下极限尺寸，或所有增环都为下极限尺寸而减环恰好都为上极限尺寸，来计算封闭环的极限尺寸和公差。事实上，一批零件的实际尺寸是在公差带范围内变化的。在尺寸链中，所有增环不一定同时出现上或下极限尺寸，即使出现，此时所有减环也不一定同时出现最小或上极限尺寸。概率法解尺寸链，主要用于装配尺寸链。这里只介绍极值法。

（1）封闭环的基本尺寸　根据尺寸链的封闭性，封闭环的基本尺寸就等于组成环基本尺寸的代数和，即

$$A_0=\sum_{i=1}^{m}\overrightarrow{A}_i-\sum_{i=m+1}^{n-1}\overleftarrow{A}_i \tag{10-1}$$

式中，A_0是封闭环的基本尺寸；$\overrightarrow{A}_i$是增环的基本尺寸；$\overleftarrow{A}_i$是减环的基本尺寸；m是增环的环数；n是包括封闭环在内的总环数。

（2）封闭环的极限尺寸　若组成环中的增环都是上极限尺寸，减环都是下极限尺寸，则封闭环的尺寸必然是上极限尺寸，即

$$A_{0\max}=\sum_{i=1}^{m}\overrightarrow{A}_{i\max}-\sum_{i=m+1}^{n-1}\overleftarrow{A}_{i\min} \tag{10-2a}$$

同理

$$A_{0\min}=\sum_{i=1}^{m}\overrightarrow{A}_{i\min}-\sum_{i=m+1}^{n-1}\overleftarrow{A}_{i\max} \tag{10-2b}$$

（3）封闭环的上极限偏差 ES（A_0）与下极限偏差 EI（A_0）　上极限尺寸减其基本尺寸就是上极限偏差，下极限尺寸减其基本尺寸就是下极限偏差。从式（10-2a）和式（10-2b）中减去式（10-1），然后用 $ES(\overrightarrow{A}_i)$ 代替 $\overrightarrow{A}_{i\max}-\overrightarrow{A}_i$，$EI(\overleftarrow{A}_i)$ 代替$\overleftarrow{A}_{i\min}-\overleftarrow{A}_i$得到

$$ES(A_0)=\sum_{i=1}^{m}ES(\overrightarrow{A}_i)-\sum_{i=m+1}^{n-1}EI(\overleftarrow{A}_i) \tag{10-3a}$$

$$EI(A_0)=\sum_{i=1}^{m}EI(\overrightarrow{A}_i)-\sum_{i=m+1}^{n-1}ES(\overleftarrow{A}_i) \tag{10-3b}$$

式中，$ES(\overrightarrow{A}_i)$ 和 $ES(\overleftarrow{A}_i)$ 分别是尺寸$\overrightarrow{A}_i$和$\overleftarrow{A}_i$的上极限偏差；$EI(\overrightarrow{A}_i)$ 和 $EI(\overleftarrow{A}_i)$ 分别是尺寸$\overrightarrow{A}_i$和$\overleftarrow{A}_i$的下极限偏差。

（4）封闭环的公差 $T(A_0)$　从式（10-2a）减去式（10-2b）［或从式（10-3a）减去式（10-3b）］，可得

$$A_{0\max}-A_{0\min}=\left(\sum_{i=1}^{m}\overrightarrow{A}_{i\max}-\sum_{i=1}^{m}\overrightarrow{A}_{i\min}\right)+\left(\sum_{i=m+1}^{n-1}\overleftarrow{A}_{i\max}-\sum_{i=m+1}^{n-1}\overleftarrow{A}_{i\min}\right)$$

$$T(A_0)=\sum_{i=1}^{m}T(\overrightarrow{A}_i)+\sum_{i=m+1}^{n-1}T(\overleftarrow{A}_i)=\sum_{i=1}^{n-1}T(A_i) \tag{10-4}$$

式中，$T(\overrightarrow{A}_i)$ 和 $T(\overleftarrow{A}_i)$ 分别是尺寸 $\overrightarrow{A}_i$和$\overleftarrow{A}_i$的公差。

上面的式（10-1）~式（10-4）就是按极大极小法的原则解算尺寸链时所用的基本公式，其中式（10-2a）、式（10-2b）和式（10-3a）、式（10-3b）是重复的。

这里必须特别指出式（10-4）的重要性，它说明：封闭环的公差等于各组成环公差之和。这也就进一步说明了尺寸链的第二个特征。可见，为了能经济合理地保证封闭环精度，组成环环数越少越有利。

下面用以上公式来解算图 10-10b 所示尺寸链的封闭环 A_0。把相应的数值代入式（10-1）、式（10-3a）、式（10-3b）、式（10-4）中得到

$$A_0=\overrightarrow{A}_1-\overleftarrow{A}_2=50-40=10$$

$$\mathrm{ES}(A_0)=\mathrm{ES}(\overrightarrow{A}_1)-\mathrm{EI}(\overleftarrow{A}_2)=0-(-0.36)=0.36$$

$$\mathrm{EI}(A_0)=\mathrm{EI}(\overrightarrow{A}_1)-\mathrm{ES}(\overleftarrow{A}_2)=-0.17-0=-0.17$$

$$T(A_0)=T(\overrightarrow{A}_1)+T(\overleftarrow{A}_2)=[0-(-0.36)]+[0-(-0.17)]=0.53$$

所以当大孔的深度为尺寸链的封闭环时，其基本尺寸及上、下极限偏差是 $10^{+0.36}_{-0.17}$。设计工作中，通常是根据已给定的封闭环的公差，决定各组成环的公差。解决这类问题可以有以下三种方法：

1）按等公差值的原则分配封闭环的公差，即

$$T(A_i)=\frac{T(A_0)}{n-1}$$

这种方法在计算上比较方便，但从工艺上讲是不够合理的，可以有选择地使用。

2）按等公差级的原则分配封闭环的公差，即各组成环的公差根据其基本尺寸的大小按比例分配，或是按照公差表中的尺寸分段及某一公差等级，规定组成环的公差，使各组成环的公差符合下列条件：

$$\sum_{i=1}^{n-1}T(A_i)\leqslant T(A_0)$$

最后加以适当的调整，这种方法从工艺上讲是比较合理的。

3）组成环的公差亦可以按照具体情况来分配，这与设计工作经验有关，但实质上仍是从工艺的观点考虑的。

在这里值得提出的另一个有效措施，就是减少组成环的数目，这一措施是提高精度的常用方法之一，这就要求改变零部件的结构设计，减少零件数目（即从改变装配尺寸链着手，使组成环尽量少），或改变加工工艺方案以改变工艺尺寸链的组成，减少尺寸链的环数。

确定了组成环的公差值以后，就可按工艺上的习惯决定上、下极限偏差的数值，并校核上、下极限偏差是否符合式（10-3a）及式（10-3b），如不符合，再作适当的调整。

6. 工艺尺寸链分析与计算的实例

例 10-1 加工如图 10-11a 所示零件，设 1 面已加工好，现以 1 面定位加工 3 面和 2 面，其工序简图如图 10-11b 所示，试求工序尺寸 A_1与 A_2。

解　由于加工 3 面时定位基准与设计基准重合，因此工序尺寸 A_1 就等于设计尺寸，$A_1=30_{-0.2}^{\ 0}$ mm。而加工 2 面时，定位基准与设计基准不重合，这就导致在用调整法加工时，只能以尺寸 A_2 为工序尺寸，但这道工序的目的是保证零件图上的设计尺寸，即 10±0.3，因此与 A_1、A_2 构成尺寸链。如图 10-11c 所示的尺寸链，根据尺寸链环的特性，A_0 是封闭环，A_1、A_2 为组成环，A_1 为增环，A_2 为减环。

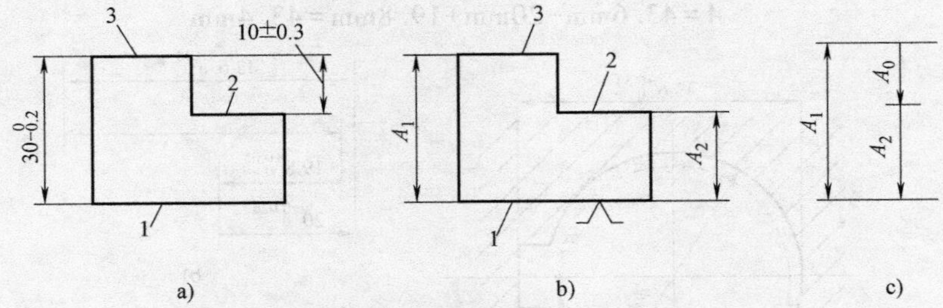

图 10-11　工序尺寸公差计算实例

由该尺寸链可解出 A_2，由式（10-1）可知

$$A_0=A_2-A_1$$

所以

$$A_2=A_1-A_0=30\text{mm}-10\text{mm}=20\text{mm}$$

由式（10-3a）可知

$$ES_0=ES_1-EI_2$$

$$EI_2=ES_1-ES_0=0\text{mm}-0.3\text{mm}=-0.3\text{mm}$$

由式（10-3b）可知

$$EI_0=EI_1-ES_2$$

所以

$$ES_2=EI_1-EI_0=-0.2\text{mm}-(-0.3)\text{mm}=0.1\text{mm}$$

即 $A_2=20_{-0.3}^{+0.1}$ mm，或按“入体”原则表示为 $A_2=20.1_{-0.4}^{\ 0}$ mm。

例 10-2　一带有键槽的内孔要淬火及磨削，其设计尺寸如图 10-12a 所示，内孔及键槽的加工顺序是：

1）磨内孔至 $\phi39.6_{0}^{+0.1}$ mm。

2）插键槽至尺寸 A。

3）热处理，淬火。

4）磨内孔，同时保证内孔直径 $\phi40_{0}^{+0.05}$ mm 和键槽深度 $43.6_{0}^{+0.34}$ mm 两个设计尺寸的要求。

请确定工艺过程中的工序尺寸 A 及其偏差（假定热处理后内孔没有胀缩）。

解　为解算这个工序尺寸链，可以作出两种不同的尺寸链图。图 10-12b 是一个四环尺寸链，它表示了 A 和三个尺寸的关系，其中 $43.6_{0}^{+0.34}$ mm 是封闭环，这里还看不到工序余量与尺寸链的关系。图 10-12c 是把图 10-12b 的尺寸链分解成两个三环尺寸链，并引进了半径余量 $Z/2$。在图 10-12c 的上图中，$Z/2$ 是封闭环；在下图中，$43.6_{0}^{+0.34}$ mm 是封闭环，$Z/2$ 是组成环。由此可见，为保证 $43.6^{+0.34}$mm，就要控制工序余量 Z 的变化，而要控制这个余量的变化，就又要控制它的组成环 $19.8^{+0.05}_{0}$mm 和 $20^{+0.025}_{0}$mm 的变化。工序尺寸 A 可以由图 10-12b 解出，也可由图 10-12c 解出。前者便于计算，后者利于分析。

在图 10-12b 所示尺寸链中，A、$20^{+0.025}_{0}$mm 是增环，$19.8^{+0.05}_{0}$mm 是减环，由式（10-1）、式（10-3）可得

$$A = 43.6\text{mm} - 20\text{mm} + 19.8\text{mm} = 43.4\text{mm}$$

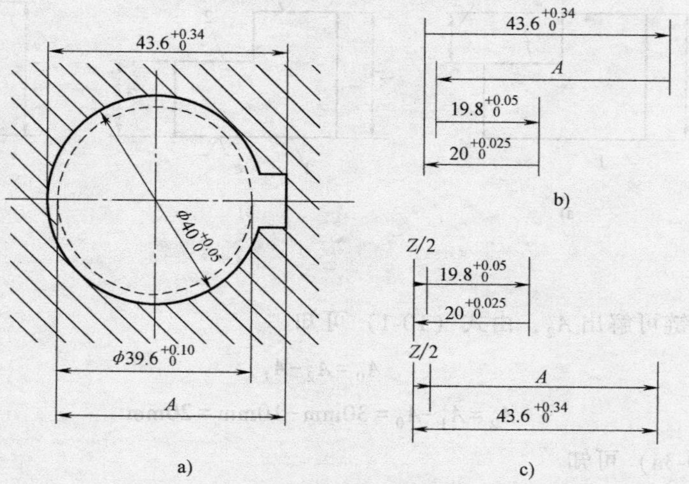

图 10-12　内孔及键槽的工序尺寸链

a）零件键槽及孔　b）整体尺寸链图　c）分解的尺寸链图

$$ES(A) = 0.34\text{mm} - 0.025\text{mm} + 0\text{mm} = 0.315\text{mm}$$

$$EI(A) = 0\text{mm} - 0\text{mm} + 0.05\text{mm} = 0.05\text{mm}$$

所以 $A = 43.4^{+0.315}_{+0.050}$。

按“入体”原则标注尺寸，并对第三位小数进行四舍五入，可得工序尺寸 $A = 43.45^{+0.27}_{+0}$。

7. 工序尺寸及其公差的确定

（1）基准重合时工序尺寸及公差的确定　当零件定位基准与设计基准（工序基准）重合时，零件工序尺寸及其公差的确定方法是：先根据零件的具体要求确定其加工工艺路线，再通过查表确定各道工序的加工余量及其公差，然后计算出各工序尺寸及公差；计算顺序是：先确定各工序余量的基本尺寸，再由后往前逐个工序推算，即由工件上的设计尺寸开始，由最后一道工序向前工序推算直到毛坯尺寸。

（2）测量基准与设计基准不重合时工序尺寸及其公差的计算　在加工中，有时会遇到某些加工表面的设计尺寸不便测量，甚至无法测量的情况，为此需要在工件上另选一个容易测量的测量基准，通过对该测量尺寸的控制来间接保证原设计尺寸的精度。这就产生了测量基准与设计基准不重合时，测量尺寸及公差的计算问题。

（3）定位基准与设计基准不重合时工序尺寸计算　在零件加工过程中有时为方便定位

或加工，选用不是设计基准的几何要素作定位基准，在这种定位基准与设计基准不重合的情况下，需要通过尺寸换算，改注有关工序尺寸及公差，并按换算后的工序尺寸及公差加工。以保证零件的原设计要求。

（4）中间工序的工序尺寸及其公差的求解计算　在工件加工过程中，有时一个基面的加工会同时影响两个设计尺寸的数值。这时，需要直接保证其中公差要求较严的一个设计尺寸，而另一设计尺寸需由该工序前面的某一中间工序的合理工序尺寸间接保证。为此，需要对中间工序尺寸进行计算。

（5）保证应有渗碳或渗氮层深度时工艺尺寸及其公差的计算　零件渗碳或渗氮后，表面一般要经磨削保证尺寸精度，同时要求磨后保留有规定的渗层深度。这就要求进行渗碳或渗氮热处理时按一定渗层深度及公差进行（用控制热处理时间保证），并对这一合理渗层深度及公差进行计算。

10.2.5 机械加工工艺过程的经济分析及工艺文件

1. 机械加工时间定额的组成

（1）时间定额的概念　所谓时间定额是指在一定生产条件下，规定生产一件产品或完成一道工序所需消耗的时间。它是安排作业计划、核算生产成本、确定设备数量和人员编制，以及规划生产面积的重要依据。

（2）时间定额的组成

1）基本时间 T_1。基本时间是指直接改变生产对象的尺寸、形状、相对位置以及表面状态或材料性质等工艺过程所消耗的时间。对于切削加工来说，基本时间就是切除金属所消耗的时间（包括刀具的切入和切出时间）。

2）辅助时间 T_2。辅助时间是为实现工艺过程所必须进行的各种辅助动作所消耗的时间。它包括装卸工件、开停机床、引进或退出刀具、改变切削用量、试切和测量工件等所消耗的时间。基本时间和辅助时间的总和称为作业时间，它是直接用于制造产品或零部件所消耗的时间。辅助时间的确定方法随生产类型而异：大批大量生产时，为使辅助时间规定得合理，需将辅助动作分解，再分别确定各分解动作的时间，最后予以综合；中批量生产则可根据以往统计资料来确定；单件小批量生产常用基本时间的百分比进行估算。

3）布置工作地时间 T_3。布置工作地时间是为使加工正常进行，工人照管工作地（如更换刀具、润滑机床、清理切屑、收拾工具等）所消耗的时间。它不是直接消耗在每个工件上，而是消耗在一个工作班内的时间，需要将其折算到每个工件上。一般按作业时间的2%~7%估算布置工作地时间。

4）休息与生理需要时间 T_4。休息与生理需要时间是工人在工作班内恢复体力和满足生理上的需要所消耗的时间。T_4 是按一个工作班为计算单位，再折算到每个工件上的。对机床操作工人一般按作业时间的2%估算休息与生理需要时间。

以上四部分时间的总和称为单件时间 T_s，即

$$T_s = T_1 + T_2 + T_3 + T_4$$

5）准备与终结时间 T_5。准备与终结时间是指工人为了生产一批产品或零部件，进行准备和结束工作所消耗的时间。在单件或成批生产中，每当开始加工一批工件时，工人需要熟悉工艺文件，领取毛坯、材料、工艺装备，安装刀具和夹具，调整机床和其他工艺装备等；

而在一批工件加工结束后，需拆下和归还工艺装备，送交成品等。T_5 既不是直接消耗在每个工件上的时间，也不是消耗在一个工作班内的时间，而是消耗在一批工件上的时间。因而分摊到每个工件的时间为 T_5/n，式中 n 为批量。故单件和成批生产的单件工时定额 T 的计算公式为

$$T=T_s+T_5/n$$

大批大量生产时，由于 n 的数值很大，$T_5/n\approx0$，故不考虑准备与终结时间，即 $T=T_s$。

2. 提高机械加工生产率的途径

劳动生产率是指工人在单位时间内制造的合格产品的数量或制造单件产品所消耗的劳动时间。劳动生产率是一项综合性的技术经济指标。提高劳动生产率，必须正确处理好质量、生产率和经济性三者之间的关系。应在保证质量的前提下，提高生产率，降低成本。劳动生产率提高的措施很多，涉及产品设计、制造工艺和组织管理等多方面内容，这里仅就通过缩短单件时间来提高机械加工生产率的工艺途径进行简要分析。

由单件时间的公式不难得知，提高劳动生产率的工艺措施包括以下几个方面。

（1）缩短基本时间　在大批大量生产时，由于基本时间在单位时间中所占比重较大，因此缩短基本时间即可提高生产率。缩短基本时间的主要途径有以下几种：

1）提高切削用量。增大切削速度、进给量和背吃刀量都可缩短基本时间，但切削用量的提高受到刀具使用寿命和机床功率、工艺系统刚度等的制约。随着新型刀具材料的出现，切削速度得到了迅速提高，目前硬质合金车刀的切削速度可达 200m/min，陶瓷刀具的切削速度可达 500m/min。近年来出现的聚晶人造金刚石和聚晶立方氮化硼刀具切削普通钢材时的切削速度达到了 900m/min。

2）在磨削方面，近年来发展的趋势是高速磨削和强力磨削。国内生产的高速磨床和砂轮的磨削速度已达 60m/s，国外一些磨床的砂轮的磨削速度已达 90~120m/s；强力磨削的切入深度已达 6~12mm，从而使生产率得到了大大提高。

3）采用多刀同时切削。例如，用三把刀具对同一工件上不同表面同时进行横向切入法车削，每把车刀的实际加工长度只有原来的三分之一，每把车刀的切削余量也只有原来的三分之一。显然，采用多刀同时切削比单刀切削的加工时间大大缩短了。

4）多件加工。这种方法是通过减少刀具的切入、切出时间或者使基本时间重合，从而缩短每个零件加工的基本时间来提高生产率的。多件加工的加工方式有以下三种：

① 顺序多件加工。即工件顺着走刀方向一个接着一个地安装，这种方法减少了刀具切入和切出的时间，也减少了分摊到每一个工件上的辅助时间。

② 平行多件加工。即在一次走刀中同时加工 n 个平行排列的工件。加工 n 个工件所需基本时间和加工一个工件相同，所以分摊到每个工件的基本时间就减少到原来的 $1/n$，其中 n 是同时加工的工件数。这种方式常用于铣削和平面磨削。

③ 平行顺序多件加工。这种方法为顺序多件加工和平行多件加工的综合应用。这种方法适用于工件较小、批量较大的情况。

5）减少加工余量。采用精密铸造、压力铸造、精密锻造等先进工艺提高毛坯制造精度，减少机械加工余量，以缩短基本时间，有时甚至无需再进行机械加工，这样可以大幅度提高生产效率。

（2）缩短辅助时间　辅助时间在单件时间中也占有较大比重，尤其是在大幅度提高切

削用量之后，基本时间显著减少，辅助时间所占比重就更大了。此时，采取措施缩减辅助时间就成为提高生产率的重要途径。缩短辅助时间有两种不同的方法：一是使辅助动作实现机械化和自动化，从而直接缩减辅助时间；二是使辅助时间与基本时间重合，间接缩短辅助时间。

1）直接缩减辅助时间。采用专用夹具装夹工件，工件在装夹中不需找正，可缩短装卸工件的时间。大批大量生产时，广泛采用高效气动、液动夹具来缩短装卸工件的时间。单件小批生产中，由于受专用夹具制造成本的限制，为缩短装卸工件的时间，可采用组合夹具及可调夹具。此外，为减小加工中停机测量的辅助时间，可采用主动检测装置或数字显示装置在加工过程中进行实时测量。主动检测装置能在加工过程中测量加工表面的实际尺寸，并根据测量结果自动对机床进行调整和工作循环控制，例如磨削自动测量装置。数显装置能把加工过程或机床调整过程中机床运动的移动量或角位移连续、精确地显示出来，这些都大大节省了停机测量的辅助时间。

2）间接缩短辅助时间。为了使辅助时间和基本时间全部或部分地重合，可采用多工位夹具和连续加工的方法。

（3）缩短布置工作地时间　布置工作地时间大部分消耗在更换刀具上，因此必须减少换刀次数并缩短每次换刀所需的时间，提高刀具使用寿命可减少换刀次数。而换刀时间的减少，则主要是通过改进刀具的安装方法和采用装刀夹具来实现。如采用各种快换刀夹、刀具微调机构、专用对刀样板或对刀样件以及自动换刀装置等，以减少刀具的装卸和对刀所需时间。又如在车床和铣床上采用可转位硬质合金刀片刀具，既减少了换刀次数，又可减少刀具装卸、对刀和刃磨的时间。

（4）缩短准备与终结时间　缩短准备与终结时间的途径有两条：第一，扩大产品生产批量，以相对减少分摊到每个零件上的准备与终结时间；第二，直接减少准备与终结时间。扩大产品生产批量，可以通过零件标准化和通用化实现，并可采用成组技术组织生产。

3. 机械加工技术经济分析的方法

制造一个零件或一台产品所必需的一切费用的总和，就是零件或产品的生产成本。这种制造费用实际上可分为与工艺过程有关的费用和与工艺过程无关的费用两类，其中，与工艺过程有关的费用占70%～75%。因此，对不同的工艺方案进行经济分析和评比时，就只需分析、评比它们与工艺过程直接有关的生产费用，即所谓工艺成本。工艺成本并不是零件的实际成本，它由两部分构成：可变费用和不变费用。前者包括材料费、操作费用、工人的工资、机床电费、通用机床折旧费和修理费、通用夹具和刀具费等与年产量有关并与之成正比的费用；后者包括调整工人的工资、专用机床折旧费和修理费、专用刀具和夹具费等与年产量的变化没有直接关系的费用，即当年产量在一定范围内变化时，这种费用基本上保持不变。因此，一种零件（或一道工序）的全年工艺成本 S 可用下式表示

$$S=NV+C$$

式中，V 是每个零件的可变费用（元/件）；N 是零件的年产量（件）；C 是全年的不变费用（元）。

因此，单件工艺（或工序）成本为

$$S_i=V+\frac{C}{N}$$

可见，全年的工艺成本 S 与年产量 N 成线性关系（图 10-13），而单件工艺成本 S_i 与 N 成双曲线关系（图 10-14），即当 N 很小时，由于设备负荷很低，单件工艺成本 S_i 会很高，这种双曲线变化关系表明：当 C 值（主要是专用设备费用）一定时，若年产量较小，则 C/N 与 V 相比在成本中所占比重就较大，因此 N 的增大就会使成本显著下降，这种情况就相当于单件生产与小批生产；反之，当年产量超过一定范围，使 C/N 所占比重已很小，此时就需采用生产效率更高的方案，使 V 减小，才能获得好的经济效果，这就相当于大量、大批生产的情况。现就两种不同的工艺方案为例进行介绍。

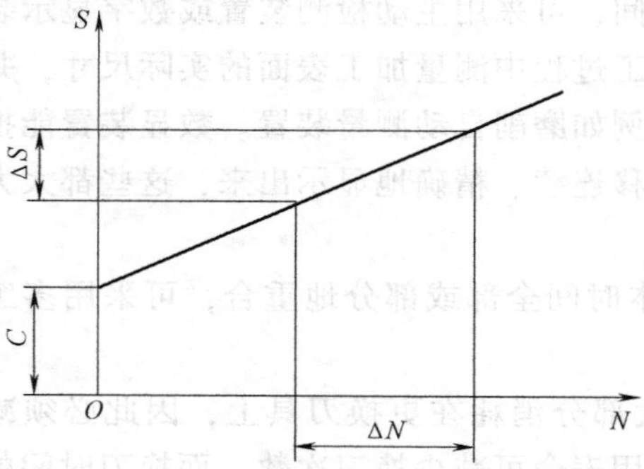

图 10-13　全年工艺成本与年产量的关系

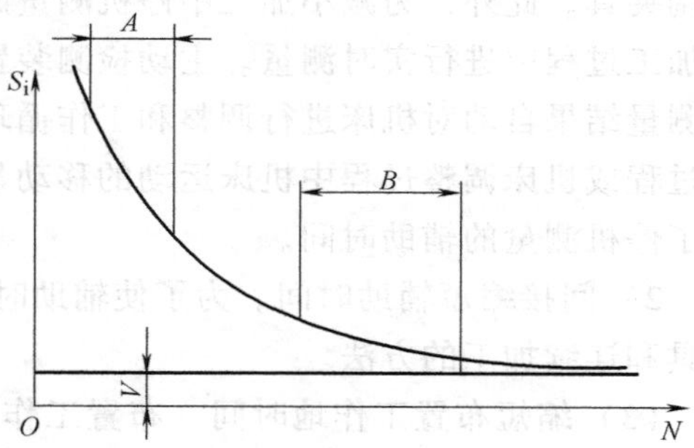

图 10-14　单件工艺成本与年产量的关系

1）当分析、评比两种基本投资相近或都是采用现有设备条件下，只有少数工序不同的工艺方案时，可对这两种工艺方案的单件工艺成本进行分析和对比：

$$S_{i\,\mathrm{I}} = V_{\mathrm{I}} + \frac{C_{\mathrm{I}}}{N}$$

$$S_{i\,\mathrm{II}} = V_{\mathrm{II}} + \frac{C_{\mathrm{II}}}{N}$$

当年生产纲领变化时，则由图 10-15 知，两种方案可按临界产量 N_0 合理地选取经济方案Ⅰ或Ⅱ。

当两个工艺方案有较多的工序不同时，就应该分析、对比这两个工艺方案的全年工艺成本：

$$S_{\mathrm{I}} = NV_{\mathrm{I}} + C_{\mathrm{I}}$$

$$S_{\mathrm{II}} = NV_{\mathrm{II}} + C_{\mathrm{II}}$$

当年生产纲领变化时，则由图 10-16 知，可按两直线交点的临界产量 N_0 分别选定经济方案Ⅰ或Ⅱ。此时的 N_0 为

$$N_0 V_{\mathrm{I}} + C_{\mathrm{I}} = N_0 V_{\mathrm{II}} + C_{\mathrm{II}}$$

$$N_0 = \frac{C_{\mathrm{II}} - C_{\mathrm{I}}}{V_{\mathrm{I}} - V_{\mathrm{II}}}$$

2）当两个工艺方案的基本投资差额较大时，通常就是由于工艺方案中采用了高生产率的价格昂贵的设备或工艺装备，即用较大的基本投资而提高劳动生产率使单件工艺成本降低，因此，在作评比时就必须同时考虑到这种投资的回收期限，回收期越短则经济效果就越好。

进行技术经济分析时，必须注意：要在确保零件制造质量的前提下，全面考虑提高劳动

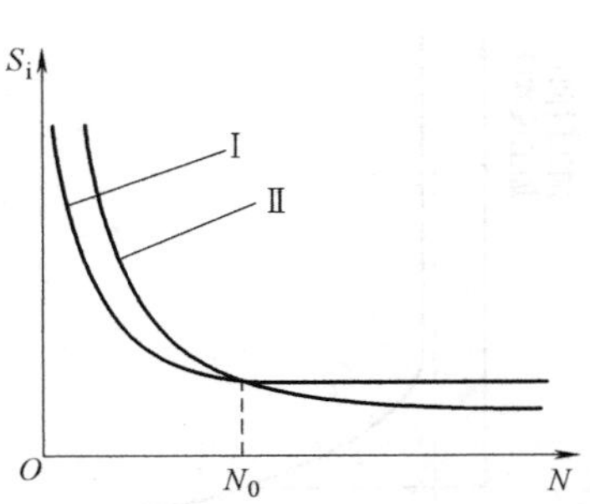

图 10-15　两种工艺方案单件工艺成本的比较

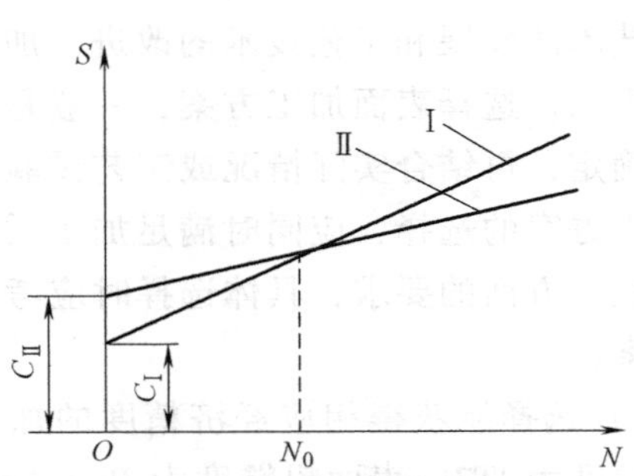

图 10-16　两种工艺方案全年工艺成本的比较

生产率、改善劳动条件和促进生产技术的发展等问题。通常对生产纲领较大的主要零件的工艺方案，应通过对工艺成本的估算和对比评定其经济性；而对于一般零件，则可利用各种技术经济指标（常用的有：每台机床的年产量——t/台、件/台，每一生产工人的年产量——t/人、件/人，每平方米生产面积的年产量——t/m^2、件/m^2，材料利用率，设备负荷率等），结合生产经验，对不同方案进行经济论证，选取在该生产条件下最经济合理的方案。

经济精度是指每种加工方法在正常生产条件（完好的设备、使用必要的刀具和夹具、操作者具有熟练的技术、合理的定额工时）下，能较经济地达到的加工精度范围。为了正确选择表面加工方法，首先应了解各种加工方法的特点和掌握加工经济精度的概念。任何一种加工方法可以获得的加工精度和表面粗糙度均有一个较大的范围。

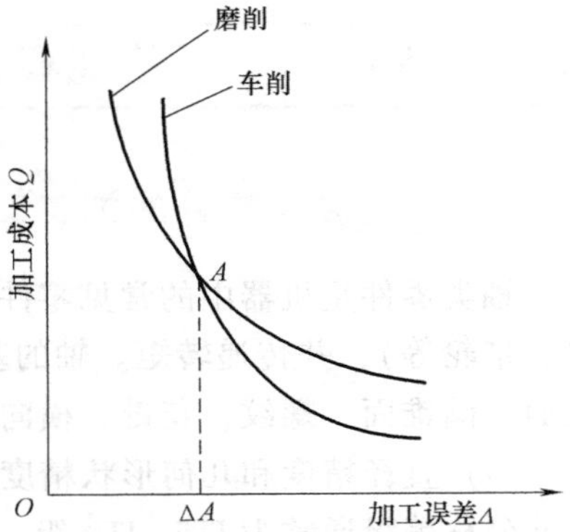

图 10-17　车、磨外圆加工成本的比较

经济精度是由几种不同加工方法相互比较的结果。例如，精细的操作，选择低的切削用量，可以获得较高的精度，但又会降低生产率，提高成本；反之，如增大切削用量提高生产率，虽然成本降低了，但精度也降低了。图 10-17 所示为车、磨外圆加工成本的比较，可见，当零件的加工误差小于 ΔA 时，采用磨削比较经济；而当零件的加工误差大于 ΔA 时，则采用车削比较经济。ΔA 就是磨削加工经济精度的下限，同时也是车削加工经济精度的上限。

影响零件加工质量及成本的因素很多，除了管理水平、生产类型、材料和毛坯选择等原因外，在选择加工方法时，通常应根据零件具体加工要求，按各种方法所达经济精度来考虑。

加工过程中，各种切削加工方法所用设备和加工条件不同，它们所能达到的精度也不一样。各种机床的平均台时成本（每台机床加工 1h 的成本）也有很大的差别。在相同机床上用同一种加工方法进行加工，操作精细、选择较低的进给量和切削深度，就能获得较高的加工精度和较细的表面粗糙度，即较高的加工精度往往是靠降低生产率和提高加工成本获得的。反之，生产率高则成本低，加工误差会增大，进而加工精度就会降低。加工方法的成本-精度曲线如图 10-18 所示，由图可见，某一种加工方法所能达到的精度有一定的极限值，成本也有一定的极限值，只在一定敏感范围内，精度与成本大致成正比关系，在此范围内才可能经济。

各种加工方法所能达到的加工经济精度和表面粗糙度，以及各种典型表面的加工方案在机械加工手册中都能查到。这里要指出的是，加工经济精度的数值并不是一成不变的，随着科学技术的发展和工艺技术的改进，加工经济精度会逐步提高。选择表面加工方案，一般是根据经验或查表来确定，再结合实际情况或工艺试验进行修改。表面加工方案的选择，应同时满足加工质量、生产率和经济性等方面的要求，具体选择时应考虑以下几方面的因素：

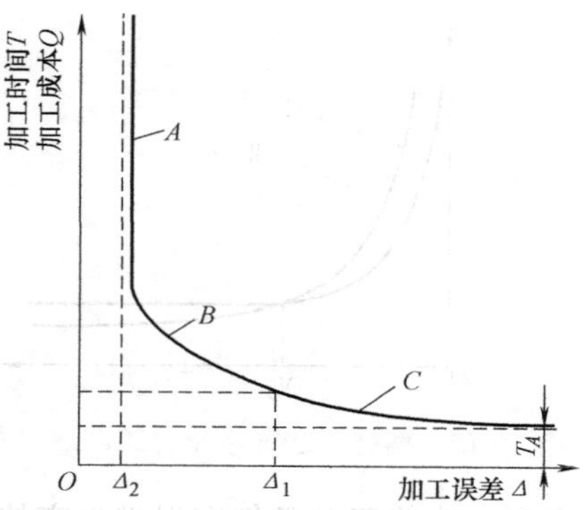

图 10-18　加工方法的成本-精度曲线

1）选择能获得相应经济精度的加工方法。例如加工精度为 IT7，表面粗糙度为 *Ra*0.4m 的外圆柱面，通过精细车削是可以达到要求的，但不如磨削经济。

2）零件材料的可加工性能。例如淬火钢的精加工要用磨削，有色金属圆柱面的精加工为避免磨削时堵塞砂轮，则要用高速精细车或精细镗（金刚镗）。

3）工件的结构形状和尺寸大小。例如对于加工精度要求为 IT7 的孔，采用镗削、铰削、拉削和磨削均可达到要求。但箱体上的孔，一般不宜选用拉孔或磨孔，而宜选择镗孔（大孔）或铰孔（小孔）。

10.3　机械加工工艺规程及典型应用实例

10.3.1　主轴类零件的加工工艺规程

轴类零件是机器中的常见零件，也是重要零件，其主要功用是支承传动零部件（如齿轮、带轮等），并传递转矩。轴的基本结构是由回转体组成的，其主要加工表面有内、外圆柱面，圆锥面，螺纹，花键，横向孔，沟槽等。轴类零件的技术要求主要有以下几个方面。

（1）直径精度和几何形状精度　轴上的支承轴颈和配合轴颈是轴的重要表面，其直径的尺寸公称等级通常为 IT5 ~ IT9 级，形状精度（圆度、圆柱度）控制在直径公差之内，当形状精度要求较高时，应在零件图样上另行规定其允许的误差。

（2）相互位置精度　轴类零件中的配合轴颈（装配传动件的轴颈）相对支承轴颈的同轴度是其相互位置精度的普遍要求。普通精度的轴，配合轴颈对支承轴颈的径向圆跳动一般为 0.01~0.03mm，高精度轴则为 0.001~0.005mm。此外，相互位置精度还有内、外圆柱面间的同轴度，以及轴向定位端面与轴线的垂直度要求等。

（3）表面粗糙度　根据机器精密程度的高低和运转速度的大小，轴类零件的表面粗糙度要求也不相同。支承轴颈的表面粗糙度值一般为 *Ra*0.16~0.63μm，配合轴颈为 *Ra*0.63~2.5μm。

图 10-19 为车床主轴简图，下面以该车床主轴的加工为例，分析轴类零件的加工工艺过程。

1. 主轴的主要技术要求分析

（1）支承轴颈的技术要求　一般轴类零件的装配基准是支承轴颈，轴上的各精密表面也均以其支承轴颈为设计基准，因此，轴件上支承轴颈的精度最为重要，它的精度将直接影响轴的回转精度。由图 10-19 可见，该主轴有三处支承轴颈表面：前后带锥度的 *A*、*B* 面为主要支承；中间为辅助支承，其圆度和同轴度（用跳动指标限制）均有较高的精度要求。

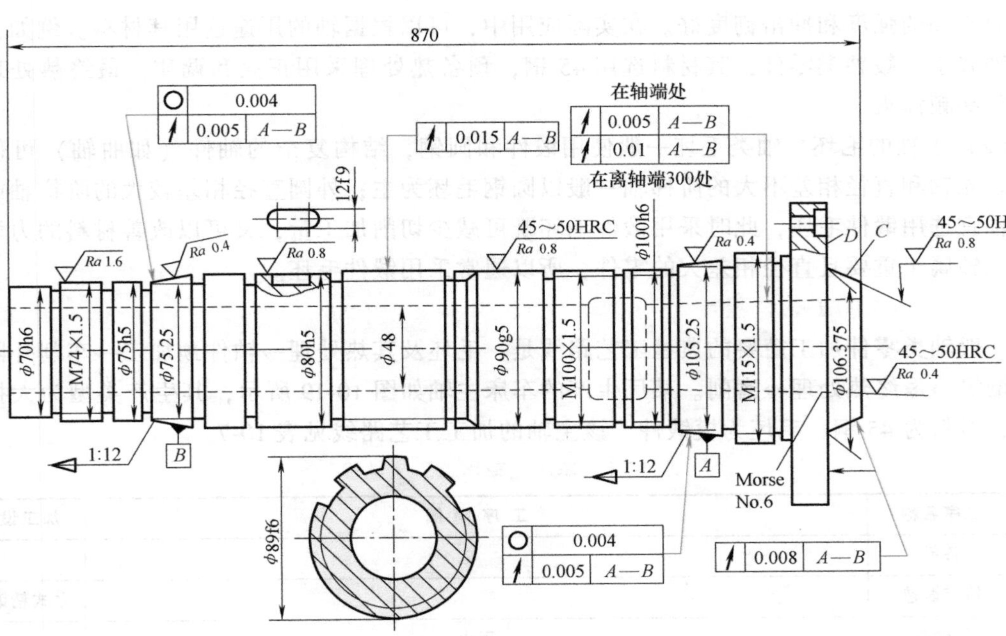

图 10-19 车床主轴的结构

（2）螺纹的技术要求 主轴螺纹用于装配螺母，该螺母用来调整安装在轴颈上的滚动轴承间隙，如果螺母端面相对于轴颈轴线发生倾斜，会使轴承内圈因受力而倾斜，而轴承内圈歪斜将影响主轴的回转精度。所以主轴螺纹的牙型要正确，与螺母的间隙要小。必须控制螺母的轴向圆跳动，使其在调整轴承间隙的微量移动中，对轴承内圈的压力方向正确。

（3）前端锥孔的技术要求 主轴锥孔是用于安装顶尖或工具的莫氏锥柄，锥孔的中心线必须与支承轴颈的轴线同轴，否则将影响顶尖或工具锥柄的安装精度，加工时会使工件产生定位误差。

（4）前端短圆锥和端面的技术要求 主轴的前端短圆锥和端面是安装卡盘的定位面，为保证安装卡盘的定位精度，其圆锥面必须与轴颈同轴，端面必须与主轴的回转轴线垂直。

（5）其他配合表面的技术要求 例如，对轴上与齿轮装配表面的技术要求是：对 *A*、*B* 轴颈连线的圆跳动公差为 0.015mm，以保证齿轮传动的平稳性，降低噪声。

上述的（1）（2）项技术要求影响主轴的回转精度，而（3）（4）项技术要求影响主轴作为装配基准时的定位精度，第（5）项技术要求则影响工作噪声，这些表面的技术要求是主轴加工的关键技术问题。综上所述，对于轴类零件，可以从回转精度、定位精度、工作噪声三个方面分析其技术要求。

2. 主轴的材料、毛坯和热处理

（1）主轴材料和热处理工艺的选择 一般轴类零件的常用材料为 45 钢，并根据需要进行正火、退火、调质、淬火等热处理以获得一定的强度、硬度、韧性和耐磨性。对于中等精度而转速较高的轴类零件，可选用 40Cr 等牌号的合金结构钢，这类钢经调质和表面淬火处理，使其淬火层硬度均匀且具有较高的综合力学性能。精度较高的轴还可使用轴承钢 GCr15 和弹簧钢 65Mn，它们经调质和局部淬火后，具有更高的耐磨性和耐疲劳性。在高速重载条件下工作的轴，可以选用 20CrMnTi、20Cr 等渗碳钢，经渗碳淬火后，其表面具有很高的硬度，而心部的强度和冲击韧度好。在实际应用中，可以根据轴的用途选用其材料。例如，车床主轴属于一般轴类零件，其材料选用 45 钢，预备热处理采用正火和调质，最终热处理采用局部高频淬火。

（2）主轴的毛坯　轴类毛坯一般使用锻件和圆钢，结构复杂的轴件（如曲轴）可使用铸件。光轴和直径相差不大的阶梯轴一般以圆钢毛坯为主；外圆直径相差较大的阶梯轴或重要的轴宜选用锻件毛坯，此时采用锻件毛坯既可减少切削加工量，又可以改善材料的力学性能。主轴属于重要且直径相差大的零件，所以通常采用锻件毛坯。

3. 主轴加工的工艺过程

一般轴类零件加工简要的典型工艺路线是：毛坯及其热处理→轴件预加工→车削外圆→铣键槽等→最终热处理→磨削。某厂生产的车床主轴如图 10-19 所示，其生产类型为大批量生产，材料为 45 钢，毛坯为模锻件。该主轴的加工工艺路线见表 10-7。

表 10-7　车床主轴加工工艺过程

序号	工序名称	工序简图	加工设备
1	备料		
2	精密锻造		立式精锻机
3	热处理	正火	
4	锯头		
5	铣端面、钻中心孔		专用机床
6	粗车	车削各外圆面	卧式车床
7	热处理	调质，220~240HBW	
8	车削大端各部	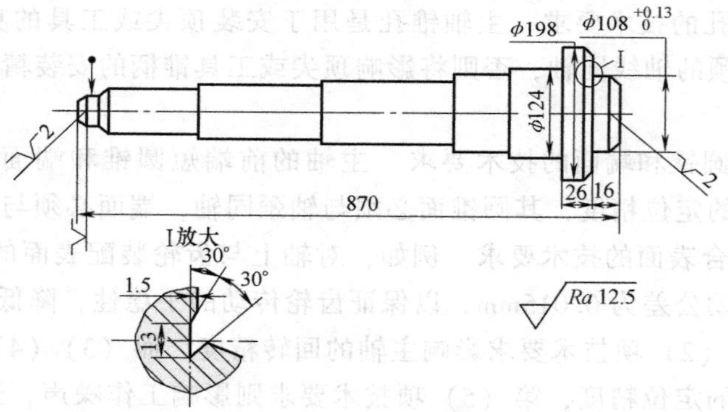	卧式车床
9	仿形车削小端各部	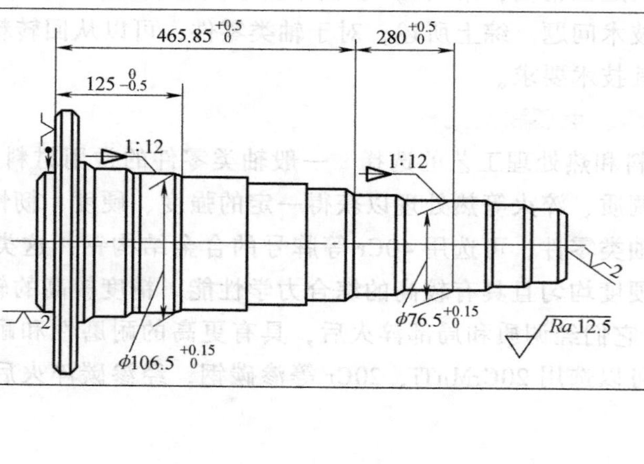	仿形车床

（续）

序号	工序名称	工序简图	加工设备
10	钻通孔	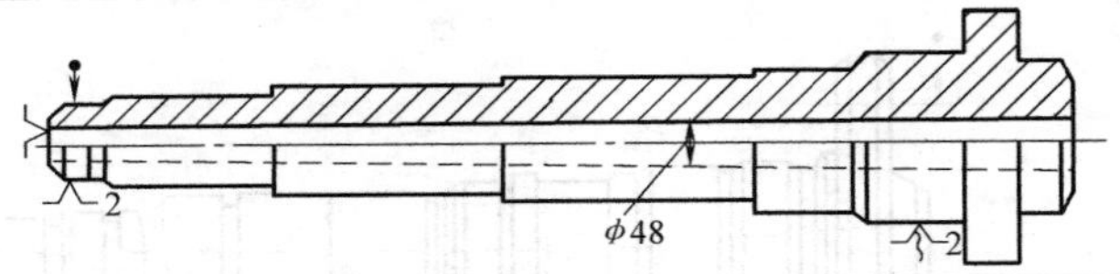	深孔钻床
11	车削小端内锥孔，配 1 : 20 锥堵	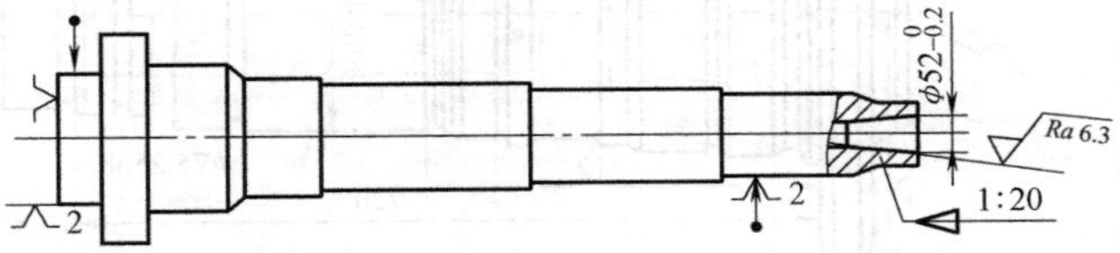	卧式车床
12	车削大端锥孔，配莫氏锥度 No. 6 锥堵；车削外短锥及端面	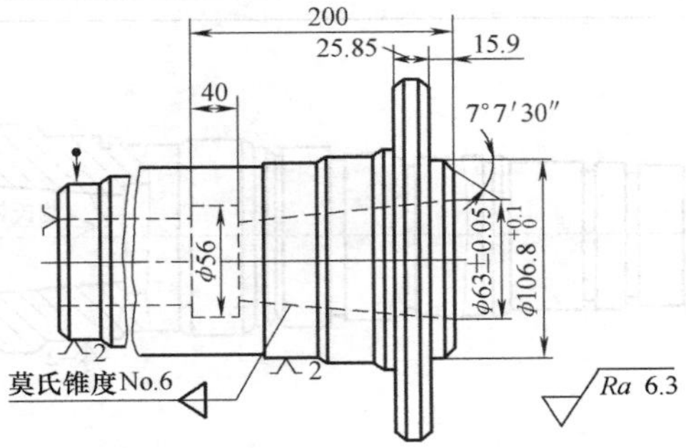	卧式车床
13	钻大端锥面各孔	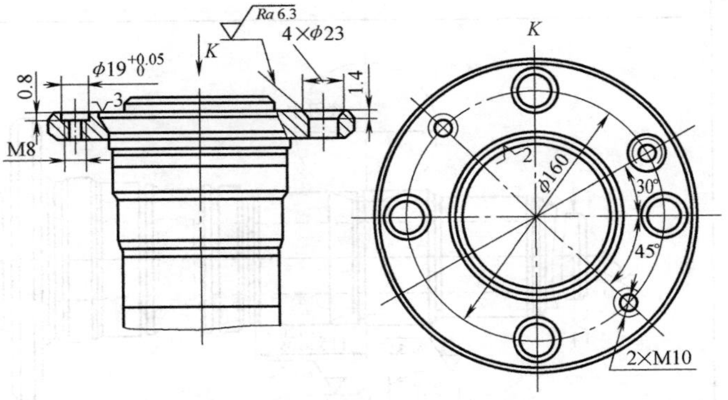	钻床
14	热处理	高频淬火 φ90g5、短锥及莫氏锥度 No. 6 锥孔	
15	精车各外圆并车槽	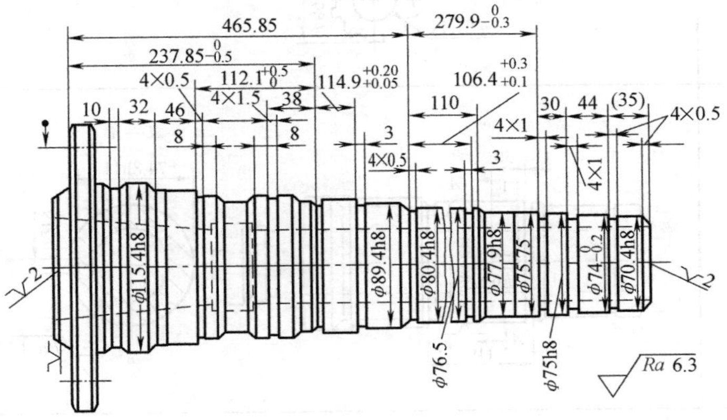	数控车床

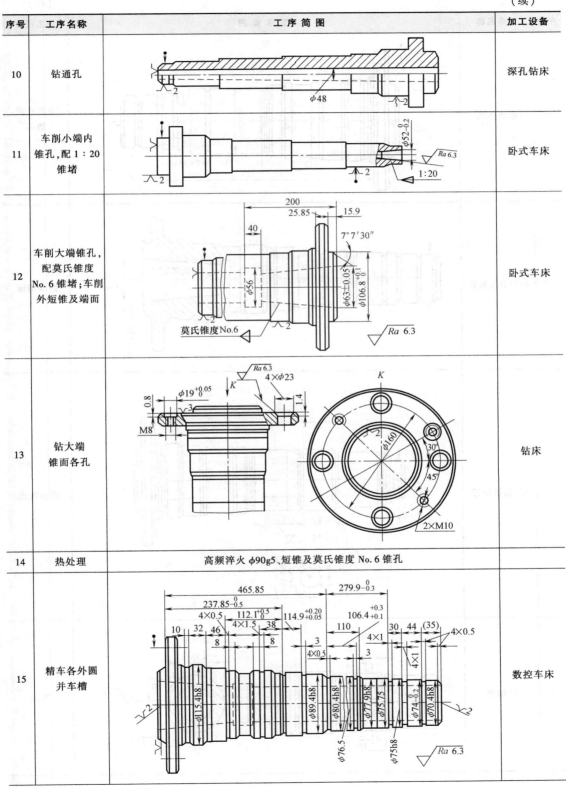

（续）

<table>
<tr><th>序号</th><th>工序名称</th><th>工序简图</th><th>加工设备</th></tr>
<tr><td>16</td><td>粗磨外圆</td><td>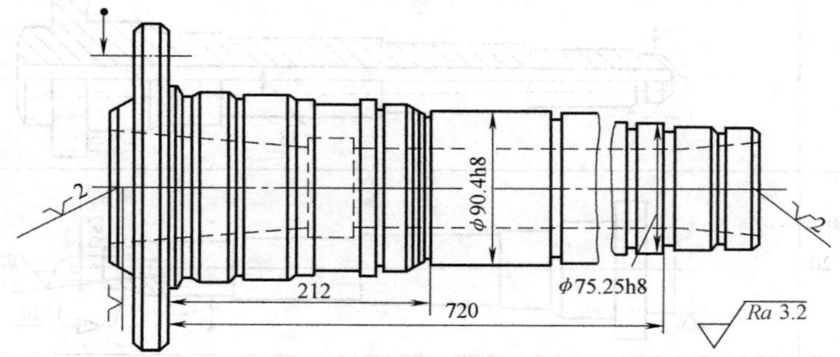
</td><td>万能外圆磨床</td></tr>
<tr><td>17</td><td>粗磨莫氏锥孔</td><td>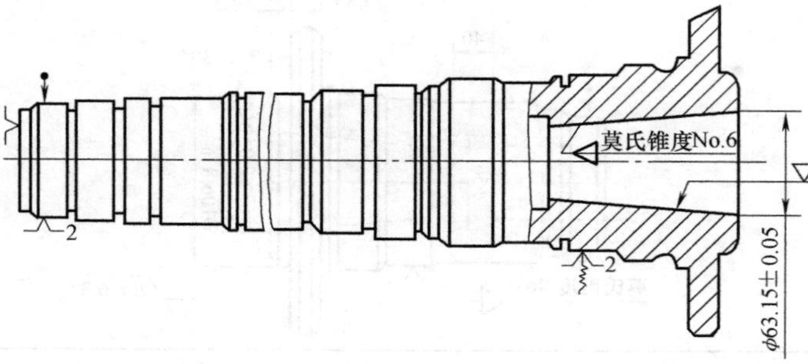
</td><td>内圆磨床</td></tr>
<tr><td>18</td><td>粗、精铣花键</td><td>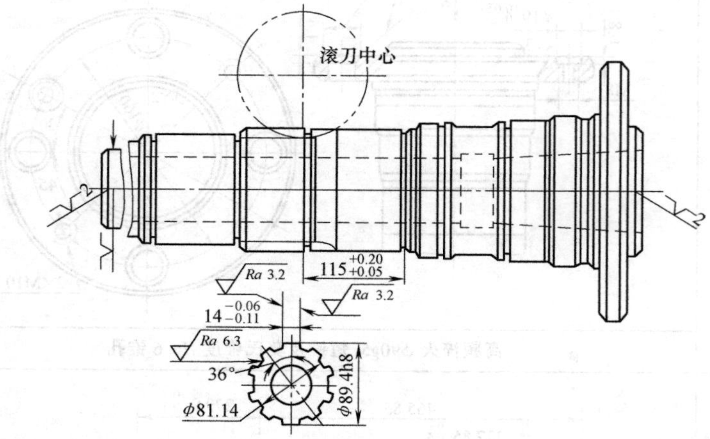
</td><td>花键铣床</td></tr>
<tr><td>19</td><td>铣键槽</td><td>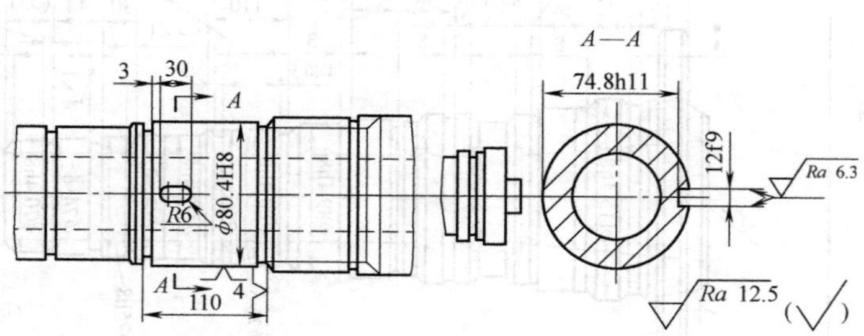
</td><td>铣床</td></tr>
</table>

（续）

序号	工序名称	工 序 简 图	加工设备
20	车削大端内侧面及三段螺纹（配螺母）	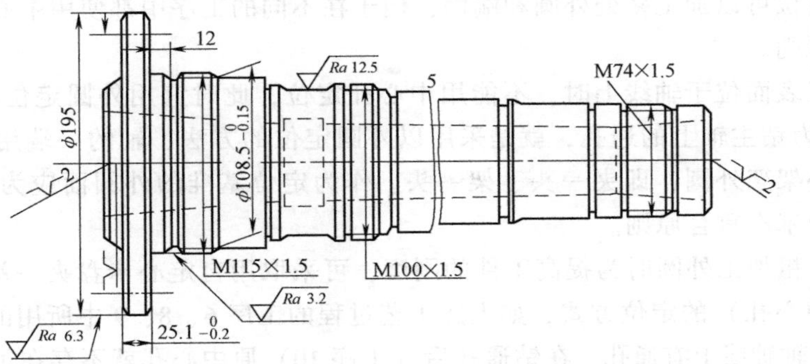	卧式车床
21	粗、精磨各外圆及 *E*、*F* 端面	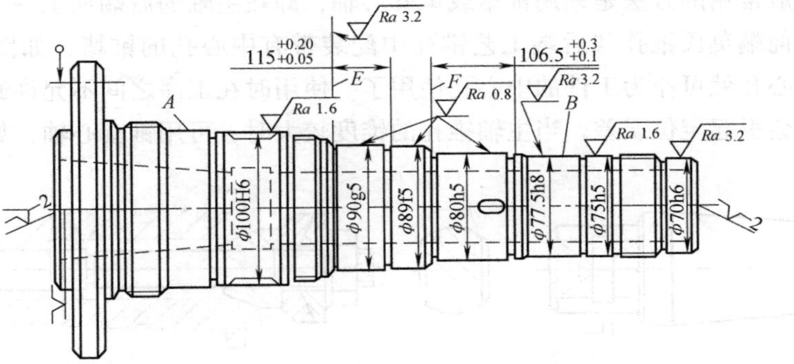	万能外圆磨床
22	粗、精磨圆锥面	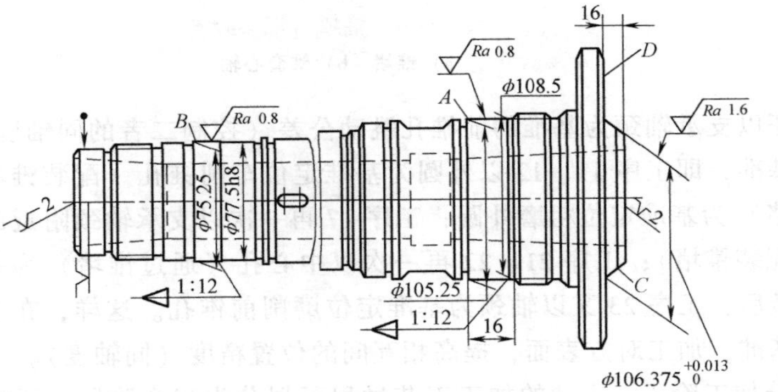	专用组合磨床
23	精磨莫氏锥度 No. 6 内锥孔	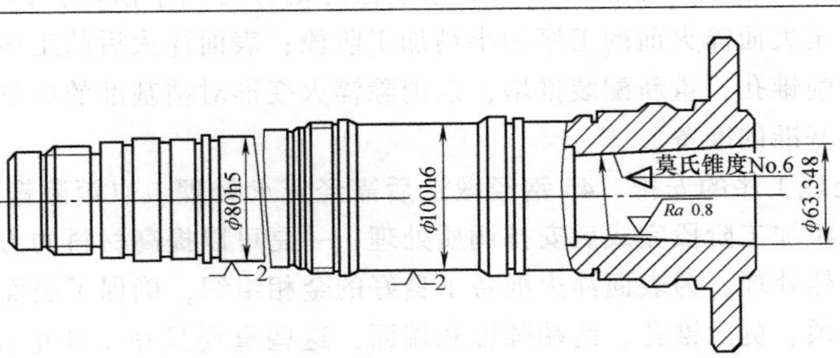	主轴锥孔磨床
24	检查	按图样技术要求项目进行检查	

（1）定位基准的选择　在一般轴类零件加工中，最常用的定位基准是两端中心孔。因为轴上各表面的设计基准一般都是轴的轴线，所以用中心孔定位符合基准重合原则。同时，以中心孔定位可以加工多处外圆和端面，便于在不同的工序中都使用中心孔定位，这也符合基准统一原则。

当加工表面位于轴线上时，不能用中心孔定位，此时宜用外圆定位。例如，表 10-7 中的工序 10 为钻主轴上的通孔，就是采用以外圆定位的方法，轴的一端用卡盘装夹外圆，另一端用中心架架外圆，即夹一头、架一头。作为定位基准的外圆面应为设计基准的支承轴颈，以符合基准重合原则。

此外，粗加工外圆时为提高工件的刚度，可采取用自定心卡盘夹一端（外圆），用顶尖顶一端（中心孔）的定位方式，如上述工艺过程的工序 6、8、9 中所用的定位方式。

由于主轴轴线上有通孔，在钻通孔后（工序 10）原中心孔就不存在了，为仍能够用中心孔定位，一般常用的方法是采用锥堵或锥套心轴，即在主轴的后端加工一个锥度为 1∶20 的工艺锥孔，在前端莫氏锥孔和后端工艺锥孔中配装带有中心孔的锥堵，如图 10-20a 所示，这样锥堵上的中心孔就可作为工件的中心孔使用了。使用时在工序之间不允许卸换锥堵，因为锥堵的再次安装会引起定位误差。当主轴锥孔的锥度较大时，可用锥套心轴，如图 10-20b 所示。

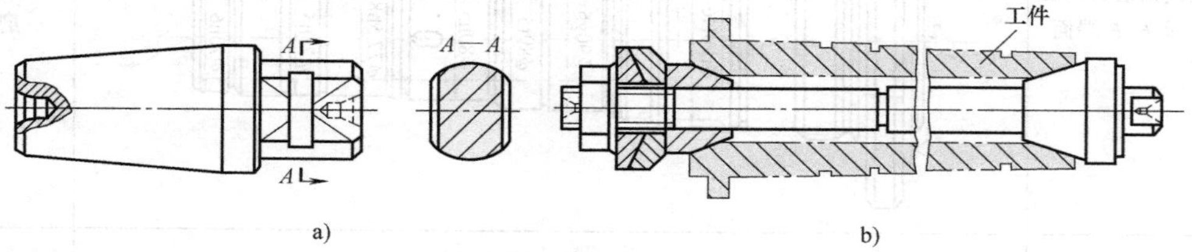

图 10-20　锥堵与锥套心轴

a）锥堵　b）锥套心轴

为了保证以支承轴颈为基准的前锥孔跳动公差（控制二者的同轴度），采用互为基准的原则选择精基准，即工序 11、12 以外圆为基准定位车削锥孔（配装锥堵），工序 16 以中心孔（通过锥堵）为基准定位粗磨外圆；工序 17 再一次以支承轴颈附近的外圆为基准定位磨削前锥孔（配装锥堵）；工序 21、22 再一次以中心孔（通过锥堵）为基准定位磨削外圆和支承轴颈；最后，工序 23 又以轴颈为基准定位磨削前锥孔。这样，在前锥孔与支承轴颈之间反复转换基准，加工对方表面，提高相互间的位置精度（同轴度）。

（2）划分加工阶段　主轴的加工工艺过程可划分为三个阶段：调质前的工序为粗加工阶段；调质后至表面淬火前的工序为半精加工阶段；表面淬火后的工序为精加工阶段。表面淬火后首先磨削锥孔，重新配装锥堵，以消除淬火变形对精基准的影响，通过精修基准为精加工做好定位基准的准备。

（3）热处理工序的安排　45 钢经锻造后需经正火处理，以消除锻造时产生的应力，改善切削性能。粗加工阶段完成后安排调质处理：一是可以提高材料的力学性能；二是作为表面淬火的预备热处理，为表面淬火准备了良好的金相组织，确保了表面淬火的质量。对于主轴上的支承轴颈、莫氏锥孔、前端圆锥和端面，这些重要且在工作中经常承受摩擦的表面，为提高其耐磨性，均需进行表面淬火处理。表面淬火安排在精加工前进行，以通过精加工去除淬火过程中产生的氧化皮，修正淬火变形。

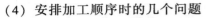

(4) 安排加工顺序时的几个问题

1) 深孔加工应安排在调质后进行。钻主轴上的通孔虽然属于粗加工工序，但却宜安排在调质后进行。因为主轴经调质后径向变形大，如先加工深孔后进行调质处理，会使深孔变形而得不到修正（除非增加工序）。安排调质处理后再钻深孔，就避免了热处理变形对孔的形状的影响。

2) 外圆表面的加工顺序。对轴上的各阶梯外圆表面，应先加工大直径的外圆，后加工小直径的外圆，以避免加工初始就降低工件刚度。

3) 铣花键和键槽。花键和键槽等次要表面的加工应安排在精车外圆之后，否则在精车外圆时会产生断续切削而影响车削精度，也容易损坏刀具。主轴上的螺纹精度要求高，为保证与之配装的螺母的轴向圆跳动公差，要求螺纹与螺母成对配车，加工后不许将螺母卸下，以避免弄混。所以车螺纹应安排在表面淬火后进行。

4) 数控车削加工。数控机床的柔性好，加工适应性强，适用于中、小批量生产。本主轴加工虽然属于大批生产，但是为便于产品的更新换代，提高生产率，保证加工精度的稳定性，在主轴加工工艺过程中的工序 15 也可采用数控机床加工。在数控加工工序中，自动地车削各阶梯外圆并自动换刀切槽，采用工序集中方式加工，既提高了加工精度，又保证了生产的高效率。由于是自动化加工，排除了人为错误的干扰，确保了加工质量的稳定性，取得了良好的经济效益。同时，采用数控加工设备为实现生产的现代化提供了基础。在大批量生产时，一些关键工序也可以采用数控机床加工。

10.3.2 曲轴的加工工艺规程

1. 曲轴的功用、结构特点和工作条件

曲轴是汽车发动机中最重要的零件之一。曲轴一旦发生故障，对发动机有致命的破坏作用。曲轴在发动机内是一根高速旋转的长轴，它将活塞的直线往复运动变为旋转运动，进而通过飞轮把转矩输送给底盘的传动系，同时还驱动配气机构及其他辅助装置，所以其受力条件相当复杂，除了承受旋转质量的离心力外，还承受周期性变化的气体压力和往复惯性力的共同作用，承受弯曲与扭转载荷。为保证工作可靠，曲轴必须有足够的强度和刚度，各工作表面均要耐磨，而且润滑须良好。曲轴转速很高（可达 6000r/min）；有很大的燃气压力通过活塞、连杆突然作用到曲轴上，以 100~200 次/s 的频率反复冲击曲轴；曲轴受到往复、旋转运动的惯性力和力矩的作用，使其产生弯曲、扭转、剪切、拉压等复杂的交变应力，也造成扭转振动和弯曲振动，易产生疲劳破坏；曲轴的主轴颈和连杆轴颈及其轴承副在高压下高速旋转，易造成磨损、发热和烧损。如图 10-21 所示，曲轴的结构与一般轴不同，它由主轴颈、连杆轴颈、油封轴颈、齿轮轴颈、带轮轴颈和曲柄臂等组成。其结构细长而多曲拐，刚性较差，精度要求高。

2. 曲轴的主要技术要求

1) 主轴颈、连杆轴颈直径的尺寸公差等级通常为 IT6~IT7 级；主轴颈宽度极限偏差为$^{+0.05}_{-0.15}$；曲拐半径的极限偏差为±0.05mm；曲轴轴向尺寸的极限偏差为±0.15~±0.50mm。

2) 轴颈长度公差等级为 IT9~IT10 级；轴颈的形状公差，如圆度、圆柱度应控制在尺寸公差一半之内。

3) 位置精度包括：主轴颈与连杆轴颈的平行度一般为 100mm 之内不大于 0.02mm；曲轴各主轴颈的同轴度，小型高速发动机曲轴为 0.025mm，中、大型低速发动机曲轴为 0.03~0.08mm；各连杆轴颈的位置度误差不大于±30′。

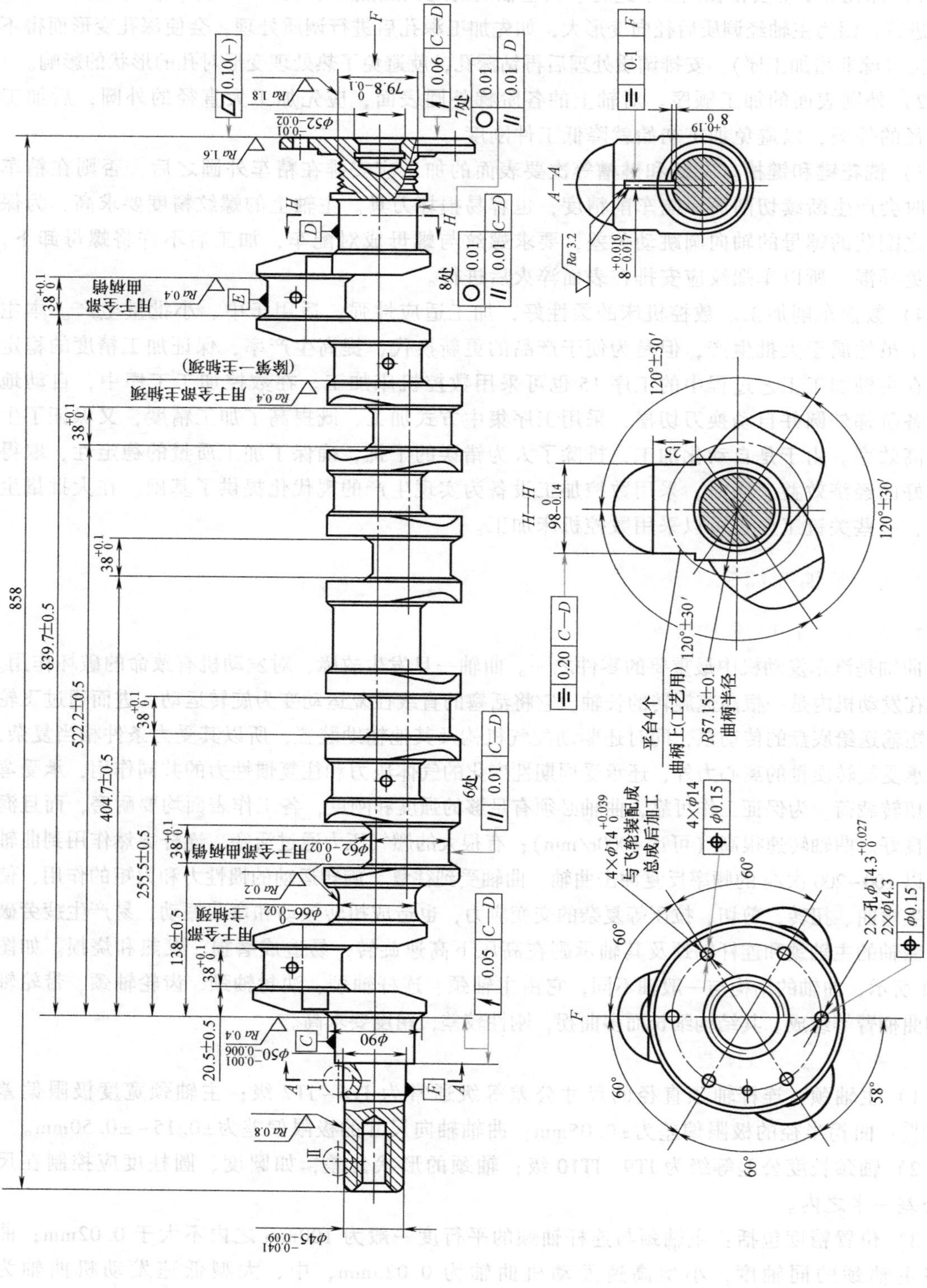

图 10-21 六缸汽油机曲轴结构简图

4）曲轴的连杆轴颈和主轴颈的表面粗糙度值为 $Ra0.2 \sim 0.4\mu m$；曲轴的连杆轴颈、主轴颈、曲柄连接处圆角的表面粗糙度值为 $Ra0.4\mu m$。

3. 曲轴的材料和毛坯

曲轴材料应有较高的强度、冲击韧度、疲劳强度和耐磨性。

曲轴的常用材料：汽油机曲轴多用碳素钢或球墨铸铁，如 45 钢、40Cr、35CrMo、QT600-3、QT700-2 等；重型汽车发动机曲轴多用合金钢，如 40MnVB 等，也可采用高强度球墨铸铁，如 QT900-2。

曲轴的毛坯根据批量大小、尺寸、结构及材料品质来决定。批量较大的小型曲轴，采用碳钢模锻毛坯；单件、小批量的中大型曲轴，采用自由锻造毛坯；球墨铸铁材料曲轴，则采用铸造毛坯。

4. 曲轴的机械加工工艺

（1）定位基准的选择

1）粗基准的选择。为保证曲轴两端中心孔都能钻在两端面的几何中心线上，粗基准应选择靠近曲轴两端的轴颈。为保证其他轴颈外圆余量均匀，在钻中心孔后，应对曲轴进行校直。

对于不易校直的铸铁曲轴，在轴颈余量不大的情况下，为保证所有轴颈都能加工出来，粗基准应选距曲轴两端约 1/4 曲轴长度处的主轴颈。

大批量生产的曲轴毛坯精度高，曲柄不需加工。所以轴向定位粗基准一般选取中间主轴颈两边的曲柄端面，这样可以减小其他曲柄的位置误差。

2）精基准的选择。与一般轴类零件相同，曲轴最重要的精基准是中心孔，它是加工主轴颈和连杆轴颈的精基准。

曲轴轴向上的精基准一般选取曲轴一端的端面或轴颈的止推面。但在曲轴的整个加工过程中，定位基准要经过多次转换和修正。

曲轴圆周方向上的精基准一般选取曲轴两端曲柄上的定位平台或法兰上的定位孔。

（2）加工阶段的划分　曲轴的主要机加工部位：主轴颈、连杆轴颈；次要加工部位：油孔、法兰、曲柄、螺孔、键槽等；其他加工内容：轴颈表面淬火、探伤、动平衡等。加工过程中还要安排校直、检验、清洗等工序。

加工阶段大致可分为：加工定位基准面→粗加工主轴颈和连杆轴颈→加工润滑油道等次要表面→主轴颈和连杆轴颈热处理→精加工主轴颈和连杆轴颈→加工键槽和轴承孔→动平衡→光整加工主轴颈和连杆轴颈。

曲轴主轴颈和连杆轴颈各表面的加工顺序一般为：粗车→精车→粗磨→精磨→超精加工。

（3）曲轴机械加工的顺序安排　多缸发动机曲轴粗加工时，一般都以中间主轴颈为辅助定位基准，先粗加工和半精加工中间主轴颈，再加工其他主轴颈；连杆轴颈的粗、精加工，一般都要以曲轴两端的主轴颈为基准定位，故连杆轴颈的粗、精加工都安排在主轴颈加工之后进行；主轴颈和连杆轴颈需在粗加工后进行高频淬火，再进行轴颈的精加工；对于主轴颈和连杆轴颈，还需在精磨后安排光整加工工序。

（4）大量生产的汽车曲轴的机械加工工艺过程示例　在汽车发动机的制造中，曲轴的加工多属于大批大量生产，按工序分散原则安排工艺过程。表 10-8 所列为大量生产的六缸汽油机曲轴机械加工工艺过程。主轴颈的精磨分别在工序 23、24、26、29 中完成，并广泛采用先进工艺和高生产率的专用机床，实现零件机械加工、检验和清洗等工序的自动化。

表 10-8　大量生产的六缸汽油机曲轴机械加工工艺过程

工序号	工 序 内 容	工 序 设 备
1	铣端面，钻中心孔	铣钻组合机床
2	粗车第 4 主轴颈	曲轴主轴颈车床
3	校直第 4 主轴颈摆差	压油机
4	粗磨第 4 主轴颈	双砂轮架外圆磨床
5	车削第 4 主轴颈以外的所有主轴颈	曲轴主轴颈车床
6	校直主轴颈摆差	压油机
7	粗磨第 1 主轴颈与齿轮轴颈	双砂轮架外圆磨床
8	精车第 2、3、5、6、7 主轴颈，油封轴颈和法兰	曲轴车床
9	粗磨第 7 轴颈	双砂轮架外圆磨床
10	粗磨第 2、3、5、6 主轴颈	双砂轮架外圆磨床
11	在第 1、第 12 曲柄上铣削定位面	曲轴定位面铣床
12	车削 6 个连杆轴颈	曲轴连杆轴颈车床
13	清洗	清洗机
14	在连杆轴颈上锪球窝	球形钻孔机
15	在第 1、第 6 连杆轴颈上钻油孔	深孔组合钻床
16	在第 2、第 5 连杆轴颈上钻油孔	深孔组合钻床
17	在第 3、第 4 连杆颈上钻油孔	深孔组合钻床
18	在主轴颈上的油孔口处倒角	交流两相电钻
19	去毛边	风动砂轮机
20	高频感应淬火部分轴颈表面	曲轴高频感应淬火机
21	高频感应淬火另一部分轴颈表面	曲轴高频感应淬火机
22	校直曲轴	压油机
23	精磨第 4 主轴颈	双砂轮架外圆磨床
24	精磨第 7 主轴颈	双砂轮架外圆磨床
25	车削回油螺纹	曲轴回油螺纹车床
26	精磨第 1 主轴颈与齿轮轴颈	双砂轮架外圆磨床
27	精磨带轮轴颈	双砂轮架外圆磨床
28	精磨油封轴颈与法兰外圈	双砂轮架外圆磨床
29	精磨第 2、第 3、第 5、第 6 主轴颈	双砂轮架外圆磨床
30	粗磨 6 个连杆轴颈	曲轴磨床
31	精磨 6 个连杆轴颈	曲轴磨床
32	在带轮轴颈上铣键槽	键槽铣床
33	加工两端孔	两端孔组合机床
34	检查曲轴不平衡量	曲轴动平衡自动线
35	在连杆轴颈上钻孔去重	特种去重钻床

（续）

工序号	工 序 内 容	工 序 设 备
36	去毛边	风动砂轮机
37	校直曲轴	压油机
38	加工轴承孔	曲轴轴承专用车床
39	精车法兰端面	端面车床
40	去毛边	风动砂轮机
41	粗抛光主轴颈与连杆轴颈	曲轴油石抛光机
42	精抛光主轴颈与连杆轴颈	曲轴砂带抛光机
43	清洗	清洗机
44	最后检查	

5. 曲轴主要表面的加工方法

（1）曲轴中心孔的加工　铣端面和钻中心孔是曲轴加工的第一道工序。中心孔是后续加工工序的主要工艺基准，曲轴有几何中心和质量中心两根轴线，如在普通铣端面钻中心孔机床上以曲轴两端主轴颈外圆为基准定位，则钻出的是几何中心孔，这种方法被广泛采用。

曲轴的质量中心轴线是自然存在的。在动平衡钻中心孔机床上钻出的孔称为质量中心孔，其目前使用得较少，原因是机床的价格太高。小批量生产中，曲轴的中心孔一般在卧式车床上加工；大批量生产中，曲轴的几何中心孔一般在专用的铣端面钻中心孔机床上进行。

（2）曲轴主轴颈的粗、精加工　小批量生产时，一般在卧式车床上车削主轴颈。大批量生产时，在多刀半自动车床上采用成形车刀进行车削，但切削条件较差。为提高主轴颈的相对位置精度，常采用两次车削工艺。第二次精车时，主要保证轴颈宽度和轴颈相对位置。

为减少由背向力引起的曲轴变形，车削主轴颈时，应采用较窄的刀具；也可采用大直径盘铣刀或立铣刀在专用铣床上铣削曲轴主轴颈。当曲轴很长时，需将中间主轴颈事先加工好，用来安放中心架，以提高曲轴的刚度。

（3）曲轴连杆颈轴颈的粗、精加工

1）连杆轴颈的粗加工。小批量生产时，在卧式车床上安装专用偏心卡盘分度夹具，利用已粗加工过的主轴颈在偏心卡盘分度夹具中进行定位，使连杆轴颈的轴线与转动轴线重合并进行加工，如图 10-22 所示。曲轴偏心装夹，卡盘上须装平衡块，以免产生振动，主轴转速应适当减小。

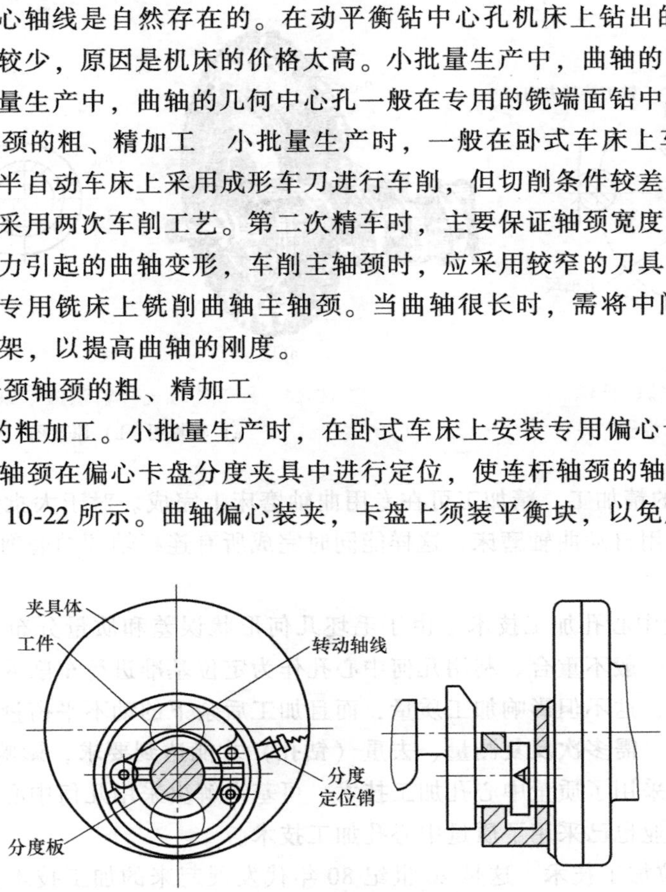

图 10-22　偏心卡盘分度夹具装夹车削

成批大量生产时，连杆轴颈的粗加工可采用多种工艺方法，主要有车削法和铣削法。

① 车削法及其特点。

优点：可在改装的卧式车床上进行加工。

缺点：无法同时加工多个连杆轴颈，生产率低。

在成批生产中常采用这种加工方法。大批量生产时，为提高生产率，常采用专用半自动曲轴车床，工件能在一次装夹中（仍以主轴颈定位）同时车削所有连杆轴颈；其刀架数与被加工的连杆轴颈数相等。

② 铣削法及其特点。连杆轴颈的铣削加工分为内铣与外铣，两种方法都用于多品种、大批量生产。

内铣分为曲轴旋转和曲轴不旋转两种方式。高速旋转的内铣刀径向进给到连杆轴颈规定的尺寸后，曲轴绕主轴颈轴线低速旋转一周，完成一个连杆轴颈的加工。其加工原理如图10-23所示。工件不旋转时，内铣加工所用铣刀不仅绕自身轴线自转，还绕连杆轴颈公转一周。

外铣是指以曲轴两端主轴颈径向定位，以止推面轴向定位。高速旋转的铣刀径向进给到连杆轴颈规定的直径尺寸后，曲轴绕主轴颈轴线低速旋转一周，即可完成连杆轴颈的加工，如图10-24所示。

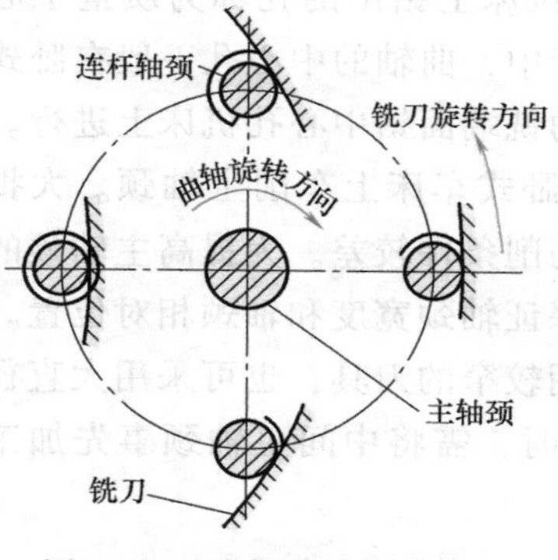

图10-23 内铣曲轴连杆轴颈加工原理示意图

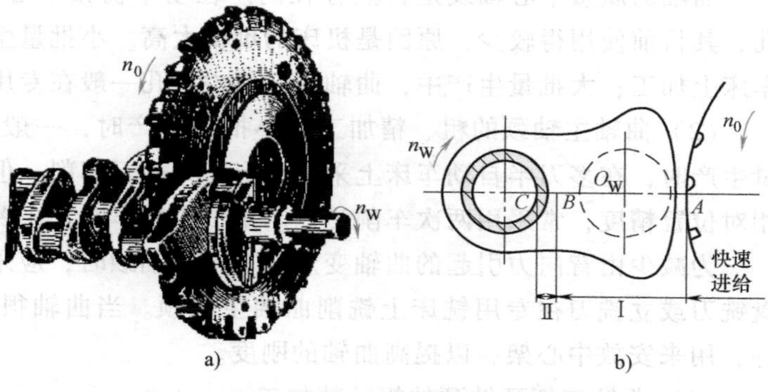

图10-24 外铣曲轴连杆轴颈加工原理示意图
a）实物图 b）原理图

2）连杆轴颈的精加工。精加工可在专用曲轴磨床上完成。对于大批量生产，为了提高生产率，常采用专用自动曲轴磨床，这样能同时完成所有连杆轴颈的磨削加工。

6. 曲轴加工新工艺

（1）轴颈质量中心孔加工技术　由于毛坯几何形状误差和质量分布不均匀等原因，几何中心和质量中心一般不重合。利用几何中心孔作为定位基准进行车削或磨削加工时，工件旋转会产生离心力，这不但影响加工质量，而且加工后余下的动不平衡量较大，在装配前的动平衡校验工序中，需多次反复测量、去重（钻孔）才能达到要求，影响了生产率的提高。现在一些国家大都采用了质量中心孔加工技术，可基本解决采用几何中心孔产生的问题。我国一些曲轴加工企业也已采用了质量中心孔加工技术。

（2）轴颈车-拉加工技术　这是20世纪80年代发展起来的加工技术，目前已在曲轴加工中得到应用。

1）车-拉加工技术的特点。它能在一道工序中同时加工出多缸发动机曲轴的全部主轴颈、连杆轴颈、曲柄臂、平面、台肩等，加工工时短，效率高；在任何时间内，都只有一个刀齿和工件接触，热负荷和机械负荷低，刀具寿命长，机床传动功率小；加工精度高，表面粗糙度值小，可取消粗磨轴颈工序；对大、小批量和多品种生产均适用。

2）车-拉加工原理。车-拉加工是利用直线拉刀或圆柱形（螺旋形）刀具车-拉轴颈，实际上是车削和拉削加工的结合。加工时，在工件做旋转运动的同时，刀具也做直线或旋转运动，并依靠刀具的齿升 f_z 完成切入进给。车-拉加工原理如图 10-25 所示。

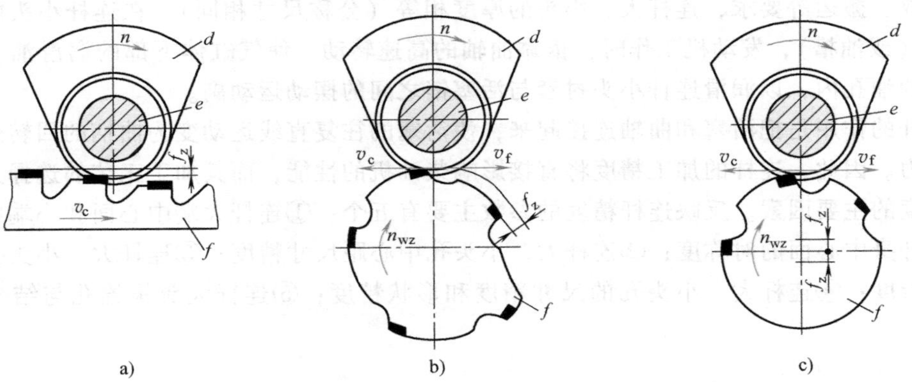

图 10-25 车-拉加工原理图

a）直线式车-拉 b）旋转式车-拉（螺线形刀具） c）旋转式车-拉（圆柱形刀具）

d—曲柄臂 *e*—连杆轴颈 *f*—刀具 f_z—齿升 *n*—曲轴转速 n_{wz}—刀具转速 v_c—切削速度 v_f—进给速度

某工厂测定的车-拉后的曲轴尺寸参数：主轴颈直径误差≤±0.04mm；主轴颈宽度误差≤±0.04mm；连杆轴颈回转半径误差≤±0.05mm；连杆轴颈分度位置误差≤±0.07mm。

车-拉后可不再进行粗磨或半精磨，简化了工艺过程，而且效率高，一次车-拉同一相位角的连杆轴颈的时间分别为 24s 和 42s，刀具寿命可达 2000 件。

（3）圆角深滚压技术 曲轴工作时对疲劳强度有较高要求，曲轴轴颈与侧面的连接过渡圆角处为应力集中区，为此发展了圆角深滚压技术，以代替成形磨削。曲轴圆角深滚压工作原理如图 10-26 所示。

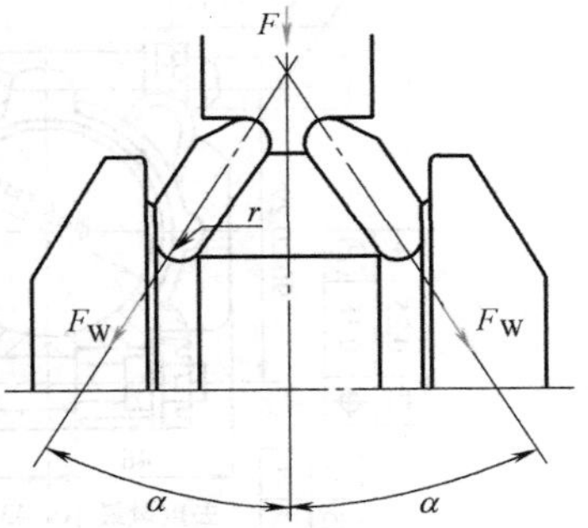

图 10-26 曲轴圆角深滚压工作原理示意图

10.3.3 连杆加工工艺规程

1. 汽车连杆的结构特点

连杆是汽车发动机中的主要传动部件之一，在柴油机中，它把作用于活塞顶面的膨胀压力传递给曲轴，又受曲轴的驱动而带动活塞压缩气缸中的气体。连杆在工作中承受着急剧变化的动载荷。连杆由连杆体及连杆盖两部分组成，连杆体及连杆盖上的大头孔用螺栓和螺母与曲轴装在一起。为了减少磨损和便于维修，连杆的大头孔内装有薄壁金属轴瓦，轴瓦有钢质的底，底的内表面浇注有一层耐磨巴氏合金轴瓦金属。在连杆体大头和连杆盖之间有一组垫片，可以用来补偿轴瓦的磨损。连杆小头通过活塞销与活塞连接。小头孔内压入青铜衬套，以减少小头孔与活塞销的磨损，同时便于在磨损后进行修理和更换。

在发动机工作过程中，连杆受膨胀气体交变压力的作用和惯性力的作用，连杆除应具有足够的强度和刚度外，还应尽量减小其自身的质量，以减小惯性力的作用。连杆杆身一般都采用从大头到小头逐步变小的工字形截面形状。为了保证发动机运转均衡，同一发动机中各连杆的质量不能相差太大，因此，在连杆部件的大、小头两端设置了去不平衡质量的凸块，以便在称量后切除不平衡质量。连杆大、小头两端对称分布在连杆中截面的两侧。考虑到装夹、安放、搬运等要求，连杆大、小头的厚度相等（公称尺寸相同）。在连杆小头的顶端设有油孔（或油槽），发动机工作时，依靠曲轴的高速转动，使气缸体下部的润滑油飞溅到小头顶端的油孔内，以润滑连杆小头衬套与活塞销之间的摆动运动副。

连杆的作用是把活塞和曲轴连接起来，使活塞的往复直线运动变为曲柄的回转运动，以输出动力。因此，连杆的加工精度将直接影响柴油机的性能，而其加工工艺的选择又是直接影响精度的主要因素。反映连杆精度的参数主要有五个：①连杆大端中心面和小端中心面相对连杆杆身中心面的对称度；②连杆大、小头孔中心距尺寸精度；③连杆大、小头孔中心线间的平行度；④连杆大、小头孔的尺寸精度和形状精度；⑤连杆大头螺栓孔与结合面的垂直度。

2. 连杆的主要技术要求

连杆上需进行机械加工的主要表面为大、小头孔及其两端面，连杆体与连杆盖的结合面及连杆螺栓定位孔等。连杆总成的主要技术要求如图 10-27 所示。

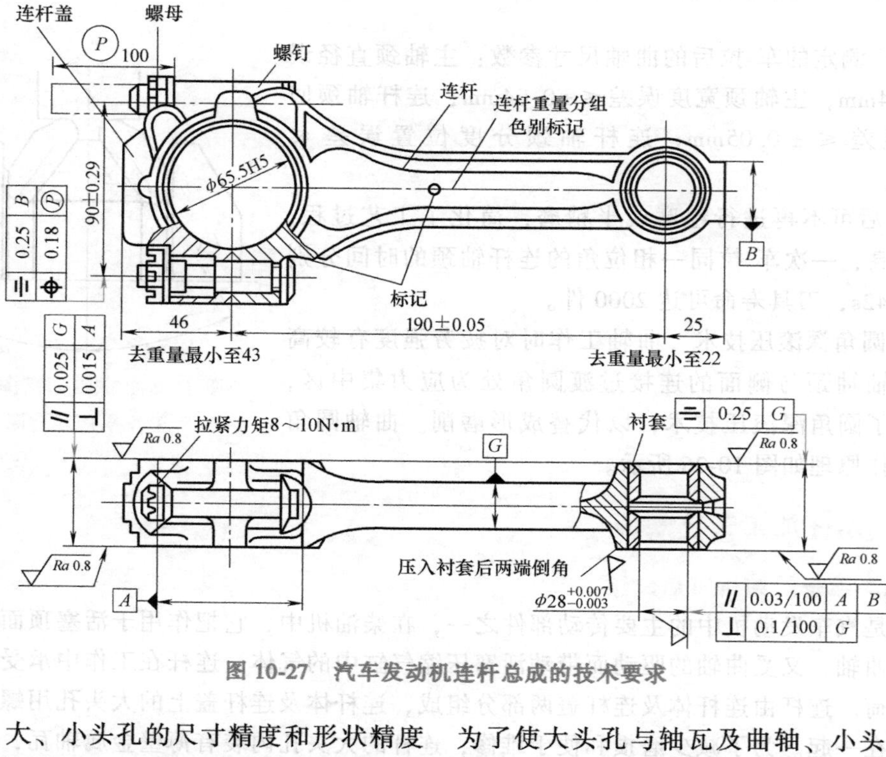

图 10-27 汽车发动机连杆总成的技术要求

(1) 大、小头孔的尺寸精度和形状精度　为了使大头孔与轴瓦及曲轴、小头孔与活塞销能密切地配合，减少冲击的不良影响和便于传热，大头孔的尺寸公差等级为 IT6 级，表面

粗糙度值应不大于 $Ra0.4\mu m$；大头孔的圆柱度公差为 0.012 mm，小头孔的尺寸公差等级为 IT8 级，表面粗糙度值应不大于 $Ra3.2\mu m$。小头压衬套底孔的圆柱度公差为 0.0025 mm，竖线平行度公差为 0.04mm/100mm。

（2）大、小头孔中心线在两个互相垂直方向上的平行度　两孔中心线在连杆轴线方向上的平行度误差会使活塞在气缸中倾斜，从而造成气缸壁磨损不均匀，同时会使曲轴的连杆轴颈产生边缘磨损，所以两孔中心线在连杆轴线方向的平行度公差较小；而两孔中心线在垂直于连杆轴线方向的平行度误差对不均匀磨损的影响较小，因此其公差值较大。两孔中心线在连杆轴线方向的平行度公差为 0.04mm/100mm；在垂直于连杆中心线的方向，平行度公差为 0.06mm/100mm。

（3）大、小头孔中心距　大、小头孔的中心距影响着气缸的压缩比，即影响着发动机的效率，所以有比较高的要求，其值为（190±0.05）mm。

（4）连杆大头孔两端面对中心线的垂直度　连杆大头孔两端面对中心线的垂直度影响着轴瓦的安装和磨损，其超差时甚至会引起烧伤。所以对它也提出了一定的要求：规定其垂直度公差等级应不低于 IT9（大头孔两端面对其中心线的垂直度公差为 0.08mm/100mm）。

（5）大、小头孔两端面的技术要求　连杆大、小头孔两端面间距离的公称尺寸相同，但对其技术要求是不同的，大头孔两端面的尺寸公差等级为 IT9 级，表面粗糙度值不大于 $Ra0.8\mu m$；小头孔两端面的尺寸公差等级为 IT12 级，表面粗糙度值不大于 $Ra6.3\mu m$。这是因为连杆大头孔两端面与曲轴连杆轴颈两轴肩端面间有配合要求，而连杆小头孔两端面与活塞销孔座之间没有配合要求。连杆大头端面间距离尺寸的公差带正好落在连杆小头端面间距离尺寸的公差带中，这给连杆的加工带来了许多方便。

（6）螺栓孔的技术要求　如前所述，连杆在工作过程中受到急剧的动载荷作用，这一动载荷又传递到连杆体和连杆盖的两个螺栓及螺母上。因此，除了对螺栓及螺母提出高的技术要求外，对于螺栓孔及端面也提出了一定的要求：螺栓孔的尺寸公差等级为 IT8 级，表面粗糙度值不大于 $Ra6.3\mu m$；两螺栓孔相对大头孔剖分面的对称度公差为 0.25mm。

（7）有关结合面的技术要求　在连杆受动载荷时，结合面的歪斜会使连杆盖及连杆体沿着剖分面产生相对错位，这将造成曲轴的连杆轴颈和轴瓦结合不良，从而产生不均匀磨损。结合面的平行度将影响到连杆体、连杆盖和垫片贴合的紧密程度，从而也影响着螺栓的受力情况和曲轴、轴瓦的磨损。对于本连杆，结合面的平面度公差为 0.025mm。

3. 连杆的材料和毛坯

连杆在工作中承受多向交变载荷的作用，要求其具有很高的强度。因此，连杆材料一般采用高强度碳钢和合金钢，如 45 钢、55 钢、40Cr 钢、40CrMn 钢等，近年来也有采用球墨铸铁的。粉末冶金零件的尺寸精度高、材料损耗少、成本低，随着粉末冶金锻造工艺的出现和应用，使粉末冶金件的密度和强度大为提高。因此，采用粉末冶金工艺制造连杆是一种很有发展前途的方法。

主要根据生产类型、材料的工艺性（塑性等）及零件对材料的组织性能要求，零件的形状及外形尺寸，毛坯车间现有生产条件及采用先进毛坯制造方法的可能性来确定连杆毛坯的制造方法。由于生产纲领为大量生产，连杆多用模锻制造毛坯。连杆模锻形式有两种：一种是体和盖分开锻造，另一种是将体和盖锻成一体。整体锻造的毛坯，需要在以后的机械加工过程中将其切开，为保证切开后粗镗孔余量的均匀性，最好将整体连杆大头孔锻成椭圆形。相对于分体锻造而言，整体锻造存在着所需锻造设备动力大和金属纤维被切断等问题，但由于整体锻造的连杆毛坯具有材料损耗少、锻造工时少、模具少等优点，故用得越来越多。总之，毛坯种类和制造方法的选择应使零件总的生产成本降低，性能提高。

4. 连杆的机械加工工艺过程

由上述对技术条件的分析可知，连杆的尺寸精度、形状精度以及位置精度的要求都很高，但是连杆的刚性比较差，容易产生变形，这就给连杆的机械加工带来了很多困难，必须引起充分的重视。连杆的机械加工工艺过程见表10-9。

表 10-9 连杆的机械加工工艺过程

工序	工序名称	工 序 内 容	工 艺 装 备
1	铣	铣削连杆大、小头两平面，每面留磨削余量0.5mm	立式铣床
2	粗磨	以一大平面定位，磨削另一大平面，保证轴线对称，无标记面称基面(下同)	平面磨床
3	钻	以基面定位，钻、扩、铰小头孔	摇臂钻床
4	铣	以基面及大、小头孔定位，装夹工件铣削尺寸(99±0.01)mm两侧面，保证对称(此平面为工艺基准面)	组合机床或专用工装
5	扩	以基面定位，以小头孔定位，扩大头孔达到ϕ60mm	摇臂钻床
6	铣	以基面及大、小头孔定位，装夹工件，切开工件，编号杆身及上盖分别打标记	组合机床或专用工装锯片铣刀厚2mm
7	铣	以基面和一侧面定位装夹工件，铣削连杆体和盖结合面，保证直径方向的测量深度为27.5mm	组合夹具或专用工装
8	磨	以基面和一侧面定位装夹工件，磨削连杆体和盖的结合面	平面磨床
9	铣	以基面及结合面定位装夹工件，铣削连杆体和盖的$5^{+0.10}_{-0.05}$mm×8mm斜槽	组合夹具或专用工装
10	锪	以基面、结合面和一侧面定位，装夹工件，锪两螺栓座面$R12^{+0.3}_{0}$mm，$R11$mm，保证尺寸(22±0.25)mm	卧式铣床
11	钻	钻2×ϕ10mm螺栓孔	平面磨床
12	扩	先扩2×ϕ12mm螺栓孔，再扩2×ϕ13mm深19mm螺栓孔并倒角	平面磨床
13	铰	铰2×ϕ12.2mm螺栓孔	平面磨床
14	钳	用专用螺钉将连杆体和连杆盖装成连杆组件	
15	镗	粗镗大头孔	卧式镗床
16	倒角	大头孔两端倒角	卧式铣床
17	磨	精磨大、小头两端面，保证大端面厚度为$38^{-0.170}_{-0.232}$mm	平面磨床
18	镗	以基面、一侧面定位，半精镗大头孔，精镗小头孔至图样尺寸，中心距为(190±0.1)mm	可调双轴镗床
19	镗	精镗大头孔至尺寸要求	深孔钻镗床
20	称重	称量不平衡质量	弹簧秤
21	钳	按规定值去质量	
22	钻	钻连杆体小头油孔ϕ6.5mm、ϕ10mm	卧式铣床
23	压	压铜套	双面气动压床

（续）

工序	工序名称	工 序 内 容	工 艺 装 备
24	挤压	挤压铜套孔	压床
25	倒角	小头孔两端倒角	卧式铣床
26	镗	半精镗、精镗小头铜套孔	深孔钻镗床
27	珩磨	珩磨大头孔	珩磨机床
28	检	检查各部尺寸及其精度	
29	探伤	无损探伤及检验硬度	
30	入库		

连杆的主要加工表面为大、小头孔和两端面，其中较重要的加工表面为连杆体和盖的结合面及连杆螺栓孔定位面，次要加工表面为轴瓦锁口槽、油孔、大头两侧面及连杆体和盖上的螺栓座面等。

连杆的机械加工路线是围绕着主要表面的加工来安排的，它可分为三个阶段：第一阶段为连杆体和盖切开之前的加工；第二阶段为连杆体和盖切开后的加工；第三阶段为连杆体和盖合装后的加工。第一阶段的加工主要是为其后续加工准备精基准（端面、小头孔和大头孔外侧面）；第二阶段主要是加工除精基准以外的其他表面，包括大头孔的粗加工，为合装做准备的螺栓孔和结合面的粗加工，以及轴瓦锁口槽的加工等；第三阶段则主要是最终保证连杆各项技术要求的加工，包括连杆合装后大头孔的半精加工和端面的精加工以及大、小头孔的精加工。如果按连杆合装前后来分，合装之前的工艺路线属于主要表面的粗加工阶段，合装之后的工艺路线则为主要表面的半精加工、精加工阶段。

5. 连杆的机械加工工艺过程分析

（1）工艺过程的安排　在连杆加工中，有两个主要因素影响着加工精度：

1）连杆本身的刚度比较低，在外力（切削力、夹紧力）的作用下容易变形。

2）连杆是模锻件，孔的加工余量大，切削时将产生较大的残余内应力，并引起内应力的重新分布。

因此，在安排工艺进程时，应把各主要表面的粗、精加工工序分开，即把粗加工安排在前，半精加工安排在中间，精加工安排在后面。这是由于粗加工工序的切削余量大，因此切削力、夹紧力必然大，加工后容易产生变形。粗、精加工分开后，粗加工产生的变形可以在半精加工中修整；半精加工中产生的变形则可以在精加工中修整。这样逐步减少加工余量、切削力及内应力的作用，逐步修整加工后的变形，就能最后达到零件的技术条件。

各主要表面的工序安排如下：

1）两端面：粗铣→精铣→粗磨→精磨。

2）小头孔：钻孔→扩孔→铰孔→精镗→压入衬套→精镗。

3）大头孔：扩孔→粗镗→半精镗→精镗→金刚镗→珩磨。

对于一些次要表面的加工，则视需要和可能安排在工艺过程的中间或后面。

（2）定位基准的选择　在连杆机械加工工艺过程中，大部分工序选用连杆的一个指定的端面和小头孔作为主要基面，并用大头孔指定一侧的外表面作为另一基面。这是由于端面的面积大，定位比较稳定，用小头孔定位可直接控制大、小头孔的中心距。这样就使各工序中的定位基准统一起来，减少了定位误差。具体方法如图 10-28 所示，在安装工件时，注意使有成套编号标记的一面不与夹具的定位元件接触（在设计夹具时也做相应的考虑）。在精镗小头孔（及精镗小头衬套孔）时，也用小头孔（及衬套孔）作为基面，这时将定位销做成活动的“假销”。当连杆用小头孔（及衬套孔）定位夹紧后，再从小头孔中抽出假销进行加工。为了不断改善基面的精度，基面的加工与主要表面的加工要适当配合，即在粗加工大、小头孔前粗磨端面，在精镗大、小头孔前精磨端面。

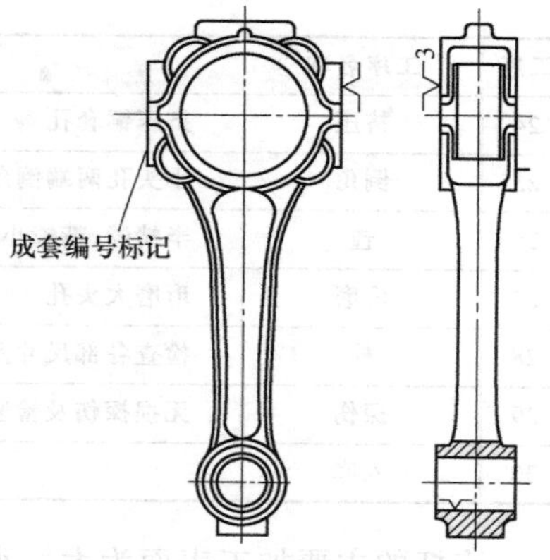

图 10-28 连杆的定位方向

由于用小头孔和大头孔外侧面作为基面，所以这些表面的加工安排得比较早。在用小头孔作为定位基面前的加工工序是钻孔、扩孔和铰孔，这些工序不易保证铰孔后孔与端面的垂直度，因此，有时会影响后续工序的加工精度。

在第一道工序中，工件的各个表面都是毛坯表面，其定位和夹紧条件都较差，而加工余量和切削力都较大，如果工件本身的刚性也差，则对加工精度会有很大影响。因此，第一道工序的定位和夹紧方法的选择，对整个工艺过程的加工精度有很大影响。连杆的加工就是如此，在连杆加工工艺路线中，在精加工主要表面之前，先粗铣两个端面，其中粗磨端面又是以毛坯端面为基准定位的。因此，粗铣就是关键工序。粗铣时工件的定位方法有两种。一种方法是以毛坯端面为基准定位，在侧面和端部夹紧，粗铣一个端面后，翻转工件以铣好的端面定位，铣另一个毛坯面。但是由于毛坯面不平整，连杆的刚性又差，定位夹紧时工件可能发生变形，粗铣后端面似乎平整了，但放松后工件又恢复变形，影响后续工序的定位精度。另一种方法是以连杆的大头外形及连杆身的对称面定位，采用这种定位方法时，工件在夹紧时的变形较小，同时可以铣工件的端面，使一部分切削力互相抵消，易于得到平面度较好的平面。同时，由于是以对称面定位，毛坯在加工后的外形偏差也比较小。

（3）确定合理的夹紧方法　连杆的刚性比较差，应特别注意夹紧力的大小、作用力的方向以及受力点的选择，避免因受夹紧力的作用使连杆产生变形，而影响加工精度。在本例粗铣两端面的夹具中，夹紧力的方向与端面平行，在夹紧力的作用方向上，大头端部与小头端部的刚性高，变形小，即使有一些变形，也产生在平行于端面的方向上，很少或不会影响端面的平面度。夹紧力通过工件直接作用在定位元件上，可避免工件产生弯曲或扭转变形。

在加工大、小头孔的工序中，主要夹紧力垂直作用于大头端面上，并由定位元件承受，以保证所加工孔的圆度。在精镗大、小头孔时，只以大平面（基面）定位，并且只夹紧大头这一端。小头一端以假销定位后，用螺钉在另一侧面夹紧。小头一端不在端面上定位夹紧，避免了可能产生的变形。

（4）连杆两端面的加工　采用粗铣、精铣、粗磨、精磨四道工序，并将精磨工序安排在精加工大、小头孔之前，以便改善基面的平面度，提高孔的加工精度。粗磨在转盘磨床上，使用砂瓦拼成的砂轮端面进行磨削。这种方法的生产率较高。精磨在平面磨床上用砂轮的周边磨削，这种方法的生产率低一些，但精度较高。

（5）连杆大、小头孔的加工　连杆大、小头孔的加工是连杆机械加工的重要工序，其加工精度对连杆质量有较大影响。

小头孔是定位基面，在用做定位基面之前，它经过了钻、扩、铰三道工序。钻削时以小头孔外形定位，这样可以保证加工后的孔与外圆的同轴度误差较小。

小头孔在钻、扩、铰后，在金刚镗床上与大头孔同时精镗，公差等级达到IT6级，然后压入衬套，再以衬套内孔定位精镗大头孔。由于衬套的内孔与外圆存在同轴度误差，这种定位方法有可能使精镗后的衬套孔与大头孔的中心距超差。

大头孔经过扩、粗镗、半精镗、精镗、金刚镗和珩磨公差等级达到IT6级，表面粗糙度值为$Ra0.4\mu m$。大头孔的加工方法是在铣开工序后，将连杆与连杆体组合在一起，然后进行精镗大头孔的工序。这样，在铣开以后可能产生的变形可以在最后的精镗工序中得到修正，以保证孔的形状精度。

（6）连杆螺栓孔的加工　连杆的螺栓孔经过钻、扩、铰三道工序。加工时以大头端面、小头孔及大头一侧面定位。

为了使两螺栓孔在两个互相垂直方向的平行度保持在公差范围内，在扩和铰两个工步中用上、下双导向套导向，从而达到所需要的技术要求。

粗铣螺栓孔端面时采用工件翻身的方法，这样铣夹具没有活动部分，能保证承受较大的铣削力。精铣时，为了保证螺栓孔的两个端面与连杆大头端面垂直，使用了两工位夹具。连杆在夹具的工位上铣完一个螺栓孔的两端面后，夹具上的定位板带着工件旋转180°，铣另一个螺栓孔的两端面。这样，螺栓孔两端面与大头孔端面的垂直度就可由夹具保证。

（7）连杆体与连杆盖的铣开工序　剖分面（也称结合面）的尺寸精度和位置精度由夹具本身的制造精度及对刀精度来保证。为了保证铣开后剖分面的平面度误差不超过0.03mm，并且保证剖分面与大头孔端面的垂直度误差符合要求，除要保证夹具本身的精度外，锯片安装精度的影响也很大。如果锯片的轴向圆跳动不超过0.02mm，则铣开的剖分面能达到图样的要求，否则可能超差。剖分面本身的平面度、表面粗糙度对连杆盖、连杆体装配后的结合强度有较大的影响。因此，剖分面在铣开后需再经过磨削加工。

（8）大头侧面的加工　以基面及小头孔定位，装夹工件铣两侧面至尺寸，保证两侧面对称（此对称平面为工艺基准面）。

6. 连杆体和连杆盖整体精密锻造和撑断工艺（即裂解工艺）

连杆体、连杆盖整体精密锻造和撑断工艺，是在半精加工后将连杆盖与连杆体撑断，使撑断面产生凸凹不平，连杆盖与连杆体再组装时只有唯一的位置。撑断方法如图10-29所示。

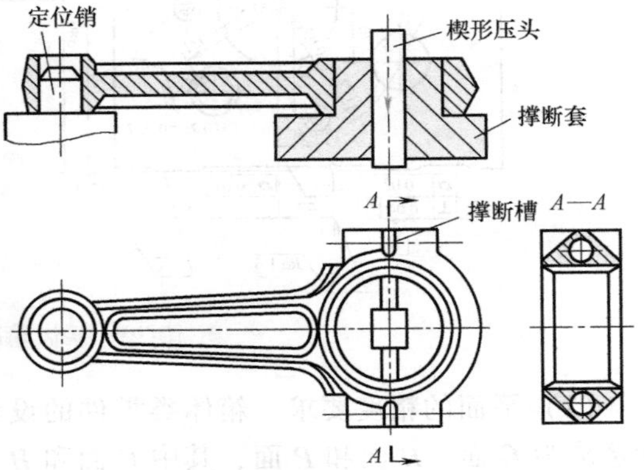

图10-29　连杆撑断工艺示意图

撑断工艺的优点：连杆盖与连杆体之间只需用螺栓连接，即可保证相互间的位置精度；能保证连杆盖与连杆体的装配精度；以整体加工代替了结合面的分体加工，减少了加工工序；简化了连杆螺栓孔的结构设计，降低了对螺栓孔的加工要求，省去了螺栓孔的精加工设备；节省材料和能源，产品质量高，生产成本低。

（1）撑断连杆所用的材料　连杆裂解加工对连杆材料的要求较高，要求其塑性变形小、强度较好、脆性适中。

（2）撑断加工连杆的主要工艺过程　粗磨连杆两端面→粗镗及半精镗大、小头孔→钻、攻螺纹孔→加工撑断槽→撑断→装配螺栓→压衬套并精整、光整加工衬套→精磨连杆两端面→半精镗及精镗大、小头孔→铰珩小头孔→清洗→检验。

10.3.4　箱体类零件的加工工艺规程

箱体类零件是机器或部件中的基础零件，轴、轴承、齿轮等有关零件按规定的技术要求装配到箱体上，连接成部件或机器，使其按规定的要求工作。因此，箱体类零件的加工质量不仅影响机器的装配精度和运动精度，也影响机器的工作精度、使用性能和寿命。现以图10-30所示的齿轮减速器箱体零件的加工为例，讨论箱体类零件的加工工艺过程。

1. 箱体类零件的结构特点和技术要求

图10-30所示箱体类零件属于中批生产，零件材料为HT200。一般来说，箱体零件的结构较复杂，内部呈腔形，其加工表面主要是平面和孔。对于箱体类零件的技术要求，应针对平面和孔的技术要求进行分析。

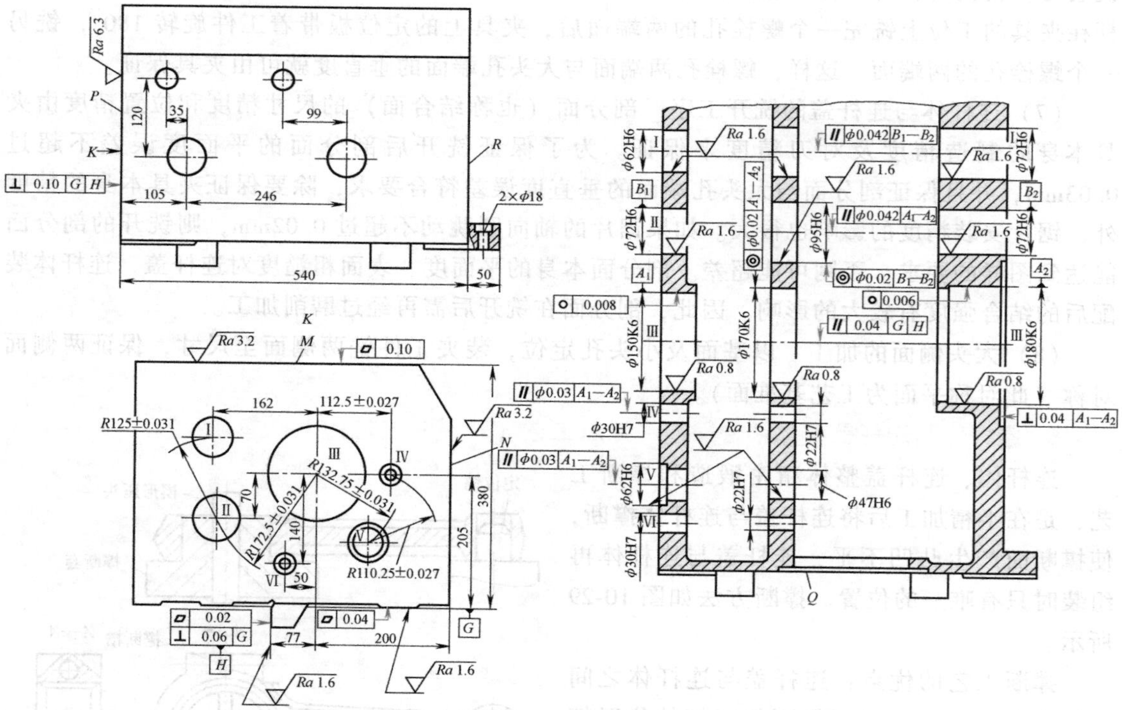

图10-30　某齿轮减速器箱体零件简图

（1）平面的精度要求　箱体类零件的设计基准一般为平面，本箱体各孔系和平面的设计基准为G面、H面和P面，其中G面和H面还是箱体的装配基准，因此，它们有较高的平面度要求和较小的表面粗糙度值。

(2) 孔系的技术要求　箱体上有孔间距和同轴度要求的一系列孔称为孔系。为保证箱体孔与轴承外圈的配合精度以及轴的回转精度，孔的尺寸公差等级为 IT7 级，其几何形状误差控制在尺寸公差范围之内。为保证齿轮啮合精度，孔中心线的尺寸精度、孔中心线间的平行度、同一中心线上各孔的同轴度误差和孔端面对中心线的垂直度误差均应有较高的要求。

(3) 孔与平面间的位置精度　箱体上的主要孔与箱体安装基面之间应规定平行度要求。本箱体零件主轴孔中心线对装配基面（*G* 面、*H* 面）的平行度公差为 0.04mm。

(4) 表面粗糙度　重要孔和主要表面的表面粗糙度会影响结合面的配合性质或接触刚度，本箱体零件主要孔的表面粗糙度值为 *Ra*0.8μm，装配基面的表面粗糙度值为 *Ra*1.6μm。

2. 箱体类零件的材料及毛坯

箱体类零件的材料常用铸铁，这是因为铸铁容易成形，切削性能好，价格低，且吸振性和耐磨性较好。根据需要可选用 HT150～HT350，常用 HT200。在单件小批量生产的情况下，为缩短生产周期，可采用钢板焊接结构。某些大负荷的箱体有时采用铸钢件。在特定条件下，可采用铝镁合金或其他铝合金材料。

铸铁毛坯在单件小批量生产时，一般采用木模手工造型，其毛坯精度较低，加工余量大；在大批量生产时，通常采用金属型机器造型，其毛坯精度较高，加工余量可适当减小。单件小批量生产直径大于 50mm 的孔，成批生产直径大于 30mm 的孔时，一般都铸出预孔，以减小加工余量。铝合金箱体常用压铸工艺制造，其毛坯精度很高，余量很小，一些表面不必经切削加工即可使用。

3. 箱体类零件的加工工艺过程分析

箱体类零件的主要加工表面是孔系和装配基准面。如何保证这些表面的加工精度和表面粗糙度值，孔系之间及孔与装配基准面之间的距离尺寸精度和相互位置精度，是箱体类零件加工的主要工艺问题。

箱体类零件的典型加工路线为：平面加工→孔系加工→次要面（紧固孔等）加工。图 10-19所示箱体类零件的加工工艺过程见表 10-10。

(1) 主要表面加工方法的选择　箱体的主要加工表面有平面和轴承支承孔。

箱体平面的粗加工和半精加工主要采用刨削和铣削，也可采用车削。当生产批量较大时，可采用各种组合铣床对箱体各平面进行多刀、多面同时铣削；对于尺寸较大的箱体，也可在多轴龙门铣床上进行组合铣削，可有效提高箱体平面加工的生产率。箱体平面的精加工，在单件小批量生产时，除一些高精度的箱体仍需手工刮研外，一般多用精刨代替传统的手工刮研；当生产批量大而精度又较高时，则多采用磨削。为提高生产率和平面间的位置精度，可采用专用磨床进行组合磨削。

表 10-10　车床主轴箱体类零件的加工工艺过程

序号	工序内容	定位基准
1	铸造	
2	时效	
3	清砂、涂底漆	
4	划各孔、各面加工线，考虑Ⅱ、Ⅲ孔加工余量并兼顾内壁及外形	
5	按线找正，粗刨 *M* 面、斜面，精刨 *M* 面	

（续）

序号	工 序 内 容	定 位 基 准
6	按线找正，粗、精刨 G、H、N 面	M 面
7	按线找正，粗、精刨 P 面	G 面、H 面
8	粗镗纵向各孔	G 面、H 面、P 面
9	铣底面 Q 处开口沉槽	M 面、P 面
10	刮研 G、H 面达 8~10 点/$25mm^2$	
11	半精镗、精镗纵向各孔及 R 面主轴孔法兰面	G 面、H 面、P 面
12	钻镗 N 面上横向各孔	G 面、H 面、P 面
13	钻 G、N 面上各次要孔、螺纹底孔	M 面、P 面
14	攻螺纹	
15	钻 M、P、R 面上各螺纹底孔	G 面、H 面、P 面
16	攻螺纹	
17	检验	

对于箱体上公差等级为 IT7 级的轴承支承孔，一般需要经过 3~4 次加工，可采用扩→粗铰→精铰，或采用粗镗→半精镗→精镗的工艺方案进行加工（若未铸出预孔，则应先钻孔）。以上两种工艺方案，表面粗糙度值可达 $Ra0.8 \sim 1.6\mu m$。铰削方案用于加工直径较小的孔，镗削方案用于加工直径较大的孔。当孔的尺寸公差等级超过 IT6 级，表面粗糙度值小于 $Ra0.4\mu m$ 时，还应增加一道精密加工工序，常用的方法有精细镗、滚压、珩磨、浮动镗等。

（2）箱体加工定位基准的选择

1）粗基准的选择。粗基准的选择对零件加工主要有两个方面的影响，即影响零件上加工表面与不加工表面的位置以及加工表面的余量分配。为了满足上述要求，一般宜选择箱体上重要孔的毛坯孔作为粗基准。本箱体零件就是以主轴孔Ⅲ和距主轴孔较远的Ⅱ轴孔作为粗基准的。在本箱体的不加工面中，内壁面与加工面（轴孔）间的位置关系很重要，因为箱体中的大齿轮与不加工内壁的间隙很小，若是加工出的轴承孔与内壁有较大的位置误差，则会使大齿轮与内壁相碰。从这一点出发，应选择内壁作为粗基准，但是夹具的定位结构不易实现以内壁定位。由于铸造时内壁和轴孔是用同一个型芯浇注的，以轴孔为粗基准可同时满足上述两方面的要求，因此，在实际生产中，一般以轴孔为粗基准。

2）精基准的选择。选择精基准的依据主要是应能保证加工精度，所以一般优先考虑基准重合原则和基准统一原则，本零件的各孔系和平面的设计基准和装配基准为 G 面、H 面和 P 面，因此，可采用 G、H 和 P 面作为精基准定位。

（3）箱体加工顺序的安排　箱体机械加工顺序的安排一般应遵循以下原则：

1）先面后孔的原则。箱体加工顺序的一般规律是先加工平面，后加工孔。先加工平面，可以为孔的加工提供可靠的定位基准，再以平面为精基准定位加工孔。平面的面积大，以平面为基准定位加工孔的夹具结构简单、可靠；反之，则夹具结构复杂，定位也不可靠。由于箱体上的孔分布在平面上，先加工平面可以去除铸件毛坯表面的凹凸不平、夹砂等缺陷，对孔加工有利，如可减小钻头的歪斜、防止刀具崩刃，同时对刀调整也方便。

2）先主后次的原则。箱体上用于紧固的螺孔、小孔等可视为次要表面，因为这些次要孔往往需要依据主要表面（轴孔）定位，所以这些螺孔的加工应在轴孔加工后进行。对于次要孔与主要孔相交的孔系，必须先完成主要孔的精加工，再加工次要孔，否则会使主要孔的精加工产生断续切削、振动，从而影响主要孔的加工质量。

3）孔系的数控加工。由于箱体零件具有加工表面多、加工孔系的精度高、加工量大的特点，生产中常使用高效自动化的加工方法。过去在大批大量生产中，主要采用组合机床和加工自动线，现在数控加工技术，如加工中心、柔性制造系统等已逐步应用于各种不同的批量生产中。车床主轴箱体的孔系也可选择在卧式加工中心上加工，加工中心的自动换刀系统使得一次装夹可完成钻、扩、铰、镗、铣、攻螺纹等加工，减少了装夹次数，同时符合工序集中的原则，提高了生产率。

10.4 机械装配工艺规程

10.4.1 概述

根据规定的技术要求，将零件或部件进行配合和连接，使其成为半成品或成品的过程，称为装配。机器的装配是机器制造过程中的最后一个环节，它包括装配、调整、检验和试验等工作。装配过程使零件、套件、组件和部件间获得一定的相互位置关系，所以装配过程也是一种工艺过程。为保证有效地进行装配工作，通常将机器划分为若干个能进行独立装配的装配单元。

1. 机械的组成

一台机械产品往往由上千至上万个零件组成，为了便于组织装配工作，必须将产品分解为若干个可以独立进行装配的装配单元，以便按照单元次序进行装配并缩短装配周期。装配单元通常可划分为五个等级。

（1）零件　零件是组成机械和参加装配的最基本单元。大部分零件都是预先装成合件、组件和部件再进入总装的。

（2）合件　合件是比零件大一级的装配单元。下列情况皆属合件：

1）由不可拆卸的连接方法（如铆、焊、热压装配等）连接在一起的两个以上的零件。

2）少数零件组合后还需要合并加工，如齿轮减速箱体与箱盖、柴油机连杆与连杆盖都是组合后镗孔的，零件之间对号入座，不能互换。

3）将一个基准零件和少数零件组合在一起，如图 10-31a 所示属于合件，其中蜗轮为基准零件。

（3）组件　组件是一个或几个合件与若干个零件的组合。如图 10-31b 所示即属于组件，其中蜗轮与齿轮为一个先装好的合件，而后以阶梯轴为基准件，与合件和其他零件组合为组件。

（4）部件　部件是一个基准件和若干个组件、合件和零件的组合，如主轴箱、进给箱等。

（5）机械产品　它是由上述全部装配单元组成的整体。

装配单元系统图表明了各有关装配单元间的从属关系，如图 10-32 所示。

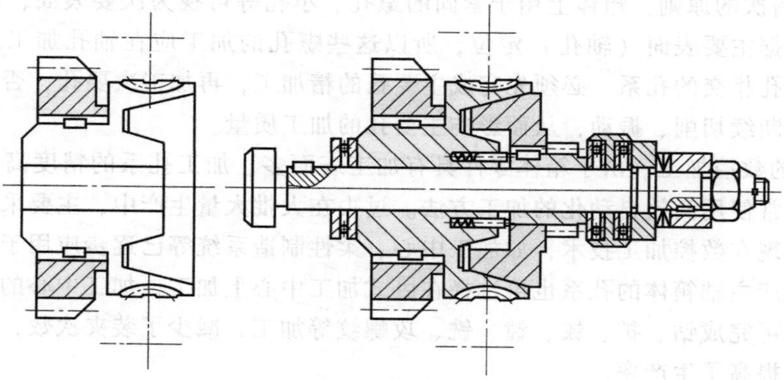

a)　　b)

图 10-31　合件与组件举例

a）合件　b）组件

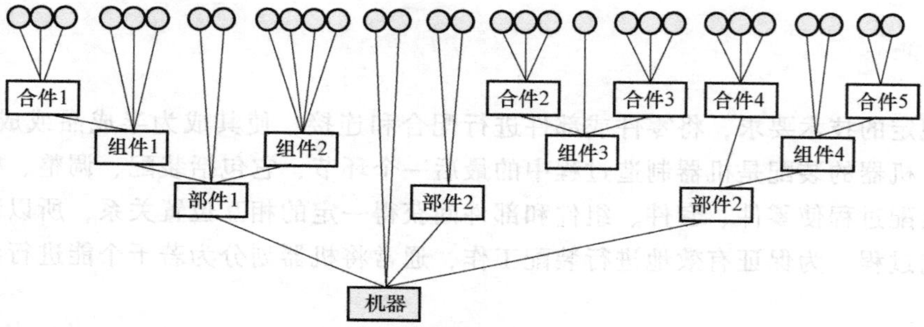

图 10-32　装配单元系统图

2. 装配的定义

根据规定的要求，将若干零件装配成部件的过程称为部装，把若干个零件和部件装配成最终产品的过程称为总装。

3. 装配工作的基本内容

机械装配是产品制造的最后阶段，装配过程中不是将合格的零件简单地连接起来，而是要采取一系列工艺措施使其有机结合，才能最终达到产品质量要求。常见的装配工作包括以下内容：

（1）清洗　清洗的目的是去除零件表面或部件中的油污及机械杂质。

（2）连接　连接的方式一般有两种：可拆连接和不可拆连接。可拆连接在装配后可以很容易地拆卸而不致损坏任何零件，且拆卸后仍可重新装配在一起，如螺纹连接、键连接等；不可拆连接装配后一般不再拆卸，如果拆卸就会损坏其中的某些零件，如焊接、铆接等。

（3）调整　调整包括校正、配作、平衡等。校正是指产品中相关零部件间相互位置的找正，通过各种调整方法，保证达到装配精度要求等。配作是指两个零件装配后确定其相互位置的加工，如配钻、配铰，或改善两个零件表面结合精度的加工，如配刮及配磨等，配作是与校正调整工作结合进行的。平衡是指为防止使用中出现振动，装配时应对其旋转零部件进行平衡，它包括静平衡和动平衡两种方法。

（4）检验和试验　机械产品装配完后，应根据有关技术标准和规定，对产品进行较全面的检验和试验工作，合格后才准出厂。

除上述装配工作外，涂装、包装等也属于装配工作。

4. 装配的意义

装配是整个机械制造工艺过程中的最后一个环节。装配工作对机械的质量影响很大。若装配不当，即使所有零件都加工合格，也不一定能装配出合格的高质量机械。反之，当零件的制造质量不是良好时，只要在装配中采用合适的工艺方案，也能使机械达到规定的要求。因此，装配质量对保证机械质量起着极其重要的作用。

5. 装配精度与装配尺寸链

（1）装配精度　为了使机器具有正常的工作性能，必须保证其装配精度。机器的装配精度通常包含三个方面的含义：

1）相互位置精度是指产品中相关零部件之间的距离精度和相互位置精度，如平行度、垂直度和同轴度等。

2）相对运动精度是指产品中有相对运动的零部件之间在运动方向和相对运动速度上的精度。如传动精度、回转精度等。

3）相互配合精度是指配合表面间的配合质量和接触质量。

（2）装配尺寸链

1）装配尺寸链的定义。在机器的装配关系中，由相关零件的尺寸或相互位置关系所组成的一个封闭的尺寸系统，称为装配尺寸链。

2）装配尺寸链的分类。

直线尺寸链：由长度尺寸组成，且各环尺寸相互平行的装配尺寸链。

角度尺寸链：由角度、平行度、垂直度等组成的装配尺寸链。

平面尺寸链：由成角度关系布置的长度尺寸构成的装配尺寸链。

3）装配尺寸链的建立方法：

① 确定装配结构中的封闭环。

② 确定组成环。从封闭环的一端出发，按顺序逐步追踪有关零件的有关尺寸，直至封闭环的另一端为止，而形成一个封闭的尺寸系统，即构成一个装配尺寸链。

4）装配尺寸链的计算。主要有两种计算方法：极值法和统计法。

10.4.2　提高产品装配精度的工艺方法

1. 互换装配法

采用互换法装配时，被装配的每一个零件不需经过任何挑选、修配和调整就能达到规定的装配精度要求，装配精度主要取决于零件的制造精度。根据零件的互换程度，互换装配法可分为完全互换装配法和不完全互换装配法。

（1）完全互换装配法

1）定义：在全部产品中，装配时各组成环不需挑选或不需改变其大小或位置，装配后即能达到装配精度要求的装配方法，称为完全互换法。

2）优点：装配质量稳定可靠（装配质量是靠零件的加工精度来保证的）；装配过程简单，装配效率高（零件不需挑选，不需修磨）；易于实现自动装配，便于组织流水线作业；产品维修方便。

3）缺点：当装配精度要求较高，尤其是在组成环数较多时，组成环的制造公差规定严格，零件制造困难，加工成本高。

4）应用：完全互换装配法适合在成批生产、大量生产中装配那些组成环数较少或组成环数虽多但装配精度要求不高的机器结构。

5）完全互换法装配时零件公差的确定。

① 确定封闭环。封闭环是产品装配后的精度，其要满足产品的技术要求。封闭环的公差由产品的精度确定。

② 查明全部组成环，画装配尺寸链图。根据装配尺寸链的建立方法，由封闭环的一端开始查找全部组成环，然后画出装配尺寸链图。

③ 校核各环的基本尺寸。各环的基本尺寸必须满足以下要求：封闭环的基本尺寸等于所有增环的基本尺寸之和减去所有减环的基本尺寸之和。

④ 决定各组成环的公差。各组成环的公差必须满足以下要求：各组成环的公差之和不允许大于封闭环的公差。

各组成环的平均公差 $T_p = T_0/m$（m 为组成环数）。各组成环公差的分配应考虑以下因素：

a. 孔比轴难加工，所以孔的公差应比轴的公差大一些，如孔、轴的配合公差为 H7/h6。

b. 尺寸大的零件比尺寸小的零件难加工，所以大尺寸零件的公差应取得大一些。

c. 组成环是标准件尺寸时，其公差值是确定的值，可在相关标准中查询。

⑤ 决定各组成环的极限偏差：

a. 先选定一组成环作为协调环，协调环一般选择易于加工和测量的尺寸。

b. 包容尺寸（如孔）按基孔制确定其极限偏差，即下极限偏差为 0。

c. 被包容尺寸（如轴）按基轴制确定其极限偏差，即上极限偏差为 0。

⑥ 确定协调环的极限偏差。根据中间偏差的计算公式

$$\Delta_0 = \sum \Delta_i - \sum \Delta_j$$

式中　Δ_0是封闭环的中间偏差，$\Delta_0 = (ES_0 + EI_0)/2$；$\sum \Delta_i$、$\sum \Delta_j$分别是所有增环的中间偏差之和、所有减环的中间偏差之和。

求出协调环的中间偏差，再由协调环的公差求出上、下极限偏差

$$ES = \Delta + \frac{T}{2} \quad EI = \Delta - \frac{T}{2}$$

例 10-3　图 10-33 所示为齿轮部件装配尺寸链，轴是固定不动的，齿轮在上面旋转，要求齿轮与挡圈的轴向间隙为 0.1～0.35mm。已知：$A_1 = 30\text{mm}$，$A_2 = 5\text{mm}$，$A_3 = 43\text{mm}$，$A_4 = 3_{-0.05}^{\ 0}\ \text{mm}$（标准件），$A_5 = 5\text{mm}$。现采用完全互换法装配，试确定各组成环的公差和极限偏差。

解　①确定封闭环。尺寸 A_0 是装配以后间接保证的尺寸，也是装配精度要求，所以 A_0 是封闭环。

② 查找各组成环，画装配尺寸链，如图 10-34 所示。

③ 校核各环的基本尺寸：

$$A_0 = A_3 - (A_1 + A_2 + A_4 + A_5) = 43\text{mm} - (30+5+3+5)\text{mm} = 0$$

可知各组成环的尺寸正确。

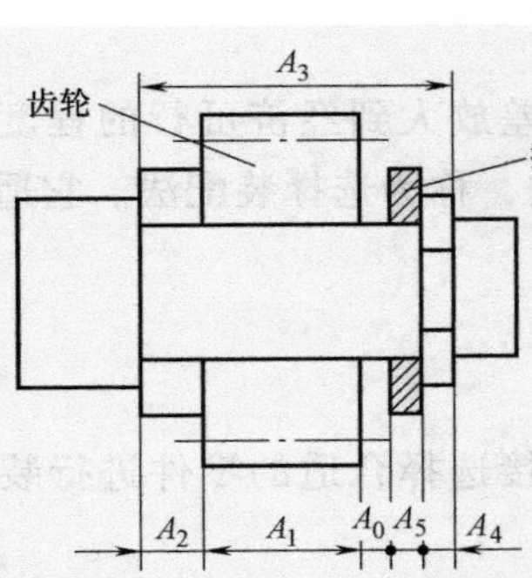

图 10-33 齿轮装配尺寸链

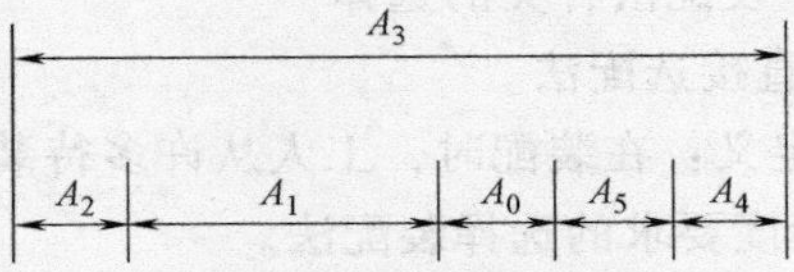

图 10-34 装配尺寸链

④ 确定各组成环的公差。因为 $A_0=0^{+0.35}_{+0.10}$ mm，所以 $T_0=0.25$mm，组成环数 $m=5$。因此，$T_p=T_0/m=0.25$mm$/5=0.05$mm。而 A_4 是标准件，其公差值为确定值，即 $T_4=0.05$mm。根据加工的难易程度选择公差为 $T_1=0.06$mm，$T_2=0.04$mm，$T_3=0.07$mm，$T_5=0.03$mm。

⑤ 确定各组成环的极限偏差。因为 A_5 是垫片，易于加工和测量，故选 A_5 作为协调环。A_1、A_2 为外尺寸，按基轴制确定极限偏差：$A_1=30^{\ 0}_{-0.06}$mm；$A_2=5^{\ 0}_{-0.04}$mm。A_3 为内尺寸，按基孔制确定极限偏差：$A_3=43^{+0.07}_{\ 0}$mm。

⑥ 确定协调环的极限偏差。

封闭环的中间偏差 $\Delta_0=(0.35+0.1)$mm$/2=0.225$mm。各组成环的中间偏差：$\Delta_1=(0-0.06)$mm$/2=-0.03$mm；$\Delta_2=(0-0.04)$mm$/2=-0.02$mm；$\Delta_3=(0.07+0)$mm$/2=0.035$mm；$\Delta_4=(0-0.05)$mm$/2=-0.025$mm。

由 $\Delta_0=\Delta_3-(\Delta_1+\Delta_2+\Delta_4+\Delta_5)$ 得

$\Delta_5=\Delta_3-(\Delta_1+\Delta_2+\Delta_4+\Delta_0)=0.035\text{mm}-(-0.03-0.02-0.025+0.225)\text{mm}=-0.115\text{mm}$

协调环 A_4 的极限偏差为

$\text{ES}=\Delta_5+T_5/2=-0.115\text{mm}+0.03\text{mm}/2=-0.10\text{mm}$

$\text{EI}=\Delta_5-T_5/2=-0.115\text{mm}-0.03\text{mm}/2=-0.13\text{mm}$

所以 $A_5=5^{-0.10}_{-0.13}$mm。

(2) 统计互换装配法（不完全互换装配法） 用完全互换法装配，装配过程虽然简单，但它是根据增环、减环同时出现极值的情况来建立封闭环与组成环之间的尺寸关系的，由于组成环分得的制造公差过小，而常使零件加工产生困难。也就是说，完全互换法以提高零件加工精度为代价来换取完全互换装配有时是不经济的。

统计互换装配法又称不完全互换装配法，其实质是将组成环的制造公差适当放大，使零件容易加工，但这会使极少数产品的装配精度超出规定要求，但这种事件是小概率事件，很少发生。尤其是组成环数目较少，产品批量大量，从总的经济效果分析，仍然是经济可行的。

统计互换装配方法的优点：扩大了组成环的制造公差，零件的制造成本低；装配过程简单，生产率高。其不足之处是装配后有极少数产品达不到规定的装配精度要求，须采取另外的返修措施。大数互换装配方法适用于在大批大量生产中装配那些装配精度要求较高且组成环数不多的机器结构。

2. 选择装配法

（1）选择装配法定义　将装配尺寸链中组成环的公差放大到经济可行的程度，然后选择合适的零件进行装配，以保证装配精度要求的装配方法，称为选择装配法。它适用于装配精度要求高，而组成环较少的成批或大批量生产。

（2）装配法种类的选择

1）直接选配法。

① 定义：在装配时，工人从许多待装配的零件中直接选择合适的零件进行装配，以保证装配精度要求的选择装配法。

② 特点：装配精度较高；装配时凭经验和判断性测量来选择零件，装配时间不易准确控制；装配精度在很大程度上取决于工人的技术水平。

2）分组选配法。

① 定义：将各组成环的公差相对完全互换法所求数值放大数倍，使其能按经济精度加工，再按实际测量尺寸将零件分组，按对应的组分别进行装配，以达到装配精度要求的选择装配法。

② 应用：在大批大量生产中，装配那些精度要求特别高同时又不便于采用调整装置的部件，若用互换装配法装配，则组成环的制造公差过小，加工很困难或很不经济，此时可以采用分组选配法装配。

③ 分组选配法的一般要求。

a. 采用分组法装配最好能使两相配件的尺寸具有完全相同的对称分布曲线，如果尺寸分布曲线不相同或不对称，则将造成各组相配零件数不等而不能完全配套，从而造成浪费。

b. 采用分组法装配时，零件的分组数不宜太多，否则会因零件测量、分类、保管、运输工作量的增大而使生产组织工作变得相当复杂。

④ 分组法装配的特点。主要优点是零件的制造精度不高，但却可获得很高的装配精度；组内零件可以互换，装配效率高。其不足之处是增加了零件测量、分组、存储、运输的工作量。分组装配法适用于在大批大量生产中装配那些组成环数少而装配精度要求特别高的机器结构。

3. 修配装配法

（1）定义　修配装配法是将装配尺寸链中各组成环按经济加工精度制造，装配时通过改变尺寸链中某一预先确定的组成环尺寸的方法来保证装配精度的装配法。

采用修配法装配时，各组成环均按该生产条件下经济可行的精度等级加工，装配时封闭环所积累的误差势必会超出规定的装配精度要求。为了达到规定的装配精度，装配时须修配装配尺寸链中某一组成环的尺寸（此组成环称为修配环）。为减少修配工作量，应选择那些便于进行修配的组成环作为修配环。在采用修配法装配时，要求修配环必须留有足够但又不是太大的修配量。

（2）修配装配法的特点　主要优点：组成环均可以加工经济精度制造，但却可获得很高的装配精度。不足之处：增加了修配工作量，生产率低，对装配工人的技术水平要求高。

（3）应用　修配装配法适用于在单件小批生产中装配那些组成环数较多而装配精度要求较高的机器结构。

4. 调整装配法

（1）定义　装配时用改变调整件在机器结构中的相对位置或选用合适的调整件的手段来达到装配精度的装配方法，称为调整装配法。

调整装配法与修配装配法的原理基本相同。在以装配精度要求为封闭环建立的装配尺寸链中，除调整环外各组成环均以加工经济精度制造，由于扩大组成环制造公差累积造成的封闭环过大的误差，通过调节调整件（或称补偿件）相对位置的方法消除，最后达到装配精度要求。

调节调整件相对位置的方法有可动调整法、固定调整法和误差抵消调整法三种。

（2）调整装配法的特点　主要优点：组成环均可以加工经济精度制造，但却可获得较高的装配精度；装配效率比修配装配法高。不足之处：需要另外增加一套调整装置。

（3）应用　可动调整法和误差抵消调整法适用于小批生产，固定调整法则主要适用于大批量生产。

复习思考题

10-1　什么是生产过程、工艺过程和工艺规程？

10-2　什么是工序、工步和走刀？

10-3　零件获得尺寸精度、形状精度、位置精度的方法有哪些？

10-4　粗基准的选择原则是什么？应从哪几个方面进行考虑？

10-5　安排工件各表面机械加工顺序时，一般应遵循的原则是什么？

10-6　简述工艺规程的设计步骤。

10-7　机械加工工艺规程的作用是什么？

10-8　精基准的选用原则有哪些？

10-9　工序集中和工序分散的含义是什么？各有什么优缺点？

10-10　保证机器或部件装配精度的方法有哪几种？

10-11　影响加工余量的因素有哪些？

10-12　曲轴轴颈粗加工的主要工艺方法有哪些？各有何特点？

10-13　连杆主要表面的加工采用哪些方法？加工工序顺序如何安排？

10-14　什么是连杆结合面的撑断工艺？与传统加工方法相比较，该工艺有何特点？

10-15　箱体零件主要加工表面的加工工序应如何安排？

10-16　箱体零件机械加工时的粗、精基准应如何选择？

10-17　装配精度一般包括哪些内容？

10-18　图 10-35 所示零件在结构工艺性上有哪些缺陷？如何改进？

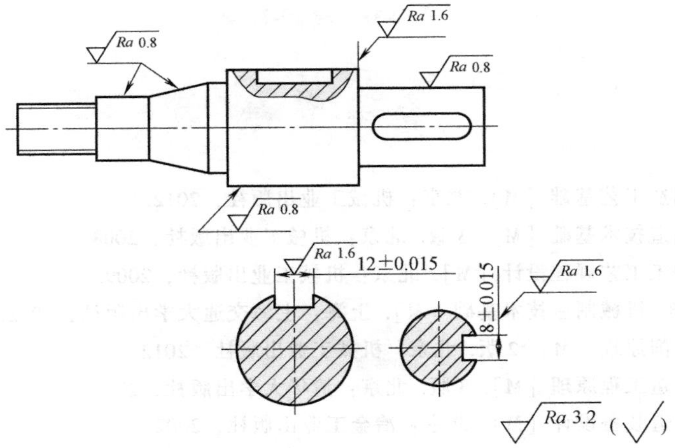

图 10-35　题 10-18 图

10-19　如图 10-36 所示的轴套，内孔 $\phi120^{+0.04}_{0}$mm 的表面要求渗碳，渗碳层深度为 0.3~0.5mm。其工艺路线为：车内孔到 $\phi119.7^{+0.06}_{0}$mm；渗碳淬火，渗入为深度 A_t；磨内孔到 $\phi120^{+0.04}_{0}$mm。求渗碳层的渗入深度 A_t（要求画出尺寸链图）。

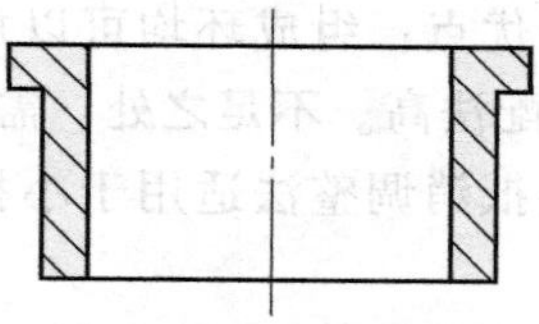

图 10-36　题 10-19 图

10-20　图 10-37a 所示为一轴套零件，尺寸 $38^{\ 0}_{-0.1}$mm 和 $8^{\ 0}_{-0.05}$mm 已加工好，图 10-37b、c 所示为钻孔加工时的两种定位方案的简图。试计算这两种定位方案的工序尺寸 A_1 和 A_2。

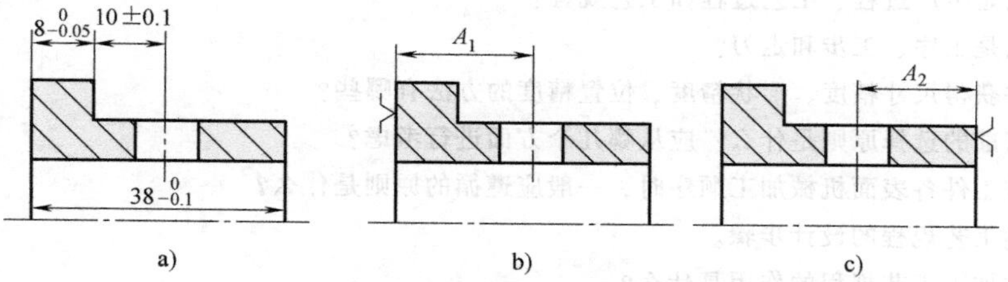

图 10-37　题 10-20 图

10-21　如图 10-38 所示轴套零件的轴向尺寸，其外圆、内孔及端面均已加工好。当以 A 面定位钻直径为 ϕ10mm 的孔时，试求工序尺寸 A_1 及其偏差（要求画出尺寸链图）。

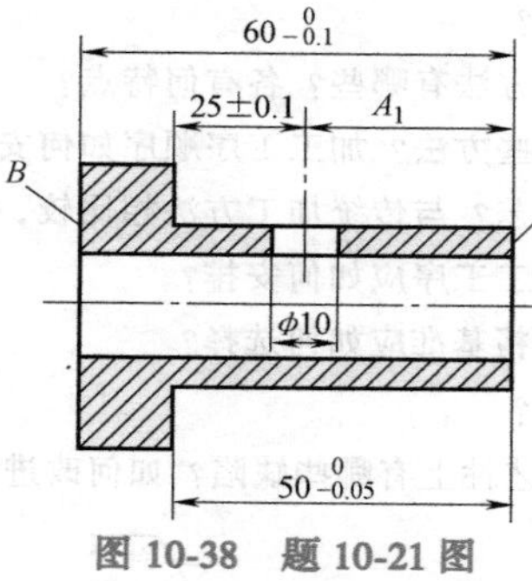

图 10-38　题 10-21 图

参考文献

[1]　王永伦. 汽车制造工艺基础［M］. 北京：机械工业出版社，2012.
[2]　卢秉恒. 机械制造技术基础［M］. 3 版. 北京：机械工业出版社，2008.
[3]　崔长华. 机械加工工艺规程设计［M］. 北京：机械工业出版社，2009.
[4]　翁世修，吴振华. 机械制造技术基础［M］. 上海：上海交通大学出版社，2012.
[5]　陈日曜. 金属切削原理［M］. 2 版. 北京：机械工业出版社，2012.
[6]　冯之敬. 机械制造工程原理［M］. 3 版. 北京：清华大学出版社，2015.
[7]　王启义. 机械制造装备设计［M］. 北京：冶金工业出版社，2002.
[8]　戴曙. 金属切削机床［M］. 北京：机械工业出版社，1997.